古建筑名家谈

张驭寰　主编

中国建筑工业出版社

图书在版编目（CIP）数据

古建筑名家谈/张驭寰主编. —北京：中国建筑工业出版社，2010. 12
ISBN 978－7－112－12436－7

Ⅰ. ①古…　Ⅱ. ①张…　Ⅲ. ①古建筑－中国－文集　Ⅳ. ①TU-092. 2

中国版本图书馆 CIP 数据核字（2010）第 179483 号

责任编辑：张振光　杜一鸣
责任设计：董建平
责任校对：陈晶晶　张艳侠

古建筑名家谈
张驭寰　主编
*
中国建筑工业出版社出版、发行（北京西郊百万庄）
各地新华书店、建筑书店经销
北京嘉泰利德公司制版
北京建筑工业印刷厂印刷
*
开本：787×1092 毫米　1/16　印张：30½　字数：780 千字
2011 年 4 月第一版　　2011 年 4 月第一次印刷
定价：**69.00** 元
ISBN 978－7－112－12436－7
（19695）

目　录

第一章　中国建筑史

略论中国古代建筑

汪 之 力

在古代的埃及、西亚、希腊、罗马、印度等国家和地区，都曾有过辉煌的古建筑发展的历史，但大都未能像中国古代建筑那样，从原始氏族社会起，直至封建社会晚期，一脉相承，持续不断地发展下来。中国古代建筑对外来的文化（诸如印度和中亚国家）能及时消化吸收，终于形成一个规模宏大、内容丰富、以木结构为主体的独具特色的完整系统。这是世界其他文明古国所无法比拟的。中国古代建筑在历史上对东亚、南亚各国的影响极大，在世界建筑史上占有重要的地位。

一、悠久而持续的七千年发展历史

中国古代木结构的发展源远流长，现今考古发掘提供的近七千年前河姆渡文化建筑遗存，其木构残件已有榫卯及企口，可知木构的缘起还远远早于这个时期。木骨架建筑发展至氏族社会（新石器时代）晚期，已创造了防潮、加固的夯筑基座（河南汤阴、安阳等龙山文化遗址）及解决墙身和基础防雨而加大出檐的承檐结构——擎檐柱（洛阳王湾仰韶文化晚期遗址及湖北红花套大溪文化遗址）；属于仰韶文化的半坡遗址已见“前堂后室”空间组织的雏形。进入奴隶社会，据河南偃师二里头商初一万平方米夯土台座上的宫廷建筑群遗址，湖北黄陂盘龙城商中期方国宫廷遗址以及河南安阳小屯殷墟材料，已可证实《考工记》所载“殷人四阿重屋”所反映的高大宫室的成就；彩漆描绘的青铜柱及精美的建筑石雕和壁画残片的出土，都反映出当时建筑的华丽情况。近年来在陕西周原（扶风、岐山）发掘的西周早期遗址，已揭示了四合院布局的久远历史渊源。到封建社会，随着铁制木工工具的应用，以木构为主体的建筑有了迅速的发展，其宏伟的规模及巨大尺度的实物今虽不可见，但横阔达一公里的阿房宫前殿遗址，已显示了当时营造技术的水平。现存25万平方米的秦始皇陵，仅就已发掘的部分兵马俑随葬品的情况看，当年七十万人劳役所完成的工程规模实属惊人。发展至汉代，木构体系已初步形成。木构建筑实物虽然今已无存，但东汉画象砖及陶制明器中仍有庄园、廊院、厅堂、楼阁、仓廪、庖厨等等的图形。据此可以知道，自周代开始形成的栌（斗）栾（栱）已向组合体发展，大叉手屋架通在联系梁上加棁（侏儒柱）的途径而完成了向抬梁结构的转化；屋顶由先秦直坡已经过折面反宇而发展成为凹曲。经过两晋、南北朝对外来佛教文化的吸取，进一步丰富了建筑装饰以及艺术处理，至隋、唐时期，木构建筑已臻完备。北宋李诫集中总结了截至当时为止的建筑经验，完成了古代建筑法规《营造法式》一书。在三十四卷著作中包括了各类建筑的用料，劳动定额与各工种的操作规程等。

现存千年左右历史的木构建筑的实例，据目前所知全国不过三、五处。

五台山佛光寺大殿是唐末857年建，屹立在山坡的高台上，巨大的斗栱挑出长臂似的出檐，面阔七间的体形，内外柱同高的构架，近方形的开间，造成整个建筑稳定雄伟的气势。这座建筑已经历了一千一百多年的风雨而完整保存至今，殿内还保存有唐代的优秀书法、绘画和雕塑作品，实为中国建筑的珍贵遗产。

蓟县独乐寺山门和观音阁是辽代（公元984年）所建。观音阁为两层，周回楼层，中部六角形空井中塑造16米高的观音立像。上有平阇（天花），斗栱有24种，形制极富变化。这座观音阁上承唐风，下启宋式，也是研究我国古代木构建筑重要的遗物。

应县佛宫寺释迦塔也是辽代建筑（公元1056年），八角五层，高达66米，全系木构，是世界少见的高层木构建筑。这么高大的木塔挺立于雁北朔风之中，并经历了多次地震和战火，至今基本完好，实为世界建筑史上杰出的遗物。

此外，这段时期还有大同华严寺上寺大殿（公元1062年建，1140年重修），下寺薄伽教藏殿（公元1038年建），善化寺大雄宝殿（辽建，年代无考），至今均仍完好。宋、金和元代的木构建筑，据调查所知，全国尚存三四十处。著名的如太原晋祠圣母殿、苏州玄妙观三清殿、正定隆兴寺摩尼殿、大同善化寺普贤阁、永济永乐宫（现迁芮城）等。这些木构建筑也都是世界建筑遗存中历史悠久的极为难得的珍贵文物。

明清时代的木构建筑，现存数量较多。北京紫禁城是保存最完整、最宏伟、最富丽堂皇的一个宫廷建筑群。始建于明代（公元1407年），历时13年才基本竣工；清代又将大部分建筑改建，但总体布局未动。城垣南北960米，东西760米，四面正中辟门，南面正门为午门，四角有体形复杂而美丽的角楼。城垣外环绕筒子河。这座宫城内按传统前朝后寝布局，前朝以太和、中和、保和三大殿为中心，后寝主体先有前部乾清宫及后部坤宁宫，后在两者之间增建交泰殿。最后部为御花园。

北京天坛是现存封建坛庙中最优秀的实例，它是中国古代建筑艺术高度成就的一个重要代表。天坛原为明代建造，曾经清代重修，但基本形式未变。其主要建筑有祈年殿、皇穹宇和圜丘。其中奉祀皇天上帝的祈年殿是一座特殊的三重檐攒尖顶的圆形木结构殿堂，其龙井柱、金柱与檐柱的数目各与四季、十二月、二十四节气相应。梁柱都加工成弧形，反映了相当高的工艺水平。整组建筑用绿化手段和城市隔离，使建筑群融汇在自然之中；尤其是圜丘置身于与天对话的场所，造成苍天咫尺的感受，充分表达了“受命于天”的封建思想主题。

明清帝王陵墓，以北京明十三陵及清东、西陵为著称。明十三陵中长陵的祾恩殿面积为66.75米×29.31米，是现存木结构中最大的殿堂。大殿采用完整的楠木柱，直径达1.17米，高23米。使用如此巨大的珍贵木材，是国内古建筑中罕见的实例。

除宫廷建筑外，现存大量保持传统做法的民间建筑，其中尤以住宅的数量为最多，这些各具地方特色和民族特色的民间建筑中，包涵着因地制宜，因材致用，充分利用空间并与风土环境极相适应的正确建筑原则和经济观点。它们不仅同样是建筑文化遗产，而且对于新建筑的创作更有借鉴的价值。

我国古代建筑中的砖石建筑，其发展虽不如古代埃及、希腊、罗马那样突出，但我国古代工匠在这方面也显示出卓越的才能。有若干建筑与工程，在世界建筑史中享有特殊而重要的地位。

驰名世界的万里长城是两千多年前秦政权驱使三十多万兵士与民工连接秦、赵、燕三长城而完成的世界最伟大的一项军事工程。明代为巩固边防，又以大量的劳动力投入长城的修建，前后历时百余年。在原长城基础上进行扩建、重修，东起山海关、西至嘉峪关，连绵于群山的分水岭上，完成了长达四千多公里的浩大的砖石墙体增筑工程。如居庸关段长城即全用砖石包砌，城高8.5米，底厚6.5米，顶宽5.7米，内外共建三道城墙，这三道防线统称“三边”。在当时的条件下，完成材料的开采、烧制、加工与运输，充分显示出劳动人民的巨大力量。

世界上最早的一座大跨敞肩拱桥——河北赵县安济桥，是隋代的作品。它是杰出匠师李春主持设计建造的（公元606～618年）桥身敞肩拱净跨37.37米，拱高只有7米，这一拱券两端背上各有两个小拱券，以减轻静负荷并增加泄洪面积，从而减小了所受的冲击力。这一创造，比欧洲最早出现的14世纪法国泰克河上的赛雷敞肩拱桥，要早700多年。安济桥经历一千三百年的车行马走，至今基本完好。这雄辩地证明中国古代在砖、石拱券结构方面的高度技能。

高层砖石结构的建筑工程也有优秀的范例。河南登封北魏所造的12角、15层的嵩岳寺塔，是一座高达40米的砖造密檐楼阁式佛塔，至今仍相当稳定和完整。这不仅反映了地基、基础以及砖身结构构造的高度水平，而且12角、15层抛物线造型塔身的优美与准确，也反映了当时砖石工艺的杰出技巧。将嵩岳寺塔与举世闻名的意大利比萨斜塔作一比较，比萨斜塔建于公元1174年，晚于嵩岳寺塔六百年，这座八层的砖石结构高55米，由于地基处理存在问题，在施工过程中即发生不均匀沉陷而倾斜。就体形而论也远比嵩岳寺塔为简单而易于掌握。

以上列举的不过是极少数的著名实例，至于广泛分布于全国各地的大量优秀民居与各种类型的古代建筑尚待我们努力采集与调查。（注：本节有关考古资料，系杨洪勋同志提供）

二、值得重视的几项优秀传统

中国古代建筑是我国几千年历史文化的珍贵遗产，有许多优秀的规划和设计、施工的科学技术；有许多优秀的建筑艺术、创作技巧和经验。

建筑产生的原因和根本目的是满足人们的物质生活的需要，因为这是人们的生产与生活所必需的。由于建筑物体积庞大而又是较长时期保存的构作物，所以它的美观与艺术功能显得格外突出，不过一般建筑物的艺术功能和实用功能相比应该是从属的、第二位的。

但从建筑构成要素方面看，在充分满足功能需要并力求经济节约的条件下，要采用先进的结构、材料与设备，采用先进的施工技术，还要考虑如何满足艺术与美的需要。这些要素是构成一个完美的建筑所不能缺少的。

建筑艺术通过空间与形象来实现。建筑的美不仅通过外部形态由视觉获得，也要通过其他感官从建筑的内部空间获得。人们从功能、结构、材料、设备，以及从内部形式、色彩、光线、温度、洁度得到心理、生理上的满足与愉悦。

在现代化社会主义建设中，我们要正确理解各类建筑新的物质功能与新的艺术风格。我国建筑师既要努力探索现代化的科学技术成就与社会主义社会的生产条件，也要努力学习与继承中国古代建筑的优秀历史传统。在这些优秀传统中，特别值得今天重视与学习的有以下几项。

（一）建筑与自然环境的统一和协调

中国古代建筑从单体建筑到建筑群，从村镇到城市，从陵墓到园林，总之，一切人工创造的生产与生活环境，无不重视它与自然环境的统一与协调，这首先表现在选址以及进一步表现在对自然物的利用和处理上。中国古代建筑善于相度地形、倚山面水，选择阳光及风向；善于因地制宜，组成起伏的山城与蜿蜒的水乡；善于就地取材，根据不同气候与地质，建筑土窑、石窟、干阑与木寨；善于把山、水、林木组织在建筑周围环境之中以构成统一的整体。现在探得或发掘出来的五六千年前的氏族部落遗址，大都是后世的居民点及市镇，说明初期选址即已达到相当合理的程度。中国历史上首次出现的统一大帝国——秦，其新首都咸阳的规划，即是背依北坂，面向终南，“表南山之巅以为阙”——借自然形势增助其帝国都城的气势。隋都洛阳的选址与规划也是把山水与城市结合得很好的实例。

古代一般城市大都根据地形，把山、水、林木、名胜古迹和城市连成一体。然后以城墙、护城河及道路，连贯与分隔各区。在天然制高点修建风景建筑，而以高度取胜的佛塔为多。城内外再以高层建筑如钟鼓楼、城楼、宫殿、寺观等构成整个城市的完整而优美的天际线。

明十三陵可说是陵园规划与自然结合的典范。陵区选址在北京西北山区，位于三面环山的盆地。主体长陵中轴定位正对天寿山主峰，盆地南面的缺口作为陵区的入口，左右两个小山对峙，有如陵前的双阙。十三陵共用的神道，从雕刻精美的石牌坊开始，经过大红门望见碑亭，亭四角立有石华表。过碑亭沿途为石兽、石人的石象生，再过龙凤门的牌坊才直通长陵，整个神道共长 7 公里。利用神道的选线，相对地组织其两翼山峦。两翼山势本是参差不一的，设计中利用了透视原理进行处理，神道并不居中也不求直线，而是靠山势较低一翼，始终保持在神道上对两翼视角相等，也就是造成两翼整齐等高。这种建筑与自然的有机结合的范例，也是世界建筑史中罕见的。

而建筑与自然高度的统一与协调，最集中地体现在古代园林中。

我国古代园林以自然风趣为特色，小中见大，在有限的空间内创造最丰富的自然景物。通常先开池堆山，把简单的地形改成复杂的环境，然后在平面和空间采取曲折、变化的布局。用山石、林木、水池、游廊、花墙、洞门、曲径、石桥等组织大小不同的空间，使其有连续又有间断、有收敛又有开朗，有高山又有峡谷，有丛林又有水面。在不同的环境中配置体态不同、功能不同的各类建筑如门、堂、房、馆、楼、台、亭、阁、榭、廊。所谓“花间隐树”、“水际安亭”，即是把风景建筑处于最佳的观赏点，有入画的观赏面。利用不同空间组织不同景区，采用对景、借景、开敞、屏障、升高及隐蔽等手法，充分利用远景及外围风光，以造成各景区内部独特气氛。从不同的游览路线的不同地位与角度，欣赏不同景深与景色，以达到观赏不尽的意境。根据各景区的需要，选择花木，注意高低形状，进行单植或群植，要求随季节而有色彩的变化。

颐和园的佛香阁一组建筑群，即是利用自然山势增助园林壮丽景色的杰出作品。前有金碧辉煌的排云殿，后有五色琉璃的牌坊和智慧海。远收玉泉山的白塔及苍茫的西山，下瞰浩瀚的昆明湖。

大自然是我国园林取之不尽的题材。但我国园林绝非自然的简单再现，而是对大自然最美好的东西经过艺术加工，使园林比自然更集中、更典型、更理想。有人说中国园林取法于山水画，但它是大面积立体构图，是流动的空间，由于位置、视角、视野、季节、光线、色彩的变化，具有无穷的意境与画面，使人们获得无穷的艺术享受。这和西方园林只以简单花木几何图形与笔直的道路在大面积地面中划分方正的平面与立面的造园艺术相比，我国园林的成就是十分卓越的。

（二）有联系、有变化、机动灵活的空间处理

中国木结构的一般构造方法是筑土台为基础，在台上安石础立木柱，柱上横向安置梁架再用枋加以纵向联结，梁架上面架檩，檩上架椽，构成整个梁柱系统的骨架。由这个骨架承担屋顶的重量，墙壁只起隔断、围护作用，而不承重，因此室内空间纵横向的分隔、门窗的开设、墙壁的用料及作法都具有极大的灵活性。在结构中为了解决水平方向的梁枋将重量转移到垂直的立柱上发生较大的剪力而发明了斗栱，用斗形木块的“斗”和臂形短木的“栱”组合成多层的“斗栱”。梁下斗栱除支承传力外还有缩小梁枋跨距作用。檐下斗栱则层层出挑，用以支承檐口。木构各构件之间的衔接多用榫和卯。中国这种木结构系统在世界建筑史中是比较特殊的（图1）。

图1　宋营造法式大木制度梁架斗栱构造示意图

1. 飞檐　2. 檐椽　3. 撩檐枋　4. 斗　5. 栱　6. 华栱　7. 昂　8. 栌斗　9. 遮椽板　10. 月梁　11. 阑额　12. 柱　13. 柱枉　14. 础　15. 平闇　16. 驼峰　17. 草袱　18. 榑

建筑既以生产、生活空间为目的，建筑设计就不能只考虑建筑的结构、材料与设备，而必须考虑各种建筑手段所组成的空间，即平面与立体的布局，建筑物的内部与外部，随位置与时间的改变引起体形与空间的变化。加工筑造的是形体，而所使用的则是其构成的空间。

我国古代木结构的梁柱系统相当于现代建筑结构中的框架，用作组织与分隔空间的墙壁不起承重作用，因之有“墙倒屋不坍”的谚语。墙壁及屋顶的用料可以随地而异，除北方寒冷地区需要厚重材料保温外，一般可用竹、木、草等轻质材料。在炎热地带有时用半截墙，使内外空间相互沟通，或根本不用墙壁。墙壁可以根据需要灵活移动，活动门扇可拆可装。至于内

部隔断，用以分割内部空间，可以采用多种方法。最常用的是隔墙与槅扇。槅扇分六扇、八扇乃至十几扇，视进深大小而定，多用木料，上半部窗格糊绵纸、纱绫或裱字画，晚清开始用玻璃。必要时槅扇可全部卸下，使室内整个打通。此外在厅堂中也有用屏门，太师壁立在后金柱间。书架与博古架是家具而兼槅断用，使室内又分割又有联系。还有室内半分隔使用的罩，其形状有几腿罩、栏杆罩、落地罩、圆光罩、花罩、还有炕罩等，这些都便于悬挂帷帐，作为只需挡视线时的分隔。

我国古代的室内灵活分隔空间的经验，极为现代建筑师所重视。同属于我国这一体系的日本古建筑，近代以来更为西方建筑所借鉴，从而促成建筑创作中“空间流动”的学说。

民居最善于组织及充分利用内外空间，如浙江民居善于利用临江傍水的复杂地形，因地制宜、灵活多变、不拘一格、构成多种多样的造型。为适应炎热潮湿气候特点，普遍采用敞厅、天井、通廊和灵活可以拆装的间壁，构成内外空间开敞流通的布局。浙江民居能最充分利用内部空间，如湖州甘棠桥畔范姓木工为自己修建的住宅就是一个优秀实例（图2）。在屋顶山尖下多辟为阁楼用作居室或储藏，楼顶往往出挑，形成贮存物品的檐箱和供休息、晾放东西的檐口栏杆。浙江民居最善于合理运用地方材料，巧于结构并力求经济上的节约，具有灵活、丰富、朴素、自然、轻巧、雅致的艺术风格。

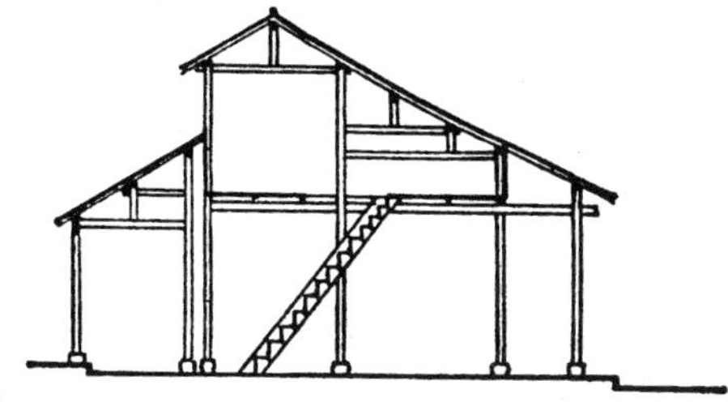

图2　湖州甘棠桥畔范宅
上、范宅外观　中、范宅剖面
下、范宅阁楼内部

流动空间体现于古代城市规划与园林的交通路线与观赏路线。在空间流动的景有动有静、有高有低、有广有狭、有藏有露、有起有伏；有序幕、有过程、有高潮、有结尾；有曲折、有变化、有中心主题、有周围陪衬，这一切都融合在建筑与自然要素交替之中。一个城市、一个风景区、一组园林能否形成自己的独特的风貌，关键在于如何在交通与观赏路线上组织不断流动，不断变化的空间景色，在经常停留的观赏点中，使人们获得最开朗、最突出、最动人的画面。在人的视野、视角范围内运用建筑美的尺度、对比、统一、协调、体形与色彩的规律，设计师们可以最合理的经营与组织流动空间用以达到动人心弦的艺术效果。圆明园、颐和园、避暑山庄、拙政园、留园都是成功的实例。

（三）引模数化、标准化的单体建筑为丰富多彩的群体组合

在木构架的长期发展中，由于结构及施工技术的成熟，为了估工算料，分工制造与装配的方便，逐渐形成既符合功能与结构的合理要求，又注意艺术加工的标准做法和定型构件。宋《营造法式》规定“凡构屋之制，皆以材为祖”，“凡屋宇之高深，各物之短长，曲折举直之势，规矩绳墨之宜，皆以所用材之分以为制度焉。”宋代将材分为八等，清代将材分为十一等。

这种推行千余年的标准化与模数制的丰富经验，不能不是现代建筑工业认真研究的课题。

我国古建筑的木结构梁柱系统所构成的单体建筑不论宫殿、寺观与民居，其体形大体相同，远不若欧洲单体建筑的复杂而多变化。中国古建筑的优秀传统在于如何把这简单的单体组合成丰富的建筑群体。在住宅中由三面或四面建筑组成的三合或四合院的院落。联结这些单体建筑通常用门、回廊、院墙。在一组院落中用加大构架尺度，增加梁架数目，或增加层数，来分别主次。在主要院落前又通过垂花门组织前院，在大门入口设影壁，转角门。为满足功能要求又组织相重叠的几进院子。改前院正房中间为过厅，或从正房侧面开角门，相互联通。在一条轴线上还不能满足需要则在并列几条轴线上另组几进院子。通常的大院前有公共祠堂，后有花园，大院大门有迎门影壁及牌坊。

这些院落布局常因各地气候、风俗习惯、地理条件不同而有多样的形式。在寒冷地区冬天日照角度小，院子南北间距大，炎热地区为减少夏季阳光照射，院子比较狭小且东西横长；西北一些地区为了防风砂及西晒，东西距离小，构成狭长院子。多雨地区多是坡顶，雨少地区则是平顶或一面坡。山区住宅多适应山区地形，坡度小则分层筑台，地基狭窄将楼层向外挑出，在陡峭山坡则用木柱支撑有类吊脚楼，云南一颗印层间全为二层。各地区各民族的建筑屋顶、山墙、门窗、天井以及内外装修、装饰各有独特的风格。同是木结构的单体建筑，但构成建筑群则显示出很大的变化。至于宫殿、寺观、庙宇、陵墓、碑亭、华表、拱桥、神道、钟鼓楼、塔幢、牌坊、城墙更有建筑群体的独特组合方法。

我国古代建筑的基本形式并非一个单幢的建筑，而是若干建筑物的群体组合。中国传统的建筑群体的平面布局，除有地形限制外都具有一定的规则。从基地周围三面或四面建单体建筑以便中间形成院子，各单体建筑都面向院子以解决采光、通风与排水。基地四周由围墙或屋廊环绕，形成封闭的空间，可以防止或减轻外围噪声，又起安全防盗作用。在院落中配置假山、叠石、池塘、林木、花草，使内外空间结合，在有限面积内增加自然的风趣，形成功能与艺术紧密结合的整体。我们这些建筑群体的组合空间经验，值得今天设计居住街坊时的参考与借鉴。

用标准做法的单体建筑组合成富丽堂皇的庞大建筑群，北京故宫是一个非常成功的例子。故宫南面入口从正阳门起经天安门，午门至太和殿长达 1700 米的距离中，古代建筑师以高超的空间组合手段，使人心情起伏变化，达到高度的艺术效果。从正阳门开始经过比较矮小的大清门，通过两旁千步廊狭小的空间，尽头是横长开阔的长安街，面迎高大的天安门，配以汉白玉的华表与外金水桥，形成第一个高潮。然后进入较小的方形院落加以收敛，过端门再经过一个狭长的空间，进到形体为外向凹形的雄伟的午门又形成第二个高潮。进入午门后是更为广阔的横长方形的院子与隆起的内金水桥，有收有放，过太和门，在面积达 36 公顷的大院正面，是三层白石阶的台地，高达 8. 13 米，其上建造高 26. 92 米、面宽 63. 96 米的太和殿，达到高潮的顶点。过三大殿，地势下降，经过一条狭长的横向地带进入内廷。入乾清门地基再略为升高以安排内寝三宫。最后过御花园以高大的神武门收束。故宫建筑群经过不同体形的院落及不同高度、宽度的建筑，使之主次分明，有开闭，有起伏；再配以强烈鲜明的金黄、朱红、洁白的颜色，更体现出建筑艺术上的突出成就（图 3、4）。

西藏的布达拉宫，也是建筑与自然山势浑然一体的成功之作，北宫缘山砌平楼十三层，上有三座金殿，金殿下有五座金塔，整个建筑由山腰建起，因此实际效果不止十三层。整组建筑虽不对称，但红宫体积庞大，位置适中，色彩鲜明，所以有明确的主体。

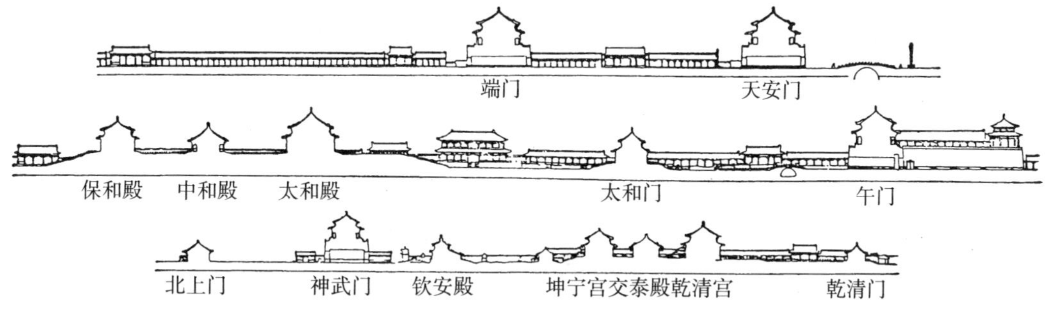

图 3　北京明清故宫纵剖面图

我国古代由简单的单体构成庞大、雄伟、完整的群体的成功实例，给现代建筑提供一个十分重要的指导思想，即追求建筑群体与自然条件、周围环境相结合的总效果应超过追求单体建筑的个别效果。

（四）建筑美化与装饰必须和功能、材料与构件相结合

我国古代建筑艺术中的美化加工或装饰处理也是很有独创之处的。建筑装饰是和功能、结构、材料、设备密切结合的。如建筑基本平面加以周围廊、前后廊及抱厦。屋顶之分平顶、囤顶、拱顶、穹窿及坡顶。而坡顶又有单坡、卷棚、庑殿、悬山、硬山、歇山、攒尖、十字脊与勾连搭。为避免雨水侵蚀，中国古代建筑大都有较高的基座和较大的挑檐。台基、屋身、屋顶的比例由于功能及造型艺术要求有变化，如宫殿采用二、三层台基及重檐，而民居则比较简单。为解决排水，颇有装饰性的屋面凹曲和翼角起翘，实际是遮阳、采光、排水、防潮以及避免檐口低垂、保持内部良好通风及外望视野等综合功能而创作的。至于建筑装饰构件，几乎全都是就梁枋、斗栱、檩、椽及其承托的连接构件经过艺术加工而起装饰作用的。如斗栱的卷杀、棱柱、门簪、门钉、墀头、雀替、博风、悬鱼、霸王拳、菊花头，屋顶瓦件如遮朽、钉帽、吻兽等等无不是对构件的美化加工或由此蜕化而来，绝非无用的附加物。

色彩的运用，在中国古建筑中也有突出的成就。建筑色彩与建筑材料有密切的关系。为了防腐，油漆首先用在木结构中，因而导致彩画的发展。由于采用矿物颜料，朱砂、石青、石绿、金等颜色大量出现。青砖、灰瓦、白粉、青石、汉白玉均用材料本色。中国古代建筑的色彩运用手法，敢于大胆、大片使用红、蓝、黄、黑、白、金等强烈的颜色。这些也都是突出材料特点及其利用的合理性。内蒙古席力图台、青海塔尔寺、金瓦殿立面用镏金、黄琉璃瓦、绿琉璃瓦面砖、红柱、棕色草檐部及各种色彩的彩画。新疆香妃墓全用绿琉璃面砖，玉素甫墓全用紫色花砖镶面，给人以强烈印象。此外在使用对比色方面也有成功的经验。如屋檐下彩画和斗栱多用青绿，在阳光阴影下加深屋檐的深远感而装点以金、红，与白色的台基，朱红的屋身、柱子和黄或绿色琉璃瓦相配，显得整个建筑十分灿烂夺目。

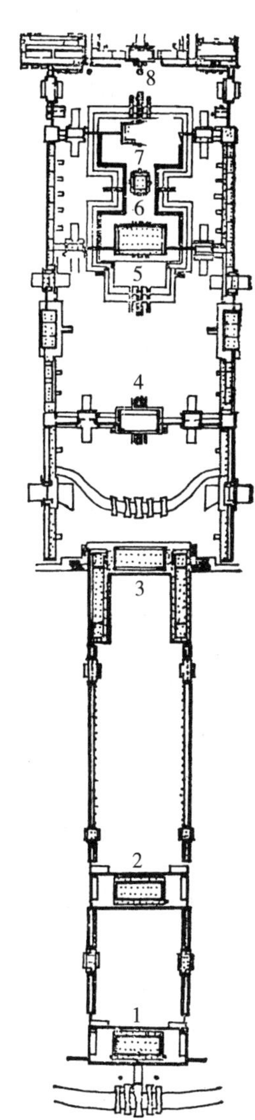

图 4　北京明清故宫外三殿平面图

1. 天安门　2. 端门　3. 午门　4. 太和门　5. 太和殿　6. 中和殿　7. 保和殿　8. 乾清门

我国古代建筑又善于综合运用其他艺术形式如文学、书法、绘画、雕刻及工艺美术。梁、枋、斗栱、天花、藻井等处彩画和壁画；悬挂在额枋柱壁间的对联、匾额、条幅、诗画；门窗栏杆上的棂格、花纹；槅扇、内罩的木雕；门头、墙头的砖刻；屋脊的塑件；山花的悬鱼等处都是美术加工的地方。

关于中国古代建筑的优秀传统，简单举出以上四项，有关结构材料与施工等方面还有不少优秀实例。如中国古代木构建筑，善于纵横联结形成整体结构，由于榫卯构造而形成铰接节点，从而可以使震波衰减，大大提高了抗震性能。有名的五台山佛光寺大殿内外柱子同高，以多层木枋构成内外两道环，《法式》称为“槽”。两圈“槽”之间用斗栱、梁、枋穿插拉结连成整体，类似现代建筑的圈梁。辽代几座建筑如独乐寺观音阁内部三层通高空井，内外两圈柱、槽和梁、枋、斗栱构成一圈强度大的外环。义县奉国寺，内柱随坡度增高，低柱梁尾插入高柱柱身构成横向联系的梁架。又在每道梁架之间用额、枋、檩构件连接，保持纵向的稳定。有名的应县木塔也采用联结内外槽构成的筒型框架结构，并利用平座暗层做成四道井干式圈梁。这些建筑都久经地震考验，已有千年左右的历史。

关于建筑材料，施工与技术方面的贡献，还有若干突出的地方。20 世纪 70 年代提出的无机材料作有机处理以改善其理化性能的最新理论，实际上在中国古代早已有了这种实践经验。三国曹魏时代用植物油浸泡砖就已开辟了有机材料与无机材料结合的途径。宋代民间广泛使用三合土并和以米汤，结合坚固如岩石，但又具备很好的韧性。明初南京筑城以石灰和糯米灌浆及用桐油和土拌合结顶。

另外，关于地基处理方面，如小雁塔塔基夯土层中埋纵横向木梁以加强基础整体性，多次地震，塔身分而复合，经历一千二百余年并未倒塌。明建南京报恩寺地基以木炭压底，先插木椿以火焚化，压实，上铺朱砂以防湿杀虫。以上这些，都是值得借鉴的。

三、加强对古建筑的保护

在“文化大革命”十年动乱中，林彪及四人帮一伙推行“极左路线”，对中华民族历史文化采取极端的虚无主义态度，把古建筑、古园林、古文物视为“四旧”；攻击古建筑维修及风景区建设为“提倡封资修”；许多与古建筑有关的科研、教学、规划、设计、管理机构被解散；多年辛勤积累的测绘和调查资料被成吨焚毁；许多有名的古建筑受到严重破坏，这在中华民族文化史上是罕见的。

北京白塔寺、圣安寺壁画、延寿寺铜像、潭柘寺石刻、祭器大部被毁。江南宋代木构建筑苏州玄妙观改为百货商场。南京鸡鸣寺办了集体所有制的工厂因失火被焚。佛教名山普陀的大部寺院被毁。秦阿房宫及唐大明宫遗址成了平整土地的对象。甘肃拉卜楞寺基本毁坏，西藏甘丹寺、山南昌珠寺、后藏小昭寺又遭受严重破坏。全国各地乱拆乱建现象普遍而严重，许多名胜古迹的近旁都出现高层建筑、水塔与烟囱，遭受严重的污染，昔日名胜，今已面目全非。

为了保护古建筑，需要广泛宣传这些古建筑是人类珍贵的历史文化遗产，是我国当前建筑事业从中吸取精华的宝库，是开展旅游事业的最主要的风景资源。还必须指明，以中国古建筑为主体而建成的风景区、风景点都是满足我们社会主义国家人民日益增长的文化生活需要而提供的科学、文化、艺术、体育、休息、娱乐的活动场所。园林绿化可以调节气候、净化空气、防风防尘、降温、减少噪声，改善与美化环境，增进人民健康。以古建筑为主要内容的风景区的建设是整个社会主义建设不可缺少的组成部分。

保护古建筑要明确保护的范围与对象。除历史悠久，技术成就较大及有特殊历史意义必须保护外，近三百年的大量民居、寺院、园林及其他建筑物应根据它们在文化、艺术、历史及科学技术的价值，根据需要与可能，统筹兼顾，经过科学研究及学术讨论，由国家批准，选定国家级及地方级古建筑作为文物的保护单位。

在一般情况下，维修古代建筑应以保持本来面目为原则，不得已使用新材料也要尽量保持原有风貌。乱改、乱建、乱用新材料、新结构，把古建筑搞得不今不古，面目全非；或冒用古建之名搞新建筑，实际都是破坏古建筑。宁波市文管会在维修宋代建筑余姚保国寺大殿时有很好的经验。

建设风景区应充分注意古建筑和周围建筑及环境的协调，现在在风景区中建休养院、招待所及旅馆，必须十分慎重；在古建筑周围应极力避免乱建高大建筑，否则势将压抑古建筑，破坏风景点，得不偿失。

世界许多国家对保护古建筑都十分重视。我们应该学习他们的经验。以日本为例，他们把古建筑定为国宝的共计207处，定为文化财富的1415处，指定为重要美术品而加以保护的125处，以上共计1747处（见71年版：《日本名宝事典》）。国际现代建筑协会（CTAM）于1933年在雅典通过的《城市计划大纲》，规定保存有历史价值的古建筑；1977年在秘鲁又通过《马丘比丘宪章》，更进一步规定"不仅要保存和维护好城市的历史遗址和古迹，而且还要继承一般文化传统。一切有价值的说明社会和民族特性的文物必须保存起来。保护、恢复和重新使用现有历史遗址和古建筑必须同城市建设结合起来。"

欧洲各国如英国、法国、奥地利、西德、比利时、丹麦、芬兰、荷兰、挪威、西班牙、瑞典、瑞士都先后颁布保护古建筑法令。各国明令规定保护历史文物建筑和环境、城市与乡村、自然和人工地段的数字多达成千上万，而我国经国务院宣布保护的古建筑不到二百处，仅及日本百分之十、法国的百分之一。他们对仅有二、三百年历史的建筑尚成区成街保护，我们对六七百年的建筑，如北京德胜门前楼，尚在计划拆除；硬要在有千年历史的小雁塔旁盖高层建筑，相比之下，我们对珍贵的历史文化遗产不是太不爱护了吗？

四、积极开展建筑理论及历史的科学研究工作

新中国成立前，旧中国的建筑事业除沿海城市有一些畸形发展外，总的说来是极为缓慢的。研究近百年的建筑史，可以看出一些主要建筑大都是外资经营，由外商设计与承包，随着各帝国主义经济入侵而出现的。民族资本在极艰苦的条件下努力求生存，依附欧美的官僚资本面对日本帝国主义在东北及华北的占领，力求用民族文化的外衣掩盖屈辱妥协的真面目。三十年代前后，就在这样的时代背景下出现了"中国营造学社"，他们为适应当时中国建筑探求民族形式的要求，而开始研究中国古代建筑。在十数年间，"学社"进行了一些古建筑的测绘与调查，重新整理再版《营造法式》等建筑古籍，刊行《中国营造学社汇刊》。不过在当时的历史条件下，研究工作只限于实物的调查，古籍的注释，只偏重于史料，表现出很大的局限性。

新中国成立后，经过三年恢复及第一个五年计划，我国社会主义建设事业大规模展开。在建筑方面，为了摆脱欧美曾经带来的西方影响，再度追求中国的民族形式。但是由于建筑师们

对于中国古代建筑的优秀传统缺乏充分理解，又受苏联复古思潮影响，50 年代上半期，我国建筑界曾经出现形式主义及复古主义思潮，孤立地强调古代建筑艺术及形式，盲目追求“大屋顶”，片面强调立面及装饰，造成大量的浪费。为此党中央及时提出“适用、经济，在可能条件下注意美观”的建筑方针，并在全国展开对形式主义、复古主义建筑创作思想的批判，严格控制楼堂馆所非生产性建筑，及时制止了铺张浪费现象。通过这些活动，建筑界的设计思想开始得到提高。

1958 年 10 月，第二个五年计划开始后，建筑科学研究院与清华大学、南京工学院、同济大学、华南工学院、西安冶金建筑学院、重庆建工学院、哈尔滨建工学院、湖南大学八所高等院校联合在北京召开建筑历史学术讨论会。会议决议发起编辑中国古代、近代与现代建筑三史。这个决议在全国得到热烈响应，在各地党和政府的领导下、依靠研究机构、高等院校及有关设计、规划、政协及文物部门的协作，搜集了大量的地方建筑资料。截止 1959 年 5 月将近半年时间内，总计全国参加调查及编辑工作的至少有四、五百人，编成一百五、六十种的史稿及专题资料，这是建筑科学界中空前的大事。

1959 年建筑史的编辑委员会在文物、考古、历史界的配合下，采取集体讨论个人执笔的办法，先后编出中国古代建筑史与中国近代建筑史稿。并在国庆十周年出版了《中国建筑十年》的图册。1960 年编辑委员会再度修改，编成《中国古代建筑简史》稿。1961 年终于完成了两个简史的定稿。

在此期间，各地陆续展开专题研究。研究机构及各高等学校先后编出《苏州古典园林稿》,《中国古代建筑史稿》,《中国解放后建筑》,《中国近代城市建设史》。

在三年编写过程中，参加工作的同志曾努力探讨一些理论问题。首先树立古为今用的思想，除唐宋以前建筑外还加强研究近古、近代及现代建筑，用发展的观点、历史的观点研究中国建筑。突破过去研究工作局限于宫殿、坛庙、陵寝的狭隘范围，开展对民居、园林，少数民族建筑及重要工程的研究，开始全面分析中国古代建筑的卓越成就。

其次，在学术界展开关于建筑本质、特征及要素等理论问题的讨论后，《简史》着重解决片面夸大建筑艺术，忽视功能、结构、材料、施工等技术条件的倾向。但受资料限制，《简史》对建筑的社会功能及技术条件仍然阐述得非常不够。

《中国古代建筑简史》及《中国近代建筑简史》于 1962 年正式出版，由于我们研究工作开始不久，研究水平及资料都有较大的局限性，这两本书还存在理论阐述不足，技术分析不够的缺点，严格地说也仍未脱离单独史料学的旧框框。但这本书终究是我国第一本完整的古代建筑专著，为建筑理论及历史的科学研究提供了系统的资料。

1961 年全国建筑界相继展开了有关建筑风格的讨论，各地学会十分活跃，报刊杂志不断发表文章，参加讨论人数之多、地区之广，在一定程度上呈现出百家争鸣的活跃气氛。当时学术讨论集中在建筑艺术与风格、内容和形式、新材料、新技术和风格的关系等问题。不足的是理论深度及联系实际还很不够，孤立地强调艺术的倾向依然存在。

随着社会主义城市的发展，园林建设也提到重要地位。如何在中国园林传统基础上建设新的园林，是北京、杭州、广州、上海等地园林设计师探索的课题。60 年代建筑科学研究院协助桂林市搞风景区规划，开辟芦笛岩风景点，设计风景建筑月牙楼与画廊（花桥展览馆）；协助杭州改造“玉泉”，在新的园林设计方面探索新的风格，引起园林界的重视。与此同时上海兴建西郊公园、杭州建设植物园、广州建设越秀公园、流花公园，都分别取得了一些新的经验。

无论在建筑与自然环境的统一创作方面，还是框架结构的空间经营等方面，广州建筑师们为努力把园林传统运用在新的现代建筑中，做了大量的工作，获得极为可喜的成就。

60年代开始，全国各地再度广泛进行民居调查。前几年调查北京四合院，研究上海里弄，调查安徽明代住宅，调查闽西客家住宅，调查吉林民宅，刘敦桢曾写《中国住宅概说》。1961~1962年建筑科学院与地方协作进行福建及浙江民居调查。在亚洲科学讨论会上，“浙江民居”学术报告引起国际建筑学术界很大兴趣。此外各地的学校、设计、科研单位分别在陕南、兰州、新疆、河南、湖南、成都、重庆、广州、粤中进行民居调查。调查结果更加充分证明民居是建筑设计师们学习不尽的宝藏。

此外有关建筑美术，诸如彩画、雕刻、色彩、装修、家具的研究亦不断获得一些成果。在桂林展览馆的马赛克漓江山水壁画即是成功的一例。

总之，新中国成立后，特别是1955~1965年的十年间，建筑理论与历史的科学研究随整个社会主义建筑事业的发展而兴起。经过大量调查与测绘，积累了丰富的资料。学术思想开始突破因循守旧、形而上学的障碍，比较全面地考虑建筑诸要素的结合，从古为今用的原则出发，探索古代建筑的优秀传统。如果能在这样的基础上继续前进，我们将有极为美好、宽广的前景。但，极端不幸，“文化大革命”毁灭了大量的历史文化遗产，摧毁了许多研究机构，使建筑科学事业和建筑理论的研究遭受一场浩劫。

“文化大革命”后，文化教育与科学事业在恢复整顿。以传统文化为主要观光内容的旅游事业开始受到重视，保护历史文化遗产，保护古建筑的呼声随之增高。恢复与加强建筑理论及历史的科学研究的重要性与紧迫性日益明显地摆到各级领导的面前。为此急需颁发保护古建筑法令，建立保护古建筑的机构。

关于建筑理论及历史科学研究工作，可以考虑从以下方面入手：

1. 在《简史》的基础上充分利用考古及科学研究的新成果，编辑中国古代、近代及建国三十年的建筑史。

2. 编辑中国建筑分类图集，风景分区全书及建筑年鉴。凡属保护范围的古建筑遗物、遗址均应进行普遍测绘，摄影，作调查记录，建立档案。有的要求作复原图及模型。风景全书编成之前应协助各地编印各风景点的名胜古迹图册及影片，为旅游事业及科研、教育提供正确的历史资料。

3. 编辑地方建筑志及民族建筑志和各地区、各民族、各类型建筑专史。

4. 继续进行民居采风。着重采集选址、布局、设计思想、设计手法、组织空间与环境、经济、材料、技术、风格等方面的成就，并对其设计原理进行研究，对有重要价值的民宅应建议列入保护名单。

5. 对列入保护单位的园林进行详细研究与测绘、出版专集、编中国园林与古典园林实例专集。组织中国园林设计及施工队伍，继承中国古典园林的传统，把中国古典园林造园理论与技术应用于新园林、新建筑，承担中外设计及施工任务。

6. 结合中国古代城市及建筑群体的经验，研究环境工程，包括总体布局与建筑群的艺术风格等，编中国古典城市专集。

7. 继续开展建筑艺术及建筑美学的研究，着手收集古代建筑美术品，出版各类建筑美术专集。

8. 组织古建筑维修、复原的专业设计及施工队伍，努力研究新的涂料、胶合料及保护维修古建用的有关材料。

9. 经过科学研究与学术讨论，向国家及地方提出古建筑保护名单。

10. 在重点高等学校应开办建筑理论及历史专业，并培养研究生。

湘 行 勘 古

陈 从 周

一、日记录旧

一九七五年八月，湖南省博物馆举办考古训练班，邀余至湘讲“古建筑鉴定”课，并对保护单位作一次勘查，留一月，同行者陈君秉钊。

八月十三日午车发上海，次日十一时抵长沙。炎热蒸人，过江西分宜，适昨晚雨过，田陇濛笼，水鸟翔飞，“漠漠水田飞白鹭”句，其境界于此得矣。分宜，为明权奸严嵩父子故里，城甚小，原有巨制明代牌坊多座，曩在江西博物馆曾见照片，今不知存否？江西风景，其美在溪，映山明秀，辛稼轩词中多咏之。此时正禾稼苗长，“稻花香里说丰年，听取蛙声一片。”车声隆隆，虽蛙声不闻，而丰收在望，实令人欢慰。将抵长沙，沿湘江而行，望橘子洲头，兴奋不已。

午，在博物馆晤侯良副馆长，二月前曾来沪，相见之下，倍觉亲切。坐片刻，即同赴招待所，坚请休息。晚，赵振武夫妇来，别十七年矣。赵为余门生，曾习古建。次日，参观船山学社、清水塘。

讲课三日，日至湖南师范学院，以考古训练班设是处也。十九日至湖南大学，晤杨君慎初，渠病肺方痊，坚陪游岳麓山，观唐碑，访岳麓山书院，同坐爱晚亭中甚久，此毛主席当年常游之地，景幽美。今公园扩建，布置可人。湖南大学之建筑，其可留念者，为刘士能（敦桢）师早岁设计之教学楼一座，余知其作品今日所存者唯此与中山陵之仰止亭。盖渠以建筑史家出此余绪而已。二十日午前，参观马王堆出土文物，木棺、木椁，为研究汉代木构之重要资料，他日当为文详述之。午后，省设计院同志来座谈岳阳楼修复事。翌日，乘车参观马王堆，今三号墓遗址已筑屋保存，余墓已回土。此堆面积甚大，尚有未发掘者。是处因疗养院人防工事而发现木炭，“省博”得讯进行发掘，盖洞自下部横穿及墓之炭层者。

橘子洲今可由湘江大桥直达，新筑亭廊，小坐，遥望湘江，气势开朗，帆樯如画，风景独好。第一师范建筑今已全部复原，工作者具负责精神。案此校建于清季，系以日本青山小学全套图纸搬用者。今从照片、残存旧建及遗址基础，并结合老人回忆进行深入研究方成者，唯附小部分尚有出入，关系并不大也。以后容图改进。

定王台为湘中名胜，今废。天心阁原为长沙城一角，今并入公园内。董必武同志：“阁忆天心胜”者，即指此。登阁望长沙新旧市区概貌，予人以明确对比，歌颂新社会建设成就，保存深具意义。

下午，复检看马王堆棺椁并摄影。博物馆见清季宁乡艺人周义刻黄杨木雕，真神技也。草虫花卉之生动细致，刀法之纯熟洗练，令人不忍释手，齐白石之细笔草虫，似受其影响也。周氏名囿于乡里，故知者甚稀。

二十一日，去岳阳。同行者有曾子泉、陈家骅、邹怡三君，皆省设计院同志。邹亦我门生也。博物馆由闻道义同志参加。车中与曾老谈甚畅，皆湘中旧事轶闻。曾，毕业旧中大建筑系，与张镈、刘致平同学，原东北大学学生转学中大者。今建筑界前辈矣。午抵岳阳，居岳阳楼招待所。天闷热，汗下如雨。饮洞庭君山茗，甘香沁人。午后登楼，楼高瞰洞庭湖，君山远在缥缈中，风帆点点，水天一色，惜在盛暑，倘际春秋佳日，乐事当更从容矣。楼三层，为晚清所修建。张照书范仲淹《岳阳楼记》，木刻甚好。二十三日上午，去府文庙。此庙大成殿，前年喻生维国过岳阳见之告我，知为旧构也。余此次径行勘察，并登屋架，观察天花内部情况，其上尘埃盈寸，步履维艰，然心甚甘之。殿为宋建，经明、清大事重修者。归途，观慈氏塔，塔为八角实心，其建造年代，最早不超宋代，惜文献无证。日过午，冒暑登岳阳楼，俯身入顶部屋架，天花内高温迫人，下梯如入清凉世界。岳阳地濒洞庭湖，气温高，入夜难以入眠，纳凉于楼前，虽月明如水，湖光若镜，而蒸气袭衣，襟袖皆润，至午夜尚树静如止，扶倦归宿，汗下仍未能入睡也。该地事粗毕，次晨复去府文庙，留恋半日。午后车发，直抵衡阳。邹生长沙下车，未偕行。晚宿岳屏饭店。二十五日，乘汽车到南岳。下车后，至文管所，座谈后即休息。次晨，勘察南岳庙。庙规模极大，四隅皆有角楼，庙前为市街。以今状观之，变动不大。嘉应门建于明成化间，年代为诸构之最早者。大殿，民国时新建，仍七十二柱，象征南岳七十二峰也。俯望诸峰，层峦叠翠，雄健中具明秀之感，湘中山水之特色也。午后，至祝圣寺，寺皆清建，存罗汉石刻甚佳。建筑高敞，具大住宅风貌，盖行宫也。傍晚，信步山麓，闲游街巷，山城景色与江南水乡，皆各具佳境，予游者寻味。二十七日清晨候车，人多，几至未能成行。至湘潭进午餐，转车长沙。休息一天，与闻君偕秉钊同参观韶山，七时开车，两小时即到。毛主席旧居，倚山临池，韶峰遥照，景物朴素，山川秀丽，一事一物，予人以深刻之印象。余携归岩石一块，永作纪念。其他革命纪念地皆参观留影。傍晚返。

三十日，偕秉钊、家骅、闻老，凌晨赴沅陵，长途汽车日行丘陵地中。午饭于常德。过桃源，见一坊巍然，额曰："桃花源"。傍晚到官庄，海拔已高，且为山区，故较凉，身心为之一爽。小楼面山，水田纵横，颇似数岁前皖南干校之景，凭窗遐思，神往不已。次日驱车，则蜿蜒盘旋于万山中，朝霭遮峰，旭日照射，云海起伏，变幻莫测，而红光怒发于云间，山石赤紫，其浓丽处，须金碧成图，此生幸遇此佳境，归途则无复此观矣。湘西产杉，匠家所誉为"广木"者（两湖旧称湖广）。其民居有似"干阑"，筑木台周以卧棂低栏，以侧屋构成曲尺形平面，侧屋山花面前，出檐极深，两山出际多至九椽，梁架皆穿斗式，用料殊费。而依势高下，俯仰有致，流水绕宅，淙淙有声，与树上流莺相酬答。西人所谓瀑布建筑，徒表新奇，未若此实用经济，适当考虑美观者可比，此皆劳动人民之无比智慧。湘中建筑柱高，屋顶几无曲线坡度，仅少数古旧者尚有之，此间则尚存遗风。抵沅陵站渡水，至文化馆小坐片刻，已晌午矣。天热如蒸，宿处隔江，为凤凰山，蒋介石曾拘张学良于此，惜当时建筑已毁，林木尚蔚然。

沅陵背山临沅水，故城狭长，龙兴寺在西首虎溪山麓，建于唐贞观二年，规模尚存，历代所重修者。踞此望沅水，西溯凤凰，东流洞庭，昔时交通，全凭此水，今则公路畅通，往返方便多矣。龙兴寺西，抗战中长沙福湘（女）雅丽（男）二教会中学迁此，筑洋楼数座，今之档案馆也。留沅陵一日，折回常德。晚文化局招待观汉剧。四日，上大庸，其地位常德之西北，城居天门山下，拔海八百米，真山城也。天门山，峭壁掀天，夕阳返照，森严郁怒，奇险迫人。此地已属苗族自治区，近正筑铁路，数万工人，战天斗地，工程浩大。而湘、资、沅、澧四水至此余皆经渡矣。山路之险，则视去沅陵更甚。

普光寺今暂作粮仓，正殿及高真阁皆建于明，可列入文物保护单位。其旁之武庙，建于晚清，极高大，四方木柱，其坚如铁，佳材也。六日，返常德，人极倦。文化局再招待观汉剧，婉辞。次晨，搭汽船赴德山，参观明荣定王之墓，德山原为土丘，今削为平地，墓则其时露地面。荣定王为万历之弟，墓前室后，横列三室，今尚存左右棺座，麻石雕刻极工整。据其妃李氏圹志：“万历三年（1574）七月二十二日以疾终，享年二十岁。”“万历五年（1577）十二月初三日葬于德山之原。”该墓今漏水殊甚，已告省博物馆采取措施。

德山今存北宋铁幢，海内孤例。周必大一碑，书法精妙，惜残甚。宋绍定元年（1228）一碑，书法平平。八日，回长沙，接北京罗哲文函，并知李竹君、祁英涛二君来湘，以人倦未访，渠等次晨即返京，犹以余尚未到长沙也。留长沙二天，曾去湖南大学谒柳士英翁灵。柳翁为建筑界前辈，一九七三年七月十五日逝世，年八十足岁。省设计院之诸旧日学生来访，陈君大钊，十余年前同调查江西古建者，谈甚欢，卓荦群英，婆娑一老，余几忘迟暮矣。抽暇答访。

“湘博”倩余共商若干书画真伪，见何绍基小楷书经，工整颜体，令人拜倒，大家功力，足资楷模。其他湘中名人书牍亦佳，如新宁刘氏，长沙陈氏、瞿氏，茶陵谭氏者，皆具地方特色。十一日晨，侯良、闻道义两同志来相送，盛情可感，驿站话别，不胜惜别之情。

居小南门湘江宾馆一周，余所居为旧楼，昔湖南军阀何键住宅也。正楼五间三层，三层楼附屋顶花园，翼以左右二楼皆二层三间。面对正楼，平屋一排，为侍从秘书等所居。楼后为厨房“下屋”等。宅建于20世纪20年代，洋楼带廊，左右对称，为半封建半殖民地之典型建筑，研究我国近代建筑史之一实例。长沙自大火后，建筑几全毁，而此宅独存。今其前筑高层宾馆，平屋余亲见其拆除矣。

江西之瓦，薄而大，湖南之瓦亦薄。大尤可解，因雨水多故；薄则殊不明其理。询之子泉、慎初，二君均湘人，亦支吾以对。予怀疑薄者，由于两地土质佳，瓦坯坚实之故。最后，二君云：湖南风小，瓦之重量可减轻；薄则散热快，所以瓦坯不厚。姑存此说待证。

定王台为长沙名胜古迹，在市中，询之友朋，几无人能指出，幸省设计院尚有人知之。临行，往访之，仅见断垣残壁而已。其前之图书馆，毛主席曾读书于此，今亦夷为平地，恢复较难。

湖南新宁刘长佑、刘坤一两总督府今存，以路遥未往。刘长佑宅之平面，见《中国住宅概说》。长佑，为士能（敦桢）师之曾祖也。其家族排行为长、思、永、敦、叙。

1975年旧作　从周记

二、古建勘查述略

（一）岳阳　文庙大成殿

此殿平面阔五间，进深三间，带前廊重檐歇山造。正立面视之，左右尚有极狭之尽间，原为廊的地位。上檐置斗栱，为清同治后所改，即晚期当地通行的如意斗栱。下檐出抱头梁承托，无斗栱。其屋角起翘，筒瓦脊饰等与上下檐属同一时期物（图1、2、3）。

柱础在雕写生花石础上加木鼓。金柱具梭形。金柱前后施梁栿，其下施枋，两者间加如意形木“撑栱”，其图案刻法有三种（包括其他梁枋上），存宋、明、清三时期手法，若干枋上，尚略存墨线钩白粉如意头彩画痕迹（图4、5）。

此殿建造年代，以柱础而论，柱下施木鼓，存宋代木櫍之意，此种木鼓，在江南明构中屡见，南宋建苏州玄妙观三清殿则为石鼓，形制相同。明间缝梁架，明栿及枋皆作琴面，用材比例瘦高，应是宋物，其上之彩画，残存过少，且甚不清，其年份最迟不晚于明代。天花绘龙彩画，

图 1　文庙大成殿

图 2　大成殿屋角

图 3　大成殿室内

图 4　大成殿之梁架

图 5　大成殿抱鼓石

时代较迟。天花以上，经攀登检查梁架，皆为清代当地穿斗式梁架，甚新，应为同治间所修。

据清光绪巴陵县志，文庙建于宋庆历六年（1046）。明正德十年（1515）大修。其时岳州府学宫记云："视昔加高，材良而制美，"与现存建筑相比，其说是可信的。此殿建于宋，现存之金柱及其间之明栿、枋等应为原物。梢间部分经明代改动。前廊为晚清之作。清康熙十二年（1673）、乾隆八年（1743）、道光三年（1823）、二十三年（1843），及同治十一年（1872）皆重修。现存面貌当为同治间大修后之情况。清代修理中亦以这次最大。

此殿应说宋构经明、清两代重修，部分构架为宋物。

（二）南岳庙

南岳庙为今存五岳庙中总体较完整者，与山东岱庙、登封中岳庙并称于世，都还没有大变动，为研究我国古代建筑总体布局与大组建筑群的重要实例，同时又为游衡山必经参观之处。其保护范围是否可以以四角楼为准，保存原有整体面貌。

其中建筑，以嘉应门为年代最早，明构。其建筑手法，与地方做法不同，以北京"官式"出之。柱础为古镜，斗栱昂下隐出华头子，后尾起"挑斡"作用，但不通过正心缝，至正心缝为止，是宋、元至明、清昂的过渡做法。梁架亦正规，修缮变动不大，唯正门东西两斗栱在清代重修时拆去。东西两门形制较简单。

御碑亭从下檐来看，应存明代部分构件，包括柱与斗栱，但上檐改动太大，系后代不同时期重修所改。寝宫建造年代亦较早，似为清康熙间物。

戏台虽为晚清之作，然大块写生画彩画出匠师向炳万之手，别开一格。湘中古代戏台，此建筑尚精致。

据明商辂重修南岳庙记："经始于辛卯春三月，至明年冬十二月讫事，落成之数正殿九间，……嘉应门三座，中御香亭、御碑亭……”辛卯为明成化七年（1471）。嘉应门从实物来看，与此时代相吻合。

御碑亭与寝宫，据南岳志：“明末倾圮，康熙四十九年（1710）大吏用银四万两重修，其宏敞辉煌推从前未有。”则寝宫应属该时之物。清康熙四十七年（1708）“御制”碑文，御碑亭经重修。其后，同治五年（1866）大修（见重修岳庙记），遂成今貌。

（三）沅陵龙兴寺

此寺今存总体尚完整，保管维护亦较好。从山门弥勒殿、大殿及其后观音、旃檀、弥勒三阁均存在（图6）。

寺相传建于唐代，清同治沅陵志载：“龙兴寺在西郊虎溪山之麓，唐贞观二年（628）建。明景泰三年（1452）、嘉靖四十年（1561）、隆庆二年（1566）、万历二十三年（1595），郡人先后捐修……国朝康熙二十六年（1687）、乾隆十五年（1750）、二十三年（1758），郡人先后重修。”知该寺始建于唐，经明、清两代大事重修（图7）。

以现存建筑情况而论，大殿面阔五间，当心间（明间）特大，次间反视梢间为小，而次、梢两间之和，尚不及当心间之宽度。此种当心间特大的做法，在浙江武义延福寺元构正殿中曾有之。殿尚存儒家周礼之东西阶制，此种旧例，在已存古建筑中，直到北宋遗物中，还能见到。大殿平面上，四金柱间空间突出特别大，此犹存宋代以前小佛殿平面的特征。不过就柱础而论，四金柱之柱础于覆莲础上加木鼓，木鼓又四周刻双钩凸线，手法欠古劲。金柱用材虽肥大，略具卷杀，但柱顶又经斫锯，因此仅可说旧料经后世改制者。金柱间的明栿，作月梁形而无琴面，且亦瘦弱，比例与柱不相称。其上施墨笔加粉线彩画，图案以如意头为主，不够秀简，粉线极细，有如江南明中叶前用者。（如浙江东阳明景泰间卢宅祠）所以明间缝天花下之梁架，似应为明景泰时物，再高亦不超过元季。梢间用穿斗式梁架做成硬山式，其为后改无疑。

图6　龙兴寺全景

图7　龙兴寺山门

图8　龙兴寺木雕

至于天花以上的斗栱梁架，皆晚清所修改（图8）。

此殿原为面阔三间的小殿，后扩为五间加前廊。外观正面为重檐歇山造，几全为晚清式样了。彩画基本上属明代不同时期作品，以细笔凤凰之类为早，次间写生花卉较迟。再根据不同的梁架做法，证明明代修建亦已多次。因此，志书所云，建于唐，明代重修，清代又续修，均能在现状中证实。为慎重起见，似应鉴定为唐始建，经明、清两代重修建为妥（图9）。

图9　龙兴寺雪景

大殿后东西列旃檀、弥陀两阁，建于清乾隆年间。唯若干柱顶前后尚斜抹，犹存明代手法，似以明代旧料利用。正中观音阁三重檐，形制朴茂，屋角起翘从明间平柱开始甚圜和，应为明后期作品。惜东西两阁，在修理中檐已改平直，今后修理时应注意此点。三阁与前殿成一组整体，在湘省楼阁中亦是上选。保存了地方楼阁的特色（图10、11）。

大殿前弥勒殿，梁架施月架尚秀洁，为清初物。

总之，我们对于古建筑，其尚存建筑群的，应该从整体观念出发，不能只保存明代以上的，对于清中叶前的建筑，在湖南地区亦保存不多，我们亦不能忽略它。

图10　龙兴寺大雄宝殿

图11　龙兴寺观音阁

（四）大庸普光寺

正殿面阔五间，进深三间，重檐歇山造。因建于坡地，殿后又有两小池，地高燥、排水又好，故保存较完整。惟使用单位为适应需要，将内檐斗栱锯去若干（图12）。

斗栱平身科明间四攒，次间四攒，梢间三攒。昂下隐出华头子，后尾隐刻上昂，下施鞾楔。平板枋开始缩窄增厚，额枋出头作曲线斜切。其断面近二比一。柱顶前后抹成斜面，柱头科斗口已增大。金柱间施五架梁，童柱下置角背，而脊爪柱作八边形。凡此种种，皆为明建较早期所具特征。梢间安采步金，外侧以草架构成山花。

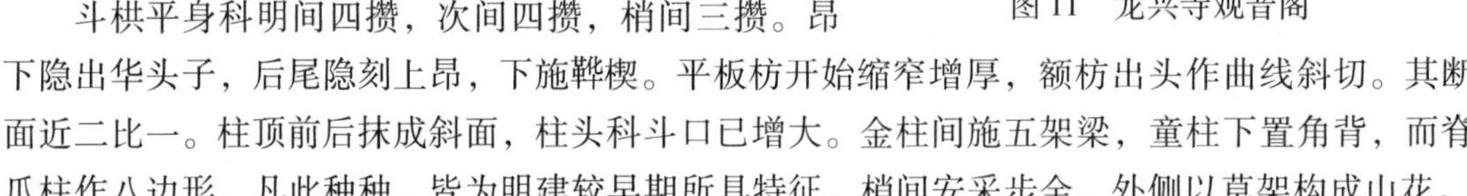

此殿保存明代北方官式做法很多，即柱础一节在蒸热多潮的湖南地区，还用低平的古镜柱础。在年代鉴定上比较明显。清道光永定县志称："明永乐十一年（1413）指挥使雍简建，本朝雍正十一年（1733）协镇史成重修。"其为明初建筑无疑。前檐的椽子下有康熙四十五年（1706）捐修人墨笔题记，为清初修理确证。今椽子上又覆一层椽为后修。至于屋角已参地方做法，椽用板椽，亦湖南做法。

高真阁在正殿之东，面阔三间，今改动较大，视其柱础与平板枋额枋出头，均与正殿一致。惟梁用月梁，其雕刻手法与常德明墓（明荣定王墓）棺床所刻极似，应为明构（图13）。

正殿后之二殿，为乾隆间物，下有题记。三殿似为晚明建筑，而叠经修理（图14）。

图12　普光寺山门

图13　普光寺室内梁架

图14　普光寺大雄宝殿

（五）常德明荣定王墓

墓在德山麓，今山已平，墓外露。此墓与北京定陵同一时期，为湘中的地下宫殿，是研究明时期砖结构的重要证物。墓用尖拱，有别于常见的明代圆拱。地宫内棺室三间并列，前室设祭座。棺座今尚存左右室者，雕刻极为精致，用材为麻石，施工较难。此为有绝对年代的湘中明代刻石，对鉴定古建及古代雕刻是重要证物。

今墓漏水过甚，且无下水设施，影响整个结构，似应速加防水措施，以资保护。其法：墓顶筑防水层，加土封顶，墓内检查其原有排水设施，加以整理。墓四周亦应筑排水沟。墓志保管应采取办法。

（六）常德德山乾明寺北宋铁幢

幢在今日已知经幢实例中，铁幢似属孤例，其形制与宋石幢有异，因铸时尽量符合铸铁工艺，外观挺秀，与石制者风格有所不同。是研究宋代铸铁工业的重要实例。且其上所刻佛像及经文题记等，均为研究宋代艺术有绝对记年的证物。

其他宋绍定元年（1228）一碑，其碑阴所记庙产掠夺经过，为研究经济史重要资料。碑阴为元至元元年所刻。

周必大所书宋碑虽残，而书法极佳，宜保护。

（七）长沙马王堆汉墓棺椁

棺椁结构纯用大木做法，卯榫结构极严密，且种类多样。今秦汉木构建筑已无实物存在，此遗物为研究秦、汉木构建筑及施工技术等最现实、最直接的材料。过去考古专注重于墓葬制度及出土文物，其与建筑有关者似少述及，因此我们对马王堆汉墓研究中，这项宝贵材料，应加以测绘，进行分析，使它成为马王堆汉墓研究的重要一章。

南方古塔概观

张驭寰

汉朝末年，佛教传入中国，随同佛教带来古印度的“窣屠婆”，按《大唐西域记》卷一：“窣屠婆所谓浮图也”，实际就是塔。“窣屠婆”传到我国以后，古代匠师创造性的加以发展与变化，建成了中国体系的塔。我国古塔大致可以分为五种类型：第一为楼阁式塔，这种塔基本上形成一种楼阁式样；第二为“阿育王塔”；第三为喇嘛塔；第四为金刚宝座塔；第五为“中国‘窣屠婆’式塔”。随着我国佛教的发展，塔在各地广泛建筑。特别是楼阁式塔与喇嘛塔，数量是相当多的，保留到今天的不下数千座。

我国南方古塔数量是比较多的，通过对南方已查到的二百多座古塔进行分析，有南诏时代、唐代、大理时代、宋代、元代、明代、清代等各个历史时期所建的塔，其中以宋、明、清三个时代的塔为最多。按建筑材料的不同可分为砖塔、石塔、砖木混合结构的塔、砖石混合结构的塔、铁塔、铜塔、琉璃塔等；从式样上来分析有方形、六角形、八角形平面，其中以楼阁式塔为最多，由楼阁式塔进行变化而产生的式样更是丰富多彩的。其次是喇嘛塔、金刚宝座塔、“阿育王塔”、“中国‘窣屠婆’式塔”以及文峰塔等。

楼阁式塔为中国古塔发展的主流，从各塔的内部结构来看，主要以空筒式结构、壁内折上式结构的塔为最多。唐代（包括南诏）建塔以空筒式结构为主；宋代（包括大理）建塔则以壁内折上式为多，但是壁内折上式的方法尚有很多的变化，例如按角折上，或按圆形折上等。同时还在楼阁式塔中发展了独特的形式——错角结构，以江浙两地区为主。

我国南方的塔，在江苏、浙江、安徽、江西等省和上海市以宋塔占主流；四川、湖南、湖北、广东、广西、云南等省以明、清塔为最多。在浙江、江苏以砖木混合结构的塔，作为主要结构方式出现，做得非常精致秀美，构造手法有着多种多样的变化。安徽古塔仍然采取壁内折上式为主的结构方法。江西、湖南地区多半以砖塔、砖石混合结构为主要方式，它的构造方法有两种：一种在砖塔中局部使用石块，如基座、栏杆、平座、挑檐等均用石材；另一种是分层楼板用石材，将砖石两种材料结合得很巧妙。广西桂林地区喇嘛塔的式样是从西藏传去的。云南地区以楼阁密檐式塔为主要方式，从南诏时代开始，经过大理以至元、明、清时代全部采用这种形式。按云南地区砖塔，全部采用中原建筑风格。

本文着重对南方古塔实例进行分析总结，归纳下列几点。

一、古塔刹柱问题：在北方和西北地区的古塔，均看不到塔刹和刹柱。南方古塔栽刹柱者甚多。一般安装在塔上部的2～3层，用木过梁承担刹柱，有的刹柱四周再用放射状的横梁穿入刹柱中，下端再用十字梁托承。柱本身的自重很大，用滑轮向上吊装，施工十分不易。凡砖木混合结构的塔都带有刹柱，刹柱上端支承塔刹。例如浙江功臣山塔、杭州六和塔、上海松江延寿寺塔、松江兴圣教寺塔、上海市区的龙华塔、安徽歙县岩寺塔均安装刹柱。

二、砖木混合结构的问题：北方建塔基本上都采用青砖，南方古塔中，从江浙地区来看，有一大部分都用砖和木两种材料混合建造的。凡是砖木混合构造的塔，各层斗栱、平座、檐子、角梁各部位均用木材制作，由于年久腐朽或失火，木构件全部被毁，使得塔檐部光秃秃的，露出一些洞眼，很不美观。同时维修施工时，又十分困难，这是砖木混合结构的一大缺陷。

三、砖石混合结构的问题：在北方砖塔中采用砖石混合结构的塔极少，而在南方古塔中，采用砖石混合结构的塔数量相当多。例如：江西、湖南一些古塔常采用砖石混合结构的方法。古代建塔只能利用当地现有的材料进行施工，常常在一座塔的台基、基座部分、斗栱、挑檐支承枋子以及地平门角局部都使用石料，以增加坚固耐久性，又可起到壮观的效果。这是运用材料的一种创造性的方法。

四、多种形制的构造问题：在江西、湖南的一些砖塔中，常常在一座塔里采用多种结构方法，如一塔之内下半部采用石块砌筑，上半部改为砖壁。衡阳来雁塔的各层楼板的做法，集各种塔的结构方式于一塔之内，第一层用木楼板，第二层用砖筒券，第三层用八角攒尖顶，第四层采用木楼板，第五、六层又采用八角叠涩顶，上铺木板，梁斗用石材。衡阳的珠晖塔内部构造也是采用这种结构状态，第一层用木楼板，第二层为石券无梁殿式券顶，第三层又采用木楼板，第四层又用石造八角攒尖顶，第五、六、七各层均用八角叠涩顶。在一座塔中有这样多的不同构造，确是比较少见的。

五、塔梯安排问题：南方古塔塔梯的位置与安排，根据各塔内部结构的不同而各不相同。空筒式结构的塔、错角式结构的塔均采用木梯，壁边折上式结构的塔用砖石梯，这三种塔梯的位置均在空筒之内。回廊式结构的塔采用砖梯，均设在回廊中，石塔同样采用石梯。壁内折上式结构的塔，塔梯设在外壁之内，按平面形状折上。穿心式结构的塔采用砖梯，穿过塔中心斜上。穿壁式结构的塔，塔梯则穿通外壁。圆梯式塔在外壁内螺旋方式上塔。这些方式在南方古塔中够常见到，而以宋塔内部变化为最丰富，明代的塔也有一些这样的结构方法。

六、关于错角结构问题：在南方古塔中有一种楼阁式塔，内部做成方井，成为空筒结构，每至楼层时，都向内部砌出很复杂的斗栱及叠涩砖层，中间留出一个方井，按角斜错，这种式样，名叫错角结构。这种塔的内部结构做得非常复杂，例如南京牛首山宏觉寺塔、苏州罗汉院双塔等等，均属这种方法。

七、关于石塔的问题：南方用石材造塔很多，例如在福建、四川、云南等处以石塔为最多。这是因为当地出产石材之故。石塔基本上都用大型石块建造，并在石面上局部地方施以雕刻。用石材建塔，坚固、耐久、壮观，不怕风雨，基础稳固。宋代在福建各地建造的一批石塔，都是模仿木结构式样，而且其式样善于变化。

八、副阶问题：这种“副阶”，清代叫游廊，或叫围廊南方许多塔都在第一层建副阶，第二层以上各层中都加建平座，施用栏杆，供人登临游览，观赏风光，同时给塔的本身增加美观。江苏、浙江一带造塔大多数都有副阶、围廊和腰檐平座，这种形制具有鲜明的地方特点，它和气候、风景条件有密切的关系。

九、门窗问题：南方塔的门窗都开在塔的各面，每面上下对直，成为一条直线。门窗洞口继承了南宋以来的建筑风格，采取圭角形，个别的塔做券门。门窗洞口开在塔的各面，上下相对，对塔造成薄弱环节，影响坚固性，当地震时容易开裂，这是构造上的弱点。

十、平座问题：南方宋塔大部分都做平座，明清时代的塔则不做平座，这是宋代与明清时代两个时期不同的构造方式。平座式样大致有两种，一种只做平座之示意，成为一种象征性的构造，实际不能登临；另一种是真平座，可以登临。江苏、浙江一带宋塔做真平座较多，如上海松江方塔、龙华塔、苏州报恩寺塔、浙江海宁占鳌塔都有真平座。而在北方的塔大部分没有平座，即或有平座，也都是做成假平座，这是南方和北方宋塔平座的一个区别。

十一、关于塔面外壁粉刷问题：南方古塔大部分在全塔的塔身上粉刷白灰，故又称白塔。大江以南天气炎热，一座砖石建筑全用本色，显得发黑，不明亮，又不美观，因而将塔身涂饰白色，使其显得洁白明亮，美观大方，这是南方古塔的一大特征。

十二、关于塔的地方性：南方塔有浓厚的地方特点，这主要是因为各地的材料和构造方法不同所形成的。在封建社会里，交通不方便，各地区互相交流甚少，各地方的匠师又有保守性和局限性，因而形成了强烈的地方风格，例如苏南、浙江、皖南、赣南、滇西、四川各地的风格，各具特点。

下面从每一个地域选出具有代表性的古塔，就它们的地方特点进行概略的分析和比较。

江苏古塔

江苏地区佛教流传以南京、镇江、苏州、无锡、溧水、扬州、常熟、吴江、涟水、淮安等地为最盛。因而这些地区的古塔数量很多，其中又以苏南地区数量更多，古塔平面以八角形为主，间有方形，多数为砖木混合结构的楼阁式塔。塔檐挑角甚大甚锐，内部以壁内折上式结构为主要的登塔方式，其中还有一种创造性的方法——错角结构方式，是这个地方常见的式样，具有地方特点。苏南地区为我国古塔的集中地带，今举南京宏觉寺塔、苏州瑞光塔、苏州虎丘塔、苏州报恩寺塔、苏州虎山光福寺塔进行分析。

南京宏觉寺塔　位于南京郊区牛首山上，宋建明重修。平面八角形，七层。整体结构为砖木混合结构楼阁式塔，外八角形内部方形，但每层塔室相互错45°角为错角结构。楼梯从塔心中登上，如今木梯和楼板全部毁去。用砖尺寸为35厘米×18厘米×7.5厘米。

结构特点：1. 每层塔室相互错角，这是江浙地区宋代砖塔常见的错角结构的一种构造方法。

2. 木制塔檐、斗栱、平座已全部毁去，只留下华栱的洞眼。

3. 塔身每面开三间，每层四面各开券门，另四面设假券门每层斜错。

4. 中间门洞，两侧做灯龛，灯龛为方洞口，龛内部墙壁挖圆弧形，用以增加反光作用。灯龛洞口较黑，而且做在白墙面上，对比之下，十分鲜明。

苏州瑞光寺塔　位于苏州市瑞光禅寺内，建于宋代。平面八角形，七层（图1、2）。

结构特点：1. 砖木混合结构，是一座楼阁式塔，带有平座和木制斗栱、木塔檐子，木制塔檐子和木质斗栱已毁坏，残破已极。

2. 塔身内外都安放楠木圈梁。

3. 四层以下八面每面都设有壶门（现1～2层门封死），四层以上只设四个壶门，另四面设四个假直棂窗。

4. 有腰檐与平座，平座下用木斗栱承担，塔面构造与苏州报恩寺塔大致相同。

5. 此塔内部结构为回廊式，塔梯安放廊内，第六、七层中心用刹柱，群柱。

苏州虎山光福寺塔　位于苏州市胥门外约二十五里光福镇西街，建于宋代，平面方形，七层。内部为砖木混合结构，砖平座、木檐子、木角梁。砖分三种规格：1. 35厘米×22厘米×6厘米；2. 37厘米×22.5厘米×6厘米；3. 46厘米×23厘米×6厘米。塔身全部用砖砌成，

图 1　苏州瑞光寺塔

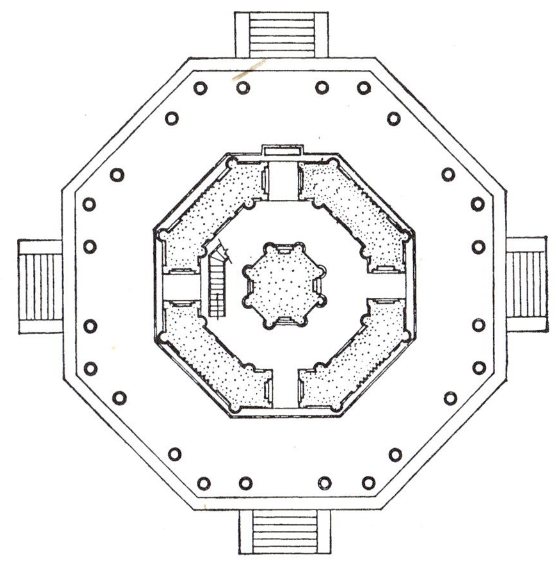

图 2　苏州瑞光寺塔平面

砌法为：一块长身与一块丁头相间，每层如此。缝为白灰，塔身外抹白灰一层，倚柱砖为定制，由人工磨成的。

结构特点：1. 每层塔身都有木制檐子和砖石平座，四角平座用花岗岩石挑角、角上立木柱。

2. 每面有 4 朵补间斗栱，华栱上面有木质尖、撩檐枋。

3. 每面都有椽子洞，洞口 22 厘米。

苏州虎丘山云严寺塔　位于苏州市西门外虎丘山，建于五代。平面八角形，七层（图 3、4）。

图 3　苏州虎丘山云严寺塔

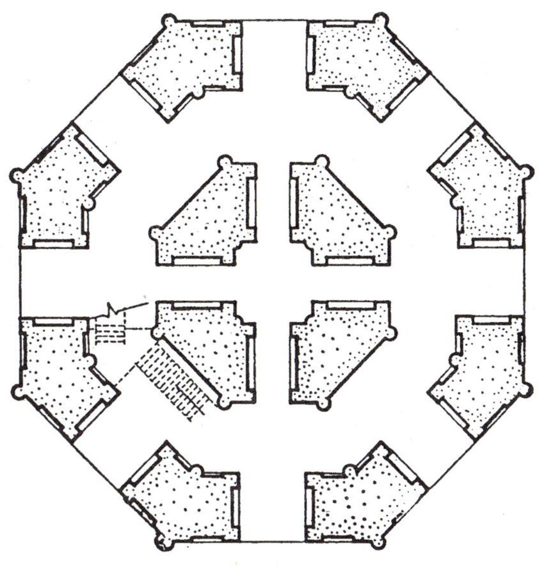

图 4　苏州虎丘山云严寺塔平面

结构特点：1. 每层有砖砌平座、檐子，每面都有补间斗栱四朵（包括转角）作令栱形式，角柱都做圆形，上有圜栌斗。

2. 每层、每面都设欢门和灯龛。

3. 平座、腰檐及塔面构造与瑞光塔、苏州罗汉院双塔相仿。

苏州报恩寺塔（北寺塔） 在苏州市内，建于宋代。平面八角形，九层。砖尺寸为47厘米×15厘米×4.5厘米，用白灰、黄泥浆合砌。

结构特点：1. 这是一座规模较大的砖木混合结构的宋塔，每层都带有木质平座和檐子，每层每面都设有壶门，门两边做出灯龛。

2. 塔梯道上，分间和门洞口都设有月梁和丁头栱，角柱均做八瓣瓜棱柱，柱头施圜栌斗。

3. 巨大的塔刹用刹柱支出，承担刹柱的底梁为楠木，放在塔的七层顶上，十分坚牢。

4. 此塔有台基、八面围廊。

上海古塔

上海地区历史悠久，原归属江苏管辖。宋代佛教流传，在松江、青浦、嘉定、金山等地盛行，建了不少佛塔，现存的古塔尚有十余座，其中大部分都是宋代建造的。平面方形兼有八角形，它的式样均采用楼阁式塔，每塔都带有平座和腰檐，挑檐甚长，挑角很锐，均有强烈的反翘，并带有副阶外廊。构造上大多采用塔室式结构，木楼层与木楼梯、还有壁内折上式错角结构。造型轻巧秀丽，成为南方古塔的代表作品。例如：

松江兴圣教寺塔（方塔） 在上海松江县城内，建于宋代。平面方型，九层（图5）。内部为砖木混合结构，四周有圆形倚柱，柱头做圆栌斗，支承角华栱伸出两挑，支承罗汉枋及梯级。

结构特点：自第七层开始安装刹柱，刹柱用一大过梁承担，柱头串相轮，上安刹顶。此塔木挑檐、挑角甚大，每层有平座，可自塔门登上平座，以能远观。塔内各层都做月梁，用丁头栱支承，第一层带有副阶。全塔造型挺秀，为我国南方独一无二的方形楼阁式砖木混合结构的塔。

图5 松江兴圣教寺塔

松江西林塔 在上海松江县城内，建于宋代。平面八角形，七层（图6）。外部八角形，内部方形，砖身木檐，即砖木混合结构，内部做空筒结构，每层为木楼板，楼梯藏于外壁之中，按面折上。砖的尺寸为39厘米×20厘米×10厘米和37厘米×18厘米×9厘米两种。

结构特点：1. 有方形木圈梁，每层外部有八角形木圈梁，外八角形木圈梁（楠木），并且在内墙中每隔几层砖即用木梁，这对加固塔身起重要作用。

2. 塔刹由刹柱支出，刹柱从六层塔室开始，下用木梁承托。

3. 有副阶、围廊。各层木檐已全部脱落。

松江李塔 在上海松江县城西公社新前大队，建于宋代。平面八角形，七层。内部为砖木混合结构，塔外用木斗栱，木挑檐，第一层为壁内折上式，第二层至七层为空筒式，从塔中心上去，每层为木楼层。用砖尺寸为37 厘米 ×17 厘米 ×7 厘米。砌筑方法为长身与丁头每层砖缝相错，塔外表抹白灰，外部砖缝为石灰，内部砖缝用黄土浆。

结构特点：1. 塔身每层内外有楠木圈梁，而且每个券门上、下四周放置木梁较多。

2. 挑檐和平座为木质，四面每层开券门。

3. 有刹柱，用三根木梁承担。

4. 此塔外为八角内为方形，周围有副阶。

5. 门窗洞口均开壶门。

图6　松江西林塔

浙江古塔

浙江地区佛教发展始自南朝，故现存古塔数量甚多，几乎每县都有塔。塔身涂以白灰，造型优美，式样很多。其中海宁占鳌塔、杭州六和塔（图7）、瑞安观音寺石塔（图8）、杭州灵隐寺双塔等尤为著称。

图7　杭州六和塔

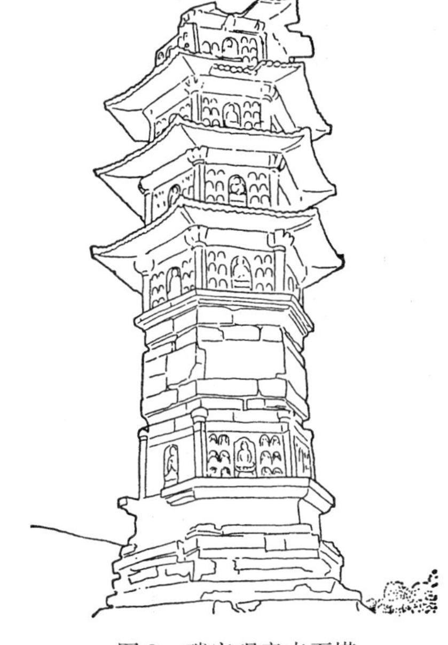

图8　瑞安观音寺石塔

海宁占鳌塔　在浙江省海宁县城南钱塘江岸，建于宋代。平面八角形，七层（图9、10）。内部为方形塔室，空筒式，门已封死，塔梯用木扶梯自塔室折上。砖尺寸为36.5 厘米 ×18.5 厘米 ×8.5 厘米，砌筑方法为一层长身与一层丁头砖相交。

结构特点：1. 此塔转角圆柱做法，用预制角砖砌筑，与苏州光福寺塔做法相同。

2. 在阑额的内部用木枋一条。

3. 各层挑檐均用石条挑出，承担上部重量，转角一块，每面两块，挑檐下安装木枋支承。

4. 塔下第一层带有副阶，间宽4.5 米。

图9　海宁占鳌塔

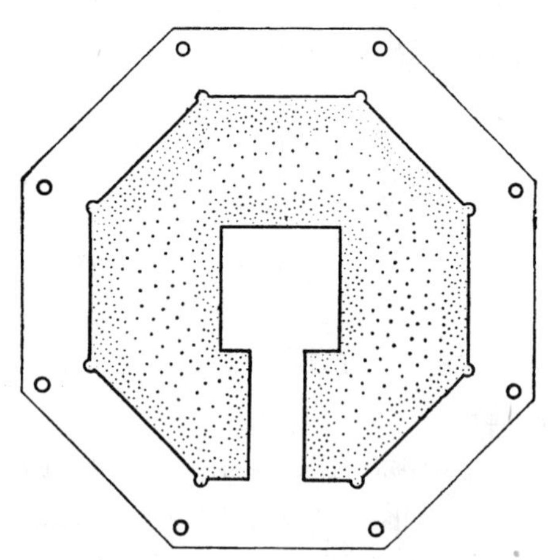

图10　海宁占鳌塔平面

杭州灵隐寺双塔　建于宋代。平面八角形，九层。

结构特点：1. 双塔全部用石建造，构造相同。

2. 石塔仿木结构形式，每层都有平座、腰檐，平座，腰檐下都施一斗三升出令栱。

3. 每层四面刻出壶门，门上存门钉，另外四面刻有佛教故事。

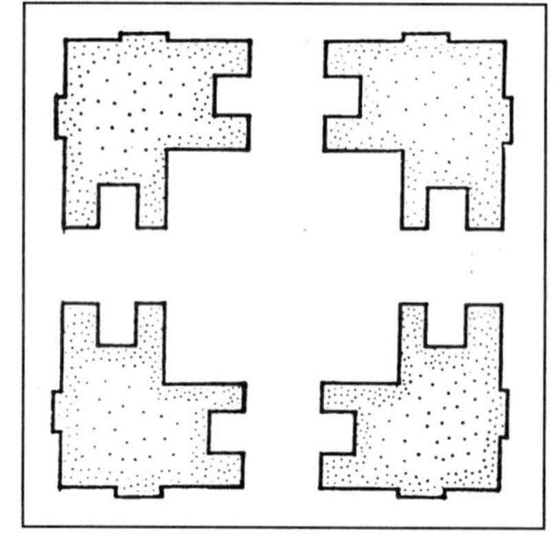

图11　临安功臣山肃王塔平面

肃王塔（功臣山塔）　在浙江省临安县肃王山上，建于五代末宋初。平面方形，五层（图11）。内部为方形空心塔室，每层原有木楼板，现已毁去。塔内四角有圆柱，门窗洞口方形，特大。窗洞上下各施一条10厘米×12厘米的木梁，如同圈梁作用。用砖尺寸分7厘米×15厘米×33厘米、6厘米×18厘米×35厘米、4厘米×15厘米×27厘米三种，大、小砖混合砌筑，灰浆用黄土与白灰结合。

结构特点：1. 方型空筒式为唐代风格。

2. 方型塔门窗洞很大，洞口做平顶，不做壶门，做法古拙。

3. 第五层安装木刹杆，下端四面穿横梁，四面有叉手以资固定。

4. 佛龛天花、藻井。

5. 转角无柱，每面有方柱两根，大额枋与由额下施木梁枋一只。

福建古塔

福建地区寺院林立，古塔甚多，由于当地出产石材，根据习惯做法大部分采用石材造塔，所以福建省以石塔著称。平面八角形兼有六角形。层数从三层到七层或九层不等。普遍都做楼阁式塔，带有平座，栏杆，构造质量很高。特别是雕刻纹样十分精美，为全国石塔之冠。其中以连江仙塔（图12）、福清水南塔（图13）、泉州开元寺塔具有代表性。

图 12　福建连江仙塔

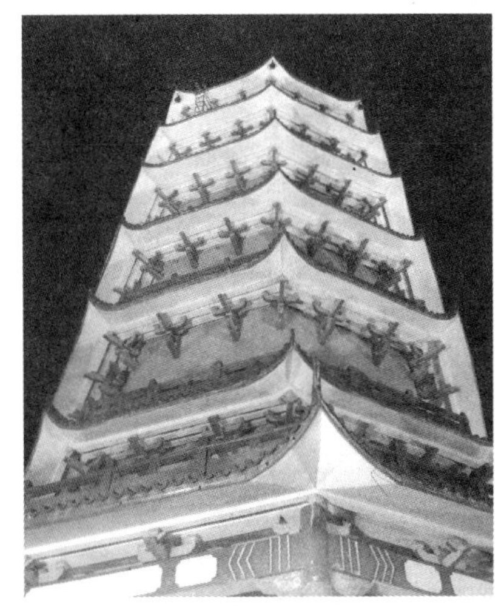

图 13　福清水南塔

安徽古塔

佛教在安徽省的安庆、潜山、六安、芜湖、广德、歙县、休宁、宣城、贵池、青阳、定远等处广为流传，尤其是青阳县九华山为全国四大佛教名山之一，佛寺就更加有名了。

由于在各地广建寺院，古塔数量也日渐增多。安徽的塔以平面八角形或六角形为主，个别的还有方形塔。式样均为楼阁式塔，砖木混合结构。外轮廓收分特小，几乎上下一般粗。每层都带有小平座。门窗口尺度高，每面都在一条直线上，也有一些塔的门窗洞口按层数交错，表面涂饰白灰。皖南地区塔的数量较多。比较有名的塔有池州清溪塔、宣城水阳塔、歙县岩寺塔、芜湖中江塔等。

池州清溪塔　在池州府城外东北角，建于明代万历间。平面八角形，七层（图 14、15）。

图 14　池州清溪塔

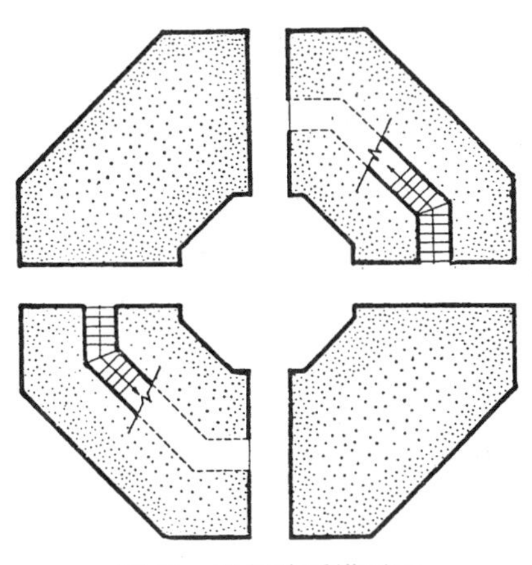

图 15　池州清溪塔平面

内部为八角形塔室，用很宽厚的外壁构成，登塔的方法是壁内折上式，直达塔顶。砖的尺寸为36 厘米 ×19 厘米 ×9 厘米，长身与丁头连排间砌。

构造特点：1. 全塔各层楼面做法用八角叠涩并，上铺砖面层。

2. 塔身角柱为方柱，额枋下面，束腰、由额、两端用雀替。

3. 每面斗栱出双抄，采取宋代双抄斗栱的尺度与式样，正心瓜子栱做鸳鸯交手栱，栱额之下增加一个菱形装饰花片，体现了明代在斗栱方面经常出现的细部花样。

4. 此塔建立基座，基座总高 84 厘米，表现出明代砖塔带有基座的特点。

5. 在每层转角部分的螭头挑角，在砖柱方面都带有石础。

图 16　宣城水阳塔

宣城水阳塔　在宣城县水阳镇东面，建于明代。平面六角形，七层（图 16）。内部结构为六角形空筒式，每层为木楼层。砖的尺寸分 5.5 厘米 ×16.3 厘米 ×34 厘米、4.5 厘米 × 13 厘米 ×24 厘米两种。基座为石砌，第一层用大砖，二层以上用小砖砌。第一层塔身为两个长身与一个丁头相间，二层以上是一层长身与一层丁头相间，内外塔壁均抹白灰。

结构特点：1. 六面每层均开六个券门，没有倚柱，每层有木挑檐，但没有平座和斗栱。

2. 每层有叠涩菱角牙子砖两层。

3. 第一层六个门形为圭角形门，第二层以上为券门。

4. 塔顶有完整的塔刹。

图 17　歙县岩寺塔

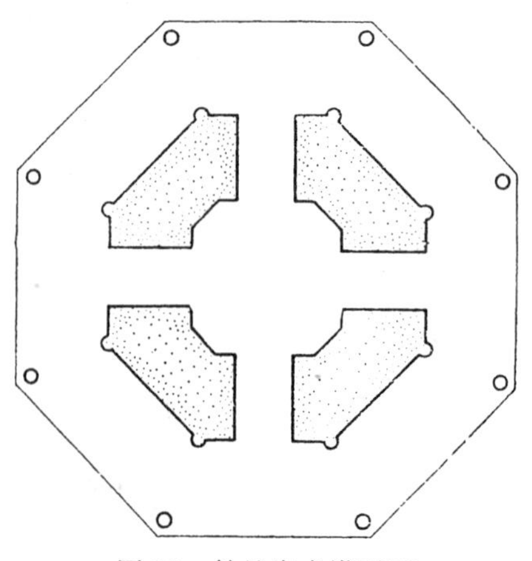

图 18　歙县岩寺塔平面

歙县岩寺塔　在歙县岩寺镇，建于明代。平面八角形（图17、18）。塔为壁内折上式，每层塔室为八角穹窿顶，塔的刹柱现无存，刹柱柱洞仍然存在，其直径45厘米。砖的尺寸为34厘米×15厘米×6厘米。外壁和内墙表面砖用白灰砌筑，灰缝在1.5~2厘米，砖的砌法为每层长身与丁头相错排列。

结构特点：1. 外檐为砖木结合结构，带腰檐、平座，现在檐部的本制构件全部损坏。

2. 每层开四个券门，四个假券门，假门也可以通到内部，四层以上，每个券门有两个灯龛。

3. 各层的券门均45°相错。

4. 转角有倚柱为砖砌圆形，上部穿出两个麻叶头。

芜湖中江塔　建于明代。平面八角形，现存五层。塔内也是八角形，一、二层由壁内折上，三~五层为中心楼板塔梯而上，一、二层顶为穹窿顶。砖尺寸分三种：1. 34厘米×15厘米×7厘米；2. 33厘米×17厘米×8厘米；3. 34厘米×16厘米×9厘米。第一、二层用第二种砖砌筑，基座用较厚的第三种砖，砖为一层长身与一层丁头相间砖缝相错，塔外表砖用白灰砌筑，内部砖体用黄土砌。

结构特点：1. 砖木混合结构，外木挑檐现存。塔有平座，第一层倚柱为圆形，二层为方形；一层塔檐叠涩出三层菱角牙子，二层只在右面出一层菱角牙子。

2. 塔每层开四个券门，门旁有灯龛两个，倚柱出两个麻叶头，并有云形雀替。

3. 塔的最大特点是塔内自三层以上为八角形，而且每层八角形相错。

江西古塔

江西地区佛教流传以南昌、广昌、吉安、永新、莲花、清江、安远、定南、石城、九江、卢山、万年等地为最盛。古塔以八角形平面为主，少数为六角形，以7~13层为多。宋代盛行砖木混合结构的塔，而且都带有平座，造型细而高，表面多涂有白灰，成为白塔。赣北部分的塔还有一些砖石结合式塔。江西省的塔数量很多，其中以庐山西林寺塔，九江锁江楼塔、九江能仁寺塔等为著。

图19　庐山西林寺塔

图20　庐山西林寺塔旧貌

庐山西林寺塔　在庐山脚下，建于宋代，经明代崇祯年间大修，但基本方面还是保留宋代砖塔风格。平面六角形，七层（图 19、20）。内部结构为厚壁空筒楼阁式，每层用木楼层，以木扶梯贴内壁而上。砖尺寸为 33 厘米 ×16 厘米 ×7 厘米，一层长身与一层丁头砖间砌，灰浆为黄土加石灰。

结构特点：1. 每层塔的外壁均做四层斗栱，设有檐子斗栱支承平座下面。

2. 平座均用石板压顶。
3. 倚柱为圆形，柱头用圜栌斗，每面镶直棂窗。
4. 华栱栱头为菊花瓣式，式样新颖。
5. 平座檐子向上仰，支条全部露在外面，犹如苏州瑞光塔的支条式样。
6. 每朵令栱下边均做夔龙尾栱，说明宋代末年斗栱方面的变化，直接影响到明代。
7. 每面塔身四个灯龛，枋柱券门悉仿木构。

图 21　九江锁江塔

九江锁江塔　在九江市长江边，建于宋代。平面六角形，七层（图 21）。内部结构为空筒式，各层用木楼层，楼板纵横相交，登塔用木扶梯，第五层顶部安装大木梁，承担刹柱。砖尺寸为 17 厘米 ×17 厘米 ×32 厘米，长身与丁头间砌。

结构特点：1. 第一层塔身全部用石块砌成。

2. 每层每面华栱及支出令栱全部用石材制成，而且令栱做成异型栱，式样别致。
3. 各个门洞均做壶门。
4. 平顶与檐部均做石板压顶。
5. 各层转角的倚柱，都安装石础。
6. 全塔为砖、石混合结构。
7. 第二层为圆柱八角栌斗。

图 22　九江能仁寺塔

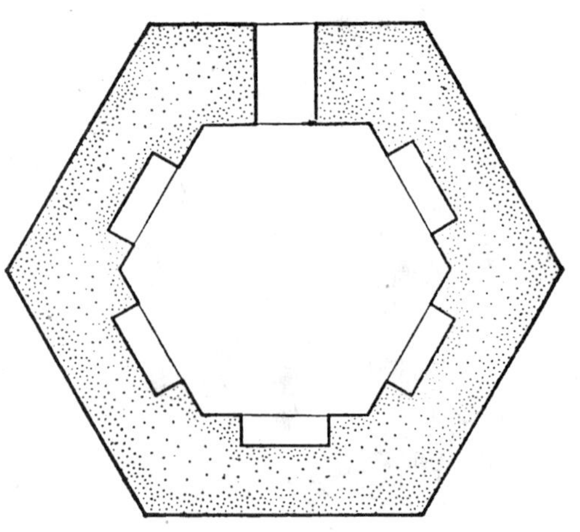

图 23　九江能仁寺塔平面

九江能仁寺塔　建于宋代。平面六角形，七层（图22、23）。第一层六角形塔室，上覆穹窿顶，自第二层以上均做厚壁，每层均横穿厚壁，由内向外自平座再入壁内，内外相穿折上。砖尺寸为6厘米×17厘米×34厘米，由两层长身一层丁头间砌。

结构特点：1. “穿壁式结构”是南方宋塔唯一的孤例，这种登塔的方法是宋代的一种创造。

2. 除一层有塔室外，上部全部为空筒楼阁式，每层铺以木梁、木梯板。

3. 每层每面补间和转角斗栱、华栱和支出的令栱均用石料制作，这是江西塔的一种习惯做法。

4. 每层檐子和平座，全部用石块和石板压顶。

湖北古塔

湖北地区古塔的形制有喇嘛塔、楼阁式塔两种。其中宋塔采取楼阁式，并带平座与斗栱；明代砖塔做法简单，模仿木构的式样很多。但总的来看湖北地区的古塔没有形成一个规律，数量还较少。其中较有代表性的如荆州东山宝塔（图24）和沙市万寿塔（图25）等。

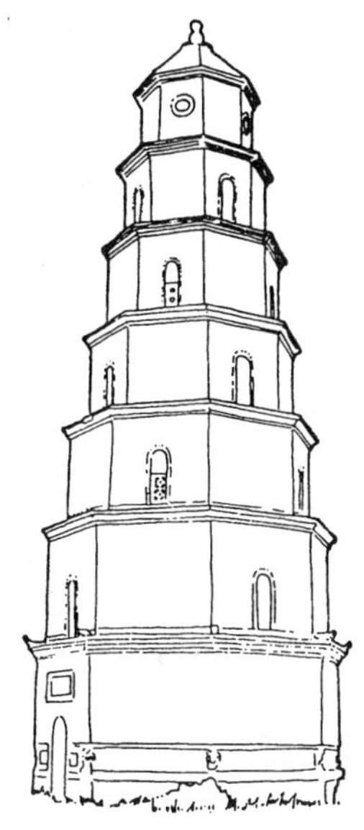

图24　荆州东山宝塔

图25　沙市万寿宝塔

广东古塔

广东古塔都采用八角形、方形两种，均为楼阁式。北部受江西古塔风格的影响，东北部受安徽风格影响，广东的塔各地风格不统一，因此没有形成一个固定规律。其中保存最多最为完整的分散在全省北部，南部的要数海康三元塔（图26）。

广西古塔

广西佛教流传以桂林为主。桂林地区古塔以喇嘛塔为主，楼阁式塔极少。例如桂林西山庆林寺塔、桂林市舍利塔、桂林市木龙洞塔较为著名。

桂林庆林寺塔　在桂林西山，建于宋代，平面方形，七层（其中楼阁式六层）。

构造特点：1. 楼阁式塔室正面全部开口，没有塔壁。

2. 第二~六层每面为券门，塔的各层均叠涩出檐。

3. 单层塔：正面开圭角形门洞，塔顶有覆钵，相轮三重，一根刹柱。

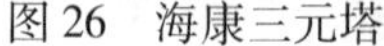
图 26　海康三元塔

图 27　桂林舍利塔

桂林市舍利塔　在桂林市开元寺内，明洪武二十八年（1395）重建。塔为砖砌，为过街楼式喇嘛塔。塔身共分为三部分：下层为方形，四面开有券门互相贯通；中层为八角形，每面有佛龛；上层为圆柱形，正南面开有舍利函的折角窗口，顶有相轮五圈，葫芦形宝顶（图 27）。塔通高为 12.88 米。砖尺寸为 35 厘米×14 厘米×7 厘米，整个塔外部抹灰。

桂林市木龙洞塔　在叠彩山下，建于明代。塔为石造喇嘛塔，由塔基、塔身、塔顶、顶盖四部分组成。塔基由三个鼓形的石饼组成，饼壁刻有蝉翼纹和仰覆莲花纹；塔身由上往下收缩成鼓形，四面有造像；塔颈为十二层相轮；塔顶做伞盖，周围悬挂铜铃六个（图 28）。全塔通高 4.34 米。

图 28　桂林木龙洞塔

四川古塔

四川地区的佛教寺院古塔主要分布在成都、新都、彭县、广汉、金堂、江油、大足、合川、开江、乐山、峨嵋、眉山、筠连、古蔺、阆中、仪陇、中江等地。其中峨眉山为全国四大佛教圣地之一，寺院有名。乐山大佛、大足石刻，其中都有塔，为全省著称。

四川古塔分两大类：一为方形楼阁式塔；二为八角形楼阁式塔。在造型方面还有一种尖锥式，下粗上细，收分显著。在用料方面多为砖石结合体、纯砖塔与纯石塔三种。造塔的数量相当多。此外，还建造了文峰塔，它的质量与数量在全国居于首位，例如简阳塔、大足北崖白塔、灌县奎光塔、仁寿新富塔、邛崃宝塔（图 29）、乐山凌云寺塔等均为全省之冠。

图 29　四川邛崃宝塔

图 30　四川简阳塔

简阳塔　在简阳县南关，建于宋代。平面方形，十三层（图 30）。北塔全部用砖砌，第一层塔室方形，两旁有一斜角间，第二及第三层塔室均为八角形，第四层以上均为方形。塔顶部做叠涩砖井。砖尺寸分 46 厘米 ×21 厘米 ×6 厘米和 49 厘米 ×20 厘米 ×6 厘米两种，以三层长身一层丁头间砌，用黄土白灰混合灰浆。

结构特点：1. 第一层塔身下设有很大的基座。

2. 第一、二层塔身施用月梁，用月梁代替普拍枋阑额。

3. 第三层塔身做一座三间殿，歇山顶向前，月梁弯曲甚大，柱头的十字栱，表现出宋式特点。

4. 第一层内部斗栱中出现批竹昂，补间铺作人字栱，其中反映出唐代木构手法。

仁寿新富砖塔　建于明代。平面方形，五层。内部结构为砖石结合的楼阁式塔，塔梯沿四周壁内折上，共有五个塔室。砖的尺寸为 48 厘米 ×19 厘米 ×5.5 厘米。塔的基座和第一层用石块砌成，二层～四层下部为砖砌，砌法是每层长身与每层丁头相间，砖缝相错。

结构特点：1. 第一层作石檐子；第二、三层外檐有砖砌简化斗栱，每面包括转角共为10朵。

2. 塔内部也是四面沿壁折上塔梯，每层券门形状不同，位置不一，是根据塔梯采光需要而设置的，门窗洞口做圭角形，第一层四面不同：北面开两个圆形石质窗并列，西面靠左上角开圆窗一个，南面设券门，东面无门窗。

大足北崖白塔　在大足县北山顶，建于宋代。平面八角形，十三层（图31、32）。这是一座穿心式结构的塔，除在第一层辟塔室外，其上各层做斜坡塔梯，第二层以上周围作内廊，均自塔心斜上，各层互相交叉。用砖尺寸为7厘米×20厘米×46厘米，每层均用长身砌，胶泥用黄土和白灰混合使用。

图31　大足北崖白塔

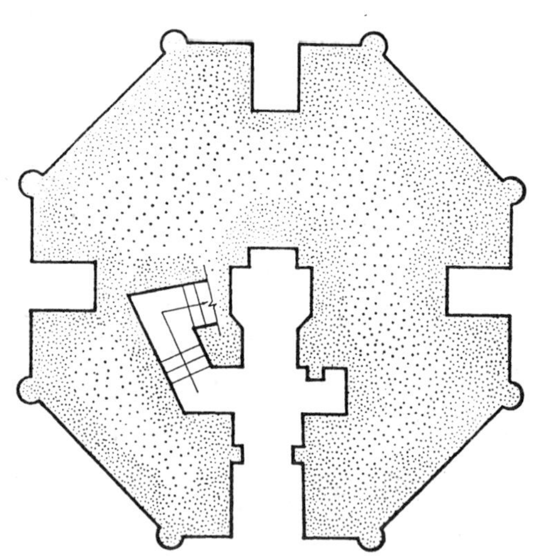

图32　大足北崖白塔平面

结构特点：1. 此塔登塔方法做内廊自塔心斜穿直上，这是宋塔的穿心结构之一例（过去在五台山查到明代砖塔亦有这种做法）。

2. 外观为十三层，塔内楼阁式八层，这是木塔的特征。

3. 塔内外各面墙壁佛龛洞中均镶嵌中型块石刻数幅，石刻除刻佛像之外，还刻划出建筑形象。

4. 第一层塔身八角倚柱均用石柱，石柱柱面极似雕龙缠柱，而且全塔塔基建在暴露出地面上的岩石面上，这样省去塔基，以岩石做基础，相当坚固。

灌县奎光塔　位于灌县县城边，建于清朝道光十一年，平面六角形，十七层（图33、34）。此塔外观密檐式，塔内做成楼阁式，分数层塔室，塔梯按塔的平面折上。砖尺寸为7厘米×20厘米×40厘米（砖上印有“青”字）。砌筑方法为一层长身和一层丁头，砖缝相错。转角砖为加工而成，每层檐子作叠涩砌法，加有一层菱角牙子，全部用白灰砌成。

结构特点：1. 六角形密檐式，十七层高，这种塔是比较少见的。

图 33　灌县奎光塔

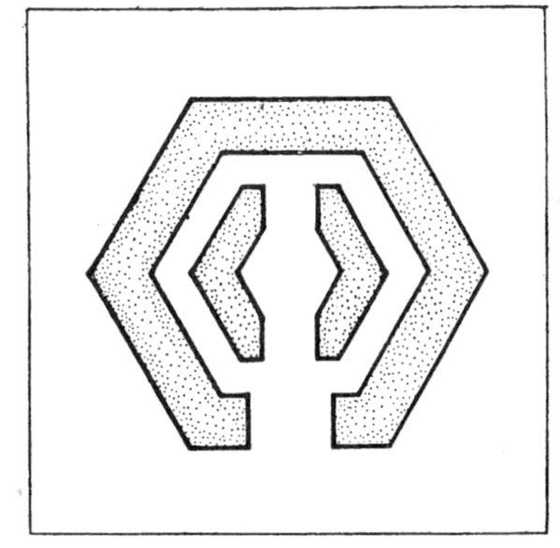

图 34　灌县奎光塔平面

2. 第一层塔身最高，只有一面开券门，二层以上每层每面均开折角门，但是根据沿壁塔梯采光需要，有真门窗和假门窗之分。
3. 第一层内部塔室与外壁隔开，也作六角形。
4. 塔有石砌方形基座。

乐山凌云寺塔　在乐山县凌云山上，建于北宋。平面正方形，十三层（图 35、36）。外部为密檐塔，内部做楼阁式塔室共五层，塔室平面有方形与六角形两种，在转角部分施斗栱。登塔方法采用壁内折上式，按砖塔的平面形式折上。砖的尺度 36 厘米 ×18 厘米 ×5. 5 厘米和 34 厘米 ×34 厘米 ×6 厘米两种，用一长一短砌法（一丁一竖法），灰浆为红色黄土。

图 35　乐山凌云塔

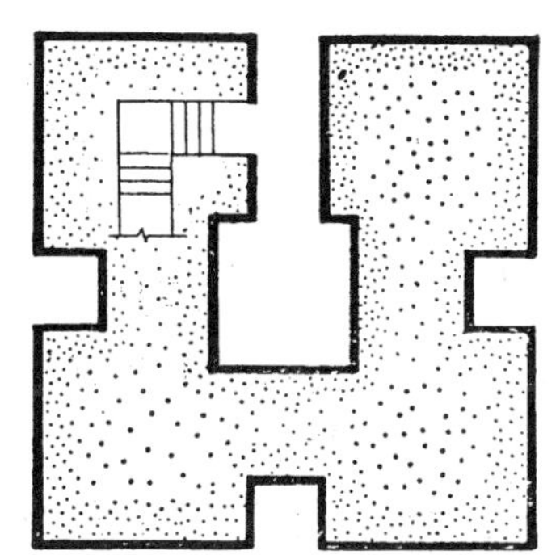

图 36　乐山凌云塔平面

图 37　衡阳来雁塔

结构特点：1. 北塔有一大型基座，基座表面砌出壶门，每面五个。

2. 密檐塔与楼阁式塔相结合的构造。

3. 塔室内施斗栱，有人字栱及鸳鸯交手栱。大斗有圆栌斗，八角斗等式样。

4. 各窗窗洞做圭角形。

湖南古塔

自唐宋以来，佛教在湖南有一定的发展，曾经在衡阳、长沙、岳阳、益阳、常德等地建造了不少佛寺，因而塔也比较少。湖南全省仅有十余座塔，结构亦较简单，木多数造型都像衡阳来雁塔（图 37）。

云南古塔

云南地区佛教从唐代开始发展，在昆明、大理、保山、楚雄、通海、景东、祥云、大姚等地建立佛教寺院，建造佛塔。云南古塔以方形为多，塔檐均做叠涩式，这主要是受到唐代塔的影响。在西双版纳地区，受到缅甸式样的影响，塔都为缅甸的风格，内容十分丰富。例如昆明西塔、大理崇圣寺塔、大理一塔寺塔、昆明官度村金刚宝座塔、洱源制风塔、大姚奎光山塔、下关佛图塔等等均为著称。

昆明慧光寺塔（西塔）　在昆明市内，建于唐代。平面方形，十三层（图 38、39）。砖尺寸为 6.5 厘米 ×14 厘米 ×37 厘米，用白灰砌筑，每层檐子作几层叠涩，一层菱角牙子，塔身外部全部抹白灰。

结构特点：1. 塔有砖基座，第一层塔身最高，只在南面开一个券门。

图 38　昆明慧光寺塔（西塔）

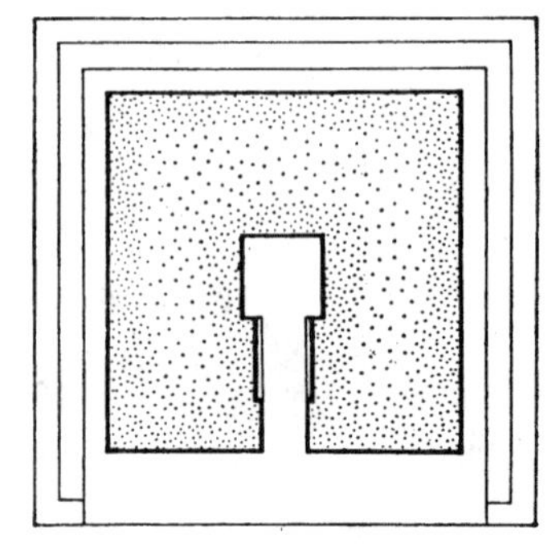

图 39　昆明慧光寺塔平面

2. 二层以上均为密檐、它的内部为楼阁式，每层、每面都有券形佛龛和两个灯龛。

3. 塔刹无存，塔身两头收分大，中间粗，形成优美的轮廓线，檐子生起很大，使塔增加优美的感觉。

4. 内部楼梯沿四壁，安装木板而上，木板宽55厘米，搭置在两壁之间，每55厘米高一块，按四个壁面逐渐上升安装。也可以说是固定的木板塔梯。这样的登塔方式，在其他砖塔中是没有的。

大理崇圣寺塔　在大理县，建于南诏。平面方形，十六层（图40）。砖的尺寸为40厘米×21厘米×6厘米，丁头、长身间砌，均为红泥砌筑。

图40　大理崇圣寺塔

特点：1. 台基两重，总高4米。

2. 塔身全部抹白灰，下半部檐子升起特别显著。

3. 四面开塔门，均做叠涩出檐。

4. 塔门窗洞都在四面中心，上下一直线上。

洱源制风塔　位于洱源县邓川镇罗旭山上，清代重建。平面正方形，十二层。为砖石混合结构的实心密檐式塔。第一层用青石条垒砌而成，基座也是用青石砌成，以上各层均用青砖砌筑，每层檐子作叠涩砌法，中有一层作菱角牙子。

结构特点：1. 塔层是双数，这是比较少见的。

2. 第一层较高，向南开有券门一个，其他各层均有浅券形佛龛。

3. 塔的正面第一层上额刻有“进士及第”字样，为光绪十二年建造的一座文峰塔。

大理一塔寺塔　在大理县南，建于南诏。平面方形，十六层（图41、42）。砖尺寸为40

图41　大理一塔寺塔

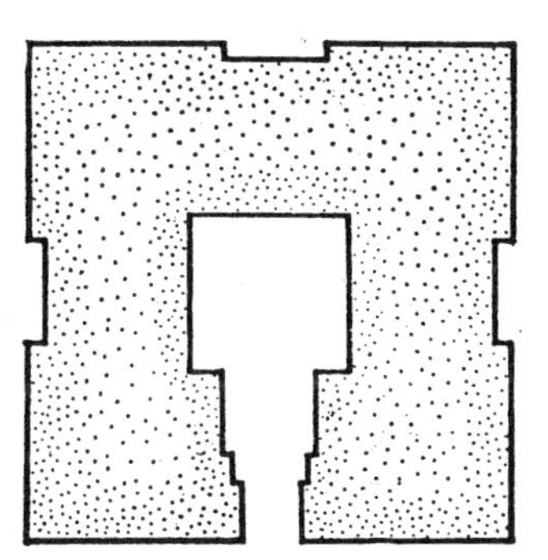

图42　大理一塔寺塔平面

厘米×20 厘米×6 厘米。全部用砖砌而成，一层长身一层丁头，砖缝相错，檐子作二层叠涩加一层菱角牙子砌法。塔身内外抹白灰。

结构特点：1. 此塔层数为双数。

2. 塔内四角镶砌石板，供人登塔之用，这个做法在其他塔内很少见。

3. 第一层较高，以上各层为密檐式，每层、每面均开券门。

4. 塔面灯龛均为一座小型建筑。

5. 第一层塔门为石刻门框，上面存有石门楣，均为南诏时代遗物。

大姚奎光山塔　在大姚县南，奎光山上，建于清代。平面六角形，七层。塔内部空筒到顶，有六根壁柱，每角一根。砖尺寸为 32 厘米×16 厘米×6 厘米，砌筑方法为一层长身和一层丁头砖缝相错，两者相间，灰浆外表白灰，内部砖砌用黄土。

结构特点：1. 内部每转角有木制壁柱到顶，柱径为 13 厘米，每层存交叉横梁。是一种古代框架做法。

2. 除第一层向北开有一个券门外，其余各层每面均无门和佛龛灯龛等。

3. 檐子用叠涩砌法。

4. 有砖砌基座。

下关佛图塔　建于南诏。平面方形，十三层，为密檐楼阁式塔。砖尺寸为 39 厘米×19 厘米×4.5 厘米。塔砖砌法为一层长身与一层丁头砖缝相错，塔基用青石砌成。整个塔身全部抹白灰，檐子用叠涩砌，加一层菱角牙子。

结构特点：1. 第一层塔身高，其余各层为密檐。

2. 第一层开一个券门进入塔室，其余各层每面均开券门。

3. 内部墙面不平，每层接缝处突出砖棱，楼板不按楼层安装，每隔 1~2 层才有梁，这说明外部为密檐式，内部为楼阁式。

昆明金刚宝座塔　在昆明官渡村，建于元代（明代重修）。平面正方形，单层（图 43、44）。全部为实心砖台，五座喇嘛塔全部为石块砌筑。

结构特点：1. 在一个大砖台上建立五座喇嘛塔，中间为大塔，四角为小塔。

2. 砖台子做挑檐，上安装栏杆，每面十档，台子下有十字券门洞，四面通行。

图 43　昆明金刚宝座塔

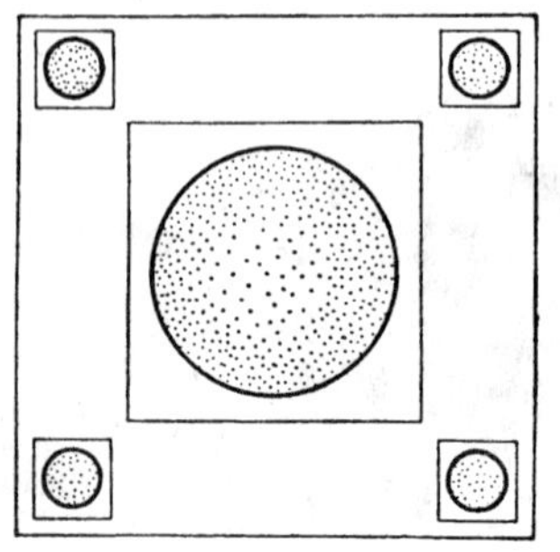
图 44　昆明金刚宝座塔平面

3. 基座的四面做须弥座式，束腰刻佛教故事图。
4. 大塔台基做须弥座式，转角刻金刚力士，束腰做壶门、仰莲、复莲各六层，塔全部为石造。
5. 此种喇嘛塔为“过街式塔”。按过街式塔是喇嘛塔之一种，此塔系受印度佛陀伽耶大塔式样的影响，我国密檐式的金刚宝座塔，有北京五塔寺塔，碧云寺塔、襄阳多宝佛塔、呼和浩特慈灯寺塔，共计五座，云南的“过街式五塔”是其中的一种式样，在建筑史上具有重要价值。

附注：为研究我国南方古塔，于 1976 年到南方各方进行考察，为时三个多月。考察时张宏鹏同志随同参加，协助工作，在此谨致谢意。

大理崇圣寺三塔勘测报告

姜 怀 英

崇圣寺三塔是云南现存最古老的一组密檐砖塔，系全国重点文物保护单位之一（图1）。经国家文物局批准，自1977年开始维修加固工程，现将勘测结果分析如下。

图1 大理崇圣寺三塔全景

一、寺 史

崇圣寺位于大理城西北二里许，点苍山麓应乐峰下。东距洱海约四里，依山傍水，是祖国西南边疆风光明媚的游览胜地。

崇圣寺原是一座规模宏伟的大寺院。据文献记载，“房屋八百九十”，号称“千厦”。三塔位于寺前中轴线上，中塔名千寻塔，方形密檐十六层砖塔，左右各有八角十层密檐砖塔一座，平面位置略呈等腰三角形（图2）。明《李元阳崇圣寺略记》称：“三浮图玉柱标空，金顶耀日，寰中之塔无与为比肩。”寺早已荡然无存，仅留三塔。

关于崇圣寺及其三塔的创建年代，历来诸说纷云。阮元声《南诏野史》丰祐传曰：“开成元年嵯巅建大理崇圣寺，基方七里，圣僧李贤者定立三塔。高三十丈，佛一万一千四百，屋八百九十，铜四万五百五十斤。……自保和十年至天启元年功始完，匠人恭韬、微义。”《滇云历年传》曰：“开元二年晟罗皮遣使入朝，受浮图像并佛书以归。晟奏请大匠营造寺庙，朝廷令恭韬、微义等至滇，晟奉敕建崇圣寺、宏圣寺等并造浮图以镇水患。”《备征志》卷八曰：“开元元年唐大匠恭韬、微义建大理崇圣寺并塔刻石纪年。”《景泰志》卷五：《李元阳崇圣寺重器可宝者记》称：“三塔中塔高入云表，寰宇无匹，旁二塔如翼内向，顶有铁铸记曰：大唐贞观尉迟敬德造。”

前人据南诏政权政治、经济的发展，和中央王朝的关系，认为崇圣寺三塔始建年代“应在

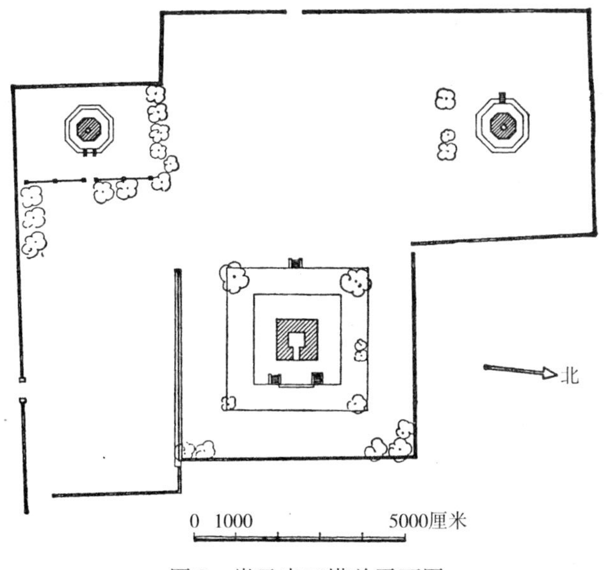

图 2　崇圣寺三塔总平面图

皮逻阁受封云南王之后，阁逻凤未叛唐之前［即开元二十六年（公元 738 年）后，天宝九年（公元 750 年）前］或异牟寻复归唐之后，蒙嵯巅寇西川之前，即贞元十年（公元 794 年）后，太和三年（公元 829 年）前。"① 近方国瑜先生进一步考证三塔为开成元年李成眉所建②。我们基本同意方先生的看法。作为宗教建筑，修建如此巨构，当和洱海地区地方政权政治、经济发展密切相关。唐代初年，洱海四周六个"乌蛮"部落群雄割据，"土族争长"，战争不已。到开元二十五年（公元 737 年）蒙舍诏首领皮逻阁在唐王朝的扶植下破五诏而得大理，公元 739 年从巍山迁都太和城。册封皮逻阁为云南王，从而大理地区逐步进入统一发展时期。崇圣寺及三塔作为大理城规模最大的佛教寺院之一又和南诏政治、经济中心自太和城迁都大理城有关。大理城始建于公元 743 年，广德二年（公元 764 年）建成。阁逻凤的孙子异牟寻联吐蕃进攻成都惨败，于公元 779 年（大历十四年）迁都大理，"增固以为防守"，此后大理城一直是南诏、大理的首府。云南现存几座南诏以来密檐砖塔和中原地区唐塔风格如此接近有其历史渊源。大理"枕苍山襟洱海"，西通永昌达缅甸，东经昆明入黔，北通西藏，南经普洱达安南，东北入四川。早在汉代，洱海地区和中原的关系已开始密切，边疆屯田和频繁的商业往来，使汉文化在边疆地区的传播，促进洱海地区生产力的发展起了很大的推动作用。云南和内地经济、文化交往中以四川最为密切，蜀布、邛杖运往缅甸、印度，并从那里带回商品，大理是必经之路。南诏地方政权建立后，在中央王朝和吐蕃两大势力间虽有几次"不得已"而叛唐，总的关系还是好的。南诏末期，第六代王劝丰祐执政时期，政权旁落，节度使（都督）王嵯巅大权独揽。经过近百年和平建设，南诏经济得到恢复发展。王嵯巅为了满足穷奢极欲的需要，在大理城西开始建筑"高百尺容万人"的五华楼③，以会西南夷十六国君长。太和三年（公元 829 年）又撕毁了贞元五年（公元 789 年）在大理点苍山下和唐王朝签订的盟约，第三

---

① 《新纂云南通志》卷八十八。

② 《思想战线》1978 年第 6 期。

③ 阮元声《南诏野史》。

次对成都发动了大规模的掳掠性战争。《滇载记》称："王嵯巅……入成都取诸经籍，大掠子女工技数万人，南诏工技文织，自是与中国埒矣。""唐大匠恭韬、微义建崇圣寺并塔"的记载虽无确据，然内地"经书宝货"，特别是四川"工技"传播汉族建筑、雕塑技术等方面，无疑是重要媒介。故崇圣寺及三塔开成创建说比较符合大理地区政治、经济、文化发展演变的规律。按千寻塔塔门木过梁及塔刹基坐取样，经放射性碳素测定年代分别为1375±80、1025±75（树轮校正年代）。前者为初唐以前木料，后为唐末宋初。古建筑习用"老"料，过梁木早于开成200余年不足为奇。塔刹基坐木雕年代稍晚于丰祐、世隆，可能与大理国重修有关。明代的崇圣寺有五大"重器"；一曰"塔峙金茎"，二曰"钟震佛都"，都是大理著名的十六景之一，三曰雨铜观音，四曰证道歌碑，五曰三圣金像。铜钟铸于建极十二年（公元871年），观音像为光化二年（公元899年）。崇圣寺自创建到"千厦"、"万佛"的浩大寺院，"保和十年至天启元年功始完"的说法不确，很可能一直延续到南诏灭亡为止。

继1925年大理地震，千寻塔塔刹震落发现一批塔模、佛像以后，本次修缮工程中又在塔刹中心柱基坐和塔刹须弥座内陆续发现一大批珍贵文物；有金、银、铜、水晶佛像、菩萨像，还有瓷器、铜镜、铜钱、塔模、佛牙、写经、铜铃、三戟叉等各类法具以及珍珠、玛瑙等。须弥座内出土的铜函、铁罐内藏文物尚未清理。千寻塔未见"地宫"，而在塔顶埋藏很大一批文物，是罕见的一次发现。已清理的文物中，发现纪年铜片三枚①，其中1142年纪事铜片刻文清晰："时辛酉岁平囫公……再修元重……成都典校金师彦贲李珠睬……李胜隆新建铁柱四……佑盖三取足坚固。"邱宣充同志考证为"后理"国主高升泰的儿子高泰明重修塔刹记录，甚确。其余两片刻文不可通读。中心柱基坐出土文物大部分裹藏在两件整段圆木雕刻成的中空经幢内。大幢高1.5米，底经26厘米，小幢高77厘米，底径17厘米。外绕铜片。出土各类佛像风格与新中国成立前流失国外的段正兴造像惟妙惟肖，方国瑜先生考证段氏造像原供于千寻塔洞龛内。碳14测定经幢年代和出土文物基本吻合，是大理国时期遗物。《南诏野史》记载公元886年，即南诏灭亡前十六年大理地震，"龙首、龙尾二关，三阳城崩。"公元1109年，即后理段正严执政初年地震"倒十六寺"。这两次地震对千寻塔可能有所破坏。千寻塔现存塔刹（包括震落部分）和江浙宋塔塔刹颇为相近。按千寻塔中心柱基坐严密、坚固之构造，不是1925年强震致使中心柱折断，文物裸露，是难以发现的。同样，段氏重修千寻塔，如塔刹仅在原来基础上"葺而新之"并非重建，那么基坐内若大一批文物怎么"祭"进的呢？至少"落地大修"过。公元1108年（大观二年）段正严即位后，宋王朝封段正严"云南节度使……上柱国、大理王。"云南和祖国内地政治、经济、文化仍保持着密切关系。大理国笃信佛教，开国皇帝就"好佛，岁岁建寺，铸佛万尊"。"后理"段智祥仍"建寺不已"，是云南佛教鼎盛时期。须弥座出土铜函、铁罐年代有待深入研究，依位置和须弥座砌体材料分析，和基坐内藏文物，显然不是一次修缮行祀佛活动祭入的。前者密封在深3.47米、径35厘米见方的青铜基坐内，上连塔刹中心柱。后者则埋砌在须弥座东西侧暗洞内。千寻塔建成后屡经修缮，塔刹部分基本保持了原状，是研究建筑史重要的实物资料。

二、千 寻 塔

坐落在崇圣寺前约300米，背西面东偏南，平面方形中空，叠涩密檐十六层砖塔。塔身高

① 云南省文物工作队：《大理崇圣寺三塔主塔的实测和清理》，《考古学报》，1981年第2期。

59.4 米（台基上皮至塔顶铁圈盘上皮），两层台基高 3 米，总高 62.4 米，包括塔刹通高 69.13 米。轮廓端庄素雅，外观和西安小雁塔、登封永泰寺塔、洛阳白马寺塔同一类形（图 3）。是边疆各族人民共同创造的文化遗产，也是云南和祖国内地文化交流的历史见证，成为研究南诏历史的珍贵资料。

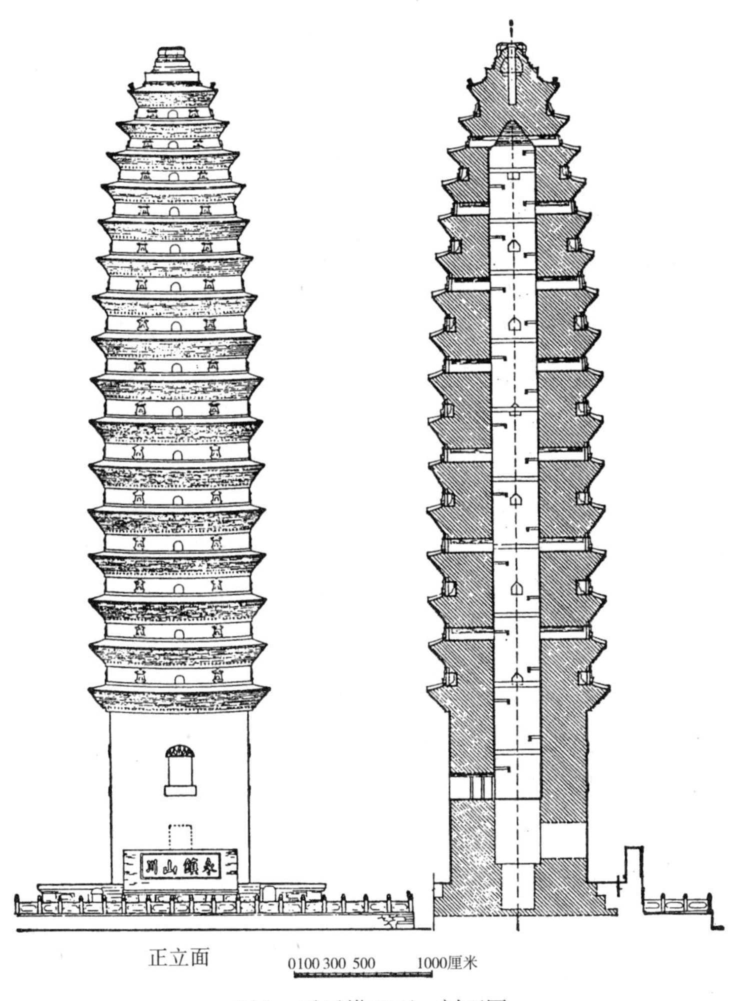

图 3 千寻塔立面、剖面图

塔基

基础深度，基底至上层台面 2.35 米，至塔心地平 4.55 米。基础底面积约 190 平方米，为塔身截面积二倍余。地基红黏土夯实，深约 1.4 米，上铺河卵石一层，厚 30 厘米。满砌基础砖七层后收台，外错三级，宽 2.04 米，高 2.35 米，平上层台基内收一级，宽 48 厘米，高 4.24 米。塔心红土地基上有径 2 厘米圆孔一眼，深 1.34 米，是建塔定位标识。

按千寻塔坐落在洱海冲积平原上，地基未见桩孔，塔身自重 8000 余吨，千余年经多次强震仍巍然屹立，基础的处理是成功的。

上层台基高 1.85 米，宽 21 米见方。砖石混砌圭脚、上枋用青石，其余条砖砌。束腰隐起间柱、壶门牙子。压面石不甚规整、宽 55 厘米、厚 15 厘米。无栏板、望柱。台面三层条砖交叉斜铺。下层台基随地势前高后低。毛石砌，明成化年间增建青石栏板、望柱。栏板高80厘米，宽120～150厘米不等，中间镂空作花纹，雕工粗糙，无地栿、寻杖。望柱高1.2米，四隅望柱头圆雕坐狮，其余刻桃形。塔门前矗立明代增建巨石照壁如屏，长8.23米，厚1.1米，高4米。正面镌刻“永镇山川”，照壁两侧条石台阶各五级，宽1.5米。

塔身

塔身宽9.85米，约为塔身高的1/6。第一层高12.04米，二层以上骤变低矮，层高仅66～110厘米。据李元阳题记（嵌崇圣寺南塔上）：“明正德甲戌地大震，城堞屋庐为摧，独三浮屠无恙，然已罅拆，嗣是风雨飘摇，日益剥泐。嘉靖庚戌间六月六日余乃补甃甲塔，复作木骨，凡百十竣工，又三年，癸丑始克重葺左右二塔，秋初经始首尾历五月”。二至八层塔身宽10.35米，较第一层每面宽出25厘米。九层以上逐层收进。无论砖塔、木塔都是上细下粗，千寻塔何以反其道？试图查明，二至十四层塔身（不包括塔檐）贴面砖一层（图4），砌法先自塔身下部与塔檐连接处包砌平座，贴塔身包砌顺砖一周，上顶菱角牙子，高度70～120厘米。贴面砖44×20×5.5厘米，光平无纹印，白灰浆胶结。无论排砖方式、胶连材料和砖的颜色质量与老塔身迥然而异，对照李元阳“补瓷甲塔”记载，当为明代所加补贴面砖原因，或与抗震加固有关。正德九年（公元1514年）大理“地大震，城中墙屋皆倾仆，中塔裂二尺许，人谓塔将复合，旬日复合。”无独有偶，西安小雁塔明成化地震亦“裂而复合”。然千寻塔裂缝并未复合，缝宽10余厘米，穿过塔心前后左右贯通。既为加固，一层及十五、十六层何不贴砌？显然有外观上的考虑。贴砌面砖层后中腰粗壮塔身轮廓呈抛物线形，敦厚坚实。

图4　千寻塔

塔门及一层塔心修缮前，卵石、碎砖填充封闭，外嵌清光绪十九年碑刻：“自建浮屠经五代重修佛塔证三乘。”一层塔身上部东、南、北三面各嵌石碑一通。高3.6米，额镌坐佛五尊，座雕莲花，碑面书刻梵文经，大部风化剥蚀。惟西面留170厘米×110厘米“窗口”。塔门及窗口均为平顶木过梁，清末毁于火，光绪年间无力大修，封堵弃之。

二至十五层每层檐下正中依南北、东西向交错设置券洞、券龛。尺寸随塔身自下而上递减，二层88厘米×62厘米，15层66厘米×47厘米。洞通塔心，龛深27～71厘米，原供铜像早已无存，现有石雕佛像大部系明代作品。洞龛两侧约2米，塑砌单层塔形龛各一座，莲座，迭涩檐、庑殿式瓦顶。龛心嵌汉白玉梵文经一片。顶层实心，有龛无洞。

塔檐结构，先自壁面迭涩一层，上施菱角牙子一层，再上单砖叠11～14层。悬挑深度69～136厘米。塔檐断面略有凹进，呈“枭线”。檐头上缘至两端向上反曲28厘米，各层塔檐叠涩层数、出檐深度均不同，呈现的弧形外轮廓线，显出砖结构优美的艺术形象。

塔心3.27米×3.35米，四壁垂直，形若空井。至十五层收为方形覆斗式穹窿顶。顶盖石质，20厘米×20厘米。十五层内壁墨书：“嘉靖十九年大塔内倒……同年起工发修”和工匠姓名。所谓大塔内倒，系指穹窿顶东壁部分倒塌，曾埋砌木挑梁五根，此外，塔心尚残存木梁31

根，断面28厘米×20厘米，依南北、东西向呈并字形交错排列。梁距壁面约1米，原铺楼板，经碳14测定，木梁年代距今625±65年，与李元阳题记中“复作木骨”的记载一致。按大理地区的佛图寺塔、宏圣寺塔亦有井字梁而无楼梯、楼板，其功能近似支撑桁架，增强塔身的稳定性。据不完全统计，千寻塔建成后，见于记载地震30次以上，何以“城颓屋倒似尘昏，宝塔峻嶒屹无恙”呢？与塔身构造有关，千寻塔虽属天然地基，塔基又浅，但塔壁宽厚，龛、洞断面小又交叉错位，整体性尚好。

塔身通体涂白垩7~8层，白灰剥落处隐显古老的土朱色。塔身“补瓷”前抹白灰1~2层，最迟明正德前已呈白塔。

塔顶与塔刹

十六层塔檐以上收成方形须弥座，上承覆钵塔刹。“民国十四年大理地震，崇圣寺塔顶震落”① 仅存铜质覆钵及外裹铁圈盘。须弥座高1.23米，上宽2.56米，下宽2.96米。束腰包砌条砖一层，厚59厘米。依黏结材料、砖型号推断，亦为明代“补甃”。覆钵大口向下，底径2.28米，钵底向上收缩成一直径50厘米的圆口。覆钵通高1.07米，壁厚1.5厘米，钵上阳刻八叶莲花纹图案。覆钵外围裹八格扁铁圈盘，扁铁4.5×1.8、4×0.7（厘米），锻打铆接，形状似覆钵。扁铁上有等距规整铆钉孔，据佛图寺塔塔刹形象分析，该圈盘外裹紫铜鎏金莲瓣。钵面上埋铸铁挂环8副，分内外两圈，外圈四环上立“铁柱”固定伞盖，内四环拉铁链。覆钵里面，中心柱基座部分是一个深3.47米，35厘米见方的铜柱筒，分上下两节，上节残长1.1米，连中心柱，下节长2.77米（包括接口搭接部分）。1978年在该处清理出各类文物400余件。柱筒埋入16层塔檐深1.67米，其余部分包砌在塔顶须弥座内。为了增加基坐的稳定性，在须弥座下皮埋设120×60×23（厘米）条石夹板箍一层，其上套置内外铁“笼”两件，埋砌在须弥座内。

塔顶四角端残存骨架一具，高68厘米，向前弯曲，铁架外包鎏金铜皮。李元阳《云南通志·寺观志》称千寻塔：“错金为顶，顶有金鹏，世传龙性敬塔而畏鹏，大理旧为龙泽，故以此镇之。”佛图寺塔、宏圣寺塔及昆明慧光寺等塔均有此装饰，是云南早期密檐塔特点之一（图5）。

16层塔檐四隅埋置三通铁拉链一套。链尾穿过塔檐铆固在檐下扁铁箍架上，链端固定塔刹四角垂链。

图5　千寻塔塔顶护法神鸟

三、北（南）塔

北塔距千寻塔70米，平面八角形，中空，密檐十层砖塔。塔身高（台基上皮至塔刹端）39.42米。台基高2.77米，总高42.19米。北塔（包括南塔）塔身塑砌莲花、斗栱平座，形式繁多的塔形龛及团莲、倚柱等，外观轻盈华丽，和千寻塔庄严雄伟的风格形成鲜明对照（图6、7、8）。

---

①《新纂云南通志》卷八十八。

图 6　崇圣寺北塔

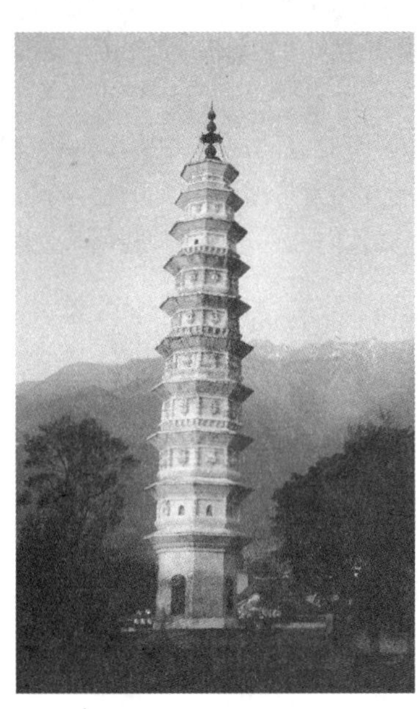

图 8　崇圣寺南塔

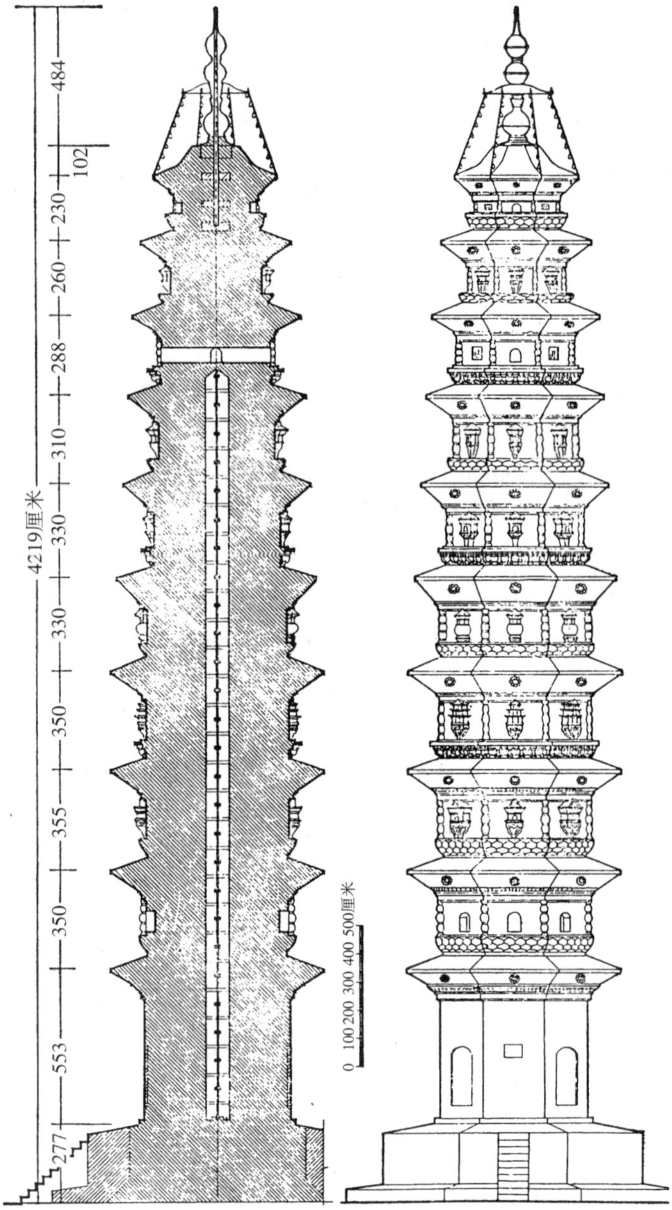

图 7　崇圣寺北塔之立面、剖面图

塔基

北（南）塔台基部分经近代重修，已非原来面貌。上层台基宽 9.4 米、高 1.85 米。下层宽 12 米、高 40 厘米。浆砌片石白灰构缝。单阶十级西向。

塔基深 2.9 米（58 皮砖）。上 1.9 米较为规整，距塔身约 50 厘米，基本垂直。排砖方式以顺、丁砖。1.9 米以下改为 45°斜铺，逐层放脚。基底面积约 80 平方米，是塔身截面积的 2.5 倍。按型制分析，该塔台基原似砖砌须弥座，上承塔身。现在的双重片石台基按箱内回填的大理石碴推测，是清末、民国初年重建。

塔身

图9 修缮后的大理崇圣寺山门

第一层塔身宽5.36米、高4.4米。二至十层塔身高1.3~0.6米。第一层东南西北四面嵌碑，文字漫漶不辨。二层八面券龛，高70厘米、宽31厘米、深33厘米，内供红砂岩石雕立佛、坐佛各一尊。释迦佛通肩大衣、莲座。观音像金冠、胸网缨珞，带臂钏，下着薄裙。和剑川石钟寺造像极相近。三层以上塔身装饰有三种，3~7、9层依次塑砌单层、三层，方形、圆形、五面形塔形龛，龛内原供铜佛一尊，高15厘米，结伽趺坐，通肩大衣，螺髻。造像手指纤细，施无畏印。八层东西、南北向砌置券洞，直通塔心。其余四面假直棂窗，高42厘米、宽52厘米，每窗五棂。第十层窗、龛相间。平座形式两种，二、三、五、七、九、十各层施莲花座，其余三层作斗栱平座。八角葫芦状倚柱。

出檐深度0.75~1.3米，塔身通涂白灰，檐下每面抹团莲一朵或各种人物像，莲心书“风调雨顺，国泰民安”，显然是后代重修所为。

修缮中发现塔心方形，净空80厘米。基座上皮（即首层塔身底）开始空心。和千寻塔一样，内壁垂直。至第八层收顶，以上实心。塔心自下而上隔7~8皮砖埋砌10厘米×5厘米木枋一根，交错成十字状。枋中有2厘米圆孔，居塔心正中。中穿直径2厘米圆柱一根。心底正中突起方砖两层，下层砖面上有塔身分角墨线，上层中圆洞，固定塔心柱。该塔密封空心结构，解决了长期以来实心、空心的争论。塔心木柱中垂定位的做法是造塔技术重要发现（图9）。

塔顶与塔刹

十层塔檐檐口以上内收119厘米砌八角刹座，高50厘米。塔刹高4.85米，中心柱方形铁柱，固定端埋深2.68米、通长7.48米。柱底10厘米×10厘米、柱头2厘米×2厘米。为了增强中心柱稳定，塔刹基座以下的砌体内埋置厚20~23厘米大条石三层，层距55.71厘米。条石中心凿孔固定铁柱。

塔刹由三层葫芦一层伞盖组成，葫芦直径自上而下分别为69、82、100厘米，紫铜镏金。伞盖残，依南塔径约2米。有平出无升起，形若伞状。脊端饰桃形鎏金面叶，八角垂铜带，断面420.8厘米，镏金，各悬挂铎铃8只。

北（南）塔别具一格，既不同于唐代密檐砖塔，和辽金塔亦有差异。始建年代向无定论。总的看法比千寻塔略晚，不早于五代。这次勘测未发现和建塔有关的直接资料，然而按塔的构造、建筑材料及塔刹形象分析，我们认为崇圣寺三塔应建于同期。

首先，三塔基础构造相同，黄土地基，满堂基础。均无“地宫”。其次空心直壁，穹窿顶，顶层实心的作法如出一辙。塔刹形式、构造虽不同，亦仅简繁而已。北（南）塔刹加上相轮即为千寻塔的塔刹形状。中心柱以大石条稳固做法更是雷同。崇圣寺三塔及大理地区的宏圣寺塔、佛图寺塔塔檐层数，一反奇数惯例，均为偶数。南北塔10层、佛图寺12层、千寻塔、宏圣寺塔16层。塔砖规格，千寻塔大约有15种型号。北塔约有八种，除47~52厘米长大条砖外，其余规格完全一样。砖质细密、音响清脆。砖背均有细绳纹印迹，砖侧模印人名或塔形符号。人名系砖匠名字，有左光、左丑、春丑等。胶结材料有红泥和搀灰泥两种。

南北二塔不但构造、外形、大部相同，做法有趣的是二塔相对而倾，南塔倾斜 18°，塔尖偏心 93 厘米，方向西北。北塔倾斜 12°，塔尖偏心 90 厘米，方向西南。按“旁二塔如翼内向”记载，400 多年前已是倾斜之塔了。

（参加三塔勘测工作的还有李竹君、杨玉柱、贾瑞广、梁超、孔祥珍、白文祥等同志，杨玉柱同志绘图，谨致谢意。）

南方禅宗寺院建筑及其影响

孙 宗 文

我国禅宗寺院有不少是著名于世的古代建筑，过去编写建筑史时对它遗留在江南的代表作品，如“五山十刹”中的北山灵隐、南山净慈、太白山天童、蒋山灵谷、虎丘山云岩以及天台山国清诸寺虽也做过介绍或分析，但进行有系统的研究工作却还未曾见。笔者认为禅宗的兴起，不单是佛教上的一件大事，在寺院建筑上更有它独特的手法，为他宗所不及。为此现将过去在浙江地区调查所得资料加以整理分析，并着重于“伽蓝七堂”建筑制度的探讨，为今后进一步研究提供初步素材。

有关本问题的各项参考材料，迄至目前止国内还不多见。且各地禅寺也多经后世重修改建，早与南宋时代始创期的情况不符，所以文中某些地方只能是一种推测。同时有些地方因取材于日本文献，尤不免有隔靴搔痒之感，所以是极不成熟的。

一、寺院从初创到成熟

禅寺起源与建筑制度的形成 禅宗寺院是佛教的产物，我国佛教传自印度，兹先将佛教的出现及禅宗流传情况略作介绍。

印度的佛教创始人是乔答摩悉达多（Gautama Siddhārtha）。他在出家前本是原古印度北部迦毗罗卫城（Kapilavastu，现尼泊尔王国南境）城主净饭王（Suddhodana）的儿子。公元前485年悉达多逝世后，人们尊称他为释迦牟尼（Sakyamuni）——释迦本种族名，牟尼智者义，意为释迦族中的智者。也有人称他为佛陀（Buddha）的，此取觉者义，简称佛，后渐被神化。他首创的宗教就是佛教，列为今日世界三大宗教之一（其他二教是基督教和伊斯兰教）。

印度佛教原从固有的婆罗门教推演而来。在婆罗门教时代，有许多教徒对该教教义不尽满意，致分裂了许多教团，各持异说。在教团中最得人信仰的有耆那教和佛教二派——后来佛教建筑、雕刻、绘画上所以受有婆罗门教美术影响，原因即在此。佛教教主悉达多死后二百余年，摩揭陀（Magadha）国阿育（即阿输迦 Asoka）王统治全印度，当时他不但将佛教定为国教，并派出了许多传教师分赴各地大力推行；除当时印度全境外，曾南到锡兰（即今斯里兰卡），北到中亚。后来中亚方面的佛教由陆路传来我国，锡兰方面的佛教由海道传来我国。禅宗一派就是从海道传入的。

佛教传入我国的年代，依照较可靠的文献记载，应是在西汉末、东汉初年。史称汉元寿元年（公元前2年）刘欣（哀帝）派博士弟子秦景宪接见大月氏王使伊存时，曾亲受其口授的浮屠经。后来刘庄（明帝）又遣郎中蔡愔等到西域抄写浮屠遗范，于汉永平十年（公元67年）东还洛阳，从此我国社会上出现了佛教寺院（第二座是洛阳白马寺，今全国重点文物保护单位之一）。

佛教寺院印度原名 Saṅghārāma，音译僧伽罗摩，又称僧伽蓝或伽蓝。意为众园，即“聚徒说法的学园”。在最初时期，佛只在露天说法，渐次移至岩窟，更进而建造了永久性的堂宇。后来由于要举行宗教仪式以及信徒们生活上的需要，房舍日多，形成了“伽蓝七堂”制度，佛教传入我国后，成为后世各宗寺院的建筑准则。

原始佛教时代，教徒严守戒律，故在寺院建筑上也多遵照佛的指示办理。但经、像传进我国时，离开佛教的创立已经有五百年之久了，寺院建筑样式一再变迁，已不尽与经律记载相同。复由于地理及国情的不同，我国各地寺院无论在样式上和构造上，虽同属佛教建筑，却各有不同的风格和做法。并且随着宗派的产生，中、印佛寺建筑制度差别很大。

建筑随宗派教义之不同而异 佛教初起时本无宗派，后来才有了小乘、大乘之分。它被传入我国之初，只是在皇族及上层贵族地主阶级少数人物中有些影响。且当时信奉者认为佛和中国的黄老之术差不多，造祠（寺）奉祀可以祈福。到东晋时代龟兹国（今新疆库车一带）人鸠摩罗什来我国长安（今陕西省西安市）译经后，才建立起各种宗派。隋唐之际，我国佛教诸宗计得十三即：俱舍、成实、律、三论、涅槃、地论、净土、禅、摄论、天台、华严、法相、真言。后来涅槃并入天台，地论并入华严，摄论并入法相，于是在我国唐代时共有十宗。其中俱舍、成实属小乘，余均属大乘。十宗之中，惟有律、净土、法相、真言尝盛行于印度，其余各宗受印度的影响或大或小，有的更可说是我国的新产物。

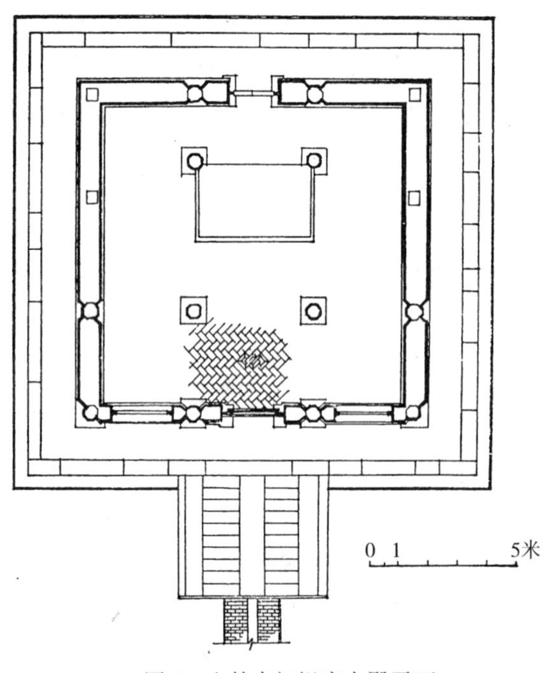

图1 少林寺初祖庵大殿平面

各宗之中，最接近中国化的是禅宗，它的教义是“不著语言、不立文字、直指人心、见性成佛。”一变佛教从来之窠臼。后北宋、明间的儒、佛混合，亦皆自此始（见《国史旧闻》第二分册368页）。此宗历史相传释迦初传迦叶，其后迦叶以衣钵授阿难，中间历经胁尊者、马鸣、龙树……等，密密相传，不著一字，直传到菩提达摩，此为印度禅宗的二十八祖。达摩奉二十七祖般若多罗之命，于南朝刘宋年间（约公元470~475年）第一个到我国来传禅宗，所以后来就尊他为我国禅宗的初祖。他曾在河南嵩山少林寺面壁静坐九年，因此后人又于该地立初祖庵作为纪念。此庵创建于宋徽宗宣和七年（公元1125年），但大殿平面还是早期式样呈正方形，面阔进深各三间，单檐歇山顶。殿内四根金柱，后边的两根由柱缝向后移动124厘米，扩大了佛台前的活动面积（图1），至今是我国著名的古建筑之一。

禅宗依照印度祖师例，不说法、不著书，觅得接受衣钵之人后，自己就圆寂（即死亡）。达摩以后所传的各祖是：慧可、僧璨、道信、弘忍。至弘忍始开山授徒千余人，惟衣钵独传慧能而止。慧能是广东人，他到南方去继续传教；另一神秀则到北方去传教，从此禅宗就分成南北两派。不久北禅灭而南禅独盛，并分衍成云门、法眼、曹洞、沩仰、临济五宗。但也有人说是五家七宗的，其法系表列如下：

禅宗法系表

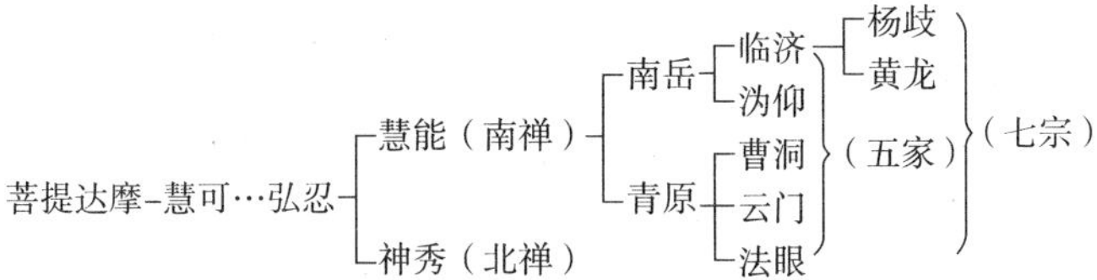

因为禅宗建筑制度关系到派别之不同而相异，故必须先要明了其源流如上。但万物有盛必有衰，宗教也不例外，所以到宋代时，禅宗只剩下了临济一宗，余宗或归绝灭，或就衰微不振。后来幸亏曹洞一宗绵延到宋末时，又忽臻隆盛，因此后世禅宗寺院，亦以属于临济或曹洞宗者为多，其原因也在于此。

禅宗于南朝刘宋时代传进我国，但在社会上正式建立禅寺的时间则很晚。在此之前，我国只有律寺和教寺。律寺是律宗的寺院，以戒律为主，多建有戒坛或戒堂。至于教寺后称讲寺，是天台、华严、净土、法相诸宗的寺院，以讲经为主，故多建有讲堂（也称法堂）。禅宗初来时，禅僧居处极简陋，一般都寄居律寺。待达摩之后传到百丈怀海时，始立禅居之法，禅居即禅宗寺院的前身。

立原始禅寺的建筑规模 怀海创建禅居之法，时在唐李适（德宗）至李纯（宪宗）执政时期（公元780～820年）。因为怀海在江西百丈山时，禅客云集，由于实际的需要定出禅居之法，据宋杨亿述《古清规序》说：

> 百丈大智禅师以禅宗肇自少室（按即指达摩在河南嵩山少林寺事迹），至曹溪以来多居律寺。虽列别院，然于说法、住持未合规度，故常尔介怀。乃曰：“佛祖之道，欲诞布化，元冀来际不泯者，岂当与诸部阿笈摩教为随行耶？……”于是创意，别立禅居。

禅居初创时的建筑规模非常简陋，据宋睦庵《祖庭事苑》卷八说：

> 自达摩来梁隐居魏地，六祖相继至大寂之世，凡二百五十余年，未有禅居。洪州百丈大智禅师怀海始创意，不拘大小乘，折中经中之法，以设制范堂、布长床，为禅宴食息之具，高横榹架（即衣架），置巾单瓶钵之器。屏佛殿、建法堂，明佛祖亲自属授，当代为尊也。……后世各随于宜，别立规式。

当百丈以前，禅僧无定居，及后禅宗日盛，乃设专寺。但禅寺初创时期，不设大殿（屏佛殿），这是与他宗寺院不同之处。后世禅寺为了纪念初祖达摩及百丈创立禅寺之功，祖堂内除设本寺开山僧像外，亦必一并设达摩与怀海像，以示敬仰之意。考之禅宗，在佛教诸宗中其传最广，并且还东达日本，影响了该国的文化。主建筑亦然，我国禅宗寺院制度曾直接影响到日本建筑，不仅在寺院上并且还波及到住宅上，这是始所未料及的。据日本人木宫泰彦《中日交通史》所述，禅宗寺院中还专门建有茶亭。盖因吃茶之风，系先行于禅僧之间，后来才普及于世。因为茶有刺激性，吃之能解闷觉睡，坐禅务于不寐，故茶就成为禅僧间不可缺少之物。禅宗提倡饮茶，故特设茶亭而日本仿造之。

二、禅寺建筑制度和室内物具

平面特点分析 印度初创佛教时期，小乘僧侣生活以乞讨、修禅为主，故仅居岩窟。后来释迦牟尼到处说法传教，始建立讲堂；并为了容纳大量的信徒听讲起见，讲堂规模一般都很大，所谓“重阁讲堂”每见之佛经记载可证。待释迦涅槃（死亡）后，人们为了纪念佛陀而建造窣屠婆（Stupa）或制底（Caitya）——均译名为塔，前者塔藏舍利（舍利为人死亡后烧剩的骨粒）。于是塔就成了寺院的中心建筑，四周绕以僧房。当佛教传来我国时期，正值这种布局盛行于月氏故都即迦湿弥罗及犍陀罗一带。汉永平年间，我国派使臣赴印求经，实际上也仅到上列地点，因此我国初期寺院的平面布局乃师西域旧制，以塔薄舍利，奉作寺的主体。其起讫时期约从汉到南北朝时期（公元67～580年）。此后我国佛教信仰遍及民间，社会上“舍宅为寺”之风大盛，于是寺院平面也由西域式一变而为中国式，事见杨衒之《洛阳伽蓝记》，如书中所说的建中寺，本阉官司空刘腾宅，他舍宅为寺后即“以前厅为佛殿，后堂为讲室”。其他之例，不胜枚举。

我国禅宗寺院的平面，基本上是受到固有传统住宅院落布置方式的影响与其他寺院同。因为我国住宅建筑，中等以上的都具有明显的中轴线和均衡对称的布局方法。大型的还采用廊院制度，寺庙情况也正是如此。唐宋时代，禅宗没有造塔的风气，这样更有利于寺院的布局方式。此外，当时社会上庭园建筑亦很发达，不仅贵族官僚们到处竞营郊区别墅，即在衙署内也多附设花园。寺院建筑本起自环境幽美的山林之境，因为这样便于信徒们的修禅，不为俗念所绕。所以后来不论郊区、城市寺院多造有庭园，禅寺更盛（日本也如此）；如后述的我国南宋时代的禅宗五山十刹，其中大部分就是以园林之美著称于世的。综观禅宗寺院平面布局的特点是：

（1）采用中轴线和均衡对称之布局方法，位于中轴线上的多属主要建筑。

（2）由于采用中轴线，寺的地基初期者多呈东西狭而南北宽的纵长方形。但到了后来，配殿杂房增多，建筑物逐渐向两边发展，结果就形成了东西宽而南北短的横长方形。

（3）利用天然环境尽力于园林绿化，如为条件所限，则必附设以小型庭园。

伽蓝七堂制度初探 佛教建筑上向有“伽蓝七堂”之称，七堂即七座堂塔。其解释有二义：一为寺院房舍众多，而七堂则是专指其中的主要建筑；一为凡寺院必须具备七堂，否则不能称作伽蓝。

伽蓝七堂之名，传自日本，因为在日本文献中谈到古代的寺院布局时每提到它。他们认为此制出自古代朝鲜的百济国。日本佛教由我国传到百济后始由百济再传去，当日本用明天皇二年（公元587年）圣德太子造四天王寺（在大阪市）时，即沿用此制。

百济及日本初用此制时，七堂究指哪些建筑？据考古发掘材料，百济圣明王三十一年（公元553年）所造的皇龙寺有中门、塔和大殿遗址；日本四天王寺则有中门、塔、大殿和讲堂，都位于寺的中轴线上。查朝鲜百济建皇龙寺和日本建四天王寺，均值我国南北朝时代，当时我国的佛教寺院建筑，位于中轴线上的也是门→塔→殿→堂，与百济、日本之例一致。

日本佛教传自百济，百济传自我国，而我国又传自印度。因此伽蓝七堂原始之制，亦起于印度。据唐释道宣《戒坛图经》传称中天竺舍卫城的祇洹精舍，其正中佛院位于中轴线上的建筑，由南往北是：外门、中门、前佛殿、七重塔、后佛说法大殿（即讲堂）、三重楼、三重阁，合计恰是七座堂塔。如果与我国、日本、朝鲜之例对照起来，则同样最前面是门，最后端是讲堂，中央为塔的所在，所不同的只是佛殿的位置。不过我国佛教初传时代的伽蓝七堂，除山门、塔、大殿、讲堂外，其他三堂由于资料不足，很难肯定（图2）。

七堂不只限于佛教上的一宗一派所专有，因此建筑物也并不是永久不变，它是随宗派的不同而异其内容，兹列表比较如次：

图 2　隋唐五代宗教建筑组群

宗　别	七　堂　名　称	所据文献书目
禅宗	（1）佛殿、法堂、僧房、厨房、山门、西净（便所）、浴室	《安斋随笔》后编十四
	（2）佛殿、法堂、禅堂、食堂、寝室、山门、厕屋	《阿弥行状记》
真言宗	（1）佛殿、讲堂、五重塔、大门、中门、钟楼、鼓楼（或经藏）	《安斋随笔》后编十四
	（2）佛殿、讲堂、灌顶堂、大师堂、经堂、大塔、五重塔	《阿弥行状记》
法相宗	佛殿、讲堂、山门、塔、左堂、右堂、浴室	《阿弥行状记》
天台宗	佛殿、讲堂、戒坛堂、文殊楼、法华堂、常行堂、相轮樘（塔）	《阿弥行状记》
华严宗	佛殿、食堂、讲堂、左堂、右堂、后堂、五重塔	《阿弥行状记》

（以上见小野玄妙《佛教美术概论》第二章第二节所引。）

各宗之七堂名称所以不同，这是由于宗派教义、礼节关系，所以七堂的房舍也就不尽相同了。有的某殿某堂这一宗认为重要，但那一宗却不一定认为重要，可有可无，不一定被列入七堂范围之内。以塔来说，各宗差不多全被列入七堂，独禅宗就不注重塔的供养，因此禅宗寺院的七堂之内就没有塔的建筑（参见上表），但墓塔除外。

禅宗伽蓝七堂，依照日本文献解释颇不一致，如《禅林象器笺》所载的七堂平面示意如下：

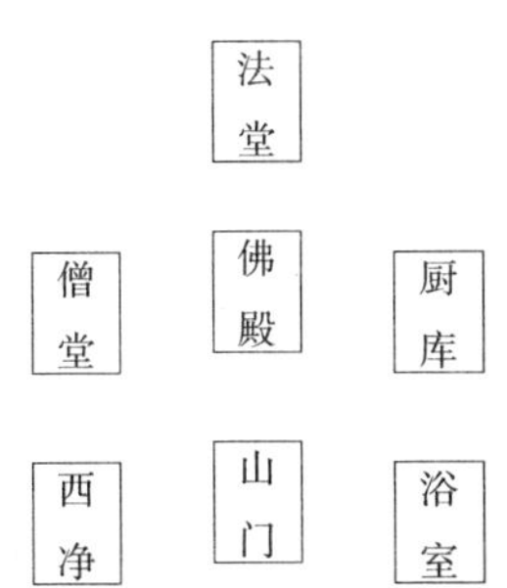

其中僧堂即禅堂，西净是便所。但当时僧堂不仅供坐禅之用，并作“禅宴食息之具”，是一堂而兼坐禅、起卧、饮食三用途，与今日寺院内的禅堂性质稍异。伊东忠太《日本建筑の研究》则说禅宗七堂是三门、佛殿、法堂、方丈、僧堂、浴室及东司（便所）。

据伊东忠太之说，可知七堂中有许多是生活用房，如僧堂、便所、浴室之类，因为佛教到后来已注意到僧侣的生活问题，故此项房舍也一并被列入七堂范围之内了。以上是日本禅寺情况，至我国如何，则文献无据，只能在实物上加以考察（详后）。

主要建筑类型　我国禅宗寺院是基于本国情况而产生的，所以它的建筑既要不违背经律，也要合乎国情。兹将重要殿堂的类型简介如下，以明其进化演变之迹。

（1）山门　这是寺院最外面的建筑物，按山门的正名应该称“三门”，这是因为根据古代制度，它的形制似阙，下开三门，故名。但后来寺院只开一门的也叫三门，这是基于佛经记载用来标帜三解脱（即空、无相、无愿三种禅定，此三者为涅槃之门户）。又古代寺院始建于山林地带，故外门俗称山门。后来一般人把建在城市的寺院之外门也叫山门，这是沿其俗称之故耳。

古制，山门是一种楼阁式建筑。现在实物虽不存，但尚可见之敦煌莫高窟壁画和文献记载中。依照后者，直到唐宋时代还沿用此制，如：

> 杨惠之，不知何处人。唐开元中与吴道子同师张僧繇笔迹，号为画友。河南府广爱寺三门上五百罗汉及山亭院楞伽山，皆惠之塑（《五代名画补遗》）。
>
> 绍兴四年（公元1134年），宏智禅师建僧堂落成，继而拓旧。维新巍其门（山门）为杰阁，延袤两庑，范千铜佛列于阁上（《天童寺志》）。
>
> 三门阁上必设十六罗汉像。中安宝冠释伽，以月盖长者、善财童子为挟侍。释迦或为观音（《禅林象器笺》）。
>
> 宋元丰元年（公元1078年），相国寺三门五百罗汉（《释氏资鉴》）。

以上均为山门有阁之例。在现存实物中，如天津蓟县独乐寺山门，原也系重阁，毁后于辽圣宗统和二年（公元984年）重建，始易楼为平屋。这是我国今日剩下来的历史上一座最古老的山门。

禅宗寺院的山门一般也如此。规模较大的寺院，山门不止一座的，则分别称之为头山门、二山门等（如苏州虎丘山云岩寺例）。但事实上头山门只是寺院的外门（日本称总门，我国杭州灵隐寺也如此），而寺院二山门才是真正的山门（日本称中门）。山门每兼作金刚殿用，按金刚是执金刚神的简称，系佛的侍从力士，手持金刚杵，故名。相传此为印度守门之神 DValapala，每雕于寺院（或石窟）及塔的入口处，左右共一对。佛教传来我国后，即改用塑像置于山门，相对作守卫状（如天津蓟县独乐寺山门例）。

山门与外门之间每设池。池的形状有方、有圆，也有作半月形的（半月形的当属晚起）。池中植莲，故俗称莲池。依照佛教教义，莲象征弥陀的净土，故净土宗寺院非常重视，必为主要建筑。不植莲的池一般作放生用，称“放生池”，这是依照《金光明经》所说的流水长者救生的事迹。天台大师始立此法，故放生池始于天台宗寺院，它的出现约在唐肃宗乾元初年（公元758年），此后才渐次推行于禅宗寺院。

（2）佛殿　《百丈清规》说：“不立佛殿，唯树法堂”。《祖庭事苑》也说：“屏佛殿，建法堂”。考之僧寺不立佛殿原合于律制，因为在古代梵文经典中本无佛殿名目，到后来印度寺院建造此殿之后，也不直称佛殿而称“香殿”或“香室”。日本则称之为“本堂”或“金堂”。之所以不称佛号，原是表示尊敬佛陀的意思，正如佛像初起时只雕绘象征物（如白象、菩提树、食钵、佛足、塔幢、法轮、佛座等）的意思一样。但依我国习俗则不建佛殿成为异举，因此自有寺院以来就有佛殿。但禅宗寺院初立之时，虽为了遵奉百丈禅居制度未建佛殿，以表佛祖亲自属授当代为尊之意，而后祖师以惧信徒去佛俞远忘本，乃恢复佛殿制度，因此遗留到今日的禅寺，全有佛殿，一如其他宗派寺院同。

佛殿形制，其平面有正方形和长方形之别，前者是一种早期的样式，多盛行于唐宋时代，这也许是与当时殿内佛、菩萨像配置的方式或受到佛塔平面的影响有关。同时方形之殿，依照山西所见佛寺例，它的位置必在山门与大殿之间，也就是古代建塔位置所在。方形的殿一般为三间见方，长方形的则其总面阔多在五间以上，这要视寺院规模的大小而定。至于屋顶，简单的是悬山或硬山式，复杂的是歇山式；并有单檐、重檐之分。复杂的屋顶，俗谓之官式建筑，多见于北方或南方的敕建寺院中（如浙江普陀山的三大寺例）。最简单的则与一般民居无异，惟在屋脊装饰上有所区别而已（如陕西省西安诸小型寺院例）。

佛殿视其位置和殿内像饰的不同有主殿和配殿之分。主殿称正殿，也叫大殿。从整座外观来看，它必是全寺中规模最大并且也是最为富丽堂皇的一座建筑。

佛殿初起时，本以一殿供一佛为准则，但到后来由于地基、经费之限，遂改成一殿数佛之制，这也是明以后殿供三如来的由来。惟河北易县开元寺，寺中主要建筑——毗卢、观音、药师三殿，东西并列。按易县开元寺，创建于唐开元年间（公元713～741年），后来虽经过辽金元明清历代修建，但殿宇布局始终不变，仍得保存古制，极为可贵。

山门与佛殿之间，我国有天王殿，而日本仅京都宇治万福寺有此例。按万福寺建于日本德川幕府时期的宽文元年（清顺治十八年，公元1661年），它是属之黄檗宗的一座禅寺，寺系明僧隐元东渡后由他负责设计建造的，样式完全仿自我国福建省福清黄檗山万福寺而来。由此推测，我国寺院中的天王殿创建时期一定很晚，所以在日本建万福寺时始有之，否则隋唐时期就应该传进日本去了。

（3）法堂　法堂即说法堂，这是禅宗寺院堂舍的名称，他宗寺院有的称讲堂。此堂起源很早，当释迦在世时印度早有之。如印度之毗舍离大林重阁讲堂、普会讲堂，舍卫国的东园鹿母讲堂等。我国讲堂见之文献记载的始于南北朝时代，如《洛阳伽蓝记》述建中寺的制度是以“前厅为佛殿，后堂为讲室。”讲室即讲堂，也就是禅寺的法堂。除舍宅为寺者外，讲堂一般都系重阁，这样它置于佛殿之后，格外显得寺院布局的宏伟。但今日所见各禅寺讲堂每在阁的下面，而上层则作为藏经之用（一般径称“藏经阁”或“藏经楼”），这是已经有所变化。

（4）方丈　禅宗寺院的正寝称“方丈”，这是住持（长老）的居住处所，位于寺的最高深处，一般都在法堂之后。方丈一名的来源，本基于维摩丈室故事，据《祖庭事苑》说：

> 今以禅林正寝为方丈，盖取自毗耶离城维摩之室而来，以一丈之室能容三万二千师子之座，有不可思议之妙事故也。唐王玄策为使西域，过其居以手版纵横量之得十笏，因以为名。

按手版即笏，古时自帝王至士皆执笏，后世则惟高级官员才执笏。唐时笏长一尺，十笏即一丈。室每边长一丈所以称为方丈之室，方丈是它的简称。但方丈一名并非始于唐，在南北朝时代已有之，如《文选》卷五十九王简栖《头陀寺碑文》说：“头陀寺者，沙门释慧宗之所立也。宋大明五年（公元461年）始立方丈茅茨，以庇经像”之语（按寺在武昌黄鹄山），所不同的一为用之住持居室，一为用之佛堂耳。依照日本禅刹堂舍位置旧制，法堂后有茶室，接茶室为寝堂，连寝堂而有方丈。所谓寝堂乃住持讲礼处所，相当于今日本禅院丈室前所置的“礼间”者是，但我国尚无此制。

以上寺门、池、山门、天王殿、佛殿、法堂、方丈，一般多位于寺院的南北中轴线上。其他如钟鼓楼、禅堂（僧堂）、斋堂（食堂）、开山堂（祖堂）、衣钵阁等则多位其左右而适当配置之。但有一原则，即此项建筑在禅寺内每多对称。

（5）钟鼓楼　寺院钟鼓楼制度，钟楼较鼓楼早出。因为钟者“丛林号令资始也，晓击则破长夜，警睡眠；暮击则觉昏衢，疏冥昧”（《百丈清规》卷八法器章）。至以钟悬楼制度，我

图3　苏州寒山寺钟楼

国约始自六朝时代，不过它的平面位置已无从查考。依照日本例，钟楼最早建在讲堂的后方东北角，它与西北角的“经藏”遥遥相对。后来经藏改为鼓楼，二楼位置逐渐推向前方。日本佛寺制度初传自百济，后传自我国，我国古代寺院殆亦如此。由于二楼位置的改变，故现在所见的我国寺院钟鼓楼大都已造在山门两侧，或山门与天王殿、山门与佛殿之间。惟苏州枫桥寒山禅寺的钟楼犹位于佛殿后的东北角，与一般寺院异（图3）。考之寒山寺自唐以来就有钟楼，以后虽经明清时代重建，但楼址一直未变，故此寺的平面值得注意。

鼓楼的前身是经藏，又称经台或经楼，是保存经典的处所，南宋时代杭州灵隐寺犹如此。及后各寺藏经数量渐多，并且历代也每有“颁赐藏经”之举，以有限的空间实难容纳如许藏经，因此扩而大之另建“藏经阁”，于佛殿的后方，原楼改悬以鼓，称之“鼓楼”，此为禅寺鼓楼的起源。

钟鼓楼位置一般都是钟东鼓西，但唐代长安平康坊菩萨寺则为鼓东钟西，与常制异。又钟鼓楼形制都相同，这是为了两面对称的缘故。我国所见多作二层状，日本则有单层的。此外我国也有三层的，那是规模比较大些的禅寺才有，如宁波天童寺例。

（6）禅堂　禅堂古称僧堂，本供僧人坐禅及起卧、饮食之用。尝考我国北朝时代禅法已经风行，寺院内多已建有禅房。但禅法与后来的禅宗之禅不同，因此禅房与禅堂的性质亦不尽相同。《禅林象器笺》引《蒲室集》杨云岩居士《蒋山僧堂偈序》说：

> 寺，古制皆有僧堂，然惟会食而已。至于寝处则有别室，如今教律院犹然也。独禅林自唐开元中，百丈海禅师作《清规》，设长连床于堂，率众尽入居之。

查长连床源出北朝时代寺院内的绳床制度，到了唐宋时代，长连床乃系一种木造的大床，因长大而可连坐多人，故名，一如今日所见的统铺然。床的位置都置在禅堂内左右两侧，有的几乎占一间面积，其长大可知。床施椸架、备供挂道具之需。

（7）罗汉堂　这是南方禅宗寺院中比较突出的一种建筑物，内供罗汉，故名，但也有称作罗汉殿或应真殿的。按罗汉是佛教小乘中最高的地位，他们都是释迦牟尼的弟子。早在唐代末叶，佛教寺院建筑上面盛行画壁之风后，罗汉像即成为壁画的题材。如当时有四川画家左全、赵德齐等之描绘罗汉像于成都大圣慈寺竹溪院壁，其制作时期约在唐乾宁、光化年间（公元894～900年）。再后些的则有前蜀杜子瓌、杜觑龟等画家，各于东律院大圣慈寺揭谛院与同寺灌顶院罗汉堂之画罗汉像诸例。

罗汉影响到建筑物的，要算自有雕塑始。因为当时雕塑罗汉数，最少的是十六，由此进展到十八。五代时后梁乾化年间（公元911～915年），洛阳沙门智耀，曾列有十六罗汉在他所建造的应真浴室西庑内。后唐同光元年（公元923年），宋州广寿院沙门智江，亦曾塑有十六罗汉在他的住院堂宇之内。

由于十六罗汉住世护法的传说，引起了汉地佛教徒对于罗汉的深厚崇敬，于是又产生了五百罗汉的传说，同样五百罗汉也就成了佛教寺院中供奉的对象，但这许多罗汉塑像，要将它们容纳在一座殿宇之中可不简单。十六或十八罗汉在寺院中供置的地位，一般都在大殿内部两旁。或分列在大殿后壁的左右，此系由于大殿内部两旁另已隔成小间无供置罗汉地位故耳。除此之外，也有位于大殿外部两侧的，不过这有两种情况，一种是另造殿宇，一种是不盖殿宇而将罗汉分供在大殿两旁的廊房中。有的罗汉堂不与大殿相近，则此种殿堂以供置五百罗汉为多，虽然有的也有仅供十八罗汉的，如宁波天童寺例，但很少见。

上面所说罗汉供在大殿两旁的最为普遍，如宁波天童寺、育王寺、普陀法雨寺诸例。分列在后壁左右的，比较少见，如宁波延庆寺大殿例。至位于大殿外部两侧，其盖殿屋的如普陀普济寺例，其不盖殿屋而将罗汉分供在大殿两旁廊屋中的，如厦门南普陀寺例（见艾术华《中原佛寺奉》并有其平面图）。

我国寺院供奉五百罗汉之风，始于唐开元年间（公元713～741年），因为当时有位大雕塑家杨惠之，他结合了当时的建筑技巧，创造出一种塑壁手法，首先在河南府（今河南省洛阳市）的广爱寺三门（山门）上作五百罗汉。到五代时（公元907～960年），吴越王钱氏曾造五百铜罗汉于浙江天台山的方广寺。又传杭州石屋洞的五百十六身罗汉（五百罗汉与十六罗汉合刻）亦系镌于五代后晋开运初到宋开宝七年之间（公元944～974年）。

除塑、铸、石刻外，在五代时候，首先出现了五百罗汉院的建筑，其例有杭州下天竺的灵山教寺。按灵山教寺即今下天竺法镜寺，但当日罗汉院遗迹早不存在。次者有后周显德元年（公元954年）道潜禅师迁雷峰塔下的十六大士像于净慈寺，建五百罗汉堂，堂的建筑采用特殊的一种结构，即俗称的“田字殿”。南宋初年，毁而复兴，据清际祥《净慈寺志》卷二十二说：

> 南渡时，净慈毁而复兴，住持道容塑五百阿罗汉，建田字殿贮之。

又据明汪砢玉《西子湖拾翠余谈》卷上，更有具体的描绘说：

> （净慈寺）东廊构田字殿，贮五百尊像，作四层相背坐，尊尊异形。位置曲折多迷。

按净慈寺罗汉堂始建于南宋绍兴二十八年（公元1158年），文中所谓的位置曲折多迷，就是指的建筑平面而言，因为它形制特异，殿堂凡四十九楹而其中具有四个小天井，这样，每个罗汉塑像无论人处在什么位置，由于都能照到阳光而看得非常清晰，便于人们瞻仰五百罗汉的艺术技巧。如果以各尊罗汉的位置言，则系均作四层相背坐状。惜此堂于明初因寺院失火而被烧毁。清顺治十五年（公元1658年）在建造杭州灵隐寺时，灵隐寺的五百罗汉堂即系仿照此堂式样而建造的。现在灵隐寺的五百罗汉堂也于民国年间被火焚毁。但“田字殿”遗构实物，至今还存。如北京香山碧云寺罗汉堂，建于清乾隆年间（公元1736年）；苏州戒幢律寺罗汉堂，建于清光绪二十六年（公元1900年），五百罗汉木质金装，大恒逾人，形态各异，自从杭州灵隐寺罗汉堂被毁后，此为国内南方所仅有者，弥足珍贵。其他的则有上海龙华寺、湖北汉阳归元寺、四川重庆华岩寺、云南昆明筇竹寺等处。现将灵隐寺的田字殿平面绘示如次（图4）。

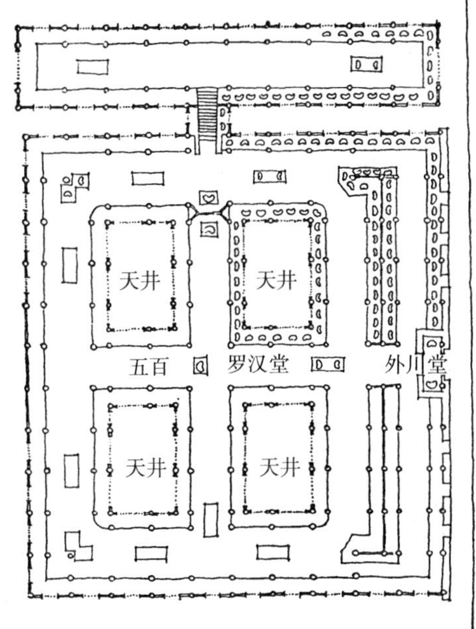

图4　灵隐寺田字殿平面

宋时，社会上对五百罗汉的尊崇更为兴盛，如宋太宗雍熙元年（公元984年）造罗汉像五百十六身奉安于天台山寿昌寺。又宋仁宗时供施石桥寺五百应真的敕书，现尚载《天台山志》中。此外在《苏轼集》中，也有宋元符三年（公元1100年）为祖堂和尚作的广东东莞县资福寺五百罗汉阁记等。其例实不胜枚举。

五百罗汉堂不但流行于南方各地禅宗寺院，即北方也莫不如此，试观明李濂《汴京遗迹志》所载，当时京师（今河南省开封市）佛寺中有此殿堂的计有相国寺的罗汉阁，曾迎取颍川郡铜罗汉五百尊置此阁上。上方寺（即开宝寺东院）的罗汉殿，其五百尊像身，皆是漆胎，妆以金碧，穷极精妙之至。又宝相寺（俗名大佛寺）的罗汉洞，有罗汉塑像五百尊为故宫（按即开封之北宋故宫）物。当时寺院之所以崇拜罗汉，实因禅宗盛行所引起，故禅宗寺院的独多罗汉堂，事非偶然也。

罗汉堂在禅寺中的建筑位置，依照文献及实物所示，乃由前推向后，与塔的情况有些相似。在诸堂宇中的地位也由次要而变成重要，故列为主要建筑物之一，试观碑刻及文献记载：

> 宝殿中峙，号普光明。长廊楼观，外接三门，门临双径驾五凤楼九间，奉安五百应真（宋嘉泰三年《重建径山兴圣万寿禅寺之记》碑文）。
>
> 明万历癸未易庵建置附载……正殿所谓唐殿式者也，中奉三世尊佛，后为五百罗汉涌壁（清孙治、徐增《灵隐寺志》卷二）。
>
> 西禅堂下为罗汉殿所，供五百应真者也。——按此系正殿罗汉涌壁毁后移建的罗汉殿，位于正殿的西首（同上书引王益朋《重建灵隐寺记》碑文）。
>
> 罗汉殿……在正殿之西，显德元年潜禅师移奉塔下金铜十六大士始建，及南渡后毁。绍兴二十三年，高宗临幸敕佛智、道容重建，复十六大士并五百尊罗汉像（清际祥《净慈寺志》卷三引《净慈寺旧志》）。
>
> “民国”七年重建罗汉堂……创始迄今计三百余年，堂内有竹禅尊宿所绘十八应真图石刻，嵌于壁间（《天童寺续志》）。

据以上所举禅宗五山中的四寺都有罗汉堂，但因建置时期的先后不同，它的形制、位置等亦相异。当罗汉堂初起时，与唐代一样设在山门的高阁上，位置并不重要。不但南宋杭州的兴圣万寿寺如此，即早在北宋初年所建的河南开封大相国寺也如此。及至以后的建造诸寺罗汉堂时（如净慈寺、灵隐寺诸例），始将它的位置移后与大殿平行。到了明末清初时，则已移至寺的最后部（如天童寺例）。可见罗汉堂在禅宗寺院中的地位，由次要而变为重要，是有它一定的客观原因和规律性的。

（8）塔幢　佛教传入我国初期，佛塔作为寺院的中心建筑，四周绕以僧房，一如西域旧制。其遗迹今虽不存，但相传日本建于飞鸟时代的四天王寺乃仿照我国的白马寺格局。今四天王寺的中门与金堂（佛殿）之间，即为五重塔所在，可为重要例证。待到南北朝时期，社会上的“舍宅为寺”风气盛行，前厅改作佛殿后其门与殿之间已无法再容纳佛塔，因而打破此制。至唐由释道宣传来中天竺舍卫城的祇洹精舍图样（载《戒坛图经》），其伽蓝七堂的中心建筑是七重塔者，此乃律宗寺院制度，而禅宗则仍以重阁法堂作为主体建筑，直到宋代禅宗五山中的杭州灵隐寺犹如此（图见《中国营造学社汇刊》三卷三期，梁思成译田边泰《大唐五山诸堂图考》一文）。至今日浙江天台山的万年寺，建于唐太和七年（公元833年）也是以法堂作中心，寺前的大池则开凿于南宋淳熙十四年（公元1187年）而在池的北岸偏西立石塔。宁波天童、育王二寺在池的北岸也立有五塔。再如天台山国清、上方广、善兴诸寺在寺门口也莫不立有一塔或七塔（图5）。可是日本禅寺却都无此制。由此断论，这种禅寺立塔之制，大约是宋元以后之事。

综上之说禅宗虽不提倡建立塔幢之风（幢之建立，来源于密宗），但僧侣死后亦必营造墓塔。他们采用丛葬制或独葬制，前者称普同塔（又称普通塔），后者称禅师塔并在前面列出禅师名号。在我国北方有一座非常著名的禅宗墓塔，那就是净藏禅师塔，塔在河南嵩山会善寺，建于唐天宝五年（公元746年）。南方则有一种塔身似直立蛋形的禅宗墓塔最为特别，此种塔俗称卵塔，亦名无缝塔。丛葬或独葬都是禅宗的传统制度，《禅林象器笺》引《文字禅普同塔记》说：

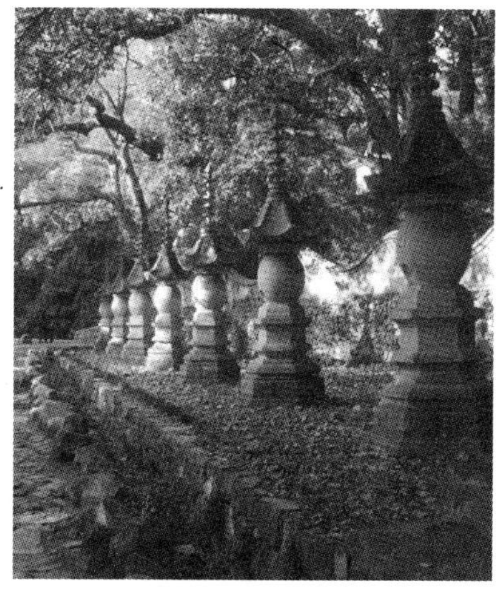
图5　天台山国清寺七塔

自佛法入中国，奉持之者，缆緫其法度，参差不齐。独百丈大智禅师，以禅律之学约之人情，折中而为法以寿后世；故其生依法而住谓之丛林。及其化也，依法而火之，聚骨石为塔，号普同塔。

至卵塔来源，佛经中有谓出于埋卵之塔，或象征置舍利之瓷瓶的遗形者，其实不然。同书说：

世有援藏经说云，昔有一女产五百卵，皆破成人。母按乳，乳分为五百道，洒五百儿口。所破卵壳聚之埋地上建一塔，因名卵塔。……梅峰信和尚曰，凡安舍利，用铜瓶金坛，藏之于塔中。今函骨身于镐瓶，庀钀瓶于铜瓷。盖拟金棺银椁之制乎。卵形盖瓶瓷之遗形也。若依忠（忠即《禅林象器笺》的作者）所见，亦不然。昔南阳国师对代宗曰，与老僧作个无缝塔。后之禅者，托斯语乃窆亡僧。削坚石团[䜌]，无缝棱、无层级者呼为无缝塔矣。无缝塔之形，适如卵，因名卵塔。

按浙江省宁波天童寺古天童宋故宏智禅师的妙光石塔，则是此种塔型的佳例。妙光塔建于南宋绍兴二十七年（公元1157年），塔全高1.90米，须弥座上承以蛋形的塔身，后世虽经重修，但它的原始造型始终未变（图6）。查此种式样的墓塔，不但宋以前未见，即宋以后亦很少见。据目前所知，仅河南嵩山少林寺西塔院内有金宣宗贞祐三年（公元1215年）所建的衍公长老塔及金哀宗正大元年（公元1224年）所建的铸公禅师塔等数处。降至元明以来则不见。但后来元明开始出现的窣屠婆式塔，其来源也许与此种塔式有关。

图6　天童寺妙光石塔

室内壁画、陈设、家具和灯具　禅宗寺院殿堂四壁往往施以壁画。按殿、塔等建筑画壁之风在我国唐宋时代已经很盛行，现虽遗物不存，但见之历代文献记载的实不胜枚举，故禅寺的有壁画也是很自然的。不过壁画题材有多种多样，其中最常见的如佛传图、本生经变画等。此外还有一种专门画禅宗故事的壁画，宋郭若虚《图画见闻志》卷六说：

魏之临清县东北隅有王舍城佛刹，内东边一殿极古，四壁皆吴生画禅宗故事，其书不知谁人，类褚。河南循例接劳北使，及使辽者过，则县大夫自请游观，仍粉牓志使者姓名。

按志中所云吴生即指吴道子，褚殆指褚遂良。史传吴画落笔雄劲而傅彩简淡，褚则工楷隶。二人为唐代著名的画家和书法家。此寺大殿四壁均绘禅宗故事图，则当属禅寺无疑。

禅寺殿堂内部陈设与一般寺院同，但禅家为教外别传，不立文字，不重经典，只重精神修养。彼等所最注意的是其师所授的法语、偈颂，因此每揭于禅室壁间。又南宋时代肖像画大盛，禅家为了纪念其师，每绘有师的半身像（一称顶相），题赞其上挂在墙上，作为修禅的机缘。影响所及，后世寺院厅堂间悬挂书画的风气亦因而大盛。

禅寺厅堂所悬挂书画的题材，也有严格的规定，如五山十刹中的宁波太白山天童景德寺，法堂中央讲台壁面挂以巨幅“太师（狮）图”，前悬额题曰“狮子吼”，这是出于《维摩经·佛国品》中的“演法无畏，犹如狮子吼”一语而来，盖取佛在大众中为决定之说而无所畏之意。又浙江奉化雪窦山资圣寺，法堂屏门上也绘有巨幅“太师图”，一如天童制度。

家具，禅家有它的独特风格而自成一派。降至后世，士大夫的住宅内有些家具也每仿照之，如明屠隆《起居器服笺》说：

短榻，高九寸，方圆四尺六寸，三面靠背，后背少高如傍。置之佛堂、书斋、闲处，可以坐禅习静，共僧道谈之，甚便斜倚。又曰弥勒榻。

禅椅，尝见吴破瓢所制，采天台藤为之。靠背用大理石，坐身则百衲者精巧莹滑无比。

所谓弥勒榻、禅椅，这些家具名称都和佛教信仰有关。

灯具在禅寺中也有它一定的艺术风格。明代住宅中有所谓“禅灯”的，就是仿禅寺为之，如屠隆《文房器具笺》中禅灯条说：

高丽者佳，有月灯灼以乳酥，其光白莹，真如初月出海。有日灯得火内照，一室皆红，晓日东升不是过也。小者尤更可爱，价亦倍于月灯，角者似不堪用。

据此可以知道我国禅寺中的照明灯具是非常讲究的，它不仅实用而且还富有艺术性呢。笔者在“文化大革命”前到浙江省调查古建筑时，曾到“五山十刹”之一的天台山国清寺。该寺创建于隋开皇十八年（公元598年），原属天台宗，到南宋建炎四年（公元1130年）始改禅寺。现在虽然还是国内天台宗的巨刹，但过去经多次改作禅寺，至今禅风一直很盛，其寺内所有灯具还是仿照禅寺样式，极富于艺术意味。

又明文震亨《长物志》亦称“窗，佛楼、禅室间用菱化及象眼者”。“丈室中可置卧榻及其禅椅之属”。“佛堂前为小轩及左右俱设欢门（即上部轮廓带有花头曲线式样的门），后通三楹供佛，庭中以石子砌地，列旛幢之属。另建一门，后为小室可置卧榻”。据此，可知禅寺室内陈设与家具影响后世之深矣。

三、五山十刹丛谈

名号由来及分布地点 我国禅寺发端于怀海首创禅居之法，时在唐代中叶，但当时南方实未普及。至唐末五代，吴越国王钱弘俶建都临安（今浙江省杭州）信奉禅法，乃改辖境内各地教寺（一称讲寺，是天台、华严、净土、法相诸宗的寺院）为禅寺，于是禅宗寺院在江南各地者日多。南宋嘉定年间（公元1208～1224年）赵扩（宁宗）以京畿佛寺推次甲乙，尊表五山为诸刹纲领（见明田汝成《西湖游览志》卷三）而品定江南禅寺等级。禅宗的“五山十刹”之说，由此而起。

考五山十刹一名并非创自我国而是仿照印度来的。印度释迦牟尼在世时，曾造有祇园、竹林、大林、誓多林、那兰陀五精舍（寺），号称五山。十刹最初原指释迦牟尼涅槃（圆寂）后，将他遗体火葬后所得到的舍利及遗物分造的十塔而言；后来建寺必立刹，作为纪念佛陀的意味，因此“刹”的名称就渐渐地变成了寺院的代名词。至于十刹的地位较之五山要稍次一等，所以它的建筑规模也没有像五山那么大。

五山十刹并非禅宗所专有，各地各宗的教寺也采用之，但在建筑史上讲，则五山十刹教寺者决没有禅寺那样名声大，且绝大多数寺院已毁而不存，没有讨论价值。

禅宗五山为：

1. 杭州径山兴圣万寿寺（径山寺）。创于唐天宝初年（公元742年）法钦——牛头宗第七世国一禅师。

2. 杭州北山景德灵隐寺（云林寺）。东晋咸和元年（公元326年）西域僧慧理建。宋景德四年（公元1007年）改景德灵隐禅寺。

3. 杭州南山净慈报恩光孝寺（净慈寺）。五代后周显德元年（公元954年）吴越国王钱弘俶建。南宋绍兴九年（公元1139年）改净慈报恩光孝禅寺。

4. 宁波天童景德寺（天童寺）。原创于晋永康年间（公元300年）义兴。唐开元二十年（公元732年）法璿在山麓初建精舍，至德年间（公元757年）移至今址。明洪武十五年（公元1382年）重定等级时，改列为禅宗五山之第二。

5. 宁波育王山广利寺（育王寺）。创于南朝宋元嘉二年（公元425年）道佑。宋大中祥符元年（公元1008年）改禅寺。

禅宗十刹即：

1. 杭州中天竺山天宁万寿永祚寺（法净寺）。创于隋开皇十七年（公元597年）宝掌。

2. 浙江吴兴道场山护圣万寿寺。

3. 南京蒋山太平兴国寺（灵谷寺）。古为开善精舍，梁天监十三年（公元514年）立。初在独龙阜，明建孝陵时改迁今址。

4. 苏州万寿山报恩光孝寺（万寿寺）原为教寺，南宋绍兴九年（公元1139年）改禅寺。开山名禅月大师，有江东第一禅林之称。

5. 浙江奉化雪窦山资圣寺（雪窦寺）。创于晋，原在雪窦山顶，称瀑布院。唐会昌元年（公元841年）移建山下。

6. 浙江永嘉江心山龙翔寺（江心寺）。

7. 福建闽侯雪峰山崇圣寺。

8. 浙江义乌云黄山宝林寺。梁大同六年（公元540年）善慧大士初结庵于山的双祷树间名双林寺。宋治平三年（公元1066年）改名宝林寺。现寺已毁，仅残留铁塔二。

9. 苏州虎丘山云岩寺。创于隋仁寿元年（公元601年）即杨坚（文帝）颁发舍利所建塔寺之一。

10. 浙江天台天台山国清教忠寺（国清寺）。创于隋开皇十八年（公元598年），为纪念天台宗祖师智𫖮而建。南宋建炎四年（公元1130年）改禅寺。

禅宗五山十刹大部分在创立时期并非禅寺，其寺名相同的又往往为同年所改易；《佛祖统记》卷四十九曾说绍兴九年（公元1139年）敕天下州郡立报恩光孝禅寺为徽宗（赵佶）专建追严之所。杭州的净慈寺、苏州的万寿寺，在南宋高宗时代均由教寺改为禅寺而以各该州之报恩光孝为名者。

元代以前，我国禅宗五山十刹等级未曾变更；至元文宗天历、至顺年间（公元 1328 ~ 1332 年）在金陵（今南京）创建大龙翔集庆寺，始列名次于五山之上。但五山十刹制度传进日本后，他们的各寺名次却经常随时代而变更，这是与我国固定者不同（参见木宫泰彦《中日交通史》第六章）。

我国禅宗寺院始于唐而盛于南宋，当时国势正处偏安局面，政治中心在浙江临安，因此属于此宗的寺院——五山十刹地点绝大部分也在浙江地区。又我国佛教寺院，大都位于山麓谷口，因天然形势层递而登，皆可远眺，且门前临溪以吸清泉，堂宇宏美林木森然。如杭州的灵隐、净慈；宁波的天童、育王；天台的国清；天目的昭明、禅源等均是。此外尚有深藏在山坞中的，如天台的高明，雁荡的灵岩寺。更有高栖在山顶的，如奉化溪口的雪窦寺，位于海拔六百米以上的雪窦山上；又如天台华顶寺，亦位于海拔九百余米的天台山上。至于舟山群岛上的普陀山，一向有“海天佛国”之称，而温州的江心寺，位于瓯江中心，更独擅胜概。随着旅游事业的发展，以上这些寺院大多已修复旧观。

建筑特征 五山十刹中所显示的建筑特征，由于时代变迁，今日所见都已不是原来规模。现试从间接资料中去找寻有关当时的建筑规模与细部特征。

在许多资料中最宝贵的，首推日本彻通义介手绘的“五山十刹图”。图的来源乃南宋理宗开庆元年（公元 1259 年）金泽大乘寺僧义介来我国遍访五山十刹，亲自绘制诸寺建筑和堂内设备，成图二卷，携返本国藏之寺内。同时还制成复本多种，藏之京都东福寺的题名“大宋诸山图”，藏之于常高寺的题名“大唐五山诸堂图”。嗣后日本建造寺院时，就取该诸图卷作为范本。日本明治四十四年（公元 1911 年）图卷被指定为“国宝”，彼邦对此图之珍视可见。图中内容以有关建筑样式的记录最为详尽，约占全卷大半。依照建筑图细分之则有：寺院平面图、构造图、详图和禅宗寺院特有的佛具、法器图等。按彻通义介入宋时期在开庆年间，他来我国后即遍游五山中的径山寺、天童寺等，四年后回国，如此则图中所描绘的，当在该几年中诸寺的实际情况（公元 1259 ~ 1262 年）。兹将重要者列举如下，以窥当时之建筑特征而与今日的做一比较。

（1）*平面* 图列灵隐、天童、万年三寺平面。灵隐寺平面自外山门起经过一段很长的参道，沿飞来峰到寺门。寺门南向，门前有溪涧及冷泉诸亭，如今日所见者相同。图中诸堂配置在中轴线上者自寺门至坐禅室共七座，现示意如下：

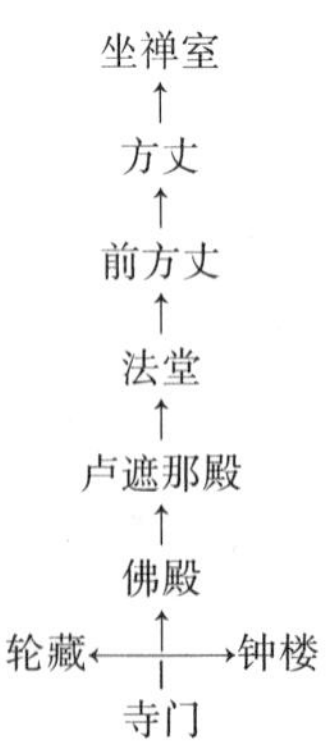

所可注意的，除以法堂作为全寺中心外，是今日一般寺院佛殿前的钟鼓楼每左右相对，而此寺则鼓楼的位置却是轮藏，显然现已失传了。如果核以《灵隐寺志》卷二所载明万历十一年（公元1583年）时的情状说：

> 山门为最胜觉场……进为天王殿，金刚四列。……又进为正殿，所谓唐殿式者也，中奉三世尊佛（按今日新塑者只一佛）。……又进即旧铁塔，建藏轮殿三。又进旧法堂五，僧玹理建，而易庵重修之也。又进上坡为方丈（直指堂），元辅良所重建者，易庵以为法堂也。

据此，可知灵隐寺在明代时，中轴线上的建筑物与唐、宋时代者尚无多大差别，惟将轮藏迁建到大殿的后面而已。

从整个寺院平面来看，灵隐寺绿化面积之广是一大特点。自外山门起，一直到天王殿前一段，沿途古木参天，绿荫蔽日，加以飞来峰麓许多洞穴，石刻林立，不啻是一座风景优美的天然公园。

又如天童寺的建筑今日虽变（因系清代重建），但它的总平面核与“五山十刹图”所示，至少尚可认为是按照南宋时代的五山遗迹来建造的。如五山图中的天童寺，池前描有七塔，七塔至今仍并列如故。中心建筑亦然。

（2）大殿　图上表示整个殿宇立面的有镇江金山寺佛殿，为重檐歇山式建筑，正脊上书“皇帝万岁”字样，殆为“敕建”（奉皇帝之命而造）故。再从今日的建筑来看，如杭州灵隐寺大殿七间，长40米，深27米，三檐歇山顶，全高45米。由于高度超过了殿的长度，更由于出檐三层，因此骤视之好像是一座楼阁式建筑物，在文献记载上称之“唐殿式”。可知这种型制本属于唐时代的风格。因为从我国佛教建筑的发展来看，唐宋时代正是盛行大佛大阁的时期，后来大殿虽经过十多次重修、重建，但其原样一直未变，所以在文献记载中每称之为建复旧观、复还旧规、唐殿式、悉准前式等等。新中国成立后两次修复该殿，部分虽已改用了钢筋混凝土结构，但外观的基本样式还是未变（图7）。

图7　灵隐寺大殿

除金山寺佛殿系为整个立面外观外，还有杭州径山寺法堂断面及月梁图，此为五间重层的堂宇，据此即可完全得知此法堂的斗栱、月梁，下昂以及柱上部的卷杀等大概。至海会堂、纲纪堂（祖堂）诸图不再详述。

（3）斗栱　在殿宇结构上讲，禅宗寺院都为木结构，它的构件如斗栱就有很多样式并反映在佛具上。如灵隐寺鼓台，其上层使用一种重叠之栱，为七铺作（四出跳斗栱），直接从柱而出。并且全是纵向的华栱而不用横栱，即宋《营造法式》中所谓的“偷心造”。这种偷心造的斗栱，在我国唐宋建筑遗构上已不多见，仅唐代佛光寺东大殿（建于大中十一年，即公元857年）斗栱的内槽部分及天津宝坻辽代的广济寺三大士殿（建于太平五年，即公元1025年。它是除蓟县独乐寺观音阁山门外，为我国古代木结构建筑中已发现的最古者）斗栱后尾部分诸例。但在南方的似较多，其中以苏州南宋玄妙观三清殿（建于淳熙六年，即公元1179年）后金柱上的内转角铺作一处为最古。此外又约建于同时代的福建泉州开元寺石塔，塔内自壁角所伸出的斗栱，亦属此种形式。后来此制传入日本以后，在他们的建筑物上就大量地被应用起来，如镰仓时代播磨净土寺净土堂、药师堂以及大和东大寺南大门、开山堂等。这种偷心造的斗栱我国尚无专名，日本则叫它做“插栱”。带有插栱的建筑物，他们称之“天竺式”，以有别于“唐式”和传统的“和式”。

（4）门窗　金山寺佛殿、何山寺钟楼及天童寺正面详图所示的门窗全作欢门式样（图8），依照现存之例，天童寺的大殿犹如此（图9）。按天童寺大殿，殿身七间，长35.7米，深26.5米，重檐歇山顶。上檐挂有匾额书“佛殿”二字，较异与一般寺院的大殿称呼。殿的下层前面带有“厢”（即是前面钉有板壁的走廊），厢的正面连续开以“欢门”。在殿身明间前后各有槅扇以通出入，两旁次间正面则开以圆窗二个。整座建筑位于高台上，前设平台，台的四周围以石栏板，置石级以利上下，形制非常雄伟。

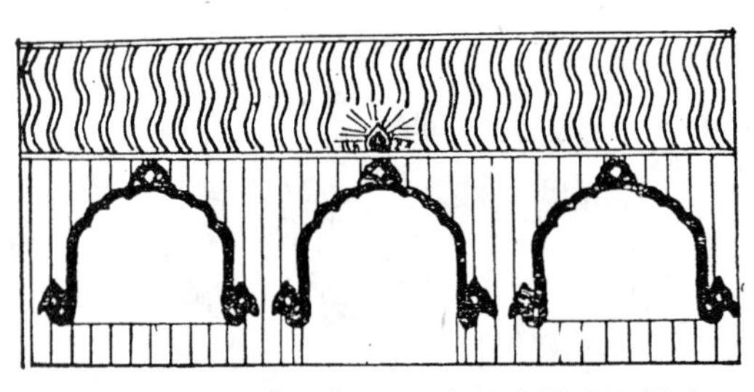

图8　《五山十刹图》示天童寺大殿欢门样式

图9　天童寺大殿

此殿门窗特点即表现在采用“欢门”制度。原来欢门即唐宋时代所称的“壸门”，依照佛教建筑惯例，凡带有尊贵意义的入口处每作壸门样式。印雕刻亦然，如须弥座的束腰部分雕饰及砖石塔门窗是最为常见之例，可知这是唐宋时代建筑及雕刻上的一种通用手法。又在门窗之间钉以直板，板缝加木条，宋《营造法式》称之“障日版”，盖其目的在于遮蔽阳光，故名。

（5）屏风　卷中列有径山寺、灵隐寺屏风图。按屏风是介乎隔断和家具间的一种活动壁障，不仅是艺术装饰，还是中国建筑上的特殊手法。今禅寺中虽也有用板做成的大型屏风，称之“板屏”，但唐宋时代板屏都能够移动，今则改成固定的了。如前述天童、雪窦二寺法堂讲座后的板屏例。依照《百丈清规》上堂云：“设罣罳法被”，罣罳即板屏，若常在则何言设？故古制不造板屏而临时设置罣罳。这种小型的活动屏风，殆与上述的欢门例同样是表示一种尊贵的意思。

（6）须弥座　与家具相姊妹的佛具，图中列有径山寺法座和佛坛。虽都作须弥座样式，但二者形制不同，前者用束腰柱子，即座的束腰转角处为直线，其形一如常制；而后者不用束腰柱子，中间部分凸出如鼓状。这种鼓形束腰在南方长江流域，特别如江浙一带直到清代时还非常流行，而北方则很少见，此殆为地方手法之故欤？

（7）脊饰　唐宋时代的殿堂脊饰，正脊两端用鸱尾，但在佛寺则往往改用飞鱼。按此种飞鱼在佛教上称作摩竭鱼（鲸鱼），印度纪元前所造的山基（Sanchi）大塔塔门横梁两端即雕有此种飞鱼形的图案。我国殿宇屋脊用鸱尾之制，依照文献记载，是在晋以后。但用飞鱼的则多见于南方建筑，在北方的还是用鸱尾形式。西安大雁塔西门楣石刻佛殿图及甘肃敦煌石窟第十八洞壁画所示唐代鸱尾均为实例。五山图中的金山寺佛殿及何山寺钟楼，其鸱尾做的都是飞鱼形，是为宋代南方禅宗寺院建筑脊饰之佳例。位于佛殿正脊中央的，金山寺佛殿还用宝珠为饰，其他寺院恐也如此。

对日本建筑的影响 以上所说的五山，给日本人印象最早的是宁波育王寺。唐玄宗开元二十一年（公元733年）随遣唐使来我国的荣叡、普照二僧，曾与鉴真同往该寺瞻礼，事见真人元开《唐大和上东征传》。该寺舍利殿于南宋乾道三年（公元1167年）经入宋僧重源运来之木材为之重建一新。次为天童寺，淳熙十四年（公元1187年）日僧荣西第二次入宋时，先赴天台山万年寺，后赴天童寺，适值天童修建千佛阁，荣西返归日本后曾送来许多木材以助其工；自此天童之名遂传遍了彼邦。占南宋禅院五山首位的径山万寿寺，则对日本建筑影响最大，原因是日僧前来此山挂锡的最多。灵隐、净慈亦如是。至于十刹，日人来此巡礼的，是元以后始盛之事，因十刹地点距宁波、杭州较远，当时交通不便故也。

在上面谈到斗栱时，曾提及日本之"天竺式"与"唐式"。查此两种式样都传自宋，前者由入宋僧重源传入，重源为了准备重建东大寺大佛殿，曾一再入宋考察寺院建筑。并以周防的木材助建育王寺舍利殿，天竺式样从而进入日本。

唐式一称禅宗式，顾名思义，可知此种式样是直接参照我国禅宗建筑的。查此式是由入宋僧荣西（为日本禅宗的开创者）所传入，当他在宋时曾参加过天台山万年寺山门两廊、智者大师塔院工程，并助成宁波天童寺千佛阁工程，故富有建筑经验。归国后他大扬禅风，在博多建造圣福寺（公元1195年），在镰仓建造寿福寺（公元1200年），在京都建造建仁寺（公元1202年）等，都系仿照宋代禅宗寺院式样而营建的。此外又有入宋僧圆尔、辨圆于南宋理宗端平二年（公元1235年）入宋，淳祐元年（公元1241年）归国，居宋六年，均在径山。当时径山因绍定六年（公元1233年）四月遭受一次大火灾，全山房舍悉成灰烬，径山住持无准师范曾予重建。辨圆亲见其状态，归国后即在京都东山仿照径山寺式样建造东福寺（但这些建筑还多少夹杂了一些天台、真言的成分在内，并不是纯粹的禅宗建筑，如建仁寺中的建有真言、止观二院可为明证）。后来宋僧道隆建造镰仓建长寺（公元1253年），真正的禅宗建筑自此才名实始备。以后禅兴、寿福、圆觉、净智诸禅寺建筑，宋僧道隆、正念、祖元等咸参与其工程，模仿宋禅刹式样成分之多，是在意料中的事实了。

唐式特点是建筑富有劲健、庄重的风格，建筑装饰方面亦非常朴素。此式对于日本建筑界影响最大，如近代日本住宅建筑上的盛行"书院造"式样与"玄关"（门厅部分），就是受到唐式回廊制度的影响蜕化而成的。惜其时建筑物今多不存，仅镰仓圆觉寺的舍利殿为当时的遗物而已。

谈到五山十刹图，因将日本禅寺样式流源，一并附述于此。又本文中未附入的图样，可参见《中国营造学社汇刊》三卷三期，梁思成译田边泰《大唐五山诸堂图考》一文中的诸图。不再列举。

《水经注》记载的古代建筑

陈　桥　驿

《水经注》记载的我国古代建筑很多，它不仅记载了这些建筑的规模和结构，同时也反映了当时的技术水平，因而是我国建筑史上的重要遗产。这里把它所记载的宫殿、楼、阙、台、寺院等约略介绍如下（桥梁与塔另撰专文）。

北魏以前，我国已经出现过不少著名的宫殿，郦注记载的宫殿达一百二十余处。尽管这些宫殿在当时大部分已经并不存在，但是由于在时间上相去尚近，记载这些宫殿建筑的文献大多尚未缺佚，社会上流传的对于这些宫殿的传说也大量存在，使郦注有可能对这些建筑进行细致的记载，赖郦注的记载，这些宫殿的原始面貌得到了不同程度的保存，让我们能借此窥及我国古代建筑技术的发展水平。

郦注记载的宫殿，有一些具有十分宏伟的规模。卷十九《渭水》经“又东，丰水从南来注之”注中记载的阿房宫，是我国历史上最早和最宏大的宫殿之一。注云：

“《史记》曰：‘秦始皇三十五年，以咸阳人多，先王之宫小，乃作朝宫于渭南，亦曰阿城也。始皇先作前殿阿房，可坐万人，下可建五丈旗，周驰为阁道，自殿直抵南山。……”《关中记》曰：‘阿房殿在长安西南二十里，殿东西千步，南北三百步，庭中受十万人’”。

如上注，“可坐万人”，言其面积之大；“下可建五丈旗”，言其建筑之高；“庭中受十万人”，言其范围之广。则其规模宏伟，可以想见。

在同注中又记载了汉代的建章宫，其规模不下于秦代的阿房宫。注云：

“建章宫，汉武帝造，周二十余里，千门万户。”

这里，注文写得十分简洁，但宫殿的规模已历历可见。“周二十余里”，其范围何等广大。而这中间的多多少少宫殿楼阁、亭台苑榭，注文只用“千门万户”一语以概括，写得何等生动扼要。

对于建章宫的内部结构，郦注又引用另一种材料加以描述。注云：

“《汉武帝故事》曰：建章宫北有太液池，池中有渐台三十丈。……南有璧门三层，高三十余丈，中殿十二间，阶陛皆玉为之，铸铜凤五丈，饰以黄金，楼屋上椽首，薄以金璧，因曰璧玉门也”。

上述《汉武帝故事》关于汉武帝营造建章宫一节，除《水经注》外，我国其他古籍如《史记·孝武本纪·正义》、《史记·封禅书·索隐》、《初学记》、《艺文类聚》、《三辅黄图》、《续谈助》、《北堂书钞》、《御览》等都有引及，但此处所引自“南有璧门三层”到“因曰璧玉门也”一段，为郦注所独存，所以尤足珍贵。

卷十九《渭水》经“又东过长安县北”注中，又记载了另一著名宫殿未央宫的宏大规模。注云：

“高祖在关东，令萧何成未央宫，何斩龙首山而营之。山长六十余里，头临渭水，尾达樊川，头高二十丈，尾渐下，高五、六丈，土色坚而赤。……山即基，阙不假筑，高出长安城，北有玄武阙，即北阙也；东有苍龙阙，阙内有闾阖、止车诸门。未央宫东有宣室、玉堂、麒麟三阁。未央宫北，即桂宫也，周十余里，内有明光殿、走狗台、柏梁台，旧乘复道，用相径通。”

这里，注文对未央宫的记载，从宫殿建筑的地基开始，一直写到它的附属宫殿的名称和位置，以及宫殿之间的道路联系等等，记载得非常细致，使我们今天仍能大体复原未央宫的布局与结构。

《水经注》不仅记载古代的宫殿，同时也记载这些宫殿的附属建筑如楼、阙之类。例如《穀水注》的百尺楼，即是晋宫的一部分。注云：

“晋宫阁名曰金镛，有崇天堂，即此。地上架木为榭，故百尽楼矣。皇居创徙，宫极未就，止跸于此”。

又如卷十九《渭水》经“又东，丰水从南来注之”注中的井干楼，乃是建章宫的一部分。注云：

“建章中作神明台、井干楼，咸高五十余丈，皆作悬阁，辇道相属焉。”

如上注，井干楼高达五十余丈，上面还建有悬阁作为楼台之间的通道，这样的建筑当然是十分瑰丽宏伟的。

阙也是古代宫殿的附属建筑，郦注记载的阙，有些具有很大的建筑规模，《穀水》经“又东过河南县北，东南入于洛”注中记载的朱雀阙即是其例。注云：

“《汉官职典》曰：偃师去洛四十五里，望朱雀阙，其上郁然与天连”。

如上注，四十五里以外犹可望见此阙，“郁然与天连”，其建筑的高大雄伟是可想而知的了。

卷十九《渭水》经“又东，丰水从南来注之”注中所记载的建章宫凤阙，其高大并且还有具体的数字可稽。注云：

“《汉武帝故事》云：‘阙高二十丈’。《关中记》曰：‘建章宫园阙，临北道，有金凤在阙上，高丈余，故号凤阙也。’故繁钦《建章凤阙赋》曰：‘秦汉规模，廓然毁泯，惟建章凤阙，岿然独存，虽非象魏之制，亦一代巨观也’”。

从上注可见，建章宫的凤阙，竟高达二十多丈，仅阙顶的金凤装饰，就高达一丈多，其壮丽雄伟可以想见。

《水经注》记载的另一类古代建筑是台。台是一种高大的建筑物，其形式有时与塔相类，不过塔是外来的建筑形式，而台却是我国古有的建筑形式。台的建筑，有时也可能是一种宫殿的附属物，是古代统治阶级的游乐场所，例如卷十《浊漳水注》的铜雀台即是其例。有时候台是某一历史事物的纪念，如卷八《济水注》的黄山台就是。有时候也可能是为了其他特殊的目的，如卷三《河水注》的讲武台，卷九《淇水注》的望海台等等。在建筑上，有的台不过是一处土石堆砌的小丘，除了历史上的意义外，建筑物本身并无较大价值。但另外一些台，有的高大宏伟，有的结构精致，有的装潢瑰丽，由此可以窥及我国古代建筑技术的高度水平。

《水经注》记载的台达一百六十处左右，其中有的记载得十分详细，有的还兼及高度和面积的具体数字，兹将记载中有数字可稽的台表列如下。

除了在下表中可以看到不少台的高度和面积外，郦注还记载了许多关于台的宏伟外观和精致的内部结构资料。卷十《浊漳水》经“又东出山，过邺县西”注中的邺西三台，就是这方面的例子。三台之中以铜雀台的工程最为浩大。注云：

卷篇	台名	高度	广度	卷篇	台名	高度	广度
卷五河水注	新台	数丈		卷二十二渠注	吹台	二层，基高一丈余	方百许步，二层，基方四、五十步。
卷五河水注	蒲台	八丈	方二百步				
卷八济水注	韩王听讼台	十五仞		卷二十三汳水注	龙门土台	三丈余	周五十步
卷八济水注	武棠亭台	二丈许		卷二十五泗水注	周公台	五丈	
卷九淇水注	武帝台	基高六十丈		卷二十六潍水注	琅邪台	台基二层，层高五丈。	方二百余步，广五里
卷十浊漳水注	铜雀台	二十七丈					
卷十浊漳水注	金虎台	八丈		卷二十七沔水注	樊哙台	五、六丈	
卷十浊漳水注	冰井台	八丈	东西八十许步，南北如减。	卷二十七沔水注	韩信台	十余丈	南北六丈，
卷十一易水注	金台			卷二十八沔水注	楚庄王钓台	三丈四尺	东西九丈。纵广八尺
			方二十步	卷二十八沔水注	大暑台[1)]	六丈余	基广十五丈
卷十六榖水注	灵台	六丈		卷十二八沔水注	章华台	十丈	
卷十九渭水注	神明台	五十余丈					
卷十九渭水注	渐台	三十丈	方百步	卷三十一湞水注	荆州古台	三丈余	园基千步
卷二十二颍水注	公路台			卷三十七泿水注	朝台	直峭百丈	

1）注笺本、项本、张本等作大置台。

“中曰铜雀台，高十丈，有屋百余间，……石虎更增二丈，立一屋，连栋接榱，弥覆其上，盘回隔之，名曰命子窟。又于屋上起五层楼，高十五丈，去地二十七丈。又作铜雀于楼巅，舒翼若飞。”

对于邺西三台中的其他二台，即金虎台和冰井台，注文记载也颇详细。注云：

“南则金虎台，高八丈，有屋九百间。北曰冰井台，亦高八丈，有屋百四十五间，上有冰室，室有数井，井深十五丈，藏冰及石墨焉。……又有粟窖及盐窖，以备不虞，今窖上犹有石铭存焉。”

从上注可知，邺西三台是三座拥有屋宇数百间的巨型楼台，其中最高的铜雀台是一座将近十层的高层建筑，高达二十七丈，而顶部的铜雀高度尚未计算在内。则邺西三台的宏伟瑰丽可见一斑。

又如卷十三《漯水注》记载的白台。注云：

“台甚高广，台基四周列壁，阁道自内而升”。

卷二十八《沔水注》记载的大暑台。注云：

“高六丈余，纵广八尺，一名清暑台，秀宇层明，通望周博，游者登之，以畅远情。”

以上二例，文字不多，却清楚地写出了两座台的建筑技巧与风格。“阁道自内而升”，不仅是升登方便，而且在结构上不致影响外观的宏伟。“秀宇层明，通望周博”，说明这座台的设计者非常重视台的视野，使游览者登高眺望，可将四周风景一览无余。

郦道元所在的时代，正是我国佛教建筑的黄金时代。各地的寺院建筑，恰如雨后春笋。据《通鉴》所记，北魏一朝，各地所建的寺院竟达一万三千多处。在其首都洛阳一地，寺院也多达一千三百六十七处①。所以郦注记载中涉及一些寺院建筑，这是势所必然。其中有些寺院具有悠久的历史和宏大的建筑规模。卷十六《榖水》经“又东过河南县北，东南入于洛”注中记载的白马寺，即是我国历史上建筑的第一座寺院。注云：

“榖水又南经白马寺东，昔汉明帝梦见大人金色，项佩白光，以问群臣。或对曰：

---

① 《洛阳伽蓝记》卷一。

西方有神明曰佛，形如陛下所梦，得无是乎？于是发使天竺，写致经像，始榆欓盛经，白马负图，表之中夏，故以白马为寺名。此榆欓后移在城内愍怀太子浮图中，近世复迁此寺，然金光流照，法轮东转，创自此矣”。

又同注所记载的永宁寺，是当时全国最大的寺院。不过郦注所叙的，主要是寺内的那座举世无匹的九层浮图，对寺院本身的描述不多。其实，寺院的规模确是极大的。据《洛阳伽蓝记》所载：“僧房楼观一千余间，雕梁粉壁，青缫绮疏，难得而言”。即使与当时西域、印度等地的寺院相比，永宁寺也毫不逊色。据当时年高识广的西域沙门菩提达摩所云：“历涉诸国，靡不周遍，而此寺精丽，阎浮所无也。极物境界，亦未有此。”① 永宁寺的建筑在当时佛教界的地位于此可见。

此外，卷十四《鲍丘水注》记载的观鸡寺，其特殊的建筑结构，也是值得重视的。注云：

“水东有观鸡寺，寺内起大堂，甚高广，可容千僧，下悉结石为之，上加涂墍，基内疏通，枝经脉散，基侧室外，四出炊火，炎势内流，一堂尽温。盖以此土寒严，出家沙门，率皆贫薄，施主虑阙道业，故崇斯构，是以志道者多棲托焉”。

这里记载的观鸡寺，其建筑不仅拥有可容千僧的大堂，而且这座大堂的建筑，又具有适应于低温地区的这种特殊的保温结构。从注文所记载的内容来看，这种保温结构是以块石为基础，墙身用土坯砖砌成，墙身中预留孔道，相互贯通，外墙留有烧火口，烧火后，通过热的辐射与对流，提高大堂的气温，是一种火墙取暖的建筑结构，确是我国古代建筑中的卓越创造。

---

① 《洛阳伽蓝记》卷一。

北京清代会馆

冬 篱

会馆是我国封建社会时期产生的一种公共性建筑，成为我国古代建筑的类型之一。当时，在一个城市里（县城以上的城市）常常由“同乡会”、“行会”建立的，因为一个省或一个县的人员旅居外地求学、读书、经商或从事各种职业，常常在外地集会，或者是一个城市的同行业的人员所集资建设的公共活动场所，即产生会馆。如同行业的会馆，则有钱业会馆，木业会馆等等。在那个时候，只有个人经营的旅店，价格高昂。有了会馆可以借机聚会，联络乡谊，如有患病、失业和没有路费回乡的人，在会馆可以暂时居住。同时，会馆又可作为喜庆、安葬的临时用房。

会馆开始于何时？文献无考，不过随着各种行业的发展，宋代可能已有了会馆，明清两代大量建立，今天见到的会馆，大多数都是清代中叶以后建造的。

全国凡是有外地人较多的城市，几乎都有会馆，例如内蒙古多伦县有山西会馆；吉林有湖广会馆，亳州有山陕会馆，至于北京的外省会馆就更多了，最盛时达到百处左右。因为北京是全国政治、经济、文化的中心，各省来京求学、就业、经商的人员日益增多，因而会馆相继建立起来。特别是清代北京会馆最为兴盛。

北京会馆保留至今的已经不多了。从遗留的一些会馆来看，在建筑布局和建筑造型上都有各自的特点，它和民居大宅不完全相同，保持会馆的独特风格。外省在北京建立的省会会馆计有“四川会馆”、“全浙会馆”、“山西会馆”、“江苏会馆”、“江西会馆”、“安徽会馆”等等；县级的会馆有“歙县会馆”、“扬州会馆”。此外，还有“别馆”、“外馆”之分，例如“韩城南馆”、“中山会馆”、“宜昌七邑郡馆”、“西晋外馆”等等皆是。这些会馆，大部分都建设在外城，主要是在宣武区，分布在南横街、烂漫胡同、教子胡同、米市胡同、南北半截胡同、上下斜街、校场口以及潘家河沿、延旺庙街、贾家胡同等处。这是因为这些地区房屋用地空广，又接近商业区，外省来人往返方便，所以在此地建立。

另外，封建社会重视科举制度，每年在京考试，各省进京赶考的人很多，会馆也成为赶考人的住地。建设会馆的资金，由各省在京的富商、大贾、绅耆、官僚们集资捐献，成立董事会，选举本乡“名人”领导，逐步建立的。

一、会馆的总体布局

北京的会馆建筑，虽然有特殊的功能要求，有它本身的用途，但是它的建筑状况，实际上类似一处大型住宅的规模。仅从现存的会馆来看，百分之九十以上都是由住宅的旧址改建而成，并经过多年来的增建、扩建而成的，还有的由几处小型四合院相互连接起来而建成会馆的，例如安徽会馆就是由四座四合院连在一起建成的。会馆的布局仍是坐北面南。由于大街、胡同划分的关系，使会馆的大门开向东，同时向西、向北者亦有之。会馆的房屋布置有两种情况：一种是会馆带有戏楼和魁星楼的两座建筑。正规的会馆规模较大，如同我国礼制建筑，在中轴线上布置主要房屋，例如将戏楼布置在南端，次之为客厅，再次为正厅和东西两厢房。在正房方向的西南角常常建魁星楼，构成会馆中的主要建筑，其余用房都建在东西两个跨院，从而使会馆规模庞大。还有的会馆，在房屋建筑的前院、后院、主院的空间，叠石筑山，引水、造亭、栽植各种树木，使会馆增加园林风趣。例如“中山会馆”内建有12柱的方亭，四坡水顶，周围挖池为水，水旁叠石，颇有园林之美。

二、会馆特有的建筑

戏楼：戏楼是会馆内重要的建筑，也是会馆中重要组成部分，常常把它布置在会馆的中轴线上的最前端，正面向北，是会馆公共集会的地方，平面采取方形或者是矩形，面积较大，布局宽广，其中设有舞台，四周设置雅座、楼座，中间为池坐，如逢婚丧嫁娶，在池座中摆设筵席，戏台上仍可照常演戏。楼内设计空间宽大，通风采光都作了合理的安排，使楼内非常明亮。内部梁架不做吊顶均裸露在外，在梁枋上都绘有彩画，悬设金匾比比皆是，多数都是由本乡在京的官员、名人书写与赠送，以示“同乡之谊”，借以炫耀自己。

戏楼平面方型，台基高度达一米上下，构成一座重楼建筑，楼顶采用悬山式或做勾连搭式，大屋顶在前端，小屋顶在后部。从结构来看，大屋顶是观众厅、小屋顶即是舞台部分。楼的四周砌砖墙，开方窗；第二层四面做槅扇，上部裱糊花纸，异常古雅，至于梁架结构形式，则是清官式楼阁中常用的式样。也有的兼采各地地方的建筑风格。

客厅：在一般的情况下，客厅都建筑在戏楼的正北中间，隔着一个院子和戏楼相望，平面常用五间，总宽度与戏楼相同。常常采用两层楼，还有的楼带游廊。客厅的用途主要是小型集会和宴会之所。凡是有客厅的会馆，工程质量都很高，墙壁做磨砖对缝，工整精致，在木装修部分都刻满了花纹，做出卷棚屋顶，观之十分幽雅。例如北京“中山会馆”不设戏楼，一进大门就建一座大客厅，紧紧接着大门楼，厅的周围做柱廊式，孙中山先生就在那里的船厅接待过广东同乡的。“安徽会馆”也有这类客厅，在客厅内部用二十四块石块雕出朱熹的亲笔题字，镶砌在墙壁上，作为客厅内部的壁面装饰品，更显得十分雅致。

魁星楼：它和戏楼一样是会馆里的一个单体建筑，凡是规模较大的会馆，都有魁星楼的建筑，它的位置选择在正房方向的东南角，是为了奉祀文昌帝君而设立的，有了文昌帝君和魁星保佑，使本地区赶考的人得到功名，这是当时人们的一种思想上的寄托。平面有方形、六角形、八角形，例如北京“中山会馆”的魁星楼，就是方形的重楼四角攒尖顶；“四川会馆”的魁星楼高三层；“安徽会馆”的魁星楼建两层。各个魁星楼建筑造型与装饰艺术处理得非常巧妙，精工细作，在会馆中是比较突出的建筑。一座会馆中有戏楼和魁星楼两座建筑，给会馆增加了丰富的内容。

会馆里的一般房屋主要是正厅，常常建在大客厅之北中轴线上，平面由五间至七间不等，为了扩大空间，厅前接建游廊或抱厦，使进深增加，在明间北端设立“佛龛”，奉祭本地区历史上名人，例如“河南会馆”一进大门就是一座岳飞庙，因为岳飞是河南汤阴县人。其他房间即是会馆中办公之用。正厅建筑高大，材料选用从优，构造十分坚固，跨院及附属房屋质量较好。一所会馆的房屋甚多，最大的会馆房屋达到百余间，例如“安徽会馆”就有90多间，“中山会馆”就有120多间房屋。

三、北京湖广会馆

北京湖广会馆在宣武区虎坊桥路南，会馆是由湖南、湖北、广东、广西四省的绅商、官僚投资，进行建筑，现存该馆的有康熙丁未（1667 年）以及乾隆、嘉庆时期的状元匾额；在会馆的西跨院内西墙壁面嵌有大明正统申戌春三月李东阳所写的丛桂堂石刻。该会馆现在各个建筑的结构型制是清代中期的建筑，不过从历史发展来看，在明代就可能已初具规模了。

湖广会馆占地面积 4 万平方米，总体分为三部分，正中心为会馆的主体，主要建筑布置在中轴线上，最北端即是正厅，中间是客厅，最前端建戏楼。这三座建筑均用游廊连接起来，两侧面游廊至客厅用斜廊直达客厅后室，由于游廊的作用成为一组整体建筑群。前院较小，十分幽静；后院略长，比较开阔。在两院的东西端，都修筑月亮门，西有三个跨院，每院有房屋三间或六间不等，是会馆的居住房屋；东半部有跨院两座。从总体看来，会馆规模受地形所限，建筑布置极其紧密，大门开在北面，又不是中心，进门后要走很长的门道，出入不够方便。

戏楼坐南面北，南北九间，东西六间，两层共计 54 间，楼内周围列置圆柱，正南面设舞台，池座十六间，雅座 18 间，楼座亦为 18 间，舞台的两侧和前面均为方形采光窗，第一层雅座和池座隔栏杆互相衔接，第二层楼座各柱间，下设栏杆，上装花格，在花格上悬金匾，书写："一著侯爵"、"世袭一等侯爵"、"大学士"、"协力大学士"、"状元"、"榜眼"、"探花"、"会元"等等，其中还有熊伯龙之顺治己丑科榜眼，是最早的一块。金匾排列，颇有荣耀乡里的感觉，同时也增添了戏楼的装饰艺术。

客楼亦做五间，成长方形，楼身二层做歇山卷棚顶，前檐木装修，满做花格槅扇，中间隔层挂雁翅板。楼前施云纹石阶路，两边做台阶，楼的后室做三间，建筑在高台上，从两侧的斜廊而下，前后均可通达。前院游廊设方柱，卷棚顶。

会馆建筑色彩极其古雅，不像启殿建筑那样富丽堂皇，例如所有的木制梁枋裸露在外者，均涂绿色，檐下装修的色彩也极平素，除绿柱之外，门窗樘子使用黑色，门窗扇使用绿色，再用青灰色砖瓦陪衬，更显出古朴清幽淡雅大方的感觉。

四、四川会馆

北京的四川会馆，在宣武门外储库营路北，面南，是当年比较繁华之区，它是由四川省旅京同乡集资建立的。它创建于清代中叶，从会馆内的文昌帝君像看，是嘉庆时所建的佛堂，据现存会馆内部的嘉庆四年的文昌帝君碑，知当时已建设会馆了。又据嘉庆二十三年十月一块卧碑得知四川会馆用地是原"四川义园"的旧地。四川同乡资财雄厚，清代旅京者人数众多，因而四川会馆的建设比较多，除省馆外，在北京的府、州、县馆就有十四处之多。四川会馆平面方形，也分为三部分，中间部分是会馆主要部分，中轴线上亦有戏楼、客厅，最北部为"佛堂"，在佛堂和客厅之间，房间数目亦甚多，魁星楼建在院子的前端，西半部亦为四合院相连，房屋数量很多，宽大高昂。会馆的大门开在中部和东半部的院子中心，大门旁设八字影壁，布局井井有条，舒展自如。

戏楼建在中轴线上的南端面北，平面长方形，楼内四周有柱环列，有大有小，舞台亦设在正南处面北，楼内空间甚高大，光线十分充足，周围设楼座，做栏干，是一座重楼建筑，楼顶做勾连搭式，前大后小，东西北三面带有斜坡，背面为硬山到顶；西北东三面第一层做承重墙，第二层做采光窗，背面砌硬砖墙。戏楼建筑虽然形体高大，但是处理得玲珑秀巧，没有笨重的感觉。

魁星楼：建筑在戏楼正东的院子东端，在会馆方向的东南角，平面六角形，高二层并带平座，楼顶亦用六角形，屋顶曲线甚缓，檐角翘起甚多。

佛堂：会馆中建设庙宇和佛堂也是不少的。四川会馆之佛堂建立在正厅内，供奉文昌帝君，因而名叫佛堂。平面五间，前端带抱厦，抱厦亦为五间。此房构造，梁架用料粗壮，进深和举架都很宽，结构坚牢，在梁枋外檐，都绘出彩画。以上是四川会馆的概略规模。

清代二百多年间，建设了许许多多的会馆，它的基本型制和大型住宅基本上是相仿的，实际上也就是一组大型住宅的规模。不过其中只加建了戏楼和魁星楼以及大客厅等，其他与住宅无大差异。至目前为止，由于社会性质变化，不再有什么“同乡会”、“联谊会”之类的社会团体，旧社会遗留下来的“会馆”制度再也不适用了。因此，会馆原貌逐渐改变，大部分已失去了原来的面貌，改为机关、工厂、住宅了。会馆建筑是封建社会的产物，它的设计、房屋安排、戏楼的制度是为了当时的需要建立的，如今已成为我国古代建筑史上的一项事实，一种类型。

莫高窟研究

阎 文 儒

一、莫高窟的名称与创造的历史

莫高窟在敦煌城东南约26公里的鸣沙山的山脚下，窟后为戈壁。岩泉从南山内流出，到莫高窟附近，把戈壁冲刷成为高约40米的断崖。莫高窟的窟龛，就是沿着这断崖凿成的。

莫高窟的开凿，自二世纪到十三世纪末，前后历经千余年，从窟内大量的塑像、壁画，可以看出千余年来两种艺术发展的过程。为了进行细致的研究和探讨，兹将莫高窟的名称和创造的历史，以及各代在这创造窟龛的历史，简略介绍如下：

莫高窟是唐代以来在敦煌城沙漠附近流行的一种坊里和山的名称，据17号窟藏经洞的石室本《大唐（后唐）故河西归义军节度内亲从都头守常乐县令阴善雄墓志铭》中说："（善雄）当清泰（后晋）四年丁酉岁（公元937年即天福二年）八月十四日寿卒于钦贤坊之私第。春秋五十。以其月二十日权葬于州东漠高里之原礼也"。

在《敦煌录》中，正式提出了莫高窟的名称："州（沙州）南有莫高窟，去州二十五里，中过石碛山坡，至彼到下谷中，其东即三危山，西即鸣沙山，中有自南流水，名之岩泉，古寺僧舍绝多"。

漠高里，一定是敦煌城东南的一个村名，而这个村又应是在沙漠附近。今敦煌城东南七、八里，去莫高窟中途的佛爷庙，庙东就是戈壁，地势比佛爷庙高出许多，戈壁上荒冢累累，可能是"莫高里之原"了。"莫高"就是"漠高"，可能是指沙漠高处而说的。既然有莫高里、莫高山的名称，因而把这里开的石窟就叫作"莫高窟"了。所以"莫高"二字，一定与高于绿洲的戈壁沙漠有直接关系的。

唐以前是不是也叫作莫高窟呢？根据今156号窟前室北壁上方唐人墨书的"莫高窟记"，有晋司空索靖题壁号"仙岩寺"的记载，那末唐以前这窟群一定有仙岩寺的称呼了。

莫高窟创造的年代，仅可从唐人的碑记、题壁和石室发现的卷子里得到比较正确的记载。今天能找到莫高窟开创年代的资料有三种。

（1）《大周李君莫高窟佛龛碑》中记："莫高窟者，厥载秦建元二年，有沙门乐僔，戒行清虚，执心恬静。尝杖锡林，野行至此山……造窟一龛。次有法良禅师，从东届此，又于僔师窟侧，更即营建，伽蓝之起，滥觞于二僧"。

（2）莫高窟记中又记（据伯希和盗劫3720号卷子）："右在州东南二十五里三危山上，秦建元中，有沙门乐僔，杖锡西游至此，遥礼其山，见金光如千佛之状，遂架空镌岩，大造龛像。次有法良禅师东来，多诸神异，后于僔师龛侧，又造一龛，伽兰之建，肇于二僧。晋司空索靖题壁号仙岩寺。自兹以后，镌造不绝，可有五百余龛。……从初□窟至大历三年戊申，即四百四年，又至今大唐庚午，即四百九十六年。时咸通六年正月十五日记"（莫高窟记在今156号窟前室北壁上方墨书，十行的文句与这卷子的记录，完全相同，只是字迹多缺而不全了。）

（3）又据宿季庚兄1973年去法国，在巴黎图书馆中得阅伯希和盗去之敦煌卷子P.2551号残道经背唐人所录武后时《李义修佛龛碑文》云：“自秦建元二年，讫大周圣历之辰，乐僔、法良发其宗，建平、东阳弘其迹，推甲子四百五岁。”这几种不同的记载，如以莫高窟佛龛碑中所记建元二年（公元366年）为标准，则《莫高窟记》中的前一说，从大历三年（公元768年）上溯404年，比建元二年要早上两年。后一说从大历三年后的第二个庚午年，应是大中四年（公元850年）上溯496年，比建元二年要早上12年。如由圣历年上推405年，为晋惠帝元康三年（公元293年），早于前秦建元二年，又早73年。总之，这些文献都是唐人之追记，不可能不无出入。如果按唐人的追记，莫高窟的开凿年代在三世纪末或四世纪下半纪初之间了。

可是，唐人追记《莫高窟记》中，还有索靖题壁号仙岩寺之说，又怎么样解释呢？

我们觉得要解决这个问题，首先要知道索靖是什么时候的人，索靖是晋武帝、惠帝时的大书法家，《晋书索靖传》中曾记：“索靖字幼安，敦煌人也，靖与尚书令卫瓘俱以善草书知名。”传中又记：“（惠帝）太安末，河间王颙，举兵向洛阳，拜靖使持节监洛城诸军游击将军，……与贼战，大破之，靖亦破伤而卒。”太安只有二年（公元302、303年），既然索靖死于太安末，当然是西晋的人物了。而《莫高窟记》中追记索靖题壁号仙岩寺，足证莫高窟在西晋时已经有了寺院，成为佛教圣地，因而有大书法家索靖的题壁号“仙岩寺”了。

又据唐道世所著的《法苑珠林》中，曾追记唐述窟（炳灵寺）开创的年代，在晋太始年中①，今据调查所及，又确证有西秦建弘元年题记的壁画，以风格论，与莫高窟275号窟的壁画相近似。甚至其粗放的手法，甚至比275号窟壁画更为原始一些。如与玉门关以西的拜城克孜尔石窟17号窟二世纪末三世纪初壁画的风格来比较，是十分接近的。何况题记下还有一层壁画呢！因而我们觉得陇右的炳灵寺开窟既已证实在晋代，就不能说在玉门关以东第一站的莫高窟，没有晋代开创的窟龛。今证以275号窟粗放而又原始的壁画风格，与克孜尔17号窟、炳灵寺169号窟的壁画来比较，完全可以证出莫高窟开创的年代，与唐人追记两晋时候已有“仙岩寺”的名称，是相当符合的。所以莫高窟完全有可能开创于晋武帝、惠帝统治的年代里。

二、张议潮统治敦煌以前的莫高窟

（一）张议潮统治敦煌前的简史

莫高窟开凿的历史，除上面提到最早的乐僔、法良二人外，据武周时《李怀让的修佛龛碑》中说：“复有刺史建平公东阳王”。

建平公东阳王，当然是《魏书孝庄帝纪》“永安二年（公元529年）八月丁卯封瓜州刺史元太荣为东阳王”的元太荣了。元太荣在瓜州（魏太武帝改敦煌郡为敦煌镇，明帝又改为瓜州，一直到隋时又再改为敦煌郡）任刺史的时间，据《周书卷三十二申徽传》的记载，西魏大统十年（公元544年）以前元太荣死，其婿刘产杀其子元康代为瓜州刺史，大统十二年，政府又派申徽为瓜州刺史。那末元太荣统治敦煌作瓜州刺史时是从永安二年（公元529年）起，到大统十年以前，约15年左右②。

---

① 道世：《法苑珠林》卷五十二“伽蓝篇”。

② 李木斋旧藏敦煌名迹目录第二部分0606号卷子。北图藏《大智度论》（荣字50号末题记）又0607号《无量寿经》卷下末题。

从今莫高窟285号窟中“大统四年”、“五年”的题记来看，就应是元太荣统治瓜州时期所开凿的了。

1973年宿白同志在巴黎于其国家图书馆得阅伯希和氏盗去之大批敦煌藏经洞卷子P.2551号残道经背唐人所录武后时《李义修佛龛碑》文云：“复有刺史建平公，东阳王等各修一大龛，而后合州黎庶，造作相仍，实神秀之幽岩，灵奇之净域也。……自秦建元二年，迄大周圣历之辰。乐僔、法良发其宗，建平、东阳弘其迹，推甲子四百五岁，计室一千余龛，今现置僧徒即为崇教寺也”。

由此可见建平公、东阳王，都在莫高窟开过窟。东阳王在斯坦因盗去的4415号卷子中，向师觉明曾抄出云：“大代大魏永熙二年（公元533）七月十五日，清信士使持节散骑常侍开府仪同三司都督岭西诸军事斗骑大将军瓜州刺史东阳王元太荣，敬造涅槃、法华……各一部，合一百卷”。

还有《周书》卷三十二“申徽传”，卷三十六“令狐整传”（S.4528号卷子有“大代建明二年（公元531年）四月十五日佛弟子元荣……离乡已久，归慕常心”……题记。）俱有东阳王元荣事，惟缺一“太”字，以及元太荣死之年代。向师俱考证之（见《莫高、榆林二窟杂考》）兹不赘述。

惟瓜州刺史实即敦煌刺史，据《周书》卷三十六“令狐整传”云：“遂立为瓜州义首，仍除持节抚军将军，通直散骑常侍大都督”。

隋以前敦煌即瓜州，故杜林曰：“敦煌故瓜州也……南七里有鸣沙山，故亦曰沙州也”。《隋书·地理志》又将古瓜州改为敦煌郡，因而北魏永熙二年东阳王元太荣为瓜州刺史，实即沙州（敦煌）刺史也。隋以后瓜州东移，政治重镇改为沙州，由瓜州改名沙州，此实敦煌一大事也。

隋代统一南北，结束了多年分裂的局面，时间虽不够长，但由于统治者特别信仰佛教，以至莫高窟的隋代窟龛，几乎占了全窟群的五分之一。但窟中仅有塑像，无精细之壁画。其中如305号窟中“开皇五年正月”和“大业元年八月十二日”的发愿文，以及282号窟“大业□年七月十五日造讫”的发愿文，都说明了隋代对莫高窟开窟的情况。

隋代在莫高窟虽开凿许多窟，但其中有题记的很少，这足以证明莫高窟唐以前造窟题名并不多也。至于隋时画风似稍有进步，隋303号窟中伎乐天下面之垣宇，虽稍可看出垣宇范围之广狭、大小，但只是略有区别，仍不能表示画面的大小和场景的远近。

从初唐时候起，莫高窟凿窟进入新的阶段。220号翟家窟的门楣上的发愿文有：“弟子昭武校尉柏堡镇将……玄迈敬造释迦……贞观十有六年敬造”。北壁“西方净土变”下，又有：“贞观十有六年岁次壬寅奉为大云寺律师道弘法师”……画出的经变画。从武周时起，莫高窟的开凿更为活跃起来，335窟的窟门上有垂拱二年五月十七日净信优婆夷高季敬造的“阿弥陀佛及二菩萨兼阿难、迦叶像一铺”的发愿文。《莫高窟记》中又记：“延载二年禅师灵隐居士阴祖等造北大像高一百四十尺”（即今天的96号窟），圣历元年（公元698年）《李怀让的莫高窟佛龛碑》中，也提到开窟造像的事。又开元年中“僧处谚与乡人马思忠等造南大像高一百二十尺”。南大像应是今天130号窟中的大像，130号窟甬道的供养人。又有：“朝议大夫使持节都督晋昌郡诸军事守晋昌郡太守兼墨离军使赐紫金鱼袋上柱国乐庭环供养时”的题名（按《旧唐书·地理志》中记：“瓜州下都督府……天宝元年为晋昌郡，乾元元年复为瓜州。”《新唐书·地理志》瓜州条中又记：“西北千里有墨离军”。在伯氏劫去2555号卷子有无名氏陷蕃残诗集。据向师觉明抄出第一条是：《冬出敦煌郡入退浑国朝发马圈之作》，第二条是：

《在墨离海奉怀敦煌知己》。可证墨离军应在南山内，不在瓜州西北）。天宝时候瓜州太守（晋昌郡）乐庭环，也在这窟中造像作功德，因而又有画出了他们全家人的供养像。41 号窟北壁千佛中有："开元十四年（公元 726 年）五月十一日"的题记。180 号窟有："天宝七载（公元 748 年）五月十三日张承庆为身染患发心造二菩萨"的题记。南壁观世音菩萨像侧，又有"弟子阚目荣奉为慈亲蕃中临别敬造"的题记。185 号窟又有"天宝八载四月二十五日书人宋承嗣"的题记。这些都说明由武周到玄宗时期，莫高窟不仅开凿了南、北大像，而且还开凿了许多其他极为精美的石窟。

李氏是敦煌的望族，从武周圣历时起，李怀让就在莫高窟开窟造像。到大历十一年李怀让的侄孙李大宾又大事开窟造像、画壁画。据《大唐陇西李府君修功德碑》中云："遂千金贸工，百堵兴役，奋锤聋壑，揭石聒山，素涅槃像一铺，如意轮菩萨、不空羂索菩萨各一铺。画报恩、天请问、普贤菩萨、文殊师利菩萨、东方药师、西方净土、千手千眼观世音菩萨、弥勒上生、下生、如意轮、不空羂索菩萨等变各一铺、贤劫千佛一千躯。"（按：碑在 148 号窟外室）。至于 386 号窟的四幅经变画及文殊师利菩萨、普贤菩萨、千手千眼观世音菩萨像，根据"上元元年（公元 760 年）七月七日"的题记，又比李大宾的窟早开凿了 16 年。

自广德元年（公元 763 年）陇右诸州虽为西南少数民族吐蕃所占领，但吐蕃的统治者，也是信仰佛教的，伯希和盗劫去的石室卷子，其中如："丑年、寅年赞普新加福田转大般若经分付诸寺维那历"（P. 3336 号）；"大乘经纂要义"一卷，题记："壬寅年六月，大吐蕃国有赞普印信，并此十善经本，传流诸州，流行读诵，后八月十六日写毕记"（S：3966 号）。因而莫高窟仍然不断地继续有所开凿，如《吴僧统碑》中所说的："元戎从城下之盟，士卒屈死休之势，桑田一变，葵藿移心，……上命举其贤德，遂使知释门都法律，……又承诏命迁知释门都教授，……竖四弘之心，凿七佛之窟，钻金画彩，不可记之"。此外，还有《大蕃故敦煌郡莫高窟阴处士公修功德记》及《比丘福惠等十六人造佛窟约》等。今莫高窟 158 号窟窟门北壁的供养沙门，又有"大番管内三学法师持钵僧宜"的题名。

以上是西南藏族吐蕃统治沙州时对莫高窟开窟造像的一些文献记录。也就是说，中唐这一阶段，虽然沙州的统治者不是汉族，但居住的人民和新来的统治集团，也都信仰佛教。今 144、159、237、236、260、359 等号窟内，吐蕃供养人和降蕃汉族供养人的群像，都说明莫高窟开窟造像，依然继续在进行着。

（二）北魏以前和北魏时壁画的题材

莫高窟的早期壁画统计起来，有以下几种：

1. 以佛、菩萨为主的形象画像，有：三立佛二夹侍菩萨像（263 南壁）；一佛、夹侍二罗汉、二天王像（263 号窟南壁）

2. 以佛本行故事为题材，采取连环式，或以佛像为中心，围绕佛像配以本行中各种故事的变相，其中如：降魔变（254、263 号南壁）；转法轮变（263 窟北壁）；连环式的本行变（从摩耶夫人入梦——入山成道，290 号窟中心柱前人字披东西两坡上）。

3. 佛本生故事变，其中如：毗楞竭梨王斫千铁钉故事变（275 号窟）；鹿王救群鹿故事变（257 号窟）；慧灯王好施舍身血肉故事变（257、254 号窟北壁）。

阿输迦王弟本缘故事变，由阿输迦王弟宿大哆，见婆罗门五热炙身，到宿大哆潜坐御床，七日为王，百千伎女围绕取乐，以至信佛剃度出家等画面（257 号窟南壁）（见《阿育王经》卷第二）。

摩诃萨埵以身施虎故事变（254 号窟南壁，428 号窟东壁门南中层）。

须大拿太子施舍故事变及猕猴本生故事变（428 号窟东壁门北）。

在北朝末期，有西魏大统四、五年（公元 538～539 年）题记的 285 号窟中，还有“施身闻谒”“昙摩钳太子为法烧身”、“功德庄严王请佛得道”等散事变，以及画面较大的“五百强盗称佛得眼”故事变。此外还有：塑绘结合的一铺像，龛内塑一佛二菩萨，龛外画摩醯首罗天、鸠摩罗天、阿修罗、四天王天和诋那钵底等护法像（285 号西壁正中龛）。

4. 保卫佛的诸护法像

北朝末期西魏、周的诸窟中，又画出了许多保卫佛的诸护法像。除了前面提过 285 号窟中的四天天王、摩醯首罗天，诋那钵底等护法外，还有 249 号窟窟顶中画出乘龙、鸟车的图像。在许多佛经中也都记载了诸天乘骑各种龙、象等的故事画。

在 285 号窟窟顶的四面坡上，又画出人身蛇尾，兽四肢，持矩、索两身怪象。根据四川广元皇泽寺 8 号窟隋造出八部护法人形化的图像来比较，持矩的可能是阿修罗、持索的又可能是摩睺罗伽。

三界诸天外，其他自然界的地、水、火、风、云、雷、电、雨等神，也应是佛的护法。285 号窟顶，还有连鼓绕身的雷神，鹿形，狗形人形首豺身有翼的等等怪兽形的风、雨神。人首鸟身的千秋像。九首龙身的和须吉像。各样怪形的鬼神以及有魏大统四年的供养人题记，建筑亭台等。

（三）隋唐和张议潮统治敦煌前壁画的题材

隋代在塑像题材方面，把中国封建君主统一集团的体制，反映更为突出一些，统治者为了加强统治，更大事提倡佛教，甚至建立许多宗派，而寺院中的僧尼，又大多有了一定的派系，诵读一定的经典，从而供养的对象，也要根据他们宗派所诵读的经典而创造出来，于是从两京到地方，都大事画出大乘经中各品的经变画。

从隋代起到北宋，是莫高窟造像，壁画最繁荣的阶段，因而壁画的题材，也更为复杂了。总计起来，隋代壁画约有以下各项目：

1. 东方药师变，龛前平顶画药师佛，佛前画灯树及十二药叉大将（417、433 号窟）。
2. 长者子流水救千鱼故事变（302 号窟人字披东半）。
3. 乘六牙象投胎与出家逾城变（278、283 号窟）。
4. 文殊问疾品故事变（203、276、329 号窟龛外南北）。
5. 法华经变（419、420 号窟）。
6. 西方净土变（203 号北壁正中，204 号窟南北壁正中的佛说法图，座下有莲花图）。

初唐壁画有以下各项：

1. 佛像（323 号窟门楣上，正中的榜题为南无南方宝相佛、南无西方无量寿佛。）；一佛、二僧、二菩萨、二天王（322 号窟）。
2. 七佛像（203 号窟、273 号窟门楣上）。
3. 药师七佛变（220 号窟北壁）。
4. 十方佛像（321 号窟南壁法华经变上层）。
5. 骑狮文殊菩萨与骑象的普贤菩萨（331 号窟西壁大龛外左右上层）。
6. 十一面观世音菩萨像（321 号窟东壁门北）。
7. 三面八臂夹侍菩萨像（341 号窟门楣上正中）。

8. 法华经变（321 号窟南壁，以序品为中心，西半为普门品，东半为安乐行品的画变）。

9. 弥勒变（208 号窟北壁、331 号窟南壁）。

10. 观无量寿经变（208 窟南壁）。

11. 西方净土变（341 号窟南、北壁）。

12. 佛本行中涅槃故事变（322 号窟南壁，树下为阿难等讲修四神足图，双树下涅槃图、弟子举哀图、置于金棺以内图、从金棺再起与母辞别图、阿难、难陀与诸天抬棺图，争舍利图等诸图画）。

此外还有维摩诘经变（332 窟南壁）。

13. 三宝感通图变（323 窟南壁）。画中故事有：汉武帝得祭天金人使张骞通西域图。康僧会说服吴王感应图。佛图澄灭幽州四门火图、吴郡石像浮江感应图，东晋扬郡金象出渚感应图、隋文帝敬法感应降雨图等画面。

14. 佛说法像、伎乐人群、伎乐人像。

盛唐壁画有以下各项：

1. 三佛像，166 号窟东壁门北，题记为：南无阿弥陀佛、南无药师佛、南无多宝佛。

2. 一佛二僧二菩萨、二天王像（45 窟）。

3. 观世音菩萨像（166、180、175 号窟）。180 号窟题记为：观世音菩萨……奉为慈亲蕃中隔别敬造，(按为吐蕃据敦煌时造)。

4. 复杂多品的维摩变（335 号窟北壁），以问疾品为中心，围绕着画出佛国品、佛道品、香积品，见阿閦佛品等等。末有“张思艺敬造”文。（有“垂拱二年五月十七日净信优婆夷高”……题记）。

5. “观世音经变”（以观世音菩萨为中心 45、203、206、444 等窟）。

6. 加入未生怨故事的“观无量寿经变”（113 号窟南壁，172 号窟北壁）。

7. “西方净土变”中的伎乐人。

从盛唐开始画出等身的供养人像，并画于甬道两壁上（如 130 号窟晋昌郡太守乐庭环及其夫人太原王氏像。）

（四）壁画中建筑、艺术的体例特征与风格

在上述这个阶段内所开凿的许多窟，如 275、272、274 等晋、十六国、北魏的早期窟；太和、正始军中的 247、248、437、439 号窟；永平前后 285 号窟；北周时期的 290 号窟等 50 多个窟。今以 285 和 257 号窟的壁画为例，略述当时的建筑形式和塑像、绘画艺术。

从 285 号窟得眼林故事画中，敌方的一统治阶级人物，跪坐在一高大之殿堂中。殿堂之高，如《营造法式》卷一《殿》条中云：“《礼记》，天子堂九尺，诸侯七尺，大夫五尺，士三尺”。又云：“尚书大传：天子之堂高九雉，公侯七雉，子、男五雉雉长二尺。”

如“法式”中所引用之文，则此统治者之殿堂，或为“七雉”之堂了。

屋中之柱，础看不清是“仰覆莲华”、“减地平钑”、“压地隐起”、或“剔地起突”中的哪一种形式。

至于角柱，画中虽能看出四角有柱，但如按“法式”中“角柱”条云：“若殿宇阶基，用塼作叠涩坐者，其角柱以长五尺为率。每长一尺，则方三寸五分。其上下叠涩并随塼逐层出入”。

由此角柱看出前面可能有四柱，左右各有一柱。但柱之下部，完全不能看清，对角柱只能略看到它的形式，至于细部则不能看出。

屋四围作“钩阑”，即《营造法式》中所引：“汉书朱云忠谏攀槛，槛折，及治槛”……今屋中四围作槛，而屋外阶两旁亦作左、右槛。

至于槛上作钩阑，《营造法式》卷三云：“重台钩阑，每段高三尺五寸，长六尺。上用寻杖，中用盆唇，下用地栿。地栿之内作万字，或透空或不透空。或作压地隐起诸华”。

此钩阑中虽看不清楚，但似为“万”字纹样。角柱上也看不出是什么形式之斗栱，只可看出上为“人”字形早期的“斗栱”形像。

至于房上顶脊之两端为“鸱尾”，即《谭宾录》中所云：“东海有鱼虬尾似鸱，鼓浪即降雨，遂设象于屋脊”。

而此屋于“鸱尾”之上，两端又各设一凤形，二者相对之建筑物。或者是王者宫内的建筑形式。

宫外为垣，屈曲若环成一院落。即《营造法式》中所云：“墙障也，所以自障蔽也”。正中为二层若楼形之门壁，至于形状若一楼，建筑形象无特殊者，不再述焉。

宫室院落的外面，为一自然景象。左右有群山及森林，山中有各种麋、鹿及野兽等。群山之中有披发者五人，作惊讶，奔走相告的形像，以其形像论，正如“香山药入五百盲贼眼中还得清眼”故事形象①。不过壁画中是以五人代替五百人而已。至于此故事画之画风，群山正如《历代名画记》卷第一“论画山水树石”条中所云：“其画山水，则群峰之势，若细钿犀栉”。

而人在山中，其大小比例：“或人大于山”。

其山排列整齐，与五人相比，非五人小于山峰，实五人之高度，“人大于山”或与山高度相等。至于树石之状，正如张彦远所记：“率皆附以树石，映带其地。列植之状，则若伸臂布指”。

山中之树，并非附于山石中，确若“伸臂布指”在群山内，可见唐以前之画，张彦远确具实写出，为后人欣赏古画之借鉴。

又北魏早期257号窟中鹿王本生故事，从国王摩因光所居城中可以看出，不仅有宫室，而且有四层的“阙”，有人于阙最上层观望。《营造法式》卷一“阙”条云：“阙、观也，古者每门树两观于前，所以标表宫门也，其上可居登上”。

亦即“释名”中所云：“观观也，于上观望也”。

从《营造法式》中所引之解释，宫室外有四层高之楼观，必古者门外之“阙”也。

又于楼观及国王宫室之外，有四围之垣墙，垣上有“女墙”《营造法式》卷一“城”条云：“城上垣，谓之睥睨，言于孔中睥睨非常也。……亦曰女墙，言其卑小比之于城，若女子之于丈夫也”。

此垣上女墙，即“堞”也。

而城内建筑的画法，正如张彦远《历代名画记》“论画六法”中云：“至于台阁树石，车舆、器物，无生动之可拟，无气韵之可侔，直要位置向背而已”。

由此可证唐以前之宫室，非常简单，无生动之可拟，无气韵之可侔，只有向、背之位置，而无远、近可言也。

唐时莫高窟窟内壁画又有进步，如36窟壁间所画之山水，画水则不似“水不容泛”，若波浪滔滔，大可泛舟者（《敦煌壁画集》53幅）。至于323号窟中之壁画迎佛图，其中山水，舟

① 《经律异相》卷第五“吹香山药入五百盲贼眼中还得清眼”十四条。

渡，帆船之形状，山石虽无“怪石萌滩，若可扪酌”之形，但“远山近水”之形像，已遍满于纸上。而“水石奔异，境与性会，乃召于山中，写明月峡”。实山水画进步发展之表现（《敦煌壁画集》50、52、53 幅）。

以上所论，实建平公东阳王统治敦煌之前后，直至唐张议潮时代统治敦煌前，莫高窟之建造与壁画之实际情况也。

三、晚唐、五代、宋张议潮统治敦煌后的莫高窟

（一）张议潮统治敦煌后简史

唐宣宗大中二、三年内（公元 848 ~ 849 年），在州人张议潮的率领下，驱逐了回鹘、吐蕃的统治者，瓜、沙二州又重为汉族地主阶级所统治。接着又在大中四年取得了伊州，唐王朝因命张议潮为河西十一州节度使管内观察处置押蕃落度支营田等使。以后继续取得了酒泉、张掖。到咸通二年（公元 861 年），在张议潮的领导下，又取得了凉州。于是河西十一州再受唐帝国政府的直接统治，从而莫高窟的开凿又因之繁荣起来。

张议潮于咸通八年（公元 867 年）入长安敕赐为右神武统军后①，张淮深为议潮及其夫人宋氏造窟一所（156 号窟）②。又为其父议潭及其叔议潮造窟一所。并修复北大像窟檐③。138 号窟供养人中的“河西节度使张公夫人后敕授武威郡太夫人阴氏一心供养”的题名，既可能是淮深为议潮另一夫人所造，也可能是张承奉为淮深的夫人所造的。

议潮入京以后，乾符年时由其侄淮深继任十一州节度使事，由“张淮深变文”中知当时也有击退吐蕃之事实。到了大顺元年（公元 890 年）沙州发生军事政变，可能是议潮的子婿索勋杀了淮深和他的六个儿子自代为归义军节度使④。为了羁縻地方的人心，又以张承奉充副使⑤。但与索勋同为议潮子婿的李明振的四个儿子——弘愿、弘定、弘谏、弘益等，在维护外祖父统治权的号召下，可能又杀了索勋父子，拥戴张承奉为节度使⑥。后来张承奉又自称为西汉金山国皇帝⑦，直到梁乾化元年（公元 911 年），由于回鹘的进攻而衰落下去⑧。

---

① 《新唐书》卷二百一十二下《吐蕃传》；石室本《张氏勋德记》。

② 莫高窟 156 号窟窟门甬通南壁第一身男供养人模糊不辨，仅能看到河西节度使□紫□禄几个字，推想是张议潮的供养像。第二身题名为：“侄男银青光禄大夫检校太子宾客上柱国……使持节诸军……紫金鱼袋淮深一心供养”。北壁第一身女供养人题名为：“宋国河内郡君太夫人广平宋氏□□□□”。第二身题名为：“侄女泰贞十五娘一心供养”。窟内两壁下层各画出行图。南壁出行图正中题记为：“河西……检校……张议潮统军……行图”。北壁出行图记为：“宋国河内郡君太夫人宋氏出行图”。议潮既称为统军，当然是入长安以后赐予的官职了。

③ 见 P2762《张淮深修功德记》。

④ 伯希和盗劫石室本张景球撰《张淮深墓志铭》：公以大顺元年二月二十二日殒毙于本部，时年五十有九，葬漠高乡漠高里之南原，礼也。兼夫人颍川郡陈氏，六子延晖，次延礼、次延寿、次延谞、次延信、次延武等，并连坟一茔，以防陵谷之变。

⑤ 《旧唐书》卷二十上“昭宗纪”。

⑥ 《李氏再修功德记》：……“于是兄亡弟丧，社稷倾沦，假手托孤，几辛勤于苟免，所赖太保神灵辜恩敕毙，重光嗣子，再整遗孙……乃义立侄男，秉持旄钺”。斯坦因盗劫的 4470 卷子：“张承奉李弘愿布施疏：乾宁二年三月十日弟子归义军节度使张承奉、副使李弘愿□牒”。

⑦ 《新五代史》卷七十二“吐蕃传”：“沙州梁开平中有节度使张奉自号金山白衣天子”。《沙州文录》收入“西汉金山国圣文神武帛敕”。

⑧ 王重民：《金山国坠事零拾》（北平图书馆：刊九卷六号）中引《沙州百姓上回鹘天可汗书》。

据王重民先生《金山国堕事零拾》一文，认为唐哀宗天祐二年二月有白雀之瑞，群臣进表张承奉，乃自立为白衣天子，号西汉金山国，拥有瓜、沙、肃、鄯、河、兰、岷、廓八州之地，享国约十五、六年。在张永进上金山天子殿下之《白雀歌》、《龙泉宝剑歌》、《西汉金山国圣文神武帚敕》、《西汉金山国左神策引驾押衙兼大内支度使银青光禄大夫检校国子祭酒□□中丞上柱国清河张安左生前邈真赞》等文献中，都记述张承奉时自称为“西汉金山国”这件事。而今敦煌莫高窟第9号窟北壁自西至东第一人为张承奉，第二人为李弘定，南壁自西至东第一人为索勋，勋后为李弘谏。

张承奉在梁贞明五、六年（公元919～920年）死去，从大中初张议潮复沙州至贞明中凡历三世七十年。当时的河西一带，尤其是瓜、沙地区，除有很短时期的军事政变外，形势还是比较安定的，因而瓜、沙地方统治集团的人们，在莫高窟开凿和修缮了许多的窟龛。在索勋任归义节度使时，与副使张承奉、瓜州刺史李弘定等开凿了9号窟，索勋父子又开凿了196号窟（见该窟窟门北壁供养人第一身题名），李弘愿等又为其父李明振等重妆銮了148号窟（据《李氏再修功德记》碑，及148号窟佛坛下供养人题记），“大梁贞明五年十月十五日”又开凿了84号窟。

西汉金山国白衣天子的时间很短，还无从知道在莫高窟中开了哪些窟。自后梁贞明末年（约公元920年）曹议金统治瓜、沙以后，历经三世共一百多年。在这百余年的时间，曹氏家族开凿或修缮了许多窟。根据题记、题名和石室卷子的记载有：

第一阶段（曹议金、曹元德、曹元深时代）：

1. 曹议金于后梁龙德二年（岁次壬午，公元922年）修缮过401号隋窟（见该窟窟门甬道南壁第一身男供养人题名）。

2. 由曹元德为其父议金开凿的100、108、244号等窟（见该三窟窟门题名）。

3. 可能由曹元德、元深等为其父母曹议金开凿的22、25、205号窟。

4. 由曹元德或元深为其国母圣天公主及阖宅娘子，郎君等造大龛一所（见S. 4245号卷子）。

第二阶段（曹元忠时代）：

1. 由曹元忠开凿的55号窟，

2. 由曹议金的女婿于阗国王和他女儿于阗王皇后曹氏为父亲曹议金等所开凿的98号窟（见该窟东壁供养人题名）。

第三阶段（曹延恭时代）：

由曹延恭改建和于阗太子画的444号窟（见该窟窟檐题记）。

第四阶段（曹延禄时代）：

1. 由曹元忠夫人浔阳郡夫人翟氏出钱开凿的61号窟。（见该窟南壁供养人题名）。

2. 由曹元恭夫人慕容氏出钱开凿的454号窟（见该窟窟主题名）。

3. 由曹延禄和紫亭县令阎员清建造开凿的431号窟（见该窟窟檐题记）。

第五阶段（曹宗寿时代）：

此外，不属于曹氏宗族开凿的，早在五代时候的杜产思、杜产弘兄弟开凿的5号窟（见该窟西壁供养人题名），在曹延禄时代的还有慕容言长开凿的256号窟（见该窟东壁供养人第二身题名），387号初唐窟龛下又有大唐清泰甲午（元年，公元934年）“府主大王曹公”的发愿文，412号隋窟正龛下又有后晋“天福□年”的发愿文，其中有“府主司空”文字。78号盛唐窟东壁南侧有“乾祐三年庚戌（公元950年）十月二十五日”题记。124号盛唐窟门楣上，又有大周广顺三年（公元953年）的功德记。这些纪年，都是对旧窟重加修整时的题记。

晚唐、五代、宋以来，民间组织的社人，也有修窟的题记。其中的370号晚唐窟，有“社长武海清一心□养”“社户五□进一心□□”的题记。379号的唐窟，还有“社长折冲都尉上柱国氾光秀”的题记。263号晚唐窟又有宋代：“社团头、社户、社子”等供养人的题记。

宋仁宗景祐二年（公元1035年），西夏占领了瓜沙，结束了割据敦煌的曹氏小王朝[1]。西夏统治者统治瓜、沙时，也曾对莫高窟有所修建。409号窟内的西夏供养人像，就是有力的证明。其他如444号窟柱上的西夏文，55号窟门甬道诸僧尼的西夏文与汉文对照的题名等。

（二）中唐、晚唐、五代、宋的壁画

1. 十方佛会图像（202号窟北壁），中央释迦牟尼佛夹侍二僧二菩萨，其余十方佛，能看出上方、北方、东方、东南方、东北方、西方等诸佛的题名（359窟西顶）。南方药师佛、北方药师琉璃佛（368、165窟）。

2. 千手千眼观世音菩萨像（176号窟门楣上北半，361号窟东壁门北，386号窟门上正中）。

3. 千臂千钵文殊像（54号窟、360号窟北壁，361号窟门南上窟）。

4. 双身佛（237号窟大龛窟顶西坡）。炽盛光佛与诸圣图（61窟）。

5. 如意轮观自在菩萨像（116、129、158、176、197等窟）。

6. 金光明经变（158号窟东壁门北）。

7. 报恩经变（144、98号窟北壁）。

8. 金刚经变（112、359、361号等窟）。

9. 天请问经变（156、100、61、360等窟）。

10. 思益梵天请问经变（85、98、61等号窟）。

11. 维摩居士变（186号窟南壁）。

12. 弥勒下生成佛经变（128、100、61号窟）。

13. 金光明妙法变（85号窟）。

14. 药师会（361、146、61号窟）。

15. 药师琉璃经变（112、141、98号窟）。

16. 东方药师净土变（144、12号窟）。

17. 密严经密严会品第一（85号窟）。

18. 大乘密严经会品（61号窟北壁）。

19. 大乘入楞迦婆罗王劝请品（85窟顶东、61窟南壁西）。

20. 华严经变（9、98、55号窟）。

21. 牢度叉斗圣变（85、25、454号窟）。

22. 涅槃像及弟子举哀图（158、184号窟）。

23. 佛顶尊胜陀罗尼经变（55号窟北壁）。

24. 五台山图（61号窟西壁）。

---

① 《宋史》卷四百八十五“夏国传”。

25. 佛传图（8、9、12、85 等，26 晚唐窟。98、108、146 号等五代窟。454、55、61 等宋窟）。

26. 大圣毗沙门天王请西方极乐世界阿弥陀佛入塔赴哪吒会图（72 号窟西壁左右帐门）。

27. 瑞像图（237 号窟大龛盝顶四面披中，题名有：于阗故城瑞像、佛在毗耶离城行化紫檀瑞像、观世音菩萨于蒲特山放光成道瑞像、槃和都督府御谷山番禾县北圣容瑞象）。

此外还有地狱变（361 号窟西壁大龛内西、南、北三壁各画二条幅。如牛头鬼，人在火床上，饿鬼引人等等画。）、涅槃经变（158 号窟）和以文殊菩萨、普贤菩萨为中心的众菩萨像（159 号窟）及 201、85 号窟伎乐人像。

（三）由壁画中所见到的体例特征与风格

自后唐同光二年（公元 924 年）到赵祯（仁宗）十一世纪时，敦煌受曹氏统治。在此阶段内，曹氏仍与内地有互通往来之关系。其文化仍系汉民族之继续，从这壁画中可以清楚地看到。如敦煌 61 窟佛本行故事画，所画的大伽兰，共三院。中央一院较大，左右各一院较小，每院各有自己的院墙围护，因而成为一大院和两个附属的庭院。外墙的四角多有两层的角楼。四角建楼，还保存着古代防御性的遗风。

在各种变相中，中央部分所画的建筑，是正殿居中，其后有后殿，两侧有廊，左右有重层的楼阁。这种形式应是当时宫殿或佛寺最通常的布置。

257 号窟，有状似阙的建筑物。254 号窟有阙形的壁龛。阙身之旁，还有子阙。两阙之间，架有屋檐。汉画像石所常见的阙，两阙之间没有屋檐。隋、唐以后，阙的原型已不复见于中国建筑中。阙的位置，让于神道石柱以及后来的华表，可证隋、唐间阙的形式是大有变化的。

城门形状与后代的也大不相同。城门下大上小，收分显著。城门洞狭而高，不发券而成梯形，与泰安岱庙金代大门形式相同。盛唐 217 窟，城门与城内屋宇，都是发券构成的，今日西北各地的房屋，有许多是平圆形的，恐怕都是以窑洞形式作成的，当然也有了西域的景色。

还有单层木塔（76 窟壁画），单层八角木塔（61 窟五台山图），窣堵坡式塔（146 窟壁画中墓塔）。此外还有单层墙的石塔，多层墙的石塔，木石混合塔等。

此外如悉达太子“五欲娱乐”、“夜半逾城”等画幅，即可看到唐后期及宋许多画风，较唐壁画更有进步。

悉达太子“五欲娱乐”图，在一较广大之院落，似一城址，正中为悉达太子与耶输陀罗妃并坐于宫室中，室前左右有各种伎乐女，用各种乐器作乐，正中于宫室前有一伎女，长袖衫裙，作窈窕婉转之舞容，舞于悉达太子与耶输陀罗之前。伎乐女手持之乐器及舞女之舞容，完全与内地之乐舞者相同。

至于宫院之构造布局，最后正中为悉达太子与耶输陀罗之庄严的宫室，二人以主人身份并坐于殿中。宫室四周，围以高大之围墙，围墙上覆以双层之瓦垅，似为宽广高大之墙基。基范围若《营造法式》卷三“壕塞制度”条中云：“筑墙之制，每墙三尺，则高九尺。其上斜收，比厚减半。若高增三尺，则厚加一尺，减亦如之”。

此画中之墙，不似一般之墙，似为高大若城墙然，因墙上之脊，清楚看出脊之两边，又各有覆瓦，“营造法式”中所云，“墙高九尺”。则九尺高之墙，必非一般之墙，似为统治者居处之垣宇。故从画中可以看出墙顶之外，似有堞，即使三仞之城，尚高三丈，若公侯七仞之城，则更高矣。故悉达太子居宫中，其城亦高，垣上似为有“堞”之建造。

城之四角，又有敌楼，下用砖石筑成，上有楼三间，屋中必似 257 号窟中之阙四层，阙内有人观望，以防敌人。

正面垣之中间，有城门，门上亦有敌楼，而此正中之门，虽未画出城门之形状，但从其他城门之形状，如莫高窟第179窟经变画中，“清明上河图”中一门三洞，上用“悬山瓦顶”，如唐长安城明德门五门道，而此正门虽不能看出有几门洞，约不会如长安明德门五门道之宽大，想可能如敦煌莫高窟壁画中三门道之形式。

至于悉达太子半夜出城之形象，从宫城中建筑形式，与上所记宫城之建筑形式同，惟城四围画出许多身披甲胄之士兵。但从太子妃耶输陀罗及士兵形象，皆在沉睡中，因而悉达太子，能乘马由四天王捧马腿飞逾宫中出城而入山修道。这幅画虽无前幅之复杂，但太子与马夫谈话，诸伎乐女及太子妃，侍卫等入睡、悉达太子乘马出城，城外骑士精心巡逻之形像，较前幅娱乐之图，有过之而无不及也。因而以画风论，强于前代者多矣！逾城图中共有骑士三人，及太子用马二匹。图中之奔腾电驰三骑士，虽不能与韩于所画者比，“矢激电驰”。但衔环奔腾之形象，固不敢云如韩画，但或者有韩画马“矢激电驰”之格调也。由敦煌画中，亦可见其画风高妙之处。(《敦煌壁画集》65幅)

宋时画风，比唐时大有进展，今从敦煌壁画中，完全证实黄休复《益州名画录》之说了。

其他如“五台山图”中之活泼人物，逼肖逼真之驴马、骆驼等，俱为前代所不能描绘者(敦煌壁画集66幅)。

至于五代、宋，曹氏统治敦煌时所开之窟亦有两种特殊形式：一为大窟之中，正中凿出深入之藻井，窟之四角凿出凹入弧形，在此弧形中画出四天王。一为上层窟，窟外建出木构建筑，今在431窟有阎员清题记者，窟檐前有一斗三升之斗栱，下承有木柱，或者此木柱下直通至洞底。

以上第一种形式，中有藻井，四周凿出凹入弧形之窟，以形式论似为复杂而美观，以建筑论，“殿堂内地面心石斗八之制，方一丈二尺，匀分作二十九窠……窠内并以诸华间杂其制作，或用压地隐起华，或剔地起突华”（《营造法式》卷三）。形式似为美观，实际凹入之藻井，四角凹入，对于上顶一定起保护作用。

至于窟檐之木构建筑，曹氏执政时所凿之窟，多有窟檐，这种造型，确能起美观及保护窟内之构造作用。

根据今天的统计，莫高窟宋代所开凿的或重新妆銮前代的窟数约105个，除了曹氏家族和其他人物同时开凿的约18个窟以外，还有80多个窟，可以说是西夏统治时代开凿或改修的，不过没有文献的记载而已。

四、元代以后的莫高窟

元取瓜州以后，对莫高窟还有所开凿与修建。至元八年（公元1271年）守朗立的梵、藏、西夏、巴思巴、回鹘、汉六体字的莫高窟残石，这块残石刻内中心为密宗刻的佛像，上为梵、藏两种“唵嘛呢八谜吽”六字真言，右为汉、西夏，左为巴思巴、回鹘等四种“唵嘛呢八谜吽”六字。

在今窟群最北端465号窟中前室北壁有至正二十八年五月的题记，虽不是开窟的记录，但从窟室壁画中，可证这窟确是元代喇嘛教所开凿的典型窟。

清末在第17号窟内，发现了写本卷子、印本和绢画等约二万多件。这是莫高窟历史上的一件大事。关于这大批古写本卷子、印本、绢画发现的年代，有：光绪二十五年（公元1899年）（王道士墓志）；光绪二十六年（公元1900年）（光绪三十三年重修千佛洞三层楼功德碑）；光绪二十七年（公元1901年）（“民国”二年敦煌县政府档案）；光绪二十九年（公元1903年）（宣统元年《甘肃新通志》卷九十二《唐宗子陇西李氏再修功德碑记》条）等四种不同的记载。关于王道士的墓志，是1931年王道士死后所追记的。敦煌县政府档案，是事件发生后官方的消息，《甘肃通志》的记录，不过是传闻的消息，唯有1907年《千佛洞三层楼功德碑》，是王道士住持莫高窟时的刻石，可靠性是比较大的。敦煌文物研究所前研究员李浴先生1944年秋在下寺木柜中发现的《王道士催募经款草丹》中也记：“至本朝光绪皇帝年内，因贫道游方至敦，参拜佛宇，……至贰拾陆年（公元1900年）五月二十六日清晨，忽有天炮响震，忽然山裂一缝，贫道同二人用锄挖之，掀出闪佛洞一所。内有石碑一个，上刻大中五年国号，上载大德悟真名讳，系三教之尊大法师，内藏古经万卷。……”

这份草丹，当然是王道士亲手写出的了。因而对藏经洞启封年代的记载，就不会有什么错误。而且与王道士在世时《修三层楼功德碑》所记的年代相同。所以藏经洞启封的年代，还是光绪二十六年（公元1900年）之说为最可靠了。

五、结　　语

1943年在莫高窟设立了敦煌艺术研究所，新中国成立以后，1951年改为敦煌文物研究所，开始整理窟檐及栈道，并整理内部，摹绘壁画。1958年以来，更大事修整洞窟、栈道及防沙等工作，并开展石窟艺术的考古研究。从此，这世界上著名的佛教艺术宝库——莫高窟，就更为繁荣昌盛了。

敦煌的佛教艺术，是劳动人民在千余年的生活斗争中创造的，今天我们研究这些文化遗产，可以从中找到千余年劳动人民的艺术创造和他们当时的现实生活。今天，我们不但要细心地保护它，而且要认真地研究它，使我们伟大祖国光辉的古代艺术遗产，得到进一步的发扬和光大。

山西“阿育王塔”遗址现状考

冬　篱

“阿育王塔”是我国古塔中的一种类型，这种形式的塔，在我国佛教建筑史上是一项重要成就。它最初的形式是由古印度随佛教传来我国，经过佛教徒的推崇，逐渐扩大，成为我国佛塔中的一种形式。

阿育王也叫阿输迦，是印度的一个王，到晚年，他崇信佛教，建造许多寺院和佛塔，称为阿育王寺和“阿育王塔”。对佛教的传播，阿育王起了推广的作用。所以人们称他是佛教的大护法。据《法苑珠林》记载阿育王造塔大小有八万四千座，广布印度各地。据有关寺院的著述记载，在中国的阿育王塔有十九座，分布在我国的四川、浙江、江苏、甘肃、河南、山东、陕西、山西八个省的一些寺院中。

但是文献上记载的寺院是否存在？在寺中是否确实有阿育王塔？建塔的遗址现状如何？如果遗址寺院中有塔，是否是阿育王塔？是否是十九座塔中之一？以及阿育王塔的式样如何？都需要进一步研究。前些年，我专门对阿育王塔进行研究，特别是对分布在山西地区的六座“阿育王塔”及其寺院进行实地考察，在这些寺院中确实曾经建立过“阿育王塔”。

有“阿育王塔”的寺院名称与文献记载中基本相同，不仅寺院存在，而且塔也存在，但是所存在的塔，已非昔日“阿育王塔”的原型了，不过还仍然是沿用“阿育王塔”的名称罢了。现在根据各寺的建造年代先后分析如下：

1. 蒲坂塔　按《法苑珠林》卷三十八故塔部所载，即“姚秦河东蒲坂塔”。按河东蒲坂是山西省蒲州地区，保留到今天的蒲州地区寺院有塔的计有：河津觉成寺、中条山万固寺、中条山栖严寺、蒲州普救寺、猗氏妙道寺、猗氏仁寿寺、猗氏永兴寺、安邑太平兴国寺等。从寺院遗留的碑文和文献记载，可以确定河津觉成寺为阿育王十九塔寺院之一。觉成寺在河津县城东门外一里，这个寺院是宋代天圣年间（公元1023～1031年）建立的。寺院南北长方形，是采取前殿后塔的布局，殿和塔从内部互相通连。如大佛殿、中佛殿、后佛殿和塔室相通，做成勾连搭式屋顶。据《河津县志》寺观条记载：“觉成寺在城东里许，宋天圣中建，内有浮图，隋仁寿中造阿育王佛舍利十九塔之一也。每至风雨夜，塔顶辄有光，岁久毁，康熙县令吴宝林重建。”今天所存之塔已不是原来的阿育王塔了。现存的塔八角十三层，是康熙四十一年重建的。塔下无基座，各层塔身光平，没有任何雕饰，塔的东南西北四面各开塔窗，上下直对，都在一个直线上；各层叠涩出檐，构造十分简洁。

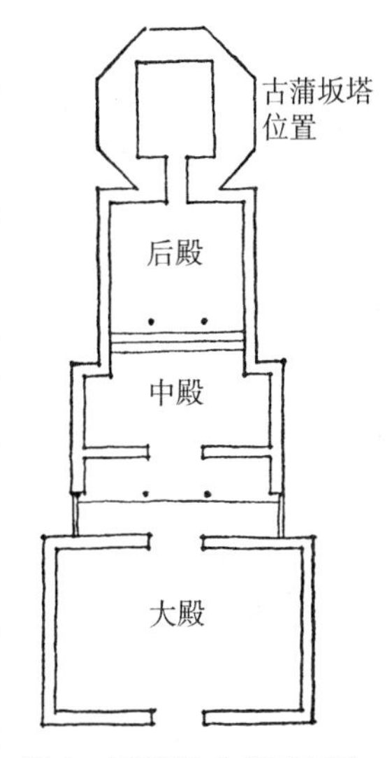

图1　河津觉成寺平面图

原来的“阿育王塔”倒塌后，重建的塔则仿照楼阁式塔式样建造的，这是各寺普遍施行的（图1）。

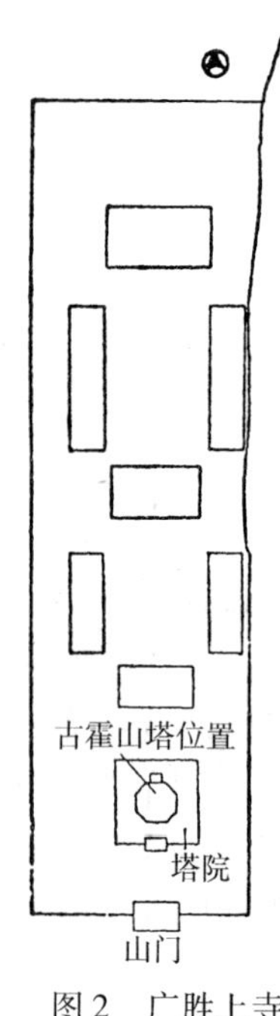

图 2　广胜上寺平面示意图

2. 霍山塔　在洪洞县霍山南端广胜上寺，即今存的广胜寺飞虹塔的前身。塔在寺之中大殿前端中轴线上，至今仍然保留一个专门塔院。塔院在山门之内中大殿之前，塔院院门内为塔，东西两厢建小型佛殿。据现存于该寺之唐代大历四年五月二十七日《敕建广胜寺牒》："晋州赵城东南州里霍山南脚上，古育王塔院一所……"。《广胜上寺舍利宝塔序》"……霍山塔阿育王十九塔之一也"。

按广胜上寺建置很早，在东汉桓帝永和年间就建寺了，据说那时候就有塔，据释力空：《广胜志》引文中之一段颇可相信，即《平阳府广胜塔兴修考据》见宋庆历该年抄本，正觉上人修霍山塔时偕乡耆蹓迹插草掘得断碑："东汉桓帝建和元年创建卢舍寺，寺有故塔，乃育王所造八万四千塔之数，在震旦国中者十有九，而此其一也。"

由以上数点，得知广胜寺塔的前身之塔早从汉代就有了。在当时已经称之为阿育王塔，史书与实物都可对照吻合。

现存的广胜寺塔是一座八角十三层楼阁式塔，外面从上到下普遍贴的五彩琉璃，一般人称之琉璃塔。若按明代楼阁式塔结构的划分，把它可以划作多层空心楼阁式塔，内部为"扶壁攀登式"，与国内现存的阿育王塔式样毫无共同之处。按一般的情况看，当原有的塔倒掉后另建新塔时，不一定再根据原塔式样修建，个别的例子，仍是模仿原样，这是两种情况（图 2）。

关于广胜塔前后建塔记事表

时　　代	公　　元	记 事 内 容
东汉、建和元年	147	创建县卢舍寺、寺有故塔
北周、保定三年	563	大和尚法江于寺废址发现舍利；重建佛塔
唐、上元元年	760	和尚无净于塔基获舍利，重兴浮图
广德二年	764	塔院落成
明、正德十年	1515	僧达连法师建造舍利塔
正德十六年	1521	铸琉璃塔大铁佛
嘉靖六年	1527	琉璃塔全部完工
嘉靖十一年	1532	建塔僧达连死去
天启二年	1622	大慧派弟子乐然建塔廊
清、康熙十二年	1673	修建塔前垂花门，增加琉璃
康熙四十九年	1710	修理塔垣
康熙五十六年	1717	精制琉璃，整修塔房
乾隆三十七年	1770	重修塔围廊庑
道光元年	1821	重修塔房
道光二十六年	1846	重修塔房
光绪十五年	1889	重修塔院及围墙

3. 代州城东古塔　在山西省代县城圆果寺内（旧名龙兴寺），寺在城里东北城角。寺之总平面规模很大，从前至后有五个院子，主要殿宇都布置在中轴线上。隋开皇二年（公元 582 年）建，内有古塔十三级高一百二十尺，宋杨延昭尝射三矢于其上。目前塔在殿后，也是有很大一处塔院。现存之塔是一座喇嘛塔，为元代重建的。塔之平面为正圆形，台基一层，中间施叠砖二层，上部再施莲瓣二层，莲座一层，座的周围再施大覆莲瓣，每瓣中间雕花，瓣尖翘

起，莲瓣上之座身，束腰略砌出圆肚，上下之仰覆莲瓣已甚大。在基座上覆置台基二层，各层均为正圆型，塔身较小置于其上。塔刹部分十三天较长，上端覆以伞盖、宝珠。此塔台基与基座均作圆形，塔基大，塔肚小，是元明清时代喇嘛塔少见的。

4. 净明塔　在晋源县城北偏东，有一个惠明寺，惠明寺是一个古寺，于隋仁寿年代就建寺造塔了，其中有塔，相传为阿育王所建造的舍利塔。据傅山《重修惠明寺舍利塔碑记》："……兹晋阳古城并州旧址惠明练若华藏浮图传阿育王八万四千之一在真丹一十有九之数……迩者蒲坂无闻、榆社久隐、代东之琉璃弗现霍南之铃铎犹鸣、慨及荒凉……"。又据现存寺内康熙四十九年岁次庚寅六月癸未吉日立之《重修惠明寺碑记》"惠明寺之建其来久矣，历考碑志以为建于隋仁寿之初而其中宝塔相传为阿育王所造舍利塔，气象庄严为太原古刹"可以证明。寺的总体布局一座规整形的矩形平面，山门已毁，现存为一进院子，在中轴线上最前端是净明塔，次为天王殿三间，殿之两侧各开配门。大雄宝殿亦三间，东西廊房各九间窑洞，全部房屋为清代晚期所重建。目前全部存在。

净明塔虽然经过清代重修，但其位置仍然在寺前之中轴线上，仍为古代寺院之遗制。塔采用清代常见的喇嘛塔式。台座平面正方形，基座甚高，座上施五层叠涩式的台基，其上再置圆形覆莲座，塔肚收杀很锐，置七重仰莲瓣上承十三天。伞盖用木板制作，板上置天蓝色琉璃顶，挂铁铃八只。此塔之特点，基座甚大，塔身很瘦，塔肚上置七层莲瓣，与天龙山圣寿寺喇嘛塔同一风格。

惠明寺为隋仁寿二年建，赐额惠明内有塔、阿育王所造佛舍利塔八万四千之一也。在宋代就修过数次，至元末全部毁坏了。现存之塔为明洪武十八年重建的，正德十六年、清康熙四十九年再次重修（图3）。

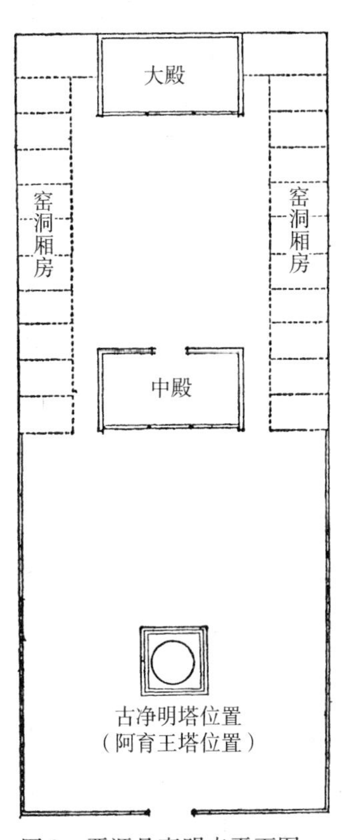

图3　晋源县惠明寺平面图

5. 榆社塔　在榆社县城东南大同寺内，大同寺已全部毁掉，根据遗址状况及当地群众介绍可以复原，寺之布局是一组长方形的规整的平面，在中轴线上排列着数层殿宇，计有山门、毗庐殿、后大殿等建筑，在毗庐殿里前半部有一座八角形石塔，这座塔一直保存到抗日战争时期，被日本侵略军炸毁。

这座塔的前身就是阿育王十九塔中之榆社塔位置。据乾隆八年佟国宏《榆社县志》舍利塔条："在县东南大同寺天下第十八塔，大藏经所云辽州榆社塔是也，不知建于何代，宋治平四年重修，元至德年间改为毗庐殿"。大同寺条："大同寺在城外东南元时建中殿即舍利塔。"（图4）

6. 临璜塔　塔在孝义县城东三里大孝堡普化寺内。普化寺规模很大，从前到后有数重大殿，目前殿宇房屋大部分倒塌了。在中轴线上大殿前端为山门、配门、天王殿，殿后建有释迦牟尼文佛舍利宝塔一座。塔后为大殿、后殿。塔平面八角形，高七层，第一层之最下端为石砌基座，塔身平整，檐部各转角砌垂莲柱与花板、普拍枋、斗栱。第二层塔身刻有"释迦牟尼文佛舍利宝塔"砖匾，檐部和第一层相同。第三层塔身刻"宝塔凌云"、"塔日增辉"等字。斗栱为一斗三升交蚂蚱头，无补间铺作。塔顶用琉璃贴砌很陡。

此塔下两层塔身粗壮，上五层塔身瘦小，上下均无收分，其造型与其他各塔均有明显的区别。按其型制为清代建造之砖塔，上下分为两段做法，很可能是模仿古代砖塔中常因年久塔上半部毁去，后代重修时不可能再恢复原样，故在半截塔之上，建一小塔收尾，如山东兖州龙兴寺塔、开封天清寺塔等等均是。

据孔广熙《续修孝义县志》记载：普化寺之塔于永乐二年重修，说明永乐以前有塔。《法苑珠林》所记阿育王十九塔之一魏州临璜塔就是这座舍利塔之前身（图5）。

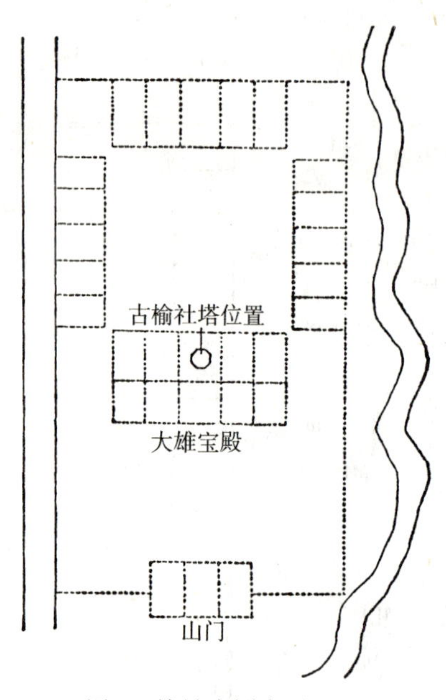

图4　榆社大同寺平面图

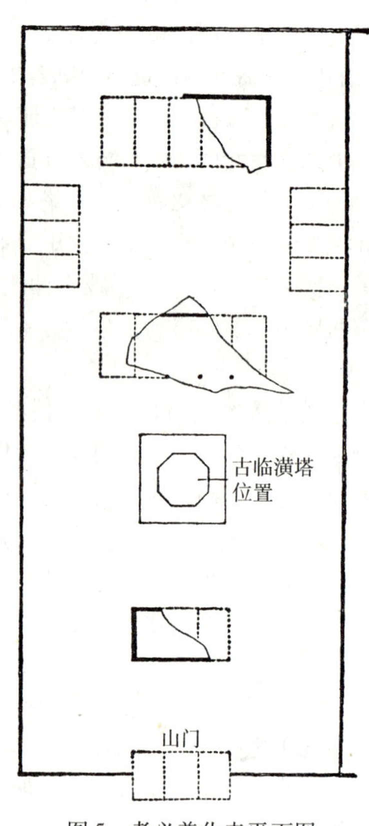

图5　孝义普化寺平面图

山西阿育王塔分析表

塔名	寺院名称	地址	今名	建塔时代	今塔之名称	今塔之建置年代	式样
蒲坂塔	上栖严寺（?）	蒲坂	永济	姚秦	栖严寺塔	清	
霍山塔	广胜上寺	晋州	永济	周	飞虹塔	明	空心楼阁式
代州古塔	圆果寺	代州	洪洞代县	齐	阿育王塔	元	喇嘛塔
净明塔	惠明寺	并州	晋源	隋	净明塔	明	喇嘛塔
榆社塔	大同寺	辽州	榆社	隋	舍利塔	元	厚存毗庐
临潢塔	普化寺	魏州	孝义	隋	释迦牟尼文佛舍利塔	清	二段式实心楼阁塔

山西阿育王塔的形象，虽然已无从查知，但是从旁证仍可能说明这一个问题。如云冈第十一窟壁面雕出楼阁式的塔，从刹部分就可以看出其基本形象。另在云冈第十四窟窟壁浮雕一座塔的基座，受花部分形式更生动了。北魏时代既然出现这种式样的塔，到了北齐、北周、隋朝建造阿育王塔，当然必定模仿，如唐代雕刻的天龙山第十二窟壁面上的几座阿育王塔，其形式已完全成熟了，不难看出阿育王塔已经发展到一种独立式样。

全国阿育王塔（山西六塔不计在内）分析表

时　代	地　址	相当于今地	原来塔名	塔　的　现　状	备　注
西晋	会稽	宁波	鄮县塔	在宁波阿育王寺内（清）	殿内塔
东晋	金陵	南京	长干塔	在南京建初寺	
石赵	青州	淄博	东城塔	今塔为宋塔	
周	岐山	扶风	岐山南塔	今塔为法门寺塔（明）	
周	瓜州	安西	城东古塔		尚待调查
周	沙州	敦煌	大乘寺塔	今在敦煌城外白马塔（明）	
周	洛阳	洛阳	故都西塔		尚待调查
周	凉州	武威	姑藏故塔		尚待调查
周	删丹	山丹		今塔已全部拆除（明）	
隋	益州	彭县	福感寺塔	现存为唐塔，余四分之一	
隋	益州				
隋	郑州	密县	超化寺塔	在密县城，今塔已拆除	
隋	怀州	武陟	妙乐寺塔	寺已毁只有一塔（宋）	

为什么在这六座阿育王塔故址上重建起来的塔不再采用阿育王塔本来的式样呢？这是由于人们对塔的形式概念发生变化，塔的式样越来越趋于中国化——建造楼阁式高塔，人们可以登眺。阿育王塔式样不可能建设高塔，它的形象有局限性。因此，在阿育王塔遗址上重建塔时，必然要建造楼阁式塔，在历史发展中，有的名称改掉了，有的仍保持原名。

从山西阿育王塔考察来看，在我国有“阿育王塔”十九座之说，证明确属事实，这六座遗址都有寺院，也都有塔。关于记载在我国有阿育王塔十九座的文献是唐代人编写的，山西阿育王塔都在隋朝以前，只有有了实物才能有记载，所以不可能是编造出来的。

山西砖石塔研究

张 驭 寰

序 说

山西地区的历史发展很早，至今尚保存很多古代建筑，如城镇、民居、衙署、庙宇、寺院、古塔等等，因此人们往往把这个地方称为我国古代建筑的摇篮。

我国古建筑的结构和形制，不仅要受到建筑材料的限制，同时还受到社会思想意识深刻的影响，砖石塔这一类建筑就是深刻地受到佛教思想影响下产生的。

塔起源于盛行佛教的中印度，梵文叫做“窣屠婆”（Stupa），巴利语叫做“陶婆”（Thūpo），翻译成汉语叫塔或者叫塔婆，是佛教圣者的纪念物。它随着佛教传到我国后，仍然作为寺院里的纪念物，用以藏佛经、舍利或供养造像等。由于我国古代各个历史时期佛教有兴有衰，况且寺院规模的大小和经济地位、僧祇要求等各不相同，所以塔的具体形象以及数量规格也就随着发生不同的变化。

砖石塔是我国古代建筑重要的一个方面。从北魏开始，历代在佛教盛行的地区，都建造规模宏壮的寺院和佛塔。而且早期寺院都有塔院制度①，有一寺一塔、一寺双塔②、一寺三塔等几种制度。山西地区塔的数量很多，至今虽然已毁去大部分，但据调查统计还有数百座③。其中除木塔一座外④（图版1），其余都是砖石塔。

山西古代砖石塔分布很广，遍于每一个县。从性质来看，以佛塔为主，次为高僧墓塔。佛塔建在寺院里，或建在寺院附近，是寺院的重要组成部分。高僧墓塔建于寺院附近的墓地，主要是根据和尚的“法行”修养和寺院的经济来决定。一般寺院墓塔只几个而已，如

---

① 塔院制度开始很早，上可溯至初唐。如汾城镇（原太平县）高腴村北齐创建之惠善禅寺遗址中，在山门内有塔院一所，尚可看出其规模。根据碑文记载，为唐代遗址。但从实物看来，唐代重要寺院与大型寺院大部分有塔院，洪洞广胜上寺至今还存有唐代塔院之遗制。据寺内现存《敕建广胜寺牒》文载：“晋州赵城东南州里，霍山南脚下，古育王塔院一所”介休虹霁寺为唐代寺院，在山门里仍可看出塔院之遗意。阳城县龙泉寺创建于唐，至今保留宋、明二塔，每塔都有宋、明塔院两处。五台山塔院寺之内主要为一个大塔，占全寺总面积三分之一以上，以塔院作为寺名。塔院制度在唐、宋寺院里盛行，越到晚期越少。

② 据调查得知双塔制度盛行于唐、宋寺院中，尤其是宋代寺院建造双塔更多。双塔位置，一种是在大殿前端并列于左右为最多；另一种在中轴线上前后并列。在山西地区长子县慈林山唐代法兴寺大殿前有东西二石塔；平定县宋代天宁寺有东西两座砖塔。此外，在泉州开元寺有东西二石塔、杭州灵隐寺亦有东西二石塔，邓之城的《东京梦华录注》广州光孝寺大殿前也有宋代两座石塔。由这些实例可知宋代寺院里建筑双塔非常普遍。

③ 据我在“文革”前及近两年调查时收集到的山西砖石塔之总数，但是，还有许多未包括在内。仅就调查的项目分析：唐塔70余座、后晋、后唐塔3~5座、宋塔30多座、金塔10数座、辽塔1~2座、元代塔20余座、明塔55座、清塔46座。

④ 应县辽代佛宫寺释迦塔为木塔，是山西唯一的一座木塔。也是全国最早的一座木塔。1937年由中国营造学社曾经进行详细实测。本文因重点分析砖石塔，故对释迦木塔不予讨论。

图1　永济栖严寺墓塔群

果寺院的历史较长，由于年积月累而成为墓塔群①（图1）。在唐、宋、辽、金、元各时期还有为宣扬佛经而建立的经塔②，但数量不是很多。到明、清时代还出现不少文峰塔、文笔塔、风水塔等。

各种塔的高度一般都在50米左右，层数由一至十三层不等，形状有圆形、方形、六角形、八角形以及方圆结合的喇嘛塔。所用的建筑材料都以砖石为主，这是因为早期建造的木塔不能耐火，而且容易腐烂不能耐久，因而采用砖材和石材，到明代往往在砖塔上施用琉璃，或铸铜塔、铁塔③，但是这些是少量的，都没有砖塔数量多。由于砖石耐久，在结构上容易模仿木构建筑形制，又能建造高层，因此，用砖石造塔就越来越多，而且越造越好。特别是唐、宋、明三个时代建造的许多高塔，达到完全成熟的地步。这种楼阁式高层砖塔，成为山西古代砖石建筑中的重要组成部分。

一、北朝造塔之形象

北魏、北齐两百年间，统治者利用佛教统治人民，大量修造佛寺，建筑佛塔。

---

① 凡在大型寺院以及历史长的寺院都有和尚墓地，而且在墓地造塔。年积日累成为塔群或称为塔林。山西寺院里有墓塔群的，如中条山栖严寺，在寺之东南方向有墓塔群一片约计数十座。永济县静林山天宁禅寺也有墓塔群。交城石壁山玄中禅寺也有墓塔群约计数十座。洪洞县万胜公社宋代之嵒泉寺故址也有墓塔群。凡在墓塔群中存留最早的实物，有唐、宋、金、元、明各时代的墓塔。大部分都是砖石塔。

② 经塔是塔上刻有经文、佛像者。交城万卦山天宁寺有唐代华严经塔，做方、六、八角形一至三层不等，其形式似由楼阁式向幢式之过渡阶段。经幢之由来和这种塔有很大关系。此外，一些金、元时代的墓塔，常做幢式塔，在塔上刻陀罗尼经，及法师的经历。山西幢式塔的实物还是很多的。

③ 铜塔、铁塔是明、清两代常常铸造的一种塔。山西五台山大显通寺原有五座铜塔，屹立于藏经阁的高台上。日本帝国主义侵略期间，将其中三座折毁，至今仅留下两座。据山西雁北专署文化局调查在左云县尚有铁塔。在外省的，如湖北当阳玉泉寺铁塔为宋嘉祐六年造，广州光孝寺铁塔、义乌双林寺铁塔、镇江甘露寺铁塔。较早的为五代吴越王造八万四千塔中，有铁塔和铜塔两种。我国从五代到明以铜、铁材料铸造兴盛一时，但是由于施工以及材料昂贵没有特殊高大的，也没有大量发展起来。

山西地区最早的塔以木塔为主，据记载永宁寺塔就是木塔，高九层，高度1000尺，约合280米；另一记载是高490尺，约合137米。这两项数字均过于夸张，仅可参考。现根据唐代建筑间宽、柱高来推测，全塔总高80米左右，还是可能的。基架宽广。以后在洛阳又建造许多木塔，据记载可知其形制和平城永宁寺塔很相似①。关于北魏佛塔的规模与式样，我们可以从云冈石窟里看到它的形象。窟内作支提塔②和浮雕塔两种。支提塔为楼阁式样，平面方形，塔身分间雕出券门，施用檐柱，柱头上施用一斗三升斗栱、补间施用人字栱，檐角微微翘起。浮雕的塔种类很多，平面方形，塔的层数主要是奇数，塔檐都用直檐，椽子皆做一层③(图2)。

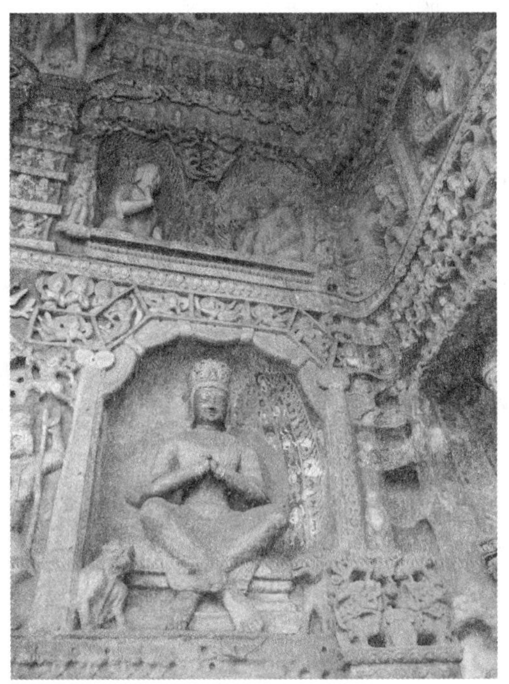

图2　云冈石窟第13窟内浮雕塔

在仅存的石塔中，只有清化寺造像塔④、千佛小塔⑤、南禅寺小石塔⑥。这三座石塔的平面方形，塔下刻出台基。塔身仍然采用楼阁形式，其中最高的做到九层，每层刻出佛龛、佛像，往往在第一层塔身四角刻有角楼。塔顶大部分为四坡顶，塔刹已施用相轮、宝珠等。从这些塔的形制和雕刻部位与手法来看，都已接近成熟的阶段。特别是塔的形式，给后期开创了楼阁式样的先河。

---

① 关于北魏建寺造塔文献记载颇多。据汤用彤《汉魏两晋南北朝佛教史》北统条“元魏拓跋氏原居极北，非佛教势力之所及，后与中国交通，始知佛法……天兴元年（公元398年）始敕建寺塔于都城……。”当时平城之寺院数，依《魏书》“孝文帝太和元年，平城京内约百所寺院，2000僧人，四方6478所有僧77258人，太和十年遣1327僧还俗。佛塔之高状已开洛阳之先锋。”郦道元《水经注》漯水篇：“帝于平城起永宁寺构七级浮图，高300余尺，其架博敞，为天下第一。”

② 按支提塔起源于印度，系在石窟内雕出柱状并刻成塔形或四面镂刻佛像，支承窟上之岩石防备塌下来。这种做法在国内曾见于云冈石窟。又据《杂心论》记，有舍利者叫做塔，无舍利者叫做支提。

③ 详见梁思成著，《云冈石窟中所表现的北魏建筑》。载《中国营造学社汇刊》。

④ 清化寺造像塔在高平县羊头山上。寺坐北向南，全寺已经毁坏，只在土墟中看出寺之正殿五间，中殿三间（中间并列三尊石佛像，根据形象看，疑为北魏原物。钟鼓楼位于山门左右。寺的右侧有北魏时代开凿的石窟约十余个。按《长治县志》著录，清化寺建自北魏孝文帝太和年间（公元477～499年）。初名定国寺，北齐改宏福寺、隋末寺废，唐武则天天授二年（公元691年）重建。但是造像塔为北魏的原物。塔建在羊头山的高峰，基座系雕刻一只卧羊。塔身为一梯形体，四面雕刻“阿弥陀佛”。塔顶仅用一块方石刻出四坡水式。全塔风化甚重。塔座用羊的形象实很少见，但是用羊作为寺名，北魏时已有了。

⑤ 北魏天安元年千佛小塔，原存朔县崇福寺弥陀殿内。后被日本军队劫至东京帝室博物馆。平面方形，下部有较高的台基。塔高九层，第一层塔身东西南北四面开券门，在转角处施方形楼阁，单檐顶。略如城墙角楼之示意。第二层以上每层缩小，每层塔身遍刻佛像，施腰檐。塔刹相轮五重，上冠宝珠。唐代刻石塔尤多，大部分仿照此种制度。沁水县玉溪石塔，其全部形象与千佛塔基本相同。

⑥ 南禅寺小石塔是一座用石材刻出的小型石塔。原来不知存于何地，目前陈列于南禅寺大殿中。塔平面正方形，塔身做楼阁式，高五层。第一层塔身建在扁平的台基上，四角有圆形塔，如同后期的喇嘛塔式样，它代替了常用的角楼。但其做法与形制有北魏天安元年小石塔的式样。各层塔身分间雕刻佛像，每层腰檐雕出示意性斗栱。檐顶刻出筒瓦。塔刹已毁。由此更进一步看出北魏楼阁式塔的形象。

二、隋、唐砖石塔

隋朝统一南北后，由于隋皇朝提倡佛教，建筑寺院，造塔风行一时。隋文帝时，仅为母寿又在全国八十州同时建造舍利塔，花费了极大的人力和物力。

到唐代初期，封建社会经济达到极盛时期。在手工业生产方面，无论是细部分工和技术上的改进都超过了前代。这时，玄奘又从印度返回长安，太宗诏至弘福寺翻经十九年，共译出重要经论一千数百卷，于是，佛教之风大盛，统治者大力提倡兴造佛寺、供浮图、迎纳佛骨。据《唐六典》记载当时全国寺院总数有5350多所。山西为河东要地，唐代北方文化之渊源，也建了许多寺院。如现存的玄中寺、兴唐寺、虹霁寺、广胜寺、灵岩寺等，都是当时的大寺院。特别是五台山的一些寺院更是有名。佛塔也随同寺院增多起来。唐代在寺院里造塔，都摆在大殿的前端或偏于殿前之左右，占寺里的重要位置。当时塔院制度已开始盛行了。从介休虹霁寺、汾阳灵岩寺、洪洞广胜上寺，可以看出有完整的塔院。

由于塔的性质不同，而产生许多式样，如华严经塔、佛塔、造像塔、舍利塔、高僧塔等等。从平面与造型来看，有圆形、方形、六角形及八角形，密檐式与楼阁式，特别是楼阁式砖塔有突出的成就，从山西砖石塔中可以说明这一个问题。

（一）隋舍利塔

隋朝统治阶级，信奉佛教，利用佛教作为统治人民的工具。隋文帝为纪念母寿以及自己诞生日受到阿育王造八万四千个宝塔的事迹的影响，于仁寿年间向全国重要地区送舍利建造舍利塔，成为建筑史上的一件大事。

当时建舍利塔分三次进行，首先于仁寿元年（公元601年）六月十三日颁布建塔诏书，第一次于仁寿元年十月十五日同时建三十座。此后，于仁寿二年（公元602年）一月二十三日又一次颁发建塔诏书，在仁寿二年四月八日同时建立五十一座。第三次建塔于仁寿四年（公元604年）一月下诏，同年四月八日在全国三十州建塔，前后建塔总数为一百一十一座①。

这些舍利塔，在山西的有九座②。第一次建塔时有两座：一座在并州（今太原）无量寿寺内；另一座在蒲州（今永济）栖严寺内。第二次造塔时，在山西的有三座：一座在晋州（今寿阳）法吼寺内；一座在慈州（今吉县）石窟寺内；另一座在潞州（今长治）梵净寺内。第三次在山西的有四座，分别在绛州（今新绛）的觉成寺、泽州（今晋城）的景净寺、韩州（今临汾）的修寂寺和辽州（今昔阳）的下生寺内。但是，这些舍利塔早已毁坏了，仅仅在栖严寺遗址里存有《大隋河东郡栖严寺道场舍利塔之碑》一通，碑身高大，由此不难想象出舍利塔之规模。

隋仁寿年间全国性大规模的建造舍利塔深刻影响到后一时期。如唐代几次敕天下诸州建造开元寺、龙兴寺以及五代吴越王钱弘俶建八万四千个宝塔，这些都是我国历史上规模比较大的建塔活动。

（二）唐代砖塔的发展

唐代用砖造塔非常普遍，由于砖塔耐久，所以在今天尚能看到唐塔实物。山西唐代砖塔在晋中、晋南一带较多，这里佛教发展，寺院增多，且又物产丰富，经济繁荣，为河东菁华地

---

① 据《佛祖统记》卷三十八仁寿元年条“诏天下名藩建灵塔。遣沙门净业，真玉等送舍利，奉藏诸郡百十一座。”

② 详见《续高僧传》卷十、卷二十一、卷二十六。

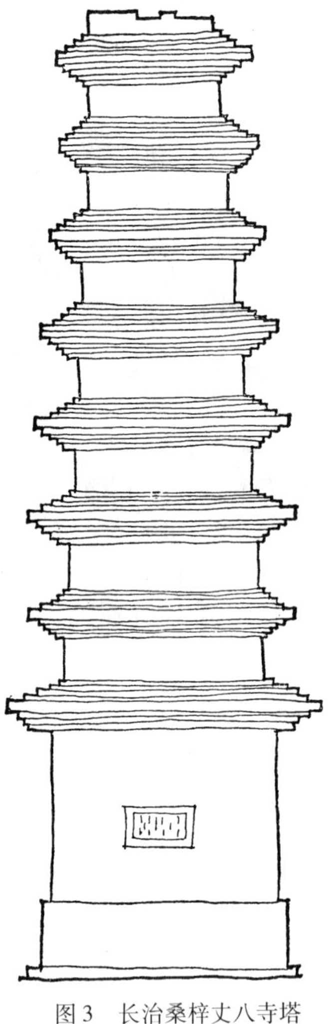

图3　长治桑梓丈八寺塔

区。所建砖塔有佛塔和墓塔二种，佛塔都采取楼阁式，墓塔体形较小，无楼阁式塔之宏伟，但是，平面形状有变化。现按其形状分别论述之。

现存实物中以猗氏妙道寺东西二塔、长治县丈八寺塔①为例。这几座塔虽然经后世改修，但仍然保持唐代特点。当“窣屠婆”传来我国后，和我国固有的楼阁相结合时，在北朝就出现许多方型木塔。到唐代采用砖造，塔身加高，但是仍然模仿木结构制度、因而出现正方形平面的砖造楼阁式塔（图3、4）。这种形式的塔不设基座，仅有简单的台基，第一层塔身砌在台基面上，它又直接影响到宋代八角形楼阁式砖塔。但石塔与小型砖墓塔仍然使用基座，这是建塔初期遵守中国楼阁式塔建筑制度。待辽、明时期须弥座普遍传播，由须弥座变形之各式基座被大量使用起来。

图4　丈八寺塔正门、平面及剖面

凡是仿木结构之塔，都有柱额之表现，特别是模仿楼阁式木塔更属明显。一般没有柱，仅仅露出柱头，如大塔有柱者做方柱或做方形小抹角柱，但没有真正的八角柱，也没有圆形柱，因用砖砌圆柱在施工上有一定的困难，且方塔圆柱并不美观，因此圆形柱很少见。常常在柱头横穿阑额，很少使用普拍枋，仅妙道寺二塔与陕西玄奘三藏塔出现有普拍枋，这可算做唐塔上最早的实例。

---

① 丈八寺塔在长治县桑梓镇。寺规模很小，布局紧凑。中轴线上有正门三间，大殿三间。殿之左右各有朵殿，两侧各有配殿二排。丈八寺塔在院内西南角。寺院向东、塔之正门向南。平面方形，最下部为一层薄石台基。塔身高九层，第一层塔身砌石块四层，南向开券门一道。自第二层以上塔身俱高三砖，平面逐渐缩小。塔内为一正方形空筒，上下直通，原来在各层砕为塔室，施木制楼板，至今已全部塌毁，还残存着木板痕迹。全塔轮廓有缓和之曲线，出檐略长。据康熙四十四年闰四月之《丈八寺重修塔记》：“丈八寺之有塔也，其创建之年，盖莫可得而考矣。迩来，根基剥落，不固倾颓，信士王居荦，……自出资鸠工修葺”。当我调查时判断除基部补修外，其余全为唐代原物。

根据近年调查，唐塔斗栱形制并非想象那样简单，由单个栌斗发展到一斗三升而至双抄偷心华栱。关于出檐，无论是上檐、下檐以及各层腰檐均做单檐式，而且是叠涩出檐并在檐下砌菱角牙子，直檐无翼角。塔身用柱分间，开券门，间有直棂假窗或开空窗洞，大塔之刹用铁制，现存实物已不多见了，小塔塔刹则用砖石制作。

墓塔大部做方形平面。如佛光寺大砖塔①是方形墓塔中最大的一个，有一至二层，常做实心塔，仅于第一层留出一个小型塔室，外部施简单的基座，其他为一般做法。惟塔刹的刹根部分又施简单的基座，上部刻山花蕉叶②覆钵、相轮宝珠，其形体超出方塔每面宽度三分之一以上，塔刹是粗壮的，其完整时的形象与云冈石窟浮雕之塔刹北魏嵩岳寺塔刹形制相比，犹有共同的地方，此种形式之刹在山西地区很普遍。

唐代有八角形和六角形砖墓塔，但是六角形砖墓塔实物甚少，现存的最精工细做的要算佛光寺祖师塔③。六角形塔也是仿照木构建筑产生的。按塔之原形，如若不受中国木结构建筑的影响，不会出现方型。后来，人们觉得塔和楼阁总是有区别的，必须或多或少的做出带有“窣屠婆”的原形，虽然仿照木构建筑，由方形改成六角而至八角，总比正方形更接近圆形，更带有“窣屠婆”的意义。

自从六角形塔开始，在台基上出现简洁的基座。基座用束腰略作分间，也有上下相叠的基座两层，不像辽代砖塔座身那样复杂。塔身有鲜明的侧脚，从外观之，塔的稳定性很强，塔身仍表现出柱额的制度。

如佛光寺祖师塔角柱用莲花为节，做分段式为唐塔常用的手法④。普拍枋很明显突出于塔身之外，枋有交头与不交头之分，交头者有砍作菱形斜面的，也有刻出海棠曲线的。枋上还用简单的斗栱，一般栌斗形制增高，而且泥道栱与令栱同长或令栱缩短两种制度，塔刹与方形塔同样（图5、6）。

---

① 佛光寺大砖塔在佛光寺东北土岗上。平面方形，最下部施台基三重，皆用块石砌筑。在座之上又收叠二次，上起塔身。塔身很高，于正南面开券门、墙面平整不施任何雕饰。檐部施普拍枋一道，其上再叠涩出弧状。塔顶做反叠涩，中心置基座，上承八瓣仰莲及山花蕉叶，再置方砖短柱承塔刹。塔之内部辟方形塔室，每面宽1.96米。天花也用叠涩收进。塔砖质量密实，一面带有印制绳纹。现在塔铭已失，根据其式样推测为唐代砖塔。

② 山花蕉叶是佛教的一种装饰。在印缅一带佛教建筑佛龛上常见此物。随同佛教传来我国，从北魏开始直到宋、金出现在石窟与佛塔上。在佛帐上者大同云冈第十五窟西壁佛帐上有此物，河南洛阳龙门石窟魏字洞右壁有维摩诘帐。邯郸北响堂山南洞，洞外佛帐为北齐雕刻者。在《营造法式》小木作制度图样中佛道帐也有此物。“造佛道帐之制，上层如用山花蕉叶造者，帐身之上再不用结瓦，其压厦板于撩檐枋外出四十分，上施混肚方，方上用仰阳版，版上安山花蕉叶。”在塔上者，施用式样很多。

③ 祖师塔在佛光寺东大殿南端，塔保存完好。平面六角形高二层，台基五层，逐层收进，上施很扁的基座。座身每面用束腰分三间方格形如壶门。塔身六角形，各面有显著之侧脚，正南面开券门，门楣施尖栱至上端向前翘起。第一层塔檐向外伸出普拍枋一道，上施栌斗，斗上承素枋仰莲瓣三重。每面第一重十二瓣；第二重十三瓣；第三重十四瓣，形如升斗之示意。塔檐叠砖三重，檐上为六角形斜坡顶，顶端施有侧脚的基座，上承平座，平座之下亦施仰莲。第二层塔身仍作六角形，正面亦施券门，门楣之龛面式样和第一层相同，东西两面各施直棂窗。每角用圆柱，柱表面分为三节，每节用仰莲瓣作为装饰。柱上置普拍枋，枋上莲瓣形制仍和下檐同样。塔刹亦用基座仰莲、半开莲、仰莲、宝珠等。塔室平面六角形，天花亦系用六角形叠砖井。塔之第一层基座、第二层基座、刹顶基座形式是统一的，形式扁平，施有壶门，线条非常有力。各层塔身有明显的侧脚，并在各层檐柱、刹、门楣等都施以莲瓣，用莲花作为结构部件之装饰是很少见的。从直棂窗、券门、龛面、以及菱角牙子的制度看来，都是祖师塔的特点。因此判断祖师塔为唐代所建。

④ 唐石塔常用莲节柱。就是将一根柱分成数段，在分节处用莲花数分隔。这种形式的柱从北魏开始，到唐大量盛行起来。在实物中如北魏云冈石窟、佛光寺祖师塔第二层角柱、榆社邓峪唐开元年造像塔、长子法兴寺长明灯、晋城青莲寺慧峰石塔均做莲节柱。柱之断面有八角形和圆形者。这种制度的来源，很可能受到魏唐以来佛教经幡形制的影响，将柱也尽量做成经幡之式样。

图5　五台山佛光寺祖师塔

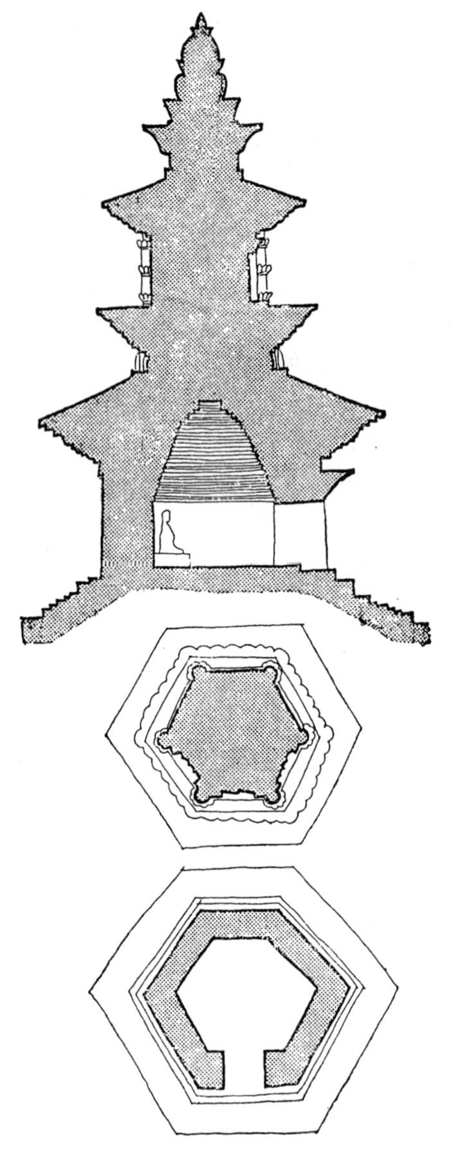

图6　佛光寺祖师塔剖面及一、二层平面

唐代八角形塔，除山东九塔寺塔、嵩山会善寺净藏禅师塔二例之外，在山西还有几座都很精彩。按八角形砖墓塔，比六角形塔更不多见（图7）。在运城县寿圣寺的三座塔，台基升起1.5米高，如高台建筑之缩意。塔身结构仿照木构式样，做方形和带有小抹角形的倚柱，柱上出一斗三升交耍头。门窗口做得很深，门为正方形，左右及上下施上额、榑柱、门额与立颊同宽，下串与门砧相交，不施门簪，中间开双扇版门，但门扇上半部开始刻菱花，这在唐塔上初次见到，很可能是晚唐时期槅扇开始盛行，影响到唐塔的。

唐代圆形砖石塔是一项特别重要的实物，过去，在他处从未发现。山西圆形塔分石佛塔与砖墓塔两种（图8）。

石佛塔以高平羊头山清化寺石塔为代表，它和砖造楼阁式塔很相仿，平面圆形，不设基座，从地面上直接砌出塔身，塔身及塔檐也都做成圆形，内部设塔室可以出入。

唐代楼阁式塔，常做空筒式（即有塔室），塔檐做叠涩式，无论是方形、六角形、八角形或者正圆形，均以叠涩出檐为常规，凡唐代砖塔都做叠涩出檐，成为唐塔特征之一。

砖墓塔的平面正圆形，砌出很高的台基。以运城县招福寺禅和尚塔为例（图9），虽然从

图7　运城王范寿圣寺塔及平面　　　图8　永济静林山天宁寺塔及平面

下到上都是正圆形，确是一个典型的仿木结构的塔，台基上施扁平的基座，以束腰柱分成许多小间，每间施壶门。用斗栱支出平座，按平座在宋代砖塔上使用很普遍，但在唐塔上却很少见到。山西唐塔用平座者有佛光寺祖师塔外，只在招福寺禅和尚塔①见到，而且还在平座上施用勾片栏杆。塔身用方柱分间，柱头施普拍枋额枋，柱根施下串，额枋之间以间柱与上下串相连，这种制度与大雁塔门楣石刻佛殿图极相似。门窗按间排设，正面开双扇版门，但在门扇上以及槅扇上刻出八角菱花及十字菱花，槅扇采用双扇制度，是从双扇版门变化而来。

① 招福寺在运城王范公社北部土岗上，寺院已经毁坏，无遗迹存留。只在寺后左侧山坡处，遗留砖墓塔两座。目前两座塔中，一座毁去大半，只剩下一座较为完整，这就是招福寺禅和尚塔。塔平面正圆形，塔下台基约2米高，台基上置很扁的基座，束腰刻近似方形之壶门，座上施斗栱再承平座，斗栱已被打碎，据残存之形象估计很可能是一斗三升栱，一周共三十二朵。平座施栏杆，阑板做勾片式。塔身共分八间，正南面为塔门，塔之左右各施八角形菱花槅扇。东西两侧各施塔铭，西侧之铭文经风化甚烈，仅于最后有“甘棠郡安邑县孝濠乡王范村故招福寺禅和尚记，咸通□□□岁次丙戌七月癸卯”字样；东面塔铭亦风化，只见“咸通七年岁次……”字样。后部之左右二间各施直棂窗一樘。每间使用方柱，柱间阑额与由额之间施桩替。柱头承栌斗，斗上三升出耍头，补间施人字栱，栱上一升承素枋。塔檐施叠砖两层，菱角芽子一层，再上又施叠砖三层，方椽筒瓦；塔顶作反叠涩砖七尺，坡度平缓，略带有曲线；塔刹也施基座一层束腰刻壶门，上承八瓣仰莲，中间置一大覆钵，蕉叶，其余俱已毁去。

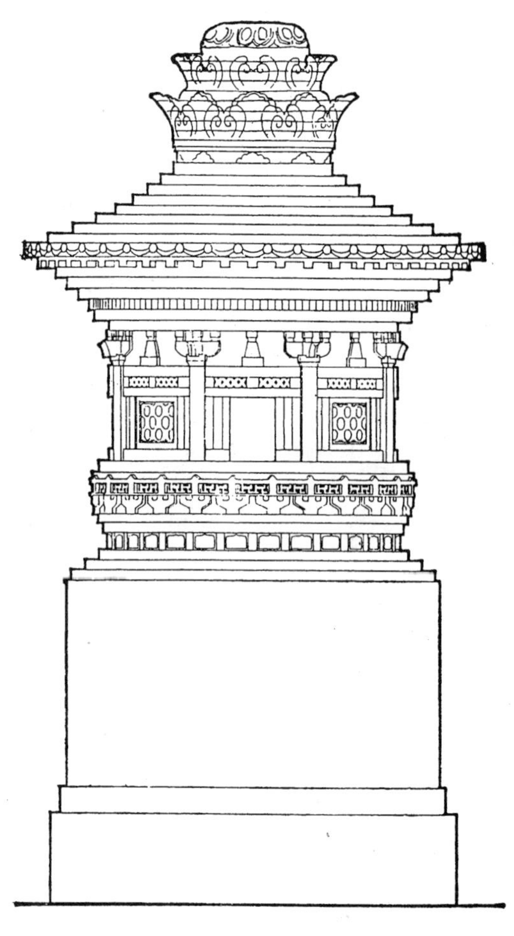

图 10　沁水玉溪石塔

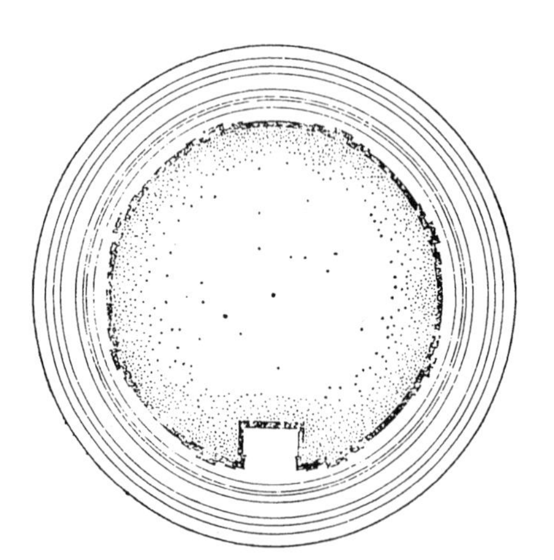

图 9　运城招福寺禅和尚塔立面、平面图

斗栱、柱头施一斗三升，耍头，为晚唐常见的。补间施简单的人字栱，栱上承一散斗。塔檐和一般常见的唐塔叠涩相同。刹根亦施基座，座之束腰仍刻出壶门，上施忍冬纹山花蕉叶，叠涩砖层，再置以宝珠收尾。

塔之造型轮廓，由于都用正圆形的，从整体看来，形象优美，台基甚高，塔身很短，柱间各部分构件比例都很适当，构件紧凑雕刻细致，这是不可多得的。

（三）造型丰富的唐代石塔

唐代除建造大量砖塔之外，还保存着北朝以来使用石材作为建塔材料之传统遗风，建造了许多石塔。山西唐代石塔数量很多，分布极为广泛。石塔也分为佛塔与墓塔两类，若按形状划分又可分方形与八角形两种。用石材造塔，因本身重量大而不易施工，对建设高层楼阁式大塔有一定局限性，所以没有用石材建造的大塔。一般都是寺院里作为标志与纪念用的附属小塔，故塔身施用部分雕刻，艺术性很强。这种做法为唐石塔的常用手法。

方形石塔由于地点、佛寺经济情况、工匠技术等不同情况，影响到石塔的制作。高平清化寺石塔①，形体较小，雕刻略为粗犷。但是，又表现出简练大方，具有浓厚的地方性。基座施简练的雕琢，塔身之正面刻较小的佛龛，犹如在石窟石壁上刻佛龛的制度。塔刹与常用的相同。模仿楼阁式的石塔以玉溪石塔②为最大，三重基座叠起甚高，塔身逐层收缩，每层都有叠涩式出檐，塔身每面亦刻佛龛，其用意以佛龛之部位模仿塔身上下皆列门窗之意（图 10）。

自北魏到唐，无论砖塔、石塔都有楼阁式塔出现。方形单层石塔受木结构之影响，平顺明惠大师塔③基座、塔身、塔檐以及各部构件做法，都是模仿木构建筑。最简单的只取其轮廓形式，将塔身的梁枋柱额斗栱等都去掉，可以省工。因为刻石为塔，所用的工料大，往往只取其

图 11　沁水县玉溪镇唐石塔

图 12　原平崇福院石塔

① 清化寺方形石塔有三座，俱在清化寺之西侧，塔的形状较小。其中之西塔平面呈正方形，台基基座各一层，但是基座为八角形，束腰部分刻出扁形壸门上枋施莲纹之雕刻，座之上有仰莲一层，上承正方形塔身。塔檐较为雄壮有力，四角做成卷檐，坡顶刻筒瓦，现塔顶为四坡水，疑原为塔刹之位置，年久失去。东塔为方形，基座半埋土中，只见座之上半部露出地表，塔身甚高，正面刻方形门，门洞甚浅无雕饰，上复重檐，檐子厚重，四角亦略略作卷檐。第三座就是单层小塔，平面方形，基座埋入土中，塔身之正南面开方形门，檐顶之做法与上二塔相同。按羊头山这三座方形石塔，塔顶都是四坡水，中心塔刹已失去原样，估计是唐石塔，尚待考证。

② 玉溪石塔，在沁水县玉溪镇，寺院早已毁掉，只留这孤塔一座。平面正方型，高五层，塔基部分在台基之上施基座三层，中层之束腰部分四周刻建塔缘起以及施财人姓名。塔身第一层略高，南向辟正方形门洞，门侧刻金刚力士，门楣之上刻兽环、仙鹤、仙马作盘龙柱，多已风化。塔室中刻释迦、伽叶、阿难及二胁侍菩萨像。自第二层起塔身低矮各层檐作叠涩式，最上层檐檐角施卧狮，这是唐石塔常用的做法。根据石塔形制来看断定为唐塔。但是塔之背面刻文“玉溪村东为古浮图多年损坏，已有常主张得善舍孳牛一只重修，……正统十年八月吉日”。这一块石刻为明代重修时所更换的。（图 11）

③ 明惠大师塔，详见杨烈：《大云寺及明惠大师塔》，《文物》1962 年。

形式轮廓，从而不细加工雕琢，这是比较普遍的现象。如原平崇福院石塔（图 12）以及高平大愚禅师塔①闻喜县柏底村唐石塔等，造型极为特殊，塔身均不雕出梁枋斗栱等木构形式，仅在券门之左右施金刚力士之浮雕，门上及檐部施飞天。塔刹变化很多，但都离不开基本原形。按塔门刻金刚力士是和后期佛殿前廊塑金刚像的制度意义是相同的，这可能是佛殿受到佛塔雕刻之影响。

造像塔为佛塔之一种，最早可追溯到北魏、北齐。唐代在山西的造像塔，刻法工整精致，其洗练的线条为后期所比不上的。邓峪村唐代开元造像塔②，塔下为八角形覆莲基座、第一层塔身特高，四面刻释迦牟尼佛像，前后两面盘膝；左右伸腿坐像，四角之角柱作金龙缠柱③，上覆八角形塔檐，檐角略有翘起，第二层施平座，塔身改做八角形，做叠涩式出檐，形状优美。按造像塔实际就是一种雕刻艺术品，从北魏到宋元在北方大量盛行（图 13）。

八角形石塔分两种式样，一种是幢式，以交城万卦山天宁寺唐华严经塔④为代表；另一种是层塔，以慈林山法兴寺唐石塔⑤为代表。幢式塔，造型类似常见的陀罗尼经幢，高度由二层至三层，台基与基座都采用正方形；一般情况下，将第一层塔身都做得很高，以便于其上施雕刻纹样，门窗以及佛像、守门力土等；塔檐、塔顶也做成八角形，檐角微有向上翘起之势。第二层施平座，塔身缩短，仅刻经文与建塔铭文。各层檐用石造之故，不易仿照木制的繁琐斗栱，每面雕飞天，塔门刻出双扇版门，门扇上施铺首并且刻出铜锁之形制⑥。

唐代幢式塔，在国内很少见，它的形象被宋、金、元各时期大量雕刻陀罗尼经幢所采用，在塔身上减去建筑上常用的东西，刻出经文，到后期发展变化，越来越脱离建筑的范畴了。

---

① 大愚禅师塔在高平县舍利山开化寺。塔座用扁平的须弥座及莲座组成，座身每面雕刻狮头，下刻覆莲，上施仰莲，塔身之正南面辟方形门，四角置方柱，门旁雕力士各一，上部雕刻飞天，塔身之背面刻有塔铭。两侧雕刻直棂窗，窗下浮雕仕女执以酒壶。檐部圆椽方正各一层，略作翘角，檐角之上置卧狮，塔顶之曲线甚陟，四坡水顶刻出筒瓦，刹上置蕉叶，其余俱已毁去。塔之建造年代据塔铭记载为"同光三年岁次乙酉，九月辛卯朔六日天申建造。"塔之形象极似唐制，五代后唐同光三年仅是唐末第三年，因此一切形制仿自唐代，由此可得到证明。

② 榆社县邓峪村石塔，现存村头古庙中。据当地老乡谈，该塔原来于村之附近耕地时掘得，系一座高大的造像塔。平面方形，最下部为正圆形覆莲座上为八角形基座，每面雕刻一力士，空间为布施人名，有李守其、郝伏买、王宣其、牛仁道……。塔为二层，以第一层为主。在塔身右侧刻"大唐开元八年岁次庚申三月申寅朔十五日戎辰云骑尉耿立。"这是唐代造像塔中最精彩的一座。

③ 关于金龙缠柱问题，在明、清两代寺庙的殿宇中常常见到。根据现存实物看，最早者为唐代石灯柱（曲阳北岳庙）；辽代如丰润天宫寺塔的倚柱；宋代的如泉州开元寺大雄殿后檐柱；明代的有泉州文庙大成门石柱，泉州城隍庙大雄宝殿、泉州崇福寺山门石柱等都有金龙缠柱。在山西者如芮城县城隍庙石柱……过去有人认为这种做法是明、清两代特有的，其实，在早期的佛塔上已出现了。如山西唐塔中有榆社县邓峪村石塔，沁水县玉溪石塔，都刻有盘龙石柱，因此，这几个唐塔之发现，将盘龙石柱制度之开始时间向前推进一大步。

④ 交城县万卦山天宁寺有华严经塔数座，山下三座，山上三座。平面分方形与六角形二种，总体看来基座都有数重，上端置莲座，莲瓣硕大。塔身正面刻方形塔门，门侧做浮雕金刚力士像，门上部刻飞天，"华严经塔"、"第四之会"等字样。门扇施铺首以及门锁，塔檐分做叠涩式和圆肚式。第二层平座用莲座、塔刹分置云墩、半开莲、伞盖、仰莲、火珠等。这几座塔，只有塔门而无塔室，门为假门。塔之结构全部用石块叠砌，各层都有莲座，檐顶、金刚力士，为一组唐代经塔，对后期之幢式塔颇有影响。

⑤ 法兴寺石塔在长子县慈林山法兴寺内。塔在大殿前，分东、西二塔。平面八角形，塔身三层，朴素无华，檐做叠涩式。塔顶置仰莲座及覆钵，相轮五重，它和沁水县玉溪石塔的塔刹很相似。造于唐咸亨四年（公元673年）。此种八角形塔在国内很少见。

⑥ 铺首为门扇上的装饰，门锁为紧固门扇之物，自古以来门铺首上加锁，为普遍流传的制度。铺首多用铜制，从汉代以来多用之，如汉书哀帝记："考元庙铜龟蛇铺首鸣。"《景福殿赋》：有"青锁银铺"之句。由于这几点可知使用铺首出现得很早以及其所用的材料。关于门锁，我国很早以来，就有加锁的习惯。汉、唐均使用之。从中条山栖严寺墓塔、天宁寺经塔之塔门上都可看到长条铜锁的式样，其形状犹如清末一般流行之铜锁形制。

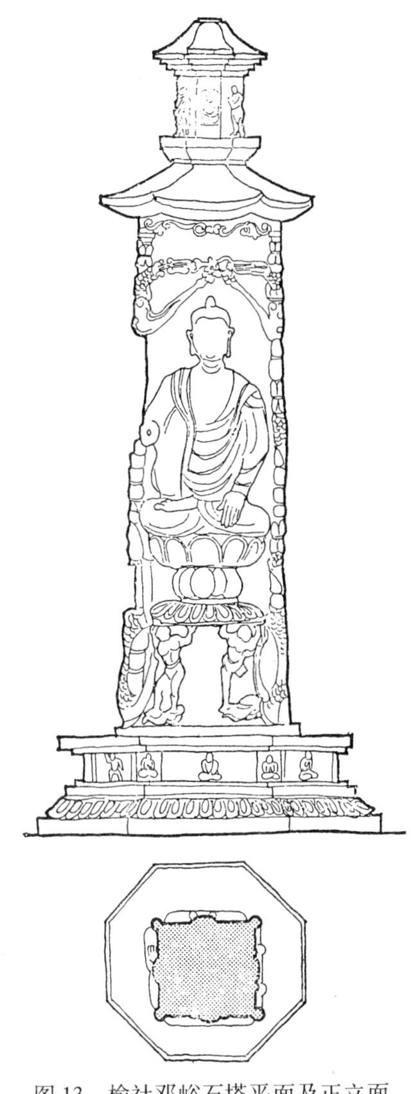

图 13　榆社邓峪石塔平面及正立面

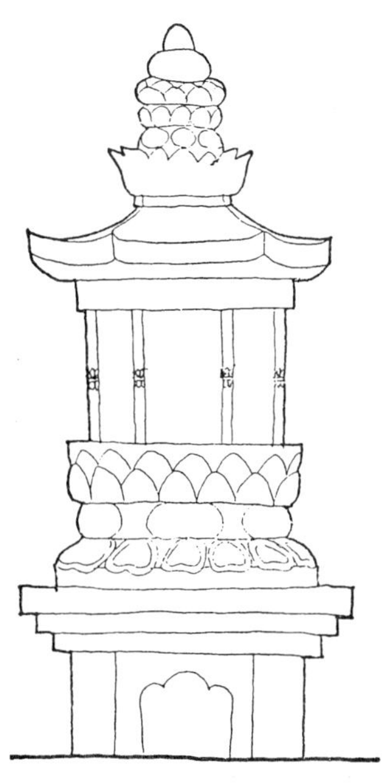

图 14　晋城青莲寺石塔

石塔，是八角形实心塔，模仿楼阁式塔之形制，但是塔小，而且用石材建造，塔身很短，有基座和平座，塔檐等，但是内部不易做出塔室，从外形看却似楼阁式塔，此种形式在山西地区非常多（图 14、15）。

五代时期，一切文化吸取唐制，在造塔方面也尽量模仿唐塔式样。从高平开化寺大愚禅师塔可以看到这一点（图 16）。同时，五代时间短暂，在山西造塔甚少，留到今天的实物仅有十数座。

山西地区在唐代建造许多砖石塔，留存到今天的实物，远比北魏、北齐、隋各时期为多。从形制、建筑风格看来，深受唐代中原地区之影响，如普救寺塔、妙道寺双塔、积善古禅寺塔、长治丈八寺塔的式样都和长安地区的砖石塔形式相仿。这种仿木构楼阁式塔到唐代大量发展起来，方形平面层数增多，证明当时施工技术水平得到空前发展，才能出现这种建筑。在石塔方面做出大型砌块，粗细适度，安装技术工整，雕刻刚健有力，粗犷大方，反映出唐代艺术水平高度的发展与成就。

唐代砖石塔，在造型方面有突出变化，形式增多了。由模仿呆板的木构建筑形式不断发展，跳出平面正方形的范围，出现六角、八角，圆形平面，塔身增高层数增加，不论大小尽量模仿楼阁式建筑形象。砖塔数量显著增加，石塔也普遍建造，并在石塔里出现“幢式塔”。此外，开创了最大的石墓塔及佛塔的规模。无论是砖石塔，塔内大部分皆做塔室，说明了塔的功用，除作为纪念物外，还作为一个楼阁以登临眺望①。这些都是唐代砖石塔大量发展下出现的新成就。

---

① 唐、宋两代建塔以楼阁式为主，它仿照木构楼阁建筑。每层有窗洞可以登临眺望，宋代楼阁式塔施以平座，有塔门可出入于平座上。

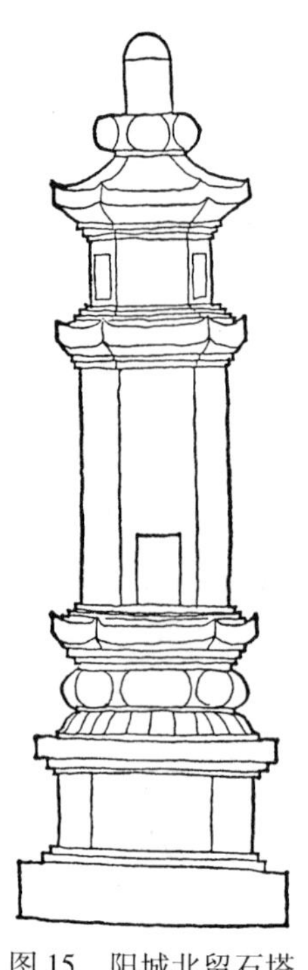

图 15　阳城北留石塔

图 16　高平开化寺大愚禅师塔

山西唐代砖塔分析表

地址	塔名	形式	平面	层数	年代	备注
猗氏	妙道寺塔	楼阁式	方形	六层	唐	宋、明重修特别是明代大修
猗氏	妙道寺东塔	楼阁式	方形		唐	
长治	丈八寺塔	楼阁式塔身甚短	方形	九层	唐	
五台	佛光寺祖师塔	仿楼阁式高塔	六角	三层	唐末	第一层设塔室
永济	栖严寺墓塔（一）		六角	二层	唐末	27×5 厘米
永济	栖严寺墓塔（二）		六角	二层		27×5 厘米
运城	寿圣寺墓塔（一）	仿楼阁式	八角	单层	唐	施槅扇门
运城	寿圣寺墓塔（二）	仿楼阁式	八角	单层		基座特高
五台	佛光寺大方塔	仿楼阁式塔刹受花特大	方形	单层	唐	砖厚 6 厘米
五台	同德寺大德方便和尚塔	墓塔	六角	单层	唐贞元十一年	
五台	佛光寺无垢净光塔	喇嘛塔型之墓塔	圆形	单层		
运城	泛舟禅师塔	仿木构楼阁式	圆形	单层		
运城	招福寺禅和尚塔	仿木构楼阁式	圆形	单层	唐咸通七年	外弧 39、内弧 28、宽 16、厚 6 厘米
运城	天宁寺圆形塔（一）	仿木构楼阁式	圆形	单层	唐末	
运城	天宁寺圆形塔（二）	仿木构楼阁式	圆形	单层	唐末	

山西唐代石塔分析表

地址	塔名	形式	平面	层数	年代	备注
沁水	玉溪石塔		方形	五层		
长子	法兴寺东塔		八角	三层	咸亨四年	
长子	法兴寺西塔		八角	三层	咸亨四年	
高平	清化寺石塔（一）		圆形		唐初	载于《上党古建筑》
高平	清化寺石塔（二）		圆形		唐初	载于《上党古建筑》
高平	清化寺石塔（三）		圆形		唐初	载于《上党古建筑》
长子	法兴寺墓塔		八角			
晋城	青莲寺石塔				唐乾宁年间	已毁去
阳城	北留石塔		八角	二层		
交城	华严经塔（万卦山下）	仿楼阁式各层均施莲座	方形	二层		
高平	清化寺石塔（一）					
高平	清化寺石塔（二）					
交城	华严经塔（山下）	仿楼阁式基座特高	八角	二层		四面雕金刚力士
榆社	邓峪石塔				唐开元二十六年	
原平	崇福院石塔	仿楼阁式	方形	单层		塔刹施有廊桥及楼阁
平顺	惠明禅师塔					石块安装

山西五代石塔表

地址	塔名	形式	平面	层数	年代	备注
高平	开化寺石塔		方形	单层		
高平	大愚禅师塔		方形	单层	后唐同光三年	
高平	无铭禅师塔		方形			
平顺	大云院塔		方形			

三、宋、辽、金砖石塔

北宋和辽、金时期，全国佛教继续发展，以禅宗为最盛。在全国各地建筑的禅宗寺院，平面布局已成为标准型，在一部分寺院里修建佛塔，其中楼阁式塔创造出新的成就。

塔的平面以八角形十三层为最多。部分做空筒式结构；同时开始做楼梯楼层与外壁三结合于一体的构造形式。只有在檐子处模仿木结构，建塔的重点放在整个造型与内部空间处理上，因而不加任何雕饰。

北宋时期，在我国边疆地区还有少数民族建立的国家，辽就是其中的一个，它极盛时代控制着大漠南北和山西北半部广大地区。他们的生产和生活由于受到汉族的影响开始有农业和定居。统治阶级亦多信佛教，至辽道宗时达到高潮。辽史称其“一岁而饭僧三十六万，一日而祝发三千。”

辽代寺院修建佛塔，数量日益增多。它的分布大部分都在今天的内蒙古、辽宁、河北、山西一带，现尚存百余座，而式样大体相仿。一般都是密檐式的实心塔，形体高大，基座和第一层塔身都施用很细致的雕刻。自第二层以上均做密檐式，还有一部分辽塔亦做楼阁式。

金代在中原占领广大地区，熙宁（公元1068—1077年）以后宋、金之间基本上出现南北对峙的局面。山西南部受战争破坏最少，经济发展，成为当时北方的一个文化中心。

金自海陵王以后的统治者亦崇信佛教，刻汉字藏经达四千卷。在这种情况下砖石塔亦空前发展。如慈相寺砖塔、积善古禅寺砖塔，造型宏伟，表现出砌砖技术的高度成就。金人在晋南建塔学习宋代制度；在晋北建塔学习宋、辽方法，因而贯穿宋、辽两个时期的建筑式样。

（一）楼阁式塔是宋代杰出的作品

山西宋塔，继承唐代砖塔的遗制，在造型方面又发展到一个新的阶段。宋代禅宗寺院盛行，平面布局趋于固定式样，殿宇增多，一般来看，一寺一塔，或于一寺建造双塔，特别是双塔是宋代最为盛行的。例如平定天宁寺双塔可谓代表（图17）。

图17　平定天宁寺双塔

宋代砖塔，绝大多数都是多层楼阁式塔、实例很多。这可能因为宋代手工业发展，制砖增多，砖石建筑技术进一步发展，同时又受到唐代建塔的影响，因而大量建造楼阁式砖塔。

唐代楼阁式塔平面做方形，到宋代楼阁式塔平面改做八角形，这从结构上、造型上看，都是一个较大的改变和进步。由方形改为八角形之原因，因为它是高层建筑，八角形平面比方形平面更稳定；从塔的意义来分析，应该尽量追求圆形，更接近“窣屠婆”原形的效果。但是，受到中国木结构做法的限制，又在楼阁形式的影响下，不可能做出圆形，而且圆形的多层楼阁并不美观。若改成八角形则更接近圆形，又是一座楼阁，而且美观。因此，八角形楼阁式塔在宋代大量建造起来。楼阁式塔高由一层至十三层，其中由七层至十三层为最多。单层的都是墓塔，两层的也有墓塔，也有佛塔，蒙山开化寺、五台佛光寺、交城玄中寺都有很好的例证（图18、图19、图20）。

整个塔身由砖砌出外壁，内部成为一个大空筒。一般从第二层以上直达塔顶，各层间，仅用木楼板作为上下之隔层，不设塔心柱，各层用木梯以通上下。这种结构上下无防火层，因此，今天所见宋塔楼板全部烧毁。从构造方面看，也不是最坚固的，至今砖塔都成为“空筒”，而且塔身开裂大缝，这是宋塔结构上一个大问题。山西宋代楼阁式砖塔以空筒塔为主；但是也有一部分大塔做“壁内折上”式。

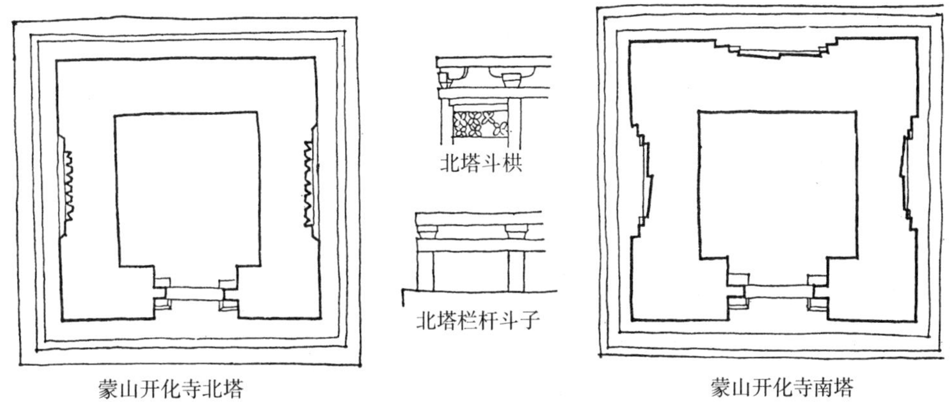

图 18　蒙山开化寺南、北塔平面图

按宋塔做“空筒”结构，这是沿袭魏、唐制度的遗风。后来在陕西、河南、山东、江苏、江西、安徽、四川等地“壁内折上”式结构逐渐增多，成为宋代砖塔结构的主流形式。

山西宋代楼阁式砖塔，因为受唐代楼阁式砖塔常常不施基座的影响，大部分也不设基座，自地面直砌塔身。另一方面模仿宋代楼阁式样，因而无基座的制度。唐代砖塔柱额表现十分明显，到宋代砖塔仅仅出现普拍枋，塔身不模仿柱额，这是山西宋代砖塔普遍的风格。这样做法，容易施工，塔身简洁。它与河北、山东、河南一带宋塔之形制有共同性，成为地方性的手法。但是江南一些宋塔不但有柱额，同时模仿木构建筑最为彻底，要比北方砖塔深刻多了。斗栱制度更为简单，一般常规多在全塔之下半部或者在第一、二层檐子施斗栱，最常用的为单抄华栱及双抄重栱，最多的做三抄，各跳华栱均无横栱，有横栱的仅在砖面上隐刻出来。个别的塔，还做出简单的批竹昂，但是远远不如南方砖木混合的塔使用斗栱那样复杂（图 21）。

平座常用斗栱支承，从实物上看也是盛唐以来流行的制度。此外常在第一层和第二层檐上做斗栱，主要是人们的视距较近，容易看到，给人们以精巧的感觉，建筑效果好，再上各层塔身增高，斗栱从下部不易看清，达不到应有的效果，而又浪费工料较大，因此，将以上各层檐的斗栱简化掉，这是造型与视觉关系上的一个很好的手法。

塔身腰檐都是一层一檐制度，不做重檐。除下部几层檐尽量模仿木构建筑形制外，以上各部分叠涩出檐，形式都是模仿唐塔之叠涩出檐式，但不如唐塔叠涩出曲线有韵律。

宋塔塔身施平座①极其普遍，大凡宋代砖塔几乎都有平座。这主要原因是宋代楼阁式塔多，而且更接近于木构楼阁式样，因此，凡在楼阁式砖塔上大量使用平座，以能登临，成为宋代砖塔一个特点（图 22 ~ 图 26）。

塔门，根据位置不同而做出真、假券门，不像南方宋塔开古圭门之制，也不见印度栱。凡有门处装双扇板门，门钉、门簪、铺首都仿照宋代常用的形制。在第一、二层的另几面还刻假窗，窗式采用直棂窗。门窗位置每面总在一条直线上，成为一种普遍手法。但是，这样处理的

① 平座是我国木构楼阁建筑上常用的。砖石建筑模仿木构建筑，亦模仿平座之制，从唐代已经出现了。但是，实物不多，今天在砖塔上可看到的如唐代咸通年间建造之招福寺禅和尚塔用斗栱支承平座。佛光寺祖师塔用莲瓣组成平座。万封山华严经塔用大莲瓣组成平座。到宋代木构建筑带有平座者更多，宋代砖塔上，几乎大部分有平座，成为宋塔形式中的一个特征了。

图 19　曲阳蒙山开化寺舍利塔

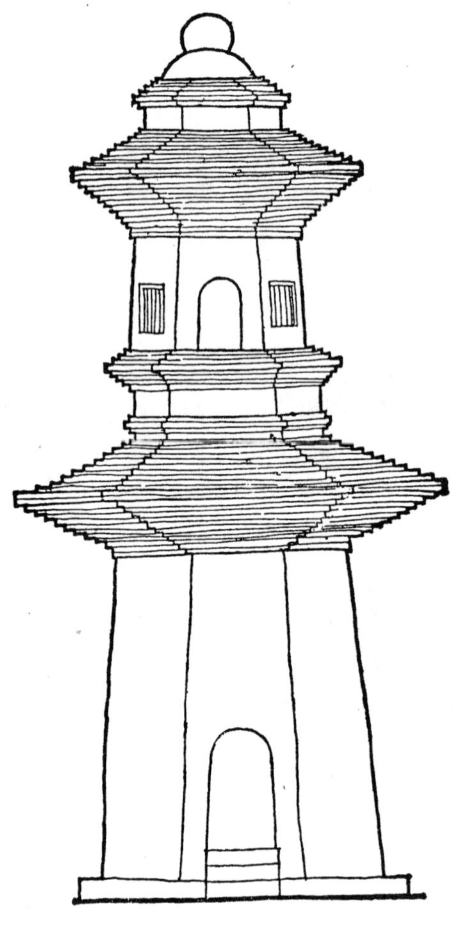

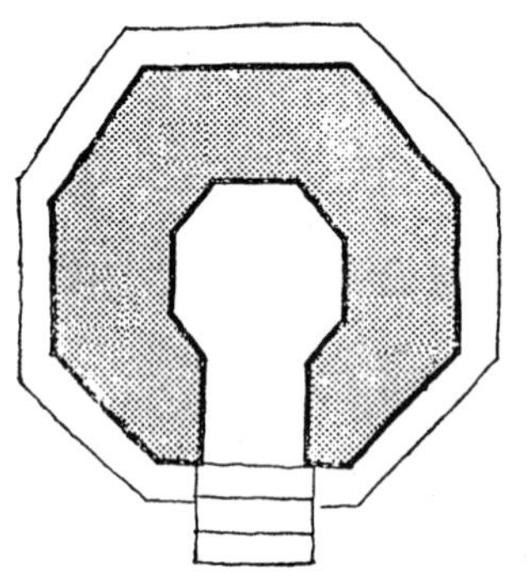

图 20　交城玄中寺秋云塔

图 21　保宁寺塔

图 22　曲沃感应寺塔

图 23　曲沃感应寺塔损毁情况

图 24　太谷无边寺白塔及周围建筑群

图 25　太谷无边寺白塔近景

结果，年深日久，使塔身开裂①。因而，塔之寿命不长，这不能不是一个重大的缺陷。

山西宋塔，由于风力的作用，自第十层高度以上的砖块风化粉蚀，大部分剥落，因此对原来塔刹及塔顶的形象无从查知。目前存在的砖塔刹都是经后代重修时安装的。按宋式砖塔都应有铁刹，但是现存

图 26　永济栖严寺舍利塔

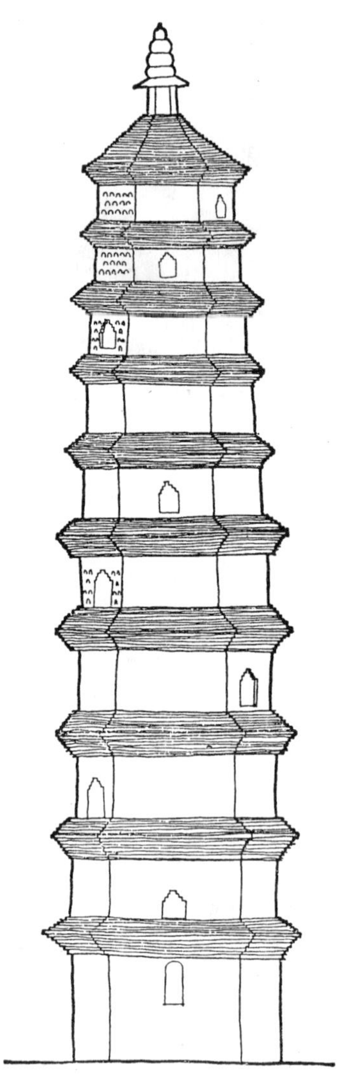

图 27　阳城龙泉寺宋塔

图 28　阳城龙泉寺宋塔塔顶

① 山西地区宋代用砖建造八角形楼阁式塔的构造方法，有一种楼阁式塔从上到下三层都是用砖砌成的一个外壳，即是用砖砌成的一个空筒。内部没有横向结构拉接，门窗开口常在塔之一面排列，因此，经过年久，风压和地震的关系，致使塔身上下开裂。裂缝从上到下最宽者有 50 厘米到 1 米以上的，因而能使塔塌毁。从山西地区看来，宋塔开裂的甚多，安邑太平兴国寺塔、曲沃感应寺塔、猗氏寿圣寺砖塔等均有裂缝。这些塔之开裂深受结构构造上的影响。还有一种塔为“壁内折上式”结构，有了横向结构，砖塔十分坚牢。但是经过宋代和明塔改革，横向结构加强了，因而无一开裂者。

的砖塔铁刹都已毁坏而且不完整了（图 27、图 28）。

山西宋代石塔数量较少，存留到今天的石塔规模都是较小的。例如沁水南大村舍利塔采取幢式，基座与顶部做细致的雕刻（图 29）。

（二）辽代密檐塔是辽塔造型的一个规律

辽代统治阶级信仰佛教，因此佛教寺院增多，建造佛塔也很多。在山西除应县佛宫寺释迦木塔一座之外，砖塔以觉山寺塔①为代表（图 30）。

从该塔的形制与结构规律来看，与辽宁、内蒙古、河北等地的辽代砖塔形制都是相同的，证明辽塔是有统一性的。辽塔平面八角形，高十三层。基座形制有统一的规律，一般都是基座与须弥座相叠，或者重叠两个基座。在座之束腰部分，用束腰柱分间，柱用力士及兽面等承担，腰间施壶门以及佛像狮子、飞天、上枭、下枭部分有硕大之仰覆莲。基座上施斗栱和平座，为辽塔最普遍的规律，平座上的栏杆及阑板等都施繁复的雕刻。在栏杆上又施重重大型仰莲瓣，这几部分结合起来，就形成了繁复的座身。这是辽代砖塔最突出的，而且是最常见的（图 31、图 32）。

塔身部分转角各有圆形倚柱，上承阑额与平板枋。塔门为对开式的球纹槅扇；开直棂窗于下串与槏柱间门簪二枚，犹如宋制。辽代砖塔在第一层塔檐施用的斗栱，远比唐、宋砖塔上的斗栱复杂得多。柱头与补间铺作各施一朵每朵常常出现 45°斜栱。自第二层以上将塔身缩短，重重塔檐相接而出现密檐式。

辽塔出现密檐式之原因，可能是因为塔之内部做实心体，而无大型塔室，如果做出塔身也不能开真窗，做了假窗也无意义；如做浮雕，观塔之人不能登临欣赏，墙面又不易处理。密檐

---

① 觉山寺塔在灵邱县城西北二十里觉山寺内。寺在觉山的山腰中，四面高山环绕，中间有一条小溪，除寺院外，无一村庄。全寺建筑共分三条轴线，每轴从前至后都有三个院子。在轴线上自前至后有山门、泮池、石桥、前殿，中大殿、后大殿。中轴线上有山门钟鼓楼、前殿、中大殿及后殿。西轴线上，山门、水井、觉山寺塔、中大殿及后殿。三轴并列，四周围墙整齐。现存建筑全为清代重建。在中轴山门内存石碑数通，除辽、金碑各一通外，大部分为明、清两代之碑碣。此外无早期文物。

塔在觉山寺西轴中心线之前半部，塔之面积约占全寺的 2/6。原来可能有塔院，至今院墙已毁俱成废墟。平面八角形，高十三层，是一座造形优美的辽代密檐实心塔。台基二重，第一重正方形；第二重八角形。基座施用二层。第一层做须弥座式，上下仰覆莲瓣很宽大，束腰之每面分三间，每间亦做壶门，转角及束腰柱用力士支承；第二层基座，束腰每面三间，每间亦有壶门、飞天及力士柱。但自束腰以上设普拍枋，承平座斗栱，转角一朵，补间二朵。每朵斗栱出双抄，转角做 45°斜面栱。平座上施栏杆，每面三间每间栏板刻十字纹、卍字纹、莲花等。在栏杆上再施大型仰莲瓣，每面三层。第一层五瓣；第二层三瓣，莲瓣尺度越往上越大。

第一层塔身亦八角形，东南西北四面各开券门，另四面设直棂窗。转角砌圆形倚性，柱头施阑额普拍枋，枋上施斗栱，转角及补间各一朵。每朵斗栱出双抄，两侧出 45°斜面栱，各做批竹耍头上承散斗、撩檐枋、椽子。第二层至第十三层为密檐式，每层檐脊与上层之普拍枋相连，而无塔身。在每层每面正脊之中心装一面圆形铜镜。各层转角与补间，斗栱每朵出单抄，仍然做 45°斜面栱。各层塔顶使用筒瓦，琉璃剪边。第十三层塔顶上，用铁板铺顶。塔刹除砖基座外，全用铁刹，如正圆形铁葫芦、十三层相轮、铁花刹、铁伞盖、日月板、铁刹尖组成。自伞盖下有八条铁锁，固定于塔顶。塔砖尺度有两种：40 厘米 ×22 厘米 ×8 厘米；44 厘米 ×26 厘米 ×12 厘米。

塔之特征：

1. 须弥座式基座与平座相结合、施用繁缛的浮雕。
2. 门、窗、柱、枋、斗栱，尽量模仿木结构。
3. 第一层塔身倚柱，做梭柱，有侧脚及卷杀。
4. 各层塔檐都施用 45°斜栱。
5. 塔之轮廓有显著之收分，且有圜和之卷杀，比其他辽塔形体丰满。
6. 第一层塔身内有八角形塔室，中心有八角形塔心柱。这是和其他辽塔所不同的。
7. 塔室内有斗栱，每朵出单抄。

图 29 沁水县南大村舍利塔

图 30 灵邱觉山寺砖塔

塔第一层塔身与人们活动范围相近，可以观赏，故大量施浮雕作为装饰，否则，墙面单调，故辽塔基座及第一层塔身大量施用浮雕。

塔刹施用铁刹是有固定规律的，其刹杆最高，铁花等做得精致。塔刹由基座、山花蕉叶、覆钵、相轮、圆光（水烟）宝盖等部分组合在一起。辽代砖塔做铁刹非常普遍，实例很多，这也是辽塔的主要标志。

按辽代密檐塔之产生，是在唐、宋大量建造楼阁式塔影响的结果。今天，从辽塔上所表现的特点，主要部分都是唐、宋塔上特有的。其中新出现的东西只45°斜栱大量增多。此外关于辽代密檐塔产生原因，除宗教的要求以外，还由于北方（长城以北）气候寒冷，做楼阁式塔意义不大，每年登塔时间很少，故吸取楼阁式塔的经验，创造性地发挥建立实心密檐塔，比较能适应地方特点。

（三）模仿宋、辽形制的金代砖石塔

金代在山西佛寺很多，到处可以看到寺址与遗物。但是塔的数量不多，留到今天的实物除两处大型砖塔外，都是一些小型墓塔。

金人南来以后一切文化学习宋、辽制度，自己新的创造很少。从建筑方面也充分反映出这一问题。砖塔之形式制度，从上到下都是模仿宋、辽砖塔式样，由于宋、辽两代仿照唐制，因而唐代风格也贯穿其中。

山西南半部地区多八角形楼阁式塔。因此，金代造塔也模仿宋代的八角楼阁式塔之式样，从慈相寺砖塔①可以看出，是全部模仿太谷无边寺白塔式样。各层安装木楼板，每层都有一个塔室，塔身以及塔檐门窗甚至塔之轮廓线等都和宋塔接近（图33、图34）。

宋代砖石塔分析表

地址	塔名	形式	平面	层数	年代	塔砖尺度（厘米）
芮城	寿圣寺塔	楼阁式	八角	九层	宋元符年	
安邑	太平兴国寺塔	楼阁式	六角		宋嘉祐八年	
曲沃	感应寺塔	楼阁式	八角	十三层	宋乾通年	40×26×8
阳城	龙泉寺砖塔	楼阁式	八角	十层	宋	
永济	栖严寺舍利塔	楼阁式	六角	五层	宋	
交城	秋耘塔		六角	二层	宋	
交城	离相寺砖塔		八角	四层	宋	35×17×6
文水	上贤塔		八角	七层		43×22×7
太谷	无边寺塔		八角			24.5×43×7 20×40×7（平座）
平定	天宁寺东塔		八角	三层		
平定	天宁寺西塔		八角	三层		32×16×5
太原	开化寺南塔（化身佛舍利塔）	方形楼阁式塔、墓塔	方形	单层		32×32×5
太原	开化寺北塔（定光佛舍利塔）	方形楼阁式塔、墓塔	方形	单层		31×31×4.5
沁水	尊宿无表舍利塔					
永济	栖严寺墓塔	仿木构楼阁式塔	八角	单层		（石塔）
猗氏	仁寿寺塔			九层		
五台	佛光寺东砖塔	仿楼阁式平座		二层	宋	

① 慈相寺塔在平遥县麓台山北，太平乡冀郭村之东端。据《汾州平遥县慈相寺修造记》得知寺创于唐肃宗上元年间，历经宋、金、元、明、清，殿宇建筑屡经重修。寺内建筑保存到今天的大部分为明、清两代重建的。惟寺中央大殿还保存宋、金代手法，是否原建尚需考察。

塔在寺内大殿后部中轴线上。平面八角形，无台基，亦无基座。第一层塔身周围于明、清时期包围十六面无梁洞，塔檐现已剥落，从形制及其痕迹来看，原来可能有八面围廊，尚须进一步考证。第二层塔身墙面平整，东西南北有窗，至檐部有普拍枋，枋上置斗栱，转角一朵，补间三朵，每朵各出三跳，第一跳出华栱；第二跳出批竹昂；第三跳仍然出批竹昂。昂上用齐心斗承麻叶头，泥道栱作鸳鸯交手栱，第二跳瓜子栱亦做交手栱，但是瓜子栱甚短，栱上承六层叠砖。第三层塔檐斗栱普拍枋十字相交，补间斗栱减少一朵。第四、第五两层塔檐斗栱补间处仍然用二朵，每朵与第三层相同，但将瓜子栱作交手栱。至第六层与第七层减至一朵；第八、九层无斗栱。塔顶施八角形基座，上端安置二十四个仰莲瓣，包围一个大覆钵，其上再安宝珠。各层塔身越往上越短，斗栱也越往上越小。每层塔身各面都做出真窗洞和假窗洞，有门洞的各层带有叠砖平座。此塔无论是外形轮廓各部构造式样都与太谷县无边寺白塔相似。由于它与太谷无边寺白塔距离甚近，时间上又晚于太谷白塔，所以受到白塔的影响很大，可以说是金人向宋代学习的一个例证。

图 31　觉山寺院落

图 32　灵邱觉山寺塔基座兽面

图 33　平遥冀郭村慈相寺砖塔

图 34　平遥冀郭村慈相寺砖塔檐部

北半部地区曾一度为辽之版图，造塔仿照辽制。如以圆觉寺塔①来看，它与辽之觉山寺塔距离接近，式样与手法均仿照辽代觉山寺塔。如不仔细观察也可能认为是辽塔。该塔做八角形，密檐式，台基基座仿照木构建筑，施用很多的雕刻，其中有壶门束腰、翼形栱，雕刻技法线条柔弱，和北镇崇兴寺塔极相似。斗栱之平座施替木、鸳鸯交手栱，转角铺作出45°斜栱，栱眼壁之雕花手法与辽上京南塔、辽阳白塔最相似。塔身上之腰串、立颊、券门、门簪破子棂窗，也和宋辽塔式样相仿。特别是北门左扇浮雕之“妇人半掩门”为宋、金砖石建筑上门扇间最盛行的雕刻题材，在宋幢、宋塔上时常见到。檐部斗栱，塔心内室平棋枋上覆穹窿顶，多少有点变化。

但是，塔身砌立斗砖；斗栱用材之大，第一层塔檐以上的收分；成为急陡直线，是金塔上新的创造。

此外，在唐石塔的影响下，金代雕琢石塔，数量亦多，金代幢式塔是唐代石塔与经幢之缩合化身。幢式塔主要取形于经塔，经过新的创意将经幢上的雕有璎珞、伞盖去掉，增加八角形之檐顶。如妙行大师塔②就是一个由经塔变化出来的塔。基座由方形八角形相结合。塔身也做八角形，塔身瘦高，雕刻妙行大师生平，第二层塔在平座处刻城墙③的形制，塔顶由半开莲、立莲、宝珠组成（图35）。金代建造这种形式之塔、在北方各地比较普遍，如山东，河南等地皆可看到，它本身即是一种用石构件堆砌起来的，可以说它是我国古代大块预制构件再进行安装成的（图36）。它又深刻地影响到元代。

总观宋、辽、金时期的砖石塔，与唐代比较有很大的进步。首先是宋代砖塔由平面方形楼阁式塔改成八角形楼阁式塔，内部结构由空筒改变为塔梯、塔室、外壁结合在一起，增强了塔

---

① 浑沅圆觉寺塔在浑圆县城内偏右。寺已全部毁掉，目前只留一座孤塔。据《顺治浑沅州志》卷上说为金正隆三年僧玄真创建。寺的规制，原起不知多大，但据州志木刻平面略可看出，塔位于大殿前院之中心，东西各有配殿五间，山门并列于塔的前端，这样，形成一组完整的塔院。

平面八角形，高九层，为一组具有辽式的实心塔。台基已看不出原来面貌。基座之最下部叠涩数层，占去基座的大部分，束腰二重均用砖刻制。上半部施斗栱，每面及转角各一朵。每朵斗栱施用很大的翼形栱，表面刻莲花二朵。栱眼壁刻壶门形，龛内刻兽头及卧狮子。上承大斗。斗上枋子一重，仰莲一重。基座上施平座，束腰部分为束莲；各转角部分刻金刚力士代替束腰柱支承座之上下枋，各间刻大形壶门。平座斗栱出双抄，两侧各出45°斜栱。整个基座、平座接连建于一起，施用繁复的雕刻，犹如辽塔的形式及雕刻手法。第一层塔身特高，高出基座与平面之总和。各角用扁方形的倚柱，柱头顶普拍枋一道。每面塔身、柱枋之间有横枋，墙面用砌出立斗砖式。东南开矩形直棂窗，窗之上下亦施用横枋。正面开券门。东西面开假券门，门作方形版门式。每扇门钉二排，每排四枚，中心施兽环铺首，门簪二个；东北、西北、西南各面俱开直棂窗；正北面做假门有一妇人半掩门。塔檐转角及补间斗栱各一朵，转角斗栱每朵出双抄，角栱之左右各出45°斜面栱交批竹耍头，补间亦同。第二层塔身做简单的平座，檐顶叠涩式砖六层，第三层塔身做简单的平座，檐顶叠涩砖五层，有很短的塔身。第九层塔身施平座，座面向外翘起，于塔身各间及转角处各施砖制佛龛，上覆四坡水斜坡顶。龛的正脊承普拍枋一道，枋上承九层檐子覆瓦顶。顶端砌正圆形刹座，座上复置叠涩砖顶，塔肚、伞盖、铁球、铁宝盖刹尖等。释迦塔之特点：基座与平座结合施用很多的雕刻，在平座之下施斗栱，尺度较大，疏朗大方。塔身使用立斗砖砌，斗栱出45°斜面栱与灵邱觉山寺塔相同。自第一层以上塔之轮廓有收分，曲线甚锐，至第九层塔身又突然增高，但是，整个塔是一座密檐式塔。地区距辽塔甚近，因此，一切形制结构均与觉山寺塔同样，深受觉山寺塔之影响。

② 妙行大师塔在阳曲县洛阴村北原广化院内。目前广化院已毁，只留这座孤塔。全塔之造型为一座幢式塔。台基方形，高三层。下部基座二层，束腰用力士承担莲座、八角座、狮鼓座，紧密接连为一仰莲座。第一层塔身系八角形，较为高壮，上覆璎珞兽环式之伞盖。上部再施狮座及莲瓣式之平座，承担第二层塔身。其上复施方形平座，雕出方城的形象，再置第三层塔身，开方门，覆八角檐顶，坡面略有曲线。塔刹由立莲一半开莲、立莲层、宝珠四件叠砌出来，此塔除塔身外，全部雕刻狮子莲花。

③ 在幢式塔上，往往用方城的形象作为伞盖，刻出城门及城墙形制。除妙行大师塔外，在陕西泾阳县有唐代惠果寺石幢，亦刻出城墙之制。此外在河南、山东等地也有同样实例。

图35　阳曲广化院妙行大师塔

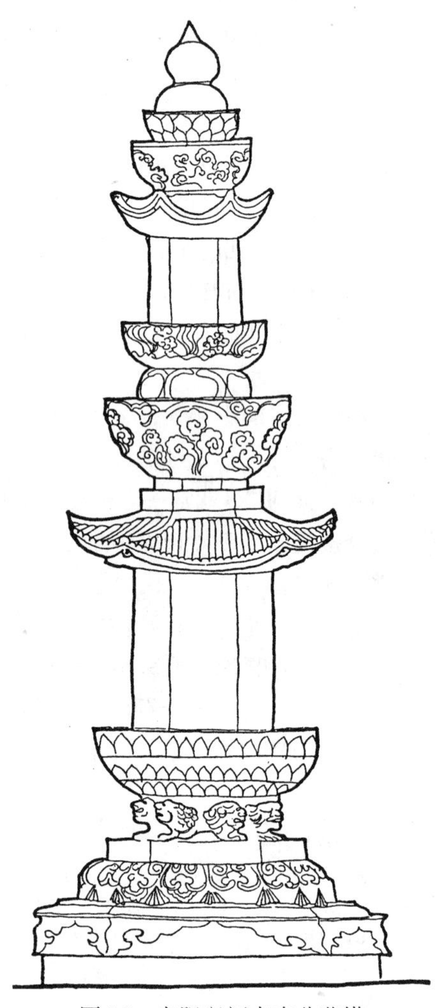

图36　寿阳兴福寺李公墓塔

体的坚固性。宋代这一变化是一个转折点，使塔之造型复杂了，塔心内部扩大，真正达到楼阁的要求。细部处理模仿木结构更加明显细致，如斗栱种类增多了，出现批竹耍头以及翼形栱……虽然用砖雕制，但形象基本接近准确生动。

关于辽塔模仿宋制，由于不考虑登塔而做实心塔，因此将塔身缩得很小，成为密檐相接。大量建造高层密檐塔，是从辽代盛行的，这也是辽塔造型的一个规律。

金代在山西建塔虽然较多，但都是模仿唐、宋、辽三个时期的式样，如方形楼阁式塔，八角形楼阁式塔，八角形密檐塔等。在形制方面自己的独创性不多。

金代砖石塔分析表

地址	塔名	形式	平面	层数	年代	塔砖尺寸
陵川	三圣瑞现塔	密檐式	方形	十三层	大定七年	
平遥	慈相寺砖塔	楼阁式	八角	十三层	明昌三年	33.5×5.5×16
交城	玄中寺墓塔（一）				泰和七年	
	玄中寺墓塔（二）				泰和年间	
	钊公法师塔（三）	仿楼阁式	六角	二层	泰和六年	
寿阳	兴福寺李公墓塔	幢式塔	六角	二层	大定癸卯	雕刻丰富
阳曲	广化院妙行大师塔	幢式塔	八角形	三层	贞元二年	
五台	佛光寺果公惟识戒师预修之塔	仿楼阁式	六角	单层	泰和五年	
浑源	圆觉寺塔	仿密檐式平座施斗栱	八角	九层	天会之后	42×16×7
原平	灵泉寺灵牙塔		八角	五层	泰和五年	38×20×9
原平	崇福院石墓塔		八角		泰和四年	
灵邱	觉山寺金塔	仿楼阁式	方形	三层	金	

四、元代异形砖石塔

元代蒙古族统治阶级吸取历代汉族封建统治阶级的经验，对各种宗教普遍采取容纳的政策。因而，各种宗教都得到统治阶级的保护和提倡。特别是喇嘛教，自元世祖崇奉巴思八为国师后，更进一步发展，建造了许多寺院和喇嘛塔。但是，元塔之式样多为奇异古怪的形状，无任何系统性。这可能与元代社会的复杂性有关，各地随意建造，而无统一标准与要求。故本文分析时，总称谓异形塔。

经过金代发展，到元代盛行起来的幢式塔，在大墓塔群里时常见到，如交城县石壁山玄中寺、万卦山天宁万寿禅寺的墓塔群里数量最多，而且非常完整。平面八角形，台基、基座、莲座三部参差叠起，施用很复杂的雕刻、在基座、束腰部分雕刻莲花、飞天等图案，不按每面分段，周围施连续图案，基座上置莲座，状如平座之格式，塔身正面施卧狮；塔刹在一般情况下都用六至七层构件组合而成，有疏密不等的云墩、半开莲层、伞盖、立莲①（图37）。

这种幢式塔除塔身而外，从上到下普遍施用浮雕，集中于上下两点极为突出。各部分的构件都是预先做好的，它没有房屋的形象，仅仅是一种具有装饰意义的纪念品。

在异形砖石小塔方面，造型变化更多，形制与一般常见的塔不同。如塔塔寺砖塔②、塔巷

---

① 立莲是石塔、石幢上端的一种构件。其来源系由仰莲变化而成。在唐、金、元石塔上时常出现，其一周刻有莲瓣，分8、12、16、22瓣，具体数目根据塔的大小而定。莲瓣的形式很窄，上下同宽，至莲瓣尖端较锐，也有一种莲瓣刻出圆肚形。唐代立莲莲瓣宽大，后期较为窄小，立莲从唐石塔开始出观，盛行一时，后来逐渐减少，越到晚期越少。

② 塔塔寺砖塔在交城县南塔塔寺内。全寺只有一进院子，正殿三间，东西配殿各三间。只有塔塔寺砖塔为元代遗物。其他建筑均为明、清两代建的，塔位于寺的东南角。平面六角形，基座中间带有简短之束腰，再上置一平座，塔身共四层，每层平面六角形，表面无装饰仅在第一层塔身之正面置一券门。上置塔檐。塔檐做平顶檐，其表面刻串珠莲花图案。此塔造型很奇特，据嵌于墙面的碑刻“敕赐大衣当山住持□□□□第一代佛性圆明大禅师之寿塔，大元国至元十三年岁次丙子丁酉月癸酉日丙辰时，山门监寺僧……”，记载为元代的塔。

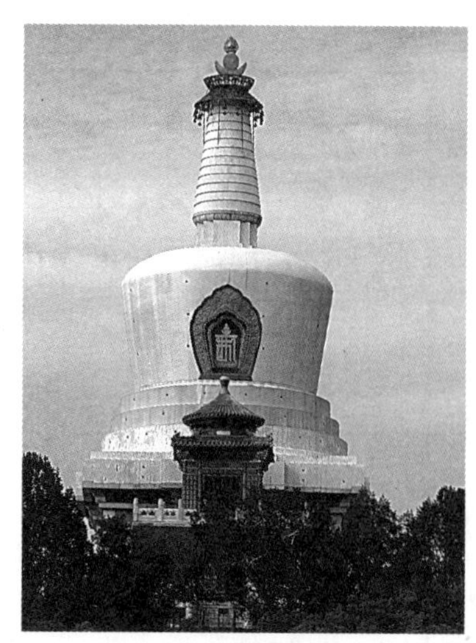

图 37　元代藏式覆钵塔

石塔①，其变化状态，不受常规限制（图 38）。此外，于元代晚期，在各寺院里常造实心砖墓塔，如天龙山寿圣寺墓塔、玄中寺墓塔（图 39）……都有扁平的基座，高耸的塔身，第一层檐子做出硕大的砖斗栱，以上各层层层叠涩出密檐，这种塔从元代晚期开始，深刻地影响明代墓塔，因而在明代大量建造起来。

关于喇嘛塔的形制发展很早，但是到元代大量建造起来。其原始形态，从古印度“窣屠婆”的圆形塔流传到我国，在我国各历史时期间有出现，不过，数量很少。到元

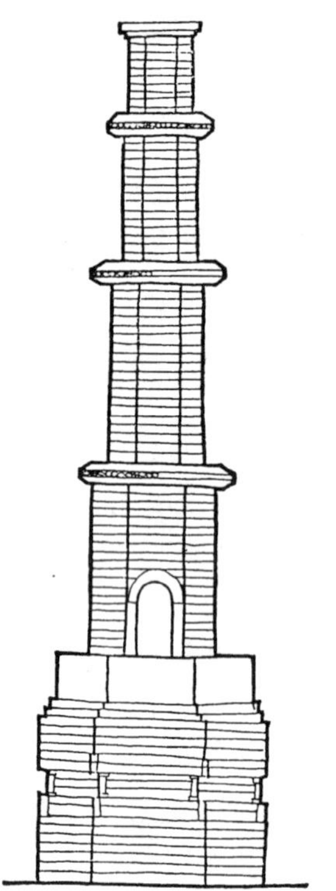

图 38　交城塔塔寺园明禅师塔

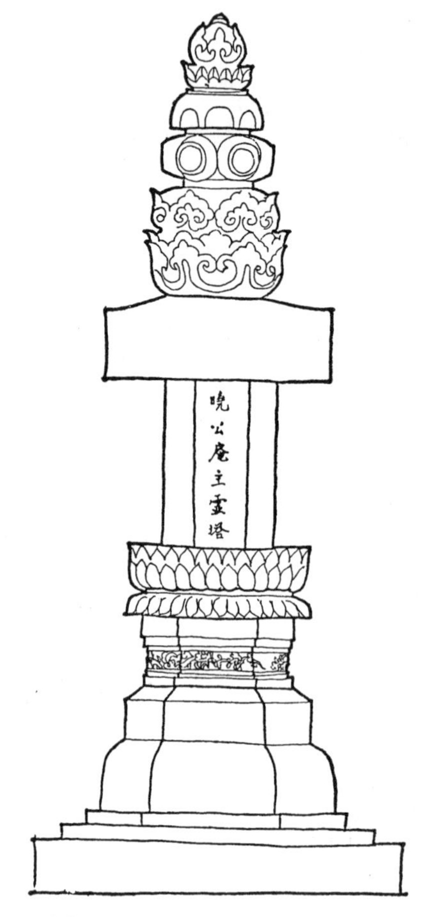

图 39　交城玄中寺晓公庵主灵塔

① 塔巷石塔在运城县席张镇塔巷之路东。平面正方形，高四层，有素平的台基。第一层塔身正面开券门一道，券内刻一如来佛，塔檐做五层为叠涩式石檐。檐顶的四转角处雕刻卧兽。坡顶之中间施平座，四角挑出半圆形平台，座上再置基座，四角雕刻卧式狮子，四面用力士承托，复施平座。第二层塔身四角置方柱，塔身四面雕出佛龛，出塔檐。第三层塔身四角置方柱，柱分两层。下檐之上复置平座，每面下部雕四坡水房屋，上覆四坡水塔顶。塔刹有圆盘，四角雕刻金轮形象，其上仍施圆形伞盖及宝珠。此塔的特点出檐甚大；第二层平座上复置基座，并在平座上雕出房屋形象。第一层塔身正面刻有“嘉靖四十一年正月初□日重修□塔之记”字样，根据塔之造型、式样判断为元代石塔。但其中夹杂一些唐塔手法。

代密宗盛行，因此开始增加起来。当时在西藏、青海、内蒙古、北京、山西等地大量建造。保存到今天的代县圆果寺塔①就是元代原物，基座特大平面采用正圆形，一般喇嘛塔都用方形基座，惟此塔用圆形基座，这是独一无二的实例。

元代一百年间，在山西建造的塔，一方面是继承魏、唐古制，另一方面有独创的风格。除在木结构的佛殿上充分表明这一点外，在砖石塔方面也有这样的趋向。但是，它的成就不如木构建筑那样突出，砖石塔的工程技术，艺术造型，虽然有很大的变革，但没有建成大型楼阁式塔，这说明元代砖石技术水平所限，以及对建塔之要求不高，对于造塔的风气，到这一时期似乎处于停滞阶段。

山西元代砖石塔分析表

地址	塔名	形式	平面	层数	年代	塔砖尺寸（厘米）
永济	塔巷石塔		方形			
交城	赐紫洪通大师行菩萨灵塔（一）	幢式塔	六角	二层		
交城	宝林寺第七代胜闲大师之灵塔（二）	幢式塔	六角	单层	至元十六年	
交城	定惠玄中大师安吉祥之灵塔（三）	幢式塔	六角	二层	至元二十七年	
交城	晓公庵主灵塔（四）	幢式塔	六角	单层	延祐二年	
交城	塔塔寺圆明禅师塔	仿楼阁式塔附有平座	塔身方形，基座六角形	四层	至元十三年	
	佛心普照大师泉公戒师之塔		六角		大德七年	
寿阳	不二寺惠净和尚塔	仿楼阁式	八角	五层	至大三年	
	理通大师明泰寿塔		八角	五层	至元三十一年	
天龙山	寿圣寺玄武栖严禅师塔		八角	五层	至正十七年	
	寿圣寺了公普同塔					
代县	圆果寺阿育王塔					
繁峙	河北某寺砖墓塔		八角	五层		
永济	天宁寺千峰大师塔		六角	二层	至元三年	
	灿公普同塔		八角	五层	至正十七年	32×16×5
永济	天宁寺某公墓塔		方形	三层	元	35×16×5
交城	天宁寺童行普通之塔	仿楼阁式塔	方形	单层	延祐七年	

五、明、清砖石塔

明、清两代在佛寺里建造砖塔，也是很普遍的。若从整个历史时期来看，明代造塔又进入

① 在代县城内东北角圆果寺故址内，有塔一座，俗称阿育王塔。寺已毁，只留这一座喇嘛塔。平面为正圆形，台基一层，中间做叠砖二层，上施莲座一层，座的周围施大覆莲瓣，每瓣中间雕以花纹图案，瓣尖稍稍翘起，一周整三十瓣。莲瓣上为座身，束腰略砌出圆肚，上下仰覆莲瓣已甚大。在基座上复置基座二层，各层均为正圆形。上部置以塔身，塔身小于基座。塔刹的十三天甚长，上端以伞盖、宝珠收尾。此塔台基及三层基座做圆形而且宽大，塔肚小于基座，为元代喇嘛塔的特点，这是明、清喇嘛塔中很少见的。

一个新的高潮。山西明代砖石塔大多数都是在唐、宋旧塔故基上重新建造起来的，也有一部分是新建的，留到今天的实物不下二百余座。

明、清砖石塔的式样很多，主要的有楼阁式塔、喇嘛塔以及文峰塔。楼阁式塔的内部结构变化很多，为防止塔身开裂使塔梯、楼板、外壁三项结合在一起，使塔内横向结构成为一个整体，这是明代砖塔在宋代砖塔的基础上的一个新的创造。

文峰塔也叫文风塔、文笔塔、文兴塔、奎光塔等等，其形制基本上仿照佛塔式样。它是明代风水学说以及考试文风发展影响下产生的，明、清两代非常盛行。

清代主要建造一些文峰塔，同时还建筑不少喇嘛塔，这个时期因为建造佛塔的数量少，造塔之风气以及造塔技术开始衰落下来，随封建社会的结束，砖塔的建造也逐渐衰落了。

（一）明代楼阁式塔的新成就

明代砖塔的精华，表现在楼阁式塔的各个方面。它的式样多，在结构上的变化尤为突出。平面八角形，高达十三层为最多。其中以佛塔为主，还有少数风水塔。佛塔大部分都是在唐、宋旧基上建立起来的，如普救寺塔、虹霁寺塔、广胜寺飞虹塔等（图 40）。风水塔则是重新建造的。

明代砖塔结合唐、宋塔固有的手法，进行许多新的改革和创造，例如：体积大，塔身高。层数多，雄伟华丽……就塔之结构来分析大体归纳有五种做法，即穿心式结构、混合式结构、空筒塔室式结构、“壁内折上”式结构、实心式结构等。各种塔室一般常做叠涩式圆形天井或叠涩式多角形天井，在晋中地区砖塔还能结合地方建筑特点，常用圆形栱券纵横相交，如明代常用之无梁殿和城门的拱券式样结合起来，这种做法可以稳固塔身，比宋代楼阁式砖塔稳定得多（图 41 ~ 图 45）。

塔砖一般重于“磨砖对缝”砌，减少灰浆，增加坚固性。还有一些砖塔上施用琉璃，部分用琉璃贴砌或全部用琉璃贴砌成为琉璃塔。塔上用琉璃从明代开始，对塔之外观增加美感，

图 40　洪洞广胜寺上寺飞虹塔

图 41　太原永祚寺双塔

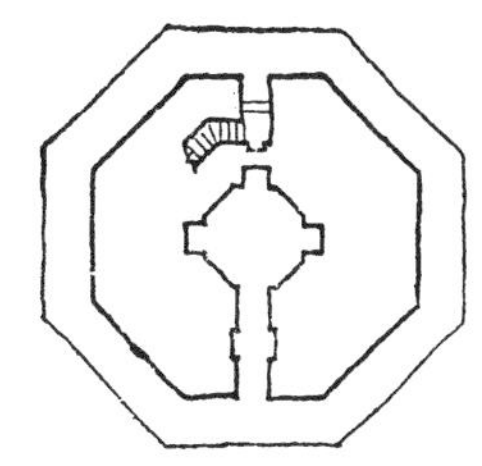

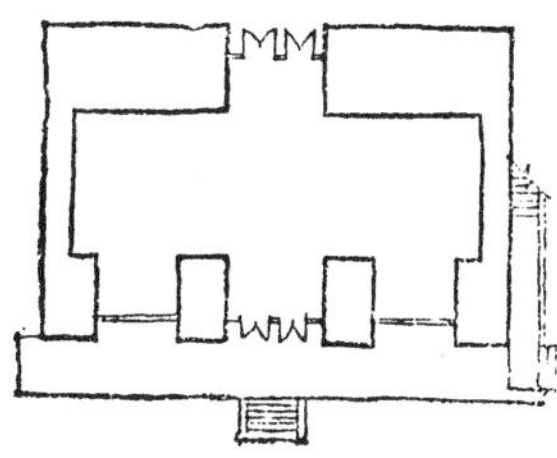

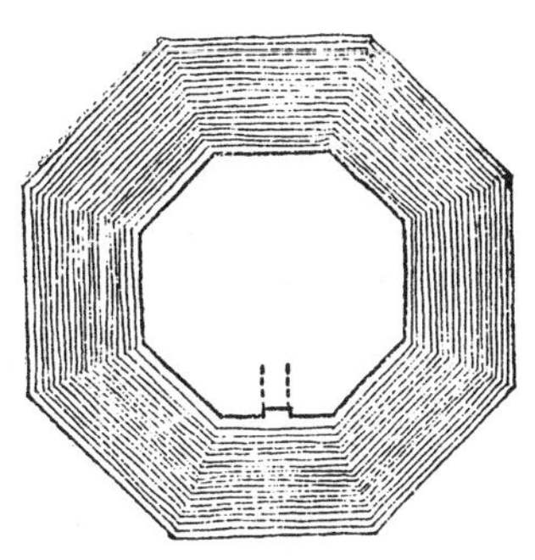

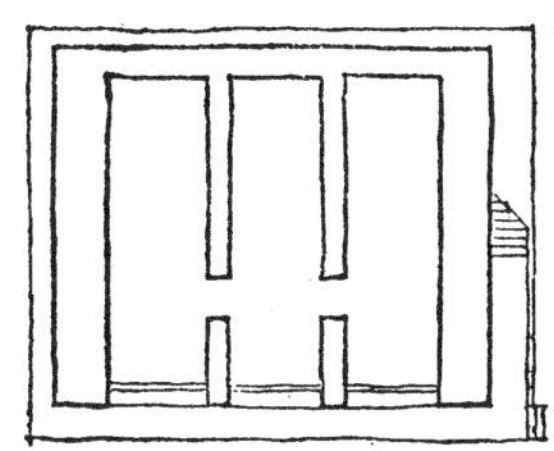

图 42　永祚寺双塔平面图

图 43　阳城琉璃塔

图 44　阳城琉璃塔及其细部

还可起到防水作用，防止塔砖风化、延长砖塔之寿命。此外，还出现铁塔、铜塔，但是在山西数量较少。这些，都是明塔使用材料上的新发展。

空筒式塔除在第一层或第二层做成塔室外，上下做一空筒，其余砌实心外壁，这种结构形式是山西常见的。广胜寺飞虹塔为另一结构形式，可见空筒式塔结构形式是变化的。塔之内部第一层塔室宽大，上做八角形穹窿式藻井，自穹窿上部留出通风与采光孔道。第二层只做通风孔道。第三层塔室平面八角形，仍然做出八角式穹窿顶，自第三层以上一直到十三层塔心部分，上下成为一个小型空筒式塔心。登塔之梯道沿塔心之空筒内部壁面上下攀登，故称为“扶壁攀登”式，如需梯道踏步部分，则削去侧壁部分墙面留出梯道。各层塔之窗洞留出洞口直连塔心，各层互相斜错，故从剖面看去，极不整齐。

另一种方式经宋代改革为“壁内折上式”，各层用砖楼板，自下而上缩小塔室，增加外壁厚度，稳定性增强。塔之外部轮廓线，收刹较陡，远比宋制玲珑精巧。它比空筒式塔坚固耐久，不易毁坏，但是另一方面用砖量过大，空间有效面积缩小，不太经济。

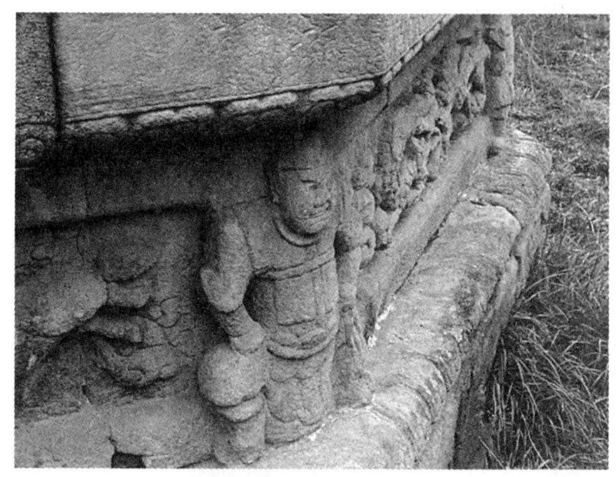

图 45　阳城琉璃塔塔座石刻

明塔中最常见的为“壁内折上式”结构砖塔，第一层塔身砌出八面围廊，更增加塔之稳固。在每一层塔室里用砖叠涩出天井，井的中心留出一个洞口上下相通，有圆形、方形、八角形的井口，上下之间层层相对，如从最下层之塔室仰视，可窥见最上一层之天井，在各层留出空井之原因，据我初步分析，一是施工时上下运料而用，故将此空洞不封死；一方面为了通风与采光之需要，故留出空井。登塔之梯道自塔外壁中盘悬折上，一般梯道之形状按塔平面形状而定。此种类型之塔如霍县南山塔（图 46、图 47）、曲沃东凝村大明宝塔、潞城原起寺塔（图 48）和建昌塔等，其中以建昌塔最具代表性。不过，万固寺塔①的下九层也做出“壁内折上式”结构的制度。

图 46　霍县南山塔

① 万固寺塔在永济县中条山万固寺之最后院。全部用砖造，为明代一座重要的建筑。据万历二十八年《重修万固寺记》：“寺在中条之麓距城十里许，创自大魏政和三年，嘉靖乙卯大地震，寺院安然，仅西北一角稍侧浮图势渐攲斜……万历乙酉拆卸修造浮图。”故此塔为万历乙酉即万历十三年（公元 1585 年）所建。台基基座以及四周栏杆均为石造。第一层塔身转角施垂莲柱、柱头阑额与平板枋各一层，都是斜面相交，柱与枋之间做莲花雀替。檐部施斗栱，除转角外，每面补间三朵，每朵出双抄，在令栱上伸出麻叶头。瓜栱、万栱、厢栱三条长度相同。于每条栱下与斗栱相交处伸出一个异形替木。第二层至第十三层塔檐，都在普拍枋上砌出一层狗牙砖，上承叠涩砖檐。塔刹系于十三层塔檐之上做喇嘛塔。塔肚做八角形，上部再施以九层叠涩砖座，四层铁座，铁覆钵，八角形铜伞盖，最上置小铜伞三层。在铜伞之四角悬有铜铃，其总高度相当于第十一、十二、十三层塔之总高。

图 47　南山局部

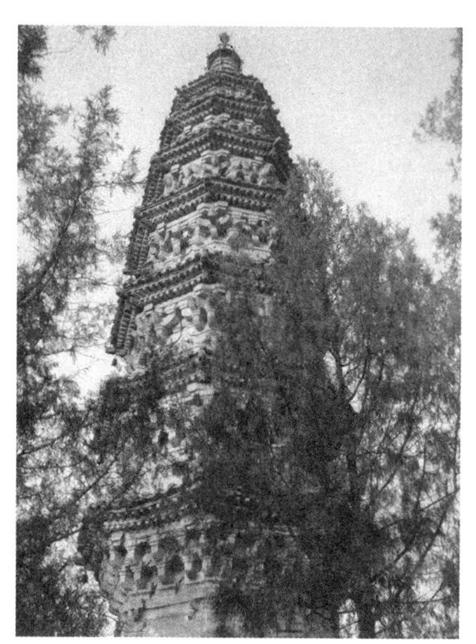

图 48　原起寺塔

建昌塔①八角十三层，高约 80 米，可以说是明代第一座高塔。每层都有一个塔室。塔室平面正方形，塔室与门窗之连接都利用东西南北四面之通道，塔室之空井也是正方形上下相通。因此，每个塔室东西南北以及上下四面都有通道，光线甚好，不论是塔室与通道都用砖砌成拱券。梯道施于塔之外壁，围绕方形塔室逐层折上，每一段都有休息台，在转角部分利用塔窗采光。出檐甚短，上下收分显著，外轮廓无明显之卷杀，线条斜直向上，略表现出较硬的线条。

明代楼阁式塔普遍为"壁内折上式"结构砖塔，每一层都有一个完整的塔室。塔室上下封闭，塔身开窗有梯上下通向每个塔室，实际如同一座多层楼阁。塔室的楼板有用砖或用木板做的，砖砌者从明代开始盛行的，这是"壁内折上式"结构砖塔的一个规律。用木板者极少。

龙泉寺舍利塔②是一座"壁内折上式"结构的砖塔，八角十三层，在第一层前端设单面塔廊（即抱厦），塔内逐层设有塔室共十三个，塔室之面积随塔之层数收缩而缩小。每个塔室平面亦做八角形，塔室墙面开门窗，天井做八角攒尖式。梯道设于外壁内，按八角形折上。自第十层以上支出平座，周围安擎檐柱，施栏杆，可登廊眺望，犹如一座空中楼阁，塔身上使用琉璃，只重点地作为装饰。塔之外轮廓线收杀不大，上下相差不多，整体做得很纤瘦的样子，这样的结构与造型是明代砖塔的特点之一（图 49）。

在一个塔之内，下几层设塔室，做"壁内折上式"中间几层做空筒式，上面几层则做实心式，几种结构方法结合在一个塔上，结构很复杂，故谓之混合式砖塔。这种结构是明代砖塔

---

① 建昌塔在汾阳县城东五里建昌村，北塔系一文峰塔。塔不设台基和基座，从下到上全用砖造。第一层至第六层塔檐，每面施斗栱五朵。每朵正心重栱山单抄，令栱交麻叶头，栌斗特大，栌斗口处增加十字小替木。各转角施木角梁。至第六层以上斗栱朵数减少，只于每补间施三朵，出檐甚短非常简练。塔之高度，据实测为 80.12 米，为山西砖塔中第一高塔。

② 龙泉寺舍利塔在阳城县润城之东南 20 里龙泉寺内。塔为嘉靖四十年建造。

图 49　阳城龙泉寺舍利塔

图 50　永济普救寺塔

中一个重要方面。一般砖塔收杀很大，至第十层以上面积缩小，如做空心塔室，对塔的坚固性有影响，因此，往往将上部之三层至五层做成实心塔，易于处理而且坚固。并在下部几层塔室之天井外，常用砖栱做塔室顶，栱券纵横交错，上下连接，非常坚牢。下面选择这种形制及其有关者，进行说明。

普救寺塔仿唐塔式样，是在唐塔基础上修整的。平面正方形，第一层塔内设塔室，塔室正方形，上部叠涩天井，中间留出一个八角形空井。从上至第八层各层塔室天井处原来有木构楼板，今已毁去，成为空筒了；第八层以上为实心塔，登塔梯道自塔室内设木梯，无固定登道。这是塔室式结构、空筒式结构实心塔三结合的一个例证（图 50）。

灵严寺药师七佛多宝塔平面八角形，塔室也是八角形，第四层以下为“壁内折上式”结构，多用无梁殿式券洞；第四层以上为方形空筒式塔室；自第十一层开始做实心塔，这种结构横向拉力很强，使整个塔身成为紧密的整体。按无梁洞在塔上使用，在晋中从明代开始，普遍流传。

文殊寺琉璃塔，第一层塔室也做单栱券洞，自第二层至第七层各层均有塔室，为“穿心结构”塔，第八层至第十三层为实心塔，其结构形式也是一种三结合式之塔。梯道自第一层东面曲折而上，至第二层直穿塔心斜至第二层，再围绕塔身东西方向斜穿塔身而上，这种梯道布置方法是“壁内折上式”结构与两方面直穿塔身的做法结合起来，至第四层、第五层，内部不做塔室，只做出夹层。文殊寺琉璃塔结构方法很特殊，和山东兖州兴隆寺砖塔之结构极相仿，是明代砖塔吸取宋代砖塔结构形式的一个佳例。

万固寺塔八角十三层，从第一层开始至第九层每一层都有一个塔室，为“壁内折上式”结构第十层以上做实心塔。每个塔室平面八角形，窗口及通道都做出券洞，塔室之天花叠涩八角形顶，其中心部分留出一个八角空洞，登塔之梯道自塔外壁内按八角形折上。此塔特点，外壁甚厚，比塔室还宽出一米多，因此，塔身非常坚固；塔檐做叠涩式，向外挑出甚长，其形状极似楼阁。塔砖质量较高，采用磨砖对缝砌，此为明塔中最壮丽的一个（图 51、图 52）。

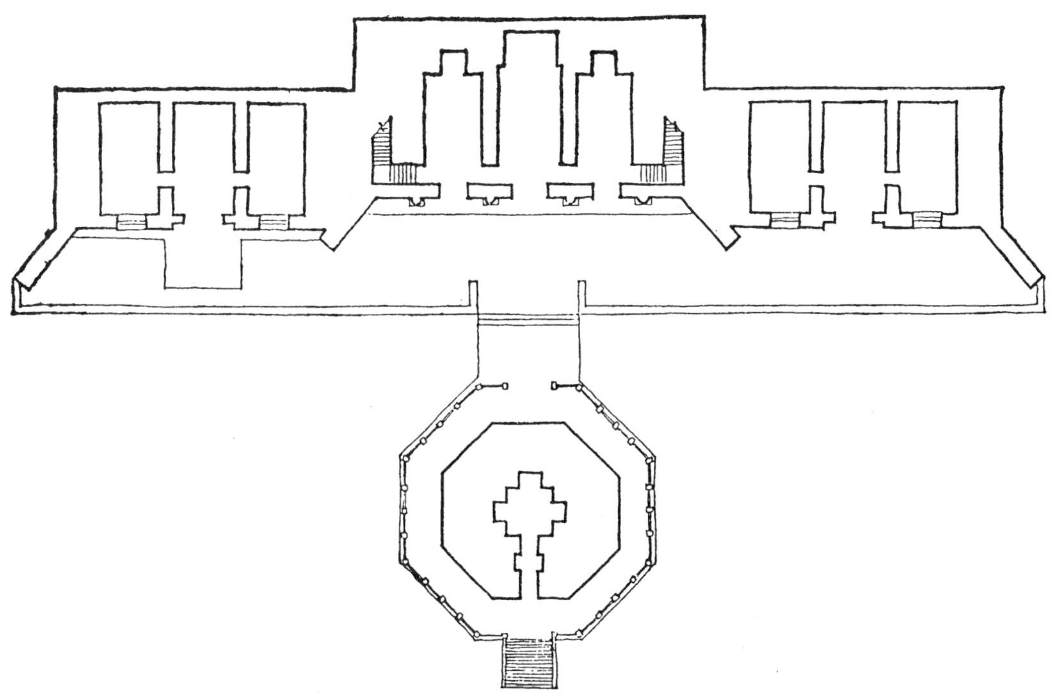
图 51　永济中条山万固寺塔平面图

多层实心塔以辽代为最多，它的影响非常广泛，自辽代以后至明中叶多层实心塔不断出现。实心塔建造容易，塔身无梯道，无楼层，只作为一个塔的轮廓式样，不能登临纯属纪念的塔。如洪洞县万胜寺塔其形制基本上吸取辽代密檐塔的式样，第一层塔身做出雕饰，第二层以上做密檐。但是整体轮廓无辽塔形制之宏伟壮观。实际上是揉和喇嘛塔、密檐塔、楼阁式塔于一起，是一种新型的创造。这种形制之塔，在山西还有几座。如长治市宝雨寺塔原高十三层，现只留第一层塔身，也做出圆形塔肚，但在圆形塔肚上又分八角，成为八角式塔肚，由此看来，与万胜寺塔一方面有同样意义；另一方面创造性的改变旧有形式，这些都是实心塔中特有的。

图 52　永济中条山万固寺塔

（二）简洁的明代砖墓塔

一般常见的明代小型墓塔，平面都是八角形，高度由三至五层为最多。只在外表模仿楼阁式，内部是实心的。除第一层塔身外，上部缩得很小。各层腰檐施斗栱，斗栱尺度甚大，常见的有单抄出令栱耍头；仅在第一层塔身上刻出槅扇门以及简单的塔铭等。如聪公寿塔、嘉靖砖塔可作为这类塔之代表式样（图 53、图 54）。

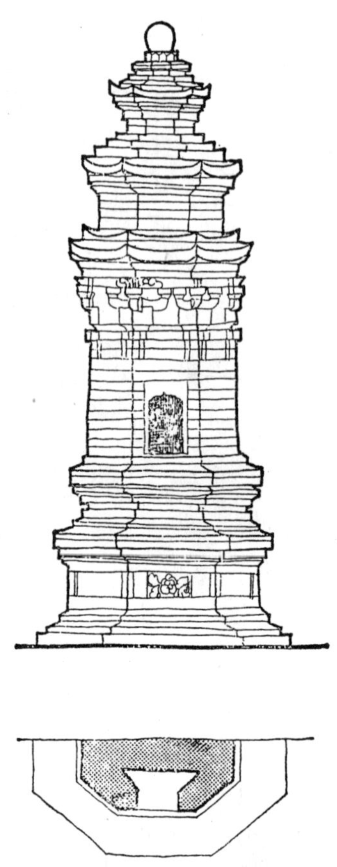

图 53　交城玄中寺当山主持聪公之寿塔

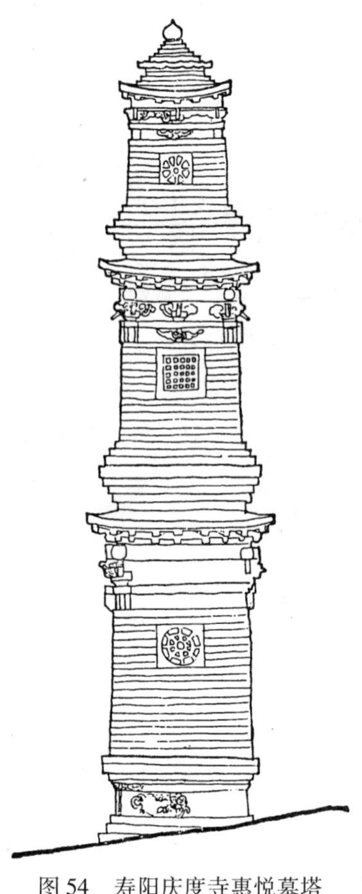

图 54　寿阳庆度寺惠悦墓塔

此外，在墓塔中还用一种八角形须弥座式的基座，上覆正圆形塔身，塔身做得很高，绝大部分用浮雕砖砌，重重叠起来，最上部做出正圆形光面塔身，其式样仍然是塑造“窣屠婆”之原形，其中之变形，仍然取其意义。这样实心高塔，没有楼层，上下尺度相同，这是一种新的造型别致的塔。

（三）明、清喇嘛塔之发展

大量建造喇嘛塔，开始于元代，到明、清两代继续建造，而且建造的数量越来越多。因为明、清两代喇嘛教进一步发展，所以喇嘛塔也就增多了。它分布在西藏、青海、内蒙古、山西、河北、辽宁等地。在晋南、晋北都有喇嘛塔，但是不如楼阁式塔那样普遍，仅仅与喇嘛教有关的寺院才建造喇嘛塔。

大型的喇嘛塔除晋城青莲寺塔、长治宗教寺塔、天龙山寿圣寺塔①、太原惠明寺塔之外，

① 寿圣寺塔在天龙山寿圣寺东南方向的山腰里，是一座正圆形喇嘛塔。台基正方形，上部再置八角形须弥座式台基，上下各二枋均无莲瓣，束腰刻莲纹图案。基座上再施正圆形仰莲瓣，莲尖很锐。塔身为一圆肚形上宽下窄，正南开券门一个。券门内辟圆形塔室，两侧各塑八罗汉，正中塑三位大士，中心牌位书“丰山岳塔”四字。上做叠涩式天花上盖木板。券门之外有台阶出入。塔肚之上置正圆形仰覆莲基座一个，上刻七重莲瓣，其上再置十三重相轮，第十三层做木制伞盖，架井字梁承担，梁头挂铜铃，上部再盖木板，铺孔雀蓝琉璃，最上端施黄琉璃宝珠。此塔体型高大，白石基座，塔身用磨砖对缝砌，工程质量甚高；在塔脖处砌出七层莲瓣；塔顶覆琉璃宝盖，此三点为此塔明显的特征。

五台山几十座寺院都普遍建有喇嘛塔。从十四世纪开始五台山成为喇嘛教中心以后，建立许多喇嘛教寺院，建造喇嘛塔。其中最大的一个要算塔院寺释迦文佛舍利宝塔，建在寺院中轴线上大殿之后，约占寺院的三分之一。

元朝建造的喇嘛塔，从仅留的几座实物看，基座甚大，塔肚略小内部都有空心；但到明、清两代，基座逐渐缩小，塔肚渐渐增大了。由此可以作为元、明两代喇嘛塔区别的特征。

一般看来，喇嘛塔仅在塔肚开辟小型塔室——内部留有一个空心，其余全部做成实心体，构造简单，没有复杂之装饰，只将塔面粉刷成为白色，成为普遍的规律。在墓塔中不论做得多小，其形制大致上总是不变的，但是越到晚期塔肚越加大，塔脖越变越细、越缩越短，全塔之比例不如元代那样雄壮了。

按喇嘛塔之造型来说与中国楼阁式塔无关，从佛教传来，形体没有较大的变化，还未受我国传统建筑形制之影响。另在辽代、明代一部分楼阁式砖塔中，吸取喇嘛塔的式样，将塔肚施于基座上或用于塔身上，再做成密檐层；也有的将喇嘛塔放在密檐塔之上；或者是将密檐檐层也做成层层之圆弧，能尽量与圆形塔肚接近的示“窣屠婆”之原意。如长治宗教寺塔就是典型的一个例子，这是一种大胆创造。长治宝雨寺塔将塔身塔肚分做八瓣，虽然是个圆肚但与八角塔相结合起来。洪洞万胜寺塔塔肚做在第一层。繁峙河北一寺院之墓塔将塔肚作为第三层塔身，等于上下相结合之两种塔，这种结合之方式在河北、陕西、河南元代砖塔中也常见到，在山西也是普遍存在的。

山西明代砖塔分析表

地址	塔名	形式	平面及层数	年代	性质	塔砖尺寸（厘米）
太原	永祚寺南塔		八角十三层		佛塔	
太原	永祚寺北塔		八角十三层		佛塔	
洪洞	广胜上寺飞虹塔	琉璃塔	八角十三层	正德十一年	佛塔	
汾城	惠善禅寺塔	楼阁式			佛塔	
永济	万固寺塔	楼阁式	八角十三层		佛塔	
长治	宗教寺塔	实心密檐塔			佛塔	
阳城	龙泉寺舍利塔	楼阁式	八角十三层	嘉靖四十年	佛塔	
霍县	南山祠塔	楼阁式	八角五层		祠塔	
平遥	愧心毋公墓塔	塔身做正圆形	基座八角形	崇祯三年	墓塔	
平遥	爱公毋公墓塔	塔身做正圆形	基座八角形	万历四年	墓塔	
平遥	邓公墓塔	塔身做正圆形	基座八角形	万历四十三年	墓塔	
平遥	无铭墓塔	塔身做正圆形	基座八角形	天启年	墓塔	
平遥	慈相寺小塔	实心塔	八角三层		佛塔	
介休	虹霁寺砖塔	仿楼阁式		万历十八年	佛塔	
汾阳	灵严寺药师七佛多宝塔	仿楼阁式	八角十三层	嘉靖二十年	佛塔	
汾阳	建昌塔	楼阁式塔塔室正方形	八角十三层		文峰塔	
文水	寿圣寺砖塔		八角七层	成化二年	佛塔	
文水	福缘寺东塔		八角五层		佛塔	35×16×6
文水	福缘寺西塔		八角五层		佛塔	37×19×7
寿阳	妙严寺和尚塔				墓塔	33×13.5×5.5
寿阳	庆度寺惠悦墓塔	方形楼阁式塔	方形三层	嘉靖五年	墓塔	30×16×5.5
天龙山	云外仙公禅师塔	小型喇嘛塔	方形平面圆肚	嘉靖五年	墓塔	
天龙山	寿圣寺观音堂塔	喇嘛塔八角形基座			佛塔	
五台	文殊寺琉璃塔		八角十三层	万历二十七年	佛塔	
	妙峰大师塔				墓塔	

续表

地址	塔名	形式	平面及层数	年代	性质	塔砖尺寸（厘米）
	塔院寺舍利塔					
	佛日圆明古州和尚塔		八角三层	正德三年	墓塔	
天龙山	寿圣塔		八角五层			
繁峙	河北喇嘛塔	仿密檐塔	八角	弘治十八年	佛塔	
交城	玄中寺聪公之寿塔	仿楼阁式之墓塔	八角三层	嘉靖二十六年	墓塔	
交城	玄中寺文公大章灵塔	仿楼阁式之墓塔	八角三层	嘉靖二十五年	墓塔	
交城	玄中寺开公觉灵塔	仿楼阁式之墓塔	八角三层	嘉靖二十八年	墓塔	
交城	玄中寺开公觉灵塔	仿楼阁式之墓塔	八角形三层	泰昌元年	墓塔	
曲沃	大明宝塔	楼阁式	八角九层			

（四）清代砖塔之概观

清代三百年来，只在西北、内蒙古、东北以及华北各地建造一些喇嘛塔。在其他地区仅仅维持旧日佛寺之原状，进行改建与重修，因此建塔甚少。

山西全省的清塔从性质上分，种类有三：一为文峰塔①、二为佛塔、三为和尚墓塔。文峰塔计有十余座，其中比较精致的要算榆社县文峰塔②，八角十三层，模仿宋、明两代楼阁式塔的式样，从其斗栱、雕刻之复杂性如同常见之明代砖塔。其余夏县文峰塔、阳城县境内三座文峰塔（图55）、闻喜回澜塔曲沃圆形塔等，都是具有代表性的实心塔。

图55　汾阳文峰塔

佛塔之形象甚奇特，各地式样不一，一般都是在早期佛塔基础上重建起来。如孝义县释迦文佛舍利宝塔下两层面积很大，上五层面积甚小，上下轮廓对比过于悬殊（图56）。绛州龙兴寺砖塔，还模仿宋塔形制，创建十三层楼阁式塔，不做装饰与雕刻，表现简洁。此外，一些小型砖塔也仿照楼阁式塔，造型与结构都很普通。

---

① 文峰塔是从十四世纪开始出现的一种砖塔。它是根据“风水”学说建造的，也是由于考试制度产生的，具有双重意义，实际是一种标志性与观赏性的建筑。它和道教思想有一定联系。明、清两代在一些府城、县城附近常常建造，一般在文庙的近旁或城镇的重要位置建造：如山尖、路端……几乎遍于各地。也叫“文风塔”“文笔塔”，风水塔等等。此塔在山西也建有一定的数量。大多数都是明、清两代县官主持建造的。

② 榆社文峰塔在榆社县城东南山岗上，平面八角高十三层。第一层塔身只开南门，在转角平板枋交头处之下施三条垂柱，大额枋表面刻有复杂的纹样，下部施花牙子，枋上安设椽飞。自第二层以上不施额枋，只留花牙子及垂莲柱。各层之斗栱仅转角及补间各一朵，转角斗栱每朵出双抄，正心三重有云形栱；第六层至第十层每朵为单抄斗栱；第十一至第十三重每朵为一斗三升，每朵斗栱有麻叶头伸出。椽飞各一重，各层塔顶做反叠涩式。关于创建文峰塔之原因，据《郡守王太尊新建文峰塔记》：“风气者人才于是而蔚起，县治即于是而生辉者也，山缺而谓之补，水背而为疏……我榆邑荆山耸秀，漳水环流，形胜之美，不让邻封，唯异峰稍低，堪舆家以为遗憾……。”因此，于雍正元年五月创建文峰塔。

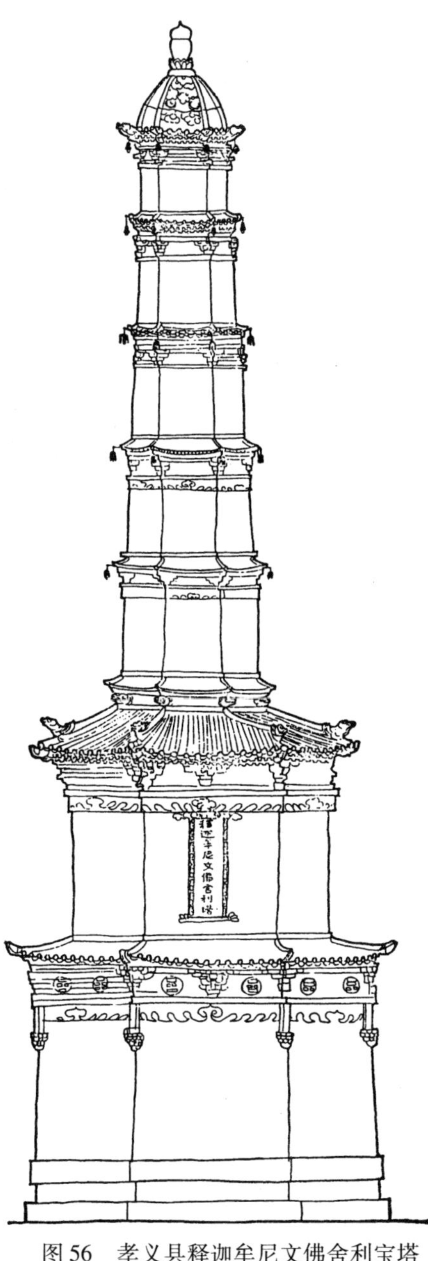

图 56　孝义县释迦牟尼文佛舍利宝塔

在墓塔方面，塔型基本上采取喇嘛塔的局部形象，结合一般墓塔之式样，如平山老人普同寺塔①为代表作品。

从上述情况看出，清代造塔没有准确的章法，在结构上也没有系统性，类别杂乱，塔之本身没有什么规律性。由于佛教衰落，各地造塔之风也逐渐走向低潮。

六、结　　语

塔随佛教传来我国，与我国古代建筑相互结合，不断发展创新，建造了大量的中国式的塔。从北魏开始至明、清，在山西全省各个地方，特别是在佛教盛行的地方建塔数量最多。遗留到今天的实物不下百余座，在整个历史发展过程中以唐、宋、明三个时期为建塔高潮。

魏、唐两代曾经大量建造木塔，后来因为木塔容易起火，不易保存，所以唐代以后建塔使用的材料大量改用青砖砌筑从而达到防火的效能。在唐、金、元三代还出现不少石塔，这与北魏以来佛教开凿石窟之风气对雕琢石塔有一定影响，不过山西地区石塔都是规模较小，不能登临，而以雕刻作为重点的。

关于砖塔之形制与结构，自始至终，则以楼阁式塔为主流贯穿全部历史时期。楼阁式塔，平面布局、立面造型及艺术处理或者是内部结构等，随着社会的发展和技术的进步，不断得到改进。砖石塔虽然用砖石材料建造，但由于我国古代的建筑是以木构建筑为主流的，所以，在人们的心目中，木构建筑是我国主要的建筑形式，当材料改变时，也还是尽量模仿木构建筑的式样。

山西砖石塔，平面由方形改成多角形、甚至正圆形，使之尽量接近佛塔的原形，保存佛塔的原意。从圆到方，又由方到圆的过程，这是一个重大的变化。在造型方面，由简单到复杂，这和木结构是相同的。

塔之内部结构，也越来越进步。从宋代开始在塔之内部施用横向结构，外壁加厚，楼梯、

---

① 临济宗嗣报恩下四世平山老人普同寺塔，在天龙山寿圣寺西岗上，系雍正九年（1731 年）岁次辛亥季春望日立。塔院辟为半圆形，前施牌坊三间，周围建石墙，塔在院之后半部。方形台基施须弥座两层，座上置卵形塔肚。按卵形塔肚系由圆形喇嘛塔肚之变化而来，正面留出小龛，龛内嵌一石碑；塔檐系用石混肚叠涩，上覆八角形石作密檐三重；塔顶坡度较陡，无塔刹，简洁明快，在清代墓塔中最为常见。

楼板外壁三部分结合在一起，增强了砖塔的坚固性。这种新的结构形式很多，塔券、拱顶、穹窿等砖结构施用于塔之内部，木楼板改成砖楼板，梯道方向、位置，梯道形式、登塔方法，也比早期越来越进步。塔上开始用琉璃，既起到装饰的作用，又能防止砖块风化、粉蚀。这是劳动人民智慧的结晶。特别是在当时的施工条件下能建成这些高大的塔，充分说明山西地区和全国一样，砖石建筑技术水平已达到很高的水平。直到今天除遭受战争破坏外，绝大多数都是坚固屹立着，歪斜倾倒的很少。砖塔的成就是山西劳动人民血汗的积累，是我国古代建筑史中的一份宝贵遗产，应进一步研究它、珍爱它。

清代砖塔一览表

地址	塔名	形式	平面及层数	年代	材料
闻喜	回澜塔				砖造文峰塔
高平	六名寺塔				砖造为和尚墓塔
阳城	郭峪文峰塔		六角七层	康熙乙未	
阳城	纯阳吕祖庙塔		六角七层	康熙五十三年	
平遥	顺治某公墓塔	圆形塔	八角座圆形塔身	顺治十二年	
孝义	释迦牟尼文佛舍利宝塔	楼阁式实心塔	八角七层		附有琉璃
交城	玄中寺砖墓塔				
榆社	文峰塔		八角十三层		35×18×7
太原	岫崛山舍利塔		六角形	乾隆十年	
天龙山	寿圣寺平山老人普同塔	喇嘛塔	六角单层		
交城	大龙山清塔				
太原	惠明寺净明塔	喇嘛塔	方形基座圆形塔身		塔身43×20×6 台子42×19×6
交城	玄中寺圆寂恩师塔	楼阁式之墓塔	六角二层	康熙二十七年	
天龙山	圣寿寺第四代微证老人容像塔	喇嘛塔			
文水	寿圣寺塔	仿明代楼阁式塔	八角十三层	康熙七年建	
介休	施公塔		八角	康熙十三年	
曲沃	万户村文峰塔	圆形	七层		第一层及七层有佛龛

（本文进行研究时，第一次在1962年上半年对晋南地区古建筑进行调查，由夏祖高同志、黄国康同志协助测绘，第二次在1962年下半年对晋东南地区古建筑进行调查，由杨平同志、夏祖高同志协助测绘，第三次在1963年对山西全省古建筑调查，由屠舜耕同志、夏祖高同志协助测绘，特在此致谢。）

易州城和清西陵

卢　绳

葱郁松林密，潺潺易水寒；
轻尘遮跸路，薄雾掩峰峦。
翁仲经霜白，楼台映日丹；
雍、嘉消霸业，草没禁碑残。

为了西陵测绘，我于1959年秋和1963年夏两度来到易州。易州的历史，可以上溯到周末燕国的下都，汉朝设故安县。“易州”之名，始于隋，历代均有增修。城周围九里十三步，背山带河，形势开阔。城以易水而得名，易水有三，近城南的称北易水，再南有中易水，南易水，三易并称。前人曾因河北地区另有冀州，读音相近，故称易州为西易州，又因清西陵所在，亦称之为西陵易州。

一、易州城关及附近古建遗迹

易州城只有东西二门，并无南门、北门。要市区在西关，由西关向北的街市，名曰北关；由西关向南的街市，名曰南关。南城上原有高楼两处，一为火神庙，一为文昌阁，现已不存。北城无市街，有关帝庙，后改关岳庙。

在旧火神庙稍东城墙下为龙头观址，建筑已不存，只有唐玄宗御注道德经幢一座，兀立田地中，原有八角亭盖复，分亦不存。幢开元二十年壬申建（公元732年），平面八角形，每面宽四十厘米，高约一丈八尺，顶镌八角形屋面，下为仰式莲座。以下幢身平面八角形，上段一面另作，刻有题额。下段满刻经文，最下有复莲础石。按记载此幢在清同治十二年（公元1873年）夏，为大风扑断为三，后经重立，现在还存铁箍及折痕。

城墙内东北隅有城隍庙，明初建。庙内还存有明弘治、嘉靖及清嘉庆重修碑记。南面有三间石坊，内为山门，再内有井亭，其两侧有庑，后中山门庑殿顶，前置卷棚三间，最后有硬山后照屋，其两端伸出套间，东侧前方有配房。

开元寺址在城隍庙西南，寺中殿宇现均已不存，其地今为中学及煤厂。寺内原存的舍利塔，现移置到中学前部院中。塔上有明万历丁未题诗。院内还保存着大辽兴国寺太子螺钹色长刘楷等建的佛顶尊胜陀罗尼幢身一段，年代为大安三年（公元1087年）和宋开宝四年（公元971年）的幢身，及唐、开元二十九年（公元741年）的碑（即梦真容碑，苏灵芝书，录牛仙客等奏）。

兴国寺原在城东北角，俗称卧佛寺，门殿久已废为菜圃，在畦侧尚存有《大辽国燕京易州兴国寺太子诞圣邑碑》，年代为辽寿昌四年（公元1098年），岁次戊寅七月。

在县人民委员会内院东侧，有《大唐易州铁象碑》，为唐开元二十七年（公元739年）

建，是王瑞撰文，苏灵芝书，前太守卢晖立象，卢并造驿店一百间、水碾四，及其他建筑很多。县人民委员会院内还存有铁质塔刹一座，其上雕刻精细，是西关外旧白塔院千佛塔的顶刹，而西关外千佛塔，今已不存。

今人民委员会相传是唐时军使旧廨，规模雄阔，夹道有古槐，前列牌坊。据说，从前有池亭胜迹，现在新建房舍不少。

荆轲山在易县西关外五里，出城关涉易水方至山麓。俗传山下为荆轲故里，山巅旧有圣塔院，今塔保存尚好，是辽塔的标准形式。塔址四周刻佛像图画，上具斗栱平座，栏杆莲座。塔身平面八角，四正面券门，四隅面砌成板棂窗式，八角都有塔柱。塔身造型挺秀。塔前有大辽重修易州圣塔记碑，而碑末乃题宋乾道二年，想系讹误。别有康熙、道光两碑，都是重修塔的题记。

二、易州清西陵

历代皇帝不仅兴建了规模浩大豪华的宫殿、苑囿，而且挥霍亿万黄金，用巨大的人力物力来为自己修建陵墓。

清初陵寝在遵化的昌瑞山，定为东陵。而西陵之设，始自雍正八年，怡亲贤王高其伟，相度川原，以易州的太宁山天平峪为最，脉厚流长，气势雄伟。于是敕封太宁山为永宁山，设泰宁镇，升易州为直隶州，割涞水，广昌二县属之。乾隆二年，雍正帝的梓宫奉安，定名为泰陵。以后按定兆域，与东陵分昭穆序列，至清末。此地共有陵寝十五处：帝陵四、后陵三，妃园寝三，诸王园寝三，公主园寝二，依次为：

1. 世宗（雍正）——泰陵
2. 雍正孝圣皇后——泰东陵
3. 雍正泰妃园寝
4. 仁宗（嘉庆）——昌陵
5. 嘉庆孝和皇后——昌西陵
6. 嘉庆昌妃园寝
7. 宣宗（道光）——慕陵
8. 道光孝静皇后——慕东陵
9. 德宗（光绪）——崇陵
10. 光绪崇妃园寝
11. 怀亲王（雍正子）园寝
12. 端亲王（雍正子）园寝
13. “阿哥陵”（道光子）
14. 东公主园寝（嘉庆女）
15. 西公主园寝（道光女）

陵区周围一百七十八华里。东到梁格庄，西抵紫荆关；北达奇峰岭，南至大雁桥。各陵自因地势，独成一区。其中以雍正泰陵为陵群的主体，规格居首。自前端五孔石桥以北，建筑安排虽与东陵的孝陵相类似，但石牌坊改为三座，布置成三合式；石人石兽亦仅五对，体量较孝陵为小。昌陵在泰陵西南，从泰陵大红门北有神道引去，其建筑形制全同泰陵。泰陵东北有泰东陵及泰妃园寝，昌陵西南有昌妃园寝及昌西陵，这六处陵墓可以视为一大组。慕陵及慕东陵在泰陵西南的龙泉峪一带，距泰陵约十里。慕陵改隆恩殿为单檐，模仿关外陵制，并取消神功圣德碑楼，以后遂成定制。方城明楼也不用，只建园坟；改琉璃门为石牌坊，形式与其他各陵差别很大。慕东陵也因系由妃园寝改建，故无方城明楼，仅于坟外围以红墙与诸妃墓隔开。崇陵在泰陵东北十二里之金龙峪，陵制与东陵的惠陵相同，其东为崇妃园寝。

"阿哥陵"、端亲王园寝及东公主园寝俱在泰陵去崇陵途中，怀亲王园寝在昌西陵西，西公主园寝已经毁坏。

从崇陵东南到梁格庄约五里，近梁格庄处有永福寺喇嘛庙，依山建筑，有山门、钟鼓楼、天王殿、牌楼、碑亭、配殿、大殿及后罩之转角楼房等。由于地势高峻，外观屋宇重叠，也颇壮丽。寺东南有行宫，有东西朝房、宫门、正殿等，左右群房环列，都是青瓦建筑。

最初，雍正择陵址于房山的九凤朝阳山，后因地势不佳，改建陵于易州太宁山下。传说泰陵是头枕紫荆关，脚踏元宝山。现看陵殿后依永宁山，万笏峥嵘，石色斑斓，与黄瓦碧树相衬托，颇为秀丽雄奇（图1）。据《大清会典事例》记载，略谓：内墙周194丈5尺1寸，高1丈3尺，外围墙周长4399丈，高1丈4尺5寸，最后为宝顶，高1丈3尺，周环66丈4尺，环以宝城，高2丈1尺，环82丈9尺，月牙城高度相同。前为方城，崇墉雉堞，上为明楼，内树丰碑，上题世宗宪皇帝之陵。下为瓮券门，门外月台设白石祭台，长几二丈，上陈石五供，雕琢云龙，其前为二柱门，再前为琉璃门三，金钉朱扉。南正中建隆恩殿五间，重檐歇山顶，上复黄琉璃瓦，殿宽八丈，深五丈许，内设暖阁三。外设月台，铜鼎鹤鹿各·，左右列，崇阶石栏，凡五出陛。东西庑各五间，分设燎炉。前为隆恩门五间，门外设东西守护班房二，又两厢各五间。南正中建神道碑亭一座，重檐歇山顶，极为壮丽。内碑高1丈8尺5寸，龙趺长1丈5尺5寸，上刻雍正帝徽号，计十六字。亭前中建三洞石桥三，左右有石平桥一，桥东内侧有神厨、神库、宰牲亭等建筑一区，南有井亭。东西对立下马石牌二，南正中为龙凤门三间，门北有五孔桥一，门南面对蜘蛛山，神道绕其东南行，路两侧为石象生，计文武臣像各一对，立马、立象、立狮各一对，望柱二。其前为七洞石桥一，又前为圣德神功碑亭一座，重檐歇山顶，内碑二，亭四角立华表，其下护以石栏。亭南三洞石桥一，左设具服殿三间，前正中为大红门，门外石狮二，下马石牌二，左右堆拨房，前中设石坊三，成三合式，均五间，又前五洞石桥一，神道两旁，均封以树，十株为行，树间原有荷花头红柱，其上贯以朱绳，皆久已不存。

昌陵在泰陵右侧，自圣德神功碑亭以北。其局式与泰陵略同，惟宝城宝顶，都比泰陵高三数尺，圣德神功碑亭、隆恩殿等建筑也都较泰陵为大。但其位置等于泰陵附庸，不如泰陵的地

图1

势雄伟。登陵环视，可见东西华盖峙于前，泰宁宝山拥其北，易水诸支流萦带而过，气势非常壮观。

道光帝的慕陵，在龙泉峪，因处山凹，较有幽僻之感。按照次世论之，道光帝应葬东陵；据说本来是预备葬在东陵的宝华峪，工费限用二百万，后因道光行围过此，曾到地宫去看，出来时，发现靴底潮湿，恐其建地不好，就迁葬西陵。

慕陵的制度与其他陵寝区别较大，宝顶高只九尺，宝城高一丈四尺五，以方石砌造，环施铜滴水，无方城明楼，前为叠落，护以石栏；再前即祭台，如明代勋贵坟墓之式。其外建石坊，坊阴面刻咸丰帝录的道光帝手谕："敬瞻东北，永慕无穷，云山密迩，呜呼！其慕欤？慕也。"说明了慕陵命名的意义。坊前为玉带河，上跨三桥，其左右平桥，无石栏。桥前中为隆恩殿三间，殿广七丈八尺，略呈方形，有周围廊，上为单檐歇山顶，殿木用香楠，不施丹漆；再前隆恩门，神道碑亭、神厨、神库与别陵同，但制度比较卑狭。据《东京梦华录》记载：道光皇帝当时遗诏说自己本无功德，不入太庙，陵制要减省，不得建明楼及圣德神功碑，殿改用单檐，当系模仿沈阳昭陵之故（图2）。

图2

崇陵远处东北，从梁格庄沿山向西北行，过两山合处，入陵区前地势宽平，后面有山环抱，形成外聚内敞的气氛。

从陵寝建筑群的布局来看，清西诸陵也表现出建筑位置与地形结合的高度技巧，它比昌平明长陵和沈阳清昭陵在布局上更加庄严和宏伟（图3）。如泰陵，其最前面是五孔石桥一座，桥南正对宫道，由道上北望，气势极为庄严。过桥后一片平原，筑为台地，上建石坊和大红门等，成为入陵后的前景。过大红门，又展现另一个开阔的空间，过石桥三孔后，正中建圣德神功碑亭，四隅置华表，构成主景；过碑亭，登上七孔石桥桥脊，可看到前方是两列望柱象生，而正中却对着一座人工堆成的蜘蛛山，使神道改向东北折去，这显然是由于风水要求，故为迂曲盘回。绕过蜘蛛山后，神道仍回到中轴线上。前为龙凤门，门北有三孔桥一座；再前是小坡，走上坡顶，即看到前面的三路三孔桥和桥北正中的神道碑亭，又形成一完整的构图。从神道碑亭开始，算是陵的本体，但慕、崇二陵，石桥设在亭的后部，这种位置的变化，均以陵前水系的引道有关。入隆恩门后，直指大殿明楼，中轴之北，正对永宁山太平峪主峰，构成全陵底景，其势更觉壮观。同时，采用长达六、七公里的纵深延展，在一路引向高潮间又出现若干起伏的构图手法，进一步烘托出陵寝建筑群特有的庄严气氛。

另外，崇陵在陵内的琉璃花门外与方城前又增设龙须沟一道，而慕陵亦在石坊前添筑小河，这些也皆为引水要求，并借以增加纵深构图的层次。

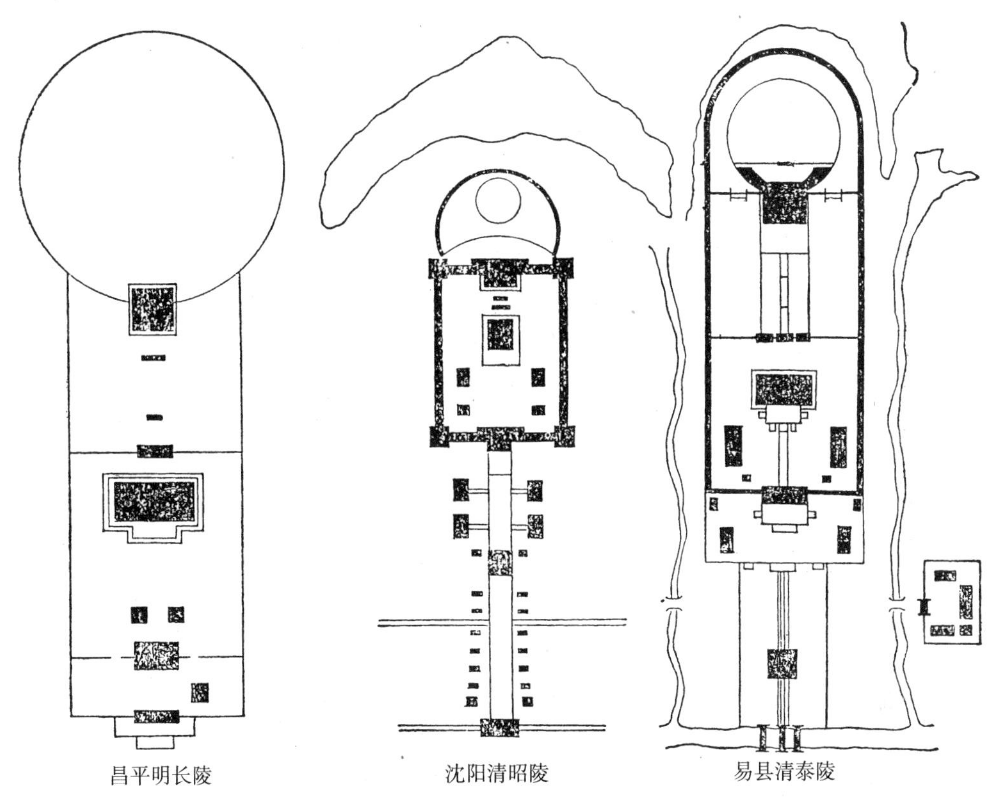

图 3　明清陵寝建筑主体部分布局的演变

埋葬着雍正、嘉庆、道光、光绪四个皇帝的清西陵，作为中国建筑艺术的重要遗物而被保存下来，是有其不可磨灭的价值的。它是千百万建筑者、匠师们精湛技艺和智慧的结晶。西陵的建筑也暴露了清朝封建帝王的荒淫奢侈浸透了劳动人民的血汗。“丰碑难涤燃箕耻，青史今人辨是非”，这千秋功罪，只有人民评说。

三、易州清西陵陵圈建筑

在易州清西陵还保存了很多陵圈建筑。这些都是人为建设的村落，形式方整，道路整齐，每户有一定的建筑面积，是当年陵寝修建时，为北京派来八旗子弟的守陵户所建造的，故几乎每座陵寝附近都有为它服役人员的居住村落。如在泰陵东南有五道河村；泰妃园寝东南有忠义村；昌陵与昌西陵间有太平峪村；慕陵东有新宁庄；慕东陵西北有泰宁庄；泰东陵东南边有陵圈村庄。唯崇陵及崇妃园寝因系清代之后才建成的，所以未设陵圈。

按照《大清会典事例》卷 947 的工部陵寝廨宇营房条所载，如泰陵除设有总营及员外部，主事等大小内务府官员外，还有执事人役一百五十一名，共住房一百六十一间。泰东陵也设执事人役一百五十一名，及牛羊圈，共房一百六十八间。其他各陵，也都如泰陵制。另外还有工部和八旗总营所设的官员和兵役，参证昌瑞山万年统志所载遵化东陵的制度，知道这些服役人员中，包括了打果人、挤奶人、割草人、扫院人、喂牛人、屠户、果户、纲户、鹰手、石匠、粉匠、油匠、酱匠、酒匠、糖匠和树户等等。这些人员，为了工作和管理的方便，当然以住在陵寝附近为宜，他们可能就是当时陵圈内的基本住户。

五道河村是为当年泰陵（雍正帝陵）服役的陵圈，应当是西陵范围内最早的居住村落。村的平面略呈狭长形，南北长而东西短，周围有墙垣围绕，偏南部分东西都设门，两门并不相对，东门偏南而西门偏北，门宽一间，前后都有廊，上盖两坡顶，两门之间为主要街道，街道南北横列着五道胡同，所以自东而西，房子共有六排。街南每排分列三户，街北每排分列七户。北端村墙改狭，只有三排房子的宽度，每排有三户，中间有一片空地。原来房子已经倒塌，不能窥见原貌。估计此村约住七十户左右人家。

由于胡同为南北走向，故每户人家大门都朝西，置门于院子的西南角上，院内原建东屋二间，因为朝向不好，后来大都自己添建了北屋。

太平峪村，是西陵陵圈范围较大的一处，村平面略近方形，缺西南一角。东西两面开门，东面有门二，西面有门一，入东面二门为两条主要街道。南北方向横列着胡同九道，故共有房子十排，每排十四户，据称本村落原有住户 140 家，每户占地四分。

由于横向胡同是南北走向的，故每户人家大门都朝东，门也是设在院子东面偏北部分，院内的正房是西屋两间。

忠义村是泰妃园寝的陵圈，所以规模较小。村平面是规则的方形，西、南两面有门，西门略在西墙的正中。入门后，东西走向为主要街道，其南北分列横胡同四条，南门进来的一条胡同较宽，仅比东西主街略狭，因而其西边的横胡同就向西移，不能与东西主街北侧的一条相对。村中有住户五十一区，每户大门朝西，置门于西南方，院内有东屋正房两间。因为主要街道之南每排分为五户，而北侧每排只分三户，所以占地面积并不相等。据当地住户说，当时每户占地一亩三分，但实测结果，只有北墙边的一排住户，占地约近一亩，其余并不足此数。

按以上所述的三处陵圈村落来看，所有村落的街道布置都很规则，成主次分明的棋盘形式，其每户大门的朝向，都是根据所服役的陵寝来决定的。如泰陵在五道河村的西方，因此，五道河村住户的大门皆朝西；昌陵在太平峪村的东方，所以太平峪村住户大门皆朝东。

每户院内都是原有正房两间，进深五架，断面具前后檐柱及后金柱，不出廊，硬山结构，清水脊，瓦顶，屋门开在右角上，旁具炊墙，上安马三箭式的简单窗棂，室内皆是沿后檐墙砌炕。院内正屋有的尺度较大，用悬山顶，可能是仓库或头目住宅。

每户进口大门内，大都砌隔断墙一堵，墙平面成『形，借以遮住院内，起着内影壁作用。

村墙用大砖砌，墙头有瓦檐，村门开间很大，可能是为了大车出入，上具两坡顶，用清水脊。

除此以外，在易州城西关外三里多路，路北有后部村，是当年营建西陵时，工部囤积建筑材料和居住管理人员的处所，因此名曰："后部"。

村平面为正长方形，东、西、南三面正中均有村门一间，门屋今已不存。村内东西及南北为十字大街，东西大街南有横街三道，划地段为三排，每排东西两段都分为九区，每区是一个院子，内正屋两间，在两间之中又建隔断墙一道，使分住两家。正屋结构与前述陵圈建筑相同。在东西大街以北，东为库房，西为衙门，进深占两坊之地。衙门西边隔纵向胡同，又划出住户三区，库房衙门之北还有住户一排。

衙门建筑毁于日寇占领时期，其建筑可能是歇山式屋顶，屋面青瓦顶有玻璃剪边。西边还有各种办公房舍，库房现亦不存，以前还剩有不少的琉璃瓦件。

据称村中共有住户二百家，每家占地四分，也都是陵中值差人员，如管理伐薪、祭品供应等杂役。他们初迁来时，一般每户只有二人，所以只分配住房一间。以后人口增加，不得不自行添建房屋，制度就不能统一了。

在后部村南是厂城村，是明山广城旧址。天顺年间置厂于此，采薪木送惜薪司。村内建筑也很整齐，村口还有戏楼等公共建筑物，想系当时服役人员集会游憩的地方。

通过对清西陵陵圈建筑及其后部村落的考查，可以看出封建时代营建的制度与规划反映了均衡对称，整齐划一的处理手法，这与古代坊里制度的遗风是一致的。不过由于一切墨守定制，并且具有强烈的封建等级观念，所以对于当时居住者的实际生活方便与否，是不加考虑的；例如陵圈建筑必须朝向陵墓，结果形成了很多不好的居室朝向，造成了这些村落建筑组群的最大缺点。

在易州西北五十里的泰宁山下，还有辽代的泰云寺舍利塔等不少古迹……

离开易州已经十三年了，然而那郁郁葱葱的梁庄翠黛，熙熙攘攘的街市人流，仿佛仍在眼前……我想，易州——作为我们伟大祖国悠久文化的历史见证——它必定是欣欣向荣的。

一九七六年十月

整理后记

我的父亲是建筑史教学工作者和科研工作者，他以巨大的热情，跑遍了大半个中国，为研究祖国的建筑史积累了大量的资料。

1959 年 1 月开始，他先后前往阜平、涉县、河间、献县、易州、涞源等地，在有关部门的大力协助下，对河北省的古建筑进行了调查。1961 年，又前往景县、新城、遵化、丰润、宁河等地调查，收集了大量的史料，留下了宝贵的记录和照片。根据父亲 1959 年和 1963 年两次考查的日记和资料，我开始整理“景州砖塔简谈”、“易州城和清西陵”二篇文稿。在整理过程中得到中国科学院自然科学史研究所张驭寰先生和天津大学土建系老师和同志们的热情帮助、指教，在此表示衷心的感谢。

“易州城和清西陵”这篇文章虽然是在父亲原作的基础上略加修改整理而成，但由于自己基础很差，这又是初次尝试，一定存在不少缺点、错误，请同志们阅后给予批评、指正。

卢　倓

1978 年 12 月

北京明清故宫的蓝图

单　士　元

北京明清故宫，是我国现存的唯一完整的古建筑群。十五世纪初期，明代所建筑的故宫，有上万间的单体建筑，组合成为一座大建筑群，是我国古代建筑文化遗产中极为重要的宝贵财富。它的建筑年代，最早的有五百多年的、四百多年的。清代兴建和重修的时间不过二百多年左右。

宫殿建筑的宏伟壮丽，象征着封建王朝的强大，也是封建皇帝至高无上尊严的象征（图1）。这座宫殿群，充分体现了我国建筑布局艺术建筑结构技术，因而这座建筑群是总结和研究几千年建筑技术发展的实物。

一、中都宫殿为北京故宫最早的蓝本

朱元璋在元末参加农民革命，到元至正十六年，他率领的一支队伍攻占了元代集庆路（即现在的南京），改集庆路为应天府，自称为吴公，继而在1364年又升格为吴王。这时已备建国的条件，遂在元御史台旧址，建中书省，1366年建宫殿，1368年即皇帝位，国号大明，年号洪武，是年即为洪武元年。

成立了新的王朝，首先要决定的是建都的地方。朱元璋在这个问题上，曾想就北宋汴梁之旧；应天府（南京）也在考虑之内。所以首先将应天称为南京，汴梁称为北京。洪武元年四月，他曾亲自率兵跑到汴梁视察。就在这时期，大将军徐达攻克了元大都城，在这种新形势下，对于建都地点问题，又作了新的考虑。有人讲关中险固金城天府之国，有人讲洛阳居天下之中，有人说汴梁宋之旧京，漕运方便，还有人说北平元宫室完备，可省民力。朱元璋考虑长安、洛阳、汴梁，是周、秦、汉、魏、唐、宋以来建都之地，建国之初，民生未息，若建都于彼，则重劳民力；北平元旧都亦须更作。而在当时历史条件下，元人势力仍在北方存在，在洪武之初，若继承其旧，似尚不宜，因而未采纳群臣的意见。从后来朱元璋的行动观之，所言节省民力皆为饰词。朱元璋出身于类似雇佣的劳动僧人，因生活所迫，而就食寺院。而在得天下后衣锦还乡之念甚浓。最后决定在他的老家临濠（今安徽凤阳）修建宫殿称中都。朱元璋在修建应天府吴王宫殿时，天下尚未大定，所以力主崇尚节俭。及至得有天下，作为至尊，便置老百姓的负担疾苦不问，在洪武二年，以新王朝之威势，集中了人力物力，派李善长、吴良等人建临濠宫殿。到了洪武八年，中都宫殿行将完成之际，由于遇到种种不利情况，竟然改变初

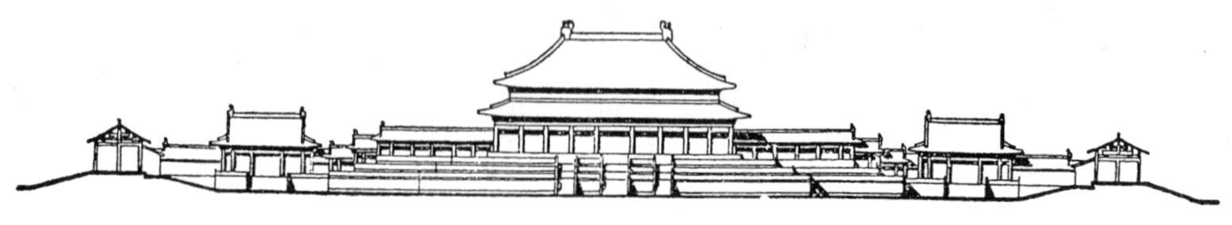

图1　明代奉天殿（太和殿）原状示意图

意，放弃临濠，确定南京为京师。于洪武十一年在旧吴王宫殿基础上扩建。后来将临濠中都一部分宫殿拆毁，在临濠城中建大龙兴寺，以纪念龙兴之地，表达衣锦还乡的意图。

据凤阳新书说：建中都宫阙，御桥在午门之南，中书省大都督府在午门左右，前有千步廊，阙门左右为太庙社稷坛。可以说这座中都宫殿是将几千年来奴隶社会、封建社会帝王宫殿作了概括的总结，制定出一套完备的帝王宫殿建筑群，它是后来南京、北京宫殿的蓝本。这是以李善长、吴良为首的一些人，在总结历史宫殿规模的基础上，设计出比前代更完备的建筑群。明代是封建王朝高度集中的专制政权，在宫殿规划布局上，充分体现出这个意图。临濠宫殿的布局，比以前王朝的宫殿安排得更紧凑。如左祖右社出现在宫门前的左右，都督府中书省政权机构，则在皇城正门前的左右，这均为以前所少见的、高度集中的宫殿布局。现在中都宫殿虽仅存遗址，踏寻其间，它的原来布局，还都一一可指，旧状犹存，复原在图纸上，能够万无一误（图2）。据明太宗实录载：在新建北京宫殿时，是仿照南京宫殿布局，而弘敞过之。由于南京为正式京师，临濠中都，早失去旧日与南京并称两都地位，而且中都宫殿大都拆毁，南京宫殿布局大体因循中都之旧，但地理环境不同，同时由于兴建中都时，是集中全国力量，极其考究。洪武八年停中都工程，随后转向经营南京，则已感到人力物力的不足。通过南京现存的午门，大朝门遗址而论，小于北京，更低于凤阳（图3~5）。中都紫禁城内三大殿旧台之

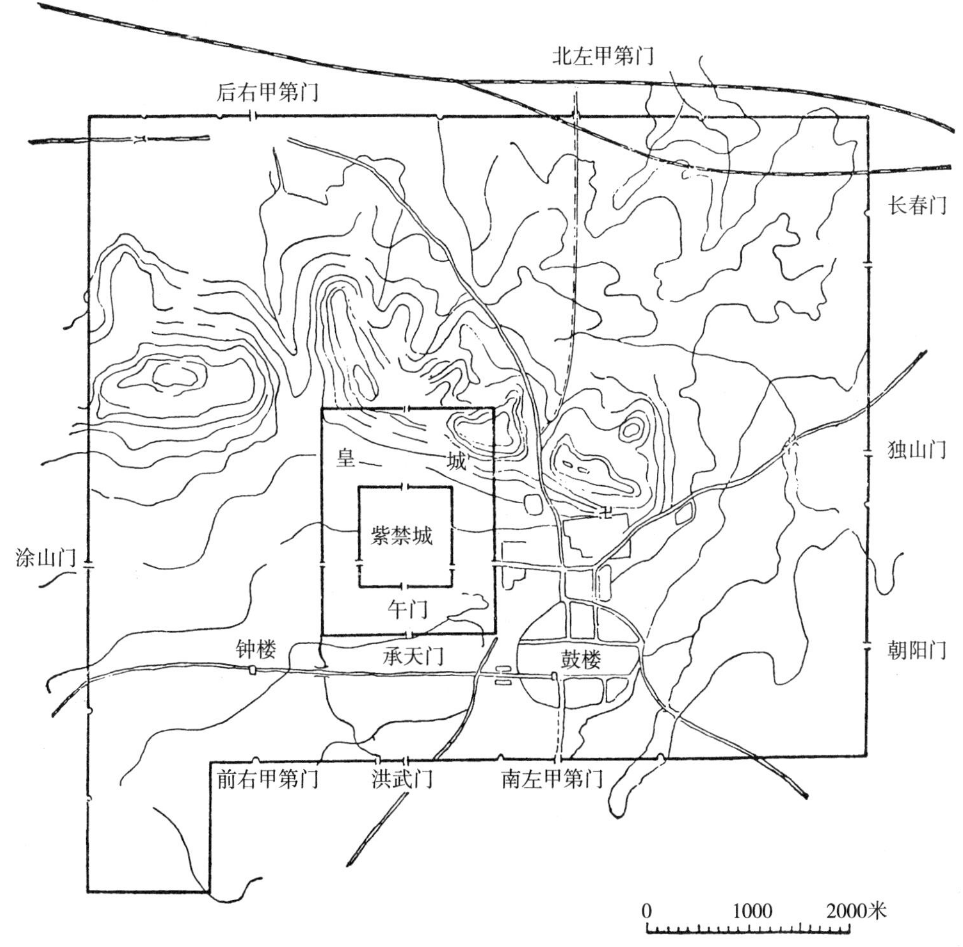

图2　凤阳明中都城遗址图

下还留有蟠龙石柱础，见方为二七〇厘米，现在北京故宫太和殿柱础石见方为一六〇厘米，中都午门的须弥座，上厢的石雕在现存的正门洞不计算在内，两观还有485米雕石，而南京、北京则均为素面白玉石、全无雕刻。中都石雕刻图案，并不象北京都以龙凤为题材，而是丰富多彩的，有龙、凤、方胜、麒麟、双狮、梅花鹿、牡丹、荷花、西番莲以及各种花卉之类，这些石雕手法有很多宋、元风格。中都宫殿琉璃瓦除黄色外，还有蓝、绿、天青、粉红各色，瓦当图案有黄龙盘舞，彩凤在蓝天下飞翔，比北京故宫遗物，显得活泼生动。明代是封建专制高度集权的王朝，时代愈往后，表现愈突出，以琉璃砖瓦和石刻图案为例，到永乐朝，龙凤已成为固定单调题材，屋面覆盖瓦件则黄色为至尊，甚至黄色定为皇帝所独有。关于彩画题材也是这样，明代初期彩画还大量用旋子，中期只在小殿值房使用，正式大殿，则都用龙凤和玺。我们在1959年维修太和殿东朝房时，发现一块前窗榻板是明代初年宫殿被焚时，未完全烧毁的大殿堂额坊一个断面，改为榻板之用，所绘彩画是集中用金的旋子图案。（凤阳中都资料为王剑英同志提示）

图3　凤阳宫殿午门残迹

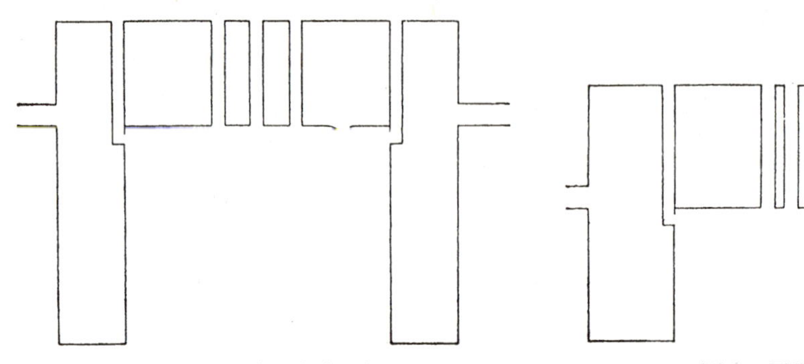
图4　北京宫殿午门平面

图5　凤阳中都午门平面

二、故宫的中轴线问题

洪武元年八月大将军徐达、指挥华云龙，攻破元大都，改名北平府，同时对大都城区范围进行经理。据文献记载，南北取径直一千八百九十五丈，就是将北面缩短近五华里，即今之德胜门、安定门以北至现在残存的元代土城一带。当日朱元璋封第四子朱棣为燕王，以元大内西部宫殿为燕王府所在地。此地区在元代为太子宫，名隆福宫。按元朝宫殿原分为三区，以太液池广寒殿为中心，其西即隆福寺与兴圣宫等，太液池之东，即今之故宫所在，这本无可置疑。但多年来，却出现一个争执问题，即明代建造现在故宫地点，是在元代旧宫之东里许，还是在元大内老地方。这个问题，起源于几种文献资料，如明太宗实录、明末孙承泽春明梦馀录，还有其他辗转传抄的书籍，均有永乐时所建宫殿在旧宫里许之说，其源同出于实录，而实录所记并不错。按朱棣的燕王府本是元宫的西内，在洪武三十一年朱元璋死后，其长孙朱允炆继位，诸叔王都不服，燕王朱棣动了干戈，结果朱棣战胜，抢了朱允炆的皇位。朱棣在南京登上了宝座后，把旧北平府升为北京，将原燕王府加以扩充改建，大体如南京之制，冠以奉天门奉天殿的匾额等。到决定在北京新建宫殿时，文献记载去旧宫里许，本来是对的，由于有人误解旧宫是指元宫殿东部大内，这样就出现了现在故宫不在元宫旧址上，而在旧址之东，与此同时也牵涉了整个北京都市规划中轴线问题。文献所称，在旧宫里许，是指着朱棣改变西宫的旧宫，不是指的元代的东部大内。若真的去元代东部大内宫殿里许，则现在故宫应在东四牌楼一带。我们从现在维修故宫工程中，时常在地下发现元代宫殿瓦件、石条，如元宫浴室下层基础的石板、石池、穿管洞口等。又如元代宫城角楼，曾有两座移建在紫禁城护城北岸大高玄殿前面作为习礼亭之用。在1959年因扩建街道时拆除其木梁材料移至月坛存储，在其正脊檩垫枋上，刻有元宫殿额名，惜当日拓本不存，不能引以为证。以文献解释从地下出现的建筑材料，虽可证实明宫所在即元大内的旧址，因而明代都城的中轴线，亦即元大都之中轴线，但还缺乏科学钻探的资料加以证明。

1964年中国科学院考古所进行考古工作。按旧传说的说法，元代大都中轴线，应在旧鼓楼大街越过什刹海，通过地安门以西的油漆作，米粮库内宫等胡同，景山西门至琼岛东门陟山门。在这条线上按东西向排探沟，以寻找南北向的中轴线大街，曾探了六条探卡，但均未发现元代路基土。然后又往东移，在今地安门南大街进行钻探，在景山北墙外探出南北大街路基，在景山寿皇殿前探出大型建筑物基址，证实所发现的大街路基，就是元大都中轴大街，而与今天地安门南北大街是重叠的。寿皇殿前的基址，是元宫北门厚载门的基址，这完全可以否定传说的说法，即元大都中轴线是旧鼓楼大街。三十年前我写北京明清故宫一文，曾经与刘敦桢先生讨论过明故宫东移说，当时虽也认识到太宗实录所谓新建宫殿去旧宫里许，指的是改建中的燕府，这只是解释文献，无科学依据。过去清华大学教授赵正之，一直推论中轴线即元代的中轴线。现在有了考古资料，证实赵教授的推论是正确的。现在将考古研究所徐苹芳同志所提示的资料附录于后：

在1964年开始钻探时首先按传统说法，从旧鼓楼大街向南越过什刹海，在今地安门内以西油漆作、米粮库恭俭胡同（旧名内宫监）一带，在景山西门内至陟山门大街一带，按东西向排探，以寻找南北向的中轴大街，由北向南探了六道探卡，但均未发现元代路土。当时我并未带着主观成分去钻探，然而这六道探卡均不见元代路土，绝非偶然，只能说这条中轴线是不存在的。

然后又在今地安门大街南一线进行钻探，在今景山门北墙外探出东西宽约28米，南北大街一段。在景山公园内寿皇殿（今少年宫）前，探得一大型建筑物的夯土基址，又在其稍南景山北麓下，探得南北大街的路土。因此可以肯定，这条南北大街就是元大都的中轴大街，它与今地安门内大街是重叠的。寿皇殿前的大型建筑基址，则是元大都宫城的北门（厚载门）的基址，就是根据这个结果，否定传统说法——以旧鼓楼大街为中轴。

另外，元大都丽正门的位置，应是确定其中轴线最有力的证据。开拓天安门广场和建人民大会堂时均未做工作，后来也不可能补作了。可是中山公园五色土前的古柏林，恐非永乐后所植，如是元代所植，正好证明此线不是元大都的中轴所在。至于传统说法，不过是根据春明梦馀录诸书所述而推断的，其错误是把燕王府误认为元大都内。

三、元大内宫殿拆毁时间

明代在洪武元年八月攻克元大都城，随即废大都之称，改名北平府，封其第四子朱棣为燕王驻北平府。朱元璋曾规定诸子王府建造制度，独燕王是允许利用元代宫殿，当日是用元宫殿的西内，即兴圣、隆福等宫苑，这事并写在朱元璋生前训示中，后来名为祖训录，其中有营缮一条，对王府建造说“凡诸王宫室并依已定规格起造，不许犯分，燕因元之旧有，若子孙繁盛，小院宫室任从起造”，燕府所利用者即为元代西内。但从明代以来即传说洪武元年攻克大都后即将元宫殿拆毁，则所拆毁者，当然为太液池以东的大内，明代人的记述，也是这个地区宫殿，这样则燕府为西内宫殿更无可置疑。但元代大内宫殿是否在洪武元年攻破大都时即行拆掉，在历史上也是一个悬案。查记录拆毁元大内宫殿，人们所根据的较早的文献，是明初萧洵所写的《故宫遗录》，审此书的内容似是一篇游元故宫的游记，书中并无拆毁的话，这本书既无著作年代和书名，也没有自序和题跋，只是旁人给做了两篇序，一个是洪武二十九年吴伯节的序，序中说萧洵任工部郎中奉命随大臣至北平毁元旧都。吴序只是说毁元旧都，也没明确是元大都的宫殿。吴伯节作序时，朱棣已将北京故宫建成了十余年。第二篇序作者赵琦美，是在明末万历四十四年写的，和洪武元年相隔了二百三十七年，而赵琦美序中则明确地说“毁元氏宫殿卢陵工部萧洵实从事焉”，赵琦美的话只能根据传说而写的。第一篇序的时间还在洪武年间，原序说毁元旧都这个说法还是对的。

根据明太祖实录在洪武元年攻克元大都后，曾命大将军徐达、指挥华云龙经理元大都，当时徐达等是这样经理的：新筑城垣南北取径直一千八百几十丈，把元旧城北面往南缩近约五里，现在安定门外的土城遗址，即元代大都北面城墙的旧基。新中国成立后在西直门箭楼下拆出元代和义门，即元大都的西墙，考古所同志在东直门角楼下发掘出元代东城石桥。徐达、华云龙在洪武元年新的规划情况都有遗址可寻，这即是故宫遗录中第一篇中所说毁元旧都的情况，也是徐达等经理元旧都的情况。到永乐时营建新北京，又把北京南城向南拓出三千七百余丈，这个局面一直保留到1949年新中国成立前。过去提出毁元故宫的话，不是萧洵，始作俑者是明万历年间赵琦美的序。由此更怀疑故宫遗录这个书名，也不是萧洵自己所定而是他人所题者。洪武元年并未拆毁元大内宫殿，只是经理元大都，而在洪武二年朱元璋召集群臣讨论建都地点时，还有人一度拟议在北平，并说北平元代宫室完备，若已在洪武元年拆毁了，则何完备之有！从这里可以看出，元大内宫殿的拆毁，应当在洪武二年确定中都之后。至于太液池区和西内，除部分小变外，大体元代旧状一直保存到明末清初未变。

根据有关资料，在洪武二年之后，元大内宫室逐渐荒芜。如洪武五年（1372年）有曾在北平做过官的宋讷，在他的西隐文稿中，有过元故宫诗：“郁葱佳气散无踪，宫外行人认九重，一曲歌残羽衣舞，五更妆罢景阳宫”。这首诗说明在宫外还能辨认九重，回忆旧况可见在当时元大内并未成废墟。再有一个叫刘崧的人，在北平做过按察使的官，时间是洪武三年至洪武十三年间。刘崧对元宫有“宫楼粉暗女垣欹，禁苑尘飞辇路移”的诗句，这个景象是说宫殿上彩画已经黑暗了，宫城上的女墙也有的歪斜了，这都是说明元大内在洪武元年未拆毁。朱元璋兴建中都时，人力物力耗量极大，拆元宫殿修建南京宫殿，事亦有可能，如果真的话，时间应在洪武十一年之前，因之现在假定明初拆毁元大内宫殿时间的幅度，是洪武三年至十三年，至于彻底拆除，可推到永乐四年筹建北京皇宫时。

四、清代改变明宫对称格局

明永乐初兴建北京宫殿，它的整体规划布局没有全面蓝图存在，只是在实录、会典各书中得知大概，而上述各书所记载也是重于三殿两宫和东西六宫。多年来我们曾根据多种文献包括官修书和私人笔记，作了排此，而所得的结果，都是明嘉靖，万历两朝的材料。这两朝皇帝在位日久，建筑活动较繁，如嘉靖时重建三殿，万历重建两宫，则是皇宫中中轴线地区工程中之大者。因为中轴线宫殿都是象征政权的建筑。至于中轴线以外东、西两路变动实多，因无永乐时代的原样可以参比，寻其究竟。同时又由于明代北京皇宫建筑群也不是永乐一朝建设完备，见于明代实录中的记载，在正统年间还在经营。今日考订明代宫殿全部布局，实际是明末万历天启的格局。我们研讨明、清皇宫建筑之变化亦只能以这个时期状况来对比。清代继续使用明代宫殿，在中轴线上的建筑，其位置布局，一如明代后期一样，都是重建复原。在个别殿堂外形上虽有改作，其位置和布局则均未变。但是在习称外东路、外西路建筑物的变化，具有改变中国传统的左右对称的格局，和削弱艺术性的变动，如外东路的宁寿宫一带建筑、外西路寿康宫等建筑，均为清代乾隆朝时改变明宫布局的新建筑。

我国古代建筑，在多座单体建筑组合成为建筑群时，习惯是左右对称，如故宫外朝内廷宫殿，都是严肃地保持对称，三大殿左右有造型相同的文楼武楼和相对的门廊。门的名称也采用相对的，如左翼门、右翼门；中左门、中右门……内廷也是一样，如东西相对的日精门、月华门、龙光门、凤彩门等等。东西六宫的格局也是左右对称。屋面的形式也严守相同规格，这都能在现状平面上表现出采。内廷之后的东、西，有乾东五所、乾西五所，现在从平面图上反映出，西六宫将储秀门拆去改建一座穿堂殿名为体和殿，因而翊坤宫与储秀宫相连，拆去长春门改建体元殿，因而长春宫与太极殿相连。乾西五所只有第五所存在，前者是清朝居住养心殿，毗连西六宫为了游幸的方便，将翊坤门改成穿堂殿，储秀门改成穿堂殿，东六宫的锺粹门则加盖垂花门，这都是清代皇帝对于原来明代所建成的传统对称的无知。乾东、西五所在乾隆时，将西五所完全破坏，和东五所已不对称，在平面图上东五所已成单调的一边。在明代修建之初，东、西五所是专为皇子皇孙居住之处，与东西六宫以处妃嫔相同，所以乾东五所大门额题千婴门，西五所题为百子门。乾隆帝为皇子时居住乾西五所的头二所，继承皇位后，不愿其子孙再居此所以防止借其发祥之地而产生觊觎大宝之心，招致诸皇子争夺帝位的矛盾，这是弘历鉴于其父雍正为皇子时，与其叔伯为争立太子，骨肉相残的教训。因此改头二所为重华宫、崇敬殿，为其憩游之地。西四五所改为西花园，遂将东西五所左右对称之格局破坏。此外太和殿、保和殿的左右斜廊改为斜墙，太和殿左右朝房后檐，改为封护檐，这是清代康熙年间事。清代工部黄册在康熙十一年还有修理斜廊工程，康熙十八年太和殿为火所烧，康熙三十四年修成，斜廊才改成斜墙，这样将廊庑相连玲珑秀丽的造型，变为呆板的山墙，艺术为之减色。但他的好处，一面可以防止火灾连成一片，明代几次大火，都是周围廊屋一时俱烬。太和殿原为九间，廊子改成山墙，东西屋头，各多一小间，清代谓之夹室。

我们现在所见的故宫，是经过清代改建过的建筑。至于明代故宫原状，我们只能从史料和现存实物进行考证复原了。

山海关和附近的万里长城

罗　哲　文

横亘我国北方、东西长达一万二千七百多里的长城线上，遍布着许多座雄关隘口，它们是昔日万里长城的重要防守据点。这里关城坚固，长城雄伟，文物古建筑非常丰富。1961 年由国务院公布的有关长城的全国重点文物保护单位三处，山海关即是其中之一处。其余二处为居庸关八达岭（图 1）和嘉峪关（图 2）。

图 1　万里长城居庸关八达岭长城敌台

图 2　万里长城嘉峪关关城全景

一、秦皇岛山海关的历史

山海关在河北省北部秦皇岛市的东北，与辽宁接壤，为明代万里长城东部的一个重要关口。秦皇岛山海关有悠久的历史，据文献记载，这里商代属孤竹，周属燕，秦属辽西郡，汉属卢绾，后又属阳乐，建安十年（公元206年）曹操置卢龙郡，属卢龙，晋属营邱郡，北魏属乐浪郡，隋炀帝大业十年（公元614年）置北平郡，有长城、关官，有临渝宫；唐代属临渝县，辽代为迁民县，金、元两代这里改属迁民镇。

明洪武十四年（公元1381年）魏国公徐达在这里创建关城，设立卫所之后，始改名为山海关。清乾隆二年（公元1737年）在这里设置了临渝县，山海关的关城便成了临渝县的县城。

山海关处于渤海湾的尽头，与秦皇岛相连，自古以来就是一处海湾良港，海山壮丽，景色佳美。

秦皇岛这一名称的由来，是因为秦始皇统一天下之后，于公元前205年曾经到达这里而得名的。

关于碣石的情况，它的地址究竟在那里，古来说法不一。据《史记·孟子·荀卿列传》上记载：驺衍“如燕，昭王拥彗先驱，请列弟子之座而受业，筑碣石宫，身亲往师之，作主运。”按驺衍为当时著名的海上方士，传习入海寻仙之术，碣石宫当在海边的碣石旁边。《史记·天官书》上记载：“中国山川，东北流，其维首在陇蜀，尾没于勃碣”。《汉书·天文志》上更明确指出：“尾没于渤海碣石”。所指的山当即是从北京东北伸展绵延于山海关的燕山山脉。即是《史记·夏本纪》所说的“太行常山至于碣石，入于海”的地方，也即是秦始皇所至的碣石。秦始皇到这里刻下了《碣石门辞》以纪其功。汉武帝在其击败匈奴、全国统治进一步巩固时候，也到渤海碣石筑台纪功。《汉书·武帝纪》上记载：“元封元年（公元前110年）……登封泰山，自泰山复东巡海上，至碣石”，《封禅书》上也记载：“方士更言蓬莱诸神，……望冀遇蓬莱焉，……并海上，北至碣石”。这里所说的北至碣石，当即是自东海沿岸北巡至渤海的碣石。与燕昭王所筑碣石宫、秦始皇所至的碣石同为一地。东汉时曹操于建安十二年（公元207年）在东征乌桓之后也来到了碣石，并写下了有名的《步出东门行》（也称作《碣石篇》）。

从燕昭、秦皇、汉武所至的碣石到魏武所临碣石同为一地，三、四百年间渤海碣石依然屹立海边。

但是自此以后，渤海碣石的地点就无迹可寻，难以查考了。根据北魏郦道元《水经注》记载：“碣石在辽西絫县，……今枕海有石，……往往而见立于巨海之中，潮水大至则隐，及潮波退，不动不没，不知深浅。……昔在汉世，海水波瀼吞食地广，当同碣石苞沦洪波也。”看来郦道元确实没有找到碣石所在。

根据燕赵、秦皇、汉武时期派人入海寻找神山灵药入海的条件分析，在渤海湾中比较适合的地方，我认为就在现在的秦皇岛上。有人曾说是今秦皇岛西南的昌黎大碣石山，这一说法按秦皇汉武所至的碣石均非大山，而且为入海之处，与今天的昌黎大山很难接近。据上面所引秦皇、汉武、曹操东临碣石，以观沧海的地点，必然是在大海之滨，突出海中的岛石上，绝不会在距海很远的大山之上。又据《水经》上记载：碣石山在辽西临渝县南水中，按临渝即是因临近渝水而得名，古渝水即今山海关旁的石河。秦皇岛正是古渝水之南伸入海中的一个长岛。秦始皇派方士入海寻找海中的神山，访仙求药从这里上船出发，正是一个适合的地方。然后在这附近的巨石上刻了《碣石门辞》以颂功德，是完全可能的。以后年久变化，石倒辞毁，遗迹难寻。所以，渤海碣石的所在，当在现在的秦皇岛上。

二、山海关关城的布局与建筑

关城、隘口是长城线上的据点，它与长城总的布局是分不开的。绵延万里的长城是一个防御网的体系，它不仅首先要起着阻挡来犯者的作用，而且要与周围的防御力量，防御工事，军事和政权机构（郡、县、卫等）密切联系以至与王朝的首都联系起来。长城线上设置了许多较大的军事和行政辖区，秦始皇时沿长城设了十二郡，明朝采取了在长城线上列镇屯兵的办法，每镇设总兵分区管辖长城的防守任务。明长城东起鸭绿江，西抵嘉峪关全长一万二千七百多里，共分九镇：辽东镇、蓟镇、宣府镇、大同镇、太原镇、延绥镇、宁夏镇、固原镇、甘肃镇。每镇管辖几百里至两千里长度不等的长城、关城、隘口和城堡墩台。山海关是明长城东段的一座重要关口，属于九镇之一的蓟镇管辖。到了明朝末年，东北女真强大之后，辽东镇长城大部属于女真管辖范围，山海关的地位更为重要了。

长城的布局是层层设防的，重要的地段有好几道城墙，有的地方多至二十几道城墙，每道城墙都有关口。关口也是层层设防，如北京居庸关，关城居中，关外又有上关、八达岭、岔道城等几道防线，居庸关内还有下口（即今南口），如居庸关失守还可退守南口。

山海关的布局是利用山海地形相宜布置的，是一组由关城、翼城和前哨城堡、墩台与长城共同组成一组防御工程体系（图3）。

山海关北倚燕山、南濒大海，是从东北地区进入华北平原的要道。关城即设在海山之间的道口上。关城平面作不规则的四方形，周围八里一百三十七步四尺，并有宽五丈、深二丈五尺的护城河围绕。城墙高四丈一尺，厚二丈，有东、南、西、北四个关门：东门曰“镇东”（即“天下第一关”门）；西门曰“迎恩”；南门曰“望洋”；北门曰“威远”。在关城的东、西两头又筑有东、西罗城以为前后卫（图4）。万里长城从关城两侧伸展，南面长城一直伸入大海之中，北侧长城直上燕山。在南北两侧长城的内侧，距关城不远的地方又有南翼城、北翼城各一，以为屯兵之所，南北拱卫。在关城的东门外，又有许多城堡、墩台作为前哨，现在东门外的卫城“威远城”的遗址和八里堡墩台（烽火台）的遗址依然保存着。这些城堡、墩台、翼城与山海关城一起共同组成一个完整的防御工事。

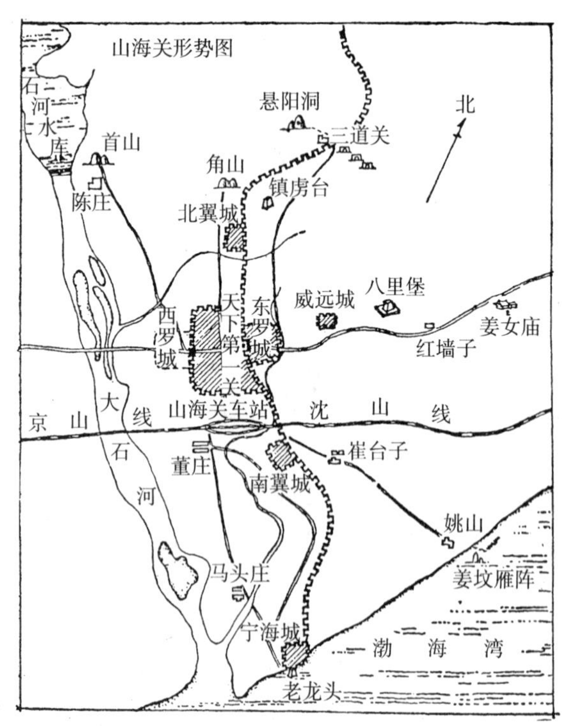

图3　山海关形势图

“天下第一关”城楼（图5）建于高大

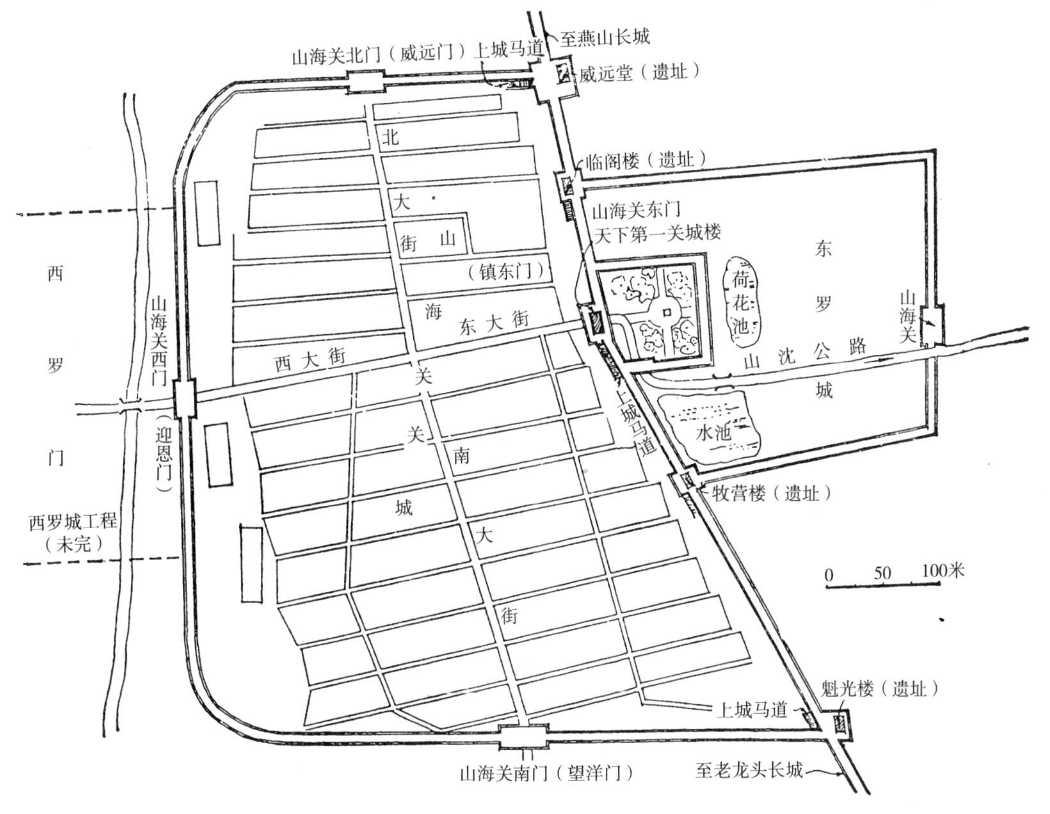

图4　山海关关城平面图

的城台之上，台下有砖砌券洞通向关外，券门之内原设有闸门按时开启。门外又有方形瓮城一圈以增强关门的防御能力（图6）。城楼为一座三间两层，歇山顶建筑。据记载城楼高三丈，下层宽六丈、上层宽五丈，与现存结构基本一致。城楼屋顶用灰色筒、板瓦仰复铺盖，脊上安设吻兽。城楼东、南、北三面共开有箭窗68个，有如箭楼的形式，更显示出天下雄关城楼的凛然气概。登上第一关城楼北望，长城从角山盘旋而上，有如长龙蜿蜒在崇山峻岭之间，南望长城直奔渤海之中，景色十分雄伟壮丽。明朝人曾用了“幽蓟东来第一关，襟连沧海枕青山”、“万顷洪波观不尽，千寻绝壁画应难”等诗句来描写山海关的气势。

城楼上所县挂的“天下第一关”匾额，笔力雄浑，书法猷劲（图7）。过去曾被讹传为严嵩所书，其实书写的人是明朝成化八年（公元1472年）进士、本地人萧显所书。现在楼下所藏是原匾，楼上所藏是光绪八年（公元1882年）所摹刻，楼外所悬则是1924年所摹刻的。

罗城是用来加强关门的防御作用的。东罗城在东门外，建于明万历十二年（公元1584年）。城墙高二丈三尺四寸，周围五百四十七丈四尺。东、南、北三面环绕护城河，有东、南、北三个门，并有水门两个，角楼两个，敌楼七个。现在东门门洞上刻有“山海关”三字的匾额还是明代原物。西罗城在西门外，这是没有完的工程，明崇祯十六年（公元1643年）开工，不到一年，明朝就灭亡了，所以只修了一个西门，城墙、城楼和护城河等均未修建。

南翼城在山海关关城南侧二里长城城墙之内，南水关的南面。城墙高二丈有奇，周围三百七十七丈四尺九寸，有南、北二门。北翼城在关城北侧二里长城城墙之内，北水关以北，与南翼城相对称，形制大小也相同。这两座翼城都是明朝末年巡抚杨嗣昌所经建，用来屯兵加强山

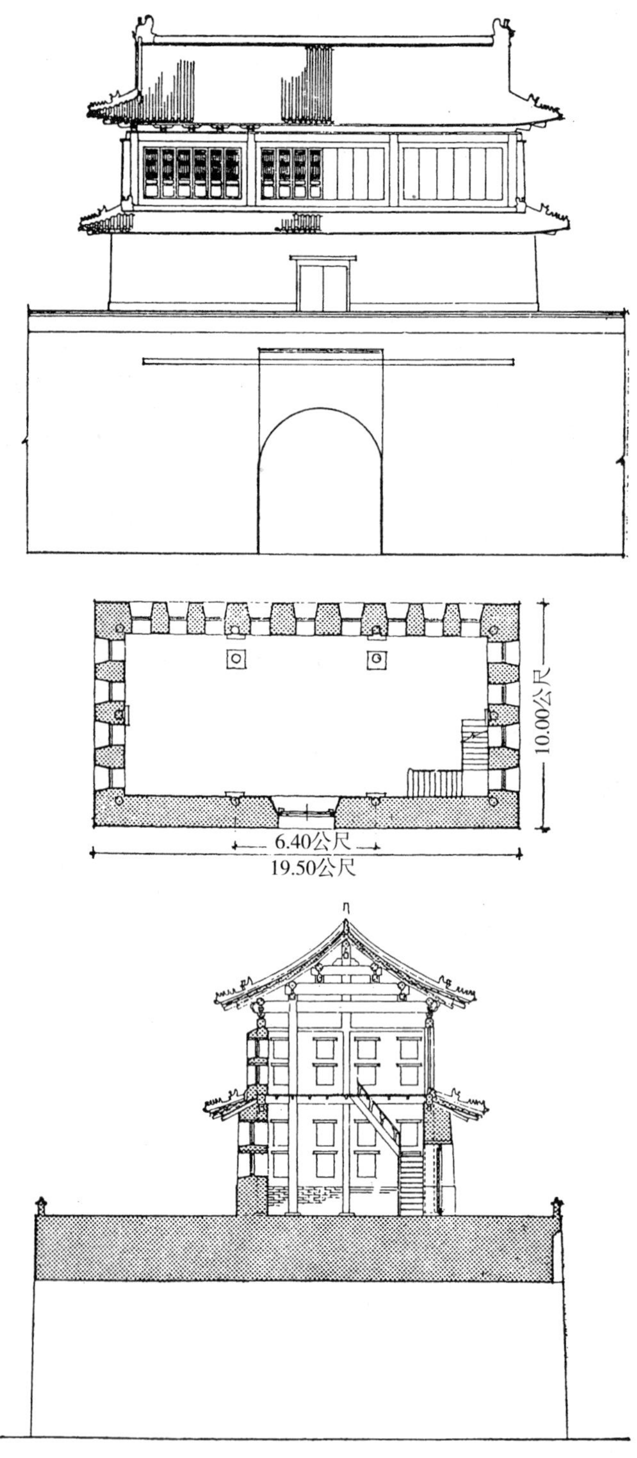

图5　山海关城楼立面、平面、剖面图

海关的防卫的。

在“天下第一关”城楼南北两侧的城墙上，原来还有一些楼、堂等建筑。在关城东南隅的叫奎光楼，明洪武时建，嘉靖、万历时重修，是用来供设奎星神像之用的。在关城东北

图6　山海关

图7　山海关牌匾

隅的叫威远堂，原来也是徐达修建奎光楼时同时规划的，一南一北，以之文武相对。但因徐达不久就返回京师，未能修建。到嘉靖四十四年（公元1565年）兵部主事孙应元巡驻山海关时才又在原来旧址上重修起来。此两处楼、堂建筑已毁，遗址尚存。

在关城东侧城墙上与东罗城相交的地方，还有两座楼，北面的叫临闾楼，南侧的叫牧营楼，建于明万历十二年（公元1584年），是用来屯兵设防的地方。

从山海关东门往南，长城伸展八里，直入海中，犹如从燕山奔下的长龙，龙头伸入海中，所以这一处长城被称之为“老龙头”。在老龙头北有一座濒海的城堡叫做宁海城。据记载城周一里有奇，高二丈有奇，西、北二面开门，明朝末年巡抚杨嗣昌经建，在这里开设龙武营屯兵。原来在城上有观海亭，以后改建为澄海楼。伸入海中的长城，城台敌楼非常坚固雄伟。这一伸入海中长城是抗倭名将戚继光所修建的。陈天植《重修澄海楼记》上说：“长城之稍，瓮石为垒，高可三丈，长且数倍，曰老龙头。此则明故将戚继光所筑。”老龙头的基础伸入海中，工程非常艰巨，相传以铁为固。清顺治澄海楼记中说：“山海关澄海楼，旧所谓关城堡也，直峙海中，城根皆以铁釜为基，过其下者复釜历历在目”。澄海楼高三丈，广二丈六尺，深丈有八尺，与长城和墩台一起，雄峙海中，极为壮观。

山海关长城是北齐时开始修筑的。在北齐以前，燕、秦和汉代长城均远在山海关的东北。据历史记载，北齐天宝年间（公元550—559年）从河西总秦戍（山西大同西北）筑长城，东

图 8　山海关角山长城、敌台

止于渤海，即今山海关附近，共长三千多里。以后北周又从雁门关修筑长城和亭障到碣石（今山海关附近）。但现存山海关长城则是明洪武十四年（公元 1381 年）开始修筑的，经过了二百多年，直到明崇祯时还在不断修筑。山海关长城的城墙大部分用砖石砌筑，内填碎石黄土，外包以砖石。也有一些地段的长城全部用石块砌成。城墙平均高七米左右，有些地方的城墙高达十四米。

自“天下第一关”城楼的北侧，长城向北伸展，约五里抵达燕山山麓，长城沿着陡峭的山脊盘旋而上，城台、敌楼林立。城墙内侧有一山名角山，因此称此处为角山长城（图 8）。

在角山长城外侧的东面山头上，有一烽火台名叫“镇虏”（图 9），台的下部为一实体台子，无门窗，上部建楼橹，四周有垛口，是专为作战和瞭望之用的。作战时，用绳梯，软梯将士卒系上台去，把梯子撤除吊上去，现在台顶上的石门下尚有两根伸出的石条，即是当时用软梯上人之用的。台的结构下部基础用条石数层砌平后，用块石砌成高台，然后用砖砌上半部，台的基础四方形，东西 7.6 米，南北 8.5 米。台的石砌部分 3.7 米，砖砌部分 1.43 米，垛口高 1.54 米。楼橹已经残坏。现存台高连条石基础 1.05 米在内共计 7.72 米，若加上楼橹共约 10 米的高度。现在保存尚好，台顶还有“镇虏台”的石匾。

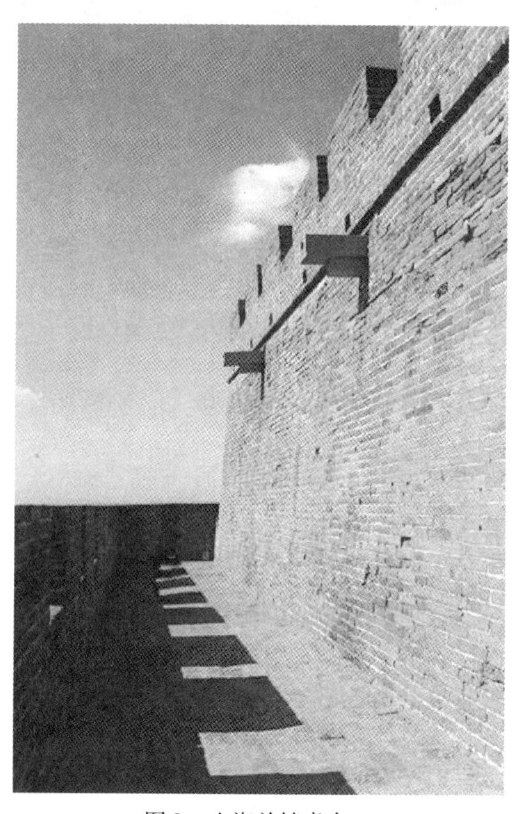

图 9　山海关镇虏台

据《临榆县志》记载，山海关长城之有敌台，始自明代中期以后。屹立在老龙头海水牛的一号台“靖虏台”和旱门关外这一座“镇虏台”，均是嘉靖四十四年（公元 1565 年）兵部主事孙应元创建，其时并无专名，这两个台的名称是隆庆四年（公元 1570 年）戚继光在大量修筑敌台时改为现名的。

山海关附近的墩台共有两类，一种是骑墙墩台，称之为敌台；一种是在城墙内外高峰之上旷野之中的单独墩台，称为烽火台。它们的形状有方形的，也有圆形的，以方形的为多。

烽火台也称作墩台、烟墩、烽台、烽燧、亭、燧、墩堠、烽堠、狼烟台等等，是一种专门用来传递军情的通信工具。烽火台在商、周时期就已经有了，汉代称作亭、燧，有时亭燧并称。

唐、宋时期称作烽台，明朝称作烟墩、墩台。传递军情的方法是白天燃烟，夜间举火，利用烽火、烟气来报告军情。据记载：汉朝的烽火台的形式是在台子之上竖立一今高架子，上面挂一个笼子，笼子内装着干柴枯草，如果发现敌人来犯，夜间放火叫做“烽”。在台子上有燃烟的灶，白天燃烟叫做“燧”，所以叫做烽燧。这种烽燧制度，自从敦煌、居延的烽燧遗址中发现大量记载烽燧情况的汉简之后，已经比较清楚了。

跨墙墩台也称敌台（图10、图11），这种台子是长城城墙上的建筑。长城城墙上有两种台子，一种叫墙台，它只是突出于城墙外面，台顶与城墙顶上平行，没有高出墙上，是士卒巡逻和便于射击敌人的工事。墙台上也有遮风避雨的简单房屋，这种房屋称之为“铺”，在八达岭城墙上还有“铺”的遗址。另一种就是敌台，敌台高出于城墙之上，可以供守卫长城戍卒居住和储存粮草、武器。这种跨墙敌台，是在明朝时候才大量发展起来的。因为明长城东段大部改用砖石砌筑之后，在结构上才提供了建造跨墙墩台的有利条件。明以前的长城以土筑，块石垒砌，墙面的宽度不大，土和块石也很难砌筑高起墙上的台子。据《明史·戚继光传》记载，这种跨墙敌台是戚继光任蓟镇总兵时大量修筑的。

图10　长城转角处之敌台

图11　九门口长城

在戚继光的《练兵实纪杂记》中，详细地记载了敌台的规模和作用：

“其制：高三、四丈不等，周围阔十二丈，有十七、八丈不等者。凡冲处数十步或一百步一台，缓处或百四、五十步或二百余步不等者为一台。两台相应，左右相救，骑墙而立。造台法：下筑基与边墙平，外出一丈四五尺有余，内出五尺有余，中层空豁，四面箭窗。上建楼橹，环以垛口。内卫战卒，下发火炮，外击敌人。敌矢不能及，敌骑不敢近。”

根据对角山和大甸子两处敌台的实地测绘，基本上都和记载相符。

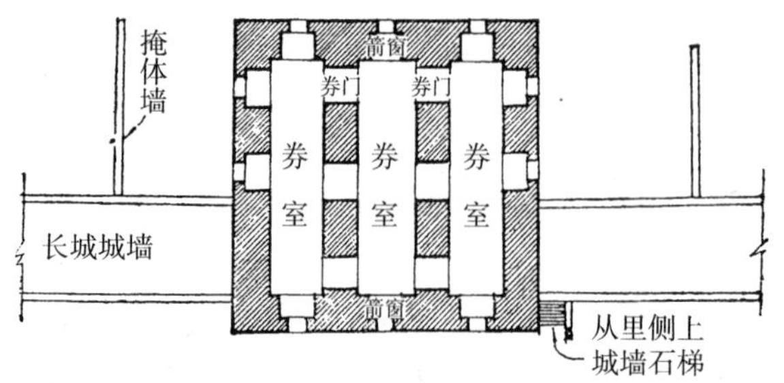

图12　山海关角山敌台平面图

角山敌台位于角山长城之上，跨墙而建，平面作正方形，东西10.40米，南北10.20米（图12）。这里的长城因处高山之脊，宽度已经减少，连内侧女墙和外侧垛口共宽3.36米，墙顶净宽2.78米。敌台凸出里侧仅一米余，有台阶六步从里侧登上墙顶。这种用台阶直接登上城墙的方法较之八达岭一带用石券门登上墙顶的方法更为简洁。而长城外侧，为了作战的需要，敌台凸出较多计达5米余，并有箭窗二个，正对长城外侧墙壁壁面，若有登城敌人即可从此射击。敌台内部用砖发券室三道，当中一道宽1.9米，两侧各一道，宽1.8米，三道券筒成为三间长屋，总面积为41.2平方米，券室与券室之间各有三道拱门相通，拱门宽1.15米。三道券室加上六道券门的面积总计49.2平方米。若按一人2平方米计算，可住士卒25人。若作战时则可容百人上下。

此台还有一个特点是在台的两侧又设掩体墙各一道，以增加防御的力量，等于又在敌台外加筑了一道防御工事。掩体墙上开了数个圆洞和方孔，可能是安设大炮之类武器的。

敌台的立面呈下大上小的方锥形，基础以平均约35厘米厚的黄条石砌成。随着山脊高低，条石的层数各面不同，以达到找平为度，条石之上全部用砖砌筑。砖的尺寸约在36×20×10厘米左右。

此台的顶部已不存，高度不得而知，但从现存情况看还不是三层敌台，估计应是两层敌台。

大甸子万芝草敌台位于大甸子万芝草（原名蔓子草）大横岭北侧长城之上，雄踞山顶。由于长城到此已在高山，城墙内侧较低，而外侧则利用山险修筑。

台的平面为长方形，方向是依长城的走向和山脊地形而定的。敌台基础面宽11.02米，进深7.80米。这一敌台是一个三层的敌台，下部为一实心台子，中部用砖砌作券室。这种台子的形式与戚继光《练兵实纪》中所记敌台解说“中层空豁，四面箭窗，上建楼橹，环以垛口，内卫战卒”的形式相符合。这种台的形式与结构，更利于作战之用，即是所称之“战台”。此台的中层平面为双层砖壁，正中砌作长方形砖室，四周用砖发券砌成环绕一圈的券道。外壁开箭窗，迎面各三个，对城墙墙面的方向左二右一。箭窗原来均有窗扇，现在还保存有窗扇轴眼和加闩的榫眼。此种敌台的中层空豁部分，高出城墙墙面四、五米，并无梯级上达。我们勘查时是循着后人开凿的小孔上登的。当年是用软梯，绳梯之类将戍卒送上之后，撤去收上，与《通典》拒守法中所说的用屈膝梯上收下乘的方法相似，为的是作战时的需要。从中层的砖砌壁体内，设砖梯上达上层。上层平面亦作长方形，外周砖砌垛口，中部是砖砌空筒式“楼橹”，也即是用以瞭望和作战的高楼（图13）。楼橹的高度现已残坏不全，若按八达岭现在残存的一处敌台楼橹计算约高3米左右。

此台的外观，浑然一体，看不出两层的分界，只能看到中层的箭窗位置，台的基础建立在山顶岩石之上，先用条石五、六层作基，找平后用砖垒砌，从基至箭窗高5.44米，箭窗高1.16米，箭窗至垛口下皮高2.48米，垛口高0.86米，共高9.94米，加上楼橹的高度（以3米计）总计12.94米。合四丈多，与《明史·戚继光传》和戚继光《练兵实纪》中记载的“台高五丈”和“高三、四丈不等”基本符合。

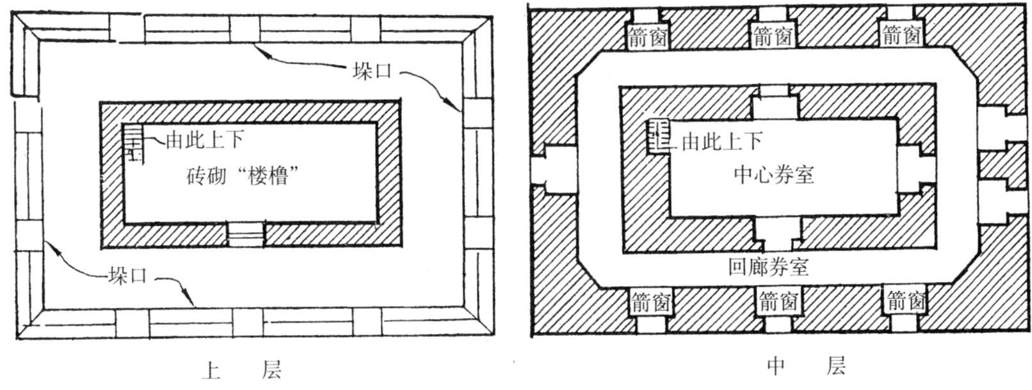

图13　山海关外大甸子敌台（战台）平面图

三、长城城墙结构

山海关长城的城墙结构主要有以砖为主、以石为主、全部石筑和砖石混合四种。

关城城墙，是以砖为主砌筑的。其高度根据地形的情况而不同，平均高10米左右，有的地方高达14米。墙的厚度下基约厚15米，顶宽12.34米（据天下第一关城楼北侧一段）。墙顶内砌宇墙（亦称女儿墙）高1.1米，厚0.42米。外砌垛口，高1.6米，厚0.42米。宇墙和垛口外侧均有挑出5厘米的线脚。垛口上有了望洞，下有射孔。城墙墙面宽11.40米，用砖三、四层铺砌。城墙的基础做法先刨槽夯实，然后砌数层条石，找平之后即用大块城砖垒砌，城砖的尺寸为38×20×10厘米左右，因城砖来自各处窑厂，尺寸不十分准确，但也相差不多。墙身砌法是先砌五、六层砖的外帮（外壳），然后填厢夯土，层层砌砖，层层夯实，直到结顶铺砖。城墙外皮砖，每砖内收一厘米左右，墙身有显著的收分，使之更为安稳坚固。

角山长城城墙也是以砖为主砌筑的，砌法与关城城墙相同。其高度随地势而不同，平均在7米左右。墙顶宽度也随地形而变化，平均宽4米左右，平缓之处较宽、陡峭处较狭。城墙里侧较为低矮，有石梯可上下，墙顶外侧较高。有的地方利用悬崖，城墙本身不甚高，但已足够防御之用了。

三道关长城是全部用块石垒砌的城墙，形制与砖城相似，墙顶较砖墙为狭。金牛洞也是石城墙。

大甸子万芝草大横岭的长城城墙，是以石为主的砖石混合结构。绝大部分用石砌筑，只是垛口、宇墙用砖，有的地段则全部用石。这一段石砌城墙的砌法与八达岭不同，八达岭是用条石砌墙身，砖铺墙顶和宇墙垛口，而这里长城用不规则的大块石砌筑。城墙外壁用块石砌筑整齐，墙身内部填厢碎石，墙顶用片石铺砌。在大横岭山下的石筑长城特别宽大，墙顶宽达7~8米，较之八达岭长城顶的宽度，宽2米左右。宇墙、垛口也用块石砌筑，其厚度60厘米，也较之砖砌宇墙、垛口厚20厘米左右。这段石墙沿着山脊上筑，墙的厚度逐渐减少，到了最高处，墙顶仅宽2米。宇墙、垛口也改用砖砌，厚44厘米。在悬崖巨石之处，就在巨石上凿出石梯上登，不再砌墙了。这一段石墙的墙顶坡道还有一个特点，即是以大梯套小梯的砌法。先把墙面依坡度砌成许多个大梯，每梯高二、三米不等，然后在大石梯内又砌小石梯数级或十数级，每级20厘米左右作为上登之用。这种砌法可以使坡度很

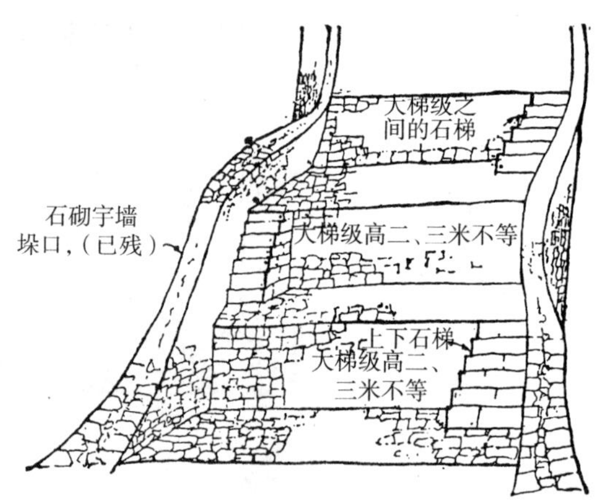

图 14　山海关外大甸子万芝草大横岭石砌长城

陡的地方也能上去（图 14）。

通过对山海关和附近万里长城的布局、设施和建筑的调查，可以看出，万里长城在古代的确是非常坚固的防御工事。今天，它虽然已经失去其在军事上的意义，但是作为中华民族建筑史上的宝贵遗产，它是当之无愧的。

中 国 廊 桥

刘敦桢遗稿

一

旅行我国西南诸省者，每于山溪绝涧，泉瀑奔腾，或平原縣縣，柳岸沙汀之际，见有桥亘如虹，上覆廊屋，饰以重檐，或更构亭阁，挺然秀出，极似宋人所绘栈道图，雄丽而饶画趣。惟此至之桥，有无专称，以愚荒陋，未之前闻。至于桥之起源演变，与其结构造型，就今日所知，亦乏专著以阐其真相。兹篇所述，仅就见闻所及，粗发其端，聊供参考。

二

我国典籍，浩如烟海。其言桥梁者，自明以前，大抵片言只字，散见群书，爬梳整比，无异披沙拣金。自明以降，专门著作，往往间出。言铁索桥者有诸盘江桥记①，石柱桥有《灞桥图说》②，石券桥有官式做法③及《文昌桥志》④、《万年桥志》⑤ 等。而各地方志中，虽有宋、元时已于桥上覆亭构屋多间之载述，但均属后人所录，未可全信。唯唐白居易《修香山寺记》⑥，有“登寺桥一所，连桥廊七间”句，乃现知此式桥最古之文献。但所云寺桥，系指香山寺前之桥，而非专门术语。古人谓：“顾名思义，而名由义生”。今秉斯恉，暂以“廊桥”二字撰述此文，或与桥之外形结构较为接近，惟僭儗之名，不能自我作古，尚希博洽诸君不吝指正。

三

我国之桥梁依其结构方式，大致可区为三类：曰梁式桥；曰拱桥、曰绳桥。绳桥最早之叙述，见于《汉书》西域传乌秅国条⑦，而其时中原诸地，尚阒然无闻，不谙于何时传入。及至明、清以降，我国西南之川、滇、康、藏一带，仍有用者。拱桥之记载，以《水经注》晋

---

① 康熙《贵州通志》卷四十二·艺文·碑记·下三元《重修盘江铁桥碑记》。
咸丰《安顺府志》卷十三·关路津梁·桥·永宁州·盘江桥条。

② 清陕西巡抚杨名飏道光十四年著。

③ 有《营造算例》第九章·桥座做法、《石桥分法》、《工程备要随录》等。

④ 桥在江西抚州（今临川）汝水上。书凡八卷，成于清嘉庆十八年，另有《续修文昌桥志略》及《三修文昌桥志略》各一册。

⑤ 桥在江西南城县。书凡八卷、清·谢甘棠撰。

⑥ 《白香山诗后集》卷十一。

⑦ 《前汉书》卷九十六上，西域传第六十六、乌秅国条。“乌秅国王、治乌秅城。……其西则有县度……县度者，石山也，溪谷不通，以绳索相引而度云。”

太康三年所建洛阳旅人桥[①]为最古，然事出创举，仰步武前规，尚无从确定。惟梁式之桥，散见《孟子》[②] 与《史记》[③] 诸书，其时代较上述二种为早。而汉族文化，发生于黄河流域，其地土壤腴美，林木繁茂。先民因地制宜，因材致用，故宫室居处，咸以树木为主要构材，于是形成后来通行之木架建筑。而木构之梁式桥，为我国桥梁最古之结构法，亦事之无可疑者。第木材为其强度所限，跨距不能过长，水面宽者，势必增加桥之孔数。各孔之间，或立柱为架，以承梁之两端；或虑木材易毁，代以石柱、石墩；或结舟成行，上施梁木，系以铁垣，固以锚具，谓之“浮梁”。此数者中，除石墩产生较晚外，余皆见诸经传。如《史记》苏秦传：“尾生与女子期于梁下，女子不来，水至不去，抱柱而死”。其一例也。而汉代画象石中，此类梁式桥之形象，亦数见不鲜。

惟木梁之上加构廊屋，则不知始于何时。以意度之，殆与阁道之产生，前后同时。何以言之？自殷、周迄于两汉，我国宫殿竞尚崔巍。如燕故都遗址，筑土为台，高三、四丈不等。而西汉长安诸殿，著录于李好问《长安图志》者，胥截山为基，渺若仙居，台殿之间，则联以阁道，窈窕相通；其巨者，且自未央，跨逾长安西墉，以达建章。而阁道咸以木构，有室有窗（见拙作《大壮室笔记》[④]），方之廊桥，名谓虽殊，而用途结构，似无二致。故疑廊桥之诞生，或在西汉以前，春秋战国之际。

图1　宋、李嵩《水殿纳凉图》之一角
（故宫博物院藏）

《汉书》王莽传载[⑤]：地皇三年，长安灞桥灾，自晨至夕，桥尽火灭。惜其时桥之长度与结构均无从得知，据今日灞水河面，仅宽二、三百公尺，向非木构之桥，或桥上未建廊屋，则焚烧时间，不至若是之久。乃史文简略，不悉其详，存疑而已。自是以后，只白氏《修香山寺记》略曾道及，而较为详尽者，无如宋李嵩所绘《水殿纳凉图》[⑥]（图1）。图中有廊桥三间，其中央一间，建木柱二列，上为桥身，两侧翼以勾阑，并施阑额、斗栱、覆以盝顶。左右二间，则临水筑基，基上木柱略低，而桥身与廊顶，均呈斜上状，其勾栏、栏额、斗栱之属亦具。李氏为南宋画院巨擘，夙以界画见长，故此桥之形状结构，应与当时实物相去匪远。

此外，宋代廊桥之最脍炙人口者，莫若杭州之丰乐桥。其上施以重楼，为当时朝士聚游会饮之地。余如《闽部疏》及各地方志所载者，数量之巨，殆难枚举。及元、明之后，桥面以下

① 《水经注》卷十六・谷水条：“……其水又东、左合七里涧，涧有石梁，即旅人桥、桥去洛阳宫六七里，悉用大石，下园以通水，题太康三年十一月初就动。”

② 《孟子・离娄》：“子产听郑国之政，以其乘舆，济人于秦洧”。孟子曰：“惠而不知为政，岁十一月，徒杠成、十二月、舆梁成，民未病涉也。……”

③ 《史记・秦本纪》：“昭襄王五十年，初作河桥”。

④ 《中国营造学社汇刊》三卷三期。

⑤ 《前汉书》卷九十九下、列传第六十九・王莽：“……乃二月癸巳之夜，甲午之辰，火烧灞桥，从东方西行，至甲午夕，桥尽火灭。……”

⑥ 《故宫周刊》第六十一期。

结构，大多易木为石，全部木构之桥，于北方诸省者，尤为罕见。盖木植难久，又易罹火，况取材匮乏，其与石券桥之发达，俱不失为隆替之主要因素欤？

考桥上构廊屋者，非独梁式桥，即栱桥与绳桥，亦常有之。前者如陕西三原县桥、浙江余杭苕溪桥①。后者如云南大理云龙桥、永昌霁虹桥等，惟均见于记载②，实物则今日未有存者。

就廊屋而言，多数廊桥皆覆以全顶；少数则以中央为通衢，而于两侧建长廊，廊外再设行道及扶阑，例见清乾隆时苏州阊门外桥③。至于仅在桥头或桥中，局部建门、亭、楼、阁者，因与廊屋有别，故本文不予阐述。

木构廊桥桥面，通铺以厚木板，或于其上再置石板，甃以方砖，以利往来车马。廊屋之柱、门、窗、侧墙及栏杆，亦多用木。柱梁之上，亘以屋架，再盖陶瓦。但间有施茅草者，如清代云南缅宁厅之茅草桥④即是。屋顶形式，以两坡为最多，盝顶仅见于前述宋画，附加之亭阁，则多用单檐或重檐之歇山顶或方攒尖。廊侧之檐柱间，下部置勾阑或挡雨板，上部常不施窗牖、惟设店肆居人者例外。有腰檐之廊桥，上下均用直棂式栅栏，或直棂与其他花式纹格并用。桥门径用洞门，或用栅栏板门，以司启闭。

至于桥上置廊屋之用途，不外有：

㈠过旅行人，借避风雨。

㈡商厘走贩，依桥设肆。

㈢墨客文士，宴饮酬酢。

㈣蔽雨遮阳，用护桥木。

㈤构屋固墩，以抗山洪。

㈥常据要津，因置关卡。

㈦翼然水际，添色山林。

我国廊桥，散处陕、甘、川、滇、黔、桂、湘、赣、闽、浙、苏诸省，然载于文献者众，见之实物者寡。现存廊桥，以湖南西南与广西西北一带为数较多，形式亦颇为秀丽而富于变化。余故居僻处湘省西南，昔日交通阻塞，不易接受外来影响，故旧法流传，犹未全替。现境内之桥，属于此式者甚多，而其中以江口桥最为雄巨（图2）。

图2　湖南新宁县江口桥

---

① 《中国营造学社汇刊》五卷一期石轴柱桥述要图版捌（乙），图版玖（乙）。

② 光绪《云南通志》卷四十八，建置志·津梁·大理府·云龙桥条。同书卷五十，永昌府·霁虹桥条。

③ 清乾隆徐扬《盛世滋生图》阊门一段。

④ 光绪《云南通志》卷四十九，建置志·津梁·缅宁厅·茅草桥条。

四

江口桥在县治西北四里，创于明万历中。但入清以后，屡经修治，已非原物。此桥跨新呰水上，东西九孔，长百零二公尺。桥之两涯，各建驳岸一处。中为石礅（即分水金刚墙）八座，皆以粗石叠砌。礅之迎水一面，构分水尖，以杀洪流，其另端则作方头。石礅上各置水平挑梁八根，其上再施楞木数条，在平面上与挑梁直角相交。如是层叠而上，至第三层挑梁，伸出石礅之二侧约二公尺。其上更以楞木承受桥身大梁（图3）。

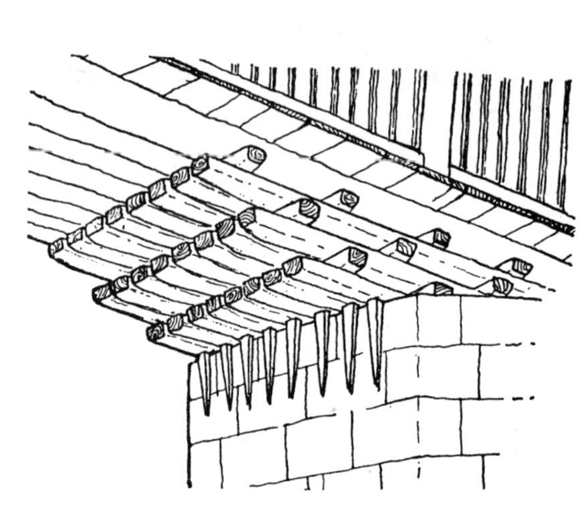

图3　江口桥桥墩详部

图4　江口桥内部梁架结构

大梁为天然圆木，下粗上削，故以下段与上段颠倒搭配，依次骈比，几无空隙。另以木桩自上插下，贯通大梁与挑梁，并夹于礅之两侧，以期稳固（图3）。

大梁上铺木板一层，约阔三公尺半，板之两侧，各施地栿二行。外侧地栿上立檐柱，内侧地栿上立老檐柱，柱上各置桁，梁，以构成廊屋之骨架。每架之间隔，大小不等，平均约在二米左右，其位置与桥下石礅及桥孔跨距并无关涉。

老檐柱顶端，施中金桁。前后二老檐柱间，置五架梁一根。梁上立瓜柱二处，以受上金桁。梁之中点，复建脊瓜柱，载以脊桁。此三瓜柱间，贯以短梁，藉资联络，但非北方之三架梁式样（图4）。外侧檐柱上，直接承下金桁，并于柱端伸出挑梁，以荷挑檐桁与出檐之重量。另于檐柱之中段偏下处，再出挑梁一层，以受腰檐。以上二层挑梁之后端，皆插入老檐柱内。

廊屋之顶为两坡式，铺以小瓦。而桥中央一间，过去因祀关羽，故加建歇山式檐，以示崇异，于是外观形成变化。桥身二侧，于腰檐上下，悉施直棂窗。桥之两端，辟有桥门，并各建山墙一堵，俾廊屋至此，有所归宿。墙首中部，隆起如弓，两侧墀头则向上反曲，故有“猫栱背”之称。但境内其他诸桥，亦有作阶梯形者；或不砌山墙，而代以单檐或重檐歇山之亭屋。桥门位置，有在桥端正面，有在桥端一侧，或混合采用之。其余细部变化，形制殊多，不能殚举，欲穷其妙，尚有俟诸异日焉。

整理者后记

原著初稿约成于一九四○年至四三年间，即抗日战争中，迁居云南昆明及四川南溪县李庄之际。其中有关江口桥等资料，大概是三七年冬至三八年春，先父刘敦桢教授举家由北京南下，返经故乡时收集的。四三年秋，此文作为内部资料，登载于当时重庆中央大学建筑系同学创办的刊物《建筑》上。新中国成立后，又经著者修改，但未最后定稿。

为了保存遗著原貌，仅对文中若干古稀字句略加调整，并添补了少量内容。此外，增加了注释，图也是后来重绘的。

刘叙杰整理

1978 年 2 月

江西贵溪的道教建筑

陈　从　周

江西贵溪县为我国道教建筑及遗址的重要所在地。其境有龙虎山，岩山层叠，清溪幽澈。山间原有道观，几已损毁殆尽，仅山南正一观尚存，而以上清镇之上清宫最重要。

据清代文献载称，唐会昌中曾就道教第四代真人张盛所建传箓坛赐额真仙观，宋祥符又敕改上清观，但都不在今址，到宋崇宁四年（1105 年）才“迁建今址”。以后又历经各朝多次重修和改名，延存至今，名上清宫，但已多有破坏。现存木构建筑，均为明清遗物①。

上清宫门楼名福地门，其前东西原有四柱三楼牌坊各一：左曰崇福，右曰广教，坊旁旗杆亦二，今皆不存。坊东为元碑亭，有石碑二，一为元延祐六年（1319 年）敕赐玄教宗传之碑，虞集撰，赵孟頫书。另一碑字迹漫漶，文亦出虞集撰。入福地门为九曲巷，逶迤三折。九曲巷向北转东至西向下马亭，过亭折北为棂星门，石建。东西为钟鼓楼，鼓楼已毁，钟楼为近构极简陋。正中龙虎门，其后左右分列碑亭，亭背为玉皇殿殿基。其他见于志书所载各建筑皆不存。宫东有东隐院，亦系后建的一组小建筑。

福地门俗名鼓里洞，据《清乾隆龙虎山志》卷三宫府大上清宫建置沿革：“（宋）景定间，张闻诗刱门楼，榜曰龙虎福地。”此门名之由来。东西缭以朱垣，砖台高约 5.20 米，中辟券门，上建重檐歇山殿五间，带周围廊，但周廊地面低于殿基，屋架结构为纵向列一行中柱，柱前后架双步梁，梢间用扒梁，转角施递角梁以构成山花及转角部分。正面明间下檐不施斗栱，而上下檐斗栱攒数又不一致。上檐如四攒、二攒，下檐为六攒、四攒。上檐斗栱外侧单昂，内侧出一跳，耍头后尾同作跳头状，撑头木刻夔龙形，而横栱则作如意头状。此殿柱础是用较高的古镜式。有部分柱顶尚存卷杀，梁架有少数双步梁的月梁斫杀工整，其上还余有墨线底彩画。殿应为明建而经清代大事翻修过的。门砖镌有“延祐丁巳（1317 年）福地门”等字，可证台为元代所建。

九曲巷蜿蜒于福地门与下马亭之间，甃石为道，夹以朱垣，垣外乔木森列，人行其间，殊多神秘之感。此种入门后曲折的处理和南京朝天宫入口相同，同作三曲称九湖湾，必寓有以“九”为尊的一定宗教意义。由于大门与正殿不在一中轴线上，使正殿偏右正对门外之小山，达到藏而不露，对景明确，未始没有其巧妙利用地形的匠心。下马亭面阔三间，带周围廊，重檐歇山顶，其木架结构系前后金柱间施五架梁与随梁枋，五架梁之上为天花所掩。金柱与檐柱间施挑尖梁及随梁枋。明间的额枋仅施一层，与左右间有别。雀替瘦长，明间平身斗栱用两攒。次间则一攒。上檐单翘单下昂，昂头上卷略作象鼻形，内侧出三翘，施斜栱。下檐单翘，内侧三翘，耍头刻作夔龙形。角科则施“鸳鸯交手栱”。斗栱用材较大，位置疏朗，柱础为硕形，从这些结构来看应是比明代更古的做法。然根据整个梁架及柱枋出头、雀替和斗栱细部手法等来看，应是明构，而若干作法如大木砍杀、梁枋等又受了官式建筑的影响。但局部如斜

---

① 见清乾隆《龙虎山志》，同治《贵溪县志》。建筑大部分毁于 1932 年。

栱、昂头与栱后尾雕刻等，则又具当地地方风格。

棂星门石制三间，中连以砖垣，两旁尽端附砖券门各一间。就中石制三间系仿木结构冲天柱贯斜木，斜木内高外低，相对若八字状，其形制与苏州南宋绍定二年（1229年）所刻“平江府图”中的天庆观者相似，犹保存了宋代的遗规。柱上云版与柱头云罐的雕刻与南京明孝陵下马坊相同（唯云罐位置视孝陵者稍高），因此说它们为明洪武间所创建，是有其可能性的。盖洪武间上清宫曾大兴土木。复据全宫遗留的柱础及部分柱梁等观之，则今日所存木构，其最早年代亦当不出此时期。

贵溪的另一重要的道教建筑为天师府，它是今日上清镇道教建筑中规模最大的一区，也是我国现存封建社会“大府第”之一，保存尚较完善。天师府位于上清镇西端，府门槛上清宫前街，面沂溪（又名上清溪），对瑟琴岭，背倚西花山。周围豫樟成林，阴翳蔽日，环境甚幽。

府第的头门正对沂溪渡口，面阔五间，进深二间，单檐硬山式，缭以墙垣，形式似清代官衙。额为“嗣汉天师府”，其左右原有“道尊”“德贵”两坊及其西一碑亭，均早不存。门屋的结构是于中柱前后施三步梁，柁橔作花瓶形，中柱间设门三道。门内为甬道，再进为二门，在头门与二门间原有垂花门式的一座仪门，今已不存。二门三间，两旁各带耳房一间，进深二间，单檐硬山式。结构与头门同。唯柁橔形式比头门简单。二门内为大院，合抱樟树扶苏接叶，十分葱翠。甬道中有一井，泉清洌适口，此或道家所谓“丹井”。中建大堂五间，前带廊施翻轩，有匾额为“御赐教演宗传”。明间额枋下辅以雕“二龙抢珠”一枋，殊为特出。梁架酌用穿逗式，翻轩上施草架。整个建筑用材亦草率。自此堂以后为“私第”部分，其建筑视前二进之受官式做法影响有所不同，而纯以地方风格出之。过大堂穿门绕照壁即达“私第”的正厅，名三省堂，有“仙派名裔”匾额一块。正厅面阔五间，三明二暗，前有月台，上建两棚，与正厅用天沟勾搭。正厅梁架施雕刻，前后金柱间用七架梁，后带翻轩，因此进深特大。此种大进深为适应当地气候条件，乃赣省习用之手法。厅前两侧院墙为花墙，庭院修整，老树参差，有恬静肃穆之感。堂之后部左右辟两门，正中亦有一门通后堂。后堂为江南院落式建筑，天井周以楼屋，堂为楼厅五间，前后带廊施翻轩，明间敞口，轩下有“壶天春永”的寿匾。堂下层特高，次梢为内室，厢楼高度视厅高为低，此区建筑皆施雕刻，极秾褥。后厅之后又为小院，左右翼以两厢。敕书阁原在院后，今已毁。观星台在厅事西墙外的邻屋顶部，由厅楼穿墙方达。东部家庙今毁过半，不复成局。其后味腴书屋，门前老桂倚墙，婆娑作态。有棣书联“泮芹蔓衍芹期来；丹桂花开桂可攀。”书屋为院落式，正屋有楼。书屋后有门可通园林，园名灵芝园，临水建纳凉台，池称百花池，绕池多松樟。后门有额名“秀接衡阳”。

私第西为万法宗坛，布局似北方四合院，正殿五间，东西配殿各三间，皆单檐硬山造。门屋左右各缀廊屋。柱础为古镜式与木构架皆略受官式做法的影响。院中罗汉松二本可合抱，浓荫散绿，在此宏敞的院落中很是相称。后堂两侧有屋一区，门颜“横金梁”三字，入内一进，厅中悬“为观其志”一匾。元坛殿在二门东，正殿三间前带雨棚，东西庑各三间。至于大堂前的东西赞教厅、二门西的法箓局、提举署、万法宗坛殿后的真武殿与两庑及殿后小屋等皆早不存（图1）。

天师府屏山临溪，松樟漫山，远峰回抱。在总体布局上，天师府运用了中国传统府第的规格，又结合了封建衙署的功能需要，故其前端甬道修长，重门深杳，至大堂前用大院，顿觉豁然开朗，主体突出。这区是宗教行政的地方，除大堂外，其前还安排了赞教厅，法箓局与提举局，及元坛殿等建筑。据《清乾隆龙虎山志》卷三宫府大真人府旧制所载大堂后有后堂，今之

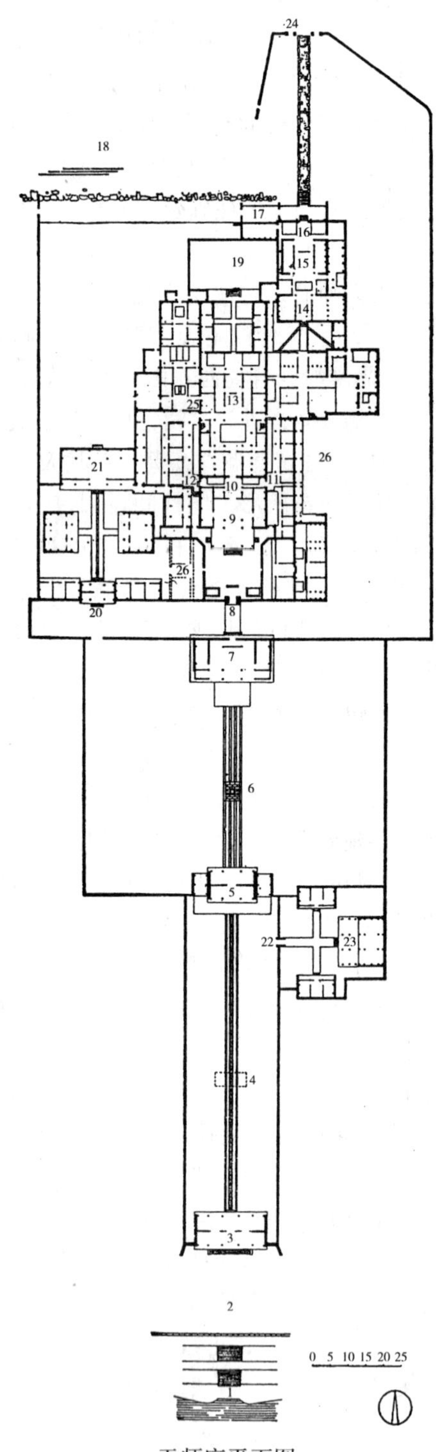

天师府平面图

1. 渡口 2. 上清宫前街 3. 头门 4. 仪门 5. 二门 6. 井 7. 大堂 8. 私第门 9. 正厅 10. 后堂门 11. 紫气门 12. 金光门 13. 后堂 14. 味腴书屋门 15. 味腴书屋 16. 灵芝园门 17. 纳凉台 18. 有花塘 19. 敕书阁遗址 20. 万法宗坛门 21. 万法宗坛 22. 元坛殿门 23. 元坛殿 24. 后门 25. 屋顶为观星台 26. 原屋已毁

大堂，似原为后堂旧址所在，故今日所见大院显得过分深广。而从私第正厅开始，建筑群骤形紧凑，纯以居住院落出之，运用的是地方建筑手法。万法宗坛为独立的修道区，院落与建筑宏敞，是用北方四合院的方式来部署的。从天师府现存柱础，鼓镜形式绝大多数视北方比例为高，如头门、二门、万法宗坛等，实因气候潮湿使然。此等柱础其中工整而低平的，似应为明洪武元年（1368 年）“新其第”时所遗。木构虽已重建，但形式与结构方法尚沿官衙之旧。二门面阔视原来位置已减小，大堂木构已易当地手法。私第正厅开始，柱础皆为石鼓，或再在其下垫以多边形石础，酌施雕刻，时代亦较晚。梁架雕刻秾褥，装修过分繁琐，此为欲表现其私第豪华所造成的。天井作正方形式，视赣省之一字形者宽敞为多，实是该地夏季温度不高，没有与赣省他处民居强求同式。私第后堂正面楼屋底层特高，两厢稍低，此种手法，自浙东往南所常见，有的甚至于正面不建楼，将内部净高加上，以利通风散热，并且在造形上又突出了主体，同时也满足了兼作祭祀宴会之用的实用要求。花园部分虽仅一纳凉台，但其前流水潺潺，樟林葱郁，枕流看山，得借景天然之胜。建筑亦不必多事增饰，构成了另一种园林风格。

据《清乾隆龙虎山志》卷三宫府大真人府旧制：“明太祖洪武元年（1368 年）赐白金十五镒新其第”其后于康熙时天师府被焚毁，毁后重建亦较简陋，有些亦无力重建了。现存的建筑，据梁架脊檩与脊枋下的题记，大门建于清同治六年（1867 年），二门建于清同治四年。私第内三省堂前的照壁刻同治六年谨修，从堂之建筑来看年份当与此同时。后堂为同治癸酉（十二年 1873 年）建，味腴书屋为光绪二十年（1894 年）建。其他如万法宗坛之建筑，从手法与用材来看，亦不出同治年代。在这些建筑的修建年代中，以同治年间为最多，其所以能大兴土木者，实与当时政治背景分不开。按六十代天师张培源于“咸丰八年（1858 年）戊午乱兵侵境，避往应天山，九年己未（1859 年）督办团练，防剿多捷”。“其子仁晸，即六十一代天师，亦于咸丰九年佐父办团，防剿多捷。经巡抚耆奏奖，奉上谕着以县主簿，不论双单月擢用，同治元年（1862 年）袭爵。”（吴宗慈《张道陵天师家世历代天师列传》）。这样看来，这批披了宗教外衣的天师们，而实则是以镇压太平天国革命，做清朝统治者的武装力量而得到“恩宠”，才能重建今存的大宅第。入民国后六十二代天师张元旭又勾结了张勋，在“民国”三年（1914 年）恢复封号，发还田产，接受了袁世凯的“三等嘉禾章”。1928 年后赣东为红军根据地，张元旭逃亡出走，1932 年红军曾解放上清，待其撤退，张元旭一度重归，复得国民党反动派的支持，花了二千工又进行了一次修整。从上述情况来看，天师府的兴废，实与阶级斗争有着密切的联系。

现在天师府已被列入江西省省级文物保护单位。

1963 年 8 月参加调查者　陈从周　卢济威　陈大钊

江苏吴县寂鉴寺元代石殿屋

刘叙杰　戚德耀

寂鉴寺位于江苏吴县华山南麓天池山西侧，东北距苏州市约十五公里。寺现平面略呈圆形，环以乱石砌墙。山门位于寺南，仅存门西抱鼓石一具及部分侧墙与后壁。山门东西各有石屋一座；入山门有水池，池后有石殿三间；殿后依土丘更建僧舍。

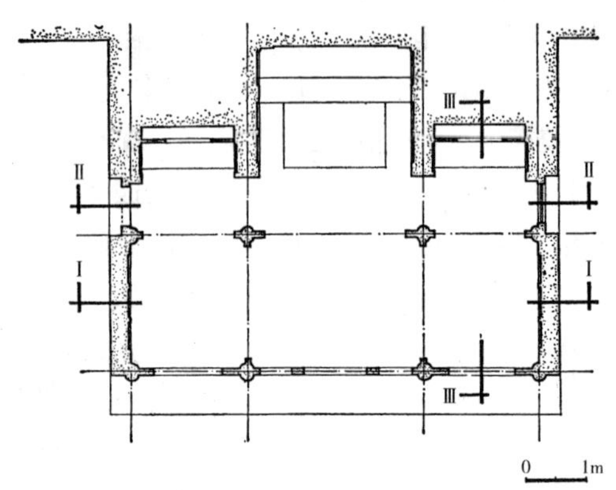

江苏吴县寂鉴寺石殿平面图

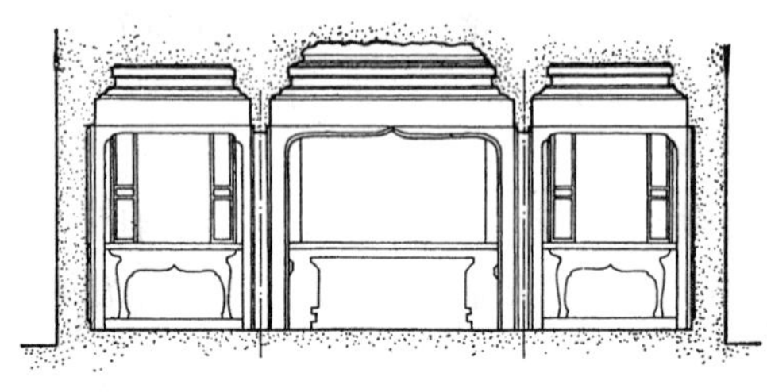

Ⅰ－Ⅰ寂鉴寺石殿剖面图

其地原系六朝刘宋时会稽太守张裕私第，曾置罗汉及莲池，后有镜法师者著经文于此。南宋乾道间（公元1165—1175）为秘书监张廷杰别墅，建有亭馆十余处及造像等①。元至正十七年（公元1357）僧道在创寂鉴禅庵，其事见明洪武二年（公元1369）释克新《天池寂鉴禅庵记》：

“……作石殿三间，就石肖释伽药师弥陀像，其菩萨侍卫之神与供养之具皆石为之。又硺石为五十三参于三门左右壁。累石作外门，门上为重屋，夜寘膏火其中，曰天灯楼。摩崖刻三十五佛名，凿池左右，立石为弥勒、弥陀屋焉，署曰“兜率宫”“极乐园”。前树梵塔，对峙巍然。他及禅诵之室，庖湢之所，资客之馆，咸具如式。”②

按此记载仅晚于建庵十二年，所述当属可信。寺后废，至弘治时（公元1488—1505）由天目禅师普慧再修，更名华山天池院，但具体情况已不可考。今日所遗之建筑除石殿及二石屋外，前述之外门、三门、梵塔、禅室、庖所、客馆皆已无存，而殿后之僧舍及院墙显然为近代所建。以下就寺中石建筑分别予以说明。

一、西石屋（即“极乐园”）位于寺前山门外西侧，坐南面北，依山岩凿石佛阿弥陀及佛龛。又以石条、石版及石制之柱、阑额、枋、槅扇等构成面阔一间进深半跨的仿木建抱厦式石屋。其面阔为2.61米，内进深1.20米。屋顶原系石版铺盖之重檐九脊顶，现上檐已毁，下檐亦部分坍落，残高约4.60米。石屋下有须弥座，其上下枋、束腰、龟脚……似较宋式简练。圆倚柱二根，高2.72米，柱径26厘米，径与高之比为1∶10.5。柱身略呈梭形，但未见有侧

① 《吴县志》卷三十六·下·寺观二。

② 《古今图书集成》方舆汇编·职方典·第六百七十八卷·苏州府部汇考十·苏州府祠庙考二之八。

脚。柱槚高23厘米，其式样与上海真如寺大殿、吴县杨湾轩辕宫等元代建筑相似。柱间有阑额而无普拍枋，其端部于柱外侧出小榫，较为少见。柱侧有抱框，其间施上、下槛及四抹头素面槅扇。柱、抱框及墙均使用分段之条石，但砌时交替搭接，增加了砌体的联系和稳固。柱及阑额上不施斗栱，而出枭混线脚挑承石枋，其上无檩、椽之属，仅斜铺素平石版为屋面，构造甚为简洁。檐口平直，至角部始有起翘，屋面不见筒板瓦及勾头滴水、戗脊上亦无嫔伽与坐兽。

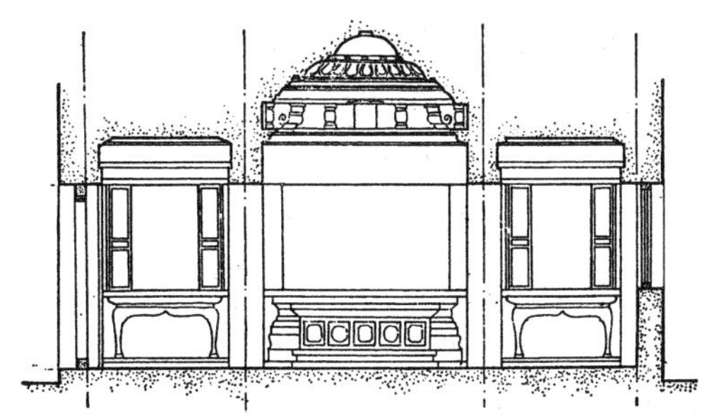

Ⅱ－Ⅱ寂鉴寺石殿剖面

二、东石屋（即“兜率宫”）在寺门东侧之天池山上，与西石屋相距约八十米。内凿弥勒石佛像一尊。此屋之结构与外形尚较完整，其朝向、尺度、外形、结构与西石屋大致相似，惟屋顶为单檐九脊，其下部台基则较简单。

Ⅲ－Ⅲ寂鉴寺石殿剖面

三、石殿（“西天寺”）坐北面南，平面呈凸字形——横长方形加“龟头屋”。面阔三间共7.64米，进深二间共5.52米。殿内分为前后槽，前槽为祭祀活动场所，后槽为佛龛、供案及走道。殿身紧贴山岩，除对外之门窗外，其余之墙、柱、枋、藻井、屋面均用石料斫成。前部屋顶为单檐九脊，举高为1/3.17，后部之“龟头屋”用梯形屋面，在我国建筑中尚属少见。

殿身下仅有高14厘米之简单石基座。石柱及槚的外形与断面皆与东西石屋相仿。檐柱高2.41米，直径23厘米，与柱高之比为1∶9.3，柱身无侧脚及生起。无普拍枋而仅有阑额，但阑额不出头，其上用混线代斗栱出跳。明间使用槏柱二根，由于增加了支点，使阑额由较长跨度的简支梁变为较短跨距的连续梁，这对结构是有利的。柱侧均使用抱框，除了可以增大柱头部分的承载面积与减小额枋的跨度外，在装饰上也起了一定的作用。

前槽东西山墙内侧各雕四抹头素平槅扇三扇，后槽次间佛龛二侧施半圆梭形倚柱及槅扇，一如东西石屋所见者。阑额上刻如意头及壶门枋心。侧墙嵌石碑四方，上镌施主姓氏、造像作头与年月日。其中有：

“江浙省参政陈秀民　淮南省知印刘辉　元帅玉伦帖木儿　千户董永　盛义　陈雄　百户营成荣禄大夫江浙等处行中书省平章政事王晟”

“建殿造像作头吴文璋”

“旹（同“时”）岁次癸卯至正二十三年六月十一日戊申吉辰”等字样，由这些也可证明石殿确是元代所建。

后槽明间佛龛前设石案三重，其外侧之二案作不同的须弥座式样。次间佛龛前仅石案一重，其形状如民间家具中的案桌。

室内天花共六处均施藻井。次间后槽天花较简单，仅用转角处为海棠纹的浅线脚二道；次间前槽则用八角形与矩形相套之线脚及枭混线，另在上层每边各出三个似霸王拳的拱头，转角处则斜出一个较大的同式构件。明间前槽天花层次较多，基本上由几个矩形线脚套叠而成，顶部饰以云纹及盘曲之双龙，形态甚为生动。明间后槽天花是殿中最高大华美者，由方形、斗八及圆形藻井组成，以枭混线脚、霸王拳式耍头及“巴达马”短柱承出跳。图案有如意头、莲瓣、太极图……等，其装饰构图与色彩有较浓厚的喇嘛教气息。

室内外均不施斗栱，对于小型的仿木构石建筑，不失是一种简明的处理方法。

檐口平直，至角部始起翘，仔角梁已上反，可能是后代嫩戗发戗的前驱。垂脊端部置力神，惜头部已缺。正吻已脱落且表面侵蚀漫漶，但仍可看出是带有角的兽头。山面搏风板较窄，有悬鱼及惹草，悬鱼作较宽的如意头式样。屋面铺素平石版，未见椽及筒板瓦及勾头滴水，其形制与东西石屋相同。

门窗皆木制，已非原物。南面明间正中施版门二扇，侧面一扇；次间二扇。西面山墙辟门一扇，东面山墙开窗一。版门上下均开直缝，除装饰外尚可通风采光。

室内地面铺素平石板。

综上所述，其特点大致如下：

1. 此寺依山而建，其殿、屋、道路等布局较为自由，不按一般寺庙的对称方式。

2. 依崖凿像，并利用附近大量石料作建材，是我国古代劳动人民“因地制宜、因材致用”的又一具体表现。此寺以摩崖造像及石殿屋为主要内容，也可认为是受北魏以降风靡一时的石窟寺的影响。

3. 石殿后部之“龟头屋”，过去曾见于汉画像石及南宋陵墓，似乎是祠庙建筑的一种传统形式。在这里则解决了后槽明间的佛龛平面及其藻井的构造高度问题，其形式与功能是统一的。

4. 西石屋屋基及石殿佛坛所使用的须弥座已较宋式为简略，龟脚下再加下枋，这种做法亦见于明代。

5. 石殿、石屋柱高与柱径之比为9.3—10.5：1，是元代常用的比例。柱身无侧脚和升起，但有的仍收杀为梭形，其中以后槽次间佛龛侧面倚柱之上段较下段收进1/4尤为明显。槏柱的使用在宋以后亦少见，它和抱框在结构上和装饰上都起了一定的作用。

6. 石屋之墙、柱与抱框均以石条交错搭接，既利用了较小的石料，又加强了砌体的相互联系与整体性。

7. 以枭混线脚、霸王拳式耍头代替斗栱承托出檐及藻井，在出跳较短的仿木构砖石建筑中是可行的，它简化了建筑的结构和构造。

8. 檐口平直，至角部才有起翘的形式与明、清建筑颇为一致。仔角梁上反可能是嫩戗发戗的前驱。

9. 举高尚属平缓，仅1/3.17，亦为宋至明、清之过渡形式。

10. 装饰中除有元代喇嘛教建筑特有的“巴达马”外，尚有宋代常用的如意头及壶门式样。

11. 正脊平直未起翘，正吻为兽吻而非鸱尾或鸱吻。

由文献及碑记，知石屋及石殿建于元末至正十七年至二十三年（公元1357—1363）。而其建筑的处理，既保留了若干宋代的影响，又具有一定的元代特征。我国古代石建筑以塔、桥为多，较完整的仿木构的石殿屋在目前已知的为数还很少，在江苏的仅知这一处。因此，它们是具有一定的文化历史价值的，值得我们很好地保存和进一步研究。

（先后参加测绘的还有詹永伟、潘谷西和刘先觉同志。）

蓬 莱 水 城

罗 勋 章

蓬莱水城又名备倭城，在今山东省蓬莱县海滨，是我国明清两代的军事要塞。水城东连画河，西靠丹崖山，北对庙岛群岛，负山控海，形势险要。闻名的游览胜地蓬莱阁，屹立丹崖山巅，雉堞殿阁，错落掩映，构成一幅美丽的画图（图1）。

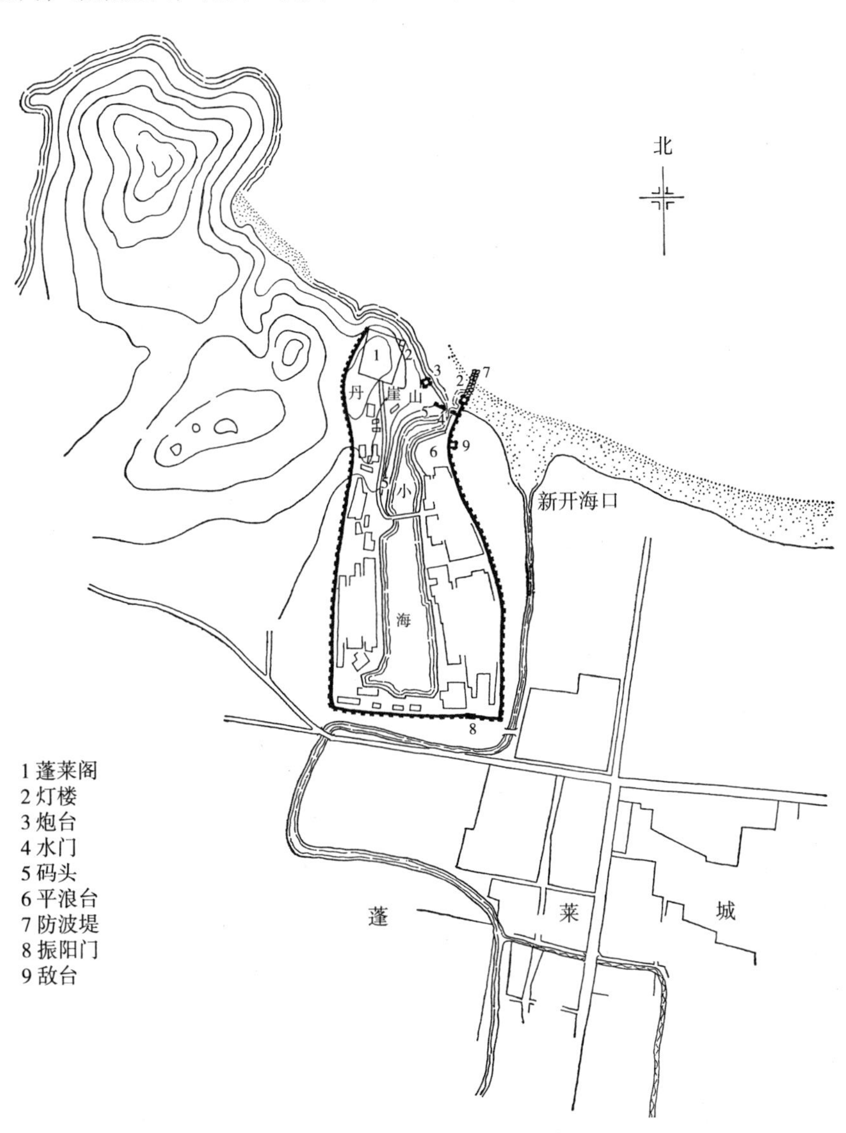

图1　蓬莱水城平面图

水城的兴建和盛衰是与明清两代登州地区的政治、经济和军事形势密切相关的。

登州（即今蓬莱、长岛两县），地踞胶东半岛北部海滨，庙岛群岛屏障于前，北与旅顺口遥遥相对，地势险要，“东扼岛夷、北控辽左、南通吴会，西翼燕云，艘运之所达，可以济济咽喉，备倭之所据，可崇保障”①。“外捍朝辽，则为藩篱，内障中原，又为门户”②。可见登州一地，不仅是海上交通的要冲，而且也是军事战略要地。从明朝初年起，倭寇就不断侵扰山东沿海州县，登州亦常遭劫掠。明政府为了增强防卫，于洪武九年（公元1376年），将登州升格为府，并且修筑水城，以抵御倭寇的侵扰。此后，明、清两朝都在水城驻扎水师，拥有船舰，巡防着东至荣成县城山头，西至武定营大沽河，北至北隍城东北九十里的一千七百七十里的辽阔洋面③，以保卫祖国海疆的安全，保障海运的畅通。

1858年第二次鸦片战争以后，登州被辟为通商口岸，后因登州水浅，转辟烟台，登州地区的政治、经济和军事中心随之东移，水城遂失去其原有军事上的意义。但它作为海运港口，却一直沿用到新中国成立后开辟蓬莱新港为止。

水城的建筑可以分为两大部分：一是海港建筑，包括以小海为中心的水门、防波堤、平浪台、码头、灯楼；二是防御性建筑，有城墙、敌台（炮楼）、水闸、护城河以及有关的地面设施。这两部分构成了一个严密的海上军事防御体系，成为当时驻扎水师、停泊船舰、操演水师、出哨巡洋的军事基地。

港址的选择，对海港建筑有着极为重要的意义，蓬莱的海岸线，虽然长达一百二十余里，但多沙岸，滩头宽，间有岩岸，亦少弯曲。少数适于建港的海湾，因面积大，非当时的物资技术条件所能办到。唯有丹崖山下的刀鱼寨一处小海湾最为合适。这里的岸形较好，又系岩岸，退潮时仍能保持一定的水深，不影响船舰的出入；其次，周围地形较好，除犯北风外，其他三面的风都不会对海港造成损害，所以海港的使用率较高；三是由于西北有丹崖山阻隔，海流到此产生回旋，能使港内免于泥沙淤塞；四是紧靠府城，陆路交通比较便利，作为商港，货物易于集散吞吐量较大，作为军港，则无后顾之忧而又便于支援；五是丹崖山是水城一带的制高点，既便于船只隐蔽，又能控制海面情况，有利于防守；六是港湾跨度较小，易于兴建。

水城的小海位于画河的入海处，发源于黑石山，密神山的黑水、密水、密分水、流经登州府城后，汇流为画河，沿丹崖山脚注入大海。宋庆历二年（公元1042年），曾在此设置刀鱼巡检，有水兵三百，戍守沙门岛（即庙岛），备御契丹以防不虞，画河入海处，系当时停泊刀鱼战棹之所，故有刀鱼寨之称④。未筑水城之前，船舶多停泊在画河入海口的天然港湾内。明初修筑水城时，一方面巧妙地利用了这个小小的天然港湾，并将画河河道扩大挖深，扩建成停泊船舰的港湾——小海；另一方面，沿南城、东城开凿新河道，引画河水东流，作护城河，绕城半周，而后流入海中，为水城增加了一道防线。

小海是水城的主要建筑，居于水城正中，用于停泊船舰和操演水师。小海呈窄长形，南北长655米，将水城分为东西两半。南端距南墙25米左右；北端折转向东，经水门通向大海。小海南宽北窄，南端最宽，为175米，北部弯曲部分较窄，仅有35米，一般宽度约100米，周长约1000米左右，约占水城总面积的三分之一。为方便东西两岸往来，在小海北半部筑有一

① 《蓬莱县续志》卷十二艺文志，宋应昌《重修蓬莱阁记》。

② 《同上陈锺盛〈建豫济仓记〉》。

③ 《蓬莱县续志》卷四、武备志。

④ 《登州府志》卷二、山川。

条路，路中留有水道，上架活动桥板，便于船舰通行。

小海北端并不直通水门，而是折转向东，形成一个几乎与小海垂直的东西长100米，南北宽50米的弯曲迂回缓冲地带。滚滚而来的海浪进入水门后，受到南岸码头的阻挡，被迫折转西流，从而减弱了冲击力，减缓了流速，然后又折转南流，徐徐进入小海。这样，尽管水门外波涛汹涌，小海海面却是水平如镜。由于海水的回旋，流速的减缓，随流进入水门的泥沙便沉积在水门西侧，便于疏通排除。

小海的原来深度，县府志无记载。由于多年泥沙淤积，又缺乏疏浚，今小海在退潮时已经无水，涨潮时水深也不过0.7米，仅能容小船进出。据有关部门推算，当初小海在退潮时水深仍能保持在3米以上，载重300吨左右的船只也无须候潮出入。

水门，又名天桥口（因门垛上架设巨板，以通往来，名天桥），俗称“关门口”，位于水城东北隅，距东城垣仅13米，系小海通往大海的唯一通道，东西两侧筑有高大的门垛与城垣衔接。水门朝北，敞口，底宽9.4米，顶宽11.4米，深11.4米，东、西门垛长分别为13米、15米，底厚11.4米，顶宽10.4米，能见高度9.4米，下部砌石，上部砌砖。门垛的建筑，先清除基部的淤沙，直至岩层，而后用条形巨石块在岩层上开始垒砌，石缝用白沙灰填塞、黏结。门垛下窄上宽，以10∶1的坡度向上砌筑。水门门垛至今得以完整保存，是与清基和砌石构成分不开的。

防波堤俗称码头尖，在水门口外，沿东炮台向北伸出，南北长约80米，东西宽15米，高约2米，系由天然巨石堆积而成，涨潮时为海水淹没，退潮时部分露出海面。防波堤是一般海港建设必具的设施，其宽度、高度和安设位置，系根据浪高、波长及所需防范风向而定。水城东北缺乏天然屏障，建筑防波堤，是为了减弱来自东北方向海浪袭击的强度，达到消波目的，并且阻挡泥沙进入港内。

平浪台，在小海北端缓冲弯的南岸2米处，迎水门而立，北距水门51米，东与城垣衔接。平浪台系用挖掘小海所得泥沙堆成，顶平，外皮安砌石块，西北角呈弧形，南北长100米，东西宽50米，高与城齐，东北紧靠城垣外有一宽5米的斜波道路通向码头。东侧有敌台一个。平浪台系用小海北端的迂回缓冲地带南岸空地砌筑的建筑台基。上面原有建筑物，是水师的驻地，以便加强水门一带的设防。平浪台的作用在于阻挡北风对小海袭击，它和水门垛、防波堤一起，彻底地解决了水城犯北风的缺陷，而遮挡来自水门的视线，保守港内秘密，则是平浪台的另一重要作用。

码头，是沿小海岸用石块砌起的平台，供船只停靠，小海码头宽5—10米不等，码头上设有缆绳石柱和通向小海的砌石台阶通道。这种通道，宽达3米，仅北小海就有四处，用于退潮时货物的装卸和人员的上下。确定码头的标高，是建造码头的关键，一般说来，码头的标高必须超过最大的潮位线，使其在最大潮位时也不致影响使用。新中国成立后在水城附近修的海港码头的标高均在3.2—3.4米之间，而水城码头的标高则为3.2米左右，这绝不是偶然的巧合，而是我国古代劳动人民在与大自然的斗争实践中所得出的科学数据。

灯楼，在丹崖山巅，临崖修建，六角形，高达十数米，中建扶梯，可曲折盘旋而上。楼上有灯亭，作用与灯塔同，灯楼的设置始于清同治七年（公元1868年）①，今灯楼为新中国成立后重修。

水城城墙是为了保护海港的安全而修筑的。城墙环绕小海，充分利用了自然地形。北临悬崖、西沿丹崖山脊，仅东、南两面修筑在平地上。水城城墙南宽北窄，呈不规则长方形，各边

---

① 《蓬莱县续志》卷十二、艺文上。

长度不一，东城720米，西城850米，南城370米，北城300米，周长约2000余米，比府志所载长约三分之一。城墙底厚12米，顶宽8米，高度因地势相差悬殊。北城临崖修建，城外便是数十米高的峭壁，可据险以守，无须高大城墙，甚至只建矮小的城垛墙。西城虽较东南两城为矮，因建在山脊，同样显得峻险。仅东、南两城较高，平均高度7米左右。城墙用土分层夯打，夯层厚0.3—0.4米不等，内外皮均用砖石包砌，由于后世修补等原因，砖石的安砌很不规律。一般是下部砌石，上部砌砖，砌石高度约在1.7米左右，砖为长身砌。城顶上有外垛墙，垛墙厚0.56米，下端每隔1.35米有一方孔，孔宽0.2米，高0.15米，上端每隔1.55米有凹形垛口，口宽0.55米，高0.6米，垛口下方每隔1.47米也有方孔一，孔宽0.15米，高0.2米。城顶近垛墙处有宽2米的用砖铺砌的所谓“海墁”。所用明砖长0.4米，宽0.2米，厚0.09米。

水城仅有两座城门。北门为水门，南门为土门（振阳门），一通海上，一通陆地，用途不一。土门系用砖石筑成，距城东南角仅50米，拱券顶、立砖券顶，两券两伏。门洞宽3米、深13.75米、高5.3米。城门少，是水城的特点之一，这是因为水城主要是作为军事要地存在，无须多设城门。城内道路稀少，仅有从城门直通平浪台的一条南北干道和横贯小海通蓬莱阁的一条小路。

敌台，万历二十四年（公元1596年）增筑，除南城一面不设敌台外，东、西、北三面各有三座，现仅存三座，形制不尽相同，西城一座，伸出城外5.5米，宽6.2米，高与城齐，台顶仅有垛墙而无敌楼。敌台后侧有伸向城内6.2米、宽7.4米，与城同高的建筑台基，其建筑就用途而言，应与敌楼同。

炮台（应为敌台），共两座，分别在水门的东北和西北面。东炮台沿东墙向北伸出36.2米，呈长方形，东西长11米，南北宽10米，高出城墙2.5米，上筑垛墙，南面有宽1.5米、长9米的台阶以供上下。酷似一只打向海面的拳头。炮台的砌筑和用料同于门垛。西炮台位于水门西北100米处，建于城外丹崖山东侧的陡壁上，伸出城外12米，宽12米，城墙开有小门道，以供进出。东西两炮台相距85米，呈犄角之势，封锁着海面，是护卫水门的两座重要设施，它和水门门垛一起，构成了一个严密的防御体系。

水闸，建于清顺治年间，今已不存。从徐可光《增置天桥铁栅记》中可以知道，它是一种“外包铁叶的栅栏式水闸”，徐可光说这种栅间“疏其罅”，潮汐可以往还如常，“密其棂”又能“杜奸宄之窥窃”。水闸安设在水道两侧门垛的凹槽中，并能沿槽升降，“无事则悬之，有事则下之”，达到“舟航不阻”，“保卫克宄”的目的①。今水门仍遗有当时开凿的宽0.33、深0.25米的凹槽。

水城内的地面建筑，除了水师营地和部分市井外，尚有大量的庙宇，它的占地面积约为水城陆面的五分之一。蓬莱阁是主要建筑，此外，还有上清宫、天后宫、龙王宫、关帝庙、海潮庵、平浪宫等等。其中以蓬莱阁规模最大，左右有飞桥式的梯路，状如两翼，颇为壮观，全局布在山顶，大有仙山琼阁的样子。

水城的修筑，迄今已有六百余年，它是我国建筑较早，保存较好的海港。水城在港址的选择，港湾的开辟，或是海上建筑结构和技术等方面所取得的成绩，充分显示出我国古代劳动人民高度的智慧和才能，反映了我国古代在海港建筑方面所取得的卓越成就，在我国海港建筑史上占有重要的地位。

---

① 《重修蓬莱县志》卷十三、艺文。

第二章　中国建筑技术

清初太和殿重建工程

——故宫建筑历史资料整理之一

王　璞　子

清康熙三十四年（1695年）重建太和殿，是清王朝建都北京五十余年来在宫廷内部实施的一项重点建筑工程。

太和殿是明、清两代的皇宫——紫禁城的主要宫殿，是全国重点文物保护单位。太和殿建筑宏丽，位当宫城中心，原为明代皇极殿旧址，是所谓外朝三殿的头一座大殿。当年遇有登极、元旦、寿辰以及命将出师等大典礼，都在这座大殿里举行仪式。殿后是中和、保和二殿。三座大殿的外观造型各具姿态，前后纵列成为一组，下面承以广大的“工”字形的白石台基，叠高三层，四围石栏；院落外围的廊庑楼阁，高下错落，左右映带，更突出了三殿巍峨庄严的空间形象。殿前广庭面积三万五千余平方米，可容纳万余人的仪仗队伍在这里朝会。三殿以北正中是乾清、坤宁二宫及交泰殿，左右两侧是东西六宫，后面是宫后苑（御花园）各殿宇，这些宫殿统属后宫范围。紫禁城南北中轴线上前后两部的这些宫殿，总的布局就是按照我国古代“前朝后寝”的传说而修建起来的。建筑体制以外朝三殿最为宏伟，太和殿又是全部宫殿当中建制结构最高等级的一座建筑物。明永乐十八年（1420）紫禁城宫殿建成时，三殿初名奉天殿、华盖殿、谨身殿，后改名皇极殿、中极殿、建极殿。明代二百多年间，三大殿先后三次被火烧毁，重建三次，末次重建工程晚在天启七年（1627）才完成。清朝建都北京，利用明朝故宫，更换主要宫殿门额，就原有建筑修缮整理，新建工程很少。康熙八年（1669）初修太和殿及东西廊庑，先后相继遍及后宫各处，修葺范围已较初年更加广泛。十八年冬（1679），太和殿被火烧毁，火场放置十余年，直到三十四年（1695）方开始重建之役。康熙此次重建太和殿，总起来说已是第四次的重建工程了。尽管建成后名号和原来不同，但建筑物的体制结构基本是一致的。今天我们在故宫看到的这座太和殿，虽然经过二百六十多年的岁月，依然保持着重建工程的原状。

故宫现存房屋建筑三、四百座，建筑类型丰富多彩，既有明代早、晚各期的建筑，也有清代增饰或新建，基本格局仍然保持明代初创规模，但在建筑局部的处理手法上，以及彩饰装修等各方面却不免互有出入，各具时代特点。通过实物考校，仍多可以辨认，有关建筑年代的鉴定，结合文献也不难弄清楚。太和殿重建工程正当新旧朝代更替未久，因循旧制多于更新，通过这个过渡时期的典型实例，也足以了解前后朝代官工营造制度的演变发展。后此，雍正十二年（1734）编刊《工程做法》，总结了前代实施工程经验，有清一代官工造作才有了成文的章程依据，内容规定与前代所行实具有密切的渊源关系，参考太和殿工、原委脉络，大都可以贯通。当时参与太和殿工程事务的工部司官江藻编有《太和殿纪事》一书，关于殿制作法，材分规格、物料供应、施工安排以及工匠制度、经费开支各方面都有详细记述，足补官书缺略。兹就工程所关主要方面，核对实物现状，予以初步探讨，提供明清建筑史实研究参考。错误之处请指正。

一、工程经营始末

太和殿重建工程自康熙三十四年二月二十五日动土开工，三十六年七月十八日完工，施工期限将近两年半，建筑规模大，费工费时，经费开支估计不下二百余万两白银，在当时社会条件下，确是一个了不起的大工程。太和殿是皇宫正殿（大内正衙），是象征封建政权的重心建筑物。火焚以后，封建统治阶级原可即时予以重建，为什么旷时十五、六年之久才开始动工？究其原因，实与当时的形势有很大关系。康熙十九年十一月份批发工科“题本”上写道：“各路大兵现在进剿、军需浩繁，所奏应修殿工，着候旨行该部知道”即已暴露症结所在是考虑到当时的轻重利害关系，才放缓下来。实际上，重建工程的物料筹备工作从康熙二十一年即已开始进行了。殿工所需大宗楠、杉木材，产在江南湖、广、川、贵各省深山老林，采运艰难，不是可以立办的。从工部康熙二十一及二十七年“题本”所说行查江南各省楠木各节：不论已经伐倒或生长在山的材木，长短巨细，甚至包括官署拆卸旧楠材栋梁、尽行登册具报，还责成南方土司和民间的捐献，多方搜索，骚扰地方。明代修建北京宫殿，采木之役，“入山一千（人），出山五百”。给人民造成莫大灾难。康熙履行故事，在严令苛求之下，经过五、六年时间，到康熙二十七年，各省运京楠材才凑足完数，结果仍然是“刓剁兼用，约估以足建造太和殿之用”。他如临清城砖，苏州金砖，京窑琉璃瓦料，西山、大石窝青白石料，石灰，都是沿承明代设置官窑、官厂烧造，与江南的颜料桐油，金箔铅锡等项，都有年例定额，专供宫殿大工使用，解运数量相当可观。这些物料有的由官库领发，有的需在工前准备，需要大量人役为之服务。当此兵荒马乱之际，人心未安，生产受到严重破坏，所以楠材备齐之后，又拖了五六年才正式动工，都是由于时局的影响所致。

二、建筑规模与工程做法

太和殿建筑体制作法，一般记载多不详细，据《纪事》所载：“太和殿一座，九间，东西两边各一间：内明间面阔二丈六尺三寸五分（8.432米），次间八、各一丈七尺三寸（5.536米），两边间各一丈一尺一寸（3.552米）。山明间面阔三丈四尺八寸五分（11.152米），次间二，各二丈三尺二寸七分（7.446米），前后小间各一丈一尺一寸（3.552米）。檐柱高二丈三尺（7.36米），金柱高三丈九尺五寸（12.64米），正中高七丈四尺五寸九分（23.869米）。吾殿（庑殿）重覆檐。镏金斗科，上覆檐单窍（翘）三昂、下覆檐单翘重昂。中明间龙井天花，安照壁，周围隔井天花，两旁垂花门。妆修菱花槅扇，雕做玲珑云龙成造。台基周围栏土并内里填厢背底高五尺（1.6米）。地面砍细二尺金砖铺墁。安砌新旧角柱，柱顶莲瓣座子，御道踏跺，通门槛垫等石。墙垣下城里皮用琉璃圭文砖，外皮砍细临清砖干摆，上身里外抹饰红黄泥。头顶宼二样黄色琉璃瓦料”。这些基本内容概括了太和殿重建工程的全貌，与现存实物考校，完全吻合，几部分主要尺寸也与实测结果出入极微。太和殿被火烧以后，大木骨架焚毁，基础并未全部破坏，间架结构就原有地盘而起，间数、深广、柱高，上至屋顶中高各部主要数据，都是依准康熙八年修理殿工的尺寸，考订归案，《会典》而来，实际也就是明天启所建皇极殿的旧有规制又一次翻新而已。这个关乎殿工体制的重大问题，晚在动土开工一月后才在康熙三十四年三月份工部“题本”中定下来，随文（“题本”）所附的图样，是否《纪事》卷首的“太和殿图”（清代名画家禹之鼎绘），抑或“样式雷”另有设计图纸、烫样之类，已无从查考。清王士禛《梁九传》提到梁九曾“手制木殿一区，献于尚书所，以寸准尺，以尺准丈，不逾数尺许，而四阿重室，规模悉具。”这个“十分样”（十分之一缩尺）的木制模型可惜也佚失了。有关太和殿各专业工程做法，《纪事》都有分类记述，现就其主要方面按建筑实施顺序简介如下。

建筑间数与间架柱位平面布局　太和殿大木结构体制属于殿身九间、周围廊、重檐庑殿式的殿座，地盘平面长方形，面阔九间，进深分三间，周围廊子各一间，通面阔 186.95 尺（59.824 米），通进深 103.59 尺（33.149 米），柱中总面积 19366.1 平方尺（1983.1 平方米）。建筑总面积（实测尺寸）2377.39 平方米。间架柱位平面布局形式如后此《工程做法》所载“九檩单檐庑殿周围廊大木做法”示例更高一级的结构体制。从历史上看，和宋《营造法式》“殿阁地盘、殿身七间，副阶周匝、金箱斗底槽”图样所示有其一定的渊源关系，间数多寡不同，柱网分布基本形式无殊。房屋间架制度，明清限制最严，宫殿建筑以九间为尊，非正殿大座不许使用，明太庙、长陵大殿与宫殿同制。匠作设计依准定制，决然不能忽视，《纪事》所称殿制九间，原本康熙八年修理殿工制度（明皇极殿制度），东西两边小间各一间，不在正身间数，称呼上原有分别。清末光绪年间太和门等三门重修工程图样注说，直称太和门为七间，两边昭德、贞度门各三间，都不计算廊子间数。《清会典》称太和殿制为十一间，太和门为九间，多出于文笔腴美浮夸所造成的误会。建筑开间方法，历史记载一般都是以建筑物迎面间数为准，间或以楹（柱子）数计，都是本于“两楹之间”为“间”和“两架为间”的说法，根据匠家间架结构位置方式而定的，一般不计进深，所以进深过大了又有“分三间”、“显三间”的说法。太和殿开间方法，当中明间开间最大，左右八次间，间距均等，与《工程做法》递次减小方法不同。两山明次间，明间大于次间，也不是匀分三停。各间斗科拈当都大于 11 斗口之规定，有明代建筑普遍具有的特点，可见当时开间分档还不是按斗科攒宽（或空档）11 斗口为定分依据，方法比较灵活。

砖基础　明清宫殿基础做法，除见于故宫神武门外原明代北上门拆除工程全部实况外，一般修缮不易看到全貌。通过《纪事》所述太和殿工程实施情节，与《工程做法》基础处理办法基本一致，前后因承关系可以了然。太和殿砖基础是利用明代旧基，经过拆刨清理又重新码砌的。所说拆刨“旧泥土渣深五尺”（1.60 米）也就是台基连埋深的通高尺寸，地皮以上露明高三尺（0.96 米），地皮下埋深 2 尺（0.64 米），埋深也是刨槽深度。再下，即三台内部灰土垫层，殿座本身没有另筑灰土垫层记录。檐金柱下砖磉墩，周围砌拦土，前檐、金柱掐挡，周围台基随石背后砖，分别根据荷重情况使用不同质地的城砖码砌。临清城砖土质坚致、耐压力强，用在柱础下面磉墩，其余使用京窑烧造一般的新样城砖。砖墙下城表面用临清城砖，背馅用新样城砖。室内地面使用金砖（加工精制的澄浆细泥砖）铺墁，既美观又经久耐磨。针对具体情况拣选材料，分别处理，是劳动人民从实践中积累的一条好经验。另外，《工程做法》在砖磉、拦土墙、随石背后砖，地面砖以下，全部砖工空挡的填厢、背底，都用灰土或素土分步夯填坚实，使整个台基形成一个砖、石、筑土混合而成的构筑体，大致与北上门所见相仿。太和殿的填厢，背底工程则一律改用糙砌城砖的办法满砌满填，这种特殊的加固处理，可能还是个孤例。仅此一项使用城砖即达 169774 块，几占全部砖工用砖数的一半，所以数经大地震的考验，房座安然未受影响，主要由于下面整体台座的稳定。还有抹饰红黄泥（抹灰工程）

提浆做法，红色使用头二号红土主要材料之外，另加少量江米（糯米），白矾；黄色用包金土掺兑白灰之外，加少量江米、白矾、土黄和毛头纸。江米取其粘性、白矾提色出亮，毛头纸用作纸筋，使在室内抹饰罩面，这些配料方法用在外表粉饰，可以收到光致细密，色调美观的效果。即在今日古建维修工程仍然不无参考价值。

大木结构　外朝三殿自明天启七年重建以来，太和殿又被火重修，仍就原有地盘而起，基本沿袭明代规模。中和、保和二殿，则明代原状未变，中和殿梁柱犹保留“天启七年”墨书题字（保和殿也有明代题字）。三座大殿的屋顶形式固然不同，但殿身内部梁架组成方式基本属于同一类型，都是在里围金柱以上采用童柱接高办法，上承上步梁架，童柱外侧使用单双步或三穿梁做法，属于同一时期对于屋深过大，需要分间（按步分段）成造的一种梁架组成形式。太和殿重檐十三檩庑殿顶，进深分三间（两山明次间），前后各六步架，里、外围金柱等高，通梁（明梁）属于十三架梁水平分位，跨度过大，连两头出头，非三十米长大材木不能胜任。大材难得是一方面，从结构力学、经济各方面，也都受有一定条件限制。古代大木匠师根据积累的实践经验，发明创造出把通梁分成三段，里围金柱不用通柱、自通梁以上改用童柱接高，穿插单、双步或三穿梁做法，犹如“中柱式梁架”中分半坡梁架的办法解决了这个困难，流传日久，形成一种通用的梁架类型。太和殿就是利用这种做法，前后里围金柱上接童柱，直承上顶七架梁，下脚承以斗盘，放在明梁前后接缝，外侧的单步梁头上托下金步檩（九架梁分位，双步梁上托金檩（十一架分位）。三穿梁分位在此殿即里外围金柱间的明梁（天花梁前后的一段，也叫落金接尾桃尖梁）梁头上托重檐正心檩，梁尾与前后里围金柱间的明梁相接。三段连续一起，即十三架通梁分位的明梁，中间一段明梁仍然需用十二米长料，前后两段连桃尖梁头合计也不下十米左右。太和殿用的这种结构在此类梁架中属于最大、最规矩的一种，两山限于屋顶坡式则使用扒梁法。由于建筑体制地位，要求严谨整齐，室内柱木林立，体现出建筑的伟观局面。遇有非常，限于间隔阻碍，犹可预为周旋余地。这种出于政治上的考虑，也影响到建筑的结构方法，它和后面保和殿为了使用要求空旷，容纳多人活动（科举殿试用场）在性质上原有分别。保和殿进深较小，则改为前坡里围金柱分位不用柱子的“减柱造”做法，可以说是一种变通处理办法。此法盛行于元代地方建筑。明代宫殿除保和殿外，景运、隆宗门靠前檐走道也采用“减柱造”，便于车马仪仗交通回旋。这是宫殿建筑吸收了民间优秀传统做法的一例。《工程做法》列为仓库梁架一种的当中甃门两侧通天金柱穿插梁法，大体都属于中柱式梁架中分半坡架构形式。太和殿两山使用各架（三、五、七、九、十一架等）扒梁法，两山童柱由顺桃尖梁承托，柱头顺插扶柁木（方子）与正身童柱连接。太和殿大木结构与明代原制，明显变化的是金柱围径比原来加大了，原制金柱直径三尺，大概是为了壮观，要求加大二寸，改为三尺二寸（1.024 米），檐柱未改。全部檐金柱木合计七十二根，经初步勘查大部使用的松木，并不是都用楠木制作的（梁枋大件也是这种情况。可想当初楠材来源不易，所以有“刎剁兼用”之语，或有其他情节则不得而知了。）。这样长径粗大的柱木，外围表面虽然采用“分瓣刎拈”办法包镶，心柱仍须长大径寸的整料。仅此一项需材量就很可观（全部建筑使用木材数量初步折算约 5200 立方米原木，按建筑面积每平方米约合 2.2 立方米。）。而且柱木加大，石础必然随之增大尺寸。四十份金柱础新制三十九份，见方五尺（1.6 米），厚三尺（0.96 米），这种料都是大石窝石厂采办。旧础改作檐柱使用，还是从设计上就考虑到节约的措施。大殿所用柱木的长细比例大体都在十比一上下，合乎受力的要求，《工程做法》基本因承这种规矩。上下出檐问题，据现状实测结果，下覆檐上平出檐长 3 米，约当檐柱高（8.31 米，地平上至挑檐桁下皮高度）36%，出檐大于《工程做法》规定的 33% 之数。上覆檐平出长 3.21 米，比下覆檐长增大了 7%，又小于《做法》增加 20% 的规定。台明回水（下檐出长）1.91 米，约当上平出檐长 65%，也与《做法》规定的 80% 之数有出入，可见明代（或清初）对这方面要求还不像后此《工程做法》之严格。其余有关屋架举折分数、推山方法，有待进一步就实测尺寸逐一核对原书，求出真相，暂且从略。

斗科做法与材分的应用　太和殿外檐用镏金斗科：下檐单翘重昂（七材），上檐单翘三昂（九材）做法，雕銮作称为三发须镏金麻叶云拱斗科。内檐斗科分为四大类：1. 花台斗科，雕銮称为香草灵芝泥托（道）栱花台科，即金柱缝花台方上的下檐镏金斗科后尾部分。2. 划椽斗科（内里划椽科）即里围金柱花台枋上平身科；蝙蝠柱头科，雕銮称为内里围灵芝蝙蝠花台柱头科，即里围金柱上柱头科。3. 品字科，雕銮称为香草灵芝泥托栱品字科，即天花随梁与天花梁间重栱荷叶雀替隔架科。4. 蝙蝠头，雕銮称为香草灵芝蝙蝠头，即外檐檐金柱的角替。名称与《工程做法》所载稍有出入，也许是工匠俗称。斗科基本做法，用材分数与故宫明建各座大体一致。镏金斗科下檐平身科做法与明早期神武门楼的形制相仿，但已不用真昂、华头子做法，下檐角柱也不用附角斗连瓣科形式。从外表形制也可能与中和、保和殿都属于明代晚期的改变做法，这还有待进一步考较。斗科用材制度，从《纪事》所载斗科所用机、拽枋断面尺寸 3×6 寸，正心枋 4.5×6 寸。可以断定，材分规格应属于后此《工程做法》所说的第七等材，即斗口三寸材分（9.6 公分），与实测的 9 公分之数相差极微。中和、保和殿都是二寸五分口分，太和门用二寸八分口分，神武门用四寸口分，从建筑等级制度讲，太和殿属于三殿一区最高体制。《工程做法》城门楼用四寸、四寸五分口份，这种规定都是根源于明代传统而来。官工建筑自宋代《营造法式》明文规定："凡构屋之制，皆以材为祖，材有八等，度屋之大小，因而用之。"经元明至于清之《工程做法》增订为"材有十一等"数百年来宫殿官工沿行未替，通过实物校对，脉理秩然可考。

琉璃瓦顶做法　太和殿用二样黄色琉璃脊瓦料，大吻高 10.5 尺（3.36 米）每件重 7.300 库斤（4.554 公斤）。明代琉璃瓦料规格原有十种样号，大小尺寸各有规定。万历年间曾烧造头样大吻，用于承天门（今天安门）及皇极殿。清代头样和十样瓦料不常用，窑厂只烧二至九样瓦料。太和殿用二样瓦料是最大的规格了，每件分十三块拼成，连吻座、插剑、背兽共计十六件组成一份。因为重量大，烧造不易，往往预留备份（一式两份）。封建统治阶级为了慎重其事，订有"迎吻""祭吻"制度，大脊合龙门（由两头向中间安装，最后一块合拢）也要祭祀。大殿共用各种脊瓦料 110748 件，宼瓦、捉节，夹陇都用白麻刀灰粘结，宼筒、板瓦每陇按"一筒三"做法（一块筒瓦、三块板瓦），板瓦压七成露三成，正合筒瓦身长，底瓦排挡密，防水效果好，这是合乎规矩的做法。一般为了省瓦，多采用"一筒二、五"做法。苫灰背用白麻刀灰，分三遍苫，每遍砑实，经过晾晒（晾背）后，再上第二遍，最后砑实光亮成活，仅瓦顶一项使用白灰即达 400 余吨。通脊筒子内满装木炭；在下覆檐的瓦面上，相当于上覆檐口直下的一段，使用铜板瓦，以防止滴水日久砸坏底瓦，这些都是为了防水、防潮而采取的一种积极措施。脊上安置的走飞真人、行什、吻兽等件，既有掩盖下面木桩铁钉的作用，又是一种美化装点。在当时这些名件用多用少以及用什么形象也都有等级限制。太和殿四角屋脊上的走兽飞禽的件数、序次，大体沿袭宋《法式》规定，龙凤狮马等九件，真人领先，行什殿后，称为"走九"，属于最高一级，限于宫殿正殿使用。保和殿、太和门降一级，用"走七"名件；一般"走五"；最低"走三"。明代烧造琉璃瓦技术有很大的发展，样号规格整齐，一般色釉匀净、饱满。各种名件随形合样，配套安装，严丝合缝。复杂的琉璃瓦作，如紫禁城角楼、南大库都是具有代表性的实例。

彩画制度　关于彩画名色，《纪事》没有说明，仅于上梁之先，引载康熙三十四年九月份工部“题本”：“据木匠梁九称：先前太和殿明间金梁一根曾用飞金彩画，两边各两间梁四根五色彩画等语。应将今太和殿金梁亦照此彩画。俱合选择吉期上梁可也。”这里所说“金梁”，是指屋顶的脊檩，虽然没有明确全部是否都如此彩画，但从现存脊檩上画的彩画与记载相符，布局手法，用色用金和室内梁枋彩画的格调基本是一致的。这种彩画参照《工程做法》彩画作名目，当属于“金琢墨金龙枋心，沥粉、青绿地仗”做法一类，与保和殿“枋心画青地金龙五色云大包袱、沥粉朱红地仗”在题材上略有不同。宋代彩画有五彩遍装、碾玉、青绿棱间、解绿、赤白、结华装、丹粉刷饰诸名色。明代分琢色、晕色、彩色、间色、青绿、青黑各种。“题本”称五色当如宋、明“五彩遍装”与“五彩”画法，属于高等级一类。既是照先前（指康熙八年修理殿工）彩画，仍属于前明旧有风格。彩饰体现等级制度，尤其正殿建筑，结构、体制沿承旧规，外表装饰题材更不可能大变动。所称“飞金”即贴金做法，故宫大殿座明间脊檩仍有满贴金彩画实例。太和殿彩画用金量最多，总计使用红、黄飞金约1280余块（金箔每张见方三寸三分（10.56公分）每千张为一块，或称一具），大青6吨，绿1.6吨，银朱1.8吨，桐油约33吨，白面约17吨，全部油饰彩画经费共用白银49000余两，一部分库发材料还未计入。

三、施工现场布置与实施工程进程

太和殿地处皇宫中心，周围地势虽然广敞，但由于禁卫森严，施工场地受到一定限制。加工操作、物料堆放，都是远离工地以外，运输经由，也专有指定途径；工匠进出，防范尤其严格。当时利用文华殿附近一片空地作为大木、石作操作场地，材料进出经由东华门；斗科制作、细小木件远在天安门长安左门以内；石灰、砂土放在武英殿左近；大吻、琉璃码放在太和殿庭院。石灰高温、木材易燃，放在空旷近水之处；砖石、琉璃砖块及大量散材、不怕起火近临工地，码放殿庭更有利管理。在特殊条件和环境之下，这种安排还是比较合理的，对警卫和防火各有便利。关于施工进程安排，《纪事》虽未明确说明，但从施工全过程一系列的祭祀礼仪，大体可以看出工程的进度，列简表如下：

1. 动土开工　　康熙三十四年2月25日辰时

自动土开工，清理旧基础，瓦工码磉，下至安磉相隔五个月另九天。

2. 安磉　　三十四年8月4日辰时

石工安柱础，瓦工随工，大木工进料，下至竖柱相隔20天

3. 竖柱　　三十四年8月24日巳时

大木工安装柱木梁枋。下至上梁相隔三月二十三天

4. 上梁　　三十四年12月17日辰时

大木工安檩木，钉椽望、安装修，石工安石活，瓦工砌墙、苫背，宽瓦，铺墁地面。下至迎吻、安吻，相隔六月十天

5. 迎吻　　康熙三十五年6月21日辰时

下至安吻相隔六天

6. 安吻、插剑、合龙门　　三十五年6月27日辰时

瓦工即时合龙门成功。

要求木植干一年，彩画晚在下年施工，实际下至彩画相隔6月余

7. 彩画　　康熙三十六年1月

彩画油饰　　下至悬扁成功，相隔七月

8. 悬扁　　三十六年7月13日卯时

下至告成相隔六天

9. 告成（祭文）　　三十六年7月19日

由清理旧基础开始，到完工将及两年半时间，各作工程开始到下一工序，大致相隔时间，最短一、二十天，最长五、六个月。一方面说明工程量大小，另一方面每一工序还有个必要的工遍间歇，安排工期，必须预先考虑进去。如土功夯筑灰土，必须当天打完一步；漫水活，隔夜焖透，第二天再夯筑第二步。全部完工后，还必须晾活（晾槽），然后瓦工砌砖，垒砌高度也有一定限制。官工对基础工程最重视，逐步检验无误后，才能进行下一步工程。大木结构安装完成、扣上瓦顶以后，进行门窗装修各工、重大工程一般要过一年半载，俟木料风干实、风干以后再做油画。太和殿瓦活全部完工后，要求“木植干一年”才进行彩画，就特别注意到这一点。其余也都包括有工遍间歇在内。最重要的是屋顶苫背一道工序，绝不能忽视“晾背”这一步骤，漏雨与否，从根本上讲要看苫背质量如何，宼瓦夹陇还是比较次要的。有经验的老匠师，首先考虑的是如何保证头上（瓦顶）、脚下（基础）的工程质量，抓住关键，其余可以迎刃而解。这些卓有成效的好办法，用于今天的古建筑维修仍然具有参考价值。

四、涉及三殿两宫总平面布局的斜廊、平廊拆改问题

明代，三殿两宫，由前后殿座的两山起直指东西两庑前檐，随三台或基座跌落形势，各建有平、斜廊一道，如金、元宫殿、祠宇总体布置格局。康熙八年修理太和殿及东西两庑，当时太和、保和的斜廊、平廊犹列入工程项目以内（见是年《奏销黄册》）。康熙年间《皇城宫殿衙署图》仍绘有斜、平廊子形制。经刘敦桢考证，此图绘成于康熙十八、九年间（见《中国营造学社汇刊》）。太和殿于康熙十八年底毁于火灾后，朝会改在太和门举行。平斜廊与大殿毁于同时，当无疑问。从《纪事》所附“太和殿图”殿身两侧改为两道大墙，当为重建时所改建。一毁一改时间可以确定。至于保和殿及乾清、坤宁二宫的斜廊，与太和殿原有建制一类性质，在处理上也必然采取一致步骤，同年统一拆改。另外，康熙八年殿工案内及九年修理乾清、坤宁两宫工程记录，都没有提到后宫斜廊、平廊改制问题，但后宫两殿与外朝太和、保和殿两山墙现仍保留石制廊门甬子。外朝东西两庑经康熙拆建后间距缩小（地面留有石础比现状开间大），已非明代原样。后宫东西庑原状未动，新中国成立初期维修工程发现两庑前檐瓦顶下面（直对坤宁宫两山石门口方向），仍然保留斜廊、平廊插入檐头的窝角梁斜卯口。也可以说明保和及后宫几处斜廊在太和殿重建以前还没有变动。

五、梁九是太和殿重建工程技术总负责人

梁九在太和殿工程实施过程中，以掌握尺寸匠身份主持全面施工技术；参与设计“料估”

预算，亲手制作大殿木样，身兼设计、施工双重任务，地位重要。非素有才艺、长于实地经验决然不会轻易对之委以重任的。大殿功成，梁九名列工匠第一。但在等级社会里，重仕轻工，视技巧为贱末，能工巧匠，心怀绝艺，在政治上则毫无地位。大官受重赏，匠人被小惠，这从《纪事》恩赉一章可以了然。梁九师承名匠冯巧，专攻大木工，技术造诣最深，自明代末年即随师在宫廷服役。清初，名列工笈食粮匠人，宫殿大工，多经其手。与样房雷发达论先后辈，雷长于图样设计，梁重在工地实践，各有专攻。历史上有关梁的生平事迹流传不多，清王世禛《梁九传》以外，唯见《纪事》传述梁在当时职名、身份，亦只寥寥数语而已。与梁九同时参与实施工役的食粮掌尺寸匠头共十七人；头等匠役马天禄等七十九人；二等匠役李保等一百二十人；三等匠役宋奇奎等六十四人。另外，拔什库白黑等四人；作头张建等三人；打造匠郑大等十七人；窑户徐珍芳等二十二人；参加施工的三百二十六名匠役当中，仅为首数人列有名姓，其余很多人都被湮没无闻了。掌尺寸匠头十七人除梁九是大木作，其余也必然各有分工，究属那个专业的头目人以及三等匠、役共计二百六十三人，其中役与匠也难于分别了。官工经营工匠制度，在明代工匠服役，编在工笈，三、五年不等，轮番一次，称为轮班匠。清初废班匠改行雇役制，但在工部、内府仍有食粮匠人，编在工笈称为“内工”，如上列各等匠役、作头、窑户等人。顺治十三年修乾清宫等宫殿除“内工”匠役外，掌尺寸匠头、匠役还雇用“外工”参加。太和殿大工当不止“内工”三百余人，《纪事》未提雇用“外工”。若按两年半工期三百余人计算，也不在少数。进一步核以《工程做法》工料定额，当可有所了解。

山西元代殿堂的大木结构

张　驭　寰

一、总　　说

山西地区现存古代建筑中，无论是住宅、衙署、庙宇、寺院，除少部分使用砖石结构外，大部分建筑都以木材作为结构主体。也就是用木料做成的骨架承担重量。其中的殿堂梁架更是以木结构作为主体，成为山西木结构建筑中的重要部分。

木结构体系的建筑是我国古代建筑的主流，即使是砖石建筑在造型和细部装饰方面，也尽量模仿木结构建筑的式样。例如砖塔、无梁殿、石刻以及窟檐等都是尽量模仿木结构建筑的形制。我国木构建筑开始甚早，自从氏族公社开始建造简单的住所以来，人们就与木材打交道。因此，土和木就作为我国古代建筑材料、建筑工程、房屋建筑的综合表征。山西地区保存着许多早期木构殿堂实物，它标志着我国古代木结构建筑的式样、构造方法和建筑制度。

唐代以前木结构建筑的实物已经不存在了。仅从出土的器物①、造像石刻②、石窟③以及砖石建筑的残部上可以间接地看出战国至北朝时期木结构建筑的形象。例如木柱、梁枋、斗栱、梁架以及屋顶等都显示了它们的式样。在山西保存的唐代木构建筑有南禅寺正殿④、佛光寺东大殿⑤、五龙庙正殿，这些木结构的殿宇，尺度比例雄大，结构简洁明了，材料加工比较精细，它的构造方法已经达到非常成熟的地步。

五代木构建筑实物有镇国寺前殿、大云院大殿等，式样与唐代木构殿宇相仿，但是具有五代时期独特风格，每一构件都有其一定的作用，没有任何虚假的装饰。

宋、辽、金三个时期遗留的木构殿堂较多。宋代木结构的殿已查到十余处，其中以晋中、晋东南为最多，例如开化寺大殿⑥、崇明寺⑦中大殿、崇庆寺正殿、法兴寺中殿、晋祠圣母殿、慈相寺大殿、崇寿寺中殿⑧、游仙寺中殿⑨等都做单檐歇山顶，其中大木结构用材与《营造法式》规定极其相似，但还有不少的地方手法。大体来看，每间斗栱朵数少，每朵体积比较大，做批竹昂、做批竹耍头者亦增多，用材砍削制度很严。转角处用斗栱承担角梁，梁架结构形制都有统一的规律性。辽代木构建筑，仅在山西北半部有上华严寺大雄宝殿下华严寺薄伽教藏

---

① 1955年春，山西省文物管理委员会长治工作站曾在长治分水岭战国墓葬中发现铜匜。铜匜上刻有楼阁式房屋图样，从中可以看出梁柱、斗栱和屋顶形象。

② 从晋城县西部村崇寿寺里现存的北魏造像碑上雕刻的建筑、长治县师庄羊头山北魏清化寺造像，都可看出早期建筑屋顶形制。虽然是刻在石块上，却模仿了木结构的式样。(见晋东南专员公署：《上党古建筑》)。

③ 关于北魏时期建筑形制可参阅林徽因《云冈石窟中所表现的北魏建筑》载《中国营造学社汇刊》1933年4卷3.4期。

④ 祁英涛：《两年来山西新发现的古建筑》《文物参考资料》1954，第11期。

⑤ 梁思成：《记五台山佛光寺建筑》《中国营造学社汇刊》1944年7卷1期。

⑥⑦⑧⑨ 古代建筑修整所：《潞安、高平、平顺、晋城四县古建筑调查报告》，《文物参考资料》1958年第3期，第4期。

殿、佛宫寺木塔，这些建筑都吸取唐代木构建筑精华，加以发扬创造，规制宏丽。在结构上继续使用斜梁构件，远比矩形结构更为稳定，向前迈进了一大步。金代建筑在山西比较多，现存的例如朔县崇福寺大殿、大同善化寺大殿、陵川北吉祥寺大殿、南吉祥寺中殿、太原晋祠献殿、平遥文庙大成殿、应县净土寺大殿……都继承唐宋传统式的制度继续发展。虽然其中有些地方做法，或者在结构上有些变化，但整个结构体系都有共同性。特别是从金代开始做大额，以大额结构作为新形式出现，它是为元代梁架结构创新的一个开端。

公元1271年蒙古贵族忽必烈建立元朝，统一全国。他们吸取中原地区汉族文化，另一方面也吸取中亚和藏族文化，使建筑的面貌别开生面，遗留下来的木构殿堂也比较多。河北、江苏、浙江、云南、河南以及陕西等地都多少保留一些实物，但山西地区为最多。据我们在山西调查得知，元代殿堂的大木结构中梁架发展成为两种结构体系，一种是传统式；另一种为大额式。

传统式结构做法，继承和发展了唐、宋以来木结构建筑中传统式样。平面布局、梁架结构、细部做法、构件式样以至用材等基本上和宋式木结构的殿相仿。在唐宋木结构建筑的影响下，创造出新的形式，但在用料上和一些局部手法上经过元代的改革，表现出元代的特点。在细部方面模仿宋制最为明显，有的柱做成梭柱，或在柱头砍出卷刹，内柱柱头直承栌斗，斗栱朵数少，每铺作体积大，琴面昂和华头子的式样都很相似，梁枋的搭接、托脚、叉手、丁华抹颏栱、蜀柱等都和宋制相同。

总观梁架尺度比唐宋小，没有宋式那样做得整齐规矩，最通用者只是四椽栿对乳栿用三柱，表现得很呆板。元代继承传统式梁架的特点，却在局部方面增加一些新的手法上的变化，总体上还是不变的。因为传统式梁架结构体系，发展运用的年代久远，经过长年的千锤百炼，越来越达到成熟地步，它在我国古代建筑中贯穿着全部历史。

大额式结构主要特点，平面以矩形为主，施用歇山顶。内部采用大额承担梁架，在大额之下进行移柱和减柱，还运用斜梁及挑斡等结构方法。在斗栱方面大量运用翼形栱，材栔尺寸比宋式减少很多，用料规格不如《营造法式》那样严格，普遍使用原材或弯料，很少加工，因而出现粗犷原始的风格。采用这样的形式使结构简洁明快，既节省材料，又表现出雄伟大方的气魄。同时使殿堂内部空间扩大，更达到适用的要求。大额结构的出现，是我国木结构的一种新变化，有着重要的意义。

大额式梁架结构的创造，上可溯至金代，如五台佛光寺文殊殿结构是金代采用大额式的一例。到元代大量地发展起来，成为元代木结构建筑中一类创新的结构方式。它既符合木结构建筑规律，而且又达到使用的要求。殆至明清的一些建筑中，在殿内扩大空间时，则用几座殿联结起来，采用勾连搭式的屋顶，而内部空间加大，这又是一种扩大空间的方法。

山西地区在金、元两代，是政治、经济文化重要地区，佛教和道教在此地盛行，因而木结构寺院庙宇较多。现存的元代木构佛殿，大多数是在宋、金寺庙故址上重建与改建的，也有许多新建的，保存的数量相当多。究其原因，首先是由于唐、宋寺庙旧基，基础稳固，如果重建或者是改建，有坚固的殿基不易塌毁；第二，由于梁架用料粗大，抗压力强不易损坏；第三，山西地区气候干燥，木料不受潮湿，容易保存；第四，山西地区战争少，每次战争进入山西就基本停止，很少遭到大规模战争的破坏。因此，在山西保存下来的木构较多，从其单体项目来看，有大殿、山门、献殿、戏台……除此之外，还有以永乐宫、广胜寺为元代重要的两组大建筑群。

山西木构建筑，除明、清两代现存实物外，要算元代为最多的了，它的发展变化具有承前启后的作用，对元代以后的木构建筑发展有着深远的影响。

二、单座木构殿堂建筑

元代木构建筑中表现最精彩的和最突出的应说是寺庙里的大殿，其次是各级衙署的大堂。由于在功能方面有着不同的需要，在内部构造处理上不完全相同，因而在结构上出现十分丰富的技术手法。但总的来说都要求空间开敞，需要有较大的空间才能符合适用。同时在外观上要有庄严宏伟的气魄。而且在建筑工程技术上和质量上也要达到坚固耐久的程度，所以用材较好，匠师的技术水平也较高。

殿堂，都建筑在一个较大的台基上，台基四角建有角兽石①，殿堂的平面组织一般有两种方式：一种是方形平面；一种是矩形平面。方形平面或矩形平面都是根据内部功能要求决定的。从宋代开始，禅宗盛行，往往在佛寺的中心建造方形的殿，元代仍然沿用这个制度。例如洪洞广胜寺下寺明应王殿、太符观正殿、释迦寺大殿、三圣寺大殿等平面都是方形的。矩形的殿堂比方形的多，例如广胜寺上寺、广胜寺下寺各殿、永乐宫各座殿宇、灵岩寺南殿、普净寺大殿、绛州大堂、广济寺大殿等都是矩形。此外，还有比较尊贵带前廊的殿，例如二郎庙大殿、龙天庙大殿等等都采用这个方法。

平面开间由三至七间，其中以三间五间为最常用。进深采用四、六、八架椽屋，常用的为四、六椽屋为多数。间的宽度除当心间尺度稍大一点外，次间、梢间尺度比较窄。这样布局主次分明，根据古代房屋开间的习惯沿用下来，作为分间的标准。

殿堂内部佛像的布置，根据佛教宗派内容意义要求，作为殿堂平面取形的根据。元代常用的有如下几种布置方法：在佛殿中心做一个宽大方形的佛台，台高由50～60厘米，人们称为“大方台式”。参拜的人员进入殿中，环绕大方台周围绕行。宋代因禅宗盛行将佛像布置成品字形，构成以“组”的方式，所以形成方形的佛台，以后佛殿建筑随着方形佛台而发展，随即构成方形的殿。“单排后台式”将佛台改窄，设在后墙边缘，台前空间大，或在两侧和后部，留出过道，这主要是根据并列佛像而产生的，因主像展开，列为一排，台面东西加长，故成为一座矩形殿。“短台式”的平面，是将后台靠入墙壁，按间分段，使两端缩短，从元代晚期到明、清普遍采用。第四种为“周边式台”，它和短台相仿，将短台之两端左右各伸至山墙面，这种方式布局从元代开始，沿用到明、清两代。第五种为三边式台，它沿用两侧墙面与后檐墙三面布置佛台，当中留出宽广地面。带有罗汉的殿常用此式。还有一种周边式，也是从三边发展而成，唐、宋时很盛行，实例颇多。

一般殿堂的习惯，在佛像前的正面留出较大的空间，作为奉佛活动的场所。早期平面面积小、佛像数量多，活动范围不够用，而在大殿前，接连建筑三间或五间的大殿名谓之“献殿”，根据建筑物的大小式样，也有称为“献亭”或者“献棚”等。到后来成为一种建筑制度。

---

① 凡元代殿堂建筑，在台基的四角，常施角兽石。其题材用狮子、对狮、卧狮、立狮或用狮子滚绣球之类，形象生动，是早期台基装饰之一。例如北京护国寺千佛殿前就有角兽石，刻三狮一球圆雕，襄汾县赵曲镇夫子庙大成殿台基、山西河北一些庙宇殿堂都刻有角兽石。

献殿的位置，都建在正殿前，与正殿平行，两殿紧密接连，尽量使两座殿成为一个整体空间。献殿四周不砌砖墙，只留柱廊，上覆瓦顶，成为一个开敞式的建筑。献殿有方形（单间），也有纵向长方形者向前伸出很长。在大殿前端有这样一座建筑，对大殿增加壮观；另一方面平面和空间扩大了，使殿座成为一个庞大的组合体。至于衙署里的大堂，用献殿衔接，同样壮大气魄。这种建筑布局的方式是由于功能上的需要，也和礼制的影响有关。在元代殿堂的平面布局上较普遍的保存了这个古制。

至于柱网的排列比较简单，用减柱方法尽量使木柱减去。在一座殿堂内，只保留很少的内柱，有的在前槽留二根，也有的在后槽留二根或四根，使之减到最低限度。除减柱方法外还有移柱的办法，例如繁峙县灵严寺大殿布局就是采用这个方法。利用减柱法和移柱法，是扩大殿堂内部空间的一种构造方法。

元代的殿堂都建在台基上，其高度一般在一米上下，台基宽度超出檐墙常在70厘米左右。殿身根据柱高和斗栱高的比例关系来确定，柱高常在3.8米上下，斗栱高为柱高的三分之一，殿身高度常常小于总面阔的二分之一。常在当心间施用双扇版门①，其余墙面为围护墙，均砌得甚厚，墙身砌出显著的侧脚。在次间、梢间处，安装一个方形直棂窗。大型的殿堂常在当心间及两次间均安装槅扇，外檐斗栱朵数少，每朵要比明、清朵数大，柱头与补间铺作都用一朵，布置非常舒朗大方，雄伟有力，因为有柱之升起，使殿堂和檐子、普拍枋、阑额明显地向上起翘。

殿顶以悬山式、歇山式为最多，也有庑殿顶，个别的殿堂还做重檐歇山顶。殿顶举折增加曲线，坡度略觉平缓，远远不像明、清那样高陡，望去具有大方古朴的风格。

元代殿堂实例分析表 **表一**

传统式

地点	殿堂名称		通面阔	通进深	间数	檐柱高	斗栱高	檐高	殿顶	备注
繁峙	三圣寺大殿		12.4	8.13	3	4.00	93	4.93	歇山	
繁峙	寿宁寺毗卢殿		17.05	10.93	3	4.60		5.75	歇山	
榆社	寿圣寺中殿				5				悬山	
汾阳	太符观正殿		13.08	11.15	3			5.20	歇山	
浑源	永安寺传法正宗殿		26.55	14.98	5	4.55	0.35	4.90	庑殿	
平遥	二郎庙正殿		9.57	9.50	3	3.64			悬山	
浮山	清微观老君殿								歇山	
稷山	青龙寺腰殿		10.05	7.95	3	3.80	0.97	4.87	悬山	
长治	崇庆院中殿								悬山	
芮城	永乐宫纯阳殿								歇山	
襄汾	释迦寺雷音殿		11.30	10.90	3	5.4		6.82	歇山	

① 元代大殿外檐装修做槅扇门的甚少，绝大多数都开双扇版门，版门形制方形，门额与立夹尺度甚大，最下部施门砧，上施圆雕卧狮，门簪施用二枚或四枚，按门宽窄的尺度来确定。

续表

大额式

地点	殿堂名称		通面阔	通进深	间数	檐柱高	斗栱高	檐高	殿顶	备注
洪洞	广胜下寺后殿									
洪洞	广胜下寺前殿									
临汾	三王庙戏台									
运城	结义庙过殿		15.63	7.28	5	3.45	68	4.73	悬山	
襄汾	普净寺大殿		18.35	10.55	5	4.03		4.87	悬山	
繁峙	灵岩寺文殊殿		16.20	12.30	5	3.62		4.80	歇山	
新绛	寿圣寺大殿		11.60	11.80	5	4.23		5.32	悬山	
五台	广济寺大殿		16.90	13.25	5	3.85		4.08	悬山	
新绛	绛州大堂				5	4.50	0.70	5.20	悬山	
介休	龙天庙正殿		9.35	6.85	3	2.86	0.72	3.58	悬山	
赵城	三王庙正殿									
长治	洪福寺眼光殿									
高平	景德寺大殿		15.10	9.25	5	3.22	1.18	4.70	悬山	

三、对殿堂梁架结构的分析

1. 梁架结构方式

山西地区现存的元代殿堂，它的梁架结构方式从整个体系来分析，有两个大的系统：一种是传统式；一种是大额式。关于这两种梁架体系，简单说来，按历史上唐、宋以来流传的式样

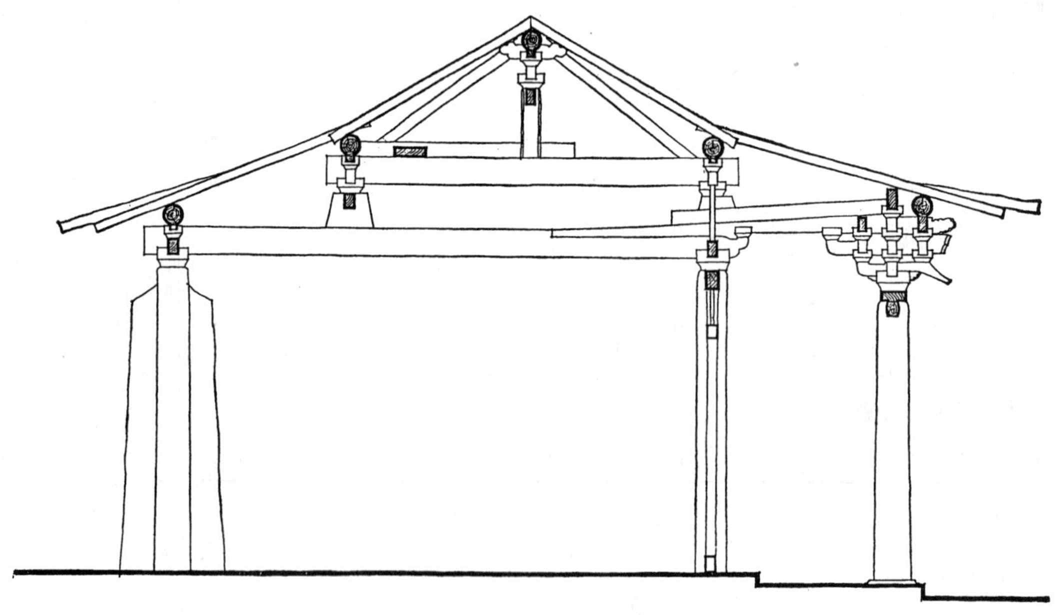

图1　平遥二郎庙横剖面

建造的梁架就用传统式来概括；在传统的梁架基础上进行创新、选用一种大檐额或者大内额，这种新的梁架结构，用大额式来概括。在前节已经简单论述。

传统式梁架结构形式与大额式梁架结构形式不仅仅表现在山西地区古代木树建筑中，就是在陕西、河南等地元代殿堂建筑中也有采用同样的方法，现在按这个体系来分析，充分说明元代木构建筑发展的统一性。

传统式梁架形式大致归纳有下列四种：

三椽栿对劄牵用三柱：这是传统式结构最简单的一种做法。例如，平遥县二郎庙是一座小殿，在材料小的情况下，又要求增加前廊时，因此采用这种方法来解决。劄牵材料尺度小，因而加一条缴背，以增加抗压强度（图1）。

四椽栿对乳栿用三柱：在内柱的运用上有较大的区别，有的殿堂用前内柱，也有的用后内柱，内柱高低各有不同。有的殿堂将内柱升高，特别是将后内柱升高，经平榑铺作升高至平榑与平栿相交。汾阳太符观正殿①就是采用前内柱的做法，缴背向前檐伸出，砍成要头，一条材起到两种作用。在檐栿上增加一条椽栿，又在三椽栿下也用低矮的蜀柱支承，尽量不用驼峰，这样做法对明、清两代木构建筑起到很大改进作用。在后檐乳栿上使用一条缴背、一条劄牵，将三材紧密地贴在一起，这样做法为了加强乳栿的强度，丁栿和四椽栿两条梁保持水平相交，使水平力更加稳定。另在丁栿方向的劄牵上竖立一根斜材和襻间相交，因而出现了梯形叉手②，这是一种早期的做法（图2）。

---

① 太符观正殿：在汾阳县杏花村村头之西。观前有牌坊一座，山门建在高台上，第一进院子为中大殿，两侧群房各十余间。第二进院子为正殿，左右各建配殿五间。其中除正殿为元代木构外，全部为明清重修。

正殿建在高台上，前出月台3.70米。平面面阔三间，进深六椽，接近方形。木柱承重，壁间砌出厚墙，前檐当心间开双扇版门，两次间各开直棂窗。殿内只留前檐二根立柱，其余柱则用减柱法，全部减去，使内部空间扩大。内外柱同高，柱头施普拍枋与阑额，普拍枋扁而薄、阑额高而窄，各柱头做圜和的卷刹。

斗栱正侧二种，前后檐斗栱和补间铺作各一朵形式相同。每朵五铺作重栱出双抄，自栌斗向外第一跳华栱，栱头施瓜子栱，罗汉枋，后尾即是乳栿。第二跳华栱，栱端施令栱，令栱与要头相交，栱的后尾为缴背枋，要头后尾即劄牵。后槽出单抄即为方头形单栱。侧檐斗栱做重栱，这与外檐同样，后尾第一跳偷心；第二跳华栱跳头承罗汉枋与丁栿相交。转角与补间斗栱相同，要头枋后尾伸出与罗汉枋交汇，其上再承担抹角梁和老角梁后尾。

梁枋：当心间梁架采用乳栿对四椽栿，共同交汇于内柱头上，乳栿的前半端置角背一条，后尾立蜀柱，要头枋当做劄牵使用，后尾穿入蜀柱根，以使撩檐榑内部起到连接作用。后檐处自四椽栿的后面砍成斜面，上部安装弯曲的缴背，向后檐挑出，这样在后尾施驼峰、坐斗、令栱、下平榑；将三椽栿横穿于斗口上，前后用蜀柱承担与劄牵汇合于一处。自三椽栿上再置矮柱承平梁，上立蜀柱，柱头顶大栌斗，至于丁华抹颏栱则与襻间枋、叉手交汇，用托脚固定以承担脊檩。

次间梁架：用四椽栿一根，即阑头栿前后，各与下平榑相交，压在老角梁后尾的令栱上，这样才能与三椽栿取得同等的高度。关于四椽栿的支点，于上下平榑缝处立蜀柱，用斗栱替木承担，将山面椽子都搁在这条长栿上，平栿与当心间同。

殿顶做歇山式，因为山面椽子担在三椽栿上，所以山面较大。殿顶坡度自第二椽渐趋于平缓。殿的建筑年代，根据梁架形制、斗栱做法、枋头砍成栱形，缴背劄牵砍成华栱形，犹存宋式余风，碑碣梁枋均无文字记载、综合分析，推定为元代重建的。

② 梯形叉手，是早期木结构的一种形制，在元代有些不同做法。梯形叉手的来源，早于宋、金时期，金代在佛光寺文殊殿内上下内额之间施用梯形叉手，上下斜向约60度。其主要作用系支承柱头横额的端部，加强稳定作用。在元代实例中如汾阳太符观正殿两次间的上下襻间枋中施斜叉手，叉手断面34厘米×7厘米，在方形结构中加上一根斜材，变成三角形结构，这样就非常稳定。此外，在广济寺大殿中当心间的侏儒柱的上下斜向做梯形叉手使隔间相闪的襻间枋用梯形叉手联结起来，上下两材固定，这是元代经常出现的一种结构方法。

使用后内柱将柱头升高，以浑源永安寺传法正宗殿①为典型代表，它在四椽栿以上安装三椽栿，其后尾直接穿至内柱柱头中，以使内柱上半部和前端有效的联结，上下保持平衡更增加稳定性。在乳栿、劄牵、平梁以上各置缴背以补强三条构件的刚度。这座大殿做庑殿顶，次间、梢间二柱间，用大型阑额和小型由额相叠，中心部位用令栱承担太平梁，上立矮柱，和次间柱保持同样做法，庑殿顶脊头才能收至这个部位。四椽栿和三椽栿之间除令栱外，在上平槫缝下还用直斗令栱，以能加强支承点。凡是大殿的平面按中台式布局，大多数采用这种梁架（图3）。

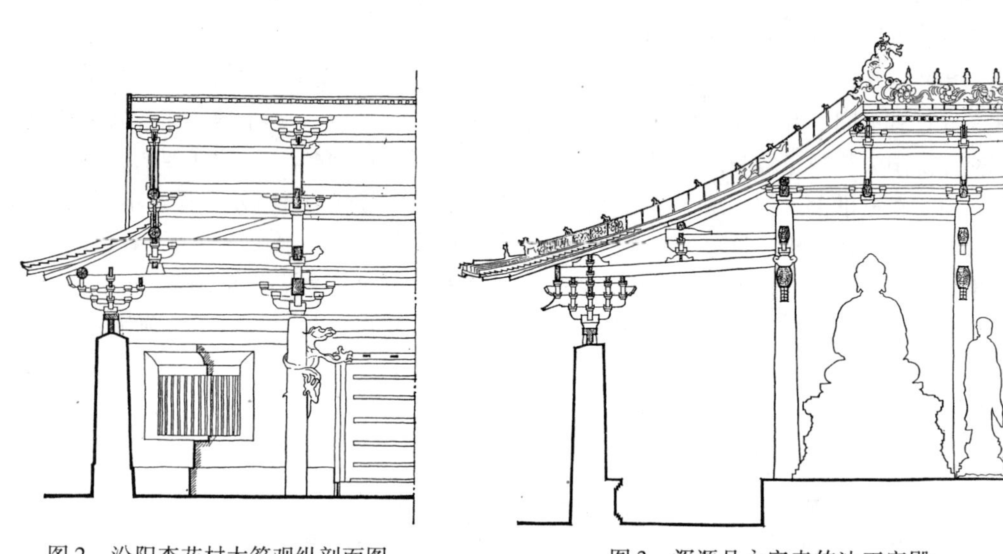

图2　汾阳杏花村太符观纵剖面图　　图3　浑源县永安寺传法正宗殿

四椽栿贯通式：凡进深小的梁架均使用这种形式，如果进深增大时，就要用六椽栿贯通式。这种梁架不用内柱，尽量使其内部空间扩大是它主要目的。襄汾释迦寺雷音

---

① 永安寺传法正宗之殿：在浑源县县城东北角，坐北向南。全寺有三进院子，山门以后有护法殿为主，左右有东西朵殿、院宇窄小，现已改为小学。第二进为传法正宗殿，前出大月台，殿之左右建小型朵殿，左右配殿，南端为钟鼓楼。第三进原有铁佛舍现已塌毁，其中只有传法正宗之殿为主要建筑。

传法正宗殿建在砖台基上，前端砌出宽广的月台。面阔五间，进深显三间，中三间满装隔扇，其余檐部砌墙，殿内八根内柱减至四根。

斗栱配置疏朗适当，柱头铺作与补间铺作各一种，只当心间用二朵，其余都用一朵。柱头斗栱为五铺作，重栱计心造出单昂。第一跳华栱，栱端施瓜子栱，罗汉枋。第二跳为平直的假昂，昂下刻假华头子，昂上为交互斗及耍头，耍头后尾砍成蝉肚和令栱相交，假昂后尾为第二跳华栱，栱端仍施令栱，内侧令栱承平棊枋，补间斗栱与柱头斗栱全部相同，只在耍头枋尾端置齐心斗。转角斗栱置栌斗三个，正侧两方向皆出单抄单下昂，角栱正侧两面同样皆施重栱，做鸳鸯交手栱，第二跳亦同，承耍头枋与撩檐枋相交承老角梁。

梁架方面，在各柱头施普拍枋与阑额，刻作海棠瓣式，当心间檐栿做四椽栿，后面与乳栿相交，四椽栿上置三椽栿，栿间用驼峰，坐斗十字栱，三椽栿以上置三瓣驼峰，上承圆材襻间，架平梁立蜀柱。次间三椽栿处将驼峰换成蜀柱，顺三椽栿下再置顺栿串一条，用栌斗压住丁栿后尾，其余与当心间相同。梢间山面前后槽施丁栿两条，丁栿上立蜀柱置十字斗栱以承上平槫之交头，另从转角处伸来大角梁用抹角梁承担，下平槫之交头压在其上。

殿顶做四注式，角柱平柱各有升起，屋顶曲线略显得平缓。殿之建筑为元代原物。

宝殿①就做六椽栿贯通式，而在六椽栿上多加一条四椽栿以缩小栿间的距离。这样做法是要压住两端的丁栿，丁栿又起到驼峰的作用。为增强平梁的抗压力，其上端再加缴背一条，因而使得各栿间更加坚固了。

繁峙县寿宁寺毗卢殿②用四椽栿贯通式梁栿制作简明扼要，在四椽栿上仅置前后驼峰两个，将角栿后尾伸入驼峰上，再用襻间枋穿插其中，为了固定两方向的梁头，上部安装栌斗，襻间枋与平梁两材端部交汇于这里，使得这一转角结构十分坚固。在平梁上立蜀柱叉手，并按平梁的长度安装缴背，增强荷载，这种结构方法是比较合理的（图4）。

五椽栿对劄牵用三柱：这种结构的实例较少，必须在檐栿长的时候才能使用，例如寿圣寺

---

① 释迦寺雷音宝殿：在襄汾县京安镇北，寺院原来规模甚大，现改为一进院落，现存正殿名为雷音宝殿，殿右有三间厢房，东南角建有钟楼一座，其余房屋多数倒塌。殿的平面三间，进深六椽，建在一个平矮的台基上，内部无柱。在外檐柱头上与补间各施斗栱一朵，补间与柱头同样，每朵五铺作出双下昂，外槽第一跳出下昂，昂上施重栱罗汉枋；后尾做华栱，施瓜子栱及罗汉枋一条。第二跳出下昂，昂上承令栱与耍头相交，上施斗口枋承撩檐枋；后尾出华栱，上施异形栱，它与耍头后尾相交，并承真昂后尾，昂尾挑至下平槫底面。柱头斗栱外跳与补间完全相同，里跳两跳头都施异形栱。转角铺作式样与补间相同，惟正侧两面与角栱之间增加两条45度斜昂。

梁架：在各柱头之间施阑额与普拍枋，斗栱，其上承六椽栿一条，在上平槫位置承担山面丁栿的后尾，下平槫缝承担四椽栿。栿头各置前后下平槫，中间立蜀柱承平槫，平槫甚扁，上加扁平的缴背一条。平栿上立侏儒柱，柱头施平材襻间，上置栌斗丁华抹颏栱，两端叉手汇于一起，共同承平槫。

次间即歇山面用丁栿中心作为阑头栿的支点，其上部做法与当心间相同。歇山转角做法，在转角相邻的两根柱头斗栱上，横担抹角梁，两端与正心枋相交，梁的中心置驼峰施襻间，纵横相接梁架非常稳固。殿顶砌灰筒瓦，出际很深。殿之特点：

1. 殿内采用六椽栿贯通式，内部无柱。
2. 六椽栿上加一条四椽栿，山面使用丁栿，用四椽栿压住。
3. 歇山转角使用大抹角梁，斗栱承担阑头栿与平槫的交头。
4. 补间斗栱上昂用真昂。
5. 各檐斗栱内部施用异形栱。
6. 脊槫之下襻间枋做“平材襻间”于侏儒柱头上。
7. 上平槫缝使用踏头栱。

② 寿宁寺毗卢殿：寺在繁峙县沙河镇正南十五华里南峪口村之西端。据乾隆十八年《重修寿宁寺东西获法殿、天王殿、钟楼，山门蜈蚣墙碑记》，嘉庆庚午《重修南峪口寿宁寺水陆殿，后殿东西配殿、南殿、钟楼、山门碑记》记载，寺院原为三进院子，目前寺之现状山门、钟楼以及第一进院子全部毁坏，只有第二进院子东西获法殿，中殿即毗卢殿，第三进有后殿，东西配殿，比较完整。

毗卢殿平面二间，进深四椽，前后用檐柱至两山面各用一柱，显二间。殿内无柱，檐柱之柱根各施地栿，柱头略有卷杀，其上施阑额普拍枋，阑额表面砍成圆肚，至柱头伸出，砍成清式常用的菊花头。普拍枋厚度减薄约等于阑额的二分之一，普拍枋上施斗栱。

斗栱：柱头补间各一朵。每朵五铺作重栱单抄单下昂，第一跳为华栱，跳头施重栱，砍成45度斜面，里跳跳头施翼形栱。第二跳为假昂昂嘴砍作45度斜面，上承令栱，后尾亦施令栱与耍头枋相交。补间斗栱每朵砍成45度斜面栱，横栱也做45度斜面栱，斜面向里，柱头铺作向外，令栱做鸳鸯交手栱。

殿之结构系于南北贯穿四椽檐栿，在前檐栿头上（正心处）各置牛脊槫一条，在槫上前后平槫缝处置山形驼峰。大斗，斗口枋承平栿，平栿，这一套做法已成清式隔架科之先驱，平槫以上做法与一般常见者相同。惟柱身较细砍成小抹角形，丁华抹颏栱砍成弧形，叉手扁而薄，叉入脊槫之两侧面，宽大平稳非常坚固。在梁架与梁架之间的纵向结构，在平槫缝下二驼峰中间，穿襻间枋一条，至次间穿入大角梁后尾交圈与阑头栿底面平齐，施斗栱承担平栿之交头。在脊槫缝下，襻间枋贯穿三间，枋面隐出令栱置散斗承担脊槫。转角使用大抹角梁，其一端伸入四椽檐栿之旁侧；另一端伸入山面柱头斗栱上。梁中心置鹰嘴驼峰，承老角梁后尾，大斗用阑头栱及柱头枋相交压住。

殿之特点：殿内平面方形无柱；歇山转角利用大抹角梁，省去丁栿；大角梁后尾直接担在大角梁上与襻间穿联，使角梁与梁架衔接起来，成为一个整体；纵向襻间枋上下三重，做法形式与一般常见者不同。在枋面上还隐出异形栱；外檐斗栱，补间与柱头砍出仅正斜面，而且伸出45度斜面栱。

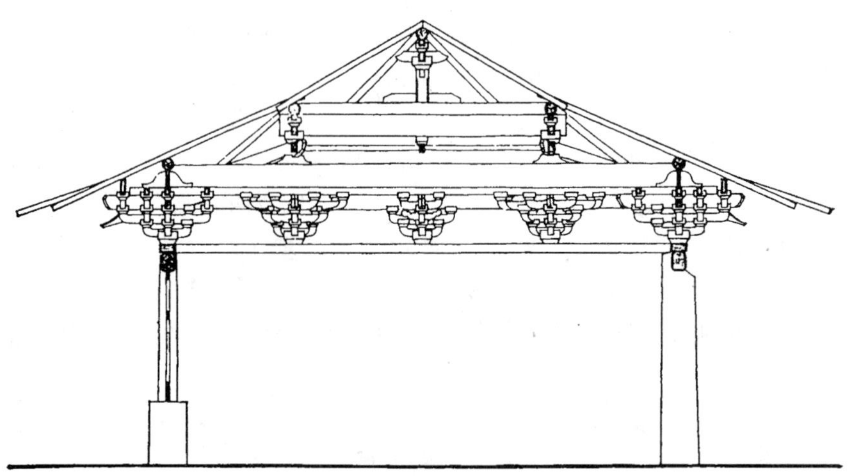
图4　南峪口寿宁寺毗卢殿横剖面图

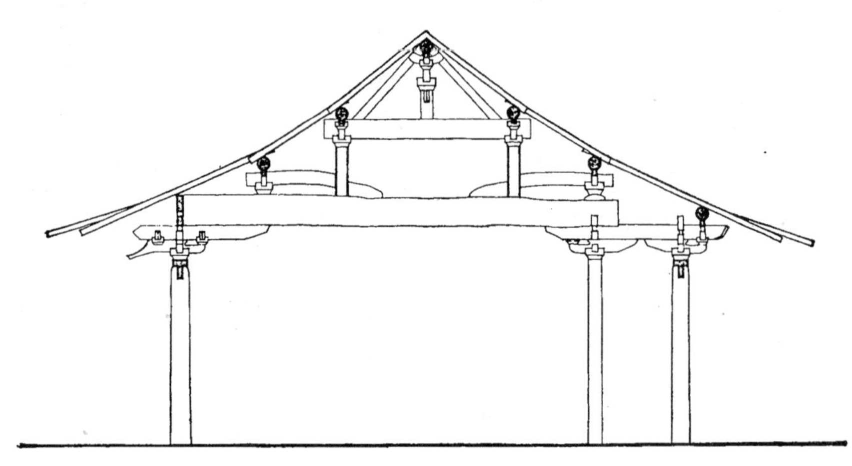
图5　榆社郝壁寿圣寺大殿剖面

中大殿①由于内部空间大，而不使用内柱，同时，殿前又要做出前廊，因此做成五椽栿对乳栿的形制。在五椽栿上，平槫缝间各置劄牵一条，用它牵牢各排梁架。搭牵两端用栌斗承担，因五椽栿粗细不匀，所以前槽劄牵用驼峰，劄牵后尾伸入蜀柱中。此外，稷山青龙寺腰殿②使用三椽栿对劄牵，做法古朴简洁，一般在较小规模的殿宇中常用这种方法（图5）。

大额式的结构是山西元代殿堂梁架结构中的一个新创造的做法，实例遗留至今的比较多，现根据实际存在的殿堂，归纳有下列五种方式：

---

① 在榆社县西南四十里郝壁村北有寿圣寺一座。寺之中大殿，前殿为元代建筑，到明代又经重修。据中大殿正脊琉璃刹座刻有“本寺修造□人道明门徒德明，大明弘治十年七月十五日德翥，文水县孝义部马东都琉璃匠任大鹏张稳，”经明代重修改变许多，但梁架中仍然存在元代手法。

② 青龙寺稷山县城南马村西端，寺始建唐龙朔二年，至今已无唐代形迹。寺规制系南北二殿制。南殿俗称腰殿，惟天王殿与此相连，山门与天王殿之间有东西配殿，东为罗汉殿，西为十王殿。后院为元、明两代建之东西配房各五间。

南殿，面阔三间，进深四椽，单檐悬山顶，其后与天王殿相连，故从侧面看去如同北京的“勾连搭”做法。檐柱升起显著，平面减柱造，只留后部两根内柱柱间施扇面墙，前后当心间中开门，前檐外侧二柱旁各开直棂窗。斗栱柱头与补间各一朵，每朵五铺作出双下昂，昂下刻华头子，跳头上置翼形栱。

四椽栿贯通用二柱：一般用于进深不大的殿堂中。运城结义庙过殿（图6）就是一个鲜明的例子①，殿的进深小，将四椽栿搭在前后檐的斗栱上，斗栱还要用大额来承担，也就是梁栿以上的全部荷载，都分散传递到大额上，这样受力均匀，坚固耐久。由于四椽栿伸到外檐令栱部位，栿下用耍头枋承担，因为耍头枋后尾长，它和四椽栿接触面加大，能促使栿头的剪力减少。栿上再立驼峰承担平栿、叉手襻间枋等，更加稳定。

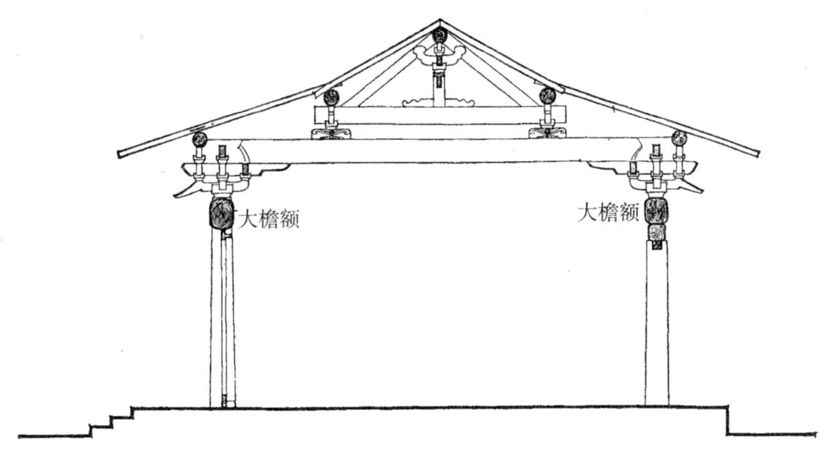

图6 运城北相镇结义庙过殿当心间横剖

三椽栿对割牵用三柱：在小型殿堂常常采用它。如以介休龙天庙正殿②为例，将四椽栿自

---

① 结义庙过殿：庙在运城县西30华里北相村。庙内院子很大，房屋大多数都是清末和民国年间改建的，现已改为小学。仅在中轴线偏东有一座元代过殿保存下来，是庙内最大的一处建筑。殿的平面，面殿五间，进深四椽。前檐六根檐柱中，将当心间两根檐柱减掉，两次间平柱向中间移动；内柱全部减去。在前后檐的柱头上横架大檐额，横贯三间，后檐檐额用两条大额叠起来，两端用"平材立枋"相接。柱头横穿绰幕枋，承托其底面，在前后檐额上置斗栱。

斗栱：外檐柱头斗栱重栱四铺作，出单下昂，昂为假昂，昂嘴甚短，鰤度很大，上承令栱与耍头相交，耍头后尾，砍成≈形，补间斗栱出单抄，惟补间铺作耍头枋后尾与令栱相交承罗汉枋，仅次间补间铺作后尾与后檐斗栱后尾均在第一跳华栱之上，施翼形栱。前后檐当心间补间斗栱做莲花斗，斗上出45度斜栱。

四椽栿之上前后各置两个荷叶墩式驼峰，驼峰承长斗，实拍栱，平梁，替木，承担下平槫。平梁以上有接近正圆形侏儒柱，柱根做云形合踏，驼峰施襻间枋，脊槫缝置"平材立枋"，使梁架稳定坚固。斜梁方面只用叉手而无托脚。梁架举折不高，殿顶甚平缓。此殿前后各架大檐额长短粗细不等，梁材各用圆材、驼峰、襻间、蜀柱实拍栱等均为元代手法。

② 龙天庙正殿：庙在介休县西内封村之东南端，规划甚小，目前已残破不堪。在中轴线上正南端为山门三间带有前廊，右侧建三间厢房，其余墙院已辟为菜园。庙内设牛王、蚕丝、河神、蚒蚄诸神像。其中正殿建筑，据脊槫底面书写字样："时大元国延佑六年岁次乙未乙巳月丁酉日己时。"还记有施木料的人名"官僚中心翊校尉冀宁路介休达鲁花赤兼诸事……承事郎冀宁路介休主簿王钧"，记此殿为元代建筑。清乾隆之东西禅堂，目前只剩西禅堂一座。

正殿平面三间，进深四椽，前檐墙砌在前槽金柱下，前檐做廊。尚出两根明廊柱，后槽内柱全部减去。前后檐柱自柱头处都穿阑额，上施普拍枋，前槽檐柱，柱头直升至平梁底面。

斗栱，后檐当心间置三椽栿，栿头无斗栱，补间斗栱栌斗甚大，只施泥道栱一道。前檐斗栱柱头与补间铺作各一朵，每朵四铺作重栱计心造，出单下昂，同样做成硕大的栌斗。柱头斗栱在栌斗口上装十字小替木向四外伸出，前端承翼形栱与下昂相交，泥道栱与下昂承担其上，不卧在斗口中，华栱前端砍成单下昂，昂上承令栱，栱面砍成斜面和翼形耍头相交。昂尾砍成华栱，上承翼形栱和耍头相交。补间单下昂做真昂，昂尾承小斗替木承担平槫，昂下刻华头子，后尾挑出翼形栱及菊花头。

梁架中以三椽栿为最大的檐栿，自后檐普拍枋上，向前伸入柱头中，栿下用一根简单的丁头栱承托。前端相对一根劄牵后尾亦伸入柱中，向前伸出令栱之外，砍作耍头形。三椽栿利用自然状的弯度，其上横一条粗壮的横额，相当于当心向的宽度，当做襻间枋使用，其上再置栌斗令栱置平梁，前端担在柱头斗栱上，微微砍出月梁形状。上立合踏蜀柱，丁华抹颏栱砍作斜尖形与叉手相交，支承脊槫。前后槫缝无托脚。从中可以看到元代常将大型檐栿使用弯曲的原料，前檐柱（即前槽柱）直增至平梁下端栌斗底面，承托平梁；后槽横跨当心间的大内额，代替襻间使用，形制特殊；前檐斗栱在栌斗上增加十字翼形小替木，其端部托翼形小栱，这在晋中地区常见。

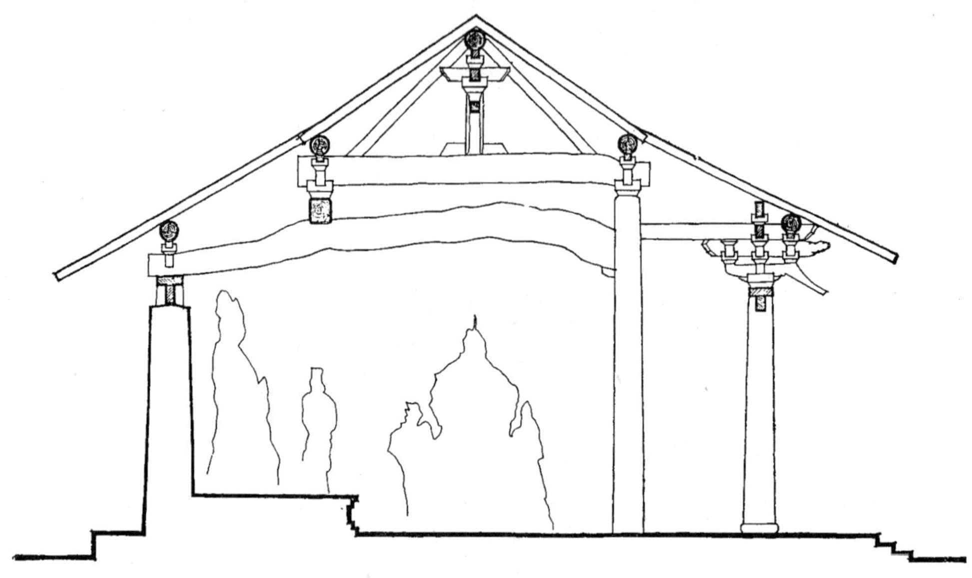

图7 介休龙天古庙正殿横剖面

后檐向前伸到前内柱柱头上，在平槫缝间，横架一条粗大的檐额，当作襻间使用，梁头后部也代替了驼峰和蜀柱，同时对两缝梁架左右联结有一定的意义。此外，前内柱升高，也起到前后左右梁枋穿入柱头的作用。平梁一端担在柱头栌斗上，另一端担在横额头的栌斗上，虽然支点与做法不同，平梁仍然保持平衡（图7）。

四椽栿前后对劄牵用四柱①：此式四椽栿各穿于乳栿的中心，用驼峰承担重量，每个柱的间距都是两椽，这样做法距离适中。元代用这种形制，就是在内柱间安置四椽栿，使得内部空间加大。繁峙灵岩寺文殊殿②就是前后两条大内额都架在柱头上，四椽栿再横担大额上，以使

---

① 元代之四椽栿前后对劄牵用四柱，在元代小建筑中常用之，按《营造法式》为四架椽屋分心劄牵（参看李诫：《营造法式》卷三十一，商务印书馆“万有文库”本）。

② 灵岩寺文殊殿：在繁峙县沙河镇东南25里天岩村。村在高坡上，寺在村之北端。现在寺门开向正东方向，在中轴线上而无山门，正北为正大殿五间系明清重建之物。靠南端东西各三间小型配殿，正南有南殿，中间院子广阔。按前后两殿相对在元明两代较多，在山西有许多实例，是否因为寺庙之平面布局小而又要采用四合式之原因，尚待研究。

寺之建立时间很长，寺内现存明崇祯十六年《历代建新碑记》称“自古灵岩创自前代，金时完颜亮之正隆三年到元仁宗延祐三年一百六十四载南殿重修，至元末顺帝至正四年天国计二百九十载水□正殿惟新及我大明朝历干戈摧残之际……”以后还有金《正隆三年创修碑》。在殿内还有一个金大定七年九月经幢残石，由此看来，此寺之建立年代为金代。而在寺之院心处还残存“大元国至顺元年十月十三日”宏润慈恩大师之塔，“以及大元国□□三十三年”经幢，寺在元代相当繁盛。至今文殊殿木构梁架全为元代当时的遗物。

平面三间，进深六架椽屋，殿之当心间南北各开双扇版门，殿内减柱甚多，只留内柱四根，前槽两根尽量移至转角处；后槽两根内柱移至两侧，其上架粗大的内额。后槽大额伸至两端柱头外，额下柱头部分施绰幕枋，枋头砍作踏头形，枋下于柱头间施绰幕枋。大额之上列置大坐斗七个，用一条枋子串联起来，立散斗实拍栱承担下平槫。后槽大额仅贯二柱间，两尽间用绰幕枋衔接与大额上下相同。前后大额上横置四椽栿，前后用劄牵相接，直穿外檐斗栱的耍头枋上，承担撩檐槫。栿上置梯形驼峰，襻间穿于驼峰之中间，上施普拍枋一条即山西常用的“平枋”，加强襻间枋之作用。平梁上令踏作翼形每边四瓣。歇山部分之梁架和当心间相同，惟侧面补间的昂尾叉入其上，非常稳固的。歇山顶上覆筒瓦，瓦面与正脊琉璃装饰均为后换之物。

此殿结构特点表现出减柱，移柱，前后槽大内额，中心部分形成一个框架结构，四檐自斗栱用梁枋向内柱衔接。因此，前后及左右成对称式。

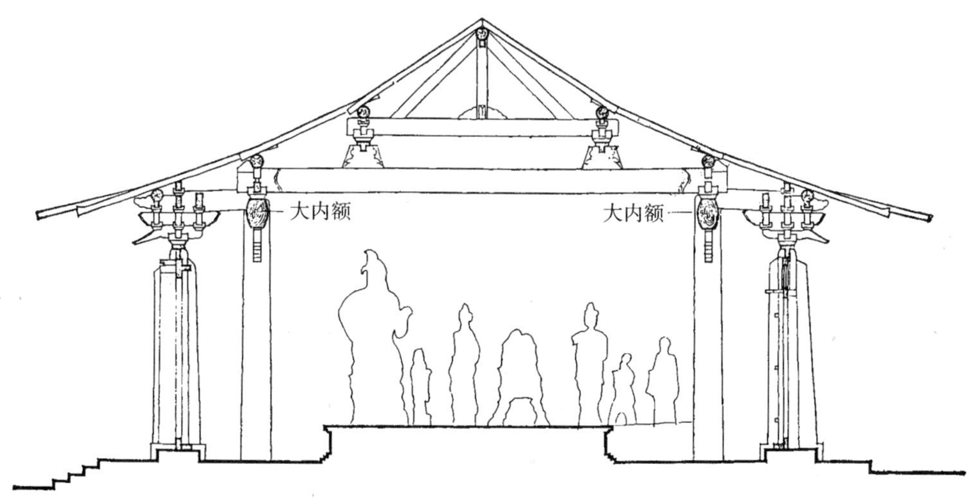

图8　繁峙县灵岩寺大殿当心间横剖图

栿头前后对劄牵，栿上再安装梯形驼峰以承平栿，这种做法简明扼要，则是根据具体情况所采取的方法之一（图8）。

四椽栿对乳栿用三柱：这种形制用前后内柱间的区分，使梁架形式各有不同。例如：五台县城广济寺①大殿梁架就使用后内柱，两次间后内柱升高直达平栿，在当心间内额上立瓜柱；前槽用栌斗，自前后蜀柱根施劄牵和下平榑令栱联结起来，以资固定。在梁架中，前槽使用斜梁，成为一种创新的变化。四椽栿以上的纵向结构，如蜀柱根、蜀柱头都施用襻间枋，同时在

---

① 广济寺大殿：寺在五台县城内偏东路北，前后两进，山门向着大街。其中山门及中大殿为明清所改建，只有后大殿为元代重建的。殿平面五间，进深六架椽，殿内只留后内柱两根，其余全部减去。

前檐与补阁各施斗栱一朵，柱头斗栱施五铺作出单下昂，昂下刻双卷瓣华头子，昂上置一半截耍头，其后尾被斜梁压住，正心柱头枋两重，表面并未隐刻出斗栱，各补间斗栱做法相同，做45度斜栱，栱边砍成斜面。两尽间斗栱，坐斗上承十字栱，前后各为五铺作出单抄；后檐斗栱，柱头补间各一朵，柱头斗栱置泥道栱一条其上施散斗与柱头枋，及前后罗汉枋，补间斗栱与此同样，只在实拍栱上置耍头枋。

在后内柱头上贯穿大内额，当心间的檐栿搭在内额上，中间用垫木上立小型蜀柱支承平梁、柱头施“平材立枋”作为襻间之用，其上再置坐斗令栱，承担上平榑，南北方向用大斗口承托平梁之后尾。平梁上的结构与一般做法相同，前后下平榑缝各立蜀柱，用劄牵与柱联结，蜀柱做圆形，柱根施合踏，劄牵头施垫木承担下平榑。各间的襻间枋与榑枋之间施用斗三枚，襻间面并未隐出令栱。脊蜀柱用方形，合踏做[形状图]形，蜀柱头置大斗，与次间蜀柱头同样，在斗口上穿联斗口枋，上置散斗砍成令栱形，枋两端砍令栱卷杀，枋面未隐出栱形，散斗上再置替木脊榑。襻间枋上下相闪，只当心间的襻间用叉手相连做成梯形，使得矩形结构加一条斜材，更可以稳定。

两次间平梁上的合踏做云墩式，而不置檐栿，仅后槽用一条乳栿联结内柱，并在乳栿中心东西方向横贯大普拍枋一层，枋上置斗栱，每间中心用一朵，各斗口间用枋子联结，散斗上承替木与下平榑，南北方向置短华栱（作麻叶头状）栱上用劄牵伸入内柱头的短柱上；另一端伸入下平榑。前槽将内柱全部减去，两端用两间长的大横额，一端置于当心间的四椽栿上，左端穿于平榑缝的立柱上，次间的斜梁自檐部担在大额上，在斜梁头上再立下平榑蜀柱，斜梁之劄牵仍然保持水平方向，其上部与当心间同样，各榑缝间施托脚，托脚用材较细。

在正脊不做丁华栱，于斗口枋上置齐心斗，叉手插入齐心斗之两侧和脊榑侧面。可能是利用平直的柱头枋，代替丁华抹颏栱。殿之特点归纳如下：

后槽使用大内额，横跨四间立柱上，承担当心间两品大檐额，还在前槽之次间处置大额承担斜梁，犹如一根大型丁栿；襻间枋使用地方做法，用“平材立枋”联结，更加稳定；脊榑与斗口枋间加垫散斗，每间三枚，四枚，各榑缝间横向枋材，使用令栱和斗口枋交叉：各榑缝间横向枋材，使用令栱和柱头枋；梢间平梁上用驼峰将蜀柱垫起；前檐当心间及次间使用45度斜栱及斜面栱。

当心间又做两材襻间，这就更加坚固了。例如：汾城普净寺大殿①的后内柱，设在四椽栿上部，相对上平槫缝间，安装两条粗大的内额，是一项大胆的创造。额头上用蜀柱承平梁，再用劄牵将四个支点联结在一起，有很大意义。但是为了加固平梁，自平梁下部又立蜀柱一根，下部用驼峰支承，这样做法可省去一条四椽栿。在次间减去前柱做挑斡式的斜梁，梁尾担在大额上，这是一种崭新的做法。新绛寿圣寺大殿仅用后内柱，在四椽栿上又使用三椽栿对劄牵，增加了抗压力，虽然多用了材料，却使梁架更加坚固。实际上在前槽不用三椽栿，也可以解决，但是为了加强后槽蜀柱的稳定，采取这个方法是一举两得的。这一殿的襻间枋都采用了"平材立枋"的地方做法，这是在元代木构中经常见到的。高平景德寺大殿②也用后内柱构架，在四椽上又置一条四椽栿，二件斜措相叠，将栿头伸至乳栿中心，主要是为了补充四椽栿对乳栿相接，从而构成一组整体，对梁架上下都起到一种刚性作用（图9、图10）。

六椽栿对乳栿用三柱：在需要建造进深大的殿堂梁架多数采用这个方法，如以绛州大堂为

---

① 普净寺后大殿：在襄汾县北史威村。寺的规模很大，分两进院子，每进院子都很宽大，现存殿宇大半都是明清改建的。后大殿规模最大，为元代原物。平面五间进深六椽，殿建在一个平矮的台基上，正面当中三间满装槅扇，其余砌砖墙，殿顶为悬山顶。

斗栱：后檐只施柱头斗栱无补间，前檐柱头与补间各一朵，当心间补间用二朵。从外观之除当心间之补间用爪棱斗外，其余全部为一般做法，每朵重栱计心造，四铺作出单下昂，昂面颧度较大，昂上承令栱与耍头相交，承担撩檐槫，后尾为华栱承翼形栱，耍头枋后尾砍成第二跳华栱，施菊花头，各间补间铺作自撩檐槫下置直杆式挑斡，后尾挑入下平槫之下，中间垫以耍头栱；次间柱头斗栱在耍头枋上置一斜梁，后尾挑至平槫缝处，担至大额上，承担平梁，为元代平梁制作之一种。

梁架结构方面，当心间采用四椽栿对乳栿用三柱，乳栿上置两重蜀柱，上下相连，中间用栌斗垫接，在四椽栿上，承担两朵内额，额上立蜀柱承平梁，柱根相交之处施劄牵与顺栿串横向贯通，平梁上立蜀柱叉手与丁华抹颏栱相交承脊槫。次间梁架应有内额横穿两次间与梢间，因此，在次间就不使用梁架，不用四椽栿和乳栿，而用大斜梁。斜梁之前端伸入耍头枋上，后尾伸至大额上，驼峰，令栱，平梁均压在斜梁后尾上，梁中心用较大的驼峰承担下平槫，做到了扩大空间的效果。殿为悬山顶坡度平缓。

梁架结构特点：在次间梢间前后槽处置大内额，而且内额在四椽栿之上；次间梁架前后两槽使用斜梁，从而减去四椽栿对乳栿及内柱蜀柱，劄牵等构件；在补间斗栱上使用直杆式挑斡；耍头卮尾砍成踏头栱与华干两种；乳栿后尾砍成双卷瓣式。

② 景德寺大殿：寺在晋城县高都镇南端。始创不详，据现存寺门道牒文残石中刻景德四年十一月牒，在宋时已经有景德寺。今之寺现改为粮库，正前方山门三间，左右侧门各一，门侧各有楼三间。第一进院子宽大，正前方为五间中大殿，左右各列三间小殿，东西各有十一间带廊的配殿，第二进轴线上正北为大殿，殿前月台宽大东西有六间配殿。

大殿据碑载为阎罗王殿，平面五间进深六椽。殿内用柱应有八根减去六根，只留当心间后槽内柱两根。前檐将当心间平柱移向左右补间，将次间两根平柱也减去。

斗栱：后檐斗栱埋在厚砖墙里，从外面不得知，仅在前檐檐额上，不分补间与柱头，在大额上按等距排列。每朵重栱计心造出单抄双下昂，外跳第一跳上承瓜子栱，慢栱，后尾偷心，第二跳下昂为真昂上承令栱，昂尾排至后尾为华头子承罗汉枋与耍头相交，真昂后尾担在其上，第三跳仍然真昂即耍头砍成昂嘴式样，外跳各栱均砍成45度斜面。

梁架结构用四椽栿对乳栿，自后内柱头上，按面阔方向架设内额，自柱头向两次间，梢间架设，每条跨两间，当心间用踏头栱承月梁连接额头，月梁上置缴背一条，顶面与大额相平。大额上承四椽栿，用斗栱承担横枋两重，乳栿与四椽栿的后尾在斗栱上相交。其纵向有横向的素枋联结。枋上立鹰嘴驼峰两瓣，再置四椽栿与下四椽栿斜向措开，加强两栿对接点之力量。再上四椽栿上置蜀柱，柱头栌斗施令栱与平梁相交，两端承担上平槫。平梁之中心立侏儒柱，丁华抹颏栱与叉手相交，叉手用枋宽大，各蜀柱头都施襻间枋。次间梁架只将上四椽栿去掉，蜀柱落至下部的梁栿上，而前后上下平槫缝用劄牵串联。其余和当心间同样。

此殿原为宋代建筑、经金重修，到元代又重修，因此表现不少的宋朝，金朝手法。殿之结构特点：

平面利用减柱法，移柱法；当心间使用四椽栿与下四椽栿二条相叠，其制度与高平舍利山开化寺大殿梁架结构形式相同；脊襻间均为隔间相闪，后平槫缝使用实拍栱；内柱头施踏头栱承担月梁，月梁之上又施缴背；前槽，后槽均使用大内额；乳栿后尾砍成踏头向内伸出至平槫二分之一的位置。

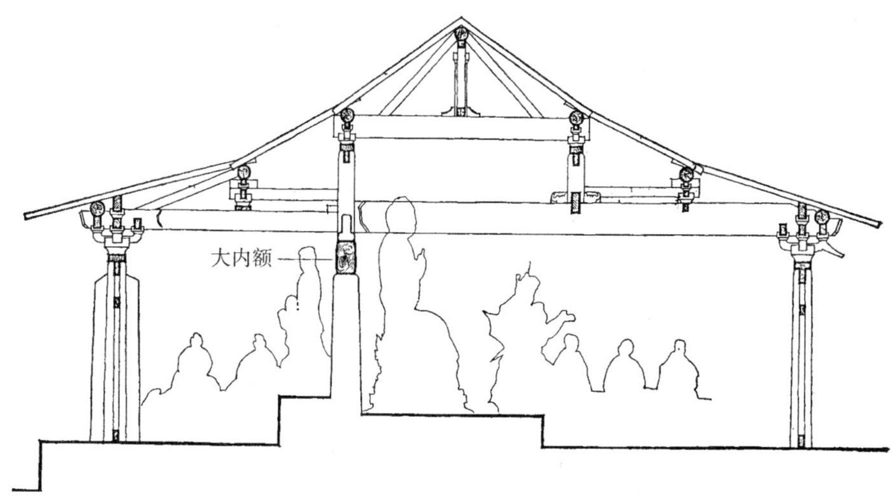

图 9　五台县城广济寺大殿当心间横剖面

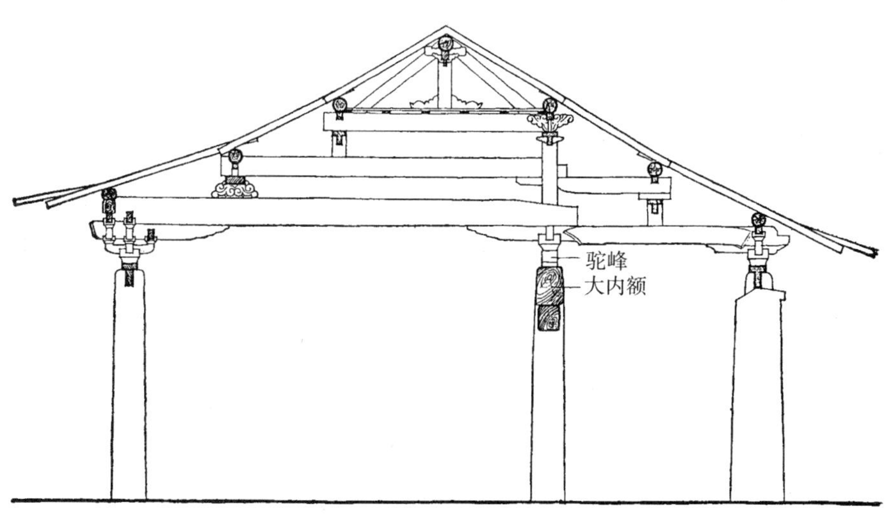

图 10　新绛县北苏村寿圣寺大殿横剖（元）

例，在六椽之上再置三椽栿，前后用驼峰；后尾用蜀柱，以便运用劄牵与乳栿上的支点相互联合，更加稳固。另外使用六椽栿这样大的料，在承担栿的柱头上必然要用大额。因此，大额式的梁架，特别是因为构架的实际需要，才产生出来的。

2. 梁架结构的主要做法

在传统式的梁架中基本上是继承唐、宋制度，在整个结构体系中没有什么大的改革，仅仅产生一些减柱法。但是在大额式结构中普遍运用减柱法、移柱法、大额与斜梁法，几种方法之间互相联系，有着密切的关系。这也就是元代殿堂大木结构中，梁架结构的主要做法。

减柱法：由于殿堂的内部空间功能要求，将一个殿里的立柱尽量地减掉，留到最少限度，而不影响上端梁架构造。虽然柱少，仍然承担重量，而又坚固耐久。减柱的目的，主要是扩大内部空间，将建筑物内部的使用面积充分发挥出来，以达到不影响使用的效果。从建筑材料来看，又可达到节省木材的效果。减柱法在不影响结构的原则下，首先减去较近的，而且是需要扩大空间位置的柱，这是十分合理的。一般情况下都将殿堂内前槽内柱全部减去，后槽内仅留当心间两根立柱。但是变化很多，方法不同，也有的殿将外檐柱减去，只留少数前内柱等等做法。在实例中有的将五间大殿的二十四根立柱减去十一根，三间大殿的十六根柱减去八根，在设计中都减到无可再减的地步。

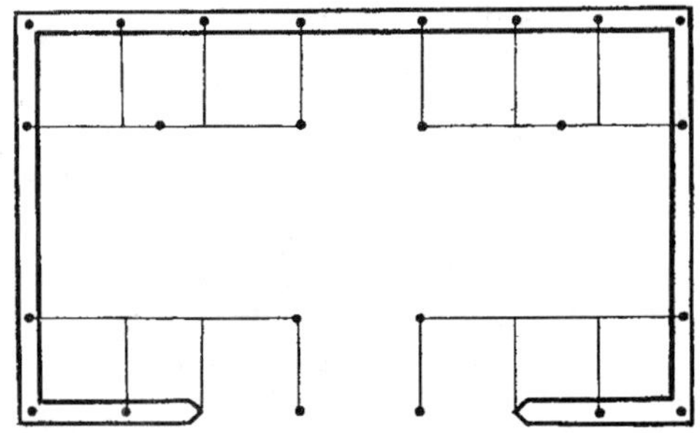

图 11　洪洞广胜下寺大殿平面图

山西洪洞县广胜下寺大雄宝殿，平面七间，应有十二根内柱，从前槽减去四根、从后槽减去两根，共减去六根柱，这样还是照常承担全部梁架的重量（图 11）。广胜下寺前殿，将八根内柱减去六根，只留两根，又将仅留的两根内柱还向后部移去甚多，它的结构效果依然如常。还有五台广济寺大殿四根内柱减去两根，使得内部空间宏敞（图 12）。减柱法体现了我国木结构建筑梁架系统发展的一项重要成就。这是一种在建筑技术方面的革新，是劳动人民的大胆创造。它的发生发展，上可朔至辽、金时代，不过到元代在木结构建筑广泛应用，成为木构大殿结构方法的一个主要特征。

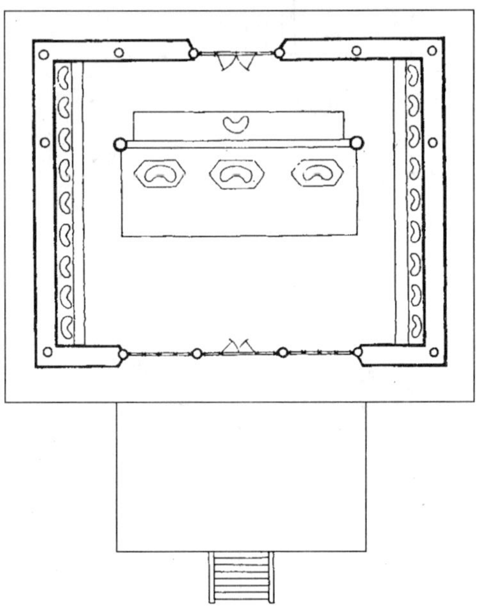

图 12　五台县城广济寺大殿平面图

移柱法：这种方法主要是将一个殿堂里的立柱移到另一个部位。当殿内运用减柱法，将立柱再移到需要的部位，主要是由于殿内空间的需要而采取这个方法。在一个殿堂里，当立柱减去后，柱距太远或者过近，再将仅有的柱移到适当部位，使移后的柱承担荷重更加有效，使结构更趋于合理，这可以说是移柱法的主要目的。还有的殿堂，经过减柱之后，对保留的柱还妨碍空间，再向边角部位移去，从而将要求的面积与空间加大，达到使用的目的，这应是移柱法的特征。例如繁峙县灵岩寺文殊殿，将前内柱移到前端两个次间部位；后内柱移到后部两个拐角处，这样布局仍不影响殿中布置的大佛台（图 13）。高平县景德寺大雄宝殿将前檐柱减去两根，只留两根内柱，而且都移向两次间的前檐中心，这样有效地扩大了空间。广胜寺下寺大雄宝殿的后槽内柱，从次间缝移到次间中心，这种做法实例很多。移柱的距离大小，不受绝对限制，用大内额或大檐额时，都可沿“额”方向随便移动，椽栿下的立柱，则必须沿椽栿方向移动。例如：运城北相镇结义庙过殿前檐四根檐柱，减去二根，余下二根移至次间中心；新绛北苏村寿圣寺大殿，四根减去二根，余下二根，各向次间移去（图 14、图 15）。都是按大内额的方向移动。移柱的结果，使有效面积增多，空间扩大，达到建筑殿堂的实际意义。移柱的来源，上可追溯至宋代，到元代普遍盛行。

此外，在传统式与大额式中都有对大殿内柱不移也不减的做法，例如：在传统式中，繁峙三圣寺大殿、繁峙寿宁寺毗卢殿、浑源永安寺传法正宗殿、平遥二郎庙正殿等。在大额式中，有介休龙天庙正殿等。特别是在传统式大殿中，大部分都不移柱，减柱也是很少的（图 16、图 17、图 18、图 19、图 20）。

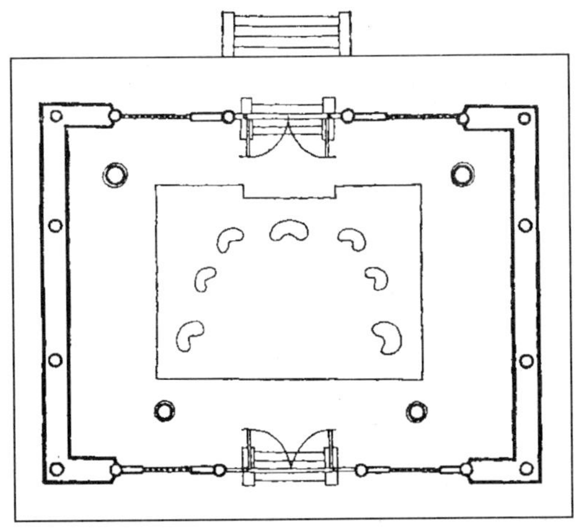
图 13　繁峙县天岩灵岩寺文殊殿平面图

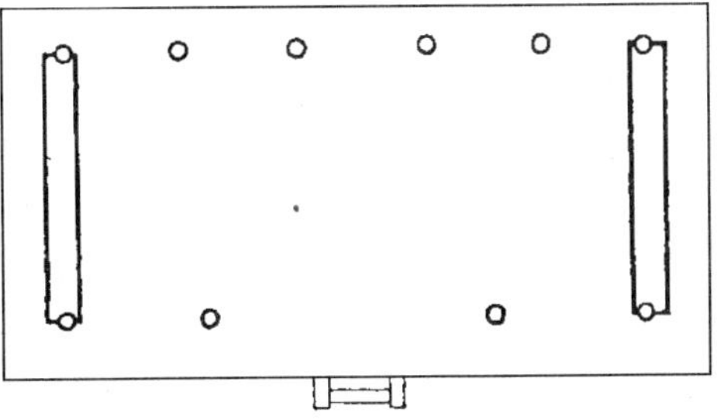
图 14　运城县北相镇结义庙过殿平面图

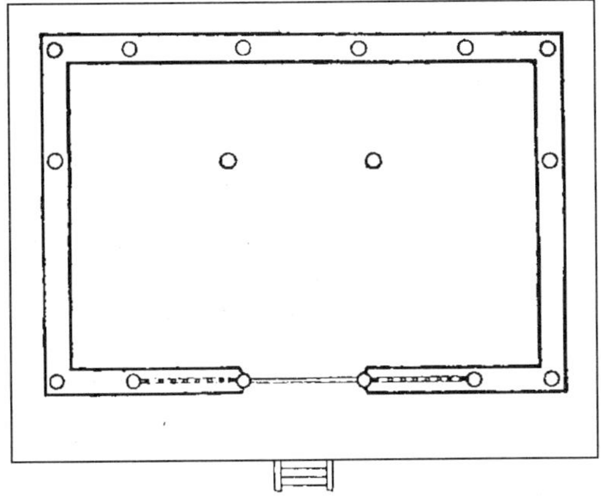
图 15　新绛县北苏村寿圣寺大殿平面图

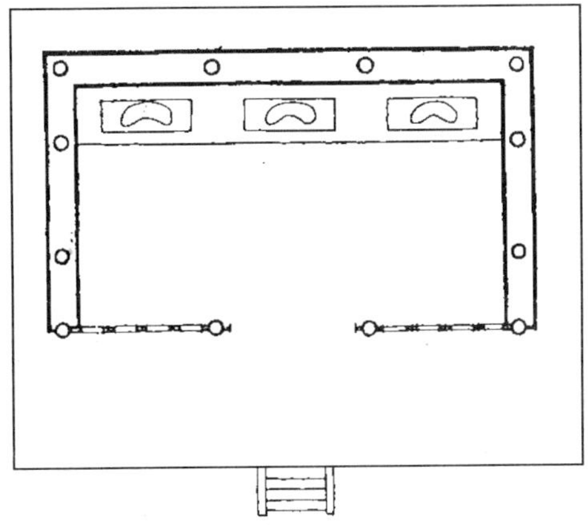
图 16　繁峙县西岩三圣寺大殿平面图

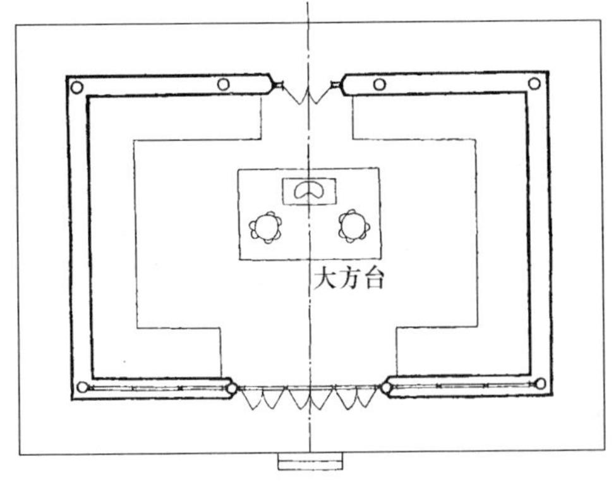

图 17　南峪口寿宁寺大殿平面图

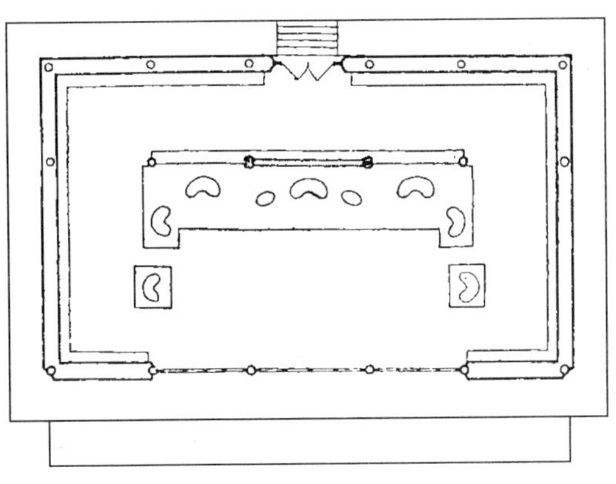
图 18　浑源县永安寺传法正宗殿平面图

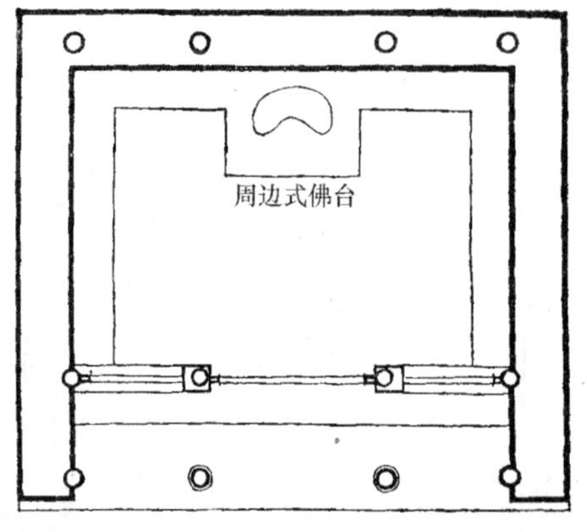

图 19　平遥二郎庙正殿平面图

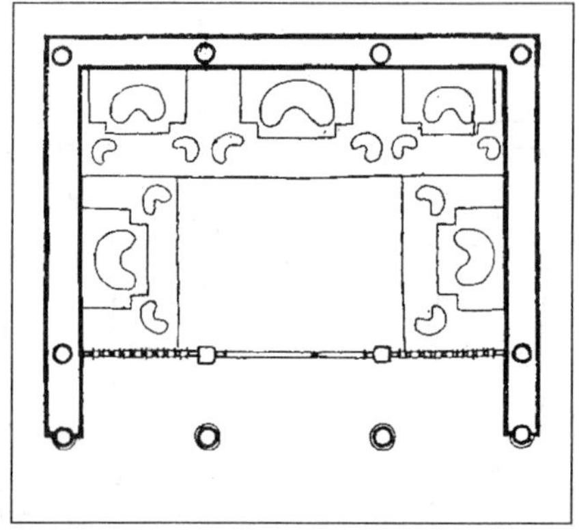

图 20　介休龙天庙正殿平面图

元代传统式殿堂减柱、移柱分析表　　**表二**

殿堂名称	间数	应有内柱	减去内柱	保留柱	前檐减柱	移柱	备注
繁峙三圣寺大雄殿	3	0	0	0	0	0	无内柱，前檐柱未减、未移。
繁峙寿宁寺毗卢殿	3	0	0	0	0	0	无内柱，前檐柱未减、未移。
汾阳太符观正殿	3	4	2	2	0	0	
浑源永安寺传法正宗之殿	5	5	8	4	4	0	
平遥二郎庙正殿	3	4	4	2	2	0	
稷山青龙寺腰殿	3						
芮城永乐宫纯阳殿	3	8	4	4	0	0	
汾城释迦寺雷音宝殿	3	0	0	0	0	0	无内柱，前檐柱未减、未移。

元代大额式殿堂减柱、移柱分析表　　**表三**

殿堂名称	间数	应有内柱	减去内柱	保留柱	前檐减柱	移柱	备注
广胜下寺大殿	5	12	6	6	0	2	每个移 2 米。
广胜上寺前殿	3	8	4	4	0	0	
三王庙戏台	1	0	0	0	0	0	无内柱，前檐未减、未移。
结义庙过殿	5	0	0	0	0	0	无内柱，前檐未减、未移。
普净寺大殿	5						
灵岩寺文殊殿	5	8	4	4	0	4	前内柱各向左右移 0.5 米，向前移 2 米，后内柱各向后移 1.5 米，向左右移 2 米
寿圣寺大雄宝殿	5	8	6	2	0	2	后部内柱各向左右移去 1 米。
广济寺大雄宝殿	5	8	6	2	0	0	
绛州大堂	5	12	8	4	0	0	
龙天庙正殿	3	0	0	0	0	0	无内柱，前檐未减、未移。
洪福寺眼光殿	3	4	2	2	0	0	
景德寺大殿	5	8	6	2	2	2	前檐减柱 2 根，前檐柱各向左右侧移去 1.5 米。

大额结构：它是大额式梁架的总做法，也是它的特征之一。这种方法是我国木结构的梁架发展中的一种杰出的方法，具有一定的进步意义。采用大额方法，就是在一个殿堂里，按面阔方向，纵向架设一条粗大的梁，用它来承担梁架上部的一切荷重。宋代木结构梁架中有檐额与内额的制度①，但在宋代遗留建筑中还未发现实例。根据元代木构中实物分析，宋代的内额与檐额，很可能就是指元代木构中大额这个构件。现在我们进行分析，这样粗的一条大梁，无论是在前檐或者后檐，在前槽或后槽，统统都称它为“大额”。

关于大额结构的做法，根据现存元代殿堂实例来分析，可以归纳为以下几种：

前檐大额法　在前檐处不使用普拍枋，不使用阑额，而选用一根圆形粗大的木梁，把它按殿堂的长度架设，下边再用立柱支承，在大额上再排列斗栱，以承梁枋。采用这种方法，檐柱可以向左右移动，因为有了大额，斗栱的排列也很自由，不受柱头铺作和补间铺作的区别，更不受间宽与梁架位置的限制，当顶部荷载传至大额时，由于大额身长，可以平均承担重量。

这样做法从外观看，有一条雄伟粗壮的大檐额横架在柱头上对殿堂起到宏伟壮观的作用。高平景德寺大殿外檐、绛州大堂外檐，孙堡三皇庙大殿②以及晋东南一些庙宇的戏台、献殿等等建筑都有雄伟粗壮的大檐额，显露于外。这样形式的结构又影响明代早期的一些建筑和清代的部分建筑。如临晋县大堂、浮山县大堂等都是在它影响下的典型代表。

前后两檐大额法　在元代建筑中，除前檐架设大额外，而在后檐也做大额，主要是为了前后檐的支点力量相等，前后对称，使前后檐取得一致的效果。如前檐与后檐大额材料不够长时，首先满足中间几间的长度，至梢间与尽间加做接长一条大额，这也是很普遍的。这种方法大额直径不同，粗细不匀，在材料粗大时，只用一条；直径细小者可用两条叠起来，以增加雄壮的感觉，又起到抗压力的作用。在实践过程中也有用一粗一细两条大额叠落起来，运城结义庙过殿就是很好的例子（图21、图6）。

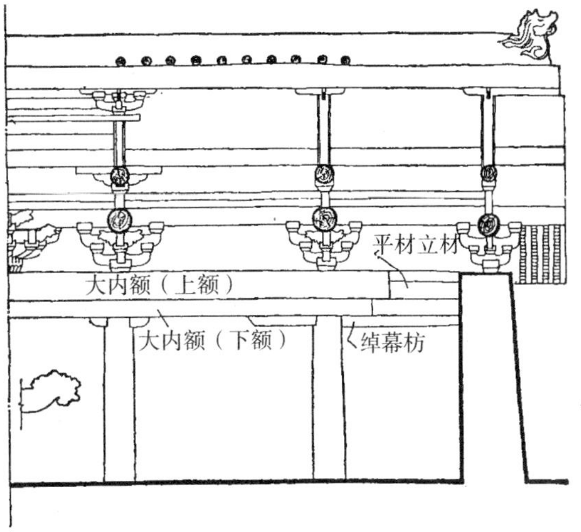

图21　运城结义庙过殿纵剖面示意图

后槽大额法　在山西元代木构建筑中，在后槽架设大额，最常见而且是最普通的形

---

① 李诫：《营造法式》卷五载：“凡檐额两头并出柱口其广两材一梨至三材，如殿阁即广三材一梨或加至三材三梨檐额下绰幕方广减檐额三分之一，出柱长至补间相对作楷头或三瓣头，”“凡屋内额广一材三分至一材一梨，厚取广三分之一，长随间广，两头至柱心或驼峰心。”宋代大木结构已有“檐额”形制，但是没有实例存在。元代的大檐额，大内额做法比较普遍。

② 三皇庙正殿，庙在赵城县南30华里，孙堡之中心，现已改为小学。庙的总体布局是山西元代常见的制度。前端为山门，山门和戏台，面对大殿，殿前有献殿，献殿平面方形，和大殿衔接在一起。大殿的两侧建东西朵殿，东西配殿和排房数十间，大殿系庙内最早的一座建筑。平面三间，内部置前内柱两根，柱头以上为顶篷所遮，梁架已不得见。在外檐各柱头上施一条大檐额，檐额下端置绰幕枋，枋的断面很细，额上置斗栱，按柱头与补间各一朵的距离排列，每朵斗栱四铺作重栱出单下昂，上承翼形令栱，栱面砍成向外的斜面。

柱头斗栱每朵重栱计心造，在栌斗上出四铺作单下昂，昂面䫜度很大，昂底面接近平直，上端承担令栱和耍头相交，置撩檐槫，后尾施翼形栱，其上担斜脚式跳斡。这样一种构造在山西也是少见的。

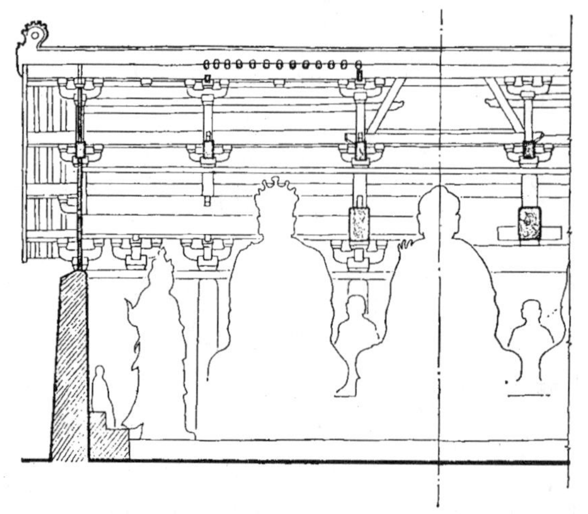

图22　五台县广济寺大雄殿纵剖面图

制。大额的做法，有的用一根大圆木，通长架设，一头粗一头细，就取其自然状态，有用二根木材接起来的。在后槽做大额主要原因，由于前槽内柱减去的数量多，又要扩大殿内前半部空间，以使奉佛者有从容宽敞的地方，留后内柱可设在佛像的后面，因此将大额放在后槽部位，对扩大前半部空间是有意义的。五台县广济寺大殿就是在后槽架设大内额，采用直径60厘米的一根整料，气魄雄伟。再将其横架当心间和两次间，两端各伸至各次间内柱头中，这样就将当心间的两根内柱减掉；上部再承担两品梁架，这是后槽大额应起到的作用（图22、图9）。新绛寿圣寺大殿①就是在后槽使用大内额的代表。大殿平面五间，它将两条大内额都放在后槽柱头上，每条内额横架两间，将次间柱予以减去，再将当心间两根内柱各向左右移一根柱径的距离，达到了用大额扩大空间的效果。这条大额一头直径粗，一端直径细，在较细的部位上采用激背承担斗栱，另一端使用驼峰承担，将额垫平，随机应变，运用的方法非常巧妙。普净寺大殿就是在后槽运用大额的一个典型，在额下的柱头间，还使用斗栱支承，与大额相对方向还用劄牵，使额与柱间更加坚固的结合。在额上按屋架位置排列斗栱，乳栿与四椽栿的端部担在斗栱上，又有前后左右方向的劄牵连接，致使柱头不能摇动。大额横贯五间，它的接头处在当心间中心，同时在其下部按当心间的宽度置一根绰幕枋，以加固其强度，这是用绰幕枋来解决大额的剪力的好办法。

前后槽大额法　在一座大殿里，当前后槽内柱都需要减柱时，使空间扩得更大而采用的一种方法。广胜下寺大殿平面面阔七间，前槽二柱、后槽四柱，就在内柱头上架设两条相叠的大内额，大额至当心间处断开者仍用绰幕枋承托（图23）。在额上立斗栱承担弯爬梁（斜梁）和四椽栿，它的特点，一方面是减柱；另一方面在额上置斗栱，而将弯爬式斜梁与此斗栱相交，

---

① 寿圣寺释迦殿：在新绛正北38里北苏村，寺在村的十字街路东，山门临东大街。目前全寺建筑大部分毁坏，只留释迦殿作为粮食仓库，看不出原来规模。据山门旁存一石碑，为大明万历四十一年《绛州苏村镇重修寿圣寺记》：“……苏村故有寺曰：寿圣，宋大观三年赐额也……，释迦殿五楹、大悲殿三楹，天王殿三楹，金刚殿三楹皆固有”，于释迦殿殿后只存一明代五间大殿可以证明。

殿平面矩形，面阔五间，进深六架椽屋，建在一个很矮的台基上，前檐柱五根，殿内仅存内柱二根，其余全部减去，此二柱在后槽上平槫缝，各自向两次间移动一梁之距离。柱头横穿绰幕枋，承担左右之内额，当心间用绰幕衔接。前后檐斗栱相同，用柱头与补间二种。柱头铺作每朵四铺作出单抄，后尾山华栱一跳，其上承令栱，齐心斗，替木与耍头相交再置撩檐枋。耍头后尾做蝉肚式紧贴余四椽栿之下并施罗汉枋一层，补间斗栱相同。

柱头上使用很厚的普拍枋及阑额，四椽栿前端伸至斗栱的柱头枋上；后尾担在内额上。四椽栿后尾立蜀柱，前端置驼峰，襻间承三椽栿头，三椽栿后尾穿入蜀柱头上，在三椽栿上又置驼峰，承接“平材立枋”，在立枋上刻出许多莲花。平梁之下仍然相同，前为驼峰承担；后为蜀柱承担，以承前后上平槫。平梁以上侏儒柱很高，柱头使用“平枋立枋”之襻间枋，叉手架于两侧，平材端施翼形栱及花牙子，丁头栿处有较长的平板枋，作为最简单的栱，上施脊槫。乳栿前端自后檐斗栱上端向内伸入额上斗口中，再与四椽栿在额上相接，栿上立小型蜀柱，用平材襻间联结，横向施劄牵汇合承下平槫。

次间、梢间各榀屋架结构形式均与当心间相同。脊槫缝缝襻间用“平材立枋”，立枋甚矮，上平槫之“平材立枋”立枋窄高在平材上各间施莲花斗、翼形栱、大麻叶头；下平槫各一朵增加装饰。其结构特点：两条内额用绰幕连接，驼峰做大型云垛，形制少见；侏儒柱特高，屋顶坡度较大；普拍枋做方形，阑额做立板式。

使得四椽栿增高将近柱高的二分之一，扩大了空间。例如繁峙灵岩寺前殿的前后槽使用大内额，前槽大内额较细，只担负两品梁架的重量，因而将前内柱向两次间移去，次间之两端再用绰幕枋衔接，以补充大额长度，又可减少大额与柱头相交的剪力。它的后槽大额作法整体贯通面阔三间，因此选用直径粗壮的额。由于这两条大额的作用，使前内柱移向次间的中心，靠前窗的位置，使后内柱各向转角处移去，空间加大，容下了 80 平方米的大佛台（图 24、图 8）。

栿上大额法　这种方法很特殊，这是大额结构的一种创造性方法。它首先利用四椽栿减去前槽内柱，又省去两次间的四椽栿和乳栿，省去次间的前后槽内柱，这样再将大额安装在四椽栿上，各自贯通二间的长度，用以承担斜梁和挑斡，以达到节省材料的效果。汾城普净寺大殿就是这种做法，在四椽栿上，沿上平榑缝，顺长架设两条大额，其上立矮柱以承担平栿，因为有大额贯通，到次间再减去四椽栿、乳栿，前后使用了斜梁，斜梁前端担在斗栱上，后尾担在大额上，中间支承下平榑一个支点，这样的结构不但减去柱、又减去梁栿，这是很成功的。介休内封村龙天庙就采用这个做法（图 25、26、图 7）。

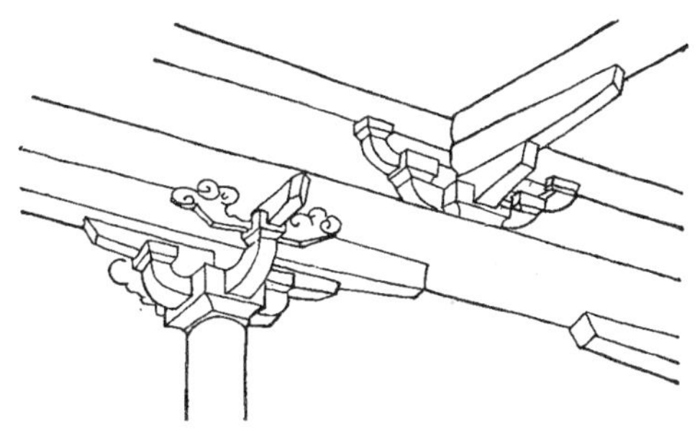
图 23　洪洞广胜下寺大殿大内额结构

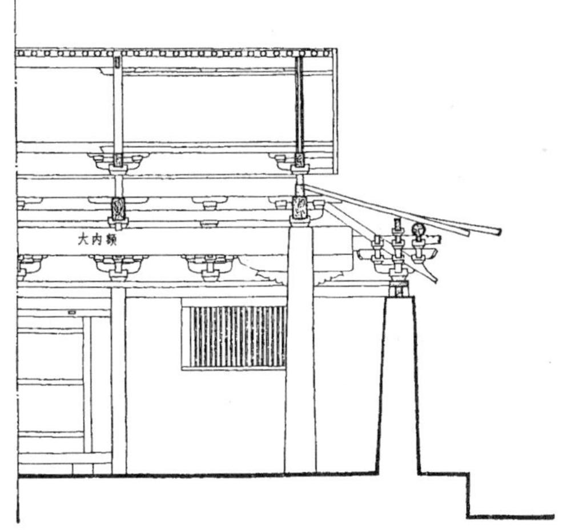

图 24　繁峙县灵岩寺文殊殿纵剖面图

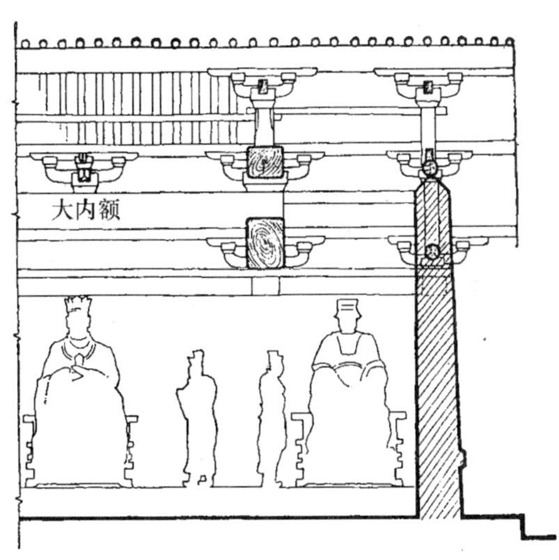

图 25　介休西内封村龙天庙正殿纵剖面图

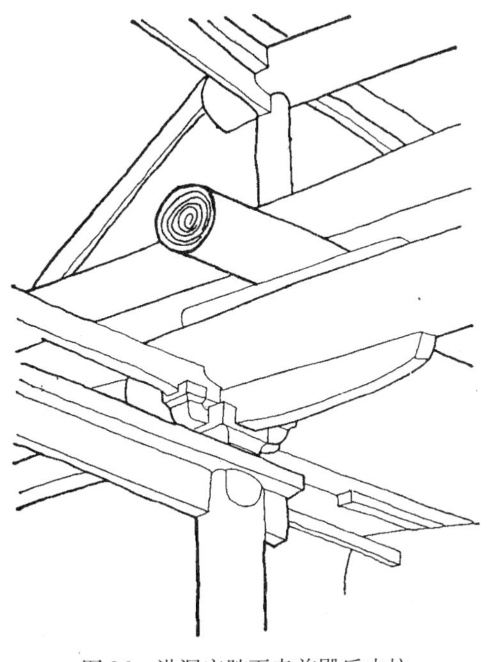
图 26　洪洞广胜下寺前殿后内柱

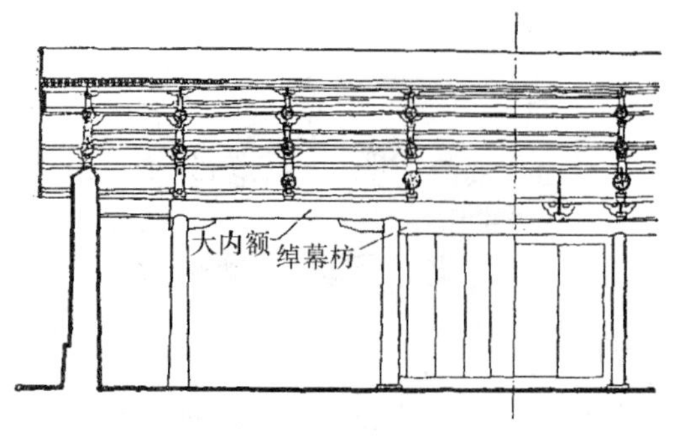

图 27　绛州府大堂前后槽大额

前檐与后槽大额法　这是元代木结构中比较普遍的一种方法。前檐大额和后槽大额的做法前面已各有论述。兹举绛州大堂为例，平面七间，外檐使用大额，仅留当心间檐柱二根，其余全部减去。其上照常列置斗栱，梁枋。后槽大额贯通五间用四柱减去二根柱，故在十八根柱中，仅留六根。前檐与后槽两条大额同时在一个殿内出现，是通常的做法，采用这个方法解决问题比较大（图 27）。

四檐用大额法　这用于平面较小而且是方形的殿较为合适，例如献亭、献殿、钟鼓楼和戏台等等建筑常用之。往往在四根角柱上四面都架设大檐额，它的结构方法和道理都是同样的。例如临汾县三王庙①就是一个很鲜明的例子。

从以上列举的几种大额方法来看，不仅构造不同，富有变化，而且在木构建筑中使用这个方法是最多的。大额的功用主要是在上部承担梁架，下部达到减柱和移柱，扩大殿堂内部空间。它的特点是直径粗大，用料长，一根完整的圆木，本身自重大，能担足够的荷载与压力。利用大额这个方法是一种大胆的革新，在结构上是非常成功的。

伴随大额的出现，还常出现绰幕枋，它与大额密切相连，特别是在大额与柱头相交的地方或者是额与额间的衔接处，必须使用它。也有的殿宇中，由于额的断面小而用绰幕枋以补大额的抗压力，同时也用它增强大额与柱头连接点而出现的剪力，它将额的集中点力量分布其上，再传入柱头，它是一个传布过渡的构件。

关于斜梁结构问题，是元代由于大额结构产生的一项特殊做法，也可以说是元代梁架结构中另一种新的变化。斜梁结构有两种：一种是直达梁架内部的斜梁，规格甚大；另一类是在斗栱上起秤杆作用的短斜梁，实际是宋式挑斡的变体。

一般在梁架中的梁栿都是纵横两个方向水平搁置的。斜梁总是一高一低，它由于减柱或移柱的要求以及大内额的作用而引起的。斜梁的具体做法有四种：

一是纯粹的斜梁，两端都有支点，只是高低不同，它斜着安放并承担荷载，从汾城普净寺后大殿次间斜栿来看，其前端伸入撩檐榑下和斗栱的要头枋上；后尾延伸至上平榑缝担在大额上。梁身很长，构成一条二椽栿，其间承担上下平榑和撩檐榑三个支点，这是普通斜梁的承担方式。

---

①　三王庙戏台，在临汾县西北 50 里魏村，庙在村之正北，坐北向南。庙的平面布局很简单，在中轴线上自前至后，有戏台，献殿，大殿三座建筑。戏台与大殿相对，戏台之右侧为清代重建之礮衎楼，与中轴线呈 35 度角，大殿左右为朵殿，东西廊房十数间，四周用土墙围绕。庙内现存的建筑要以中轴线之戏台为最早，据石柱刻字为“维大元国至治元年岁次辛酉孟秋月下旬九日竖石匠赵君玉”，大殿及献殿等房屋均为明、清重建的。礮衎楼亦为戏台，为清同治年间建造。

元代戏台平面正方形，下做 1.4 米的台基，台上前檐立二根方形石柱，后檐二根木柱，柱头置栌斗，斗口架檐额，额上置斗栱每面二朵，斗上施抹角梁角承小檐额，驼峰令栱等重重叠置，上部承担歇山顶。每朵斗栱出双下昂，要头枋上置直杆式挑斡，下部担在井口枋上，其上置枋用蜀柱压住，构成歇山顶的山面。斗栱后尾用翼形栱达六种式样，增添了台内丰富的装饰。戏台结构特点：一，采用抹角梁与直角梁重重交垫起来；二，石柱头上置大型栌斗，斗口用实拍栱托着大檐额。

二是杠杆斜梁，从洪洞广胜下寺前殿的斜梁里可以看出，殿的四檐都使用斜梁，做法与第一种相同，梁的前端伸入斗栱上，并伸出令栱之外，后尾则斜着向上伸到平梁底面中心，下端担在大额上，再承担上部四个支点，它是一条斜梁而又起着杠杆的作用，结构非常合理（图28）。

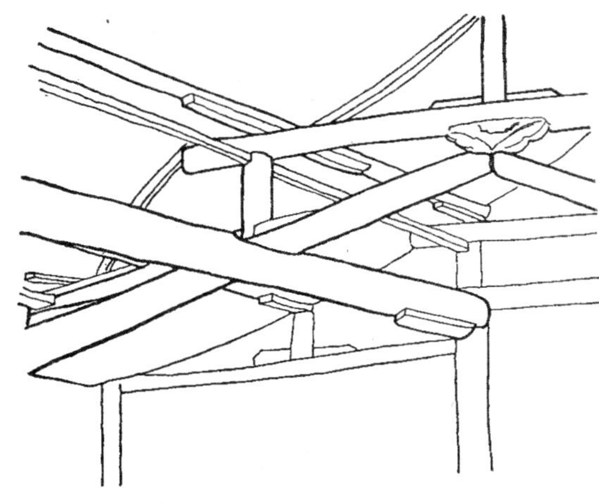

图28　洪洞广胜下寺前殿梁架

三是斜乳栿，从五台县广济寺大殿的斜梁可以说明，它的前槽丁栿横跨两间，一端搭在四椽栿上，增长加大了丁栿，而将次间檐栿可以减去，将乳栿自斗栱上向后伸至丁栿上，在其中间承担下平槫，由于没有柱没有栿致使下部空间增大，这种做法又是一个新的变化。

四是托脚斜梁，这以洪洞柴村玉皇庙正殿为代表，它的斜梁压在六椽栿上，上平槫与脊槫缝间，形象极似托脚，故称为托脚斜梁。但是它与托脚所不同者，在其上端安置下平槫，后尾伸至上平槫缝处，与平梁梁头汇合于一起，底面用三角形驼峰，劄牵等与蜀柱连接，构成一条有支点的斜梁。

除以上斜梁系统外，在挑斡方面实际上也是一种斜梁做法，它都是单步的，相当于一个槫缝的长度。它自斗栱要头枋上面向殿里斜伸，使斗栱前后平衡，真正起到杠杆作用。同时还能使斗栱与内部梁架连接，作为一个挑承的支点承托着内部梁架。

现在将挑斡系统的三种构造，分析如下：

大脚式挑斡　自斗栱的要头枋上增加一材，前端伸至撩檐槫下，后尾挑起45度角，直达下平槫底，相当于清式单步梁的长度，前后都有压力以保持平衡。例如临汾县东羊村东岳庙献殿就是采用大脚式挑斡，但在该庙大雄宝殿补间铺作处，却将要头枋后尾挑起。赵城县三王庙外檐补间斗栱后尾也用大脚式挑斡，犹如一只大脚伸入斗栱上，所以将这个形式称为大脚式挑斡。大脚式挑斡，当上部荷载大的时候，容易将脚脖压断。同时，必须用一块木料砍出脚形，十分浪费木料（图29）。长治县南宋村玉皇观外檐补间铺作斗栱还做出两材大脚式挑斡，自斗口正心枋向前置者为要头枋，向后尾斜伸者为挑斡，两块材料在正心枋处相交，也起到大脚式的作用，这样可省去木材。

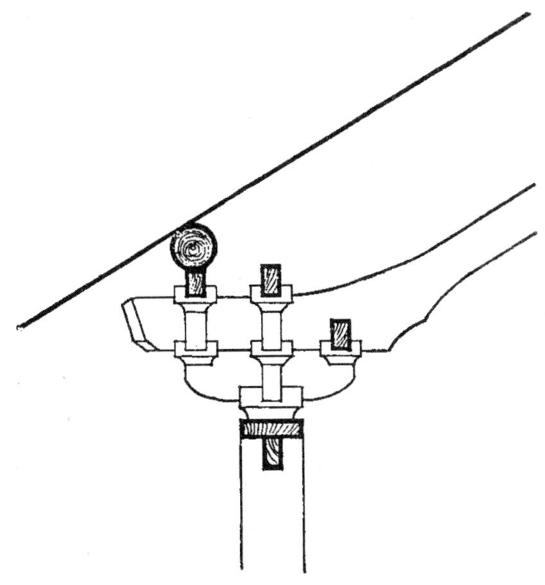

图29　赵城三王庙外檐补间斗栱后尾

弯扒式挑斡　此式与大脚式相接近，自脚跟之上将斜材做成弯曲式梁，不但增加美观而且将其脚尖伸向要头之处，减去呆板平直的感觉。随其弯就其弯是一种利用斜料的方法。其弯度的大小和多少，都根据需要来决定的。前端压在撩檐榑之下；后尾担于平梁的大额上。从长治洪福寺眼光殿①挑斡两端都有弯脚相背连接，实际犹如一条弯曲的单步梁，由于两端支点高低不同，又要相联，必然做出这种形式。

直杆式挑斡　这种结构，实际上是一种杠杆，前端伸入正心枋背后，或者耍头枋上；后尾伸至下平榑或者是上平榑下，自斗栱后尾承罗汉枋。加上华栱斜材，大小菊花头，层层垫起来。前槽有撩檐榑与檐头重量压住，后尾挑在下平榑之下，因而构成杠杆作用，实例颇多。例如：临汾魏村三王庙戏台、三王庙正殿都用直杆式挑斡。另如：绛州大堂当心间，补间铺作斗栱及繁峙灵岩寺大殿补间铺作斗栱都做直杆式杠杆（图30、31）。

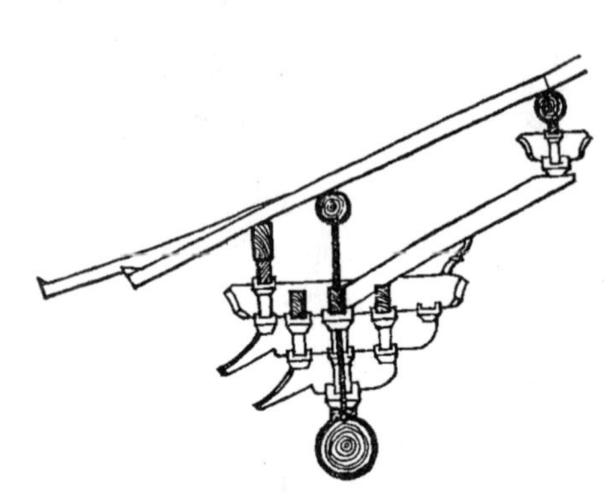

图30　绛州大堂当心间补间铺作斗栱

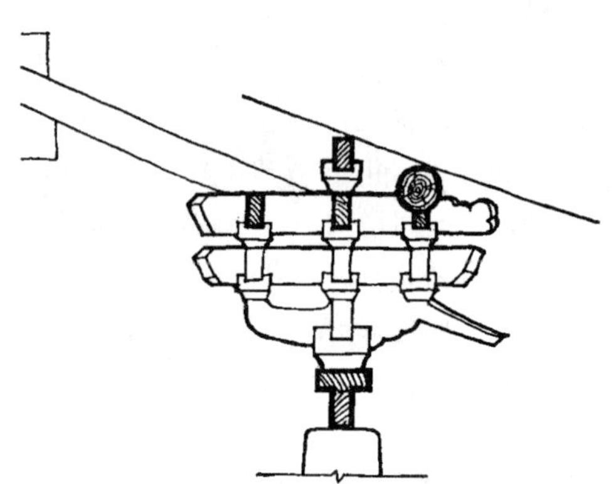

图31　繁峙灵岩寺大殿斗栱

按挑斡这种做法，很可能是从真昂蜕化而来，因为做真昂复杂，且不易施工，当斗栱缩小之后，假昂发展起来，从直杆式挑斡渐渐出现、变化出许多弯曲式斜件，元代木构中出现许多挑斡，到达中晚期挑斡后尾加出许多花头，这种做法，结构方式为明、清两代镏金斗开出先河。

关于转角结构的处理方法很多，一般根据殿的进深与面阔的尺度，或者是斗栱攒当距离而决定。凡在小殿斗栱攒当距离小的，常用斗栱后尾承托老角梁，就是角栱相邻的三条华栱上，其后尾担在丁栿顶部，例如：洪洞广胜寺明应王殿的角梁做法（图32）。这种做法，在早期建筑中常常出现，到了元代初期、中期的一些建筑上亦常采用它。

使用抹角梁，是元代木构建筑中盛行的一种方法。抹角梁分为大、小二种。大抹角梁，按面阔、进深一间作为标准对角搁置，在大型殿堂中常用这个方法，将老角梁后尾伸长，担在它

① 洪福寺眼光殿，在长治县南李坊村，寺之建置规模宏敞，从前到后有天王殿，眼光菩萨殿、罗汉殿、后大殿，东西配殿及群房等数十间。其中以眼光殿为最古。

眼光殿也叫献殿，面阔三间，进深四椽，单檐歇山顶。柱头斗栱四铺作出单昂，跳头上施令栱，替木，承撩檐枋。后尾出华栱二跳承四椽栿，正心泥道栱上置柱头枋二重，下层隐出慢栱。山面柱头斗栱，只出华栱一跳承担阑头栿。当心间之补间铺作出单抄，其余做法与柱头斗栱同样。殿内檐柱及内柱用方形小抹角石柱，檐柱之间用普拍枋与阑额，但前檐三间用一根檐额。殿内当心间的梁架自前后柱头斗栱上置四椽栿南北贯穿，栿上自四角伸来的老角梁后尾担在其上，其上再施栌斗令栱置平梁，老角梁后尾也当做驼峰使用，攀间枋穿入其中。平梁以上做方型小抹角侏儒柱，柱头无丁华抹颏栱，柱头枋上置散斗承脊榑。

歇山转部合在大角梁后尾三分之二处置驼峰承阑头栿即清之采步金梁与平栿相平。后内柱头上施斗栱，柱头枋与四椽栿相交，其上再置横枋加强纵向梁架之间的拉力。梁架主要用圆形木料，老角梁后尾担在四椽栿上，平栿交头汇合在老角梁中间，这样一来省去蜀柱、省去驼峰、山面也不用丁栿，这是小殿的一种做法。

的中心。永乐宫纯阳殿、广胜下寺山门、繁峙寿圣寺正殿等等都采用这种做法。小抹角梁以梢间补间铺作的斗栱作对角搁置，由于间距短，所以称为小抹角梁。元代殿堂里小抹角梁很多，无论大小，于其上照常承担老角梁。按小抹角梁都担在斗栱上、或穿在斗栱之中，做小抹角梁的殿以浑源永安寺传法正宗之殿为代表。还有一些结构复杂的殿，于一殿之内，大、小抹角梁均使用之。

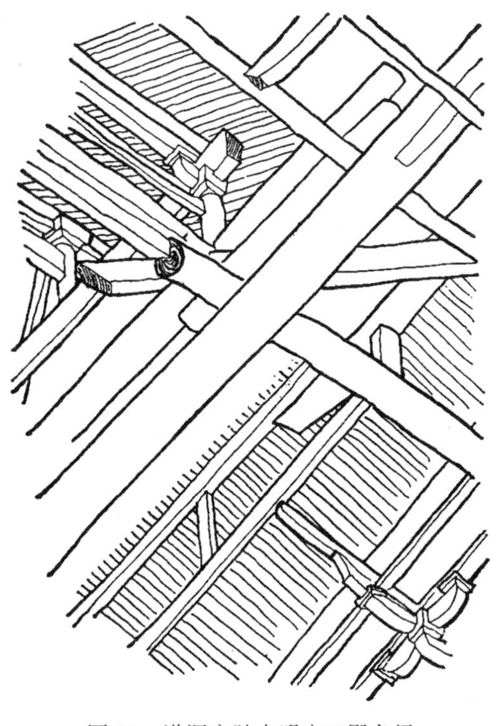

图 32　洪洞广胜寺明应王殿角梁

此外，转角结构中还有一种老角梁做法将老角梁后尾伸出很长，担在四椽栿上，角梁上再置驼峰，令栱共同承担下平槫与阑头栿的交角。这种做法，曾见中条山南唐代五龙庙大殿，到元代仍然沿袭很多，如李坊村洪福寺眼光殿就是采用这个办法。在一般小殿里还常将老角梁担在丁栿上，因为柱的间距小，丁栿与转角距离近，所以将角梁后尾担在丁栿上，繁峙三圣寺正殿①就是一个明显的例子（图 33）。

3. 用材、立柱、斗栱、梁枋、举折

元代殿堂梁架结构整体，是由细部构件综合组成的，内容很多。现在按用材标准、立柱、斗栱、梁枋、举折五个部分分别论述于后。

用材标准：在用材方面根据调查分析，在材栔方面是有一定规律的，一般在大殿用材都相当于宋制五、六、七等材的三种标准，在现存实物方面还未发现相当于宋制第一、二、三等材的尺度。元代用材趋于小尺度的材，这与殿堂规模有一定的关系。在传统式梁架结构中，从殿堂用材平均数字看，材宽 13 厘米、材高 22 厘米、栔高 7.5 厘米。如以殿堂的间数来分析，五

① 三圣寺正殿，在繁峙县沙河镇东北十华里西岩口村。寺在村之后路北，前后共两进，山门之左右为钟鼓楼，山门之北为中大殿（即地藏殿）再后为正殿，旁列群房数十间，除正殿外，全部为明、清历次改建的。殿平面正方形面阔三间四架椽歇山顶。

各檐斗栱柱头与补间各一朵，柱头斗栱五铺作出单抄单下昂，令栱交耍头上列齐心斗，昂为外插昂，昂下刻三角形华头子。正心重栱，瓜子栱上置散斗承枋子，在枋面上隐刻出与泥道栱同长度之栱，散斗之上复施柱头枋两重。补间斗栱也做五铺作单抄单下昂并出 45 度斜栱，令栱做鸳鸯交手栱，散斗共用。但在要头枋上刻出卷莲形纹样和龙嘴。

殿内无柱在当心间与次间施地栿，使柱上，柱下都有枋子联结，当心间两榀屋架担在前后柱头上，栿上立蜀柱承梁均为一般之做法；但为歇山屋顶，丁栿自山面柱头斗栱上担于四椽栿之南北，四角的大角梁伸入殿内下端不用抹角梁直接伸向丁栿的中心，角梁尾再叠置栌斗，令栱、替木承担下平槫与阑头栿之交头。在丁栿的后尾上立正圆形蜀柱，再承栌斗、替木上平槫，在蜀柱头有襻间枋贯通，上下结构条理清晰。

按三圣寺后殿结构形制为传统式，转角之大角梁后尾担在丁栿中心处，而不用抹角梁，为早期做法之一，与芮城广仁王庙正殿做法相同。角梁后尾之上部用两个栌斗叠起不用驼峰是一特殊做法。前檐三间通面阔装槅扇，并在各柱间施地栿，这是很少见的。

本殿为元代实物，其中部分经明代重修，据嘉靖三十四年《重修三圣寺记》：“三圣寺创自古坚州大元朝历今……。”又据大殿前之石花盆上刻有“至正六年四月初九日施奠人赵同，石匠李兴、石匠李恩”证明元代建筑，后来经过大明正德、嘉靖均有重修，但是主要梁架结构未改。

间殿用四等材、三间殿用七等材，这与《营造法式》来比较相差甚多。若《营造法式》殿五间时，应当用二等材或三等材；七等材则用于小殿和亭榭。由此可见元代传统式梁架结构仅仅在形制上，模仿宋制，而在用材方面相差得很远。在这个传统式梁架结构中，对于用材尽量加工砍削，制作极为规矩。因为唐、宋时期用材都进行细致的加工，而到元代在传统式梁架尽量仿求宋制，因而对材制要求加工也是很严格的。

图 33　繁峙县西岩口三圣寺大殿纵剖面图

在大额式梁架系统里，每座殿堂使用的材制比例和传统式相接近。但对砍削的规格不严格，常常在较规矩的梁架结构中，就出现几条圆料或者出现几根弯材，在一根材的处理上只做简单加工或砍削两面，大体接近平整就使用了。大部分都在材的端部略加工处理，其他各部保持许多原材状态。有的地方木材过少，就是在五间大殿里，还用很瘦小的材制。多数相当于宋式第六等材或第七等材，这充分表现斗栱尺度逐渐缩小，逐渐趋于装饰作用。

关于梁架用材更是随便，材和用料没有明确的比例，往往超出规定，料大料小调合不太适当。其中凡用大料不注意加工，有些粗犷大方、无拘无束的现象，从而证明元代大额式殿堂，在用材方面没有统一的规律，对殿堂的建设标准亦无《营造法式》那样严格，那样的统一和规定，表现出元代新创造的风格非常豪放。

材栔斗口柱径比例关系不十分明确，柱径粗细不匀，除浑源永安寺传法正宗殿而外，很少使用梭柱。从大额的做法看来也不是那么规矩，一条大额多半利用整根圆木，一头粗一头细，或者是在有弯的情况下也照常使用。在直径细的部位，上端加木垫，加垫板或者驼峰，叫人看去，如同临时补接和加工的，其实是大额式正规的做法。例如芮城城隍庙过殿有前后大檐额，檐额系用一头粗、一头细的圆木，在直径细的一端，加垫一些小枋、驼峰之类的木块，额下施绰幕枋，也用一条很粗壮的原始材料，略作简单的加工很不精致。大额式用材，在局部结构构件处理上很随便，不拘于固定格式。为什么要这样做？这可能与元代建造殿堂没有颁布“法式”之类标准作为固定要求，在宋、金两代梁架式样的基础上，大胆尝试，具有这些鲜明创造性的结果，适合当时新的要求所致。

元代殿堂用料材栔分析表　　　　**表四**

式别	殿堂名称	平面间数	进深椽数	材宽	材高	梁高	相当《营造法式》等级
传统式	三圣寺大殿	3	4				
	寿宁寺毗卢殿	3	4	14	22	6	五等材
	寿圣寺中大殿	5	4	15	19	6	四等材
	太符观正殿	3		14	22	9	五等材
	永安寺传法正宗之殿	5		15	22	8	四等材

续表

式别	殿堂名称	平面间数	进深椽数	材宽	材高	梁高	相当《营造法式》等级
传统式	二郎庙正殿	3	4	12	18	8	六等材
	清微观老君殿	3	6	12	25	7	五等材
	青龙寺腰殿	3		10	16		七等材
	崇庆院中大殿	3		14	20		五等材
	永乐宫纯阳殿	3		13.5	20		五等材
	释迦寺雷音殿		6				
大额式	广胜下寺后殿						
	广胜下寺前殿						
	三王庙戏台						
	结义庙过殿	5	4	11	18	6	七等材
	普净寺大殿		6				
	灵岩寺文殊殿	5	6	12	18	6	六等材
	寿圣寺大殿	5	6	11	18	6.5	七等材
	广济寺大雄殿	5	6	13	20	10	六等材
	绛州大堂	7		14	20	10	六等材
	龙天庙正殿	3	4	11	18	4	七等材
	三皇庙正殿		4				
	洪福寺眼光殿	3	4	12	18	8	六等材
	景德寺大殿		6			6	

立柱：元代木构建筑用柱比较随便，不如宋代严谨，对柱的加工亦很不严格。靠近石山地区，采用方形石柱（方形比圆形易于加工）；在使用木柱中，除主要明柱外，其他各部位的柱，对于柱面有节，柱身稍稍有弯，粗细亦极不均匀，不如宋式对棱柱的要求。至于柱头卷刹仅在传统式殿堂的内柱、平柱、角柱使用之，大额式殿堂中均不予应用。柱径的尺度最粗的为内柱，最小的为平柱，在一般檐柱、平柱常在45厘米；内柱常在65厘米左右。

元代殿堂平柱、内柱尺度表（单位厘米）　　表五

传统式			大额式		
殿名	平柱直径	内柱直径	殿名	平柱直径	内柱直径
太符观正殿	32	32	广胜下寺后殿		
永安寺传法正宗之殿	48	60	广胜下寺前殿		
二郎庙正殿		无	结义庙过殿	40	
永乐宫纯阳殿	42		普净寺大殿	35	50
释迦寺雷音殿	45	无	灵岩寺文殊殿	25	55、65
三圣寺大殿	36	无	寿圣寺大殿	45	55
寿宁寺毗卢殿	40	无	广济寺大殿	45	58
			龙天庙正殿	40	仿方形小抹角柱
			景德寺大殿		60

斗栱：元代木构殿堂斗栱比宋、金两代尺度略略缩小，斗栱本身的装饰略趋于复杂，花饰开始增加。但是和明、清两代比较，每朵斗栱还是简洁雄大的，它处于整个木结构建筑由简到繁的过渡阶段。从元代木构斗栱来看，百余年间的发展建造，仍然是以承挑出檐为主要作用的，其中兼有起着杠杆作用的，真昂与假昂相间使用，构成每一个殿堂必须有的做法。从斗栱朵数的排列距离，除柱头铺作外，补间铺作只多一朵至二朵，但都表现出元代斗栱那样雄伟硕大的鲜明特点。

斗栱的形制，根据现存实物来分析可列以下六种范围。

（1）四铺作重栱计心造，出单下昂。昂做假昂，里跳做华栱；补间用挑斡平衡，这是使用假昂最常见的，而且是最简单的一种形式。

（2）五铺作出重栱双下昂，昂的后尾砍作双抄，上昂常做真昂，下昂做假昂。这种做法尽量模仿宋式“六铺作重栱出单抄双下昂”的式样，但是元代此制不做单抄，直接伸出双下昂，在实例中比较普遍，一般都用于大型殿堂中。

（3）四铺作重栱出单抄，完全与宋式四铺作同，里外并一抄，内部用重栱，这是最简单的仅在较小的殿堂使用之。

（4）五铺作重栱出双抄，这种做法仅在传统式梁架中见到一例，实物极少，这种制度式样在宋代遗留下来的建筑也很少见。在元代太符观正殿中做此式，成为一个孤例。

（5）五铺作重栱出单抄单下昂，这种形制是仿照宋式五铺作重栱出单抄单下昂的做法，只有昂为假昂。

（6）六铺作重栱造出单抄双下昂，这是元代木构建筑中铺作最多的斗栱。

殿堂内部斗栱分为内柱铺作①、脊槫铺作②、平槫铺作三种。内柱铺作是用在前后内柱中③，其来源沿袭宋制。但是元代梁架内柱铺作不像宋式那样复杂，其位置适当大额、檐额、乳栿三材的交结点。由于用材粗壮，不用斗栱出跳承担，因此做法简单。最常见的都在栌斗口上置踏头栱与襻间枋相交或者是栌斗口上承担乳栿后尾，也有的做成重栱，如内柱直升至平梁底面时，内柱头即施用平槫铺作，无论是上平槫、下平槫其做法都是一样的。

一般在栌斗下施襻间枋，栌斗口置令栱与梁栿相交经替木承担平槫或使用令栱、襻间枋、散斗、替木承平槫。如果不做令栱，只在栌斗口上施襻间枋隐出令栱，这几种做法都是常见的。

脊槫铺作在栌斗处置襻间枋或单独的令栱与丁华抹颏栱相交，经散斗、替木承担脊槫。运用内柱铺作、平槫铺作、脊槫铺作三种斗栱，使梁栿交接十分稳固。内部梁架施用斗栱增添殿内的美观。元代梁架内部斗栱的使用与唐宋殿堂梁架内槽斗栱的制度大致是这种体系流传下来的。

关于斗和宋金两代大致相同，所不同者增加出很多新式花样，如圜栌斗、瓜棱斗、小抹角斗、大讹角斗……这是元代梁架开始走向细部装饰纹样增加的前兆。在散斗方面，根据位置作用不同，出现菱形斗、五角形斗，也有些地方性做法。无论栌斗、散斗，𩑶度不如宋式斗的𩑶度那样大，这是元代木构建筑中普遍的。斗的尺度详见表六。

栱的制度，里外跳多为单栱，正心为重栱，而且都做足材栱，常在足材枋面上隐出横栱。栱的卷刹，一般也砍成四瓣的样子，但不十分明显；另外一种卷刹不分瓣，砍成一个较锐的折角，

---

①②③　系区分梁架内部斗栱的总名称，因无适当名称，故暂三个名词代称。内柱铺作凡殿堂内部的各柱柱头斗栱；脊槫铺作系指在脊槫缝之各柱头斗栱而言；平槫铺作，皆指上下平槫两缝之各朵斗栱而言。

这从实例来看并不算少。按这种锐角的卷刹在早期殿堂中，也常出现，在明代建筑中也常看到。

在脊槫铺作、平槫铺作中有用足材砍成实拍栱的，其间无散斗，栱面直接贴于替木或槫的底面，用以增强槫的剪力，栱下仍用大斗承托。这种实拍槫做法简单，它常见于宋代木构中，不过到元更加增多。

关于异形栱到元代大量发展起来，凡在殿堂内外斗栱中，经常出现。特别是在殿内部斗栱多用之。它是一条足材，材宽减薄刻出许多花纹，有云形、卷云、三幅云、莲花及各种花朵，式样多种。还有的在异形栱在两翼上安置二个散斗。到元代中晚期的殿堂在外檐斗栱的令栱处，亦用异形栱，而在外檐的素枋上，做出隐刻式样的异形栱，都接近于装饰作用。

异形栱的位置，主要是开始于殿内，在里拽罗汉枋处，因为做罗汉枋，四周接连不断影响殿内空间视线而且浪费木材，所以产生异形栱，不仅增加殿堂内的艺术装饰，而且有一定的功能作用。异形栱从唐代开始出现，在金代木构中，已经做得很精致，到元代在殿堂中异形栱的数量日趋增多，特别是在晋南地区各县元代木构中随处可见。

元代还继承辽代以来盛行的45度斜面栱、60度斜面栱，它的主要目的，在纵横的梁枋中增加一点新的变化，使用45度斜面栱是一项大胆创造。正常的斗栱都是纵横方向的栱材，在45度方向又伸出华栱和枋子端头，它可以使每朵每铺作承力面扩大，更有效的承担上部力量。特别是将里跳外跳跳头的槫枋受力面加长，可以减少补间斗栱的朵数，常在较宽的当心间只用一朵就够了。凡做45度栱的殿堂，都只用于补间一朵为最多，发挥它的功能作用。

此外还有一种斜面栱，在每朵斗栱中瓜子栱、慢栱、令栱三条横栱前面，按栱之底线将90°的方棱砍去，做成45度斜面栱，这有可能受到45度斜栱做法的影响。因做45度斜栱制作麻烦不易施工，故在外跳各横栱面砍成45度斜面，这是在斗栱上增加的变化。这种形式在元代中晚期的建筑上，使用比较普遍。尤其是晋中、晋南地区实例最多，它与元代中晚期斗栱的装饰艺术性增加有密切的关系。

元代木构建筑中还大量使用踏头栱，常用于外檐，有时也用于内部斗栱上，平槫铺作中，它是一种横栱实拍于槫栿的底面，它一端做华栱，一端砍作踏头。凡做踏头栱，是在所承担的梁枋，材栔大的时候，栱材也随之加大，如砍成两端要头无法安装又不美观，故砍成踏头栱。

脊槫铺作的丁华抹颏栱，在元代普遍地继续使用，但是增加许多新的变化，有翼形、云形、华栱形式者都出现要头式，它与襻间枋直接相交，而使襻间枋叉手衔接起来，一方面固定叉手，同时对侏儒柱起到稳定作用。

外檐华栱方向的还有楔形栱，栱端再承翼形栱与横栱相交，再承以菊花头之类。用楔形栱时，当着补间铺作使用单下昂，昂尾做真昂的时候使用之。

昂的形制，在我国早期建筑中开始都做真昂，真昂有单下昂与双下昂两种。单下昂真昂的实例如洪洞柴村玉皇庙大殿斗栱。两跳的都有单抄单下昂，昂为真昂。双抄双下昂的有上下都是真昂（图34、35、36）。做真昂比较复杂，不易施工，因此从金、元以来由真昂逐渐变成假昂，由假昂代替真昂这个做法越来越多起来。元代用真昂与假昂两种，都做下昂。做真昂者只在补间铺作，数量不是很多，其做法与宋、辽、金无大差别。其中做假昂者比较普遍，昂嘴形象比宋式短拙，中顱不大，还小于宋式之二分，因而昂尖表面趋于平直，普遍都做琴面昂。昂面与交互斗相连处有做鹊台者，但规律性不十分明显。华头子的式样，一般都做卷瓣式，犹如宋制；另一种砍成突出的三角形平面，为元代中晚期常用的手法；第三种为平直的与起棱的。以上几种式样均为山西元代地方做法。

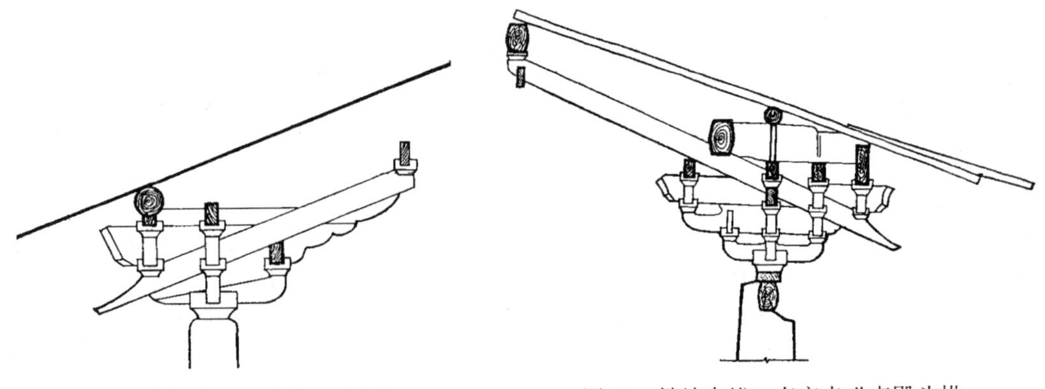

图 34　洪洞柴村玉皇庙大殿斗栱

图 35　繁峙南峪口寿宁寺毗卢殿斗栱

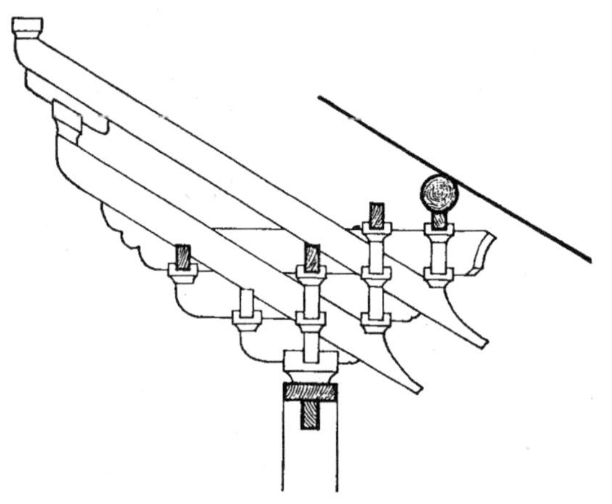

图 36　曲沃大悲院献殿斗栱真昂

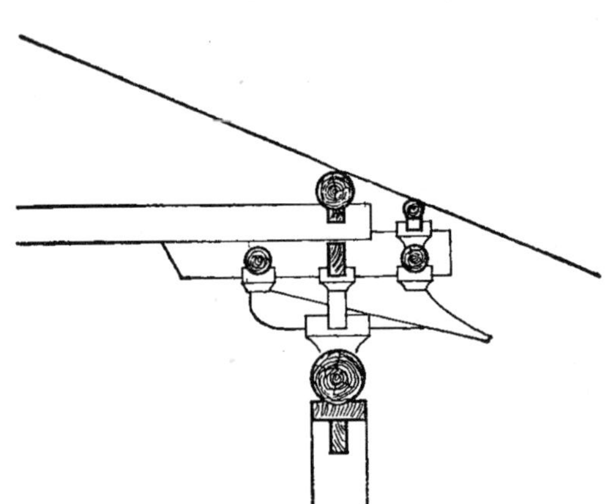

图 37　临汾东羊村东岳庙行宫戏台斗栱

在宋代建筑影响下也出现外插昂的做法，如崇庆院正殿①柱头斗栱，第一跳为华栱，第二跳为单下昂，但在耍头枋的前半部砍成斜面，做出一条外插昂，又如临汾东羊村东岳庙行宫戏台斗栱为一跳单下昂外插昂。芮城城隍庙外檐斗栱为双下昂，第二跳为外插昂（图 37、38、39）。

---

① 崇庆院正殿，在长治市西北免圣康沟村，崇庆院建立在一座高山与深谷之间，寺前山门，前殿均已毁坏，只留下这一座大殿。

平面三间，进深四椽，前檐二柱用方形石柱，殿内减柱只留后内柱二根，其他各面均为砖砌厚墙。门窗宽广，门窗框刻重重的线角，雕刻许多花纹，门为双扇版门，门钉每排六行，每行六枚，窗子做直棂窗，窗下用雕花之石窗盘，上覆悬山屋顶。

斗栱只做柱头铺作，每朵五铺作作出单抄单下昂。栌斗棱角砍去做讹角斗，正心置泥道栱一条，上承素枋两重，枋面隐刻出瓜子栱，枋子之间加垫散斗，向前伸出第一跳为华栱，卷杀平缓，跳头上置瓜子栱，慢栱，罗汉枋，前后相同。第二跳下昂，昂为假昂，昂下砍双卷瓣华头子，昂上置令栱与耍头枋相交承撩檐枋，将耍头做成下昂的样子，后尾插入五椽栿之底面，各栱面砍 45 度斜面。补间斗栱不施栌斗及泥道栱，只于两层柱斗枋上隐出一斗三升，上下同样。

梁架部分，当心间做五椽栿对劄牵用三柱，在后内柱头上置斗栱，劄牵后尾砍成踏头式。五椽栿上立蜀柱，置四椽栿承下平榑，四椽栿上前置驼峰，后尾立蜀柱承平梁。平梁之上再立侏儒柱，做法与常用者同。殿顶施琉璃筒瓦，正脊之琉璃刹楼背面雕刻有《重修崇庆院碑铭》："募缘住持僧善隆，门人正秀、正扩、尊宿师叔慧，本州两泽都四里琉璃匠杨得林，女婿张礼，弘治二年九月二十三日"这是重修时更换琉璃及殿屋顶的记载，但是梁架仍然为元代原物。据现存于前檐的万历二十年之《重修崇庆院记》"敕修崇庆院建自大元至正九年至万历四百多年……"据梁架形制来观察为元代原物没有问题。

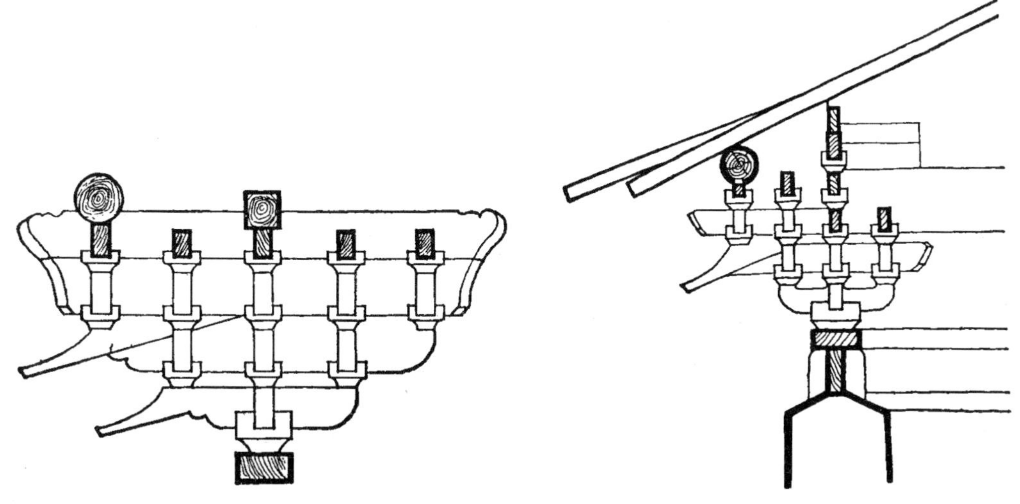

图38　芮城城隍庙外檐斗栱　　图39　繁峙三圣寺大殿斗栱

因此，在令栱前端不露耍头。它的特点使外檐单下昂增加变化，如同双下昂的式样，这种类似外插昂的做法在晋东南地区亦成为一种普遍性的规律。

耍头枋是华栱或者昂与梁栿交接过渡的枋材，它将柱头枋、罗汉枋、令栱、翼形栱等枋材穿联起来，保持斗栱的稳定，有充分的承力面。不论使用斜梁与挑斡或者是檐栿、乳栿都要担在其上，成为斗栱横向的着力点。无论是真昂假昂，柱头铺作与补间铺作都要使用它，也有的殿堂还用二层到三层。元代耍头形式与宋式相仿，仅在斜面上自鹊台之下砍成曲线，其后尾变化，有做耍头还有做成华栱以及蝉肚双肚式样，不论怎样变化，都具有一种古朴风格。

元代斗栱形制及用斗的尺度　　表六

式别	殿堂名称	外檐斗栱形制	特点	栌斗			散斗		
				耳	平	欹	耳	平	欹
传统式	三圣寺大殿	五铺作出单抄单下昂	昂为外插昂耍头做麻叶方	9	4	8	4.5	2.5	4.5
	寿宁寺毗卢殿	五铺作出单抄单下昂	昂为假昂，有衬枋头	12	6	10	5	3	6
	寿圣寺中大殿	四铺作出单抄	昂尾砍成踏头	8	6	8	4	2	4
	太符观正殿	五铺作重栱造出双抄		12	5	12	6	5	6
	永安寺传法正宗之殿	五铺作重栱造出单抄单下昂	耍头后尾砍成绰幕枋	12	6	8	6	2.5	6
	二郎庙正殿	四铺作重栱出单下昂	栌斗口增加翼形小替木	8.5	5	9	5	3	5
	清微观老君殿	五铺作重栱出单下昂	上昂做真昂	9.5	5	9.5	5	2.5	5
	青龙寺腰殿								
	崇庆寺中大殿	五铺作出单抄单下昂，昂为假昂	自耍头处增加一个外插昂，做成下昂式样	9	6	9	5	4	5
	永乐宫纯阳殿								
	释迦寺雷音殿								

续表

式别	殿堂名称	外檐斗栱形制	特点	栌斗			散斗		
				耳	平	欹	耳	平	欹
大额式	广胜下寺后殿								
	广胜下寺前殿								
	三王庙戏台								
	结义庙过殿	四铺作重栱计心造，出单下昂	华栱后尾做翼形栱	10	4.9	9	5	2	4.5
	普净寺大殿								
	灵岩寺文殊殿	四铺作重栱出单下昂	华栱后尾做翼形栱	10	4	8	4	3	3
	寿圣寺大殿	四铺作重栱出单抄		8	4.5	10			
	广济寺大殿	四铺作出单下昂	补间耍头后尾用大斜梁	10	11	4	6	2.5	6
	绛州大堂	五铺作重栱计心造，出双下昂	上昂做真昂	10	5	10	5	2.5	5
	龙天庙正殿	四铺作出单下昂	在栌斗口上施用小形替木，华栱在栌斗之上	8	4	9			
	洪福寺眼光殿	四铺作单栱出单下昂	耍头后尾做出华栱	8	6	8			
	景德寺大殿								

梁枋：为纵横方向的梁材，由于位置、作用、长短之变化，因而名称也随之不同。

第一，元代木构殿堂普遍在柱头施用阑额、普拍枋。用阑额联结柱头不使其摇动，断面用材较小，远远不如清代额枋那样雄大。阑额端头有的垂直截去，有的刻出海棠曲线，霸王拳、莲瓣等。普拍枋很普遍，凡元代木构建筑已经普遍使用。早期形制扁而薄，越到晚期越加厚了。普拍枋与阑额二材除在外檐使用外，还在内柱头以及襻间之处常常使用它，如当地人叫“平材立枋”就是这个做法。

第二为大额，关于大额结构问题，在大额结构法中已经谈过，它是元代木结构中一项重要构件。

第三关于平栿，种类很多，计有各椽长度的檐栿、丁栿、乳栿、平栿等。各种檐栿在梁架中除大额外，它是最主要的一件构材，用它承担较长的跨距。其中最长的有五椽栿，最短的有三椽栿，形制都是平直的，也有许多殿堂采用弯料。

据调查所见最大的檐栿用料为40厘米×50厘米，栿头部分垂直砍成斜面。除檐栿外，还有与檐栿成同样方向的乳栿，前端伸至外檐斗栱上，后尾与檐栿相交，其功用为补充檐栿的长度，承担一槫缝间的力量。除在前后贯通式不使用乳栿外，其余各种形式的梁架全部使用乳栿。

丁栿与宋代形制略同，在歇山顶与庑殿顶的殿堂里，都使用丁栿，伸出外檐部分都砍成耍头，后尾担在檐栿之上，一头高，一头低不是水平状态。关于劄牵的作用不承担荷重，主要是起联结作用的材，它将槫缝间的蜀柱联结在一起，将两个支点固定起来。元代梁架使用劄牵，大部分都用于槫缝间，如伸出外檐则砍成耍头，凡在六椽以上的殿堂，前后方向均各置劄牵。

劄牵的形状平直，有砍作月梁式的，和明清单步梁比较要细得多。平梁即两椽栿与宋制相仿，每座殿堂基本上都有平梁的构造，对平梁加工很注意，材料都很整齐，不论大额与斜梁如何变化，用料的大小与平梁的使用总是不变的。如平梁用材过小，为增加栿的强度常常使用缴背一条，或者用一段与合踏连接。按缴背这一材，在元代梁架运用较多，可能是改建宋、金旧有建筑时，利用旧料，如旧料单薄在其上增加一材，这是一种补强的方法。缴背与梁栿相交，二材紧密相连，中间没有空隙。除此而外，缴背还可补充二材之长度，在较大的殿堂中使用为最多。

在额与栿之底面常用绰幕枋，是用来抗低额与栿的剪力的主要构材，犹如扩大了的替木一样，又如清式梁架中的通雀替之功用。在大额式梁架结构上必然用它，其两端常砍成蝉肚或踏头两种式样。

元代木构中出现许多类型的驼峰，可算驼峰的一个发展时期。就形制而言，有正方形平素无花的、梯形、上斗底、丁头式、鞍形、花瓣尖、双卷云、凸形、扁平式、鹰嘴式、菊瓣、荷叶、云墩、扁片等十余种。用驼峰多半是为了补齐垫高，承担压力，作为支垫之用。使用驼峰显著地增加压力面、在大额、梁栿间，以及蜀柱根部位常常出现，榑上的驼峰还能代替蜀柱，它的式样之多和使用的普遍，远远超出唐、宋两代。

斜梁、托脚、叉手，都是梁架斜向的构材，对于斜梁问题，在前节已详为论及，仅在托脚与叉手仍然继承唐、宋遗制。托脚都是用在每个榑缝间有搭牵而省去托脚，在脊榑缝间使叉手，稳定蜀柱，实际上叉手也是托脚的一种形制，用它稳定脊榑用。托脚与叉手两材利用窄而高的断面，相当于平梁二分之一材。

纵向结构中除大额外，只以上下的榑枋为主。榑子分为脊榑、平榑、檐榑三种，都用正圆形，直径都在 25 厘米至 30 厘米为最多，它和梁栿蜀柱的交结点都使用替木，扩大着力面，以减少剪力。梁架与梁架之间的主要构材有襻间枋，其位置和做法都有不同，即使是在一个殿里上下平榑和脊榑之间式样也是不同的。在脊榑铺作之襻间常于各间只用单材，隔间相闪，至端部砍成半栱伸出或者是各间用一材直接连通。在平榑铺作，用单材襻间通联或者是隔间相闪，也有做棒节令栱的。元代梁架因为蜀柱高，故在蜀柱头与柱根各置襻间枋上下各一条，主要是根据它的高度来决定的。宋式常用一条，称为顺脊串。平榑蜀襻间做法相同，如用驼峰时，襻间枋直接穿入驼峰中，这个做法在《营造法式》中均不列入，但是元代建筑比较普遍。

外檐纵向联结的枋材，主要是斗栱上的各条枋材如柱头枋等等，它也是斗栱组成的四大构件之一，它将横向的栱枋联结起来，使每朵单独的个体，组成一个整体。凡是殿堂屋顶坡度大的而且较陡的，在斗栱的正心处都安装三至四层柱头枋，一直到椽子底面为止，内外施用罗汉枋，这样联结非常牢固。

举折：举折方法在元朝没有明确的规定，根据实测尺寸可以看出大部分还是符合宋代的标准，沿袭传统制度。元代木构殿堂屋顶趋于平缓，与明清两代高陡的屋顶坡度有着明显的不同，除个别的例子外，都有一个普遍规律，平缓的屋顶成为元代建筑的标志。今按《营造法式》“看详”：“今来举屋制度以前后撩檐枋心相去远近，分为四分。自撩檐枋背上至脊榑背上四分中举起一分。虽殿阁与厅堂及廊屋之类，略有增加，大低皆以四分举一为祖。”《营造法式》卷三十一各殿堂草架侧样，亦多近于四分举一。而元代木构殿堂根据《营造法式》计算下来，最陡的举高合撩檐枋之中为 2.88，合三分举一弱，这是举高最大的一个实例；举高最小的为4.63折合四分举一强，平均来看都在三分举一与四分举一之间，合于宋式之标准。但是不分宋代之殿阁厅堂与廊屋，而元代殿堂中则多以混合用之。各槫缝之折数也与《法式》规律相仿。一般都大于《法式》之折数。上平槫缝总在40至50之间约合举高十分之一；元代木构殿堂梁架由于进深小，规模也小，很少用中平槫的，既设者，平均相当于脊高的十七分之一左右；下平槫相当于举高二十五分之一左右，一般总是在这一标准之内。详列下表：

元代殿堂举折制度分析 表七

式别	殿名	前后撩檐槫中心尺度（宽）	举高（高）	上平槫缝之折数	中平槫缝之折数	下平槫缝之折数	宽与高之比例数	备注
传统式	太符观正殿	12.70	4.45	0.50	无中平	0.20	2.88	三分举一弱
	永安寺传法正宗之殿	17.10	4.10	0.30	无中平	0.15	4.16	四分举一强
	二郎庙正殿	9.50	2.50	0	0.15	无下平	3.80	四分举一弱
	永乐宫纯阳殿	16.30	4.35	0.50	0.30	0.25	3.77	四分举一弱
大额式	广胜下寺大殿	18.00	5.20	0.50	0.35	0.20	3.26	三分举一强
	广胜下寺前殿	12.00	3.70	0.40	无中平	0.15	3.24	三分举一强
	结义庙过殿	8.10	1.75	无上平	0.15	无下平	3.64	四分举一强
	普净寺大殿	11.70	3.10	0.30	无中平	0.15	3.51	三分举一强
	灵岩寺文殊殿	12.30	3.25	0.50	无中平	0.40	3.84	四分举一弱
	新绛寿圣寺大殿	12.25	3.40	0.45	无中平	0.15	3.63	三分举一强
	五台广济寺大殿	14.70	3.80	0.50	无中平	0.25	3.87	四分举一弱
	龙天庙正殿	8.25	2.05	无上平	0.20	无下平	4.12	四分举一强
	景德寺大殿	10.90	3.20	0.50	无中平	0.25	3.40	三分举一强

四、对明代建筑大木结构的影响

明朝的统治者为了恢复传统的制度，在一切规章中尽量模仿唐、宋的做法。在建筑中，也是遵循传统习惯的方法为基础，再向前发展，在木结构建筑上除学习传统方法外，也学习元代大额式梁架的一些特点。现存的明代建筑实物非常多，其中殿堂、楼阁与住宅丰富多彩，仅从建筑数量上来看，也足以说明是一个大发展时期。

但是，从结构形式变化来观察，则是由繁到简，梁架结构没有新的创造。越到晚期越简单，用材缩得很小。斗栱也缩小了，失去早期应有的作用。但是装饰性的东西增加很多，又是由简到繁的。

元代木结构一些特点，结构形制，做法方面对明代木构建筑有极深刻的影响。在明代木结构建筑中常见的有：

平面减柱表现得很突出，明代的殿也要减柱，但是减柱的数量不多，而没有显著变化，常用后金柱而将前金柱减去，实际这种做法深受元代影响。到明代在殿堂建筑的外檐上也常常出现使用大额来代替普拍枋与阑额的办法，额上承担斗栱，只用檐额不用内额的实例很多。明代的檐额尺度没有元代檐额那样粗大；还有的殿在檐额上置缴背一道，额下施用绰幕枋，尽量仿照元代常用的样子。明代在外檐上用檐额的殿，檐额与柱共同使用，额下亦无减柱之法，仅仅从形式上模仿，却没有起到大额应有的作用。

在斗栱方面用料更加改小了，但从式样上仿照元代做法不少，从朵数多少看来，有些建筑仍然使用柱头与补间各一朵，保持着元代那样舒朗大方的气魄，越到晚期朵数增加得越多了。对于栌斗采取元代式样不少，在一些建筑上还使用讹角斗、栌斗、莲花斗以及瓜棱斗，一般用于补间铺作，这是木结构发展至晚期花纹与装饰增多所影响的，在栌斗上寻求变化，在着力小的地方或者是补间处以及被人常见到的地方制作。

此外在栌斗口上施用小替木，承托华栱与泥道栱，这样做法是元代继承辽代而延续下来的，到明代突然增多，特别是在晋中地方流传最广，它是一种斗口上的装饰，有的做十字栱或者前后出两跳，明代除在木结构上使用外，在砖塔上也曾模仿制作，它的式样有很多变化。

对于昂的运用无论是真昂或假昂，昂的底面上都刻有华头子，使用元代常仿宋式做双卷瓣华头子外，以三角华头子是最多的，此制对明代影响最深，明代普遍采用而且非常盛行。最常用琴面昂，昂的鰤度较大，昂嘴细长，较元代粗短的昂嘴越到晚期越变为瘦长了。

栱的制度方面也受到很大影响，横栱栱面上都向外砍成斜面，散斗做成菱形，以增加外观艺术性，成为山西地方做法。将令栱做成鸳鸯交手栱或者做翼形栱，外跳增加这些新的变化。

要头式样除按传统式制作外，还做出坡度较陡的外插昂，伸出下昂或将要头砍成下昂或将要头砍成下昂形式，从外面观之昂嘴增多，要比呆板的要头别有风味，在晋南，晋东南一带屡屡见到。到明代批竹昂已经绝迹了，普遍施用琴面昂，而且昂嘴细小向前伸出较长。在撩檐槫和撩檐枋下部用替木承担，仍然保存古制。要头枋花纹开始增多，有龙头、凤头、卷云、莲花以及象鼻的变化，自元代晚期开始常常出现，在明代建筑中大大发展起来。

明代起秤杆的做法大量增多，秤杆形式和做法有许多变化，如秤杆下部结构日趋复杂，受元代挑斡的直接影响下又进一步发展，这一点表现得很清楚。

在明代建筑中常用翼形栱，其尺度不如元代大，明初翼形栱和元代异形栱略同，但是局部花纹处理不如元代式样多。四十五度斜面栱从元到明不断出现，甚至影响到清代的一些建筑，明代和元代形制很相似，常在补间铺作处使用它，特别是用于殿的当心间为最多，如晋城关帝庙前殿、襄陵文庙大成殿做得都很精美，而且有许多新变化。

梁架结构细部受到元代影响是最深的，在梁栿上使用瓜柱、驼峰，驼峰形制保留着元代特点，还用“平材立枋”作为襻间枋，从元代开始到明代显著增多，成为明代襻间常用的做法之一。在单步梁、横梁以及大额枋等常砍作月梁形，并在月梁下出丁头栱承托梁头，明代建筑上普遍见到，这种做法在山西宋、元建筑时常出现，明、清两代模仿其形式，而且增多。用出跳叠出藻井与八角形穹窿顶，也是最早从元代戏台或献殿中已经形成了。

到明代大发展的、凡是平面方形的楼阁大多数都用斗栱叠出藻井，即或用砖造的无梁殿也常常仿照木结构的式样用砖雕出斗栱叠出藻井，可见其影响之深了。

歇山，庑殿顶的转角结构也是采用元代常用的大抹角梁法、小抹角梁法、老角梁法而没有什么新的创造。明代木结构建筑除大梁外，用料开始严格。不像元代那样随便，仅在重建或补建时，利用旧料时有粗大的枋料外，凡是新建的，一律用小料，这是由于木材用量大而受到了控制。

明代木构建筑形式，受到元代影响不少，但是明代并未普遍承袭，只在局部结构和构件形制，做法以及运用上学习元代的一些手法。特别是根据元代传统式梁架方面为基础作了许多局部变化，向前发展。最主要是明代为了恢复传统制度，尽量墨守唐、宋两代传统旧规。而元代木结构传统式梁架就成为承上启下的桥梁作用，至于大额式只在那一个阶段在陕、晋地区放一异彩，到明代又收缩回来，大量发展建设传统式了。

对少林寺初祖庵大殿的初步分析

祁　英　涛

初祖庵位于河南省登封县城西北二十多华里的五乳峰下，东南二里即为著名的少林寺。相传这里是佛教中禅宗创始人达摩面壁的地方。庵的规模不大，南北长约75米，东西宽约35米，依山势而建，后高前低，方向为正西北，原有建筑如山门、千佛阁、配殿等，早已坍毁，现在仅存宋代建筑的一座大殿（图1）和清代建筑的两个方亭，西亭为“达摩面壁处”，东亭相传为祀达摩父母处。下面就初祖庵大殿的建筑、结构、用材等方面作一初步分析。

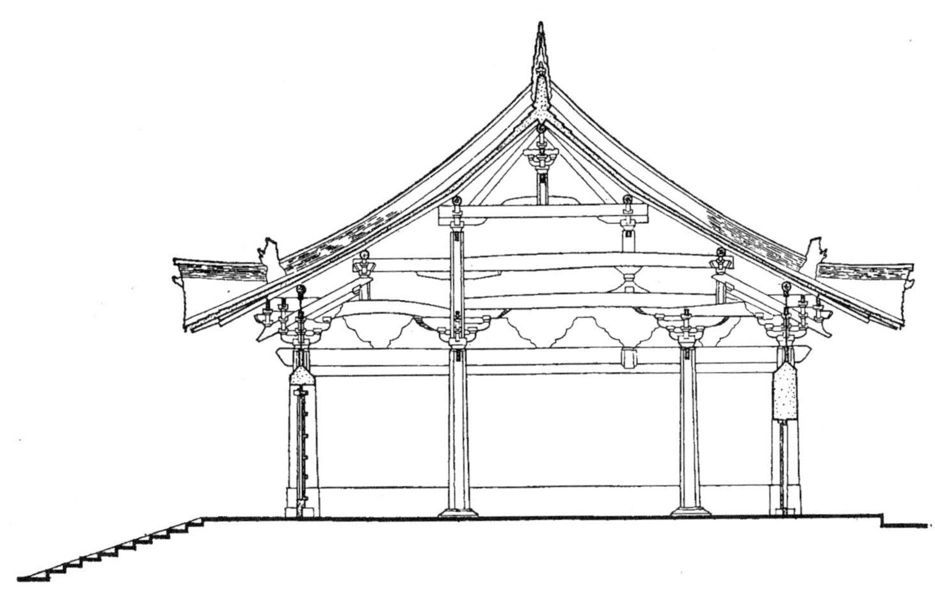

图1　初祖庵大殿断面（复原图）

一

初祖庵大殿面阔进深各三间，单檐歇山绿色琉璃瓦顶，平面近方形，通面阔11.14米，通进深10.7米，前后檐明间设板门，前檐两次间施直棂窗，两山砌檐墙，石砌台基，正面踏道，中间置素面条石将石级分为左右，应是“御路”的早期形式。大殿全部用石柱，露明处雕刻花卉、人物、鸟兽。总体造型比例匀称，是古代建筑中比较完美的遗物之一。

殿内于后金柱间砌扇面墙，前砌佛台（塑像早毁），佛台及檐墙下肩石护脚上雕刻水浪纹间以殿阁鸟兽，十分精美。东边的前金柱上刻有宋代题记：“广南路韶州仁化县潼阳乡乌珠经塘村居奉佛弟子刘善恭仅施此柱一条回向真如实际无上佛果菩提四恩揔报三有齐资愿善恭同一切有情早园佛果大宋宣和七年佛成道日焚香书”。结合此殿现存结构特点和主体构件的遗存情况，都可以确切说明大殿建于宋宣和七年（公元1125年），虽经几次修理，仍保留了原建时的

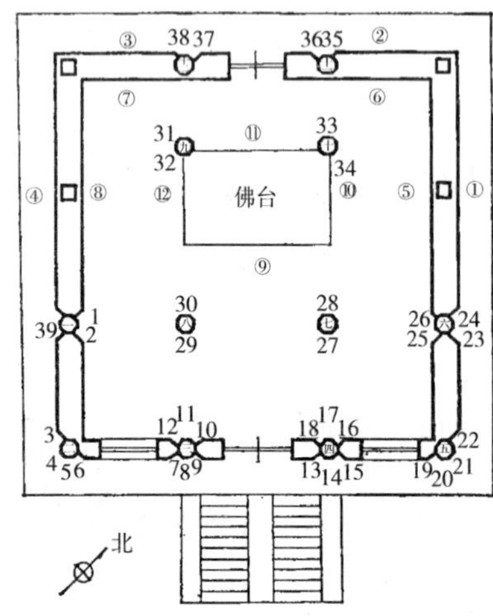

图2　初祖庵大殿平面及石刻编号图

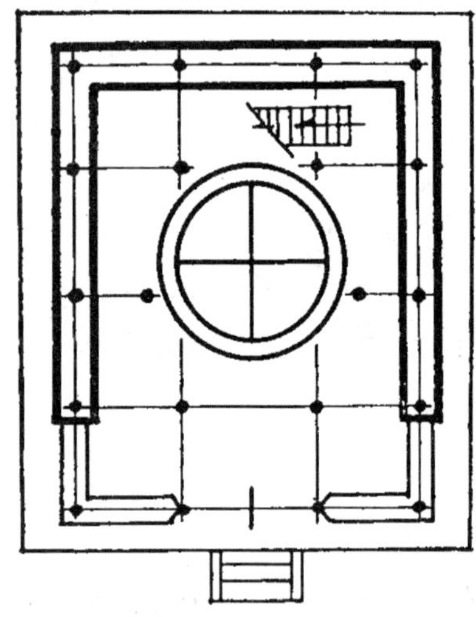

图3　隆兴寺转轮藏殿（宋）

生要构件和当时的结构特征。明显的有以下几点：

1. 平面中四周檐柱十二根，殿内金柱四根，除墙内四根檐柱为小八角形（方形抹四角）外，其余各柱都是等边八角形（图2），柱径48厘米，明间檐柱高353厘米（包括柱础高12厘米），柱高与柱径比约为7∶1，是已知早期木构建筑中较粗壮的实例之一。角柱比檐柱高7厘米，柱侧脚正侧两面都是9厘米，约为柱高的2.5%。

柱子的排列基本上纵横成行，唯两后金柱向后移动124厘米（图2），这种做法习惯上称为“移柱造”。《营造法式》中没有记载此种制度，现存实物中柱子的排列，在唐和辽初的重要木构建筑中都是纵横成行，整齐有序，辽中叶以后由于使用上的要求，平面中柱子的排列出现了一些变化，大体上有两种做法，分别被称为“减柱造”和“移柱法”。

减柱造就是在十字格式的柱网中减去一些柱子，通常只减前金柱或后金柱，最早的实例为辽宁省义县奉国寺大殿（公元1020年），面阔九间，进深五间，前排金柱中减去正中五间柱，只剩两边的金柱，金代建筑中减柱造的实例更多一些，元代建筑中几乎成为普遍的做法。

移柱法就是在十字格式的柱网中将柱子的位置向前后或左右移动。最早的实例为河北正定县隆兴寺内北宋建筑的转轮藏殿，由于殿的中间安放直径较大的“转轮藏”（存放佛经可以转动的大书架），设计者将前后四根金柱分别向四外移动，两根前金柱分别向左右移动164厘米和177.5厘米，后金柱也做了较小的移动（图3）。金天眷三年（公元1140年）建筑的山西省大同市上华严寺大殿，面阔九间，进深五间，正中五间的前后排金柱都向内移动半间（图4）。元代建筑中更出现了减柱造与移柱法同时并用的做法，比较典型的为山西省洪洞县广胜寺上寺前殿，面阔五间，进深四间，殿内前排四根金柱全部减去，后排金柱保留二根，位置移在次间内（图5）。在有确切年代的古建筑中，初祖庵大殿平面中的移柱法，应是较早的例证。

2. 李明仲编著的《营造法式》（以下简称《法式》），完成于宋元符三年（公元1100年），比初祖庵大殿的建筑年代仅早25年，登封距当时的政治中心（今开封市）较近，因而这座建筑物在许多方面受到《法式》的影响较深，早已被认为是研究该书的重要参考例证，通过我们测量的结果，证明这座建筑物中许多构件的尺度，式样大多与《法式》规定一致，有的则完全相同。以大殿的斗栱为例最为明显。

外檐斗栱为五铺作单抄单下昂，重栱计心造，分为柱头、补间和转角三种。

柱头斗栱：栌斗为圆形，昂为插昂，昂嘴做琴面昂，后尾压在乳栿出头所砍成的耍头底面，华头子后尾即为里出第二跳华栱，耍头与令栱相交，正中置齐心斗承托撩檐枋，正心于柱头枋上所置正心栱，应是后代修理时改变的结果。

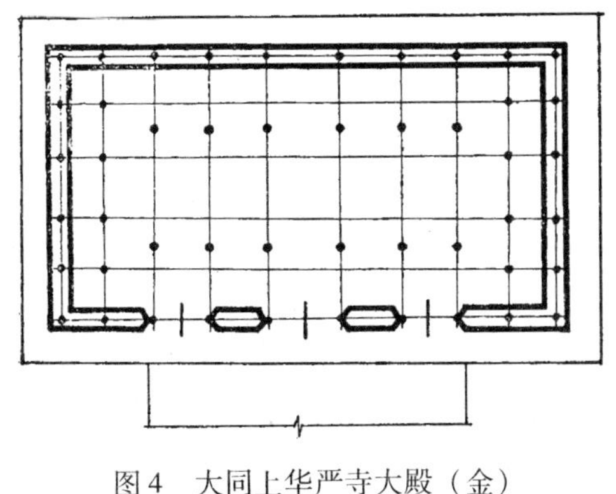

图4　大同上华严寺大殿（金）

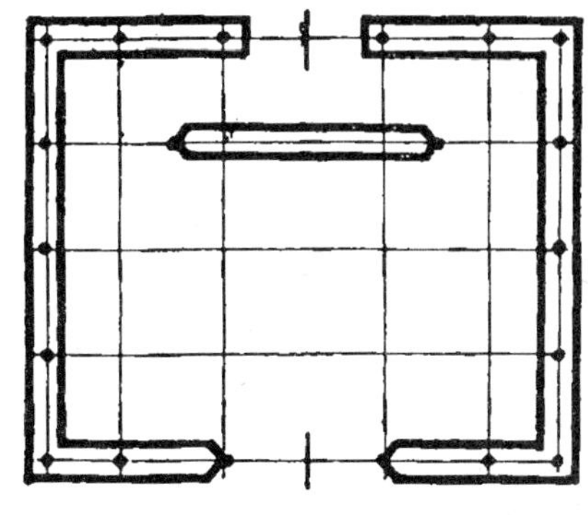

图5　洪洞广胜寺上寺前殿（元）

补间斗栱：栌斗四角抹圆，即为《法式》所称的讹角斗，昂为真昂，后尾斜挑压在下平槫之下如图。

转角斗栱：栌斗为普通方形斗，令栱刻鸳鸯交首栱，角昂上用尤昂。

内檐金柱柱头上各用斗栱一朵，五铺作重抄，方形栌斗，四角凹入成梅花瓣形，二跳华栱前端砍成翼形楮头。

斗栱的细部做法，尺度与宋《法式》比较列表如下：

编号	初祖庵大殿	《营造法式》规定（卷四）
1	斗栱用材为18.5×11.5厘米，约合《法式》中六等材栔高7厘米（5.7分）	殿三间用四一五等材 栔高6分
2	柱头斗栱用圆形栌斗（䫜科）补间头栱用讹角斗，转角斗栱用方形栌斗	“如柱头用䫜科，补间铺作用讹角斗”
3	补间斗栱，前后檐明间各二朵，次间一朵	“当心间须用补间铺作两朵，次间及梢间各用一朵”
4	室内不用天花为彻上明造，下昂后尾挑一栱，上下皆有斗	“若屋内彻上明造，即用挑斡，或只挑一科，或挑一材两栔（谓一栱上下皆有科也）。”
5	下昂前端昂尖平出29厘米（23.6分）	“下昂自上一材垂尖向下，从科底心下取直，其长二十三分。”
6	栱长：泥道栱77厘米（62.6分） 瓜子栱76.3厘米（62分） 慢栱114.7厘米（93分） 泥道慢栱114.7厘米（93分） 令栱90.3厘米（73.3分） 华栱88厘米（71.7分）	泥道栱，瓜子栱长62分 慢栱长92分 令栱长72分 华栱长72分
7	斗栱出跳：内外出第一跳 为37厘米（30分） 前第二跳35厘米（28.5分） 后第二跳25厘米（20分）	一般情况下各跳皆为30分“若铺作多者里跳减二分……六铺作以下不减。”
8	要头用单材，长37厘米（30分）	“造要头之制用足材，自科心出长二十五分。”

由表中可以看出大殿斗栱的式样、细部做法大多与《法式》规定相合，唯斗栱用材较小，要头稍长，表中第7项斗栱出跳尺寸，《法式》中虽然规定“六铺作以下不减”，但大殿斗栱为五铺作，前后第二跳都减短，此种情况在已知的早期木结构建筑中，如南禅寺大殿（唐、公

元782年），独乐寺山门（辽，公元984年）及华严寺薄伽教藏殿（辽，公元1038年）等处的五铺作斗栱中都是如此，可见初祖庵大殿虽然大多做法依照《法式》的规定，但仍保有一些未被《法式》总结进去的传统手法。

3. 大殿的梁架为彻上明造，与《法式》所绘“六架椽屋前后乳栿用四柱”的图样相似（图5），全部梁架由周圈檐柱及内柱四根承托。檐柱头施阑额，至角柱出头砍成楷头形，柱头上不施普拍枋，按《法式》卷四平座条内记载，普拍枋仅是在楼阁的平座中使用，“凡平座铺作下用普拍枋，厚随材广，或加一栔。其广尽所用方木”。现存实物中，辽代建筑的蓟县独乐寺观音阁与此规定一致，平座斗栱下用普拍枋、阑额，上下檐柱头间仅用阑额无普拍枋。除此以外在现存唐、五代及宋代早期的建筑中，如五台南禅寺大殿（唐），佛光寺东大殿（唐），独乐寺山门（辽），平遥镇国寺大殿（五代），福州华林寺大殿（五代），敦煌几座宋初建筑的窟檐以及宁波保国寺大殿（宋）等都不用普拍枋。檐柱柱头用普拍枋的最早实例为五代晋天福五年（公元940年）建筑的平顺大云院大殿，直到北宋中叶以后几乎普遍应用。但《法式》规定仍然仅限于平座斗栱下使用。因为柱头的普拍枋对增加整体构架的强度是有益的，故各地工匠多不按《法式》规定施行，在北宋中叶以后普遍应用此种构件的情况下，初祖庵大殿的情况就显得比较特殊，这是大殿与《法式》规定相符的又一明显例证。

大殿的梁架，由于后檐柱向后移动的结果，后檐的乳栿距离缩短约长一椽半，前后两金柱之间的大梁实长二椽半，习惯上仍应称为三椽栿，两根构件在后金柱柱头斗栱上叠压相交，此种做法在早期建筑并不多见。梁架中在前金柱的斗栱上叉立一根童柱支在平梁前端，梁架中前檐乳栿，劄牵及上下两根三椽栿都插入童柱中，这根接长的金柱，其设计意图应与《法式》卷五中“厅堂等屋内柱皆随举势定其短长”的规定相吻合，实际上是将楼阁中叉柱造的方法应用在单檐建筑梁架中，平梁上置叉手、蜀柱支承脊槫、平梁后端用大斗，蜀柱支在上层三椽栿背上，两根三椽栿间的空当，在与丁栿后尾相搭处垫以大斗及毡笠式驼峰。

两山面梁架，各于柱头斗栱上施丁栿，前端压在耍头上，前后丁栿后尾分别搭在前檐金柱斗栱及下层三椽栿上。丁栿上立蜀柱承托次间梁缝的平梁，前后蜀柱间置承椽枋以承托山面檐椽。

整体梁架的横向联系，于脊槫、平梁下用单材襻间枋，明间正中襻间斗栱一朵。

大殿梁架结构细部做法与《营造法式》相比较，亦多相近之处如下表：

编号	初祖庵大殿	《营造法式》卷五
1	柱径48厘米（折合39分即稍大于两材一栔）	殿阁柱径两材两栔至三材，厅堂柱径两材一栔
2	阑额35×11.5厘米（28.5×10分）	广加材一倍厚减广三分之一（即30×20分）
3	叉手20×5.5厘米（高16.3分与一材加二分相近）	殿阁广一材一栔余屋广随材或加二分至三分“厚取广三分之一”
4	槫径25厘米（一材一栔）	殿阁槫径一材一栔加材一倍，厅堂槫径加材三分至一栔
5	撩檐槫35×11.5厘米（30×10分）	撩檐槫当心间广加材一倍厚十分
6	椽径9厘米（7.3分折合宋尺2.8寸，与厅堂制相合）	殿阁椽径九分至十分，厅堂椽径七分至八分
7	檐出108.5厘米（折合宋尺三尺四寸）	造檐之制皆从撩檐枋心出，如椽径三寸，即檐出三尺五寸
8	飞椽平出65.5厘米（恰为檐出百分之六十）	檐外别加飞檐，每檐一尺出飞子六寸（即檐出的60%）

4. 大殿的屋顶较高，前后撩檐枋中心的水平距离为1196厘米，自撩檐榑上皮至脊榑上皮高375厘米，屋顶举高为1/3.18。现存同期古代建筑的屋顶举高一般都在1/4左右。因此过去曾被认为初祖庵大殿的屋顶是后代修理改动的结果。勘查中仔细查看脊榑下的构件及前金柱上的童柱等关键性的构件，都是原有构件，根据这些构件的存在，改变屋顶举高的可能性是不大的。屋顶举高较高的在同时期建筑中也不乏例证。如河北正定隆兴寺转轮藏殿的屋顶举高即为1/3.37。《法式》规定屋顶举高，殿堂1/3，厅堂1/4。因而我们认为初祖庵大殿的屋顶举高，在当时可能是按殿堂制度而设计的。

二

初祖庵大殿不仅在结构上保留了与《法式》中许多一致的手法，成为研究这部著作的重要实物例证，它的全部石雕纹样，包括檐柱、金柱、墙下肩及佛台束腰的雕刻，也是研究《法式》中所绘雕刻、彩画等纹样的重要参考例证。

檐柱：共十二根，露明的八根为正八角形石柱，每面都圈出边框，两边为直线，边宽2.5厘米，上端留一段刻如意头，下部留一段刻双线道，内雕卷草，框内雕各种花纹，最底部刻仰覆莲式的花盆，枝干从此蔓延而上。花纹内间以化生童子、嫔伽（人首鸟身）、凤、孔雀及舞乐人等。所雕海石榴花、莲荷花，子实饱满，牡丹花、宝相花，枝叶舒卷，花朵丰硕，童子天真可喜，凤、雀神态自如，为宋代雕刻中不可多得的佳作。

在檐柱的最主要部位，即前檐明间东西两柱的正面，所雕内容都是用等级最高的花饰——海石榴花，其中所雕舞乐人，两柱共八人，只有一个舞蹈者，其余奏乐人所持乐器分别为排箫、笙、钹、琵琶、拍板等，东柱最上部雕一块"牌"，内刻"嘉靖癸未冬十月曲阜鲍继文谒"。很明显这是明嘉靖二年（公元1524年）利用旧底改刻的题记，原来此处所雕内容已不易辨认，根据所雕仰覆莲座与舞乐人下部所雕完全一致的情况判断，此处原来可能为一奏乐人。

金柱：共四根，八角石柱，每面不刻边框，向外部分雕天王，神态威武，向内部分雕龙、凤，姿态飞舞生动。

墙下肩：檐墙下肩，自前金柱向前为砖砌无雕饰，前金柱以后，内外全为石砌，上雕水浪纹，内间鱼、龙、狮、兽、人物等。其中西山面所雕各种姿态的龙，或升或降、或行或游，出没于水浪之中，与隋代赵州大石桥出土栏板的雕龙有异曲同工之妙。

佛台全部石砌，四周在束腰部分皆有雕饰，背面所雕通幅山水画，其楼阁、树木精细逼真。

大殿石雕的各种花纹，雕刻技法应属"压地隐起"，即浅浮雕，《法式》卷三，石作制度，造作次序："其所造华文制度有十一品，一曰海石榴花，二曰宝相花，三曰牡丹花，四曰蕙草，五曰云文，六曰水浪……或于华文内间以龙凤狮兽及化生童子之类者，随其所宜分布用之。"此规定与大殿雕刻形制可以说是完全吻合。在现存几种版本的《营造法式》一书中的附图不尽一致的情况下，这里的石雕花纹益觉可贵。

此外应当说明的是，上述大殿石柱的雕刻中，二号柱西南面露明无雕饰，底子打磨得比较光平。另外两根柱子，即一号和六号柱的外面露明处，有雕花的部位，其花饰仅具粗形并未加工磨细，似乎是未完成的作品，其中一号柱的西南面、西面及六号柱北面，既无雕饰，底子又很粗糙。按《法式》石雕操作工序"一曰打剥，二曰粗搏，三曰细漉，四曰褊棱，五曰斫砟，六曰磨砻。”与此规定衡量这些部分仅做到斫砟，即今日石工所称的“剁斧”。还差最后一道磨砻的工序，此种现象如作为墙内柱不露明尚可，按现状露明显然太粗糙，与其他露明部位的精雕细镌极不协调。以上情况究其原因是中途改变设计？还是因时间紧迫未能做完？还是原来不露明经后代改砌？目前由于文献资料缺乏尚不能最后肯定。

大殿各种石雕的简要内容及位置见本文后附表一。

三

据文献记载，初祖庵创建于北魏孝文帝时期（公元471—499年）。现存大殿自宋宣和七年（公元1125年）重建后屡经重修，规模较大的有以下几次：

1. 明成化年间重修：据庵内现存台基石上的铭刻，于成化三年（公元1467年）包砌大殿石台基，又据明《重修初祖庵碑记》中所记：“成化九年（公元1473年）大殿疏漏，……命工重修，包砌台基，修□廊庑厨库云堂，悉以周备。”

2. 明嘉靖三十八年（已未，公元1559年）重修：据《少林寺志》记载，罗洪先撰《重建初祖殿记》中所述：“己未重建初祖殿于旧面壁处，楹栋壮坚，瓴甋泽好，仪序丹蔘，靡有损缺，凡八越月告成，少林大众叹未曾有。”这是对大殿较大的一次修理。

3. 清咸丰年间重修：据寺内现存《重修初祖庵大殿千佛阁并山门碑记》所述，这次工程“动工于咸丰丙辰六年（公元1856年），工宣于戊午八年（公元1858年），越三载而工告竣，前后诸殿，东西禅堂以及周围院墙，尽皆焕然一新。”

4. 1932年重修：据《重修少林寺初祖庵大殿碑记》中所述，当时寺内建筑如大殿、千佛阁、东西厢房、东西对亭等都已“日就倒塌”于是重修，1930年9月开始，1931年5月完工。1932年又金装佛像。据当年参加施工的老人谈，现在大殿的砖砌屋脊，明间前檐的砖雕对联都是当时所做。

在以上几次修理过程中，从现存情况观察大殿的梁架结构中，局部有些改动，明显的有以下两处：

第一：山面梁架在丁栿上用两根并排的小柱（中到中30厘米），分别承托山面明间和两次间的下平槫，通常情况下只用一根（图6）。

第二：各间补间斗栱下昂的后尾，除两山面明间以外都是拼接一段（图7），在拼接处明显地可以看出原来昂尾所刻的卷瓣。现存情况大大减低下昂作为挑杆构件的功能。

经过勘查中对构件的检查，还发现明间东缝梁架中的三椽栿后尾较长，而且有承托蜀柱的痕迹；前檐乳栿上的劄牵被截短。明间西缝梁架中的三椽栿和三椽草栿都被截短。

如上所述的改动结果，据我们的推断是后代修理时将原来梁架中“步架”不匀的做法，改为“步架”均匀。具体尺寸如下表（尺寸皆为厘米）。

表中所列数字表明，在过去修理时将下平槫向上移动30厘米后造成的现存状况，致使下昂后尾不得不接长一段。山面明间由于山面梁架的距离不易改动，遂在丁栿上另立小柱支承山面两次间的下平槫，不如此解决，在里转角处正面与山面下平槫就不能交于一点，因而形成现存的拼凑办法。据文献资料分析，很可能是在明嘉靖三十八年（公元1559年）落架重修时所改动的。对现状的另一种设想是后代修理时，昂尾朽坏后被拼接的，但对山面梁架的现状就解释不通，故仍以前面的推断为是。

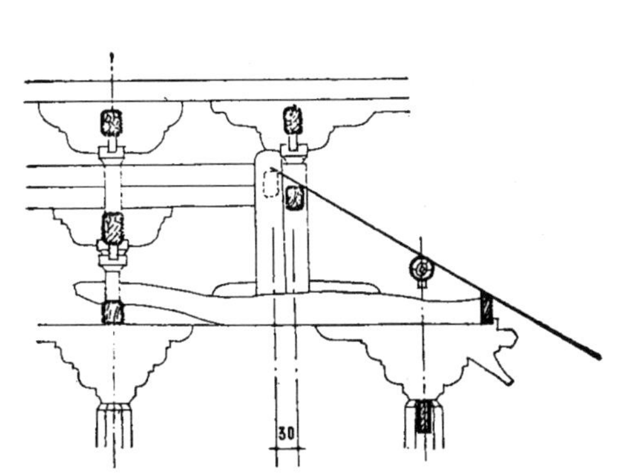

图 6　初祖庵大殿山面梁架现状示意图

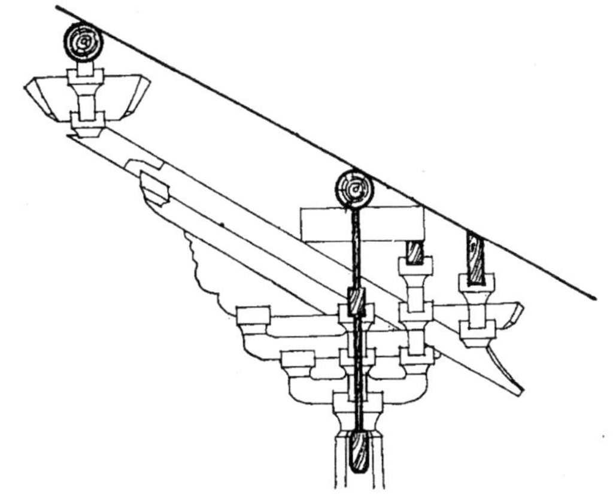
图 7　初祖庵大殿补间斗栱示意图

	脊槫—上平槫（脊步）	上平槫—下平槫（金步）	下平槫—柱中心（檐步）	柱中心—撩檐方心（斗栱出跳）	前后撩檐枋中心水平距离
现状	184	171	171	72	1196
原状	184	201	141	72	1196

此外大殿瓦顶中现存龙吻显系后代补配，檐头的勾头，滴水瓦件亦多为后配，其中带有兽面的勾头瓦和花边滴水瓦应属原建时构件，两山面的悬鱼，据墨书题记应是清咸丰八年（公元1858 年）补配，前檐两次间的直棂窗和明间的板门，式样虽然仍保留宋制，但大部分已非原来构件，后檐明间板门，全部是后代构件，故曾有人怀疑后檐设门已不是原状。据现状观察此种推断是有一定道理的。

四

通过对初祖庵大殿现存结构的勘查，说明《营造法式》的颁布，不仅对宋代宫殿建筑起着“法规”的作用，同时对地方建筑也具有广泛的影响，初祖庵大殿的斗栱、梁架中许多细部做法与《营造法式》规定一致的事实，充分证实了这一点。

但是，大殿的某些做法并不完全恪守《营造法式》的规定。在几项大的方面如彻上明造的梁架中，全部使用草栿的做法，就是结合地方的具体情况，考虑经济条件，因为草栿比明栿刻月梁的做法既省工又省料。又如就地取材，使用石柱的做法，也体现了地方建筑的特点。就调查所知，在这一历史时期除了登封地区外，晋东南多山地区使用石柱代替木柱的做法更加广泛，如著名的晋城青莲寺大殿（公元 1089 年）、高平游仙寺前殿（公元 1041 年）都是此种做法。

《营造法式》将主要建筑物的结构形式分为殿堂与厅堂两种式样，除了式样的区别外，当然也包含一定的等级制度在内，但这后一点对一些地方建筑的约束力是有限的。具体设计人员是可以根据当时当地的具体条件，比较灵活运用的。这一点在大殿的现存结构中也有所体现。如大殿的结构基本式样，材分等级以及主要构件梁栿的断面尺寸，都应属于厅堂式，但其屋顶举高，石柱上所用雕饰纹样又是属于殿堂式的规制，前金柱中使用了楼阁建筑中的叉柱造的方法，更是不多见的灵活运用的例证。

初祖庵大殿，对研究《营造法式》的某些规制及成书后对地方建筑的影响都有很好的借鉴作用，虽然在历代修理过程中有些改动，但其痕迹尚清晰可辨，其原状是可以研究清楚的。仅就其现存结构而论，也不愧为一座优秀的古代建筑。

附表一：初祖庵大殿石柱、墙下肩、佛台等石刻内容表

（一）石柱雕刻内容表

编号	部位	雕刻内容
1	一号柱东北面	宝相花
2	一号柱东面	牡丹花
3	二号柱西面	牡丹花
4	二号柱南面	牡丹花内间孔雀二
5	二号柱东南面（正面）	莲花内间化生童子二，鸳鸯二，上下相间排列
6	二号柱东面	海石榴花内间化生童子五
7	三号柱南面	牡丹花内间化生童子二，凤二，上下相间排列
8	三号柱东南面（正面）	海石榴花内间舞乐人，正中为舞蹈者，其余四人手持乐器自上至下依次为钹、䩜牢（?）、笙、排箫
9	三号柱东面	牡丹花内间化生童子四
10	三号柱北面	牡丹花内间化生童子一
11	三号柱西北面	宝相花内间化生童子一
12	三号柱西面	牡丹花
13	四号柱南面	牡丹花内间化生童子二
14	四号柱东南面（正面）	海石榴花内间舞乐人三，手执乐器自上而下依次为琵琶、箫（?），拍板，最上为明代刻字“嘉靖癸未冬十月曲阜鲍继文谒”
15	四号柱东面	牡丹花内间嫔伽二（人首鸟身）
16	四号柱北面	牡丹花
17	四号柱西北面	宝相花内间化生童子二
18	四号柱西面	牡丹花
19	五号柱南面	牡丹花内间化生童子五
20	五号柱东南面（正面）	海石榴花内间化生童子五
21	五号柱东面	牡丹花内间凤二，化生童子一
22	五号柱北面	牡丹花
23	六号柱东面	卷草
24	六号柱东北面	牡丹花内间二童子（仅具粗形，未刻完）
25	六号柱南面	牡丹花

续表

编号	部位	雕刻内容
26	六号柱西南面	牡丹花
27	七号柱正面	执剑天王一，下部降龙，上有大宋宣和七年刻字
28	七号柱背面	双凤对舞、云卷
29	八号柱正面	执剑天王一，下部降龙
30	八号柱背面	双凤对舞、云卷
31	九号柱正面	执金刚宝杵天王一，上部嫔伽一
32	九号柱背面	降龙一
33	十号柱正面	执钺天王一，上部嫔伽
34	十号柱背面	升龙一
35	十一号柱西北面（正面）	宝相花
36	十一号柱西面	牡丹花
37	十二号柱北面	卷草内间化生童子二
38	十二号柱西北面（正面）	牡丹花内间化生童子一，鸳鸯二，自上而下相间排列
39	一号柱南面	牡丹花

注：1. 一号柱西南面，西面露明无雕饰。
2. 二号柱西南面露明无雕饰。
3. 六号柱北面露明无雕饰。

（二）墙下肩及佛台雕刻内容表

编号	部位	雕刻内容
1	东山面墙下肩	水浪纹内间龙四（其中一龙啣蛇），鱼一
2	后檐墙东面下肩	水浪纹内间山羊一，鱼四，人身鱼尾童子一
3	后檐墙西面下肩	水浪纹内间力士一，小龙一，蟾蜍一，象一
4	西山面墙下肩	水浪纹内间云卷，龙五（升、降、行游姿态各异）海螺、海龟等海中小动物
5	内檐东面墙下肩	水浪纹内间海马，山羊，骑鹿仙人，殿阁，升龙，降龙，行龙，仙人童子各一
6	内檐后墙东面下肩	水浪纹内间官人一，力士二，侍者二
7	内檐后墙西面下肩	水浪纹内间鱼一，力士一，官人一，侍者二
8	内檐西面墙下肩	水浪纹内间仙人三（坐、立、老各一），力士一，龙一，麒麟一
9	佛台正面束腰	卷草内间四狮（二直毛，二卷毛）
10	佛台东面束腰	卷草，双狮，正中绣球一
11	佛台北面束腰	山水树木，殿，塔，亭，桥，车，船，樵夫
12	佛台西面束腰	卷草内狮兽相斗

附表二：初祖庵大殿主要尺寸表（尺寸皆为厘米）

（一）平面主要尺寸

	正面			山面		
	明间	次间	通面阔	明间	次间	通进深
柱根平面	420	347	1114	376	347	1070
柱头平面	412	342	1096	368	342	1052

（二）柱高

	柱高	础高	柱总高
平柱	341	12	353
角柱	348	12	360
山面柱	341	12	353

（三）主要大木构件尺寸（高×宽）

平梁	25.5×23	前檐劄牵	25.5×12
叉手	20×5.5	阑额	33×11.5
三椽栿（上）	34.5×23	榑	径25
三椽栿（下）	25.5×27		
乳栿	25×23		
丁栿	23×23		

中国古典建筑凹曲屋面发生、发展问题初探

杨 鸿 勋

关于中国建筑史的研究，许多问题迄今还没有搞清楚。例如被认为是中国、朝鲜、越南、日本等古典建筑所属这一体系的一大特征——凹曲屋面，对其发生和早期发展的认识，就是一个从未认真研究的问题。其发生的渊源，曾引起国内外学者的种种猜测，18 世纪以来，见于外人著作的最为流行的说法，乃是主观臆造的中国凹曲屋面系模仿帐篷、草棚的曲线的无稽之谈。一些为帝国主义、殖民主义效劳的人，更蓄意歪曲其形象，贬低其成就，攻击为“怪异”、“荒诞”。20 世纪 30 年代，专攻中国建筑史的日本学者伊东忠太，也曾对凹曲屋面问题进行过讨论。他对中国古典建筑的成就给予高度的评价，然而由于世界观和方法论的局限，使他未能接近这个问题的实质。他一方面赞成反动的“中华民族外来说”以及由此臆造出的凹曲屋面源于原始“游牧时代”的“天幕”的说法；另一方面，却又指出它与历史现象不符，非常矛盾。他反对英国弗格松（James Fergusson）等人提出的不伦不类的结构主义猜想以及那种更为离奇的认为是模仿喜马拉雅杉树形的谬说。而伊东本人所提出的，则是一种唯美主义形式主义的解释，这当然也是不能成立的①。现代外国致力于中国科学技术史研究的学者，对中国凹曲屋面的发生、发展问题的兴趣并未稍减。对中国科学技术史有相当研究、特别是对中国古代科技成就与世界科技发展的关系问题的研究上做出了贡献的英国学者李约瑟（Joseph Needham）博士也提出反对象征主义的解释；可惜他未能进一步对其发生、发展提出一种科学的推断，而只是介绍了后期抬梁式屋架适合制作凹曲屋面的情况②。不久以前，美国一位从事中国建筑史研究的学者致函中国学术界，询问凹曲屋面的发生问题，至为关切。为了正确认识中国古代建筑科学技术的发展和成就，从而如实地评价它在世界建筑史上的地位，有必要对包括凹曲屋面在内的一些关键性的问题，逐一地进行科学研究。

本文，就目前所知的考古学材料，对于凹曲屋面的发生和早期发展问题试作一初步的讨论。“只要自然科学在思维着，它的发展形式就是假说。”（恩格斯：《自然辩证法》）这里提出的只是从现有材料出发的一种假说，我们希望看到另外的科学假说，以兹比较，从而把问题的讨论引向深入。

一、凹曲屋面发生的时期及其初始形态

中国奴隶制时代的高级建筑，如殿堂之类，还是直坡屋盖，见于文献记载的殷商“茅茨土阶”固不待言，即使是西周应用屋瓦之后，屋盖大约仍保持着直坡的形式。东周时期，社会生产力猛烈冲击着生产关系，这个社会大变革、也是科学技术大变革的历史时期，是建筑史上值

① 伊东忠太著、陈清泉译：《中国建筑史》第一章，商务印书馆出版，1937 年。

② Joseph Needham, Science & Givilization in China, Vol. Ⅳ: 3, 28. (d)。

得注意的一个发展阶段。文献记载战国时期已出现了梁上的侏儒柱——“棁”。棁的出现，使原来大叉手屋架下端的联系梁转化为承重梁——“宲廇”，开始了向抬梁屋架的过渡。这从结构上，为屋面的凹曲创造了条件。然而到目前为止，我们从已知的战国铜器上的建筑形象材料来看，宫室仍为直坡屋盖。秦和西汉时期遗留下来的建筑形象材料发现的不多，广西合浦西汉墓出土的铜屋明器是现已发表的一件实物模型。这件材料并没有给我们增加更多的关于西汉建筑的知识；西汉材料，加上这一件，也还不能据以说明当时屋盖究竟有无发生凹曲变化的问题。东汉是中国科学技术大发展的一个时期，建筑方面亦如是。这一时期的墓葬，为我们提供了较多的反映当时建筑形制的陶制模型。据墓主的身份来看，这些模型大多是模仿官僚、地主的庄园、住宅建筑，并非当时最高级的宫殿。也就是说，它们一般能够反映当时较为讲究的做法和式样，但不一定能够反映当时最先进、最新颖，然而是被帝王所专用的宫廷建筑面貌。

到目前为止，我们所知道能够反映凹曲屋面的材料，是三十年代末在旅顺南山里东汉墓出土的一件陶屋明器。这件简易陶屋，应是当时的一般民居形象，但其屋盖却提供了凹曲雏形的标本（图1）①。此件屋面弯曲生硬，实际为折面。新中国成立后在四川牧马山东汉崖墓出土的陶制二层楼房模型②，其屋面则表现了平缓的凹曲，这是一件非常值得注意的材料。目前所见东汉陶屋明器以及画像砖、石上的建筑形象，绝大部分还是描写直坡屋盖。从南北朝石窟寺雕刻、壁画来看，其中建筑形象的屋盖多为平直的斜面，少数有凹曲现象。例如，龙门古阳洞南壁北魏的一个殿堂式龛（图2），其顶部雕成屋面凹曲的歇山式，檐口平直，屋角无起翘（生

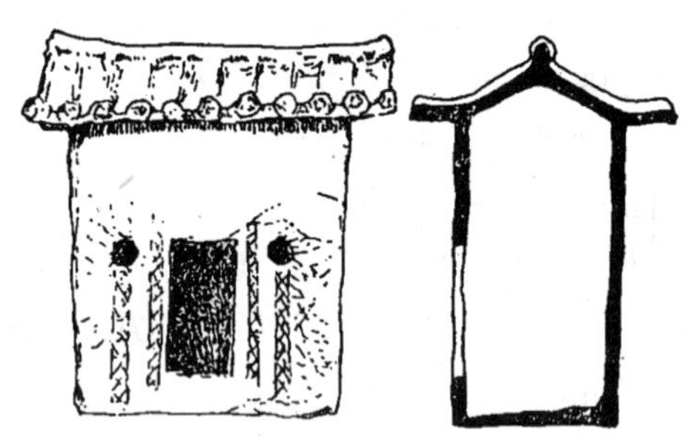
图1　旅顺南山里东汉墓出土陶屋

图2　龙门古阳洞南壁小龛屋盖形象

图3　龙门路洞北壁东魏殿堂浮雕

起）、出翘（生出）；龙门莲花洞南壁有北魏的小型殿堂浮雕，屋盖作凹曲的四阿顶，檐口也是平直的；龙门路洞北壁东魏浮雕歇山殿堂的屋盖也作凹曲形象（图3）。上述石窟寺材料，大致可以反映北朝建筑的实际情况。屋面曲直相间、直者为多，说明凹曲屋面到这时还处于发展阶段，并未形成普遍采用的定式。南朝情况不明，可能发展要早些。从

① 《东方考古丛刊》第三册。

② 四川省博物馆：《四川牧马山灌溉渠古墓清理简报》，图版陆—2，《考古》，1959年第8期。

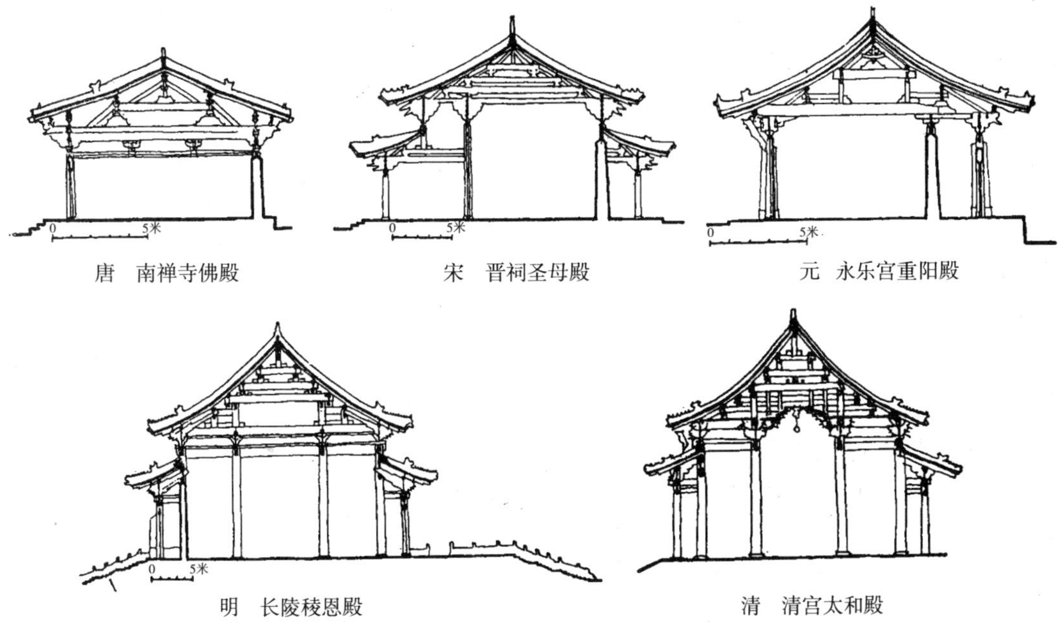

图 4　唐至清屋盖曲线的排比

现在所知的几件隋代材料来看，凹曲屋面的流行，以至成为重要建筑物的标准式样，大约是从南北朝晚期或隋代统一后开始的。

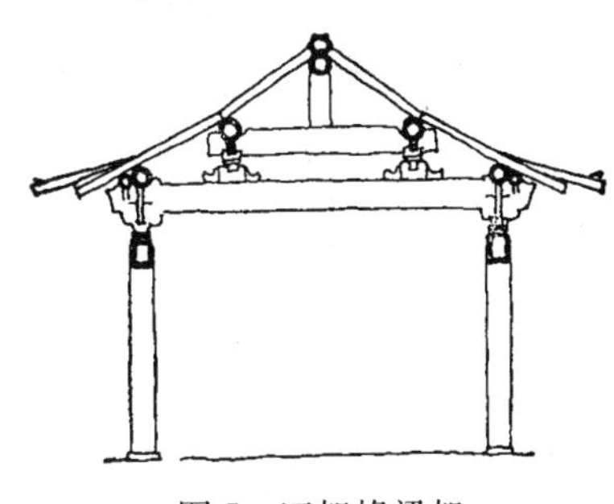

图 5　四架椽梁架

坡屋顶的屋面由直到曲的发展，同出檐之由落地支承到悬臂出跳——斗栱的发生一样，是不同质的转化。这个飞跃有一个从量变到质变的过程，绝不是个别高明匠师一时灵感的产物，因此是有规律可循的。现象是入门的向导，通过对现存实例所代表的几个阶段的排比（略去地域性差异）（图4），在横剖面上不难看出其曲率是由小到大地发展（屋面由平缓到陡峭）。按这一规律上溯，隋、唐以前的屋面曲线应更接近僵直，而不是接近悬链。为了探讨凹曲屋面的发生、发展，首先要了解一下业已成熟的凹曲面屋盖是怎样构成的。屋盖的形式取决于屋架的结构。成熟的凹曲屋面的梁架，有四架椽、六架椽、八架椽、十架椽等做法。四架椽最简单，多用于小跨房屋（图5），一般是在五架梁上置二瓜柱，上承三架梁，再于中央叠置一脊瓜柱而构成。在这样几缝梁架上置檩、架椽、铺箔、笆背、结瓦，而做成凹曲屋面。显而易见，这种简单的构架，每坡仅用两段屋椽（宋代称为“四架椽”）。在结瓦之前，屋面前后两坡各为两个坡度不同的平面所组成，各坡只有一个转折的折面。这便提示了认识其发展的一个线索。河南省博物馆藏的一件隋代陶制建筑模型（具有北齐风格），约可代表较南山里模型更进一步，但较南禅寺佛殿一类为原始的早期凹曲的形态。此件屋盖横剖面线并不是一个完整的曲线，脊部与檐部僵直，说明无花架椽，而只有脑椽和檐椽。实际上前后两坡仍是弧面转折的折面。西安隋大业九年李静训墓的九脊殿式石棺以及南北朝石刻所反映的凹曲屋面的结构，大概都是类似南禅寺佛殿这种每坡仅由两段屋椽所构成的一个折面，铺瓦时再由泥被填充转折处而形成凹曲。这显示了曲面屋盖脱胎于折面屋盖的发展途径。事物的发展都是循序渐进、由量变到质变的。如同几何学上方形经过多边的无限发展过程而转化成圆形一样，直坡屋面到凹曲之间，应有一个折面的变化过程。我们在先秦直坡与南北朝以后的凹曲屋面之间，在东汉材料中，正发现了一种折面“反宇”的屋盖形式。它应是直坡屋面到凹曲屋面承上启下的一个过渡形态。也就是说，前述那种只有脑椽与檐椽所形成的脊部与檐部两个不同坡度的平面并由弧面衔接的屋盖形式，它的前一发展环节应该正是汉代的折面“反宇”。已发现相当数量的东汉陶制建筑模型和画像砖、石上的建筑图形，为我们讨论初期“反宇”屋盖提供了宝贵的材料。

二、汉代“反宇”的源流

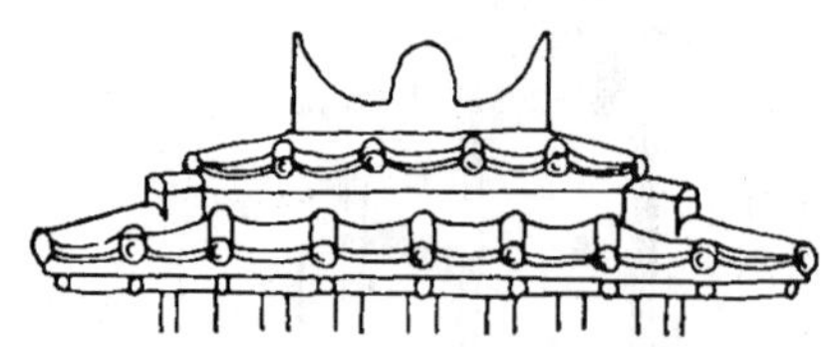

图6　四川雅安东汉高颐墓石阙顶部

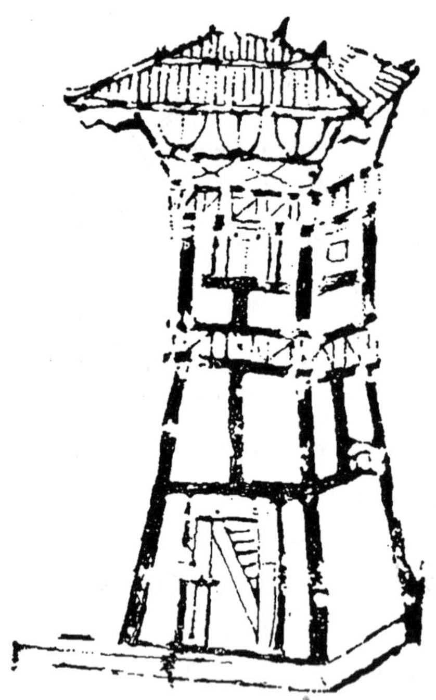

图7（a）四川省博物馆藏成都郊区出土东汉画像砖（局部）

从考古学材料知道，汉代有一种特殊的、看来相当成熟、已经程式化了的屋盖形式。这就是有人称之为“阶梯形”① 或“两段式”② 的屋盖。例如，四川雅安东汉末年高颐石阙的顶盖（图6），四坡顶从脊部到檐部瓦面递落一次，形成上下相差一个筒瓦厚度的两段屋面。四川省博物馆藏东汉画像砖上的“庭院”和“屋门”亦有此式图形（图7）。新中国成立前散失国外的一件汉代陶屋明器，又提供了两坡顶加周边递落瓦檐的形式（类似后世的歇山式）（图8）③。这类屋盖，在新中国成立后出土的东汉明器和石刻等图形中也有表现，例如四川牧马山东汉墓出土明器④、河南郑州二里岗东汉墓出土明器⑤、四川省郫县东汉墓石棺画像⑥等，都有此类形象材料。考察更接近建筑实物的陶制模型，可以发现这些手工艺品尽管在造型比例上不尽准确，但却明显地反映出上下两段屋面的坡度是不同的——脊部坡度大，檐部坡度小，即檐部上反。这应是当时高级建筑所采用的早期“反宇”屋盖的式样。

所谓“反宇”，是相对直坡屋面来说的，其早期形式即抬高檐椽前端，使檐部上反，因而其屋面各坡皆呈折面。上述材料所示的折面转折一线的“阶梯”，是一个非常值得注意的现象，它似乎是一个蜕变的痕迹。这为我们研究此类反宇的形成问题提供了线索。反宇不是凭空创造出来的，建筑的发展从来是对传统的革新。新旧建筑之间，特别是在自成体系的建筑发展中，各代之间存

① 鲍鼎、刘敦桢、梁思成：《汉代的建筑式样与装饰》，《中国营造学社汇刊》，第五卷，第二期。

② 敦煌文物研究所考古组：《敦煌莫高窟北朝壁画中的建筑》，《考古》，1976 年第 2 期。

③ 实物现藏美国纽约博物馆。

④ 四川省博物馆：《四川牧马山灌溉渠古墓清理简报》，图版陆—2，《考古》1959 年第 8 期。

⑤ 河南省文化局工作队：《郑州二里岗的一座汉代小砖墓》，《考古》1964 年第 4 期。

⑥ 四川省博物馆李复华、郫县文化馆郭子游：《郫县出土东汉画像石棺图像略说》，《文物》，1975 年第 8 期。

图7（b） 四川省博物馆藏成都郊区出土东汉画像砖

图8 美国纽约博物馆藏汉陶楼

在着承继的关系。“反宇”也应该是传统式样的一种发展。在反宇出现之前，高级建筑即已流行一种重檐的做法。饶有兴味的是，在早期直坡重檐和“阶梯形”反宇之间表现出某种联系。就类型而言，虽然两者已产生了质的变化，但仍可看出两者之间的量的差异。如果缩短重檐与主体屋盖之间的距离，使重檐递落衔接主体屋盖，就基本形成了所谓“阶梯形”或“两段式”；若重檐坡度减小，亦即上反，便完全是东汉材料所见那种折面反宇屋盖了。因此，大概可以说汉代“阶梯形”折面反宇的创作，是在早期重檐形式及其技术基础上发展出来的。

屋盖的形式是由屋架结构所决定的。鉴于早期直坡重檐和“阶梯形”折面反宇的上述联系，我们不妨对重檐构架的发展略作探讨。

汉代文献上称为“複笮”、“重檐”的形制，周时称为“重屋”。春秋晚期文献记载，殷商奴隶主最高级的主体殿堂即采用“重屋”（因外观仿佛两重屋盖而得名，即当时图形文字侖的形象）①。随着奴隶主统治阶级的实用及其意识形态方面日益提高的要求，殿堂空间体量不断向高大发展。对于“茅茨土阶”的技术条件来说，一般椽木所能悬挑的出檐不足以保护裸露的夯土台基和栽立于土阶前沿的檐柱、土墙的根基。而采用立于阶下的擎檐柱来加深出檐，对于跨度太大的宫室来说，则又使建筑体形上屋盖过大、屋檐过低，有碍冬季日照和夏季通风，也损害了威慑被统治阶级所需要的雄伟壮观的造型。于是殷人采用在主体屋盖四周，落低架设防雨披檐的做法，成功地统一了诸矛盾，从而形成被称之为“重屋”的式样。以后的发展，加大披檐，使檐下成为使用空间，即变成后世所谓的“副阶”。

---

① 《考工记·匠人》

夯土台基包砌砖、石以后，特别是檐柱改为明础以后，增强了台基、柱脚自身的防潮性能，则对檐部的防护要求稍有降低。这时，可以更多地照顾到整体造型上的需要，可以提高檐口以加强表现统治权威的造型特征。提高披檐到接近主体屋盖的程度，便产生了所谓“阶梯形”的新的屋盖形式。另一方面，从屋架结构来看，早期大叉手屋架决定了屋盖的直坡形式。宫室跨度加大，大叉手限于木料规格及其结构性能，难以满足要求，因此加强辅助性的副阶结构，使披檐递接主体，从而构成一个复合屋盖，亦即所谓“阶梯形”屋盖。对于大跨宫室来说，在用重屋扩大空间之初，按当时的施工技术水平，很难保持重檐与屋盖坡度平行无误。重檐或低垂或上反，在营造实践和使用过程中，当发现上反对于排水、采光、通风都有一定的优越性，即肯定下来而成为例行的做法；待重檐上接主体屋盖之后，则形成特殊的折面反宇屋盖——这一发展过程约是合乎逻辑的（图9）。

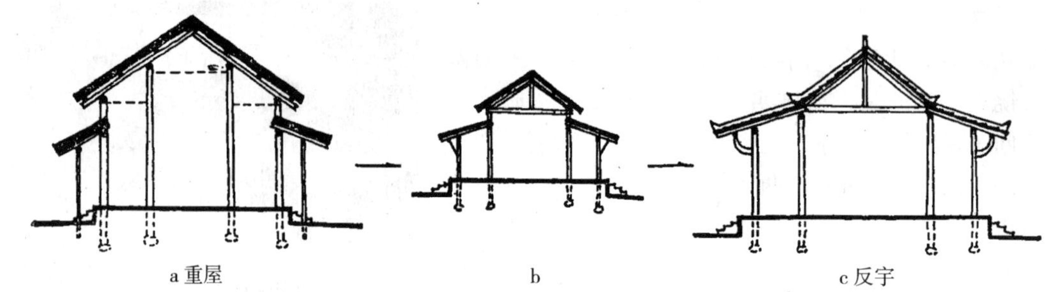

图9 “重屋”向“反宇”转化示意图

图10 成都郊区出土东汉“庭院”画像砖（局部）

这样看来，折面反宇的发生，并不一定在抬梁屋架形成之后。也就是说，沿用大叉手屋架、辅助以檐部结构，即可构成。反之，抬梁屋架的初期阶段，也仍旧存在保持传统直坡屋的做法。自西周采用屋瓦以后①，加大了屋面荷载，促进了屋架的变革。最晚在东周时期由于在联系梁上置棁从而开始了向抬梁屋架的转化以来，现已有材料证明至迟到东汉，抬梁结构已具规模。四川“庭院”画像砖上所示，基本上就是抬梁屋架，但无脊瓜柱，应是结合叉手提供脊檩的支点（它所反映的还是一种过渡形态）（图10）。可是这个适于制作折面或凹曲屋面的结构，却仍保守直坡。抬梁屋架的成熟，并不意味大叉手屋架的废除；凹曲屋面创造之后，同样也不意味直坡的根绝。直至今日，我国民间建筑还有采用简易、经济的大叉手屋架的；也仍有大量直坡的屋盖继续沿用。抬梁式完成之初，即使高级建筑，其屋面也未必全呈凹曲，然而抬梁结构方式，却为

---

① 《古史考》说：夏时昆吾氏作屋瓦，不足凭信。考古发掘证明，西周初期屋瓦附有耳或大头栓，较为原始。说明不是泥被粘结，而是用绳索扎结在茅茨或椽木上面。周原遗址出土这类屋瓦很少，根据屋瓦构造判断，大约仅用于天沟、脊部或者还有檐部。由此可知，屋瓦的发明当在西周初年或稍早，即周人臣服于殷的时代。小屯殷墟未见屋瓦，看来屋瓦是周人发明的。

初期折面反宇以及凹曲屋面的制作提供了充分的条件。

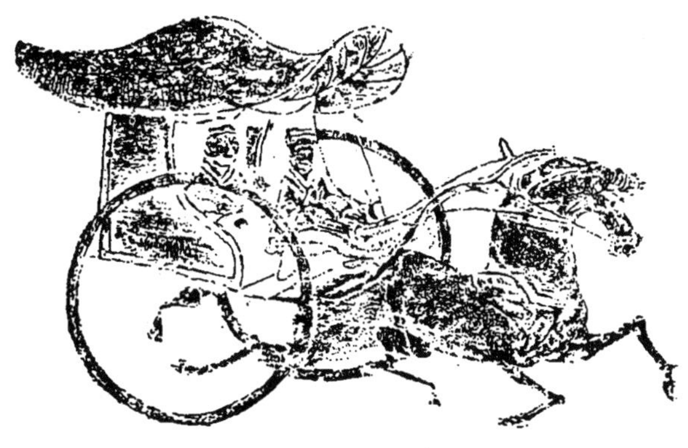

图11　汉代辎车

关于反宇屋盖出现的时间问题，在文献上略有线索可寻。班固《西都赋》描写西汉首都长安宫殿有“上反宇以盖载，激日景（影）而纳光”的话，看来至迟西汉时大概已有了这种屋盖。《考工记·轮人》阐述车盖的特点说：“上欲尊而宇欲卑，上尊而宇卑，吐水疾而霤远。”过去有的建筑史学家认为这就是对凹曲屋面的解说，但未举出客观依据。《考工记》成书于春秋末叶，其中记述的主要是西周奴隶制的事。西周至春秋时期，目前还没有材料证明已创造出凹曲屋面。至于车盖，从现有材料看，当时可能多呈略有凸曲的伞状，而《考工记·轮人》似乎指出：盖弓反翘的形式可以“吐水疾而霤远”，最利排水、同时又不挡视线，是最好的式样。这似乎说明，汉代画像砖、石上常见周坡凹曲的辎车车盖（图11），在西周或春秋就已经有了。盖弓反翘所形成的凹曲面车盖，的确很像凹曲面屋盖。然而远大于车盖的屋盖，其构架远非盖弓的方式所能胜任的。车盖处理排水、遮阳、通风和内部视野问题与屋盖相仿，相互之间或有借鉴，在车盖制作上所取得的经验，可给屋盖营造以启示，这是可能的。在大叉手屋架的条件下，欲达到“上尊而宇卑”，最简易的办法便是将重檐、或将作为“阶梯形”屋盖的檐部上反。根据这个分析，不能排除反宇屋盖在先秦出现的可能性。

远在两千多年以前，我们的劳动先辈就认识了“上尊而宇卑，吐水疾而霤远”，即：脊部坡度大，可以加大雨水流速；檐部倾角小（接近水平），雨水下落的投射角大，可以投远这一科学道理，从而创造了结合两者的凹曲斜面的排水理论，的确是难能可贵的。这一理论即便当时只应用于车盖，而作为防水顶盖的处理，它仍然具有建筑学上的意义。实质上，它构成了此后折面反宇以及进一步发展了的凹曲面屋盖创作的科学理论基础。“吐水疾而霤远”，这是对于屋盖的主要功能——防水来说的，其实，“上尊而宇卑”的优越性不止于此。它更为实际的优点是所谓“激日景而纳光”——既可遮阳，又不碍采光。我们还可补充几点，就是有利于通风和室内往外望的视野开阔并且体形生动。古文献明确的记录，可以表明中国古代建筑科学的优异成就。包含着科学道理的凹曲斜面屋盖，决非浅薄的形式主义解释所能说明的。

所谓“阶梯形”折面反宇这一优美的复合屋盖一经形成，即使在产生它的条件发生改变之后，它仍可作为一种程式化的屋盖类型而被保留下来。例如南北朝时期，还常用于宫殿、寺院之类的主体建筑上。敦煌石窟寺壁画提供了若干例证，这里列举的第296窟北周壁画中的宫殿建筑图形，就是其中的一例（图12）。日本法隆寺收藏的玉虫橱子的顶盖亦为此类反宇（图13），所不同的是，其两段屋面各有明显的凹曲。这表明它创作于凹曲屋面发明之后，约是仿照当时一种仍按“阶梯形”处理的曲面屋盖而制作的①。这种形式，在中国和日本历史晚期都尚有保留。中国山西霍县东福昌寺大殿、日本模仿平安朝（约当中国晚唐至南宋中期）原型

① 关于玉虫橱子的断代问题，迄今在日本学术界尚未取得完全一致的意见。然而它所模仿的建筑式样反映着中国南北朝、最晚到隋代的一种做法和风格，当无疑义。

重建的京都御所紫宸殿等，都还是采用这种屋盖。汉明器和南北朝壁画所示中央两坡的“阶梯形”折面反宇屋盖进一步简化，提高檐椽尾与脑椽相接，铺瓦连续，即形成后世所谓的歇山顶。从河南省博物馆藏的隋代陶屋模型，可以看到接近实际的早期歇山形象。此例明显地保持着脱胎于“阶梯形”折面反宇的痕迹，可作为铺瓦连续的折面反宇——从折面到凹曲面的过渡形式的代表。其屋面，脊部远大于檐部，屋架可能如图 14 所示。再发展，脊部略趋平缓，其剖面线便成为较平滑的曲线了。凹曲屋面的成熟，同抬梁屋架的发展、普及有关。早期抬梁屋架不过举架一次，基此形成的凹曲尚带有折面的痕迹。待采用了飞檐椽以及抬梁举架增加、出现了金步花架椽之后，剖面曲线才臻于完美地步。

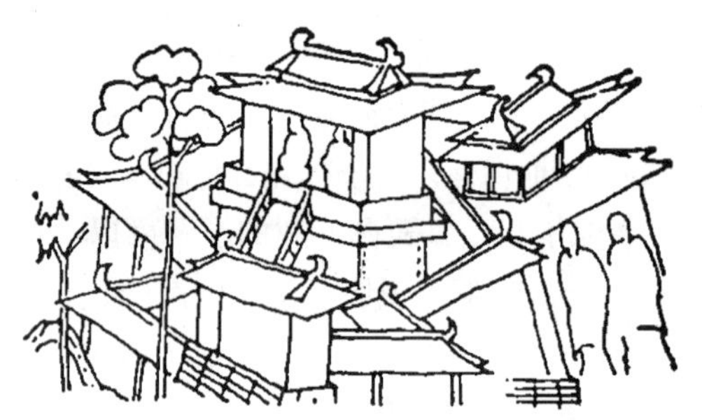

图 12　敦煌 296 窟北周壁画中宫殿建筑的反宇形象（摹自《考古》1976 年第 2 期《敦煌莫高窟北朝壁画中的建筑》）

图 13　日本法隆寺玉虫厨子顶盖

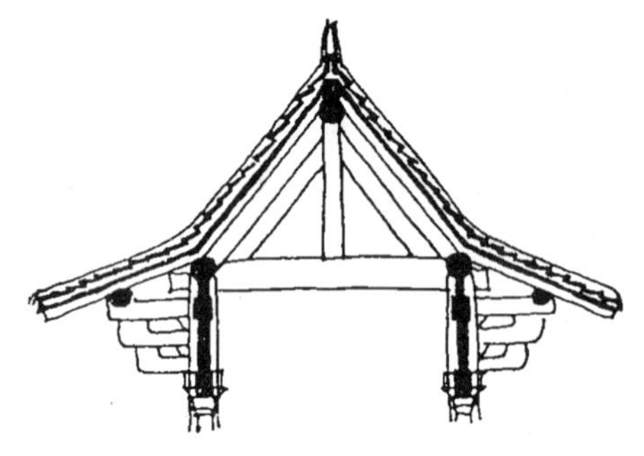

图 14　隋陶屋模型屋架设想

抬梁屋架大约创始于黄河流域，可能是从原始竖穴顶盖的构架衍生的大叉手转化而来；穿斗架作为南方的主流，应是源于巢居的干阑棚架发展起来的。从初步发掘的位于长江岸边的湖北黄陂盘龙城宫殿、城池遗址来看①，早在商前期黄河、长江两流域的文化即已沟通。珠江流域和西南地区要晚一些，至迟在秦、汉时期这些地区与中原在文化上应已扩大了交流。这一交流的结果，促进了木结构的大发展。然而在黄河流域，特别是宫廷建筑，仍然一直是以抬梁屋架为典范的。这里，我们的讨论仅限于抬梁系统，对穿斗结构系统的变化，未作探讨。

本节，简略地讨论了重屋向反宇转化、最终形成凹曲屋面的可能性。当然，这是以能够代表当时营建水平的统治阶级所占有的高级建筑为对象的。至于质量较低的一般建筑，其反宇制作较为简便，只需抬高檐椽前端即可形成。南山里模型，大概即反映了这种情况。必须指出，这种只是抬高檐椽的反宇简易做法，虽然可用于大叉手屋架，却不是单纯大叉手屋架可能自然产生的。反宇发生之初，包含着它特有的社会条件与物质条件的矛盾——统治阶级对建筑所要求的空间、体形的高大与土木混合结构的矛盾。这个矛盾体现在屋盖上，即屋面排水与遮阳、采光、通风的对立统一。具体地说，就是：土阶栽柱的高大建筑，出于防水而要求出檐深远；

① 湖北省博物馆、北京大学考古专业：《盘龙城一九七四年田野考古纪要》，《文物》，1976 年第 2 期。

为保证室内遮阳、采光、通风和体形崇高，又不能使檐口低垂。在勤劳智慧的中国古代匠师手中，上述矛盾着的方面便统一在脊部陡峭而檐部平缓的“反宇”形式中了。对于小跨度的民居来说，构成反宇的矛盾并不突出。因此可以说，反宇大约首先是从大跨度的宫廷建筑上肯定下来的；它是多少代匠师在生活体验和营造实践的基础上创造的。所谓“阶梯形”的屋盖，是汉至南北朝反宇的高级形式，大约也是凹曲屋面形成的必然发展环节。

三、屋角起翘与出翘

早期凹曲屋面的檐口是平直的，即凹面全部单曲。至于后世所见屋角起翘的局部复曲的屋面是怎样形成、又何时形成的，这也是一个值得讨论的问题。平直檐口的做法，迟至唐中期可能还有采用，敦煌石窟寺唐代壁画中有所反映。前人已注意到汉代石阙及陶屋檐角有类似裹角的情况，初具反翘意味①。这一点很重要，它正是起翘的萌芽。嵩山太室石阙檐部所刻屋瓦的形象，即反映了这种起翘的萌芽状态（图 15）。其做法是，靠屋角一陇檐端版瓦铺装略有提高，由于当时版瓦较大，遂使檐角略呈向上的弧线。另外，还有转角版瓦连同相邻筒瓦一并提高的，如梁思成先生速写散失在国外的一件“汉明器三层楼阁”（图 16）的檐部处理。它具有更明显的反翘趋势，这应是前者的进一步发展。角部檐椽的提高，应是屋架变革的结果。其情况可能是：原始大叉手为适应大跨的需要而使两底支点内移，坐落在联系梁上，则檐椽直接落在檐檩上；也可能是由于采用了抬梁屋架。这两种情况都要求转角处檐椽提高，以达到角梁标高（对于大叉手屋架来说，角梁即转角大叉手）。角部檐椽逐次垫高，遂有枕头木的发明，从而完备了屋角起翘的创作。前述牧马山出土二层陶楼，屋角有明确的起翘，而且檐口已呈曲线；再者，滨田耕作著《东洋美术史研究》录用的汉代陶屋照片一帧（图 17），其屋角也有起翘。从东汉已使用抬梁屋架的结构水平来看，认为上述陶屋反映了当时屋角木构已有起翘的做法，当无疑问。此后，进一步发展，为呼应屋角起翘后所形成的曲线檐口，于是创造了檐柱生起。从现存实例知道，唐代已有了这种做法。晚期，檐柱生起又废除不用了。

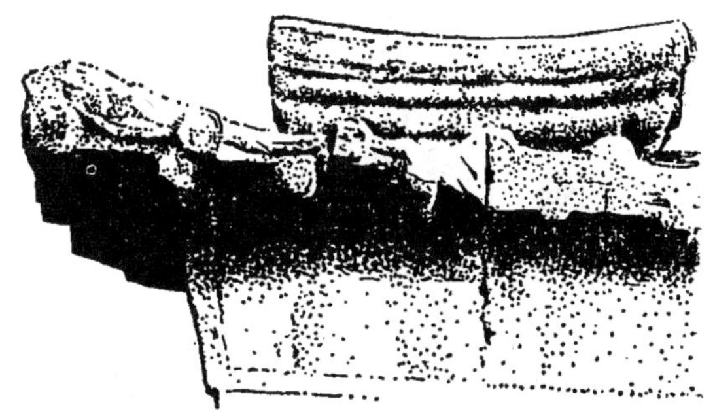

图 15　嵩山太室石阙顶部

东汉画像砖和明器等形象材料使我们认识到，早在屋角起翘、甚至角部檐瓦上移之前，屋脊尽端已作翘起的处理。看来，起翘的构思最初是从瓦作表现出来的。而屋角真正翘起，则是转角木构发展的结果。现有东汉材料多数是提高屋角檐瓦的做法，檐椽头仍在同一水平线上，即转角木构未发生变化。这大约说明，起翘在当时还没有推广。南北朝情况，目前尚缺起翘的确凿例证。河北定兴北齐石柱（图 18），柱顶石屋檐角的瓦作形象与嵩山太室石阙相同。它所表现的木构情况是：虽然有仔角梁，但未表现枕头木，角部檐椽平行排列，椽头仍在同一水平线上；已使用了飞檐椽。龙门、敦煌等石窟寺材料，也多为平直檐口，仅在云冈第十二窟前室西壁及十窟前室西壁的北魏殿堂式龛上见到仿佛起翘的形象（图 19）。看来，北朝屋角起翘的

---

① 鲍鼎、刘敦桢、梁思成：《汉代的建筑式样与装饰》，《中国营造学社汇刊》，第五卷，第二期。

图 16　临摹梁思成先生速写
“汉明器三层楼阁”

图 17　汉代陶制建筑模型所表现的屋角起翘的雏形
（摹自滨田耕作：《东洋美术史研究》图版 41）

图 18　河北定兴北齐石柱顶部石屋立面图
——角部檐瓦抬起

做法也并未形成普遍采用的定式。或许南朝已有发展。隋统一全国后，最晚到初唐，当有所促进。前述隋代陶屋以及西安隋墓九脊殿形石棺的檐口，转角都略有平缓的生起，颇接近《营造法式》的记载，看来已相当成熟，值得注意。唐长安四年（公元 704 年）刻制、约可代表初唐式样的西安大雁塔门楣石刻佛殿图形，檐口仍然表现为平直。而地区相同、时间相近（神龙二年，公元 706 年）的懿德太子墓壁画上的阙楼，其屋角描写有明确的起翘（图 20）。建中三年（公元 782 年）所建南禅寺佛殿，亦见成熟的起翘。而较边远的敦煌千佛洞，大约同期的壁画上的大量建筑形象，檐口却还都画成平直的。晚唐，大中十一年（公元 857 年）所建的五台山佛光寺大殿，整个檐口已呈极为优美的曲线①。综合这些情况，目前暂可认为：屋角起翘最早的材料见于东汉；基本推广的时期约在隋或唐初。

---

① 此殿曾经北宋重修，现状屋角无明显的生出，若按宋式修整则应有生出，可知屋盖仍保持唐时原状，至多去掉了飞子。

图 19（a） 云冈第十二窟前室西壁殿堂式龛的屋盖

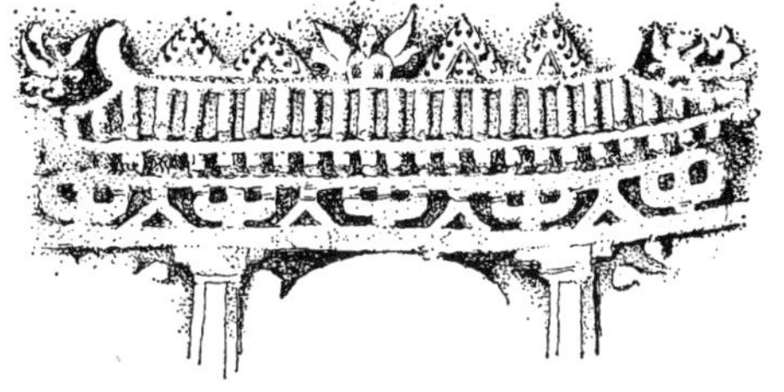
图 19（b） 云冈第十窟北魏殿堂式龛的屋盖

屋角出翘的做法晚于起翘，它是在起翘的启发下创造的。晚唐佛光寺大殿仍未见显著的出翘；辽、金建筑或有保守唐代旧制的，大同下华严寺薄伽教藏殿、大同善化寺普贤阁等屋角亦无显著出翘。现存北宋建筑实例已有出翘做法。北宋元符三年（公元 1100 年）问世的《营造法式》，对屋角生起、生出已有总结，可以证明最晚到北宋后期，这一做法已经普及全国而成为高级建筑物的定制。《法式》是“勒人匠逐一讲说”而编修的，即所记工程做法在成书前已在采用，并非新创。这样看来，屋角出翘的创始，可能在北宋初期、甚至更早一些时候。

已完全发育成熟的“大屋顶”——屋角翘起的凹曲面屋盖，自北宋的举折至清代的举架，这一段的发展线索是很清楚的了。从《营造法式》知道，至迟北宋已有加大四阿顶两山屋面曲率、借以加长正脊的“推山”做法（图 21），这当然是从体形出发了。晚期，因地区的不同，屋面凹曲和屋角起翘的情况产生了较大的差异，以致形成北方的官式及江浙、闽粤等不同的地方做法和风格。

图 20 唐懿德太子墓壁画所见阙楼屋角有升起

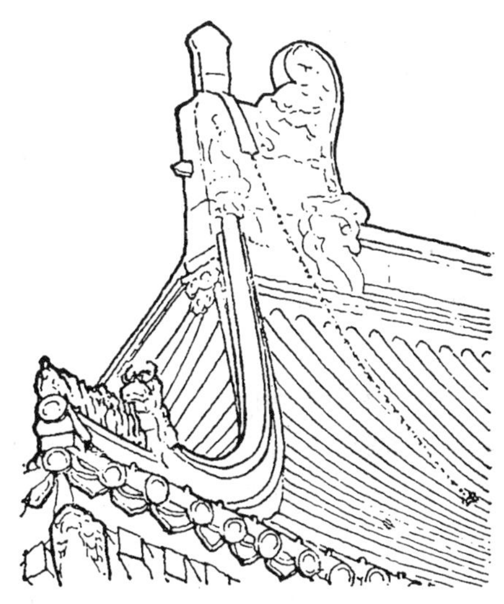
图 21 北京清太庙大殿庑殿顶推山形象

晚期“大屋顶”的屋角有“翼角”之称，确实它很像飞鸟展翅。于是有的建筑史学家认为，《诗·小雅·斯干》“如跂斯翼，……如翚斯飞”的诗句是描写翼角起翘的。这种说法尚未找出依据，很难赞同。究竟《斯干》所描写的是什么形式的屋盖？这里顺便略作商榷。

奴隶制确立之后，建筑进一步向两极分化。考古学材料证明，一方面在原始建筑成就的基础上，奴隶主驱使奴隶创造出建于巨大夯土基座上的巍峨宫殿；另一方面是创始于氏族公社时

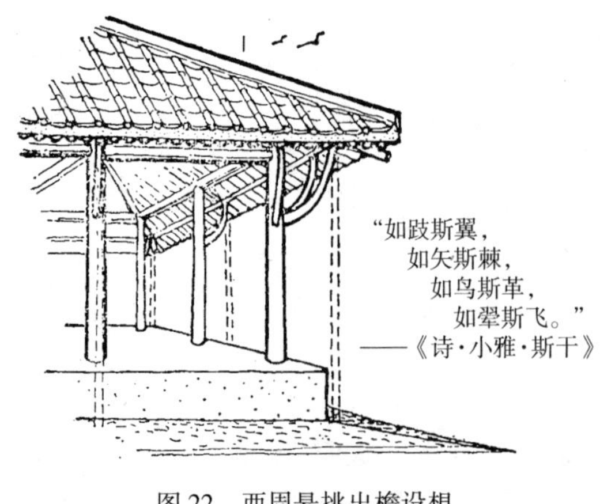

图 22　西周悬挑出檐设想

期的穴居、半穴居，营建水平大大下降，而充作广大奴隶、平民的栖身之所。正是："劳动为富者生产了惊人作品（奇迹），然而劳动替劳动者生产了赤贫，劳动生产了宫殿，但是替劳动者生产了洞窟。"（马克思：《经济学－哲学手稿》）

半穴居的屋盖是直接建在地上的，大量半穴居与少数高大宫室并存。对比之下，那种为奴隶主所享用的在墙体上架设屋盖的建筑体形，自然显得高耸。因此当时人们把"屋见于垣上，穹窿然也"的建筑形式名之为"宫"，时至两汉，人们尚可追述①。当引人注目的高大宫室的深远出檐，由擎檐柱改革为斜撑或自然曲木——"栾"（插栱的雏形）的悬挑之初，特别是那格外显得轻盈舒展的屋角，会给人以飞鸟展翅的联想。这在为奴隶主歌功颂德的诗歌上得到反映，是完全现实的。也就是说，《斯干》"如跂斯翼，如矢斯棘，如鸟斯革，如翚斯飞"的诗句，可能是对当时新的建筑形象——起脊的瓦屋面②宫殿悬挑出檐的赞美（图 22）。安阳小屯殷宫殿遗址尚见落地支承的擎檐柱遗迹，但已较前期盘龙城宫殿遗址所见大为进步——擎檐柱数量减至同檐柱相等，而且有铜质③证明擎檐柱根脚已升至台基面上。这样，可以估计屋檐结构由支承到悬挑的变革以及屋面由茅茨到敷瓦的变革，约完成于《斯干》成文的西周晚期。

四、结　　语

与中国古典建筑屋盖恰成对比的"西洋古典"凸曲鼓顶（穹庐式屋盖）和屋面下折的孟莎（Mansard）屋盖，除了产生它们的社会因素之外，也只有在砖石建筑的条件下才能施行。同样，中国古典建筑凹曲屋面的形成，也自有它特定的物质和精神条件。对于土木混合结构来说，由于凹曲屋面具有很大优越性，所以在历史上随着国际文化交流，它极易为邻近国家同一结构类型的建筑所接受，以致形成矗立于东方的一大建筑体系的最明显的外部特征。

今天，人们看到抬梁（或穿斗）屋架造成了屋面的凹曲，实际上，从史的观点来看，不是抬梁（或穿斗）屋架决定了屋面凹曲，恰恰相反，是凹曲屋面选定了抬梁（或穿斗）屋架，因为抬梁屋架便于凹曲屋面的制作。这丝毫不意味着形式是决定因素。历史的发展有力地批判了"结构决定一切"的结构主义谬论，也有力地批判了从形式出发的形式主义观点。历史上凡属长期考验而肯定下来的优秀创作，总是以一定的技术和社会条件下的实用功能为前提而兼顾其他的。中国古典建筑的屋盖，其结构正是在一定条件下，为保证较好的防水、遮阳、采光和通风这些实用要求服务的。换言之，其结构所造成的形式，正是这些功能的综合体现。因此，当产生它的社会条件已经消失；建筑材料和结构方式等工程技术变革之后，构成古典屋盖

---

① 《释名》："宫：穹也，屋见于垣上，穹窿然也。"

② 瓦屋面转折锋利，与旧有茅茨对照之下，屋角确实像有棱廉的箭头——"如矢斯棘"。

③ 据发掘报告，出土时排列在台基前沿，凸面上有直径 10 余厘米的木柱遗迹。

的矛盾已不存在，则其抽象的形式便失去了原有的意义。今天，对于新建筑的创作来说，只是在特殊的情况下，它可作为古典的象征而被保留，一般地讲，在设计中盲目搬用“大屋顶”，不是科学的态度。

“大屋顶”一度被有些人视为不可逾越的“民族形式”典范，从而奉为社会主义新建筑创作必须遵守的法规。其实，“民族形式”或“民族风格”是个历史范畴。《工部工程做法则例》所规定的只是清代的一种“民族形式”而已，汉代的“反宇”、殷商的“茅茨土阶”又何尝不曾是中国的民族形式？历史上即使是应予肯定的东西，也只能是历史的肯定，而不应作为限制创造、限制前进的障碍。重复旧东西和完全抛弃自己的文化传统的错误，都在于缺乏对历史遗产的学习和批判总结。我们应当尊重历史的辩证法，用辩证唯物主义、历史唯物主义的观点、方法认真学习、研究、总结建筑发展的规律。这将有助于克服复古主义、形式主义以及割断历史的错误；有助于“古为今用”、进一步提高社会主义新建筑的设计水平。

斗栱的运用是我国古代建筑技术的重要贡献

于 倬 云

一、引　　言

勤劳聪明的我国古代劳动人民，在生产实践中积累了丰富的经验，总结出很多的科学原理。《天工开物》中的舂米、汲水所用的杠杆方法，石工所用的撬棍，木工吊装大木时所用的秤杆，都是杠杆原理的运用。古代吊装大木所用的秤杆有两丈多长（其作用相当起重机的臂杆），秤毫（支点）拴在起重架木上，秤盘就是被吊装的大木，在秤砣的部位（即秤杆的稍端）绑好绳子，用人力往下拉，于是千斤的大梁就轻而易举地被几个人拉起来了。

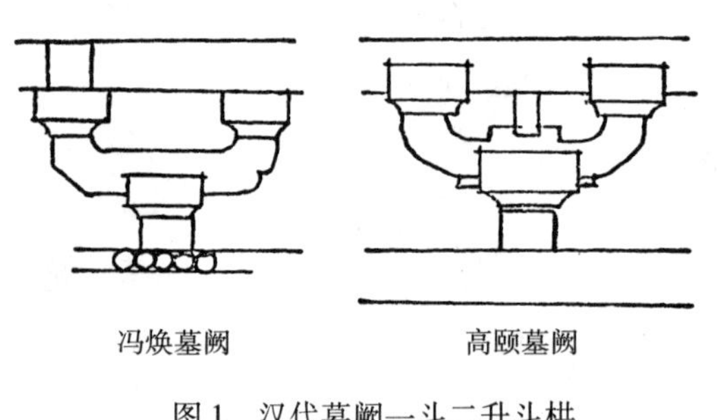

图1　汉代墓阙一斗二升斗栱

古建筑的斗栱中，从最简单的一斗二升斗栱到很繁复的八铺作双杪三下昂（相当清式十一晒斗栱）都是运用杠杆与天平的平衡原理而进行设计的，斗栱把屋顶荷重集中起来通过立柱传至柱础。一斗二升斗栱的坐斗，就像天平的底座，横栱就像天平杠杆，两端的三才升（散斗），就像放砝码与放被称物的两个小盘，左右均衡（图1）。古建筑的品字斗栱就属于这种情况。还有一种是里外不对称的斗栱，在结构上运用“支点左右力矩相等”的原理。使较轻的秤砣也能与较重的被称物在秤杆上保持平衡稳定，斗栱中“下昂”与“挑斡”的运用都属于这种情况（图2）。

古建筑中的斗栱，由于其所在的部位、作用、构造与形式的不同，出现了几十种斗栱（蓟县独乐寺观音阁有二十四种斗栱，应县佛宫寺木塔多达60余种），每朵（攒）斗栱又有几十个构件，初看起来极为繁复，但归纳起来不外是：“斗”“栱”、“昂”“枋”四种构件。

斗是上大下小的方形构件，由于所在部位、功能、构造与形状不同，在宋代又分为栌斗、散斗、交互斗、齐心斗等大小不一的各种斗。清代把斗又分为“升”与“斗”，宋代的大斗（栌斗）在清代叫做坐斗，其他较小的斗，而又只承一面栱或枋，并开顺身口的，叫做三才升，放在正心部位的小升，由于做出垫栱板槽，较三才升宽0.24斗口，叫做槽升子。至于宋代的交互斗是十字开卯口，与坐斗形状相似，只是大小不同，所以在清代把交互斗仍叫斗，又由于这个斗的长度为1.8斗口，也就是宋代材契中的十八份，所以叫做十八斗。

栱是矩形断面的枋木，是两端翘起略似弓形的悬挑构件。在宋代有华栱、泥道栱、慢栱、瓜子栱、令栱等。清代把横向（即与桁条平行方向）的悬挑构件仍叫栱，但具体的名称有些变化，如慢栱改为万栱，瓜子栱叫做瓜栱，又由于斗栱的空档间不用泥坯堵添改用木板（垫栱板）卡档，所以把中心部位的泥道栱，叫做正心瓜栱，其上面的慢栱叫做正心万栱，并把最外

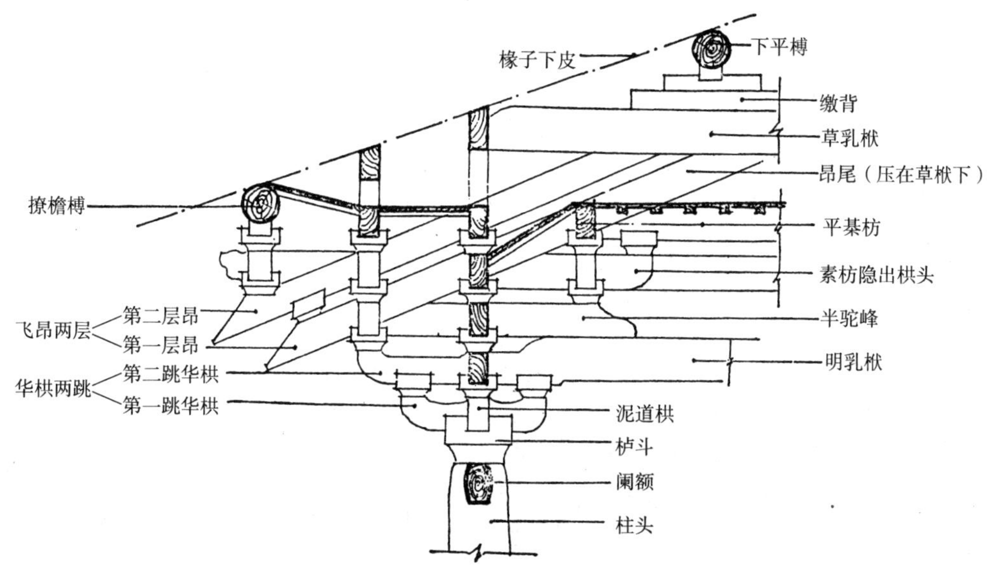

图2　佛光寺大殿外檐柱头铺作

端的令栱叫做厢栱。至于华栱，在宋代又有“杪栱”与“卷头”等名称。为了区别纵横栱子的部位，在清代把华栱叫做翘，因为它是向上翘起的纵向构件。

“昂”也是纵向伸出并向上悬挑的构件，在宋代昂的名称有五：“一曰櫼、二曰飞昂、三曰英昂，四曰斜角，五曰下昂”①。在清代统一叫做“昂”，但其功能与华栱相同，实际上是带昂嘴的华栱根据昂的部位，有头昂、二昂、三昂之称，太和殿的上檐斗栱就是单翘三昂九踩镏金斗栱。

“枋”是与桁条平行的，在横栱（令栱与慢栱）之上的联系构件。在柱头中线上的枋子，宋代叫柱头枋，清代叫正心枋。在令栱上的外跳枋子，宋代叫撩檐枋，清代叫挑檐枋（但清代的挑檐枋上都放挑檐桁，宋代用撩檐枋即不再用撩檐抟）。内跳的枋子多为安装天花用，在宋代叫平棊枋，清代叫天花枋。其他各跳慢栱上的枋子，在宋代叫做罗汉枋，清代叫拽枋，根据其所在部位有里拽与外拽之分。

以上四种构件是斗栱的基本构件，本文中所有的名称，元以前的斗栱用《营造法式》中的名称，明、清两代的斗栱用《工程做法》的名称。为了节省篇幅，兹附图于后，俾使概念一目了然（图3、4）。

中国古代的单层房屋，从建筑部位来说，流传着“上架”与“下架”的术语。柱子、门窗部分属于下架、梁、檩、屋顶属于上架。高级的建筑，在上、下架之间，布置了一圈斗栱，作为梁檩与柱额之间的过渡构件，成为我国古代建筑特有的做法，在斗栱与梁柱结合中，发展了木构建筑，创造出独特的建筑风格。

从古代文献中可以看出，早在春秋时代已有了描写斗栱的辞句。今天从出土文物中我们可以看到：战国时的铜鑑、铜钫中所刻的房子，柱头上已有一个略似栌斗的垫块，从形象来看是上大下小的方斗，它一方面抬高了屋檐的高度，一方面增加了檩子的搭接面积，起到檩托的作

① 《营造法式》卷四，飞昂。

材 15份 6份 栔 15份 6份 15份 6份 15份

〔注〕“份”按《营造法式》原文为“分”各以其才之广分（即材高），分为十五分，以十分为厚。”

即3×材宽

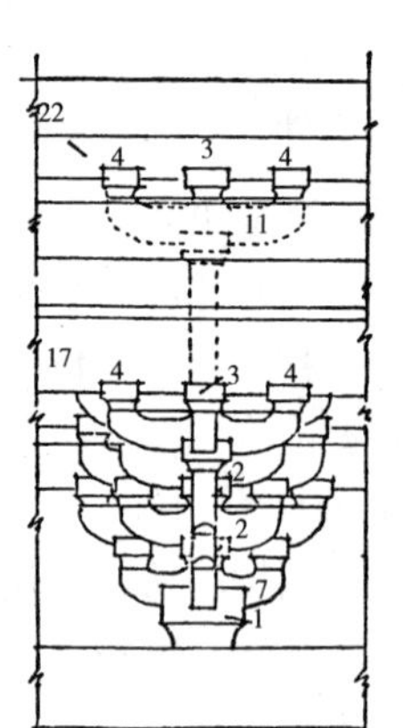

宋式铺作杆件名称

编号	宋式名称	相当清式	附注
1	栌斗	坐斗	
2	交互斗	十八斗	
3	齐心斗		
4	散斗	三才升	
5	散斗	槽升子	在正心部位
6	华栱	翘	
7	泥道栱	正心瓜栱	
8	瓜子栱	单材瓜栱	
9	慢栱	单材万栱	
10	慢栱	正心万栱	在正心部位
11	令栱	厢栱	
12	下昂	昂	
13	耍头	蚂蚱头	
14	柱头枋	正心枋	
15	罗汉枋	拽枋	
16	罗汉枋	机枋	
17	撩檐枋	挑檐枋	
18	平棊枋	井口枋	
19	衬枋头	撑头木	
20	遮椽板	盖斗板	
21	华头子		
22	榑	桁	

图 3　宋式补间铺作单抄双下昂六铺作里转五铺作

用。最近发掘的战国中山王墓出土文物中，有个四龙四凤下圆上方的方几，在四角的龙头上，各顶着一个“直斗”，四角的直斗上承托着与抹角梁方向相同的横栱，每个栱端又坐直斗，以承托四面的横枋，圈成正方形的几面。从这件出土文物看来，早在公元前四世纪，斗栱中的栌斗、散斗、直斗、横挑的栱、枋等已经形成了，并且在构造上已开一斗二升斗栱的先例。

汉代的斗栱发展很快，从汉明器、石阙、崖墓、画像砖上的建筑可以看出斗栱的多种形式。

山东肥城县孝堂山墓祠有在柱头上单用栌斗的做法（图 5）。

长沙出土的汉明器中有在柱头上放替木状的实拍栱做法（图 6）。

东汉陶楼中还有平出单挑，跳头上放一斗三升的做法①（图 7）。

① 系河南三门峡刘家渠 73 号墓出土文物。

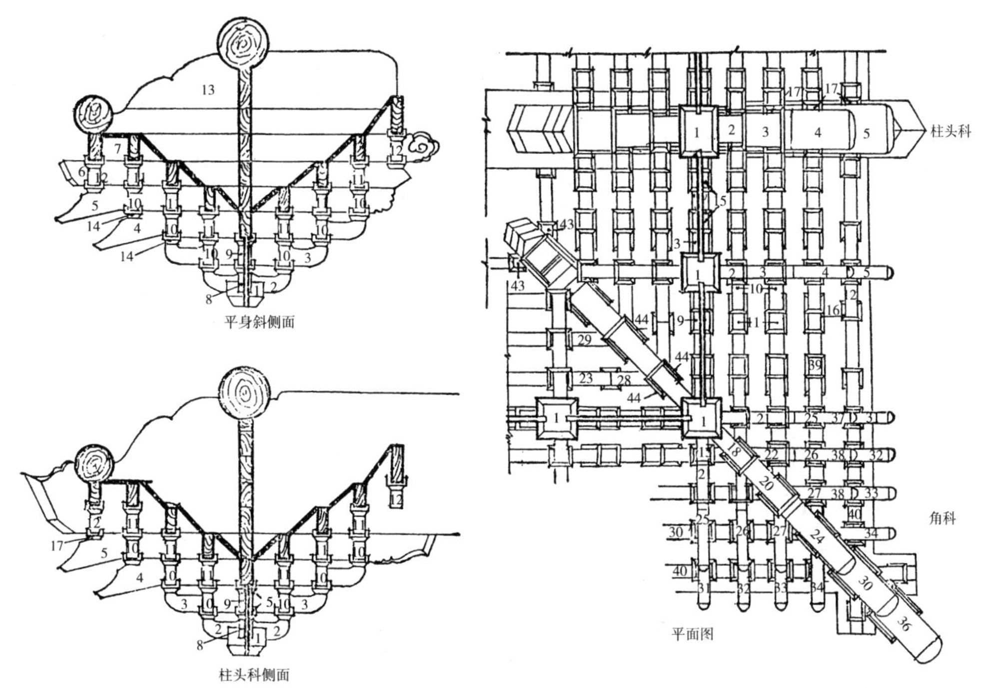

编号	杆件名称	每攒数量			附注
		平身科	柱头科	角科	
1	大斗（坐斗）	1个	1个	1个	坐于平板枋上，为斗栱的第一层
2	头翘	1件	1件		位于第二层
3	重翘（二翘）	1件	1件		位于第三层
4	头昂	1件	1件		位于第四层
5	二昂	1件	1件		位于第五层
6	蚂蚱头（耍头）	1件			位于第六层
7	撑头木	1件			位于第七层
8	正心瓜栱	1件	1件		位于第二层
9	正心万栱	1件	1件		位于第三层
10	单才瓜栱	6件	6件		
11	单才万栱	6件	6件		
12	厢栱	2件	2件		
13	桁椀	1件		1件	位于第八层
14	十八斗	8件		20件	
15	槽升子	4件	4件	4件	
16	三才升	28件	20件	20件	
17	桶子十八斗		7件		
18	斜头翘			1件	位于角科第二层
19	搭角正头翘带正心瓜栱			2件	位于角科第二层
20	斜二翘			1件	位于角科第三层
21	搭角正二翘带正心万栱			2件	位于角科第三层
22	搭角闹二翘带单才瓜栱			2件	位于角科第三层
23	里连头合角单才瓜栱			2件	位于角科第三层
24	斜头昂			1件	位于角科第四层
25	搭角正头昂带正心枋			2件	位于角科第四层
26	搭角闹头昂带单才瓜栱			2件	位于角科第四层
27	搭角闹头昂带单才万栱			2件	位于角科第四层
28	里连头合角单才万栱			2件	位于角科第四层
29	里连头合角单才瓜栱			2件	位于角科第四层
30	斜二昂			1件	位于角科第五层
31	搭角正二昂			2件	位于角科第五层
32	搭角闹二昂			2件	位于角科第五层
33	搭角闹二昂带单才万栱			2件	位于角科第五层
34	搭角闹二昂带单才瓜栱			2件	位于角科第五层
35	里连头合角单才万栱			2件	在第五层，被里连头合角单才瓜栱遮住
36	由昂			1件	位于角科第六层
37	搭角正蚂蚱头			2件	系正心枋的出头，位于角科第六层
38	搭角闹蚂蚱头			4件	系拽枋的出头，位于角科第六层
39	搭角闹蚂蚱头带单才万栱			2件	位于角科第六层
40	把臂厢栱			2件	位于角科第六层
41	搭角正撑头木			2件	在第七层，被搭角正蚂蚱头遮住
42	搭角闹撑头木			6件	在第七层，被搭角闹蚂蚱头遮住
43	里连头合角厢栱			2件	在第七层，由昂后尾（麻叶头）上面
44	贴升耳			18件	斜头翘、斜二翘、斜头昂上有贴升耳4个，斜耳昂上有2个
	每攒杆件小计	64件	52件	117件	

图4　清式斗栱杆件名称图（以重翘重昂九踩斗栱为例）

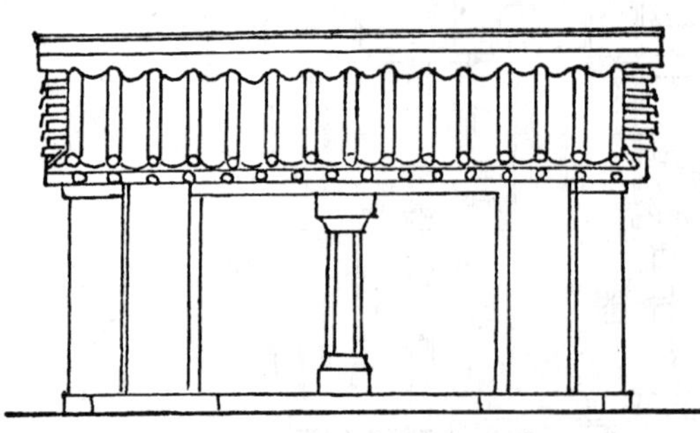

图 5　山东肥城县孝堂山墓祠

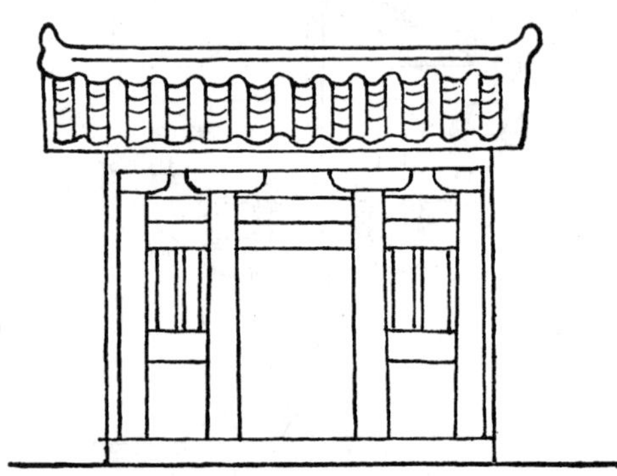

图 6　长沙出土汉明器实拍栱

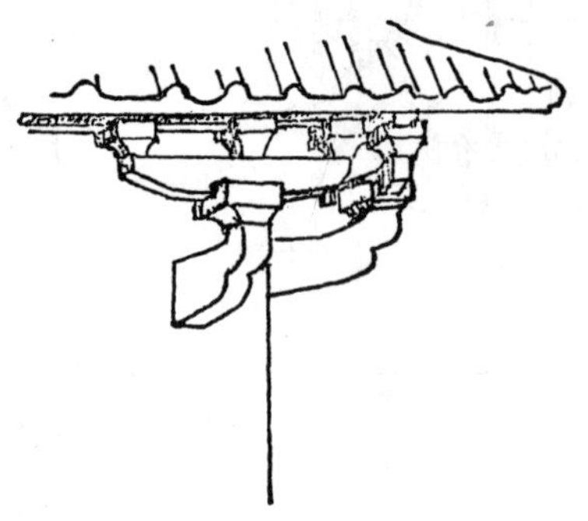

图 7　东汉陶楼斗栱

东汉建光元年（公元 121 年），冯焕石阙有一斗二升，并在栌斗下有直斗的做法（图 1）……总之，这时期的斗栱，不仅有一斗二升、一斗三升，还有出跳至三、四跳的各种单栱与重栱，其作用是多方面的，既有承托屋檐的斗栱，又有承托平座的斗栱。这时的斗栱已成为高大建筑的木构架中的一个重要组成部分。

南北朝到隋代的建筑，在造型艺术与结构技术上都有很大的发展。当时不仅在我国兴建了大量宫殿、石窟、桥梁、寺庙等，而且还为日本引进木构建筑技术，在奈良建造了法隆寺①。唐代乾元二年，鉴真和尚传道去日本时，又建造了唐招提寺②（图 8），它比我国现存最早的木构建筑——南禅寺，还早几十年，其造型艺术、细部手法与法式特征，如斗栱中的人字栱、云形栱、直斗（日本学者称为“束”）、挑梁式的重叠栱、早期的飞昂形式，对我们研究斗栱的演变，都是极为珍贵的实物教材（图 9）。加以我国自唐以来的木构建筑还保存着若干实例，本文拟从斗栱的功能与构造变化，探讨古代匠师的设计理论与智慧结晶。

二、斗栱的功能

斗栱的运用是我国古代劳动人民在生产实践中对结构力学的一大贡献，兹从下列六方面论述斗栱的功能：

（一）在柱头上使用斗栱，改进了木构架中纵向构件与横向构件的搭接方法，加强了梁桁与立柱的搭接点，扩大了支座的承压面。使木材在纵横搭接时避免木材的平行木纹的压应力超过其允许强度，这是木结构设计中应须注意的。在古代，虽然没有像现代木结构中的节点验算方法，但是古代也有一句成语：“立木顶千斤”。这说明垂直木纹的耐压力是很大的。根据科学实验的结果，垂直木纹的耐压力比平行木纹的耐压力大六、七倍。我国古代劳动人民在生产实践中创造出一种放在柱头上的垫块，其形状是根据纵横木材的耐压强度而设计的。由于平行

---

① 日本奈良法隆寺创建于推古天皇十五年（公元 605 年），关于现存实物的年代有两种看法：一种看法认为是铜和年间（相当唐代）重建。另一种看法认为金堂、五重塔、中门是推古年间的原物，我倾向这个看法，即相当我国隋代（大业元年）的建筑。

② 唐招提寺建于日本淳仁天皇天平宝宇三年（公元 759 年），相当我国唐肃宗乾元二年。

图 8　日本奈良唐招提寺

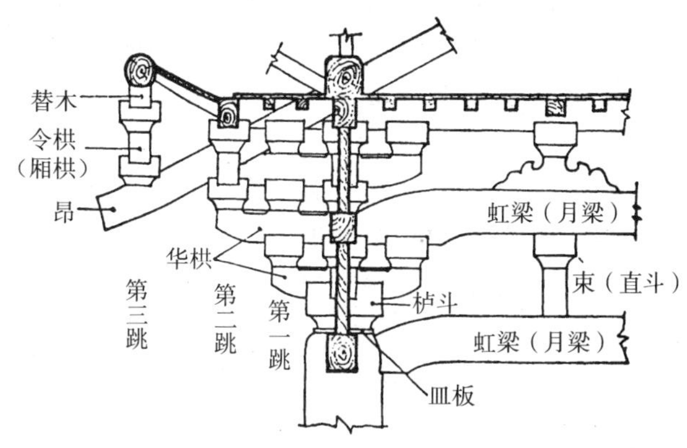

图 9　日本奈良唐招提寺斗栱

木纹的构件耐压力低，所以垫块的形状上大下小，形成后来的坐斗形式，在汉代把这个垫块叫做“栌”[①]，其作用系承托由大梁与檐檩传来的屋顶荷载，过渡到立柱上来，以传至柱础与房基。出跳较多的斗栱，更能大面积的承托梁桁等横向构件的荷重，并把它集中起来，传到耐压力较强的立柱上去，所以说斗栱是横向结构与竖向结构的重要关节。

（二）斗栱加强了木结构中水平构件之间的联系，把纵向的梁与横向的槫联系在一起，加强了构件搭接的薄弱环节。同时它把正中间的柱头枋、檐下的撩檐槫、与室内的平棊枋组合在一起，尤其在有真昂的铺作与明、清的镏金斗栱中，利用秤杆把下金桁也联系起来，整个殿堂形成一个纵横勾连、左右牢固的整体。

唐宋的木结构中，多把明乳栿[②]的梁端做出华栱的形象，插到柱头铺作里，作为华栱的形式出跳于柱头铺作中。佛光寺大殿的内外槽斗栱与明乳栿节点处理得非常巧妙，明乳栿的两端都做成华栱形式，架在第一跳的华栱上，因而栿的两端也成为第二跳的华栱了，从外观上丝毫

① 《说文解字》。

② 乳栿是小梁的意思，根据所在的部位，把栿（梁）分为明栿与草栿的做法，明乳栿从部位看来类似清代的单、双步梁，但其上面另有一个草乳栿承托平槫（桁条），实际上明乳栿只起穿插枋的作用。

看不出梁头露出的现象。实际上明乳栿的梁头伸出柱中各一跳，它已变为柱头铺作的华栱了。因为在功能上外槽明乳栿起穿插作用，草乳栿起承压与受弯剪作用，所以把明乳栿的两端压在双下昂之下，有利于结构的勾连稳固（图10）。

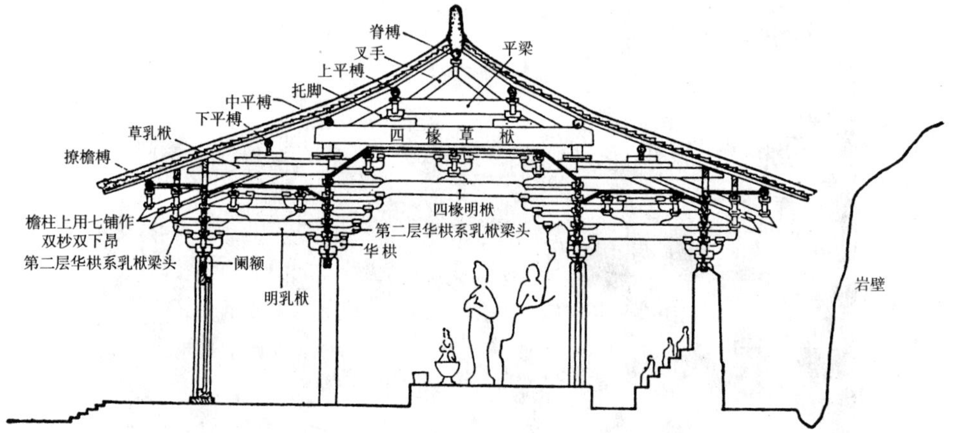

图10　佛光寺大殿横剖面

有的殿阁内外槽斗栱不一样高，如何把内外槽的大木勾连穿插起来？蓟县独乐寺观音阁的设计方法是非常精致优异的。这座殿阁面阔五间，进深四间，为了突出阁中心的佛像与配合须弥坛的相对尺度，除把阁内明间的中柱减掉外，将柱网布置成内外两圈，并将内额与内柱增高，于是内外柱子的高度相差一“材”（据测绘该阁“材”的尺寸平均24～24.5厘米）。于是它把明乳栿的一端落在内槽第一跳华栱上，另一端落在外檐第二跳华栱上。也就是说，内槽铺作的第二跳华栱与外槽铺作的第三跳华栱都是明乳栿的梁头，因而在内槽铺作装到第二跳华栱的同时，外檐铺作装到第三跳华栱时，即行上梁。然后，在外檐柱头铺作安装第四跳华栱，内槽柱头铺作上也同时装栱，再装第四层的枋，即外檐耍头后尾。这种做法把外槽与内槽的两排大木用明乳栿联系为一体，且明乳栿的梁头做成华栱，放在铺作之中，与铺作结合为整体。外檐铺作最上端的杆件耍头后尾既成为内外槽铺作的牵固构件，又成为平棊枋以承平棊（天花），一个杆件两个功能，使木结构既省料又牢固（图版贰、图11）。

明、清斗栱虽然纤小，但纵横杆件之间的互相牵固，对结构的整体性仍有一定的作用。斗栱中的翘、昂、栱、枋纵横交织，互相牵固，并在梁头的两侧剔出槽眼，把斗栱上的正心枋、里外拽枋嵌入槽卯，加强了横向构件的联系。

（三）斗栱减轻了大木的弯矩与剪力

在梁桁承载屋顶荷重时，产生了弯矩与剪力，弯矩的大小与梁的荷重、梁的跨度成正比，如在梁中有一个集中荷载，使梁的弯矩 $M_{max}=\frac{1}{4}Pl$。在均布荷载时，跨度对梁的弯矩影响更大（因弯矩 $M_{max}=\frac{1}{8}Ql^2$）。为了减轻梁的弯矩，早在汉代的柱头上即加上了形似檩托的替木，使檐枋两端的支座做出悬挑，以改变构件的计算跨度。唐代南禅寺大殿的明间面阔5.01米，但柱头铺作的令栱上悬挑着2米长的替木，因此撩檐槫净跨成为5.01－2＝3.01米。兹按有无斗

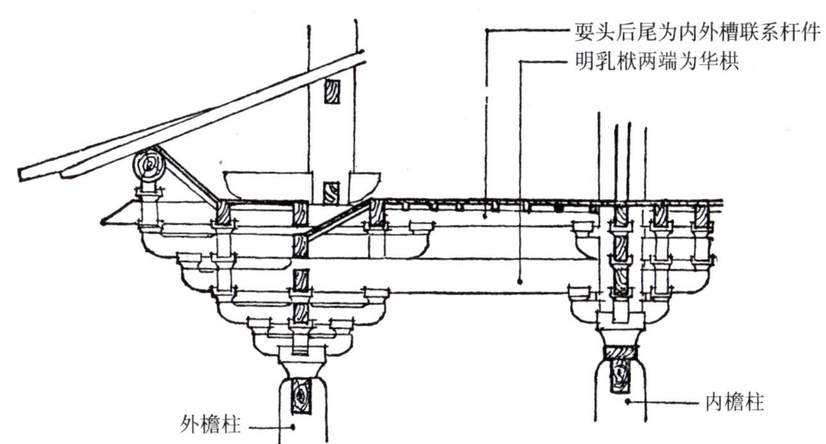

图11　蓟县独乐寺下层内、外檐铺作

栱的两个方案比较如下：

1. 弯矩计算：

设屋顶每平方米重 $w\mathrm{kg/m^2}$

荷重宽度 = 1.4m

$\therefore Q = 1.4w\mathrm{kg/m}$

第一方案（按有斗栱计算）

计算跨度：$l_1 = (5.01 - 2.00) \times 1.05 = 3.16\mathrm{m}$

最大弯矩：$M_{1\max} = \frac{1}{8} \times 1.4w \times (3.16)^2 = 1.74w\mathrm{kg-m} = 174w\mathrm{kg-cm}$

第二方案（按不用斗栱计算）

计算跨度：$l_2 = 5.01\mathrm{m}$

最大弯矩：$M_{2\max} = \frac{1}{8} \times 1.4w \times (5.01)^2 = 4.39w\mathrm{kg-m} = 439w\mathrm{kg-cm}$

$\therefore$ 两方案的弯矩比值为$\frac{439w}{174w} = 2.56$ 倍

两方案的弯矩相差为 $439w - 174w = 265w$

也就是说：无斗栱的撩檐榑的弯矩要比有斗栱的弯矩大 2.56 倍。

2. 再从剪力计算来看：

第一方案（有斗栱）$Q_1 = \frac{ql}{2} = \frac{1}{2}(1.4w \times 3.16) = 2.21w\mathrm{kg}$

第二方案（无斗栱）$Q_2 = \frac{1}{2}(1.4w \times 5.01) = 3.5w\mathrm{kg}$

$\therefore$ 两方案剪力比值为$\frac{Q_2}{Q_1} = \frac{3.5}{2.21} = 1.58$ 倍

从以上两个方案的计算结果看来，用斗栱做梁桁的支座，可以缩小构件的负荷跨度，减轻撩风枨的弯矩与剪力。可使建筑物的面宽较为宽阔①，在进深方面，对梁栿也起同样作用。例

① 建筑物的面阔，自唐至明代，不断加大，唐代开间约 5 米，明代明间宽达 9 米多。

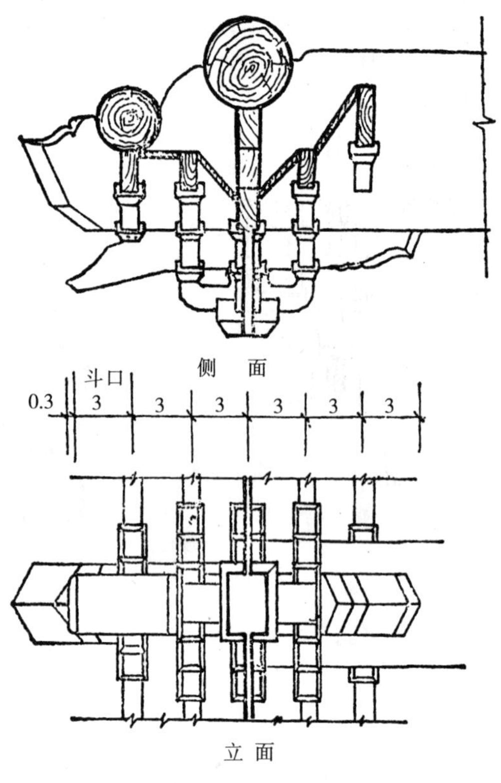

图 12 清式五踩斗栱（柱头科）

如：唐代佛光寺大殿的四椽栿，由于内柱柱头铺作各出华栱四跳，使四椽栿的静跨较内柱间的中距缩短 46%，因而大大减轻了梁的弯矩与剪力，节约了栋梁大材。这是一项突出优秀的结构设计，做到了“小材大用”，而且坚固延年。这个成就与斗栱的巧妙运用是分不开的。清代的斗栱纤小，但柱头科后尾用栱、翘、雀替等悬挑办法承托梁端，如斗口按 2.5 寸计；

五踩斗栱的后尾可以挑出 9 斗口，合 0.72 米①（图 12）。

七踩斗栱的后尾可以挑出 12 斗口，合 0.96 米。

九踩斗栱的后尾可以挑出 15 斗口，合 1.20 米。如果用 3 寸的斗口，九踩斗栱的后尾雀替，能够挑出 15 × 0.096 = 1.44 米。总之，斗栱的出跳对大梁的耐弯矩与剪力是起到很大作用的。

（四）斗栱具有悬挑出檐的作用，这是斗栱的突出的功能。屋顶的作用不仅是防风寒、暑晒、雨淋，而且要尽量防止窗纸与土坯墙被雨水溅湿。早期的房屋，多用土坯墙身，因而产生屋顶出檐的要求。这种情况的例子很多，即使讲究的殿阁，如唐代的南禅寺、佛光寺，辽代的奉国寺等大殿，宋代晋祠正殿，金代善化寺三圣殿，元代护国寺土坯殿等，都是青砖下肩，木骨土坯墙身的做法，所以在明以前房屋需要出檐深远，以免溅坏了土坯墙身。古文把檐称为宇，其功能在《易经》中曾记载“上栋下宇，以待风雨”，其大意是从屋顶上端的脊部到下端的屋檐都是起到遮蔽风雨的作用，说明屋檐也起防雨（防溅雨）的作用。古代房屋中出挑屋檐的办法很多，在木结构中有用檐椽挑出的办法；有在檐椽上加飞椽的办法；有梁头探出的硬挑办法；硬挑做法中又分梁头探出的单挑做法，梁枋双探出的双挑做法，以及三挑出檐做法。此外，还有另插一根挑梁的软挑做法，梁端加斜撑的撑栱做法，叠涩探出的重叠式挑梁等许多办法。斗栱的发展与这些简单的挑檐方法是分不开的。斗栱中的栱和昂都是悬挑杆件，《营造法式》卷四总铺作次序中说：“凡铺作自柱头上栌斗口内出一栱或一昂皆谓之一跳”，说明昂与华栱的作用都是为了出跳以悬挑屋檐。单用华栱出跳的办法是层层重叠探出，跳头上不加横栱，如蓟县独乐寺山门补间铺作的后尾，用四层华栱，层层叠出，承托下平槫。不用斜昂的做法都须有较多的层数与较大的高度才能出跳深远。在唐、宋时为了结构稳定，属于软挑方法的华栱层数习惯上不超过两层，两层华栱之上即须用其他杆件牵连。蓟县独乐寺观音阁的下层外檐斗栱从外观看虽然出华栱四跳，加上要头高有五层，但是下端的华栱只放两层，第三层的华栱就是明栿的梁头，这样安排可以更好地保

① 在单翘单昂的五踩斗栱中，昂尾做出雀替，其长度是从第一拽架出六斗口，加上一拽架三斗口，计从坐斗口挑出九个斗口，如按二寸半斗口计，从坐斗口挑出 9 × 2.5 × 0.032 = 0.72 米。

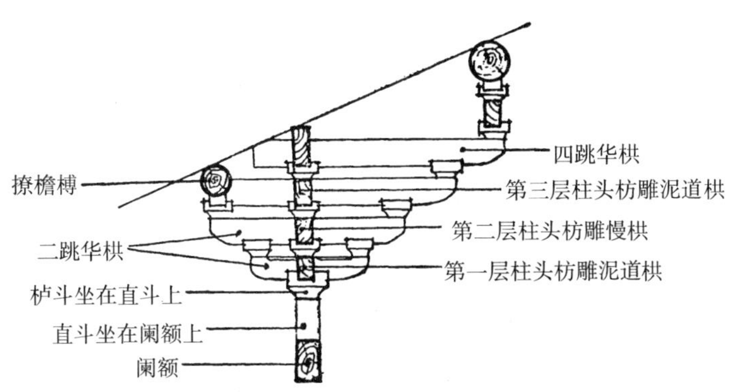

图 13　蓟县独乐寺山门补间铺作

持斗栱的平衡稳定。所以六铺作以下的斗栱只用两跳华栱不加斜昂的建筑很多。如大同善化寺大雄宝殿、普贤阁、华严寺大雄宝殿、薄伽教藏殿及蓟县独乐寺山门（图 13）、五台山南禅寺大殿等外檐铺作都属于这种类型。

另一种做法是在华栱与柱头枋上斜放与檐椽平行的飞昂，外端悬挑撩檐枋，尾端向上斜挑，顶着梁栿中间的下皮，并能间接的承托下平槫的荷重。这种铺作的优点很多：第一，它不仅用飞昂悬挑撩檐槫而且还能间接的悬挑下平槫，使草乳栿几乎不受弯矩。所以，凡是这种做法的古建筑经过千年毫无弯垂断裂的现象；第二，用飞昂挑檐可以压缩铺作的高度，便于随着屋面坡度承托撩檐枋与下平槫，更利于平衡稳固，出挑深远。佛光寺大殿的外檐铺作就是双杪双下昂的做法，把檐部挑出达 1.6 米之远，经过一千一百多年的考验，毫无问题。

明、清殿堂的墙身，由于都用砖砌成，不怕潲雨，因而不如唐代建筑出檐深远，加以柱子增高，所以斗栱的高度降低，体形纤小，但斗栱对檐部的桁条（正心桁、挑檐桁）仍起支承作用的。譬如，故宫神武门城楼的山面桁条跨度达 12.24 米，挑檐桁的直径为 0.41 米，兹按斗栱是否起作用的两种看法计算如下：

神武门下层檐山面桁条计算

甲、按斗栱不起作用计算

1. 荷重：

四样琉璃瓦　190kg/m^2

灰背与宽瓦灰　$0.1\times1600=160$kg/m^2

椽望　$0.1\times500=50$kg/m^2

静重小计　400kg/m^2

雪荷重　$0.94\times70=59$kg/m^2

合计　459kg/m^2

2. 每米负荷量：

负荷宽度　$0.36+2.13=2.49$m

每米负荷　$Q=459\times2.49=114.3$kg/m

桁条自重　$\frac{1}{4}\pi D^2\times500=\frac{\pi}{4}(0.41)^2\times500=66$kg/m

合计　1209kg/m

3. 计算弯矩：

$$M_{\max}=\frac{1}{8}Ql^2=\frac{1}{8}\times1209\times(12.24)^2=22640\text{kg-m}=2264000\text{kg-cm}$$

$\because$ $\phi41$ 的截面矩量为 6766cm^3

$$\therefore \sigma = \frac{M}{W} = \frac{2264000}{6766} = 335\text{kg/cm}^2 > [\sigma] = 100\text{kg/cm}^2$$

根据以上的验算，桁条的弯曲应力大大地超过了木材的许可应力，如果斗栱不起作用，则桁条早已折断。

乙、按斗栱起悬挑作用，即按九孔等跨连续梁计算：

$$l = \frac{12.24}{9} = 1.36\text{m}$$

$$q = 1209\text{kg/m}$$

最大弯矩在边跨 $M_{max} = \frac{1}{11}ql^2 = \frac{1}{11} \times 1209 \times (1.36)^2$

$$= 203\text{kg} - \text{m} = 20300\text{kg} - \text{cm}$$

$$\sigma = \frac{M}{W} = \frac{20300}{6766} = 30\text{kg/cm}^2 < [\sigma] = 100\text{kg/cm}^2 \quad \therefore \text{很安全。}$$

由此可见，明、清斗栱在挑檐功能上仍起着承托屋面静重与风雪荷重的功能。

（五）斗栱能增强建筑物的抗震性能

我国很多地方处于多地震地带，为了安全与耐久，在建造房屋时，要考虑抗震性能，我国有许多古建筑经受过强烈的地震考验，仍属安然无恙。元大德九年（公元1305年）四月大同路地震有声如雷，坏庐舍五千八百，压死者一千四百余人，“怀仁地裂二处，长十八步，深十五丈，一长六十步，深一丈，涌泉水”①，怀仁距应县三十三公里，距大同三十七公里，但是应县佛宫寺木塔、大同的上下华严寺、善化寺的辽、金建筑依然如故。

元大德七年（公元1303年）八月平阳、太原地震②，但建于北汉天会七年（公元962年）的平遥镇国寺与太原晋祠圣母殿、献殿等宋、金时代的建筑巍然耸立。

清康熙十八年（公元1679年）三河、平谷一带的强烈地震，蓟县与三河毗邻，大震有声，遍于空中，地内声响如奔车、如急雷，天昏地暗，房屋倒塌无数，可是独乐寺观音阁与山门岿然不动。

1976年唐山、丰南一带的强烈地震，靠近唐山的蓟县，震动较大，独乐寺内的矮小建筑墙倒屋塌，大部被震坏，可是高达20余米的观音阁与山门仍无变化。在同一地区，同样是木结构的古建筑，为什么观音阁与山门未遭破坏呢？原因固然很多，如柱网布置，基础情况，山墙形式，施工质量等。但是从海城地震区寺塔调查情况看来，有斗栱的大式建筑抗震性较好，无斗栱的小式建筑，虽然也是梁柱式的木结构，但抗震性能较差。1975年2月4日的海城地震，一些水泥砂浆砌筑的混合结构多倒塌了，但三学寺中的前后殿却基本完好。海城镇内建筑面积99%遭到不同程度的破坏。其中五七街一带是破坏最重的地段之一，而邻近五七街的关帝庙的前后殿毫无损坏。看来传统的框架结构的抗震性能是比较好的。在木骨架建筑中有斗栱的比无斗栱的更加耐震。因为斗栱是纵横构件的弹性节点，在地震时斗栱很似一个弹簧，在一定范围内有柔能克刚的作用。现在建筑中的刚节，虽然很坚强有力，但是一旦地震烈度超过了建筑物的刚性节点强度，则势如破竹，一垮到底，柔性结构虽然摇晃很大，但能恢复原状。所以说弹性节点与刚性节点各有优缺点，要一分为二地看待。

其次，由于斗栱能把梁、枋、桁的荷重分散承担逐步传递下来，使构件的承托面加多加

① 《元史·五行志》。

② 《元史·成宗本纪》

大，因而结构的整体性较好，增强了构件的联结与稳定。尤其起杠杆作用的真昂（如佛光寺大殿与独乐寺观音阁等），昂尾斜挑草乳栿的中间，把下平槫的荷重通过草乳栿传递下来，因而各种构件的刚度达到比较均匀地分布，增强了建筑的抗震性能。

（六）在施工技术不断提高，建筑面宽日益加大的情况下，为了加强檐枋的强度与刚度，自东汉到南北朝时期，出现了一些新做法：即在柱头上放栌斗或杷头栱（一斗三升斗栱），其上面放横楣，这种做法在云冈、天龙山石窟都有遗物。至于在栌斗上放两层横栱与散斗，再放横楣的做法，在朝鲜高句丽古冢壁画中仍遗这种形式。南北朝时的横楣形似唐代阑额，唯唐代的阑额均落在柱头的窗口上，阑额上皮与柱顶取平，南北朝的横楣均放在柱顶上的栌斗上（或斗栱上）横楣上灵活布置各样的补间铺作，有在两柱之间用一朵人字栱的（如云冈石窟第十二洞）；也有在开间正中用“杷头栱”，两旁使人字栱的（如天龙山石窟第十六洞）；还有把人字栱与杷头栱间隔连续使用的，朝鲜高句丽古冢（安城里大冢）的壁画中还有用人字栱与直斗（束）相间隔的布置方法。早期的人字栱，是两条笔直的斜撑，也没有栱瓣，其形状与作用均与平梁上的叉手相同，云冈石窟中，北魏兴安二年（公元453年）窟中的人字斗栱与朝鲜高句丽古冢（真池洞双楹冢与安城里大冢）的人字斗栱都与叉手形状完全一样。但是到了北齐时代（公元550年以后）的天龙山人字斗栱，由于装饰性增强，力学功能减退，把笔直的人字撑变为曲线状的栱形，这种做法直到唐代长安年间（公元701～704年）的西安大雁塔门楣石刻中还有此种形式。不过唐代的横楣从栌斗或杷头栱上的位置降到栌斗下的柱头开口处，成为阑额。从西安大雁塔门楣石刻上的唐代刻画可以看到，阑额上每间的中间放人字栱一朵，人字栱上的散斗承托横枋，这个横枋从位置来说是柱头枋，但比柱头枋高大，并与上下枋子距离也高，超过了栔的数值。所以这个枋子的下面用人字栱，上面用直斗，从形象看来很像横楣与柱头枋的过渡。这时的人字栱已不是直接承托檐枋，而是用柱头枋上的直斗承托檐枋（直斗的布置方法是当心间有二朵，其他均为一朵，这是宋代补间铺作的布置朵数的前身）。唐代乾元二年（公元759年）的日本奈良招提寺的补间铺作，就是用两层直斗中间是横枋的做法代替了一层人字栱与一层直斗的做法。在这不久，唐建中三年（公元782年）的南禅寺，把直斗间的一根横枋增加为按材栔层数的柱头枋，并把直斗变为散斗，放在柱头枋之间，在明间正中的散斗下的柱头枋上，刻出类似人字栱顶端的变形装饰物（图14）。

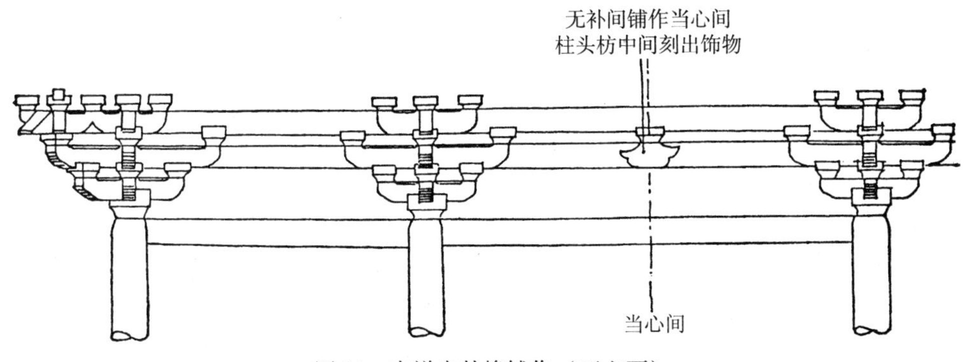

图14　南禅寺外檐铺作（正立面）

柱头枋是在铺作中心线上的联系杆件，由于铺作出跳增多，因而在出跳部位上增加横枋以加强铺作之间左右稳定，这个横枋在《营造法式》中叫做罗汉枋，它一般都是单材（高度为足材的

$\frac{15}{21}$份）。当殿阁开间较大时，由于刚度不够容易下垂，需要在中间托它一下，于是把补间铺作改为里外出跳的做法。但在补间铺作的出跳情况也是逐步形成的，兹分四个阶段叙述如下：

第一阶段的补间铺作的出跳数很少，仅为柱头铺作出跳数的一半。如柱头铺作出四跳，则补间铺作只出两跳。唐建中三年佛光寺大殿的补间铺作就是这种情况。这种做法直到辽统和二年（公元 984 年）的独乐寺观音阁，仍然是柱头铺作的外跳承挑掩檐枋，里跳承托平綦枋；补间铺作的里外俱出两跳承托罗汉枋。

第二阶段的补间铺作出跳数与柱头铺作相等但构件材数略少。由于材数不相等，于是补间铺作与柱头铺作成为上齐下不齐的做法，也就是在补间铺作的栌斗下的蜀柱或驼峰仍然保留。这阶段的典型遗物如山西大同下华严寺薄伽教藏殿（图 15），这座大殿建于辽重熙七年（公元 1038 年），它的特点是：

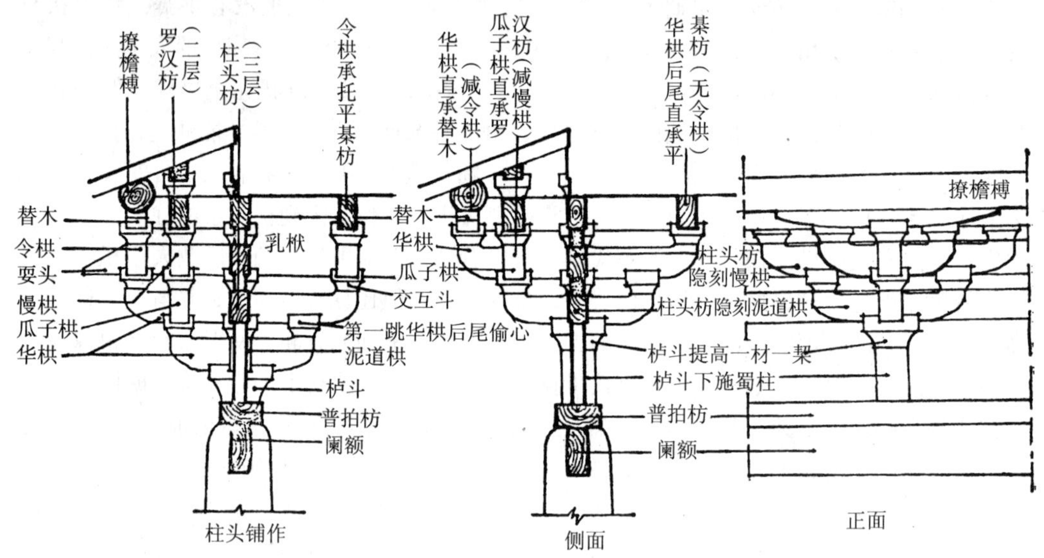

图 15 大同下华严寺薄伽教藏殿铺作

1. 在柱头中线上减去泥道栱而用柱头枋隐刻泥道栱与慢栱的办法省去一材一栔，以便在栌斗下放蜀柱。

2. 由于补间铺作比柱头铺作矮一材一栔，在第一跳的跳头上减去慢栱，由瓜子栱承托罗汉枋两层，下层罗汉枋隐刻慢栱。第二跳的跳头上减去令栱（也减去与令栱十字交叉的耍头），由华栱直接承托替木。

3. 从栌斗下皮计算高度，补间铺作较柱头铺作矮一材一栔，但从出跳情况来看，两者均相等，即外挑撩檐榑、内挑平綦枋。这种做法把撩檐减与平綦枋均变为等跨连续梁，增加了该构件的强度与刚度。

第三阶段是从辽清宁年间开始，补间铺作变为繁复，栌斗下多用驼峰，所以补间铺作的栌斗比柱头的栌斗稍矮，在栌斗上斜出 45°与 60°华栱。大同善化寺大雄宝殿的檐下补间铺作，明、次、梢、尽间各有特点（图 16）：

1. 当心间南北二面的补间铺作，自栌斗中心平出 60°斜栱二缝，每缝列斜华栱二层，第一跳斜栱上施瓜子栱、慢栱与罗汉枋各一层；第二跳斜华栱上施令栱与斜耍头相交，其上

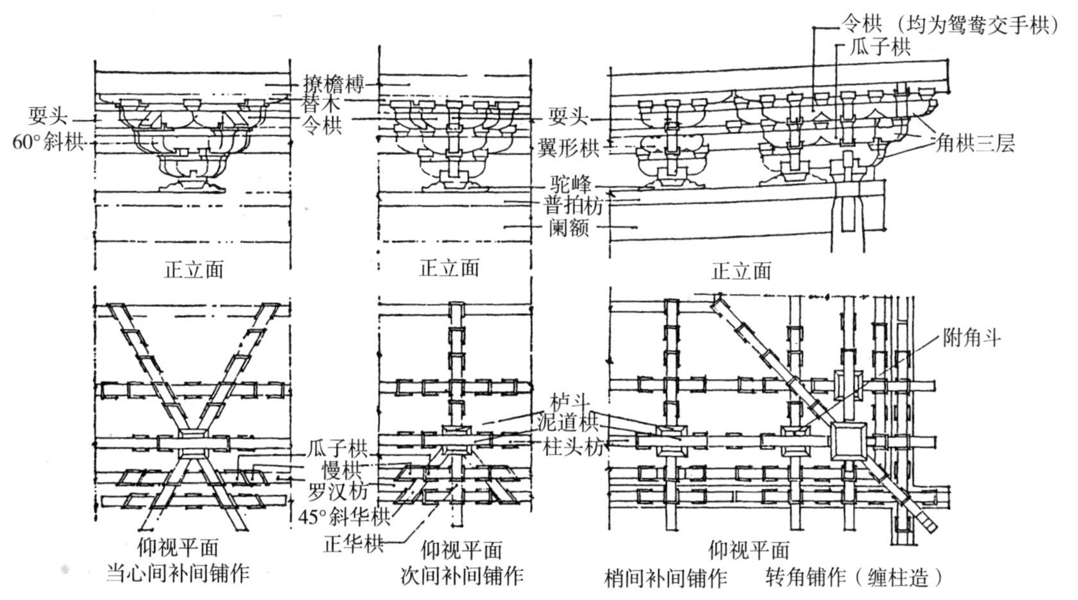

图 16　大同善作寺大雄宝殿外檐铺作

再置与面宽平行的替木与撩檐槫。栌斗内侧的补间铺作比柱头铺作出跳还多，柱头铺作内侧的华栱仍为两跳，都是偷心造，犹如两层丁头栱（未出瓜子栱），承托四椽栿，在栿上（距栿下皮为一材一栔处）嵌置骑栿令栱于栿的上端，令栱上施罗汉枋二层。下层罗汉枋上施散斗，上层罗汉枋紧接椽下皮。柱头铺作的里外都出二跳，比较简单。但补间铺作里面出五跳，比柱头铺作反而多三跳，第一跳偷心；第二跳施瓜子栱与慢栱，上置素枋二层贴于椽下；第三、四又是偷心；第五跳承托下平槫下的襻间。由于这朵铺作是60°斜栱，斜华栱的里跳把下平槫的襻间增加了两个支座，这两个支座的在襻间的三分之一处，于是襻间成为三等跨的连续梁了。

2. 两次间的补间铺作与当心间的补间铺作有所不同。由于两次间的开间略小于当心间面阔，因而铺作的后尾无须把下平槫的襻间分为三等分，而改为平分为两等分了，所以从室外看为45°斜栱，但斜栱未伸入到室内，而是交准于栌斗中线上而未延长于铺作的后部。这朵铺作的后部的华栱仍是垂直于正心枋的正栱，第一跳偷心；第二跳华栱上施瓜子栱，慢栱以及罗汉枋两层；第三、四跳偷心，第五跳承挑下平槫下的襻间，把襻间平分为两等跨连续梁。

3. 两梢间的面阔较次间又小一些，因而在梢间的补间铺作与明间和次间又有所不同，既减去了内侧的斜栱又减去了外侧的斜栱，成为外跳五铺作、里跳八铺作的正栱。

4. 外檐尽间的补间铺作，由于让开转角铺作缠柱造的附角斗与鸳鸯交手栱，铺作布置紧密，所以不施慢栱，而把外侧第一跳的瓜子栱与内侧第二跳的瓜子栱改为翼形栱。辽代，斗栱式样很多，蓟县独乐寺观音阁的斗栱，根据部位与功能不同设计出24种不同的形式；应县木塔的斗栱形式更多，计达60余种，这时斗栱的式样之多，已达到高潮。

金代的补间铺作，发展得更加繁复。但是，从形式上考究的较多，而功能上无大进展。大同善化寺三圣殿的次间补间铺作，在栌斗上出了六缝华栱，加上栌斗两侧横出的泥道栱，使第一层出栱达八缝之多（纵向为华栱两缝，横向为泥道栱两缝，斜向出45°斜栱四缝）。外跳壁板的做法板厚1.2寸[1]，清代的正心的瓜栱、万栱以及正心枋均在材宽的一个斗口的基础上加上垫栱板原0.24斗口，断面成为1.2×2斗口，槽升子的宽度也同样加宽0.24斗口成为1.24斗口。

5. 至于清式瓜栱的长度6.2斗口，万栱9.2斗口，厢栱石斗口，按宋代斗栱材宽10份为一斗口计之，模数完全相等。综合以上几个情况，可以看出从宋到清斗栱用材尺度的演变关系。

明、清的大木斗栱除了用斗口的计算方法代替材架份数的计算方法外，为了便于预制，安装，减轻放样工作量，采用了统一的标准规格，把反复多样化的斗栱，大致归纳为五大类：

1. 翘昂斗栱　是用翘与昂做出悬挑，横向施栱枋，层层叠垛以支承屋檐。这种斗栱多安装在大殿的檐部，根据殿阁的等级，翘昂斗栱的规格有四种：三踩、五踩、七踩、九踩。清式斗栱的规格按“踩”计算，“踩”就是宋代所称的“材”。在座斗的斗口上沿正心瓜栱向上数，斗口单昂的坐斗上，有正心瓜栱一踩，正心万栱一踩，正心枋一踩，所以叫做三踩斗栱。单翘单昂也是从坐斗向上数，正心瓜栱一层，正心万栱一层，正心枋三层，加起来共为五个足材，所以叫做五踩斗栱，余类推……。在清式翘昂斗栱中，根据翘昂用法与规格附表于后：

清式翘昂斗栱类别

斗栱踩数（规格）	斗栱名称（类型）	附　　注
三踩斗栱	斗口单昂	俗称三踩单昂斗栱
五踩斗栱	斗口重昂	俗称重昂五踩斗栱
	单翘单昂	
七踩斗栱	单翘重昂	
九踩斗栱	重翘重昂	
	单翘三昂	太和殿上檐斗栱

2. 一斗二升交麻叶或一斗三升斗栱　这种斗栱的特点是不出跳，斗栱只承托正心桁，‘所以只用在无排檐桁的殿堂上。如配殿、小亭、垂花门等多用这种斗栱。

一斗二升交麻叶与一斗三升的构造相同，也是在坐斗上安瓜栱，不出跳。不过在瓜栱上的三个槽升子减去中间的槽升子，中间纵向施麻叶云与瓜栱及正心枋十字相交，以承托正心桁。从踩数看来，坐斗上安瓜栱一踩，正心枋一踩，属于两踩。

高度＝坐斗底＋坐斗腰＋正心瓜栱高＋正心枋高

＝0.8＋0.4＋2＋2＝5.2斗口

3. 品字科斗栱　这种斗栱是仿照唐、宋殿阁内槽斗栱形式，内槽斗栱的特点是：只用华栱不用下昂。不过明、清的品字科斗栱是前后对称，形似倒置的品字。这种斗栱多用在室内的里围金柱的额枋、平板枋上，以承托天花，或用在楼阁的平座下。

---

① 《营造法式》卷七，小木作制度。

4. 隔架科　系大木之间的联系构件。根据其所在部位、负荷情况、纵横关系，又分为“一斗二升荷叶雀替隔架科”与“十字荷叶隔架科”等形式。一斗二升荷叶雀替隔架科的最下层是荷叶墩，当中贴大斗耳，上安瓜栱一件，瓜栱两端安槽升子两个，上托雀替。其高度是按照跨空随梁与大梁之间的空当、斗口尺寸而确定单栱或重栱。如空当较高，可在瓜栱上放万栱，成为“一斗二升重栱荷叶雀替隔架科”。也有在荷叶墩上放一斗三升斗栱以承托雀替的隔架科，叫做“一斗三升单栱荷叶雀替隔架科”，故宫太和门就是这种做法。还有比太和门的隔架科多一层慢栱与三个槽升子，称为“一斗三升重栱荷叶雀替隔架科”，故宫太和殿的隔架科就是这种做法。

在梁架（大柁二柁之间）瓜柱分位上，放荷叶墩，墩上放大斗，然后纵横施栱以承托梁与桁枋，所以叫做十字荷叶隔架科。故宫的明代建筑及清康熙以前不用天花的大木构架，多用这种隔架科联系。

5. 挑金、镏金斗栱　系用在殿阁檐宇四周的斗栱。其外跳（中线以外）与翘昂斗栱完全相同，也分五踩、七踩、九踩多种规格。中线以里的平身科斗栱，除第一跳的头翘与一般翘昂斗栱一样以外，其他各件的里端，都按举架的角度向上斜挑，如故宫文华门的斗栱，大斗坐在平板枋上，从坐斗的斗口中纵横出翘与正心瓜栱。从外端说，头翘的翘头上横放单才瓜栱与单才万栱以及拽枋，与单才瓜栱十字交叉的是头昂，昂上放令栱与蚂蚱头，再往上是撑头木与挑檐枋，最上桁椀与桁条。从外面看来与一般翘昂斗拱的五踩斗栱（单翘单昂）是一样的，都是水平叠放的杆件。但是从正心瓜栱、正心万栱、正心枋以里来看，第一跳的翘头上横施麻叶云代替了单才瓜栱，与麻叶云十字交叉的菊花头向上斜挑，其上皮紧贴着斜挑的杆件；第二踩的后尾为半截起秤杆后带六分头；第三踩的蚂蚱头与第四踩的撑头木后尾都是与檐椽平行的悬挑秤杆；第五踩（最上一踩）的桁椀后尾做成半截秤杆后带夔龙尾。这种斗栱的里跳，不施横栱，在第一跳翘头上使麻叶头，第二跳及其以上各跳的跳头上都是用十八斗托着三幅云，并用覆莲梢贯穿各件。各拽架之间饰以与杆件平行的菊花头。秤杆的尾端横挑一斗三升斗栱，承托下金桁与下金枋。这种斗栱的特点是既悬挑屋檐又起悬挑下金桁的作用，所以叫做挑金斗栱（图17）。

如果在秤杆的后尾下面加上一根与下金桁平行的构件（花台枋），并在花台枋上坐斗与瓜栱（或施荷叶墩承托坐斗与瓜栱、万栱），把秤杆头做出三岔头或三幅云穿过花台科斗栱，这两组斗栱（即檐外的翘昂斗栱与金步的花台科斗栱）用秤杆相连，从花台科的斗栱看来，其秤杆是从金步向下溜到檐下的斗栱中，所以把这种斗栱叫做镏金斗栱。

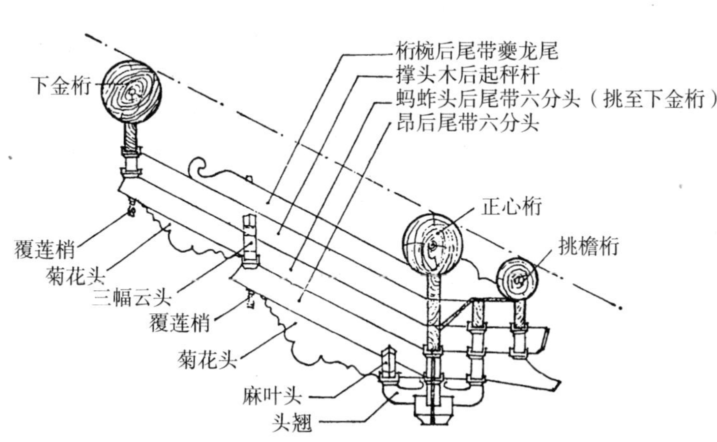

图17　故宫文华门外檐平身科挑金斗栱

镏金斗栱在清代制作法中属于最繁复的一种，也是最高级的斗栱。而最高级的屋顶是重檐庑殿顶，所以在故宫里四个城楼（午门、神

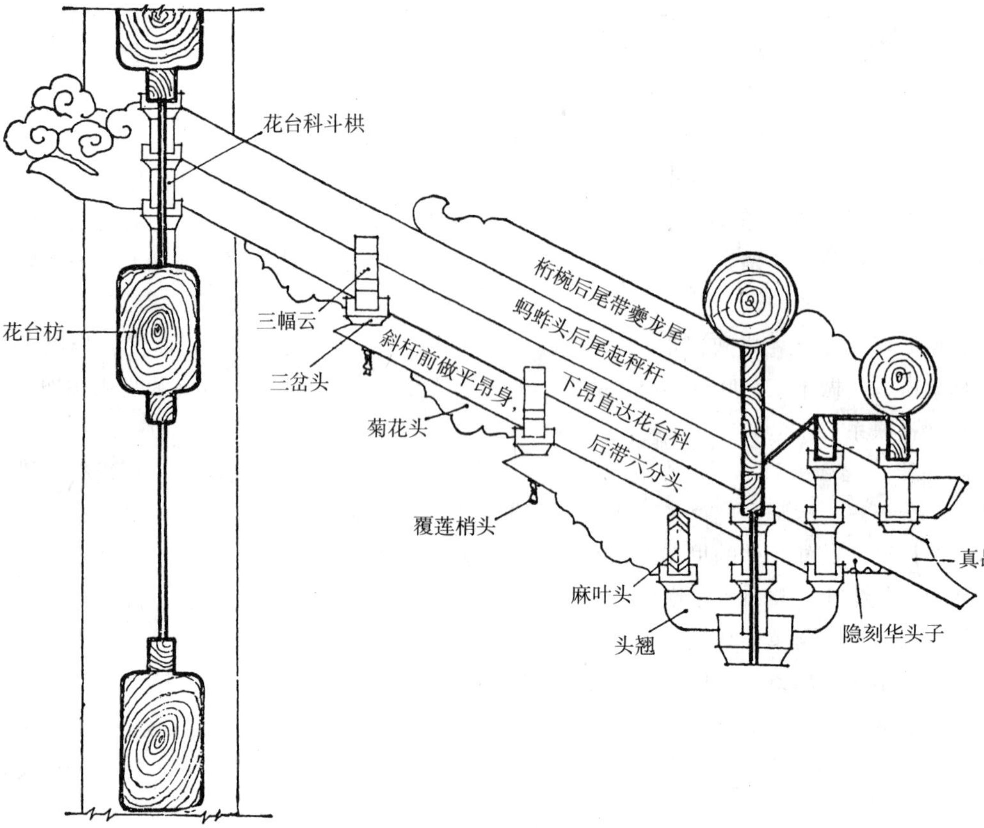

图 18　故宫神武门下檐斗栱

武门、东、西华门），太和殿与奉先殿前殿都是这种做法（图 18）。而单檐歇山顶的锺粹宫、太极殿、文华门、武英门等都是不使花台枋，只用秤杆悬挑下金桁的“挑金”做法（图 19）。这些平身科的斗栱，不但悬挑下金桁的正身，使下金桁成为多跨连续梁，而且在下金桁的转角处，不用老檐角柱，也不用扒梁，单靠悬挑的办法。《营造算例》里所说的“歇山挑金，悬四柱做法”就是运用这种斗栱的巧妙技术。

挑金、镏金斗栱的结构特点是利用“秤杆”保持平衡稳定，“秤杆”的前身是“挑斡”与“飞昂”。

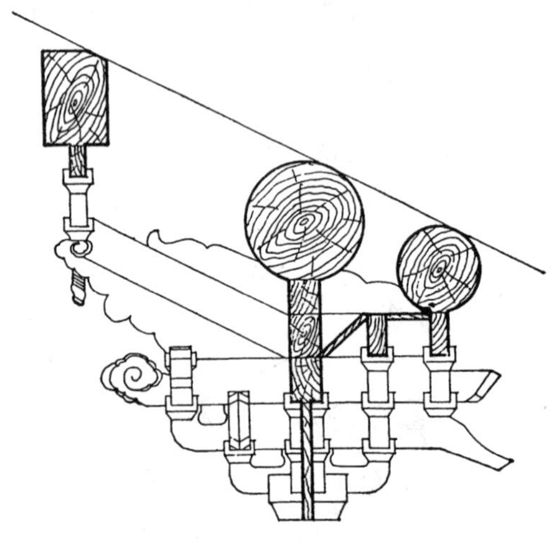

图 19　故宫锺粹宫平身科斗栱

三、挑金、镏金斗栱的形成

“飞昂鸟踊”是何晏在《景福宫赋》中描写宫殿檐下斗栱形象的词句，可见在三国时的建筑中，对于斗栱杆件中的“飞昂”已经非常重视了。从我国现存古建筑看来，采用“飞昂”斗栱的有不少，而且多是用在最讲究或是最雄伟的建筑上。现存唐代的两栋佛殿中，七开间的佛光寺大殿的外檐就用“双杪双下昂”斗栱，三开间的小殿——南禅寺正殿就不用“飞昂”。辽代的许多高大殿阁——蓟县独乐寺观音阁的上檐、义县奉国寺大雄宝殿的外檐、雄伟高大的应县佛宫寺木塔的第一、二层屋檐的斗栱，都是“双杪双下昂”的七铺作斗栱。《营造法式》中还有比七铺作多一跳的八铺作——双杪三昂斗栱，在唐、宋时应该有之，估计应是唐代长安城中最主要的大殿——太极殿、宋代汴梁的正朝大殿——大庆殿等最高级的殿阁才能使用。所以现存实物中除了正定隆兴寺转轮藏殿中央的转轮藏（书架）是辽代的遗物外，殿堂建筑唯一的孤例只有金代皇统三年（公元1143年）所建的山西朔县崇福寺弥陀殿是双杪三下昂八铺作。它出檐特别深远，为斗栱规格中最繁复的一种，是国内现存斗栱中罕见的特例。用昂做出各种出跳斗栱很多，如：河南省登封县少林寺初祖庵大殿是单下昂四铺作；河南省济源县奉仙观大殿外檐前面是单杪单昂五铺作斗栱；山西省大同善化寺三圣殿是单杪双下昂六铺作斗栱。这种斗栱的特点是用杠杆原理把斜昂架在柱头枋与华栱上，使其两端悬挑。斗拱的外跳承受檐部荷重产生向下的压力，于是里跳则出现上挑的内力。为了解决力偶的平衡问题，“即以草栿或丁栿压之”①。这是北宋初期建筑结构中发挥斜昂悬挑作用，而使杠杆保持平衡的经验总结，也是后来演变为挑金、镏金斗栱的结构理论依据。所以说镏金、挑金斗栱在力学上是根据力偶平衡原理，从唐代的“飞昂”的实践中变化而来的，并不是从叉手与拖脚变化而来的。

《营造法式》对补间铺作的“飞昂”做法规定“若昂身于屋内上出，皆至下平榑”，这种做法把檐部与下平榑联系起来，成为镏金、挑金斗栱的构思依据。因为镏金、挑金斗栱的最基本构造就是斗栱与“金桁”的关系。《营造法式》中所指的下平榑就是清式的下金桁，“挑金”就是利用斗栱悬挑下金桁，“镏金”就是从下金桁以秤杆自上而下地溜到檐部。

清代镏金挑金斗栱虽然有斜秤杆，但是外挑的昂身是平放的，昂身的里外形成了折线，明、清一般的翘昂斗栱更是平放的昂身了。其实，早在宋代也有平置的“假昂”。宋天圣年间的太原晋词圣母殿的下檐柱头铺作已出平昂两跳。这两跳昂，从构造情况来看实为两层华栱，但是其外端做出昂嘴形，既有栱瓣的形象，又在栱端伸出了微薄于栱身的昂嘴。这个手法在南宋的玄妙观三清殿、金代善化寺山门、元代北岳庙德宁殿、定县慈云阁，都有平昂与昂嘴形华栱（图20）。直至明代的北京智化寺、故宫的明代建筑、协和门等仍保留宋、元的痕迹，即昂脖下皮刻有华头子的卷瓣。这几个时代不同的例子，说明斜昂演变为昂与栱的混合形式（昂嘴形的华栱）是经过很长的时期才成平置假昂。在明、清建筑中，普通的翘昂斗栱虽然里外面的形制不同，但从结构上分析已属于层层重叠探挑，前后对称的构造了。从斗栱的里外荷载来看，如果出檐稍大则斗栱里外都很难保持平衡，有斗栱外倾的弊病。所以大型殿堂仍保挑斡杆件与下金桁连固。清代把挑斡称为称杆，把这种斗栱称为镏金与挑金斗栱。不过明、清镏金、挑金斗栱的秤杆并不是直线而是折线，其前身可以追溯到金代建筑——大同善化寺三圣殿次间的补间铺作，其外跳的各个杆件都是水平叠置的构造，里跳的两个斜昂是与外跳的耍头、华栱成为两根折线形的连续杆件。这种做法在元代也有，如河北省安平县圣姑庙的斗栱是单昂斗栱，其昂是平置的假昂，斗栱后部的挑斡就是衬枋头的延长。明代的北京大慧寺大悲殿的斗栱也是如此，其里跳的挑斡与外跳的耍头是一根木材做成的，是一根折线形的杆件。明、清的撑

---

① 《营造法式》卷四：“造昂之制”。

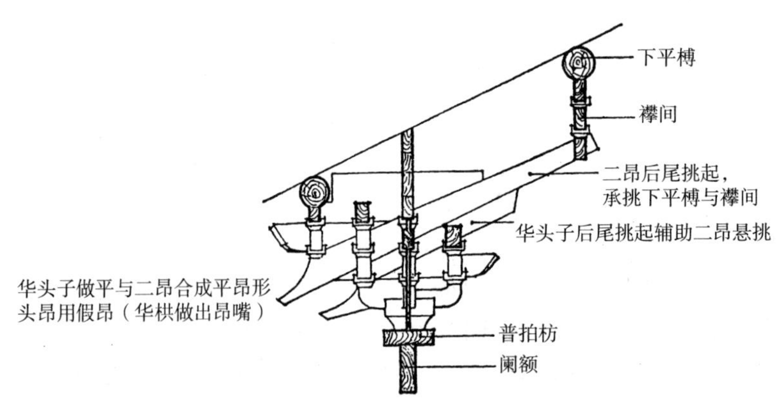

图 20　定兴慈云阁上檐斗栱

头木后尾起秤杆，耍头后带六分头等折线形的挑斡做法，是沿袭金、元做法逐步演变而成的。

镏金斗栱中的菊花头、三幅云与麻叶云，虽然属于装饰艺术，但是也属于挑金、镏金斗栱的必要的构件，为了全面了解其产生与发展，需将金、元建筑的有关情况介绍如下：

在元代除了大量使用平置的假昂以外，在装饰上也出现了菊花头的雕饰，元代的永乐宫纯阳殿的斗栱后尾已具备了菊花头的雏形。再往前追溯，金代的大同善化寺三圣殿的斗栱，有许多地方是明、清挑金、镏金斗栱的前身。

善化寺外檐的补间铺作有两种类型：当心间、梢间及山面的补间铺作为六铺作单杪双下昂重栱造，自栌斗口外出华栱一跳，跳头上横叠瓜子栱、慢栱及罗汉枋。第一跳上的瓜子栱与华头子垂直交叉，华头子上放斜昂，犹如起秤杆，跳头上也横放重栱素枋。第三跳是二昂，其跳头上横放令栱与耍头垂直交叉，其耍头雕刻为龙头形，略似清代的套兽形状。铺作后尾出华栱三跳，第一、第二两跳是重栱计心，惟第一跳跳头上的瓜子栱，刻作云形，很像清式镏金斗栱中的"三幅云"。在第四跳的位置上，是水平华栱与斜昂后尾的三角空隙处。按《营造法式》的"靴楔"做法，在第三层的华栱上装上一块三角木，但这块靴楔的顶端刻作翼形卷瓣，紧托于第一昂尾的下皮，这个靴楔的雕饰就是清式"菊花头"的前身，在构造上鞾楔承托头昂，头昂辅助二昂的昂尾，以悬挑素枋与下平榑（图 21）。

善化寺外檐补间铺作的另一种类型在两次间，其做法是自栌斗向外，正面出三跳华栱，又从栌斗两角，按 45°方向左右各出斜华栱三杪。由于头跳、二跳的华拱跳头上都出 45°斜栱，因而在第三跳的正斜华栱上，出现七个耍头。斗栱的后尾，斜栱只出两跳，正面华栱的上面，也有靴楔与头昂二昂的昂尾，悬挑素枋与下平榑。在这朵铺作中，里跳的第一跳瓜子栱刻作云形，这种做法与故宫神武门下檐的镏金斗栱的里拽第一跳的麻叶云是同样手法。

其次，这朵铺作的里跳有斜昂尾，但外跳无昂嘴，这种做法也是演变为镏金、挑金斗栱的一个因素。因为清代五踩镏金斗栱的起秤杆并不是与昂相连，而是撑头木后尾起秤杆；蚂蚱头后尾斜挑尾端做出六分头。从明代许多建筑来看，斜昂无昂嘴，而是折线形的杆件。在北京西郊大慧寺施工时也发现：耍头后尾起秤杆（图 22）。明代的智化寺如来殿也是同样做法。元代的安平圣姑庙虽然有昂尾与昂嘴，但是两者不是一个构件，其外跳的昂嘴是平置的假昂，里跳的斜昂与衬枋头是一个构件，形成了折线状的杆件。从大同善化寺三圣殿斗栱中一系列的现象来看，在金代已有了挑金、镏金斗栱的前身。

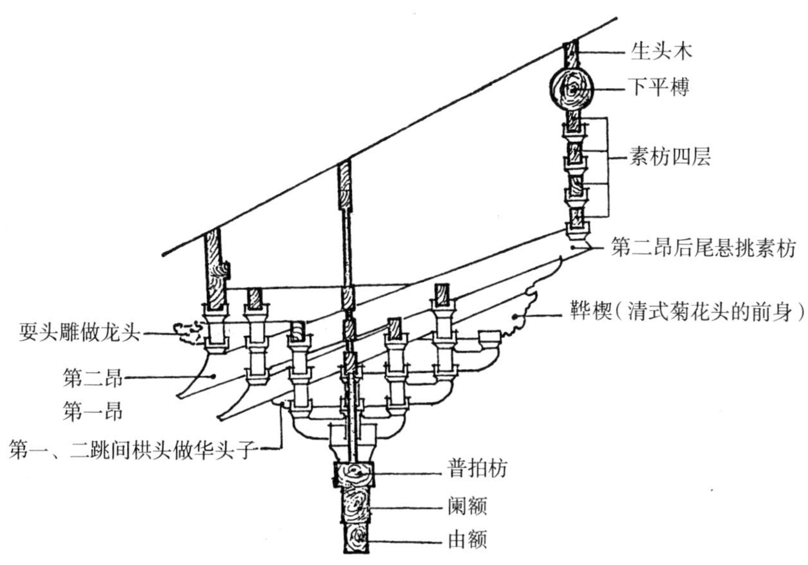

图 21　大同善化寺三圣殿补间铺作

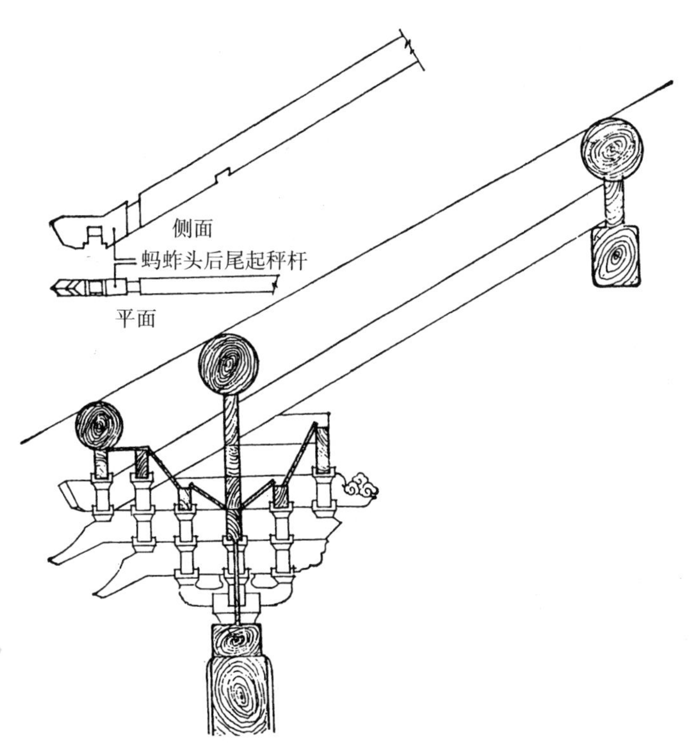

图 22　北京大慧寺大殿外檐斗栱

四、结　　论

从上述斗栱的发展和功能来看，古代的殿阁中，斗栱的运用起到了非常巧妙的结构作用，它在古代木结构中弥补了木材的弱点，发挥了木材的优点。我国之所以能遗存大量丰富多彩、宏伟、壮丽的古代木构架建筑，与斗栱的功能是分不开的。

古代建筑中，斗栱的产生与发展，是我国古代建筑技术的优异成果，是对结构力学的出色贡献。但是在封建社会中，凡是优异的劳动成果都被封建统治者所占有，当时规定了许多禁令，不够等级的房子不能使用重台、勾栏、藻井、斗栱等，甚至连盖房子的面宽、进身与油漆彩色都要加以限制。在斗栱的做法中又分为高级的与最高级的斗栱，在明、清两代，最高级的斗栱是镏金斗栱。在紫禁城里，只有皇帝坐朝的太和殿，与供奉其祖先的奉先殿才许使用这种斗栱。飞昂悬挑的斗栱，本来是工程技术发展的成果，力学上的“挑斡”与“秤杆”，本来可以发展其结构原理与巧妙技术，使建筑技术进一步向前发展。但是在清代的制度中把它规定死了，命名为镏金斗栱，成为最高级的斗栱，而且像八股文一样的程式化了。因此，清代的斗栱从总的情况看来，不仅未得到发展，反而有些僵化，其形式要求超过了结构功能。

我们在研究古代建筑的时候，既要看到其历史的局限性，又要看到技术人员（即设计人员、生产管理人员、技术工人）的技术水平与勤劳智慧。而在智慧结晶方面有些技术经验（如平面布局、造型艺术、结构技术与施工管理等）是值得我们研究的。仅从古建筑的斗栱来说，有下列几点体会：

（一）古代建筑在结构设计中，如果只根据跨度与荷重设计出梁枋尺寸，这样虽然也有理论力学与材料力学的应用技术，即求出构件的内力（弯矩与剪力），根据内力大小与材料的性能决定构件尺寸。但从古代的斗栱运用情况看来，不仅选择栋梁之材以适合需要，而且运用斗栱改变梁枋的内力，使木架结构更加坚固。早在汉代建筑的柱头上横栱与替木即起到改变檐枋内力的作用，使檐枋的弯矩与剪力大为减轻。南北朝建筑的檐枋与横楣间用人字栱、杷头栱、直斗作为腹杆，几乎形成平行弦桁架。因为现代桁架中也必须有弦杆与腹杆，桁架上边的杆件叫上弦杆，下边的杆件叫下弦杆，上、下弦杆统称为弦杆，由于上、下弦杆平行所以叫做平行弦桁架。腹杆是联系上下弦的杆件，倾斜的腹杆叫斜杆，竖直的腹杆叫竖杆。南北朝的人字栱就是斜杆，直斗（或杷头栱）起着竖杆的作用，横楣就是下弦杆，檐枋就是上弦杆，平行弦桁架的主要构件样样具备，可见早在一千多年前的结构力学史上，已经作出了出色的贡献。

（二）挑金、镏金斗栱的后尾是层层叠合，并用木销把几根木枋贯穿结合起来，较长的秤杆要用三、四根木销贯穿，这些木销称为覆莲销，其作用与今天木结构中的“板销”、“键”、或“销钉”是相似的，都是为了木材结合中传递木块内力时，起受剪作用的销栓。不过覆莲销是垂直的明销，而且做出雕饰，成为挑金、镏金斗栱中的有机能的装饰构件，这种做法与元代的“通天销”是一个原理。元代的上海真如寺正殿，在翼角部位的老戗与嫩戗之间，即用“通天销”贯串起来，从其功能看来，“通天销”即是覆莲销的前身。

挑金斗栱的里拽杆件，属于悬挑结构，其内力是负弯矩，最大负弯矩在支座 A 处，即

$$M_A = -Pl,$$

秤杆尾端 B 为自由点，$M_B = 0$，

剪力图为矩形，即 $Q_A = Q_B = P$。

（以上 P 为下金桁所传来的垂直荷重，l 为梁的长度，见插图 23）。

今以实物对照来看，文华门的檐下挑金斗栱里拽第一跳（即距 A 点附近）为四层杆件，中段为三层杆件，尾端（在 B 点附近）为两层杆件。从其构造看出，这个叠合梁的断面高度与内力的弯矩图形基本上是一致的。这种“变断面的悬挑叠合梁”，在建筑技术史上更有突出的贡献。

（三）过去在建筑史研究中，侧重于造型艺术、法式演变、时代特征与细部手法，但对建

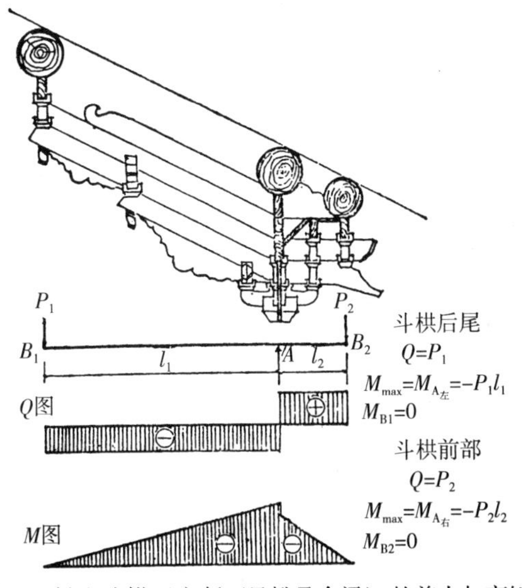

图23 挑金斗栱（变断面悬挑叠合梁）的剪力与弯矩图

筑构造中的技术发展情况研究得太少，因而对古建筑中有些构件的发生、发展与消亡的根本原因未搞清楚。通过中国古代建筑技术史的研究讨论，不仅对古代建筑技术的发展有了初步的认识，同时对建筑史中“法式”的演变，从工程技术方面，力学原理方面，结构与构造方面，全面分析才能了解它的来龙去脉。譬如：古建木结构中的叉手、托脚以及早期的人字栱，从力学上分析是属于斜柱形的受压构件，由于它斜向传递压力，使其下面的构件产生了水平分力与垂直分力，按照理论力学中的$\sum x=0$，$\sum y=0$，$\sum M=0$的基本理论，以五台山佛光寺为例，其大殿的脊步叉手与平梁，就已形成了“三角形的桁架”，叉手相当上弦，是受压杆件，平梁相当下弦。由于两个叉手的水平分力使平梁受到拉力，这种构造和现代的“三角形桁架”是一个原理。如从四椽栿到托脚、叉手放大一点范围来看，四椽栿即相当下弦，托脚与叉手即相当于“抛物线形桁架”的上弦，这种短杆件的上弦，与现代的“抛物线形桁架”中结点之间的短杆上弦颇相同的结构方法。现代的“三角形桁架”、“抛物线形桁架”、“平行弦式桁架”早在南北朝与隋唐时期就有了。一千多年前的这种创新精神与结构原理是极为珍贵的，但是在节点处理方法上用槽齿结合，不用铁件，从耐久年限来说，钉子铁件容易生锈，不够牢固，所以木材结合的方法完全依靠槽齿（榫卯）结合。

榫卯结合在木材结合的方法中是一种较好的方法，在受压构件中或是受压构件与其他构件做出凸凹榫卯结合在一起时，其接触面上发生挤压力，可使两者越压越紧，结合牢固，这是榫卯结合的优越性。但是，如果受拉构件与其他构件结合时，用榫卯结合的方法就不合适了。辽代建筑中出现了叉手与侏儒柱并用的做法。在这时，如果侏儒柱与平梁的结合方法用适于受拉构件的铁活（或兜绊），则侏儒柱就成为三角形桁架的拉杆了。由于节点处理欠佳，使侏儒柱与叉手只能有一种杆件起作用，于是在金代，侏儒柱下面的驼峰，改为比侏儒柱稍薄的合踏，因此侏儒柱的下端作凹口，插于合踏上，从形制与构造的情况看来，这种做法就是清式角背的前身。在这种变化中，叉手已失去结构功能而被角背与瓜柱所代替了。

人字栱、托脚、叉手的结构原理相同，都是受压构件，它把力传递到其下面杆件时，既有垂直分力又有水平分力。垂直分力使下面的杆件产生弯矩，而水平分力使下面的杆件产生拉力，于是其下面的杆件就成为受拉又受弯的杆件了。这种构件与其他杆件结合时，不宜于用槽齿结合（如结合时必须用螺栓把两者夹紧），但我国古代建筑的大木喜用槽齿结合，所以人字栱、托脚、叉手未能得到发展。

挑金斗栱的秤杆与以上三者截然不同，它不是受压构件，而是抵抗负弯矩的悬挑杆件，它的前身是飞昂或挑斡。飞昂是从民间的挑檐与斗栱接合而产生的，并不是从叉手演变而来的。从时间来看，三国时已有飞昂，它与叉手、斜梁是不同性质的两类构件，各有自己的发生与发展过程，从技术史研究中可以看到历代建筑的法式演变关系。

河姆渡遗址木构水井鉴定及早期木构工艺考察

杨 鸿 勋

浙江省余姚县河姆渡遗址的发现，为长江下游原始文化的研究提供了珍贵材料，也为建筑史的研究提供了珍贵的材料。第一期发掘①的第二文化层的原始木构水井遗迹以及第四文化层的大量木结构遗迹，是我国首次发现的最早的木结构实例。对这部分材料的研究，将初步地填补我国早期木结构方面的空白。

一、原始木构水井的鉴定及复原

发现于河姆渡遗址第二文化层的这一木构遗存情况如图1所示。

在一个直径约600厘米的不规则圆形坑边，发现环绕布置的桩木残段。桩木残存二十八根（发掘编号为202～230，其中缺211、224、226），间距不等。朽残直径一般约5厘米，垂直入地约100厘米，最深者为142厘米。其中以202号和217号两根柱较为特殊，朽残直径各8厘米左右，南北对峙，斜向入地，与水平成55°角。

坑呈锅底状，深处不足100厘米，坑内为黑色淤泥。坑底中央稍偏西北有一方坑，边长约200厘米，方坑底距当时地表约135厘米。方坑壁四周密排圆桩或半圆桩（直径约6厘米）并加水平方框支护。水平方框由四根直径约17厘米的木料构成，其中南北两根（截面为半圆形）各有一13×18厘米的卯口。东西两根（截面圆形）两端各有榫头，出土时四木榫卯交接仍未松动。方坑壁桩木支护结构上端，有十六根平卧的原木构件，长约196～260厘米，直径15～18厘米，出土时架成方框，仍在方坑口原位，少数散乱。这些原木构件有六根一端留有丫杈，一根一端有仿佛后世的“十字斗口”（这是一根重复利用的旧料，原来可能是支承双向横梁的立柱）。方坑内偏东南残存一根直立的原木桩残段（编号233），直径18厘米。此桩与上述202、217两根斜木，平面位置基本在同一轴线上。方坑内偏西北还有直立的另一方桩，是晚期木构打入这一文化层的。

另外，圆坑及中央方坑还出土一些由中心呈放射分布的截面较小的原木构件残段和芦席残片；在中央方坑外，大圆坑底淤泥中发现深浅不一的若干大石块，其较平一面都朝上部；中央方坑底部淤泥中出土有带耳罐等陶器和生产工具。

根据出土遗迹和遗物情况，可以作如下判断：

锅底形圆坑内沉积黑色淤泥，说明此坑原来是一个水塘。虽塘边及塘内残存木构，但并非是居住房屋，也不可能是畜圈或贮藏物品的库房之类的遗迹。至于是否与原始宗教有关的设施，因未见任何与宗教信仰有关的遗迹、遗物，这一设想没有根据，可以排除。

① 《河姆渡遗址第一期发掘报告》，《考古学报》1978年第1期。

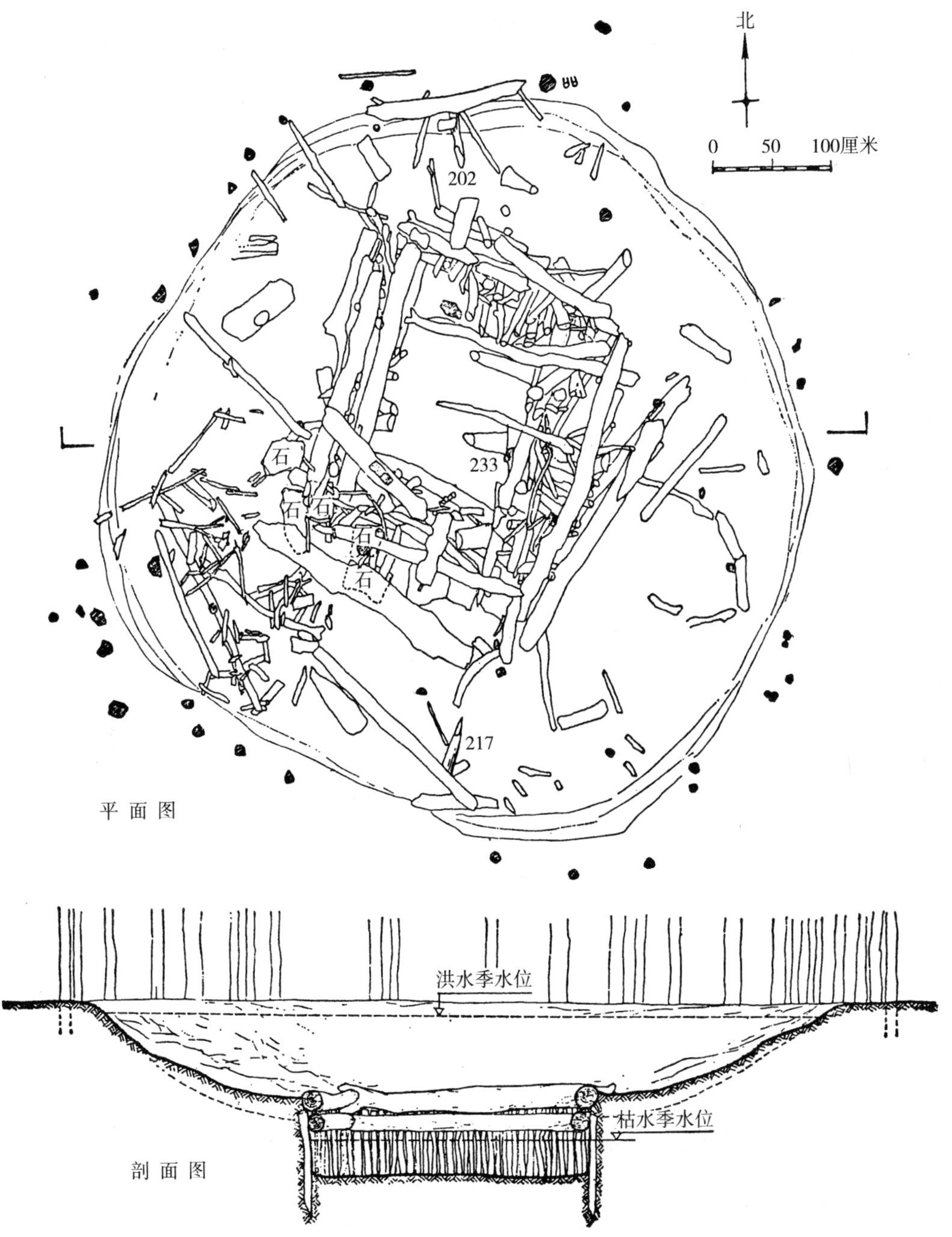

图1　河姆渡遗址原始木构水井遗迹

河姆渡原始聚落至第二文化层时期，地势已渐提高，原来第四文化层时期近邻聚落的沼泽水面已经退离稍远，然而聚落范围内的地下水位仍然较高，因此在第二文化层所发现的坐落于聚落房屋之间的这一圆坑有积水。聚落内的水塘，自然形成当时居民的一个方便的生活用水的水源。从中央有木构支护的方坑以及方坑外大圆坑底部淤泥中的石块等现象来看，水塘的水位不定，枯水时仅在锅底状的坑底稍有积水，所以在底部中央掏一个小深坑，以保持较大的水量。淤泥中掏坑，需要先设四壁的支护结构。方坑外所见平面朝上安置的大石块，显然是步石，它证明枯水季节人们正是踏着这些步石到中央方坑取水的。步石出土时层位不一，这是在淤泥中沉陷的结果；有的两块重叠，应是原有步石经反复踏行沉陷后，又重新放上石块而形成的。中央方坑内出土带耳可以系绳的汲水陶罐之类，可以进一步证明这是一处生活水源。这一水源的使用方式是：水塘水满时，在塘边取水；枯水时，踏步石到塘底方坑内取水。

发掘所见的大圆坑底部设有支护结构的方坑，是目前所知长江流域最早的人工水源的结构形式。它是高水位地区的一种木构支护水井的雏形，其结构正是古老象形文字所描写的“井”或“丼”的形象。这座水井，提供了一个木构井干亦即竖井支护结构的原始形态的标本。这种支护结构方式，即古文献所称“井干”。由象形文字可知，采用木构井干的水井，在商、周时代仍在普遍采用。

大圆坑周围竖立的桩木残段和位于井内的中心木桩残段以及呈放射状塌落的椽木、芦席残片等，证明这一水源是有棚架顶盖的。这或反映着原始居民对其生活水源的爱护。从汉墓出土的明器知道，汉代水井常设井亭，看来这也许是沿袭了古老的习俗。

这一原始井干的复原情况见图2。井口叠压的带丫杈的方木框，基本与下部带榫卯的井干重合。结合丫杈交接节点的情况来看，不是立架的扭曲倾倒，而是有意在井口增叠的水平结构。这大约是因为塘底淤泥逐渐积厚，行将埋没原来排桩井壁的口部才增加的。它基本上不承受泥土侧压力，主要起井口拦护作用。所以无需加工榫卯，而只是利用丫杈，采取简易的扎结交接。其中支承泥土侧压力的附于挡土排桩上的水平方框，是目前所知最早的榫卯接头的竖井支架，它是井干结构的一个单元。

在黄河流域，采用木构井干支护的水井，已发现较为成熟的实例。近年在河南汤阴白营的一座龙山文化晚期（与河姆渡第二文化层时代相近）的聚落中发现一口水井，其深度已达三米左右，下部残存叠置的木构井干。

河北省藁城台西村遗址的两口商代水井①，其支护结构也是采用木构井干方式。台西村一号水井（图3），井口直径295厘米，深为590厘米。井口以下450厘米开始直径缩减，形成一

图2　河姆渡遗址水井复原图

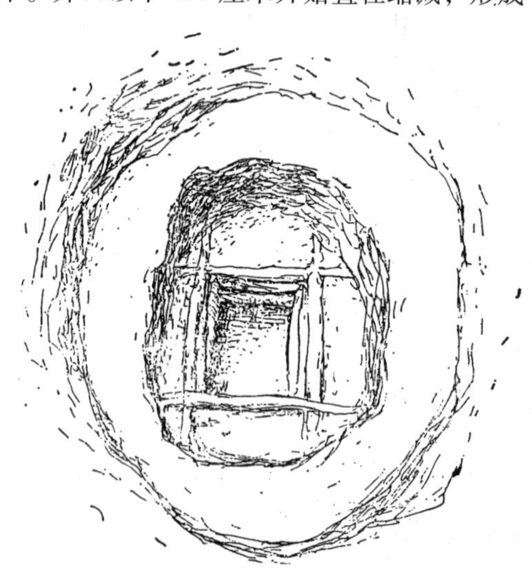

图3　藁城台西村第一号水井俯视图

①《藁城台西商代遗址》第66页。

个二层台。井底设木构井干，共叠置四层，高 82 厘米，节点为搭扣交接。据报告，井干周围尚有三十余根桩木加固。这口井中也遗存有当时汲水失落的完整或破碎的陶罐，有的颈部尚系有绳索。

台西二号井（图 4）井口为椭圆形，长径约 158 厘米、短径约 138 厘米。井底为长方形，南北 148 厘米、东西 106 厘米，也是在井底设置木构井干。

此外，湖北大冶铜绿山发现的东周时期一座铜矿的竖井及斜井支架，也是采用这类结构①。其中一种竖井支架类似台西水井结构，井干是叠置的，即矿业工程中所谓“密集法”矿井支架。节点采用搭口。另一种可能是主要用作斜井的支架，排列有间隔，采用榫口式接头（图 5）。

以上各例的井干结构，实际是河姆渡原始水井支撑井壁挡土排桩的那种方框的累积。这是由于井深加大，不便再用排桩挡土，而是把原来只用于支撑挡土排桩的方框，叠置起来直接作为挡土结构使用。

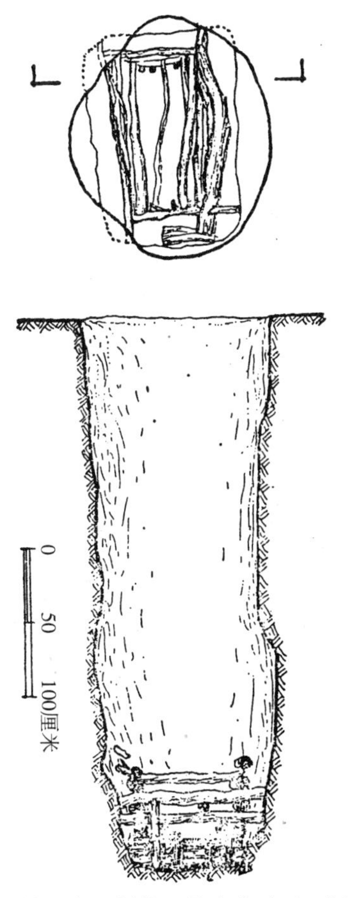

图 4　藁城台西村第二号水井平面、剖面图

搭口式接头井架

榫口式接头井架

图 5　铜绿山东周铜矿井支架构造示意图

① 《湖北古矿冶遗址调查》，《考古》1974 年第 4 期。

二、河姆渡早期木构工艺

第四文化层发现大量圆桩、方桩、板桩以及梁、柱、地板之类的构件，许多都有榫卯。第四文化层较厚，早晚期干阑长屋叠压，木构件多属重复利用。即后建房屋多利用前期已毁房屋的旧构件，有的直接利用原件；有的梁改作柱，柱改作梁或桩等等；大构件焚毁的残段，则改作小构件使用，例如梁、枋之类截劈作地板使用。因此出土时呈现打入生土的桩木下端仍见卯口或凹槽（半个卯口）以及地板上多留有完整或残缺的榫卯等现象（图6）。木构件重复利用，可以减少采伐、运输、成材等加工工序，即使不是直接使用，而是用旧构件加工改制新件，也是比较省工的。直到现在，民间建筑的梁、檩、椽，甚至门窗等还是反复利用的，即使已经损坏的旧构件，也是根据情况以大改小，充分利用。原始社会使用石制、骨制工具加工木材尤为困难，重复利用就具有更为突出的经济意义了。

关于当时伐木和木材加工的工艺问题，可根据出土的工具及民族学材料加以考察。

伐木工具主要是石斧，其操作应与现代民间用铁斧伐木基本相同。采伐的木材截端略呈桩尖状，但尖端偏向一侧，所遗留的树桩截面略呈毛碴的平面（图7）。但是，巨大树木使用石斧、甚至铁斧也是难以伐倒的。古文献记载，四川百姓进山伐木，不是将大树伐倒，而是用铁楔只采取大树的一部分木材。原始社会时期或者也采用此法，利用石楔从大树上取得木材。其工艺与木板加工略同（见后）。

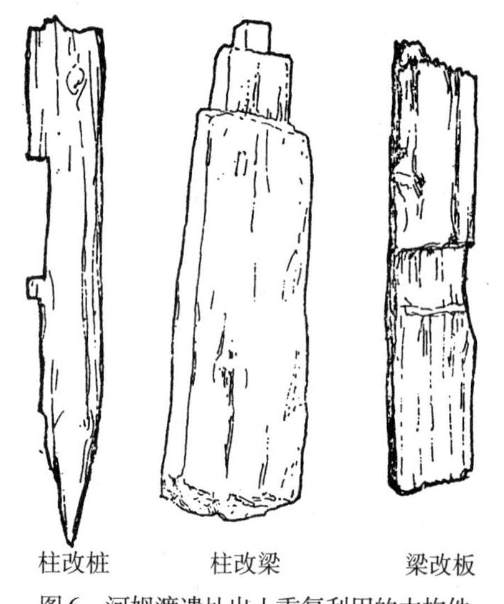

图6　河姆渡遗址出土重复利用的木构件

图7　石斧伐木示意图

当木材需要按构件规格截断时，则要求横断。横断操作的工艺，略如伐木。但因原木水平放置，故操作时石斧可沿拟断线周匝砍成凹槽（伐木需要掌握其倾倒方向，故不能周匝平均砍伐），然后折断。因此，则横断的两个截端皆呈桩尖状。

原木加工成方木，如果只是将圆形截面变为方形截面，则使用石斧、石磷削刨即可。大原木剖成小方木或板材，即将原木纵向剖裂，难度较大。考察其工艺，从伴出工具可以得到线索。在发掘报告中有被列为石斧的一类工具，很值得注意（图8）。这类工具从器型看，类似石斧，但其使用磨损情况和石斧却有不同。这类工具在与刃部相对的顶端留有明显的捶击痕迹，

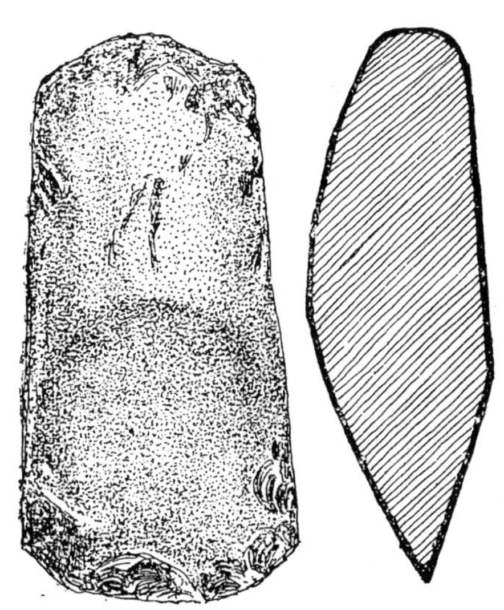
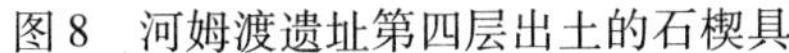

图 8　河姆渡遗址第四层出土的石楔具

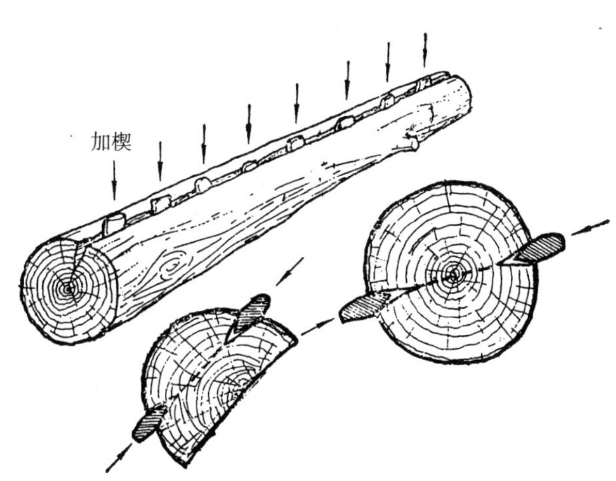

图 9　木材纵裂加工工艺

为一般石斧所没有。这说明它不是装柄使用的。近代西藏偏僻地区，民间开裁木板在没有锯的情况下，仍是应用楔具加工。由此推测，河姆渡第四文化层出土的这种类似石斧的工具，可能就是加工木板的楔具。使用楔具加工木板，其操作仿佛开裁石板。即在原木纵向拟定的剖裂线上每隔一定距离排列加楔，相对一面也同样加楔（图 9）。从出土石楔具顶端的破损痕迹来看，捶击工具应为木槌、木棒。木材纵裂后，如不甚平整，则需进一步用石斧、石锛加以修整。

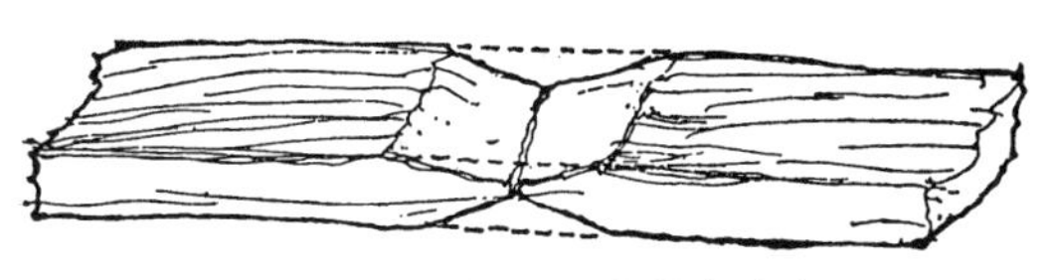

图 10　用石斧、石锛截断木板

板材的截断，是在正反两面用石斧或石锛砍成对应的凹槽，然后折断的。因为未经进一步修整，截端都留有砍削的痕迹（图 10）。

榫卯的加工，榫头主要是应用石斧砍成的；卯口由伴出工具推测，是用石凿、骨凿或角凿挖成的。石凿有捶击痕迹，其操作大概类似使用石楔，用木槌之类的工具打凿的。骨、角凿刃部较小（图 11），如木材不甚坚硬，或者也可直接用以挖制卯口。图 12 所示为澳大利亚土著居民使用火鸡大腿骨制成的骨凿挖制卯口的操作情况，河姆渡木构卯口的加工大概与此相仿。

河姆渡第四文化层出土的木构榫卯，大体可分以下几种类型（图 13、14）。

柱头及柱脚榫——第四文化层出土的 50 号构件，是一根长 263 厘米的立柱，两头都有小榫，与后世所见的非常相像。柱头榫用以连接屋梁，柱脚榫用以连接地栿或地板龙骨。

梁头榫——例如 40 号构件，其榫头截面高 22.5 厘米，宽 5.5 厘米，比例近 4∶1。这个截面比较符合受力情况的要求，它反映出河姆渡原始居民在木结构技术方面已积累了相当丰富的实践经验。

带销钉孔的榫——构件 58 号，在榫头中部凿有直径 3 厘米的销钉圆孔。销钉可以防止构件在受拉状态下脱榫。58 号榫头与近代民间建筑所采用的基本相同，远在七千年前的这一成就，正是我国古代高度发达的木结构体系的雄厚基础。

柱头透卯——60 号构件是一根木柱的残段。在柱头榫以下 12 厘米处有一长 9 厘米、宽 7 厘米的透卯。从卯口内壁看，其加工是两面对凿的。这种卯口应是同时连接左右梁、枋，则此

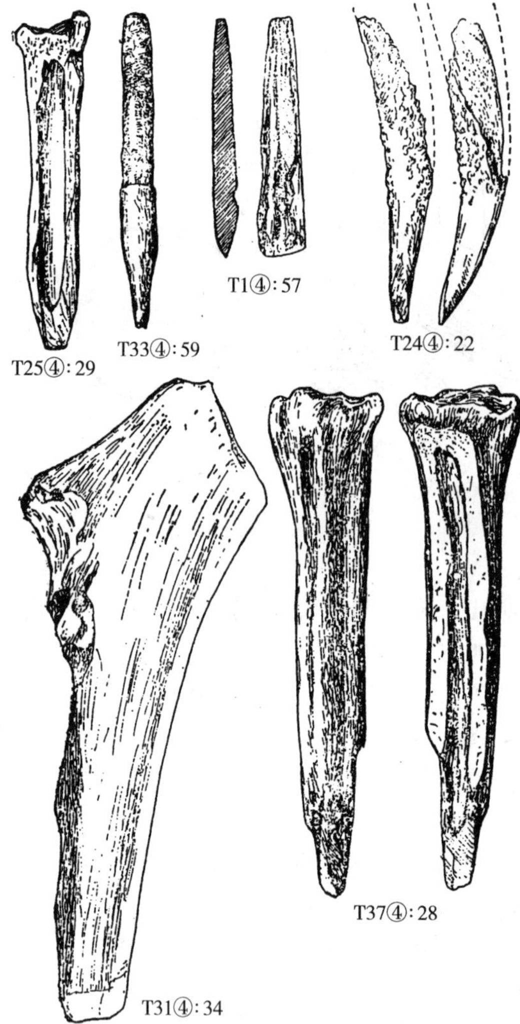

图 11　河姆渡遗址第四层出土的骨、角凿

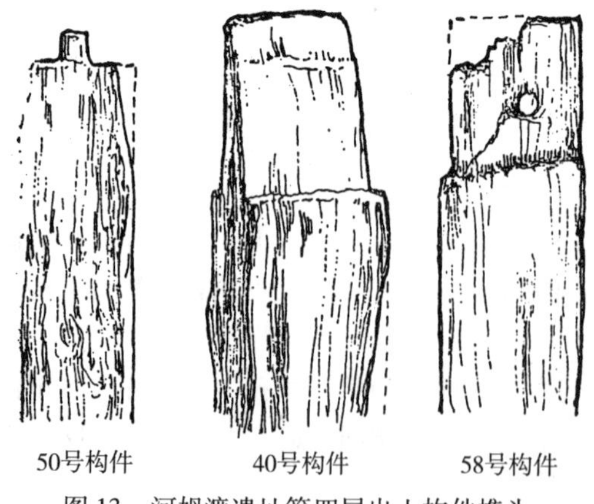

图 13　河姆渡遗址第四层出土构件榫头

图 12　澳大利亚土人用骨凿加工卯口

柱为平身柱。

柱头垂直相交的卯口——17 号构件也是立柱残段，柱头有两个长 11 厘米、宽 6 厘米的卯口，互相成直角，内部通透。这是连接垂直相交的两个梁、枋使用的。则此柱为转角柱。

另外，在一段方木（编号 31）上发现有大约等距的方形小卯口，口的尺寸是 3.5 × 4 厘米，深约 1.5 厘米。这可能是直棂栏杆的构件。

8 号构件是河姆渡第四期文化层出土的又一件重要标本，这是一块长 79 厘米，宽 5 厘米的企口板残段。这块板的两侧各凿出一道宽 1 ~ 2.5 厘米，深 2.3 厘米的企口，它与另一种侧边削薄的木板相拼接。这种不见通缝的密接拼板工艺，是我国七千年前在木结构方面的又一突出的成就（图 15）。

河姆渡第四层出土的木构榫卯都是垂直相交的，大约此时木结构中复杂节点的构造还不能采用榫卯，推测此时并未废除扎结的做法。遗址出土若干构件带有便于扎结的凹槽，

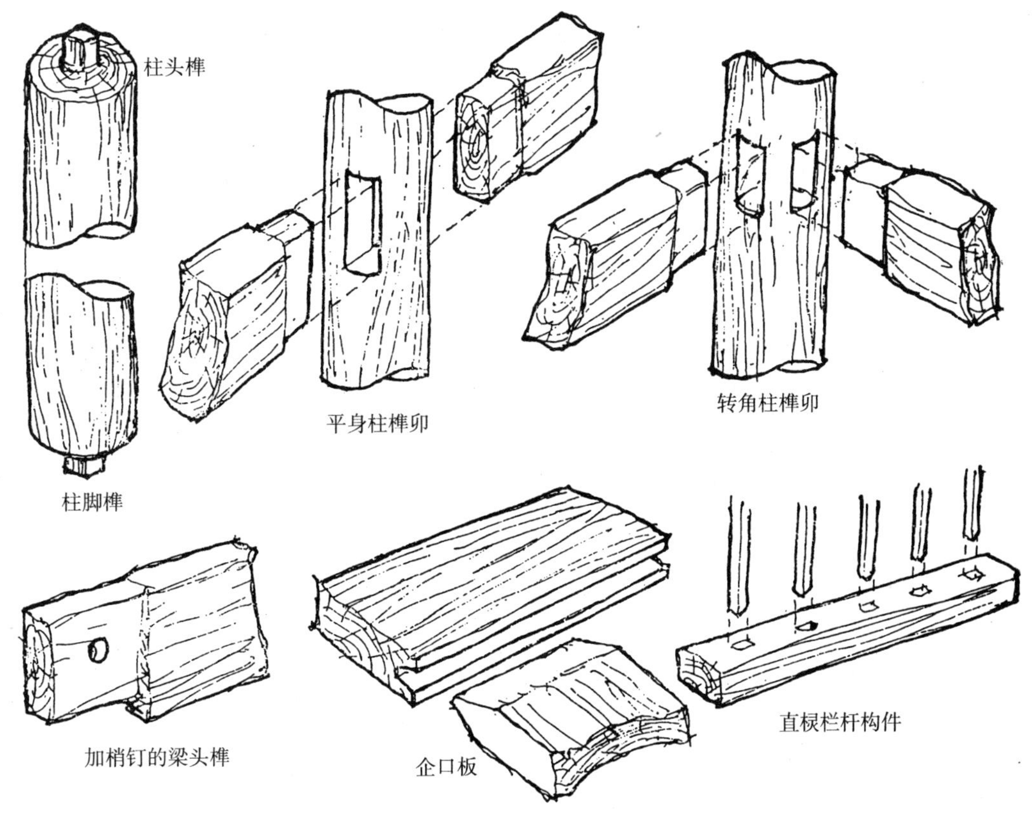

图 14　河姆渡遗址第四层所见的木构榫卯类型

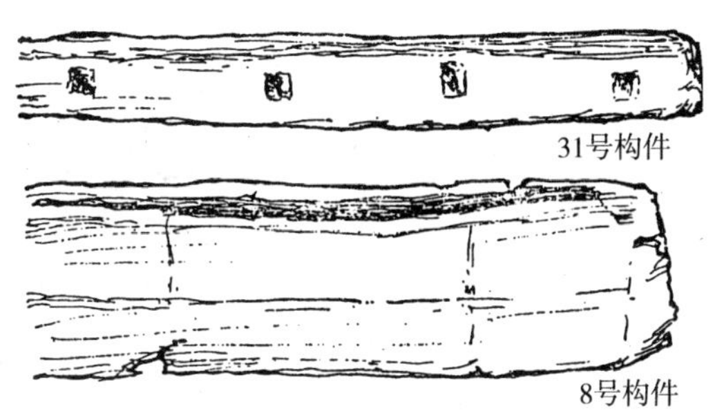

图 15　直棂栏杆构件及企口板

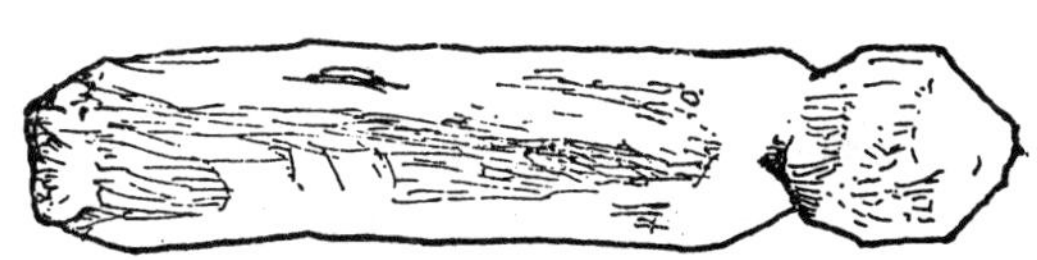

图 16　带槽的扎结构件

就是一个证明（图 16）。

综合上述的榫卯制作，说明当时木结构技术已达到相当高的水平。此时受力不同的构件已有不同的处理，其榫卯形式都基本符合受力情况的要求，甚至与晚期木构所见相同，只是加工较为粗糙而已。尤其是销钉的使用和企口板的发明，标志着此时木结构已有相当丰富的经验。在世界建筑史上，中国古典建筑木结构技术是做出了突出贡献的。它之所以能取得优异的成就，正是因为有着像河姆渡遗址所看到的这样久远的历史渊源。

北京四合院住宅的组成与构造

王　绍　周

四合院是我国传统式居住建筑中的一种典型形式，最少已有两千年的历史，它的分布范围也较广泛，几乎遍及全国，北京四合院可以作为北方住宅的代表。这种住宅建造深受封建宗法礼教以及风水迷信的影响，同时随着地区的自然条件与风俗习惯而发展起来的。它经过长期的建筑经验累积，无论在平面布局、造型装修、构造用料等方面都形成一套较为完整体系。本篇仅就北京四合院的组成与构造做一概要分析。

一幢完整的北京四合院住宅是由各种单体建筑物组合而成，按其所在位置区分计有：大门、影壁、屏门、垂花门、廊、抱厦、正房、厢房、耳房、倒座房、后照房、围墙等。这些单体建筑无论组成规模大小，都根据住宅基地的中轴线按照一定规律、尺度、比例关系来布置。主要房屋为长辈住处，称为正房；次要房屋是晚辈所居，左右分立，称为厢房；二门或垂花门为人们出入必经之地，布置在中轴线前端；另有耳房和小院作为厨房、杂屋等，四周用围墙或廊屋联绕起来，形成了大小不同的宅院。内院较大有的用回廊联通，有的用抄手廊将住房接通，这样可由廊内通到各房屋，院内种植花木。住宅坐北的大门，开在宅地的东南隅；坐南的大门，开在西北隅；这就是八卦中“坎宅巽门”的影响，所谓“青龙门”都开在左角，极少开在右角（白虎门）（图1～4）。大门依其需要有多种形式：有王府大门（都是正中开门，与一般住宅不同）、还有广亮大门、金柱大门、蛮子门、如意门以及墙垣式门等（图5～7）。大门前以及进入大门内往往都有优美的砖雕影壁相迎（图8），大门前后和影壁之间形成住宅的第一道空间（图9），既起到装饰作用，又使外面的人不能看到宅院里的活动，营造了舒适宁静的居住环境。在南北街道的住宅若建造坐北住宅，其宅前必留出一条小胡同。较大型的四合院住宅，常在轴线纵深方向增多院落，一般可达到三进院，也有多达五进院的。由于宅地前后街道所限使中轴线不能延伸过长，就向横向发展布置相邻并列的几个院落，形成并列的布局。在后院必然要凿井，称“虎落陷阱”。讲究的大型四合院住宅还常常附有花园（见图2）。门口的尺寸用门尺（又称鲁班尺）来确定，

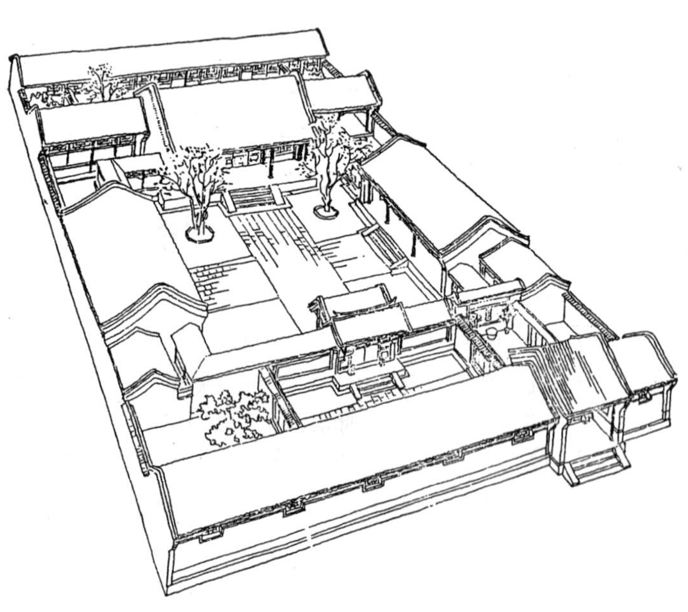

图1　北京典型四合院住宅鸟瞰

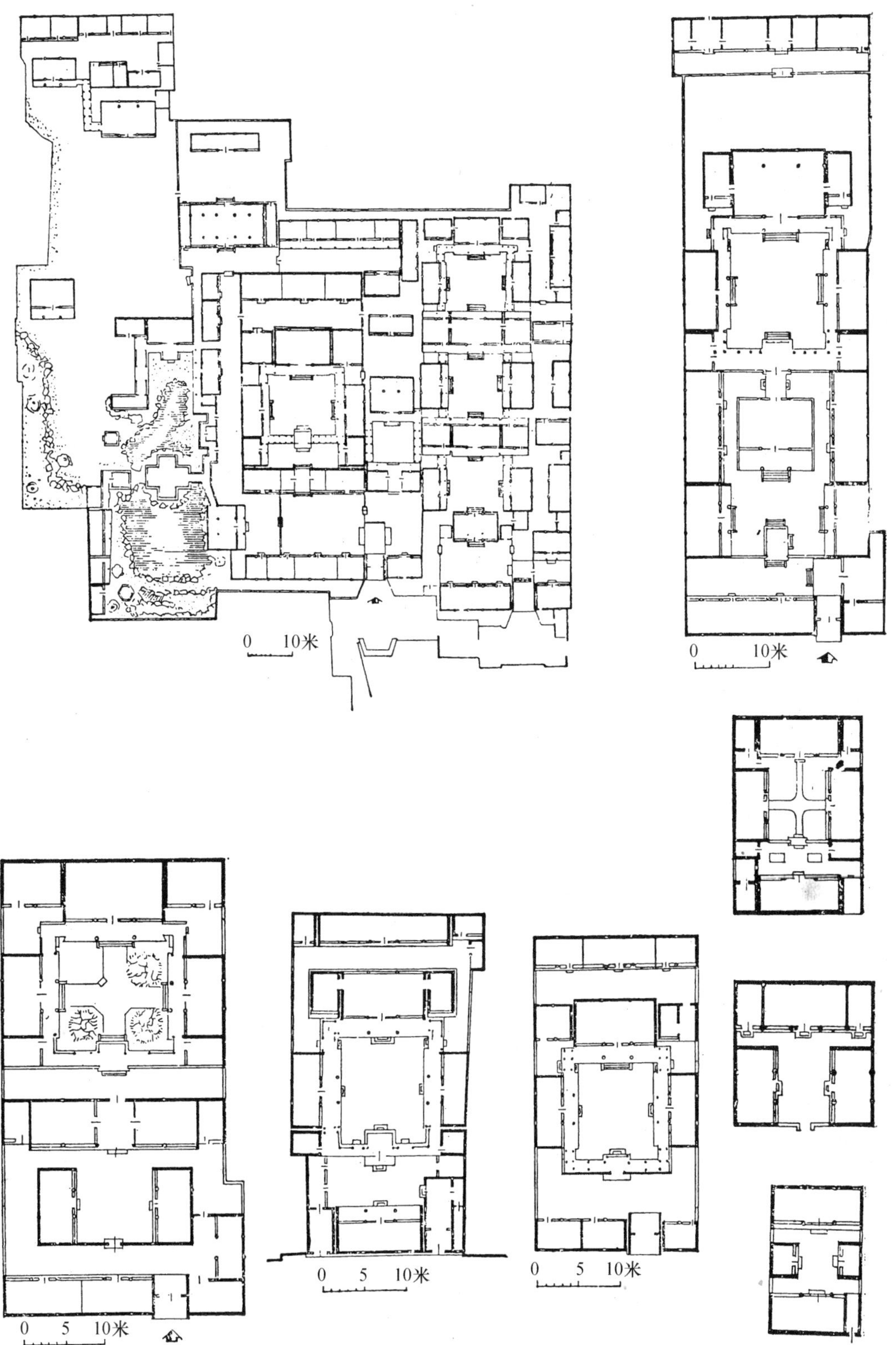

图2 北京四合院住宅平面类型

图3　北京四合院住宅垂花门

实际上是使门口规格趋于统一，又便于家具、棺木、轿舆的出入，这也是符合当时使用上的需要，但后来加上迷信说法，竟把原来的意图掩盖了。北京四合院住宅中的窗一般多用支摘窗，其外层的是上支下摘；里层窗上面糊纸、下为玻璃，但最初上、下都用纸糊。房间外门用帘架门，讲究的宅子明间安四扇隔扇，中间两扇外面安帘架，夏日挂帘子，冬天安风门。房间内部采用格扇、博古架、罩等巧妙地分隔了空间（图10），便于居住者灵活使用。条件较差的住宅其隔断

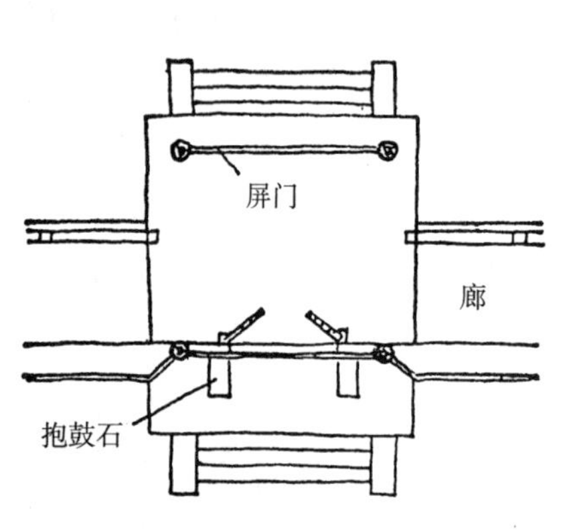

图3–1　垂花门平面图

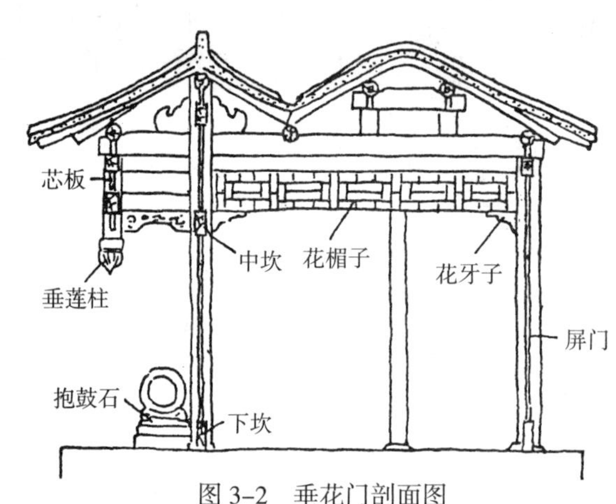

图3–2　垂花门剖面图

墙多用砖砌或木板墙表面糊纸，与顶棚裱糊连起来称“四白落地”，显得光平整洁。上等住宅用有油漆彩画的木制方格天花板，取装灵活，便于抽换及修补。北京四合院住宅最常见的屋面有仰合瓦（阴阳瓦）、棋盘心、青灰背、仰瓦灰梗；讲究的用筒瓦，而琉璃瓦因封建等级制度的限制，所以数量不多。住宅群呈现大面积的灰色屋面和少量的白色墙面形成对比效果，给人以色调素雅的感觉。

基础用北京通用的打灰土做法或用碎砖灌浆打实的做法，其刨槽宽根据墙厚而定，最宽者约有5尺，槽深1～2尺。北京四合院住宅的梁架结构多为两坡顶的木屋架，按清代官式做法施工，坡度较缓，多数民宅按小式做法（图11），用硬山屋顶，有前后带

图4　自前院看垂花门

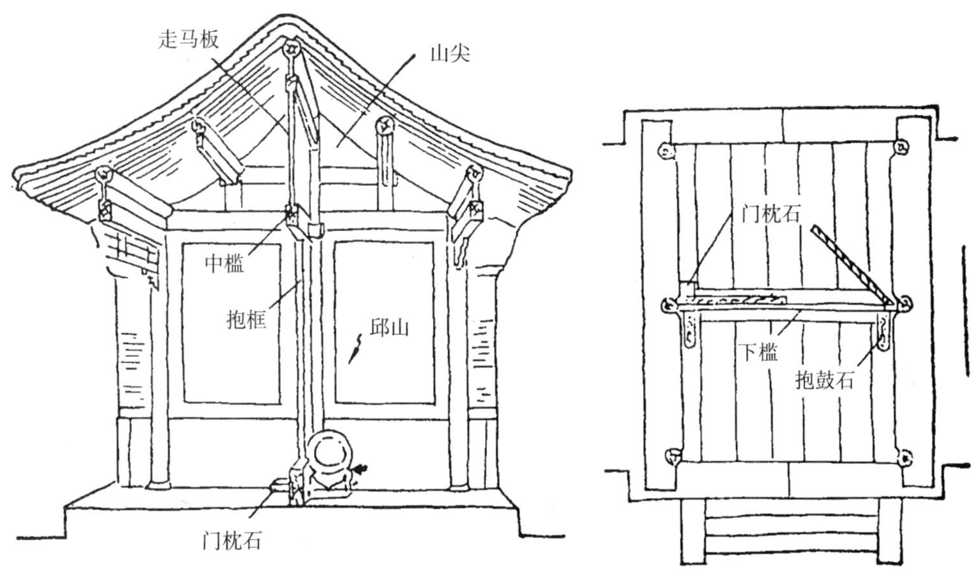

图 5　广亮大门剖面及平面

图 6　北京某四合院墙垣式大门

图 7　四合院墙垣式大门

图 8　北京四合院砖雕影壁

图 9　大门和影壁之间的空间

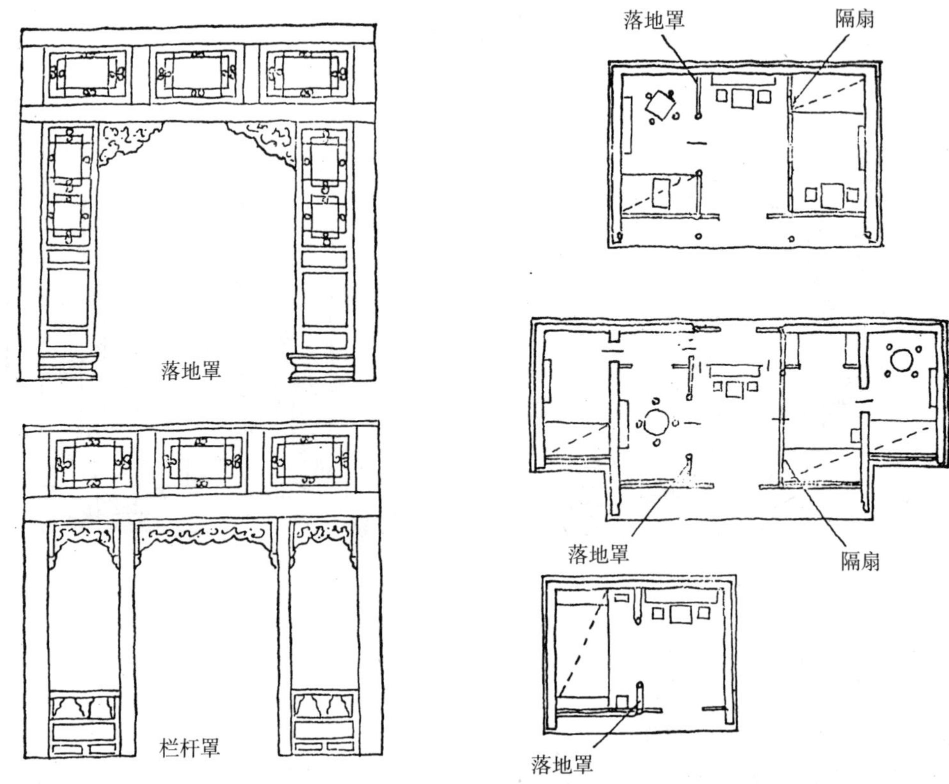

图 10　落地罩、栏杆罩和隔扇

廊的，也有的只有前廊而后不带廊的。柱、梁、檩、椽等构件尺寸比例按明间面阔决定，例如当面阔为 1 丈时，檐柱高 7 尺 5 寸，径 6 寸 5 分，出檐为柱高的三分之一。建筑工人根据长期的实践经验，常以柱径为房屋的基本权衡尺寸，只要知道柱径的大小，便可推算出该建筑的高宽大小，有的规定柱径为柱高的十分之一，椽径为柱径三分之一，其他每一构件尺寸均有详细规定。其次，一幢四合院住宅以明间尺度作为面阔进深的主要根据，一般是面阔与进深为 5 比 8；次间面阔为明间的 0.6～0.8，稍间与次间同，尽间为次间的 0.6～0.7，一般住宅以三间两耳的居多。

北京四合院住宅梁柱式木构架的柱子施工制作时均有“柱卯”，柱下端做管脚榫或开十字撬眼，以备安装时拨正用。柱顶部做馒头榫（图 12），其宽、高均为柱径的十分之三，柱头上凿的枋子口做成银锭口，口深为柱径四分之二，高按枋子高，宽按柱径的十分之三。架立前后檐柱和两山柱时，柱头均需向内稍微倾斜，人们常叫做“升”，常为柱高的千分之七，目的是为加强稳固性。金柱高度比檐柱高一举架，柱径比檐柱径加一寸。山柱比檐柱径增粗二寸，中柱式梁架，前后平梁分单步、双步梁，插金做法，所以山柱上要凿眼，山柱（也叫排山柱）上凿的通眼，前后梁架中间是断开的，都交于山柱上。两根梁底部有扁担木承托，山柱顶挖有半檩径的檩碗，脊檩即置放在山柱顶上。檩与梁间置放瓜柱下端做单榫或双榫，榫宽按瓜柱径的十分之一点五，榫长为瓜柱径的十分之三。脊瓜柱与瓜柱不同，柱上有垫板、枋子，垫板长按净面阔尺寸加两端榫的长度，高同檩径，厚按檩径十分之二，枋子依其位置不同有檐檩枋、金檩枋、脊檩枋，还有穿插枋等。檩枋长为净面宽度加两端银锭榫长，枋高同檩径，枋宽为枋高的十分之八，榫宽按瓜柱径十分之三，榫深按四分之一。穿插枋长按檐步中到中进深加两柱

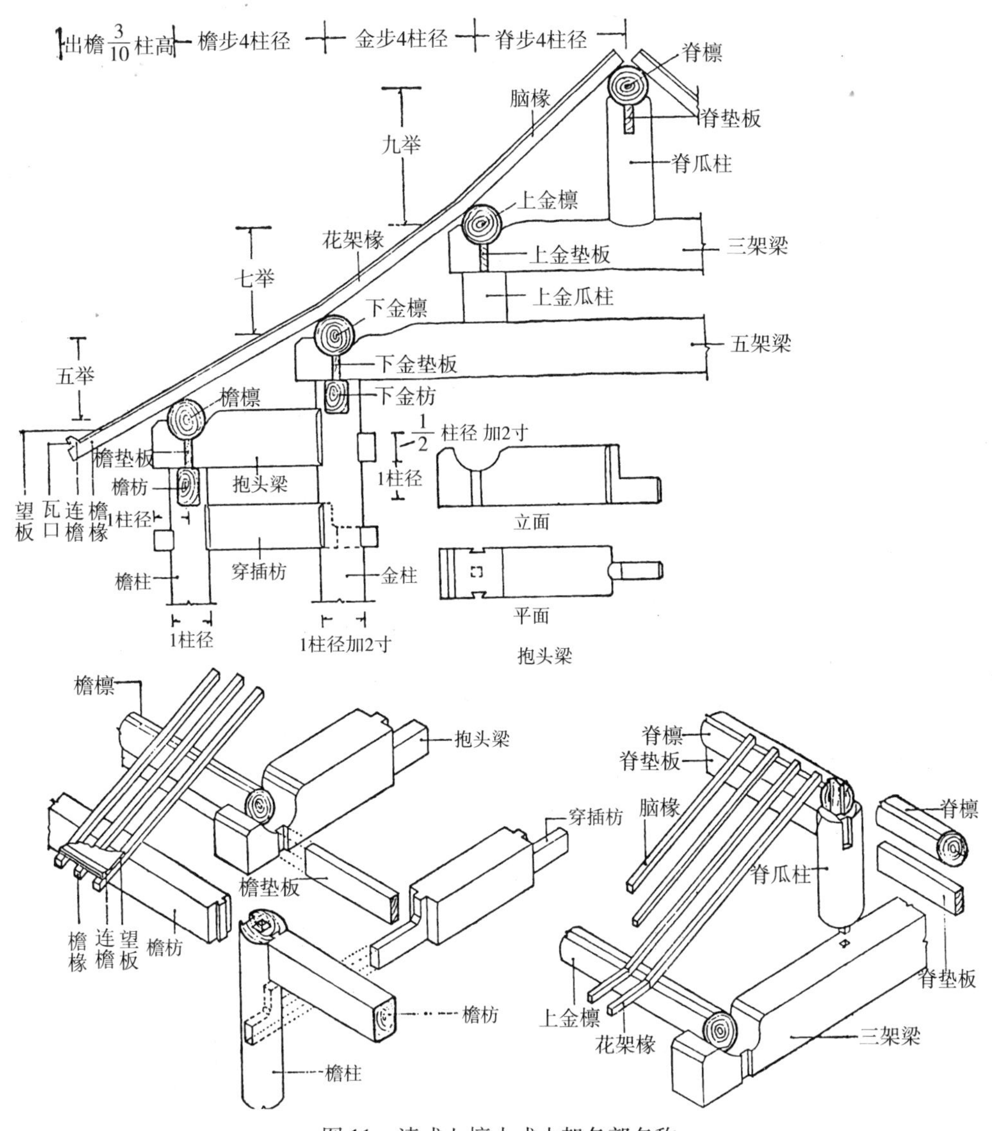

图 11　清式七檩小式木架各部名称

径，枋高按檐柱径，宽与檩枋宽相同，其凿榫做法是前半柱为整榫，后半柱为半榫，榫厚为柱径的十分之三，枋子端头做成方头或三岔头露出柱子外皮，为柱径的二分之一。组装梁架时先安枋子、其次垫板，最后搁檩，檩长按所在房间的面阔中到中尺寸加上两个榫长，一头做银锭榫，一头做卯口。卯的长、宽均按檩径的十分之三。住宅木构架中正身梁为梁架的主要承重构件，有的把梁称为“柁”，梁的宽度为柱径的 1.2 倍，高按柱径的 1.5 倍或按柱径加二寸，梁的总长为檐柱中至中加上两头的梁头各一檩径。单步梁、双步梁、三步梁亦有称“靠山梁”，梁断面尺寸比正身梁小一寸，梁端头做榫插入山柱，另一头做成梁头形式，两根梁的榫在山柱孔眼内作“巴掌”搭接，榫厚为柱径的十分之三。抱头梁长按廊步中至中加两个柱径，高按柱径的 1.5 倍，宽为柱径的 1.2 倍，其后尾插入金柱内，榫出金柱外皮露出半个柱径长，榫厚为柱径十分之三，榫的“大进”部分等于梁高，“小出”部分为二分之一梁高（图 13 ~ 16）。

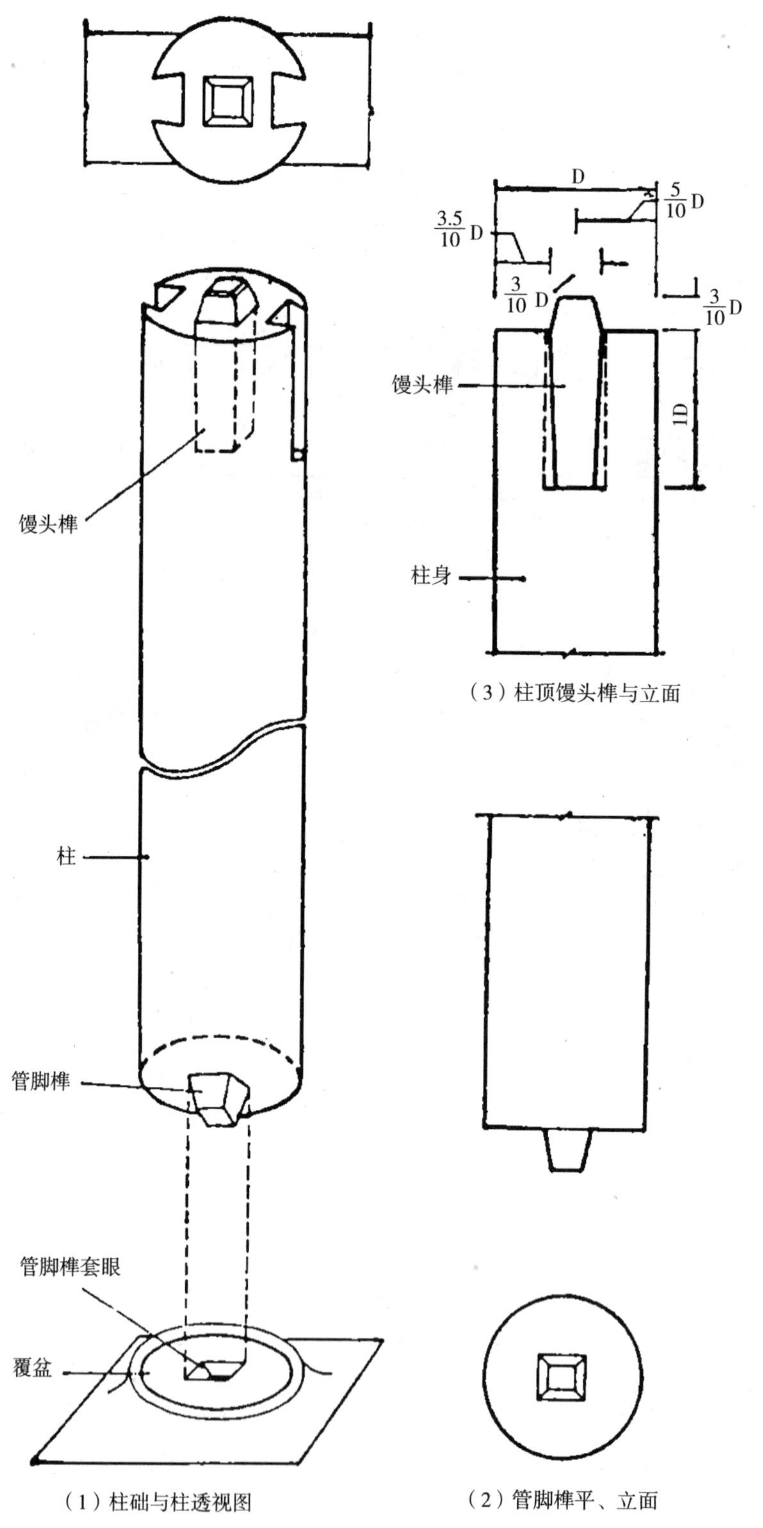

（3）柱顶馒头榫与立面

（1）柱础与柱透视图

（2）管脚榫平、立面

图 12　柱顶与柱底做法（D 为直径）

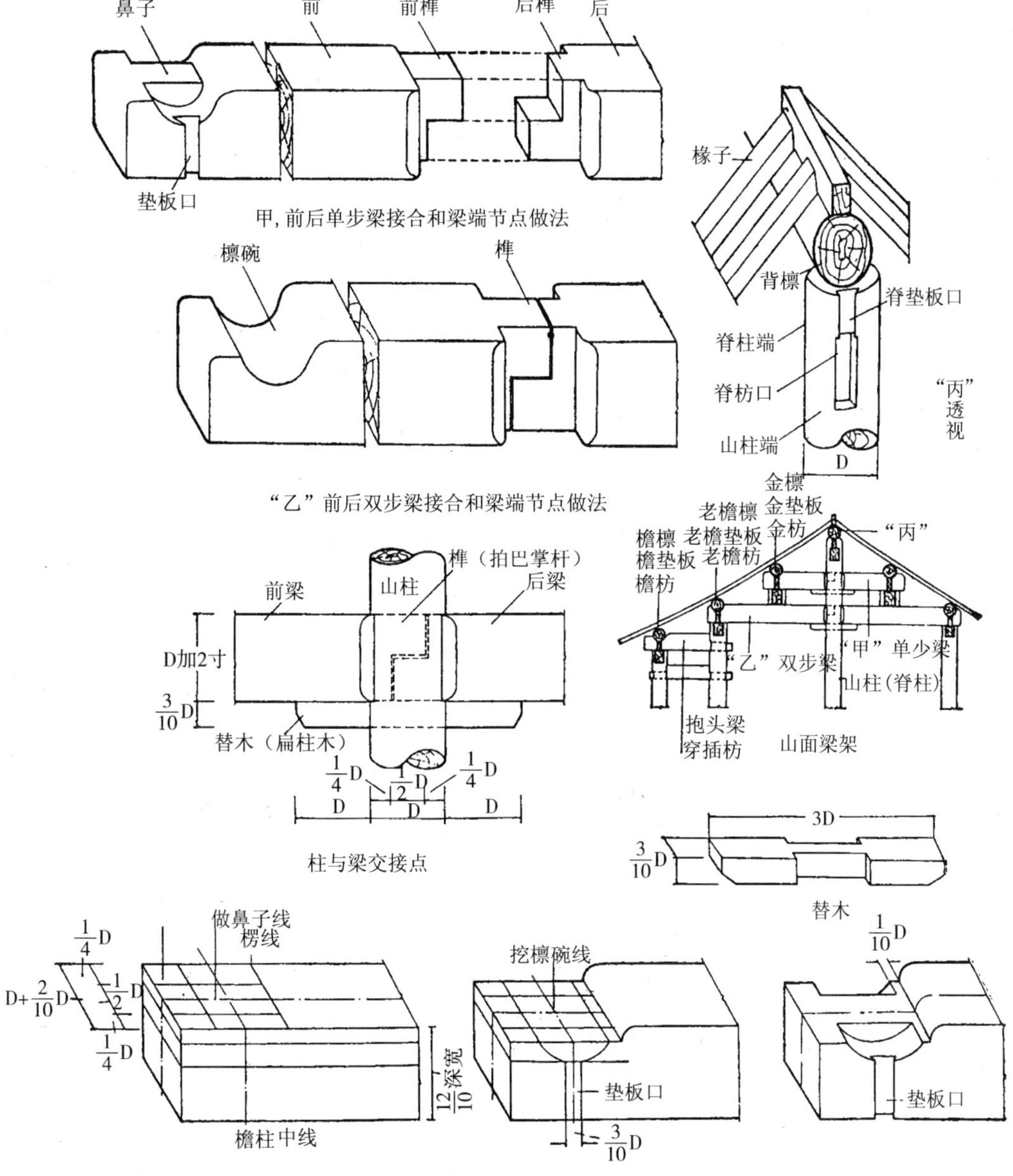

图 13　山面梁架、柱与梁枋交接

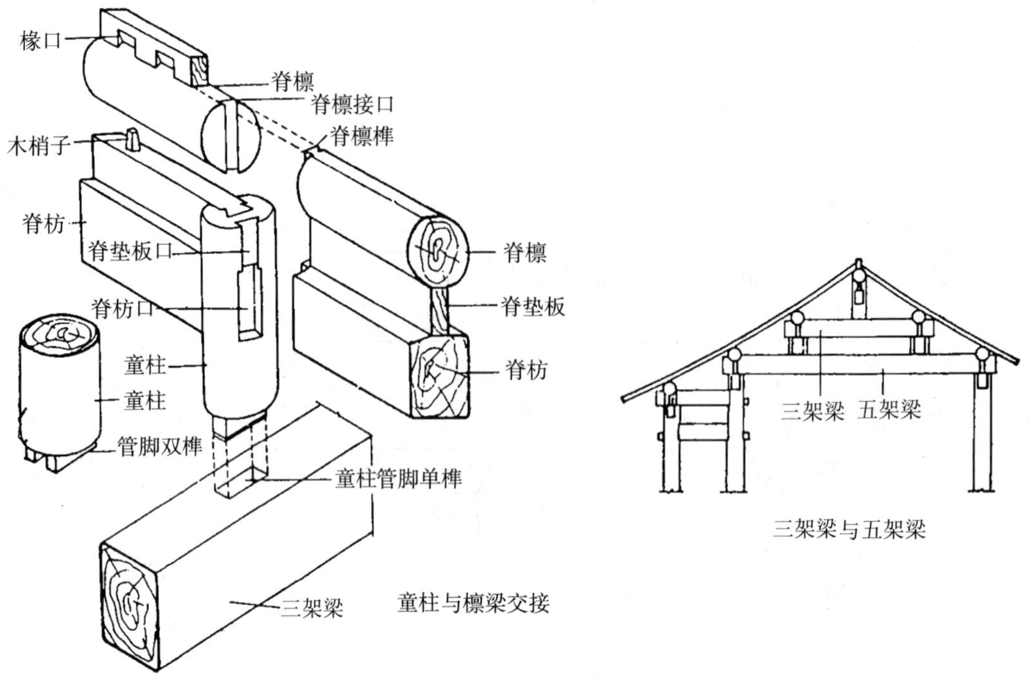

图 14　三架梁与五架梁及童柱与檩、梁交接示意图

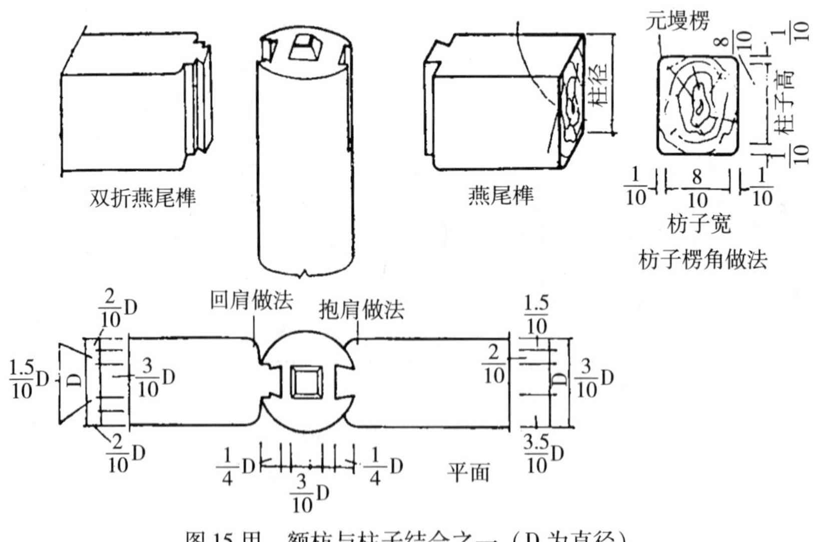

图 15 甲　额枋与柱子结合之一（D 为直径）

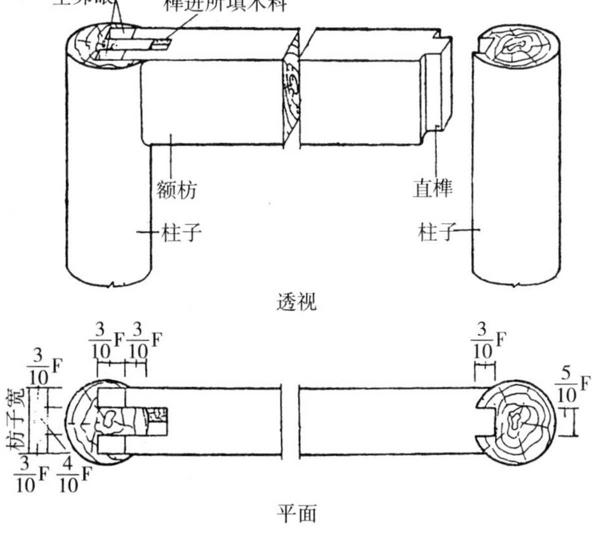

图 15 乙　额枋与柱子结合之二（F 为额枋宽度）

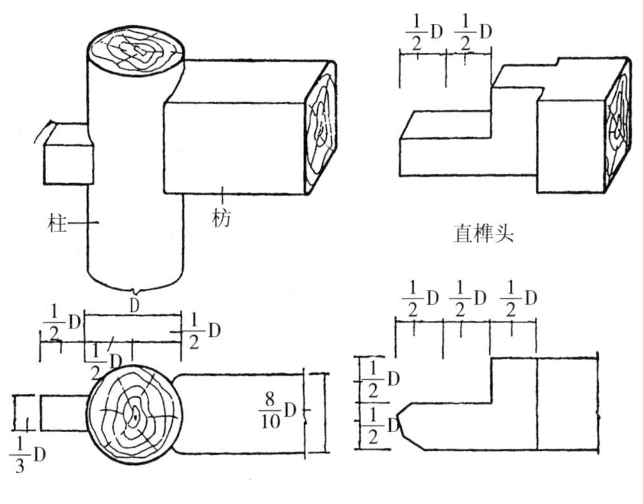

图 16　穿插枋与柱子结合（D 为直径）

出檐全是用椽子出檐，椽径一般为三寸、四寸，断面尺寸或按檩径的三分之一，间距七、八寸，出檐深度为柱高的十分之三。建筑工人在长期建房实践中相传口诀有“木匠看三，瓦匠看二”即指的是出檐是柱高的十分之三由木工掌握，台明高为柱高的十分之二由瓦工掌管。纵观北京四合院住宅的木构架系统房屋，由于梁、柱之间均有榫卯结合，增强了房屋的整体稳固性，故有“墙倒屋不塌”之称。

（本文部分内容参用《中国建筑技术史》编审组及北京房修二公司的资料）。

我国古代建筑屋面防水措施

邓 其 生

屋面是建筑的重要维护结构，由于经常受大气雨水侵蚀而影响室内干燥和建筑的耐久性。我国春秋战国时代的墨子在论述建筑的本质时提及：“其旁可以圉风寒，上可以圉雪霜雨露。”① 说明古人对屋顶功能已有较深的认识。我国古代工匠历来对屋顶的防水处理颇为重视，在不断的实践中总结经验，因地制宜地采取了一系列有效措施，改进了屋面的结构。

在原始社会里，据西安半坡、郑州大河和云南元谋新石器时代居住遗址发掘可知，当时的屋顶是在密排的树枝或木椽上涂抹草拌泥（古称为墐），有的还加以烤烧，这是我们所知的最原始的屋面防水法。

随着我国木构架技术的发展，屋顶逐渐形成，构造也得到不断的改进。殷墟出土的甲骨文中有“帣”（京）、“髙”（高）、“畗”诸文字，从形象分析，早在公元前17～公元前11世纪前的屋顶就采用了两坡排水法，而且还有重檐屋顶用来解决斜风雨对墙柱的侵涮。河南二里头商代建筑遗址的发掘也证实了《礼记》中描述的重檐屋顶的存在。

我们的祖先在原始社会已知道陶化可以防水。到了奴隶社会，屋面已采用陶瓦防水，迄今考古发掘最早的陶瓦是陕西扶风和客省庄的西周板瓦②，陶瓦的发明和应用大大提高了屋面的防水性能。《诗经·小雅》有“宣王作室，如跂斯翼，如翚斯飞”和“作庙翼翼”的记载，这大概是后来屋面反曲，檐角翘起的雏形，而实物则见于广州东郊发掘的汉明器陶楼形象③。这种上急下缓的屋坡，在实际上能使屋面的雨水较快排除，且能把雨水抛得远些，起保护墙柱和台基少受雨水涮湿的作用，后来成为我国古建筑艺术形式的重要特征之一。据汉画、汉明器及汉文献可知，在汉以前的屋顶形式已有庑殿、悬山、攒尖等式，并有腰檐、回廊和气楼；垂脊、脊吻和阴沟亦已出现。说明了当时屋面防水技术的进步。

屋面排水坡度，在《考工记》中有“葺屋三分，瓦屋四分”的记载。意思是说，茅草屋顶的屋面排水坡度应该是一比三（高跨比），瓦屋顶的坡度应为一比四。说明春秋时代的工匠已注意到，不同屋面材料而应采用不同的屋面坡度，以适应屋面排水的要求。现存的山西五台山佛光寺大殿的屋面坡度是比较平缓的，高跨比为1∶4.8。《营造法式》的举折法规定，一般厅堂的总举高为前后檐槫中心距的1/4（楼阁为1/3），自上而下，第一折举高为总举高的1/10，第二折下落总举高的1/20，第三折下落1/40，按等比依次递减，从而形成一条越下越缓的房坡曲线，但如果折架多，就难于避免檐口因过于平缓而造成渗漏。清《工部工程做法》则采用了一种新的举架方法：从檐檩到脊檩之间的水平距离由若干檩分为相等的若干步架，最上一步架的坡度规定采用九举（即90%坡度），最下一步架采用五举（50%），中间各举的举

---

① 《墨子·节用篇》。

② 《考古通讯》1958年第9期。

③ 《广州出土汉陶屋》1958年文物出版社。

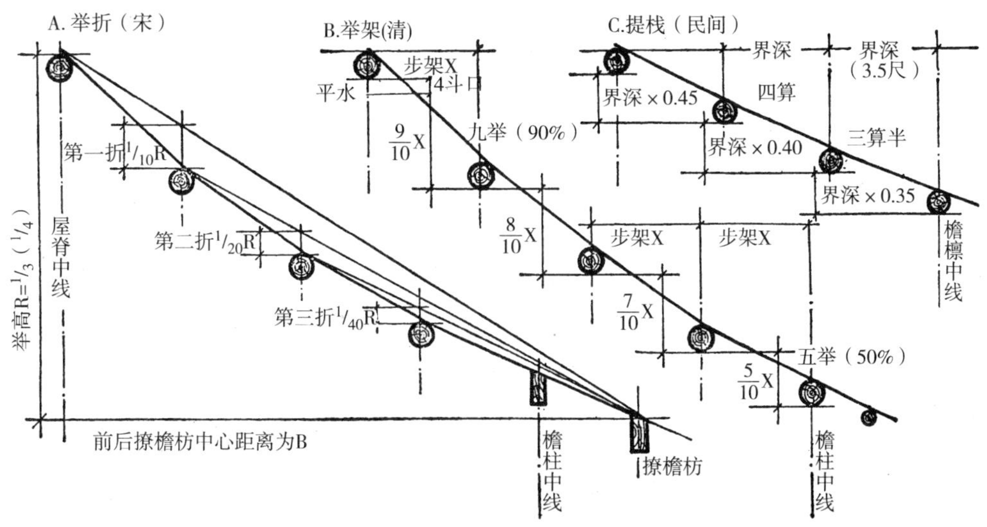

图 1　屋面排水曲线

高看情况均匀安排，一般是自下而上选用六举、七举、八举，这就保证了房顶最大坡度不大于 90%，最小坡度不小于 50%（图 1）。江南一带民间建筑的举架称提栈，《营造法原》记述："提栈自三算半［即界深（步架距离）×0.35 作举高］、四算、四算半、五算……以至九算、十算，"其法如图 1 所示。

在北方寒冷地区，屋面防水往往是与屋顶保温和防止产生凝结水结合起来考虑的。《营造法式》对一般屋顶的做法规定："用苇箔三重或两重，其柴栈（即苇箔或竹笆之属）之上先以胶泥偏泥，次以纯石灰施瓦，所用之瓦须水浸过，然后用之。"其构造如图 2 所示。所用柴栈（或用版栈）主要起保温、防凝结水和垫平作用。所用胶泥，据现存宋、辽建筑调查，多加有麦䴷或麦麸拌和，一方面起防龟裂作用，同时稍增加胶泥的保温效能。明、清时代的屋面防水更有所改进，如图 3 为明、清宫式建筑屋面的做法，其中青灰背是主要的防水层，在青灰背上

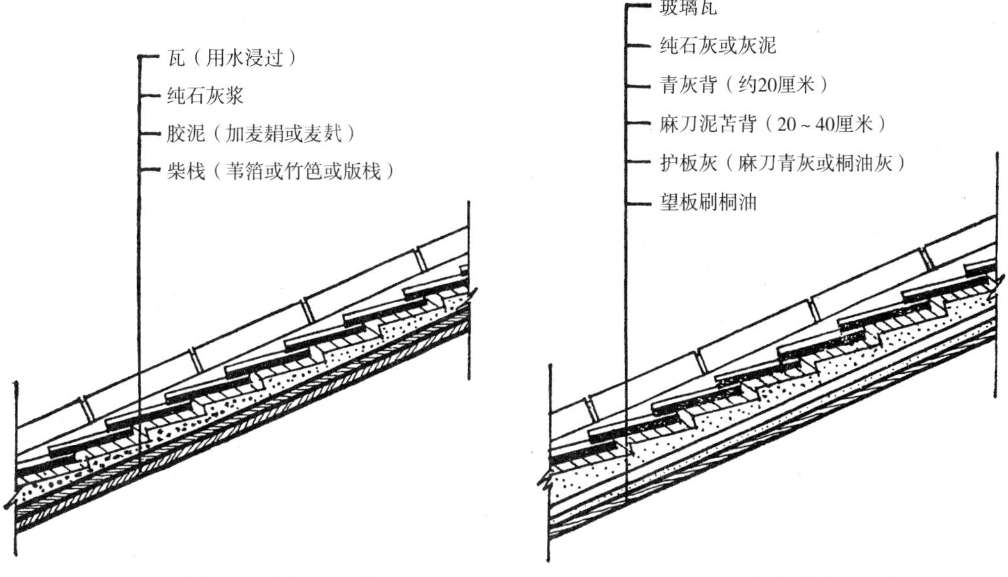

图 2　宋《营造法式》屋面构造

图 3　明、清宫式建筑屋面构造

通常还铺麻布或长麻刀，施工时经拍打出浆后才铺灰泥或纯石灰宼瓦，这样较具有足够的抗裂性。青灰背下的麻刀泥苫背，除起保温作用外，还具有调整屋面排水曲线的作用，一般厚度是20厘米~40厘米。

在北方民间建筑中，常见的小式瓦作有阴阳合瓦、仰瓦、仰瓦灰梗、棋盘心和青灰抹顶数种。常见的施工方法是：先在房笆（或望板）上抹一层麻刀白灰（称护板灰，有防腐作用），然后分两次找白灰粘土混合灰浆两层（待下层较干后才找上层），防水要求高的屋顶，则在混合灰上加1~2厘米厚的青灰，再在其上用灰泥按搭七留三或搭六留四坐宼仰瓦，宼瓦的灰泥要干些，粘着力要大，施工时要用力挤压，确保窝牢，以免被风揭去，在仰瓦对缝的地方皆构抿青灰，以防渗漏。在南方地区，屋顶保温要求不高，但要求通风隔热，通常的做法是在桶条上搁宼陶瓦（图4）。

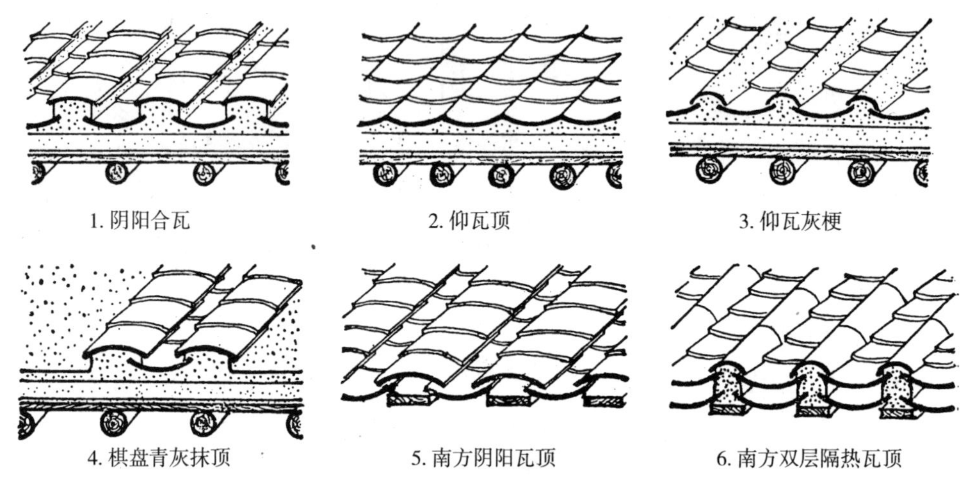

图4　民间几种小式瓦作构造示意图

青灰是我国古代常用的一种防水材料，在宋以前已有使用。据《营造法式》记载："青灰用石灰及软石炭各一半，如无软石炭，每石灰一十斤用粗墨煤一十一两，胶七钱。"明清时期北京地区所用的青灰基本上按此法制作。软石炭是一种类似沥青的矿物质（又称泥炭），拌和石灰掺加麻刀后，分两至三层施工，经拍打出浆，实践证明有良好的防水作用，至今北方民间建筑中还广泛使用。

瓦的种类繁多，有小青瓦、琉璃瓦、金属瓦（铜或铁）、竹瓦、石片瓦和木瓦（平瓦）等等。小青瓦又称布瓦，其中又分板瓦、筒瓦、滴水瓦当和各式脊瓦等。陶瓦如果制作质量较差，亦有渗漏现象，古代工匠对此曾采取了一些措施：一是涂的方法，《邺中记》云："北齐起邺，南城屋瓦皆以胡桃油油之，……筒瓦覆，故油其背，版瓦仰，故油其面"①。《营造法式》中亦有用墨煤刷瓦的记载，江浙一带民间建造仓库用瓦，往往也有瓦底加刷水柏油者；另一种是浸的方法，《吕坤积贮条件》中有"仰覆瓦，须用白矾水浸，虽连阴尔日，亦不渗漏"的记载。为保证陶瓦的制造质量，《营造法式》记述有一种"青掍瓦"的制法："以乾坯用瓦石磨擦，次用湿布揩拭候乾次以洛河石掍研，次掺滑石末（或荼土末）令匀。"滑石粉或荼土沫能填补瓦的毛细孔隙，对防止雨水的渗漏显然是有效的。

---

① 引自《河溯访古记》。

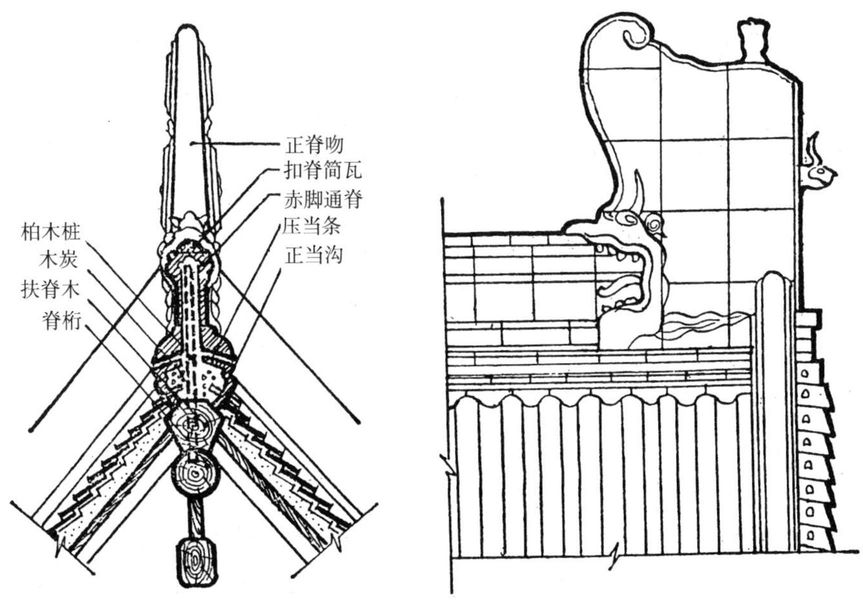

图5　清宫式屋脊做法

图6　清代民间清水脊做法

琉璃瓦是一种很好的屋面防水材料，我国最迟在南北朝已用作屋面防水了①。明《天工开物》记载了它的详细制法，制坯的泥指定要用安徽太平府的善泥，故质体密实；由于瓦面涂有釉料（铝和钠的硅酸盐），所以表面光滑得雨水不沾。但因造价昂贵，过去只为少数封建统治者所专用。

屋脊和阴沟是屋面两坡的转折部位，也是最易漏水的地方，古代工匠历来颇重视它的防水处理。我国用特制脊瓦来防水的历史甚早，《释名》有云："屋脊曰甍，甍，蒙也，在上蒙瓦也"。迄今发现最早的脊瓦是西安秦始皇陵装配式甍脊，其断面为⌒状。广州出土的汉明器所反映的房屋亦多采用脊瓦覆栋。《营造法式》有"垒屋脊"之制，其中还阐明了脊饰（鸱尾和兽头等）对保护固瓦钉钩和防水的实用意义。明、清时代的宫式屋脊做法如图5所示。民间屋

① 山西大同和江苏南京均发现有南北朝琉璃瓦。

脊的做法如图6所示。歇山垂脊与搏脊的防水（泛）构造如图7。

阴沟与水槽是屋面雨水集中排流的沟道，更易于渗漏。从汉明器和汉画可知，至迟在汉代已出现阴沟。从秦都咸阳宫殿遗址分析，当时屋面已出现有阴沟和水槽，其构造现今无法可考。《左思魏都赋》中有“齐龙首以涌霤”的记载，估计是阴沟或水槽有龙头挑出的装饰构件，可把雨水吐得更远些。《营造法式》有水槽制度一节，规定“造水槽之制，直高一尺，广一尺四寸。”并按建筑的类型和水槽的排水量指定厢壁版、底版、龟头版、跳椽等构件的尺寸，还规定“令中间者最高，两次间以外，逐间各底一版（底版厚一寸二分），两头出水。”即规定水槽要有一定比例的排水坡度，并要求槽缝构造严密，须用“阴牙缝造”。明、清北京故宫养心殿的水槽构造与上述方法基本相似，水槽内外表面还有“水丹”抹缝，外涂油漆。明、清宫式建筑通常的阴沟构造是：在沟底版上铺护版灰一层，后用青灰找平，其上加铺锡背一至二层也有用油衫纸代，然后用灰浆坐宼特制沟瓦。一般瓦片上下搭缝不施灰浆，以利雨后屋面垫层水分的蒸发。

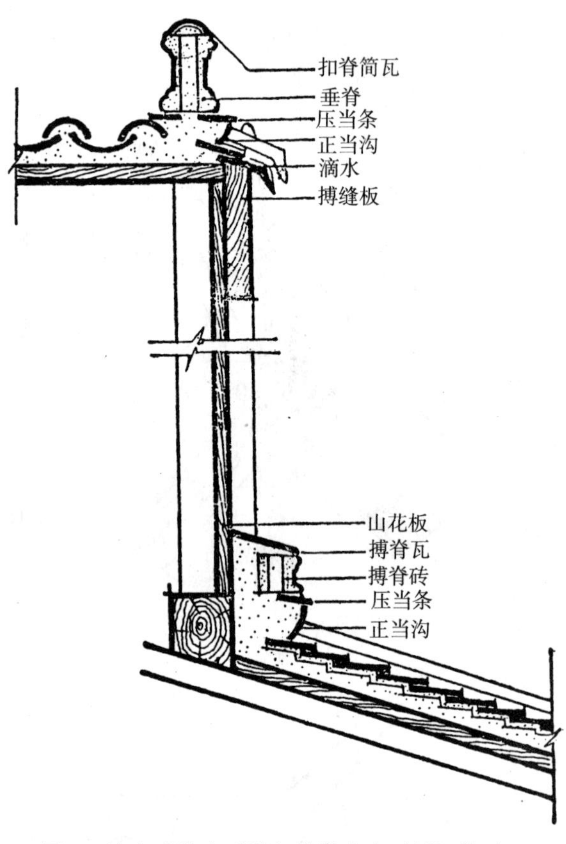

图7　清宫式歇山垂脊与搏脊防水（泛）构造

《诗·秦风》中有“在其板屋”的诗句，估计是一种木板盖的房子。现今云南西双版纳傣族还流传有一种木板瓦房，木板是由直纹大树干劈析而成，长为100厘米左右，厚约2至3厘米，分层接搭，挂在檩条上，每年还将木板瓦翻面一次，据调查并无渗漏现象。《王商·丝竹楼》有云：“黄图之地多竹，竹工破之，刳其节，用代陶瓦；”又《南征八郡志》云：“岭南有大竹数围，实中任屋梁柱，更用之当瓦。”铜瓦在古文献中查有二例，一是《汉武故事》：“起神屋，以铜为瓦，漆其外；”另一例是《旧唐书》曰：“五台山有金阁寺，镂铜为瓦，涂金于上，光耀山谷”。实例则见于明、清时代的喇嘛教建筑（如西藏布达拉宫等）和云南昆明护国寺。四川峨眉山亦有一寺院还采用了铁瓦屋面。

除了坡顶屋面外，我国西北、华北和东北等少雨地区还有一种平屋顶（其高跨比大约为1/20至1/80，随气候条件和用材料而异），此式屋顶来源甚早，据云南元谋大墩子新石器时代建筑遗址发掘可知，当时已出现了平屋顶，其构造是在木椽（紧密铺排）上铺垫草拌泥厚15厘米~20厘米，表面并加以烘烤。魏《广雅》一书中有云：“屠苏，平屋也”。《梁书·西北诸戎传》记述西域高昌地区的房子是“架木为屋，覆土其上”。现今羌族支系的少数民族地区还普遍采用平顶（俗称“土掌房”或“土固房”），估计这种屋顶可能是古代羌人的一种创造。

平屋顶的构造，因地而异，通常是在柱上或墙上搁檩钉椽，然后在椽上布板或铺芨芨草、秫稽之属，也有用芦苇编织房笆（东北地区也有用柳条、桑枝、高粱秆等作房笆的），再在上

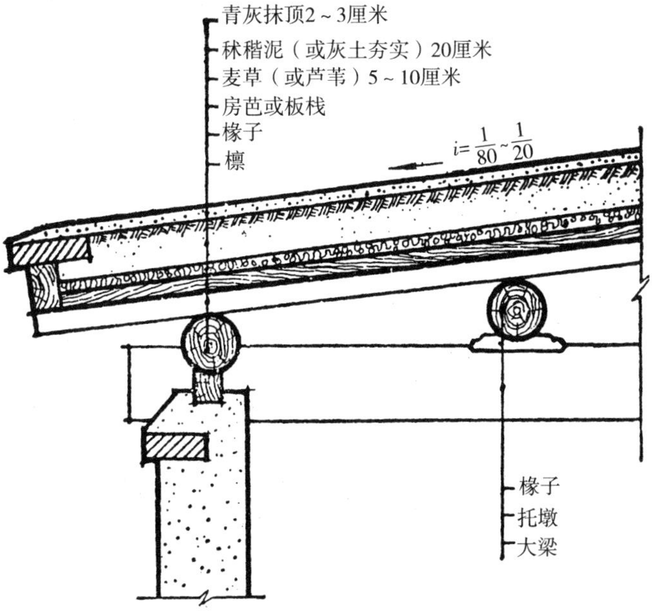

图8　民间建筑平顶构造

面作屋面防水处理（图8）。

华北和东北地区民间建筑平顶的防水层，通常在房笆上分两次抹一层15～20厘米厚的秫稽黄泥，有的还掺加石灰，待干后批一层约2～3厘米的青灰，也有采用灰土压实，其上墁一层加有盐水的石灰浆，经压平抹光后则不易有裂缝渗漏。在华南地区，常见的平顶是在垫层上用1∶3的灰砂浆（约2～3厘米）。坐砌大方阶砖，亦具有良好的防水性能。

在西南藏族地区平屋顶的防水措施常见的有如下几种：1. 在小树枝麦草上铺粘土约20厘米粘土（有的在粘土中拌有1/3的牛粪）①；2. 在垫层上先铺粘土一层，然后盖青杠树叶一层，经一年下雨浸渍后再用粘土拍实；3. 在“白马麻”枝条上铺亚戋土（一种火山灰粘土）约30厘米，然后拍实，再加酥油磨光（图9）。

元代王祯《农书》中叙述有一种屋面的做法：“先宜选用壮大材木缔构既成，椽上铺板，板上傅泥，泥上用法制油灰涂饰，待日曝干，坚如瓷石，可以代瓦。”同书还介绍了这种防水油灰的制作：“用砖屑为末，白善泥、桐油枯（如无桐油枯，以油代之）、石灰、焊炭、糯米胶，以前五件等分为末，将糯米胶调和所得。”明《群物奇制》亦有“马粪与石灰拌泥，池不漏水”的记载。“水丹”是我国古代填补水槽裂缝和屋面局部渗漏的防水涂料，《事类赋》一书中记载了它的制作配合比：“石灰一斗，桐油三斤，加青丹或红丹适量。”

古代喇嘛教建筑由于地区、气候、功能和艺术形式上的要求，多采用平顶结构，或采用平顶与坡顶结合形式（如盘顶等），防水要求高，故采取了特殊的防水处理。图10为清代承德普陀宗乘庙的一种平顶做法：先在密肋梁上铺设望板，并施加护板灰一层，再垫青砖数层，然后用青灰找平，其上铺一层整体锡（铅）背（版），再上用1∶3石灰、粘土灰浆坐砌面砖，面砖之间

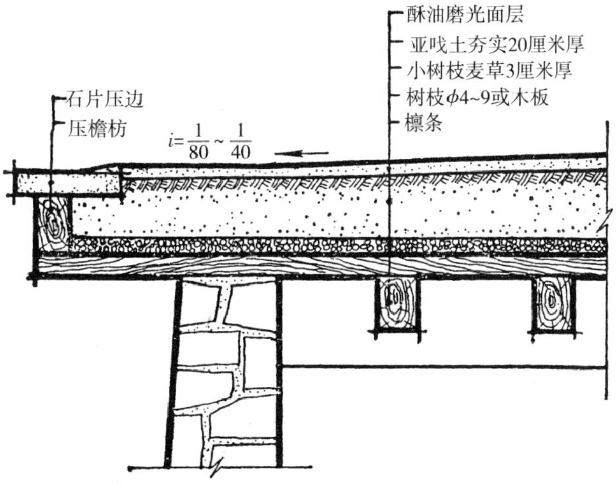

图9　藏族民居平顶构造示意

① 《建筑学报》1963年第7期。

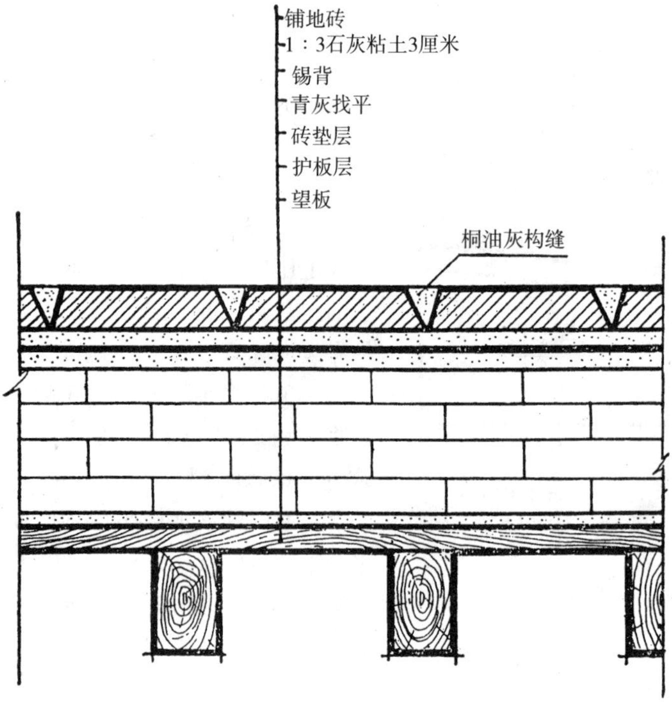

图 10　承德普陀宗乘庙平屋顶做法

隙用 4∶1 的白灰桐油胶勾缝，有的还在面砖上抹生桐油一次，防水效果更为良好。

防水卷材是现代建筑中常见的一种屋面材料。我国劳动人民早在两千多年以前就懂得利用天然高分子化合物来涂抹织物了。陕西长安县普渡村西周古墓发现的用棕黑色油漆所涂的织物残片就是一个例证①。这种涂漆织物，除了用作坐垫以隔地下潮湿外，还用作车轩盖篷，以“御雨而蔽日”②。在建筑上利用漆布来做防水屋面则见于《汉武故事》：“武帝起神明殿，砌以文石，用布为瓦，而淳漆其外。”

防水油布也是我国古代劳动人民的一种重要创造，早在春秋战国时期，人们已认识到用桐漆或荏油（又称苏麻油）涂织物结膜后具有防水性能了。东汉时人们已懂得在荏（桐）油中加入黄丹（即氧化铝，干燥剂）制作油缇帐，用“以覆坑方石”③。北魏《齐民要术》中亦有“荏油性淳，涂帛胜麻油”的记载。到了隋代，油帛、油布、油幢的制作更为多样④且具有多种颜色。《隋书·炀帝记》有一段描述：“帝观猎遇雨，左右进油衣，”这种防水油衣，估计是由油布做成的。

唐代文献提到防水油幕的事例很多。如《天宝遗事》云：“长安贵家子弟，每至春时游宴，供帐于园中，随行以油幕，或遇阴雨，以幰复之。”又如《唐书》有云：“……同昌公主出降，有琵琶幕，雨不能湿”。明代用干性油制作油布、油纸、油绢的技术进一步发展⑤，产量也增多，不仅畅销祖国各地，而且运销国外。至于油布在建筑上的应用，《云仙什记》有云：“钱子乡隐庐山康王谷，无瓦屋，以代茅茨，或时雨湿致漏，则以油幄承梁，坐于其下，初不愁叹”。明、清官式建筑（如故宫和颐和园）为了加强屋面防水，亦有在望板以上加贴防水油纸（用高丽纸浸桐油制成）。

以上所述是我国古代屋面防水技术的成就。这些成就足以说明我国古代工匠曾为世界建筑技术的发展作出了巨大的贡献，是值得我们引以自豪的。

---

① 《考古学报》1954 年第 8 期。
② 《周礼·考工记》。
③ 《后汉书·礼仪制》。
④ 《隋书·礼仪制》。
⑤ 《多能鄙事》。

实用、结构与艺术的结合

谈中国古代建筑的装饰

赵 立 瀛

建筑装饰是建筑艺术的一种手段。无论古代建筑，还是现代建筑，都包含着装饰的成分。不过，随着社会的变迁、建筑材料及施工方式的发展，建筑装饰的内容和形式也有变化。譬如，在应用砖、石、木和手工加工条件下，装饰的方法主要是雕刻和绘画，如砖雕、石雕、木雕和油漆彩画等，以花纹线脚为主要形式；而在应用现代合成材料和机械加工条件下，装饰的方法则主要是贴面处理，如金属、塑料、石膏、纤维板等，并以色调质地的美观为主要特征。

古代建筑的功能要求比较简单，相对地艺术的成分显得比较浓重。尤其是那些统治阶级专用的高级建筑，讲究富丽豪华，往往把建筑当做工艺品那样雕镂涂绘，不惜劳力和金钱去加以装饰。在长期的历史创造过程中，合理的东西被继承下来，不合理的东西被逐步淘汰，形成了建筑装饰艺术的优良传统。

鉴于在创作现代的重要建筑，特别是纪念性建筑时，仍然常常借助于装饰的手段来加强建筑形式的艺术效果。优美的装饰，不仅本身耐人欣赏，而且大大丰富了整个建筑的艺术表现力。因此，我们研究古代建筑装饰艺术中所体现的某些规律，不但对于创造现代建筑的装饰艺术有一定的借鉴作用，而且由于装饰艺术的民族特点是很强的，因此对于创造具有民族形式的现代建筑，也有着很大的实际意义。

本文的目的，并不是要人们去模仿古代建筑的装饰形式，恰恰相反，是希望通过了解古代建筑装饰的规律，反对那种单纯形式的模仿，而在新建筑的创作中使装饰的处理做到效果显著，又经济合理。

我们可以回顾一下近百年来的建筑历史。人们在创造现代建筑的民族形式上所走过的道路，早已在实践上否定了那种运用现代的物质技术条件来再现古代建筑“法式”的做法。根据适用和经济的要求，现代建筑，特别是那些大建筑，它的复杂的功能，已经不是套用古代建筑的形式所能解决的，同时对于建筑的艺术，也倾向于简洁明朗的风格。现代建筑也不需要再做高大的台基了，也不一定都做坡顶了，所谓“三段构图”（大台基、屋身和大坡顶），也就不再是法则性东西了。

于是，在现代建筑的民族形式创作上曾出现过某种途径：一种是在现代建筑同古代建筑相应的一些部位上，如檐部、窗口、门廊、平台及一些附属小品的处理等等，运用一些传统的装饰形式；一种是在采用上述手法的同时，还局部的采用古代殿宇或亭阁式的屋顶。至于室内装饰的运用就更多了。这两种方法，同现代建筑的功能要求并没有多大的矛盾，但两者也还有区别，特别是在经济效果上。

“大屋顶”盖在多层建筑上要比普通的屋顶增加两倍以上的荷重，而且造价高。以1955年的资料来说，北京三里河办公大楼在1954年建造时，仅两座副楼上加的六个重檐大屋顶就耗费了三十二万元，又因施工复杂，工期拖延了四十五天；1953～1954 年建造的西颐宾馆，仅主楼的大屋顶就比用平屋顶要多花十九万元；又如 1956 年扩建的杭州屏风山疗养院，根据估算，该建筑的琉璃瓦屋面和钢筋混凝土屋架便使屋顶的每平方米造价达到五十八元。显然，局部保留大屋顶的做法应该是有限制的。古代的宫殿、庙宇等建筑“法式”作为整体的东西来继承已成为过去，而运用民族传统的装饰仍有着广阔的途径。从创作实践的意义上说，它的生命力无疑将是长久的，可以有区别地运用在建筑上。当然，对于某些特殊的建筑，如公园建筑等，也不妨模仿一些古代建筑的形式，则另当别论。

中国古代建筑的装饰处理究竟有哪些优良的传统呢？本文试图提出一些初步的看法，以资共同讨论和探求。

从古代大量的建筑中，我们可以看到两种明显不同的装饰风格：一种是民间建筑，以青灰色调为主（青砖灰瓦、白粉墙、暗色油漆），犹如平民的素装；一种是官式建筑，它的最高等级是作为皇权和神权象征的宫殿和宗教建筑，以彩饰为特征（红墙、黄、绿琉璃瓦和彩画），犹如权贵者的华服。它们不单是由经济条件决定，更主要的是由政治地位（封建的等级制）所决定，如宋代有“凡庶人家不得施五色文彩为饰”，明代有“庶民居舍不许施彩饰”的禁令。杜甫诗：“朱门酒肉臭，路有冻死骨”，表明在唐代，红漆大门即已成为当时豪门府第的标志。即使是地主、富商，虽然以他们的财力来说可以加之雕镂，但却不能施以彩饰。因此，装饰艺术在官式建筑中比较民间建筑得到更充分的发展。古代官式建筑的装饰是繁多的，因为在封建社会里，它们所要表现的是雍容华贵的富丽效果。

中国古代建筑是在垫高的台基上立起木构架的屋身和加盖大屋顶而成，这就产生了三个明显的组成部分。看起来，从整体到细部几乎是处处都有交代，都经过精心的处理，而赋予一种完美的感觉，这是时间和匠心相结合的成果。

当我们仔细地观察之后，会发现古代匠师对于整个建筑的装饰处理，基本上有两种方式：一种是对整个建筑结构构件中人们看得见的显露部分，对其式样做简单的美化加工，这种加工是普遍的；另一种是在一定的部位施作雕刻或彩画，这则是有选择的、有重点的。

前一种方式，诸如“悬山”式（厦两头）屋顶两山的“博风”板，本是为了遮盖山墙与屋面的接缝，免于透风漏雨，而将板的两头做成好看的线脚。挂在“博风”板上的“悬鱼”（“惹草”），更是为着保护伸出山墙的檩头，因为木料端头顺木纹是最易吸水而朽坏的。柱顶上的所谓“霸王拳”，不过是枋上的榫头穿过柱上卯口的出头。在大门上看到的横列数枚的菱形或多边形的“门簪”，则是将安装门扇上轴用的连楹固定在中槛上的构件。“斗栱”，按其分件，可以把斗（升）视为方木块，栱是长方木块，昂是斜向的长木块，整个斗栱是以方木块为垫托，架起长木块，刻槽层叠而成，支承屋檐地伸出。但是古代匠师将这些分件加以刻削而成斗状，曲栱状、琴面或批竹状的昂嘴，产生一种向上承托的（斗）和向外伸挑的（栱）力的表现及曲线轮廓的弹性感，并且组成一朵、一攒的，而富于装饰性。古代建筑以斗栱来表示它的隆重性是不足为怪的。

即使是用以固定各跳斗栱分件位置的小小的撑头木，后尾也做成“麻叶头”。昂尾做“菊花头”。有些结构构件更直接以其前头或后尾的式样作为它的名称，如“挑尖梁”、“蚂蚱头”即是。

唐宋建筑中的梭柱和月梁，当然是一种费工的做法，但梭柱的收分可以给人稳定和柔韧的弹性感。月梁是将直梁两端卷杀如月弯横跨在人们的头顶上，也产生一种轻柔的感觉，而消除了僵硬的直梁可能造成的压抑感。

我们在小门、亭子等建筑中常常会看到悬梁吊柱的结构做法（如垂花门的垂柱及攒尖头尖顶的“雷公柱”）。古代匠师想到这种吊在半空的柱子会给人一种不安的威胁，便在吊柱的下端刻作含苞欲放的蓓蕾或者盛开的莲花（也可另作了安上）。由于本身的形象，使人们联系到花朵的分量，便觉得很轻盈，仿佛没有什么重量。

在古代建筑中，大门抱框前面有一对“抱鼓石”，把大门衬托得很庄重，这对东西其实只是门枕石的延续，加以雕作而成，并非另外的摆设物，同时它对抱框与门槛的连接处也起着保护作用。

至于格扇上的角叶、看叶，用铜片压出好看的花纹和轮廓，在一片栗色或枣红色漆木的衬托下黄闪闪的，不也就是用以加护边挺和抹头接头的零件吗？

屋顶形式在建筑艺术中所显示的重要作用和所占有的重要位置，是中国古代建筑的一个特殊之点。不单是整个屋顶的曲面轮廓，而且包括细部的装饰处理，诸如屋顶上的脊兽、戗兽、走兽和勾头滴水，不只是对于各种瓦件加以简单的美化，而且施加了纹样装饰。

勾头是在半圆筒瓦头前加个圆盖，滴水是在弧形板瓦头前加上向外伸出的舌状东西。我们知道，板瓦是屋顶斜面的排水沟槽，如果到檐口也只用普通板瓦，那么有一部分雨水就会顺着板瓦的底面流向大连檐和方椽，而加上一块舌状的东西，利于滴水，可谓名副其实。勾头和滴水的形状一个圆，一个如半菱形，交替连续像一串珠玉的链条，成为屋顶的边缀，其上常施加模压的纹样，由于做工精致，在阳光照射下，加上阴影的衬托，十分显目，更加强了装饰效果。

垂脊是屋面的分水线。为了封盖相邻不同坡面间的接缝不致漏水，瓦件是相当厚重的。其下部结构构件是由戗来承受，戗则架在脊桁、金桁和檐桁上，而在檐桁正心位以外的挑檐则减轻重量，改做角脊（或岔脊），这不仅适于飞檐的轻盈感，在结构上也是完全必要的，因为这部分屋脊是靠断面较小的挑檐桁及挑悬的角梁来承受的。因而使垂脊在檐桁正心位上与角脊（或岔脊）相接处，在构造上必然产生一个接头的构件，古代建筑便把它做成一个特制的头嘴朝前的兽头，称为垂兽。而角脊上的扣脊筒瓦，也改为特制的走兽，把翼角点缀得十分生动。走兽的高度近于兽头的嘴部，略高于垂脊；走兽的行列虚实相间，显得比垂脊轻，实在是极具匠心的处理。脊兽（正吻）的重点处理，同样是正脊的收头和三条脊的交接点的构造需要。

屋檐下屋身上段的梁枋，更是中国古代建筑中重点施饰的部位，主要是加上金碧交辉的彩画。中国古代建筑的梁枋部位，大致像是古希腊建筑中檐部的檐壁，这是屋身部分中最完整的结构面，可以做大面积的装饰，自然地选择它作为重点施饰的部位。

梁枋彩画成一周围带，而在明间常加匾额，则点出了中心。匾的式样、设色，与书法艺术相结合，亦成为显著的装点。当然，匾额的内容往往反映建筑占有者的思想意识。

屋身的梁枋以下部分，是大片的墙面和重复的“格扇”，从整体效果来说，是比较单纯的，它的重点施饰是在局部上，即寓华美于格扇的纹饰。古代格扇中采光的格心部分，不论是糊纸或者考究的夹纱，在构造上都要有棂条，最简单的可以是“豆腐块”的直棂和平棂，也可以做成各式各样的花格，如常见的“灯笼框”，以及刻锯成曲线的毬文、突起的菱花等。这种花格，不仅呈现一种剔透玲珑的感觉，当人们从室内向外看，透亮的纸，白底衬着黯色的花格，还有一种剪影的效果。大概窗花剪纸在民间广为流行，也是同样的道理。过去劳动人民的房屋都很简陋，只能在这些局部地方寄托自己对于美的向往。

在亭、廊这样的小型建筑中，柱间一般用“楣子”、“花牙”或“挂落”来代替原来的小额枋，因为建筑物小，从结构上柱子之间的牵拉，有一道额枋已经足够。楣子、花牙子主要是装饰性的，它的形式与下部的栏杆花格，互相呼应，使小小的建筑显得更为精巧，这是从结构构件转化而来的装饰构件，仍然保留着本来的结构整体组合关系。

我们可以看到，在一些新建筑中，有将檐口作成如同古代建筑中“雁翅板”（滴珠板）的形式，这种雁翅板是在二层以上的建筑中垂挂在上层屋外栏杆下，围绕一周，用以遮蔽雨水对平座部分斗栱的侵蚀。板常做成雁翅的式样，有的锯出轮廓，或者只在长条板上绘出，成为古代楼阁建筑中段的一条横向饰带，实际上也是由于构造上的需要而产生的一种构件。

“须弥座”用于殿宇的台基，可能在唐代以后。中国古代建筑的台基是夯土的，而用较好的材料，如砖、石来镶砌其边沿、拐角和铺面，是早已通行的做法。这首先是由于加固耐久的要求，当然也改善了观感，而在砖石材料上加以线脚花纹的刻凿雕饰，看来主要是使其同台上华丽的建筑表现出同样的精致效果，以加强整个宫殿、庙宇等建筑的庄重的气氛。

从上述可以看出，中国古代建筑，虽然是那样的华丽，但它的所谓装饰构件，无一不是建筑结构构件本身的一种表现形式，而不是任何生硬的附加物。重点的雕绘仍然是在结构构件上进行的，不过是使其装饰性更强而已。

然而，在建筑上也还存在脱离建筑结构构件的装饰，例如历史上有些建筑上的装饰是附贴式的，它们仅仅是一种单纯装饰的构件，并不同时起着结构构件的作用，那种以模仿为特征的折中主义作品都有这样的表现；而在一些新建筑中有把古代建筑上某一特定部位的装饰形式搬到新建筑上的任意的部位，使装饰形式与建筑结构组成部分没有内在的联系，造成了一种虚饰的感觉。了解这一点，有助于我们在创作时寻求装饰与其建筑物构成部分的自然结合。

在中国古代建筑上，不只是对于结构构件本身所作的美化加工，而且施加了雕刻绘画的重点装饰。这些重点施饰有三个特点：一是重点施饰于显目的部位；二是对建筑形象作用显著的部位；三是保持点与面的对比。

大屋顶的勾头滴水和椽头居于飞檐的最前沿，就是惹人注目的部位。“硬山”顶山墙正面的墀头总是做成向前斜倾的，常常作精致的雕砖，更为显眼。而大屋顶在天空背景下，平直的正脊两端的吻兽和斜向垂脊前端的兽头以及飞檐斜出和翘起的翼角的走兽行列，都是在建筑物轮廓线的转折或收束处加以生动的点缀，对整个建筑的形象产生显著的作用。中国古代建筑的屋身部分主要是格扇，这是人们接触最多和最近的部位，把精致的木雕做在格扇的裙板和条环板上，不仅使人看得清，欣赏得到，而且使整个屋身显得精美起来。

重点施饰，本身就体现了点与面的对比。古代建筑的装饰是繁多的，但从整个建筑来看，施以雕饰或彩绘的仍只是某些部分。再就各部分来说，如勾头滴水不过是屋顶的边缀，而兽头和走兽也不过是屋顶的点缀，大片的屋面还是单纯的。彩画也没有满布屋身，而只占梁枋的部位，柱间部分的面积比它要大得多。再说彩画本身的构图，也是以大面积的青绿为基调，暖色只是点和描而已，也不是令人眼花缭乱的，如此等等，都是保持面的单纯来衬托点线的施饰。事实上，有了单纯的面才能显出施饰的点线。

就装饰而言，用工少而效果好的，属第一等；工费而效果好的，属第二等；而工既费，效果又差的应属最低等。欲求第一等，除了把握装饰的部位、点与面的关系外，还有装饰本身纹样的简繁、尺度、色调和加工的粗细等不同的因素。

对于屋顶上的装饰零件，如兽头和走兽，其外形轮廓最为重要。首先看其整体的形象，至于细节，如脚尾、麟爪，并不求清楚，隐约可辨即可。在尺度上要掌握视距，即实际的效果，譬如太和殿的吻兽高度超过两米多，是下面看的人所想象不到的。斗栱名件主要是镶边，有时也在地里加描墨道，很少画花，保持了结构构件的坚实感。梁枋彩画纹样一般都图案化，有一两个母题，主要讲求构图组合和色调的整体效果，不着重于单个花纹的表现。当然，园林建筑中的苏式彩画有所不同，也常常写实逼真，着意引人欣赏画中的山水、花卉、器皿、人物。而格扇上的装饰，如木雕，往往形象入微，加工精细，有时绦环板还作成透雕花纹。雀替作为一小构件，处于柱枋跨间，即形成了开间的上角轮廓，又是建筑立面惹人注目的部位，它的装饰处理也比其他梁枋构件的头尾都要华丽。

中国古代建筑的装饰构件，有用烧制的琉璃件，有用漆料施于木质上及在砖或石材上作的雕刻等。琉璃件是用陶土成坯经人工雕塑或模印花纹，然后焙烧，因此凹凸棱角都不能过大。但琉璃是一种很耐久的防水材料，很适合用于露天部位。使用漆料的彩绘易于风化，则处在避雨的檐下和室内。在一些门屋照壁之类建筑中还常见用砖石造而仿木构形式的，檐下的彩画部位也是用琉璃花板来贴砌，故彩画的色调花纹也作了简化。山花、墀头及墙面则常常用砖雕加以装饰，尤其是照壁及门道两侧的八字墙或隔墙用得最多。这些砖雕花纹有些比较浅，多为连续重复的图案，用于边饰，而重点的中心花纹，往往是用特制的质地细腻的厚砖加以雕作，有的极精致。至于那些用砖仿木构的建筑，较大的如塔、殿之类，则不是雕作，而是预制各种形式的定型砖砌成的。须弥座的花纹，是在石头上刻凿，除一些幢之类的较小的建筑外，一般不作复杂的凹凸度大、变化多的浮雕，多半是减地平钑的平雕或浅浮雕，否则费力不讨好，不仅容易缺损，而且削弱台基的坚实感。

新建筑中有一些还是靠人工来模造古代建筑的装饰纹样，显然是不经济的。我们应该发展古代建筑中预制的装饰花板和定型构件的做法。由于预制的构件，花纹主要靠模制，深度不能大，变化不能复杂，因此还应该注意吸取古代建筑中减地平钑、线刻的平雕手法和模印的方法。

我们常有这样的体会，有时一个建筑的平面和立面体部等花了不长的时间就完成了，可是为了设计好几处细部装饰却费了不短的时间和不少的心思，还远不能令人满意。在一些新建筑中也可以看到，虽是几处花纹，设计得好，对于建筑物犹如锦上添花；如果设计得不好，真所谓是画蛇添足了。

对于古代建筑的花纹线脚，我们也应该研究如何在新建筑中继承与发展。首先要了解古代建筑装饰纹样的传统精神。我们见到的古代建筑的装饰纹样，如彩画上、装修上、台基上的，有图案化的，也有趋于写实的，但主要的是图案化的或者所谓程式化的，当然，其中图案化的程度也有不同，有些还保留着写实的特征。

某些装饰图案的母题有着极其久远的历史。像夔龙、雷纹、云纹、回纹，都是商代青铜器上普遍的纹样，只是在以后，通过匠师的继承和创新，构图不断发展，具体形式也有变化，如回纹，有一个个单位均等排列成连续条带的，也有大大小小的回纹相接或套合。莲荷是随着佛教传入而盛行，“出于污泥而不染”，象征高洁，几千年沿用不衰。飞舞的飘带、精美的缨珞，构图十分灵活自由，一直是装饰中常用的纹样。飘带从敦煌壁画中飞天等，缨珞从隋唐佛像的服装衣饰中习见。作为旋子彩画母题的菱花，见于初唐大明宫的铺地砖，可证其由来也很早。百花草（莲荷花、牡丹花、海石榴花种种）、卷草和掬花结带的母题和构图手法，把花朵、花梗、卷叶、丝带，组织得生动活泼，是古代建筑装饰性雕刻（砖、石、琉璃）中的主要纹样，在宋《营造法式》中已用于彩画，这在宋代以前也必有过一段相当长的历史。我们在汉画象石和唐代碑刻上还可看到一些表现藤蔓之类的连续构图的装饰纹样，同后代都有渊源关系。

古代建筑的装饰纹样是以继承为主，一脉相传。我们可以看到，在它的演变中存在着一种从简单到复杂，再从复杂到简单，以及从图案化到写实，再从写实到图案化的反复过程。历史上最早的装饰纹样是陶器上的彩绘纹饰，多由圆点、圆圈、三角形、条纹、波浪纹、旋涡形等组成。人对大自然的认识和描绘是从简单的几何形开始的，花纹均由若干相同的单元构成整体的图案。至青铜器，纹样增多了，如雷纹、蟠螭纹、窃曲纹、夔纹等，但这种模铸的花纹多由若干相同的单元构成，都比较刻板。以后装饰方法从单纯模铸发展到加上雕镂刻划。到了战国时代，铜器和漆器上的纹样，特别是出现了植物纹样之后，遽然变得流畅秀丽起来，它反映了描绘对象的丰富和刀笔工具及制作方法的进步。

以后建筑装饰纹样的来源大概有三个：一、从工艺品来，转用于建筑上；二、直接从自然写生来，用于建筑上；三、沿用传统的纹样。从工艺品（包括生活用品和锦绣等）的装饰过渡到建筑装饰，如彩画之类，大概是从汉代开始。文献中有关这方面的记述较多，如“屋不呈材，墙不露形，裛以藻绣，络以纶连”《两都赋》可能包括壁衣一类的东西。“蒂倒茄于藻井，披红葩之狎猎”（《西京赋》），可能是彩画以莲荷花茎为饰。彩画的图案，据《西京杂记》载，西汉昭阳殿“椽桷皆刻作龙蛇，萦绕其间”，董贤宅“柱壁皆画云气花葤，山灵水怪或衣以绨锦”，这样必然产生一个从工艺品纹样和自然写生纹样（包含想象的成分），转化为建筑装饰纹样的创造过程。这个过程，以彩画和须弥座、栏杆来看，早期的构图比较自由，花纹比较繁密，有的甚至近于写生，像赵州桥的隋代栏板雕刻，还没有划分部位，构图和纹样都很自由。宋代就不同了，已划分为华板、地霞，花纹均匀成连续图案，但花纹本身仍比清式繁密，姿态灵活。南京南唐二陵彩画的花纹，也有活泼多姿的特点。宋《营造法式》彩画开始趋向规格化，但枋心、藻头布局仍较自由，花纹自然繁密，又与设色相结合（用红色衬托），显得华丽。清式如和玺、旋子彩画，枋心、藻头等布局皆有定则，相当规格化，花纹也趋于简单，程式化，设色也以大片青绿为主，显得清雅。宋式划分枋心、藻头用云头，如意头、燕尾种种，也比清式的折线“岔口”要复杂得多。在彩画纹样上，宋式“栱眼壁板”画牡丹种种花盒，再如格子门腰花板的卷叶，平綦、椽头，以及栏板地霞、华板上的花纹，都比清式繁密自然，有些近于写生画，风格迥然不同。

看来，古代建筑装饰花纹的发展，一般是有一个从繁密到简洁、从自然写生到图案化的过程，这也适合于制作加工简化的经济要求和简洁的艺术风格。但是简洁不是粗陋贫乏，图案化不是生硬呆板，这种素朴应该是耐人玩味的素朴，即从复杂中探求出来的单纯，从绚烂中探求出来的清雅，这才是我们所寻求的。

纹样的形式和构图适合于所处的部位，象栏杆寻杖下的荷叶净瓶，是结合原有的栏杆构件，采取某种形似的装饰花纹，这是建筑装饰已经达到成熟阶段的一般特征。而且纹样还表现出所处构件本身与相邻构件的结构关系和结构作用。我们明显地感到，枋和柱交接部位彩画上的锦枋线、卡子，就像构造上必需的零件一样，表现一种如同在梁头加圈铁箍的结实感。同样，斗栱的周角用线，而地上画墨道，很像它的肋骨。特别是斜昂地上一道墨线，微微向上斜弯，到上端来两三折，如抖动状，生动地表现出一种向上承挑的受力感，极简单的纹样包含了多么深湛的艺术构思！

再看石栏杆，一块整料的栏板，却刻作盆唇、华板、地霞等几个部分构成的样子，很真实地表现了原由分件组成而不是整料的构造关系。这种线脚划分，人们看起来是那样的自然，因为它原来是栏杆制作时构造本身所固有的。

须弥座的线脚形式，宋式比较清式似乎更适合于表现结构作用的特征。它们的最上部分（上枋）总是方正的方涩平砖，因为建筑物的屋身就平稳地坐落在它的上面，而最下部分方素的单混肚砖则使台基平稳地坐落在地面上。清式的圭脚做法，虽显得有削弱感，但基本上仍具此特征。

同时值得注意的是，不论是宋式须弥座的下段，从合莲砖到单混肚砖，还是清式的圭脚，都比方涩平砖、上枋向外扩大，使基座本身具有稳定感。尽管壶门柱子砖、束腰部分收进，但在中国古代建筑上，屋身的边柱要比台基的外表面的位置退后得多，而且在台基本身的构成形式上，各段不是等同，壶门柱子砖比例最大，产生了对比，仿佛是台基的座身，使整体显得挺拔有力。清式束腰的形式在这一点上则不如宋式的壶门柱子。壶门柱子砖部分的柱子，其处理形式又加强了这种挺拔有力的感觉，就像一定间隔有什么东西上下顶住一样。这在中国古代建筑的台基转角处理上很普遍，常见的如用直柱子、竹节形式，也有雕作“大力士”肩扛手托的象征性形象，此段上下其他部分的线脚均采取向上扩大和向下扩大的姿态，都产生了一种层层构件的过渡感，即向上支托，向下传布，均很自然。

至于线脚的形式，除了细窄的皮条线外，较大的线脚都不是方角的叠涩，而是采用枭混曲线，也适合于表现构件受力下饱满的弹性，柱础与柱顶石的柔曲线脚连接也是如此，如果用直面相接，仿佛显得刚脆，以为容易错折。而线脚上的花纹，也是结合了线脚的基本形式施饰，如向上扩大的作仰莲，向下扩大的作覆莲，束腰端角用卡子，其他方正的上下枋部分则用连续的浅平雕的番莲、藤蔓、卷草之类花纹，也觉很适合。

我们认为，古代匠师对于这些线脚和花纹的处理所表现出来的特征，不是一种偶然的结果，而是包含了自觉的构思，是艺术成熟的标志。我国古代建筑的装饰艺术，不仅有丰富的遗产，而且有优良的传统。对于传统进行更多的研究，吸取它的滋养，对于提高新建筑的艺术水平是有补益的。

综上所述，古代建筑装饰有这样一条基本的规律，那就是装饰与建筑构成部分的固有联系。譬如利用建筑本身固有的结构构件加以美化，重点施饰于建筑构成部分中的显著部位，在纹样构图上表现结构构造关系等等，使装饰的处理不损害功能和结构的合理性，并且与功能和结构的需要一致（古代一些以砖石模仿木构形式的建筑另当别论）。这就是说，装饰形式不是一成不变的，而是结合某种建筑而产生和变化，建筑的功能和结构形式变化了，装饰的形式也要相应的变化。装饰是以建筑功能和结构造成的形体为基础，是装饰形式去适应它，而不是它去适应某种装饰形式。

对于传统的研究，我们一方面要了解装饰处理所体现的一些规律，另一方面也了解一些具体的手法和形式，结合新建筑的创作可以引为借鉴和参考。

鸳鸯厅大木作施工法

顾祥甫口授

邹宫伍绘图记录

陈从周校阅并跋

1. 开间尺寸

正间一丈五尺。次间一丈三尺。

2. 柱尺寸

（1）廊柱　高一丈五尺。围篾二尺四寸（毛料可加二寸）。

（2）步柱　高一丈七尺一寸。围篾三尺（毛料可加二寸）。

（3）脊柱　高二丈七尺。围篾，正贴三尺（毛料可加二寸），边贴二尺八寸（毛料可加二寸）。

3. 梁尺寸（每界四尺。梁尺寸指中到中尺寸。）

（1）扁作大梁　4×4尺+4尺×0.8=一丈九尺二寸。

（2）三界梁　2×4尺+4尺×0.8=一丈一尺二寸。

（3）荷包梁　4尺×0.8=三尺二寸。

（4）京式圆大梁之尺寸与厅式扁作大梁相同。其他梁亦然。

（5）廊川连出挑头五尺九寸。

（6）蒲鞋头　厚二寸半高五寸。

4. 柱之施工程序

先依廊柱、步柱、脊柱之尺寸选择原材，择原木中之挺直者以围篾测之（取圆木中部量之），符要求者方合格。不需要过大者以免耗损（例如：步柱为围篾三尺二寸，二寸系截刨时应有之耗损）。柱高尺寸在丈量原木时应扣除所用石鼓之尺寸，料长最多以要求之尺寸加一寸，但以不加者为宜。料选定后则可断料，然后将所断之毛料架在两个三脚马上，在两端之断面上挂正中线，根据该柱之两端要求尺寸，划十字线，再用锯叉（两脚规）打对角线，弹出八角形线，向外再弹出十六角形线。根据两端断面上之十六角形，在柱身弹出各角之对应直线，用斧将毛料柱按线砍杀成十六角形，再用斧割角匀圆，以阴刨刨糙、刨光（图1－1）。刨竣后断面之小头划线、打眼、开榫。柱初步制成需与相邻之构件在竖屋（上架）前作会榫加工，使其装配时正确无误，该项会榫工序可在地面放平进行。注意柱身弹线需十分正确，以防柱中段弯曲不直正。

5. 梁之施工程序

（1）扁作大梁高二尺厚七寸（该尺寸与《营造法原》似有出入）大梁之尺寸是围篾三尺二寸，断料时以一丈九尺二寸为中到中，前端加长八寸，后端加长三寸，断料后将料置于三脚马上，在断面（圆形）上划出长方形梁断面线（图1－2），用锯锯成方料，以斧砍杀，刨糙、刨平、刨光。锯下之弧形板，成材者可利用来拼方大梁，或用之拼方三界梁、荷包梁之类。如

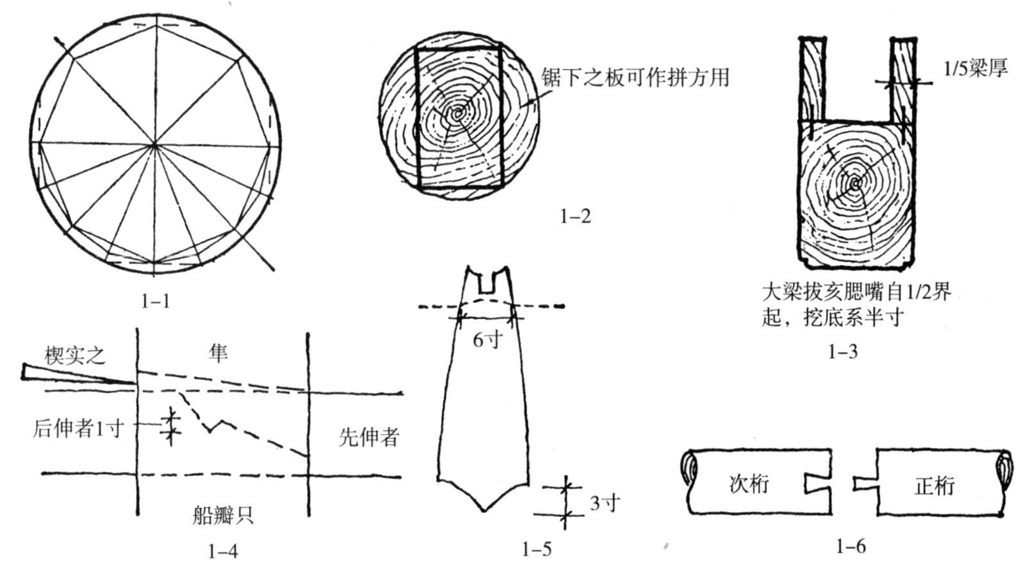

图1　鸳鸯厅木构件加工示意图

不能拼方于大梁时，则大梁所需之拼方板须在板材中选取。板材厚一寸五分或按五分之一梁厚选拼方板。将刨光之料放出机面线、挖底、拔亥线（图1－3），然后再加工完成之。大梁之拼方板每块用六只竹钉，两面两块拼板则共用十二只竹钉拼合之。如遇大梁拼板为硬木时，则可用铁制两头尖之橄榄钉拼合之。所拼部分如上置斗者则斗下部位要填实。大梁梁垫为五寸见方之断面，总长二尺七寸，其中五寸为蜂头（蜂头放长同梁垫高），二寸做羊角榫。竖屋前会榫时可自上而下装入柱上。大梁上置五七斗两座。

（2）三界梁　高一尺六寸厚五寸围篾二尺七寸。断料时以一丈一尺二寸为中到中，前后端各放长八寸，实长一丈二尺八寸，其各项施工程序与大梁相同。拼板为一寸二分厚，竹钉在一块拼板用四只。三界梁上置五七斗两座。

（3）荷包梁　该界长为三尺二寸，前后端各出八寸，断料尺寸应为四尺八寸，梁高一尺，厚为三寸半，梁上拼扇子板厚一寸，梁底挖野鸡眼，亦称脐（用圆凿）。大木拼合成双用钉。

（4）京式（样）大梁　围篾三尺二寸，以备作挖底起拱（拱势最大为一寸）。然后以长断料放线砍杀整圆之，其在脊柱一头之榫长可自脊柱中心加出三寸，在步柱处则加出八寸，脊柱之榫眼高八寸，厚二寸，安装时需加隼名为坐只，精工者用船瓣只（图1－4）。梁之挖底为一寸（大梁在断面上打十字线，砍杀整圆后打挖底线于侧面，挖底须起拱。）。

（5）京式（样）三界梁　围篾二尺八寸，其料长计算时以中到中后两头各加七寸，该梁起拱八分，挖底六～八分。

（6）京式（样）月梁　围篾二尺，其料长计算时以中到中后两头各加七寸。

6. 童柱之施工法

（1）金童柱　高二尺，围篾三尺三寸，断料后断面两头打十字线，然后加工成形。柱口径六寸，柱底放样应放下二分之一之柱口径（图1－5）。

（2）脊童柱　高二尺三寸，其他无变化与上同。

草架内之构件断面及长度尺寸在施工前的放样中算出，表面均从简处理。草架内川用围篾一尺六寸，用长梢木断下小料为之。一般施工前均应算出柱、梁、桁等主要构件之多少，算出后即行落账（即造木料之预算清单），童柱等小料可买零星之短段头木用之。一般所需之小料亦可在大料中节约利用之，如长梢之多馀段头，均应因材而利用之。（从周按：尝见吾乡匠师构童柱，其材以长柱之大头断下而成，亦属至当，盖浙中原材多，选料时可较长，视吴中略有别也。）

7. 桁条之施工

脊桁围篾一尺七寸，普通为一尺六寸，作桁条时需在地面划线同头，然后则匀头刨圆之。

正间之桁二头雄榫，每头放三寸，按其开间之长共放六寸。

次间之桁靠正间一头雌榫（图1-6），另一头放雄榫，落翼边贴则一头出彩头，出彩头按柱中放出五寸。

8. 边贴与轩之弯椽等

墙上之边贴梁、柱、童柱等，其用料断面尺寸，按七折计算可也。但桁条断面尺寸不变。边贴之大梁下，川之下应加夹底。夹底高八寸，厚二寸半，其长短尺寸同正贴构件之尺寸，榫亦相同。

轩之弯椽系在板材上用样板划线，然后二人用大锯拉锯成弯椽，再用弯刨光弯势。

另星构件举凡结构上之装饰，先由大木作放样、配套、会榫，然后送交雕花匠加工成之。

9. 竖屋

水作完成地基、台阶、磉石等地面工程后，搭设竖屋脚手架。由水作依木作之柱头杆在现场进行。柱头杆二寸半宽六分厚，杆尺上划着柱头尺寸、榫眼等，皆为足尺。

竖屋脚手架完工后，木工扛柱进场，搭在脚手架上，再搬运大梁入场。竖屋时需木工八人，泥水工二至三人，须年轻力壮者，运料时均用绳索扛棒，以防止发生事故。

竖屋时以正贴开始，再边贴、廊架。

先吊柱用绞车，吊毕后用看童索带牢，将大梁进库。用绞车吊大梁，进榫装就。吊大梁时步柱脚手架上二人，脊柱脚手架上二人。地下二人打绳结，用马口结，带好内四界，松索，再带廊川，竖屋略正后，水作打斜撑（细长梢木即可用）。进深柱与柱间打十字花龙门撑，开间之间打斜撑，龙门撑地面用木桩与梁柱撑住。为慎重起见，加看索。撑头加好后再发牮，直到正直。水木作互相配合，发牮时用索结在斜撑上用扛棒发牮之。一人用脚踏住柱子，以免柱脚出鼓磴石，牮直后则在撑头木下脚加木桩固定撑木，使构架不变形。

安装桁条在脚手架上两头各一人，将桁条吊上，上榫。

内四界竖好后就需牮正，否则完全竖毕后再牮即费工。

边贴竖屋时不需龙门撑。脚手架长梢木围篾一尺二寸足用。脚手架每高六尺为一层。

鸳鸯厅木作工程需木工贰拾人施工。

水木作全部竣工后，漆工开始进入建筑物中工作，漆工出则铜匠入内（图2）。

* * *

此文为香山顾祥甫先生口述，邹生宫伍笔录者；耆匠所授，余读而有所感焉。忆二十余年前兼课苏南工专建筑科，得识贾林祥先生。贾主持该科模型工作，亦香山人。因贾得奉手顾先生，顾盖受业贾翁钧庆者，贾翁林祥先生尊人也。顾略长于贾，贾以师兄呼之。贾氏世代业木作，祖耕年传钧庆，钧庆少挟技游海上，年二十四建上海河南路天后宫，今遗构尚存（已移建松江方塔公园）。知顾先生学有所自也。

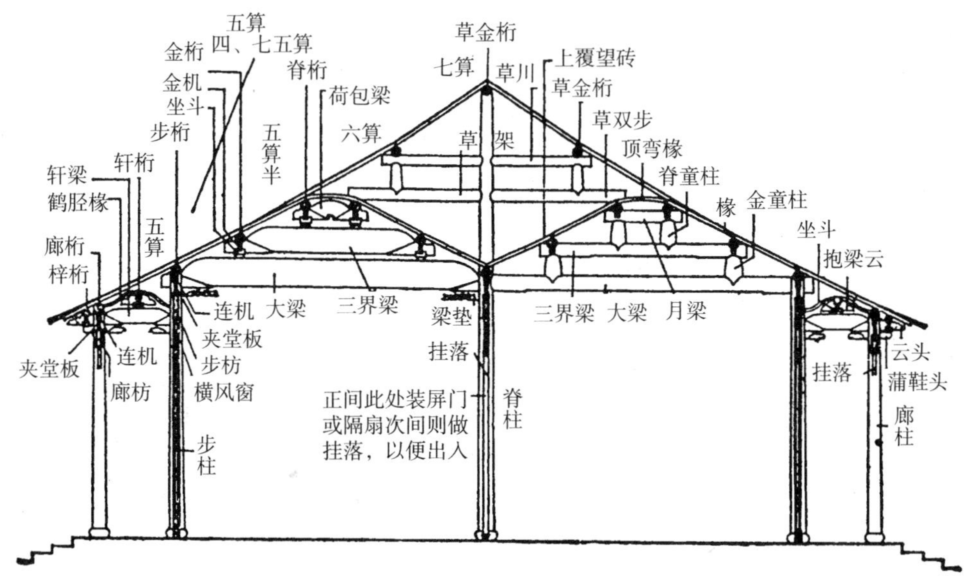

图2　鸳鸯厅正贴式示意图

（录自营造法原图版四）

顾先生因余而来同济大学建筑系，制全套苏式建筑模型，目营心计，皆出手裁，今见物思人，为之泪下。顾先生沉默寡言，诲人不倦，余受惠多矣！以师事之。先生早年久客南浔为庞氏营建宅园。又苏州天赐庄六角亭，今尚巍然于城东者，亦其手构。古稀之年造上海和平公园旱船，犹亲自操作。旋归吴门，不久下世。流光匆匆，于兹十余年矣。今刊是文，述其身世若此。他日录哲匠者有资取焉。

一九七八年十一月游美归记于梓室

陈从周

夯土技术浅谈

单　士　元

我国建筑上的夯土技术发展甚早，过去对这一问题的研究皆以三千年前的商代起始，把殷墟建筑遗存，指为早期的夯土。新中国成立后，我国田野考古事业突飞猛进，所发现的夯土资料比殷墟早得多，根据三十年来考古公布的材料和实地调查所得，加以参阅古代工程书籍有关夯土技术的记录，对其继承和发展择要简述如下。

根据田野考古发掘，早在五六千年前的新石器时代，我国古代人们就已懂得使用工具将土打成坚密的硬土，这就是后世所称的夯土技术。如陕西半坡村遗址的建筑工序，是在穴室立柱之先，挖出柱洞在洞内垫上土，有的还加垫碎陶片，然后用夯打办法夯实，加一层夯实一层。后来的分层夯筑技术是继承半坡发展而来，还有用完整的陶罐底部垫在柱根下的，这是使用柱础的原始形式。1957 年中国科学院考古所在黄河水库发掘新石器时代仰韶文化建筑遗存夯筑的基本情况和半坡村一样。在 T301 房子柱下均垫有扁平的砺石，这是用石柱础的最早典型。

原始氏族社会所创造的夯土技术，几千年来在建筑工程上都在继承着。1974 年在河南偃师二里头发掘出一座大夯土台，历年来已发掘面积约一万平方米，是商代早期宫殿遗址。一组宫殿群建于约百米的方形夯土台基之上，夯土台基厚约二至三米，夯层薄而匀，夯窝小而密，质地坚实。殷墟小屯一带宫殿群的夯土台基，继承了半坡柱洞夯层的办法，而大片台基夯层有多至十层者，此例可以说明最早夯土技术先用在柱洞，随后发展到台基。在殷墟建筑立柱之下，还筑有方圆不同的夯土墩，在土墩上放置卵石。殷墟小屯建筑夯土遗存还留有不少夯窝，在两层之间揭开后，上层的下面突出一个小土柱，下面一层的上面凹进一个小洞，上下接连，有人称之为子母扣式①，这是在夯土技术发展的一个例子（图 1、2）。1975 年在陕西扶风县台陈村西周建筑遗址，出现用大卵石作基，然后在上面筑打坚硬的夯土。这也是在夯土技术中一个新的发展②。1965 年在河北易县发掘战国时代燕下都故城的建筑物，据发掘报告得知原来宫殿群旧址，是由一个大型主体建筑基址，和有若干有组合关系的夯土组成。这是夯土技术发展使多座房子建造在一个夯土台上很好的实例。秦朝著名的阿房宫遗址，它的夯土基台到现在还有一公里多的遗存。公元前 201 年，在骊山之麓（今陕西临潼）所建造的始皇陵，用了大量的夯土工程。现存夯土墙和夯筑地基方圆广袤之大，足抵一个小城市。秦始皇生前巡视天下开筑驰道工程时，已应用铁制工具。据《汉书·贾山传》说，秦始皇为驰道于天下，南极吴楚江湖之上，濒海之观毕至，道广五十步，三丈而树，厚筑其外，隐以金锥。所谓隐以“金锥”就是用铁制夯土工具进行夯筑。1956 年，湖南文物工作队在长沙衡阳曾发掘出战国时代的器物，其中有铁夯锤，口大底略小，口径约 5.4 厘米，长 1.25 厘米，上端有圆孔可装木柄③。由此推

---

① 《殷墟建筑遗存》。

② 《文物特刊 17》。

③ 《考古通讯》1956 年第 1 期。

图 1　河南安阳殷墟小屯建筑遗址夯层

图 2　安阳殷墟小屯建筑遗址

论秦始皇时代修筑驰道的夯土工具大致如此。1977 年《文物特刊》还介绍在郑州古荥镇发现大面积汉代冶铁遗址，其中有铁锤，形状式样与长沙衡阳发掘战国时代的铁夯锤一样。汉承秦制，夯土工具亦有夯锤，如长沙马王堆西汉墓中出土有竹筐和夯锤等物。

三国时期，曹操在邺城筑铜雀台，在它的残存夯土层中有陶片瓦砾，为后世所谓一层土一层石札的夯筑法较早的例子。随着社会和技术的发展，夯土工程量愈来愈大，高大的建筑群也日益增多。现在我国还保存有千年以上建筑，多年风吹不倒，强烈地震不坍，除去在材料上和木结构功能之外，夯打的坚固地基也起了重要作用。在原始社会，夯打基础有素土和黏土或掺碎陶片等。到殷商时代柱根部分又有铜櫍的做法。这都是在技术上发展的实例。

中国古代工程书籍传世甚少，夯土专著更未发现。传世者只有宋代总结唐宋以来工程技术的《营造法式》，据作者李诫叙说，他曾结合劳动实践才总结出来的，其中卷三“筑基”条记载详明，原文如下：

“每方一尺用土二担，隔层用碎砖瓦及石札等亦二担，每次布土厚五寸，先打六杵，二人相对，每窝子内各打三杵。次打四杵，二人相对，每窝子内各打二杵。次打两杵，二人相对，每窝子内各打一杵。以上各打平土头，然后碎石辗蹑令平，再攒杵扇朴，重细辗蹑，每布土厚五寸，筑实厚三寸，每布碎砖瓦及石札等厚三寸，筑实一寸五分。”

《营造法式》所称“每窝子内打几杵，”“次打几杵”，即后世所谓头夯二夯而言。头二人打六杵，即二人相对，每人各打三杵；二夯二人，打四杵，即二人相对，每人各打二杵。所称“用杵辗蹑令平”，是用夯来回夯打。所谓“攒杵扇朴”，是不打夯窝而由几把夯自由找平，清代叫高夯乱打。所谓“重细辗蹑”是再来一组来回夯打。到了清代又总结一部工程专书名为《工程做法》，在“歇山硬夯土”条中记：

“凡夯筑灰土，每步虚土七寸筑实五寸，素土每步虚土一尺筑实七寸，应用步数临期酌定。

凡夯筑二十四把小夯，灰土先用大硪排底一遍，将灰土拌匀下槽。头夯冲开海窝，宽三寸，每窝筑打二十四夯头。二夯筑银锭，每银锭亦筑二十四夯头。其余皆随充沟。每槽宽一丈充剁大梗，小梗五十七道取平，落水压渣子，起平夯一遍，高夯乱打一遍，取旋夯一遍，满筑拐眼，落水起高夯三遍，旋夯三遍，如此筑打拐眼三遍后又起高硪二遍，至顶部，平串硪一遍。”

宋代称铺一次土为“布”，清代称为一“步”。宋代的“杵”，即“夯”，宋杵原物未见过，明清时代的夯，是用整块榆木掏空做出四个立柱，双人夯重市秤九斤，一般重七斤半。宋代所称“辗蹑令平”，清代称为“纳平”，是用芦席铺在上面，然后再辗蹑，这也是一个进步。宋代《营造法式》未提用硪的工具，在夯筑工程上使用铁硪，确切时间尚待研究。清代的硪是用熟铁铸成，成一大铁饼小硪六十斤八十斤，最大的硪重一百二十八斤。大硪上留洞眼八个，每洞眼穿绳二条，共十六条，由十六个人各执一条，同时提起，高低以平为度，而后落下，高硪提高到头部，串硪离地约半尺。所谓“夯筑银锭”，是两夯窝之间的空当距离，两夯窝打过后，距离的空当，即成⌶形。大梗小梗是打过后，挤出的土梗。所谓“乱打”和“旋夯”都是自由式将不平之处找平。

关于小屯建筑遗存中的子母扣状窝层，清《工程做法》中的拐眼应是由它的继承演变。根据清代做法凡落土必落水，尤其在打拐子时。打拐子是在已经夯实的质地坚硬夯土上打，不落水则不易使拐子钻入。但落水以潮湿为度，不能沾夯成泥，拐眼工序是一种特殊夯筑法，从殷墟小屯遗存，可以知道几千年一直是在继承着，使用在夯土工程上。而在《营造法式》上没有记录，清代管这种工序术语叫“打拐子”，又名“使簧”。它的作用是使上下两步土层扣在一起，如同木结构榫卯之样，它的功能是能使夯土更坚硬，各层土结合粘连更紧密。所谓子母扣式的夯层，首先见于殷墟小屯，小屯面临洹河，这条河每年都有泛滥，波及小屯，可能由于这种原因，当日劳动者创造出榫卯式的夯层，可以保证夯土基不致为水一下子冲坏。所以后世拐子工程大量使用在河堤海岸，城墙陵墓，大型台基等建筑。清代末年老瓦工康福成曾参与建陵工程，据其口述所使用的拐子，横木、立木都是圆形，立木下端是方形，下面桃形的东西用铁制成，上端有方孔，将立木方头卡入牢固，成为一个木柄铁钻头的工具，每两步土夯实后，再落水下拐子，用力将拐子铁头钻入夯层，用力右拐转动。拔出拐子后，土层即成拐眼，钻下的土柱，即深入下层。现在陕西西安地区，在夯土工程中还能见到类似拐子的工具（图3）。

图3　陕西西安地区夯土工具

建筑上夯筑是我国的传统技术，在祖国各地，无论盖什么样的房子，首先要挖槽做地基，但在夯筑材料上却因地区的不同和房子等级的高低而异。高级一点的用三合土夯筑，普通用素土夯筑。以北京地区为例，大型建筑，包括宫殿庙宇和衙署府第房基都是用三合土，或一步灰土一步碎砖，这是宋代以来官式做法。早期夯土层有十余层者，明代北京故宫建筑地基有多至三十层者。北京地区的三合土是以灰、土为主，比例为3∶7，每层夯后使用水活，再夯之后再续土打下层。一般房子则用纯素土夯筑或就地取材酌加骨料如碎石片、卵石之类。

板筑墙壁，也属于夯筑范围，而是加板框筑高墙，在北方一般是备四块高一尺二寸、长八尺的木板，夯筑时先筑墙的两堵头作标准，堵头是梯形的挡子。墙的厚度收分，是依照堵头模式逐板往上夯筑。两旁用木杆夹柱木板称为夹杆，使板不走动，在两板之内填入潮湿土随即夯打。第一板打完接打第二板。在第二板打完后再上第三板。第一板所筑之土，已稳定即撤下第一块板叠在三板之上，作为第四板，以此交替使用。一般打墙至六七板为度，有的打完第一板，在夯土上挖凹形沟，再续填第二板的土，打完第二板时，两板的夯土可达到用簧锁住的效果。或在两堵接头处挖立槽作为两堵夯衔接的措施。打到最上层，用土坯铺上作为墙帽子。在屋面上铺黍秸稻草和泥，每年雨季前进行屋面墙帽保养，这就是习称的所谓“未雨绸缪”的意思，这种夯筑墙稻草屋，一般可使用百年以上。

在东北地区吉林省，在夯筑房基时，它的工序最注重下层，要夯打七遍，再往上续土打二层，有的还加一层小石块灌以灰浆，然后才逐层夯筑灰土，这个地区夯的重量大，有超过十五公斤者。哈尔滨为我国寒冷省份，广大农村住房大都夯筑土坯砌造，土坯的泥掺入杂谷壳等。另外还有一种屋墙叫“拉哈墙”，是用黄土稠泥裹入长 80 厘米草辫子，作为筋骨料，两人操作，逐层夯成。“拉哈”是满族语言，译成汉语是“挂泥墙”。在我国南方浙江一带民居板筑墙有多种，都是利用当地材料板筑而成，大体有以下几种：

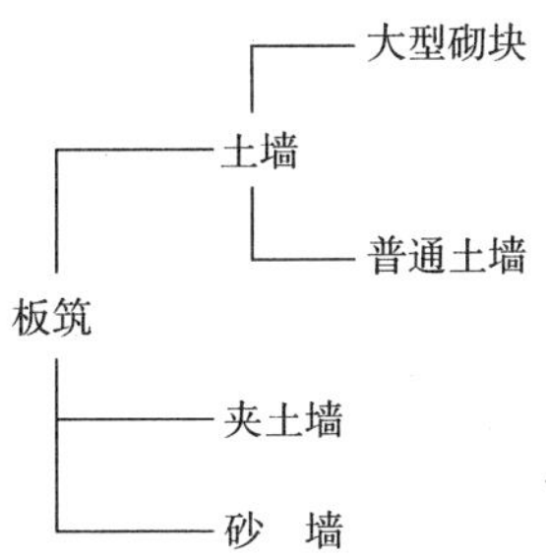

土墙：在挖出创槽土，加水捣拌，愈细愈好，达到粉状为宜。如土质不好，酌加碎瓦片为骨料，南方雨水多，在高墙的山面有作出檐处理，这样全部山面不致为雨水冲刷，夯筑工序大体和北京一样。

夹土墙：在夯土层适当高度，加筑小卵石一层或碎砖瓦片。

大型砌块：在天台一带夯筑墙是用砌块，它和陕西省一带预制小型砌块打“胡基”不一样。一般在现场制造，每块宽 90 至 100 厘米、高 160 厘米、厚 40 厘米。夯筑时打好一块后，再沿水平方向打第二块，第一块侧面上挖出凹槽，接打第二块时，两块之间就像榫卯接连一样。这和北京用拐子使簧同一效果。同时还用三根木棒连接两层土块，用以加固。墙的高度一般是夯筑四块，总高度约达 7 米左右。闽西客家住宅基础结构，在当地的气候土质条件下，房屋基础在挖槽之后，填入卵石灌浆加固，这是就地取材和防潮的需要。板筑墙时要用坚厚的板子，一般高 40 厘米、长 150 厘米（板的长度比北方短）。在夯打时，分块分皮（层）逐层填土夯实，每一墙板分成五皮至十皮，每皮来回打两遍，最后一皮夯打三个来回。在筑至墙板一半高时，放入二三短竹片，到一板完成时再放上天然毛竹管数根，以加强联系和强度。关于拌泥土、注水比例，要求严格，泥土的干湿程度是在拌成后，用手捏成团，拍而不碎为标准。筑成之墙坚硬结实，据当地老人介绍现存的房屋墙壁，还有二百多年前夯筑的。广东省广州市郊区板筑土墙极为普遍，材料也是用黄土砂性土和石灰，其中加上稻草纤维混合组成，也有用当地出产的蠔壳之类作筋骨，墙的厚度一般为40厘米，为了防止雨水冲刷，双层墙的外墙皮用谷糠掺黄土打底，外用石灰粗砂混合材料抹上，名为“档面”。室内单层墙，内皮用石灰粗砂稻草混合材料抹饰。板筑墙内为了增加强度，每隔50厘米，在上放横竹一枝，也有在横竹之间用开边竹绞丝相连起来。加添这种材料的做法，名为“竹筋板筑墙”。再有土坯墙的做法，是先夯筑砖块，泥土每高一尺夯成七寸，夯成土砖后的尺寸为36×20×9厘米。此外还有砖土合造的墙，墙的外皮砌单隅砖墙，内皮为板筑墙，做法在砌砖时，在一定的距离“丁砌砖”凸出与板筑土墙接连起来，可以说这类夯筑土墙以砖为簧。对于防雨和坚固耐久，起很大作用，当地习惯叫它为“金包银”。

夯土基是用木质的或金属的工具，将土打成坚密的硬土，在它上面盖房子，使建筑物稳定安全。在我国广阔的疆土上，各地区各民族几千年来在夯筑技术上，都是继承远古时代传下来的技术而加以发展，根据本地区的地理气候等条件下建造房屋，因而给我们留下丰富的资料。

石窟工程概述

喻 维 国

石窟是古代建筑中的一个特殊类型。它既是巨大的建筑工程，又是伟大的艺术创作。在我国的新疆、甘肃、陕西、山西、河北以及江苏、浙江、云南等地都有存在，现存石窟群在二百处以上。其中尤以甘肃省敦煌市的莫高窟、永靖县的炳灵寺石窟、天水县的麦积山石窟、山西省大同市的云冈石窟、河南省洛阳市的龙门石窟最为著名。在时间上，我国的石窟可以上推到东汉，历经南北朝、隋、唐、五代、宋、元以至明、清，有一千年以上的历史。石窟工程虽然在结构上与一般石构建筑有所区别，但它毕竟是中国古代石建筑的一个重要组成部分。下面就建筑工程角度对石窟作一个初步的论述。

一、石窟选址

石窟选址是一项综合性的工作，它与宗教、地形、石质以及朝向、交通都有着密切的联系。

石窟寺是佛教进行宗教活动的场所。它与一般寺院本没有多大区别。为了有利于信徒们的顶礼膜拜，一般在城市里都建有大规模的寺院。北魏著名寺院永宁寺在洛阳城的中心，宫城的南面。唐长安城中的慈恩寺大雁塔，荐福寺小雁塔，至今犹存。根据佛教的教义，寺院需要有一个清净的环境，尽量摆脱世俗生活的干扰，以便于学经和修行。所以天然山林一直成为佛教寺院与石窟的选址对象。这里一派大自然风光，与世俗生活隔离得更远。如山西的五台山、浙江的普陀山，都是历史上有名的佛教圣地。敦煌莫高窟第61窟宋代壁画中反映的“五台山图”就有寺院67处。唐代诗人杜牧写六朝南京的寺院，“南朝四百八十寺，多少楼台烟雨中”，似乎也大半在山林中。很多的名山都为寺院所盘踞。在现存的自然山水和名胜古迹中，都与佛教寺院有着直接的联系。

一般寺院都采用木构建筑组成层层院落。其主要建筑材料是木材和砖瓦，可以随地形任意组合建造。石窟则有它的特殊要求，即起码要有可供开凿的岩石。因此，它就只可能是在山地，因山开凿。为了取得天然峭壁与优美的景色，石窟选址往往都注意能依山面水，与大自然溶合在一起。如莫高窟之有大泉，云冈之有武州川，龙门之有伊水，炳灵寺之有黄河。四川的乐山大佛临青衣、岷江、大渡河三水交汇的地方，水光山色，气象万千。天龙山石窟开凿在海拔1200米的山上，这里泉水潺潺，云雾缭绕，高山流水，相映生辉。麦积山石窟孤峰突起，有如麦积。唐代诗人杜甫说，这里“麝香眠石竹，鹦鹉啄金桃”，完全处于大自然的环抱之中。登麦积山，正像五代时《玉堂闲话》中所说，“其间千房万屋，缘空蹑虚，登之者不敢回顾”。麦积山山侧有渭水，山前有泉水。在麦积山景色中，麦积烟雨更是一派风光。再如炳灵寺石窟滨临黄河，峭壁千丈。这里的水面幽深，石理纵横，奇峰绝壁，千奇百怪。既具有北方山石的雄伟壮观，又容有南方山石的秀丽玲珑。当你乘上牛皮筏子，停泊在大佛前登岸时，更显得石窟工程的艰巨和佛像的庄严。所以，石窟寺往往选址在山势险峻、流水不绝、景色奇丽的地方，借助于壮观的自然景色，衬托出宗教的形象代表，如佛、菩萨的尊容，从而达到麻醉人民的政治目的。

地质对开凿石窟是一个很重要的因素。根据地质的构造，在一个地区的地质往往变化不大。如四川地区大多为红砂岩，戈壁滩的敦煌为砾岩，洛阳龙门为石灰岩。石窟的开凿不能脱离该地区的地质条件，它只能综合各方面的因素，针对当地岩石的特点，进行不同的加工与处理。在同一崖壁上，石质也有优劣之分。因为沉积岩在形成过程中，往往出现不同岩石的石层和夹层。如云冈为砂岩，同时夹有易于风化的页岩。对石窟的安全带来很大危害。即便在同一崖面上，选择的地位不同，亦有着明显的差别。如有的石窟接近山石的表面，有的洞窟地势过低，也有的石窟接近山坳。这些地方易于受天然水的侵蚀，易于风化。从现存石窟看，大部分石窟对崖面的选择都做了认真的考虑。如云冈的主要石窟占据了好的崖面，窟洞都比较完好。北魏迁都洛阳以后，随着政治经济中心的南移，后期开凿的西部石窟，因接近山石表面，都已大部风化。在莫高窟发展过程中，比较好的崖面首先被占满。唐宋以后，只好在原崖面上见缝插针地开凿。炳灵寺与麦积山都建在完整的崖面上。大足宝顶石窟选在一个山沟里。这里虽然是红砂岩，但有着大面积纯洁而坚硬的崖面，造像雕刻至今保留完好。

在石窟选址中，朝向也普遍受到重视。根据我国的地理气候条件，最好为南向和东向。西向和北向经常受风雨的侵袭，冬季又易积雪，容易风化。敦煌莫高窟开凿于前秦建元二年（公元366年），据唐圣历元年（公元698年）李怀让《重修莫高窟佛龛碑》说：“有沙门乐僔，戒行清虚，执心恬静、尝扙锡林野，行至此山，忽见金光，状有千佛□□□□□造佛一龛……。”乐僔和尚所见到的可能像四川峨眉山的“佛光”，于是选址在这里，开始修石窟。从现状看，这里大泉河自南向北流去，大河两侧都为连绵起伏的沙丘，东面名三危山，西面名鸣沙山。莫高窟选择在河西鸣沙山的峭壁上（这个峭壁有可能是经河水冲刷形成的）。选择了这个峭壁，为大规模的石窟群奠定了坐西朝东的基础。大同云冈石窟在武州川的北面山崖上。据《水经注·漯水》说：“其水又东北流，注武州川水，武州川水又东南流，水侧有石祇洹舍，并诸窟室，比丘尼所居也，其水又东转，迳灵岩南，……。”灵岩就是今云冈石窟。武州川在云冈附近，两侧均为山包。在云冈的一段是从北而南，再转而东去。云冈石窟选择了东西向河床的北侧山崖上，坐北向南。在云冈4窟~5窟之间的山坳中，尚存几个洞窟，都为南向和东向，西向的崖面几乎没有被利用。又如洛阳龙门石窟，伊水自南而北流去，两侧有西山和东山对峙。龙门的主要石窟在西山的崖面上，坐西朝东。至唐代，西山的主要崖面已被石窟占满，再去东山开凿。东山的石窟不多，为了避免西向，也有在山坳中开凿南向的。可见其选址是综合了崖面、朝向和周围环境的结果。

由于选址是一项综合性的工作，朝向问题虽然大部分都处理得比较好，但有的石窟受崖面、地形等方面的限制，不可能都能如愿。四川大足北山石窟在地形、石质和朝向三者平衡的基础上，选择了西向。广元千佛崖临嘉陵江峭崖，沿古栈道布置，也不可避免地选择了西向。

石窟不仅选址于自然山水之间，而且也往往在重要的交通线上。如云冈石窟在当时北魏都城平城通往故都盛乐的要道上。敦煌是丝绸之路的一个重镇。广元的千佛崖位于川陕栈道线上，山前是古代中原通往四川的必经之路，至今尚留有古栈道痕迹。这些石窟既要远离繁华的城市，又要与城市保持方便的联系。因为即使是宣扬超脱的佛教，也总有着巨大的政治经济后台。北魏皇家开凿的石窟云冈离平城仅30里，龙门在洛阳南25里。云冈、龙门都是北魏皇家的崇佛圣地，皇室曾多次临幸。

二、窟洞的开凿

在天然峭壁上开凿窟洞，不仅石方量少，而且容易取得形势险要，景色奇丽的自然环境。但天然峭壁不可多得。一般山石都有一个自然倾角，因此，陡峻的山坡，往往是选址的对象。如云冈、龙门、广元千佛崖等就是。

在陡坡上开凿石窟，首先得进行开山。

开山的目的在于建成一个人为的峭壁，便于在这峭壁上开凿洞窟。《魏书·释老志》记载洛阳龙门的宾阳三洞说："景明初，世宗诏大长秋卿白整，凖代京灵岩寺石窟於洛南伊阙山，为高祖文昭皇太后营石窟二所，初建之始，窟顶去地三百一十尺，至正始二年中，始出斩山二十三丈，至大长秋卿王质谓：斩山太高，弗功难就，奏求下移就平，去地一百尺，南北一百四十尺。永平中，中尹刘腾奏为世宗复造石窟一，凡为三所。从景明初年至正光四年六月以前，用功八十万二千三百六十六。"这里所说的斩山，就是为建成人工崖面的开山工程。今宾阳三洞前广场南北宽33米，东西深15米，峭壁高30米。开山的石方是在一万方以上。可能到完成宾阳中洞窟内雕刻时，前后经过二十四年之久，用人工八十万二千多个（图1）。开凿于北魏的云冈第3窟是云冈最大的石窟，也是一座没有完成的石窟。根据设计要求，峭壁成阶梯形，室外开山石方量在一万六千方以上。唐代武则天时在洛阳龙门开凿的奉先寺，为了减少石方，选择了一个微带凹形的山坡，奉先寺和四川乐山高71米的大佛，开山的石方量都在三万方以上。奉先寺南北宽36米，东西深41米，本尊卢舍那佛坐像高17.14米。据《大卢舍那象龛记》，"粤以咸亨三年（672年）壬申之年四月一日，皇后武氏助脂粉钱二万贯……至上元二年（675年）乙亥十二月三十日毕功。"历时三年九个月完成。在东西长达一公里的云冈石窟群，山前的峭壁全都是开凿出来的，其工程之艰巨，是不难想象的。

在峭壁上开凿窟洞是石窟工程的主要内容。它与开山工程相比，在技术上要复杂得多。根据传统经验，一般窟洞的开凿和开采石料的工序相同。天然岩石容重大，石块移动不易，人在岩石上施工，比在岩石下施工，既方便又安全。所以窟洞施工本着自上而下、自外而内的顺序，逐步向内推进。为了确保窟洞的完整，不偏移走样，必须首先在峭壁上放样，开凿洞窟时，从门洞的上部开始，沿门洞引进水平线与中线。但一般窟洞的内部比门框高大得多，开凿工程进入门洞后，就必须根据设计的要求，向上斜凿一条施工道，努力创造自上而下的施工条件。当到达预定高度后，再自上而下大面积开凿，直到要求的地平。

图1　龙门石窟宾阳洞

大型石窟的开凿与一般石窟的开凿原理相同。但由于窟内空间高大，窟中又往往有大佛，成了一个容有大佛的空井。如北魏早期的云冈昙曜五窟，窟内空间高度20米左右。这类高大的石窟，如使用从窟门向上斜凿一条施工道的方法，就成了不可能，必须有新的方法代替。

容有大佛的窟洞的共同特点，是窟前的门楣上都开有明窗。不仅云冈如此，麦积山、莫高窟也莫不如此。如麦积山的第135窟，即天堂洞，就横向开了三个明窗。莫高窟第130窟，有上下明窗二层，第96窟上下明窗四层。这些迹象都说明明窗不但是有利采光、通风，大型窟洞的明窗，正是石窟上部施工时的门洞，是最先打进去的缺口。所以它也是自上而下施工留下的痕迹。在一组有统一计划开凿的洞窟，由于自上而下施工，施工时又随时调整造像的比例，当开凿到下部时，就出现地面高低差错，不在一个水平面上。如云冈昙曜王窟中的17窟地平比18窟降低了近1米。

石窟开凿的过程，不但自上而下，由外而内，而且由粗而细，逐步加工。单项窟洞工程，往往又在上部有一定高度与空间时，由于形成了一个施工台和施工面，上部的细部加工就可以同时进行。可以一面自上而下开凿，一面又由粗而细地雕刻。由于一个大型洞窟往往需要经过几年以至几十年的开凿时间，因此，上部与下部的雕刻与处理手法，就反映了不同时代的特征。如龙门的古阳洞，上部的造像与雕刻较早，北魏孝文帝时窟内地平在现在的莲花座。以下的台座、狮子以及壁面上的造像均为宣武帝、孝明帝时的作品。这种自上而下，自外而内，由粗而细的施工方法，既符合石材开采与加工的一般规律，又免去了搭大量脚手，既安全又省工。

随着窟洞工程的开凿，使原有的自然倾角，变为人为的峭壁，原为实体的岩石，布满了密如蜂窝的窟洞。这就改变了山石的面貌，破坏了山石的结构，使岩石的应力分布产生变化。其中最重要的是山石失去了侧压支撑力，容易产生与崖面平行的岸边剪切裂隙。以致使不少石窟受到破坏或崩坍。同时对石窟的风化也带来了严重的后果。

岩石的崩坍与风化，本来是自然现象。影响崩坍与风化的主要因素是岩性和水。从现存石窟内部观察，由于失去侧压力造成的裂隙，严重的可达二、三条。敦煌莫高窟的前室已大部分崩坍。窟内风化的部位，一为窟的顶部，一为窟的下部离地面二米左右。此外，紧靠山崖的壁面也易于风化。但窟洞的外壁都比较完整。这正说明与水的渗透有着密切的联系。大同云冈的岩石为侏罗纪中粗粒砂岩，岩石性质纵横变化很大，交错层理发育，岩石的矿物成分中多含长石，胶结物以钙质、泥质为主。敦煌莫高窟的岩石为老第四纪酒泉砾岩，并夹有砂岩，岩性变化很大，交错层理发育，上部为泥质胶结，下部为钙质胶结。大气降水从顶部和四壁透过岩石中的孔隙与裂隙渗入窟内，遂使岩石中的胶结物碳酸钙溶蚀，并使岩石中的主要矿物长石蚀变，成松散的粘土矿物。泥质胶结的则更为严重。从而使岩石解体，加速了岩面的崩坍与风化。为了防止和减少崩坍与风化对石窟的破坏，在工程技术上合理解决排水问题尤为重要。北魏云冈石窟沿石窟的顶部曾整修过一条排水坡道。把窟顶的水引向低洼处，减少水在裂隙中渗透，也避免了山坡上的水流向窟面，倒入窟内。唐代龙门奉先寺佛龛，更于峭壁的上方与两侧修筑了一条宽1米~2米、深1米~2米、长120米的排水沟，有效地保护了佛龛。乐山大佛，在佛头的发髻里组织了三条排水系统，使雨水从背后的排水沟排掉。这些措施对石窟的保护都有很好的效果。

另外窟洞内部的排水也很重要。岩石中地下水的渗入，气温变化的凝结水，以及雨水、洪水对石窟的保护都有影响。所以一般窟洞的顶部、地面，包括石窟的门洞、窗洞，都采取了与东汉崖墓一样的做法，即做成内高外低，以利于窟内水的排除。

石窟开凿过密，过于集中，显然也对石窟不利。敦煌莫高窟的北段石窟和云冈石窟的西段石窟，左右相靠，上下相接，石壁几成了石板，有的石壁因过薄而相通。为了能利用不大的岩面，建造大而安全的石窟，大概在晚唐出现了把窟洞的主体推进到岩石的深处，在窟洞前开凿长甬道的方式。这样可以使窟洞分散，崖面的应力不过于集中，有利于窟洞和崖面的安全。在这个基础上，可以开凿大型洞窟，同时窟内的造像、壁画都可以得到很好的保护。这种方法为五代、宋所普遍采用。

当然，开凿洞窟必须因时因地制宜，不但各个历史时期会有发展，各地区也会有各地区的特点与传统，各种不同的窟型也可以有各种不同的开凿方法。这些都有待于进一步研究。

石窟开凿工程中，利用天然洞穴大概是一个古老的方法。炳灵寺第169、172窟，就是离地面约30米的天然山洞。169窟壁面上的题记为“建弘元年（公元420年）三月二十四日造。”可见为十六国西秦时开凿的。在石窟寺中属于早期作品。这两个洞在天然洞穴的基础上很少人为地加工。其造像均依据天然洞穴的自然形态进行布置，有的地方使用土坯墙进行分割，是一个特殊的例子。龙门石窟的最早洞窟古阳洞，以及火烧洞、莲花洞、老龙洞等，本来也都是天然洞穴，但人工的开凿比较多，已难以看出天然洞穴的痕迹。但在古阳洞、火烧洞佛座后面，都有纵深的天然洞穴。古阳洞的天然洞穴长达30米。由于龙门为石灰岩，溶洞的存在本来就是自然现象，在溶洞基础上进行加工，可以大大节省工程量。

据冯国瑞编《麦积山石窟志》说，麦积山“最初为天然之许多岩洞”。从现存山西大同云冈的现状看，云冈石窟亦有利用天然洞穴的可能。

在湖光山色的杭州，尚保留有五代、宋、元的石窟，也多利用天然洞穴，而且很少人工加工。它与杭州自然山水相融合，形成杭州石窟艺术的一大特色。

三、石窟的型制

除天然形态的窟洞外，石窟的形制一般可分为平顶小窟、复框形方窟、复斗顶方窟、中心柱窟、穹窿顶椭圆窟、崖阁、横长方窟以及大型佛龛、摩崖寺。此外，各形制的变体，特殊的形制与组合还有不少。

平顶小窟可以敦煌莫高窟267窟～271窟为代表。这组窟开凿于十六国时代，是敦煌最早的作品之一。其中以268窟为主窟，宽仅1.2米，深3.2米，在两侧连267、269、270、271四个龛窟。龛窟仅能容一人禅坐，所以它是一组以坐禅为主体的窟。其顶部雕刻平綦天花。支条斗八相套等木构建筑形式。同时在壁面的彩绘中尚有希腊柱式的形象，是中西文化交流的见证。莫高窟第275窟规模稍大，宽3.4米，深达7米。在平顶的两侧凿出木构建筑的椽子，断面成纵长的梯形，与东汉空心砖墓的结构很类似。275窟也是十六国时代的作品，可以看作是早期平顶小窟的一个发展。

覆框形方窟是一种平面方形，四壁有收分，四角有如木构的侧脚，但微带曲线。很像一个倒覆的箩筐。其顶部虽为平面，但面积不大，整个结构与穹窿很相近。这种窟型在北魏石窟中普遍存在。尤以云冈西部石窟最为常见。炳灵寺石窟亦有类似的做法。它在四壁自下而上成阶梯形收分，窟洞空间不大，结构更接近于穹窿。

在著名的敦煌莫高窟中，覆斗顶方窟占绝大多数。其规模可从10平方米到260平方米。窟的壁面有不明显的倾角，看上去似乎是垂直的。其特征是在方形平面上加上覆斗形的顶盖。在中央凹进部分塑造成斗四、斗八藻井。平面布置大多为正面开龛、凿造像，也有三面开龛的。开凿于西魏的第285窟，正面开佛龛三个，二侧开禅龛各四个，是覆斗顶方窟中的一个特例。早期的佛龛背光成坡形向外延伸，与窟顶自然相接，有利于对佛像的瞻仰。至隋代，龛内造像增加，最多可至九尊。龛的进深也随之加大，龛座的位置也提高了，龛边凿出双层线脚，很像一个小型舞台。唐代后期更出现了盝顶的龛顶，仿佛是陈列室的橱窗。这些佛龛都是在方形窟主体工程基本完成的情况下开凿的。所以佛龛与窟洞之间都很明显地以窟壁为界。

唐代末年又出现了窟中央设坛的布局，坛上列造像，有如唐代五台山的南禅寺大殿。有的还使用了佛坛背后设屏的做法，宛如木构建筑在大殿内的屏风。五代还出现了在覆斗的四角雕塑佛的保护神四大天王的形象，从其出发点来看，可能是想借助于四大天王，以期达到加固石窟顶部的目的。

敦煌莫高窟一般都分前后二室。因前室大多坍毁，原状已不清楚。从遗迹来看，大多是人字披顶。唐代在前室两侧，有开凿龛形小窟的，形成了几个窟的组合体。

覆斗顶与拱形结构相接近。在方形平面上使用复斗顶取得了结构与形式的统一。所以在敦煌地区自北魏至隋、唐、宋、元一直沿用，而在敦煌莫高窟中占主导地位。

中心柱窟是北魏石窟的一个主要窟型。其特点是在窟洞的中央偏后有一方形石柱，上面与窟顶相连。云冈中心柱窟有七处。其形式有两种，一为塔柱，外观似一座楼阁式木塔，以第51窟五重塔最为完整。另一种是方柱式，在方柱的四周分层凿佛龛，以第6窟的雕刻最为精细。莫高窟的中心柱窟，在石柱前留有较大的活动空间，其顶部为仿木构的人字坡，提高了石柱前空间的高度。这种中心柱是在开凿石窟时预留的石墩，然后经过雕刻加工，在结构上起到对窟顶的支撑作用。在中心柱周围的窟顶，一般为平面，也有在边缘地方做成曲线的。因为中心柱有着四个壁面，可以布置较多的佛、菩萨与宗教雕刻，它是信徒们膜拜的对象。所以一度成为重要的石窟类型之一。但北魏自平城迁都洛阳后，在龙门石窟中，中心柱窟就不见了。

大足北山第136窟开凿于南宋绍兴年间。窟顶有条天然的大裂缝。为了加强对窟顶的支撑，在中间雕刻了一个八角形转轮藏。转轮藏立八根石柱，中间透空，既起到了支撑窟顶的作用，又减少了光线与视线的阻挡。也许是中心柱窟的一个变体。

穹窿顶椭圆形窟，为以大佛为主体的窟洞所普遍采用。其典型例子可以云冈16窟~20窟，即昙曜五窟为代表。

云冈16窟~20窟，开凿于北魏和平年间。它占据了云冈西部的主要崖面。从布局看似乎以19窟为中心，二面对称布置。虽然记载说“凿山石壁，开窟五所”，但在20窟之西，可能保留有两个窟洞位置。辽代在东面的16~18窟前曾建有木构11间。可见在辽代时曾以17窟交脚坐佛为中心，把16、17、18三窟看成一个组群。16窟~20窟的平面都是不规则的椭圆形。一般前宽后窄，两侧后段与正门的位置均略为鼓出，基本上可以说是腰圆形平面。窟内大佛高13.5米~16.8米，充塞了整个空间，窟顶成穹窿状。20窟的前壁已于辽、金时坍塌，大佛暴露在外面（图2）。

图2　云冈第20窟大佛

龙门石窟的一些大窟，尽管平面变成前方后圆的马蹄形，但穹窿顶仍被沿用。如古阳洞、宾阳三洞等。龙门石窟的穹窿顶，正中都雕有大莲花，其中莲花洞的莲花尤为突出。它雕刻精细、主题突出、立体感强，与周围图案配合得很协调，所以人们称之为莲花洞（图3）。

敦煌莫高窟第96窟和第130窟开凿于唐代，其造像高度分别为33米和26米，比云冈第5窟、第19窟两尊北魏大佛几乎高了一倍。但仍采用了敦煌普遍使用的覆斗顶方窟。因为窟的空间高大，窟壁有着明显的收分。

图3　龙门石窟莲花洞

崖阁以麦积山石窟保留得最完整、最典型。在佛龛外用柱廊构成宏伟的外观，是崖阁的主要特点。它与四川崖墓的关系很密切。四川崖墓大多开凿于东汉。一般是二、三墓穴为一组，墓穴前有共同的祭堂，用石柱分为二、三间。石柱的上面雕刻成木构建筑的屋檐形象。麦积山崖阁也正是这样。文献记载："昔西魏大统元年（公元535年）再修崖阁，重兴寺宇。"文帝皇后乙弗氏死后，又"凿麦积崖为龛而葬。"现麦积山第43号窟，原名魏后墓，窟前有柱廊三间，在佛龛后有墓室（图4）。这正说明了这种崖阁与崖墓不仅形式上有联系，而且都是墓葬。不同的仅是魏后墓增加了宗教的内容。在时间上，麦积山28窟与30窟可能更早。麦积山处在古代陇蜀的主要交通线上，四川崖墓形式为麦积山石窟所继承是完全可以理解的。麦积山崖阁以上七佛阁规模最为宏大。上七佛阁的七个佛龛平面都为方形，锥尖顶，四角有柱，锥尖有木构斜梁的形状，顶有垂莲。佛龛前八角石柱八根，高8米余，使七个佛龛联系成一个壮观的整体。柱下雕刻的莲花柱础，健劲饱满，柱廊顶部有薄肉塑飞天图案，反映了北周的工程技术与艺术的高度水平。

图4　麦积山

这种崖阁的形式，在云冈石窟尚保留痕迹。云冈12窟与麦积山43窟相似，都是在一个窟洞外，凿有三间柱廊，其上凿出木构形式的屋顶。现存完整的石窟檐已不可见，但从云冈12窟与麦积山第43窟相似来推论，崖阁与窟檐本没有多大区别。云冈的5、6，7、8，9、10三组成对的石窟，前檐都已坍毁。9、10窟的石柱还存在，上面原来当亦有石窟檐。云冈第12窟窟壁上雕刻的屋形龛，以及第51窟之塔柱所反映的佛龛，也是崖阁形象的一个反映。从四川崖墓、麦积山崖阁到云冈的石窟檐可以清楚地看出它们的继承关系。

敦煌莫高窟由于崖面的坍落，窟前是否有崖阁式的柱廊不得而知，现存的唐、宋木窟檐六处，可能是在石窟檐毁了之后重建的。也可以看作是崖阁的遗痕。

与崖面相平行的横长方形窟洞，主要适用于卧佛。窟内的主题是一大佛横卧在佛坛上，周围有弟子、菩萨群像，用以反映佛涅槃的故事。在个别情况下，一窟中并列数尊造像也采用横长方形的窟型，这在麦积山、敦煌莫高窟都有实例。这种窟型在结构上并不特殊，它可以是长方形的覆斗顶，也可以是平顶、筒券顶或人字坡顶。但其窟洞方向与崖面平行，对窟洞的安全不很有利。

在唐代武则天时期，各主要石窟都出现了大佛或以大佛为中心的造像组群。这是继北魏以后开凿佛的一个高潮。值得注意的是，唐代大佛创造了一种新的布局方式，即排除了窟洞的形式，而采用露天佛龛，露天大佛的方式。这种改动是一大进步，使大佛从窟洞这个框框中解放出来。在大佛前形成了大广场，便于人群的活动，或在崖面上的大立佛，可以便于远眺。现存大佛如麦积山隋代大佛高约13米，唐代的炳灵寺大佛高27米，龙门奉先寺大佛高17米，四川乐山大佛与凌云山的天然崖壁等高，达71米，成为世界上第一大古佛。

露天大佛是小型佛龛的发展。在小型佛龛中，最集中的莫如千佛、万佛的窟洞。这些佛龛基本上是浮雕的形式。窟壁上下左右排列着整齐的小佛龛，在佛像背后雕出龛的形式。由于尺寸过小，数量过多，所以刻划都很简单，但造型还很逼真，大体大面毫不含糊。如果把这种佛龛加以扩大，那就成为龙门奉先寺的形式，也与云冈20窟前部坍毁的形式相似。

大足宝顶石窟开凿于南宋，它以佛传故事为题材，出现了类似连环画的大型造像雕刻，是在摩崖造像基础上的一个发展。

露天大佛原来是没有顶盖的。但经过长期的自然侵蚀，受到不同程度的损坏，所以后来加上覆盖物，以资保护。这些覆盖物多为木构建筑，由于佛像体量大，所以又常建成多层楼阁。在龙门奉先寺、乐山大佛的壁面上尚可见到痕迹。

此外，在窟洞外加木构窟檐与木构楼阁的，也是普遍现象。木构楼阁、窟檐、院落，对扩大石窟寺的活动空间起到很大的作用。有可能在开凿石窟时就有建造，成为石窟与木构相结合的寺院。在敦煌莫高窟中，唐代石窟占一半以上。据《大唐陇西李府君修功德碑记》：“右豁平陆，目极远山，前流长水，波映重阁。”可见在唐代窟前就建有楼阁，至今尚存唐宋窟檐六处，第96窟前有木构楼阁九层。五代时浙江新昌大佛前曾建三层楼阁，及房屋数百间。据《水经注·漯水》描写云冈：“凿石开山，因岩结构，真容巨壮，世法所希，山堂水殿，烟寺相望，林渊锦镜，缀目新眺。”作者郦道元是北魏杰出的地理学家，可见在北魏时，云冈石窟就是石窟与木构殿堂相结合的大型建筑群。《大金西京武州山重修大石窟寺碑》中记载了云冈有寺院十所。在3、8、9、10、16、17、18、20等窟的崖面上，都有历史上留下的木构梁孔痕迹。在9、10窟前，经考古挖掘，证明在地下还埋有辽代的柱础。现存5、6窟前的木构楼阁与院落是清代顺治年间所建的（图5）。

图5　云冈第5、6窟前楼阁

四、石窟栈道

大规模的石窟工程，除窟洞开凿外，各窟洞之间的交通联系也很重要。根据地形与石窟分布的特点，可以有各种不同的处理。如云冈石窟随着山崖开凿成长条形，东西长1公里，上下层数不多，所以其交通联系，是把主要石窟前的道路相连，基本上就可以到达。龙门石窟虽然也是沿山崖开凿成长条形，但上下层次较多，而且主要窟洞上下参差，所以除窟前的主要道路外，必须要靠上下的踏跺和斜坡。在窟前结合开山工程开凿道路，利用踏跺与斜坡联系各窟洞是一般常见的方法。但在陡峻的峭壁上开凿阶梁与斜坡的工程太大。在几乎垂直的峭壁上开凿踏跺几乎成了不可能。所以架设栈道也成为重要的方法之一。

栈道是我国古代劳动人民的伟大创造，有着悠久的历史。在悬崖绝壁、水流湍急的地方，多设栈道以利通行。如《史记·蔡泽传》："栈道千里，通于蜀汉，使天下皆畏秦。"宋《舆地纪胜·石栏桥》记载四川绵谷县的栈道，桥阁共一万五千三百六十间。栈道是采用木构的方式，在崖壁上开凿洞眼，利用悬臂结构建造的。由于木材本身的缺陷，在露天情况下，经不起长期的自然侵蚀，所以历史上的古栈道，至今只在岩石上留下了痕迹。

在现存石窟中，栈道以炳灵寺和麦积山最为突出。

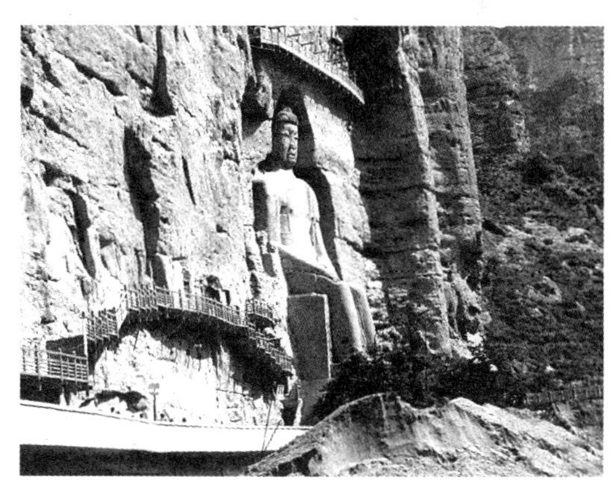

图6　炳灵寺栈道——天桥

炳灵寺在甘肃省永靖县小积石山，分上、下两寺。下寺在黄河北岸，大寺沟的西崖上。这片天然崖面高约60米～70米，南北长约160米。因为下面临黄河水面，上下是峭壁，所以各窟洞之间的交通全靠栈道和木梯级。历史上留下的栈道孔眼历历在目。1952年调查时，因栈道毁坏，不少洞窟不能到达。经修缮后，现最高处的栈道——天桥距地面约30米，下有梯级九段，是连接169窟～172窟的通道（图6）。在天桥之上尚留有整齐的洞眼三排，可能在天桥上原来还有栈道，并建有屋盖。

麦积山石窟的栈道，是已知规模最大的一处。也是栈道工程的典型。在1952年调查时，也同样有不少洞窟由于栈道不通，不能到达。麦积山石窟崖面长200米，高约100米，栈道最高处距地面70米，上下梯段20段。共计栈道336间，全长800余米。现残存在崖壁上的孔眼10厘米方以上的1992个，大部分是栈道挑梁的遗迹。麦积山栈道工程之艰巨、伟大、惊险都是它处所不可比拟的（图7）。

栈道的主要结构形式是悬臂梁。其断面、长度以及插入崖面的深度都不尽相同。麦积山崖面上的梁孔断面一般为40厘米×50厘米，深50厘米，在上七佛阁下的梁孔可达60厘米×70厘米，深1.2米，最深的可达1.4米。各梁孔之间的水平距离为3米～4米。炳灵寺崖面上的梁孔都比较小，一般断面为20厘米×22厘米，深28厘米～30厘米。

图7　麦积山栈道

悬臂梁的结构可分为三种。一种是最常见的单根悬臂梁。在两悬臂梁之间搁筒支梁，之上铺木板。栈道宽一般1～1.5米。第二种是在悬臂梁下加托梁，成叠涩出挑的形式，借以增加崖壁处抗剪能力。第三种是组合悬臂梁。即悬臂梁分上下两层，两层之间用短柱相连，共同承担上面的荷重。为了避免梁头处的下垂，梁孔都凿成外面高、里面低，使悬梁头微微起翘。梁孔一般比梁断面宽大，使用大小木楔固定，并通过木楔对悬臂梁进行调节，也便于悬臂梁的拆换。栈道栏杆的构造大抵有两种。炳灵寺172窟留下的宋代栏杆，是在悬臂梁头开垂直卯孔，将栏干望柱插入梁头。现存麦积山栈道也普遍使用这种方法。第二种是将栏干望柱下开水平卯孔，套在悬梁头的榫头上。这种方法为炳灵寺大部分栈道栏干所采用（图8）。

图8　炳灵寺栈道栏干与挑梁之联系方法

除悬臂梁外，如在栈道下有坡度平缓的岩面，或可以支架柱子的话，便可使梁的一端用立柱与下面岩面相连。做成一端固定、一端铰结。在中七佛阁尚有使用三层梁纵横重叠结构的。即立柱上安与崖面平行的纵梁，纵梁上置与崖面垂直的横梁，横梁上角置纵梁。其上铺木板。但这种结构形式只适用于栈道下有岩石可以支撑立柱，但地形又比较复杂时使用。

上述石窟栈道的构造原理，与古代交通栈道以及四川山区的民居、住宅、吊脚楼一类建筑相一致。

在数十米高的峭壁上架设栈道是一项艰巨而复杂的任务。据五代《玉堂闲话》说：“自平地积薪，至于岩巅，从上镌刻其龛室神像。功毕，旋拆薪而下，然后梯空架险而上。”在麦积山民间尚流传着“砍完南山柴，修起麦积崖，”“积木成山，拆木成功”的说法。如果这个记载与传说是可信的话，那么当时石窟施工确实是搭起了大规模的脚手架。既然搭起了脚手架，栈道就可以通过脚手架施工。待施工完毕，拆除脚手架后，再通过架空的梯级和栈道，登上窟洞。但也必须看到，大型的石窟工程，不可能一次兴建，一次完成。不仅一个石窟群须要数十年以至数百年的时间，一个单体石窟有时亦会拖延很长时间。在陆续兴建过程中，不一定都有大规模的脚手架。麦积山连接东西崖面的天桥离地面70米，长50米，其建造在唐代中部崖面崩坍以后，全靠脚手架施工是不现实的，也是不经济的。根据新中国成立后修复炳灵寺和麦积山栈道的经验，自下而上修建栈道，必须在可以攀临的条件下方可施工。所以一般在一个梯段的高度必须建一平台。这个平台既是攀登时的休息平台，又是施工平台。然后再以这个平台为基础，再向上一个梯段，这样逐层修建到需要的高度。栈道在水平方向的延伸也是以平台为起点，采用悬臂出挑的方法，一间复一间地延伸过去。这都属于“缘空蹑虚”的高空作业，其惊险程度是可以想象的。

石窟的开凿以及栈道的施工，必须借助于垂直运输。麦积山万佛洞离地面50余米，洞中北魏和唐代的石碑、造像20余件，都是从他处运来的青石。通过栈道运输也未必方便。据文献记载，我国周代就有使用滑车的，东汉明器反映的四川盐井都使用滑车。所以利用滑车与垂直绳索架设梁板，输送材料是完全可能的。

五、窟洞与造像的加工

窟洞与造像的加工，和岩石的性质有着密切的关系。现存石窟一般开凿在砂岩、石灰岩、砾岩上。其中石灰岩石质细腻、坚硬、耐风化，最宜于雕刻加工。著名的龙门石窟就开凿在石灰岩上。砂岩是石窟中最普遍遇到的岩石，它的矿物成分与胶结物有很大差异，硬度差别亦大。在四川地区的红砂岩都很疏松。山西云冈的砂岩比较坚硬，是砂岩石窟的代表。砾岩是卵石、砾石与砂、泥等混合胶结成的岩石，不利于加工，可以敦煌莫高窟为代表。石窟在花岗岩上开凿的不多。因为花岗岩过于坚硬，对开凿与加工都不利。

敦煌莫高窟属酒泉砾岩，由卵石与砂胶结而成。经开凿的窟洞表面高低不平。由于卵石与砾石的硬度、大小、密度都不一致，给表面处理、加工带来了困难。所以敦煌石窟的加工与造像都借助于泥作，把石窟的开凿与泥塑、彩绘结合起来。

麦积山石窟为红色粗砂岩，也同样使用了泥作的方法。永靖的炳灵寺石窟虽为红砂岩，以石雕为主，但泥塑亦占一定比重。有的为石胎泥塑。敦煌莫高窟和炳灵寺、麦积山都处在甘肃省，在地理上都在古代中原通往西域的交通线上，所以除石质较差的自然因素外，文化的交流、影响，以及继承性、地方性，形成了窟洞采用泥作加工这个共同特点。

砾岩等较差的岩石，经开凿后表面像砖砌体墙面一样进行粉刷。粉刷的材料主要是黄泥加麦秸。其厚度约 1 ~ 2 厘米。为了增加粉刷层与壁体的粘结力，也有在窟的岩壁上凿孔，孔内打入木桩再粉刷的。如麦积山万佛洞壁面残留的木桩孔眼约 7 × 7 厘米，上下距 30 厘米，左右距 60 厘米。在壁面上原有彩塑。塑面粉刷经过打底、找平、粉面三道工序。打底为黄泥加麦秸，找平层在黄泥中多夹有棉花之类的纤维，其上刷以白色的高岭土。这就成了壁画的底子。

泥塑造像的构造，最常见的是以木架为骨，在木架上涂草泥，其间夹以绳索。有的地方可包以芦苇，或以芦苇为支架。在四肢以及转角处用麻绳捆扎。西魏的麦积山第 44 窟，在手指、衣带等细窄部分，有用铁丝为骨架的。

泥塑的草泥一般都分层涂抹，涂层至少为两层，首层用黄泥加草筋；表层用黄泥加棉花、麻刀、纸筋之类。在敦煌石窟还常使用沙漠特有的芨芨草。草泥采用分层的方法，既符合泥塑一层层加上去的特点，也有利于防止塑像开裂。

开凿于西魏的麦积山第 44 窟，草泥中拌有鸡蛋清和糯米。这种掺加糯米的方法，在古代砖石结构中常被利用。开凿于隋代的麦积山第 5 窟，泥胎中除加有麻刀与纸筋外，外层泥胎夹有麻布层。与东晋著名的雕塑家戴安道的“夹纻象”相符合。这一“夹纻”的原理，在中国传统的漆器、北方木构建筑上披麻做灰的方法相一致。

在塑像中亦有不少为石胎泥塑的。先将所造像凿出粗轮廓的石胎，在石胎的基础上凿孔眼，打入木桩，饰以草泥，进行造像的细加工。这种石胎泥塑的方法，最早见于炳灵寺 169 窟十六国时代的造像。敦煌莫高窟的唐代大佛高 33 米，也是采用石胎泥塑的方法，其石胎的体积就有 $5000m^3$ ~ $6000m^3$。可能是最大的石胎泥塑像。

有的塑像是用土坯砌筑的。在土坯中可部分使用木柱、木板，空隙处可填以瓦砾，体腔可以架空。如麦积山 78 窟便是这种塑像。此外，炳灵寺高 27 米的唐代大佛，采取了石雕与版筑相结合的办法。在腰部以上为石雕刻，腰部以下为夯土版筑。但这种石雕与夯土相结合的方法，可能不是设计时的原意。从现状推测，很可能原来是雕造一座立佛，当头部凿到腰部时，就因故停止了工程。后来在佛像顶部与两侧没有雕刻背光与任何装饰的情况下，版筑腰部以下部分，成为坐佛，草率完成了这一工程。

稍具规模的泥塑都在原地制作。有的塑像为便于瞻仰，使身躯略向前倾。塑像与壁体之间使用木构件联系，以保证重心的稳定。为了适应大量制作的需要，头、手往往使用预制装配的方法。有些头部采用模制，为使模制的造像略有变化，或在模制基础上稍加改造，或在刚脱模时使面部稍加变形。敦煌莫高窟、麦积山石窟在不少窟洞中有影塑千佛，这些大量影塑，都是用模子压印出来粘贴在墙壁上的。千佛的排列常使用不同造型相间排列，以求得在统一中有变化。

在塑像的表面刷以白色的高岭土，然后进行彩绘，其彩绘方法与壁画相一致。

彩绘的颜色一般为矿物颜料，如石绿、石青、朱砂等，所以能经久不变，至今仍鲜艳夺目。但有些颜料中含有铅、汞，经过长期的氧化作用，已变成黑色。壁画的过程是在壁面上勾勒出粗线条的大轮廓，然后进行平涂退晕。在涂色的基础上，再用细线勾勒。敦煌莫高窟第159窟唐中叶的塑像，妆銮的颜料中加有腊，设色之后用丝绸轻擦，至今仍保留有油脂光泽的效果。五代以后又出现了沥粉贴金的方法，因此在壁画或塑像的表面出现了起突，增加了立体的高光效果。

在砂岩和石灰岩的岩壁上开凿石窟，因为其石质比较均匀、细腻、硬度适中，可以制作出精细的石雕刻，所以造像与壁面的处理，抛弃了泥塑和彩绘的方式，而代之以石雕。象云冈、龙门等石窟，除石雕造像外，壁面上雕满了佛传故事与装饰花纹，整个洞窟就成了一个大型的雕刻艺术空间。这一类石窟的开凿与加工方法，是东汉开凿崖墓工程技术的继续和发展。也与传统石雕技术相一致。东汉崖墓的洞穴，先用大钻子粗凿，再用小钻子进行修整，用扁子扁光，最后用砂石磨光。需经雕刻的崖面，用小钻子修整后，再将图案勾勒上去，继续用小钻子、扁子加工，以至磨光。东汉的崖墓、石棺的内壁一般使用大钻子粗凿，组成三角形的图案。也有的石棺表面用小钻子细凿出各种图案，不一定经过做光、斩平工序，所以其形象更显得古朴粗犷。古代匠师在总结传统石加工、石雕刻经验的基础上，在石窟雕刻艺术中，综合运用了阴线刻、浅浮雕、浮雕、高肉雕、圆雕等各种表现手法，使主题突出、形象生动，收到了很好的效果。其加工方法可以高肉雕、圆雕为代表。

在大足宝顶、炳灵寺、龙门等石窟中，都保留有尚未完成的石雕刻，这是研究古代雕刻工艺的直接资料（图9）。从这些资料中，可知古代石雕大致可分为六个步骤：

第一步是在石壁上勾勒出造像的轮廓，分出各部分的比例，分出大体大面、找出高光点。这时得出的外观还是一个几何形的立方体。这个过程在大足宝顶的石雕中可以清楚地看到。

第二步凿出造像的毛坯。使用大钻子粗凿，使全身的几个部位、动作的举止可以看得出来。

图9　龙门摩崖三佛

第三步是使用小钻子进行粗加工，这种粗加工的痕迹可以成点状，如唐代龙门的摩崖三佛的中佛头部也可以与肌肉衣纹的纹路采取相一致的浅纹，如大足宝顶的力士头部。这时粗看上去，已经能反映出设计意图。

第四步使用锤子敲去粗加工的线条痕迹，使表面逐于平整。

第五步使用扁钻、剁斧令其表面更为平齐。

第六步使用扁刀、铲刀、做光、或用砂石磨光。

在石窟造像中，对一个造像或雕刻，根据其部位的不同，并不都经过六道工序。如面部，有的需做光，也有的只到斩平。如衣褶纹，有的进行到第五步斩平，也有的仅到第四步，使用锤子敲去粗加工的线条。但在石窟造像中，留有钻子凿纹的不多。

石窟壁面的雕刻工序与造像相一致。一般在开凿的基础上，先用大钻子凿整齐，再用小钻子密凿，使表面比较平整。这时的凿纹比用大钻子的要密而细。然后再用锤打与斩。因为壁面多为佛龛或雕刻图案，所以在斧子的基础上再用钻子沿花纹边打底、用斧子斩平、用刀子扁光。

石窟造像是直接在山石上开凿，还是有稿本或原作，没有具体资料。据《魏书·释老志》记载："太安初，有狮子国胡沙门邪奢遗多、浮陀难提等五人，奉佛像三，到京都。皆云，备历西域诸国，见佛影迹及肉髻，外国诸王相承，咸遣工匠摹写其容，莫能及难提所造者，去十余步，视之炳然，转近转微。又沙勒胡沙门，赴京师致佛钵并画象迹。"从这段记载，可见在北魏时，曾有狮子国（锡金）和尚奉佛像、佛钵、画象到平城。这些佛像与画象，可以看作是云冈石窟造像的原作和稿本。所以云冈的造像反映了印度和犍陀罗艺术的影响。大足宝顶石窟有小佛湾与大佛湾两处。现有小佛湾的作品部分早于大佛湾，相传曾为大佛湾提供了蓝本。所以小佛湾对大佛湾来说，虽不能说就是原作，但可能是起到原作的作用。

石雕和其他艺术创作一样，受到材料本身的限制。石雕的肢体，如悬挑过远，就容易折断。在造像中经常出现的"施无畏印"说法像，一手掌心向外，一手手指向下，正避免了手指的悬挑。大足北山石窟的孔雀明王造像，孔雀的头颈转了一下，在技术上也正是避免了悬挑。云冈的大佛高度都在 15 米上下，大佛的上肢悬出部分使用了托柱、托神的办法。宋代的大足宝顶大雕像，在悬臂下使用了宽大的衣袖，作为支撑，很自然地解决了受力问题（图 10）。

图 10　大足宝顶造像上臂之悬挑

《营造法式》大木作制度小议

郭黛姮　　徐伯安

在研究宋《营造法式》和整理、修订梁思成教授遗稿《宋〈营造法式〉注释》一书过程中，我们同莫宗江教授、楼庆西同志一起，通过实物考察，请教专家以及逐章逐节反复讨论，对《营造法式》中许多问题，有了一些新的理解。为了进一步深入研究这些问题，求得专家们的指教，我们在共同议论的基础上，根据自己的认识水平，对其中部分问题，作了初步的分析、整理，写成这篇文章。文中所阐述的某些看法，未必成熟，也未必正确；权且当作笔谈，故名“小议”。

一、材、分制度

《营造法式》在大木作制度中首先规定了木结构的模数制——材、分制度，并认为这是建造房屋最基本的依据。材、分制度的第一段便阐述了这一思想，即“凡构屋之制，皆以材为祖，材有八等，度屋之大小因而用之。”《营造法式》中的“大木作”所包括的内容主要是指房屋结构部分的木工工程，对于木构建筑的梁、柱、榑、椽、额以及斗栱中每个构件在各种类型房屋上使用时的不同尺寸作了规定，这些尺寸的规定并不是用绝对的几尺几寸的数字来表示，而是制订了一套材、分模数，用以衡量所有的木构构件，“材”这个模数所包含的概念，不同于现代建筑中所采用的二模、三模的模数概念，“材”是指木构建筑中栱或枋的断面，它不是一个单方向的尺寸，而是具有两个方向的尺寸的一个矩形断面，它的高宽比为15∶10，这15或10中的一份在材、分制度中称为一分（fèn），有时还可以在15分上加上6分构成高21分宽10分的一个断面，称之为足材，这6分也有一个专门的名称，叫做栔，栔的宽度为4分（图1）。

图1　《营造法式》大木作制度制订的建筑用材、等级及使用范围

一等材	二等材	三等材	四等材	五等材	六等材	七等材	八等材
广9寸，厚6寸。殿身九间至十一间则用之，若副阶并殿挟屋，减殿身一等，廊屋减挟屋一等，余准此	广8.25寸，厚5.5寸。殿身五间至七间则用之	广7.5寸，厚5寸。殿身三间至五间或堂七间则用之	广7.2寸，厚4.8寸。殿三间、厅堂五间则用之	广6.6寸，厚4.4寸。殿小三间、厅堂大三间则用之	广6寸，厚4寸。亭榭或小厅堂皆用之	广5.25寸，厚3.5寸。小殿及亭榭等用之	广4.5寸，厚3寸。殿内藻井或小亭榭施铺作多则用之

《营造法式》规定了用一个矩形断面“材”为木构模数，到底有何实际意义呢？

在法式制度中人们发现，用材、分模数制来衡量的主要结构构件大梁，具有较为科学的断面形式，例如大木作制度中规定四椽草栿广三材，这指的是长度在8米左右的一条梁，其断面高度为三材的高度，即相当于45分，断面的宽度也为三个材宽，即相当于30分，于是梁的断面高宽比就是材的断面高宽比，即为3:2。这样的比例，体现着很重要的力学原理。关于这一点，曾被不止一位科学家所证实，例如英国科学家汤姆士·杨（1773～1829年）指出，刚性最大的梁是其截面高度与其宽度成$\sqrt{3}:1$的比例，而强度最大的梁乃是其高度与宽度两者成$\sqrt{2}:1$的比例，但最富于弹力的乃是其高度与宽度相等的梁，可以认为《营造法式》把梁的断面定为3:2，是既考虑了刚度，又考虑了强度的结果。用以衡量梁的断面大小的模数——材，正是基于这样的力学知识而制定的模数单位，它所蕴含的力学概念，应是不言而喻的。

同时还可看到，《营造法式》所推崇的木构体系中，有些构件使用足材来衡量，更能证明，制订这一模数体系的工匠们，企图使这种模数体系包含力学的概念。在大木作制度中使用足材为模数单位的构件主要是华栱，丁头栱。在当时的建筑中，铺作是结构受力的重要组成部分，华栱是一朵铺作中主要的悬挑构件，一条华栱可以看成是一个短的悬臂梁，它比铺作中其他横向的栱受力要大得多，因此断面要加大，但工匠们并不是笼统的放大其断面的高度和宽度，而是仅仅增加断面高度，以提高悬臂梁抵抗弯矩的能力，这样处理是多么明确的体现着结构力学的基本原理啊！

使用斗栱体系的中国木构建筑，正是因为使用“材”作为栱、枋等构件的断面，才能使栱、枋搭接时具有标准化的构造节点，才能用几十个构件搭成一朵朵斗栱，所以材分模数制所包含的构造概念也是毫无疑问的。它所表现出来的构造规律是材、栔相间组合；高六分的栔，不仅是足材与单材之差，而且还相当于除了栌斗以外，几种小斗的平和欹的高度。在一朵五铺作斗栱中，正心位置有泥道栱、慢栱、柱头枋等构件，同时还夹有两层小斗，共三材两栔。这种材、栔相间的组合，成为铺作各处节点构造的基本格局。在法式制度中，当谈到几材几栔时，如果不特别指明是梁高或柱径、榑径等构件的具体尺寸，笼统的称几材几契，就意味着几层栱（或枋）与斗相间叠在一起的构造作法。在《营造法式》卷四大木作制度中，阐述某些木构的构造节点时，直接使用几材几栔的文字标明，例如在说明单栱计心造的构造节点时写道：“凡铺作逐跳计心……即每跳上安两材一栔。”同时用小号字注释为“令栱素枋为两材，令栱上斗为一栔。”这里之所以用大小两种型号的字印出，表示一种是制度的正文，一种是注释。还可以理解为制度正文中用大字所写的“每跳上安两材一栔”很可能是当时工匠中广为流传的口诀或专用词汇之类，有如今天瓦工在施工中把砖砌体的构造简称为“一顺一丁、五顺一丁”来代替对具体作法的说明。而小号字则是法式制度的编著人李诫经过“勒人匠逐一讲说”，了解了工匠们的行话之后所加的注解（图2）。又如在说明重栱计心造时，法式制度的正文以大字标明“即每跳上安三材两栔”同时也用小字注释为“瓜子栱、慢栱、素方为三材，瓜子栱上斗，慢栱上斗为两栔”（图3）。类似的情况还有关于下昂或挑斡后尾与下平榑之间的节点构造（图4），法式制度中用大字写道：“若屋内彻上明造，即用挑斡，或只挑一斗，或挑一材两栔”。然后用小字作了注释：“谓一栱上下皆有斗也。”上述情况说明所谓几材几栔就是某种构造方式的代名词。可以推测，在施工交底时，只要讲明某一节点用几材几栔，也就等于给出了具体的节点构造大样图，对木工行业的工匠来说，在结构的某一位置上用几材几栔，必定是某种构造方式，已是同行之间众所周知的了。

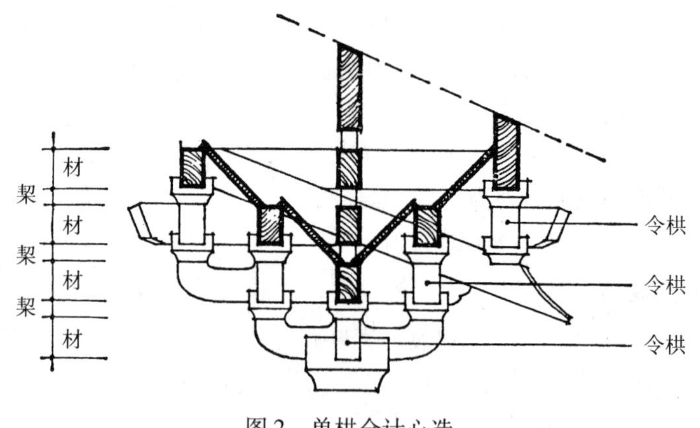

图2　单栱全计心造

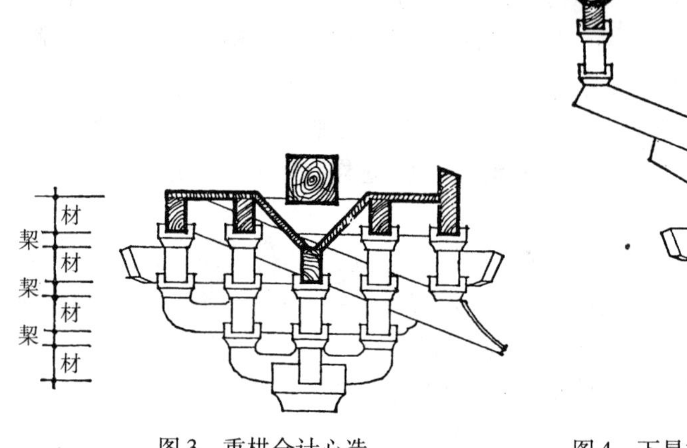

图3　重栱全计心造

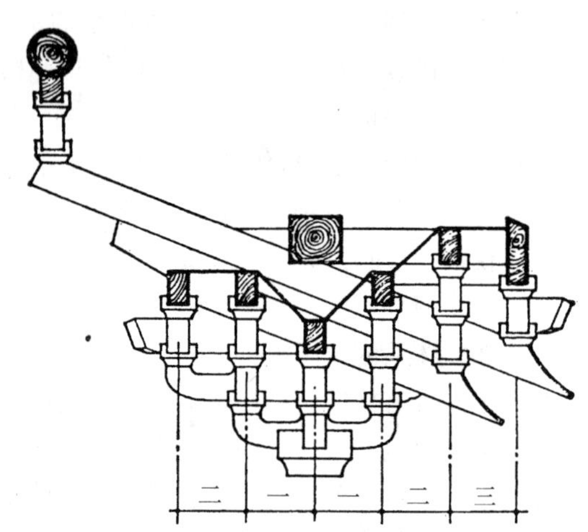

图4　下昂或挑斡后尾与下平槫之间的节点构造

在《营造法式》卷四材分制度中，当介绍了八等材的大小和使用范围之后，便有一段总结性的文字谈到："凡屋宇之高深，名物之短长，曲直举折之势，规矩绳墨之宜，皆以所用材之分，以为制度焉。"这段话的意思告诉人们，建筑的气势，房屋的高矮，屋顶的曲直，以及它的细部构件的大小，都要依据材分制度来确定。房屋结构的强度大小和构件构造的节点标准化与材分制的密切关系，在法式制度的字里行间，比较明显地表示了出来，那么材分制度与建筑艺术的关系又如何呢？经过仔细发掘便可发现，制定材分制度的人对建筑物的尺度也是有所考虑的。这主要表现在认识到人们所感受的建筑大小，不仅是以绝对尺寸为衡量标准，而且可以利用相互比较得到一种相对的印象。因此在材分制度中规定同一幢房屋上有时应当使用不同等第的材，即"副阶材分减殿身一等"，如果一幢大殿殿身使用二等材，则副阶用三等材。副阶用材等第降一级，就意味着副阶细部构件都要减小。在当时官式建筑中普遍使用斗栱的情况下，斗栱所反映出来的建筑尺度感是比较突出的，如果殿身和副阶斗栱材分等第相同，由于副阶较殿身低矮，处在接近人的部位，副阶斗栱势必显得粗笨。为此，法式制度不仅将副阶用材减小，而且还将斗栱出跳数也减少。例如在《营造法式》卷三十一中所绘殿侧样中，三种带副阶殿侧样的副阶斗栱均比殿身减少一铺作或两铺作，当殿身用八铺作时，副阶用六铺作；当殿身用七铺作时，副阶用五铺作，当殿身用五铺作时，副阶用四铺作。这样副阶斗栱不仅在绝对尺寸上减少了材的尺寸，而且作法也比殿身简单，使人们在对比中形成对殿身的高大印象（图5）。

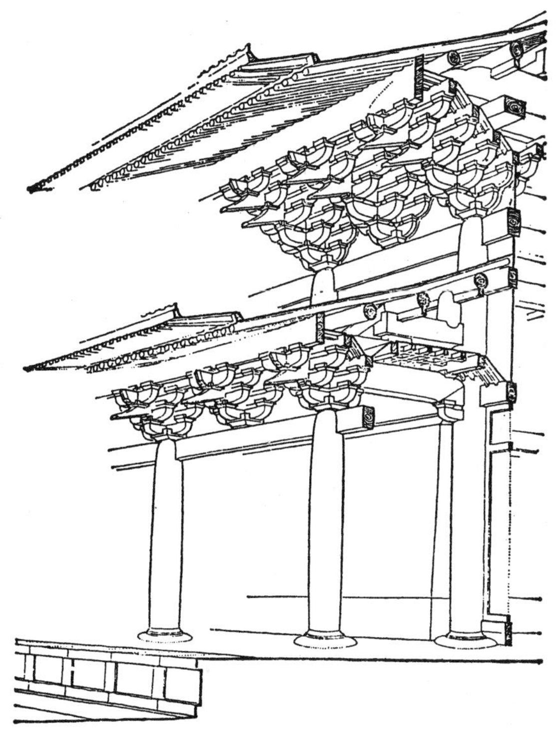

图5　副阶用材等第减殿身一等，铺作减殿身两跳

在八等材中，材分制度明文规定八等材用于殿内藻井，这也是通过调整材分大小体现建筑尺度的又一例证，八等材只及一等材断面的1/4，使用八等材的藻井，作为大殿室内装饰的构图中心，显得格外精细工巧，与大殿殿身粗壮的结构形成强烈的对比，藻井衬托了殿身的雄伟，大殿粗壮的梁、柱又反衬出藻井的精美。

在材分制度中还有“殿挟屋减殿身一等，廊屋减挟屋一等，余准此”的规定，对此可理解为控制建筑群中主要建筑与附属建筑之间尺度关系的规定，挟屋即大殿两旁与殿身相连的房屋，廊屋则是建筑群中的回廊。由于中国古代木构建筑受到材料的局限，不可能把个体建筑建造得规模很大，为满足一定的功能要求，需要使用群体组合来完成。在建筑艺术处理上要求建筑群中的建筑主次分明，于是就要靠从属建筑来衬托主要建筑，材分制度规定降低挟屋和廊屋的用材等第，正是为了这样的目的。按照材分制度所提供的原则，并参考若干建筑群的实例，对建筑群的用材等第安排可以作如下的设想（图6）：

图中所绘为三进院落的群组，主要建筑布置在第二进院落，使用一等材，其余建筑的用材等第均降低一级或两级。同时附属建筑的开间、进深也会小于主要建筑，通过次要建筑与主要建筑在建筑总体和建筑细部上的差异来烘托主要建筑。

材分制所能考虑的建筑尺度问题还是局限在一定的范围之内的，它主要是对斗栱和梁柱的尺寸加以控制。而有些构件，如建筑的窗台、栏杆的高低，门、窗的细部尺寸对建筑物的尺度也是影响很大的，而这些构件不属于大木作制度，所以不是用材分制度去衡量。《营造法式》在其他篇章中对于它们与建筑尺度的关系作了较为妥帖的处理。

材分制中八等材的尺寸并不是以等差级数递减的，而是明显地分成三组，一、二、三等为第一组，每等材之间高度相差0.75寸，宽度相差0.5寸。四、五、六等材为第二组，每等材

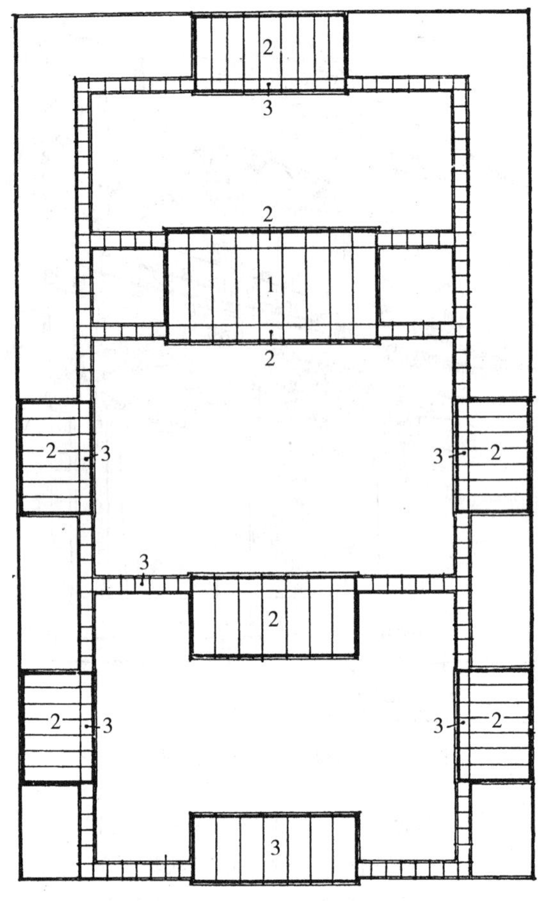

图6　建筑用材等第图（图中数字为用材等级）

之间高度相差0.6寸，宽度相差0.4寸。七、八等材为第三组，两者之间高度相差0.75寸，宽度相差0.5寸。这三组材可以理解为分别适用于不同等级和规模的官式建筑：第一组主要适用于殿阁一类的大型房屋；第二组主要适用于厅堂类型的中型房屋；第三类主要适用于小亭榭及殿内藻井。这就表示殿阁类型的建筑群组内的每幢建筑，主要使用第一组材，如图6所示；而厅堂类型的建筑群组中的每幢建筑，基本上在第二组材中选择其用材等第。这两类建筑群中的附属建筑如亭榭之类则采用第三组材。对于上述两类建筑群中建筑物的用材等第这样的安排，再加上法式大木作制度中按照殿阁和厅堂两种不同类型的建筑，分别规定不同的细部构件尺寸，便能使建筑群中的个体建筑取得较为适当的尺度。然而第一组的第三等材和第二组的第四等材之间的差，比其他各等材之间的差都要小，高度只差0.3寸，宽度只差0.2寸，这又是为什么呢？这种现象的出现可以看作是为了使殿阁和厅堂两类建筑群中的个体建筑用材等第允许互相渗透，在殿阁类型的建筑群中允许出现四等材的房屋，使这种房屋与建筑群中的其他房屋在尺度上不致于太不相称。同样在厅堂类型的建筑群中也允许出现使用三等材的房屋。

这种材分模数制的产生与当时的生产力、生产关系状况是有着密切关系的，由于当时的官属建筑都是利用官办手工业的施工队伍进行施工的，在施工过程中工匠们采取专业化分工，制作梁架的工匠承担着整个建筑群中所有这类构件的加工，制作斗栱的工匠又承担着所有建筑群中大小不同房屋中使用的斗栱的施工，当工匠们接受施工任务时，没有条件看到许多施工图纸，而是靠主持工程的都料匠进行口头交底，当然也就不可能讲得面面俱到，往往只交待一些有关建筑开间、进深的大尺寸，以及间数、斗栱数、斗栱的铺作数等。工匠们便根据他们世代相传、经久可以运用的一套规矩去加工每个构件。使用材分制既保证了他们所加工之构件具有标准化的节点，从而准确无误的拼装，又保证了构件的强度，并为建筑的尺度变化创造了条件。同时材分制还可减少工匠对不同大小的同类型构件尺寸的记忆，只要记住一套尺寸，利用八等材的材分标尺便可在不同等第的建筑上套用。材分模数制所蕴含的设计与施工的丰富经验是其他模数制所不能比拟的。

二、"杪"

在《营造法式》大木作制度第四卷中多处出现了"杪"字（音秒），它首先出现在华栱条目之下，即"华栱或谓之杪栱，又谓之卷头，亦谓之跳头。"此外还常用于形容华栱在一朵铺作中的出跳数，写作"出几杪"。然而，在很多版本中误将杪字写为抄字（音超），杪字与抄字的意义是完全不同的，"杪"具有末端的意思，这与"卷头"、"跳头"的含意是一致的，而抄字则与卷头、跳头的含意无一共同之处。经过版本的核对和字意的分析，可以确认，《营造法式》的原文应为"杪"字。抄字乃版本在几百年的流传过程中，传抄者的笔误。这种笔误在"丁本"中反映得最为明显，"抄"、"杪"并存，几乎一半对一半。"杪"字少见，把"杪"误写成"抄"是自然的；不大可能把"抄"误写成"杪"，故应予以更正①。

三、铺　　作

铺作这一名词在大木作制度中未加以解释，但却广泛地应用着。不过在李诫考究经史群书的过程中，对铺作一词的意义还是下了许多功夫去研究的，他曾引《景福殿赋》中所写的"桁梧复叠，势合形离"，并解释道："桁梧，斗栱也，皆重叠而施，其势或合或离。"在另一段《含元殿赋》的引文"悬櫨骈凑"一句之下，对铺作的含意说得更清楚了，谓之"今以斗栱层数相叠出跳多募次序谓之铺作"。这两段文字对人们理解铺作的意义是很有启发的，沿着李诫的思路追溯下去，可以得出这样的结论：由若干层斗和栱组合成的一朵斗栱称为铺作。并且可以根据斗栱层数相叠的多少来排列其次序。

一朵斗栱包括有一层层的栱、昂和栱昂之间的小垫块——小斗以及最下面的栌斗和最上面的耍头，衬方头等。以一朵六铺作里转五铺作的外檐斗栱为例（图4），第一层栱是由华栱与泥道栱正交而成，第二层栱是由第二跳华栱与泥道栱、瓜子栱正交而成，……这里平行于建筑立面的栱，包括有泥道栱、瓜子栱、慢栱、令栱等，我们暂且称之为"横栱"，垂直于建筑立面的有华栱和昂，我们暂且称之为"出跳的栱、昂"。铺作的"出跳多寡次序"是斗栱层数多少的标志。不能以横栱的多少来标志斗栱的层数，由于有的铺作可以只有出跳的栱、昂而不用横栱，即所谓的偷心造，也有时横栱只用于部分的出跳栱之上，用横栱者还有单栱、重栱之分。因此必须以出跳的栱来计铺作数。在《营造法式》卷四大木作制度中明确规定：

---

① 关"抄"字疑为"杪"字之误，王璞子工程师在对梁思成《宋<营造法式>注释》大木作制度以前部分遗稿提意见时，曾提出过这一疑问。我们经过版本核对、字义推敲，将"抄"字改为"杪"字。

出一跳谓之四铺作；
出两跳谓之五铺作；
出三跳谓之六铺作；
出四跳谓之七铺作；
出五跳谓之八铺作。

这段文字确切写明了“出跳多寡次序”与铺作数的关系，每出一跳则增加一铺作。

然而为什么出一跳就是四铺作，而不是一铺作呢？《营造法式》之所以把出一跳定为四铺作，还要从铺作的定义中来找答案，这就是前面所谓的“斗栱层数相叠”，四铺作则有四层构件相叠，也可以说是铺有四层木构件，如图7所示，第一层为栌斗，第二层为华栱，第三层为耍头，第四层为衬方头。四铺作虽然只出一跳，但其栌斗、耍头、衬方头却是三层不可缺少的相叠之构件。对任何一朵铺作，无论出几跳，这三层构件在大多数情况下都是不可缺少的。无栌斗就不成其为一朵铺作，无耍头就不能保证最上的横栱——令栱的准确位置，无衬枋头就不能保证撩檐枋的准确位置，令栱和撩檐枋全靠耍头和衬枋头支撑。所以必须将一朵铺作的出跳数加三，才成为铺作数。可以写成如下的公式：

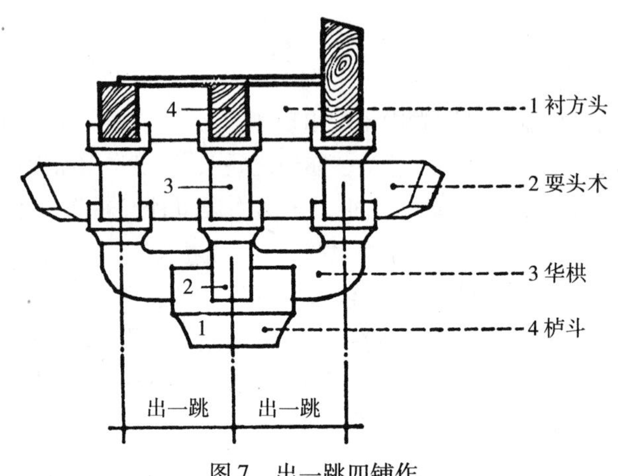

图7　出一跳四铺作

出跳数　$X+3=$铺作数 Y

何谓出跳数？《营造法式》大木作制度中指明：“凡铺作自栌斗口内出一栱或一昂皆谓之一跳，传至五跳止。”这个定义虽可使人们得到一个关于出跳的笼统的概念，但不够严格。例如一朵八铺作斗栱虽然出了五跳，但从栌斗口内出的栱只有第一跳华栱，其他几跳并不是从栌斗口内出的，而是从交互斗口内出的（图8）。另一方面，这出一栱或一昂能够成为一跳亦是有条件的。出跳的栱或昂必须是一个悬挑构件，其端部要作为上层出跳构件的支点，才算出了一跳，在一般的柱头铺作和补间铺作中，跳头所支承的上一层构件有下列几种不同情况（图9）：

（1）单纯支承一条华栱。

（2）单纯支承一条昂（下昂或上昂），使用下昂时，跳头与昂之间一般还夹有华头子，使用上昂时跳头与昂之间夹有鞾楔。

（3）支承十字相交的瓜子栱与华栱。

（4）支承十字相交的令栱与耍头。

（5）支承十字相交的瓜子栱与华头子及下昂。

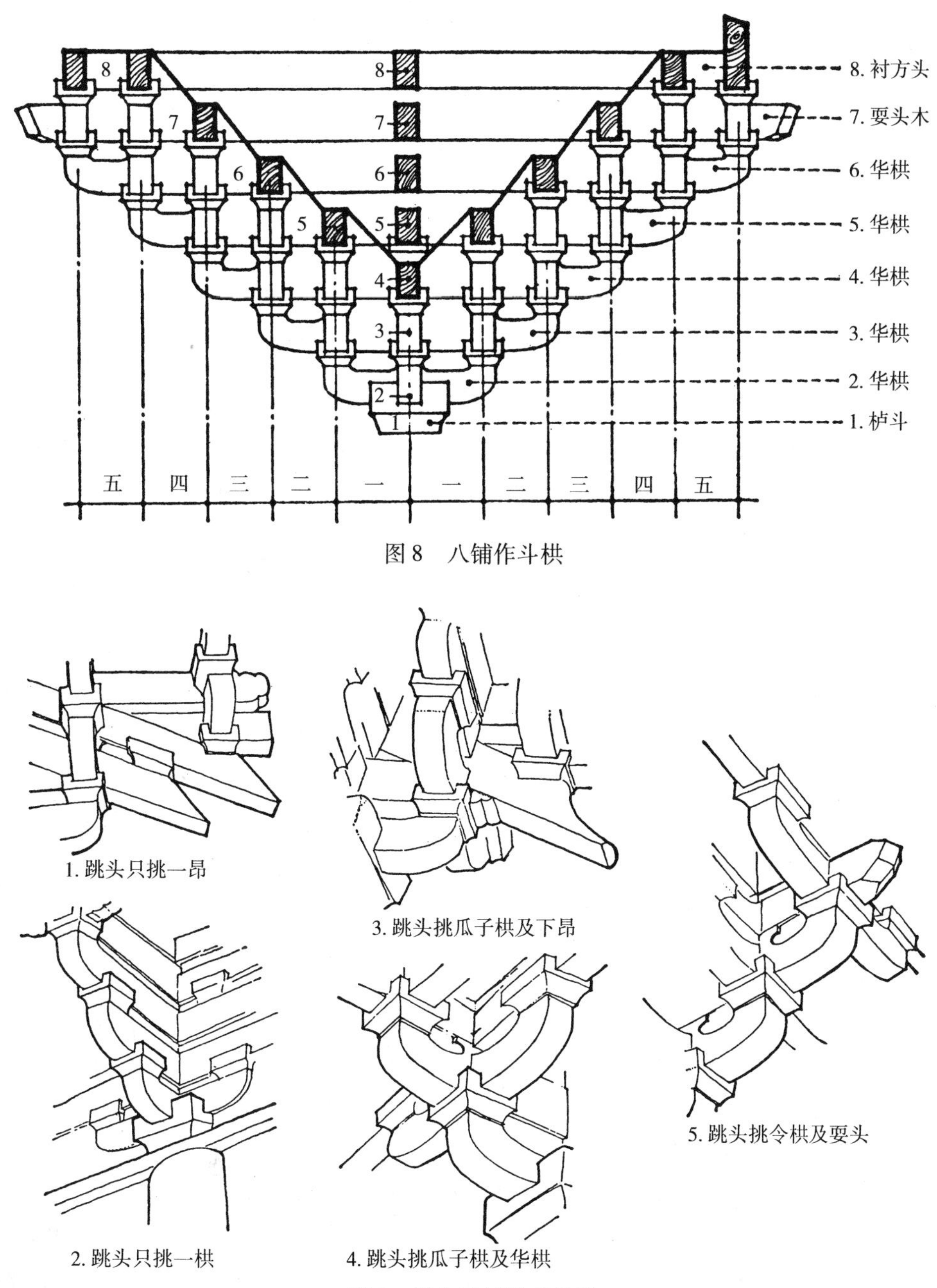

图 8　八铺作斗栱

1. 跳头只挑一昂

2. 跳头只挑一栱

3. 跳头挑瓜子栱及下昂

4. 跳头挑瓜子栱及华栱

5. 跳头挑令栱及耍头

图 9　跳头承托形式举例

（1. 山西应县佛宫寺木塔；2. 山西太原晋祠圣母殿；3. 河南登丰少林寺初祖庵；4、5. 山东长德灵岩寺）

在有些古建实例中，虽然有时出了一个昂，但却不成其为一跳。例如福建福州华林寺大殿的斗栱（图 10），从外表看出了两栱三昂，但它却不是由八层构件相叠而成的八铺作，原因是第三昂为耍头的变体，这朵铺作将耍头作成昂的形式，这层昂在其悬挑部分的跳头上，未设支撑上面构件的支点，因此不能算是出了一跳。同时还省掉了衬方头。严格说来只有六层构件相叠。

还需说明的是，一朵铺作的里跳，往往看不见衬方头，但仍需按铺作计数的公式去计算，在公式中的“3”是个常数。

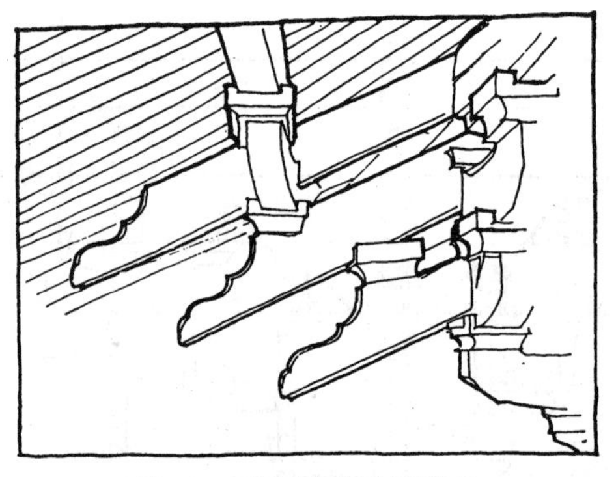

图 10　耍头做成下昂形式

有的同志提出用撩檐方作为计数时不可缺少的构件，这似乎与“铺作”之定义不符，因撩檐方是被铺作承托的构件，它不是铺作的一部分，况且在内檐铺作中无撩檐方可计。

四、铺作的分布

《营造法式》对于铺作的分布提出了一系列的原则，在一幢建筑中除了在外檐、内檐柱子上放置柱头铺作之外，在柱间阑额上还要放置一、两朵补间铺作。《营造法式》规定“当心间须用补间铺作两朵，次间及梢间各用一朵，其铺作分布令远近皆匀。”这段文字是讲铺作分布的总原则，接着又结合开间划分的不同情况，作了进一步的注解，第一种情况是：“若逐间皆用双补间，则每间之广丈尺皆同。”第二种情况是：“如只心间用双补间者，假如心间用一丈五尺，则次间用一丈之类。”第三种情况是：“或间广不匀，即每补间铺作一朵，不得过一尺。”对于第一、二种情况，铺作分布与开间划分的关系讲得比较清楚，在这两种情况下，每朵铺作之间的间距是完全相等的。唯有第三种情况比较复杂，《营造法式》未指明间广尺寸的大小和间广不匀的条件，只提供了一条原则，在铺作分布远近皆匀的前提下，“每补间铺作一朵不得过一尺”。但由于这句话所要说明的意思讲得不够透彻，所以使得人们对它有各种不同的理解，有的认为这一尺可能是指两朵相邻的铺作在立面上的净空；也有的认为这一尺可能是指铺作中到中随着建筑开间的递减而递减的距离，也就是相邻两开间的铺作中到中的差。结合现存的若干古建实例看，第二种理解是较为合理的。这里主要讲的是间广不匀的情况，现存的唐、宋、辽时代的古建实例也多为间广不匀的情况，对弄清这“一尺”的含意提供了有力的佐证。

根据下表所列的建筑来看，随着开间的递减，铺作的中到中距离也在递减，其中有一半以上的建筑，其铺作中到中的递减差额在一尺以内①，这些建筑物上铺作的分布也确实比较均匀。剩下不足一半的建筑物，其铺作分布有远有近，铺作的中到中距离有大有小，如晋祠圣母殿上檐当心间的铺作中到中比次间铺作中到中距离差 95 厘米，将近三尺，而次间补间铺作中到中比梢间补间铺作中到中的距离只差 17 厘米，铺作这样的分布，完全不符合所谓“远近皆匀”的原则，也就无从讨论了。所以“每补间铺作一朵不得过一尺”可以理解为铺作中到中的距离之递减幅度不得过一尺。

然而，相邻两朵铺作之间的净空不得过一尺的理解又如何呢？由于这个问题是出现在间广

① 一宋尺 =32 厘米。

唐宋时期木构建筑铺作中距表

建筑名称		当心间（厘米）	（厘米）	次间（厘米）	（厘米）	次间（厘米）	（厘米）	次间（厘米）	（厘米）	梢间（厘米）	从当心间至梢间总递减尺寸（厘米）
福建福州华林寺大殿	开间尺寸	648								458	190
	铺作中——中距离	216								229	
	铺作中——中递减差								-13		
河北蓟县独乐寺山门	开间尺寸	610								523.5	87
	铺作中——中距离	305								261.7	
	铺作中——中递减差								43.3		
山西五台山佛光寺大殿	开间尺寸	504		504		504				440	64
	铺作中——中距离	252		252		252				220	
	铺作中——中递减差		0		0		0		32		
江苏苏州虎丘云严寺二山门	开间尺寸	600								350	250
	铺作中——中距离	200								175	
	铺作中——中递减差								25		
浙江宁波保国寺大殿	开间尺寸	562								315	274
	铺作中——中距离	187.3								157.5	
	铺作中——中递减差								29.8		
河北义县奉国寺大殿	开间尺寸	590		580		533		501		501	89
	铺作中——中距离	295		290		266.5		250.5		<250.5	
	铺作中——中递减差		5		23.5		16		?		
山西太原晋祠圣母殿上檐	开间尺寸	498		408						374	124
	铺作中——中距离	299		204						187	
	铺作中——中递减差		95						17		
晋祠圣母殿下檐	开间尺寸	498		408		374				314	184
	铺作中——中距离	299		204		187				157	
	铺作中——中递减差		95		17				30		
天津宝坻广济寺三大士殿	开间尺寸	548		543						455	93
	铺作中——中距离	274		271.5						227.5	
	铺作中——中递减差		2.5						44		
河北新城开善寺大殿	开间尺寸	579		547						453	126
	铺作中——中距离	289.5		273.5						226.5	
	铺作中——中递减差		16						47		
山西大同华严寺薄迦教藏殿	开间尺寸	585		533						457	128
	铺作中——中距离	292.5		266.5						228.5	
	铺作中——中递减差		26						38		
山西大同善化寺大殿	开间尺寸	710		626		554				492	218
	铺作中——中距离	355		313		277				<246	
	铺作中——中递减差		32		36				<31		
河北正定隆兴寺摩尼殿殿身	开间尺寸	572		502						440	132
	铺作中——中距离	190.7		251						220	
	铺作中——中递减差		-60						31		

续表

建筑名称		当心间（厘米）	（厘米）	次间（厘米）	（厘米）	次间（厘米）	（厘米）	次间（厘米）	（厘米）	梢间（厘米）	从当心间至梢间总递减尺寸（厘米）
河北正定隆兴寺转轮藏殿下檐	开间尺寸	527								412	115
	铺作中——中距离	175.7								206	
	铺作中——中递减差								30.3		
江苏苏州玄妙观三清殿殿身	开间尺寸	505		523		524				355	150
	铺作中——中距离	252.5		261.5		262				177.5	
	铺作中——中递减差		-9		-0.5				84.5		
河北蓟县独乐寺观音阁上檐	开间尺寸	454		431						298	156
	铺作中——中距离	227		215.5						149	
	铺作中——中递减差		11.5						66.5		
山西大同华严寺大殿	开间尺寸	710		659		593		578		510	200
	铺作中——中距离	355		329.5		296.5		289		<255	
	铺作中——中递减差		25.5		38		7.5		<34		
山西大同华严寺海会殿	开间尺寸	613		385						493	120
	铺作中——中距离	204.3		192.5						246.5	
	铺作中——中递减差		11.8						-54		
山西朔县崇福寺弥陀殿	开间尺寸	620		625		562				550	70
	铺作中——中距离	310		312.5		281				275	
	铺作中——中递减差		-2.5		31.5				6		
山西平遥镇国寺大殿	开间尺寸	455								351	104
	铺作中——中距离	227.5								175.5	
	铺作中——中递减差								52		

注：上表开间尺寸引自陈明达《“营造法式”大木作制度研究》1979年2月刻印本。

不匀的范畴之内，也就是开间从当心间起要逐渐递减，如果既满足了两朵铺作之间的净空不得过一尺的要求，又要使开间有所递减，那么可以想象，这时开间逐间递减的幅度就非常之小了，无论几开间的房屋，从当心间到梢间递减的总尺寸都要限制在一定范围之内，如果逐间皆用单补间，这个范围就只有2尺；如果当心间用双补间，除次间比当心间可递减“1/3当心间宽度”之外，次间至梢间的递减值仍只有2尺，而且这2尺是一种极端的情况，即会使梢间的铺作之间的净空等于零，在实际建造房屋时是不可能这样处理的，总要使两朵铺作之间离开一段距离。虽然梢间铺作的分布法式允许做些特殊处理，在梢间间广很小时，补间铺作可与转角铺作连栱交隐。即使这样，这2尺的范围仍然控制着梢间另一半的铺作间距。

然而，从表1中所列的奉国寺、圣母殿、摩尼殿、玄妙观等13座五开间和七开间的建筑上所反映的开间递减总值有11幢是超过2尺的范围，仅佛光寺大殿、佛光寺文殊殿的开间递减总值在2尺的范围以内。由此可见，既要求开间间广有不匀的效果，又把开间递减的总尺寸控制在2尺的范围之内，对于开间较少的建筑如三开间，尚可做到，在开间多的建筑上是难以实现的。上述的佛光寺大殿和佛光寺文殊殿虽然复合这种情况，但其开间尺寸变化很小，几乎称不上间广不匀，佛光寺大殿仅梢间比第二次间递减了二尺，其余几间开间是完全相等的，且补间铺作非常简单，可以说这两个建筑是一种特例。

《营造法式》大木作制度中普遍贯彻“有定法而无定式”的指导思想，若认为铺作之间净空要求不超过一尺是成立的，等于是限制建筑开间的变化，与制度中总的指导思想是有矛盾的。所谓的铺作中到中递减差控制在一尺之内的意思就是不要使开间递减幅度发生突变，而是均匀的减下来，而且依照开间多寡递减的总尺寸有所不同。这样的推断是符合历史上若干建筑实例的实际情况的，也是符合“令铺作分布远近皆匀”的原则的。

五、丁头栱和虾须栱

丁头栱，顾名思义就是半截栱，这已是人所共知的了。但是，从它的构造和作用上分析，准确的定义应该是半截华栱。

这个正名很重要。

第一，可以正确理解丁头栱的作用；

第二，可以正确认识丁头栱的类型。

在《营造法式》大木作制度中，丁头栱被列入华栱条内叙述，足证其为华栱的一个类型。从现存实例看也是如此，它和华栱一样都起传跳并支承其上部结构的作用。同时，它还起增强梁头栿项抗剪能力的作用。中国古代木构建筑，主要是用榫卯进行构件间的结合的。无论是榫头还是卯口，都要使构件断面受到削弱。梁和柱的结合，就是把梁头削薄而插入柱中的。这样在梁头受剪力最大的地方，其断面反而是整条梁中最小之处，很不合理。为了弥补这一缺陷，古代工匠们采用了附加支撑构件的办法，来加大梁头的抗剪能力，在梁头入柱的一端使用丁头栱，就是这类办法中的一种①。

最简单的丁头栱，实际上是尾部嵌固在柱子上的悬臂梁。福州华林寺大殿、苏州玄妙观三清殿和虎丘云岩寺二山门等建筑中，梁柱结合处便是采用的这类丁头栱（图11、12）。复杂一些的丁头栱有出两跳，乃至多跳的做法。这种多跳的丁头栱，我们可以把它看做是一种组合式悬臂梁（图13）。

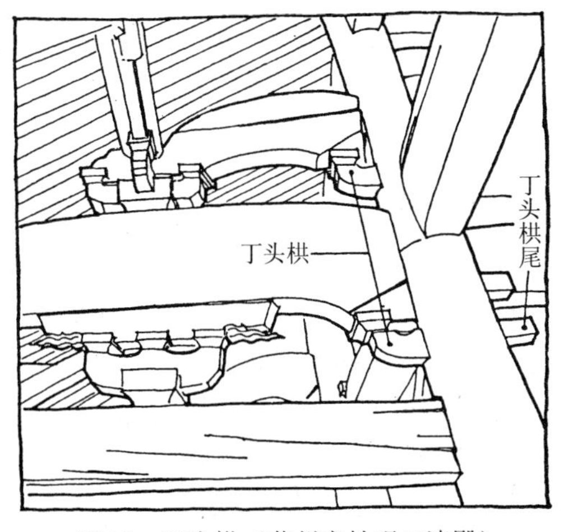

图11　丁头栱（苏州玄妙观三清殿）

① 除丁头栱外，尚有楮头、斜撑等等，也是一些常用手法。

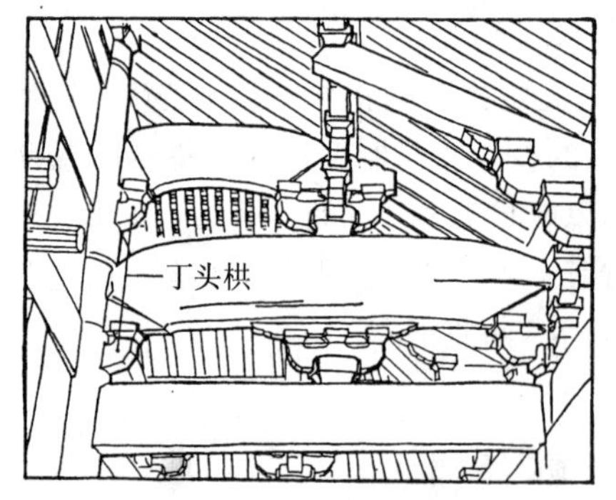

图12　丁头栱（苏州虎丘云岩寺二山门）

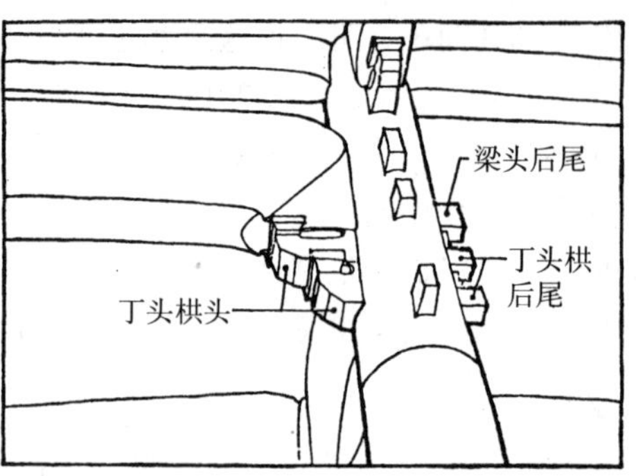

图13　双跳丁头栱（苏州玄妙观三清殿）

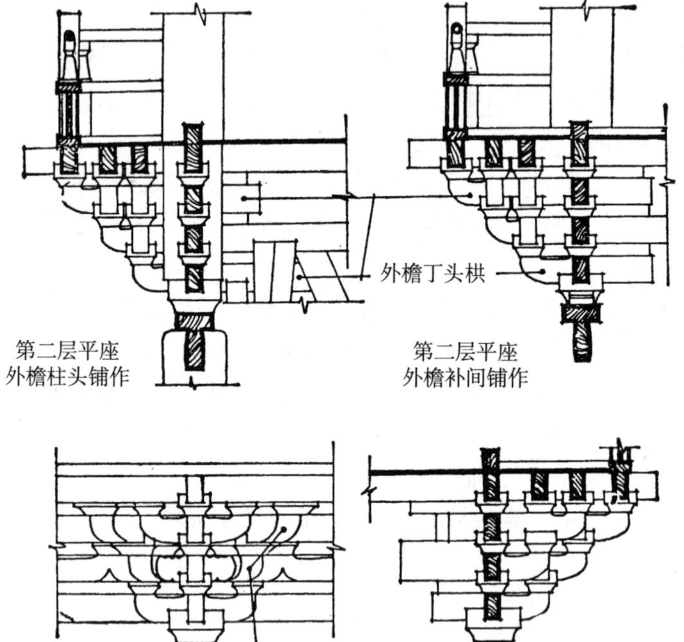

第四层平座东南外檐补间铺作正面、侧面

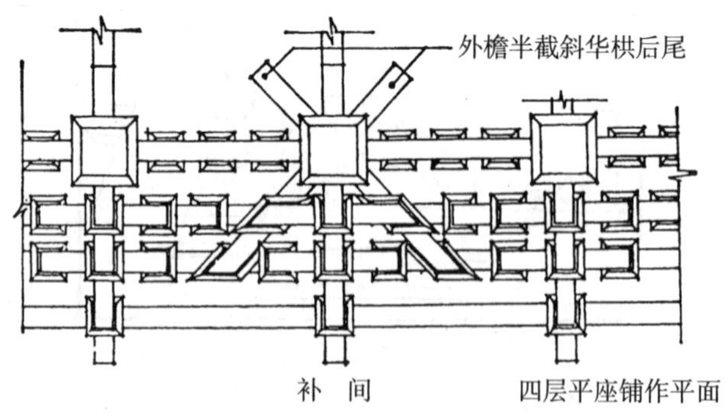

图14　外檐铺作上用丁头栱、半截斜华栱（山西应县佛宫寺木塔）

丁头栱也有用在铺作上的，特别是楼阁和木塔平座中用得最多。比《营造法式》成书早44年建成的山西应县佛宫寺木塔平座上就有这类丁头栱（图14）。过去只认为插入柱中的半截栱头才叫丁头栱，显然是不对了。从卷四“华栱”条有关丁头栱的原文：“若入柱者……”一句分析，也可看出还有一种不是插在柱子上的丁头栱。除平座外，在外檐铺作中用丁头栱来支承屋檐的做法，国内虽未发现过，但在日本却有几处珍贵的实例。其中最著名的是奈良东大寺南大门柱头铺作中，连续出六跳的丁头栱。

如果说凡起华栱作用的半截栱，都可以划归丁头栱一类的话，那么除了福州华林寺大殿、苏州玄妙观三清殿和虎丘云岩寺二山门那种插入柱中的丁头栱外，明州（今宁波）保国寺大殿前槽两尽间藻井下四角斜置的半截华栱，也应划归丁头栱一类（图15、16）。

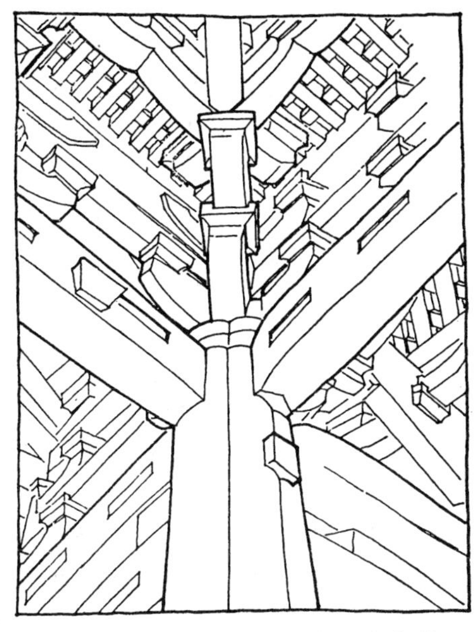

图15　虾须栱正面（宁波保国寺大殿）

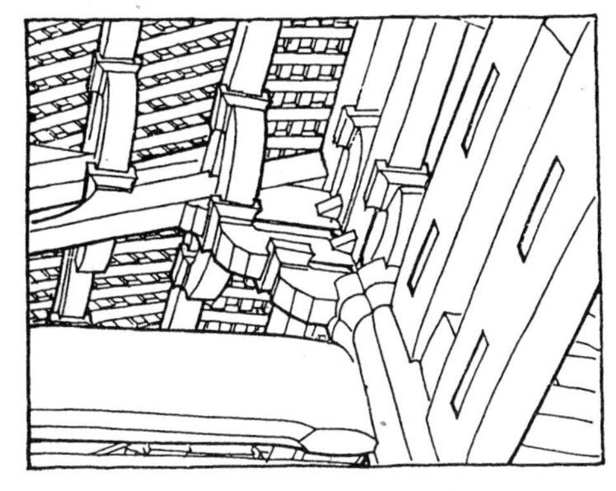

图16　虾须栱后尾（宁波保国寺大殿）

这种斜置的丁头栱，其使用位置完全符合《营造法式》卷四“华栱”条，有关丁头栱一段文字中小注里的“若只里跳转角者谓之虾须栱”的规定。因此，可以说这种斜置的丁头栱就是《营造法式》中所谓的虾须栱。

《营造法式》虽然没有提到外檐（即外跳）用斜置半截华栱的型制，但是从它强调“若只里跳转角者，谓之虾须栱”的行文语气中，能否认为还应有一种非里跳、非转角的斜置半截华栱。只不过它们的名字不叫虾须栱而叫别的什么栱而已。这种非里跳转角处用的半截华栱，我们虽然尚未发现宋代实例，但是，在辽代的应县木塔上，却找到了这种斜置的半截华栱（图14）。在宋代实例中外檐铺作用斜置骑槽檐栱的例子，近年来也有所发现。原来认为是金代建造的正定隆兴寺摩尼殿，通过落架重修发现内檐阑额上皮有宋人的年月题记，把摩尼殿始建年代由金提前到了宋。另外，在外檐斜置骑槽檐栱上，发现当年主持工程的大、小都料匠的姓氏落款。肯定了这些斜华栱不是后来重修时加上去的。它有力地说明了外檐铺作中用斜华栱这一点，不再是金、元时期建筑所特有的特征了。其实比摩尼殿建造年代还要早的敦煌五代石窟壁画中，就已出现过斜华栱的做法。

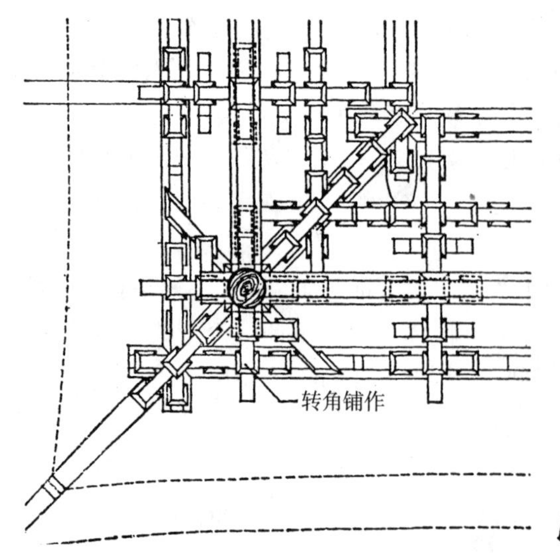

图 17　转角铺作用斜栱（河北涞源阁院文殊殿）

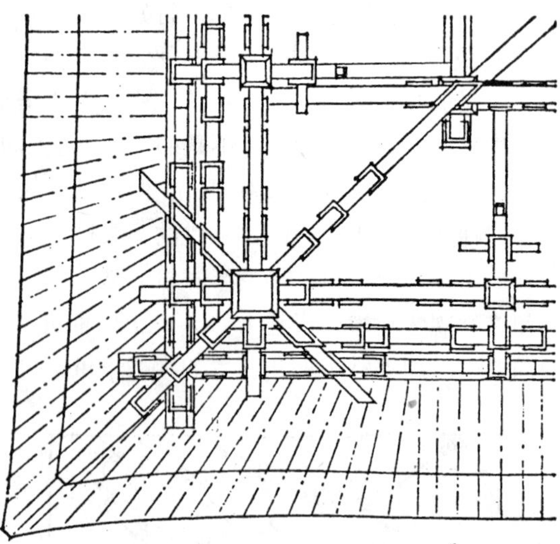
图 18　转角铺作用斜栱（河北新城开善寺大殿）

辽重熙十三年（公元 1044 年）建造的河北涞源阁院寺文殊殿，为我们探求外檐铺作中为什么会出现斜栱的问题，提供了线索。它说明早期的斜栱只用在建筑物转角处，完全是为了加强转角铺作刚性而采取的一种技术措施（图 17）。河北新城开善寺大殿（辽）的转角铺作中，也采取了同样的做法（图 18）。可见这是当时比较通行的一种处理手法，是人们在长期实践中为解决转角铺作，因荷载集中易于破坏而形成的一类斗栱型制。这种转角铺作中所用的斜栱，实质上是一种抹角栱，类似抹角袱或抹角梁。我暂且为它取名叫“抹角斜栱”或“抹角斜华栱”。到了摩尼殿时期，补间铺作也出现了斜置的华栱。我们为它取名叫“骑槽斜栱”。这种“骑槽斜栱”的出现，可能是为了取得屋檐下艺术形式的协调的缘故吧。从结构角度看，它的出现是多余的，在受力上起不了太大作用，相反使斗栱榫卯复杂化了。至于那种半截斜华栱，就更其多余了，纯粹是屈从于形式需要而附加上去的一种累赘。

由此看来，外檐铺作中用半截斜华栱的做法，起源于抹角斜华栱，当是肯定无疑的了。它的发展过程好似斗栱的发展过程一样，也是由结构的需要而出现，最后以变成装饰性构件而告终。

除华栱性质的丁头栱外，我们从实例和《营造法式》有关章节中，发现还有一种非华栱性质的丁头栱。这同丁头栱的定义有矛盾。不过，我们可以把它看作是一种特例。关于这一点，我们将在本文“骑栿和绞昂、绞栿栱”一节中作详尽的说明，这里就不多说了。

至此，我们有必要概略地描绘一幅丁头栱“大家族”的画稿，作为对这个问题讨论的结束。

从固定部位分：

丁头栱有入柱的和不入柱用在梁栿上或铺作中的两种。过去有人认为只有入柱的才叫丁头栱，是不对的。

从形式上分：

丁头栱有正、斜之别。虾须栱和外檐铺作上斜置的半截华栱是斜置的丁头栱。插入柱中和平座铺作上用的半截华栱是正置的丁头栱。

从做法上分：

有单栱造和重栱造，乃至连续多跳的做法。过去有人认为只有单栱造才算作是丁头栱也是不对的。

六、列　　栱

“凡栱至角相交出跳，则谓之列栱。”准确的提法应是：“凡转角铺作，正、侧面相交出跳的栱，谓之列栱。”即，在建筑物正面出跳的栱，其尾部在侧面看是横栱；在侧面出跳的栱，其尾部在正面看是横栱的身内相连的栱，叫做列栱。

《营造法式》卷四共举出四类栱身相列的情况。

（1）泥道栱与华栱出跳相列。

这是除四铺作插昂造外，所有重栱造转角铺作中不可缺少的列栱之一。这里所说的华栱，指的是从栌斗口内挑出的第一跳华栱。因此，这种列栱使用的部位是固定的，总是在建筑物角柱纵横轴线的上边（图19）。

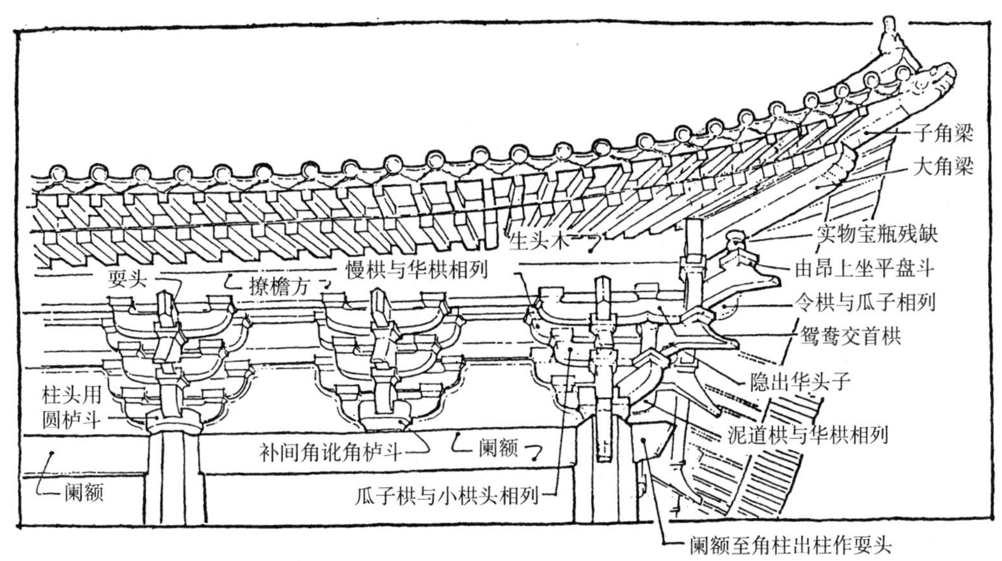

图19　少林寺初祖庵大殿外檐铺作列栱举例

至于四铺作插昂造，则应是泥道栱与华头子出跳相列。这是由于昂头取代了第一跳华栱头所形成的一种列栱。

当铺作为斗口跳或单栱造时，因为“只用令栱”，不用泥道栱，所以又多出一种令栱与华栱出跳相列的栱，以及一种令栱与华头子出跳相列的栱。

如果我们把上述四种性质相近的列栱，看作是一种列栱在不同使用条件下的变体的话，那么就可以把这四种列栱归为同一系列之中。

（2）瓜子栱与小栱头出跳相列。

所谓小栱头，从《营造法式》卷四原文小注的说明分析，它是长度不足一华栱（即不足一跳）的短小的栱头。

这种列栱使用的部位同瓜子栱一样“施之于跳头”之上。但并不是转角铺作中每个跳头上都用这种列栱。只是在五铺作第一跳，六铺作以上第一跳、第二跳跳头上，以及七铺作斜出跳的第三跳，八铺作斜出跳的第三、第四跳跳头上使用。在第一跳跳头上的是瓜子栱与小栱头分首相列①。第二跳跳头上的是瓜子栱与小栱头分首相列，身内交隐②。斜出跳的第三跳、第四跳跳头上的才是瓜子栱与小栱头出跳相列（图20）。

如上所述，在瓜子栱与小栱头出跳相列的系列中，共有三种列栱。

(3) 慢栱与切几头相列。

这是列栱中唯一没有提到出跳相列的列栱。这并非《营造法式》编写者李明仲的疏忽，而是这类列栱的性质所决定的。由于慢栱"施之于泥道、瓜子栱之上"，因而在某种场合下，与慢栱头相列的另一头往往出现无法出跳的情况。如瓜子栱上的慢栱就是这样。这种列栱在瓜子栱头一边的是慢栱头，在小栱头一边的是切几头。因为小栱头已经顶到侧面横栱的里皮了，所以切几头也就无法出跳了，只得于小栱头上散斗外皮（或略微外探）处切断，形若几案被截割一样。切几头之名或许来源于此吧。

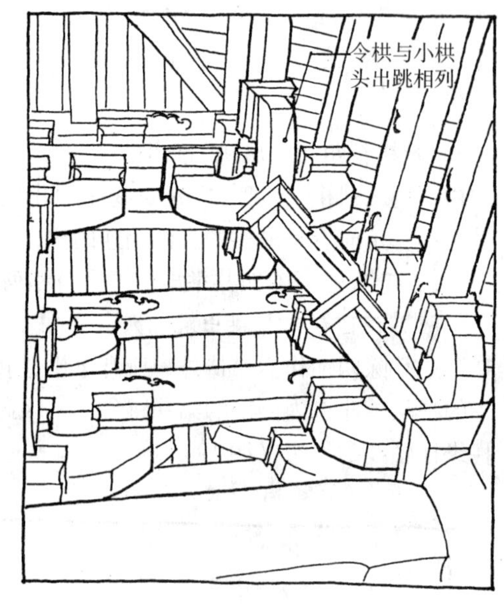

图20　令栱与小栱头出跳相列
（福州华林寺大殿）

实际上，慢栱与切几头相列只在里转角第一跳跳头上才有。其他如外转角第一跳、第二跳、第三跳跳头上的是它的特殊类型。

施之于泥道栱上的慢栱相交出跳的一头，是六铺作以上第二跳华栱。《营造法式》卷十七"殿阁外檐转角铺作用栱、斗等数"一节中，提到这种列栱，即慢栱与华栱出跳相列。

此外，慢栱除与切几头相列和华栱出跳相列外，"如角内足材下昂造，即与华头子出跳相列。"这是施之于泥道栱上的另一种列栱。卷十七转角铺作栱、斗功料清单中，并未列出这种列栱。原因是这份清单是以"内外并重栱、计心、出卷头"的铺作为例的，当然不会有与华头子相列的栱。其实，这种列栱就是慢栱与华栱出跳相列在下昂造铺作里的一个变体。

在这一列栱系列中，有六种列栱。

(4) 令栱与瓜子栱出跳相列。

这是斜出跳最后一跳跳头上的列栱，用以"乘替木头，或撩檐方头。"它的名称与前三系列的不同。前三系列都是以横栱（泥道栱、瓜子栱、慢栱）为列栱的一头，另一头则是跳头一类的栱或出头（华栱、小栱头、切几头、华头子）；而这第四类列栱两头都是以横栱命名的。实际上，瓜子栱一头性质同小栱头没有什么区别。它之所以不用小栱头的称谓，主要是它的长度要求比小栱头长，而采用了瓜子栱的长度，故名。令栱与小栱头出跳相列的情形，六铺作以上里跳上就有。因为里跳为阴角，这类列栱非令栱一头受两跳间尺寸限制，所以，只能做成小栱头形式。

这一系列中又是三种列栱。

---

① "分首"，即列栱的两个栱头分开在栱身的两头，"分首相列"的列栱长度比一般列栱要长出一跳或两跳。

② "身内交隐"，即在方子侧面隐刻出相交叉的栱头，有如一对鸳鸯的头相互依靠在一起一样，详见本节最后一段文字。

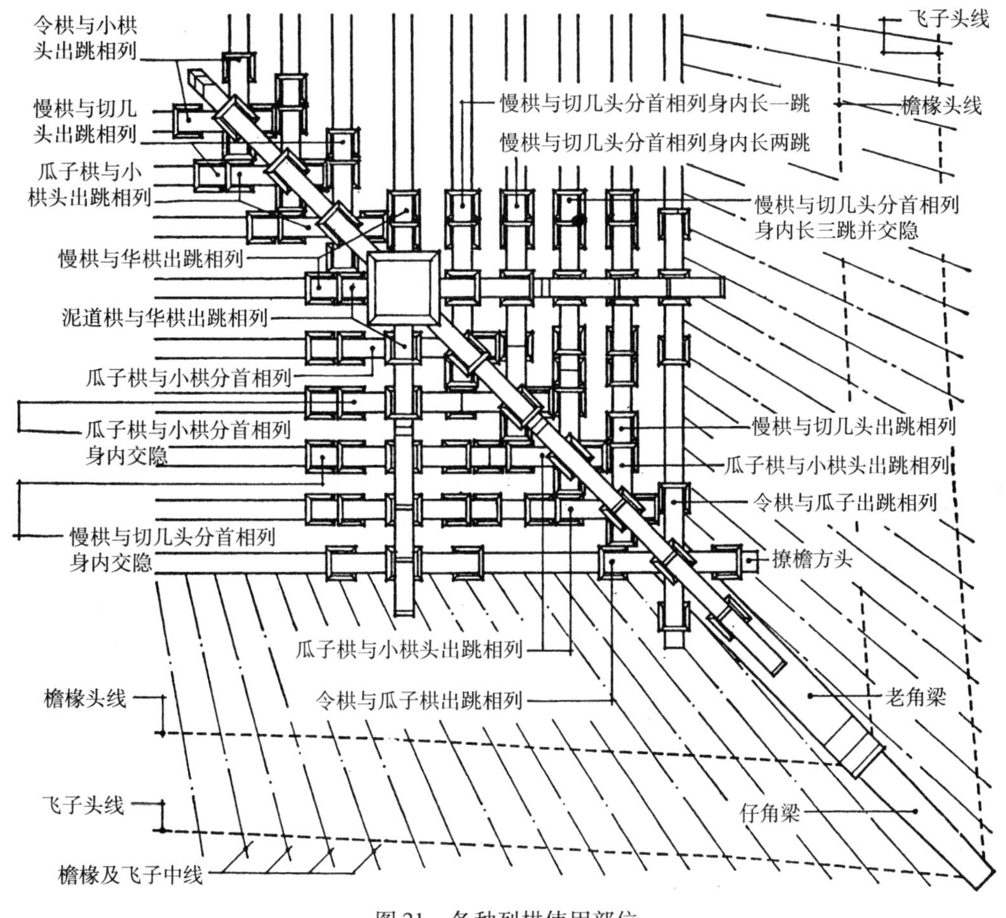

图 21　各种列栱使用部位

以上四个系列总共十六种列栱（图 21）。当然，由于具体工程中转角铺作做法的多样性，列栱的形式也必然是多种多样的，肯定不只这十六种。尽管如此，李明仲的这个分类还是十分科学的。

说它科学是因为把同一性质的列栱，放在同一个系列中叙述，有助于人们认识它们共同的特征。实际调查告诉我们：任何一种新出现的列栱，都能划归上述四个列栱的系列之中。

说它科学还因为以横栱名称作为列栱的主要称谓，可以使人一看见或听到横栱的名称，便知道这类列栱用在何处。这一点对不用图纸而用语言指挥的古代建筑施工来说，是至为重要的。

说它科学还因为把列栱分为四个系列，简化了繁琐的叙述，使人一目了然，便于记忆。

当然，不是说李明仲在这个问题上，已做得十分完善了，没有任何遗漏了。例如，这十六种列栱是我们反复对照卷四、卷十七等有关章节集中起来或分析出来的。但这不是分类指导思想上的问题，而是行文过于简略和疏忽的缘故。

另外，与列栱有关的“鸳鸯交手栱”一词中的“手”字，恐系“首”字所误。我们从卷十七转角铺作栱、斗用料清单中，找到了用“首”字的例证，即“分首相列”的“首”字。这个“首”字显然是栱头的意思。所谓“分首”就是把列栱两头的栱头分开，例如“瓜子栱与小栱头分首相列。”如果说把栱头分开叫做“分首”，那么把栱头交叠在一起，就应该是“交首”了。从制度和实例中看，“鸳鸯交手栱”就是一种栱头交叠在一起的栱。因此，把它叫做“鸳鸯交手栱”就令人费解了；而把“手”字改作“首”字，就比较容易理解。从“手”、“首”同音看，按古人“音同讲义相通”的原则，把“首”字写成“手”字，是很自然的事。这种由于同音产生的错误，在古籍传抄过程中是十分普遍的问题。据此，可以推断“手”为“首”之误，当属毫无问题的。又从《营造法式》行文的一致性看，既然把栱头分开叫做“分首”，也必然应把栱头交叠在一起叫做“交首”，决不应叫做“交手”。再从鸳鸯成双成对，相依相靠的特点看，也应是“交首”，不应是“交手”。一则鸳鸯无手，何有“交手”之说；二则鸳鸯相依相靠时多作交颈状，也就是交首状。

综上所述，把“鸳鸯交手栱”一词改成“鸳鸯交首栱”，从各方面看都是合乎情理的。

七、骑栿和绞昂、绞栿栱

《营造法式》卷四“凡开栱口之法”一节的小注中提到“其骑栿，绞昂、栿者，各随所用。”我们且不去管它怎样“各随所用”开凿卯口。这里要解决的问题是弄清楚什么叫做骑栿栱和绞昂、绞栿栱。

骑栿栱以名度意乃是横跨在梁栿背上的栱，有如人骑在马背上一样（图22）。与骑栿栱性质相类似的还有一种骑在昂背上的栱，我们暂且给它取名叫做“骑昂栱”（图23）。《营造法式》制度对骑昂栱虽一字未提，但在卷三十“上、下昂侧样”和卷三十一“殿堂草架侧样”图里却多次出现，在实例中则更是屡见不鲜。从行文的一致性来看，“其骑栿，绞昂、栿者”，应该是“其骑昂、栿，绞昂、栿者”较比合于逻辑。因此，可以断言《营造法式》原注在“骑栿”两字间，肯定地漏了一个“昂”。字。在此附上一笔，算是对《营造法式》这段小注的一个补阙和订正。

绞昂栱和绞栿栱，就比较难理解了。但是，有一点是可以肯定的，即这类栱必须和昂、栿相交，否则也就无所谓绞昂、绞栿了。至于具体地怎样相交法？在什么部位上相交？《营造法式》制度中一概没有说明。不过，我们从卷三十和卷三十一某些图样中，略能窥知一二。

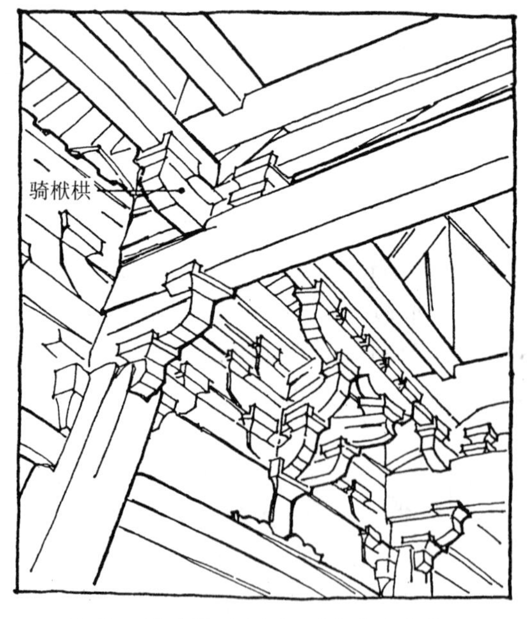

图22　骑栿栱（山西应县佛宫寺木塔）

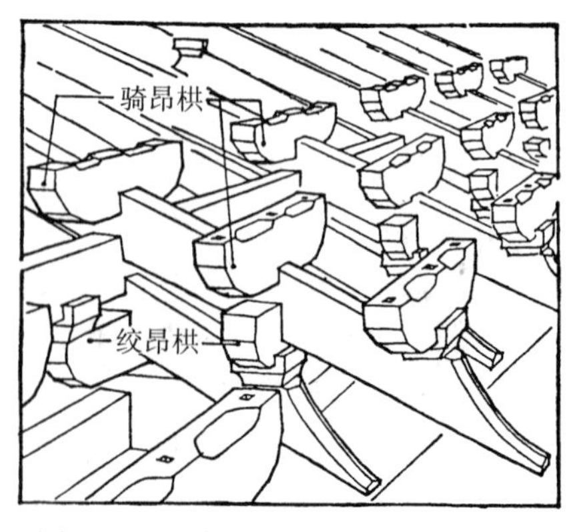

图23　骑昂栱、绞昂栱（浙江金华天宁寺大殿）

（1）它们和骑昂、骑栿栱一样，与昂栿都是垂直相交的。个别的成某一角度相交，应县木塔中就有这样的做法。

（2）相交的部位和骑昂、骑栿栱不同，不在昂、栿背上，而在其底皮或靠近底皮处。

（3）除此而外，还有一种横栱，似乎与梁栿相交于其上、下皮之间。从构造的合理性分析，这第三种情况若说是相交的，还不如说是插上去的更为合理些。因为，横栱如果相交于昂、栿的上、下皮间，并保持栱身是一个整体的话，那么昂、栿断面缺损就太多了，甚至折断。从《营造法式》制度看，至少也要在昂、栿上穿通一材大小的孔洞。这对一材高的昂来说，如此做法是根本不可能的，昂要断成两截的。因此，昂上的横栱要么栱身上半开口，与昂下皮咬合；要么栱身下半开口，与昂上皮咬合。总之，绝不会是穿通的。显然，栱身下半开口的是骑昂栱栱身上半开口的自然是绞昂栱了。对梁栿来说，因其断面较大，被横栱穿通一足材大小的孔洞，未必是不可以的，但是没有这个必要。当构造上需要在梁栿上、下皮之间安横栱时，则完全可以采取类似丁头栱的做法，在梁栿两侧壁上对称插入两个半截栱头。从外表观察，如同整体相交一样。

这种半截栱头，不知与《营造法式》卷十八“殿阁身槽内转角铺作用栱、斗等数”一节，七铺作独用一项内的“瓜子丁头栱”是否是一个类型的栱。倘若两者是一个类型的栱，则这种横栱肯定地不应叫它绞栿栱，而应叫它“××丁头栱。”倘若不是，那就是另一回事了。

国内外专家们对“瓜子丁头栱”一词的理解略有不同。有的人认为这是一种非华栱性质的丁头栱，为此还把一般的丁头栱名字前边加上一个“华”字，即所谓“华丁头栱”，以便与“瓜子丁头栱”相区别①。也有的人认为这是瓜子栱、丁头栱之误。原文应作：“瓜子栱、丁头栱，四只（各两只）”②。这从《营造法式》行文的特点分析，是完全可能的。卷四“慢栱”条就有过同样的文字结构：“施之于泥道瓜子栱之上。”这里的“泥道瓜子栱”是泥道栱和瓜子栱的略写。同样，“瓜子丁头栱”也可以理解成瓜子栱和丁头栱的略写。

无论哪种理解，都可认为《营造法式》中所说的这类“丁头栱”，是一种非华栱型的丁头栱。从大量实例上看，非华栱型的丁头栱确实存在。

相交于昂、栿上、下皮间的横栱，就是这种非华栱型的丁头栱。

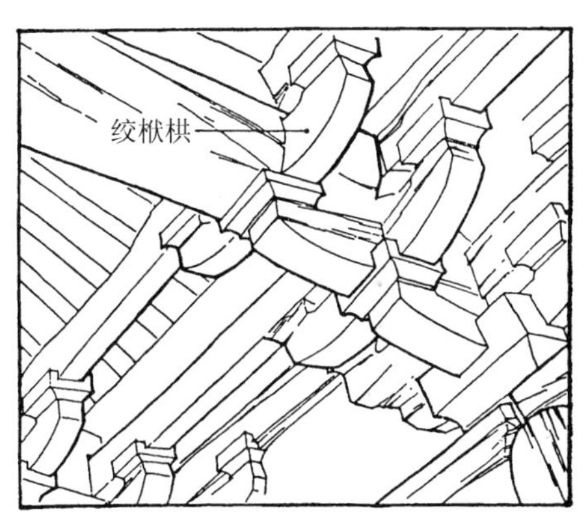

图 24　绞栿栱
（河北正定阳和楼）

剩下的一种与昂、栿下皮相交的横栱，就必然是绞昂、绞栿栱了，除此再没有另外的可能性了。最典型的绞栿栱，莫过于河北正定阳和楼（元，现已毁）梁头处的横栱了（图 24）。绞昂的例子就更多了，几乎所有用下昂的铺作中都有。

骑昂、绞昂栱的出现同铺作计心密切关联，没有计心也就没有骑昂和绞昂栱。骑栿和绞栿栱，也是和铺作计心相关连的。卷十七“补间铺作安勘、绞割、展拽功”条“凡铺作……或柱头内骑、绞梁栿处出跳，皆随所用铺作除减斗栱。”为我们明确指出了这类栱是

① 竹岛卓一氏《营造法式の研究》。

② 陈明达《“营造法式”大木作制度研究》1979 年 2 月刻印本。

用于柱头铺作之上的。在有平棊或平暗的殿阁中，这类栱常被作为承托平棊方之用，成为不可缺少的装修构件。

卷四“令栱”条：“若里跳骑栿，则用足材”。又“慢栱”条：“骑栿及至角，则用足材。”这两个小注说明了两个问题。①，令栱、慢栱都可以做骑栿栱。“瓜子栱”条没有这样的小注，并非遗漏，而是因为梁头总是在某一跳头小斗口内伸入铺作中的。因此，瓜子栱只能绞栿，不可能骑栿。②，它们都是足材栱。这使我们对骑栿栱的了解更深了一层。可能是因为承托平棊方的缘故吧。

八、计心和偷心

什么是计心？什么是偷心？历来理解不一。《营造法式》卷四大木作制度“总铺作次序”条里，就有两种不同的说法：

（1）“凡铺作逐跳上〔下昂之上亦同〕安栱，谓之计心；若逐跳上不安栱，而再出跳或出昂者，谓之偷心。”要正确理解这段文义，关键在一个“逐”字上。就是每个跳头上都用横栱的铺作叫计心；都不用横栱的铺作叫偷心（图25、26）。

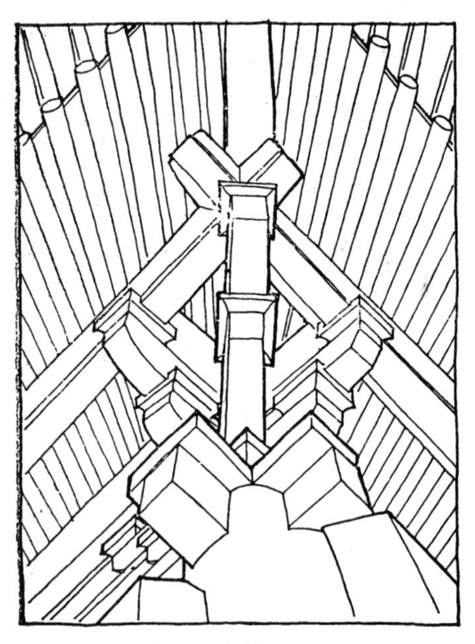

图25　全偷心造

（河易县开元寺药师殿）

（2）紧接上文又有：“凡铺作逐跳计心”和“若下一杪偷心”一类的提法。所谓“逐跳计心”，就是每一跳都“计心”的意思。这里的“计心”显然是跳头上用横栱的同义词，即任何一跳的跳头上，只要有横栱，那么这一跳就叫做“计心”。所谓“下一杪偷心”，指的是第一跳华栱上不用横栱的意思。同样，这里的“偷心”则是跳头上不用横栱的同义词；也就是说哪一跳不用横栱，哪一跳就叫做“偷心”。

十分明显，第一种说法是就铺作整体而言的；第二种说法是就每一跳来说的。两者的涵义是完全不一样的。如果在称谓上不加区别，就会引起概念上的混乱。例如，《营造法式》卷三十“铺作转角正样第九”，同样是每一跳头上都用横栱的铺作，有的叫“并计心”，有的叫“逐跳计心”。“并计心”的“计心”是第一种说法中的计心；“逐跳计心”的“计心”是第二种说法中的计心。这不能不说是李明仲的一种疏漏。

为此，我们认为有必要做一些补漏的工作，增加两组名称，把两种说法既科学地区别开来，又有机地统一起来。我们把“凡铺作逐跳上安横栱，谓之计心”的“计心”一词，改称为“逐跳计心造”，或“全计心造”，或“计心造”。我们再把“逐跳上不安横栱，……谓之偷心”的“偷心”一词，改称为“逐跳偷心造”，或“全偷心造”，或“偷心造。”那么，什么是计心和偷心的涵义就明确了。哪一跳上用横栱，哪一跳就叫做计心，反之就叫做偷心。

其实，增加的两组名称，在《营造法式》中已有三处用过。其一，卷四“总铺作次序”条中：“如铺作重栱全计心造”。其二，卷四“平座”条中：“其铺作宜用重栱及逐跳计心造”。

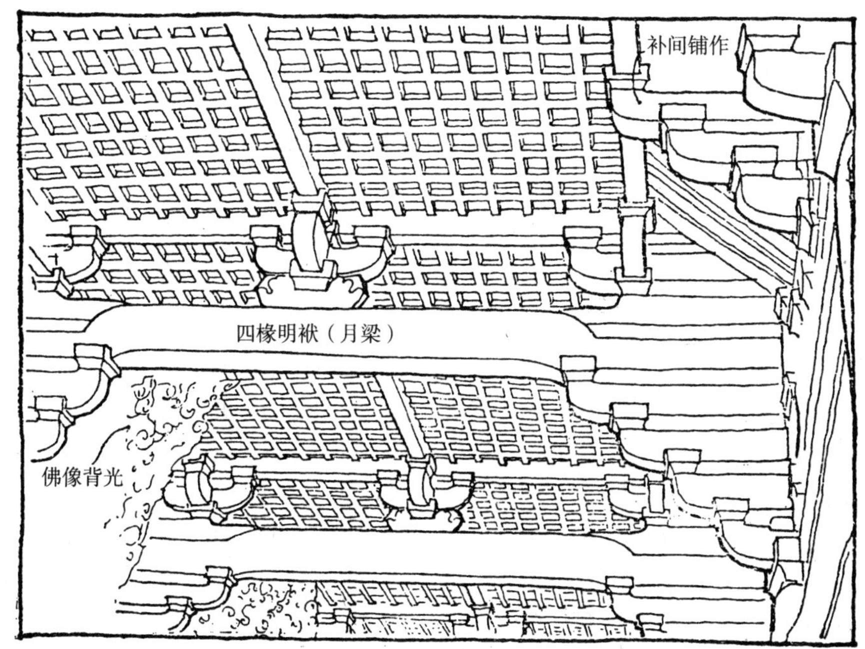

图26　全偷心造（山西五台佛光寺大殿）

其三，卷十七“凡铺作如单栱及偷心造”。所以，它不是什么新创造，只不过是把《营造法式》中一些涵义上彼此矛盾的术语，做了一番澄清而已。

从斗栱发展史看，先有偷心造，后有计心造。两者兼而有之的做法，则是一种过渡形式。

关于这一论述，我们在《中国古代木构建筑》① 一文中，作过初步分析，这里就不详述了。

过去，那种孤立地把柱头铺作和柱子连在一起，当做所谓“中国柱式”来研究斗栱演变的做法，是错误的。其所以错误，在于持这种看法的人对斗栱的结构特征，缺乏真正认识的缘故。他们没有认识到斗栱中计心和补间的出现，不单纯是量变的结果，而更重要的是质的转化的产儿。

原先，仅仅只有柱头铺作上采用组合悬臂梁式的偷心斗栱时，确实可以把斗栱看作是孤立的一朵一朵地各自起着悬挑屋檐的作用。它们只能是梁头或柱头的一种延伸，还不是一个完全独立的结构形式。但是，当补间和计心的出现之后，檐下和室内各斗栱间所形成的空间网架，从根本上改变了偷心斗栱各自孤立作用的状态，形成一个横向（水平方向）的整体结构层。

因此，我们说全计心造和全偷心造，既是斗栱组合中两个典型类别，又是斗栱发展过程中两个不同质的阶段②。

*　　　*　　　*

我们殷切希望这篇“小议”能起到引玉之砖的作用，以便有更多的人来议论和研究这些问题。这将有助于我们更深刻地理解《营造法式》和宋代建筑技术及其艺术成就；有助于我们今后整理、修订梁思成教授遗稿的工作，使之进行得更加顺利和有成效。

一九八〇年二月六日笔者后记

---

① 详《建筑史论文集》第三辑。清华大学建筑系建筑历史教研组编。

② 当斗栱发展成为装饰性构件后，又是一个不同的质的阶段（如明、清的斗栱即是）。它的全计心造斗栱并非我们在这里所分析的那种空间网架性质的全计心造。

简谈中国古代建筑施工工具

赵 继 柱

我国古代建筑具有悠久的历史和伟大的成就。在原始时代，我们的祖先为了防御风雨寒暑的侵袭和猛兽的伤害，就开始建造简单的住所。随着生产的发展和社会的进步，历代建造了无数的建筑，至今还有许多建筑实物，屹立在祖国的大地上，如：万里长城、赵州大石桥、应县木塔、北京故宫等等。这些建筑历史悠久，具有很高的科学技术水平和艺术水平，是劳动人民血汗和智慧的结晶。

人们在建筑活动过程中，发明创造了多种多样的建筑施工工具，其中包括对建筑材料的开采、制作、加工和运输等工具，它减轻了人们的劳动强度，提高了施工效率。这些生产工具的发明和创造，对建筑技术的发展和社会的进步，发挥了很大的作用。

一、运 输 工 具

建筑施工时，所用的建筑材料，除就地取材外，多从外地运输到施工工地，占用大量劳动力。最初，主要用人力进行，费时费工，非常艰苦。人们在长期的实践中，发明和改善了运输工具和施工工具，用来代替或节省人力，可以提高劳动效率。在运输方面主要有：

车 车是建筑施工中一种重要的运输工具。我国使用车的年代较早，从殷墟出土的车的遗物和甲骨文的记载来看，殷商时期的车已经比较完善。西周时车的种类和形式增多了，到了春秋战国时期，出现了金属做的轴承（叫做釭），并用动物油作润滑剂，使车更加轻便。汉代以后的车是双辕的，常用一匹马或一头牛驾引，应用更普遍，成为陆地运输的主要工具。辎车就是古代的载重车，和近代农村中使用的大车相似。据宋代《营造法式》记载，辎车可以载重一千斤以上。古代的车多为两轮车，如果物件重量过大，则使用多轮的大型车。汉代已出现稳定性好、载重量大的四轮车；南北朝时期，出现用十二条牛拉的大型多轮载重车；明代贺仲轼《冬官记事》中记载，为了运输建筑用的很重的大块石料，曾设计制造了十六个轮的车，用十几匹骡子，甚至于几十匹骡子拉，这是轮数的最高记录。

汉代还出现了独轮车。三国时诸葛亮制成的运送军用物资的“木牛流马”，就是一种经过改进的特殊的独轮车。独轮车适用于平原，也适用于山区，道路宽窄都可以行走，载重量虽不大，但适应性强，是南北各地常用的轻便运输工具。车上部的构造，根据用途的不同，有不同的装置方法：有的是平面的，叫做小平车，或叫做土车；有的中间装有立架，两边载物。一般一个人推行，有的另有一个人在前面拉动，或者用畜力挽拉；有些地区在车上加帆，利用风力带动车子，至今河南、山东等省的广大地区仍有用车帆的车子，这样可以运载比较多的东西。独轮车是应用很广的一种运输工具，至今农村建造房屋时，仍用以运料（图1、2）。

在运输工具中，还有一种耙犁，或者叫雪橇，是我国黑龙江、吉林地区常用的一种运输工具。当地冬季寒冷，冰雪道路，其他车辆难以运行，而耙犁最适宜于在冰雪上面滑动，所以用

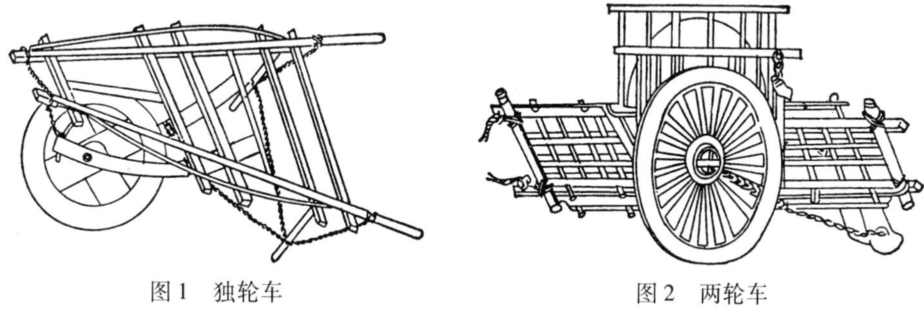

图1　独轮车　　　　图2　两轮车

耙犁运输建筑材料既省力速度又快。运送木材使用大耙犁、平耙犁最为合适。

车子、耙犁运送建筑材料，起到了很大的作用。特别是车子运输，无论是道路远近，建筑材料的重量大小，什么性质的材料，都可以用车子来运送，因此说车子是我国古代建筑施工中不可缺少的重要工具。

船筏　用船运输材料，是最经济的运输方法。我国是世界上造船历史最悠久的国家之一，到汉代，船已经相当进步相当完善。广州东汉墓出土的陶船模型，船尾有舵，船首有锚。宋代造船技术十分发达，采用了水密隔舱，并用桐油石灰艌缝，船不漏水。北宋时期用船运送建筑材料的记载是很多的。例如福建泉州的洛阳桥，全长540米，有48孔，每孔7根梁，共计336条石梁，每条石梁重几十吨，这些石梁都是用船运到工地的，这本身就是一项艰巨的运输工程。值得提出的是，船载石梁利用涨潮水位高的时候，将它安放到桥墩上，这是我国古代一项巧妙的创造。据周亮工《闽小记》记载：“激浪以涨舟，悬机以弦牵。”用船将石梁运到工地，利用潮汐涨落，控制船的高低位置，再用一种吊装设备牵引石梁就位。这和现代浮运桥梁的方法基本上是一样的，是一种利用自然力起重的方法。利用船起重，在古代是常用的，漳州虎渡桥其中最大的一根石梁长24米，宽2.2米，高1.8米，重约200吨，即四十万斤，这么巨大的石梁的升高就位，据估计也是先将石梁装在船上，利用河水的涨落，将石梁安放到桥墩上去的。古代利用这种方法，架设了不少石桥。宋代《营造法式》上对水运的功限都有具体的规定和说明。明代南京的宫殿和明清北京的宫殿的建造，所用的木、石、砖、瓦等都是从全国各地运来的，路程比较远。明南京城筑城所用的砖，是从湖南、湖北、江西、安徽、江苏等省运送。北京城用的砖是山东临清运送，苏州产的“金砖”也是供北京宫廷用的，这些材料都是水道运送的。使用的运输船有沙船、漕船、条船、划船等，有的将两只船并连在一起成为双体船，便于运货，有的将船造成两截，可以分开单独使用，也可以合起来使用，叫做连环舟，根据所运的材料和河道情况而灵活使用。

木筏和竹筏也是水运的一种方法，在建筑中所用的木材和竹材用量很大，这些材料多产于山区，一般情况下，必须通过水道运输。竹木体轻，在水中有浮力，将几根树干用绳索捆绑成筏，能够运送很重的材料。使用最多的是将竹木结成筏，一排一排地前后衔接，有时长达数里。这种运输方式在我国具有悠久的历史，有很丰富的经验，现在仍然采用这种方法。

滚棍　古代搬运大木、巨石时，在下面横着放一些硬木棍或铁棍来滚动，以滚棍对地面的滚动代替重物与地面的摩擦，大大减小了摩擦力，也就省了人力。我国古代以“大木为车”运送巨石的方法，原理是相同的，用两根质地坚硬的榉木枋，枋的一头稍大并向上翘，避免运石时与地面不平处相触，不能前进，两枋平行置于横放的滚棍上，将石料放在木枋上，上翘的一头在前面，拴上绳索，用人或马拖拉，后面有人用撬棍撬动；下面的滚棍从后面滚出后，再把它放到前面去，采用这种方法就能将巨大的石料运走。明贺仲轼《冬官记事》记载：“三殿中道阶级，大石长三丈，阔一丈，厚五尺，派顺天等府民夫二万，造旱舡拽运。”旱舡就是以“大木为车”的运石工具，有的叫做木橇。古代埃及建造大金字塔所用的巨大石块，从记载和发现的壁画上看出，也是用垫有滚子的木橇运输的，和我国古代是一样的。

滑板与滑架 使物体沿着光滑的平面移动，可以减少物体搬运时所产生的摩擦，古代发明的滑板和滑架就是利用这种方法的运输工具。特别是在有一定坡度的地段往下运送土方、石料时更为方便，滑板是由几块木板联结起来的，长3尺~4尺，宽2尺，上面平整，底部四周作成弧形，以利溜滑。运石料时，将石料直接放在滑板上；运土时，应将土装在土筐里，再将土筐放在滑板上，人用绳子拉着滑板，沿着专用的石板道路或特修的运输道路运行。用滑板运输时要用水作润滑剂，增加光滑的程度，同时还减少滑板的磨损。也可以用畜力拉，不仅减轻劳动强度，还提高工作效率。

滑架是由两根船底形的木条和两根横放的方木钉成的，上面放一个大土箕，土、石料装在土箕内，然后用人拉着滑架滑行，在有一定坡度的地段上运输更好。

增加接触面的光滑程度，减少摩擦力，是我国古代常用的运输方法之一。明代修建北京的宫殿，所用的石料多采自北京远郊的山区，每块石料往往重达几十吨，甚至几百吨，保和殿后面的石阶上的云龙雕石约重二百多吨，据说运送这些巨石时，需冬季先在路上泼水结成冰，利用冰面光滑摩擦力小的特点，将那些巨大的石头运到工地。

二、起 重 工 具

我国古代发明创造了一些起重机械，很早就在建筑施工中使用了。一般小的材料和部件，如砖、瓦、灰浆等，多用人力担挑或背驮，沿着马道运到高处；有的人站在高处用绳索向上提升。这些方法劳动强度大，效率低，不能运送太重的材料，如果部件太重，只能用起重机械吊运。

杠杆起重 杠杆起重机又叫桔槔，文献上关于桔槔的记载以《庄子》为最可靠，《庄子·天运篇》上说：“子独不见桔槔者乎？引之则俯，舍之则仰。”这种机械最早是在农业生产中，从井内汲水灌溉用的，后来在建筑施工中用来起重。在春秋时期已经开始使用，它的构造是采用杠杆原理，利用支架把一根杠杆由中间悬吊起来，一端是吊重物的，另一端由人扳动，力点到支点的距离大于重物到支点的距离，所以用较小的力就能吊起很重的物体。它的支架有的只埋设一根立柱，有的是用三根木杆作的三角架，构造简单，应用方便，但是起吊的高度和范围受到一定的限制（图3）。

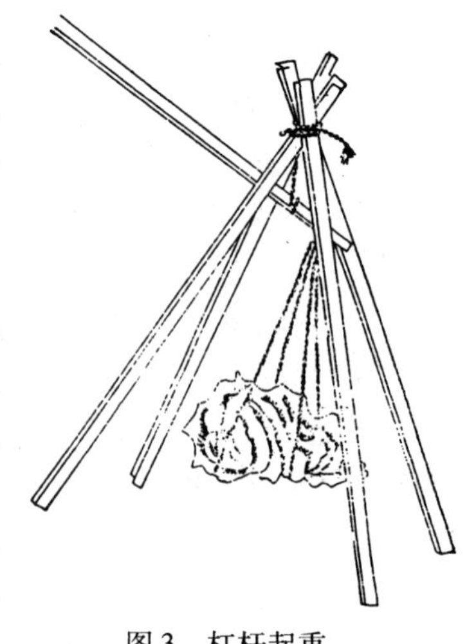

图3 杠杆起重

滑车 我国使用滑车已有很长的历史，春秋战国时期已经开始采用，公输般为楚国攻打宋国所创制的云梯，是“首贯双轮”，根据分析，这双轮就是滑车。汉代从井里汲水也用滑车，成都、徐州、巩县等地的汉墓中出土的陶井模型的井架上都装有滑车，表明汉代滑车的应用已很广泛。1956年，山东荣城县在一眼古井中发现铁质机械轮一件，形近车轮，八辐，辋边残缺，向内弧凹，作施绳擎拉用；轮重12公斤，直径42厘米，毂径9厘米，铸造而成。同出土的一件铁权，经鉴定为战国物，铁轮可能晚些①。这是一件起重用的铁滑轮。将滑轮安装在支架上，绳索穿过滑轮，一端系重物，另一端用人拉或用马拉，可以起吊很重的东西，滑车在建筑施工中是一种应用很广的起重工具。

辘轳　《物原》上说："史佚始作辘轳。"史佚传说是西周初年的人，这一记载说明，辘轳可能是在西周初期发明的。三国时，魏明帝造凌云台，命韦诞题榜，将韦诞放在一个笼子里，用辘轳升到二十五丈高的地方②。南北朝时，石虎曾用辘轳降凤诏③。辘轳是在一个支架上，安装一横杆，杆上套一辘轳头，绳子绕在辘轳头上，绳端系重物，回转曲柄，就能将重物绞上来，但辘轳要安在高处的脚手架上。辘轳是轮轴类的起重机械，因为曲柄的回转半径大于辘轳头的半径，所以用小的力就能提升重的物体，在建筑施工中常常用辘轳吊起重量大或体型大的部件和建筑材料。

绞车　绞车，又叫绞盘、绞关，是由辘轳发展来的，加力的横杆数目增多，可以几个人同时扳动绞车，起重能力大大加强。绞车有卧置和竖置两种，根据需要选定。它是我国古代起重用的主要机械，应用很广。1974年，湖北铜绿山春秋战国时期的古矿井遗址中，发现了起运矿石用的木辘轳两件，经过鉴定是两件绞车轴，全长250厘米，直径26厘米，两端砍成圆形轴颈，轴上凿有两圈密孔，两圈疏孔，孔中插方木条，将绞车头装到支架上，扳动木条就能起重，密孔中插的木条是制动用的④，当时就是利用这种机械从几十米深的矿井中提升矿石的。文献中有不少关于绞车的记载，《晋史》卷一百七记载，石虎在邯郸发掘赵简子墓时，发现泉水，"作绞车以牛皮囊汲之"。《武经总要》记述的起吊城门闸板的"绞车，合大木为床，前建二叉手柱，上为绞车，下施四单轮，皆极壮大，力可挽两千斤"。佛塔上巨大的铁刹杆多是利用绞车起吊上去安装的。建筑中一些特大件的安装，如大型石块、古塔的刹柱、宫殿的大梁、大柱、城门的闸板等等，都需要起重能力很大的机械，绞车就是常用的机械之一。明清时期，在建筑施工中使用了简单的千斤顶和手摇卷扬机⑤，提高了施工效率。

绞车与滑轮配套使用，起重能力更大，明清时期使用的手摇卷扬机就是由绞车与滑轮组成的，支架可以是独脚架，即用一根竖立的扒杆，下端埋牢夯实，然后用三根缆绳将扒杆稳定，以免起重时扒杆摇动。有的用三角支架或人字形支架等。无论是什么形式的支架，动力机械部件都是手摇绞车，通过传动的绳索起吊重物。近代所使用的一些小型的起重用的土机械，都是这种形式的（图4）。

撬棍和千斤顶　撬棍是移动、起重笨重东西的工具，撬棍就是杠杆，有木制的，也有铁制的。这种工具很早就有了，使用时，撬棍前部置一支架，或垫一物体作支点，后部较长，用不大的木棍就能将笨重的东西撬动。如果前后各用两根撬棍同时撬，可将巨大的石料撬起，人们称撬棍为"土千斤"。

《中国建筑简史》中说，明清时期，在建筑施工中已经使用了简单的千斤顶。这是完全可能的，这时西方的科学技术已经传入我国，在茅元仪的《武备志》、王征的《远西奇器图说》

---

① 《荣城发现古代铁权和铁轮》，《文物参考资料》1956年第8期。

② 王僧虔《名书录》。

③ 《邺中记》。

④ 《湖北铜绿山春秋战国古矿井遗址发掘简报》，《文物》1975年第2期。

⑤ 《中国建筑简史》。

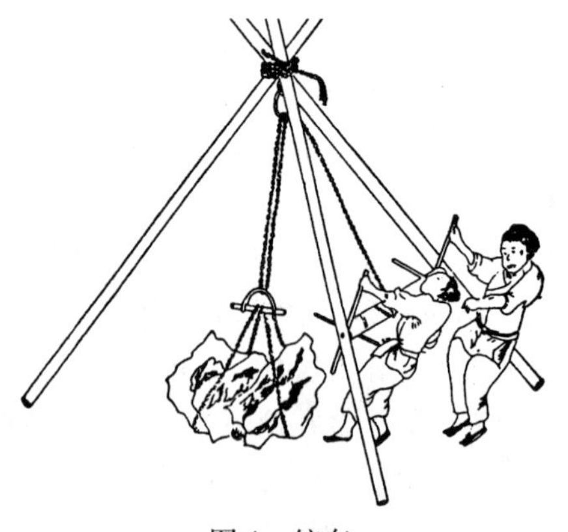

图4　绞车

（采自王征《远西奇器图说》）

以及方以智的《物理小识》中，都有关于螺旋的论述。受到西方科学技术的影响，制造出螺旋式的千斤顶，用来起重物体，这是科学技术进步的一个标志。

三、加工工具

1. 土工工具

挖土工具　锹在土方工程中是一种常用的起土工具，古籍上叫做锸，《释名》说："锸，插也，插地起土也；或曰销，销，削也，能有所穿削也。"锸的功用就是插地起土，在浚河、造土台、筑墙、挖房基等土方工程中都需要锸，它是由古农具耒耜演变来的，其型制和耒耜基本相同。传说在夏禹时代就有工臿，《淮南子》说："禹时天下大水，禹执畚臿以为民先。"畚是用竹木做的盛土的工具，臿是大禹治水时的主要工具。早先臿的头部是石制的、木制的和骨制的，殷代可能有了铜锸头，但目前还没有发现实物。根据考古发掘资料证明，春秋晚期出现了嵌刃式的铁口锸，有一字形的和凹字形的，它是在木锸头上加上一个铁制的刃口，使之锋利，容易入土。长沙识字岭第十四号楚墓出土了一件春秋晚期的铁口锸；河南辉县、广西平乐山出土的是战国时期的凹字形的铁口锸；长沙马王推三号汉墓出土了一件完整的铁口木锸，连木柄全长139.5厘米，铁口呈凹字形，弧刃，刃宽13.7厘米，高11厘米，重265克，铸成①。这是挖土用的实用器。四川郫县汉墓出土的一件大型石俑，双手握的工具也是锸，锸端有一凹字形的鐅（铁口），刃部较尖。洛阳汉墓也出土了一些铁口锸。战国秦汉时期，在土方工程和农业生产中大量使用的铁口木锸，是由木锸发展到铁锹的过渡形式。

锸也叫锹，王祯《农书》上说："锸，颜师古曰：锹也。"又说："盖古谓臿，今谓锹，一器二名宜适用。"汉魏以后，由于冶铁技术的进步，嵌刃式的铁口锸少了，出现了全铁制的锹头，上有圆裤，下为大型箕状锹身，多为锻造的，器形较薄，轻便实用，后来还出现了一种头部较宽大的平刃铁锹。1958年，旅顺市曾发现金元时期的铁锹两件，安柄的裤呈圆筒形，一件长34.3厘米，另一件长40厘米②。

---

① 《马王堆三号墓出土的铁口木锸》、《文物》1974年第11期。

② 《旅大市发现金元时期文物》，《考古》1966年第2期。

由耒耜到臿，再由臿到锹，它们是一脉相承的，形制也基本相同。

铁搭是和泥的工具，有三齿的、四齿的、五齿的、六齿的等等，一般多为四齿，所以又叫四齿耙，上部有一圆孔，是安柄用的。铁搭在建筑施工中是用来搅拌泥浆的，有时也用来刨土，打碎土块。北方农村建造房屋多用土坯筑墙，制作土坯前，一定要把土用水和均匀，里面放些麦秸作草筋，泥太粘，用铁镢搅拌太费劲，用四齿耙，因接触面小，容易深入泥中，很省力，所以搅拌泥浆、灰浆都用四齿耙。

铁搭发明的时间比较早，河北燕下都遗址出土过一件战国时期的铁搭，五齿的。铁搭是受古代的双齿耒，双齿钁的影响而创造的，后来又有改进和发展，是土方工程中常用的工具之一。

夯筑工具 在原始社会，人们就已经知道，建造房屋时首先要把基础打坚实，将木柱和墙壁下面的土夯实，这样房屋才能坚固。后来出现的高台建筑，整个高台都是用夯土筑成的，夯土的工具叫做夯杵。河南偃师二里头早商宫殿的台基全部由夯土筑成，夯印清晰，呈半球状，直径3~5厘米。在此遗址中出土羊头形石杵一件，呈圆柱形，上部稍细，下端磨成半球形，上端琢成羊头形①，这是当时用的夯土工具实物。

夯上细下粗，下部的夯头粗而圆（图5）。最早的夯多用硬木做的，叫木夯；后来夯头改用石头做成，柄是木头的，而且夯头增大。陕西秦都栎阳遗址出土的三件石夯头，其中一件体型为圆锥体，高27.7厘米，上部有圆形柄窝，安木柄用的，夯头下部直径为9.5厘米，整个夯头均经镌凿而成的②。战国秦汉时期，已用铁夯锤夯土，长沙战国墓出土铁夯锤三件，形似笔筒，口大底小，口径7厘米、底径5.4厘米、长1.25厘米，上有圆孔可以装木柄③。《汉书·贾山传》记载，秦始皇修建驰道时，路面皆“隐以金椎”，服虔曰：“隐，筑也，以铁椎筑也。”明清时期，在施工中出现了一种新的夯土工具——大硪（夯的一种），是砸地基或打柱子用的工具，通常是一块圆石头或铁饼，周围系着几根绳子，几个人用绳子甩起，再落下来，这种工具适合于大面积台地的夯实。

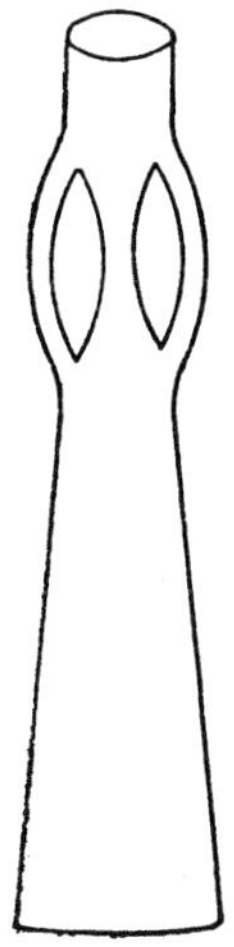

图5 夯

夯土夹板 从商代出现夯土城墙开始，直到今天，在广大的农村仍然使用夯土版筑的方法建造各种墙体。版筑使用的工具有夹板、插杆、立柱、条筐、扁担、簸箕、夯锤等，有时还用车子运土。夹板两块，放在立柱之旁，中间填土，用夯锤捣实，然后将夹板松开，再提升一版，这样逐步地提升，每版长2~3米，高10~20厘米。夹板就是墙模，一般是用木板做的，有的用几根木杆代替木板，叫做椽子，筑出的墙面不平，便于挂灰。将立柱和插杆绑在一起，上面再放横杆，这样的脚手架，既是人们施工时的增高设备，又是固定夹板用的。古代筑墙是采用插杆脚手架施工的，这是传统的版筑设备。

2. 木工工具 在建筑工程中，木材是主要的建筑材料之一，屋架、门窗等都是用木材制作的。我国古代发明创造的木工加工工具，对于建筑技术的发展发挥了很大的作用。

斧 我国古代建筑以木结构为主，对木材加工的需要而创造出了砍削用的斧。在新石器时

---

① 《河南堰师二里头早商宫殿遗址发掘简报》，《考古》1974年第4期。

② 《秦都栎阳遗址初步勘探记》，《文物》1966年第1期。

③ 《长沙、衡阳出土战国时代的铁器》，《考古通讯》1956年第1期。

代人们就用石斧，砍伐较多的木材并进行一定的加工，对房屋的修建起了很大的作用。河南安阳殷墟曾出土过商代的铜斧。由于金属工具的使用，商代的木构技术有了发展，殷人的许多房屋采用木结构的方法。铜斧体长，刃平直或呈弧形，围孔，柄是横装的。春秋战国时期，由于冶铁业的兴起和发展，出现了铁制的生产工具，到战国晚期，铁斧的应用已经比较普遍，河南、河北、湖北、湖南、山东、山西、四川等省的几十个地方都出土过战国时期的铁斧，多为生铁铸造的，例如：兴隆出土的战国时期铸造工具的铁范 87 件，其中有斧范 30 件，由此铁范铸出的铁斧是方型直裤式，平刃，体作板楔状，上有装木柄的扁方直裤，长 15.2 厘米，刃宽 6 厘米①。汉代的铁斧比战国斧有了很大的进步，直裤式的不见了，出现了一种斧身为长方形，刃部外棋，两角向外延长，背部平整，斧身中部有一长方形的孔，安柄用的，类似现代的形式。东汉时有了用钢锻造的斧，称为刚关头斧，刃口十分锋利。汉斧一般较小，也有比较大的，洛阳烧沟东汉墓出土的一件铁斧，身长 16.3 厘米，柄也是铁的。

斧是一种砍削木材用的工具，有单斜面和双斜面两种，单斜面斧是一面平一面斜，这种斧适合于砍削木料，不适合于劈，木工多用这种铁斧，而双斜面斧，适合于砍劈。在锯还没有发明以前，建筑中所使用的木板都是用斧砍削出的。斧是采用力学上的尖劈原理，以小力发大力的工具，几千年来一直是木工的主要工具（图 6）。

锛 古代叫做斤，是一种对木料进行粗略加工的工具，用途与斧不同，斧是立砍，锛是平砍。锛装钩状长柄，人立着使用，与刨土用的鑁的用法相似。上古时代使用的是石碄，商代才开始有青铜制的锛，西周时的铜锛发现的较多，河南信阳楚墓中出土的一件春秋时期的带木柄的铜锛，刃为单斜面，上面斜，下面平，形制很像现代木工用的锛②。战国时期发明了铁锛，到了汉代，锛的式样增多，有单斜面的，也有双斜面的，锛身成楔状，空首，刃部很薄，一般为直刃，也有弧刃的，多为用生铁铸造后，再经过退火处理，减小脆性，增加韧性。南北朝以后，用熟铁或钢来制造了。

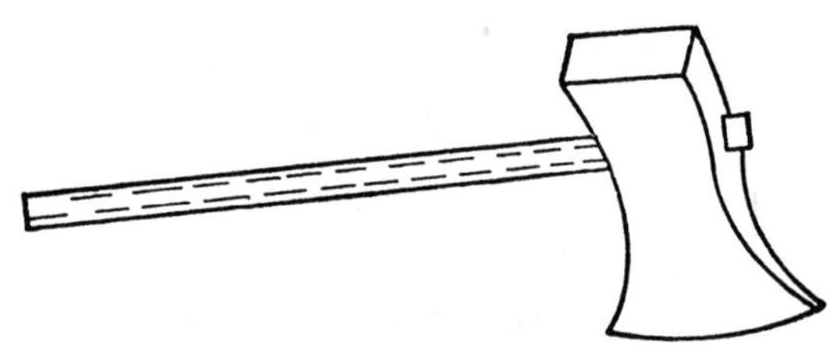
图 6　斧

凿 是木工打眼、剔槽的工具，在七千年以前的河姆渡文化时期，已经使用骨凿和石凿加工木料，创造了榫卯结构的干栏式建筑，出土的大量带榫卯的建筑构件上，有凿出的长方形和圆形的卯眼③。在距今四千年以前的齐家文化遗址中，发现了用红铜制作的铜凿，这是我国发现的最早的金属工具。商代开始使用青铜凿，到战国时铁凿代替了铜凿。河南辉县、山西长治、河北燕下都、山东齐故城等地，都出土有战国时期的铁凿，河北兴隆发现了战国时期铸造铁凿的铁范，由此范铸出的凿，长楔状，上有方形直孔，长 16.5 厘米，体宽 2.4 厘米④，与近代木工用的凿基本相同，只是孔是方形的，不是圆形的。汉代的凿用熟铁锻造的。辽阳西汉遗址出土的铁凿中有一件是曲刃的，这种凿称为曲头凿，是凿圆孔用的。

凿是木加工工具中不可缺少的一种，它由凿头和柄组成，柄用硬木做的，以免锤击时起毛。我国古代的凿有平刃凿、斜刃凿和圆刃凿，各种凿中又有宽刃和窄刃之分，《天工开物》

---

① 《热河兴隆发现的战国生产工具铸范》，《考古通讯》1956 年第 1 期。

② 《青铜器名辞解说》，《文物参考资料》1958 年第 12 期。

③ 《河姆渡发现原始社会重要遗址》，《文物》1976 年第 8 期。

④ 《热河兴隆发现的战国生产工具铸范》，《考古通讯》1956 年第 1 期。

中说，凿刃宽的有一寸多，窄的只有三分，这是根据不同的用途制造的。

锯 是解割木料的工具。锯由来已久，在新石器时代遗址中常有蚌锯、石锯出土，青铜锯最早的见于商代，中国历史博物馆收藏的一件商代的铜锯，是矩形的，两边都有齿，可能是用来锯骨料的。春秋战国时期的铜锯也发现了几件，信阳楚墓出土的一件铜锯，锯片较短，夹在木片内并有木柄。湖南楚墓出土了一件战国末年的铁锯①，表明战国时期有的地区已经开始使用铁锯了。到了汉代，铁锯的应用比较普遍，陕西宝鸡、长安、四川茂县、河南鹤壁等地都发现过汉代的铁锯，在汉简中也有不少关于锯的记载。汉代的铁锯形体不大，还没有锯架，有的有柄，相当于现在的刀锯，锯齿较大，是把熟铁锻打成薄条，然后用锉刀开齿的，这种锯只能锯解小的东西。在汉魏木简中有“胡铁大锯”的记载②，这种锯是解割大木料的大铁锯。

最早的锯是刀锯，由锯刃和锯把组成，有的一边有齿，有的两边都有齿，锯片较短，用来截断木料。后来的锯片较长，并有锯架，叫做架锯，横割、纵割木料都可以。

钻 是钻孔用的工具，它是由锥发展来的。最早的金属钻见于商代早期，郑州二里冈商代早期遗址中出土青铜钻两件：一件体作圆柱状，两面刃，刃部平直，长 3 厘米、宽 0.3 厘米；另一件为狭长条形，横截面为菱形，身中有脊，分钻身左右两叶，两叶外刃直行，向前聚成钝圆形锋刃，脊下附有近似圆形的挺，通长 5.5 厘米，锋宽 0.8 厘米③。这种钻是用来在甲骨上钻孔的，也用在木料加工上，它的用法可能是把它缚在木棒的下端，用一块凹石或木顶住木棒的上端，然后用一弓状物来拉动它，与今天的牵钻一样。汉代已使用铁钻，辽阳西汉遗址出土过一件铁钻头；抚顺莲花堡遗址出土的西汉早期的铁钻为锻造的，圆柱体，扁平三角形刃，尖柄，长 12.8 厘米，径 0.57 厘米④，这种钻只能钻小孔。还有手钻，把圆锥做成小棱锥形，后端安上木柄，就能钻孔。

刨 是刨削木料用的工具，利用这种工具将木料刨平、刨光滑。刨子古代叫做“准”，刨刀是用熟铁做的，刀口部分嵌钢，磨得锋利，装进用硬木制的刨壳，微露出刃口，明代宋应星《天工开物》记载着当时木工使用的刨子有推刨、起线刨和蜈蚣刨，根据不同的用途选用。刨子由刨身、刨刀、刨柄、木楔等组成。

锉和锤 锉刀是用来锉削木、竹等制品的不规则表面和孔眼的，最早使用的是青铜锉，寿县楚墓就发现一件青铜锉刀，长沙楚墓出土的是一件铁锉，说明战国时期已经发明了铁锉。锉刀表面有锉齿，有的一面有齿，有的两面都有齿，发现的古代锉多为平锉，后端安有木柄。明代开锯齿先用三角锉，后用半圆锉，加工木器则用“香锉”⑤。香锉是木工用来锉平难刨木料的一种锉，它没有成排的斜齿，只是锥上许多圆眼，这种锉俗称香锉。

锤是敲击用的工具，《论衡·效力篇》说：“凿所以入木者，槌叩之也。”木工是离不开锤的，木工所用的锤，一般为小平头锤。

墨斗 这是划线的工具，传说是鲁班发明的，《商君书》中所说的“赭绳”就是墨斗，它是由圆筒、摇把、线轮等组成，圆筒内装有饱含墨汁的丝绵，线轮上绕有线绳，一端拴一

---

① 《湖南古代墓葬概况》，《文物》1960 年第 3 期。

② 《汉晋西陲木简汇编》。

③ 《郑州商代遗址的发掘》，《考古学报》1954 年第 1 期。

④ 《辽宁抚顺莲花堡遗址发掘简报》，《考古》1964 年第 6 期。

⑤ 《天工开物》卷 10。

小木钩。划线时，将木钩挂在木料的一端，将墨斗拉到另一端，拉紧线绳，用手将线拉起，然后放手回弹，这样就在木料上弹出一条墨线。小木钩叫做“班母”，为了纪念鲁班的母亲而命名的。

古代用的划线笔都是用牛角做的，因为牛角有韧性又有弹性，坚固耐用。也有用竹片做的。

曲尺 这是木工常用的一种工具，传说是鲁班发明的，后世称为“鲁班尺”。《墨子》上说：“轮匠执其规矩，以度天下之方圆。”《孟子》、《庄子》、《管子》等书上都谈到矩，矩就是木工用的曲尺，说明这种曲尺在当时已经广泛使用。山东历城孝堂山东汉石祠的画象石上刻的伏羲象，手中拿着矩，即木工用的曲尺，这是古代曲尺的真实形象。曲尺由尺柄和尺翼组成，相互垂直成直角，木工用它来求直角，检查一个面是否成平面，有否挠曲，还用曲尺量长短，划直线和平行线，曲尺功用多，是木工必备的工具，今天仍为木工所使用（图7）。

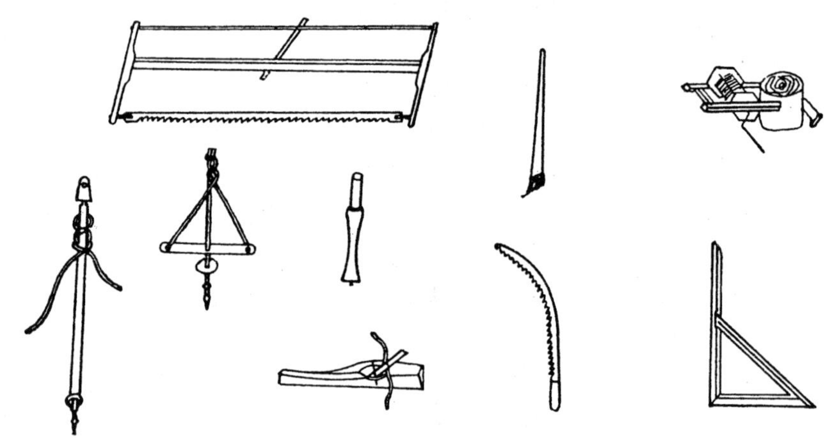

图7 锯、凿、钻、刨、墨斗、划线笔、曲尺等

3. 石工工具 石材是重要的建筑材料，它在建筑上的应用已有很久的历史。战国以后，由于铁工具的应用，为石料的开采、加工提供了有利的条件。两千多年来，我国人民使用简陋的手工工具，建造了许多大型的石构建筑，例如：四川的都江堰、河北的赵州桥、泉州的洛阳桥、石塔等等，这些建筑具有很高的技术水平。现将石工工具分述如下：

锤 最早是用石头来敲砸物体的，后来使用木锤和铜锤，战国时期出现了铁锤，湖北铜绿山春秋战国时期的古矿井中发现了铁锤两件，铸造的，椭圆柱形，中部有穿孔，安柄用的，大的重5.5公斤，小的重1公斤，是开采矿石用的①。山西长治、河北石家庄也出土了战国铁锤，为圆柱体形。汉代铁锤的应用更广泛。河南渑池发现的魏晋南北朝时期的铁器中有铁锤二十件，最重的16公斤。在石材加工中常使用手锤，手锤两端平齐，短柄，重2公斤左右。还有一种对石材表面找平和粗加工用的花锤，锤的一端做成几排小齿，另一端装木柄，利用这种锤敲打石材的表面不平处。

钢钎 这是凿眼用的工具，是由凿发展来的，要求用硬度高、韧性好的钢材制作，圆形或

① 《湖北铜绿山春秋战国古矿井遗址发掘简报》，《文物》1975年第2期。

棱柱形，长短根据需要而定。钎头要做斧状，凹刃或月牙刃，这种形式对凿眼有利。也有做成扁刃的，成扁凿状。汉代就已经使用钢钎了，河北承德铜矿中发现汉代钢钎一件，长30厘米，直径4厘米，是开采矿石用的①。河北满城发掘的中山靖王刘胜夫妇的两座墓，一座容积为二千七百立方米，另一座约三千立方米，这两座石墓就是用铁锤、铁钎开凿的②。东汉以后，随着制钢技术的进步，能够提供更多的硬度高、韧性好的石工工具。

錾 这是用于石材的打荒和粗加工的工具，分割石材也是先用钢錾打凿出一排孔眼，然后插入铁楔进行分割，钢錾的工作部分呈尖锥形。石磨的磨齿就是用钢錾打凿的。这种工具在汉代已经用得比较多了。南北朝以来石窟的开凿，石刻艺术的发展，与钢錾的应用是分不开的。

铁楔 这是分割石材用的，外形近似方锥体，锥头钝而短，有两个相对称的斜面。铁楔就是尖劈，用小力而发大力，两个斜面所夹的角越小，用同样大的力所发的力就越大。将铁楔放进凿好的孔眼里，用手锤轮番地敲击铁楔，很快就将厚的石材劈裂开来，只要准确地辨认出岩石的流向、层理，就能将石材劈割的很规整。周口店龙骨山曾发现古代用过的一件大铁楔③，大概是战国以后的用具。

4. 砖瓦工工具

砖在建筑工程中的应用是在春秋战国时期，瓦是西周时发明的，随着生产的发展和社会的进步，我国生产的多种多样的砖瓦，成为建筑工程中使用最广泛的建筑材料。

制砖时先要刨取不含沙粒的黏土，用水浸润，用锹、镢、四齿耙等工具，将泥和均匀，把炼熟的泥做成砖坯要用模具，模型是用木板做的，长、宽、厚都有一定的比例，模型有的可以拆开，有的是固定的，有底的叫做砖斗，有两斗或三斗相连，一次就可以做两块或三块砖坯。将泥填满砖模，用铁丝做弦的弓将表面刮平，然后将砖斗反扣在地上脱模，砖坯阴干后入窑焙烧，就得到砖（图8）。

《天工开物》记载的制瓦的工艺是用一个圆筒作模型，模的外面划出四条等分线，模型的直径，高低都有固定的规定尺寸，把炼熟的泥，用铁丝做弦的弓割出一定厚度的一片，将泥片紧贴在模型的外面，稍干后，脱去模型就会自动得到四片瓦坯，瓦坯入窑烘烧后才能使用（图9）。

古代制作砖瓦都是手工操作，使用的工具有：锹、镢、四齿耙、铁丝做弦的弓、模型，如果粘土要从远处运来，还要用车和盛土的筐等。

瓦刀 在建筑工程中很早就使用瓦刀了，洛阳汉墓中发现的一把汉代瓦刀，呈扁平长方形，细把，长22厘米，宽4.3厘米，背厚0.5厘米，与今天泥瓦工使用的瓦刀相似④。汉以后的瓦刀屡有发现，式样基本相同，这种工具构造简单，轻巧，一器有多种用途，是瓦工得力的工具，直到今天仍然在使用。

灰抹子 《周礼·考工记》中有关于用石灰粉刷墙面的记载，墙上抹上石灰，平整、光洁、美观，又可以起保护作用。灰抹子的使用很早，现在见到的实物，最早的是汉代的，河南

---

① 《河北承德专区汉代矿冶遗址的调查》，《考古通讯》1957年第1期。

② 《满城汉墓》。

③ 贾兰坡：《中国猿人及其文化》。

④ 《洛阳西郊汉墓发掘报告》，《考古学报》1961年第1期。

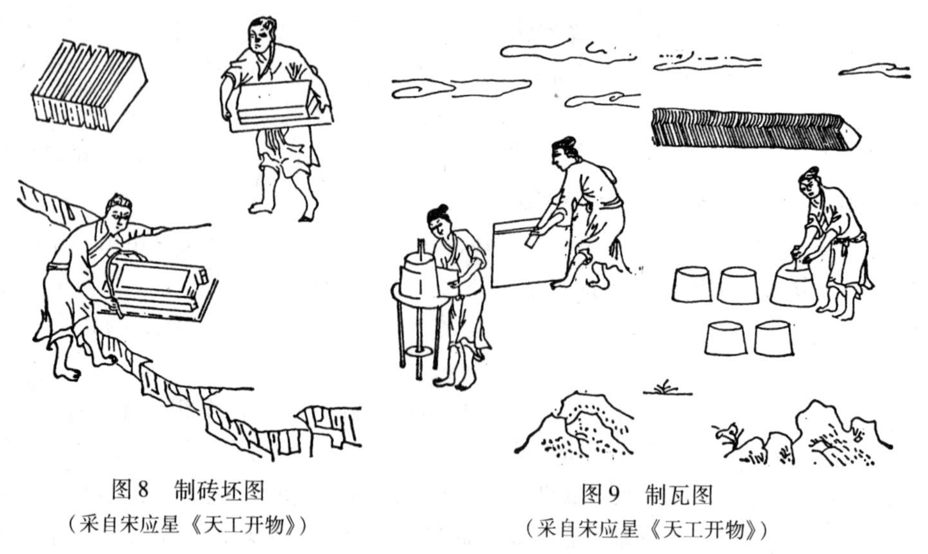

图 8　制砖坯图
（采自宋应星《天工开物》）

图 9　制瓦图
（采自宋应星《天工开物》）

鹤壁市汉代冶铁遗址出土的一件灰抹子，是锻制的，抹面为长方形的薄铁板，头圆尾方，用扁铁条制成的把手，锻合在其背面上，长 26 厘米，宽 7 厘米①。1976 年，甘肃北部居延汉代遗址出土的两件木灰抹子与铁制的相似。河南新安县、辽宁新民县出土的金元时期的灰抹子和今天使用的基本相同（图 10）。

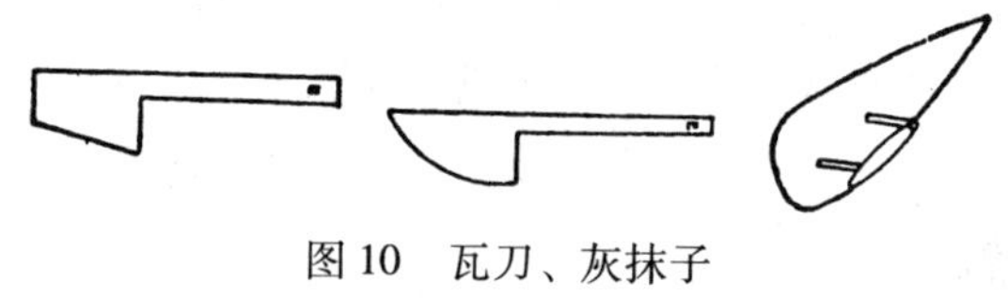

图 10　瓦刀、灰抹子

线锤　人们很早就发现，在线的下端悬挂重物，则重物自由下垂，其垂线垂直于水平面，根据这一原理制成的线锤，在建筑工程中用来校正建筑物是否垂直于水平面，重心有否偏离中心线，否则容易倒塌。砌墙时要经常用线锤校正，使其垂直，墙面抹灰时，也要先用线锤和长尺检查墙体的平整程度，定出抹灰厚度。在建造高层建筑的佛塔时，线锤的校正尤其重要，这是工程的关键。线锤一般是在线的下端系一铁锤，或铅锤文献上叫线坠、垂线，很多古书上都有记述。

四、脚　手　架

梯子　古代建筑施工，超过一定的高度，需要增高设备和工具，使人们能够在高处方便地进行施工操作，最简单的工具就是梯子，这种登高工具发明的时间比较早，春秋末年，公输班为楚攻宋所创制的云梯，就是将普通的梯子加以改进，装上滑轮等，使之成为专门的攻城工具。敦煌 445 窟（唐）壁画所画的人们到梁架屋面去施工，是从梯子上去的。古代人们上下矿井是用梯子，北方地区砌水井时上下也是用梯子。梯子要承担人体的重量和工具的重量，要求梯子坚固安全。梯子是一种灵活的脚手架，构造简单，使用方便，两千多年来一直沿用。

① 《河南鹤壁市汉代冶铁遗址》，《考古》1963 年第 10 期。

高橙 人站在高橙上施工，在古代也是常用的方法之一，有时在两个高橙上铺木板，这样施工人员的活动余地更大，敦煌 296 窟北周壁画中所画的工匠就是站在高橙上操作的。《古今秘苑》卷四说：“凡有大营造者，高烧香橙及长梯宜多做，并宜多备排板，以备水作砌高头用。”可见高橙在古代施工中也是常用的工具之一。

脚手架 脚手架是建造高大建筑物时，为工匠在高处施工操作而搭的架子，它为工匠提供一个安全方便的工作面，同时脚手架还要承担人、工具及部分建筑材料的重量，因此脚手架要稳定安全。我国古代很早就使用脚手架，在发现的一些古城墙和砖塔的表面上，遗留有脚手架的洞眼，例如：河南郑国京城、敦煌沙州故城等处夯土墙上都有插竿洞眼的存在，这些遗存表明当时施工时是使用脚手架的。宋《营造法式》上所说的“鹰架”就是脚手架，清代把架子工称为“搭材作”。脚手架是临时性的，用完后要拆除，所用的材料还要继续使用，因此各节点不用榫卯，而采用麻绳或竹篾绑扎的办法。在横梁上铺设脚手板，宽度 1 米左右，立柱和横梁多用杉篙和粗竹竿。脚手架的种类很多，砌墙用跴盘架子，高度不超过房檐；用于房顶施工的架子，其高度与房檐齐，便于上下屋顶；内部粉刷裱糊用的里脚手架，使人站在架子上能够达到天花板施工的高度，而且每一处都需有架子，叫做满堂红架子。建筑佛塔所用的架子质量要求很高，因为塔一般都是几十米高，顶上的刹杆又很重，起吊时架子要承受很大的重量，所以立柱要用粗杉篙，内外两排，密度要大，围着塔搭成井状，用横枋与塔身相连，还要用几条绳索固定。脚手架要有足够的强度、刚度和稳定性。

马道 这是运输砖瓦灰泥以及抬运较重物件的坡道，也是施工人员上下脚手架的地方，坡度不要大，它是脚手架的一部分，明清时期称为“戗桥”，其搭法与脚手架相同，但是所用的立柱要粗，密度要大，坡道两边还要搭安全栏杆，保证人员的安全。

拱券模架 拱券结构是我国传统的建筑结构，具有很高的施工技术水平，一千三百多年前建造的赵州桥，跨度为 37.37 米，至今仍然挺立在洨河上。砖石墓的穹窿顶、城门洞、无梁殿等，都是拱券结构的建筑，这些砖石拱券在砌筑前，都要按照拱券的跨度和矢高，做好拱券模和支架，以便在架模上砌筑。拱券模和架子用木材制作，矢高和弧度要符合设计要求，这是拱券好坏的关键，因为施工时是以模为标准的。券模下面的支架要承受很大的重量，特别是在石拱合拢以前，载荷有时要达到一万多斤。因此，架模要牢固、稳定，受荷时不变形，还要便于拆除，所用的木材要好，立柱密度要大。建桥时如果下面流水不断，可在两个桥墩之上密排横梁，在横梁上安装券模。拱券架模的制作和安装，要求精确严密、坚固安全。

我们国家在几千年的建筑活动中，创造了多种多样的建筑施工工具，这些工具都是历代劳动人民的经验总结和集体智慧的结晶，是人民群众创造历史的重要标志，有力地推动了我国建筑技术的发展。这些工具世代相传沿用到今天，有的在建筑施工中仍然发挥着作用，是我国科学技术遗产的重要部分。

第三章　中国城市规划

元大都平面规划复原的研究

赵正之遗著

一、元大都的中轴线

研究元大都的都市规划时，如何划定元大都的中轴线，是一个最关键的问题。历来研究元大都的著作，可以说从清朝乾隆时期的《日下旧闻考》开始，直到近代奉宽《燕京故城考》（《燕京学报》第5期，1929年）以及朱偰《元大都宫殿图考》（商务印书馆，1936年）、王璞子《元大都城平面规划述略》（《故宫博物院院刊》总2期，1960年）等，都肯定元大都的中轴线是在明清北京城中轴线之西，即在今旧鼓楼大街南北一线。他们这个论点的根据是《春明梦余录》。该书卷六说：永乐十五年“改建皇城于东，去旧宫可一里许”，又说：“宫城徙而又东”。同时，他们认为元大都的钟鼓楼正压在中轴线之上，因此，旧鼓楼大街南北一线就是当时的中轴。如果以此线为中轴，向南延长，它正穿过今故宫的武英殿和中山公园。

我们觉得这种推论，有进一步分析的必要。

《春明梦余录》所说的“改建皇城于东”是指“旧宫”之“东”而言。那么我们首先要弄清楚，所谓“旧宫”是指的那个宫殿。很多人都认为“旧宫”是指的元朝的大内，但在永乐十五年修建宫城时，元大内早已拆除，所以旧宫不是指元大内，而是指的燕王邸，亦即元之隆福宫。今府右街是隆福宫的东墙所在，自府右街至明清故宫西墙，大约是一里多地。

假如元大都中轴线是在旧鼓楼大街上，那么这条中轴线向南延长，正压在明清的社稷坛（中山公园五色土）上。今中山公园五色土南，有许多古柏树，据传说：此地为辽代兴国寺旧址，元代改名为万寿兴国寺，古柏即辽兴国寺之遗物（见《北京游览手册》页49，北京出版社，1957年。出处待查）。这些古柏的直径约2.2米左右。从北京现存的许多古树的年龄上来推测五色土前的这些古柏，其时代应属金元时期。如果元大都的中轴在此，那么这些古柏正在大都丽正门北至棂星门之间的千步廊上。到目前为止，我们还未发现过记载元大都千步廊上曾种植过柏树的文献，何况这些柏树又正阻断了千步廊呢？从这些古柏的存在，也可以证明元大都的中轴线不应在此。

另外，中轴线最南一点起自丽正门，我们可以查一下在修建人民大会堂和中国历史博物馆时所发现的元代护城河遗迹，它通过丽正门瓮城时的弯曲部分是在什么地方，这样也可以帮助我们来确定中轴线的所在。

总之，我们不同意元大都的中轴线是在旧鼓楼大街南北一线上。

我们认为元大都的中轴线即明代的中轴线，两者相沿未变。元大都中轴线之北端，正对当时的大天寿万宁寺的中心阁。《图经志书》云：“万宁寺在金台坊，旧当城之中，故其阁名中心，今在城之正北。”中心阁之所在地，即今钟楼址。由中心阁向南为万宁桥（亦称海子桥），即今之地安门桥。《日下旧闻考》卷五十四引《析津志》云：“齐政楼都城之丽谯也，东中心阁，大街东去即都府治所，南海子桥、澄清闸。”由此可知，海子桥在中心阁之南。桥南之路，直抵御苑。《顺天府志》卷十三引《元一统志》云：“自至元三十年后，通惠河成，遂建澄清闸于海子之东，有桥，南直御园。”因此，自今钟楼向南，过地安门桥至地安门（明称北安门），实即元代自中心阁向南，过万宁桥至厚载红门之大路。明代北安门即沿元代之旧，《春明梦余录》卷五云：“皇城外围墙……曰北安门，俗呼曰厚载门，仍元旧也。”由此可证，元大都的中轴线，就是明清北京的中轴线，这条中轴并不始于明代建都之时。

在我国古代都城的平面规划发展史上，宫城后面正对钟鼓楼的形式，是从什么时候开始出现的呢？奉宽认为明代中轴正对钟鼓楼，元代也可能如此，这种推论是没有根据的。我们认为，宫城后面正对钟鼓楼的形式，始自明永乐。在明永乐以前，宫城后面多正对寺庙。金中都的宫城北面正对天宁寺。元大都沿袭了中都的形式，宫城北面的中轴则正对大天寿万宁寺。

元大都钟鼓楼的位置究竟在什么地方呢？奉宽和王璞子都认为应在今旧鼓楼大街南口一带，此街因旧有鼓楼而得名。但是我们认为，大都的钟鼓楼是在今旧鼓楼大街以西，1957 年 5 月间曾作过调查。钟楼在今小黑虎胡同内，鼓楼在其正南，即在今清虚观附近。从现在的地形图上来看，小黑虎胡同中间路南，形成了一个四面临街的民居小方块，这个地方疑为元代钟楼的基址。清虚观建于明景泰二年（公元 1451 年），据胡濙《敕赐清虚观记》云，此观为内府供用库大使李琮舍宅而建。今清虚观已废，然其方位正与上述钟楼基址南北相对，疑元代鼓楼应即在此。1957 年 5 月间在此处调查时，还采集到元代琉璃脊饰的残片。

元大都的南端也有两处遗迹可证中轴的所在位置。这两处遗迹都在宫城之前方，西为云仙台，东为太乙神坛。

云仙台在今南长街西老爷庙附近。老爷庙之南有胡同名曰东大坑，可能就是筑台时挖成的，今坑已平，而地名犹存。《元史·成宗纪》：“至元三十一年五月，祭紫微星于云仙台。”云仙台明代称为灵台。清康熙时代的皇城宫殿衙署图上尚标此地为观星台，乾隆地图上将此台移向东南。此处在元代原有街坊，后来明代开挖南海时，破坏了此街坊的西北角。

太乙神坛在今南池子东玛哈噶喇庙处。乾隆地图上的哑满达嘎庙似是太乙神坛故址。此处在明代为“南城”（即重华宫），清初改为睿亲王府。南池子可能是筑此坛用土时所开。玛哈噶喇庙至今尚建于高大台基之上，台基陡然高出丈许。在宫城前安排太乙，可能是受宋代的影响。

这两个台之间的中心点，正在现在故宫午门外的大道上。由此可见，这两个台的位置，是根据元大都的中轴线来对称布置的。因而也可证明，元代的中轴即明清的中轴，并不偏西。另外，在上都宫城两侧（东北和西北方）就建有巨大的寺观建筑，而大都也安排这两个高台建筑，可能与当时的制度有关。

总之，元大都的中轴线就是明清北京的中轴线，明永乐建都之时，仍利用了这条中轴，并未改变。元大都中轴线的北端正对着大天寿万宁寺的中心阁，而不对着钟鼓楼。

二、元大都的外郭城与皇城

元大都的外郭城的方位和四至，基本上已经肯定。北、东、西三垣都很清楚。东、西两垣的南段为明代城垣所利用。东垣北段的遗迹（自东北角楼向南至明清北京城之东北角）与明清城垣相连成一直线。西垣同样也是在一直线之上。南垣在什么地方？大家的意见是比较接近的，都肯定是在东西长安街一线。东南角为今观象台，此台应在大都南垣之外。西南角内为城隍庙。东部的麻线胡同和西部的安福胡同都是大都南垣外的护城河遗迹。特别是麻线胡同表现得最为清楚，麻线胡同西口正对大都文明门的瓮城，所以这个胡同的西口突然向南弯曲，其形状正如护城河绕包瓮城的样子。安福胡同西口也作向南弯曲状，因为它也要绕过大都顺承门的瓮城。

外郭城上四角有角楼，城外有马面（明清称为墩台），马面设置的距离和数目与明代东西垣上的墩台完全相同。城门外设有瓮城，但是瓮城的门开在何处尚不清楚。

大都的外郭城为夯土所筑。西垣北段（今黄亭子附近）马面上的夯窝排列呈梅花状，夯窝直径约10厘米，深约5厘米。夯土为黑色土，在夯窝底部的黑土上撒有一层黄色粒土，这大概是所谓的黑土黄壤。在城顶上曾发现有白灰皮，其用途尚不清楚。明代东西两城垣就利用了大都的夯土城垣作内心，并在其两侧及顶部加筑夯土，外层再包砌城砖，城顶上又打了三层白灰。

如前所述，大都的中轴线与明清北京的中轴线是相同的，那么丽正门的位置应在今天安门正南，人民英雄纪念碑正北之处。如果以此为中心点，我们可以发现，丽正门至顺承门（今西单）之间的距离较至文明门（今东单）之间的距离为大，顺承门至西城垣的距离也大于文明门至东城垣之间的距离。为什么会出现这种东西距离不对称的现象呢？我们认为这是大都东城垣向内收缩的结果。

如果大都东城垣的位置也按照西城垣至丽正门的距离修建的话，那么东城垣还应向东移。但是，从地形上观察，在今东城垣之外是一片低洼河沼地带，自北向南连续不断，特别是在朝阳门外以北，至今还遗留有许多大小的泡子。这些泡子是在建大都城以前就存在的，把城墙筑在低洼河沼地带，不论从施工或对城垣的维修来看，都是极为不利的。因此，只有向内（西）收缩，将城垣建在这片低洼地的西沿上。这样就出现了东西两垣至丽正门之间的距离不相同的情况。

由于大都东垣上的齐化门（即今朝阳门）外以北的许多大小泡子的存在，除了使东垣内收，还使齐化门的位置也稍向南移动。按照正确的位置，齐化门应正对平则门（即今阜成门），但实际上却是齐化门偏南，与平则门不在一条线上。如果把齐化门稍向北移，使之与平则门在同一条线上的话，那么一出齐化门便是一片水泽，极不便利。因此，大都东城垣的内收与齐化门的南移，都是当时设计者因地制宜的变通之策。

齐化门既然向南移动，使之北面两个门——崇仁门（即今东直门）与光熙门（在今和平里东）也随之南移。这三个门向南移动的结果，使整个东城垣也稍向南移，以致使大都的外郭城由一个规整的长方形而变为一个不规整的长方形了。它的东北角为钝角，东南角为锐角，西北角为锐角，西南角为钝角。

大都的皇城又称为萧墙或拦马墙，其北垣在今地安门东西一线。东垣在今南池子与北池子一线，明代将东垣扩至南、北河沿之东，即今东皇城根。西垣即隆福宫外之西墙，在今西皇城根一线。南垣正中为灵星门，门内为周桥，再北即崇天门；门外为千步廊，南通戍楼和丽正门。灵星门约在今故宫午门附近，今午门外之内千步廊，即元代之千步廊。萧洵《故宫遗录》云为七百步，实际上是五百步。戍楼在今端门附近。灵星门内的周桥，下有金水河，此桥当即今故宫之内金水桥。

萧墙的南垣与元宫城相平行之处，即上述灵星门东西一线，是向南突出的一线，其东、西至与宫城东南角和西南角相对处，萧墙南垣复拆而向北，至今故宫东华门、西华门稍北一线对，再转东、西与东、西垣相接。其东南角在今北池子南口附近，西南角在今灵境胡同北、西皇城根南口附近。

《故宫遗录》云萧墙“周回可二十里”。根据我们复原的四至来看，大体上是符合的。另外，大都皇城的面积与上都外苑城的面积约略相同，也许在设计时有一定的关系，可作为我们复原大都皇城的参考。

《辍耕录》云：“外周垣红门十有五”。此外周垣即指皇城而言。这十五个红门中，可以肯定的有灵星门和厚载红门，一南一北，都在中轴线之上。其他如今东安门、西安门、黄瓦东西门等，似都是元代红门的旧址。又如今北皇城根厂桥、西皇城根与马市大街相交处（乾隆地图上标此为断魂桥），也应是当时的红门之一，因门外有桥，且有大街相通。我们在复原图上试作了复原。

在元代的皇城之东，还有生料库、柴场、羊圈等，《辍耕录》云：“东南角楼东差北，有生料库，库东为柴场。夹垣东北隅有羊圈。”羊圈是当时养羊的地区，其位置应在元宫东华门外稍北，即今沙滩、操场大院附近，操场应为草场。养羊还需要沙水，新中国成立前在沙滩铺设下水道时，确于现在地面下发现较厚的沙层和旧渠道。而这个地区的池沼也较多，旧北大红楼东端下面即是一处，此外，沙滩以南还有池子，至今尚存有北池子地名。羊圈以北有库，应在今东板桥大街之西和嵩祝寺之北一带。元宫东华门以南有柴场，即今草垛胡同附近，其西即是生料库。

三、宫城的位置和平面布置

我们这里所要推测的元大都的宫城的位置，是在确定了元大都的中轴线的前提下进行的，也就是说，元宫城的中轴仍为明清宫城的中轴，详细的理由已在本文第一节中论述。中轴不变，宫城的宽度按《辍耕录》所记的四百八十步为准，大体上是与现在故宫的宽度相同的，元宫城的东、西两垣即在今故宫东、西两垣附近。现在所要讨论的是元宫城的南北垣的所在。

推测宫城南北垣的依据有两个标准，一是以丽正门为基点，自南向北推算；一是以厚载红门为基点，由北向南推算。

丽正门的位置是大体上可以肯定的。《故宫遗录》云：“南丽正门，内曰千步廊，可七百步，建棂星门。……门内数（一作二）十步许有河，河上建白石桥三座，名周桥。……度桥可二百步为崇天门。”如以丽正门为基点，按《故宫遗录》所记的由丽正门至崇天门的距离——九百余步推算，崇天门的位置将在今故宫乾清门附近。宫城如此偏北，宫后八百亩地的御苑将无地容纳了，同时也与《辍耕录》所记万寿山（今北海公园琼华岛）在大内西北之文不合，因此，《故宫遗录》的记载有问题，不可以之为据。关于这一点，王璞子在《元大都城平面规划述略》一文中已有论述，此不多赘。

厚载红门即今地安门。我们以此为基点，由北向南推算宫城北垣的所在。《辍耕录》云：“厚载北为御苑”。又《日下旧闻考》卷三十引《析津志》云：“厚载门乃禁中之苑囿也，内有水碾，引水自玄武池，灌溉种花木，自有熟地八顷，内有小殿五所，上曾执耒耜以耕，拟于耤田也。”这两段记载给我们提供了两个线索：（一）厚载门北为御苑，（二）御苑的面积为八顷。如以宫城的宽度为御苑的宽度，按八顷的面积来推考其南北两垣，则应北起厚载红门，南至今陟山门东西一线，这块面积恰好为八百亩。御苑之南留一条通道（夹垣），其宽度以五十步（一条胡同的距离）为准，再南即是宫城北垣。然后再按《辍耕录》所记宫城的长度六百一十五步向南推算，宫城的南垣当在今故宫太和殿东西一线，太和殿的大台基约即元代的崇天门。崇天门前二百步至周桥，此桥即今之内金水桥，再前数十步为棂星门，约在今午门附近。

元代的宫城是由两个部分组成的。前部是以大明殿为中心的前朝，后部是以延春阁为中心的后宫。

大明殿址约在今故宫乾清宫附近。延春阁址约在今景山公园南部。景山为明代所建。明朝既沿用了元的中轴，在元朝后宫的基址上故意加筑一山，以镇压元朝的王气。这种风水迷信的例子是很多的，元灭南宋以后，就在南宋故宫上建塔建寺以压胜。明代也用了这种办法是很可以理解的。我认为景山主要是拆毁元故宫时的渣土堆成的。从景山的表土以下约一丈余深，都是渣土，再往下是什么土，尚有待于考古钻探。

后宫延春阁两侧，为元代的东西六宫，它们都是按号码顺序排列的。玉德殿在后宫之西，约在今景山公园西大高玄殿附近。此殿既为佛殿，又是皇帝办公之处。玉德殿与后宫之间有金水河相隔。今之大石作，约为元代之内藏库旧址。

元宫的东西华门，在延春阁前之左右。它和明代的形制前朝左右开东西华门的形式不同。这种形式，据莫宗江先生云：金中都宫城也是这样安排的。

宫城崇天门外，左为棋宸堂，右有留守司。《辍耕录》云："崇天之左曰星拱，……星拱南有御膳亭，亭东有拱宸堂，盖百官会集之所。"今故宫文华殿东传心殿东墙外一带，或即棋宸堂旧址。《辍耕录》又云："西南角楼南红门外，留守司在焉。"南红门应是与星拱相对的云从门外夹垣上的红门，故留守司的旧址或在今武英殿附近。

元宫的四至，既如上述，则其南北的长度，约为十二条胡同的距离，东西的宽度约为十条胡同的距离。其总面积约为九百六十亩。

四、隆福宫与兴圣宫

隆福宫即明初的燕王邸，后改为万寿宫，嘉靖间改建为光明殿，在今光明殿胡同。明《世宗实录》：万寿宫成祖潜邸也，嘉靖间改建，名光明殿。《春明梦余录》："初燕邸因元故宫，即今之西苑，开朝门于前。元人重佛，朝门外有大慈恩寺，即今之射所，东为灰厂，中有夹道，故皇墙西南一角独缺。"乾隆光明殿诗中有云："今日三清境，前朝万寿基。"原注云："光明殿，明万寿宫地也。"这些文献，都为我们探求元代隆福宫的位置提供了线索。特别是《春明梦余录》记的最为明确，大慈恩寺即双塔庆寿寺，灰厂和夹道在乾隆地图上尚可找到。根据这些记载并结合现存街道的形式，隆福宫的范围是：西至西皇城根，东至府右街，北至西安门大街，南至东西红门稍南。这块面积，南北长五条胡同，东西宽四条胡同，亦即长二百五十步，宽二百步。大光明殿和西岔胡同之间，为该宫的主要部分，正是两条胡同的宽度。今光明殿前，有胡同名曰东红门、西红门，皆沿元之旧也。

隆福宫前有前苑，即今图样山附近。在隆福宫之西还有太子宫。隆福宫原为太子宫，后来太后居隆福宫，乃于其西另筑太子宫，即今西单北大酱房胡同以北，其面积应与隆福宫相同。

除前苑之外还有西前苑。《故宫遗录》云："沿海子导金水河，步邃河南行为西前苑。"可知前苑与西前苑是两回事。西前苑可能是指的太子宫的苑，因其在前苑之西，故曰西前苑。西前苑的位置应在今灵境胡同以北，明初就其地改建为灵境宫。

苑的面积与宫相同，也是250步×200步，这是从对现在的街道形式的观察而得出的。

兴圣宫在隆福宫之北，《辍耕录》云："兴圣宫在大内之西北，万寿山之正西。"它与隆福宫南北相对，但不在一条轴线上，兴圣宫在北而偏东，隆福宫在南而偏西。

从现在街道分布上来看，兴圣宫的遗迹是相当清楚的。南起西什库南门外至西小石作西扁担胡同一线，西至后库东夹道一线，东至养蜂夹道一线，北至永祥里、教场一线。前部为兴圣宫，自旃坛寺以北为兴圣宫之后苑。兴圣宫及其后苑的面积，各自为南北长五条胡同，东西宽四条胡同。兴圣宫前东为宏仁寺，西为玄都胜境。在宫前布置着对称的宗教性建筑，是模仿了大内的规制。

据《辍耕录》云，兴圣宫西垣外，还有学士院、生料库、鞍辔库、军器库、牧人、庖人、宿卫之室。这些建筑的方位应在何处？目前尚难遽定。因为兴圣宫西即为今之西什库，此库的历史很久，可能在元代即为库区，再把学士院等排在此处，则很难容纳了。

五、元大都的官署和仓库

元大都的官署并不集中布置在一起，而是分散于城内各地。明永乐迁都北京以后，仍利用了一部分元代旧官署，至正统以后，则将中央官署集中于皇城之南，元之旧署，至此大部废弃，析为民居。

我们在复原元大都官署的方位时，除根据文献所记载的以外，同时还结合了北京街道的现状中所遗留的旧址痕迹，互相印证，加以推断的。

（一）京师北省　《日下旧闻考》卷五十四引《析津志》云："钟楼，京师北省东，鼓楼北。"钟楼址在今小黑虎胡同内，京师北省当在其西，从街道图上来看，今小黑虎胡同以西，北起小石桥胡同以南，南至西魏胡同南口附近，西至新开路甘水桥以东，东至铸钟厂以西的这块面积，应为元代京师北省之所在。鼓楼西大街恰巧把它的西南角切断，这是明代的街道改变后所形成的。

（二）京师南省　约在今东安市场附近。

（三）尚书省　在京师北省之南。阎复《尚书省上梁文》云："再涓吉地，爰筑新基。辇来落落之奇才，构出潭潭之仙府。左带凤池之水，右瞻鼇冠之峰。听鸡有便于趋朝，待漏不烦于他所。"（《元文类》卷四十七）据此可知，尚书省之左有凤池，凤池即清代之莲花泡子，今之什刹前海。尚书省既在什刹前海之西，其旧址应为今三座桥以北，毡子房、东煤厂一带。

（四）礼部　《日下旧闻》卷十二引《春明梦余录》："贡院在城东隅，元礼部旧基也。永乐乙未改为贡院，制甚偪隘。嘉靖中议改创西北隙地，卒未果。至万历二年，因故址拓旁近地益之。"明代之贡院即元代之礼部，亦即在今贡院东大街与西大街之间。其旧基较明清贡院略小。

（五）兵部　《日下旧闻》卷十一引《春明梦余录》："太仆寺在皇城西，乃元兵部旧署。"据此可知，元代兵部在今太仆寺街附近。

（六）刑部　可能在顺承门内，旧刑部街或即元代刑部之所在。

（七）太史院　杨桓《太史院铭》："（至元）十六年春，择美地，得都邑东墉下，始治役。垣纵二百步武，横减四之一。"（《元文类》卷十七）又《日下旧闻考》卷三十八引《析津志》

云："明时坊在太史院东。"明时坊在今方巾巷以东之地，太史院应在其西。今方巾巷西，火神庙以东，新开路以南，西观音寺以北，象鼻子坑附近，即为元代太史院归址。这块面积和杨桓所记的太史院周垣的长宽（200 步×150 步）是相同的。

（八）大都路总管府及巡警二院 《日下旧闻考》卷五十四引《析津志》："双青杨树大井关帝庙又北去，则昭回坊矣。前有大十字街，转西大都府、巡警二院；直西则崇仁倒钞库；西，中心阁；阁之西，齐政楼也，更鼓谯楼；楼之正北乃钟楼也。"所记方位，至为明确。大都路总管府即明清之顺天府署。其旧址应包括今分司厅胡同以南，小经厂胡同以东之地。巡警二院即在其西，旧址为小经厂胡同以西至北罗鼓巷以东之地。

从上述的情况以及对这些官署的面积的考察来看，元代官署均按其等级而规定面积的大小。它们的大小比例也完全是按胡同的距离来计算的。

大都城内有很多仓库。《大元仓库记》中记了很多大都的仓库名称，但这些库的具体方位已很难查考了。明清时代的北京城内，也有很多仓库，特别是靠近东西城根附近的大型仓库，都有可能是沿袭元代的旧库。这些库的范围很大，其中似应包括两个或四个小库。

大都各城门内皆有公用库，如健德库、和义库、顺承库、文明库、崇仁库、光熙库等。另外，太平仓在元代也应是库址。太乙神坛之南到元代晚期也辟为库了，至明代改为皇史宬。皇城东北角内，即今火药局、织染局、蜡库等处在元代也应是库址。

值得注意的是，这些库址均与水道有联系。有些仓库内运船可以直接泊入，并且可以与城内的大运河相通。

六、坛庙和寺观

（一）太庙 太庙在宫城之左，大都的齐化门内以北。很多人都一致肯定今朝阳门内大街以北的大慈延福宫为元代太庙的旧址，这是错误的。《元史·田忠良传》："少府为诸王昌童建宅于太庙南，田忠良往仆其柱，少府奏之。帝问忠良，对曰：'太庙前岂诸王建宅所耶？'帝曰：'卿言是也。'又奏曰：'太庙前无驰道，非礼也。'即敕中书辟道。"又《元史·祭祀志》云："筑崇垣以环其外，东西南开棂星门三，门外驰道抵齐化门之通衢。"这说明元代太庙前是有驰道的，驰道向南通齐化门大街。如果大慈延福宫为太庙旧址，它虽面临齐化门大街，但看不出有驰道的遗迹。同时，大慈延福宫的面积也太小了，它的北墙仅到东四头条，不合元代太庙的制度。

我们认为，元代太庙的旧址应在今朝阳门内北小街之东：南起烧酒胡同，北至南门仓，东起豆瓣胡同，西至南弓匠营。这块遗址的面积，也是南北长五条胡同，东西宽四条胡同。其中心部分在清乾隆地图上为固山贝子府与恒亲王府。前面尚有一条胡同的距离才抵齐化门大街，驰道的痕迹尚可辨认。今之斜街，就是太庙废毁、驰道堵塞之后而形成的。

（二）社稷坛 在宫城之右，大都和义门内少南。从现在的街道图上，我们可以找到一块面积，它与太庙、隆福宫的面积恰巧相等，而且痕迹相当清楚。它北起大玉皇阁胡同，南至火神庙、葡萄园，西起福绥境胡同，东至观音庵胡同南北一线。南北长五条胡同，东西宽四条胡同，完全与太庙的面积相同。社稷坛的方位实际上是靠近平则门大街的，但《元史·祭祀志》却云："于和义门内少南，得地四十亩，为壝垣。"为什么不说是在平则门内少北呢？这或因皇帝拜坛是自北面入坛的，也就是说，是从和义门大街向南而入社稷坛的，故文献上便记载是和义门内少南，而不云平则门内以北。

明代在元社稷坛的旧址上改建朝天宫。朝天宫内有天师府。但自《帝京景物略》以来，均将朝天宫内的天师府说成是元代天师府（即崇祯万寿宫）之旧址。《帝京景物略》卷四云：宫之“后天师府……有赵孟頫张天师像赞碑、大道歌碑、虞集黄箓大醮碑。宫之址，元旧也”。《春明梦余录》卷六十六云：“朝天宫在皇城西北，元之天师府也。”《日下旧闻考》卷五十二的按语也极为肯定地说：“宫后向存旧殿三重，土人呼为狮子府，盖郎元天师府也。”其实，朝天宫内的天师府是明代所建。《长安客话》卷二云：“朝天宫内有天师府，张真人所居停者。真人来朝，奉敕建醮，此则其醮坛也。汤显祖尝斋宿朝天宫，有与真人夜话诗。”汤为明代人，由此也可证明是明代的天师府，与元代天师府无涉。元代此处为社稷坛。

（三）崇祯万寿宫 元代的天师府称崇祯万寿宫，俗名天师庵。《日下旧闻》卷一〇引《明一统志》：“崇祯万寿宫在府南蓬莱坊。元至元中建，翰林学士王构为记。真人张留孙、吴全节相继居此，俗名天师庵。”其地在元皇城的东北方（艮隅）。《北平洪武图经志书》云：“崇祯万寿宫在蓬莱坊……（至元十四年）命平章段贞度地京师，建宫艮隅。”奉宽《燕京故城考》云：“天师庵草厂在皇城东北隅，旧有草厂胡同，厂址并胡同名皆不存，今之固伦荣寿公主邸，并邸傍园亭，占地甚广，疑其旧址。”由此可知，崇祯万寿宫旧址是在今大取灯胡同以北，东皇城根之东，大佛寺西大街以西，宽街以南之地。这里正是元皇城的东北隅。

（四）大庆寿寺 为金代的旧刹，其西南隅有海云、可庵双塔。建大都城时双塔正当筑城要冲，为了躲开双塔，南城垣稍向南弯曲了一下。《日下旧闻考》卷四十三按语云：“大庆寿寺创于金章宗时，明正统中重修，易名曰大兴隆寺，又曰慈恩寺。嘉靖初废，后即其地为射所，名曰讲武堂，又以为演象所。今西长安街北有双塔庆寿寺，殿庑数楹乃本朝乾隆二十九年重修。双塔在寺西偏。再考寺北稍东有关帝庙，又东北半里许，亦有名庆寿寺者，中有明崇祯间重修庙碑记，叙寺名原委与诸书相同。”由此可证，大庆寿寺的范围是相当大的。其旧址当在今府右街以西，大栅栏胡同以东，李阁老胡同以南，西长安街以北之地。

（五）大圣寿万安寺 即白塔寺。在今阜成门内路北。为大都著名的大寺之一。其旧址应包括白塔寺夹道以西，火神庙以南，宫门口东巷以东，阜成门大街以北之地。

（六）大天寿万宁寺 此寺正居都城之中，故名中心阁，阁东十余步有中心台（见《日下旧闻考》卷五十四引《明一统志》）。旧址在今旧鼓楼大街以东，宝钞胡同以西，豆腐池、娘娘庙胡同以南，鼓楼东大街以北之地，占地极广。在乾隆地图上鼓楼西北尚标有万宁寺小庙一所，今已改为民居。

（七）大崇国寺 即今平安里北护国寺。

（八）柏林寺 《日下旧闻考》卷五十四按语云：“柏林寺在今雍和宫东，建于元至正七年，明正统间重建，有正统十二年祭酒李时勉碑。”寺今尚存。

（九）万松老人塔 在今西四南砖塔胡同西口，今尚存。《帝京景物略》卷四云：“万松老人，金元间僧也。兼备儒释，机辩无际，自称万松野老，人称之曰万松老人。居燕京从容庵。漆水移剌楚材一见老人，遂绝迹屏家，废餐寝，参学三年，老人以湛然目之。……老人寂后，无知塔处者。今乾石桥北，有砖甃七级，高丈五尺，不尖而平，年年草荣其顶，群号之曰砖塔，无问塔中僧者。……万历三十四年，僧乐庵讶塔处店中，入而周视，有石额五字焉，曰万松老人塔。”

（十）都城隍庙 庙现存，在今复兴门内成方街路北。此庙正处元大都的西南隅。《日下旧闻考》卷五〇引《元一统志》云："都城隍庙在大都城西南隅顺承门里向西，国朝所创，有碑。"明清屡有兴建，并发展成为庙市。其旧址应包括今成方街以北，兴隆胡同以西，花园宫以东，按院胡同以南之地。

（十一）孔庙 即今国子监孔庙《日下旧闻考》卷十四，备录由元到明孔庙的变迁历史资料，可以参考。今之孔庙范围与元代者大体相同。孔庙南门"先师门"，斗栱硕大，转角用缠柱造，有可能尚存元制。

（十二）大永福寺 又称黑塔寺或青塔寺，在白塔寺之西。旧址在今阜成门内西四条胡同附近。

七、元大都的街道和坊市

元大都的街道除南北的干道以外，都是东西向的平行胡同。今天北京市内城东西长安街以北的街道胡同，就是沿袭了元大都的规划。这些平行的胡侗，在今东四南北，交道口南北各处，表现得最为清楚。在元大都城内的东北部分，即今安定门外小关（安贞门）以南，向东至土城东北角一带，从航空照片上还可以辨认出若干条平行胡同，同样在西北部分即今德胜门外小关（健德门）以南，向西至土城西北角一带，也是平行胡同的痕迹。它们的形式与今内城的平行胡同完全相同。这些胡同之间的距离，全都是五十步，除非因地势而有所变化外，一般都是这样安排的。但在大都城以外，明代发展出来的街道胡同，就全没有这种规律了。自今东西长安街以南至内城南城墙之间的街道胡同，就无规律可循。北京外城的大街胡同，也是全无规律，虽然宣武门外棉花二条至六条，崇文门外花市头条至四条还是比较整齐的，但它们之间的距离却不统一。这说明了明代在北京城的规划上，只进行了宫城的改建，而对街道和民居未予注意。所以现在北京城内的许多规整的街道与胡同，还都是元代的规划。弄清楚这一点是非常重要的，这是我们研究元大都都市规划的最基本的依据。

根据大都街道规划的特点，我们从现在北京市的街道图上可以看到：在一条条平行的胡同之间，有许多大大小小的框框隔断了平行的胡同。在这些框框之内，有的至今还是一个大建筑群，有的则布满了杂乱的小胡同。它们都有可能是元代大建筑群的旧址。明代初年毁大都宫衙府庙之后，有些旧址并没有继续利用，则由居民修建房屋，在毫无规划的漫长岁月里，便自然的形成了许多杂乱的小胡同。尽管如此，但是在这些杂乱的民居和胡同中间，往往还是保留了元代大建筑群的中心部位和它的偏院等痕迹。我们也正是从这样的一个现象为线索，复原了若干元代的宫苑官署和坛庙寺观的旧址。

《马可波罗行纪》（冯承钧译剌木学本）第二卷第七章中描写了大都的街道和规划："全城中划地为方形，划线整齐，建筑房舍。每方足以建筑大屋，连同庭院园囿而有余。以方地赐各部落首领，每首领各有其赐地。方地周围皆是美丽道路，行人由斯来往。全城地面规划有如棋盘，其美善之极，未可言宣。"马可波罗到大都是元世祖至元十二年（公元1275年）以后至至元二十八年（公元1292年）之间，此时大都刚刚建成，所述情况是可信的。

大都街道的宽度，据《日下旧闻考》卷三十八引《析津志》的记载："街制：自南于北谓之经，自东至西谓之纬。大街二十四步阔，小街十二步阔。三百六十四火巷，二十九阌通。"从大街与小街宽度的比例，可以推出胡同的宽度当为六步，这与北京现在的胡同宽度大体上还是符合的。

大都城内有丁字街，也有斜街。最著名的斜街是西斜街，《日下旧闻考》卷五十四引《析津志》云："齐政楼……南海子桥、澄清闸、西斜街。……西斜街临海子，率多歌台酒馆，有望湖亭，昔日皆贵官游赏之地。"是大都城内的繁华之处，故又称斜街市（见《日下旧闻考》卷三十八引《图经志书》）。这条街应当是沿海子北岸而形成的，但不是今鼓楼西大街，而是在今什刹后海北岸的一条小街即鸦儿胡同。这条街沿海子边一直往西，至原清摄政王府的东墙而中断，此街即是元之西斜街。这条街在明代建德胜门以后逐渐废弃，向北移动，形成了今之鼓楼西大街、甘水桥大街和果子市大街。但是这条新的斜街却破坏了元京师北省的西南角。由京师北省的方位也可反证鼓楼西大街不是元代的西斜街。《日下旧闻考》卷五十四按语云："旧鼓楼斜街在今钟鼓楼西北，街虽以是名，其遗迹不可考矣。"由此可见，元代西斜街的旧迹到清乾隆时已不甚清楚了。

另外需要说明的一个问题是：为什么和义门南之纵街（即今南草厂），不如崇仁门南纵街（即今北小街）表现的那么清楚？其原因是清代的端王府开辟地基，破坏了这条纵街，所以从南草厂向南就不是元代的痕迹了。平则门以南的纵街（今锦什坊街）又稍向西移，让开了沟沿（今赵登禹路）这条河。此河在建元大都以前即已存在，故规划街道时只有向西移动街道了。

大都城内坊市的资料和大体的方位，可参考王璞子《元大都平面规划述略》一文。关于坊的排列方式，应以街道为其分界。大都城的东南部分，即文明门和齐化门之间是四坊，东南角为明时坊。齐化门之北至崇仁门之间又有四坊。崇仁门至光熙门之间是六坊。但是有的地带则随地形来处理坊的划分，如海子附近的坊可能不是很规整的。坊的宽度也并不完全相同，如靠近东城墙的明时坊这一排，东西的宽度较其他各排的坊为窄，这是因为东城墙曾向内收缩的缘故。至于皇城之西、太子宫之北的坊就更窄了，皇城西北角外的坊，也可能与北面的坊是相连的。丽正门内千步廊东边的五云坊和西边的万宝坊，很可能是近于方形的。

各坊是否有坊墙和坊门？待考。但我们可以肯定五云坊和万宝坊是有坊门的，据《日下旧闻考》卷三十八引《元一统志》所记，它们的坊门都不对千步廊，而是向东、西开门的。另外蓬莱坊也有记坊门的资料。

八、元大都城内的水系

关于大都城内的水系问题，可以参考侯仁之先生的论著。这些水道归纳起来可以分为两类：一是专为水运的河道，一是供宫苑用水的河道。

水运在大都城内占有很重要的地位。当时的水运河道有三大干线，略述如下：

（一）西城的沟沿　即今赵登禹路和佟麟阁路。这条水贯通大都城的西部，北接什刹后海和高粱河，南出大都南垣入护城河而东下通惠河至通州。此水在金代即已存在，大都建成后括入城内，继续使用。如今西单北什八半截的许多南北向的胡同（指榆钱、沈篦子、太常寺、千章等胡同）和新街口北东、西教场之间的许多横胡同，有可能是当时船港遗迹。

（二）通惠河　即今东城南北河沿。这是大都城内最主要的水运干线，北由万宁桥（即海子桥，今地安门桥）出海子，南由今正义路（旧御河桥）出南城垣，经今东交民巷、船板胡同向东至通州。

（三）北城的东西河 即今德胜门至安定门外的水道，大约与现在的北护城河平行，西接今太平湖，东出东城垣入护城河。

值得注意的是：这三条水运都以海子为枢纽，其水源均为高梁河。正因如此，所以当时在海子附近形成了一个商业繁华的地区。

海子的水自和义门北水关入城，流至今积水潭以后，过德胜门大街即沿什刹后海南岸向东南流，至李广桥附近便向南转，绕过尚书省之西，再从尚书省南边过三座桥进入今什刹海游泳池，入什刹前海，然后再过银锭桥入什刹后海。今什刹后海南岸地势颇高，此水正从这块高地上通过。乾隆积水潭诗云："一座湖亭倚大堤，两边水自别高低。"（见《日下旧闻考》卷五十三）就是描写这种利用地势高低给水的情况。

在这些水运干线的两旁，还有许多支线，通往城内各大仓库。这些支线都是运粮的专用线，商船是不能通行的。明清以来，改水运为陆运，通往仓库的水运支线，大部分填废。

专供宫苑用水的河道是金水河。金水河水门在和义门南，但究竟在什么地方？没有明确的记载。可能是从今井儿胡同附近入城，经官园、猪毛厂、祖家街与沟沿相交。祖家街的路面较宽，或者原是路与河并行的缘故。由沟沿以东至平安里、厂桥一带的故道，仍是不很清楚。自厂桥以东入北海的故道，可参考侯仁之先生的《北平金水河考》（见《燕京学报》第 30 期，1946 年）一文。

金水河在元代是入宫城的。它自北海的北头经御苑西墙内向南流，经今白石桥沿景山西墙，越今故宫北筒子河进入宫城。此水在明初未建宫时尚存在，明李东阳的曾祖即住在白石桥之旁。乾隆地图上还有白石桥的地名。此桥即跨于金水河之上。

金水河入宫城之后，沿宫城的西墙内向南流，出宫城南墙之后折而向东流，经留守司南，过周桥下，北绕拱宸堂后由东南流入太乙神坛南面出城。这条水的故道约略与今故宫的内金水河相同。

另外，在兴圣宫前还有一条水。在今刘兰塑之西，西什库东南角上旧有一小石桥。一九三七年以前尚留有遗迹，今已废弃，难指其确处。但是，可以证明此处确有一水流过，可能是兴圣宫前之水。

九、元大都城内北部的遗迹

大都城内北部的遗迹在航空照片上看得很清楚。它的中心部位——即健德门与安贞门之间——是一个很清楚的方框子。它的四界，各有一条成直线的道路构成。在这块遗迹的南边有河道，有胡同，胡同的距离也是五十步。在它的东西两旁也有平行的胡同。但在这块遗迹之内却没有发现平行胡同的痕迹，都是一些不规则的道路、沟渠、池沼以及小土山等等。这种布置极像是一个人工修建的庭园遗迹。山都布置在这块遗迹的东南角上，水在这块遗迹内弯转曲折的由东北部流向东南部。

在这块遗迹的中心部位有一广场，即今黄寺所在的地方。这个广场似为一宫殿遗址。

这块遗迹的面积和大都的皇城以及上都的内城的面积都极近似。从文献上我们找不到明代在此有什么工程建筑，清代始建东西黄寺和外馆，仅仅占了这块遗迹的一部分。因此这块遗迹的形成不是明清开始的，而是元代所旧有的。在这块遗迹之前，有一条类似驰道的街道，即今旧鼓楼大街。它与南边的宫城互相对称，这或者是模仿自汉代以来的南北宫之制的。但是我们在元代文献中却找不到任何关于这块遗迹的记载。然而根据街道的痕迹来看，又很难说它仍是街坊。因此，我们只能暂时假设它是预留的北宫遗迹。实际上这个假设朱彝尊在《日下旧闻》中曾提出过，他曾推测元故宫在安定门之北，但没有说明他所依据的资料。

十、元大都平面规划的诸问题

（一）元大都都市规划中的基本单位及其比例。

在元大都都市规划中所用的长度，都是以步为基本单位的。元代一尺约合 0.308 米，五尺为一步，一步合 1.54 米。胡同与胡同之间的距离为五十步，合 77 米。但这个长度是指自第一条胡同的路中心至次一条胡同的路中心而言的，如果去掉胡同本身的宽度六步，则两条胡同之间实际占用的距离为四十四步，合 67.76 米。这与北京内城现存的平行胡同之间的距离是符合的。

大都都市规划中所用的地积单位，平民占地最高为八分。如以两条胡同之间的实占距离四十四步长为准，宽亦截为四十四步，那么这一方块中约占地八亩。自东四三条胡同西口至东口恰巧占地八十亩。也就是说，自东四北大街至朝阳门北小街之间为十条胡同的距离。

宫城的南北长为 615 步，约合十二条胡同的距离；东西宽为 480 步，约合十条胡同的距离。这在大都城中是占地最广的单位，它差不多占了宽度相当于自东四北大街至朝阳门北小街之间，长度相当于自东四头条至十二条之间的面积，也就是一个大坊的面积。

御苑的面积为八百亩。南北与东西均为十条胡同的距离。它的面积仅次于宫城。

隆福宫、兴圣宫以及太子宫的面积，都是南北五条胡同、东西四条胡同的距离，差不多是四分之一宫城的面积。如果加上它们的前苑或后苑，则相当于二分之一宫城的面积。

太庙和社稷坛的面积与隆福宫等相同。

大都路总管府，太史院、北中书省、尚书省等的面积，都是南北长四条胡同，东西宽三条胡同的距离。这比隆福宫和太庙等又小了一级。这样的面积应是大都城内最大的衙署的面积。等级再小的衙署则其面积依此递降。

从现有资料来看，当时是按等级来规定其宫衙府庙的面积的。而其基本的单位为步为亩（分）。大建筑群的占地，则以胡同与胡同的距离——五十步为比例而增减。

（二）元大都都市规划的中心思想，还是继承了中国古代的传统。左祖右社，每面三门（北面为两门），同时还有可能采取了汉代的南北宫的形式。但是日人村田治郎说大都的都市规划是西域式的，这是完全错误的。

（三）大都的都市规划，一方面继承了传统，总结了历史上的关于都市设计的经验，同时又按照实际情况来灵活的处理。它把宫殿区放在全城风景最好的地方，把全城中最大的水面圈入宫殿区。太子宫在宫城之西，王府区在宫城之东。在整个城市中，突出了以宫殿苑囿为主的设计思想，它是完全为封建统治者服务的。

（四）大都规划中的另一个特色，是宫观寺院等宗教性的建筑占了很大的比例。它们都散布在大都的街坊之中，有的还安排在很重要的地方，如大庆寿寺、大圣寿万安寺、大天寿万宁寺、崇祯万寿宫等等。统治者正是利用了宗教的麻痹作用来作为统治人民的工具。

（五）大都的街道形式，以南北向的大街居多，大街之间保留了传统的坊制。坊内都是东西向的平行胡同，唐代两京的坊内没有平行的胡同，宋的汴梁，在柴荣改制以后才出现了直线胡同。直胡同便于救火，称为火巷。宋平江府的街道已出现了平行胡同，但它是根据河道来改建的。在都城中正式规划平行胡同，根据目前已有的资料来看，是自辽中京开始的。金中都遗址从航空照片上看，也没有发现平行胡同。因此，大都的平行胡同，很可能是根据宋平江府和辽中京的形式来设计的。

平行胡同既便于防火，又便于泄水排雨。在东西平行胡同中的住宅，能够解决前后房宅的采光问题，同时也避免冬季里强劲的北风的侵袭。每条胡同都与主干大街直接通达，交通也极为方便。这种街道形式，在我国都市规划发展史上是比较进步的设计。

（六）水运在大都城中占有重要的位置。河道的流向和大街与胡同之间的关系，也都安排的比较合理。在河道湖泊附近的街道形式，则根据当地的地形作了变通。

（七）由于宫城是占据了全城的南半部，而不是放在全城的中央，所以对四城的交通并无妨碍。明代缩北城垣之后，宫城处于全城的中央，严重地妨碍了四城的交通。

（八）在大都的规划中，还使用了布置园林的对景的手法。在中轴线上宫城北门（厚载门）的北对景是万宁寺的中心阁。齐化门内的对景是后宫的延春阁。平则门的对景是太液池琼华岛上的仁智殿（即今之普安佛殿）。

附　　记

赵正之先生于1962年逝世。这一篇研究论文是根据他生前口述的记录稿整理而成的。有下列数点需要说明：

（一）全部论点都是赵先生当时的意见，整理时仅作了文字上的修饰，但仍尽量保存了赵先生口述时的语意。

（二）本文的编排次序，基本上按照赵先生口述时的分类，有些相类的问题曾作了合并。文中的子目是整理时所加的。

（三）本文所引用的文献，以赵先生所编的《中国建筑通史资料（北京部分）》（1959年北京市城市建设委员会和建筑工程部建筑科学研究院油印本）中所收的为限。

（四）复原图是根据赵先生所绘的《元大都复原图》晒蓝本，稍加整理，由中国科学院考古研究所陆式熏同志重描的。其中有个别的地方，如沙滩草场的位置，御苑西边与太液池之间的夹垣，太乙神坛南面的仓库等处，均遵赵先生生前的意见作了修改。明清北京城垣一线，是这次重描时补入的。

（五）口述稿是一些主要的论点，有些细节并未叙述，如京师南省，口述时未曾提到，但在复原图中却已标注。凡属此类，均在文中只立标题，未加论证。

（六）文中所提到的北京现代地名，均为1964年改名以前的旧称，未及按新名改正，请读者注意。

徐苹芳

1966年2月

西周城市初探

张　家　骥

城市的形成、发展及其在形式上的变化，归根结底是社会经济发展的客观反映。历史悠久的城市，它的规划结构，总是会清楚地反映出各个不同时期的各规划阶段上的发展情况。

对中国城市史的研究，尚未见有专著，尤其是奴隶社会的城市，久已堙没，考古发掘出的遗址，只能使我们了解当时城市的轮廓。对它具体的内容，规划结构的特点、性质等等，还须借助古文典籍，对有关的资料进行分析研究。

本文仅据资料所及，对西周城市做了很初步的探索。对于史料的引用和分析，都难免谬误，而许多问题，还需要深入研究，这里只是抛砖引玉而已。

一、国家与城市

西周是奴隶社会，还是封建社会？目前史学界尚无定论。但对于周灭殷前是奴隶社会，是没有异议的。本文以此作为起点，从城市史方面来进行探索。

周族灭殷前，还是个僻处西陲，地方百里的小国。殷则是“邦畿千里”，人口在百万以上的奴隶制帝国了。殷自牧野之战“前徒倒戈”，终于被周所征服。

周以人口不过十余万的小国，面对大于自己十倍以上的被征服者，为了巩固其统治，利用氏族社会亲姻制这根纽带，分封诸侯。并在封地内给诸侯以政治、经济、军事和司法的特权，以加强对殷人的奴役和压迫。

从建国的封地等级看，王国是“制其畿方千里而封树之”；诸公之地“方五百里”；诸侯“方四百里”；诸伯“方三百里”；诸子“方二百里”；诸男“方百里”①。

筑城的规模是：王城“方九里”，其余按等差，公方七里，侯伯五里，子男方三里②。

说当时地域和城市都是四方四正的，显然含有理想的成分。但城市的规模与土地的广隘，却具有相应的比例，这是反映出当时社会生产力发展水平和经济情况的。在夏代就已提出：“土广无守，可袭伐；土狭无食，可围竭”③，可以看出，建国的城与土地面积应有相应的比例关系。

在以戈矛战车为武器的年代，浚沟之土以为城，凿池之土以为郭，深沟池，高筑墙，是最有效的防御。无城池，则国土难守，社稷不保，有城才能有国。

所以在古典籍中，“城”与“国”同意，筑城即建国。《周礼》在六官之首均冠之以“惟王建国，办方正位，体国经野，设官分职，以为民极”，就是把建设与管理城市，剥削奴役农村作为国家的首要重任。除诸侯方国，王弟子的都（城）以外，妄自筑城，是大逆不道的叛

---

① 《周礼·地官》大司徒条。

② 清戴震《考工记图》。

③ 《逸周书·文传篇》。

逆行为，王者是要“以九伐之法正邦国”① 的。

西周的封建等级制，首先要限制方国的城市与土地的面积，它具有双重的作用。在经济上限制了土地面积，即限制了作为生产资料的土地，也就限制了对经济具有决定性的农业生产。同时，在“寓兵于农”的古代社会，土广则人众，地少则人寡，实际上也就限制了各级诸侯的军旅人数。所以相应地规定了“凡制军万有二千五百人为军。王六军，大国三军，次国二军，小国一军”②，这说明军事和经济是密切相关的。

出于军事统治的需要，不仅规定城市的规模，而且规定了城墙、宫墙的高度和城市道路的宽度。如王城墙高七丈，宫墙高五丈，门阿高三丈。以王的宫墙高度为诸侯的城墙高，以门阿高度为王弟子的都城高度③。

城市道路则规定，王城内之经纬大道，均宽九轨（轨宽八尺，九轨七十二尺），环城道宽七轨，城郊道宽五轨。以王城的“环涂以为诸侯经涂，野涂以为都经涂”④。

显然，降低城墙高度，不仅是正名分等，在军事上也起了削弱方国的城防作用。

王城和诸侯方国城内道路宽度，都较城市间的乡野道路要宽，并以车轨为道路的量度，从有关战争的记载来看，不单是为了城市经济与交通运输的需要，而且同军事和战争的要求有关。

从《左传·宣公十二年》晋楚邲之战的记载可知，楚围攻郑城时，郑人占卜吉凶，哭于宗庙，并把战车陈于街巷，准备巷战。可见在当时城市的攻守中，道路的宽窄与兵车的调动、战斗也是有关的。

随着社会生产力的发展和人口的增加，逐渐形成诸侯割据、强兼弱削的局势。西周王权强盛时的一城一国局面，到春秋战国时已发展为国少城多，一国多城的局面了。

在西周时，建城即建国，所以，城市的规模是国土的广隘、国家的大小、诸侯的政治地位与权力大小的标志。王城与方国及方国之间的城市联系，多半是属于政治性的，这种联系自然也就可能被政治事件所破坏。这种在原则上统一于西周奴隶制帝国之下，大小诸侯方国各自为政的情况，是建立在奴隶的简单协作的强制劳动的基础上，并以生产力和商品生产不够发展为条件。而城市的存在，完全与奴隶主统治者的官府消费有连带的关系。

二、乡野的邑

周是“野以邑名”的。关于邑的情况，《汉书·食货志》中有如下记载：“殷周之盛，《诗》、《书》所述，要在安民，富而教之。……

民，年二十受田，六十归田，七十以上，上所养也。十岁以下，上所长也。十一岁以上，上所强也。……

春，令民毕出于野，冬则毕出于邑。……

春将出民，里胥平旦坐于右熟，邻长坐于左熟，毕出然后归。夕亦如之。……

冬，民既入，妇人同巷相从夜绩。女工一月得四十五日。必相从者，所以省费燎火，同巧拙而合习俗也”。

---

① 《周礼·地官》大司马条。
② 《周礼·地官》大司马条。
③ 《周礼·考工记·匠人》。
④ 《周礼·考工记·匠人》。

综上所述不难看出，这邑中之民从十一岁以上到七十岁都必须劳动，也就是说，要终身服劳役。

从邑的管理情况，自春天始，下地生产，早出晚归，都要受到坐在门侧左右（熟）的里胥和邻长的监视和检查。该下田劳动的民都走了（或回来了），里胥、邻长才回到邑里，门禁之严，邑民是没有随便出入自由的。据《周礼》所载，邑民更无迁居的自由，要“徙于他邑，则从而授之”，必须经里胥邻长的批准，发给证明即“授以旌节”才行①。“若无授无节，则唯圜土内之”②，就要被捉进牢里去。

冬日农闲，妇女夜绩，劳动强度之大，一个月要干出四十五天，即一个半月的活计来，生产是集体进行的，不仅可为奴隶主节省燎火之费，实际上是便于监督管理。

男人一年四季，在繁重的农业生产劳动之外，还要服大役，如筑城郭、浚沟渠、受军训等等，劳动强度更比妇女沉重得多。这些居民的身份，大多数是奴隶。

邑的规划结构，从编户制的“五家为邻、五邻为里，四里为酂，五酂为鄙，五鄙为县，五县为遂”③ 来看，邻、里是邑的基本编户单位。

邑的规模大小，据《易经》中奴隶反抗被捕事件：“不克讼，归而逋其邑人三百户”，邑有数百户之多。从所谓“十室之邑，必有忠信”之说来看，亦有十来户的小邑。周初曾将“殷民六族”、“殷民七族”、“怀姓九宗”赐给分封的诸侯，其中除了原属殷人的种族奴隶外，大多数殷的平民和奴隶主也就转化为周人的种族奴隶，不言而喻，大规模的邑，是适应大量役使奴隶从事集体农业生产需要的。

邑的型制，从“妇人同巷相从夜绩”的“巷”来看，据《墨子·城守篇》：“巷术通周道者必为之门”，及《左传》中晋楚邲之战的陈兵车于巷。邑出入有门，是筑以高墙的。民居可能按邻里编户行列成巷的布置。

可以设想，当时农村的大致情景：在广阔的田野上，分布着一座座孤立的筑着高厚的土墙的邑，邑门紧闭，邑中房屋行列成巷。大多数奴隶，男耕女织，必然还有少数从事生产工具和生活资料生产的手工业奴隶，由邻长、里胥、酂长等层层官吏管制着，而奴隶主统治者正是通过对邑的统治，残酷地奴役和剥削奴隶。这正如恩格斯所说，古代社会是“经济上城市统治乡村”④ 的城乡对立关系。

三、城市规划

《周礼·考工记》匠人条中的“匠人建国，方九里，旁三门。国中九经九纬，经涂九轨。左祖右社，面朝后市，市朝一夫”。这是古籍中有关西周城市规划的最早记载，据此我们结合有关资料，对当时城市的规划特点和性质作一点粗浅的分析。

规划突出以宫室为城市的中心，从春秋时筑城情况看，当时社稷、宗庙、朝寝这组为统治者服务的建筑群，是建造在土台上的。这种布局，不仅象征最高统治者的权威，也出于当时政治和军事的需要。

---

① 《周礼·地官，邻长、里宰》。

② 《周礼·地官，邻长、里宰》。

③ 《周礼·地官，遂人》。

④ 恩格斯：《家庭、私有制和国家的起源》，人民出版社，1954 年版。

奴隶主阶级在城市人口结构中，只占绝对的少数，大多数居民则是在暴力统治下被压迫的奴隶和平民。从保卫和防御的需要，围以高墙、堞雉、门楼、角楼的王宫，位于城市中心，居高临下，有利于控制全城。

在有城才有国，城陷则国破的情况下，战时的宫城，不仅是军事指挥部，也是最后的防御堡垒。这种城中之城的规划，强烈地反映出奴隶与奴隶主的阶级对立状态，同时也反映出在奴隶社会，战争是掠夺财富（奴隶和物资）的重要手段，这是适应奴隶主之间战争频繁的军事要求的。

方正的土城，每边三门，南北东西经纬大道交叉纵横，划分成许多方整的地块，从河北武安午汲古城址发掘情况看，在经纬大道的区划中，有许多相互垂直的小道，整个城市的道路网像一个棋盘形①。

城中除王宫而外，就是百姓居住的“闾”。按西周的城市编户制，是同乡野“的邑”的编户相同，只名称各异，名为比、闾、族、党，州、乡，也是五户为比，五比为闾。闾，至少在最初规划时，是按照五比为闾，二十五家的编制作为划分街区的一个基本单位。

关于闾的情况，在《周礼·乡大夫》职责中有“国有大故，则令民各守其闾，以待政令”的规定。闾既可守，显然与邑相同，是围筑以墙，而且设有门禁的。周初“武王入殷，表商容之闾”② 的故事，武王为了对贤人商容表示尊重，曾用特殊的标志“表”把他所居住的闾门标榜出来，这可能是后世坊表之始，可见闾是设门的。

闾内的道路，《墨子》中称之谓巷或术，道路纵横垂直，建筑多半是行列成巷布置的。闾内居民的身份，从闾门管理情况可知大略。《墨子》中有这样的记载：“宿鼓在守大门中。莫，令骑若使者、操节闭城者，皆以执龟（圭）。昏鼓，鼓十，诸门亭皆闭之。……晨见，掌大鼓纵行者，诸门吏各入请籥开门已，辄复上籥③。开门时，门吏“各入请籥”，如门籥是保管在城守官署大门中的话，早晚两次开门，门开后“辄复上籥”，就只有从外面反锁上才行。这种如对囚徒的门管制度，显然不可能始于封建社会，很可能是从奴隶社会沿袭下来的制度。

这种严格的门禁管理制度，对于高官显贵奴隶主的宅第是不会适用的，这在规划和城管中是如何解决的呢？我们虽未找到资料，但从后世的有关记载里却可窥见端倪。

据《唐会要》卷86太和五年七月左右巡使上奏文中说：“伏准令式，及至德长庆年中前后敕文，非三品以上，及坊内三绝，不合辄向街开门各逐便宜，无所拘限，因循既久，约勒甚难。或鼓未动，即先开；或夜已深，犹未闭。致使街司巡检，人力难周，亦令奸盗之徒，易为逃匿。……如非三绝者，请勒坊内开门，向街门户，悉令闭塞。请准前后除准令式各合开外，一切禁断”。

从这段文字可以说明：

1. 唐代的坊仍然是四围筑墙，每边设有坊门的。从元丰三年知永兴军吕大防所刻长安图碑断片，看到坊的具体形式：坊的周围围着墙垣。皇城之南的坊，开东西两个坊门，其他都开东西南北四个坊门。坊，基本上是沿袭了古代社会早期闾的型制。

2. 至唐仍然沿用着击鼓传呼，但开闭坊门的制度，已松弛得多。由《墨子》所记，早晚开后即闭锁的情况，改变为晨开暮闭了。这个变化反映出社会性质的巨大变革，居民白昼出入坊门的自由，而这种夜禁的目的，不是对具有人身自由的居民的管制，只是为了防范奸盗之徒。

---

① 《考古通讯》1957年第4期。

② 《史记·留侯世家》。

③ 岑仲勉：《墨子城守篇简注》。

3. 庶民同达官显贵统治阶级虽住在一个坊里，但三品以上的高官具有将宅第的门开向大街的特权，因此也就不受坊的门管制度的约束。事实上，到唐中叶肃宗、穆宗年间，已成“各逐便宜，无所拘限”而“约勒甚难”的局面。可见，古代的这种在空间上禁闭、时间上管制的坊市制，已不适应社会生活发展的要求，开始出现解体的征兆。由此推之，西周奴隶主统治阶级，可能也是将宅第大门开向街道，而不受闾门管制约束的。

西周闾的组织与管理和邑相同，闾胥对众庶有挞罚的权力。众庶迁徙，必须经比长、闾胥的批准，“为之旌节而行之”，并且还要注明身份、犯过什么罪行等等，未经批准者，就要当逃民捉住关进牢房①。

综上所述，不妨对当时城市的概貌作如下，简单的描述：版筑端方而高厚的城墙，每边有三座城门，木造的门楼和角楼耸立在土城之上。城中经纬大道垂直纵横，高筑于土台上的宫城，是东西南北大道的中心。街道两旁整齐地排列着一座座闾的版筑围墙，闾门平时都锁闭着。进入闾内，才看到行列成巷布置的房屋。有诗云：

“六街鼓歇人绝灭，九衢茫茫空有月”。

正是对当时城市夜晚的惨淡景象和森严气氛形象的写照。

四、城中的市

商业和城市的发展是互相依存的，如马克思所说：“商业依存于城市的发展，城市的发展又以商业为条件”②。西周的商业发展已有一定水平，在城中和城市间大道上设有固定的市；师役征伐，军旅中设有临时性的军市。周人虽然轻视善于经商的殷民，称之谓“商人”，但对于商业影响城市经济的作用，还是颇为重视的。如周文王时大旱，从他的《告四方游旅》③ 可知，就曾实行过促进商旅，繁荣贸易的政策。并鼓励县、鄙商人迁居城市，“解来三室者与之一室禄”④，迁来三家，由官府负担一家的生活以奖来者，繁荣城市的商业。

西周城中的市，名义上由王后负责，实际是由市的最高长官“司市”掌管。

从“司市”的职责，“以次叙分地而经市，以陈肆办物而平市”⑤ 来看，市内划分成若干地段，在一定区划范围设有管理所叫“次”。商品交易必须在指定的“肆”里进行。所谓“立市必四方，若造井之制。故曰‘市井’”⑥，这可以说是对古代‘市’的规划形式的很好说明。

可见，市的规划，是采用井田制的棋盘式区划形式。从商品分类的制度看，和后世是完全不同的，不是按商品的种类，而是按商品的质与使用价值来分，是“名相近者相远也，实相近者相迩也”⑦，不管是民（奴隶）还是牛马，按质归类在一起。据此，佐以汉代市的画像砖来推想，肆也是行列成巷的，起初可能不是永久性的建筑，只是防日晒雨淋的简陋的棚廊而已。

市中出售的商品也有严格的限制，“圭璧金璋，不粥于市；命服命车，不粥于市；牺牲，

① 《周礼·地官，闾胥、比长》。

② 马克思：《资本论》卷三，人民出版社 1953 年版。

③ 《逸周书·大匡》。

④ 《逸周书·大聚》。

⑤ 《周礼·地府，司市》。

⑥ 《管子·小匡篇》尹知章注。

⑦ 《周礼·地官，肆长》。

不粥于市；戎器不粥于市；用器不中度，不粥于市；兵车（?）不中度，不粥于市；布帛精粗不中数，幅广狭不中量，不粥于市；锦文珠玉成器，不粥于市；衣服饮食，不粥于市；五谷不时，果实未熟，不粥于市；木不中伐，不粥于市；禽兽鱼鳖不中杀，不粥于市”①。

这就是说，凡奴隶主所需要的，奴隶则不准有，平民也不允许有的东西，都禁止买卖。圭璧金璋、命车命服，这类正名分等的东西不能买卖。镇压统治奴隶的武器兵车戎器，禁止买卖，更不许私人打造。奴隶主享受的奢侈品锦文珠玉，只准卖原料而不能卖成品，允许买卖的商品，只是人们日常生活需要的农畜产品和手工业品而已。

禁止买卖的商品，当然也就不允许生产。“昔圣王之处士也，使就闲燕；处工就官府，处商就市井，处农就田野”② 那些为统治阶级政权服务的和生活所需用品，大多数的手工业生产，都是由官府经营的。这个制度，在以后各代其范围和性质虽有所变化，但基本上贯穿了中国的整个封建社会。

西周的市，不仅从商业管理上很严格，对市内的治安管制亦十分严厉。

市不仅围筑高墙，且门禁森严，市门有拿着皮鞭和量器的“胥”把守，负责检查入市的商品。财货出入市门，必须有“司市”发给的玺节为凭，才能通行。出售商品，需先经“贾师”检验，按质分等评价到指定的“肆”中出售。分等评价各陈所肆以后，要等分区管理所“司次”升上旗号，方能开始交易。商品成交，要经“质人”平价“书契取于市物之卷”才行。商品纳税，则由专职官吏“廛人”掌管③。

市中每二十个肆，设一“胥师”，十肆设一“司虣”。若有争吵斗殴，争塞往来，聚饮聚食，扰乱市肆者，“若不可禁，则搏而戮之”。五肆设有“司稽”，二肆有一个“胥”，也就是稽查和巡警，在其所辖的肆中巡察，胥手里拿着皮鞭和量器，对违法乱禁者，常掩其不备突然袭击，“挞戮而罚之”④。

除了直接管理市的官吏以外，四十个肆的市，仅治安人员就有三十多人之众。可以想象，这种交易场所的市，气氛是多么森严了。

市并不是整天开放的，每日分三次开市，朝市，以商贾间的买卖为主。大市在中午，以消费者为主。夕市在傍晚，以贩夫贩妇为主⑤。当时的市，是城中唯一的公共活动场所，因此，统治者也就利用市作为颁布公告和法令的地方，后来也是执法示众的场所。所谓“古者弃市，周礼有罄于甸人之说。秦曰磔。汉文帝二年，改曰弃市，取刑人于市，与众弃之义。隋谓之绞”⑥。

西周的市，从空间到时间，从商品生产到交换都严加管制的情况，是中国奴隶社会特定条件下的产物。随着时间的推移，历史的前进，这种形式必将阻碍城市的发展。

古代的坊市制度，几乎从奴隶社会延续到封建社会，虽然随着社会的变革而不断有所改变，但一直到宋代才打破了坊市的空间禁闭和时间上的控制，坊市制才彻底崩溃。

城市史的研究是个复杂的课题，这篇短文仅从城市规划的角度，对西周城市作了初步的探索。限于资料和水平，谬误之处望专家们指正。

---

① 《礼记·王制》。
② 《国语·齐语》。
③ 《周礼·地官，司市、贾师、质人、廛人》。
④ 《周礼·地官，胥师、司虣、司稽、胥》。
⑤ 《周礼·地官，司市》。
⑥ 《事物记原》卷10。

辽金燕京城坊宫殿述略

王　璞　子

引　言

历来谈燕京掌故的，大都详于风土景物的撰述，而略于前代营建制度的探讨。缘以燕京自辽代会同年间升为南京以来，千有余年，建置兴废，陈迹已非。仅凭故籍遗闻，往往侈于空谈，难符实际，非由实物遗迹以与文献相互印证，不易求出的论。往年，历史考古学者致力于这方面的研究的，颇不乏人，如奉宽《燕京故城考》、日本人那波利贞《辽金南京燕京故城疆域考》，都是其中比较精审的著作①，但以见地不一，持论又各不同；其余或仅敷衍旧说，或者疏于考证，在学术上仍然有待商榷。著者于1936年编写《元大都城坊考》时，涉及辽金燕城和大都城相互关系问题，曾初步作过踏查。后于1943年又在京城西南城郊一带进一步勘查了有关这方面的史迹遗物，参考以上各家论述并有关历史资料，写成《辽金燕京城坊宫殿考略》初稿。比年以来，屡有所获，爰就初稿重加修订补充，提出来供参考。

北京建都肇于辽会同初立南京，而正式成为历史上一代政治枢纽，实自金海陵迁燕改称中都为始。按燕京古代属于幽冀之地，周代封召公于北燕，在今河北地域。秦汉以来，代有变革，界域已多渺茫。自唐为幽州，方有迹象可寻。初唐于幽州置总管府，后改范阳郡，其城在今北京城西南。唐末安史和刘仁恭父子皆尝于此割据称制。石晋天福中以燕云十六州地献于辽。辽会同元年改南京幽都府，置南京道，开泰初又称燕京、析津府，建为陪京。宋宣和间，辽代亡国，地入于金，5年归宋，称燕山府，7年复陷于金，仍称燕京。金海陵贞元初改燕京为圣都，自会宁迁都于此，因辽南京城扩而大之，号称中都。元初灭金，初为燕京路，至元元年以开平为上都，改燕京为中都，4年建新城于旧城东北，创营宫室，9年改称大都，即今北京城的前身。明洪武灭元以后，初为北平府，永乐定都，称为北京、顺天府。初洪武既缩元城北面五里，永乐又拓其南面，至嘉靖间又增筑外城环抱今城正南，遂成今日所见的京城形状。清因明旧，仍称北京。新中国成立奠为首都，经济繁荣，建设日新，蔚为全国政治文化重心。

北京建置就历史言，可分为三期，即：（一）辽、金燕京城，（二）元大都城，（三）明、清北京城。辽、金时代燕城为北京城市建设的开端，时间虽不过二百余年，但其间经营规模，建设百端，上承我国历史传统，下启元、明以来文化，脉络连贯，息息相关，确可为研究我国首都建设史者之参考，本文暂就辽金都城坊市宫室各节，分为两章概括叙述如下。

---

① 奉宽《燕京故城考》原文载《燕京学报》第五期。那波利贞《辽金南京燕京故城考》原文载《高濑博士还历纪念支那学论丛》。有单行本。

一、辽 南 京

（一）城垣

建置制度　辽代建国，设立五京，以临潢为上京，辽阳为东京，大同为西京，大定为中京，析津为南京。辽南京又叫燕京，就是现在的北京。辽南京在唐代称为幽州，辽太宗耶律德光会同元年（公元938年）升幽州为南京，屯军设治，建为陪都。南京城制据《辽史》地理志："城方三十六里，崇三丈，衡广一丈五尺，敌楼战橹具。八门：东曰安东，迎春；南曰开阳，丹凤；西曰显西，清晋；北曰通天，拱辰。"然据宋许亢宗《奉使行程录》（附载《大金国志》）和路振《乘轺录》（光绪《顺天府志》引）两书所述城制，又与《辽史》互有出入。《行程录》说："第四程自良乡六十里至燕山府。燕山……契丹自晋割赂建为南京，又为燕京析津府，户口安堵，人物丰庶，州宅用契丹旧大内，壮丽夐绝……国初更名曰燕山，军额曰清成。周围二十七里，楼壁高四十尺，楼计九百一十座，地堑三重，城门八开"。《乘轺录》说："幽州城周二十五里，城中凡二十八坊，坊有门楼。有罽宾、肃慎、卢龙等坊，并唐时旧名"。对于城的围广，一说二十七里，一说二十五里，和《辽史》三十六里的说法互有差别，究竟以那种说法为对，是值得注意的问题。解决这个问题之先，有必要先对唐代的幽州城制加以探讨。案辽代据幽燕以后，即将幽州镇城升格为南京，而朝班出治仍然在上京，以上京为国都。终辽一代，始终未尝迁都燕京，其城郭宫室也多因袭幽州旧制，极少变革[①]。唐代幽州，又称蓟州，《唐书》地理志："蓟州所治，古之燕国……晋置幽州，慕容儁称燕，皆治于此。自晋至隋，幽州刺史皆以蓟为治所，幽都管郭下西界，与蓟分理"。蓟城位置，据明孙承泽《春明梦余录》、清乾隆时编《日下旧闻考》诸书记述，遗址在今北京城西南一带（详见下文）。另外，根据清代康熙年间在西安门内出土的唐卞氏墓志，西安门一带原是唐幽州城东北五里的礼贤乡[②]。又1929年在西单北大木仓旧中国大学院内（今教育部）出土的唐仵君墓志，也证明此地原属幽州城东北五里[③]。毫无疑问，唐代幽州城即在上述各地的西南方向，两志为《梦余录》诸书又作了有力的补证。关于幽州城的围广制度，《唐书》没有记载，据严观《元和郡县补志》引《郡国志》："蓟城南北九里，东西七里，开石门（《旧闻考》引《元一统志》作十门），慕容儁铸铜马为门，因名铜马门。"所述城平面是长方形，围广三十二里。辽南京城既然因袭唐幽州城为治，城郭围度自应相同，但《辽史》说三十六里，此说三十二里，两者相差四里，牴牾不合。而且和上文《行程录》、《乘轺录》的记载也大有出入。此点，历来考究辽、金燕城的论述，也各有不同说法，清吴长元《宸垣识略》曾怀疑《辽史》三十六里是合并都城与大内合计围度而言，《行程录》二十七里是不包括大内九里之数在内的；奉宽《燕京故城考》主张《乘轺录》二十五里说法是辽南京城的围广，《行程录》二十七里是金中都城的围广；那波利贞《辽金南京燕京故城疆域考》又认为《行程录》二十七里是三十七里的笔误，以上三说，以奉宽二十五里说法比较切近，其他或者自相矛盾，或者出之臆断，难以置信。案燕山府名称，为宋宣和五年金朝来归燕京六州时所改，许亢宗奉使至金时在宣和七年，是年燕

---

① 见《燕京故城考》辽南京一节。

② 见周宾所《识小录》。

③ 见陈宗藩《燕都丛考》。

京又失陷于金，时当金太宗天会三年，亢宗之记，在金海陵定都燕京以先，上距辽代亡国不久，所述城郭宫室之状，必是辽末遗制，其地虽经归宋二年，然当兵马倥偬和财力支绌种种情况下，宋朝对之未必急遽施以改革，事实上也未必有缩小城郭的必要。然而一城之建，已有四种不同里度，为了解决这个疑问，试再就金海陵拓广后的中都城制进一步加以推求，或者易于明了。中都城制，不见于史，据《明太祖实录》："洪武元年八月，大将军徐达命指挥华云龙经理故元都新筑城垣……又令指挥叶国珍计度南城周围凡五千三百二十八丈，南城故金时旧基也。"所说南城乃指金代中都城而言，也就是因辽代南京城所拓展后的燕京城，元朝当时称其所新建的大都城为新城，或叫北城，称中都城为旧城，因新城在北，所以旧城也叫南城。文中所说五千三百二十八丈，如果折合旧营造里制（每里三百六十步，或一百八十丈）为二十九里又一百零八丈，即中都城实在的围广约二十九里半有余。但这个里数是海陵拓广后的燕城围度，已非辽南京城或唐幽州城的原有围度。海陵展筑燕城时据金蔡珪"大觉寺碑"、《金史》珪本传和"海陵迁燕诏"等记载，城的东、西、南三面都经过拓展（说见下文），可知辽南京城必较小于金中都城，中都城如果为二十九里半有余，是除去海陵所拓展的里数，方是辽南京城应有的围度，辽南京城绝不致如史所载广三十六里，反较拓广后的金城为大。此仅就文字表面记述而言，实际辽、金时代的里制和尺制是否即与后来制度大小相同，仍属一切要问题。我国历来关于度量衡制度，代各不同，即同一尺度也有大小长短的差别，辽、金与宋为近，是否引用宋制，或者另有规定，史无明文，很难遽定。检《金史》食货志有："量田以营造尺，五尺为步，阔一步，长二百四十步为亩"的规定，元陶宗仪《辍耕录》、王祯《农书》所载元时里制，也有每里二百四十步，每步等于五尺的规定，是金、元两代的里制基本相仿，而异于后来清代营造里制以三百六十步为一里的制度。辽、金、元建国时代先后衔接，对于度量衡的引用，或者相同，都采用汉法为之楷范，其实这种里制也是渊源于唐代的里制而来。唐时里制有大程小程的分别，大程每里等于三百六十步，小程每里二百四十步。金、元时代每里二百四十步的里制，无疑即引用唐制而为当时通行的一种制度，辽代有国不久，未必另有建制，或者即引用唐小程里制，试以小程换算，辽史三十六里约合小程的二十四里，与那波利贞所考定的蓟城——也就是辽南京城的围度谓："以唐尺折今尺东西只广五里又三分之一强，南北七里余，合计其广二十四里余"的说法，大致相同，和《乘轺录》二十五里、《行程录》二十七里的说法，也出入不大，如果《乘轺录》、《行程录》都是指小程而言的话。结合下文就现存遗迹各点所推定的城围四至界线，以上假说并非没有成立的可能性（详下节）。那波利贞虽然曾主张不能以今里度辽制，但其所拟"辽、金南京燕京故城疆域图"仍案旧营造制三十六里的范围划定辽城四至，以致东壁定在今粉房琉璃街，西南壁定在今凤凰嘴土城，误将辽城划定与金中都城应有的围度大小相同，是与其文字说明自相矛盾的。然此种臆说，非有待于实际发掘工作不能证实，姑且提出作为初步探索，不敢求其必当。

位置和四至　南京城的围广制度，略如上文。关于其城与今日北京城的相对位置和城垣的四至界限，继续讨论如下。《春明梦余录》："旧幽州城在今城西南，唐藩镇城，即辽金故城也。隋之天宁寺旧在城中，今在城外矣。悯忠寺有舍利记，唐景福元年建，其文曰：'大燕城内地东南隅有悯忠寺，门临康衢。'悯忠寺旧在城中东南，今在城外西南僻境矣"。《日下旧闻考》："辽金故城在今城南面，元代尚有遗址，当时多谓之南城，而称新都为北城。自明嘉靖间兴筑外罗城，故迹逐渐湮废……如悯忠寺、昊天寺在今宣武门南，与广宁门相近，而元人皆称为南城古迹。又今城外白云观西南有广恩寺，即辽、金奉福寺，距西便门尚远，而金泰和中曹谦‘碑记’谓寺在都城内。又金天王寺即今天宁寺，在广宁门外稍北，而《元一统志》谓在旧城延庆坊内。又今琉璃厂在正阳门外，而近得辽时墓碑称其地为燕京东门外之海王村。又今黑窑厂在永定门内先农坛西，而其地有辽寿昌中慈智大师石幢，亦称为京东。又《图经志书》载都土地庙在旧城通元门内路西，通元乃金都城北门，而都土地庙今在宣武门外西南土地庙斜街。由是观之，则辽、金故都当在今外城以西以至郊外之地，其东北隅约当与今都城西南隅相接。由上文可以知道辽、金旧城在今京城西南地方，已无疑问，上节所引唐代两墓志和近年在东长安街北京饭店出土的唐代墓志更有力地证明了这一点。然而，辽南京和金中都城的位置虽然同属一地，而两城方圆大小，却截然不同，原因金代海陵王都燕以后，已将辽代南京城加以扩展，早非辽城本来面貌。所述悯忠、天宁诸寺和海王村、黑窑厂等地，至今遗迹宛在，尚可作为参考，借以推定辽城的确实位置。为了叙述便利，按城垣的四壁，分述如下：

城垣东壁：即由海王村所推定的一面。海王村在今和平门外琉璃厂中间路北，也叫厂甸，是春节期间集会游览的场所，此地在辽代原是京东燕下乡的一个村庄，名叫海王村，村址去城东距离远近，虽不可考，由此证明辽南京城还在此地以西是可以肯定的。黑窑厂即今宣外粉房琉璃街南的黑窑厂街，原是明清时代烧造砖瓦的旧窑厂，陶然亭公园北门内至今还有窑台的遗址，辽代石幢在陶然亭观音庵内，庵又叫慈悲庵，庵西即陶然亭，是清康熙年间江藻重修的，石幢即辽慈智大德师佛顶尊胜大悲陀罗尼幢。《旧闻考》引《寺院册》“大辽故慈智大德□记略”：“师讳□…早岁礼悯忠寺守净上人落发……寿昌四年三月九日因疾奄化于临燕讲院，至五年四月十三日葬于京东先师茔侧…瘗灵骨于其下，树密幢于其上”。陶然亭既为辽京东，辽城必然犹在亭西。又唐幽州城内悯忠寺，也叫悯忠阁，即今宣外烂缦胡同西侧的法源寺，原是唐太宗贞观年间为阵亡将士所建，辽、金时屡次重建，清雍正十一年重修后改名法源寺。寺旁旧有智泉寺，也是唐代建筑，两寺都在幽州子城东面，门前临大街，位在当时都城的东南隅，可知唐幽州城的东壁——也就是辽南京城的东壁，仍然在法源寺的东面和陶然亭的西面之间，据现址看，两者之间相距尚有里许，东城的确切位置，奉宽主张在今烂缦胡同一带，就陶然亭位置证之，颇有可能，也有主张在今宣外大街向南的延长线上的，也正在法源寺和陶然亭之间。那波利贞主张在宣外麻线胡同和粉房琉璃街的南北延长线上，是根据梁园土城之说而来的。梁园即梁家园，在和平门外虎坊桥大街西北，是明代梁姓私人所建的花园，以芍药花著名于当时。据《梦余录》、《旧闻考》引《篁墩集》都说园在废土城边，是唐、辽、金的旧城，光绪《顺天府志》并说园西旧日尚有河道遗迹。《梦余录》且说旧城东半因元修大都时城大半并于新城范围以内，误辽、金城为一事，几乎包括今外城大部在内，无论唐、辽燕城不能有此围广，而征之唐卞君墓志所示地望，幽州城（也是辽南京城）在今西安门西南五里，它的东壁绝不致越过今日前门大街以东，即便认为是金中都城的范围，又与元大都城有所抵触。元大都城据《元史》地理志和《旧闻考》引《洪武北平图经志书》，明示其城在中都旧城东北三里，是两城之间尚有一段距离，元大都城即今北京城的前身，东西两垣和今内城东西垣相同，北垣即今德胜、安定二门外的土城，南垣在今东西长安街的稍南东西延长线上，如果依《梦余录》说法，金城东北隅直包今内城清故宫和三海在内。北海是金代的寿安宫琼华岛，当时在中都城北，今反在城内，事理绝不可能。而且海陵展筑燕城时，仅将东、西、南三面加以推广，北垣并未更筑，岂能包括今日内城之半于内？震钧《天咫偶闻》的辽、金、元、明都城合图也是沿承此说绘画而成，实由于误认《大金国志》中都城广七十五之文的结果（那波利贞和西人著述也多有主张金城七十五里的说法，当于金中都一节论之）。然而《梦余录》说的梁园土城，还可引为信文，不过此土城应为金中都城的东壁，而非辽南京城的东壁。

城垣北壁：南京城经海陵拓展以后，仅北面犹因辽城旧基，未予变动，所以推定辽城北壁位置所在，首先应从金代中都城制加以叙述。中都城北壁的位置，就文献与史迹两方面相互参考求之，不难得其大概。如奉宽发现的会城门村，和当时属于城内的白云观长春宫和天宁、昊天、奉福等寺，都可作为有力的证明，借可确定北城的原来基址。会城门村在今西便门外白云观的西北，会城门本金中都城北面偏西的门，村以门为名，自是当日门址所在无疑。由此可知金城北壁必在此村的东西延长线上——也就是辽南京城的北壁。天宁寺在西便门外偏南，北与白云观遥遥相对，隋朝叫宏业寺，唐朝叫天王寺，金朝叫大万安禅寺，天宁是明代宣德年间所改称的，又叫万寿戒坛，寺中辽塔现在还很完整。昊天寺建于辽代，是秦越大长公主施舍棠阴坊私宅而建的，在西便门大街西（今废），寺西北又有开泰寺，是辽统军邺王的宅子，当时都在城内。白云观是元代长春真人丘处机埋葬的地方，当时在长春宫西，长春宫也是元代有名的寺观，明初遗址还在，元虞集《道园学古录》《游长春宫诗序》："国朝初作大都于燕京北东，大迁民以实之，燕城废……独所谓长春宫者压城西北隅，幽回亢绝"。《旧闻考》引《泊庵集》梁潜同《游长春宫遗址诗序》："长春宫在北京城西南十里金故城中，白云观之西也"。又引《篁墩集》"过白云观诗"："红尘飞尽白云生，一径深深草树平，丹灶已空仙去远，琳宫犹枕旧辽城"。又明杨士奇《郊游记》："永乐癸卯二月……出平则门……度石桥，入土城，望白云观可一里，土城者辽金故城也。"可知白云、长春并在城内，城址就在观北一里的距离。试就会城门村作一东西平行线，使与磁针所指的方向成直角，由线向南至白云观的距离适与杨文所述相契合，证明辽城北壁定在会城门村的东西延长线上，很少疑问。现在宣外下斜街以东有地名老墙根，从前也叫老城根，实因昔日城垣而得名，历来研究辽、金城池都引为重要的证据，只以见解不一，约有三种说法：《天咫偶闻》说是辽城东北隅，附图则作为辽城的北面；《故城考》说是金代所筑四子城之一的北面；那波利贞说成是唐幽州子城的东北角。我认为，《偶闻》说法，比较可信。按《辽史》所言城若干，实际未必恰如几何学的正方形，征之历来郡县城围，每因其地川原形势，以及阴阳宜忌，方圆斜椭，多不一律，即如现在的北京城，虽然周正如印，而内城西北和外城东南角，各有欠缺，也不是九十度的直角。南京为唐代的幽州，在营建当时，或者也不例外。现老墙根乃自东向西斜行的一条街道，较附近其他街道宽阔高亢，又下斜街北口和上斜街交会之处，地势斩截洼下，诚如奉宽所说，极似城内外隔绝形势，街的西南角（即那波利贞所说住宅墙台），我于1936年踏查时，发现地面上层，还有夯筑灰土三层，每层厚约六七寸，其下为黄土层掺杂瓦砾，颇类似今日北京城垣做法。自此向南，以至大火道口之间，往往有类此遗迹，很有可能就是旧日的城墙旧基。据此如拟定辽、金燕京城北壁在今老墙根和上下斜街相接之处，并由此向西北斜引一直线至西便门外，与会城门村的东西平行线相接，昊天、奉福诸寺也仍然限于城墙范围以内。又下斜街南口有土地庙，就是《旧闻考》所说的金城通元门内路西的都土地庙，今庙址仍在街西，是下斜街即金代通元门内大街，通元门距庙址并非遥远，今大火道口（光绪《顺天府志》作大合道口）街东和老墙根相接的地方，或者就是当日的通元门遗址。此点由元大都城与金中都城二城之间的关系也可以说明，大都城在中都东北三里，可以肯定两城间犹有相当的距离。又《马可波罗行纪》并说二城之间隔有小河一道，疑与崇文门和阜成门外的三里河不无关系。崇外三里河是一条东西行的街道，西与珠市口（旧称猪市口，见《五城坊巷胡同集》）、西柳树井、虎坊桥相接，东经东柳树井、蒜市口、榄杆市、大石桥以至广渠门大街，其势宛转曲折，和今日城内各街道之笔直者不同。据《旧闻考》引《明宪宗实录》、《明疏议集略》和《桂文襄集》，其先实为古河道旧址，今已平为街道，仅存其名。阜外三里河，地势洼下如沟，自西北斜向今内城的西南，如果与崇外三里河东西连贯起来，河道中间经过地点，如定于今宣武门内太平湖和宣外的达智桥（旧称炸子桥）一带，颇有可能。据《旧闻考》引《明英宗实录》："正统间御史刘球奏谓宣武门西旧有凉水河，东城河南岸亦有旧沟"。《旧闻考》案语也称："宣武门外海波寺街南有清厂（今称海北寺街青厂），潭上有龙王堂，南东为章家桥（今称臧家桥），又南虎坊桥，桥西南潘家河沿"，证明旧有河道流经附近，极为明显。太平湖在宣内西南城隅，新中国成立前民国大学在湖的南半开辟操场，北半还有蓄水，现已填为平陆，湖西隔城与三里河故道相向，城下旧有水道口，可以通水，湖南城下旧日也有水道口，和城外护城河相通。现在宣外上斜街东偏街北就地形看，也比街心稍高（约二、三尺不等），露明部分，地层划然，显似经过河水冲刷的痕迹，街南即达智桥，疑上斜街一带或即昔日凉水河的故道。又上述地名，如"桥"、"河沿"、"榄杆"等，命名取义，也都与河道有关，足证马可波罗所记"小河"原有根据。宣外一带既为古河道所经过，大都和中都两城之间必非紧相接连，更为明了。历来考证，囿于辽城正方之说，认为辽城东北隅与今内城西南隅一部互相衔接，如那波利贞即定今六部口为辽城东北隅；奉宽说在今石驸马大街东西线上，并定今闹市口即金代的通元门。金展中都城，北壁因辽旧未改，如依其说，适与大都城南壁在同一平行线上，和上文东北三里之文，大相矛盾，故疑辽、金燕城东北隅必有缺陷之处，未必恰如九十度的直角形状，否则，不但与大都城间距离不合，即马可波罗所说小河，也将无从安插。元大都城南壁在今西长安街稍南，辽金城北壁绝不能越过此线以北，如拟定于下斜街北口和老墙根一带，其间距离就地图上观察，颇符合"三里"之数和东北、西南的形势。再就前门外以西的樱桃斜街和李铁拐斜街等街的斜向形势推之，必为当日新旧城间来往行人僻近的小路，日久形成街道，也足证明中都、大都两城间相对关系是有着一段的间隔距离的。

城垣西壁和南壁：东北两壁如上文所述，定为今烂缦胡同、老墙根和会城门村，已少疑问，试再就西、南两面城壁加以研究。但此两面比较困难，原因历时已久，文献既缺乏记载，更无遗迹可考。奉宽、那波利贞所考定的凤凰嘴土城（详下文），实为金中都城的西南角遗迹，并非属于辽城。南京城围广不过二十四五里之间，东面在今烂缦胡同之南北，北面在今会城门村东西延长线和老墙根一带，东南角约在今陶然亭稍西，以此围广衡之，城的西南角绝不能至凤凰嘴一带，可以断定。而且海陵"迁燕诏"明云曾展筑西南之垣，是辽城西南角仍当在凤凰嘴以东，较为近理，两氏论文都因忽略了海陵拓展辽城西南的记录，所以前后自相矛盾。总括上文，南京城东南角如定于陶然亭稍西，由此西引一线，中间所经，如今右安门、白纸坊南，越城墙以西至菜户营、贾沟村，都在此拟定线范围以内，意其南壁位置，或不出此，由下文论西壁一节，更易明了。

辽城西壁：以东壁和大内为根据，也不难推定。前文已定南京城东壁在烂缦胡同，就那波利贞所考蓟城东西"当今五里又三分之一强"的距离而求其西壁所在，大约应在今广安门外铁路南北经支线附近，南端在贾沟村即与陶然亭向西的拟定线相交，疑南京城的西南隅就在贾沟村附近。由此向北，沿铁路线经广安门外，天宁寺西，又经白云观西侧的土阜，再向北接会城门村的东西延长线，相交于会城门村东约里许之处，疑即辽城的西北隅，而此拟定的辽城西壁线的长度，也符合那波利贞所考定南北七里余的说法。案白云观西侧的土阜，即《倚晴阁杂抄》称为潘尊师琴台的地方，《天咫偶闻》认为即辽城的北面，其实不然，就其与烂缦胡同南北线的相对关系看来，如定为辽城西壁遗址的一部分，尤为适当。近人也有认为是古蓟丘的遗迹的，也有待于考古发掘为之证明。又按辽大内据《辽史》谓在城西南隅，《上契丹事》称大内就罗郭西南为之，知其方位距都城必非遥远。辽大内东北隅有燕角楼，奉宽谓即今广安门内南线阁（旧名南燕角）胡同的藁儿上，依下文所考大内西壁在广外南河泡子以东，都城西壁如定于广外铁路线附近，和大内的关系正合乎“西南隅”的方向，也足以证明以上西壁拟定线不致有很大的差误。

城门位置：辽城八门，史志仅著其四向方位，究竟每面二门之间，左右序次，并未明确。奉宽《燕京故城考》说会城门村是辽城北面的通天门，拱辰门在宣武门西南闹市口街的南北线，南面的丹凤门在凤凰嘴，开阳门在凤凰嘴东，西面的显西门在凤凰嘴北蝎子门地方，清晋门在其北，东面的迎春门在南与显西门相对，安东门在北与清晋门相对，序次安排颇有道理。但各门的位置地点，还有商榷的必要，如拱辰门因辽城东北隅不是规方，不能远达南闹市口街，门址似应在大火道口；此地旧名大合道口，即因门而名。又辽城西垣在广外铁路线附近，不在凤凰嘴南北线，清晋、显西二门当不致定在蝎子门地方，至于蝎子门得名由来，或者也如今广安门俗名仍称彰义，虽然已非古门原地，因其位于西方，所以仍然以旧名系之。通天门以城池形势看，应在白云观北，不在会城门村。迎春门据《三朝北盟汇编》：“宋将郭药师攻辽，由固安迫南京，由迎春门以入，阵于悯忠寺前。”悯忠寺即今法源寺，是迎春门必在其东，寺前临通衢，疑即今南横街的东西线上。安东在迎春北，或即今菜市口附近。大内在都城西南，疑丹凤门必与大内相直，在广外菜户营附近。开阳仍在其东或为右安门偏北一带，此说虽仍不免臆测，若就《清乾隆京城全图》和现行实测地图互相参照，当时道途遗迹，脉络隐约可见，并非出于骤然形成之结果，海陵经营燕都和嘉靖增筑外城时，必仍有部分沿袭旧制而来的可能。

二、坊市

南京城坊市制度仅见于《辽史》地理志：“坊市解舍寺观，盖不胜书”和王曾《上契丹事》：“城中坊闬皆有楼。”叙述极为概括。前引《乘轺录》所说二十八坊，也只列罽宾、肃慎、卢龙三坊名。唐卞氏墓志有蓟北坊。《旧闻考》又有棠荫坊，在今西便门内附近，此外则待考。又《辽史》食货志：“太宗得燕置南京，城北有市，百货山徛，命有司治其征。”市制也不详，今宣内闹市口街，正当辽城的北面，按其命名取义，或者即是旧日的市址。

三、宫室

辽南京宫阙制度　据《辽史》地理志说：“燕京大内在西南隅，皇城内有景宗圣宗御容殿二，东曰宣和，南曰大内。内门曰宣教，改元和；外三门曰南端、左掖、右掖；左掖改万春，右掖改千秋。门有楼阁，球场在其南，东为永平馆。皇城西门曰显西，设而不开，北曰子北，西城颠有凉殿，东北隅有燕角楼。”又同书引宋王曾《上契丹事》说：“燕京子城就罗郭西南为之，正南曰启夏门，内有元和殿，东门曰宣和……南门外有于越王解，为宴集之所，门外永平馆，旧名碣石馆，清和后易之。”宫城的位置是偏于都城的西南隅，南面平列三门，其余每面各一门，共有六门，而大内启夏二门疑即南端门的别称，并非另有其门。西面的显西门，和都城西面的显西门，名称相同，史志也明说其门设而不开，疑皇城或者即在都城西面，如王曾所说，不另建筑西垣，显西所以设而不开，或因其密迩宫廷，故取慎重门禁的意思。宫城确实位置，有两点可借为考证的依据，即燕角楼和悯忠寺二处。悯忠寺即今法源寺，唐时寺在子城东百余步，是宫城必在今法源寺以西。燕角楼遗址无存，今广安门内有南北线阁胡同，即因燕角楼得名，见《明一统志》和《旧闻考》。明张爵《五城坊巷胡同集》于白纸坊也有燕角儿地名，在广安，右安二门之间。《燕京故城考》说：“广宁门内街南……南线阁老军地，俗讹老君，地之东南有民舍一区，名藁儿上，现为毓记造纸坊，应是楼之基址。”据此，辽宫城东北隅为今之老君地附近，已无疑问。

其地也正在法源寺以西。《天咫偶闻》误释地理志之文，认燕角楼为南京城东北隅。据《辽史》太宗本纪："会同三年诏皇城西南堞建凉殿"可知燕角楼也属于皇城，但凉殿已无可考。又据《旧闻考》，右安门外西三里菜户营有广恩寺，俗名周桥寺，其地即今菜户营村内南北大道以东，寺废已久，基址还隐约可辨。周桥制度首见于宋汴京（今开封）大内前，寺以桥名，足证此地旧必有桥梁，辽大内前是否已有此桥，不见于记载，但金大内前有龙津桥，其下一水清深东流，今寺址北数十步横亘驰道有东西流的小河，或即由莲花池（西便门外）入外城壕的河水，《旧闻考》所谓凉水河的支河。河上有小石桥，俗名鸭子桥，那波利贞谓此河即金大内前龙津桥下的水。案金海陵增饰燕宫，大体仍准辽大内的基础（详下文），周桥寺得名由来虽不必始于辽时，然由金龙津桥得名，很有可能。辽、金大内既为同一位置，鸭子桥下水又为大内前河，从而可知辽大内必犹在此水以北，过去曾有人发现此地有土阜颇似旧殿基座，益信此假说有成立可能。宫城平面围广制度不详，但准之金大内城制，疑当在金内九里以内（金代九里当旧营造制六里）或为同一大小，因海陵拓广燕城时，对于宫城自有增饰扩充，绝不致反较辽制为杀小。辽大内的南界定在今鸭子桥以北，北面所至因藁儿上既为城的东北角燕角楼所在，应定为今广安门大街以南，试以周桥寺为城的南北中轴，东面应在今南线阁的南北延长线，西面适当今广安门外的南河泡子和铁路的南北线，联络以上各点由地形图可看出这个城的范围大体符合史书所述围度，和都城的关系也正如《辽史》所说在其西南隅。

大内宫殿组织状况　就上文仅知有元和殿、元和门、凉殿等十余处，重熙五年有过修饰南京宫阙府署的记录，此外，《辽史》太宗本纪又有昭庆殿，地理志不载，元王士点《禁扁》所录有清凉殿、元和殿、嘉宁殿、天膳堂、五花楼、五凤楼、迎月楼、乾文阁、元和门、南端门、万春门、千秋门、凤凰门和柳园等，不载宫城东西北各门和内果园、永平馆等处。其中清凉、嘉宁二殿，五花、五凤、迎月三楼和凤凰门，不见于《辽史》，此处足为补证。另外，《金史》世宗本纪有仁政殿，称为辽时所建，《辽史》礼志又有游仙殿，地理志和《禁扁》并失载，以上各殿除地理志所述可以辨其大概方位，余书多未注明，例如附表，以存其概。

名称	位置	结构形制	创建成重修年月	附注
大内（皇城）	燕京城内西南隅（志） 就罗郭西南为之（契）		重熙五年修南京宫阙府署（兴宗纪）	
大内门	南（志）			正南曰启夏门（契）
南端门（元和门）	外三门正门（志）	门有楼阁（志）		统和24年8月改南端门（本纪）（禁）
左掖门（万春门）		同上		统和24年8月改万春门（本纪）（禁）
右掖门（千秋门）		同上		统和24年8月改千秋门（本纪）（禁）
宣和门	东（志）（契）			
显西门	皇城西门（志）			设而不开（志）
子北门	北（志）			
宣教门（元和门）	内门（志）			统和24年8月改元和门（本纪）（禁）
元和殿	启夏门内（契）	有丹陛殿阑朵殿（礼志）		
景宗 圣宗 御容殿				并见礼志
凉殿	西城颠（志）		会同3年12月建（太宗纪）	
燕角楼	东北隅（志）			
球场	皇城南（志）			

续表

名称	位置	结构形制	创建或重修年月	附注
永平馆（碣石馆）	球场东（志）南门外（契）			旧名碣石、清和后易（契）
于越王廨	南门外（契）			
	南门外（契）			宴集之所（契）
清凉殿				二殿与元和殿并在南京（禁）
嘉宁殿				（礼志）
五花楼				在南京（禁）
五凤楼				同上
迎月楼				同上
凤凰门				在南京（禁）
昭庆殿				见太宗纪
柳　园				（禁）
乾文阁				同上
九层台				同上
天膳堂				同上
内果园				圣宗纪
游仙殿				礼志
仁政殿			辽时建（金史）	

注：（志）为《辽史》地理志；（本纪）为《辽史》圣宗本纪；（契）为《辽史》引宋王曾“上契丹事”；（礼志）为《辽史》礼志；（禁）为《禁扁》；（圣宗纪）为《辽史》圣宗本纪。

二、金　中　都

（一）城垣

建置制度　金中都即辽南京。金初以上京会宁府为国都，故城在今吉林阿城县南的白城，俗名为小白城。海陵即位，以上京地僻天寒，不若燕京地中天暖，便于控制江南，利转漕运，遂有都燕之议。天德三年（1151年）命张浩等增广燕城，写仿汴京宫室制度，集天下夫匠百万人从事役作。贞元元年（1153年）定都于燕，改称中都、大兴府。城制见《金史·地理志》：“天德三年……三月，命张浩等增广燕城，门十三：东曰施仁、曰宣曜、曰阳春，南曰景风、曰丰宜、曰端礼，西曰丽泽、曰灏华、曰彰义，北曰会城、曰通玄、曰崇智、曰光泰。浩等取真定府潭园材木营建宫室及凉位十六。”（并见《大金国志》和《旧闻考》引《金图经》）。门名方向，三书相同，但后者均作十二门，无北面的光泰门，与《金史》不同。据《旧闻考》引《析津志》也作十二门，但又别出光泰、清怡二门，以《洪武北平图经志书》所述奉先坊位置在通玄门内，《析津志》谓在清怡门内互证，得知清怡门就是通玄门的别称，从《金史·卫绍王本纪》所述大安三年大风折通玄门重关，《五行志》作清夷门重关折，同时一事分记二名，也可证明两门实为一门而有两称。但清夷门《旧闻考》作清怡门，稍异。光泰门《旧闻考》怀疑即会城或崇智的别名，光绪《顺天府志》认为即崇智门的别称。又张师颜《南迁录》：“天定二年……北军至昌平……内外大乱，老弱奔号，少尹张天和奏请，京城一十八门，仰随方隅，因其便道，自门以出。”谓城有十八门，《大金国志》和《金图经》都说京城十二门，每面三门，每面正门两旁又各有一门，合计为二十门，也与上说不合；《南迁录》又有顺阳门，南顺门，四会门，他书也不载。《元史》石抹传有宝昌门，《玉堂嘉话》有广阳门，是否都是中都城所有或为各门之中的别名，非今日所得而知。总括上文，都城门要以十二门之说为近于记实，因各门名称方位，各不相同，《金史》援据国志诸书而来，多出光泰一门或者失之误载。

至于都城围广里度，《金史》不载。《大金国志》称城广七十五里，《南迁录》称汗漫九十余里，和上节引《明太祖实录》实测五千三百二十八丈（折合旧营造制二十九里一百〇八丈）之数，相差极为悬殊。案洪武灭元，上距金亡国，不过百年，元徙建大都新城时，中都旧城并未全废；当时称为南城，仍有居民和多处官绅的私人园林在内。至于明初，城垣旧基必犹多可以辨认，作为洪武测量的依据，既为实地测量，自较传闻附会为可信。所以奉宽怀疑《大金国志》七十五里说法，是包括金初粘罕所筑四小城合计围广总数而言。案粘罕即宗翰，尝从金太祖阿骨打征辽，得燕时因辽人宫阙于内城外筑四子城，每城各三里，前后有门，楼橹池堑，一如边城，城中立仓厂、甲库，各有复道与内城相通，海陵拓展燕城时尝欲撤其城，未行，大安间其城尚在，详址今已无考。如以四子城合计围广度之，里数也有疑问。至于《旧闻考》又称七十五里乃包括外廓而言，更不足信，《天咫偶闻》即沿此误，所绘金中都城围包括今故宫、北海琼岛、阜外钓鱼台、丰台和南苑一带，较之大都城还大，而上举各地，金时皆在都城以外，置之城内，也毫无根据。法人乔治愈礼《北京游览指南》所附金中都城图，平面作东西长方形，城东壁越过今崇文门大街以东，实由于附会今天坛北金鱼池为金代鱼藻池故址，致有此误。总之，中都城围仍应以《明实录》所言为准，方圆合旧营造制二十九里半有余。试进而由遗留于今日的有关史迹方面探讨，以求补正。

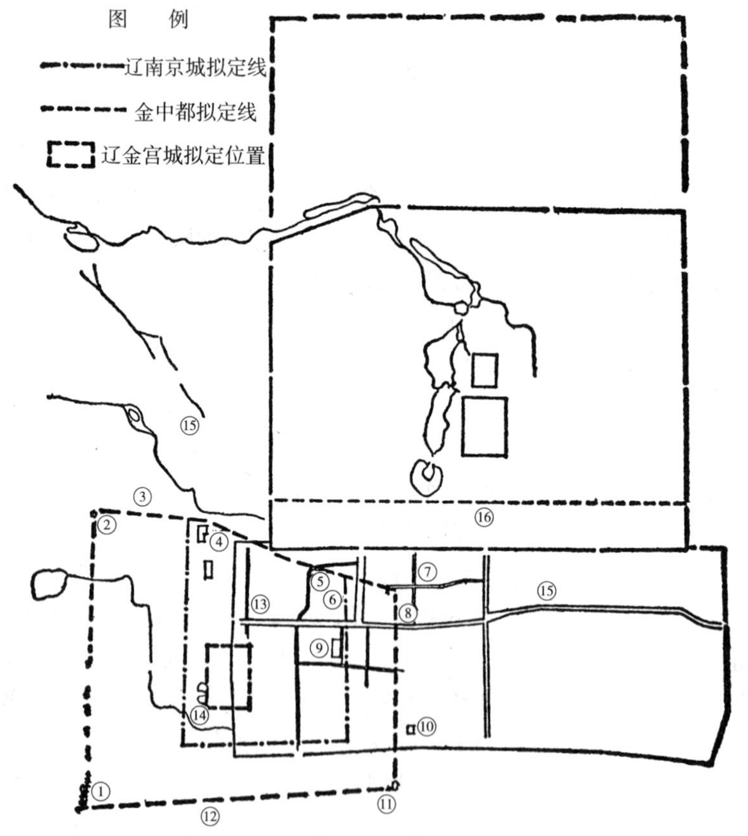

辽金燕京城位置示意图

①凤凰嘴土城遗迹 ②羊房店土城遗迹 ③会城门村 ④白云观 ⑤大火道口 ⑥老城根 ⑦厂甸海王村公园 ⑧梁家园 ⑨法源寺 ⑩陶然亭 ⑪东庄窑冈子土城遗址 ⑫铁匠营 ⑬北线阁胡同 ⑭南河泡子 ⑮三里河 ⑯元大都城南壁拟定线（今长安街东西延长线）

四至位置　中都城《金史》已明言就燕京城加以增广，究为全面的增广亦为局部的变化，关系到辽、金燕城间重大的改革问题，也涉及辽城的大小问题。仅就文献，不从遗迹方面求之，很难明了。据《旧闻考》引金蔡珪“大觉寺记”称，曾展筑三里。又据《金史》蔡珪附传：“初两燕王墓旧在中都东城外，海陵广京城，围墓在东城内……大定九年诏改葬于城外。”和宋李心传《建炎以来系年要录》天德三年议迁都燕京诏：“眷为全燕，实为要会，将因宫庙而创官府之署，广阡陌以展西南之城。”是都城东、西、南三面都有拓广，仅北面未曾更动（此点辽南京一节已论述）。然所展三里之数，是向东展还是向西或南展的里数，记载不明，历来考证，多沿《旧闻考》说法，认为是向东所展里数，然就下文所考定，似当为西南所展里度，又征之上文，此“三里”二文，颇疑即“三面”之误文，但无确证，不敢必定。总之这个问题，仍须用历史遗迹或实物方面求其互证，其间比较可靠的有两点，即奉宽所发现的会城门村和广安门外凤凰嘴村的土城遗迹。会城门村在今西便门外白云观西北，即中都城北面的西门。凤凰嘴土城在广安门外西南约六里凤凰嘴村，著者于 1943 年踏查时，遗址还很高大，平面如曲尺形，遥抱今外城西南角，宛如郛郭的一隅，参以上文所述，显然即海陵就辽南京城所拓广的中都城西南隅的遗址。遗址西南交角之处，即凤凰嘴村所在，自此座西向北一段，直指正北，座南向东一段，至万泉寺，指向正东。向北一段经由高楼村，或名雷震口，俗名蝎子门，至太平桥，南马连道口，长约 2320 多米，继续延伸，忽高忽低，接近凤凰嘴处最高，至马连道口以北一带几乎与大地平，再北过深州馆至蜂窝村稍西，又有一小段突然高起，长约 40 多米，凤凰嘴向东至万泉寺西一段，断续长约 750 多米，再向东石门村有一段，长约 150 余米。城身高度在凤凰嘴村附近由 5.7 ~ 5.5 米不等，上下宽度相差很大，断面有的颇近乎正三角形，有的平坦如台，有顶宽仅 1、2 米，底脚至 30 余米的，由于年久倾圮，已非原状，很难确定原来的真正高厚尺寸。城身以黄土筑成，由其南壁西端残露断面，还可看出当日板筑痕迹，夯层约 17 ~ 18 厘米厚，和后来夯筑做法大致相同（多年前有人曾在此发现夯土层有很规矩的夯窝，直径约 15 ~ 16 厘米，比北郊元土城的稍大），城身内每杂有砖瓦、铜钱、石炮、尸骨等物。在西壁偏南近城身上部露出砖砌一部分，垒砌整齐，如今京城墙面形状，或者即当时城堞墙面的部分残迹。所出砖瓦有两种，大小相仿，一种扁平光面，一种代横竖耙齿纹，布瓦背面有粗麻布文。此类砖瓦据识者称，有耙齿和麻布文的是辽制，扁平的是金制。铜钱最古年代有唐开元钱、北宋淳化、咸平、元丰、绍圣、元符、大观和南宋端平、金大定钱和明万历钱，晚的有清康熙、乾隆以至光绪等年号钱各种，根据这些遗物，颇有主张此处不但为金中都城，也是辽南京城，与奉宽说法相同，那波利贞主张金城七十五里说法，认为是中都的西南隅，此外也有主张西段（向北折的）是金内城的东壁，南段向东的方是海陵所展筑，看法不一。但就著者考察所得，这个遗址应是海陵拓筑的中都城的西南隅，而非辽南京城的西南隅，第一，辽南京城据上文考定围广不过二十四五里，小于金代的中都城，其城东壁在今烂缦胡同南北线，西南隅在今广外贾沟村附近，地当凤凰嘴以东；第二，海陵展拓燕城明言曾展筑西南之垣，肯定二城的西南角并非同在一地。就上两点，现存土城遗迹如定为金中都城的西南隅，应少疑问。至以出土砖瓦即定为辽城，未免武断。辽、金时代砖瓦背面大多都有耙齿纹和麻布纹，不过有粗细疏密的分别，不仅限于辽代如此。今铁匠营长生观建于元初，该地发现砖瓦也有此种做法的，即或断定此种形式为辽砖，也不足断为即辽城之证，安知天德徙建时不利用部分辽代旧料为之。再者现在土城西壁露出砖砌部分，其砖皆扁平无纹，一如识者所称的金代砖，倘以砖瓦为佐证，自以属之金中都城更为近理。又或以土垣内杂有唐、宋古钱即断为唐、辽城所在，也非的论。土城地势高旷，每有利用穴为坟墓的，安知不为殉葬所遗。总之，土城遗迹无论从地形或文献方面肯定不属辽南京城，而为金中都遗址，如上所述，并非全无依据。然而，何以断定其地必为金中都城的遗址，约有两点可以明之：即会城门村和铁匠营村长生观两点。会城门村即金中都城北面会城门的遗址，见上文。铁匠营村长生观是著者于 1943 年踏查时所发现。该村在今广安门外西南约五里地方。长生观俗名真武庙，在村稍东，是一座向南的庙宇，踏查时已然大部颓毁，仅存佛殿三间，匾额是明嘉靖年间所立，额名玄帝殿，殿中有玄武像，铁供瓶和钟磬等都是明代铸造的。就殿的形制看原是一座前殿，后面还有后殿和东西配房的遗迹，殿前明碑三通，其中成化元年碑说："距都城西南十里许有观曰长生，有水自西来绕其后，林木冈阜，蜿蜒特起，辽城横亘如扆，登高望之，亦一胜处也。"案《府旧志》称：观是丘处机弟子崇德宋真人所建，在旧都丰宜关，《析津志》作丰宜门。嘉靖重修碑记称为元代邯郸子去世之所。因知其地原为元代旧城丰宜门的长生观，经过明、清数次重修（殿瓦有乾隆年制字样），佛殿已非元代建筑，但证明此地旧为丰宜关无疑。丰宜是金中都城的正南门，因知中都城的南面也必在此处，成化碑"辽城横亘如扆"，是为观近城垣的铁证。试以凤凰嘴为金中都城的西南角，由此向东以接万泉寺稍西的土阜遗址，正于观址，东西相直，且在同一平行线上，此为南垣所经，并可知凤凰嘴必是城的西南角。由长生观证明了南垣位置，北垣也就会城门村为之证实，西垣位置更易于解决，毫无疑问，凤凰嘴北行至南马连道一带蜿蜒起伏的土阜正是城西垣的遗迹。试由马连道继续向北引长其线，经深州馆、水口子，至羊房店西的土阜折而东转，即与会城门村的东西延长线相接，也证明了羊房店附近是城的西北角，会城门村是城的北壁。

北、西、南三面城垣既如上述，进一步求其东垣所在。东面经海陵拓展，显然已不在辽城应在烂缦胡同的南北线上。据《金史》蔡珪传称两燕王墓旧在中都东城外，海陵筑城圈墓于城内，大定间又迁于城外，墓当时在城内位置已不可考，由此证明海陵展筑东城和辽、金城东壁不在同一位置，已无疑问。至于东展程度，由下文不难追索其大概。元赵孟頫《松雪斋集》："员外郎程君天锡，考总管府君，卜新茔于旧燕都阳春门城三里庄，以葬祖考，戊辰，新作大都，而莹域当御道，乃改卜于看丹造吉村之原云。"阳春门是金中都城的东面门，三里庄无考，大都即元代所建的大都新城，在中都旧城东北，元城东西两面和今日北京内城的东、西壁位置相同，南面的丽正、顺承、文明三门，除丽正门在今正阳门（即前门）稍西外，其他顺承、文明二门都和今宣武、崇文二门南北相直。赵集所说御道究指何门，虽不明确，然元顺承门正对今宣武门，向南即烂缦胡同，是为辽城东壁的拟定线。元文明门对今崇文门，度之中都城围，此门与东壁距离过远，位置难合，按地望应即指丽正门的御道，而在今正阳门以西的南北线。丽正门是元大都城正南门，所谓国之正门，是天子出入当阳之路，所以禁止营葬。程氏墓去旧城三里，犹当大都新城御道，证明中都城东壁必仍在今正阳门以西。又《金史》世宗元妃李氏传称："大定二十一年，戊子，妃以疾薨，甲申，葬于海王庄，丙戌上如海王庄烧饭。"又卫绍王本纪称："大安元年七月幸海王庄临奠鲁国公主。"海王庄即辽京东的海王村，现在和平门外海王村公园。金人于大定、大安年间到此地祭奠称"如"，称"幸"，可知此地当时还在郊外，其事已在海陵展燕以后，足以证明中都东壁必仍在今海王村以西，上文所说梁家园西南土城是金中都城东壁的遗址，至此益为明确。所以如将中都城东壁定为今和平门外魏染胡同、潘家河沿和黑阴沟一带，是有很大可能性的。附近地名如沟、河沿、桥等，或者即因古城壕而得名。《梦余录》称梁园西南旧有水道，参照上引地名也不无关系。由清乾隆年间京城全图中所示梁家园西南还有水坑遗迹，虎坊桥以北

（南新华街）有暗沟，桥南为明沟，琉璃厂一带是琉璃窑厂，占地辽阔，范围很大。还不像今天街巷稠密状况。根据上文，金中都城东壁可以肯定是在今海王村以西和宣外烂缦胡同之间的位置。至于那波利贞定今麻线胡同、粉房琉璃街一带是辽南京城东壁的说法，度之地望，无宁谓为金中都城东壁还比较近理。今假定仍以潘家河沿、黑阴沟为中都东壁，自此向南引一直线越过今北京外城南垣至花园东庄稍东，其地今有隆然高起的土阜，南北延长约里许，俗称为窑冈子，其西正与铁匠营、凤凰嘴的东西线遥遥相直，似即中都城东南交角所在。由土阜南端露出土层看来极似凤凰嘴土城所见，所以很可能为旧城部分的遗址。再就宣外老城根一点加以考索，此地为辽南京城的东北面，也即海陵未曾改筑的一面，由下斜街土地庙即足以证明。据《图经志书》庙在通玄门内路西，证明今下斜街即通元门内大街，门址在今大火道口，当然城垣也必在附近，所以老城根向东西斜行的街道，也就是城垣东北隅的一段，就其势再向东斜行过宣外大街至西草厂内敫家坑附近，即与梁家园稍西的南北延长线相交。综观上文所定各点，中都城四面和其四隅，联络各点，由地形图上大致可以测定出一个东北隅稍杀的方形平面，围广里数也正约三十里许，近乎《明实录》所测的围度，以上推定事实上很有成立可能。

中都城门数目方位　由上引记载大致可以判明。至于每面三门之中左右安排顺序，并可由金代郊坛的位置方向引证求出。《金史》礼志：“南郊坛在丰宜门外，当阙之巳地……北郊方丘在通玄门外，当阙之亥地……朝日坛曰大明，在施仁门外东南，当阙之卯地……夕月坛曰夜明，在彰义门外之西北，当阙之酉地。”又“明昌五年……为坛于景风门外东南阙之巽地……以祀风师，又为坛于端礼门外西南阙之坤地……以祀雨师。”又“明昌六年……尚书省臣奏行高禖之祀，乃筑坛于景风门外东南端，当阙之卯辰地，与圜丘东西相望。”按五行方位推之，知南面的丰宜门和北面的通玄门都是每面城垣的正中门，施仁是东面偏北的门，彰义是西面偏南的门，景风当异位，地属东南，应是南面的偏东的门，端礼当坤位，属西南，是南面的偏西门。据《玉堂嘉话》称燕城西南门曰端礼，又得明证。丰宜门遗址，纪昀《槐西杂志》丰宜门注称：“俗谓之南西门也。”南西门即今右安门的俗称，案地望论此门附近应是景风门旧址，丰宜门在今铁匠营长生观附近，还在此地以西，由铁匠营向北即菜户营，其间南北道路宽阔，疑即古丰宜门内大街，端礼又在丰宜西，必为万泉寺以西至凤凰嘴之间。北面正中的通玄门，奉宽认为在宣内南闹市口，中都城北壁在今老城根，远不及此，门址似应在今大火道口，此地又作大合道口，顾名思义，必是旧城豁口日久讹转而来。会城门即今会城门村，是都城北面偏西门，由通玄为北之中门，因知崇智必为北面偏东的门，遗址或即今宣武门外大街以东附近。西面的彰义门，据广安门外水口子以东湾子地方真空寺明天顺年碑文称：“建塔彰义门真空寺东北之原。”门址必在此地不远，但与《金史》所述方位不合。其实此地正当中都正西，或为西面正中的丽泽门遗址。《府旧志》说：“百泉溪在府西南一十里丽泽关，平地有泉十余穴，汇而成溪，东南流入柳村河。”即今水口子西北的莲花池，池水向东南流出，经水口子、白石桥东南入外城护城壕，今柳村东有水沮洳，大小与莲花池仿佛，又右安门外有河沿村，或即当日河道东流所经，丽泽门如在今湾子附近，彰义门依礼志所言方位必犹在此地以南，为西面的偏南门，而灏华门必在丽泽以北为西面的偏北门，但详址已无可考。施仁门就上文知为东面偏北门，但阳春、宣曜二门左右序次还难遽定，奉宽说今虎坊桥大街即阳春门，南横街是宣曜门，也无确证。那波利贞根据元一统志谓施仁门在今崇文门外上四条崇恩观以西，此地远在海王村、梁园以东，中都城东面尚在梁园以西，绝不能越梁园以至崇文门一带，其说更不足信。

名称	位置	名称	位置
西开阳坊	旧城中西南西北二隅坊门之名四十有二	来远坊	
南开远坊		通乐坊	
北开远坊	紫金寺当为北开远坊（考） 彰仪门内（析）故城乾隅（志）	亲仁坊	
		招商坊	
清平坊		余庆坊	
美俗坊		郁邻坊	
广源坊	都西北隅（志）	通和坊	
广乐坊		东曲河坊	东南东北二隅旧坊门之名二十
西曲河坊		东开阳坊	清夷门内（析）金故宫东南（志）
宣中坊		咸宁坊	
南永平坊		东县西坊	
北永平坊		石幢前坊	
北揖楼坊		铜马坊	
南揖楼坊		南蓟宁坊	
西县西坊		北蓟宁坊	
棠阴坊	宣北坊之昊天寺当为棠阴坊（考）	啄木坊	
蓟宾坊		康乐坊	
永乐坊	正南礼乐坊（析）	齐礼坊	
西甘泉坊		为美坊	
东甘泉坊		南卢龙坊	
衣锦坊		北卢龙坊	
延庆坊	天王寺即今天宁寺在广宁门外当为延庆坊（考）	安仁坊	
		铁牛坊	
	黄土坡（析）周桥西延庆寺西北（志）	敬客坊	有双庙（析）
广阳坊	文明门外（析）	南春台坊	
显忠坊	竹林寺当为显忠坊（考）	北春台坊	大井头近东（析）
归厚坊	药师寺西（析）	仙露坊	宣武门外菜市西尝发地得仙露寺舍利石匣当为仙露坊（考）
常宁坊			
常清坊	都西南隅（志）		有玉虚观（志）
西孝慈坊		五门街	
东孝慈坊		三义街	此二街在南城（析）
玉田坊		南城市	
定功坊		穷汉市	大悲阁东南巷内（析）
辛市坊		蒸饼市	大悲阁后（析）
会仙坊	白云观西（志） 归义寺南（析）	胭粉市	披云楼南
		南柳街	
时和坊	归义废寺在今彰仪门大街北当为时和坊（考）	宣化坊	
奉先坊	都土地庙在今土地庙斜街当为奉先坊（考）	安仁西里	
富义坊		柴　市	

注：1. 坊市排列次序依原书。
2. 表中注（析）字的见《旧闻考》引《析津志》，（志）见《顺天府旧志》，（考）见《日下旧闻考》按语，其余均见《旧闻考》引元一统志。

二、坊市

中都在城坊市，初隶于都水监街道司，其属有：管勾掌洒扫街道、修治沟渠诸事，后改归都城所；有提举、同提举诸官，掌理修完庙社、城隍、门钥；百司公廨，系官舍屋和栽植树木、工役等事；左右厢官，掌监督工役。坊里诸务由坊里正统理。城内坊市名称，见《旧闻考》引《元一统志》和《析津志》。全城有六十二坊、二街、四市。此外《南迁录》又有南柳街，《潜研堂诗集》归义寺卖地券有宣化坊，《秋涧集》春露堂记有安仁西里，《玉堂嘉话》南城有柴市，都不见于以上二书，一并列于附表（见33页）。

上表《元一统志》于中都坊巷分为两部，西南西北二隅，自西开阳坊至通和坊共四十二坊，东南、东北二隅，自东曲河坊至仙露坊共二十坊。又据《府志》引《元一统志》："元初设左右二院，右院领旧城西南、西北二隅，坊门之名四十有二，东南、东北二隅二十"，元时城内仍分为东、西两部，或者即因金中都归制，未加改革。其坊数分布情况，东南、东北二隅所以较少，或者即因都城东北一隅独缺的缘故。但其分布方法，也不是绝对严格划分的，就中如显忠、时和、奉先三坊，列于城内西部，其实显忠坊在今宣外笔管胡同，时和坊在今广安门内大街以北，奉先坊在今土地庙一带，都是都城的东北。又表列诸坊除极少数可考证以外，大部早已湮废无征，仅就记载所及的，分述如下，以见一代规模概况。

（1）北开远坊《旧闻考》："紫金寺当为北开远坊。"《府旧志》："紫金寺在旧城北开远坊。"《析津志》"在彰仪门内，"又"延福寺……大都故城之乾隅，有善人姜普万师事松岩老人，于开远坊买地结庐，奉师为退隐之计。"又"固本观在长春宫之南。""在南城开远坊。"寺与观俱无考，案卦象乾属西北，长春宫遗址在今白云观西，坊在宫南，正属都城的乾位。但彰仪门为金都西南门（见前），似与坊址无关。又南开远坊应与北坊相接，也无可考。

（2）广源坊《府旧志》："玉华观，按旧记都西北隅广源坊有观曰玉华，《析津志》云玉华观在西堂之西北。"玉华观无考，都城西北隅约在今会城门村羊房店以南一带。

（3）棠阴坊《旧闻考》："宣北坊之昊天寺当为棠阴坊。"昊天寺已废，遗址在今西便门内西北，坊址或即在附近。

（4）永乐坊《府旧志》："宁真观在旧城西南永乐坊，《析津志》云在南城正南礼乐坊。"礼乐疑为永乐之误，宁真观无考，坊在都城西南，当即今右安门外西南一带。

（5）延庆坊《府旧志》："天王寺在旧城延庆坊内。"《旧闻考》："天王寺即今天宁寺，在广宁门外，当为延庆坊。《析津志》云，天王寺在黄土坡上有塔。"知其地又名黄土坡，坊旧址在附近无疑。

（6）广阳坊《府旧志》："清逸观……壬辰岁，广阳坊有民货居，潘公往相焉，曰土厚木茂，真道宫也……落成之日，以清逸名之。《析津志》云在周桥之西，延庆寺之西北，又云在南城广阳。"周桥在广安门外西南的周桥寺附近，清逸观无考，但广阳坊址必犹在寺以西。

（7）显忠坊《旧闻考》："竹林寺当为显忠坊。"同书引奉福寺尊胜陀罗尼幢："辽道宗清宁八年，楚国大长公主舍诸私第创厥精庐，奉敕以竹林为额。"又同书案语："竹林寺景泰中重建，易名法林，在笔管胡同，今已废为菜圃。"笔管胡同在今广安门内东北，坊址当在附近。

（8）常清坊《府旧志》："玉华庵，旧都西南隅常清坊有庵曰玉华。"今广安门外西南鹅房营以东为金都城的西南，坊当在其附近。

（9）会仙坊《府旧志》："天长寺在旧城昊天寺之东会仙坊。"天长观即长春宫，遗址在今白云观，白云观一带应即旧会仙坊址。昊天寺在今西便门内，此云长春在其东，疑有讹误。

（10）时和坊《旧闻考》："归义寺在旧城时和坊内。"又："在善果寺西，归义废寺，在今彰义门大街北，当为时和坊。"善果寺在今广安门大街以北。

（11）奉先坊《旧闻考》："都土地庙在今土地庙斜街当为奉先坊。"

（12）东开阳坊《府旧志》："明远庵，燕京故宫东南有坊曰开阳坊，街之北有庵曰明远。"又："龙泉寺在旧城开阳东坊。《析津志》云：寺在清夷门内，又云在天宝宫西北。"清夷门即通元门，在今大火道口，金故宫约当今广安门偏南以至城外之地。今陶然亭西北有龙泉寺正当金内东南，开阳东坊或在此处。

（13）北春台坊《府旧志》："崇元观在旧城北春台坊，碑记乃大德三年翰林直学士王德渊撰，旧都东北隅春台坊有观曰崇元。《析津志》云，观在大井头近东。"今广安门大街一带，为金都东北隅，街南有大井胡同，或即大井头故地，坊址也必在附近。南春台坊疑亦相近。

（14）仙露坊《旧闻考》："仙露寺《析津志》云，近莱市西居民掘地得石匣，乃辽世宗天禄三年所瘗，中藏舍利无有也，匣如石椁而短小，旁刻僧志愿记，始知此地即仙露寺遗址。"《府旧志》："玉虚观在旧城仙露坊。"又《旧闻考》："玉虚观在观儿胡同"。今菜市口西北有玉虚观，疑其附近或为坊址。据光绪《府志》："增寿寺在广宁门（今广安门）大街之北，辽之仙露寺故址。"其地益明。

（15）归厚坊、敬客坊《府旧志》引《析津志》："荐福寺在旧城归厚坊。"又云："药师寺西。"又："至元禅寺在敬客坊南双庙北街东。"寺与坊并无考。

（16）五门、三义二街《旧闻考》引《析津志》："在南城。"今无考。案宫城正门应天门，其制为五门，或者即五门街。

（17）穷汉市、蒸饼市、胭粉市《旧闻考》引《析津志》："南城市、穷汉市，大悲阁东南巷内，蒸饼市，大悲阁后。"大悲阁即今广安门大街路北圣恩寺。又："圣恩寺在斜街东，广宁门大街，辽开泰间重修，有大悲阁，阁后有方石甃八角塔，今寺存而阁与塔俱无"。二市当在其附近。又胭粉市，《析津志》："在南城披云楼对巷之东五十武。"详址无考。

三、宫室

中都大内建于海陵天德三年，《金史》地理志："天德三年始图上燕京宫室制度，……命浩等取真定府潭园材木，营建宫室及凉位十六。"《大金国志》："炀王弑熙宗，筑宫室于燕，逮三年而有成。城之四围凡九里三十步。天津桥之北曰宣阳门，……过门有两楼，曰文曰武，文之转东曰来宁馆，武之转西曰会同馆，正北曰千步廊，东西对焉，廊之半各有偏门，向东曰太庙，向西曰尚书省。至通天门后改名应天，楼高八丈，朱门五，饰以金钉，东西相去一里余，又各设一门，左曰左掖，右曰右掖。内城之正东曰宣华，正西曰玉华，北曰拱辰，及殿凡九重，殿凡三十有六，楼阁倍之。正中位曰皇帝正位，后曰皇后正位，位之东曰内省，西曰十六位，乃妃嫔居之，西出玉华门曰同乐园，若瑶池、蓬莱、柳庄、杏村，尽在于是。"《日下旧闻考》引《金图经》曰："亮欲都燕，遣画工写京师宫室制度，阔狭修短，尽以授之左相张浩辈，按图修之，城之四围九里三十步，自天津桥之门北曰宣阳门。……"如上所述，其宫殿平面配置制度，正南为通天、左掖、右掖等三门，东为宣华，西为玉华，北为拱辰各一门。与宋汴京宫城制度，完全相仿，其城围广又和后来元大都宫城大小一致，都是九里三十步，（当旧营造制六里三十步）。其城位置，是否仍因辽内旧制，或者也随都城有所拓展，记载无考，很难遽定。但就悯忠寺、大悲阁诸处证之，大致上无显著的移动。《金史》五行志："大定十三年八月丁丑，策试进士于悯忠寺，夜半忽闻音乐声起东塔上，西达于宫。"又卫绍王本纪："大安二年十一月，中都大悲阁东渠内火自出，逾旬乃灭。……中都火焮民居。三年三月，大悲阁灾，延及民居。"悯忠寺即今法源寺，知大内犹在今寺址以西，大悲阁即今广安门大街路北圣恩寺（下斜街南口外），当时寺中屡次火灾，都未殃及宫殿，也证明宫殿犹远在寺西，而非邻近衔接，其与辽内位置，必同为一地，当少疑问。又金内宫殿分前后两位，前殿为大安殿，是朝会的正殿，后位仁政殿，是常朝之所。据《金史》世宗本纪称：仁政殿为辽时所建，宫殿正衙，犹因辽旧，足征海陵经营燕京时，未必全出之新创，必有一部分仍然因袭辽代旧制为之，所以辽、金两代大内，在位置上或无甚大的变动。奉宽根据《金史》礼志谓“泰和六年诏建昭烈武成主庙于阙廷之右，丽泽门内”，以为金大内也随都城东展，故阙右始有余地建庙，不知中都城西南，亦曾拓展，都城宫城之间，地势殊为辽阔。奉宽又谓：今牛街西南樱桃园有地名大门口者，为金大内北门拱辰门之遗址。然以地望论之，是限大内于今外城西南角，当悯忠寺西南，而非其西。且与前文所定辽内位置，相去甚远，疑未足据。又今广安门外南河泡子为金内西门外玉华潭，如是则其位置非在宫城以西，而当其西北角。案金内位置，仍当以前文所定辽内为准，即以今广安门外西南菜户营南北驰道为其中轴而定之，其南界亦当以周桥寺为根据，而在其北。金大内前有龙津桥，桥下有水清深东流，今菜户营之北，有东西流之小河一道，中架小桥名鸭子桥，此或其遗址所在，不必即为辽大内前周桥。宫城即有向东扩展必要，也不致有甚大变化，疑所称大门口，似应为宫城东门宣华门的遗址。

大内宫殿组织制度，前引《金史》、《大金国志》及《金图经》诸书，都有记载，但《金史》所录凌乱芜杂，缺乏一贯系统，《国志》、《图经》所言，也各详略不一，难得要领，其间纪述比较详赅，而又条理不紊的，莫如宋楼钥《北行日录》一书，是为宋使使金时得诸目睹之作（事在宋乾道5年即金大定5年），所述较多可信。此外，范成大《揽辔录》、周煇《北辕录》二书，也是纪录使金行程的札记，时代先后不远，对于金代宫阙制度，虽不如楼记详备，也多有可以参考。综合各书有关记述，辑为附表（见38～43页）。

由附表对金代宫殿整体的规模组织，和各殿宇间的方向、位置、结构、形制以及装銮雕饰等，已可概见。宫城位置正当都城正南丰宜门内，前对龙津桥，即《金史》地理志所谓天津桥。桥北即宣阳门，门内左右两侧有文武楼、千步廊（也称御廊）再北即宫城正南的应天门。案宣阳门正当丰宜、应天二门之间，相仿现在故宫的天安门，疑其门必当有垣，如今皇城制度。后来元大都宫城崇天门与都城丽正门之间，有棂星门萧墙，或者即仿此制而来。千步廊东西相对各二百五十余间，平面作曲尺形，东廊之外，北为太庙，南为球场，西廊之外，北为六部，南为三省。两廊外各有民舍杂居其间。东廊外偏南和西廊偏南有西夏、会同等馆。以上是宫城前的大概状况。至于宫城以内，南对应天门内的大殿，名大安殿，皇帝即位、元旦、寿节、会朝大典等，都在此殿举行，即所谓国之正朝，其后仁政殿即常朝之所，自此而东，有东宫、东苑和皇太后宫。西为十六位，是后妃所居的宫殿。此种布局，在原则上，与宋汴京制度大致相同，因知《金图经》所说：“遣画工写京师宫室制度，按图修之。”乃是纪实之笔。然其阙庭以大安、仁政二殿，分为前后二位，又与隋、唐以后外朝以三殿重叠建置之法不合，但后来元大都大内与此布置颇多相同，或者大都宫殿在设施当时，又取则金辽制度，作为蓝本。另外，还有一点应注意的，即宋使由燕宾馆入城时，经过程次，三书所记，互有出入，如下表（见37页）。

由上可知款待外来使节的燕宾馆，在都城外西南。由馆入城时，须沿城蒙，经端礼门外，又东行入丰宜门，以达于宫城前的宣阳门。并为丰宜为南面正门，端礼为南之右门，又一证明。其入城途次，《北行日录》所记，井然不紊，《北辕录》谓：先入端礼门，次南门，次丰宜门者，实为误文。至《北行日录》所谓南门，乃指丰宜门而言，其语义自可了然，并非另有南门。又所称大石桥和丰宜门之间有第一楼，或者即如今城新楼之类。

经过地点	《北　行　日　录》	《揽　辔　录》	《北　辕　录》
卢沟河	过卢沟河，至燕山城外。		至卢沟河，至燕山府外。
燕宾馆	去燕宾馆，入馆中亭子……入城，道旁无居民，城壕外土岸高厚，夹道植柳，甚整，	燕山城外燕宾馆，燕至毕，与馆伴付使并马行柳堤缘城过。	燕宾馆趋入城。
端礼门	行约五里，经端礼门外，		初入端礼门，
南　门	方至南门。		次入南门。
大石桥	过城壕上大石桥，	新石桥中，以杈子隔绝，道左边过桥。	
第一楼	入第一楼，七间，无名，旁有二亭，两旁清粉高屏墙甚长，相对开六门，以通出入，或言其中细军所屯也。		
丰宜门	次入丰宜门，门楼九间，尤伟丽，分三门，由东门以入，	入丰宜门，即外城门也，	次入丰宜门。
龙津桥	又过龙津桥，二桥皆以石栏，分为三道，中道限以护阱，国主所行也，龙津雄壮特甚。中道及扶阑四行，华表柱皆以燕石为之，其色正白，而镌镂精巧如图画然，桥下一水，清深东流，桥北二小亭，东亭有桥名碑，	过石玉桥，燕石色如玉，上分三道，皆以阑楯隔之，雕刻极工、中两旁有小亭、中有碑曰龙津桥。	次过龙津楼，楼亦分三道，通用夺玉石扶阑上琢为婴儿状，极工巧。
宣阳门	次入宣阳门	入宣阳门	次入宣阳门

中都宫室自宫城以外，又有大宁宫、鱼藻池、建春宫诸处，即所谓离宫别苑之类。《金史》地理志："鱼藻池、瑶池殿位，贞元元年建。有神龙殿，又有观会亭，又有安仁殿、隆德殿、临芳殿。皇统元年有元和殿。有常武殿、广武殿，为击球习射之所。京城北离宫有大宁宫，大定十九年建，后更为宁寿，又更为寿安。明昌二年，更为万宁宫。琼林苑有横翠殿。宁德宫西园有瑶光台，又有琼华岛，又有瑶光楼。"鱼藻池即同乐园，《大金国志》称："西出玉华门为同乐园、瑶池、蓬莱、杏林尽在是。"知园址在宫城以西，疑即今广安门外西南的南河泡子，因宫城仍在其东可知。人每误谓今阜成门外钓鱼台为其旧址，不知钓鱼台乃金隐士王郁（飞伯）所尝栖止。鱼藻池有瑶池殿位，宫苑禁籞，平人岂得栖息其间。钓鱼台在会城门郊外，地望亦且不合。又有以今天坛北金鱼池为古鱼藻池，更属无稽，今池址在金东城外，如依其说，宫城将无从安置。寿安宫本辽代瑶屿，今为北海公园，琼华岛即今白塔山。元代新建大都时划入禁苑，改岛名万岁山，池名太液池。明、清称为西苑，包括今北、中、南三海之地。建春宫在京城南，是金章宗的行宫，承安3年称为建春宫，旧址无考。此外记载所示，又有东苑、南苑、西苑、北苑及东园、西园、南园、东明、东翠诸园，东翠园近大安山，见《南迁录》，东苑在宫城内，近东宫，见《北行日录》。至所谓北苑，疑即万安宫，南苑、南园为建春宫，西苑为鱼藻池，非另有其地。是否，待考。

关于辽金燕京宫室建筑制度，本文就其大概情况，列简表附在下面供参考。

附表：金中都宫殿

名称	位置	制度					创建或废毁年月	备注
		楹数	面阔	进深	高	结构形式与装銮		
宫城		四围九里三十步			（志）（图）			本表系根据《金史》地理志、《金图经》、《大金国志》、《禁扁》、《北行日录》、《揽辔录》、《北辕录》而成，凡注（史）字者见《金史》地理志、（图）见《金图经》、（志）见《大金国志》、（禁）见《禁扁》、（行）见《北行日录》、（揽）见《揽辔录》、（辕）见《北辕录》。
天津桥（图） （龙津桥）（志） （行） （揽） （辕）	宣阳门南（图） （志） （行） （揽） （辕）					桥以石栏分为三道，中道限以护阱，国主所行也，龙津雄壮特甚，中道及扶栏四行华表柱皆以燕石为之，其色正白，镌镂精巧。（行） 石玉桥燕石色如玉，上分三道皆以栏楯隔之，雕刻极工，中为御路，亦阑以杈子。（揽） 龙津楼亦分三道，通用夺玉石扶阑，上琢为婴儿状极工巧。（辕）		案《北辕录》作龙津楼，误。
东西小亭（行） （揽）	龙津桥北（行） 桥两旁（揽）							东亭有桥名碑。（行） 亭中有碑曰龙津桥。（揽）
宣阳门	天津桥北（图） （志） 龙津桥北（行） （揽） （辕） 南城之南门（志）	九（行）				门分三，中绘一龙，两偏绘一凤，用金镀铜实之。（图） 中门绘龙，两偏绘凤，用金钉钉之。（志） 分三门（行） 金书额两头有小四角亭即登门路也，楼下分三门，中门为御路，常阖，皆画龙，两旁门通行皆画凤。（揽）		南城之南门上有重楼侧度宏大，三门并立，中门常不开，惟车驾出入。（志）

名称	位置	制度					创建或废毁年月	备注
		楹数	面阔	进深	高	结构形式与装銮		
文楼 武楼	宣阳门内（图）（志）							两楼曰文曰武，自文转东曰来宁馆，自武转西曰会同馆。（图） 过门有两楼曰文曰武。（志）
千步廊 （内廊长廊）（图）（行） （东西御廊）（揽）（辕）	宫城前（史） 宣阳门内正北东西对（图）（志） 宣阳门内（行）（揽）	东西各二百余间东西转各百许间（史） 东西各三百五十间（行） 东西各三百余间（揽） 东西各二百五十间（辕）				宫城之前廊东西各二百余间，分为三节，节为一门，将至宫城东西转各有廊百许间，廊脊复碧瓦。（史） 两廊之半各有偏门。（图）（志） 长廊东西曲尺各三百五十间，廊头各有三层楼亭护以绿阑干，廊有三路贯其中，南路两门外皆民居，中路无门而路甚阔，北路左门外有屏墙，夹道中有官府南向，右门入六部。（行）循西御廊至横道至东御廊首转北循檐行，凡二百间，廊分三节，每节一门，将至宫城，廊即东转又百许间，其西亦有三门，两廊屋脊皆复以青琉璃。（揽） 御廊东西曲尺各二百五十间。（辕）		案北辕录作东西各二百五十间，疑“二”字为三字之误文。
驰道	宫城前（史） 宣阳门内（行）（辕） 端门南（揽）					驰道两旁植柳（史）街分三道，中有朱阑二行跨大沟为限，栏外植柳。（行） 驰道甚阔，两旁有沟，沟上植柳。（揽）		
会同馆	武楼转西（图）（志） 内廊之西向（行） 西御廊首转西（揽） 驰道西南入（辕）					馆之西有门，门外皆民居。（行）		以馆宋使。

续表

名称	位置	制度					创建或废毁年月	备注
		楹数	面阔	进深	高	结构形式与装銮		
来宁馆	文楼转东（图）（志）							泛使之馆。《思陵录》
西夏馆	宣阳门内东与会同相对（行）							
太庙	千步廊东（图）（志） 廊东（行） 东御廊第三门外（揽）					庙中有楼（揽）		
尚书省（三省）（行）	千步廊西（图）（志） 廊西（行）							
球场（常武殿/广武殿）（史）	东御廊第二门外（揽）							击球习射之所。（史）
六部	西廊北路门外三省后（行）							
应天门（通天门）（图）（志）（端门）	内城正南门（志） 正门（行） 驰道之北（揽）	十一（史） 十一（行）（揽）			观高八丈（图） 楼高八丈（志）	左右有楼。（史） 朱门五施以金钉。（图）（志） 四角皆趓楼瓦琉璃金钉朱户五门列焉。（志） 下列五门，左右各有行楼，折而南朵楼曲尺各三层四垂趓楼。（行） 两挟有楼如左右升龙之制，东西两角楼每楼次第攒三檐与挟楼接，极工巧。（揽）		旧名通天，大定五年改。（史） 门常扃。（志）
左右掖门	应天门东西相去里许（图）（志） 东西偏门（志） 东西城之中（行） 应天门左右（史）							

续表

名称	位置	制度					创建或废毁年月	备注
		楹数	面阔	进深	高	结构形式与装銮		
检鼓院	应天门城下（行）							
角楼	内城两角（行）					趓楼曲尺三层。（行）		
宣华门	内城之正东（图）（志）							案《金图经》作南城，误。
玉华门	内城正西（图）（志）							
拱辰门（后朝门）（志）	内城北（图） 内城正北门（志）					制度一与宣华、玉华等，金碧翚飞，规模壮丽。（志）		
左右翔龙门	应天门内（史） 大安殿门外（行）					西旁行廊三间为日华、月华门，各三间，又行廊七间，两厢各三十间，中起左、右翔龙门。（行）		案《揽辔录》作左右翔凤门。
日华月华门	端门内（揽）	各三（行）						
大安殿门		九（行）						
泰安殿（大安殿）（行）	前殿（史）（揽）	十一（行）				朵殿各五间，行廊各四间，东西廊各六十间，中起二楼各五间，顶为大金龙盘其上，余十间皆结窗顶，小拱三层皆以金为小龙间置其中，曲折皆钉以绣额，壁柱衣绣，露台三层，两旁各有曲水，石级十四，最上层中间又为涩道。（行）		
广祐弘福楼	东廊对东宫（行） 西廊西为中宫（行）	各五（行）						
左嘉会门	集禧门西（行）承明门西与右嘉会门相对（揽）大安殿后门之后相对（行）					东西门，门有二楼，大安殿后门之后。（史） 门有楼。（行）（揽）		

续表

名称	位置	制度					创建或废毁年月	备注
		楹数	面阔	进深	高	结构形式与装銮		
右嘉会门	大安殿后，宣明门前（行）							
宣明门	大安殿北（史）（行） 常朝后殿门（史）（揽）					宣明门三。（行）		
仁政门 隔门	宣明门北（史） 宣明门内（揽） 殿门后（行）					仁政殿侧门二。（行） 隔门。（揽） 檐下上以木雕为铜瓦小拱，甚巧丽，随门五间，每间朱门四扇，金钉灿然。（行）		
仁政殿	仁政门内（史）	九（行） （辕）				常朝之所。（史） 前有露台，殿两旁廊二间高门三间，又廊二间，通一行二十五间，两廊各三十间，中有钟鼓楼。（行） 东西两御廊。（揽） 前设露台廊各三十间，中有钟鼓楼，旁为朵殿，殿上为两高楼。（史）		
东西上閤门						仁政殿两旁各有朵殿，殿之上两高楼曰东西上閤门。（揽）		案史作仁政门旁，误。
敷德门（行）	左掖门后（行） 左掖门内直北大安殿东廊后壁（揽） 掖门内（辕） 左右掖门内殿东（史）					两门（敷集）左右各又有门（行） 敷德西廊有门即大安殿门外左翔龙门之后。（行）		
东宫 （隆庆宫）	大安殿东北（史） 敷德内门东北行（揽）					墙内亭观甚多。		明昌五年以隆庆宫为东宫，慈训殿为承华殿。

续表

名称	位置	制度					创建或废毁年月	备注
		楹数	面阔	进深	高	结构形式与装銮		
承华殿（慈训殿）								
东苑	敷德门东廊外（行）					楼观翚飞。（行）		
集英门	敷德门后（行） 东宫直北面南（揽）					列三门，中曰集英门，云是故寿康殿母后所居。（揽）		
寿康宫						为寿康宫母后所居。（史）		
会通门	集英门之右东偏为东宫（行） 集英门西（揽）（史）					西有长廊中起高楼即大安殿前广祐楼，门内西廊，即大安殿东荣。（行）		
承明门	会通门后（行） 会通门北（揽）（史）					自会通东小门北入。（揽）		
昭庆门	北向与承明相对（行） 承明门又北（揽）（史）							
集禧门	昭庆门东（行） （揽） （史）					西即左嘉会门之后。（行）		
尚书省（内省）	集禧门外（揽）（史） 通天门内东（图）（志）							
十六位	通天门内西（图）（志）							妃嫔所居。（图）

从隋唐长安城宋东京城

——看我国一些都城布局的演变

董 鉴 泓

隋唐长安城和北宋东京城（汴梁）是我国封建社会中期的两个都城，在古代城市建设中均有重要地位。本文仅就这两个城市布局上的相互关系和区别，探讨古代一些都城规划布局的问题。

隋唐长安城是隋文帝杨坚结束了数百年南北朝分裂局面统一全国后，于开皇二年（公元582年）在汉长安城的东南新建的都城。由太子左庶子宇文恺创制（即制定规划方案），并按照规划有步骤的建成。初名大兴城，在唐初完全建成。它对国内外城市的规划布局有很大影响，过去有不少人进行过研究，也作过一些复原想象图，新中国成立后经过长期的考古发掘，城市原来的轮廓已基本上弄清。

长安城城墙范围9721×8651.7米，加上唐初扩建的大明宫总面积达84平方公里，是当时世界最大的城市之一。

城市分为三部分，宫城居中偏北。其南为皇城，集中布置着中央集权的封建国家的官署机构及禁卫军。宫城皇城的东、南、北三面均为居住坊里范围，形成"官府与民居不相参"的严格分区，唐高宗李治时建大明宫，又新开辟丹凤门大街，城市布局稍有变化（图1）。

全城用道路划分为108个坊里，在城市南半部对称布置了东市西市，城东有夹城，是皇帝的专用道路，将宫殿与城东南的皇家园林曲江池联结起来。城北尚有大片皇家禁苑。

北宋东京也是我国著名古都之一，战国时魏国的都城大梁即在附近，历代是商业都会。特别是隋统一全国后修建大运河、汴河，沟通政治中心的关中地区与经济中心的江淮地区，这里是汴河与黄河的联结处，是重要的商运中心，唐朝后期是保卫漕运的军事重镇，称汴州。五代时，除后唐一度建都洛阳县，其余后梁、后晋、后汉、后周均在此建都。后周世宗柴荣显德二年（公元955年）对城市进行了大规模的改建扩建，拓宽道路，疏浚河道，加修罗城，城市面积扩大了四倍，周围达48里。北宋统一全国后，成为全国政治、经济、军事、文化中心。城市人口包括驻军在内，约有170万人左右。宫城原为唐朝节度使李勉所筑的衙署（子城），宋时向北向西扩建，称为大内，复原想象图上的位置是参照目前东华门街及午朝门街位置而定。内城城墙，基本上是现在开封城墙位置，按历史文献记载，城墙尺度范围，城门位置曾有变化，但估计基本位置无大变动。明末被大水淹没冲毁，清道光二十一年（公元1841年）又经洪水冲淹，目前尚留残迹，其尺度与原来记载的罗城的尺度大致相近（图2）。

唐长安城与宋东京城的布局，有明显的区别，表现在下面几方面：

一、唐长安城宫城居中偏北，官衙门及官办手工业作坊，禁卫军均集中布置在皇城，与居住坊里严格分开。宋东京城与三套城墙，宫城不仅东西居中南北亦居中，内城中分散布置了官府衙门及官办手工业作坊，其间也间有大量的民居。

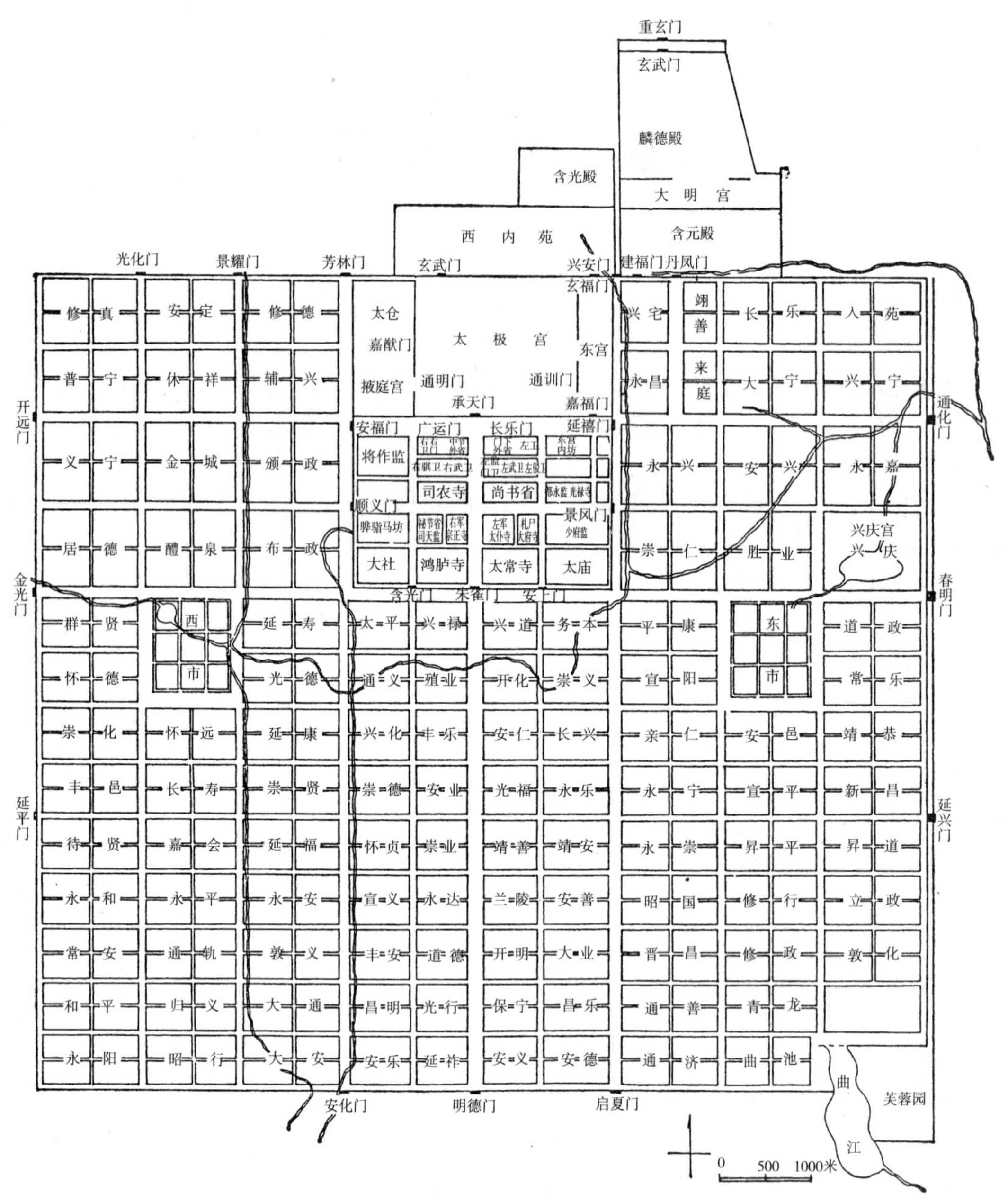

图1　隋唐长安平面复原图

二、唐长安城的道路系统是方格形，而且十分规则严整。宋东京城道路系统虽然基本上也是方格形，但并不方整规则，有的丁字相交，也有几条斜街。唐长安城的道路格局与坊里划分是同时规划的，宋东京城的道路与居住地段的划分并无直接关系。唐长安城道路与坊里内的道路是两个系统，坊里内的道路大部分十字形，也有些一字形，宽度仅为十几米，实际上是地区性道路。宋东京城的道路系统并无这种明显的区分，除全城性的干道外，其间也有间距不等的街巷。唐长安城的干道宽度极大，朱雀大街宽达150米左右，一般街道也有35～65米，干道间距也很大。宋东京城的道路宽度大为缩小，按文献记载，一般为30～40米左右。《东京梦华

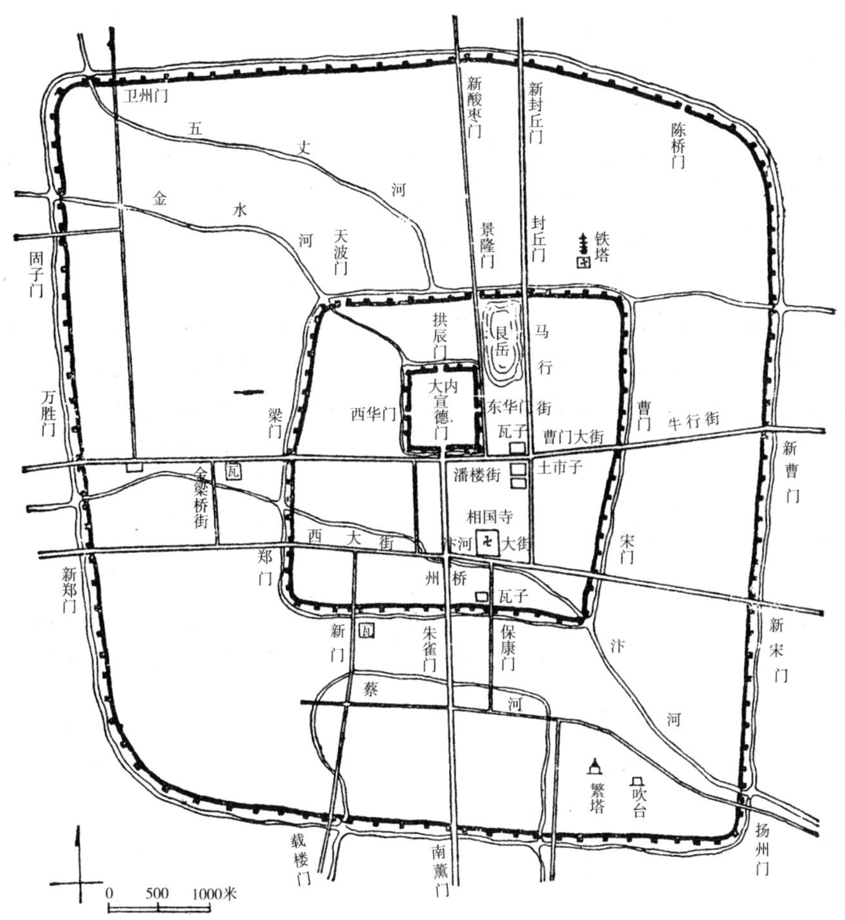

图2　北宋东京城（汴梁）平面想象复原图

录》虽曾记载，宫门南的御街宽达200步相当于300米左右，按大内的大小及其他文献关于御路的描述，似不可能这样宽，可能仅指靠近明德门的一小段。城市道路网的密度也比较大。唐长安城通向城门的道路是城市主要干道，其在城门外的延伸部分就是城市的对外交通道路。宋东京城的主要干道也这样，宋门、郑门、封丘门等，就是通向邻近的重要城镇的对外交通道路与市内主要干道的联结点。

三、商市与城市生活，唐长安在城市南半部，朱雀大街两侧，对称的设置东市西市，市内有井字形道路，布置着不同行业的店铺，西市尚有许多外国商人。古代城市由于商业的日益发达，集中设市，并设有专职官员，管理平价及收税。在汉长安城就有九个市，唐长安约有一百万人，但只设两个市，服务半径仅3～4公里，交通又不方便，这一方面反映当时的城市商业服务还不够发达，另一方面也是规划布局上不适应商业及城市生活发展的要求。到后期这种状况被突破，在一些坊里中也设有店铺。

宋东京是商业街的典型，街两旁是密集的店铺，如宣德门东的潘楼街，东南角门至扬州门一带，在《清明上河图》中，对街景有生动而真实的描绘。还有一些常设的或定期的集市，如相国寺“凡商旅交易，皆萃其中，四方趋京所以货物求售他物者，必由于此。”沿通航河道也有繁华的商业街，城内还有多处“瓦子”，集中着杂技，饮食，妓院等。还有晓市、夜市等。

这些都反映了城市经济的进一步发展。

唐长安城的街景是封闭的坊墙，宽阔的道路，十分单调，宋东京的商业街布满了店铺、茶楼、酒店、彩牌楼等，是繁华的闹市。

四、居住坊里，唐长安城共有 108 个坊里，有坊墙坊门，有管理机构及严格的管理制度，日出开坊门，日落时击鼓六十下后即关坊门，只允许三品以上的贵族官僚的府第可直接在坊墙上开门。坊里的大小有 76、52、49、34、27 公顷等几种，坊内有街有曲（小路）联结各居住院落。

宋东京城并无坊里的形式，由街巷组成居住区。虽也有坊的名称，系巷设牌坊，上写坊名。唐长安城在建城时即将坊里划分好，城南一些坊里在很长时间内并未建成，许多坊里内还有寺庙及大府第，所以城市人口密度并不高。宋东京城的内城内居住已很密集，后来在内城外已形成居住区，然后再加修罗城加以防卫，城市人口密度较高，因此对防火及卫生也较重视，有严密的防火措施及组织。

从唐长安城到宋东京城布局的区别与变化中可以总结出我国古代城市布局中几个规律性的问题。

一、唐长安城与宋东京城布局是古代一些都城布局演变过程中相联系的两个城市。

春秋战国时代的一些都城，或内外城，或大小城，或两城并联，以区分奴隶主贵族与一般人民。

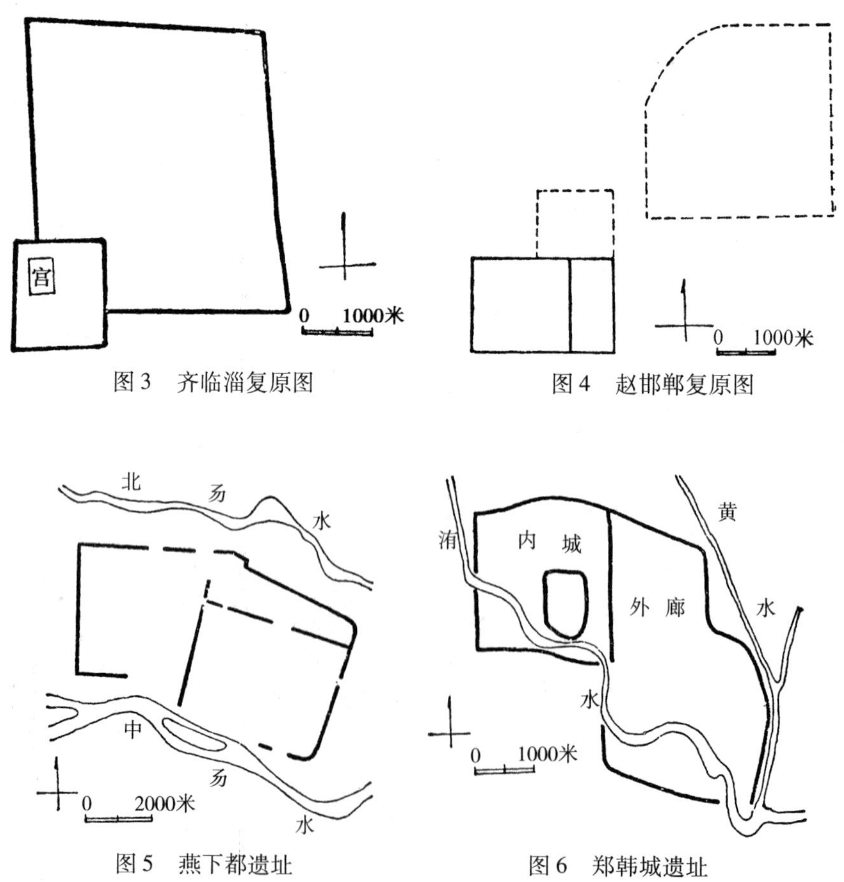

图 3　齐临淄复原图

图 4　赵邯郸复原图

图 5　燕下都遗址

图 6　郑韩城遗址

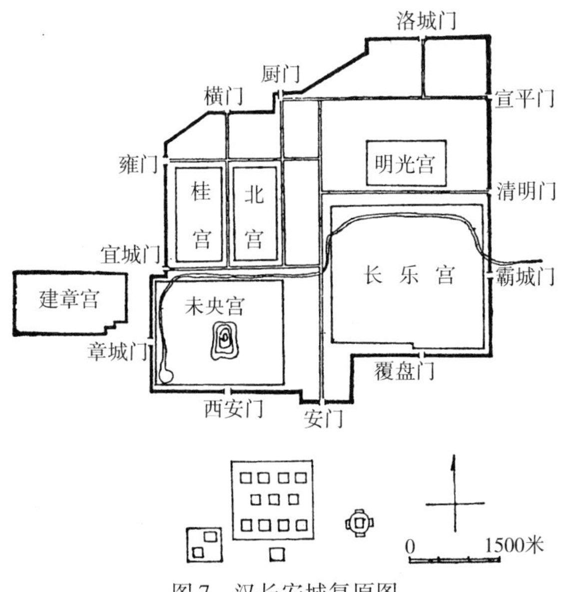

图 7　汉长安城复原图

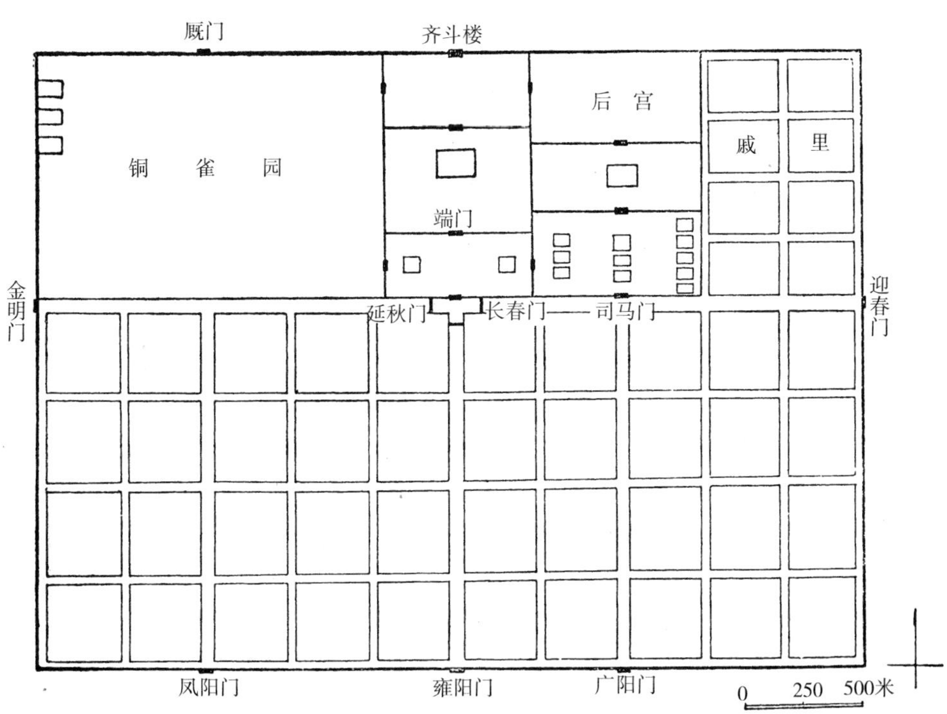

图 8　曹魏邺城复原想象图

汉长安城是先建长乐未央宫，后建城，宫殿部分的布局严整，但整个城市的布局不规则，宫城与居住地区互相掺杂。

曹魏邺城将贵族专用的宫殿、官署，专用园林铜雀园，专用居住区戚里用一条东西向干道与城市其他地区分开，将城门、干道系统，建筑群组成一个整体，以南北向主要干道正对宫门以突出这一建筑群，宫殿偏北居中，这种布局是古代都城布局的重要转折。

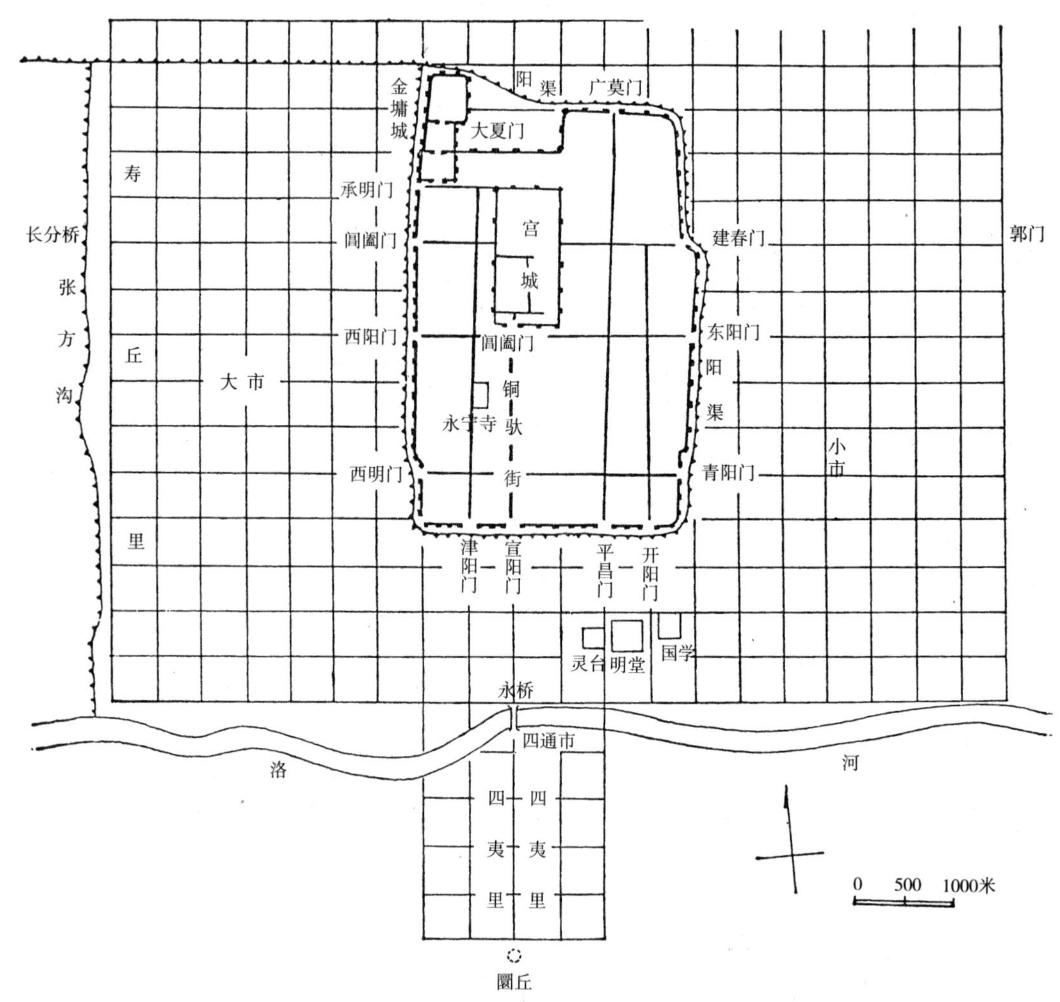

图 9 北魏洛阳城复原想象图

北魏洛阳城是以原来汉、魏洛阳城的基础而扩建的，在汉、魏城的东西方向扩建里坊，形成宫城居中偏北的布局。唐长安城的布局直接受北魏洛阳城的影响，而且把宫城位置，道路系统，坊里划分，市的布置，形成一个整体的中轴线对称的布局，来突出统治阶级的政治中心的宫殿。

单独比较唐长安与宋东京的布局，区别大于联系，但如果与自春秋战国至明北京许多都城的布局的演变过程对照起来，可明显地看出它们是两个相联系的城市。

二、唐长安和宋东京的城市布局代表了我国古代两种不同类型的都城。

唐长安城与宋东京城布局的区别，并非仅仅是两个个别城市布局的区别。实际上是我国古代两种不同类型的都城布局，这两类不同类型的城市布局同时并存于古代社会。

一类是封建国家的政治军事中心，它往往是在新的王朝建立时一次建成。因为是中央集权的封建制国家，城市规模往往很大。即使在同一地区，也往往存在几个不同的都城，如长安地区的汉长安、隋、唐长安；洛阳地区的周王城、汉、魏洛阳、隋唐东都洛阳；北京地区的金中都、元大都、明北京等（图 10、11）。它们在位置上互相让开，在平面布局上也看不出内在的联系。这类城市多是平地新建，有的按规划一次建成，平面布局也较规则严整，其中有曹魏邺城，北魏洛阳，隋、唐长安及洛阳，元大都、明北京等。

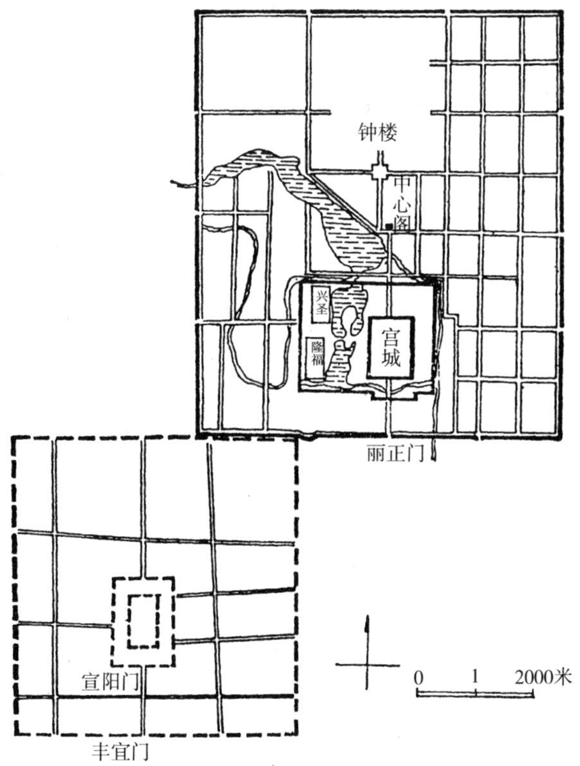

图10　金中都及元大都平面布局

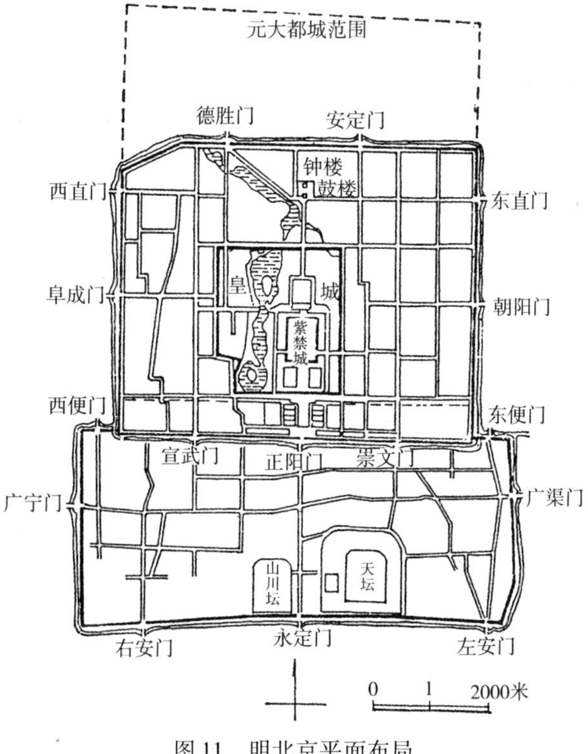

图11　明北京平面布局

另一类往往是由于地理位置及交通条件优越，在长时期内逐渐发展的商业都会，其中一些城市在一个或几个朝代中也成为都城。这类城市平面并不甚规则严整，有时城市的范围和格局也有变化，在较大规模的毁坏之后经过重建，但基本上是原地逐渐发展或原址重建。如苏州城，其历史可以上溯到春秋战国时吴国的都城，其后几经变迁，但从现存的宋代的《平江府图》看，参照苏州城市现状，城市基本上是原址发展后重建的。南宋都城临安（杭州）也基本如此。又如南北朝时期南朝的都城建康（南京），城内不同朝代宫城部分的布局是严整的，位置也屡次改变，但整个城市的轮廓及布局并无多大变化。宋东京城也属这种类型。

只有用两种不同城市并存发展的观点，有些问题才易于解释。有人说宋东京城放弃了坊里制而改用街巷制，实际上就在唐长安城实行坊里制的同时，汴州（宋东京城的前身）就已经形成街巷制的形式了，并不是在宋代新建了一个采用街巷制的新城。从坊里制到街巷制有一个长期的逐步转化的过程，并不是短期内突变的。又如在唐长安城以前既有规则布局的城市，也有不规则布局的都城，而宋东京城以后也仍有规则布局的新建的都城，如元大都，明北京。这种两种类型城市并存的情况，与欧洲古代的城市发展的情况也是类似的。

三、唐长安城与宋东京城反映了我国古代城市发展的两个阶段。

唐长安城与宋东京城代表古代两种不同类型的并存发展的城市，也并不能说它们之间没有联系和影响，它们之间在平面布局方面所表明的联系性前面已论述过，关于城市生活其他的方面，应该联系封建社会城市经济的发展，生产方式与生活方式的变化对城市布局的影响来认识。

隋、唐时代是我国封建社会的中期，封建经济高度发展。由于国内统一，南北大运河的沟通，使国内商品流通的数量及规模增加，加上陆上丝绸之路的畅通及海运的发达，都促进了手工业的发达和商业的繁荣，促使城市人口增加。唐长安城那种严格管理的坊里，数目少而集中布置的市，显然不能适应城市生活的这种发展，在唐代中、后期坊里严格的管理制度也有松弛，店铺完全集中于东、西市的状况也有改变。后周世宗柴荣改建东京城时，考虑到城市经济发展的需要，疏通商运的河道，并在靠近河道之处建仓库区。繁荣的商业街、夜市、瓦子，都适应了这种城市生活的要求。街道由于布满了店铺，宽度大大缩小，由街巷形成的道路网联结的密集的院落住宅形成人口密度及建筑密度很高的居住区。这种情况在以后的城市中基本如此。由于城市的生产仍然是分散的规模小的手工业作坊，对城市的结构布局并未带来大的突破，一直到近代资本主义的现代化工业及铁路、汽车出现后，城市的结构布局才开始发生大的变化。

所以说，唐长安城的规划布局是封建社会前期城市经济发展的阶段的产物，而宋东京城则是适应封建社会中后期城市经济发展的代表。这种趋势即使在一些与唐长安同一类型的完全新建的规则布局的都城也基本如此，如在唐长安以后六百年新建的元大都，虽然城市布局比唐长安更加严整规则，但在城市生活城市面貌方面则完全不同，全城有五十个坊里，但并无唐长安那种形式和严格的管理制度，基本上是一些居住地段的名称，商业街也代替了集中管理的市。这些方面基本上是宋东京城的延续及发展。

（本文插图由阮仪三同志协助绘制）

第四章　中国园林

我国古代园林发展概观

潘 谷 西

我国古代在商时已有帝王的苑囿，如殷纣的沙丘苑台①。周王的灵囿，不只是为了游览观赏，还供放牧游猎之用②。《孟子》有："文王之囿方七十里，刍荛者往焉，雉兔者往焉，与民同之"之说则周时的囿也可让一般人采樵行猎。

秦始皇统一全国后，在咸阳大建宫室，在渭水之南作上林苑，苑中建造许多离宫，供游乐之用③。秦始皇还在咸阳"作长池，引渭水，……筑土为蓬莱山"④，开创了人工堆山的记录。到西汉时，武帝刘彻大建苑囿，修复并扩建秦时的上林苑，渭水以南、南山以北，东南起自兰田，西至长杨、五柞，这一片广大地区，都是汉帝的苑囿，把长安城从西、南、东南三面包围起来。上林苑中除了山林池沼之外，还有许多宫、观等建筑，和许多苑中之苑。"观"是一种观赏用建筑物，如远望观、白鹿观、观象观等。苑中池沼最大的昆明池，位于长安城西，汉武帝在池中训练战船，还在"观"中观看龙舟櫂歌，苑中养鱼类禽兽，植果树花卉，供渔猎采集⑤。可见西汉的上林苑是多种用途的苑囿，而游览观赏的建筑已增多。长安城西建章宫，是武帝时所建的最大宫殿，武帝信方士神仙之说，在建章宫内治太液池，池中人工堆造了蓬莱、方丈、壶梁、瀛洲诸山，以象征东海中的神山⑥，这种模仿自然山水的造园方法是我国封建社会中造园的主要方法，而池中置岛也成了园林布局的基本方式之一。此外武帝时还设置了甘泉、御宿、博望等苑。东汉洛阳苑囿数量也不下于十处。仅城外就有七、八处之多⑦。

西汉时，贵族、官僚、富户的园林也发展起来，如梁孝王刘武筑有兔园，宰相曹参、大将军霍光等都有私园。茂陵富人袁广汉则在北山下筑园，东西四里，南北五里，流水注其内，构石为假山，积沙为洲屿，蓄养奇兽怪禽，种植奇树异草，房屋徘徊连属，重阁修廊，行之移晷不能遍⑧。足见西汉已开创了以山水配合花木房屋而成园林风景的造园风格。东汉时，大将军梁冀在洛阳广开园囿，园中采土筑山，十里九坂，以象二崤（崤山在河南洛阳之西），深林绝涧，有若自然，奇禽驯兽，飞走其间⑨。此外，还开拓了多处园林，如洛阳郊外的菟苑，规模很大，"经亘数十里"。梁冀园中土山直接模仿洛阳附近崤山景色的做法，使武帝时仿造海中神山的造园思想又发展了一步，更加世俗化了，仿造的路子也更广了。

---

① 《史记》殷本纪。

② 《周礼》地宫、《诗经》大雅。

③ 《三辅黄图》卷一、卷二。

④ 《三秦记》。

⑤ 《三辅黄图》卷四。

⑥ 《史记》封禅书。

⑦ 《后汉书》顺帝本纪，桓帝本纪，灵帝本纪，杨震传。

⑧ 《三辅黄图》卷四、《汉书·曹参传》、《汉书·梁孝王传》、《图书集成·考工典》卷128引《王郎嬛记》。

⑨ 《后汉书·梁冀传》。

魏、晋、南北朝的统治阶级暴虐腐朽，大建宫苑佛寺，士大夫阶层追求精神解脱，或颓废纵欲，过着放荡的享乐生活；或肥遁隐逸，陶醉于山林由园，以山居岩栖为高雅。贵族官僚开池筑山建造园林的风气大盛。曹魏在洛阳营芳林园（曹芳时因芳字犯讳，改名华林），有九谷八溪之胜①，起土山于西北隅，树松柏竹木于其上，捕山禽杂兽于其中，形成自然山林风光。孙吴后主在建业也大开苑囿，起土山，作楼观，加饰珠玉，引后湖水注入苑内②。十六国时的后赵仿洛阳制度，在邺城运土筑华林园③。北魏洛阳的苑囿，除重建曹魏华林园外，还有西游园。贵族官僚的园林见于《洛阳伽兰记》的有：司农张伦园、清河王元怿园、侍中张钊园（利用东汉梁冀园遗址）、河间王元琛园等。其中张伦的园林山池最为华美，胜过诸王的园林，园中筑景阳山，有若自然，重岩复岭、深溪洞壑，曲折相接，高林巨树，悬葛垂萝，相互掩映，颇有山情野趣。由于战乱，王侯宅第或有改为佛寺，就以厅为佛殿，以堂为讲堂，后园也为寺园，佛寺于是也多设园林④。北齐的河南王高孝瑜，郑述祖等都起山池游观，松竹交植，以供游息⑤，东晋在建康建都后，仿洛阳制度于台城内，因孙吴旧苑修葺成华林园，自宋至陈，因之未改。陈后主在华林园增建临春、结绮、望仙之阁，装修陈设极其奢华，阁与阁间有复道相接，阁下积石为山，引水为池⑥（华林园有三处：洛阳、邺城、建康）。南朝诸帝又在玄武湖南岸修筑博望苑、乐游苑、芳林园等苑囿。东晋与南朝的贵族官僚，治园之风很盛，如东晋会稽王道子在第内穿池筑山、列树竹木，山名灵秀，用夯土版筑而成。顾辟疆则在苏州营建了吴中第一座私园⑦。宋戴颙在苏州聚石引水，植林开涧，少时繁密，有若自然⑧。齐武帝大臣茹法亮，在宅后为鱼池、钓台、土山、楼观，园中长廊将近一里，竹木花药之美，为皇帝苑囿所不及⑨。齐文惠太子的元圃更是奢丽，园中有土山、水池、楼阁、塔宇，聚集许多异石，山水风景优美，因怕皇帝从宫中望见，用竹子与围墙挡起来⑩。梁朝的湘东王萧绎在江陵造湘东苑，也是穿池堆山，植莲蒲，种奇树，山中建有石洞，长达二百余步，山上有楼可远眺，池面有水阁跨临⑪。由此可见，南北朝时苑囿园林有了巨大发展，以土山水池为园景基础的造园风格已经确立起来。

隋、唐是我国封建社会盛期，城市建设、宫室苑囿的规模都很大。隋文帝在大兴城治大兴苑，隋炀帝又在东都洛阳大兴土木，营建宏大的西苑。西苑的布置以水面为主，其中有大湖面，周围十余里，湖中以土石作蓬莱、方丈、瀛洲诸山，山上置台观殿阁。此外还有五个湖面（南、北、东、西、中），用渠道相沟通。苑内造十六院，每院自成一组建筑，外有水渠环绕，内植各种名花，常有嫔妃居住⑫。此苑利用洛阳水源充沛之便，规划成以水景为主的苑囿，并

① 《水经注疏》卷十六、穀水芳林园。
② 《景定建康志》引《吴志》。
③ 《陔余丛考》引《晋载记》。
④ 《洛阳伽兰记》。
⑤ 《北齐书·河南王孝瑜传、郑述祖传》。
⑥ 《景定建康志》引《宫苑记》。
⑦ 《晋书·会稽王道子传、王献之传》。
⑧ 《宋书·戴颙传》。
⑨ 《南史·茹法亮传》。
⑩ 《南齐书》文惠太子传。
⑪ 《太平御览》196，湘东苑。
⑫ 《大业杂记》、《隋炀帝海山记》。

用若干小水面和十六组建筑群庭院组成众多的景区，在造园手法上有其独创性。

唐代西京长安、东都洛阳除因隋大兴苑、西苑之旧外，又在长安城南筑南苑（芙蓉苑），并修夹城由城北禁苑直通此苑。在长安周围山水优美之处还有许多离宫。唐代贵族官僚在京城筑园很多，大臣们不仅在城内有私园，而且在近郭也有园池，多集中在长安城南杜曲与樊川一带，数十里间，占据泉石优胜之地，布满樊川两岸①。洛阳是陪都，又有洛水与伊水贯城，水源丰富，因此贵戚达官多在此开池引水置宅筑园。尤以城东南角一带为多，因伊水清澈，自城东南注入，引分支入园内，最为适宜。白居易的履道坊宅第“五亩之宅，十亩之园，有水一池，有竹千竿”和牛僧孺尽一坊之地的归仁坊宅园②都在此区。至于王维在兰田山中筑《辋川别业》，白居易在庐山建草堂，都以自然山林景色为主，略加人工建筑而包。这种山居别墅，确比城市或近郊园林富于自然意趣，但终因远离城市，交通不便，数量极少。唐代宅园在长安城内者，多以人工穿池堆山，“山池”二字成了私园的代名词。或有称为“山池院”的，大致是面积较小或仅属庭院一类，宫内、佛寺、王府往往设有山池院③，从中也可看出长安开池筑山之盛。从大明宫遗址可以看出，宫后内苑以太液池为中心，环池布置殿阁与长廊，池中有小岛——蓬莱岛，基本构思源于汉代。

园林的发展，促成了盆景的出现。唐高宗与武后的陪葬墓——章怀太子墓壁画的宫女行列中，即有两人捧树石盆景与果树盆景各一，足证盆景已是成为统治阶级日常生活中的重要陈设④。

唐长安城东南隅的曲江，是唐开元中利用低洼地疏凿成的名胜风景区，其性质不同于苑囿与私园，平时可供居民游赏，春天踏青畅饮，秋天重阳登高，天旱祈雨，都可在曲江进行。各官府在江边设有休息观赏的亭子。进士登科，则赐宴杏园；游于曲江，题名大雁塔下，以为一时盛事。或于中和（二月初一）、上已（三月初三）、重阻（九月初九）三个节日，在曲江赐宴群臣，皇帝从曲江南侧的芙蓉苑登紫云楼垂帘观看。每遇盛会，轰动长安，城中居民，几乎半空，各种买卖行市，罗列江边，车马填塞，热闹异常。这种公共性质的风景游览区，在封建社会的都城建设中还是一个创举⑤。

五代时江南经济有一定程度的发展，吴越钱镠父子在杭州大治城郭宫室，广陵王钱元璙镇守苏州，好治林圃，其子创南园，山池亭阁，奇卉异木，经营三十年。他的部下仿其所好，也相与营建园林，今天苏州的沧浪亭就是在他的外戚孙承佑私园的原址上经历代重建的⑥。所以五代时的苏州有一个造园的兴盛期。远处广州的南汉刘龑也建造南苑药洲，至今还留下“九曜石”中的五块，是我国现存最早的园林遗石，其中有的石上还有米芾的题字。

宋赵氏政权日益昏愦腐化，统治阶级追求享乐，造园风气更盛，北宋都城汴梁有琼林苑、金明池、东御园、玉津园、迎祥池、东西撷景园、撷芳园等御苑，宋徽宗时又在宫城东北建造历史上著名的“艮岳”，总数不下九处。至于大臣贵戚的私园，数量更多，“都城左近，皆是

---

① 《画墁录》。

② 李格非《洛阳名园记》，吕文穆园、大字寺园、归仁园。

③ 宋吕大防长安图中有西内山池院、宁王山池院。

④ 《文物》1972.7。

⑤ 唐李肇《国史补》、刘悚《隋唐嘉话》、《剧谈录》、《唐会要》、段成式《酉阳杂俎》、《全唐诗》等。

⑥ 朱长文《吴郡图经续记》、《乐圃记》。

园圃，百里之内，并无阒地”①。被列为汴梁居民探春游览的名园就有十余座，其中包括一些太师，太尉、大宰、驸马的园林在内。城东南角陈州门外，园馆尤多。汴梁虽属封建帝都，但各种市民沽动明显增多，城市布局已取消里坊制，郊外风景区也逐渐开发，如城东宋门外快活林、勃脐陂、独乐冈等，都是市民郊游探春的胜地。一些庙宇、酒楼也设置池馆，吸引游人，如城西宴宾楼酒店，有亭榭池塘、秋千画舫，酒客可租船游赏。连皇家苑囿金明池和琼林苑也在三月一日至四月八日开放，任人游览，各种商贩杂艺人等，布列苑中，虽遇风雨，仍有游人，略无虚日②。这种情景和唐长安相比，是有明显不同的，长安不仅里坊夜禁森严，也未见贵戚园林或皇家苑囿供市民游赏的记载。

北宋西京洛阳是官僚致仕后的退隐地，园林数量虽不及汴梁，但也很可观，《洛阳名园记》所录的就有24处。其中许多园林是在唐代旧园基础上建成的，因此有不少古树、古迹。如会隐园原是白居易园，保存唐时石刻很多；狮子园留有武则天所铸天枢遗迹等。园林规模也比较大，如归仁园，约一里见方（唐时宰相牛僧孺故园）。各园不以筑山取胜，而以水景与花木见长。故园林但称“园池”、“园圃”，而不称“山池”。洛中花匠，还能用嫁接法发展花木品种，有的园中花木多至千种，比唐时有很大增长，花中尤以牡丹品种最多，最盛行，称为花王。洛阳名园又各以其特色见称于时：或湖水渺弥，溪流环回，流水奔泻；或楼堂尺度恰当，廊庑回缭周接，亭榭高下因借；或竹林古松，枯枞桃李，牡丹芍药，紫兰茉莉；或近借洛水、伊水，远借南面龙门嵩岳与北面隋唐宫殿。总之并无定式，而是因地制宜，充分发挥各自的特色。其中有些园林，还向外人开放。

南宋时，临安、吴兴、平江（苏州）都是贵戚官僚聚集的地方。临安是都城，西湖及周围山区日益开辟为游览区，苑园兴筑很多，仅《都城纪胜》及《梦粱录》中提到的就有50多所，占尽了湖山风景优美之处。其中皇家御苑有十处，寺观园林多处，其余多属宦官朝贵的私园。吴兴在南宋也是达官权贵的退居之地，和北宋的洛阳相似，因此园林颇为兴盛，《吴兴园林记》中记录了34处。吴兴前有太湖，旁依群山，景物优美，园林多因山水得景，收太湖万顷波涛，借群山层嶂叠翠，尽入园内。园林以水、竹、柳、荷见长，富有江南水乡特色。这时赏石之风大盛，因就近之便，取太湖石点缀园中，如沈德和园、韩氏园，都有太湖石峰若干块，各高数十尺。或叠石为假山，或依山坡石林筑园③。江南有的园中叠石为山，连亘二十亩，山上布置四十余个亭子，其大可知；有的园中置石峰百余，高者二、三丈，群峰之间开小溪，铺以五彩石④。由于叠山的发展，从事叠山的专业工人也因此产生，称为“山匠”⑤。平江是南宋重要经济、军事据点，除城内园林外，郊区石湖、天池山、尧峰山、洞庭东、西山等风景优胜地区，也有不少权贵园墅⑥。南宋造园风气比北宋有过之而无不及，特别是官宦的园林很多，反映了当时政治的腐败。

金代统治阶级暴戾奢侈，宫殿制度极力模仿宋汴梁，园林兴筑之频繁，不下于两宋。金中都苑园之见于史籍者，有琼林苑、广乐园、熙春园、芳苑、北苑、东园、西园、南园等约十

---

① 孟元老《东京梦华录》卷六，收灯都人出城探春。

② 《东京梦华录》卷七，三月一日开金明池、琼林苑。

③ 周密《吴兴园林记》。

④⑤ 周密《癸辛杂识》。

⑥ 《吴县志》：韩世忠园、章粢园、隐圃、石湖别墅、道隐园、环谷、双清亭、就隐、卢园等。

处。在中都北郊又建造离宫——大宁宫①。元朝民族压迫与阶级压迫特别残酷，社会经济受到严重破坏，园林发展也处于停滞状态。元帝将金大宁宫改建为太液池、万岁山，成为宫中禁苑。大都及其他各地亦有若干贵族官僚的园林，但数量不多。明朝苑囿较少，主要是利用原太液池、万岁山，改建成西苑，增挖南海，成为三海，增建殿阁亭榭。明中叶农业手工业有很大发展，剥削阶级的掠夺加剧，达官贵族造园之风又兴起，尤以北京、南京、苏州及太湖周围的城市为盛。都城北京积水潭、海子一带及城东南泡子河周围，地近湖边，便于借景，风景优美，又可引水注园，因此园墅麕集，极其繁盛，名园见于明人笔记的就有十余处之多②。郊外则有海淀勺园与李园（清华园），西南郊有梁园③等。陪都南京情况和北宋洛阳相似，仅中山王徐达后世即拥有私园十余处，现存南京瞻园，即为中山王府的遗迹。王世贞《游金陵诸园记》记录了36处。地处农业和手工业较为发达的苏州，官僚地主比较集中，一方面因文化水平较高，由科举登上仕途的数量很多，这些人致仕归里后，置宅第，建园林，追求城市山林之乐；另一方面，他处官僚来苏州寓居的也不在少数，于是明中叶后形成了一个造园的高潮。如现存的拙政园、留园、艺圃、五峰园等，都创于明中、晚期。苏州附近的一些城市，如太仓等地也建有不少园林④。根据现存遗物及记载，明代造园的特点是叠石盛行，为峰峦洞壑，为峭壁危径，比比皆是，不论南京、苏州、杭州，园林竞以奇峰阴洞取胜，成为一时风尚所趋。如苏州留园中部假山及惠荫园假山，原为明末所作，前者为黄石山，故较浑厚，后者用太湖石叠成，仿洞庭西山林屋洞，池水漫于洞中，有小桥曲折导入。其他如南京瞻园池北假山，苏州艺圃、五峰园假山等，大致都有洞、谷、崖、峰等。《游金陵诸园记》中所记各园多树奇峰、叠石山，石料则取自太湖洞庭山与武康⑤。此外装修、铺地、磨砖门窗、漏窗等园林工程，都有很大发展，式样丰富多彩⑥。随着园林的发展，江南一带出现了专业的造园家，如计成、张南垣，周秉忠等，他们原是文人，擅长绘画，又参加造园设计与施工，因此对造园艺术起了一定的提高作用。计成并于崇祯年间著《园冶》一书，较为系统地阐述了他的造园主张和明末江南一带的造园技术，是我国古代最完整的一部造园著作，此书曾传至日本，被称为“夺天工”⑦。明代造园工人技术也提高了，有专门叠山种花的“花园子”⑧。有的还承担从设计到施工的各项工作，如明《西湖游览志》载：“工人陆氏，堆垛峰峦、坳折、洞壑，绝有天巧，号陆叠山”。苏州有些工人则写仿山中景物，使之再现于园林之中⑨。明代遗臣朱舜水流亡日本，带去了当时江南一带的造园手法与风格，他所设计的东京后乐园，仍保留至今⑩。

清康熙后期起即在北京西北郊建畅春园、静明园与香山行宫，并在承德建避暑山庄。雍正又创圆明园。但大规模造园是在乾隆时，除扩建避暑山庄为72景、于圆明园内增建许多景区与建筑群外，还新建长春园、万春园、清漪园（即后来的颐和园）等处，达到了清代造园的

① 《金史·世宗纪、章宗纪、地理志》、《北平考》。
② 明刘侗、于奕正：《帝都景物略》。
③ 清孙承泽《春明梦余录》、《天府广记》。
④ 明王世贞等撰《娄东园林志》。
⑤ 王世贞《游金陵诸园记》魏公西圃条。
⑥ 《园冶》图中所反映的式样，极为丰富。
⑦ 阚铎《园冶识语》。
⑧ 明黄省曾《吴风录》。
⑨ 民国《吴县志》卷三十九宅第园林怡老园条。
⑩ 童寯《江南园林志》。

全盛时期。清时苑囿总数不下十处，是我国历史上造苑最多的朝代之一。雍正以后诸帝园居之时居大多数，所以这些苑囿是日常居住、朝会之处，具有宫室与园林二方面的功能。在园林造景方面，采取集锦式的手法，仿建江南各地名胜于园中，乾隆甚至还仿欧洲洛可可式建筑于长春园。这是模拟自然山水的传统造园手法的进一步发展。自康熙以后，私家园林也渐有兴起，到乾隆间，达到了高潮。乾隆南巡时，扬州瘦西湖至平山堂一带，沿湖两岸布满官僚富商的园林，"楼台画舫，十里不断"。连寺庵、会馆、酒楼、茶肆都叠石引水，栽植花木，蔚为风气①。又以多假山叠石，故有："扬州以名园胜，名园以垒石胜。"的评价②。清帝的倡导，使江南其他城市的园林也迅速增加，如苏州复园、蒋楫园、网师园、寒碧庄等处，都在乾、嘉间次第修复建成。造园实践增多，造园技术与艺术水平也有了提高，清代前期到中期江南一带名手辈出，如康熙间的张涟，乾隆时的戈裕良，都曾活跃于江南一带，扬州有石涛，仇好石等闻名于时。他们中有些人在造园主张上很有独到之处，如张涟主张："平冈小坂，陵阜陂陁，然后错之石，缭以短垣，翳以密篠，若乎处大山之麓，截溪断谷，私此数石者为我有也。方塘石洫，易以曲岸回沙；邃闼雕楹，改为青扉白屋；树取其不雕者，石取其易致者"③。是对明末清初雕琢堆砌之风的一个革新。戈裕良主张堆假山应"只将大小石钩带如造环桥法，可以千年不坏，要和真山洞壑一般，方称能事"④。苏州现存最优秀的湖石假山——环秀山庄假山即为戈氏作品，历时二百年，至今仍基本完好，证明他的主张确是经得起时间考验的。清朝在镇压了太平天国以后，统治阶级为了粉饰太平，追求腐朽生活，出现了一次畸形的造园高潮，清廷有二修颐和园之举，江南诸城也有大量私园出现，如苏州的留园、怡园、补园、耦园等，大小园林达一百多处⑤。但毕竟如封建社会的回光返照一样，园林艺术水平也已大为降低，多数园林走到了繁琐堆砌、格调庸俗的末路上去了。

综观我国古代园林的发展，可以看到园林是作为统治阶级享乐手段而建造起来的，历代帝王、官僚、地主、富商的苑囿园林数量之多是十分惊人的。由于造园需要耗费大量人力物力，造园活动越频繁，对人民的剥削必然越重。因此，园林的兴盛，往往出现在一个朝代的中期以后⑥，由于社会相对稳定，经济有一定复兴，于是上行下效，帝王建苑囿，官僚地主造私园，成为一时风尚。这正是统治阶级政治上衰退和经济上加强掠夺的一种征候。所谓"穷兵黩武、声色苑囿、严刑峻法"，都是导致阶级矛盾尖锐化的因素。另一方面也正是在长期的大量的实践中，通过工匠和实际参加造园的文人总结提高，才创造了我国独特的古典园林风格。所以古代园林的成就，也是历史上劳动者共同创造的社会财富。

从园林的内容上看看，不论是帝王苑囿或官僚私园，都是作为他们起居生活部分的延续和扩大而建造的，这一点在后期越来越明显。所以绝大多数苑园都设在城内或近郊，以便他们享受；苑内园内都要布置大量离宫别馆，亭台楼阁、厅堂书屋等建筑物；在地形平坦缺乏山水之美的地点，就要用大量土方工程来人工开池堆山，制造园景，以满足其身居城市而有林泉之乐的要求。所以古代园林总是反映封建剥削阶级的生活方式和思想情趣这两个方面的特点的。

---

① 清李斗《扬州画舫录》、赵之壁《平山堂图志》、《南巡盛典》。

② 《扬州画舫录》卷二。

③ 清黄宗羲《撰杖集》张南垣传。

④、清钱泳《履园丛话》卷十二堆假山。

⑤ 据南京工学院 1953 至 1960 年调查，苏州尚留有古典园林与庭院 190 处。

⑥ 如汉武帝、唐玄宗、宋徽宗、南宋淳熙、明嘉靖、清乾隆。

以人工山水为园林的造景主题，这是秦始皇、汉武帝时开创的办法，两千多年来始终围绕这一主题在发展我国的造园艺术。东汉已脱离神仙海岛的幻想摹拟而进入对现实山水的写仿阶段。但是汉武帝时创造的池中设岛的布置方式历代都作为一种传统的格局而予以运用①。隋东都西苑有计划地利用水面划分和院落建筑，把全苑分成若干景区，可在平坦地段上创造丰富多彩的风景点，清代的圆明园所用的也是这种手法。清乾隆时集仿江南名胜于一园，发展了传统的摹写自然山水的方法，丰富了园景题材。至于充分发挥天然湖山陂池的有利条件，因地制宜，巧于因借，组成富于变化的园景，那更是历代造园者所特别重视的一条原则。如唐、宋洛阳诸园利用伊水、清北京西北郊诸园利用西山和玉泉水、苏州利用地下水源等，都是这类例证。

叠石造山比人工土山稍迟，史籍记载最早的是西汉袁广汉园，其后历南北朝、唐而至宋徽宗营艮岳，每朝都有叠山记录，但私家园林普遍用石叠山始于南宋吴兴，这固然由于唐、宋文人渲染，以拳石代替名山巨岳，足以慰藉山林泉石之癖好；同时也与吴兴就近产太湖石、武康石有关。此后叠石造山，成了园林造景的主流，土山反而退居其次了。欣赏单块奇石之风，起于南朝②，唐李德裕、牛僧孺、白居易，宋苏轼、米芾都有石癖③，于是历代文人相与蹈袭，以玩石为风雅，江南园林几乎有园必有石。

我国自然式山水风景园和欧洲大陆几何规则式园林，形成世界上两大古代园林体系。由于我国目前保存下来的苑囿、园林，都属明、清二代（而且主要是清代），数量也十不存一，不能充分反映我国古代园林的卓越成就和高度艺术水平。但就现存有限的珍贵历史遗产中，我们仍能总结出许多成功经验和优秀手法，作为今后园林建设和建筑设计的借鉴与参考。

---

① 如隋东都西苑、唐大明宫后苑、宋初违命侯苑、南宋吴兴南沈尚书园、元大都太液池（明北海）、苏州拙政园、留园、常州近园等。有些园中常称岛为“小蓬莱”，即源于武帝时太液池蓬莱岛。

② 《南史》到溉传：“居近淮水，斋前山池，有奇礓石，高丈六尺”。《建康志》载：同泰寺前有丑石四，各高丈余，陈封为三品，俗呼为三品石。齐文惠太子元圃中也“多聚奇石”。

③ 李德裕《会昌一品集》、《渔阳公石谱》、近人杨复明《石言》。

避暑山庄与颐和园

周　维　权

一、离宫型皇家园林概说

避暑山庄与颐和园是我国现存的两座规模最大的皇家园林，也是闻名中外的两座大型天然山水园。

清代的二百多年间，在北方修建了几十座皇家园林，包括大内御苑、行宫和皇室赐园。其中承德的避暑山庄、北京西北郊的畅春园、圆明园、颐和园不仅是皇帝避暑、游憩和较长时间居住的地方，也是处理朝政、进行各种政治活动的场所。因此在园林里面建置一个有“外朝”和“内寝”的宫廷区，成为除北京大内以外的政治中心。由于兼具“宫廷”和“园苑”的双重功能，这四座园林便成了清代皇家园林中的一种特殊型制，可名之为“离宫型皇家园林”。

这四座离宫型皇家园林的兴建、扩建和重建都是为了适应清代皇帝的园居的传统风习、满足他们园居生活的要求。有的尚与当时的政治形势有直接关联。

清王朝入关定都北京之初，来自关外的满族统治者很不习惯北京的炎夏气候，曾有择地另建避暑宫城的拟议①。但开国之初，百废待举，这种想法当然难以实现。康熙初年，北京大内多次遭火灾后重修，为了防火，也可能为了防范宫廷暴乱而将各宫院之间用高墙隔绝开，形成许多封闭的院落，宫人称之为“红墙碧瓦黑阴沟”，很不适宜于居住。因此，康熙帝玄烨早就打算选择一处清静空旷的环境另建“避喧听政”长期居住的地方。只是当时南方尚在用兵，政府财力不足。待到三藩叛乱平定之后，全国统一，经济有所发展，政府财力也比较充裕，于是玄烨立即着手在北京附近风景优美、泉水丰沛、也是前明私家园林荟萃的西北郊修建清代的第一座离宫型皇家园林——畅春园。大约在康熙二十九年（公元1690年）建成②（图1）。玄烨每年的大部分时间都居住在这里，从此以后，清代帝王园居遂成定例。

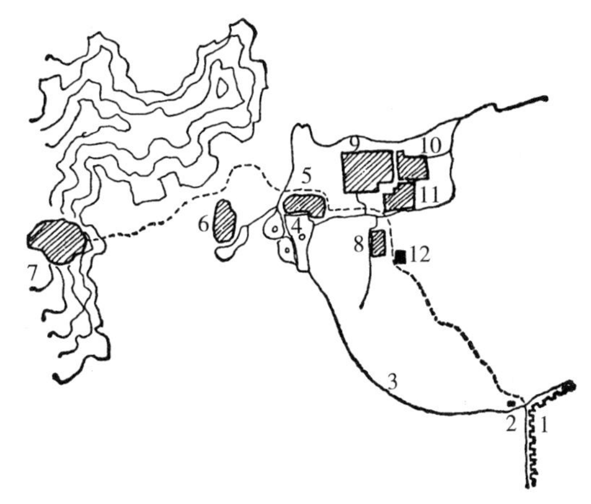

图1　清中叶北京西北郊“三山五园”分布图

1. 西直门　2. 倚虹堂　3. 长河　4. 昆明湖　5. 清漪园（万寿山）　6. 静明园（玉泉山）　7. 静宜园（香山）　8. 畅春园　9. 圆明园　10. 长春园　11. 绮春园　12. 海淀镇

康熙四十二年（公元1703年）玄烨又在承德修建规模更大的第二座离宫型皇家园

① 见《东华录》。

② 据《清史稿》职官志：康熙二十九年置畅春园总管大臣。估计该园基本完工当在是年前后。

林“避暑山庄”，四十七年（公元1708年）完工。这座园林已具有“避暑宫城”的性质，园址选定承德，固然由于当地优越的风景、水源和气候条件，但也和当时清政府的重要政治活动“北巡”有着直接的关系。

清王朝在入关以前即与蒙古族结成联盟，入关以后一直对蒙古族上层人士采取怀柔笼络的团结政策。自康熙十六年起，玄烨定期出古北口北巡塞外，对蒙古王公作例行的召见。当时，向东方扩张的沙俄利用清政府用兵南方镇压三藩叛乱之际，收买蒙古族上层败类，企图分裂我国北部边疆。玄烨看到这个威胁的严重性，同时，也看到八旗军队在镇压三藩叛乱中所逐渐暴露出来的腐败习气。现实的形势，迫使他认真考虑一个问题：除了严格训练八旗部队，保持初入关时的骑射传统和战斗素质外，还必须加强对蒙族的团结，才能巩固祖国的北部边疆。康熙二十年（公元1681年），在木兰地区建立广大的围场（今河北省围场县）。从康熙二十二年（公元1683年）起，玄烨定期于秋季率领万余人的军队到此行围，政府官员随行，通过带有军事性质的大规模狩猎活动来严格训练部队。行猎期间，以排场盛大的宴会、比武、召见、赏赐、封赠等活动来团结、笼络蒙古各部的王公贵族。

在“北巡”路线上，自古北口以北的沿途各站修建了许多行宫，其中最重要的一座行宫在喀喇河屯（今河北省滦河）。这里“中界滦河、依山带水，比之金口浮玉。故有小金山之号……热河以南，此为最胜景”①。康熙十六年玄烨第一次北巡时就看中这里土肥水甘、泉清峰秀。“故驻跸于此，未尝不饮食倍加，精神爽健。所以鸠工此地，建离宫数十间。茅茨土阶，不彩不画，但取其容座避暑之计也。日理万机未尝少暇，与宫中无异”②。这里风景很好，地理位置也适中。但自从康熙二十二年后，与蒙古族上层人士聚会活动的规模日愈扩大，这座比较简单的行宫已不能适应政治活动的要求。待到清政府财力比较宽裕，又在附近不远的热河上营（即今河北省承德）修建一座理想的“避暑宫城”，这就是康熙四十七年（公元1708年）建成的“避暑山庄”。从此以后，它就代替喀喇河屯行宫而成为玄烨北巡驻跸、避暑的皇家园林，也是他在塞外进行政治活动的中心。

避暑山庄东界武烈河，南面和西面毗邻承德市区，北面为狮子沟。占地面积约八千四百余亩（包括乾隆扩建部分）。园内有山岳、平原和湖泊，南端为宫廷区。虎皮石宫墙仿北京大内形制甃以雉堞，依山势蜿蜒起伏，长达二十余里。园的正门名丽正门。玄烨以四字为题命名园内的三十六处风景，是为“康熙三十六景”（图2）。

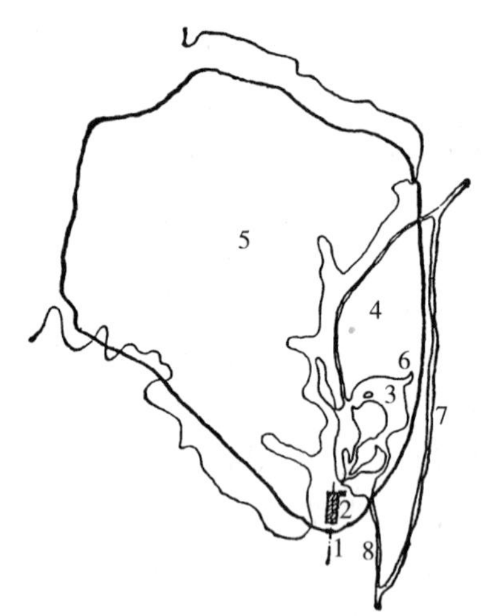

图2 康熙时的避暑山庄

1. 丽正门 2. 正宫 3. 湖泊区 4. 平原区 5. 山岳区 6. 热河泉 7. 武烈河 8. 热河

后来又在乾隆十六年（公元1751年）进行扩建，五十五年（公元1790年）完工（图3）。拓展了湖泊区的东半部，增建大量的园林建筑。乾隆帝弘历以三字为题命名新开辟的三十六处风景，是为“乾隆三十六景”。

① 《热河志》。

② 玄烨《穹览寺碑》。引自侯仁之《承德市城市发展的特点和它的改造》。

园外狮子沟以北、武烈河东岸一带，先后建置十座壮丽的庙宇“外八庙”，自北而东环绕着山庄，有如众星拱月。弘历在山庄与蒙古族上层人士的接触活动比康熙时更为频繁，内外蒙古各部、维吾尔、哈萨克、藏族以及西南的苗族、台湾的高山族等的上层人士都曾到此朝觐。“外八庙”就是为着纪念当时与兄弟民族有关的重大事件而建立的。

雍正三年（公元1725年）在畅春园北面的一座小型“赐园”的基础上扩建成清代的第三座离宫型皇家园林——圆明园。乾隆时再度扩建，并建附园长春园和绮春园。

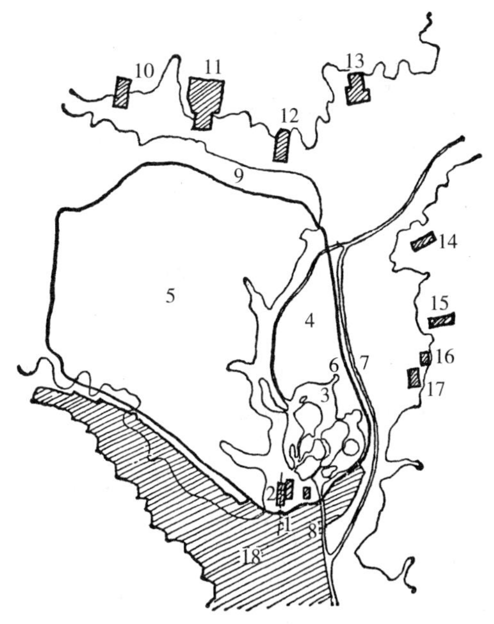

图3 避暑山庄

1. 丽正门 2. 正宫 3. 湖泊区 4. 平原区 5. 山岳区 6. 热河泉 7. 武烈河 8. 热河 9. 狮子沟 10. 殊像寺 11. 普陀宗乘庙 12. 须弥福寿庙 13. 普宁寺 14. 安远庙 15. 普乐寺 16. 溥善寺 17. 溥仁寺 18. 承德居民区

乾隆时期是我国封建社会最后一个“盛世”，也是清代皇家园林建设的极盛时期。北京西北郊一带，馆阁相望，无非名园胜苑。其中最著名的即所谓“三山五园”：万寿山清漪园、香山静宜园、玉泉山静明园、圆明园和畅春园（见图1）。

清漪园是颐和园的前身，乾隆十五年（公元1750年）开始兴建，二十九年（公元1764年）完工。占地面积约四千三百余亩，包括昆明湖、万寿山（图4）。园墙自文昌阁起经万寿山东麓和北麓到园西北角的西宫门止。其余东、南、西三面均以昆明湖沿岸作天然屏障，不设围墙，园内外的景色能够浑然联为一体。昆明湖的南端连接长河，是为西直门外的倚虹堂到清漪园的水路。

咸丰六年（公元1856年）爆发第二次鸦片战争，十年（公元1860年）英法侵略军进抵北京西北郊，焚毁三山五园。

光绪十四年（公元1888年）重修清漪园，改名颐和园，作为西太后那拉氏垂帘听政的地方，是为清代的第四座离宫型皇家园林。当时，清政府的财政已濒于枯竭之境，颐和园的修建费用大部分是挪用海军造舰经费，直到光绪二十年（公元1894年）才大体完工。

光绪二十六年（公元1900年），正当义和团反帝运动发展得如火如荼的时候，八国联军向中国发动侵略战争，占领北京。沙俄、英、意侵略军盘踞颐和园达一年之久，建筑物虽未遭全部焚毁，但也受到严重摧残。光绪二十八年（公元1902年）西太后又动用巨款将残破的颐和园进行修复。

颐和园基本上按照清漪园的原规划进行重建。万寿山后山仅保留被毁建筑的遗址。着重经营万寿山前山和包括东宫门在内的宫廷区，这里的建筑物全部修复，并有所增加。沿昆明湖加建围墙，将西面的一组建筑“耕织图”划出园外。颐和园的面积比清漪园略小些。但其性质则从一般皇家园林变为离宫型皇家园林了。

帝王园居，康熙时即成定例。离宫型皇家园林的兴修、扩建和重建就成为清代历朝皇帝的重点工程。避暑山庄自1703年开工直到1790年完工，前后历康熙乾隆两朝的长期经营。清漪园的修建为期 14 年，重建颐和园也花了近 10 年的时间。玄烨、弘历、那拉氏先后经营这两座园林都不惜耗费大量的人力和金钱。据粗略的统计，清漪园共用银四百余万两，重修颐和园用银三百余万两。帝王们直接掌握园林的建设工程，从选址到规划设计无不亲自过问甚至参与其事。玄烨和弘历曾多次南巡，遍览江南的名园胜景，有意识地取其精华作为这两座园林建园的蓝本。特别是自诩“园林之乐，不能忘怀”的弘历，对于在北方皇家园林中摹拟江南风致、引进江南园林艺术始终是不惜工本不遗余力。所以避暑山庄和颐和园以其独特的造园手法集中地体现了我国山水风致之美，继承了我国古代造园艺术的优秀传统而又融合了南方和北方园林的特点，可以说是我国古典园林艺术之集大成者。

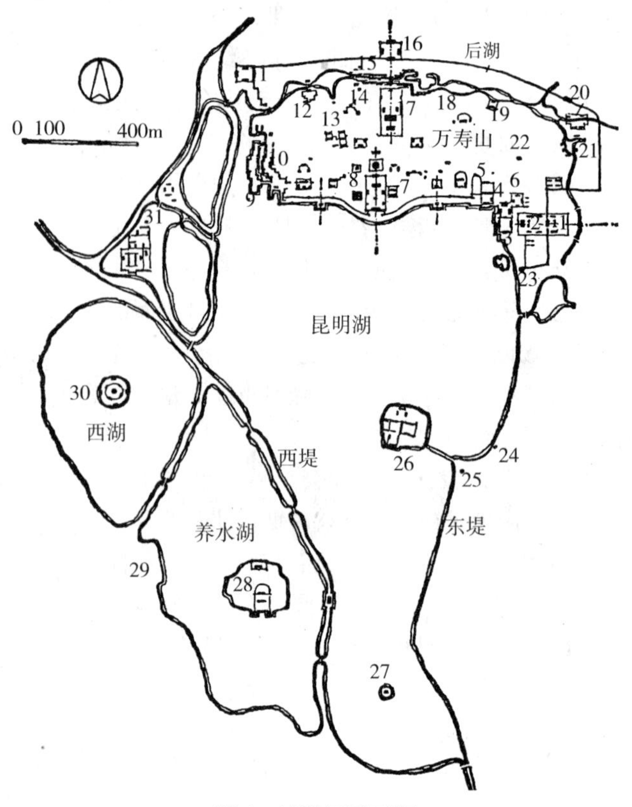

图 4 清漪园平面图

1. 东宫门 2. 勤政殿 3. 玉澜堂 4. 宜芸馆 5. 乐寿堂 6. 怡春堂 7. 长廊 8. 大报恩延寿寺 9. 水周堂 10. 小苏州街 11. 西宫门 12. 绮望轩 13. 赅春园 14. 构虚轩 15. 苏州街 16. 北宫门 17. 须弥灵境 18. 花承阁 19. 澹宁堂 20. 霁清轩 21. 惠山园 22. 昙花阁 23. 文昌阁 24. 铜牛 25. 廓如亭 26. 南湖岛 27. 凤凰墩 28. 藻鉴堂 29. 畅观堂 30. 治镜阁 31. 耕织图

我国古典天然山水园林不同于西方的天然山水园之单纯收纳天然风致，而是在所选择的天然地貌的基础上加以适当的改造、剪裁和点染，本于自然而又高于自然。这是一个“外师造化、内法心源”的艺术创作过程。创作的依据一是历来有关山水的绘画诗文中对于祖国大地山川自然美的规律性的理论总结，二是自唐宋以来历代的造园匠师们长年累月师徒相承所积累的丰富的实践经验。但根本则在于选择一个合适的地貌环境即所谓“相地合宜”①，以及对于地貌环境的人为的整理，包括各种天然景观要素如山湖溪河平地等本身形象的适当加工改造、它们之间的比例关系和构图格局的经营调整。这是天然山水园园林景观创造的基础和骨架，所谓“景以境出”。在这个骨架基础上面进行建筑布局、叠山理水、植物配置，以达到特定的造园意图，使得园林景观更多样化、更能激发人们的鉴赏情趣。这就是我国天然山水园创作的主旨：寓情于景，情景交融。

避暑山庄与颐和园具有离宫型皇家园林和大型天然山水园的共同特点。而不同的园址选择又决定了它们所采取的不同的地貌改造方式以及在此基础上利用建筑、绿化、叠山理水所创造的不同风格但同样绚烂多彩的园林景观。无论就其创作过程和客观效果而言，这两座园林恰好

① 《园冶》。

是很有代表性的两个典型例子。

二、天然地貌的改造和利用

避暑山庄园址选择的过程，在玄烨所写的《芝径云堤》一首御制诗里面有详细的叙述：

"万几少暇出丹阙，乐山乐水好难歇。

避暑漠北土脉肥，访问野老寻石碣。

众云蒙古牧马场，并乏人家无枯骨。

草木茂，绝蚊蝎。泉水佳，人少疾。"

这段文字叙说他北巡避暑时如何从当地居民口中探听到一处蒙民牧场。那里人烟稀少，没有坟墓，没有蚊虫和蝎子，树木草地繁茂，泉水的水质好，因此也很少有传染疾病。

"因而乘骑阅河隈，湾湾曲曲满林樾，

测量荒野阅水平。庄田勿动树勿发，

自然天成地就势，不待人力假虚设。"

于是亲自骑马顺着弯曲的河道到现场进行实地踏查测量。根据勘测的结果，决定不拆迁附近的田庄，也不砍伐树林。拟建的园林要保持这里的原始天然风致，不作过多的人工建置。

"君不见磬锤峰独峙，山麓立其东。

又不见万壑松偃盖，重林造化同。"

这里有千姿百态的大片原始松林覆盖着的山岭，东面还有高耸的棒锤峰等奇峰异石。

"命匠先开芝径堤，随山随水揉辐齐，

司农莫动帑金费，宁拙舍巧洽群黎。"

但美中不足的是还缺乏比较大的水面。因此就从修筑"芝径云堤"入手，利用平地和山区的丰富泉水开辟湖泊。然后再把沿山麓一带的地形稍加整理以便导引水源而汇聚湖中。不必花太多的帑费，宁可保留着大自然粗犷的风格也不要流于纤巧雕琢。

由此可见，玄烨对于避暑山庄建园的主导思想是明确的，而其实践的结果也没有违背他的初衷。

经过人工开辟湖泊和水系整理之后的地貌环境具备着以下的优越条件：第一，在约六千余亩的地段范围内，有起伏的峰峦，幽静的山谷，有平坦的原野，有大小溪流和湖泊罗列。几乎包含了全部的天然景观要素。第二，湖泊与平原南北纵深连成一片。山岭屏列于西、北面，自南而北稍向东兜转，坡度亦相应由平缓而逐渐陡峭、略成环抱之势。松云峡、梨树峪、松林峪、西峪四条山峪通向湖泊平原，是后者进入山区的主要通道，也是两者之间风景构图上的纽带。山坡大部分向阳而又有敞向平原和湖泊的开阔景界。这个地貌格局形成了全园的三大景区即山岳景区、平原景区和湖泊景区。三者各具不同的景观特色而又缩联为一个有机的整体。彼此之间能够互为成景的对象，最能发挥画论中所谓高远、平远、深远的观赏效果。第三，武烈河东岸以及狮子沟北岸一带都能提供很好的借景条件。第四，山区的大小山泉沿山峪汇聚入湖，武烈河水从平原北端的"暖流渲波"导入园内再沿山麓流至湖中，连同湖泊北端的热河泉眼，是为湖泊的三大水源。出水则从南宫墙的五孔闸门流入武烈河下游。构成一个完整的水系。这个水系充分发挥水的造景作用，以溪流、瀑布、平濑、湖沼等多种形式来表现水的动态和静态的特点，不仅观水形而且听水音。因水成景乃是避暑山庄园林景观的最精彩的一部分，所谓“山庄以山名而趣实在水。瀑之溅，泉之渟，溪之流咸汇于湖中”①。第五，山岭屏障于西北，挡住冬天的寒风侵袭。夏天则由于高峻的山峰、密茂的树木再加上湖泊水面的调剂，园内气温比承德其他地区低一些。确具冬暖夏凉的优越气候条件。

山岳景区占去全园三分之二的面积。山形饱满，峰峦涌叠形成起伏连绵的轮廓线。几个主要的峰头高出平原五十到一百米以上，最高峰达一百五十余米。由于土层厚而覆盖着郁郁苍苍的树木，山虽不高但颇有浑厚的气势。山岭虽有起伏但无甚悬崖绝壁，四条山峪为干道，到处都可以登临游览居止。“世之笃论，谓山水有可行者，有可望者，有可游者，有可居者。凡画至此，皆入妙品。但可行可望不如可居可游之为得。”② 山区正以其“可游可居”的形象特点以及浑厚的气势而成为绝好的观赏对象。因此，山区的建筑布局相应地只要求疏朗的点缀，这就是山庄天然野趣的主调所在。

湖泊的开辟和规划是把园林造景和水系整理工程结合起来考虑的。整个湖泊景区可以看作是以洲岛桥堤划分为若干水域的一个大水面，这是清代皇家园林中常见的一种理水形式（图5）。但实际上是由西半部、东半部和长湖三部分组成。西半部即康熙时开辟的如意湖和上湖，如意湖是一个景界比较开阔的水面，湖中大洲为“如意洲”，有堤连接南岸名“芝径云堤”。堤身“径分三枝、列大小洲三，形若芝英、若云朵，复若如意”③，造型非常优美。堤在湖中的走向呈南北向，正好与湖面的狭长形状相适应，也符合于以宫廷区为起点的游览路线。东半部即乾隆时拓展的东湖和下湖。这里的水域较小，与西半部之间有堆山的障隔。东面紧界宫墙。这里多半是比较幽静的局部近观的水景小品。湖泊的东半部和西半部之间设置两处闸门以保证后者在枯水季节的一定水位。长湖的开凿是为了汇聚山区泉水，“湖水自东北入南汇山泉为小湖，山口石堰横亘，陡岸天成”④，显然具有蓄水库的作用。湖面顺着山的东麓紧抱坡脚成狭长的新月状。东麓倒映水中，形成一景。沿山坡散布着许多泉流和瀑布，“北为趵突泉，涌地咸沸；西为瀑布，银河倒泻，晶帘映崖，微风斜卷，珠玑散空。前后池塘，白莲万朵，花芬泉响，直入庐山胜境矣”⑤。

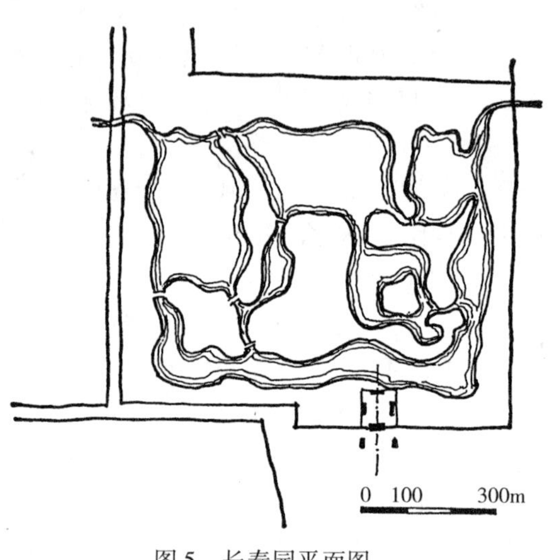

图5 长春园平面图

湖泊景区的景观是开阔深远与含蓄曲折兼而有之。虽然人工开凿，但就其整体而言，水面形状、堤的走向、水域的尺度都经过精心的设计，能与山、湖、平原三者的地貌布局形势相谐调配合，宛若天成地就。即使一些细部的处理，如像山麓与湖岸交接处的坡脚、驳岸、水口等都以江南水网地带作为蓝本，极精致而又不落斧凿痕，是为北方皇家园林中理水的上品之作。

① 《热河志》。
② 郭熙《林泉高致》。
③④ 《热河志》。
⑤ 玄烨《御制诗序》。

平原景区南临湖、东界宫墙、西北依山，呈狭长的三角形。平原与湖泊的面积约略相等，按南北纵深一气连贯。起伏延绵的山岭则屏列于西面而缩结于平原的尽端。山的浑雄、湖的宛约、平原的开旷，三者在景观上形成了强烈的对比。

颐和园的选址和地貌改造情况需要从乾隆时的清漪园谈起。

约在乾隆九年（公元1744年）前后，圆明园扩建大体完成。弘历写了一篇《圆明园记》，文中夸耀这座园林如何宏大，园景如何绮丽。所谓“天宝地灵之区，帝王游豫之地，无以逾此”。因而明白表态“不肯舍此重费民力建园矣”。然而仅仅六年之后，另一座大型园林——清漪园却又在万寿山昆明湖动工了。

弘历所经营的园林必然在规划设计中体现其意图、反映其爱恶。就中最主要的一个方面是再现他素所倾慕的江南风致之美。然而缺乏天然山水基础的圆明园只能以平地造园的方式来缩移摹拟江南山水的景观，尽管在几千亩的广大范围内展开，毕竟得不到身临其境的真实感；香山静宜园和玉泉山静明园只有山而少水，都不能完全满足弘历的这个愿望。因此，他需要一座综合的天然山水园。而在西北郊一带只有万寿山和昆明湖能在最起码的程度上提供天然山水园的地貌条件。这就是继圆明园之后又在这里建新园的真正原因。

弘历修建清漪园是与整治西北郊的水利工程和修建大报恩延寿寺这两件事情同时进行。或者说，是以这两件事情作为借口而进行的。

自从康熙以来，畅春、圆明诸园建成后，大量园林用水使得北京西北郊的水量消耗与日俱增。园林用水的大部分依靠玉泉山汇入西湖之水。后者经长河流入北京城内，再经通惠河汇入运河以补给运河水量。西湖从元代以来就是通惠河的上源，如果上源被大量截流而去，则势必影响漕运。为了彻底解决这个问题，于乾隆十四年（公元1749年）冬开始进行西北郊的水系整理工程。首先疏浚并开拓昆明湖的前身西湖，拦蓄玉泉山香山一带的大小泉流使之全部汇于湖中，成为当时的一个规模可观的蓄水库。弘历仿效汉武帝在长安昆明池训练水军的故事命健锐营兵弁定期在此举行水操。并改湖名为“昆明湖”。这项工程比较圆满地解决了漕运接济和农田灌溉问题。同时也完成了建设清漪园的用地整理。

在开始这项水利工程的同一年，弘历为庆祝皇太后钮祜禄氏的六十寿辰，在当时叫做瓮山的万寿山南坡的中部、明代园镜寺旧址上修建一座宏丽的佛寺“大报恩延寿寺”。并为此而改瓮山之名为万寿山。

也就在这同一年，弘历任命专人负责清漪园的修建工作。于开拓西湖的同时进行建园基地的整理。于修建大报恩延寿寺的同时开始了园林的规划。所以清漪园的修建并非像弘历所说“盖湖之成以治水，山之名以临湖。既具湖山之胜，能无亭台之点缀乎？”① 而是有计划地进行着。甚至在事后弘历也不得不承认：“今日清漪园非重建乎？非食言乎？以临湖而易山名，以近水而创园囿，虽云治水，谁其信之？”②。

清漪园规模虽不及圆明园，弘历却给予很高的评价。写下了“何处燕山最关情，无双风月属昆明”的赞语。但是，它的原始地貌对于造园来说却并不十分理想。虽然瓮山的阳坡面湖，西面有玉泉山和西山的借景条件。但瓮山的山形不美，它与西湖的连属关系也不妥贴。这就需要进行大量的地形改造来调整山水的布局。

---

①② 弘历《清漪园记》。

瓮山据文献记载原来是一座“童童如赤坟”[①] 的光秃秃的童山，最高处不过六十米，东西长一千余米。山的轮廓呆板单调，面湖的阳坡比较陡峭，缺少起伏之势。山的本身既不是好的观赏对象，因此也不太引人注意。当时文人对西北郊风景描写的诗文中都把西湖与玉泉山并提而很少谈到瓮山的（图6）。

山与湖的连属关系据文献记载：“园镜寺左田右湖”[②]。可知瓮山的中部正好对着西湖的东岸。成了山前的西半部临湖、东半部则为一片平地的一分为二的尴尬局面。

因此，地貌改造就着重在掩饰单调的山形和改变湖山的连属关系。结合兴修水利工程将西湖往东往北拓展直达瓮山东麓，水面在西北角上沿瓮山西麓往北延伸再兜转而东，把瓮山的整个西麓和北麓环绕起来，形成山嵌水抱之势。瓮山就仿佛托出于水面的岛山，颇类似于镇江的金山和焦山。湖与山因此而紧密地结合为一个整体。山不高而湖面辽阔，后者自然成为全园水景的主体。

经过改造以后的地貌布局，成为北山南湖以大片水面为主的形势。湖东北面一段不大的平地正好处于湖山交接的枢纽部位。既接近于万寿山前山，又是清漪园距离圆明园大宫门的最近之处。因此选择这里建置园门和殿堂，以便于弘历自圆明园“过辰而往，逮午而返”的最短行程。

全园以万寿山山脊为界，形成两个景区：前山前湖景区和后山景区（图7）。

前山前湖景区约占全园面积的十分之九。前山即万寿山南坡，前湖即横陈山前的大片水面。两者既是观景的地方，也是成景的对象，景界都十分开阔。又有园外玉泉山和西山以及田野平畴的借景条件。因此，在景区内的任何部位几乎都能观赏到幅度极大的以前山、前湖和借景为题的山水景观画面（图8）。

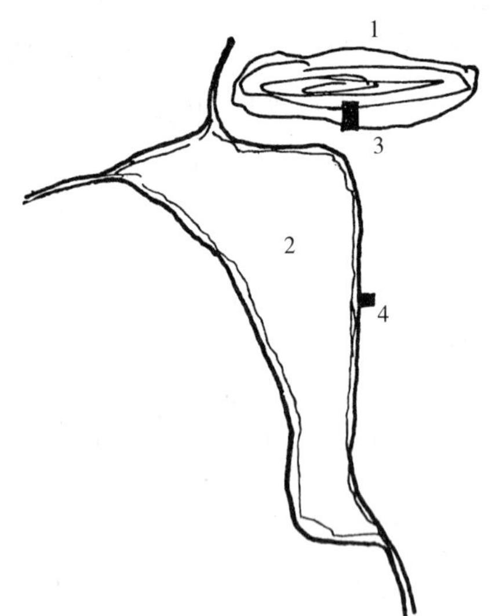

图6 瓮山与西湖的原始地貌

1. 瓮山 2. 西湖 3. 园镜寺 4. 龙王庙

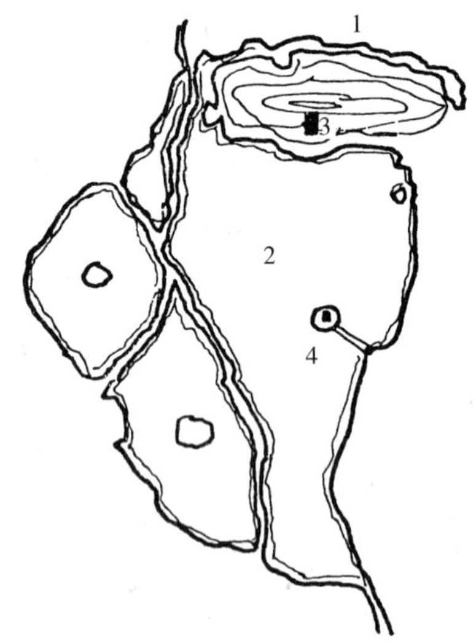

图7 万寿山与昆明湖的地貌

1. 万寿山 2. 昆明湖 3. 大报恩延寿寺 4. 龙王庙

① 《帝京景物略》。

② 李东阳《游西山记》。

图 8　前湖景观

前山的呆板山形需要加以适当的掩饰，因此建筑的布局就成为前山景观设计的主要环节。

辽阔的前湖水面需要一定层次的划分以避免单调、增加深远效果。因此岛与堤的布置乃是前湖景观设计的关键所在。

在往西拓展湖面时筑西堤，划分前湖为三大水域：主湖昆明湖、副湖西湖和养水湖。龙王庙所在的南湖岛和凤凰墩本来是原西湖东岸的一部分。湖面往东拓展后加以保留成为昆明湖中的两个岛屿。两个副湖亦各有中心岛屿“治镜阁”和“藻鉴堂”，与南湖岛共为前湖的三个大岛，形成皇家御苑传统的“一池三山”的布局。西堤在湖中的走向、它与万寿山的位置关系，如果和苏堤在杭州西湖中的走向、它与小孤山的位置关系两相比照，可以明显看出杭州西湖乃是清漪园规划的一个主要蓝本（图 9）。西堤自北而南纵贯前湖水面的走向把昆明湖围成北宽

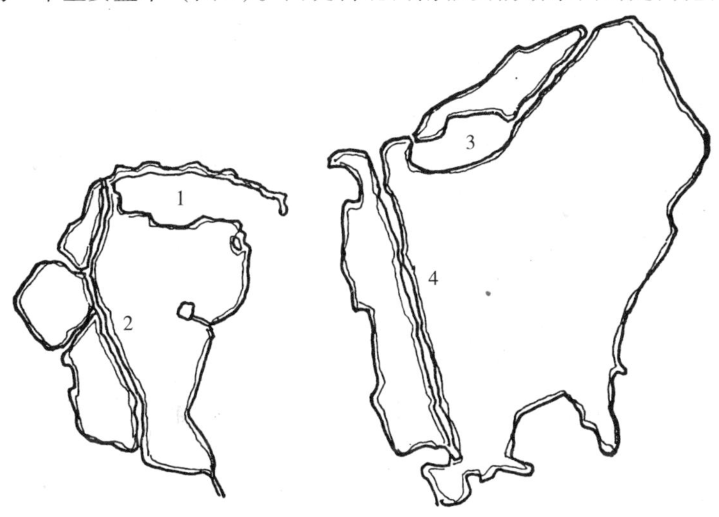

图 9　清漪园与杭州西湖

1. 万寿山　2. 西堤　3. 小孤山　4. 苏堤

南窄逐渐收缩的略似三角的平面形状，使得昆明湖的中轴线与万寿山前山的中轴线连贯对应起来。如果从万寿山俯瞰前湖，则由于透视假象的影响而得到比实际更深远的观赏效果。凤凰墩与南湖岛在湖中一大一小的南北序列则更加强了这种透视的假象。

图 10　湖山真意之借景

昆明湖西北端沿万寿山西麓延伸的水面以堤、岛穿插为水网地带。这个局部地貌景观是典型的江南水乡的再现。并有意识地作成河湖港汊交汇的处理，以显示前湖的源远流长。

前山前湖景区有着绝好的借景条件。与前湖融为一体的田畴平野，玉泉山以及更远的西山，都能在景区内的不同的位置、从不同的角度收摄作为成景的一部分甚至作为主题。其中有些构图之佳妙，剪裁之得体简直仿佛一幅幅精心创作的天然图画（图 10）。

图 11　后湖景观

后山景区包括万寿山北坡和后湖。它的地貌特点是：一、东西向的面阔宽而南北向的进深浅。在不到二百米的进深内绝大部分是山的北坡，水面只有靠北宫墙的一段河流——后湖。二、山的坡度比前山缓，可以利用原有的丘壑而对山形的起伏作较多的加工。三、除园外东北面的群山可以资借外，其余均为单调的平原，借景条件远不如前山前湖景区。所以这个景区的景观设计就与前山前湖景区全然不同，以构成山水的近观小品为主，着重在创造一个幽静深邃，富于山林野趣的环境（图 11）。

后湖是一条人工开凿的逼近北宫墙的河道，形势本来很局促。以开挖河道的土方沿着北岸堆叠为土山，把北岸宫墙遮挡住，其岗阜起伏和脉络走向与河南岸的万寿山北坡的坡脚相配合，以至于真假不辨、宛若天成。颇有“两岸夹青山，一江流碧玉”的意趣。河道全长一千余米，其精彩之处在于分段收束化河为湖的做法：以夹峙两岸的峡口、石矶把河道障隔成六个段落。每个段落的形状不同，但都略具湖泊的比例。形成一串具有不同景观特色的小湖面。以水面的开合聚散来改变河身的僵直单调的感觉。所以不言后河而名之为后湖。

三、建筑布局、植物配置

离宫型皇家园林为适应帝王宫廷生活和园居生活的需要，建筑物的数量多、类型复杂。建筑布局也相应地采取大分散、小集中的方式，把绝大部分的建筑物集中为许多小的群组再分散配置于全园之内。这些建筑群组之中，一部分具有特定的使用功能如像宫殿、住宅、庙宇、戏楼、辅助设施等，大量的则是作为点缀风景、观赏风景或者供一般饮宴、坐憩之用的园林建筑。大型天然山水园地貌复杂，包含着较多的天然景观要素。建筑布局如何与地貌和天然景观要素相结合以创造丰富多彩的园林景观乃是造园设计的主要内容之一。如果把分散在避暑山庄和颐和园内的全部建筑群组按照它们在园林造景方面所起的作用加以归纳，大致可以分为三类：风景点、小园、建筑群。

所谓风景点就是单幢的或成组的建筑物，它们与开敞或比较开敞的地貌环境相结合，其作用在于“点景”即点缀风景，或“观景”即观赏风景，或者兼而有之。所谓小园就是成组的建筑物与由叠山理水或天然地貌所构成的幽闭或比较幽闭的局部空间相结合，形成一个在布局上具有相对独立性的环境。它的作用只限于这个环境内部和附近的近观小品的创造。无论设置墙垣与否，都可以视为一座独立的小型园林。小园在许多情况下也兼有风景点的作用。建筑群即北方常见的院落或厅堂建筑，一般都有特定的使用功能。宫廷区即属于此种特殊功能的建筑群。

植物配置方面，避暑山庄与颐和园有一个共同的特点：山区以松柏为主、湖区以柳为主、水面多栽植荷花。北方和中原的名山多有奇松古柏，我国历来的诗文都赋予松柏以人格化的比拟，象征高风亮节、长寿永固。这些都符合于帝王封建统治思想的需要，因此在皇家宫廷和园林中广泛种植。松柏四季常青，在常绿树种中色彩比较凝重，大片成林，适合于作山区景观的色彩基调。柳树近水易于生长，姿态婀娜、色彩偏于清丽，与水景的潋滟相配，最能体现江南水乡的婉约多姿。

避暑山庄突出天然风致、绿化比重大。这与建园之初就注意保护天然植被的原始面貌和后期有计划地种植都很有关系。据文献记载，园内原来树木花卉繁茂，品种也很多，而且善于以植物配置结合地貌环境和麋鹿仙鹤等禽鸟来丰富园林景观。“七十二景”之中，有一半以上是与植物有关或以植物作为主题的。在这一点上，颐和园与之相比，就稍逊一筹了。

避暑山庄山岳景区以其山形的自然美作为观赏对象。因此只有少量的点景建筑。而山区内幽谷丘壑均为“可居”“可游”之地，因此小园和建筑群比较多。由于摹拟我国名山建古刹的传统，山庄内的八座主要寺观即“内八庙”中的七座均建置在山岳景区之内。

四个主要的风景点以亭子的形式出现在峰头，构成山区制高点的网络：“南山积雪”和“北枕双峰”是从平原湖泊一带北望的主要对景，它们本身的位置选择所具有的开阔视野也能够收摄远近山岭的最有特色的景观。点景和观景的效果都非常好。如“北枕双峰”与西北面的金山和东北面的黑山成“两峰翼抱一亭”的形势。“南山积雪”则“亭在山庄正北，高据山巅。南望诸峰，环揖拱向。塞地高寒，杪秋雪下，环视楼阁轩榭，皎然寒玉光中”①。“四面云山”在山区的西北，一峰拔起，构亭其上，“诸峰罗列若揖若拱。天气晴朗，数百里外峦光云影皆可远瞩。亭中长风四达，伏暑时萧爽如秋”②。这是以开阔的“环眺”观景为主的一个风景点。“锤峰落照”则为观赏日落前后的棒锤峰借景而建置，“敞亭东向，诸峰横列于前。夕阳西映，红紫万状，似展黄公望浮岚暖翠图。有山矗峙倚天，特作金碧色者，磬锤峰也”③。

山区的观赏树木以松树为主，松林是山区绿化的基调。主要山峪松云峡一带尽是郁郁苍苍的松树纯林。但也以其他树种的成林或丛植来恰如其分地强调局部地段的风致特征。如像梨树峪保留原有的梨花树，“梨花伴月”即因此而得名。

湖泊景区的面积不到全园的六分之一，但却集中了全园的一半以上的建筑物，是避暑山庄的精华所在，所谓“山庄胜处，实在一湖”④。这个景区以金山亭为总绾全局的风景点，以如意洲作为景区的建筑中心。金山是靠如意湖东岸的一座小岛山，地貌很像镇江金山“江上浮玉”的缩影，因此而得名。岛上的建筑物也模仿金山“屋包山”的做法。临湖曲廊周匝回抱

---

①②③④　《热河志》。

如弯月，与如意洲上的大建筑群隔水成对景。最高处建八角形三层的“皇穹永佑”阁（又名金山亭）。这个风景点是景区内的许多画面的构图中心，与山区的“南山积雪”、“北枕双峰”互相呼应成对景。自亭上环眺，能够观赏到以湖区为近景的最佳的长卷画面，仿佛“北固烟云，海门风月，皆归一览。真情实景，不即不离”①。

湖泊景区的西半部以水景开阔取胜，故多设置风景点建筑。东半部较多幽闭的水域，相应地以小园和建筑群为主。景区内的建筑布局能够与水域的开合聚散、洲岛桥堤和绿化种植的障隔通透恰当地结合起来，不仅构成许多优美的画面，作为在特定的位置或风景点上固定观赏即“定观”的对象。而且还创造了循着一定路线的游动观赏即“动观”的效果。这种以步移景异的时间上的连续鉴赏过程来加强园林景观艺术感染力的做法也常见之于其他的皇家园林。而避暑山庄湖泊景区则有着更明确的游动观赏路线或者叫做“游览线”。以起、承、开、合的章法和重点、高潮、对比、透景、障景的经营来构成各个风景点、小园或建筑群之间的渐进序列（图12）。

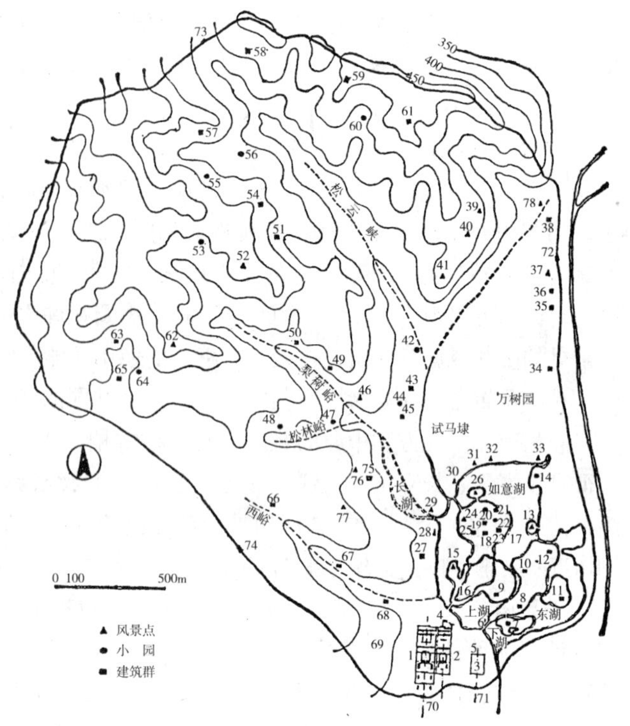

图12　避暑山庄平面图

1. 正宫　2. 松鹤斋　3. 东宫　4. 万壑松风　5. 卷阿胜景　6. 水心榭　7. 文园狮子林　8. 清舒山馆　9. 月色江声　10. 静寄山房　11. 戒得堂　12. 花神庙　13. 天宇咸畅（金山亭）　14. 香远益清　15. 采菱渡　16. 芝径云堤　17. 如意洲　18. 无暑清凉　19. 延熏山馆　20. 水芳岩秀　21. 沧浪屿　22. 一片云　23. 般若相　24. 云帆月舫　25. 金莲映日　26. 烟雨楼（青莲岛）　27. 芳园居　28. 芳渚临流　29. 双湖夹镜　30. 青雀舫　31. 莺啭乔木　32. 濠濮间想　33. 甫田丛樾　34. 春好轩　35. 嘉树轩　36. 乐成阁　37. 永佑寺舍利塔　38. 澄观斋　39. 青枫绿屿　40. 北枕双峰　41. 南山积雪　42. 凌太虚　43. 文津阁　44. 玉琴轩　45. 宁静斋　46. 云容水态　47. 静好堂　48. 食蔗居　49. 澄泉绕石　50. 梨花伴月　51. 水月庵　52. 西岭晨霞　53. 创得斋　54. 栴檀林　55. 碧静堂　56. 含青斋　57. 玉岑精舍　58. 宜照斋　59. 广元宫　60. 山近轩　61. 斗姥阁　62. 四面云山　63. 太古山房　64. 秀起堂　65. 鹫云寺　66. 碧峰寺　67. 风泉清听　68. 松鹤清越　69. 驯鹿坡　70. 丽正门　71. 德汇门　72. 迪吉门　73. 西北门　74. 碧峰门　75. 珠源寺　76. 涌翠岩　77. 锤峰落照　78. 暖溜渲波

景区内共有三条游览线

一，东路的游览线始于东宫北端的“卷阿胜景”。第一个风景点“水心榭”是跨湖的三座视野开阔的重檐桥亭。以西北面得景最佳，透过湖面上“芝径云堤”的障隔，水光山色一览无余。过此往北逐渐过渡到水域闭合、环境幽静的东湖及其洲岛上的小园和建筑群，这是游览线上的重点所在。再往北行则又豁然开朗，风景点“金山亭”倏然在望。金山之北的热河泉眼，早先泉水平流，清澈见底。冬天依然潺潺不绝，热气蒸为烟霞，是为东路的结束。

二，中路的游览线始于“万壑松风”。过桥即达形若灵芝的“芝径云堤”。堤身的一枝连

① 玄烨《御制诗序》。

接风景点“采菱渡”，一枝通向“月色江声”。当中一枝则曲折有致地通往如意洲。堤上垂柳丝丝，湖中当年遍植荷花菱茭，由于热河泉水温较高，荷花直到秋天，仍不凋谢，弘历曾有“荷花伴秋见”的诗句。远山近水，全然一派江南天然风致。漫步堤上，仿佛置身杭州西湖，正所谓“景色明湖，苏白未得专美”①。这是此路游览线上观景的重点所在。往北到达湖区的第一大岛如意洲，沿岸堆叠时障时透的土石假山，集结了大量建筑物。与芝径云堤的天然风致恰成强烈的景观对比，同时也形成游览线上的高潮。岛上的三组主要建筑群“无暑清凉”、“延熏山馆”和“水芳岩秀”按南北中轴线成院落的布置。后者也是一座“镜波绕岸，瑶石依栏”的临水小园。此外还有小园、寺庙以及风景点若干处。据文献记载，如意洲上当年所栽植的草木本花卉数量大、名种多，可算是避暑山庄内的一个花卉园。如像“金莲映日”附近的蒙古敖汉种旱金莲，从江南引进的桂花、兰花，从四川引进的蜀葵以及大量的盆栽小品等。

如意洲再往北隔水为青莲岛。岛上的“烟雨楼”是一座精致的小园林。也是一个在烟雨迷蒙中观赏湖景和点缀湖景的风景点。“楼四面临水，一碧无际。每当山雨湖烟，顿增胜概”②。此种景观特点以及青莲岛的地貌环境，颇似嘉兴南湖。由如意洲上的花团锦簇的大建筑群过渡到青莲岛上的清静的小园林，环境又为之一变，而以烟雨楼作为中路游览线的结束，并于此又展开景区北半部的另一幅风景画面。

三，西路游览线起自正宫后门岫云门，经“驯鹿坡”北行，左依山右临湖，纵深处为“南山积雪”的对景。往北的地貌经过后来改动已非旧观。据文献记载，如意湖与长湖之间有一座长桥，桥的两端各立牌坊。此处观赏左右双湖，得景最佳：“石棱沙咀迤逦连长。每曦光散晓，魄影澄秋。如玉镜新磨，冰奁对启。凫鹭水鹤，顾影飞翔。天水空明，烟云演漾。双湖胜景，难画难书矣”③。过桥即为长湖东岸，这里原来有一带堆山与平原区障隔开，环境比较幽静。长湖原来紧依西面的山麓，恰能接受山坡上“珠源寺”一组大建筑群的全部倒影。形成以水中倒影取胜的景观。湖现已淤为平地。山坡上原来有激水而成的大小瀑布多处，相应地建置若干观瀑和听瀑的风景点，如“涌翠岩”、“千尺雪”、“观瀑亭”等。长湖之北有小园“文津阁”锁住山口。文津阁是当时国内庋藏四库全书的七座藏书楼中之一座，也是西路游览线的结束。

平原景区的建筑物大体上沿着山麓布置以突出平原之开旷。在它的南缘亦即如意湖的北岸建置四个小的风景点：甫田丛樾、濠濮间想、莺啭乔木、水流云在，“回环列布，倒影波间”④。观水景、赏树林、听鸟声，也作为湖区与平原交接的过渡处理。平原北端的收束处也正是它与山岭交汇的枢纽部位，在这里建置园内最高的建筑物永佑寺舍利塔。塔的型制模仿南京报恩寺琉璃塔，平面八角形，九层塔檐用黄绿两色琉璃瓦砌造。高耸挺秀的体型北倚蓝天、西枕青山，作为湖泊平原二景区南北纵深尽端收束处的一个着力点染，其位置的安排非常恰当。

平原景区的植物配置是把园林造景和建园的政治意图结合起来考虑的。东半部的“万树园”丛植虬健多姿的老榆树数千株，麋鹿成群奔逐于林间。西半部的“试马埭”则为一片如茵的草毡，形成塞外草原的粗犷风光。它与南面湖泊景区的江南水乡的婉约情调，并陈于一园之内。这种景观设计在我国古典园林中乃是绝无仅有的例子。当年弘历在万树园与蒙古王公台吉举行野宴、观看灯彩、马伎、角力摔跤。平原景区内点缀着多处的蒙古包，这一派漠北的景象为皇帝举行的政治活动烘染了足够的气氛。乾隆十九年（公元1754年）夏天，弘历接见新归附的

---

① 玄烨《御制诗序》。

②③④ 《热河志》。

都尔伯特蒙古部三策凌（台吉策凌、策凌乌巴什、策凌孟克），可说是盛况空前的一次活动，在万树园大宴五日，这里晚上灯火通明，乐声震耳，施放烟火，演出杂技。背山临湖、远峰环抱、高树参天、鹿鸣呦呦的平原景区，为盛会提供了一个优异的环境。弘历对此倍加赞赏，曾题诗以纪其事："火树腾辉映绿云，凤箫声应鹿鸣闻，御园节景年年赏，谁识山庄回出群"①。

颐和园前山前湖景区的建筑布局根据地貌环境的特点，采取如下的方式：以风景点为主、小园和建筑群为辅，以"定观"的造景效果为主、以"动观"为辅。

景区内的绝大部分建筑是以风景点的形式出现。从南湖岛上的"涵虚堂"起始，东经十七孔桥、"廓如亭"，往北为"文昌阁"、"夕佳楼"，折而东为"水木自亲"以及万寿山前的长廊，至五圣祠再折而南即西堤上的六桥，直到最南端的"绣绮桥"为止，形成一个贯串于前湖周缘的螺旋形的风景点环带（图13）。

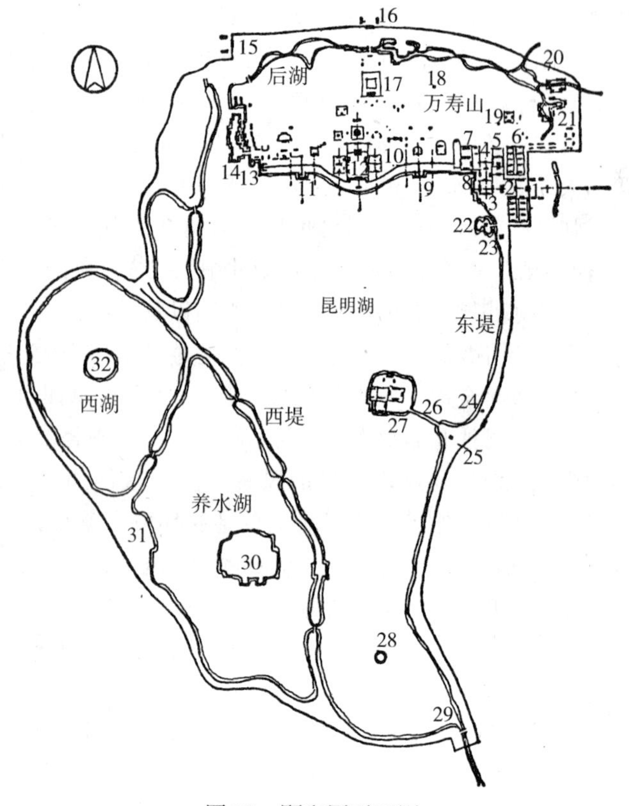

图13 颐和园平面图

1. 东宫门 2. 仁寿殿 3. 玉澜堂 4. 宜芸馆 5. 德和园 6. 东八所 7. 乐寿堂 8. 水木自亲 9. 对鸥舫 10. 长廊 11. 鱼藻轩 12. 排云殿 13. 石舫 14. 五圣祠 15. 西宫门 16. 北宫门 17. 须弥灵境 18. 多宝塔 19. 景福阁 20. 霁青轩 21. 谐趣园 22. 知春亭 23. 文昌阁 24. 铜牛 25. 廓如亭 26. 十七孔桥 27. 南湖岛 28. 凤凰墩 29. 绣绮桥 30. 藻鉴堂 31. 畅观堂 32. 治镜阁

万寿山前山仅占全园面积的很小一部分，却集中了园内绝大多数的建筑物。建筑密度大而且形象显露，是一个庞大的风景点集群。前湖约占全园面积的五分之四，只疏朗地布置着十来组建筑群。两相比照，真所谓"疏处可走马，密处不透风"。之所以采取这种建筑布局方式，显然出于三方面的考虑：一、前山接近宫门和宫廷区，交通联系方便。二、"凡一画之中，楼阁亭宇乃山水之眉目，当在开面处安置"②，前山正是这个景区的开面之处。三、前山呆板单调的山形即使通过人为的整理加工或绿化种植也不可能有根本性的改善。这个地貌上的先天缺陷只能以建筑形象来掩饰和弥补。因此，前山的建筑多为密集而形象显露的楼阁殿宇，而且其布局是遵循着一定的轴线对位关系。这种做法似有悖于我国园林传统，论者亦有认为失之"妍俗"的。但它之所以形成也有其历史的原因。

清漪园的建园是结合修建大报恩延寿寺同时进行的。而后者又是在前山中部的明代园镜寺旧址上建成。大报恩延寿寺包括山门、天王殿、大雄宝殿、多宝殿三进院落。多宝殿后面是一

---

① 弘历《御制诗》。

② 郑绩《梦幻居画学简明》。

座俗名“塔城”的高台，由八字形台阶“大朝真蹬”上至台顶。台顶环以回廊，四角为角楼“四部洲经楼”，台中央建高阁“佛香阁”。阁后为琉璃无梁殿“智慧海”。从山麓直到山顶，层层叠叠形成一条贯穿南北的前山中轴线。西跨院为罗汉堂和宝云阁，东跨院为慈福楼和转轮藏。这是一座规模壮丽的佛寺。弘历在《大报恩延寿寺纪》一文中直把整个万寿山昆明湖比作佛经中的梵天乐土。可见这座寺庙在园林里实占着极重要的地位（图 14）。

光绪重建颐和园，在原寺的基址上改建为四组建筑群。中路南部为“排云殿”，包括排云门、二宫门、排云殿、德辉殿共三进院落（图 15）。原来作为西太后的寝宫兼朝堂，所以建筑的布局和形象大致仿照大内乾清宫。中路北部的佛香阁、智慧海及其左右的宝云阁、转轮藏作为宫廷佛寺。西跨院“清华轩”和东跨院“介寿堂”则是两座住宅性质的院落建筑群。

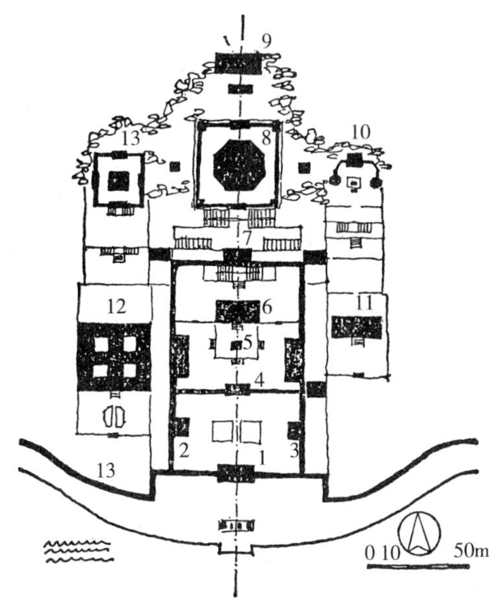

图 14　大报恩延寿寺平面图

1. 山门　2. 钟楼　3. 鼓楼　4. 天王殿　5. 御碑亭
6. 大雄宝殿　7. 多宝殿　8. 佛香阁　9. 智慧海
10. 转轮藏　11. 慈福楼　12. 罗汉堂　13. 宝云阁

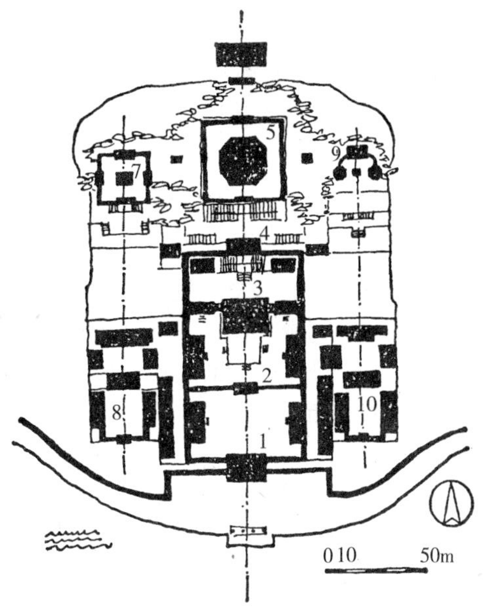

图 15　排云殿平面图

1. 排云门　2. 二宫门　3. 排云殿　4. 德辉殿
5. 佛香阁　6. 智慧海　7. 宝云阁　8. 清华轩
9. 转轮藏　10. 介寿堂

无论乾隆时的大报恩延寿寺或者光绪时的排云殿，都运用庄严华丽的建筑形象来显示其重要地位。这一组构成前山强烈的中轴线的大建筑群或大风景点，如果从前山景观的整体来考虑，则需要以其他的点景建筑作为具有一定几何对位关系的陪衬和烘托。这就形成前山风景点集群的比较严谨的布局。在这个布局中，长廊起着关键性的作用。

长廊沿前山山麓自东而西共二百七十三开间，全长七百二十八米。早先是为皇帝雨天或雪天游园而建。但它本身作为一个优秀的建筑艺术作品在园林风景的点缀上所起的作用要比它的功能作用大得多。长廊结合沿湖岸的汉白玉栏杆构成精致的横向条带与排云殿的纵向中轴线相呼应，把岸脚镶嵌起来，掩盖了山与水交接部位的生硬感觉，更显示出万寿山的“水上浮玉”的姿态。在排云殿两侧的长廊的凸出部位对称地建水榭两座——“对鸥舫”和“鱼藻轩”，而每座水榭两侧的长廊上又对称地建小亭两座，形成以排云殿为中轴线的几列主次分明的纵向轴线。中轴线东西两侧的建筑物大体上沿着山麓、山腰和山脊成组或散点配置。沿山麓的都是小园和建筑群，沿山腰和山脊的则多数是风景点，能从不同的角度观赏前湖之景。有的甚至专为赏湖景而设如“瞰碧台”、“湖山真意”、“画中游”、“景福阁”等。前山的建筑作为整体而言，寓变化于严谨，严谨中有变化；既体现帝王宫苑的宏伟气度而又不失园林风貌。乃是颐和园不同于避暑山庄的一个最大特色。

佛香阁是前山中轴线上的重点建筑物，也是整个景区的构图中心。它的形制、体量对于园林成景具有举足轻重的作用。关于佛香阁的建造过程有几种不同的说法：乾隆时原为九层高塔名叫“延寿塔”①，毁于英法联军。光绪时仿照武昌黄鹤楼形制重建，又名“大黄鹤楼”，毁于八国联军。再度重修由于经费不足，只好利用火后残存的四根珍贵的铁梨木通天柱简化外形而建成现在的佛香阁。另一种说法据《养古斋丛录》卷十八：“寺（大报恩延寿寺）后初仿浙江之六和塔建窣堵波未成而圮，因考《春明梦余录》谓京师西北隅不宜建塔，遂罢更筑之议”。弘历的《御制诗》里曾提及此事。故宫所藏颐和园工程档案中也有关于拆建的记载：九层“延寿塔”工程进行到第八层时“奉旨停修”，拆除改建为平面八角形、高三层四重檐的阁楼——佛香阁，光绪时按旧制重修。由此可知拆塔建阁确有其事，原因可能出于风水迷信的考虑。如果从园林成景的角度来看，塔本身的细而高的造型比例与万寿山前山山形不甚谐调，与玉泉山琉璃塔的借景关系也犯重复的毛病。据此，则拆塔建阁的用意也就很显然了。

前山的观赏树木以松柏为主调，与建筑布局互相配合，收到相得益彰的效果。排云殿内的松柏树一律采用对称规整的行植和对植的方式，以突出中轴线的严谨性。靠近中轴线附近的树木亦多为较规整的栽植。但中轴线两侧的山坡上则完全是自然式的大片成林。松柏树林的凝重的暗绿色基调与殿堂楼阁的亮黄色琉璃瓦屋顶成强烈的对比，从色彩上更渲染了前山景观的浑宏华丽的气氛。而东麓“水木自亲”的一带白粉墙以山坡上浓绿的松柏林作背景衬托，于华丽中又透露着平淡素雅的情调。

在就近观赏的部位则以种植各种花卉为主。如排云殿两侧的“国花台”，依山坡筑台，成片地栽植山东进贡的各种牡丹。而最为珍贵的则为排云门前的太平花。据《天禄识余》载：“太平花出剑南，似桃，四出，千百包骈萃成朵。宋天圣中，献至京师，仁宗赐名太平花”。这种花象征祥瑞，又名“太平瑞圣花”，只能在皇家园林内栽植。

昆明湖西北沿万寿山西麓往北延伸衔接于后湖的一段港汊纵横极富江南水乡情调的水网地带，原来的建筑布局亦仿照江南河街的形式，是当年清漪园内两处“苏州街”之一。就建筑和地貌的布局情况看来，很可能取法于扬州瘦西湖的“四桥烟雨”。

这个水网地带在园林景观构图上作为前山与西堤之间的过渡成承接点，它的东面是建筑很密的万寿山前山突起水中，西面为横卧湖上一线西堤的自然景色，疏朗地缀以六座不同形象的桥梁。前景则是浩渺的水面。形成建筑美与自然美、实景与虚景的强烈对比。这就是从昆明湖中泛舟北望在视野范围内所看到的一幅将近两千米长的天然山水手卷。而南湖岛北端的“涵虚堂”正是观赏这幅长卷的最佳位置。

南湖岛及其附近的建筑布局是前湖景观设计的关键所在。

首先从岛的观景情况来看，岛上有三组建筑即广润祠（龙王庙）、澹会轩和涵虚堂。岛的位置正好在昆明湖的中心而略偏近于东堤，北、西、南三面都有很好的观景条件。唯独东堤一带景色平平，因此而在岛的东面障以丛植的树木和堆叠的土山。岛北面的主要风景点“涵虚

---

① 弘历《大报恩延寿寺记》。

堂”建在临水的高台上，乾隆时原是一座三层的高阁“望蟾阁”，仿武昌黄鹤楼形制建成故又名“小黄鹤楼”。它与隔湖的排云殿佛香阁遥相呼应成对景。能够收摄前山、西堤、前湖的大幅度风景画面。岛的西岸以观览西堤及玉泉山借景为主，南岸则观赏昆明湖南半部的水景。因此，这两处地方都预留开敞的观景地段和建置面湖的风景点建筑。

再就此岛的成景效果来看，南湖岛与东堤之间联以十七孔长桥，在解决交通需要的同时也作了园林造景的考虑：第一，在桥的东端一侧建六角重檐亭“廓如亭”，与十七孔长桥、涵虚堂三者组成一个均衡而又富于变化的构图。是为东堤北段景观画面的主题之一。尽管建筑的某些形象尚有值得推敲的地方，但总的说来，构图是完整的。第二，东堤与十七孔桥并非简单的正交而是有意识地作成曲线状往北兜转，就势把东堤的南北两段稍加错开，打破了漫长东堤的单调感觉。同时，以涵虚堂作为起笔处的风景点，通过长桥、廓如亭，经文昌阁、夕佳楼的过渡，再回环而西与景区内的主要风景点排云殿佛香阁在气势上连贯起来。好像草书的飞白之笔，似断实连，一气呵成（图16）。

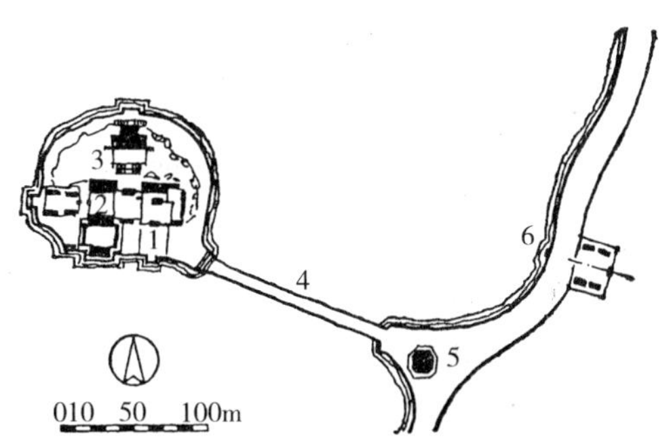

图16　南湖岛附近平面图

1. 广润祠　2. 澹会轩　3. 涵虚堂　4. 十七孔桥　5. 廓如亭　6. 铜牛

南湖岛与十七孔桥相结合，宛若巨臂环舒、横陈水面，将昆明湖障隔为两个完整而又彼此通透的水域。从湖的最南端北望，水波之上，凤凰墩近景与万寿山远景之间，由于岛和长桥的半边屏障，前后水域既隔而又透，显得湖景格外深远。如果没有这个屏障则从长河水路甫入园即一览无余，景观效果当大为减色。从万寿山前山俯瞰前湖，则南湖岛与长桥配合西堤，一纵一横平卧湖面，而前者生动的构图和精致的形象又成为这大片水面上的重要点缀。

后山景区的建筑布局适应其幽静深邃富于山林野趣的地貌环境而采取了截然不同于前山的方式：以小园的散点布置为主、风景点为辅。园林景观则以就近观赏的小品为主，大幅度的画面为辅。除特殊建筑群“须弥灵境”和“苏州街”之外，景区内只有五处小园和四处风景点。建筑的比重较小，比之前山要疏朗得多。

后山以松柏间植的成林为主景，百年以上的古松古柏为形成后山山林野趣的主要内容。许多景观均以松柏作为主题，风景点“花承阁”的回廊即为观赏北面的“松海”而设置。萦回曲折的山涧道路多以单株的孤植或三两株的丛植结合叠石作为转折处的对景，更增山道的移步换景、应接不暇的趣味。

“构虚轩”是后山景区内最重要的风景点。它位于平岗之顶，是后山西部唯一的景界开阔的制高点，建筑群的正厅就建在这个制高点上面。正厅作成“敞厅”的形式，四面均能收摄大幅度的风景画面。其余的几处风景点则以小范围内的就近观赏为主，或者互成对景。小园或倚山或临水，或与风景点相结合，一般都利用较幽闭的地貌，藏而不露或半藏半露。

“须弥灵境”是后山中部的一组宏伟严整的佛寺建筑群（图17），从山脊沿山坡降至北麓，与跨越后湖的三孔石桥和北宫门构成一条极为突出的南北中轴线。石桥之南为广场，建牌坊三座。广场之南是体量很大的正殿“须弥灵境”，其后的高台之上为后殿“香严宗印之阁”。阁的东、南、西三面沿山坡布列着许多平台和堡垒式的小建筑物，象征日月和佛经中的四大部洲和八小部洲。这一组与后山幽静环境极不谐调的庞大建筑群是仿照西藏三摩耶庙形制而建成的喇嘛教寺院（图 18），和承德的普宁寺同属一个类型。普宁寺建于乾隆二十年（公元 1755 年）。这年五月，清政府平定蒙古准噶尔部民族分裂叛乱，十月弘历大宴蒙古四卫拉特部新归附的上层人士于避暑山庄，并建普宁寺以纪念此事（图 19）。蒙古族人民信奉喇嘛教，寺的形制采用喇嘛教寺庙的样式显然有着对兄弟民族怀柔笼络的政治目的。清漪园完工于乾隆二十九年（公元 1764 年）。估计“须弥灵境”的修建时间当与普宁寺相差不远，因此很可能也是出于同样的政治目的。

图 17　自构虚轩东望须弥灵境

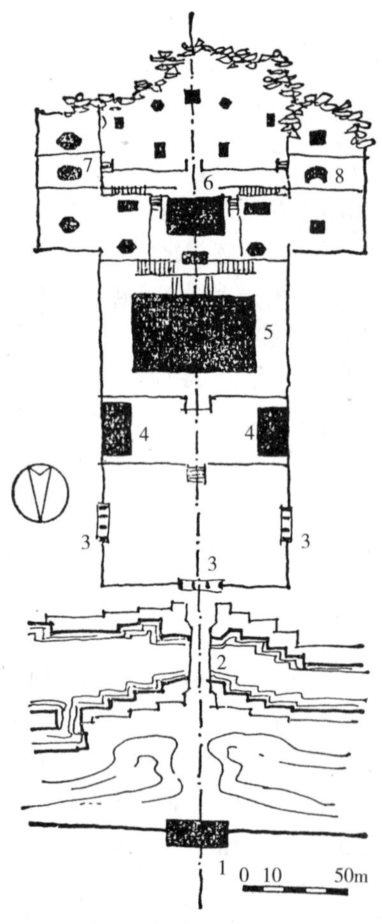

图 18　须弥灵境平面图

1. 北宫门　2. 三孔石桥　3. 牌楼　4. 配殿　5. 须弥灵境　6. 香严宗印之阁　7. 日光台　8. 月光台

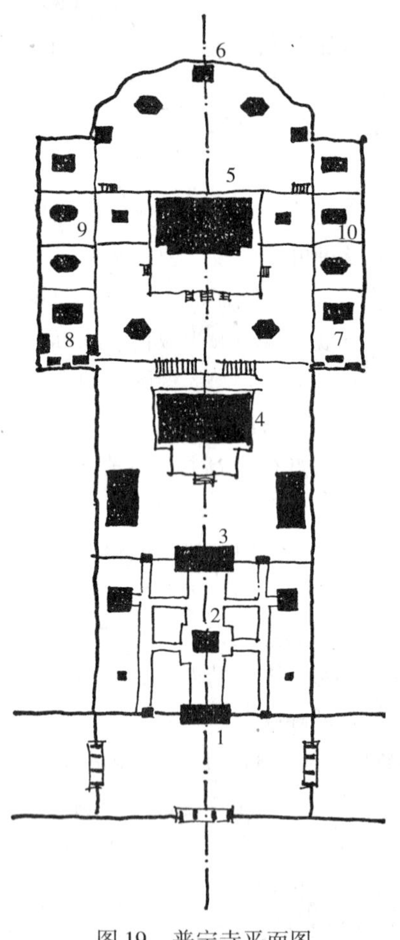

图 19　普宁寺平面图

1. 山门　2. 碑亭　3. 天王殿　4. 大雄宝殿　5. 大乘之阁　6. 方阁（北俱卢洲）　7. 妙严室　8. 讲经室　9. 日光殿　10. 月光殿

后湖沿岸的建筑配合着六段湖面的划分而布置：西起第一段以“绮望轩”后面的船码头和“看云起时”隔水对峙形成峡口。第二段湖面正好利用山坡排水沟“桃花沟”的冲积面形成较开阔的水域。第三段的岸脚坡度陡峭，河床窄狭，从而因地制宜在两岸建河屋店面，创造江南河街的景观，是为园内的第二处“苏州街”（图20）。而建筑物本身对于陡峭的岸壁在结构上也起着护岸的作用。第四段完全是天然景色。第五段南岸临水建“澹宁堂”一组小园。第六段是后湖的结束，水流通过“玉琴峡”注入“谐趣园”。后湖自西而东，建筑布局疏密相间，与自然地貌配合极为得体。无论舟行或沿岸游览，最得山复水转、柳暗花明之趣。

图20 复建的苏州街

宫廷区是园内特殊建筑群，它具有大内宫廷的功能。因此要求在总体规划上与园林的其余部分即“苑”的部分有所分隔而自成一个单元。宫廷区包括“外朝”和“内寝”，实际上就是一个具体的小朝廷。因此，建筑的布置必须遵循宫廷的规制：主要殿堂坐北朝南形成南北纵深的中轴线，一正两厢左右对称，一定的空间序列。避暑山庄的正宫和松鹤斋即属此种格局。但就园林总体而言，它毕竟是园林建筑的一部分而不同于大内宫廷，在建筑的体形、尺度、装修和庭院方面，则又具有更多一些的园林和居住气氛。

颐和园的前身清漪园是一座作为圆明园附园的普通皇家园林，没有建置专门的宫廷区。正殿“勤政殿”坐西向东，与东宫门构成一条东西向的中轴线。当时主要考虑与圆明园大宫门的最近距离和园内交通联系的方便，并没有严格要求其“外朝”的规制。正殿之后，沿湖岸的三组住宅式院落建筑群：玉澜堂、宜芸馆和乐寿堂分别作为皇帝、皇后和皇太后游园时休息的地方。光绪重建颐和园改作离宫型皇家园林，由于地段条件的限制，只能仍按原规划以勤政殿改名“仁寿殿”作为“外朝”的正殿。在东宫门与仁寿殿之间增设仪门“仁寿门”，加建朝房、值房、牌楼、广场，以延伸中轴线的纵深距离和加强其序列的方式来突出“外朝”的地位。玉澜堂、宜芸馆、乐寿堂分别作为皇帝、皇后、西太后的寝宫，是为“内寝”的部分。

四、园中之园

早期皇家园林中按照“大分散、小集中”的建筑布局原则所建置的全部建筑物，大多数属于风景点和建筑群的性质。只有个别的是以小园的形式出现，如畅春园中的“凝春堂”一组建筑：“东室三楹为纯约堂，其右河厅三楹为迎旭堂，纯约堂东为招凉精舍，河厅之西为湾转桥，桥北园门为憩云，迎旭堂后回廊折而北为晓烟榭，河岸以西为松柏室”①。显然是跨河临水自成一体的小型园林的格局。避暑山庄“康熙三十六景”中的“万壑松风”也略具小园的雏形。但有意识地

① 《日下旧闻考》。

建置小园并把它们纳入大园总体规划的范畴，则始于雍正时的圆明园而大盛于乾隆时期。避暑山庄内的多数小园都是乾隆扩建时修筑的，圆明园则大部分为小园的集锦。

明代以来，江浙一带是我国私家园林精华荟萃的地区。弘历在历次的“南巡”中，遍访江南的名园胜景。每遇到他所中意的就命随行如意馆画师加以摹绘作为建园的参考粉本。所以乾隆时期修建的离宫型皇家园林，不仅摹拟或再现江南天然山水风致，而且吸收大量的南方造园手法。后者特别集中地体现于某些小园和属于小园性质的建筑群组的经营建置。甚至有直接仿建江南名园的，如像苏州的狮子林、杭州的小有天园、海宁的安澜园、南京的瞻园、无锡的惠山园等。而弘历特别喜爱的狮子林则同时仿建于避暑山庄和北京长春园之内。正如他自己所说的：“最忆倪家狮子林、涉园黄氏化为今，因教规写阛城趣，为使寻常御苑临”①。

对于江南园林，无论是造园手法的移植或者某些名园的仿建，都非简单抄袭而是“略师其大意……就其天然之势，不舍己之所长”②。结合北方的建筑形式、气候和绿化种植的特点来表现江南园林的意趣和情调，但求其神似而不拘泥于形似。可以说是以北方健雄之笔抒写江南柔媚之情的一种因地制宜的艺术再创造。在客观上促进了南北园林艺术的交融，丰富了北方园林的内容。因此，园中有园乃是离宫型皇家园林的特点之一，而这些园中之园本身也成为我国古典园林中的一种独特类型。

避暑山庄与颐和园的园中之园，就总体规划而言，它们是大园的有机组成部分，在园林景观的创造特别是配合风景点以经营“动观”游览线方面起着重要的作用。就其个体而言，或倚山，或临水，或者平地造园，都能结合天然地貌而自成完整的格局。其中颇有别具一格的佳作，下面仅举典型的数例。

“碧静堂”在避暑山庄山岳景区的松云峡与梨树峪之间，地段选择在两条山涧和三道小丘相交汇之处。西面正对幽谷，余三面山岗环抱。小径自松云峡沿幽谷盘曲而上直达六角亭的园门。园内建筑物分为东西两组。东面一组以正厅“碧静堂”为中心，其南侧是距离较近的两层高的“松壑间想楼”，北侧是距离较远坐北朝南的一层高的“赏静室”。三者之间利用爬山游廊顺应地形跨涧联系，形成不对称但却均衡的构图效果（图21）。西面的一组包括跨涧修建的“净练溪楼”和园门。两者之间亦以曲尺形爬山游廊连接。园门与碧静堂东西相对所形成的轴线恰与当中小丘的山脊相重合，其上墁石成坡道，两旁植古松。以此来加强不大的庭园空间的深邃感。这座小园巧妙地利用地形，以四幢建筑物的配置创造出一个构图生动、主次分明的体形环境。

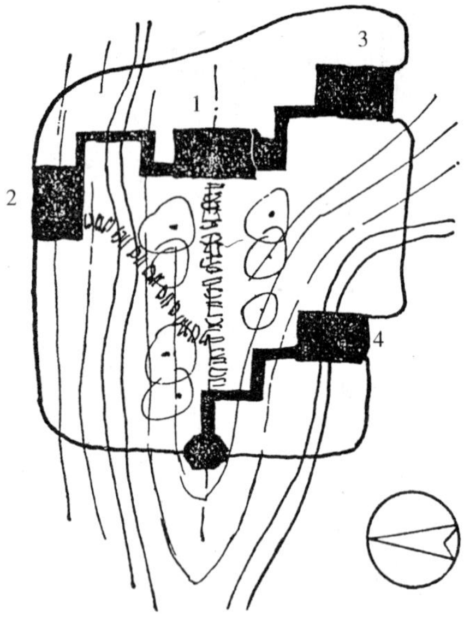

图21　碧静堂平面图
1. 碧静堂　2. 赏静室　3. 松壑间想楼　4. 净练溪楼

“绮望轩”在颐和园后山景区的西部。北临后湖，南面邻接山区的主要干道，于此处设园门。园内以亭、阁、曲廊环抱，结合几堆疏朗的叠石把庭院按

① 弘历《御制诗》。
② 弘历《惠山园记》。

坡势分隔为几个错落又相联系的空间，形成一组幽静深邃的套院（图 22）。北面的地势突然下降，于此建临水的高台。登台北望，能俯瞰后湖，景界豁然开朗。南面则正对幽静的庭院。高台有蹬道下至湖岸，也可以通过盘曲的山洞由庭院直达湖岸。这里是后湖舍舟登岸的码头。它与对岸的“看云起时”构成一个险峻的峡口，也是自后湖泛舟观赏的一个风景点。这个小园的布局能充分利用倚山临水的地貌特点，把幽静与开朗巧妙地结合起来。是北方小型园林中不多见的佳例。

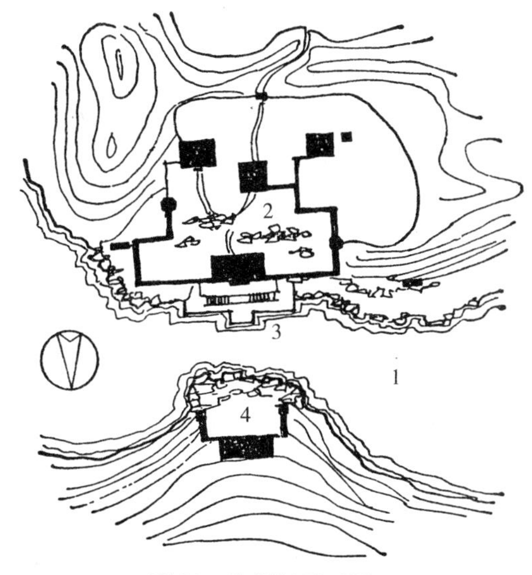

图 22　绮望轩平面图

1. 后湖　2. 绮望轩　3. 码头　4. 看云起时

临水小园多建于湖区的特殊地段。它的景观内容既有近观的小品，也有大幅的画面。一般兼具风景点的作用。颐和园的畅观堂就是一例。

“畅观堂”位于西湖西南隅的一块三面临水的小台地上面。建筑物分为两组，当中叠置山石，联以蹬道。它既是一座幽静的小园林，也是一处具有开阔景界的风景点。可以观赏养水湖、西堤、西湖、玉泉山以及平畴田野之景。所谓“左俯昆明右玉泉，背屏治镜面溪田，四面应接真无暇，一晌登临属有缘”①。很富于水村野居的意思。

“狮子林”和“谐趣园”是模仿江南名园与平地造园的典型例子。

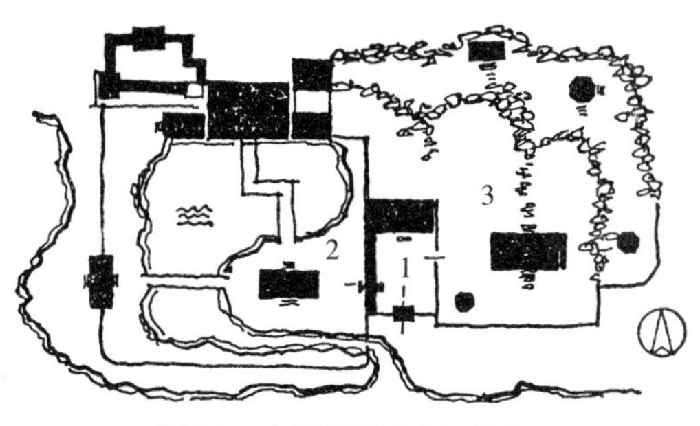

图 23　文园狮子林平面图

1. 清淑斋　2. 文园　3. 狮子林

长春园和避暑山庄内的“狮子林”都是根据苏州名园“狮子林”并参考倪云林所绘“狮子林卷”而设计的。但两者的风格却不一样。长春园的狮子林规模较小，着重于表现倪画中的竹石丘壑之趣。避暑山庄的狮子林规模较大，地段东临湖、南北两面隔小溪障以叠山，环境非常幽静。全园共三个院落成品字布局。中院“清淑斋”设园门，西侧复廊有侧门通往西院“文园”，东侧白粉墙有侧门通往东院“狮子林”（图 23）。文园以建筑物环围水庭。建筑物分为南北两组，靠南一组以两座建筑当中联以虹桥构成东西向的轴线。靠北一组则依堆山之势构筑于水庭北岸，并通过曲尺形平桥跨水与前者联系。建筑错落变化而以水景为主调。水流经东侧水门注入下湖，游船可从此处进入园内。东院“狮子林”则以堆山叠石为主景，形成庭园环绕建筑的布局。三个院落各具不同的样式而又组成一个整体。是山庄内最精彩的游览地之一，弘历曾有“文园狮子林十六景”的题咏。

谐趣园的前身是乾隆时的“惠山园”。这座园中之园位于万寿山东麓的一处幽闭地段内。

---

① 弘历《御制诗》。

它的选址和布局均以无锡的“寄畅园”作为蓝本（图24）。寄畅园地处惠山与锡山之间，以叠石、水池、林木为主题。石矶和平桥将水池划分为若干层次。水池的西岸山石堆叠、高树参天。建筑物集中在东岸和北岸，点染很得体。是江南名园之一。弘历南巡“喜其幽致，携图以归，肖其意于万寿山之东麓”①，命名为“惠山园”。全园以水池为中心，水的面积比寄畅园大些，但水体的形状大致与寄畅园相同（图25）。据《日下旧闻考》记载，建筑物环列于池的东、南、西三面。池北岸的建筑不多，主景是大片的叠石堆山。山之东利用地势高差凿岩成涧仿寄畅园的“八音涧”，作成水位跌落名“玉琴峡”。惠山园的布局也是以山池为主题，不过建筑点染的分量比寄畅园稍重一些。

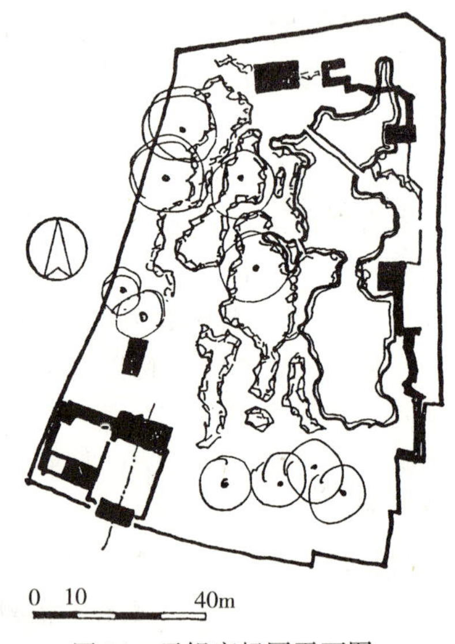

图24 无锡寄畅园平面图

光绪重修颐和园，在惠山园的基址上改建为“谐趣园”，增加了大量的建筑物。原惠山园水池北面的一组叠石，是当时北京园林叠石的精品之一。嘉庆时已于此处建置全园的主要厅堂“涵远堂”。形成以建筑物环抱水池的格局，建筑布局的主次关系、轴线对位、虚实的对比和体形的错落等方面的设计经营都有许多可取之处。但总的看来，过于浓密的建筑相应地削弱了园林的气氛。谐趣园已非惠山园的原貌，更看不到寄畅园园林意境的精粹所在了（图26）。所以说，这座小园的兴建和重修的历史过程也从一个侧面反映了清代中期到晚期园林艺术的发展和消长的情况。

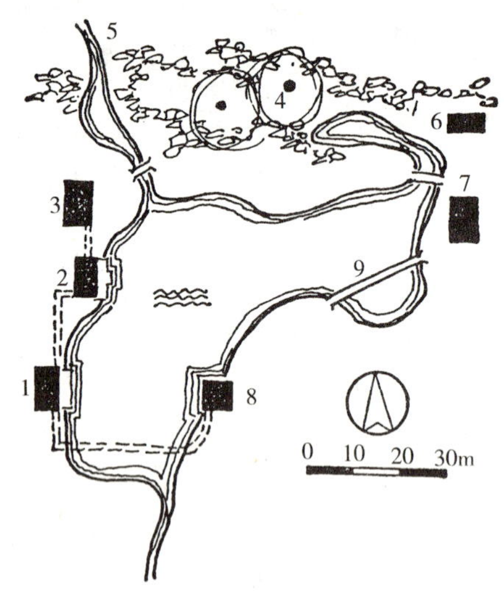

图25 惠山园平面图

1. 园门 2. 澹碧斋 3. 就云楼 4. 寻诗径 5. 玉琴峡 6. 妙墨轩 7. 载时堂 8. 水乐亭 9. 知鱼桥

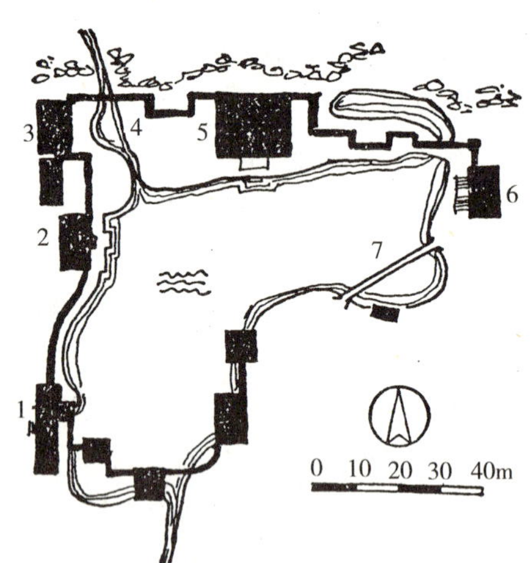

图26 谐趣园平面图

1. 园门 2. 澄爽斋 3. 瞩新楼 4. 玉琴峡 5. 涵远堂 6. 知春堂 7. 饮绿亭

① 弘历《惠山园记》。

五、结　　语

上面所谈的仅是从宏观的角度，扼要地介绍了我国现存的这两座大型天然山水园的修建过程和园林规划的情况及其异同之比较分析。至于它们在造园艺术方面的丰富内容和高度成就，需要专门著作的详细论述，远非一篇短文所能概括。

这两座园林作为皇家园林中的特殊类型必然较之一般的园林更多地反映着封建统治阶级的意识形态，在一定程度上直接为封建统治的政治服务。清漪园的昆明湖根据汉武帝开凿长安昆明池的故事而命名，显示弘历之以历史上的“名君”相标榜；前湖三大岛乃是道家传说中的海上三仙山的象征；“耕织图”一组大建筑群体现帝王之重农桑，它与隔湖对岸“铜牛”的配置则为神话中“牛郎织女”的隐喻；南湖岛上的“望蟾阁”、“月波楼”等的命名以表现月宫仙境；龙王庙与凤凰墩南北对列则为龙凤的象征；万寿山西麓的关帝庙与昆明湖东岸的文昌阁成左文右武的配置；乃至隐逸遁世的水村野居等，都是封建思想的寓意。

这两座园林都在建筑布局上突出宫廷区的地位以强调最高封建统治者的权威。都有佛寺道观一类的宗教建筑，使得园林弥漫着一种极不谐调的宗教气氛。佛寺在清漪园的建筑中不仅占着很大的比例，而且作为两大景区的中心，更是他园所不经见。大报恩延寿寺是弘历为皇太后祝寿的一种手段，除了显示帝王崇宏佛法之外，也还寓意着“以孝治天下”这个封建统治的精神支柱之一。

避暑山庄不仅是一座避暑的园林，也是塞外的一个政治中心。从它的地理位置和所进行的政治活动看来，后者的作用甚至超过前者。弘历就曾明白说过：“我皇祖建此山庄于塞外，非为一己之豫游，盖贻万世之缔构也”①。玄烨、弘历素所倾慕的天然风致之美，主要在于江南的明山秀水。而平原景区的大漠草原情调、外八庙结合地貌所摹拟的西北、西南边疆地区的景观，其创作的意图是为清政府与居住在边疆的兄弟民族进行有关的政治活动提供场所、渲染气氛，作为民族团结巩固祖国统一的象征。而这个意图又是通过造园设计来加以体现。在我国古典园林中，这是园林景观的创造与政治意图相结合的一个比较成功的例子。

我国幅员辽阔、江山多娇，历代的艺术家们对于天然风致的辛勤揣摩和深刻观察探索，在画论和文论中留下了大量有关自然美的规律的理论总结。我国历来在开辟风景的过程中，积累了如何把人工建置与天然风致相结合的丰富经验。所有这些，都为我国古典园林特别是天然山水园的创作方法提供了启示，促进了它们的发展。天然山水园与隋唐以后盛行起来的城市型摹拟山水园或平地造园同为我国古典园林的两大类型，是我国园林遗产中的双璧。

我国漫长的封建社会时期，曾经有过许多著名的天然山水园。其中大多数是历代帝王投入大量的财力和人力经之营之的皇家园林，避暑山庄和颐和园是最后的也是仅存的两座。作为皇家园林，固然体现着浓重的封建思想的糟粕，但它们丰富的艺术实践和造园手法却是匠师们和劳动人民创造和智慧的结晶，至今仍有生命力，值得我们认真地加以总结，作为创作具有民族形式的新的大型园林的借鉴。

---

① 弘历《避暑山庄百韵诗》。

扬州个园

吴肇钊

扬州园林具有悠久的历史。《扬州画舫录》中记载“杭州以湖山胜，苏州以肆市胜，扬州以园亭胜”。又曰，“扬州以名园胜，名园以叠石胜”。可见叠石更是扬州庭园中的精髓。扬州园林中的叠石都出自画家之手，具有着笔泼辣、气势磅礴、浑厚朴实、意境深远的特色，这和扬州画派风格不无一脉相通之处。坐落在东关街的假山园——个园，其内叠石是现存扬州园林的代表作之一（图1）。

据刘凤诰所撰《个园记》云，园内的假山原为此园的前身“寿芸园”的遗物，其原来叠石，相传出于石涛之手。至嘉庆时，两淮商总黄至筠购买小玲珑山馆修筑。据《履园丛话》载，小玲珑山馆是乾隆以前扬州的名园，富商黄至筠为仿效古人“宁可食无肉，不可居无竹，无肉令人瘦，无竹使人俗”句意，以竹表示俊逸不俗，故园中广植修竹，而竹叶的形状恰像“个”字，于是便称为“个园”。其实，个园并不仅是反映封建统治阶级的意识，更可贵的是，个园的假山和建筑显示了劳动人民智慧的结晶，是劳动人民创造出来的光辉灿烂的园林艺术。

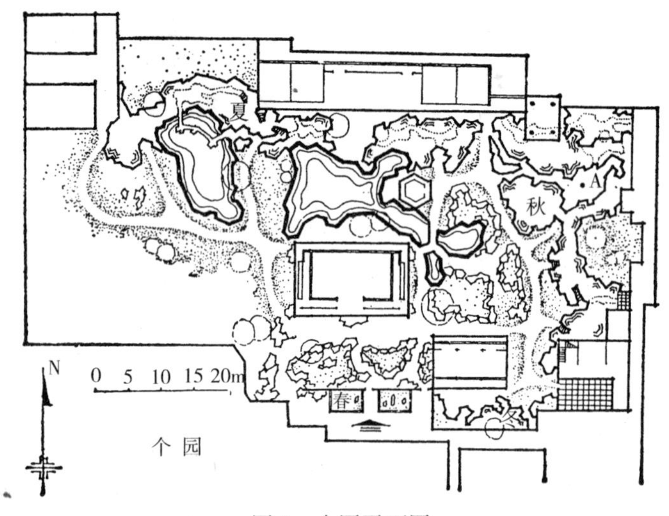

图1 个园平面图

四季假山的艺术

个园内的假山传为大画师石涛手笔，由于画师具备遍游名山大川的经历和高超的艺术造诣，故能在一块小的境地里布置以千山万壑、深溪池沼等写意山水境域，并根据扬州假山石皆从外地运来，品种繁杂，体量较小的特点，独出心裁创作出分峰用石的四季假山。

个园的四季假山大胆地运用了“凡写四时之景，风味不同”。“古人寄景于诗，其春曰，每同沙草发，长共云水连；其夏曰，地上树常荫，水边风最凉；其秋曰，寒城一以眺，平楚正苍然；其冬曰，路渺笔先到，池寒墨更圆。”等绘画理论，在同一园林中用不同种类的假山石，表达出“春山淡冶而如笑，夏山苍翠而如滴，秋山明净而如妆，冬山惨淡而如睡。”的诗情画意。以石斗奇，具有独特的风格。

春景（图2）

一进个园，湖石依门，修竹迎面，石笋参差亭立，构成一幅以粉墙为底，竹石为图的生动画面，一笔点出“春景”。点放的峰石就仿佛似竹笋在春雨后破土而出，使人联想到春天的到来，造园者为进一步加强春天的气息，在进圆洞门的左侧丛植修竹千竿，并采用了十二层象形的山石，象征春天的到来，动物都活动了。东侧则丛植四季常青的桂花，给人以春色常在的印象。

图2　个园春景图

春景的处理，以竖纹的峰石配以披拂的竹竿，露其峰头而藏石身，给人以虚实变化的印象。然竹竿虽直，尖稍却带弯低，使其在线条上有曲直的变化。竹石是相互对比和衬托的，手法极其简练，由此产生联想，可以领受到景外的“意境”，这是园林中“寸石生情”的一个佳例。

夏山（图3）

过春景，绕桂花厅，前面出现的就是一座以湖石叠成的玲珑剔透的“夏山”。山峰临水，清流环绕，山顶秀木繁荫，有柏如盖；山下水声淙淙，涧谷幽邃；山腰蟠根垂萝，加之草木掩映，令人顿生眼底丘壑，咫尺山林的感觉。“夏云多奇峰”，夏山的特点就是运用叠石停云来体现的。由于叠石的层次多，立面丰富，并具迂回曲折之妙，所以有“七月看巧云”，步移景异，变幻无穷之感。山顶有一平地，传说为养鹤之地，其山峰更显示以秀为主，水也是如此，除池岸线曲折外，并充分发挥湖石多变的特色，加之采用三叉石板桥的处理，使水面产生虚实变化，大有桂林山水诗中：“洞府霏霏映水开，幽光怪石白云堆，从中一股清泉出，不识源头何处来。”所描写的境界，山与水都围绕着“秀”字做文章。运用中国画论中把石喻骨骼，水喻作血脉，“水令人远，石令人古”，二者在性格上一刚一柔，一动一静对比的做法，起到了相映成趣的效果。

渡涧溪曲桥，有洞似屋，蜿蜒深邃，石乳倒垂，“沾山十二洞”，每洞往外看，都能见到

图3　个园夏山图

山前溪水及园中景色，真乃洞洞如画，幅幅景异。夏山的山石堆叠注意到“累石如山，一石有一石之脉络，虽千万石而亦合成一脉络焉。”总之，夏山通过灰调的石色，广玉兰的浓荫，山洞的幽深，予人以苍翠如滴、夏山多态的感觉，在夏日更觉得凉爽。山分东西两峰，均和秋山相连。夏、秋两山，从立体空间上两山通过“天桥”（长楼廊）相接，由于秋山是突出北方之雄的黄石山，当人们过“天桥”到秋山，大有从南方飞渡到北国之感。

秋山（图4）

秋山具雄伟气魄，也最寓画意。着笔气势磅礴，峻峭依云。全山立体交通组织极妙，登道多置洞中，从山底而上，洞内叠石极为精巧，山路崎岖，时洞时天，时壁时崖，时涧时谷，上下盘旋，造意极险。山是分峰处理，然峰又有各极其妙之洞，并都突出了北方之雄健风格。如中峰就分三洞，下洞如入深山石林，众峰环抱，复置飞梁石室、石门、石窗、石床、石桌，通风良好，四季十分干燥。中洞称仙人洞，四面凌空，至上有飞阁凉亭，并有二层平台，登临其上，可远眺夏山俯视群峰。中峰最高，仰视悬崖峭壁突兀。据传说中峰本来还要险峻，只因它高出了皇城，由于园主人畏欺君之罪，故削去了一层，致使峰顶觉有余工未了的意味，这不过是一种传说而已。若从艺术角度来看这一问题，是造园家采用了画家之“石个”二字的手法，秋山是全园的制高点，而最高的秋山仍用不尽而尽之手法，就形成了深奥莫测的境界，给观赏者有想

图4　个园秋山图

象回味的余地，达到了明代造园家计成所著“园冶”中所谓“岩峦洞穴云莫穷”的境地。

秋山之所以能造成“咫尺之内，而瞻万里之遥，方寸之中，乃辨千寻之峻。”望之凛然，假山真味的感觉，是由于掇山的画家吸取“竖划三寸，当千仞之高；横墨数石，使百里之回”的绘画理论。故秋山在平面布局上由三个峰组成 ㄱ形，来达到整体的环抱。东、中峰间通过嶙峋的石块，丛生的植物，造成山麓的感觉。在立体造型上体现出了“岭有平夷之势，峰有峻峭之势，峦有圆混之势，悬崖有危险之势，遥岭远岫有层叠之势。”然而，相互之间的联系则：“有宾主，有掩映、有补缀、有衬贴、有照应、有参差、有烘托”，使之相得益彰。这样既突出中峰高耸及天，而又有连绵不绝的气韵。人们至此，会情不自禁地吟起“横看成岭侧成峰，远近高低各不同”的诗句来。在黄石堆叠上引鉴国画的斧劈皴法，烘托出高山峻岭的气派。另外，缩小山前空间，减短人们的视距，更增加了秋山的险峻之感。以山壑中部的 A 点来测，A 点距主峰的距离与峰高的比例为 1∶1.7，仰角为 60°；周围的垂直视角也均在 45°以上。在涧道中比例竟达 1∶7，垂直仰角为 82°。故欲窥峰头必须仰视，达到了寓无限于有限之中的艺术效果。一般仰角在 45°就有高峻之感，当超过 60°则就形成了突兀惊人的悬崖峭壁。

秋山的山形有奇挺拔，山道盘旋崎岖，都是模仿安徽的黄山，这与石涛善画黄山景是分不开的。掇山的结构别具匠心，可见画家对自然山水观察细致深入。中峰南壁通过叠石的垂直空透，在阳光下产生条状阴影，形成山瀑飞泻的感觉，并在前面设有凌空的飞梁及天桥供观赏瀑布之用。这种旱山水意的手法是少见的，在日本园林中称为枯山庭。在山道的处理上可说是自然界的再现，以西边入下洞山道来看，全长不过 15 米余（垂直距离不足 8 米）就安排有进山口、山谷、削壁、上山、下山、蹬阶、悬崖、山涧、深潭、天桥，至山壑而进下洞，真是步移景异而又十分逼真，令人忘却置身于城市园林的假山中。由于秋山是大自然山川的浓缩，又经过画家的提炼综合，构成一幅惟妙惟肖的立体山水画，在观赏效果上达到了“咫尺云图，写有千里之景”的气势。

冬景（图 5）

冬景是造园家大胆选用色洁白、体圆浑的宣石（雪石），叠假山于厅南围墙下，给人产生积雪未化的感觉。部分山头则借助阳光照射，放出耀眼的光泽（宣石主要成分是石英），这样既突出山峰，也增加了雪的质感。古今中外画家惯用此表现手法塑造雪山景色。冬山也采用象形山石，在堆叠上注意了高者、下者、大者，盎睟柏背，颠顶朝揖，其体浑然相应。得到相互呼应，顾盼生情的效果。在形象上则贵在疑是又非，疑非又是的神似。

图 5　个园冬景图

当人们正在叹赏“瑞雪”之余，偶尔阵风吹拂，哨声隐约，原来在雪山的墙面上开了四排约莫尺许大的圆洞，每排共六个，外面是狭巷高墙，由于洞小，空气流动速度急增并发窄及山墙的负压作用，洞口之风直入并呼呼作响，由于洞口如口琴音孔式排列，风在各洞所产生的流速不同，故声响各异。造园家并在洞口的东北方向安排为道路并留有空场（扬州常年主导风向为东北风，使人工制造的北风呼啸长年不断，既有高超的艺术形式，又有丰富的科学知识，真是技巧妙绝，是我国罕见的造园手法）。

四季假山的联系

个园园景的变化，最突出反映在用石和叠山处理上，大小兼有，简繁互用，善于运用“四景”的手法，把整个园子划分为大小不同，性格各异的空间，然而四个空间在相互对比的作用下，更加突出了自己的特点，使之各尽其趣。“四景”用一条循环状高低曲折变化的观赏路线把它们组合成一个整体。如从“欣欣向荣?”的春景可透视“夏山”苍翠如滴的“水濂洞”，攀夏山过天桥可上秋山，在平面布局两景是交叉连接，夏山中之水绕秋山两峰至园中，上设亭台观鱼，侧筑石圃赏花，并植有广玉兰，紫薇等。在这后面衬托的便是秋山，就如天气之变化，夏季过后即是金色的秋天，从秋景东峰下山可望及“皑皑白雪”，更在“雪景”西墙开两个圆形漏窗，远远招来春天修篁数竿、石笋一枚，把冬春两景既截然分隔又巧妙地互相因借连接起来。当登“雪山”至顶，俯视则翠竹繁茂，“春笋”破土，令人忘却置身在隆冬白雪皑皑的山顶之上，而是到了春色满园的季节了。“冬天来了，春天还会远吗!?”冬景虽是游览的终止，而却萦绕心怀。由于游览路线是循环形路线前进的，春夏秋冬的景色，巧妙地安排其间，来回数遍，好似经历着周而复始的四季气候的循环变化。

假山是我国写意自然山水园极其重要的组成部分，优秀的假山造景是祖国自然山河的再现，在造景加工提炼过程中，渗入传统艺术中的诗情画意，以满足人们精神生活要求，是现实主义和浪漫主义高度结合的产物。如何将传统的艺术形式表现社会主义的新题材，如假山用于堆叠动物园、植物园等在以展览为重点的环境或游客休息的场所等，也可应用假山艺术。

总之，我们在继承、借鉴和创新的问题上，应本着取其精华，去其糟粕的原则，做到借鉴传统，意在创新。让古老的假山叠石艺术为现代化城市、园林建设服务!

参 考 文 献

[1] 李斗《扬州画舫录》。
[2] 计成《园冶》。
[3] 石涛（明末清朝初）。
[4] 唐岱《绘事发微》。
[5] 宗炳《画山水序》。
[6] 王维《山水诀》。
[7] 姚最《续画品并序》。
[8] 郭熙《林泉高致》。
[9] 沈宗骞《芥舟学画》。
[10] 蒋和《写竹杂记》。
[11] 吴昌硕《待秋画稿第二集题跋》。
[12] 孙晓翔《中国传统园林艺术创作方法的探讨》，1962 年第 1 期《园艺学报》。
[13] 孟兆祯《掇山篇初（未出版）》，《中国建筑技术史》第十一章园林技术。
[14] 吴肇钊《瘦西湖艺术手法探讨》。

假 山 浅 识

孟 兆 祯

中国古典园林以自然山水园著称。这就决定了假山成为中国园林主要组成部分的地位。今天，当我们需要创建具有社会主义内容和民族形式的新型园林的时候，很有必要对假山进行一番研讨，使之“古为今用”。

假山，是从以造景为主要的目的出发，充分地结合其他多方面的功能作用，以土、石等为材料，按照对自然山水加以概括和提炼的艺术手法，用人工再造山石景或山石水景的通称。对于不具备山形的零星山石的布置则称为“置石”。假山因材料不同可分为土山、石山和土石相间的山。后者因土、石比例不同又可分为土山带石和石山带土。置石则分为特置、散置和群置。长期以来，我国历代的园林匠师们吸取了建筑石作、泥瓦作的工程技术和中国山水画的传统技法，通过实践逐步融会贯通，创造了独特、优秀的假山技艺。值得我们发掘、整理，有批判地继承、借鉴和发扬。

一、假山的功能作用

人工造山是有目的性的。在中国古典园林中，造山和叠石是很普遍的，有“无园不石”的说法。为什么呢？因为中国园林要求达到“虽由人作，宛自天开”的艺术境界。尽管因为园主的游览活动需要，必然要建造一些体现人工美的建筑。但是，人工美必须从属于自然美，并把人工美融合到自然美的园林环境中去。假山可以具体地体现这种要求和愿望，所以广为运用。

具体而言，假山的功能作用可概括为以下几方面：

1. 作为园林的地形骨架和主景：这对于采用主景突出的布局方式的园子尤为重要。诸如宋代苏州之沧浪亭、元代建元大都时在太液池中所创之万岁山（今北京北海之琼华岛）（图 1）、明代南京徐达主府之西园（今南京之瞻园）、上海之豫园、清代扬州之个园和苏州的环秀山庄等，都是以山为主，以水为辅，形成地形骨架和主景。其中建筑不占主要的地位，有的甚至成为点缀。这类园子实际上是假山园。

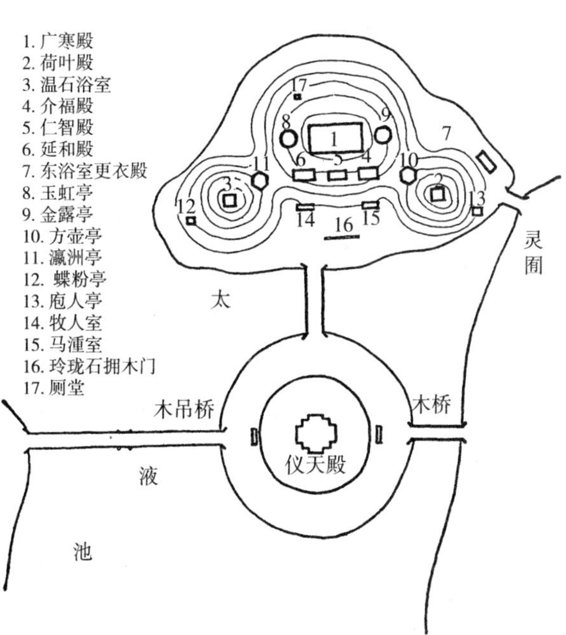

图 1　元万岁山图（摹自乐嘉藻《中国建筑史》）

2. 作为园林划分空间和组织空间的手段：这对于采用集锦式布局方式的园子尤为明显。而且可以结合作为障景、对景、背景、框景、夹景等处理。诸如明清两代所经营之苏州拙政园、清代北京所建之圆明园和颐和园的某些局部处理等。中国园林善用“各景”的手法，根据使用功能和造景需要将园子化整为零地各命景题，因地制宜地形成不同功能和性格的景区。这就需要划分和组织空间。划分空间的手段很多，但利用假山划分空间是从地形骨架的角度来划分和组织，所以具有自然、灵活的特点。特别是用山水结合来组织空间，更富于变化。如圆明园“武陵春色”（图2）。可以看出利用土山组织景区空间的平面布置情况。山之起、伏、开、合和水之收放相结合，从而产生开朗、闭锁等多种空间的变化。颐和园仁寿殿和昆明湖之间的地带，处于宫殿区和居住、游览区的交界，因此用土山带石的方式堆了一个假山，在分隔这两个空间的同时结合了障景处理，使空间先经过收缩再豁然开朗，这种利用土山作障景，运用欲放先收的造景手法，取得了很好的造景效果（图3）。至于苏州拙政园入腰门后以假山作障景，远香堂以土山作对景等处理，都是结合空间划分和组合同时产生的效果。

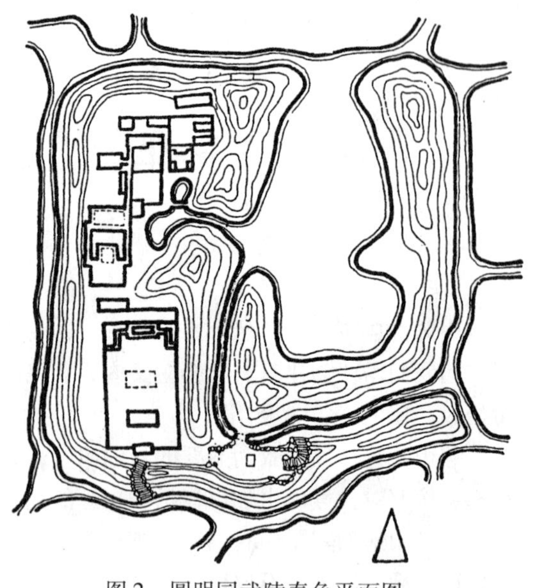

图2 圆明园武陵春色平面图

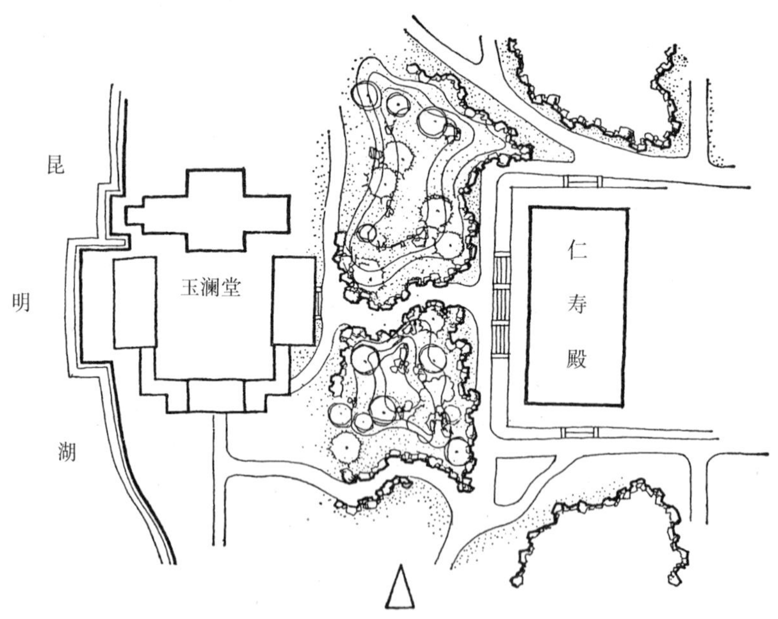

图3 颐和园仁寿殿西土山

3. 利用山石小品作为陪衬建筑物和点缀空间的手段：这种作用在江南私家园林中运用极为广泛。如苏州留园东部庭院的一些小空间，用山石花台划分庭院，用特置峰石点缀廊间转折处的小天井以及用竹、石作为窗外的对景等。这样就丰富了建筑空间，使之生动和富于曲折变化，以达到“小中见大”的造景效果（图4）。一块峰石的设置往往可以兼作几条视线的对景，这充分地说明了利用置石来点缀园景具有“因简易从，尤特致意”的特点。

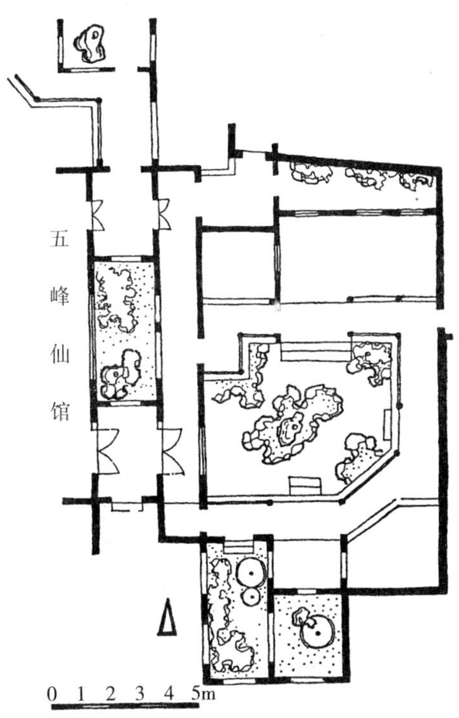

图4　留园东部庭院平面示意图

4. 山石还有实用方面的功能作用，如驳岸、护坡、作挡土墙和花台等。利用山石在坡度较陡的土山上散置以作为护坡，可以阻挡和分散地面径流，通过降低地面径流的流速来减少对土面的冲刷。在坡度更陡的地段往往分割成台地。中国园林的台地也有自然式的，因此用山石作挡土墙比较合适。一般土山带石的假山，也多用山石做成自然式的挡土墙。这样可以使土山缩小底面积而相对地增加了高度。颐和园仁寿殿西面的土山、无锡寄畅园湖面西岸的土山都是采用以石为藩篱的做法。江南私家园林很广泛地用山石做的花台组织庭院的游览路线或与壁山结合。这和某些篆刻艺术有异曲同工之处，即在规整的轮廓中创造自然、疏密的变化。

5. 作为室外自然式的家具和器设：如石屏、石榻、石桌、石几、石凳、石栏等。既不怕日晒夜露，又可结合造景。例如现置无锡惠山东麓唐代之“听松石床”（或称“偃人石”），床、枕兼备于一石。除此之外，山石还可以作园桥、汀石、云梯等。

值得着重指出的是，假山和山石的这些功能都是和造景密切结合的。可以因高就低，随势赋形。山石与园林中的其他部分诸如建筑、园路、场地和植物等组成丰富多变的园景，可以使人工建筑物或构筑物自然化，减少人工建筑物某些平板、生硬的缺陷，增加自然、生动的气氛，使人工美通过假山的过渡和自然环境取得协调。因此，假山成为表现中国古典园林最普遍、最灵活和最具体的一种传统手法。

二、假山的产生和发展

1. 假山始于秦汉

假山的出现是个渐变的过程，开始只是一些萌芽和雏形。周文王之灵台、灵沼利用掘沼之土作台，取其高敞而于其上再造建筑。这说明我国园林刚产生的时候并不知道用人工造山。但“台”的出现已经形成了产生假山的某些因素。这就是：平衡挖方、累土，取其高敞而作为建筑的基址以及与水面结合，起伏高低，相映成趣等。随着我国奴隶社会向封建社会的过渡，铁制工具的产生，推动了社会生产力发展。由于大兴农田水利，开河道、挖沟渠的大量余土自然地堆积成山。加以树木野草的衍生就和真山相近了。《尚书》所载：“为山九仞，功亏一篑”的比喻，说明大约在春秋末战国初的时候即两千五百年以前我国已有人工造山之事。由于当时造山的目的无从考证，只能说是假山的萌芽和雏形。到了秦、汉时的苑囿，封建帝王为了反映王朝的强盛威力和天子独尊的神圣意识，在苑囿中出现了有神话色彩的仙岛。《三秦记》载："秦始皇作长池引渭水，东西二百里，南北二十里，筑土为蓬莱山"。汉武帝建元四年（公元前137年）在长安西郊建章宫太液池中也出现了秦始皇所向往的仙山即蓬莱、方丈、瀛洲、壶梁诸仙山（见《史记》及《汉书》）。这是园林土山之始。此后，历代帝王因循"一池三山"或池中堆山之法。西汉时堆山除了平衡作池的土方以外，也在陆地上造土山。《汉官典职》载："宫内苑聚土为山，十里九坂。"《后汉书》载东汉时"梁冀园中聚土为山以象二崤。"二崤为东崤、西崤，是当时的名山。说明当时造土山是仿真山的。兹后，南北朝至唐，苑囿园林造山仍以土筑为主。《西京杂记》载茂陵富人袁广汉"于北邙山下筑园，东西四里，南北五里，激流水注其内，构石为山，高十余丈，连延数里。养白鹦鹉、紫鸳鸯、牦牛、青兕。奇兽怪禽委积其间"。又载汉景帝的兄弟梁孝王筑兔园："园中有百灵山，山上有肤寸石、落猿岩、栖龙岫、雁池。皆构石而成"。这便是园林石山之始。

《南史》载"到溉居近淮水。斋前山池。有奇礓石。长丈六尺。梁武戏与赌之。并礼记一部。溉并输焉。诏即迎至华林园殿前。移石之日。都下倾城纵观。"（梁武帝，公元502—515年）。这是特置山石见于史传之始。明代所绘《阿房宫图》上虽也有特置山石，但不足作为史证。《魏书》载北魏张伦造景阳山的情况："园林山池之美诸王莫及，伦造景阳山有若自然。其中重岩复岭，嵚崟相属。深溪洞壑，逦逶连接。高木巨树足使日月蔽亏。悬葛垂萝能令风烟出入。崎岖山路似壅而通。峥嵘涧道盘行复直。"又载茹皓采掘北邙及南山佳石为山于天渊池西。

综上所述，假山始于秦汉而行于南北朝。从开始便是池中堆山，兼有山水。先有土山，后出现石山，是从聚土到构石逐步发展起来的。更后才出现癖好峰石。这是假山技艺的初级阶段，其特点是完全临摹真山，以附近名山作为造山的蓝本。甚至在尺度上也追求接近真山。晋代葛洪概括了这个时期造土山的特点即："起土山以准嵩霍。"因为它是以真山为"准"，所以往往是规模宏大而还不能概括和提炼自然山水的真意，过分地追求现实主义而无浪漫主义的结合。就技术而言，土山多为篑覆版筑。石山只可能是干砌或以素泥浆为胶结材料。因为石灰尚未发现。但在采、运和构石方面已形成一套比较专门的技术。特别是南朝对于巨大的特置山石的搬运，说明已能熟练、无损地进行。因为战国以后就有滑车、杠杆、绞盘等简单机械的运用。北魏开始出现一些地貌景观单元组合的假山，而且初具曲直、塞通等造山的变化，叠山技艺有所发展。

2. 假山兴于唐宋

隋炀帝海山记（见《唐宋传奇集》）载："苑内为十六院，聚土石为山。"又："湖中积石为山，构亭殿屈曲盘旋"凿北海周环四十里中有三山效蓬莱、方丈、瀛洲。上皆台榭回廊。

《旧唐书》载李德裕置平泉庄"清流翠篠，树石幽奇"、"题寄歌诗皆铭于石"。又载："白乐天罢杭州。得天竺石一。苏州得太湖石五。置于里第池上。"这是对太湖石最早的记载。白居易《长庆集》说："石有族，太湖为甲，罗浮天竺次焉。"癖石之风至唐代就兴盛起来。

《新唐书》谓唐中宗时将作大匠扬务廉"尝为长宁公主造第于东都，右属都城，左俯大道，累石为山，浚土为池，旁构三重之楼以凭观，极园亭之美"。又谓司农卿赵履温"尝为安乐公司缮治定昆池，延袤数里，累石象华山，磴约横邪，回渊九折，以石瀵水，引清流穿罅而出，淙淙然下注如瀑布。”

可能由于这以后出现过纯任自然的观点，在北宋前期和中期，洛阳名园虽多而独未用石。王世贞《游金陵诸园记》序谓：“洛中有水、有竹、有花，有桧柏而无石。文叔记中不称有叠石为峰岭者可推也。”

到宋徽宗时，为了满足帝王繁衍皇嗣的迷信观念和癖石之好，不顾连年旱灾和外侵之患，筑寿山艮岳于汴京。政和五年（公元1115年）筑土山于景龙门之侧以象余杭之凤凰山。自此假山空前地兴盛起来。宋《张淏艮岳记》载：“专置应奉局于平江，所费动以亿万计。调民收岩薮，剔幽隐。……舟楫相继，日夜不绝。”宋蜀珍祖秀《华阳宫纪事》载：“然华阳大氐众山环列，于其中得平芜数十顷以治园囿……左右大石皆林立，仅百余株。以神运昭功敷庆万寿峰而名之独神运峰，广百围，高六仞，锡爵磐固。……奇峰恬天下之美，藏古今之胜，于斯尽矣。”宋徽宗《御制艮岳记》描述为：“冈连阜属，东西相望，前后相续。左山而右水，后溪而旁陇。连绵弥漫，吞山怀谷。”以致“徘徊而仰顾，若在重山大壑、幽谷深崖之底，而不知京邑空旷坦荡而平夷也。”明代林有麟编绘之《素园石谱》有宣和六十五石图。寿山艮岳经始于政和七年（公元1117年），迄于宣和四年（公元1122年），六年才建成。《枫风小牍》谓：“朱勔于太湖取石，高数丈，载以大舟，挽以千夫。凿河断桥，毁堰折牐，数月乃至。”可见，名为石山，实为血山。十年后金人来犯，十万百姓奔往拆台榭宫室为薪，官不能禁。艮岳亦毁于战火中。

在宋代，私家园林的假山亦开始盛行，这反映在庭院布置上也有了变化。“假山”或“山”这一类的名词虽然始用于唐代，但只限于宫苑或皇族贵戚和达官贵人所有。在唐代文献记载中，长安的宅第庭园只是种树植花而很少用石。但在宋画中可常见到竖置的石峰或迭砌成的假山。如南宋末年景定建康志所附近的建康府廨图中，东偏庭院中有二山石峰对峙的点缀。宋代《吴风录》谓：“今吴中富豪竞以湖石筑峙奇峰阴洞，凿峭嵌空为绝妙，下户亦俙大小盆岛为玩。”可见私园用石成风始于宋时江南。

唐、宋前后山水画的发展是推动假山发展的重要因素。我国山水画始于南北朝刘宋时的宗炳。他开始用写生的方法创作以山水为主题的画，并且编写了《画山水序》的理论著作。隋代展子虔又发展到“远近山水，咫尺千里。”的新阶段。唐代王维著《山水论》更是山水画专著。至宋代，寓诗于山水画之风更盛，画论更为普遍。不少文人，画师以风雅自居，自建私园，将诗情画意写入园林。如南朝宋人谢灵运、谢惠连建私园，唐代王维建辋川别业，白居易建草堂，李德裕营平泉庄等。随着山水画从写实到写意的发展，便提出了“移天缩地”、“小中见大”等手法。所谓“竖画三寸，当千仞之高；横墨数尺，体百里之回；是以观画者徒患类之不巧，不以制下而累其似。”便是有代表性的画理。随着诗情画意写入园林，这些本来是在画面上的两度空间的手法便运用于创造三度空间的自然山水园了。这一来就开始改变秦、汉时处于假山初级阶段的那种纯现实主义的、临摹自然山水的创作方法，而逐渐代之以现实主义和浪漫主义相结合、写真与写意相结合的新型创作方法。

在施工技术方面，宋代也有所发展。李诫撰《营造法式》中已有垒石山、壁隐假山和盆山的功料制度规定。杜绾撰《云林石谱》收集了一百一十六种石品。各具出产之地，采取之法，详其形状色彩而第其高下。《吴风录》载苏州有种艺叠山的花园子。《癸辛杂识》也谓：“工人特出吴兴，谓之山匠。”可证南宋时苏州、吴兴的假山匠师曾主持园林造山并作出贡献。

由此可见，假山发展到唐、宋特别是宋代，进入了兴盛的阶段。其宫苑中的假山仍然保存了秦、汉时像真山那样规模宏大的做法，但又具备“致广大而尽精微”的特点。不仅着眼于再现一座真山，而且对于个体峰石有特殊的安置，将题咏铭刻于石，甚至封侯。山石水景也更细致了。兴盛的另一标志是私园假山的兴起和由于山水画的影响，使假山的创作方法开始由单纯的现实主义向现实主义与浪漫主义相结合的新型创作方法过渡。后者以“小中见大”、“寓意于景”取胜。正好适应了私家园林地产和财力有限的经济状况，加之文人画师自建私园后通过文学艺术加以宣扬，产生了较大的影响。为明、清进一步发展这种创作方法奠定良好基础。宋代建艮岳时已出现按图施工的办法，反映在施工技术方面也有发展。以艮岳为例，一方面是帝王草菅人命的压榨，一方面是劳动人民为了谋生被迫从命。但从运石等技术看，反映出劳动人民智慧和劳动的结晶。为了保证太湖石在远距离运输中安然无损，汴京父老提出“先以胶泥实填众窍，其外复以麻筋杂泥固济之令圆混。日晒极坚实，始用大木为车致于舟中。直俟抵京，然后浸之水中，旋去泥土，则省人力而无他虑。”的办法，成功地完成了远距运输。江南专业假山匠师的出现，更促进了造山之发展。

3. 假山再兴并精于明、清。

辽、金时代在假山方面无所兴建，只是从汴京拆运了艮岳的太湖石到琼花岛（今北京北海琼华岛）。元代建大都时堆了万寿山（今北京景山）和万岁山，是为现存最大之土山。琼华岛高约三十余米，坡度约为一比三。景山约高四十三米，坡度约为一比二。从现状看，这两座山基本稳定。但也难免因冲刷而水土流失，尤以景山北坡为最。《西元集》载：“琼岛在太液池中，有岩洞窈窅，磴道行折，皆叠石为之。”从元大都宫苑图上还可看到白玉石桥北有玲珑石拥以及日月石、石坐床、洞府等。此时江南私园造山亦有发展。民国《吴县志》载，“狮子林在城东北隅潘儒巷，元至正间，僧天如惟则延朱德润、赵善良、倪元镇、徐幼父共商叠成，而元镇为之图。取佛书狮子座名之。近人误以为倪云林所筑，非也。”

从明代开始，假山又渐渐兴盛起来。张南阳所叠上海豫园之黄石假山、嘉定县之秋霞圃、北京故宫御花园、南京瞻园等著名的假山园都出自明代。明代林有麟编《素园石谱》采宣和以后石之见于籍，共百余种俱绘为图、缀以前人题咏。但其石品多为几案陈设。

明末之计成在掇山的实践和理论方面均有很高的造诣。其所著《园冶》着重对掇山技艺作了全面、系统和理论性的总结。从选石、布局到工程结构和施工技术都有精辟的论述。特别是提出等分平衡法的原理，具有创造性。“有真为假，做假成真。”以及土山带石的理论总结了掇山的普遍法则。不失为园林掇山的经典著作。明代文震亨著《长物志》，亦言及假山技艺。

除计成在安庆、太平一带掇山以外，王世贞等所记金陵诸园也多有山石奇巧，但规模不大。明末尚有陆叠山在杭州叠山。《西湖游览志》载：“独洪静夫家者最盛。皆工人陆氏所叠也。堆垛峰峦，坳折洞壑，绝有天巧，号陆叠山。”

清初扬州园林盛极一时。《扬州画舫录》谓：“扬州以名园胜，名园以叠石胜。余氏万石园出道济手。……若近今仇好石垒怡性堂宣石山。淮安董道士垒九狮山。”

清初之李笠翁很赞同计成倡导之土山带石法。名匠师张南垣（张涟）在计成和李渔的基础上对土山带石之法又作了进一步的发展。《撰扙集》记载了张南垣的造山观点：“今之为假山者聚危石，架洞壑，带以飞梁，矗以高峰。据盆盎之智以笼岳渎。使入之者如鼠穴蚁垤，气象蹙促。此皆不通画之故也。且人之好山水者，其会心正不在远。于是为平冈小坡、陵阜陂陀，然后错之以石，缭以短垣，翳以密篠，若是乎奇峰绝嶂累累乎墙外而人或见之也”。张南垣掇山胸有成局，相石有术，人皆服其精。其四子张然于康熙间继其业。其侄张钺所创无锡寄畅园之假山适可印证以上南垣之艺术观点。

比张南垣再晚一些的常州人戈裕良是远胜诸家的掇山哲匠。如仪征之朴园、如皋之文园、江宁之五松园、虎丘之一树园皆其所作。《履园丛话》谓戈裕良“尝论狮子林石洞皆界以条石，不算名手。余诘之曰，不用条石易于倾颓奈何？戈曰只将大小石钩带联络如造环桥法可以千年不坏。要如真山洞壑一般然后方称能事。”上述戈氏用券拱式结构做假山洞实为掇山技艺的技术革命。他这些论点也完全可以从现存戈氏所造之苏州环秀山庄之湖石假山中得到印证。戈氏在常熟所叠之燕园假山亦有所存。

清代假山名园很多。诸如北京圆明园、颐和园、北海琼华岛及静心斋、承德避暑山庄、苏州之拙政园、留园、网师园、耦园、扬州之个园、小盘谷和寄啸山庄等。其中大部分保存完好。虽经各种变迁受到破坏，但大多可反映原来的主要景色。清代假山按图施工的情况有如下记载：《国朝画识》记叶洮“喜作大斧劈、康熙中只候内廷。诏作畅春园图本。图成称旨即命监造。”有些假山的模型可见于样式雷的某些作品中。

明、清两代的园林有很大的发展，假山亦随之再兴。特别是清初康、乾时期，帝王几度南巡，回京后便大兴宫苑。江南私园亦因争为上宠而发达起来。如果说现实主义和浪漫主义的园林创作方法在唐、宋只是初步形成还没有来得及发展的话，那么，到了明、清就进入了成熟的阶段。其主要标志就是以情景交融、乖巧精致、小中见大、移步换景见长的江南私家园林在创作的境界方面超过了以规模宏大、庄严瑰丽、雄伟壮观的帝王宫苑。以致引起了帝王的羡慕而在宫苑里仿造江南的园林。如颐和园谐趣园仿无锡寄畅园、圆明园和避暑山庄都仿建狮子林等。那种以真山为准，甚至在规模和尺度上都追求逼似真山的创作手法到明、清时已不复存在。取代它的是以自然山水为源泉，经过高度的概括和提炼、结合局部夸张，把写实和写意结合起来再现自然山水的创作手法。以清代苏州环秀山庄的湖石假山为例，在一亩多的用地上，典型化地重现了一座自然的石灰岩溶蚀景观。山峦起伏、洞穴潜藏，幽谷蜿蜒，飞梁架空，裂隙纵横、断层错落。加之池水迴抱、山溪奔泻和桧柏、紫薇、青枫的点缀，确是达到了“虽由人作，宛自天开。”的艺术境界。面积约 120 平方米的苏州残粒园，由于采用周边式布局和利用假山作立体交叉的空间处理，在极有限的空间里创造了相对扩大的空间效果。充分地体现了“一卷代山，一勺代水”的造景艺术特点。除了掇山以外，这段时期特别是清代还大量运用山石小品点缀建筑空间，有的甚至利用不足一平米的廊间小天井布置山石小品。李渔所倡导之“尺幅窗”，“无心画”的造景方式也得到普遍的运用。而且明、清之用石取材广泛，除太湖石外，各地所产湖石、黄石、青石、宣石以及各种石笋等均用于掇山或置石。这便促进掇山的手法的多样化发展，使因石制宜地进行精细入微的艺术处理。当然，明、清两代也有不同流派。其中一些极力追求象形、争奇斗异，排如刀山剑树、炉烛花瓶等矫揉造作、违反自然规律的做法也有不少。但是，代表主流的是计成、李渔、张南垣、戈裕良等名匠师的主要观点和作品。他们多由绘事而来，因而能将所悟画理用于掇山，从而取得了很高的成就。

三、有关假山的传统艺术理论

中国古典园林的假山不仅有丰富的实践经验，而且也有理论的总结。只是专著不多而分散在各种史籍、地志、画论、游记和文学作品中。有些是借鉴了山水画论。从假山的发展可看到掇山深受山水画的影响。正如《园冶识语》所说的道理："盖画家以笔墨为邱壑，掇山以土石为皴擦。虚实虽殊，理致则一。"当然，有关画理必须结合园林假山的实际情况先"化"而后用。所引理论有些也是整个园林艺术的理论，在此则仅从假山的角度加以例释。

假山最本质的艺术法则就是"有真为假，做假成真。"这是中国园林所遵循的"虽由人作，宛自天开"的艺术理论在假山方面的具体化。"有真为假"说明了掇山的必要性。"做假成真"提出了对掇山的要求。大自然的山水虽然是最丰富和美好的，但是因为和园主生活居住的地方相隔太远而不能尽情地享受。园主为了在满足物质生活享受的基础上兼得自然山水的精神享受，这才出现"城市山林"。这就是"有真为假"的含义。但是，园主的财力是有限的，根本不可能把名山大川搬到园中，也不可能悉仿，只能用人工造假山。是人造的又要求像天生的。这就是"做假成真"的含义。《园冶》自序谓"有真斯有假"说明真山水是源泉、是素材，是人造山水的客观依据。而要"做假成真"还必须通过作者的主观思维活动，对于自然山水的素材进行去粗取精的艺术加工，通过对真山水的典型概括、提炼使之更为精练和集中。也就是"外师造化，内法心缘"所概括的道理。因此，假山必须合乎自然山水地貌景观形成和演变的科学性。"真"和"假"的区别还在于真山既经成岩便是一个"化整为零"的风化或溶蚀的过程。本身具有一定的稳定性和整体感。而假山则是掇成的，是"集零为整"的工艺过程。必须保证外观的整体性和结构的稳定性。所以，假山是科学性、技术性和艺术性的综合体。"做假成真"的手法有：

1. 山水结合，相映成趣。

这是把自然风景看成一个综合的、生物的生态环境。山水是地形骨架，还要安排供人游览休息的建筑、道路场地、树木花草和合宜的一些动物共同组成一个自然景观。所谓"养鹿堪游，种鱼可捕"并不是作为动物园处理，而是把动物看成是自然风景的组成因素。其中特别强调山和水的组合。因为这是典型自然景观的主要结体。亦即石涛《画语录》所谓"得乾坤之理者，山川之质也。"山水之间又是相互依存和相得益彰的。诸如"水得地而流，地得水而柔。""山无水泉则不活"以及清笪重光《画筌》所谓"山脉之通按其水境，水道之达理其山形"等。喻山为骨骼、水为血脉、建筑为眼睛、道路为经络、树木花草为毛发的说法也是强调整体性。那种单纯追求叠山垒石却忽略其他因素的做法，其结果必然是"枯山"、"童山"而缺乏自然的活力。而著名的假山园均循此理而获得"做假成真"的效果。就山水结合而言，嘉定秋霞圃土山对峙而夹长池，水湾曲折而入山坳。上海豫园黄石假山有深涧破山腹折流入池、环秀山庄山峦拱伏而曲水潆洄，南京瞻园假山各居南北临池而又有长溪沟通等都是很好的印证（图5）。因为真的自然山水就是以山水为骨架的自然综合体，要想"做假成真"也必须基于这种认识来布置。

2. 相地合宜，构园得体。

山水景物是十分丰富多样的，究竟采用那些山水地貌组合单元，还必须结合相地选址从而因地制宜作出得体的安排。《园冶》"相地"一节谓"如方如圆，似偏似曲。如长弯而环壁，似偏阔以铺云。高方欲就亭台，低凹可开池沼。卜筑贵从水面，立基先究源头。疏源之去由，察水之来历。"如果用这个理论去观察北京北海静心斋的布置就可以了解相地和山水布置之间的关系。如图6所示静心斋是清乾隆时所建北海的"园中之园"。北临街而南临湖。是一块东西约长110米，南北宽约70米的狭长地带。这就形成不规则的长方形的外轮廓线。初为太子读书之所，要求宁静幽雅。为了隔离北面街市的干扰，又藉以观看万家灯火，根据长弯形的边

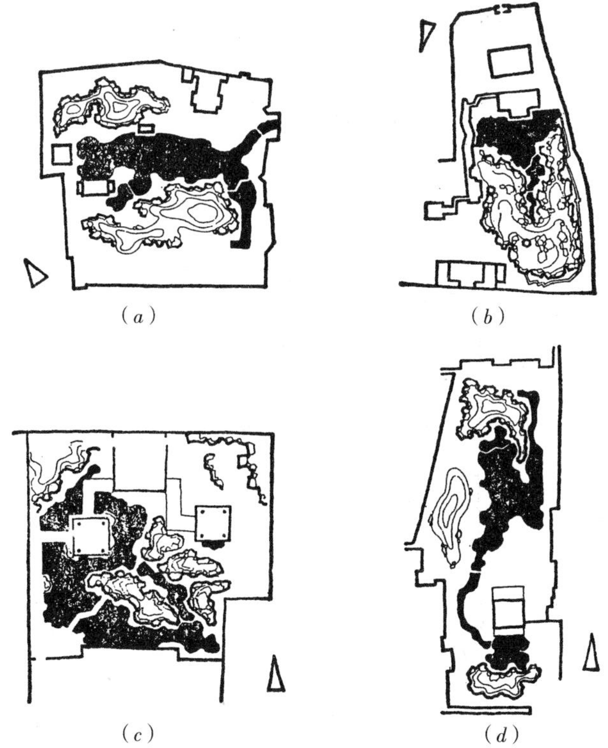

(a)　(b)

(c)　(d)

图5　山水结合例

(a) 秋霞圃山水结体；(b) 豫园山水结体；

(c) 环秀山庄山水结体；(d) 瞻园山水结体

缘线而在北边建造起假山和爬山廊相结合的“环壁”。为了不过多地占据很有限的南北向空间，这种假山的环壁选择了壑的形式而向南略成凹形。从而腾出扁阔的空间铺陈起伏的山峦。为了弥补用地南北短的缺陷，整个假山布置都采用以分隔东西向空间为主，而在南北向只分了两层。为了扩大空间、配合周边式的建筑布置，中部假山均以谷、壑为主安排了收放、起伏的变化。形成以虚为主，虚中有实的特点。特别是在北面接近边界的位置上，布置了两个朝南的假山洞，仰望上去深幻莫测，给人以北面的景致未尽，似乎山洞向北延伸的感觉。实际上这是一个洞的两个洞口，整个山洞仍然是根据用地东西长南北短的特点，洞之平面几乎沿东西向呈“一”字而两头略弯。整个园的地形是西北高东南低。因此在西面起峰峦而就亭台，亭亦因势取名“枕峦亭”。除亭之南向设台以外，还利用西北面假山洞顶的高敞特点设台。随后又建选翠柚于西北角制高地带。中部和东、南部皆就低凿池，自什刹海引水入园。中心建筑“沁泉廊”横架水面以增加南北向的层次。可见，所有假山选择的地貌景观单元和结体关系都是遵循“相地合宜”才获得“构园得体”的良好效果的。同理可见，避暑山庄在澄湖中设“青莲岛”以仿嘉兴烟雨楼，在澄湖东部设金山并取“江上拳石”和“寺包山”之势以仿镇江金山寺都是有理可寻的。也只有根据立地自然地貌的特征选定假山的结体才能达到有若自然。

3. 巧于因借，混假于真。

如果园之周围远近有自然山水相因，那就要巧妙地加以利用。把园外的山水景色挹取到园

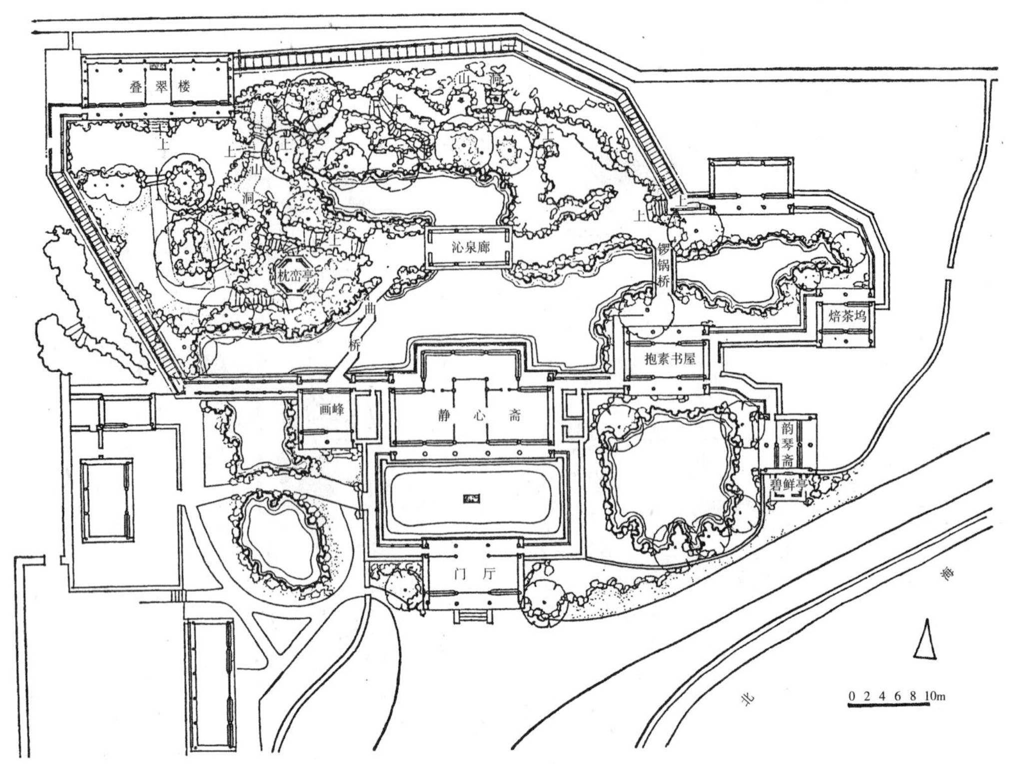

图6　北海静心斋平面图（摹自建筑科学研究院建筑理论及历史研究室图）

内来，通过“借景”的手段来丰富园内景色。同时不论园内外，都可以在真山附近造假山。用“混假于真”的手段取得“真假难辨”的造景效果。这也是《园冶》的基本理论之一。如无锡寄畅园选择在惠山之东麓为园。既借惠山之多泉的条件开辟泉、涧、池等多种形式的水景，又借九龙山为远景。假山位于园内水池之西。由于假山根据九龙山、惠山的走势、脉向相顺应的方向进行布置，宛如惠山之余脉延伸而蜿蜒入园内。隔池相望，九龙山峰如屏幕远障天际。天际线衬托出“龙翔”的山脊。在这样的背景前面，假山像“子山”一样拱伏于前。隔池西望，假山近而真山远。假山虽然只有四米左右的高度，但由于控制了视距，因近得高。土山上古樟蔽日，更增加了假山的体量和山林的意味。真山虽然很高大，但因距离远而山形淡漠，不为之逼塞。加以池水有水湾折伸山坳中，假山本身前后错落，因此兼有“三远”的变化。山景自近、中、远而深浅，层次极为丰富。像这样“混假于真”的做法可以取得“做假成真”的成效。后来颐和园和谐趣园仿寄畅园建园于万寿山东麓也有一定的效果。

颐和园利用凿后湖的土方，在万寿山的北面隔湖为山。假山和真山隔水对峙，取假山与真山之山麓相对应。假山配合真山之轮廓线而极尽曲直、收放之变化。收缩处两山交夹，似到尽头时却又忽然展现一片开阔的水面。加以水湾藏源，港汊延伸和点缀小岛，展示了一幅一幅的自然峡谷的动态景观。由于真山和所造的土山都用同一种当地的山石点缀驳岸边，有时还结合水面的收缩、开放做成削壁、冲沟和石矶的形式。真山和假山又植以同样的油松和其他植物，不论划船从水道游览或者沿岸游历都同样地感到自然和幽静。如果在横跨后湖的石桥上凭栏西望，真、假山交峙左右，湖水映带于中，远处又借西山为背景，松

柏挺立而虬苍枝，绿柳倒挂而轻拂水面。俨然一幅山水长卷，有谁又留意到它们中间谁真谁假呢？（图7）

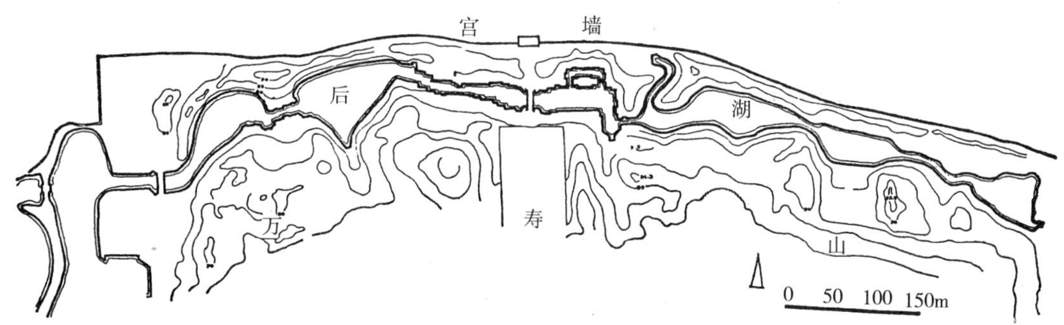

图7　颐和园后湖地形示意

“混假于真”的手法不仅用于布局取势，就是一些细部的处理也可以借以“做假成真”。北京颐和园万寿山之后山利用天然的两条谷线开辟了东、西两条排水沟解决山地排水。作者利用山石护坡和造景相结合的功能，在真山上布置假山和散点山石。西边一条名叫“桃花沟”。将山地降水汇于沟中，循沟而下。沟底和边坡均叠石作为防护和点缀。出水口用山石做成“上台下洞”的形式。水从沟入洞，再从洞口排入后湖（图8）。东边的排水沟位于“寅辉”西侧。山沟之上游东折，纳三面山坡之降水。作者根据自然地形之高差，用山石做出几层高差不同的跌水。主要的一层跌水叠成假洞，部分降水可从洞顶挂水濂下注，再几经转折绕削壁而泻入后湖。山谷和山坡是真山，而山洞、跌水和削壁都是人工掇成的。由于它是在真山上采用和裸露的天然岩石相近似的山石作材料，并根据自然规律来布置，收到了“做假成真”的成效（图9）。

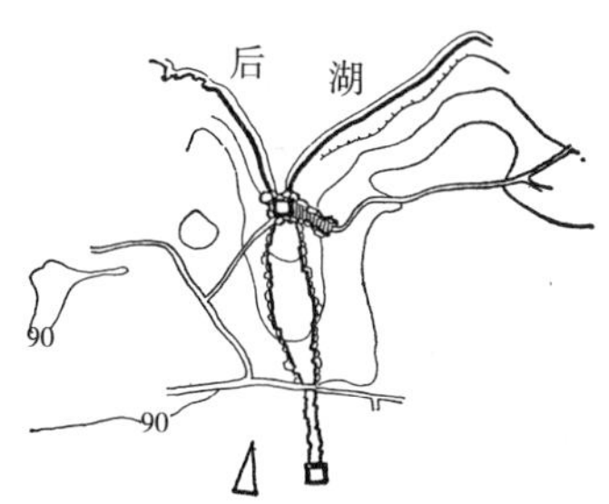

图8　颐和园万寿山桃花沟

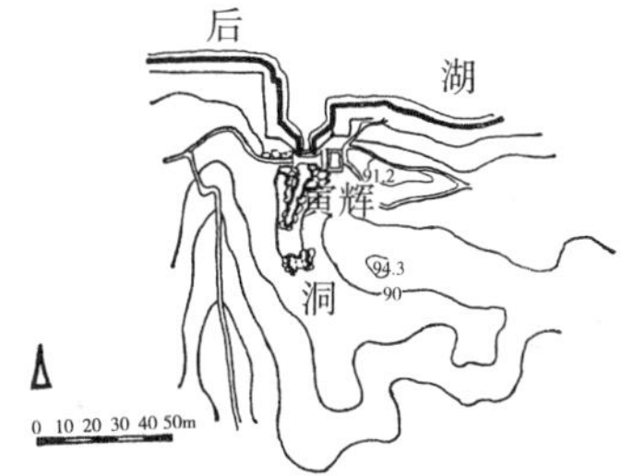

图9　颐和园万寿山“寅辉”西山沟

颐和园之谐趣园西北角与后湖尽端相衔接。由于两边池底的高差悬殊而不宜直接沟通。作者利用地形高差和有裸露岩层的自然条件，别出心裁地从裸露岩层中间用人工开凿了一条溪涧。控制水位的小水闸隐于交界处的小桥下。山涧又作出曲折、宽窄和分层跌落的自然变化。开凿下来的整块山石就近散置于天然露岩的近旁。溪边修竹玉立，紫藤盘桓。在倾斜的露岩上还寓刻了“玉琴峡”三字。这里常年溪水不断，潺潺有声，精致而自然。因为溪水尚清，竟有懵懂幼童携瓶接水而以为天然山泉，可见逼真。除此以外，诸如杭州孤山“西泠印社”用篆刻手法凿山开洞、避暑山庄之普陀宗乘等庙宇用开山之石掇山、颐和园“画中游”开凿所在山坡之石“混假于真”等都是运用此法的佳例。

4. 主景突出，配景简练。

人造山水经“相地”而定假山之体制以后，还必须因地制宜地确定主景和配景的主从关系。宋代李成《山水诀》谓：“先立宾主之位，次定远近之形，然后穿凿景物，摆布高低。”阐述了山水布局的思维逻辑。苏州之拙政园、网师园、嘉定之秋霞圃皆以水为主，以山为辅同时安排了建筑。上海豫园和苏州环秀山庄以山为主，以水为辅结合建筑布置。南京瞻园却以山为主，水为辅，建筑为点缀。苏州留园东部庭院以建筑为主体，山石作为点缀手段。北海“古柯庭”却以古槐为主景，环以建筑和利用山石散置作陪衬。布局时必先从园之功能出发结合用地特征确定宾主之位。假山则根据其在总体中之地位和作用来安排，最忌喧宾夺主。

即使确定以山为主以后，假山本身还有主次关系的处理问题。《园冶》提出：“独立端严，次相辅弼”。就是要先定主峰的位置和体量，再辅以次峰和配峰。苏州的假山匠师用“三安”来概括主、次、配的构景关系。不仅要求在总体方面，而且要求局部也有相对的主从关系。一直分割到每块山石为止。不仅要求在一个视线方向，而且要求在可见的视域内都有这种效果。唐代王维《画学秘诀》谓：“主峰最宜高耸，客山须是奔趋。”清笪重光《画筌》谓：“主山正者客山低，主山侧者客山远。众山拱伏，主山始尊。群峰互盘，祖峰乃厚。”这些都是区分主次的手法。

假山在处理主次关系的同时还必须结合“三远”的理论来安排。宋代郭熙《林泉高致》说：“山有三远。自山下而仰山巅，谓之高远；自山前而窥山后谓之深远；自近山而望远山谓之平远。”又说：“山近看如此，远数里看又如此，远十数里又如此，每远每异，所谓山形步步移也。山正面如此，侧面又如此，背面又如此，每看每异，所谓山形面面看也。如此是一山而兼数百山之形状，可得不悉乎？”

苏州环秀山庄的湖石假山并无一块奇峰异石以为标榜，却获得一致的好评。这是因为哲匠戈裕良是从整体着眼、局部着手来处理的。如图10所示，山是主景，水是配景。山水间又结合紧密。东南角有水自檐下，汇流数股而集中奔注于幽谷深涧中。谷涧之南端冲出裂隙，隙延伸为沟，一直扩展到水池。另一路自西北角洞中有山溪自高处下泻，出洞口冲出有高低和层次变化的裂沟，通过裂沟连接水池。雨季水涨时，池水可出入于幽谷之深涧中。旱时涧底干涸，亦如石灰岩溶蚀之河床渗漏至尽。至于利用上伸下缩的山石驳岸做成“水岫”，使池水潜藏，甚至俯身下探，亦未必见有穷尽。石桥西南端和“补秋山房”西面台阶下的“水岫”更是相互暗通，似为流水所溶蚀以透。就全园而论，主山居中而偏东南，客山踞西北角，东北角也有平冈拱伏。就主山而言，本身又有主峰居山之西南，两次峰隔幽谷而居山之东北，配峰偏于山之东南。主峰高约五米多，次峰高约四米（均以最高水位线为±0.00米起算，池底主程约为-1.40米）。主峰山腰以下居正，而峰顶具有向西南探出之动势。次峰和配峰则又向主峰有所奔趋。由于水池采取环抱之势以衬托主山，所以水池周边所驳之山石皆向主山环拱。若自平台向北看，但见峰峦起伏，悬崖斜伸。石罅折曲，石桥横空。入游则见栈道、洞府、峭壁、深谷。从汀石跨过山涧，经石室，随谷盘旋而上山顶。回身下俯，幽谷深隐。主峰下之洞口正好纳西北角之山洞于其中，深远别致。自北下山，又见坡矶。西北角岩下是裂沟，高低纵横，洞隐难穷其尽。但置身“问泉亭”基址附近向东南望去，却是双峰对峙，夹幽谷于其中。峰实而谷虚，深邃莫测。加之“从巅架以飞梁”，虚中又以石梁实之。则又是一番景象。这座假山占地不过亩余，却能做出山水相映，主次分明。既有“山形面面看”又具“山形步步移”。假山之不同于真山，多为中近距离观赏。此园山高与视距之比控制在1∶2以内（视距自池西一带至主峰）。用“以近求高”的手法奏效。因为戈裕良深悟画理又善掇山，所以达到了“岩峦洞穴之莫穷，涧壑坡矶之俨是”的高度境界，可称湖石假山之极品。

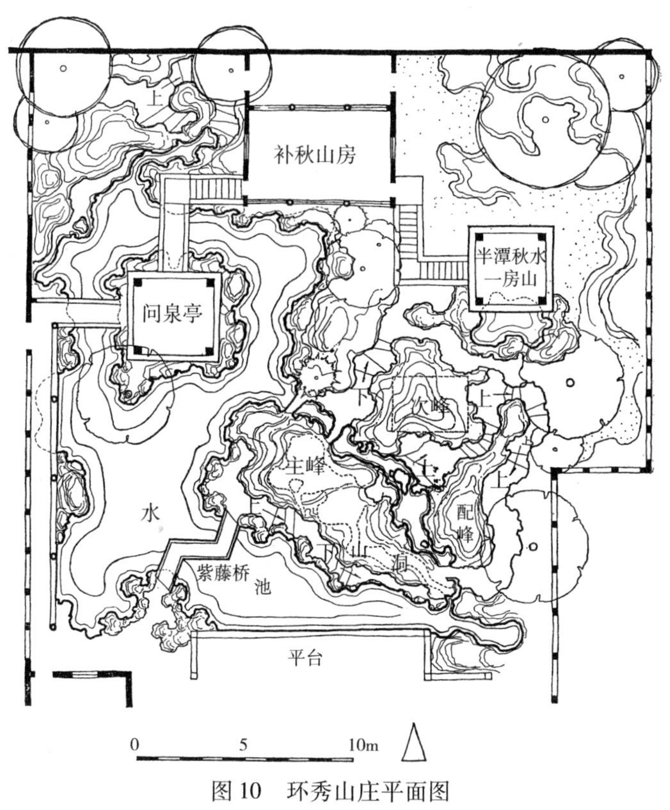

图10 环秀山庄平面图

5. 远观势，近观质。

“势”指山水的形势。也就是山水的轮廓，组合与性格特征。在山水布局中，要先定轮廓而后穿插景物。轮廓是体现形势的重要因素。李渔在《闲情偶寄》中以文学和书画作比喻说：“以其先有成局而后修饰词华，故粗览细观，同一致也。若夫间架未立，才自笔生，由前幅而生中幅，由中幅而生后幅。是谓以文作文，亦是水到渠成之妙境。然但可近视，不耐远观。远观则襞褃缝纫之痕出矣。书画之理亦然。名流墨迹，悬在中堂。隔寻丈而视之，不知何者为山，何者为水，何处是亭台树木。即字之笔画，杳不能辨。而只览全幅规模便足令人称许。何也？气魄胜人，而全体章法之不谬也。”这说明“胸有成局，意在笔先”和结构之重要性。造山亦如作文，一土一石即一字一词，由字组成句即用一组山石构成峰、峦、洞、壑、岫、坡、矶等“句子”。由句而成段落即类似一部分山水景色。然后由各部山景组成一整篇文章亦即一个园子。园之功能作用和造景的寓意的结合便是命题。这也就是“胸有成山”的内容。

就一座山而言，其山体轮廓可分为山麓、山腰和山头三个部分。《园冶》说：“未山先麓，自然地势之嶙峋。”有人说：“屋看顶，山看脚”。这揭示了自然山势和人工造山特别是土山在坡度方面变化规律之间的关系。假山应像真山那样，从缓到陡，具有山麓、山腰和山头的变化。所谓："屋看顶，山看脚。"说明不要只顾一味追求山的高度和主峰的处理而忽略了山之底盘面阔、进深和山高之间的比例关系。否则不仅不自然而且会影响土山的稳定性。笪重光《画筌》说："山巍脚远"土石交覆以增其高，支拢勾连以成其阔。反映了相同的认识。因为，土山之底部承压大而坡度宜小，坡长就拉远了。山腰部分承压较小则坡度相对可大些。山头则更陡一些也无妨。但这也不是绝对的。好的土山往往是前缓后陡，左急右徐。也有缓中见陡或陡中有缓的局部变化。这和篑覆卸土的施工过程也有些关系。一般是挑土上山的一面缓而覆土的一面陡。由于山腰部分常设置平台或建筑，要求局部平坦而靠山头的一面用山石垒成挡墙以维持陡坡或峭壁，到山头部分就可以做峰结顶了。

布置假山同时也要综合安排组织地面排水的问题。土山最忌呈坟包状。这不仅因为它造型呆板，而且没有分水岭和汇水线的自然特征。以致造成地面降水泛流而下，造成大量冲刷。《园冶》山林地一节中述及："有高有凹，有曲有深，有峻而悬，有平而坦，自成天然之趣。"就是要"胸有丘壑"。要有山脊和山谷的变化。地面降水以山谷为汇水线，结合谷线开辟山路。加以铺装后，地面径流便可顺势导入园内水体中。

山之组合包括"一收复一放，山势渐开而势转。一起又一伏，山欲动而势长。""山面陡面斜，莫为两翼。""山外有山，虽断而不断。""半山交夹，石为齿牙；平垒遥远，石为膝趾。""作山先求入路，出水预定来源。择水通桥，取境设路。"等理论（可参照图2）。

合理的布局结构还必须落实到细部处理上，这就是"近看质"的内容。掇山之"相石"也为了具体解决细部。首先是将性质相近的山石放在一起而最忌混用。混用显然是违反自然地貌特征的。即使有特殊的用法不得已时，至少也要放在不同的视域里。扬州个园因造四季假山而采用了四种山石。其中只有"夏山"之湖石和"秋山"之黄石有交接处。为了减少差异，交接处都缩小体量成为低的花台或驳岸。然后在湖石中选厚实而带灰黑者，在黄石中选少棱角而灰黑者，以便逐渐过渡。

石质和石性有关。湖石类属石灰岩，因降水含有二氧化碳对湖石中之可溶物质产生溶蚀作用使湖石表面产生凹凸。渐深成"涡"，"涡"向纵长发展成"隙"。隙冲宽了成沟。向深度溶蚀成"环"。环通成洞。大小沟交织疏密而成皴纹。涡洞相套而有层次。这就形成湖石外观圆润柔曲、玲珑剔透，涡洞互套，皴纹疏密的特点。亦为山水画中荷叶皴、披麻皴、解索皴所宗之本。黄石属细砂岩，是方解型节理。由于水的冲刷和风化的破坏所造成的崩落都是沿节理面分解，形成大小不等，凸凹进出的不规则的多面体。其石面平如刀削斧劈。面与面的交线又成为锋芒毕露的棱角线。于是便有刚硬平直，浑厚沉实，层次丰富，轮廓分明的特点。亦即山水画中大斧劈、小斧劈、折带皴所示（参见《芥子园画传》）。如果简化一些，至少要分出竖纹、横纹和斜纹几种变化。而叠石必须讲究皴法才能做到"掇石莫知山假。"

6. 寓情于景，情景交融。

这就是利用"比拟"使之产生"联想"的造景手法。《园冶》所谓："片山有致，寸石生情。"也指这种手法。无论是欣赏真山水或造假山都赋意于景。包括长期相为因循的"一池三山"、"仙山琼阁"等寓神仙境界的神话、迷信的做法；"峰虚五老"、"十二生肖"以及各种神话故事等寓象形的手法；"濠濮间想"、"武陵春色"等寓隐逸、典故的手法；寓名山大川的手法；（如艮岳象杭州"凤凰山"，苏州洽隐园水洞之象"小林屋洞"等）寓自然山水性情的手法和寓四时的手法等。

中国山水画对于自然山水性情的分析是很细致的。这也是从写实到写意的认识过程。宋郭熙《林泉高致集》说："山大物也。其形欲耸拔、欲偃蹇、欲轩豁、欲箕踞、欲盘礴、欲浑厚、欲雄豪、欲精神、欲严重、欲顾盼、欲朝揖、欲上有盖、欲下有乘、欲前有据、欲后有倚、欲下瞰而若临观、欲下游而若指麾，此山之大体也。"又说："水活物也。其形欲深静、欲柔滑、欲汪洋、欲回环、欲肥腻、欲喷薄、欲激射、欲多泉、欲远流、欲瀑布插天、欲溅扑入地、欲渔钓怡怡、欲草木欣欣、欲挟烟云而秀媚、欲照溪谷而生辉，此水之活体也。"

清龚贤《画诀》说："石必一丛数块。大石间小石。然须联络。面宜一向。即不一向。亦宜大小顾盼。石下宜平。或在水中。或从土出。要有着落。"又说"石有面、有肩、有足、有腹。亦如人之俯仰坐卧。岂独树则然乎。"这些画理都不难从好的山石作品中得到印证。

扬州个园之四季假山是在寓四时景方面别具匠心的佳作。如图 11 所示，在不大的空间里，按顺时针的游览方向布置了春、夏、秋、冬的山，石景。春山从"火巷"引入。在一垛隔断花墙的前面，拟对称地布置了低矮的整形花台。两花台间是通向庭园部分的地穴。花台上翠竹挺立，竹间散点石笋。作者以人们熟知的"春生"和"雨后春笋"为比拟，启发游人产生春山的联想。夏山以天空为背景，用白色太湖石掇成。下洞上台，形若夏云。山所临水池植荷，山之近旁又有浓荫乔木蔽日，爬山洞抽引水边凉风，又把人们带到了典型的夏景中。秋山采用黄石掇成。并配以秋色叶树种。从色调上点出了秋的特点。从地形上可循山洞或山道盘旋而上，至主峰则可远眺园外景色。这又是"重九登高"的比拟。冬山以宣石作花台并结合壁山处理。宣石上白下暗，令人联想到"积雪"，加以有腊梅的点缀，冬意更浓。冬山之末与春山仅一墙之隔，又开漏窗以透春山景。使产生"冬去春来"的联想。个园的四季假山立意新颖、用材精细、配景融洽、结构严密。时景是命题，春山是开篇，夏山是铺展，秋山是高潮，冬山是结语。可称章法之不谬。这种创景的手法和山水画论中有关时景的论述也是可以相互印证的。石涛《画语录》说："凡写四时之景，风味不同，阴晴各异，审时度候为之。古人寄情于诗。其春曰，每同沙草发，长共云水连。其夏曰，地下树常荫，水边风最凉。其秋曰，寒城一以眺，平楚正苍然。其冬曰，路渺笔先到，池寒墨更园。"

7. 对比衬托，相得益彰。

造山还必须充分利用园林综合的组成因素和山体本身地貌组合单元之间的对比和衬托而取得相得益彰的效果。以上海豫园的黄石假山为例。旧时在北面有江景可借，故山居北而南缓北陡。建"望江亭"于其上。山因水池和建筑之就低铺陈而显高耸。就假山本身而言，根据"山拥大块而虚腹"的画理，用一条曲折、深邃的山涧剖山腹而产生虚实、明暗的对比效果。山的中下部被山涧分隔成东西两部分后，却又有临水或架空的小桥或危石加以贯通。同时也增加层次的变化，使山体更深远一些。再经过山道盘曲隐显，台地错落高低的衬托。显得坐落在后面而偏侧的主峰格外地高峻端严了。此山在配植方面以疏植大乔木为主。在地面上占地面积不大，又不过分地阻挡视线，因而获得山林的真实感。无锡寄畅园之"八音涧"却以山衬水、以静衬动，创造了声、情、景交融的自然山水景。它利用两山交夹的谷道作为展示山涧的游览路线。引惠山泉入园暗出以为泉源。泉出潭而成涧。自高而下，分层跌落。山涧时收时放。有时居山脚之一侧，有时又横穿谷道。在明流中穿插了一段穿山脚石罅的暗流。山谷本幽静，但因夹涧而产生了共鸣箱的音响效果。涧因跌落高差

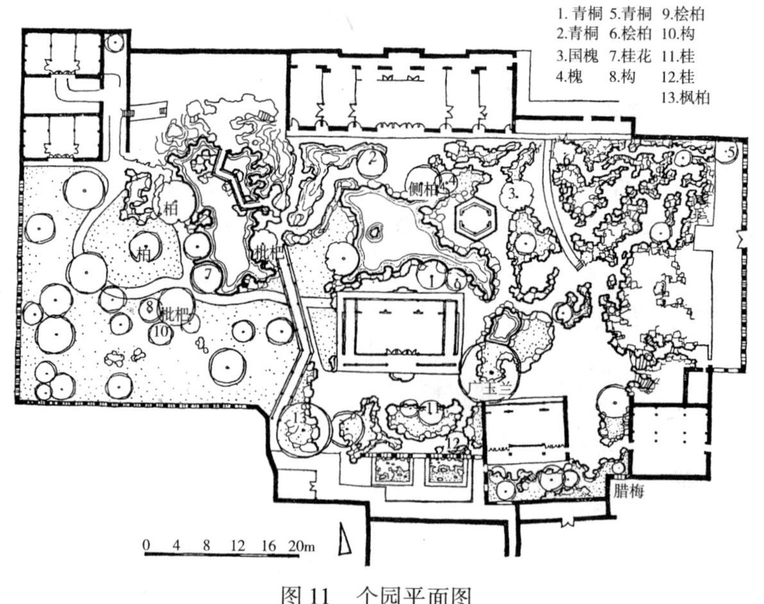

图 11 个园平面图

不一、落水潭深浅的变化，和明流、暗流的敞音和闷音的变化而产生“无弦琴”的联想。苏轼《石钟山记》详记了鄱阳湖口“石钟”如钟鼓作响的自然奇观。杭州“水乐洞”也因水声得名。可见，理水弄音之法亦出于自然。

造山所用对比衬托的手法是很广泛的，诸如大小、宽窄、横竖、方圆、直曲、俯仰、正斜、高低、前后、虚实、明暗、寂喧、动静、轻重、巧拙、收放、枯润等。最忌立如刀山剑树，排如炉烛花瓶，或如铜墙铁壁，或相互排比。因为它们既不自然，又缺乏对比统一的变化。

有关假山结构和施工技术方面的问题，因另文发表，在此不作重复。

四、假山要“古为今用”

从新中国成立以后我国一些城市园林建设的实践来看，假山是可以“古为今用”的。它可以作为重点美化和创造具有社会主义内容和民族形式园林的手段。应该认真地总结一下经验教训，使更好地为社会主义建设服务。我的初步看法是：

1. 充分结合假山和置石的实用功能来造景。如用以平衡土石方、组织地面排水和作驳岸、护坡、挡土墙、踏步、汀石、花台、山石几案、兽山、作为支撑倾斜欲倒的古树的支架、攀缘植物架、填补树洞、作为某些植物的解说牌等。

杭州花港观鱼公园，在改造稻埂低凹地时，为了平衡掘“花港”和“观鱼池”的土方、结合解决分隔空间、组织排水和造景的要求，在观鱼池和大草坪之间布置了仅二米左右高的带状土丘。由于土丘上再种植高大乔木而使这两个在功能上各有不同要求的空间互不干扰。同时还利用少量土方在路口设置“阜障”组织游览路线，并利用土阜作为种植雪松树丛的自然地形。整个园子都以组织自然地面排水为主，取得了较好的效果。只是局部有些冲刷问题尚未很好解决（图 12）。

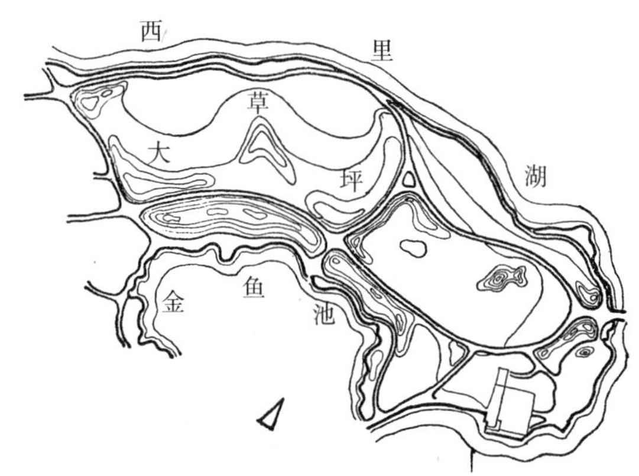

图 12　杭州花港观鱼公园局部地形示意图

广州市兰圃有一段挡土墙，原考虑用一般整形式挡墙的做法，后来用相近的造价做了一个“石塑”的挡土墙，既完全满足了挡土墙的实用功能，又取得了“成景”的效果。上海植物园用附近所产黄石驳岸，也取得了“景”“用”双收的效果。杭州西湖用一般建筑用的大块石作驳岸，由于掌握了层次和高低错落的变化，也有较好的效果。动物园的狮虎山、熊山、猴山等都是室外展览动物的场所。如果运用得当，是很可以创造一些陪衬动物和提供动物室外活动的山石景的。杭州动物园的小动物笼舍用黄石和笼舍相组合，外观很自然而富于变化。南宁、武汉等地做的猴山也较好。广州市动物园用“石塑”的办法造了两座天兽山，也有自然的外观。

杭州植物园玉泉的停车场附近，有一株大香樟树，由于下部树身中空，有一个大洞必须填补。如果用一般堵块石，抹水泥的办法，虽然解决了补树洞的问题但必然是煞风景的，影响这棵古樟的观赏效果。由于采用了山石填补和陪衬，既补了洞又对古樟起了衬托的点景作用，游人还可以在树下休息。这种做法是动了脑筋的。

2. 广开材源，创造新技。

过去掇山、置石由于受山石材料的限制，长途运输很不经济，也无必要。可是附近又不产石，就很难用石掇山了。广州市园林局根据当地的条件创造了“石塑”新工艺。用砖、钢丝网和水泥便可造山。这种方法用材广泛而且可以按照预定式样造型。还可以利用水泥预制构件中的一些废料。广州白云宾馆为了降低原地面以作水面和保留几株大榕树，在底层宴会厅北院的水池中间必须修建保护榕树下面土层的水工挡土墙。这如果是用一般条石或虎皮石挡土墙的做法是很不协调的。作者以岭南榕树和山石结合的自然景观为素材，用“石塑”的技法成功地塑造了一个“榕根壁”式的自然山石挡土墙。用法简练、整体性强，几个大块面就解决问题。加以小瀑布的结合，构成一幅完整的画面。日后真的榕根顺势下延，附石扎根，就更加富于真实感了。

除此外，佛山市、新会城都有不同的做法。新会甚至以焦渣为材料，自然地加上一层带色的水泥形成人造山石，用以驳岸，效果也很自然。

3. 利用山石小品点缀园景。

如前所述，山石小品有“因简易从，尤特致意”的特点。用于山石小品特置，或结合建筑角隅散点，或做成“如意踏垛”、壁山、“无心画”，或作成花台组合庭院，都有以少胜多的特点。广州市西苑根据当地气候条件，在一座游息性建筑中开了一个很大的落地漏窗，周边以具有地方色彩的彩色玻璃窗格作为框景。窗前散点石笋数块，并以球形的黄杨等植物为衬托，形成一幅写意山水。而且是内外两个方向都可得景。由外向里看，以暗衬明，石笋轮廓十分清晰。由内向外观，又有以明衬暗的逆光效果，起到了“画龙点睛”的作用。而有些地方把石笋混用于其他类型山石中，极不自然。广州市中国出口商品交易会序厅中用“石塑”做的山石水景也具有很好的效果。上海中山公园，在一个新式的亭廊的漏窗中布置石笋，由于石景置于几个视线方向的焦点，无论进、出或循廊转折，几乎都可以得此景，则又发挥了一景多用的特点。这些都说明用山石小品点缀园景的灵活性、多样性。

至于对古典园林中假山的一些传统手法，可以根据今天的实际需要有批判、有分析地加以吸收和创新。如南京瞻园的重修，并没有拘泥于古法，而是在旧园的基础上，结合时代的特点适当地加以改造。剔除了某些江南私园那种过于闭塞、压抑、迫促和零碎的做法。北山以大块削壁结顶，并将水面延伸折入山后隐处。南山扩大原有水池，变扇形水面为自然式水面。在整块悬岩下面虚以溶洞景观，旁边并做出水洞加以陪衬。由于设计和施工都着眼于整体的布局和结构，强调要有气魄，取得了既雄伟、壮观，又兼有幽深自然的良好效果。又如上海龙华公园以“红岩”寓意于山，在公园入口对景位置用红黄色的黄石，参照《红岩》小说封面山体造型设计造了一座假山，作为一种“寓情于景”的创新尝试。但是，仅仅学习古典园林是不够的，还必要踏查一些自然山水。因为再好的园林作品只是“流”而不是“源”。值得学习和研究的是，看看好的园林假山是如何将真山真水加以概括和提炼，从而创造了“虽由人作，宛自天开”的园林自然山水。总之，假山这门传统的技艺是值得发掘、整理、应用和有所发扬光大的。

第五章　中国建筑理论

苏州建筑彩画艺术

毛 心 一

一、苏式彩画的形成和发展

我们对建筑的审美准则，应该是以“形”和“色”这两方面来衡量的。它的艺术特性，与绘画雕刻不同之处，除了在空间上表现得比较完整之外，还通过几何形体、色彩、质感以及一些装饰来表达一定的气氛，而引起美感的。在中国传统建筑中，都是比较讲究色彩处理的。从历史上看，我国古代建筑在色彩上的运用也是很重要的一个方面。那些御用的宫殿、宗教上的寺庙以及民间大住宅包括祠堂、会馆等一类建筑，往往就是以色彩艺术加工来显示它的富丽堂皇，令人望而生畏，在建筑美观上起着很大的作用。一般色调鲜明而不流于庸俗，对比强烈而不失协调，并且还在不同的时代、不同地区，创造出不同的地方风格和制定了一整套的建筑“法式”。

古建筑的彩画，确是一种独特的装饰艺术，也成为过去民间画师和艺工最出色的技巧之一。它与国画同样具有十分悠久的历史，还见之于历代一些歌赋文献。例如：《论语》上就有“山节藻棁”之说，足证早在春秋战国前，建筑上已开始描绘彩画；后汉张衡《西京赋》和晋左思《吴都赋》两文，叙述较详，曾提及在秦汉大兴宫室中，也已广泛采用彩画了。自从佛教流入中国以来，寺庙建筑又多模拟宫殿施以彩饰，到了六朝之后，风行一时，更逐渐增多。如在我国著名的敦煌莫高窟中，可以看到不少魏、唐、宋的彩画式样，雕塑奇伟。又宋李明仲《营造法式》上所载彩画作制度，取材精审，规格十分严密，实为当时北宋官式彩画的典范。其后，宋室南迁，彩画一源二流，分别发展。至元、明、清，建都北京，形成了京式一支；而南宋迁都后，又另成苏杭一支，风格独特，在技法上进入了比较成熟的新阶段。鸦片战争之后，苏式彩画逐渐趋于停滞状态，在操作规格上也出现了衰退现象。辛亥革命之后，苏州当时仅庙宇、祠堂、会馆等建筑，偶尔施彩。许多彩画艺工被迫纷纷转业，这一传统艺术装饰，遂一蹶不振，后继无人。

苏式彩画因起源于苏州而得名，这一装饰艺术很早就占有一定的重要地位。至明清两代，更盛极一时，不仅在江南一带流行，而且在北方建筑上也多采用，在全国范围内，逐渐形成了独特的风格，与京式彩画（亦称殿式彩画）并驾齐驱。当时在北京除了宫殿、官邸等建筑的彩画仍用京式之外，不少园林胜处，则大多采用苏式彩画。

苏州彩画在用料、设色、风格、操作等方面，绝大部分是沿着宋代法式古制发展而来的，尤以五彩遍装、叠晕施彩之制，基本上和宋式古制完全一致。苏式彩画与京式的“和玺”、“沥粉金线大点金”、“沥粉金琢墨石碾玉”、“旋子”等彩画有显然不同之处。它的题材内容丰富多彩，变化不一，绝少雷同，基本上还保留着古制的精华，可以说在图案、色调等方面都富有传统的地方风格。如苏州市博物馆（原太平天国忠王府）、戒幢寺、申时行祠、城隍庙、东山的“凝德堂”、“陆子堂”、“文德堂”、杨湾小学（旧称三德堂）以及常熟的翁家花园等处的彩画，颇能说明苏式彩画的风格特点及其演变过程。其中当推东山、杨湾两处的明代彩画，均以“锦袱”见胜，富有古意，尤为精致。太平天国时代“忠王府”的建筑彩画，均系素地杂华，精细纤巧，且在梁枋彩画锦袱内嵌堂子，画有国画、花卉、博古、山水、八结、飞禽、走兽、云纹、海泊、房屋街景等图案，共达298方之多。这些装饰艺术的创作年代从明末至清末延续二百多年。其中比较优秀的作品大多是在明代及清乾隆、嘉庆年间之前作的，而太平天国之后，则逐渐衰落。辛亥革命之后的彩画，也有参照新法，即在混凝土的基层上面用油色彩画，但数量极少。

现在就江南地区苏式彩画的等级分类、构图格式、装金制度、着色制度以及艺术风格，分述如下。

二、苏式彩画的等级分类

按宋《营造法式》所载，彩画作有：五彩遍装、碾玉装、青绿叠晕棱间装、三晕带红棱间装、解绿装、解绿结华装以及诸色什间装等制度。而苏式彩画，则主要是属于五彩遍装一类的发展变化而来的，按其花色之繁简、用料之优劣、操作之精粗分为：上五彩、中五彩、下五彩三等。

（1）*上五彩*　花色复杂多样，以锦纹为主，着色退晕，沥粉，装金，多用于装饰高级建筑。

（2）*中五彩*　花色较简单，以花草为主，五色退晕，不沥粉，平底装金。

（3）*下五彩*　花纹、图案及框线均用墨线拉黑边，而不画轮廓，外棱线，彩色，退晕简单，一般只退两道晕色。

三、梁枋彩画的构图格式

苏式建筑彩画，一般均画在上、中、下梁枋上面。在整个构图上，将各个梁枋的全长等分为三段：中间一段叫做“袱”或“堂子”（北方称为“枋心”），左右两端叫做“包头”（北方称“箍头”），靠近堂子的两端叫做“地”或称“锦地”（北方称“藻头”）。

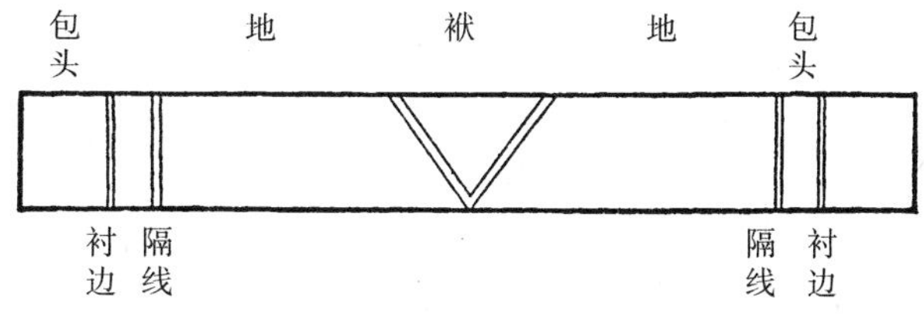

图1　梁枋上的袱、地、包头、衬边、隔线

（1）*袱或堂子*　袱是从梁底沿梁两侧裹起，故亦称“锦袱”或“包袱锦”，一般袱内多数画锦纹，也有个别的只画花草一类。包袱的外形有菱形和圆弧形两种。它的大小比例是依梁的高度和宽度而定的。通常袱的尖端应在梁侧边缘；尖角多数向上；个别的向下（图1），也有在一根梁上画两个包袱的，而

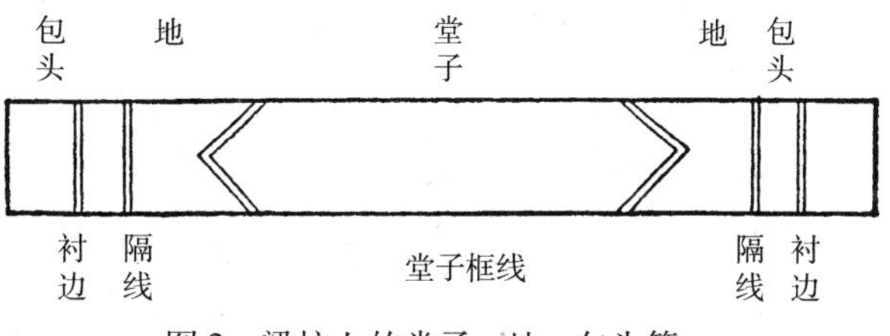

图2　梁枋上的堂子、地、包头等

圆弧袱通常在包裹梁的全长范围内。至于锦袱，则多镶以花边（包括黑地花边）或回纹边，它的轮廓框线则用浅青、绿色退晕。

堂子分直线形和圆弧形两种（图2），中间所施画题，不论是山水、人物、花卉、鱼、龙、飞禽、走兽、锦纹等均可应用，也等于在有规则的锦纹图案中嵌上一幅国画。它是按所施画题的不同而定名的，有花锦堂子、景物堂子、人物堂子等。一般上梁常画各色锦纹，下梁画各式云蝠、云鹤等图案，而中梁锦袱内则画人物、山水、花卉等图案。

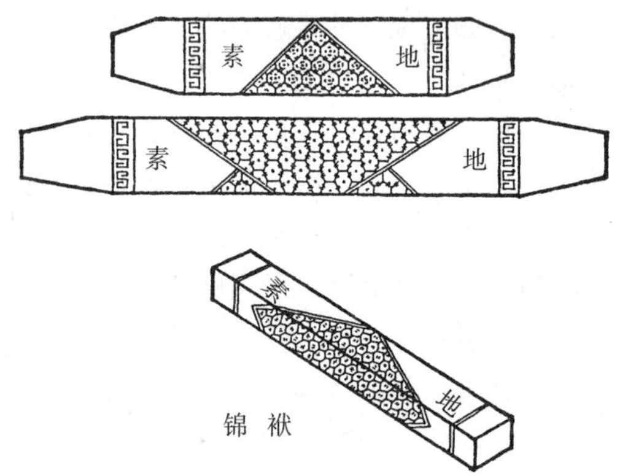

图3　东山杨湾小学反轩梁上的锦地袱素地

（2）地　一般画锦纹的称“锦地”，通常不施彩锦者则称为“素地”或“清水地”（图3）。其施彩较简单的一种仅刷青绿，不画花纹。如较精致的，则画各色锦纹；也有画折枝花、香草肽等图案的。

（3）包头、衬边、隔线　它们的花色不一，也无定例。一般有描绘各种几何花纹的，如阴阳回纹、寿字、联珠、箭绢、水绢、书卷等；也有画花卉的，如荷花等。比较精细的则画西番莲、云瓦等。此外，在地与包头之间的衬边，花色也较多；有素地杂花和平底装金。一般如“笔锭如意”即画上毛笔、定胜、如意三样组成的图案以及席纹式套六角等图案。

四、棋盘顶彩画的构图格式

在不少规模较大的古建筑厅堂屋面下，设置天花，俗称“顶板”。由于按开间进深钉上方格形的框档，故统称“棋盘顶”，北方则称为“井口天花”。这种彩画式样一般用在宫殿建筑者计有：团龙（图4）和团凤。其他一般厅屋、庙宇中才画团鹤、云蝠、回纹等。如绘仙鹤者，口含灵芝草（图5），蝙蝠、蝠磬者则口含寿桃一类。在十字档内的四面夹角边框上，多绘有云彩图案，分成主云、叠云及压脚云几种和其他花纹，来点缀中间圆形图式的。如原忠王府大殿顶板上，绘有团龙彩画，玄妙观三清殿建筑中计有210方之多，式样不一。

图4　棋盘顶彩画团龙

图5　棋盘顶彩画花草

这种顶板彩画均属单线平涂，既不沥粉，又极少贴金的，色彩比较浅淡而鲜明。由于这些构件面积较大，一般只能在上面高空作业。俗称“朝天画”，需要仰头翻手才能画成。但也有小型的顶板，可先在下面画好后再装上去，比较方便易行。比较讲究的则在十字挡上绘以十字云纹图案。

五、苏州彩画的装金制度

装金，即《营造法式》中所谓的“贴真金”。苏式彩画的装金，即谓之“贴金”，亦称“飞金”，一般都用于上五彩，在锦袱内个别构件或在其他轮廓线上加以装金的。它与《法式》不同的一点，即用油色而不用胶色，也是所改进之处；多数是“平底装金”，个别较精致的则是“沥粉装金”。“平底装金法”分：金地五彩花（即《法式》“留底子”）及金花五彩地（即《法式》“挖底子”）两种。此外还有“盘金线”和“落槽线”两种做法。苏州彩画工艺按各工序分别称为：“沥粉作”和“着色作”；如两种兼施称“软硬作”，只着色而不沥粉的，则称“软作”。

此外，过去庙宇中还有一种神佛像彩画，叫做“缀金制度”。它又分有荤缀金及素缀金两种做法；前者较为讲究，是先用纯鸡蛋黄调和所用颜料，使所施花纹图案匀涂一层后，再用各色缀金棒剔除其多余的色料，留出金底，在涂色时四周留出边框，形成一道金边，其他则用普通颜料按图描绘成花纹。

六、苏式彩画的着色制度

（1）退开　按《法式》有“间装”及“叠晕”两种制度。“间装之法青地上华纹，以赤、黄、红、绿相间，外棱用红叠晕；红地上华纹青绿，心内以红相间，外棱用青或绿叠晕；绿地上华纹，以赤、黄、红、青相间，外棱用青、红、赤、黄叠晕”。而“叠晕之法：自浅色起，先以青华，次以三青，次以二青，次以大青。大青之内，深墨压心；青华之外留粉地一晕。凡染赤、黄，先布粉地，次以朱华合粉压晕，藤黄通晕，次以深朱压心。”一般又在这种彩画上依华纹形式由四周向中心叠晕者称“合晕”，而单向叠晕者称“偏晕”，两向之间有粉地者称“退晕”。

苏式彩画则与《法式》古制不同，绝少定则，应用比较灵活，随意变化。它的着色制度，施彩上等者有上五彩及中五彩两种，在退开方法上，即由粉地起由浅至深，逐层加深描绘，亦即《法式》的叠晕之制。其边棱成直线者，谓之直开；依花纹曲线者，谓之“弯开”。

苏式彩画退开，一般为三至四道，如包括装金则共五道，多数皆以黑线压边或拉金边，边线退开通常为外浅里深，与古制恰恰相反。同时，在中五彩以下着色程序则是先深后浅，逐条描绘，最后着粉以衬托者，谓之“烘色”，亦称“晕色”。

（2）配色　宋《营造法式》中所述的五彩、取色及深浅配合，极为详备；即以朱、绿、青、赤黄、紫为五彩，每彩由浅及深。其所用颜料除藤黄外，均采用石色原色，规格十分严密。

苏式彩画中的五彩，则定为：红、绿、青、黄、紫。而在明、清两代之后，每彩颜料漂研后，则仅分成红、绿、青三色，较之宋制已趋简化。个别的也有用上述红、绿、青、黄四色，但无紫色。它的选料，旧制本用石色，但自鸦片战争之后，进口颜料均属成品，遂多选取调和，质量降低，渐失古意。至于各色调和变化多端，旧说有“五彩配成二十七色”之多；在于非暗所著的《中国画颜色的研究》一书中，列有法式古制、苏式旧制与新制的彩色对照表，配合众色表以及合色表，比较详细，可供参考。此外，其所用颜料总的可分为：天然石色、人造无机、动植物等三种以及调合用材料等，此章不予详述。

七、苏式彩画的艺术风格

在阶级社会中，建筑是为一定阶级服务的，它一直是作为物质财富被阶级所占有，对建筑的美学观点以及建筑的遗产和传统、建筑材料和结构技术的选用等等，都要符合占有阶级的意图、思想感情和爱好，在建筑风格上也就明显地表现了它的阶级性。所以说，建筑具有工程技术和艺术的双重性，是一种应用艺术，受着经济、实用、技术、材料、自然条件的限制，并包括了在一定时期中社会的、民族的、地区的人民大众的思想感情和爱好的特点，以及在建筑形式上表现这些特点所选用的、创造的一切特色的总和。可见建筑风格不是单纯的艺术问题，也不是纯粹的建筑形式问题。它还可以与雕刻、绘画、工艺美术等其他艺术形式相结合，借助这些艺术加工，来加强它的效果和气氛。

苏式彩画的构图着色，虽然基本上是遵循宋代的艺术传统，但在长期艺术实践中不断地有所创造和革新，如在图案花色上则以四出、六出、八出和毬纹的细锦头纹为主，而花朵就比较少见了，突出的例子如东山杨湾几处彩画中锦纹花色各异，设色富丽，金色灿烂，绚丽夺目，十分精致（图6、图7）。按清代《工段营造录》一文所载，其锦纹花色竟有近二十种之多。

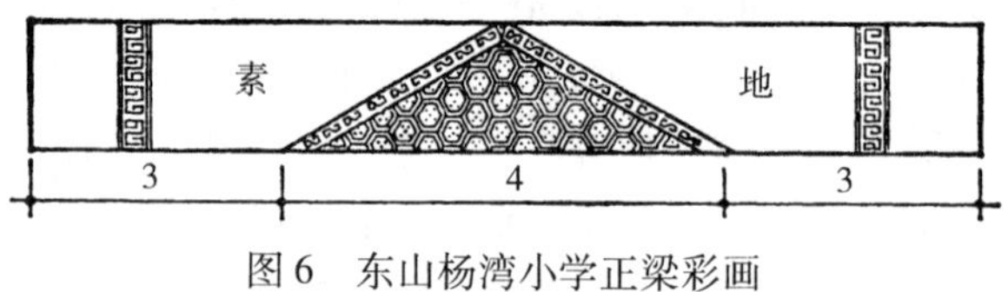

图6　东山杨湾小学正梁彩画

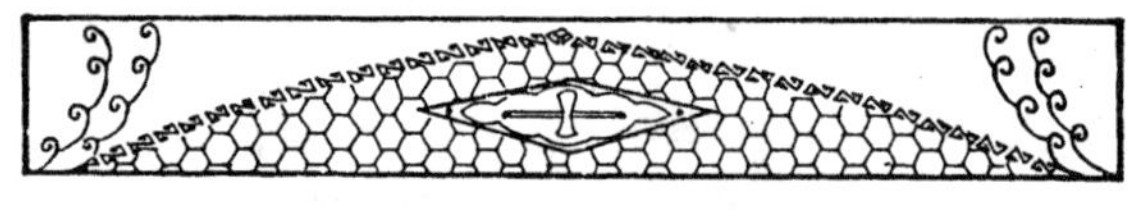
图7　东山杨湾小学边梁彩画

至于梁枋上采用堂子，虽然南北是一致的，但苏式彩画中的堂子则变化灵活，类型较多。它与京式彩画的不同点是在上、中、下梁的侧面统画一个锦袱而统一构图，绝大多数系在袱内画花色各异的锦纹，中间又相互贯穿，图案错综复杂，也有个别的在袱内设置花朵，配上鲜艳的色彩。还有，袱内的四周常镶花边或回纹边，较精致的则在锦纹上装金，图案秀丽，宛如织锦。堂子的类型大致可分成三种：一种是最简单的清水堂子，也称“素地”，即本色地而不施彩画的（图8、图9）；一种是堂子内布置锦袱（图10）；另一种较复杂的是堂子内嵌镶国画，题材内容包括山水、人物、花卉、鱼虫、龙、飞禽、走兽及历史故事画等，这也是苏式彩画的主要特色之一。

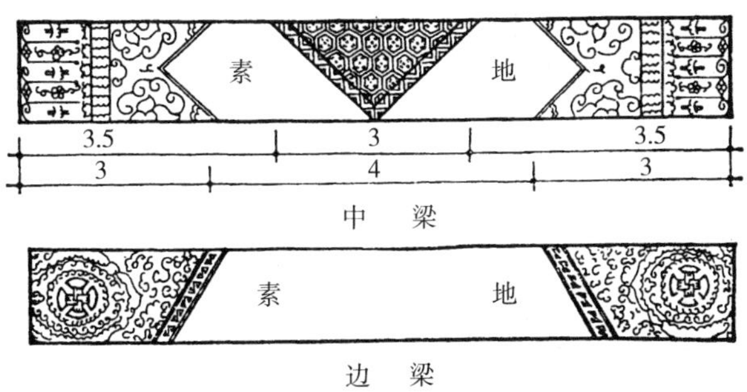

图 8　苏州马医科巷申时行祠中梁、边梁

图 9　西山南徐祠反轩梁

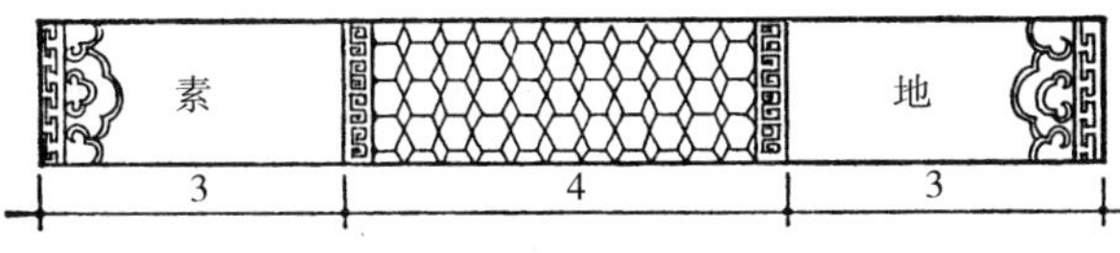

图 10　东山凝德堂正堂彩画

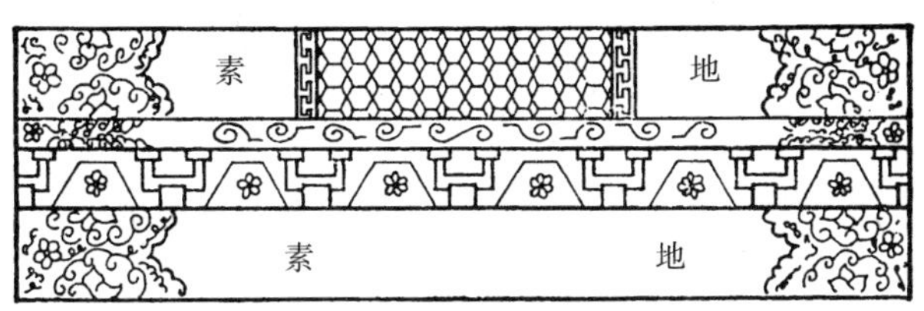

图 11　金墅镇莲华寺彩画

由于苏式彩画多描绘在大住宅厅堂及祠堂、庙宇、会馆一类建筑上，构图比较轻松活泼，疏落可喜，纯用平面着色的方法；常用浅蓝、浅黄、浅红作画，在色调方面就比较柔和。这与一般官式建筑上所采用的大红、大绿的色调是迥然不同的。

再从现有的实迹来看，在苏式彩画中虽然装金的很少，但仍以装金的为高贵。洞庭西山南徐祠就是全部装金的，还有东山凝德堂等几处（图 10），也都是装金的。它们的图案内容大都含有封建迷信色彩，如“升官发财”、“吉庆”之意、如“笔锭如意”（必定如意的谐音）、“一锭如意”（一定如意的谐音）、金双钱、二龙抢珠、金装聚宝盆、“金钱双斧”（即富贵双全）及“瓶升三戟”（即平升三级）等。

基本上符合官式做法的唯一孤例是金墅镇莲华寺中的大殿彩画（图 11），所有柱、梁、枋、花板、垫板、斗栱、角梁、檐檩、雀替等部件，一并施彩，除其构图设色模拟苏式彩画之外，其他花纹则均属明代旋子一类花式。又洞庭东山某住宅大厅，在边贴山花垫板上所施用的彩绘，系黑地金花，甚为别致，可称独创一格。

太平天国时期的彩画风格，根据罗尔纲同志编写的“苏州太平天国忠王府调查记”（载《文物参考资料》1953 年第八期）一文中，提及整个建筑群的彩画（图 12），共计 298 方之多；但未曾发现以人物故事作为题材内容的。如在大殿梁枋上所绘的一幅街道景画，除了一排整齐的房屋之外，在宽广的路面上却空无一人；现存的九幅壁画，绘的均为山水、花鸟、走兽，也同样没有人物。这与南京堂子街太平天国某王府的山水壁画的风格完全相同，因此认为太平天国的彩画与壁画不准绘上人物。但上海同济大学陈从周教授却指出这也不尽然，据告，浙江绍兴、江苏宜兴等处当时在太平天国建筑遗迹上，仍有彩绘中以人物画为主题的。1973 年新发现的江苏金坛城内县直街太平天国建筑戴王黄星忠府的大厅梁枋上彩画，除藻井花卉外，还有山水、风俗、故事画以及戏曲画共计十五幅之多。其山水、风俗、花卉画风格内容与宜兴太平天国建筑装饰相同。从最近几年中发现的太平天国戴王府的戏曲彩画，反映了太平天国革命时期戏曲的演变，展现了剧目新貌，为近代戏曲史增添了新的一页。

为此，建议有关部门要重视这份宝贵的民族艺术遗产，采取措施，加以保护。并尽快组织专业人员进行调查研究，出版图录，为高等院校的建筑系和建筑设计部门提供丰富多彩的参考资料，从中吸取有益的艺术营养。在继承传统的基础上，推陈出新，创造出社会主义时代的新风格，以使建筑装饰的艺术质量大大提高一步。

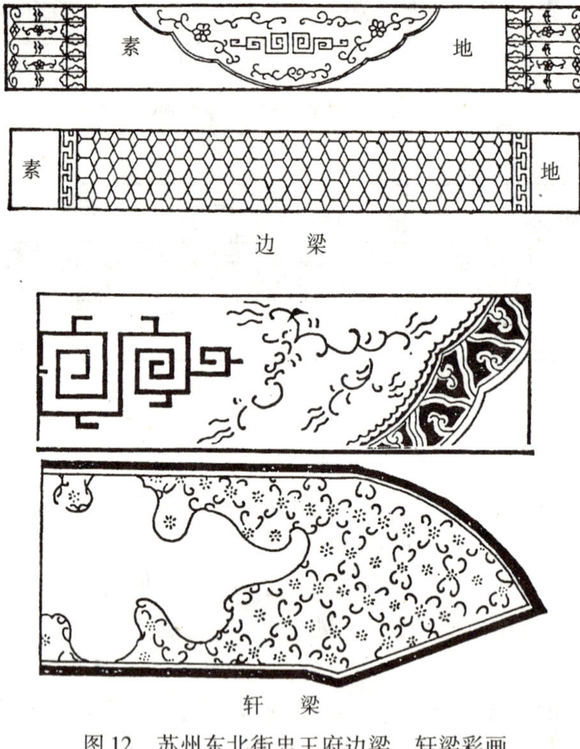

图 12　苏州东北街忠王府边梁、轩梁彩画

关于《鲁般营造正式》和《鲁班经》

郭　湖　生

《鲁班经》是一部古代民间匠师业务用书。该书现存的最早版本，是国家文物局收藏的明万历本，不过，这一本缺失前面二十多页。其次，是崇祯本，北京图书馆和南京图书馆都有收藏，比较完整。往后，清代刻本种类很多，直到近代仍广泛流传，还有石印本、铅字排印本等。

《鲁般营造正式》现仅存宁波天一阁收藏的一本，其年代，据天一阁工作同志意见，当是明中叶成化、弘治间（公元1465～1505年）刊印。这也就是1931年赵万里先生在天一阁整理藏书时所发现而向中国营造学社介绍的刻本。当年，刘敦桢教授对此书进行校订，认为即是《鲁班经》的更早版本，这是因为《鲁班经》包纳了《鲁般营造正式》的基本内容，因此，认为前者由后者增编而成①。

敦桢师曾指出："此书总结江南民间建筑经验"，应"调查江南一带实物，访问匠工，推求书中所述各种做法和术语，进而校订文字图样，加以注释，使这部古代匠师苦心努力的著作与民间建筑艺术不致沉埋湮没"②。他的愿望，没有来得及亲自去实现。

英国李约瑟博士在他著的《中国科学技术史》中提到《鲁班经》，他无疑见过这本书，但没有作专节论述。

近年，北京大学物理系所编《中国古代科学技术主要成就》，也列有《鲁班经》一项，所加解说为："总结我国南方民间建筑经验"。但未加论证。

以上，是过去关于《鲁般营造正式》和《鲁班经》的研究和评价的大致情况。可以说，工作还处在开始阶段。

本文不是全面的研究论述，而只是对两书的性质、源流、学术价值，发表一些粗浅见解，以为引玉之砖而已。

一、《鲁班经》的编集情况

实际上，《鲁班经》不是对《鲁般营造正式》的"增编"，也不是"改编"，而是名副其实的"新编"，它从性质和要求上完全不同于《鲁般营造正式》。看一下《鲁班经》的组成情况是很有趣的。如果拿它和现存的明代其他一些书籍作一比较，就会发现，这本书确是"汇编"而成，换句话说，是从其他书籍摘抄而成，《鲁般营造正式》不过是这些供摘抄的底本之一。现举一些例证说明摘抄情况。

首先，举《阳宅十书》为证（此书列入《明史》卷九十八艺文志的五行类）。书前有写于万历十八年（1590年）的序，全文并收入清初编集的《古今图书集成》，看来，是明代比较重

① 刘敦桢：《钞本〈鲁班营造正式〉校阅记》，中国营造汇刊1937年第6卷第4期。

② 刘敦桢：《鲁班营造正式》，《文物》1962年第2期。

要的风水专著。这本书的成书年代，约与《鲁班经》相当，它也是一部由各种书籍摘抄而成的书。该书第三卷“论选择第九”的内容，是关于房舍建造活动各工序的吉日选择，包括“起土动土”、“造地基”、“起工破木”、“定磉扇架”、“竖柱”、“上梁”、“盖屋”、“泥屋”等项的吉日凶日。这些内容，和《鲁班经》的相应部分基本相同。估计由于这两本书所摘抄的来源相同，因而彼此也就相同了。不用说，在这两本书成书之前（万历以前），已经存在并流行着这样的书籍，可作为底本。

果然是有这类书的。天一阁藏明弘治刻本《克择便览》，是一部手册性的选择吉日时辰的汇编。它搜集了日常生活中各个方面活动的吉日，加以排比；包括：塑绘神像、蚕桑、造酒醋、入学、会亲友等等内容，而建造房舍也为其一。就建造房舍而言，且较《鲁班经》为详，它有《鲁班经》所无的“出火吉日”、“入宅归火吉日”、“移居吉日”、“修厨吉日”、“作灶吉日”、“作厕吉日”、“造仓吉日”等等。《鲁班经》所有的择吉诸条，《克择便览》均有，字句基本相同。《鲁班经》多次提到的“出火避宅”一语，未有解说，《克择便览》对“出火”、“归火”的涵义则予以说明：“归火者，移祖先福神香火入宅”。《克择便览》内容详备，自成体系，早于《鲁班经》成书之前即已存在。可见，《鲁班经》的选择诸条，只能是从《克择便览》一类书中摘抄而来，不可能创意为之。

再试看《阳宅必用》一书。此书不见于著录，卷首亦无刊印年代，但据书中用语推测，应成书于明代（书末“三干龙”一节，有“燕京天寿帝王都”，“福建南京近，浙江尽海龙，一京并八省，南干旺气锺”等语。南北二京，惟明有是称）。《阳宅必用》卷一，开首便是“灵驱解法洞明真言秘书”、“鲁班秘书”两段，其文字附图格式与《鲁班经》全同，我所见清代刊本，文字且较《鲁班经》舛误为少。

以上举例，表示《鲁班经》部分与其他明代书籍雷同。这种抄录者根据自己的目的和见解，摘抄他书而另成一书的风气，明清时期是很习见的。那么，《鲁班经》的摘抄目的何在呢?

敦桢师曾指出，《鲁般营造正式》保留不少宋代习惯手法，而有些做法、名词，到编集《鲁班经》时，由于日久隔阂，已不可理解，产生误会，如“秋迁架”即是明显一例。又如，《鲁般营造正式》原有若干重要插图，与文字互为补充，而编集《鲁班经》时或被删除，或改绘失去原意，面目全非①。可以看出，从《正式》到《鲁班经》，已有长时间的间隔，技术做法和术语，变化很大，《正式》的部分内容，已与现实脱节，实用意义大为减弱。编集《鲁班经》时，对《正式》并不着眼于它的技术，而只是当做僵化的教条，着眼于保持一套行帮的规矩、手续、仪式、制度，因而全文基本照录。《鲁班经》更多地摘抄了大量选择、魇镇禳解的符咒等类内容，这就呈现与《鲁般营造正式》的朴素实用、着重技术的本色全然不同的面貌。

根据这两本书的差别，作如下推论：

1. 《鲁班经》的编集，是作为当时木工匠师的一种职业用书。其内容着重于业务过程中所必须具备的知识和资料。实际上，技术的传授并不依赖这种书本，而是言传身教，在实践过程中进行。书本上着重列举的，却是其他方面的资料，如祭祀鲁班仙师的祭文范本，各工序的黄道吉日，魇镇禳解所用的符咒等等，今天看来固然荒诞可笑，而在当时却是郑重其事，必不可缺。在技术方面，显然比较笼统、忽略，要从这里去了解技术上的问题，往往是不得要领，因为书的编集原意本不在此。

---

① 《鲁班营造正式》，《文物》1962 年第 2 期。

2.《鲁般营造正式》一书虽残缺不全，但大致可以看出，以房舍（包括仓厩）为主。编集《鲁班经》时，则加入大量家具、农业手工业木工具、手推车等内容。这些木作器物，虽属木工，但历来与房舍建筑的大木作有分工区别，属另外行业。《鲁班经》收入这方面内容，表明除了以房舍为主的大木作之外，兼有家具、农具等方面木工知识。这正好表示本书是考虑到广泛的民间的偏僻地区木工行业分工程度不高的情况下所用。书中所列举的，是常用的基本类型（例如车，为民间常见的手推车，而非复杂重大的辎车），及有关器物的型制、尺寸等说明，尚非具体的技术要点，因此，也仅止于大略的常识的水平，这是与《营造法式》、《梓人遗制》等技术专著无法比拟的。

3.《鲁班经》明显地大量增加风水迷信内容。一方面，固然反映明中叶以后风水迷信日益普遍深入的社会状况，另一方面，也出于职业需要。人们拘牵忌讳，动止须依吉利时辰方位，渗透日常生活各方面。皇家官府，有钦天监、阴阳官，国子监设阴阳学；民间则有职业的风水先生，从事选址、决定方位，选择吉日等。显然，社会上视这一套骗人本领重于生产技术。风水先生的地位与作用，反而高于工匠而处于支配地位，在基址位置、布局、尺寸、方位，施工日期这些重要问题上有决定权。报酬是按工作的重要程度来分配的，这就有了利害冲突。木匠深感自己也须具有这一方面的发言权，以便有可能排开风水师一类人物而由自己兼替其职能。这就需要一些最基本的风水和选择方面的知识和资料。《鲁班经》大量摘抄风水选择书籍，大约即出于这种职业竞争要求。另一方面，匠师也有自己的“看家本领”，即环绕鲁班尺而来的一套讲究，是风水师无法取代的。鲁班尺的规矩如此根深蒂固，和这种社会背景有关。

4.《鲁班经》又不止是为匠师而编。它的一些内容，似乎在告诫“恶匠”，防范“恶匠”。魇镇之为雇主与工匠之间斗争的工具，来历已久，宋《杨文公（杨亿，宋真宗时人）谈苑》就有这方面记述①。魇镇在事实上是不可能的，不过，在当时社会，仍然可以产生心理作用。《鲁班经》中“鲁班秘书”共二十七条，仅九条对房主有利，其他三分之二，则对房主预计有凶死、败家、充军、流浪失所种种恐怖后果，这当然是为了给房主造成心理上的压力。然而，有矛则有盾，于是，有禳解本。《鲁班经》的“禳解类”，是为房主解救帮忙的。因此，《鲁班经》不仅为匠工所需，而且也为雇主所需。他们着眼之点，并不在技术上，而是风水、选择、魇镇、禳解之类。《鲁班经》之传播经久不衰，直至近代（20世纪初），当不是由于它的早已过时的技术内容，而却是那些带有神秘色彩的规矩、仪式、符咒、选吉日、定门尺之类与技术无关的内容。但《鲁般营造正式》的主要内容，毕竟是通过《鲁班经》而保存下来的，这些早期民间匠师用书的翔实史料，无疑是很珍贵的。

《鲁班经》的编集，就是这么一部内容庞杂的涉及许多方面的工匠职业用书。我们应如实地说明它的性质，过高估价和过于贬低，都是不恰当的。

二、《鲁般营造正式》的成书时期应该推前

我认为《正式》是明代以前即已成书的一部大木作匠师职业用书。《正式》现存唯一的天一

---

① 《杨文公谈苑》：“造屋主人不恤匠者，则匠者以法魇主人。木上锐下壮，乃削大就小倒植之，如是者凶。以皂角木作门关，如是者凶”。

阁本，已经是残本，无从了解原书全貌，但仍可以看出它的早期特点，与《鲁班经》迥然有别。

焦竑（字弱侯，南京人，明万历十七年状元）所撰《经籍志》，著录有《营造正式》，注明为六卷，而天一阁本《正式》也为六卷，这就是认为焦志所录与天一阁本即为同一书的理由。不过，焦志列此书入“史类·职官篇”，不明其根据为何？是否原书篇首列有官修的说明文字，抑标明纂修者的官职身份，已不得而知。但“职官”的说法，是与我们指认的“民间”概念有抵触的。我们既不知焦竑的根据，只好姑置勿论。现在我们就天一阁本作直接的观察分析。

天一阁本也不是本来面貌。它的残缺不全，不是简编散佚所致；它的页码首尾接续，并无缺失，但是各卷内容则残缺不全——不是个别字句的删削，而是整页缺失。推测其原因，大约翻刻所据底本，本来如此残缺，由于无从臆测填补，只得仍如旧貌。

这里，我作一设想：本书早先曾以抄本形式流布民间，经历年久，保存者渐见稀少，且有阙佚。嗣后，书贾以残本翻刻，遂为天一阁本。但是，可能官府收藏有较完整抄本。焦竑撰《经籍志》，不是私人撰述，而是他任职翰林修撰时，作为正史的一部分而整理的。他纵然未必逐本查对政府藏本，但至少有藏书档案记录为据。后来重新编《鲁班经》时，大约所依据的，就是这类官府保存的为数很少、但尚完整的抄本。可能所据的抄本无附图，只好以意为之，于是就出现《鲁班经》的图全然不同于天一阁本《正式》，且有“秋迁架”这样的误解等现象了。

《鲁般营造正式》的成书时间，自然应比天一阁本的成、弘年间为早，那么，可以上推至何时呢？估计，成书时间大约至迟为元代。

敦桢师曾指出：《鲁般营造正式》在体裁上，列地盘真尺、水绳与水鸭子、鲁般真尺、曲尺等四种工具于篇首，均有图及说明，基本上沿袭宋《营造法式》体例；“小门”用于墓前，柱上斜板为宋代日月板遗制，曾见于宋平江府城图及元人绘画；创门、垂鱼、掩角、驼峰、毡笠等，犹存宋式面貌①。所示各点，均表示《正式》源起甚早，基本上保持宋代风格。

我国古代，南北建筑风格的差异，唐、北宋时期尚不甚明显。而南宋与金的一百余年对峙，接着南宋与元的四十年对峙，使南北差异日益明显。元代中国统一，但南北差异，仍存其旧：南方多存宋代风格，而北方已形成明清官式做法先声。这种风格差异，基本保持到近代；但各个时期的具体手法特征仍各具时代特点，可以识别。如果以《鲁般营造正式》中反映的技术和风格推论成书于宋末至元代一段时期，是不违反历史实际的。

最为直接的证据，是在天一阁本《正式》的“请设三界地主鲁般仙师文”中，有“今为□（古简体“某”字）路□县□乡□里□社奉大道弟子□人”字句。元代地方政权级别，是于行（中书）省下设路，相当于府，如集庆路（南京）、庆元路（宁波）等，路以下为县、乡、里、社。明代有别于此：明版《鲁班经》“禳解类”中有“大明国某省某府某县某都某图”字句（“瓦将军”条）。这是明代地方行政级别。清代版本则改为“大清国”云云。天一阁本《正式》所据底本，大约是直接录自元代抄本，仍保持当时称谓，由此得以判明《正式》成书时期。

如果《正式》成书时间提前到元代，有一个问题要解决，利用磁针的定向工具——“罗经”（旱罗盘），究竟开始于何时用于建筑工程？《鲁班经》中若干条，例如“论东家修作、西家起符照方法”、“结砌天井吉日”、“营寨格式”中，均提到用罗经（旱罗盘）定向，看来，明代普遍用罗经是无疑问的。其中“西家起符照”和“营寨”两条，可能为《止式》旧文，

① 《鲁班营造正式》，《文物》1962 年第 2 期。

是否元代已采用旱罗盘？中国早期谈磁针指向的文献如《宣和奉使高丽图经》、《梦粱录》所记，均指水罗盘，如何过渡为旱罗盘，有一段含混不明的时期。元代赵汸《葬书问对》中说："闽士有求葬法于江西者，不遇其人，遂泛观诸郡名迹，以罗镜测之，各识其方，以相参合……"①。所谓"罗镜"，当即"罗经"，用以测定方位。虽不明指为旱罗盘，但按所述遍游名迹，随处测向的活动方式观之，自以旱罗盘为宜。罗经（旱罗盘）至少在元代已常见使用的说法，是站得住脚的。

三、关于"鲁般尺"

"鲁般尺"对木工匠师，犹如金科玉律，影响至大，用"鲁般尺"成为传统习惯，直至今日，仍然见用于传统方法修建房舍之时。《鲁般营造正式》（以及《鲁班经》）有相当篇幅涉及，其源流宜略加考察。

南宋陈元靓所编《事林广记》，今存较早版本为元至顺刻本。《事林广记》经后人增编，因此，不全为宋代原貌，但多数为宋代情况是无疑义的。其"别集"卷六（"林别六"）"算法类"有"鲁般尺法"一节：

"《淮南子》曰：鲁般即公输般，楚人也，乃天下之巧士，能作云梯之械。其尺也，以官尺一尺二寸为准，均分为八寸，其文曰财、曰病、曰离、曰义、曰官、曰劫、曰害、曰吉；乃北斗中七星与辅星主之。用尺之法，从财字量起虽一丈十丈皆不论，但于丈尺之内量取吉寸用之；遇吉星则吉，遇凶星则凶。亘古及今，公私造作，大小方直，皆本乎是。作门尤宜子细。又有以官尺一尺一寸而分作长短寸者，但改吉字作本字，其余并同"。

这是关于"鲁般尺"的最早记载。

《鲁般营造正式》中关于鲁般尺的记载为：

"鲁般尺乃有曲尺一尺四寸四分；其尺间有八寸，一寸准曲尺一寸八分；内有财、病、离、义、官、劫、害、吉也。凡人造门，用依尺法也。假如单扇门，小者开二尺一寸，压一白，般尺在'义'上；单扇门开二尺八寸，在八白，般尺合'吉'；双扇门者用四尺三寸一分，合'三绿一白'，则为'本门'在'吉'上；如财门者，用四尺三寸八分，合'财门'吉；大双扇门，用广五尺六寸六分，合'两白'，又在'吉'上。今时匠人则开门四尺二寸，乃为'二黑'，般尺又在'吉'上；五尺六寸者，则'吉'上二分加六分，正在'吉'中为佳也。皆用依法，百无一失，则为良匠也"。

《鲁班经》与此同。

在《事林广记》，鲁般尺合官尺（普通标准尺）一尺二寸，本身分为八"寸"，这一"寸"合官尺一寸五分；在《鲁般营造正式》，鲁般尺合官尺一尺四寸四分，本身仍分八"寸"，这一"寸"合官尺一寸八分；后者较前者增大。《鲁般营造正式》所记述的尺型，后来沿袭不变，直至近代，凡是使用鲁般尺，基本同此。

比较明代的"门尺"与近代制作的鲁班尺，可知门尺的制作，并不依据唯一的范本，或

---

① 引自《古今图书集成》。

者刊印流行的书本，而是各有自己的师承，以口授言传方式延续下来。因此，《阳宅十书》中门尺的字句和故宫藏尺上的字句，正面几乎全同，而背面则差别很大，只有涵义大体相近而已。可见，故宫藏尺并非抄录《阳宅十书》或《鲁班经》，而是自为一格。

我们还可举一例说明这种自相授受的情况。《鲁班经》的“鲁班尺八首”（与《鲁般营造正式》全同），列有财字、病字、离字、义字、官字、劫字、害字、吉字各诗一首；清代著名的样式雷有家传秘本《鲁公输祖师秘录安门诀序》清末手钞本，有财字、义字、官字、吉字诗（无凶字），称为“添财门”、“义顺门”、“官禄门”、“福德门”。拿雷氏钞本的四首诗与《鲁班经》中相应的吉字四首相比较（见附录），可以看出各对应诗涵义相似，有些句相近，有些则不同。雷氏钞本重录时，不难觅得《鲁班经》原书，但他们并未据以校正自己的钞录词句，而是沿袭与之不同的祖传秘本。估计，雷氏钞本根据的是源起甚早、与《鲁般营造正式》本相近的钞本或口授词句，后来，按自己祖传钞本传授，差异积累渐多，成为两种不同系统。此例说明了古代匠师自相传授的钞本的存在，又说明了《鲁般营造正式》（然后《鲁班经》）是建立于编集民间匠师的钞本、口诀的基础上而加以整理成书的。

鲁般尺的使用场合，按《正式》所记，只用于决定门的尺度，故明代的《阳宅十书》径称这种尺为“门尺”。但事实上，鲁班尺使用范围较广。《事林广记》关于“鲁般尺”的应用，虽也说“作门尤宜子细”，但又说，不限于门尺，而是“亘古及今，公私造作，大小方直，皆本乎是”，范围颇广泛。《阳宅十书》对“门尺”即“鲁般尺”有一段说明：

“用门尺法

海内相传门尺数种，屡经验试，惟此尺为真。长短协度，凶吉无差。盖昔公输子班，造极木作之圣，研穷造化之微，故创是尺。后人名为‘鲁班尺’。非止量门可用，一切床房器物，俱当用此，一寸一分，灼有关系者。”

这是明代记载。不过，没有说清楚用于“床房器物”的具体办法。故宫藏鲁班尺侧面有字句云：“阳宅门主灶院天井，高低宽长俱要合吉星，此为上吉之宅”，则范围扩大至庭院尺度。

综上看来，从宋代而后，鲁班尺虽主要用之于门，但范围实际大得多。如果我们今后在调查民间建筑和家具器物的时候，注意测量其尺寸（以公制折成当时标准尺），当能发现这一尺法的实际应用情况，即合于“财、义、官、吉”四字的“吉星”尺度的具体要求部位。

与鲁班尺有连带关系的是“曲尺”，《事林广记》中叫做“飞白尺”。二者同为长一尺，分为十寸，这实际上就是标准尺。《鲁般营造正式》关于“曲尺”的说明为：

“曲尺者，有十寸，一寸乃十分。凡遇起造至开门高低，长短度量，皆在此上。须当奏（凑）对鲁般尺八寸，吉凶相度，则吉多凶少为佳。匠者但用傚（仿）此大吉。”

这就是说，曲尺和鲁般尺是结合使用的。但具体办法反觉不如《事林广记》所述为详：

“《阴阳书》云：一白、二黑、三绿、四碧、五黄、六白、七赤、八白、九紫，皆星之名也。惟有白星最吉。用之法，不论丈尺，但以寸为准，一寸、六寸、八寸乃吉。纵合鲁般尺，更须巧算，参之以白，乃为大吉。俗呼之‘压白’。其尺只用十寸一尺。”

单用鲁般尺不够，还要尾数（寸）合于飞白尺（即曲尺，也即标准尺）的一寸、六寸、八寸上，叫做“压白”。《鲁般营造正式》的“三架屋后连一架法”、“五架房子格”、“正七架三间格”、“正九架五间堂屋格”诸条，其柱高尺寸，可以明显地看出尾数是合于“压白”之法的。其中“五架房子格”的说明中，更明确地提示：“此皆压白之法也”。从这里，我们也可看到《正式》与宋代匠师用尺的关系。这一点，对于我们研究古代建筑（宋以后，特别南方地区）所用尺度的某种规定或形成常数，可能有启发。当然，证实这一点还有待实际调查测量。

《鲁般营造正式》的曲尺图，为一直角折尺，其一边为一尺长（十寸），第六、八寸处，标出“六白”、“八白”，而漏去“一白”；另一边无刻度，长度不明，似不用于量度。这种工具，实际就是木工划线操作最为便利的直尺形式，直到现在仍在使用。这又从一个侧面表示宋代以后木工技术变化不大的状况。

《鲁班经》中还有关于“玄女尺法”的一段话，接于“推起造何首合白吉星”条后：

> “按九天玄女装门路（格），以玄女尺算之，每尺止得九寸有零，却分财、病、离、义、官、劫、害、本八位；其尺寸长短不齐，惟本门与财门相接最吉；义门惟寺观学舍义聚之所可装；官门惟官府可装；其余民俗只装本门与财门相接，最吉。”

这一段话不见于《鲁般营造正式》，却与《克择便览》中所引的全同。这里指出，玄女尺止九寸长，仍分八字；并且，进一步指明：财、义、官、本各自的适用范围，限制似乎更严。但是，为什么存在玄女尺法这又一系统，没有任何说明。幸亏《事林广记》的“玄女尺法”一节有一段说明：

> “《灵异记》曰：玄女，乃九天玄女。造此尺专为开门设。湖湘间人多使之。其法以官尺一尺一寸为准，分作十五寸，亦各有字用之法，亦如用鲁般尺。遇凶则凶，遇吉则吉；其间尺有田宅、长命、进益、六合、旺相、玄女六星吉，余并凶。”

所谓十五寸的各寸字语为：田宅、疾病、长命、少亡、外家、招害、孤寡、官非、须劫、进益、十恶、外姓、六合、旺益、玄女。

《事林广记》所记与《鲁班经》不同之处是：一为一尺一寸，一为九寸；一分作十五寸，一分作八寸。看来，《事林广记》所记翔实，《克择便览》则表示后来经过改变的玄女尺，已非本来面貌。值得注意的是：《事林广记》指出玄女尺的流行地域是“湖湘间”，即长江中游一带，和鲁般尺是完全不同的另一系统。可见，宋代各地木工的讲究规矩是不统一的，且各有一定的地域范围。这样的自成体系的地域究竟可以划分为几区？相互的关系如何？各有一些什么技术做法上的特点？这一点，也是今后调查研究中须予注意之处。看来，鲁般尺的地域范围主要是长江下游和东南沿海，但是后采也到达北京一带。这一现象，大约和明清北京重要匠师常征调采自江南一带的历史事实有关。然而，明代玄女尺仍保持自己的势力范围。因此，《鲁班经》才说：“大抵尺法各随匠人所传，术者当依《鲁班经》尺度为法。”当然，就是东南各省，也并非整齐划一。地域传统、墨守成规，这是封建社会狭隘保守的现象。

四、《鲁般营造正式》和《鲁班经》的学术价值

今天我们所见的《鲁般营造正式》非常残缺不全。虽说《鲁班经》基本抄录了《正式》的内容，但可能仍然遗漏了相当多部分。譬如“正七架地盘”、“楼阁正式”、“七层宝塔庄严之图”，在《鲁班经》内毫无痕迹。《鲁班经》中的配图，也和《正式》毫无关系，是按重刻者或编集者的意图重新绘制的，大失原意。因此，《经》不能代表《正式》原貌。

天一阁本《鲁般营造正式》为我们留下了图文并茂、互相配合、注重技术（例如，重视测量定平工具，给出地盘侧样图例，给出垂鱼、掩角、驼峰的样例）的早期工匠用书的实物资料。参看其他有关书籍记载，我们可以说，至少从宋代起，我国古代匠师即已用手抄本形式记录建筑工程过程的各方面各环节的主要内容，用文字和图配合表达。《正式》是在这些经过整理加工的简明扼要的口诀抄本基础之上再加工成书的，它本身的存在，迄今亦应达六百多年。这么久远以前，我国即已刊印了民间匠师自己整理的职业用书，不能不说是我国古代文化高度发展的表现。《鲁般营造正式》所保存的许多图，仍有很高的学术价值，须得进一步研究。

《鲁班经》的优点则是比较完整，因此，也有很高的史料价值。譬如，大体上可以从几个方面去研究：

1. 了解古代民间匠师的业务职责和范围，工程进行中涉及的问题，所安排的仪式和程序以及某些行帮规矩。这些程序中，一些虽无技术意义，如起符、备三牲果酒、符咒、择吉，但可以了解社会阶级斗争和意识形态对于建筑的影响。还有一些，是含有一定科学技术的道理，譬如施工从后步柱起始，入仓必须脱鞋。至于整个过程，不论蒙上多少迷信色彩，毕竟是符合施工本身的顺序规律的。在《鲁班经》，这个顺序大致是：备料、架马、画起屋样、画柱绳墨、齐木料、动土平基、定磉、扇架、竖柱、上梁、折屋、盖屋、泥屋、开渠、砌地面、砌天井阶级。

从《鲁班经》的记载和近代东南各省民间建筑活动作一比较，可以看出，宋以后从社会意识形态的影响或施工技术本身看，都长期处于比较稳定的状态，只有手法和地区的某些差别。《鲁班经》对研究东南诸省古代民间建筑经验可以有启示作用。

2. 从技术上看，记录了当时常用构架形式，如“三架屋后连一架”（《鲁班经》误为“车三架”）、“五架房子”、“正七架三间”、“正九架五间”，“秋迁架”等基本形式和一些建筑部件的名称和做法要点，如：“方梁”、“界板”、“斗磉”、“川牌拼”、“水椹”（壁板）、“穿枋”、“腰枋”、“地袱”、“前楣”、“后楣”、“亮格”等词。同时还记录了一些建筑的成组布局及各部位的名称，如：祠堂的“明楼”、“茶亭”、“走马廊”、“中门”、“耳门”、“寝堂”之类。这些有助于我们调查研究时对于型制沿革和年代等方面的判断。保留了一些局部手法，如驼峰、垂鱼、掩角等的形象资料（《正式》本）。我们可以对现在遗留的大量民间遗物，以此为线索，作比较分析。

3.《鲁班经》本身最有价值的部分，是关于家具和常用工具器物的记载。这一部分当是根据明代资料。对民间常用家具的一些基本类型、名称、尺寸和要点有简要的叙说，并有大量精确的图形互相印证。万历本的图最精审，以后每况愈下，清末版本，几至无法辨别。许多类型，至今仍见使用，浙江、江苏、安徽南部、福建、广东，是这一系统家具保存最多的地区。但是，有一些类型，渐见淘汰，比较罕见。例如“衣褶”，原为“剑样”，用以折衣，数十年前尚可见于浙江一带，近已绝迹。

其他如水车、手推车、风箱、药橱、药箱等，均为人民日常生活所需，说明本书深入群众，这些，应是本书精华所在。

中国古代建筑技术书籍，存者甚少。宋《营造法式》为近年多方搜求，据钞本而仿宋版重返其原貌，其校订研究工作，迄今犹未结束。而民间工匠职业用书，则唯此硕果仅存。然若注意搜求，可能还会发现一些藏于私家的钞本记录。关于民间匠师技术著作、钞本、口诀的搜集，以及对于我国各地民间建筑技术作系统（按其固有的分系和习惯）整理，仍然是今后相当时间内努力的目标。如果众力以赴、积以岁月，必灿然可观。若此，则区区此文为不虚作矣。

略谈清代营造业手抄本的内容和性质

律　鸿　年

清代以来，在民间流散着很多营造业手抄本的册籍，这些籍本，都是营造厂商经营工程的规范（图1）。由于仅限单项工程实施工料计量，所以为人们所忽视。近数十年来，有关方面对民间流散遗本，皆多有搜集，纳入库藏。无奈该类抄本零散各处，至今尚未编成总目，难得见其全貌。至于研究，早在30年代，《中国营造学社》曾稍加探索，但因事繁，未告全功。

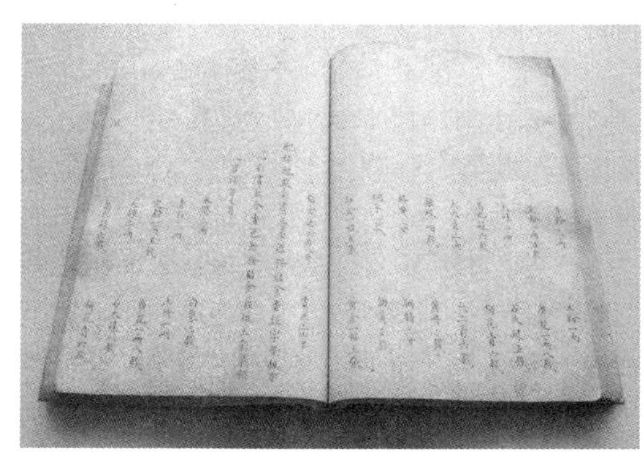

图1　清代营造业手抄本

营造业手抄本文献的整理，对我国古代建筑工程研究颇有意义。因为这些文献资料，都是近三百年建筑工程的经验总结，内容极为丰富。

明、清两代在建造经营方式上有划时代的根本转变。明代官府工程，由营缮所承办。到了清代，遇有工程，临时指派专员招商承包。这一由官办改为民办，无疑是节约官府开支，发展营造厂商自办能力，是比较进步的经营方式。但是，由于此种方式的出现，使官府与包商产生了对立关系。即官府控制包商一切非法经营，反之，包商则尽一切办法去争取营利。因此，规定一整套工程规范准则，加以调节制约，以利促导工程实践。然而受资本支配的经营方式，由于承办能力的限制和营利目的的存在，则出现大工程厂商联包，或由厂商转包，更进而转为小包，这一连锁形式，其所经包商皆不以雇养固定工而扩大包揽范围。为核算起见，致使大小营造商，多有寻取工程籍本的要求。

营造业手抄本的应用，仅系直接为生产服务的经商手册。由于经营上的多种形式，既属工作需要，而并不能有统一的通行本发行，于是辗转相抄，兼之，在实践经验中各得所见，相续增补，其本式名目致为繁多。但不管如何繁复，皆以功利为用，通为定式。现以所得见的部分抄本文献，加以综合分类，多不越分法、做法、则例、查工簿、销算五种范围。其内容包括新建、修缮、保养工程性质、预算决算形式、结构设计、营造实施程序。所要说明者，此类皆属土木施工建造，至于图案设计，另有样房烫样造作。可是，在抄本中杂谈有造型之类，或工程技术做法，皆因工程项目所涉及的只言片语，事实并无此项例本。

下面就所见的抄本做些分类说明，以资明确用途。

一、分法：在文字上解释，是以比例关系规定建筑形式和部件尺寸的方法。若从意义解释，即是建筑形体设计。分法、讲述比例关系，内容有二：一、建筑整体比例，即确定单体建筑面宽、进深和高度，或据地势，或据材料，酌情料理，求其合度为用。二、依据建筑尺度大小，以比例定出每一构件尺寸。此二者即是以单体建筑为单位的造型设计以及含有用料上的结构设计。

在诸项土木工程中，决定建筑形体的是木、砖、石三个专作。以单体建筑为单位，或专作结构，（如石桥之类）或混作结构，皆以分法决定造型，故以分法来做定名。如：“大木分法”、“石作分法”，更于分法之内，取建筑构造部位分类，以明次第。基于建筑材料性能，可以肯定，凡分法皆为木、石而作。其砖作，多以专项定名，如“砖券分法”之例。盖以性能和造作项目有限，不再另立砖作分法。

分法应用的优点，在于尺度完整划一，但由于工艺技术进展，造作方法逐渐改进，以及用料材质不同，于是在实用中，虽有分法规定，实则多据匠师经验灵活运用。

二、做法：系进行某项工程实施方法的工程计划说明书。

凡实做工程皆以“做法”定为工程名称，具体规定成做的工程项目；确定营造性质（如新建、修缮之类）规模，以“则例”为计算定额根据，统核人工、用料，求做一完整的工程预算。

所谓“做法”，实际是工程计划方案和工程预算，作为包商、承揽工程手续的书面文件。“做法”既为工程项目、人工材料单，因此在工程做法上只规定每项工程原则做法，不说明做法的细部形式。如垒墙，只说明用什么砖、什么灰浆、砌什么墙，有关码砖砌缝形式等则不规定，须知“做法”的概念，不是技术、操作方法。如前所述，真正的技术方法，是根据工程传统，由匠师掌握，故在营造业抄本中无此等专著。

在做法中，尚有一式写本，仅系记述建筑构造形式，如“大木大式做法”等，仍以不涉及技术为事。

三、则例：清代采用包工制以后，为统一工程计划算例，特编订工程则例以为使用工料的定额标准。

则例抄本，一同手册。则例的编订，在现有的抄本文献中，通常有两种：一种属于工部例本，直接录用“营造司”、“估料所”，或行取（间接录用）其他库管部门定额作为标准。其定额根据，多系一般成型（大民宅以上建筑）工程的实践经验总结。另一种是属于皇家特定工程。如颐和园之类，由于此类工程项目广、工期长，以其特有的较高的工艺等级限定，而另行单项制定工程则例，以便通行全部工程的计划和实施。则例的编订，严肃明确，为区别其形式和内容，在抄本名目上书定性质。凡来源于转抄的，冠头多书写官署名号，如：“营造司房库则例”，若为特定例本，皆具体标明工程单位，如：“圆明园工例杂项”等，各以官作、实做两式为例本，分划则例出处。则例按工料定额实用内容可归纳分为四则，计：营造例、工料例、价值例、材料重量例，这些都是作为人工材料计算手册性的单行抄本，若将四则并列，略同一工程预算表式，总合做法上的工程量，可得全部工程造价。这种颇有趣意的组列，并不是什么研究上的偶得，而是清代采用包工制，必有的工程管理程序。兹分别简述如下：

1. 营造则例：清代工程，如城池、陵寝等的营造，系以构造材料数目确定形式，且按此规定营造典章制度，特立专辑钦定颁行。其实际功用，由于以定式为例，在形式和尺度上无可更动，故作专项构件开列。此法主要目的为官发材料计算法定化，而另成一类则例范本。

2. 工料则例：系一般殿堂、厅堂散作建筑的定额标准。

工料则例大都是按工程活计内容，分别自成一辑的手抄本。内中分项开列工料定额，每项计量单位为件、长度、方、个、斤两等。其人工工种以每项活计内容所包括之工序层次、计工为单位。此等计工性质，概以成活核算。兹举一例：内檐槅扇一件，木工、雕銮工、水上工、着色工、烫蜡工，需知此五种工包含有二义不能混淆。一为详按每道工序计算工作量。一为工序名称。故前两工种属于行作分类，后三种则是工序，总合起来即单项成活工作量。然工与料之关系，为工随料用，即按材料种类计算成活所用工数，其计量单位，木活计“件”、石活计“长”、抹饰计“方”、宜瓦砌墙计“个”，如是工料定例方法，开列工程项目，简单明确，精密无所遗漏，有利防范工料耗费。

工料则例的编订，有一定的科学性和较高的实用价值，是营造业经商时不能释手的密本。

3. 价值则例：是材料的行情牌价，是以人工材料数折算金额的手本。它的应用范围有限，但在工程经营中，同是不可缺少的例本。

4. 材料重量例：此一例实用，或可做建造设计荷重方面的参考，但实际用途，都是计算工地内外运输的人工定额。

工程全部预算，其材料重量例本与工料则例是同属的两个组成部分，由于核算单位不同，而分别各为一例。运输以重量、里程为核算根据，重量恒有一定，里程途径多有差异，因是材料重量例，只定重量不计里程，如有忽视，极易对此种例本发生误解。

四、查工薄：凡修缮、保养工程，营造厂方需亲临实地“查活”，对建筑物残毁现状详作调查纪录，以为拟订修缮工程项目的根据。此种写本，仅满足一时使用需要，书写潦草，在抄本中，不列重点文献。

五、销算：为工料则例的另一种形式。何谓销算？按今语，就是官发材料实报实销，就包工性质而言，是包工不包料的一种方式。

销算的工料内容，在材料方面多属木材、金属等主要物资。人工方面系为运输或特殊工程项目。为精核工料，明细出入，特立此则，实际是应其所需的一本材料账。

以上所述营造业手抄本，付诸建筑工程实施的，是做法、查工薄，尚有销算，皆属工程档案性质的文献。属于手册性的工具书是分法、则例，综合其用途，均以核算工料为用。据此，可以认识清代的施工管理，由个体的匠作基层单位，通过厂商包办承做官作建筑工程，逐渐形成一完整的施工体系。抄本则是体系中每一环节的连接物，以为严核工技的恪守准则，在工程事务中起着循导的作用。今天对古建筑的施工，虽不能完全模仿古代，但按传统演进而论，也不能漠视旧法。若为精益技术，其借鉴之处，尚待研究。

此篇营造业手抄本的叙述，仅作分类上的内容梗概。至于抄本本身，多不为学术专辑，以各作工程做法为条例，内中词语难解，须作注释才能参阅。前面所说“尚待研究”，即是希望有志于此学的单位和同志，作出贡献。

清代部分营造业手抄本举例简表

类别	名　称	册数	备　注
分法	亭座分法、桥梁分法	3	卷五、十、鹤延录。
	各样牌楼、钟楼、鼓楼、旗杆分法	1	重萃堂
做　法	宾竹室一座三间做法清册	1	桑园门、淑清院各处、同豫轩净房、蕉雨轩补做匾，日知阁下石桥，爽秋馆、宾竹室游廊
	点景房内敞厅一座新建五间做法清册	1	
	静柯一座改修三间做法清册	1	
	卿云万字游廊一座二十五间做法清册	1	
	俯清泚亭一座拆修做法	1	
	自在观重檐亭夹陇做法	1	
	修建北、中海工程做法	12	

续表

类别	名　称	册数	备　注
做　法	茂对斋工程法	6册	延赏亭，涵春、转角游廊等
	重檐万善殿做法	1	
	东陵定陵工程	10	宝座宝城、配殿、漆饰、油画裱糊、铁料、车脚、拉运销算
	宝华峪地宫	15	
	永福寺口子门做法	1	
	菩陀峪万年吉地工程清册	34	
	颐和园各处情形做法	1	德和园、谐趣园、景福阁、眺远斋、养云轩，北楼门。光绪二十八年二月
	大木杂式	1	
	垂花门大木做法	1	
	大木大式做法	1	
	大木小式做法	1	
	各项铁活做法	1	
	营房各座做法清册	4	
则　例	木库例本	5	营造司木作定例
	圆明园工例杂项	1	
	营造司房库则例	1	
	工部现行物料价		
	值则例	2	转抄工部
	工部杂例	1	
	零星杂记	1	圆明园例
	工部行取户部颜料纸张折价	1	光绪己未，抄估料所
	武英殿镌刻匾额现行则例	1	
	圆明园内工杂项价值则例	1	
	圆明园、内廷、万寿山例	1	(砖瓦件重量)
	内外檐装修则例	6	卷五、六、七、八、九、十
	圆明园、万寿山等处工料现行则例	19	
	杂项价值则例	1	
	内廷硬木装修则例	1	
	工程则例	12	瓦作、漆作、画作，镀金、搭彩、木作、佛像、裱作。(乾隆五年)
	工部应造则例	9	卷一、二、三、四、六、七、九、十、十一
查工薄	颐和园查工薄	10	光绪壬寅
	静明园查工薄	1	光绪十九年七月
	先农坛查工薄	1	同治十三年八月
	贡院查工薄		
	圆明园查工薄	1	光绪二十三年八月
	北海极乐世界查工薄	1	光绪二十一年八月
	箭楼查工薄	1	光绪壬寅腊月
	武夷殿查工薄	1	光绪王寅菊月
	濠濮涧查工薄	1	光绪十五年九月
	颐和园查工薄	1	光绪二十八年菊月
销算	陟山门修改销算	1	
	菩陀峪万年吉地修建方城锡背销算	1	

《宋〈营造法式〉注释》选录

梁思成遗稿

进新修《营造法式》序

臣闻“上栋下宇”，《易》为“大壮”之时①；“正位辨方”，《礼》实太平之典②。“共工”命於舜日③；“大匠”始於汉朝④。各有司存，按为功绪。

①《周易·系辞下传》第二章：“上古穴居而野处，后世圣人易之以宫室，上栋下宇，以蔽风雨；盖取诸‘大壮’”。“大壮”是《周易》中“乾下震上”之卦。朱熹注曰：“壮，固之意。”

②《周礼·天官》：“惟王建国，辨方正位”。“建国”是营造王者的都城，所以李诫称之为“太平之典”。

③“共工”是帝舜设置的“共理百工之事”的官。

④“大匠”是“将作大匠”的简称，是汉朝开始设置的专管营建的官。

况神畿之千里，加禁阙之九重；内财宫寝之宜，外定庙朝之次；蝉联庶府，棊列百司⑤。

⑤这几句是讲首都规划和功能分区的原则。“神畿”就是皇帝直辖的首都行政区。“禁阙”就是宫城，例如北京现存的明清故宫的紫禁城。“财”即“裁”，就是“裁度”；是说在里面要考虑宫寝的布置，外面要规定宗庙，朝廷的次序、位置；要使所有官署相互蝉联，按序排列。

欃栌枅柱之相枝，规矩准绳之先治；五材并用，百堵皆兴。惟时鸠僝之工，遂考翚飞之室⑥。

⑥这几句讲具体设计和施工。“欃”（音尖），就是飞昂，“栌”就是斗；“枅”（音坚），就是栱；各构件“相枝”（支）而构成一座建筑物。必须先准备圆规、曲尺、水平仪、线坠、墨线等工具。“五材”是“金、木、皮、玉、土”，即要使用各种材料。“百堵”出自《诗经·斯干》：“筑室百堵，”即大量建造之义。“鸠僝”（乍眼切）就是“聚集”，出自《书经·尧典》：“共工方鸠僝功。”“翚飞”出自《诗经·斯干》章：描写新建的宫殿“如鸟斯革，如翚斯飞”，朱熹注：“其檐阿华采而轩翔，如翚之飞而矫其翼也。”

而斲轮之手，巧或失真；董役之官，才非兼技，不知以“材”而定“分”，乃或倍斗而取长。弊积因循，法疏检察。非有治“三宫”之精识，岂能新一代之成规？⑦

⑦这几句讲制订“法式”之必要。因为工人的手，虽然很巧也不免走了样；主管工程的官，不能兼通所有的工种，他们不知道以“材”来定“分”（关于“材”、“分”，见“大木作制度”），乃或不知道用“斗口”的倍数来定长短尺寸。这样积弊因循下去，就没有检察的标准。但是，没有对于建筑（一说古代诸侯有“三宫”，又说明堂，辟雍、灵台为“三宫”；“三宫”在这里也就是建筑的代名词）的精湛的智识，又怎能制定新的规范呢？

温诏下颁，成书入奏；空靡岁月，无补涓尘⑧。

⑧皇上的诏书下来以后，现在书已编成，送上请审阅。我觉得白白浪费了时间，而没有一

点一滴的贡献。

恭维皇帝陛下仁俭生知，睿明天纵。渊静而百姓定，纲举而众目张。官得其人，事为之制。丹楹刻桷，淫巧既除；菲食卑宫，淳风斯复[9]。

⑨照例奉承皇帝两句，然后说：从根本上安定，百姓就安定；有了纲领，各个项目就好安排。各种工作有专人负责，办事都有制度。这样，不合制度的铺张浪费可以制止，淳朴的风尚可以恢复了。

"丹楹刻桷"：《左传》：鲁庄公"丹桓宫之楹，刻其桷，皆非礼也。"

"菲食卑宫"：《史记·夏本纪》：大禹"薄衣食，致孝于鬼神；卑宫室，致费于沟淢。"

乃诏百工之事，更资千虑之愚。臣考阅旧章，稽参众智。功分三等，第为精粗之差；役辨四时，用度长短之晷。以至木议刚柔，而理无不顺；土评远迩，而力易以供。类例相从，条章具在。研精覃思，顾述者之非工；按牒披图，或将来之有补[10]。

⑩最后讲本书编修的要点：皇帝下了诏书，关心百工之事，还咨询到我这样才疏学浅的人。我考阅了旧有的规章，还参考了群众的智慧。劳动定额按工作的精粗，一年四季工作日的长短，木质的软硬度，运土的远近距离而评工计分，这就容易调供劳动力了。这样分类举例，就有条文规章来办事了。我虽然钻研深思，但写述的人不是工匠。按着条文看图，将来对工作也许有点帮助。

"千虑之愚"：《史记》"淮阴侯传"，"智者千虑，必有一失；愚者千虑，必有一得。"

通直郎，管修盖皇弟外第，专一提举修盖班直诸军营房等，编修，臣李诫谨昧死上。

译　文

进新修《营造法式》序

我听说，《周易》"上栋下宇，以蔽风雨"之句，说的是"大壮"的时刻；《周礼》"唯王建国，辨方正位"，就是天下太平时候的典礼。"共工"这一官职，在帝舜的时候就有了；"将作大匠"是从汉朝开始设置的。这些官署各有它的职责，分别做自己的工作。至于千里的首都，以及九重的宫阙，就必须考虑内部宫寝的佈署，和外面宗庙朝廷的次序、位置；官署要相互联系，按序排列。斗、栱、昂、柱等构件相互支撑而构成一座建筑，必须先准备圆规、曲尺、水平仪、墨线等工具。各种材料都使用，百堵的房屋都建造起来。按时聚集工役，做出屋檐似翼的宫室。然而工匠的手，虽然很巧也难免有时做走了样。主管工程的官，也不能兼通各工种，不知道以"材"来定"分"，也不知道用斗的倍数来定长短尺寸。这样的弊病积累因循下去，又没有检察的法规，没有对于建筑的精湛的智识，又怎能制定新的规章呢？皇上的诏书下来以后，现在书已编成，送呈请审阅。我觉得辜负了皇帝的提拔，白白浪费了很长时间，没有一点一滴的贡献。皇帝陛下生来就知道仁爱节俭，天赋的聪明智慧。像深渊那样平静而百姓就已安定；制定纲领，一切项目就好安排。选派了得力的官吏，制定了办事的制度。这样，鲁庄公那样"丹其楹而榱其桷"的不合制度的淫巧之风可以消除，大禹那样节衣食、卑宫室的勤俭的风尚可以恢复。皇帝下了诏书，关心百工之事，还咨询到我这样才疏学浅的人。我一方面考阅旧的规章，一方面调查参考了众人的智慧。按精粗之差，把工作分为三等；按四季时令，订出劳动日的长短。至于木工，则按木材的软硬，使条理顺当；按远近距离来定搬运的土方量，使劳动力易于供应。这样按类分例排出，有条例规章作为依据。我尽管精心研究，深入思考，但文字叙述还可能不够完备，所以按照条文画成图样，将来对工作也许有所补助。

通直郎，管修盖皇弟外第、专一提举修盖班直诸军营房等，编修，臣李诫谨昧死上。

壕寨制度　筑基

筑基之制　每方一尺，用土二担；隔层用碎砖瓦及石札[①]等，亦二担。每次布土[②]厚五寸，先打六杵，［二人相对，每窝子内各打三杵］，次打四杵［二人相对，每窝子内各打二杵］。次打两杵［二人相对，每窝子内各打一杵］。以上并各打平土头，然后碎用杵辗蹑令平；再攒杵扇扑，重细辗蹑[③]。每布土厚五寸，筑实厚三寸。每布碎砖瓦及石札等三寸，筑实厚一寸五分。

凡开基址，须相视地脉虚实[④]。其深不过一丈，浅止于五尺或四尺，并用碎砖瓦石札等，每土三分内添砖瓦等一分。

①“石札”：即石碴或碎石。

②“布土”：就是今天我们所说“下土”。

③“碎用辗蹑令平，再攒杵扇扑，重细辗蹑”：“碎用”就是不集中在一点上或一个窝子里，而是普遍零碎地使用；“蹑”就是踊踏；“攒”就是聚集；“扇扑”的准确含义不明。总之就是说：用杵在“窝子”里夯打之后，“窝子”和“窝子”之间会出现尖出的“土头”，要把它打平，再普遍用杵把夯过的土层完全打得光滑平整。

④“相视地脉虚实”：就是检验土质的松紧虚实。

石作制度造作次序

造石作次序之制[①]有六：一曰打剥［用錾揭剥高处］；二曰麤搏[②]［稀布錾凿，令深浅齐匀］；三曰细漉[③]［密布錾凿，渐令就平］；四曰褊棱［用褊錾镌棱角，令四边周正］；五曰斫砟[④]［用斧刀斫砟，令面平正］；六曰磨珑［用沙石水磨去其斫文］。

其雕镌制度有四等：一曰剔地起突；二曰压地隐起；三曰减地平钑；四曰素平[⑤]。［如素平及减地平钑，并斫砟三遍，然后磨硶；压地隐起两遍；剔地起突一遍；并随所用描华文。］如减地平钑，磨硶毕，先用墨蜡，后描华文钑造。若压地隐起及剔地起突，造毕并用翎羽刷细砂刷之，令华文之内石色青润。

其所造华文制度有十一品[⑥]：一曰海石榴花；二曰宝相华；三曰牡丹华；四曰蕙草；五曰云文；六曰水浪；七曰宝山；八曰宝阶；［以上并通用。］九曰铺地莲华；十曰仰覆莲华；十一曰宝装莲华。［以上并施之于柱础。］或于华文之内，间以龙凤师兽及化生之类者，随其所宜，分布用之。

①《造作次序》原文不分段，为了清晰眉目，这里分作三段。

②“麤”音粗，义同。

③“漉”音鹿。

④“斫”音琢，义同。“砟”音炸。

⑤“剔地起突”即今所谓浮雕；“压地隐起”也是浮雕，但浮雕题材不由石面突出，而在

磨琢平整的石面上，将图案的地凿去，留出与石面平的部分，加工雕刻；“减地平钑”（钑音涩）是在石面上刻画线条图案花纹。“素平”是在石面上不作任何雕饰的处理。

⑥华文制度中的“海石榴花”、“宝相华”、“牡丹华”，在旧本图样中所见，区别都不明显，尚待进一步确定。蕙草大概就是卷草。宝阶是什么还不太清楚。装饰图案中的小儿称化生；“化生之类”指人物图案。

大木作制度　梁其名有三：一曰梁，二曰杗廇[①]，三曰欐[①]。

造梁之制有五：[②]

一曰檐栿。如四椽及五椽栿[③]；若四铺作以上至八铺作，并广两材两栔；草栿[④]广三材。如六椽至八椽以上栿，若四铺作至八铺作，广四材；草栿同。

二曰乳栿[⑤]。[若对大梁者与大梁广同] 三椽栿，若四铺作，五铺作；广两材一栔；草栿广两材。六铺作以上广两材两栔，草栿同。

三曰劄牵[⑥]。若四铺作至八铺作出跳，广两材；如不出跳，并不过一材一栔。[草牵梁准此。]

四曰平梁[⑦]。若四铺作五铺作，广加材一倍。六铺作以上，广两材一栔。

五曰厅堂梁栿[②]。五椽，四椽，广不过两材一栔；三椽广两材。余屋量椽数，准此法加减。

①杗廇，音茫溜。欐，音丽。

②这里说造梁之制“有五”，也许说“有四”更符合于下文内容。五种之中，前四种——檐栿，乳栿，劄牵，平梁——都是按梁在建筑物中不同的位置，不同的功能和不同的形体而区别的，但第五种——厅堂梁栿——却以所用的房屋类型来标志。这种分类法，可以说在系统性方面有不一致的缺点。下文对厅堂梁栿未作任何解释，而对前四种都作了详尽的规定，可能是由于这原因。

从大木作制度图样的各厅堂侧样可以看出，厅堂一般不像殿阁那样安装平綦，梁栿、抟、椽，多“彻上明造”；用檐栿的比较少，而用象乳栿、劄牵那样梁尾插入柱身的梁栿的居多数，其中有些“乳栿”长达三椽，四椽乃至五椽；有些用中柱而不用平梁和侏儒柱。由此看来，前四种梁栿都同样可以用于厅堂。前面提到的那种特长的“乳栿”未见于“制度”的其他部分，仅在“五曰厅堂梁栿”一条下提到。

③我国传统以椽的架数来标志梁栿的长短大小。宋《法式》称“X椽栿”；清《做法则例》称“X架梁”或“X步梁。”清式以“架”称者相当于宋式的檐栿；以“步”称者相当于宋式的乳栿（双步梁或三步梁）和劄牵（单步梁）。

④草栿是在平綦以上，未经艺术加工的实际负荷屋盖重量的梁。下文所说的月梁，如在殿阁平綦之下，一般不负屋盖之重，只承平綦，主要起着联系前后柱上的铺作和装饰的作用。

⑤乳栿的梁首放在外檐铺作上，梁尾一般插入内柱柱身，但也有两头都入柱的。殿阁侧样所见全是两椽长度。这里作“三椽栿”，与上述所见不符；但在厅堂侧样中则很多。相当于清式的双步梁和三步梁。

⑥劄牵的梁首放在乳栿上的一小组斗栱上，梁尾也插入内柱柱身，但元代实例中有两头都不入柱，且两头高度不同的劄牵长仅一椽，不负重，只起劄牵的作用。梁首的斗栱将它上面所承抟的荷载传递到乳栿上。相当于清式的单步梁。

⑦平梁事实上是一道两椽栿，是檐栿上最上一层的梁。清式称太平梁。按各侧样图，无论有无平棊，无论下面的檐栿是明栿或者草栿，平梁一律加工做成月梁式样。

凡梁之大小，各随其广分为三分，以二分为厚。［凡方木小，须缴贴令大；如方木大，不得裁减，即于广厚加之[⑧]。如碍枓及替木，即于梁上角开抱枓口。若直梁狭，即于两面安枓栿板[⑨]。如月梁狭，即上加缴背，下贴两颊；不得刻剜梁面。］

⑧"即于广厚加之"这句话里的"於"字和"加"字含义不明确，且有矛盾。总的意思大概是即使方木大于规定尺寸，也不允许裁减，按照来料尺寸用上去。但这里就不应该有"加"的问题。仅在此提出存疑。

⑨在梁栿两侧加贴木板，并开出抱枓口以承枓或替木。

造月梁之制[⑩]：明栿[⑪]，其广四十二分°［如彻上明造，其乳栿，三椽栿各广四十二分°；四椽栿广五十分°；五椽栿广五十五分°；六椽栿以上，其广并至六十分止。］梁首［谓出跳者］不以大小从，下高二十一分°。其上余材，自枓里平之上，随其高匀分作六分；其上以六瓣卷杀，每瓣长十分°。其梁下当中䫜六分°。自枓心下量三十八分°为斜项[⑫]。［如下两跳者为六十八分°。］斜项外，其下起䫜，以六瓣卷杀，每瓣长十分°；第六瓣尽处下䫜五分°。［去三分°，留二分°作琴面。自第六瓣尽处渐起至心，又加高一分，令䫜势圜和。］䫜皆以五瓣卷杀。余并同梁首之制。

梁底面厚二十五分°[⑬]。其项［入枓口处］厚十分°。枓口外两肩各以四瓣卷杀，每瓣长十分°。

⑩月梁是经过艺术加工的梁。凡有平棊的殿堂，月梁都露明用在平棊之下，除负荷平棊的荷载外，别无负荷。平棊以上，另施草栿负荷屋盖的重量。如彻上露明造，则月梁亦负屋盖之重。

⑪明栿是露在外面，由下面可以看见的梁栿；是与草栿（隐藏在平棊之上的梁栿）相对的名称。

⑫斜项的长度，若"自枓心下量三十八分°，"则斜项与梁身相交的斜线会和铺作承梁的交栿枓的上角相犯。实例所见，交栿枓都躲过这条线。

⑬这里只规定了梁底面厚，至于梁背厚多少，"造梁之制"没有提到。

若平梁，四椽六椽上用者，其广三十五分°；如八椽至十椽上用者，其广四十二分°[⑭]。不以大小从，下高二十五分°。背上下䫜皆以四瓣卷杀（两头并用），其下第四瓣处䫜四分［去两分，留一分作琴面。自第四瓣尽处渐起至心，又加高一分。］余并同月梁之制[⑮]。

⑭这里规定的大小与前面"四曰平梁"一条中的规定有出入。前面规定"广加材一倍"，等于三十分°，"广两材一栔，"等于三十六分°。这里所定三十五分°事实上等于两材一栔，比前面所规定都大了一栔。前面以铺作大小定平梁大小，这里则以椽栿长短定平梁大小，似较合理，因为平梁和铺作之间并没有直接关系。

⑮按大木作图样殿堂侧样各图，无论有无平棊，是否露明，平梁一律做成月梁形式。

若劄牵[⑯]，其广三十五分°[⑰]。不以大小从，下高一十五分°［上至枓底］。牵首上以六瓣卷杀，每瓣长八分°［下同］；牵尾上以五瓣。其下䫜，前后各以三瓣。［斜项同月梁法。䫜内去留同平梁法。］

⑯劄牵一般用于副阶乳栿之上，长仅一架，不承重，仅起固定副阶下平槫位置的作用。牵首（梁首）与乳栿上驼峰上的斗栱相交，牵尾出榫入柱，并用丁头栱承托。

⑰这里的“三十五分°”与前面“三曰劄牵”条下的“广两材”（三十分°）有出入。

凡屋内彻上明造[18]者，梁头相叠处须随举势高下用驼峰。其驼峰长加高一倍，厚一材。枓下两肩或作入瓣或作出瓣；或圜讹两肩，两头卷尖[19]。梁头安替木处并作隐枓；两头造耍头或切几头，［切几头刻梁上角作一入瓣］，与令拱或襻间相交。

⑱室内不用平棊，由下面可以仰见梁栿，槫，椽的做法，谓之“彻上明造”，亦称“露明造”。

⑲驼峰放在下一层梁背之上，上一层梁头之下。清式称“柁墩”，因往往饰作荷叶形，故亦称“荷叶墩”。

凡屋内若施平棊[20]［平暗亦同］，在大梁之上。平棊之上，又施草栿；乳栿之上亦施草栿，并在压槽方[21]之上，［压槽方在柱头方之上］。其草栿长同下梁，直至撩檐方止。若在两面，则安丁栿[22]。丁栿之上，别安抹角栿，与草栿相交。

⑳平棊，后世一般称天花板。按《法式》卷八，“小木作制度三”，“造殿平棊之制”和宋、辽、金实例所见，平棊分格不一定全是正方形，也有长方格的。“其以方椽施素版者，谓之平暗。”平暗都用很小的方格。

㉑压槽方仅用于大型殿堂铺作之上以承草栿。

㉒丁栿梁首由外檐铺作承托，梁尾搭在椽栿上，与椽栿（在平面上）构成“丁”字形。清式称顺爬梁。

凡角梁之下，又施隐衬角栿[23]，在明梁之上；外至撩檐方，内至角后栿项[24]；长以两椽斜长加之。

㉓隐衬角栿实际上就是一道“草角栿”。

㉔“内至角后栿项”这几个字含义极不明确。疑有误或脱简。

凡衬方头，施之于梁背耍头之上，其广厚同材。前至撩檐方，后至昂背或平棊方。［如无铺作，即至托脚木止。］若骑槽[25]，即前后各随跳，与方、栱相交。开子廕以压枓上。

㉕“槽”是指一列柱子或一列排列的铺作的中线；一般地说就是以阑额纵中线接成的线。衬方头是一组铺作中最上一层构材。凡构材跨在这中线——槽——上的，谓之“骑槽”。

凡平棊之上，须随槫栿用方木及矮柱敦㮇[26]，随宜枝樘[27]固济，并在草栿之下[28]。［凡明梁只阁平棊，草栿在上承屋盖之重。］

㉖㮇　此字不见于字典。

㉗樘音唐，在《法式》许多地方则用“枝撑”。撑音丑庚切（cheng），含义与樘同。

㉘这些方木短柱都是用在草栿的下面，用来支撑并且固定这些草栿的。

凡平棊方在梁背上。其广厚并如材；长随间广。每架下安平棊方一道[29]。［平暗[30]同。又随架空椽以遮版缝。其椽，若殿宇，广二寸五分，厚一寸五分；余屋广二寸二分，厚一寸二分。如材小，即随意加减。］绞井口[31]并随补间。［令纵横分布方正。若用峻脚，即于四阑内安版贴华。如平暗，即安峻脚椽。广厚并与平暗椽同。］

㉙平暗方与槫平行，与梁成正角，安在梁背之上，以承平棊。

㉚平暗和平棊都属于小木作范畴，详小木作制度及图样。

㉛“井口”是用程和难子构成的方格；“绞”是动词，即将程相交之义。

编后附记

这篇遗稿是梁思成同志所著《宋〈营造法式〉注释》中节录的几段。

梁思成同志从事《营造法式》的研究工作前后35年，虽然当中有一段时间曾经中断，但是新中国成立后，由于党对我国科学事业发展非常重视，对老科学家给予亲切关怀，特别是在1961年制定全国科学规划时，《宋〈营造法式〉注释》被列入科学规划的重点项目，并为梁思成同志的科学研究工作创造了良好的条件，使得《宋〈营造法式〉注释》的文字稿能在梁思成同志逝世前基本完成。

《营造法式》成书于1100年，出版于1103年，距《营造法式》出版相隔八百多年的今天，要理解这样一部建筑技术专著，是有相当大的困难的。因为中国建筑的工程技术经过八百多年的发展，从名词术语到作法，技巧，都有相当大的变化。我们的老前辈梁思成同志，确实是克服了重重的困难，以极大的勇气和毅力去攻读这部史籍的。他采取了科学的实事求是态度，从调查研究古建实例入手，并拜老工匠为师，来开始这项研究工作。当时正值30年代，处于黑暗的旧中国，一个知识分子能以这样的科学态度，去从事古建筑的研究工作，是难能可贵的。

梁思成同志为了研究《营造法式》，首先研究了当时存在较多的明、清建筑，并对照实物，请教老工匠，对于清代的工程作法进行了钻研，于1932年写出了《清式营造则例》这第一部用科学的绘图方式和深入浅出的文字介绍古建工程技术的著作。在这样的基础上，用他自己的话说："进一步追溯上去"，研究宋代的《营造法式》。他当时与从事古建筑研究的一些科学工作者，在艰苦的工作条件下，对全国十五个省的三百余县中两千余单位的古代建筑，进行测绘，摄影，研究分析；他们跋山涉水，从繁华的城镇到偏僻的山村，去考查一幢幢古建实例，去鉴别它们的时代特征，经过对唐、辽、宋、金、元、明、清等各个朝代的若干幢古建筑的调查，区别其技巧特点，寻找其风格变迁，积累了丰富的材料，为理解宋《营造法式》打下了扎实的基础。到了1940年以后，梁思成同志便开始对《营造法式》作系统的整理工作，绘制了一部分科学的建筑图样。这些图样第一次把宋代建筑所用构件的形制、做法以至整体的结构布置，都完整地表达出来。这项研究到1945年抗战胜利后，因梁思成同志当时的工作迁徙不定而停顿下来，过了十五年以后，在党的关怀下，配备了助手，于1961年才又重新上马。这位年过60岁的建筑史学家，在从事教育工作和社会活动繁忙的情况下，为了对我国的建筑科学事业作出贡献，又重新提笔，开始作《营造法式》的文字注释工作。《宋〈营造法式〉注释》一书是梁思成同志费了几十年心血的著作。

梁思成同志对于这样一本重要古籍的整理研究，有着重要的意义；然而只有在粉碎"四人帮"以后，科学事业得到蓬勃发展的今天，《宋〈营造法式〉注释》一书的整理、修订和出版工作才得以提上日程。这是党对老一辈科学家的学术研究工作的巨大关怀和支持。

清华大学建筑工程系建筑历史教研组
1978年3月

故宫本《营造法式》钞本校勘记

刘敦桢遗稿

故宫图书馆抄本《营造法式》，原存南书房，宣统出宫后，移藏文献馆，现归图书馆保存。书凡二函，函六册，内图式三册。版心高28.8公分，阔18.8公分，每面十一行，行二十二字。首页钤有虞山钱曾遵之藏书图记一方。书中顺序：首进书劄子，次自序，次总目，次看详，以下本书三十四卷，末页绍兴十五年王唤重刊。题名字数体裁与绍兴本残页一致，惟钱氏图章极不可靠，纸色质地亦多疑点，恐非《读书敏求记》以四十千购自绛云楼之真本也。又此本卷六小木作版门，脱落二十二行，卷三十二天宫楼阁佛道帐与天宫壁藏后，无行在吕信刊及武陵①杨润刊题名，仍系辗转重录，非直接影钞宋本者。但卷四大木作，未脱“慢栱第五”一条，甚足珍异。卷六脱简二十二行，适为同卷第二页全页，疑系钞手偶尔遗漏，或所据之本即无此页。以视丁本，以讹传讹，不可同日而语。余如图绘精美、标注详明、宋刊面目，跃然如见。直可与流于伦敦永乐大典残本媲美，远非四库本丁本所可企及也。

一九三三年四月上浣，与谢刚主、单士元二君，以石印丁本校故宫钞本，凡六日毕事。新宁刘敦桢记。

整理者后记

这篇校勘记原录在先父刘敦桢教授所藏《石印宋李明仲营造法式》首册封内扉页上，本无标题及标点符号，系整理时所加，文中除个别字稍加调整外，均保持原状。

刘叙杰整理

1977年12月

① “陵”疑为“林”。